改訂版｜日常学習から入試まで使える

小倉悠司の ゼロから始める 数学Ⅰ・A

河合塾講師
N予備校・N高等学校・S高等学校数学担当 小倉悠司

＊本書は，小社から2019年に刊行された『日常学習から入試まで使える小倉悠司の ゼロから始める数学Ⅰ・A』の改訂版です。本書では，学習指導要領改訂にともなう履修内容の変更が反映されています。

KADOKAWA

はじめに

はじめまして！　小倉悠司(おぐらゆうじ)です。
この本を選んでくれて，本当にありがとうございます。
そして，本当に，おめでとうございます！

この本を手にとってくれたあなたは，まちがいなく「数学」がもっとできるようになり，もっと好きになります！　これからいっしょに「数学」の世界を，楽しみながら旅していきましょう！

ところで，あなたは「なぜ」数学を学習しているのですか？

- 志望校合格のため
- 数学の授業があるから仕方なく
- 好きだから
- なんとなく
- 論理的な思考力が身につくから

など，理由はさまざまでしょうし，それでいいと思います。
いずれにせよ，この本を手に取ったあなたは，なんらかの理由で，「数学」がもっとできるようになりたい！　と思っているのではないでしょうか。
この本は，そんなあなたの助けとなります!!

この本は，「数学」にたいして，まじめに，真摯(しんし)に向き合っています。ですから，「とりあえず解法を丸暗記して，その場だけ点数が取れればいい」と思っている人には，残念ながらこの本は向いていません。しかし，

- 教科書の内容をきちんと理解したい！
- 数学のテストで継続的に高得点を取りたい！
- もっと数学を好きになりたい！
- 論理的な思考力を身につけたい！
- 数学がもっとできるようになりたい！

という人には，この本はすごく向いています。
ぜひ，しっかりと読み進めていってくださいね！

この本の執筆をきっかけに，僕自身も「教科書」を何度も徹底的に読み返しました。そして，読み返すたびに新しい発見がありました。

そのようにして，教科書の内容を「小倉流」に深めていき，さらに大学入試にも対応できるところまで昇華させることによってでき上がったのがこの本です。今回の改訂で，カリキュラム変更にともなう内容の反映を行いました。

しかし，この本はけっして僕の力だけでできたものではありません。たくさんの方がお力添(そ)えをくださったからこそ完成しました。

ここで，その方々に，あらためてお礼を述べさせていただきます。

KADOKAWAの山川徹さん，本書を企画し，僕に任せてくださって，本当にありがとうございました。執筆が大変なときも励(はげ)ましてくださり，やりとりの中でたくさんのことを与えてくださいました。僕自身，執筆を通して，さらなる成長をすることができたと思います。

河合塾の後藤先生，原稿をすみずみまで丁寧(ていねい)に見てくださり，また，数々の貴重なご意見をくださいまして，ありがとうございました。おかげさまで，僕が読者に伝えたいことが，より的確に伝わるようになりました。ときには原稿の内容に関して，白熱した数学談義になることもありましたね。そのたびに深い学びがありました。

ユニバーサル・パブリシングの清末浩平さん，僕が書いた原稿をこれほどまでに見やすい形に仕上げてくださり，ありがとうございました。最後まで丁寧に編集してくださったことに，本当に感謝しています。

また，僕にかかわってくださるすべての人のおかげで今の僕があり，この本も完成しました。本当にいつもありがとうございます。

そして，「読者あってこその本」です。この本を手にして読んでくれるあなたに，心から感謝します。

「数学」を学習した経験はきっと，今後のあなたの人生を，より豊かなものにしてくれることでしょう。この本を手にしてくれたあなたが，夢を見つけ，そしてかなえることを心から願い，応援しています。

今のあなたをつくっているのは，過去のあなたです。
未来のあなたをつくるのは，今のあなたの頑張りです。
それでは，いっしょに成長の旅へと出かけましょう！

小倉　悠司

改訂版　日常学習から入試まで使える
小倉悠司の　ゼロから始める数学Ⅰ･A

CONTENTS

本　冊

第2部　数学A編

第5章　場合の数と確率

第8章　数学と人間の活動

別冊：「練習問題」の解答・解説

本書の使い方

【改訂について】

◆本書は，2019年に刊行された『日常学習から入試まで使える　小倉悠司の　ゼロから始める数学Ⅰ・A』の内容を，2022年度から導入された学習指導要領（教育課程）における変更にもとづいて加筆・修正した改訂版です。

◆改訂にともない，以下の「節」が加筆されています。

「第34節　仮説検定」
「第48節　期待値」
「第62節　パズル・ゲームの中の数学」

【本書の特長】

◆本書は，「部」(科目別の分類）➡「章」(単元別の分類）➡「節」(項目別の分類）という流れを採り，「節」が構成の基本単位です。また，本冊と別冊の2分冊となっています。

◆本書は，授業の予習・復習，定期テスト対策などの日常学習用，および，大学入試対策の基礎固め用につくられています。使い方としては，冒頭から終わりまでのすべてのページに目を通すのが理想ですが，自分が理解したい・知りたい箇所だけを調べるために読むという事典としての使い方も可能です。

◆本書は，教科書を読むだけではわかりにくい箇所，大学入試ではとても重要でありながら高校の授業では扱いが軽い箇所などを，人気予備校講師である小倉悠司先生が徹底的に説明しています。教科書では紙面の都合で省略されている途中式や公式・定理の証明なども，ページ数が許す限り丁寧に収録されています。

【本冊について】

◆「この節の目標」：該当(がいとう)する「節」でどのようなことを身につければよいのかが書かれています。「節」の学習が終わった段階で，目標が達成できたかどうかチェックしてみてください。

◆「イントロダクション」：「節」の学習を円滑(えんかつ)に進めるための予備知識を，必要によっては中学レベルから確認したり，「節」で習う内容の概要を紹介したりしています。本格的な学習に入る前に，まず一読してみましょう。

◆「ゼロから解説」：その「節」で必ず習得したい内容を，「なぜ」にこだわって丁寧に解説しています。きちんと納得してもらえるように書いているので，理解できるまでくり返し読み込んでください。「例題」は，内容を理解するための助けとなります。しっかりと読んで理解しましょう。

◆「ちょいムズ」：発展的な内容を中心に書いてあるので，難しく感じる場合にはあと回しにしても OK。余力がある人はぜひ読んでみましょう。

◆「練習問題」：何も見ずに取り組んでください。★は難しい設問です。

【別冊について】

◆「練習問題」の解説と「リフレクションシート」：「練習問題」を解いたら，自分の解答と照らし合わせて，答えが合っているかどうかだけでなく，「リフレクションシート」の内容が身についたかどうかも確認してください。チェック欄があるので，大丈夫であれば○をつけましょう。「リフレクションシート」は，ほかの本にはない本書だけの特長であり，自分がどこでつまずいているのかが明確になるようになっています。○がつかなかった項目は，理解できるまで「ゼロから解説」を読み返しましょう！

【本書全体の目標】

本書全体の目標は，

> **「練習問題」を何も見ずに解けるようになり，**
> **「リフレクションシート」のすべての項目に○がつく**

ことです。解き方を暗記するだけにとどまらない，本当の数学の力を身につけるために，「リフレクションシート」がすべて○になるまで，くり返し取り組んでください。

イラスト：沢音　千尋

第1部

数学Ⅰ編

第１章　数と式
第２章　集合と命題
第３章　２次関数
第４章　図形と計量
第５章　データの分析

数学Ⅰは高校数学の土台となる分野です。計算の仕方や，集合，命題，関数，図形，データの扱い方を中心に学習していきます。ときには難しく感じる部分もあって，暗記に走りたくなることもあるかもしれませんが，この土台の部分はしっかりと理解を固めておくことが大切です。じっくり丁寧に，そして数学の楽しさをかみしめながら学習していきましょう！

第1節 多項式，多項式の加法・減法，単項式の乗法

この節の目標

- ☐ Ⓐ 単項式，多項式の次数がわかる。
- ☐ Ⓑ 多項式を降べきの順に整理することができる。
- ☐ Ⓒ 多項式の加法・減法を計算することができる。
- ☐ Ⓓ 指数法則を用いて，単項式の乗法を計算することができる。

イントロダクション ♪♫

文字を含む式を扱う(あつか)ことは，数学を学習するうえでとても大切だよ！ 文字を含む式を利用することで，さまざまな証明ができるんだ！

例 偶数と偶数をたしたら偶数となることを証明せよ。

証明 a，b を整数とすると，2つの偶数を，

$2a$，$2b$ ← 偶数とは2の倍数のことだから，「2×(整数)」と表せるよ！

と表すことができる。このとき，

$2a+2b=2(a+b)$ ← $a+b$ は整数だから，$2(a+b)$ は2の倍数だね！

よって，偶数と偶数をたしたら偶数となる。 **証明終わり**

このように，文字を使えば，「どのような2つの偶数でもたしたら偶数になる」ことが証明できるわけだね！

本格的に文字式の計算に入るまえに，文字式のルールを確認しておこう♪

文字式のルール

❶ 乗法(じょうほう)の記号×は省略する。 例 $x\times y=xy$

❷ 数と文字の積(せき)，数とかっこの積は，数を文字の前にかく。

例 $a\times3=3a$，$(a+b)\times5=5(a+b)$ ← ( )は1つのかたまりとみなす

❸ 同じ文字の積は，指数(しすう)を用いて累乗(るいじょう)の形で表す。文字は普通アルファベット順とする。

例 $x\times x\times x=x^3$，$z\times x\times y=xyz$

❹ **1** または **−1** と文字の積は，「**1**」を省略する。−(マイナス)の符号(ふごう)は前にかく。

例 $1\times a=a$，$a\times(-1)=-a$

❺ 除法(じょほう)の記号÷はなるべく使わないで，分数の形で表す。

例 $x\div y=\frac{x}{y}$，$a\div 4=\frac{a}{4}$

ゼロから解説

1 単項式・多項式・同類項

単項式と多項式

単項式(たんこうしき)……数や文字および，それらをかけ合わせてできる式

例 3，a，$2x^2$，$-7x^2y$

多項式(たこうしき)……単項式の和として表される式

例 $x^2+(-5xy)+3y^2$

普通，$x^2-5xy+3y^2$ とかくよ！

単項式は，項が1つの多項式と考える。多項式のことを整式(せいしき)ともいう。

単項式の数の部分をその単項式の「**係数**(けいすう)」，かけ合わされている文字の個数を「**次数**(じすう)」というよ。

例 $-7x^2y^3$

➡ 係数：-7，次数：5

$-7x^2y^3=-7\times x\times x\times y\times y\times y$
数字の部分は「-7」

かけ合わされている文字は，x が2個で y が3個，合計「5」個だね！

注意 **数だけの単項式の次数は 0 とする。**

ただし，0 だけは次数は考えないよ。

例 -4

➡ 係数：-4，次数：0

多項式を単項式の和の形で表したときの，1つ1つの単項式を「**項**（こう）」，各項の次数の中で最も高いものを，その多項式の「**次数**」というよ。

例 $x^2+3x-5x^2y$

➡ 項：x^2，$3x$，$-5x^2y$

➡ 次数：3

$x^2+3x+(-5x^2y)$
次数：2　1　3
次数が最も高い

補足 次数が3の式を「**3次式**」というよ！

多項式の項の中で，文字の部分が同じである項を，「**同類項**（どうるいこう）」というよ。同類項はまとめて整理することができるんだ！

例 $5x^2-3x+7-8x^2-4x+3=(5-8)x^2+(-3-4)x+(7+3)$

$=-3x^2-7x+10$

同類項
同類項

注意 $5x^2$と$-3x$は，どちらも同じxが使われているけど，かけ合わされているxの個数がちがうから，同類項とはいわないんだ。つまり，同類項とは，「文字の部分が，次数を含めてまったく同じである項」のことだよ。

例題 ❶

多項式$4a^2-ab+7b^3-8a^2+12ab-4b^3$について，次の問に答えよ。

(1) 同類項をまとめよ。

(2) この多項式の次数を求めよ。

解答と解説

(1) $4a^2-ab+7b^3-8a^2+12ab-4b^3$

$=(4-8)a^2+(-1+12)ab+(7-4)b^3$

$=-4a^2+11ab+3b^3$ **答**

係数の「1」は省略されているから，$-ab$の係数は，「-1」だよ！

(2) $-4a^2$の次数は2，$11ab$の次数は2，

$3b^3$の次数は3より，この多項式の次数は，

3 **答**

多項式の次数は，各項の次数の中でいちばん高いものだね！

2 降べきの順・昇べきの順

つぎに,「降べきの順」と「昇べきの順」について学習していくよ。「降」と「昇」は反対の意味だよね!

2種類以上の文字を含む多項式で, 特定の文字に着目して, ほかの文字は数と同じように扱うことがあるんだ。その場合, 着目した文字を含まない項を「定数項」というよ!(定数項とは, その着目した文字の次数が0の項のことだよ!)

例 多項式 $7x^2y^3+ax+3b$

(1) x に着目 ➡ 2次式

定数項は $3b$

$7x^2y^3$ の係数は $7y^3$

ax の係数は a

x 以外は数として扱う

x だけを文字とみるから, 次数は x がかけ合わされている個数になるよ! $7x^2y^3$ の次数は 2, ax の次数は 1, $3b$ の次数は 0 だね!

x を含まない項 (x についての次数が 0 の項)

(2) y に着目 ➡ 3次式

定数項は $ax+3b$

$7x^2y^3$ の係数は $7x^2$

y 以外は数として扱う

y だけを文字とみるから, 次数は y がかけ合わされている個数になるよ! $7x^2y^3$ の次数は 3, ax の次数は 0, $3b$ の次数も 0 だね!

y を含まない項 (y についての次数が 0 の項)

何を文字とみるかで, 次数や定数項や係数が変わってくるんだ〜!

そうだよ! じゃあ, x, y に着目する (x, y を文字とみる) と, 次数はどうなるかわかるかな?

x, y を文字とみるから, 次数は x, y がかけ合わされている個数だよね! $7x^2y^3$ は, x が2個と y が3個だから合わせて5個, だから次数は 5。ax の次数は 1 で, $3b$ の次数は 0 でしょ。多項式の次数は, この中でいちばん高いものだから, 5 だと思う!

正解! よくわかったね! じゃあ, 定数項はどれかな?

x も y も入っていない項だから，$3b$ ！

そのとおり！　次数が 0 の項が定数項だったね！

多項式を，ある1種類の文字に着目して，

項の次数が高い順に並べることを「降べきの順に整理する」
項の次数が低い順に並べることを「昇べきの順に整理する」

というよ！

例　$x^2+5xy-3y^2-2x+7y+6$

(1)　x について降べきの順に整理すると，

$$x^2+5xy-3y^2-2x+7y+6$$
$$=x^2+(5y-2)x+(-3y^2+7y+6)$$

x に着目すると，$-3y^2$，$7y$，6 はすべて定数項。定数項はかっこでくくっておく

x に着目すると，$5xy$ と $-2x$ は x の1次の項であり，同類項だからまとめる。$5xy$ の係数の $5y$ は数とみているから，

$10x-3x=(10-3)x=7x$

と同じように，

$5xy-2x=(5y-2)x$

と計算する。$(5y-2)$ は数としてみているから，x の前にかくよ！

(2)　y について降べきの順に整理すると，

$$x^2+5xy-3y^2-2x+7y+6$$
$$=-3y^2+(5x+7)y+(x^2-2x+6)$$

y に着目すると，x^2，$-2x$，6 はすべて定数項。定数項はかっこでくくっておく

y に着目すると，$5xy$ と $7y$ は y の1次の項であり，同類項だからまとめる。$5xy$ の係数の $5x$ は数とみているから，

$15y+7y=(15+7)y=22y$

と同じように，

$5xy+7y=(5x+7)y$

と計算する。$(5x+7)$ は数としてみているから，y の前にかくよ！

どの文字に着目するかで同類項も変わってくるので，注意して計算しよう！

❸ 多項式の加法・減法

多項式の加法・減法は，数の場合と同じように，次の法則を用いて，かっこをはずし，同類項をまとめていけばいいよ。

交換・結合・分配法則

交換法則：$a+b=b+a$，$ab=ba$

例　$2+5=5+2$，$2\times5=5\times2$

たされる数とたす数，かけられる数とかける数を入れかえても OK！

結合法則：$(a+b)+c=a+(b+c)$

$(ab)c=a(bc)$

例　$(2+5)+3=2+(5+3)$

$(2\times5)\times3=2\times(5\times3)$

計算の順番を変えても OK！

分配法則：$a(b+c)=ab+ac$

$(a+b)c=ac+bc$

第2節でくわしく解説するよ！

例　$(9x^3-3x^2+5x-6)-(4x^3-2x+8)$

$=9x^3-3x^2+5x-6-4x^3+2x-8$

$=(9-4)x^3-3x^2+(5+2)x-6-8$

$=5x^3-3x^2+7x-14$

かっこの前に「1」が省略されているよ。分配法則を使ってかっこをはずそう！

$-1(4x^3-2x+8)$

$=-1\times4x^3+(-1)\times(-2x)+(-1)\times8$

例題 ❷

$A=-2x^2y+3xy^2+3y^3$，$B=xy^2+y^3$，$C=x^3-4x^2y+y^3$であるとき，$C-2(A-B)+4B$を計算せよ。

解答と解説

$C-2(A-B)+4B$

$=C-2A+2B+4B$

$=-2A+6B+C$

いきなり代入するのではなく，簡単にしてから代入しよう！

代入するときは，(　)をつけて代入する！

$=-2(-2x^2y+3xy^2+3y^3)+6(xy^2+y^3)+(x^3-4x^2y+y^3)$

分配法則で(　)をはずす

$=4x^2y-6xy^2-6y^3+6xy^2+6y^3+x^3-4x^2y+y^3$

同類項をまとめる

$=x^3+(4-4)x^2y+(-6+6)xy^2+(-6+6+1)y^3$

$=x^3+y^3$ 答

4 単項式の乗法

文字 a をいくつかかけ合わせたものを，「a の**累乗**（るいじょう）」というよ。これは，かけ合わせた個数を右肩に小さくかく「**指数**（しすう）」を用いることで，次のように表すんだ。

これが**指数**。かけ合わせた個数を肩に小さくかくよ！

例　$a\times a\times a\times a\times a=a^{5}$（$a$ の5乗）

累乗の計算にはどんな法則が成り立つか，考えてみよう！

a を2個かけ合わせたものと，a を3個かけ合わせたものの積は，a が全部で2+3個だね！

❶　$a^2\times a^3=(a\times a)\times(a\times a\times a)=a^{2+3}=a^5$

❷　$(a^2)^3=a^2\times a^2\times a^2=a^{2\times 3}=a^6$

a^2を3個かけ合わせるという意味

a を2個かけ合わせたものを3個かけ合わせるから，a は全部で2×3個だね！

❸　$(ab)^3=ab\times ab\times ab=(a\times a\times a)\times(b\times b\times b)=a^3b^3$

ab を3個かけ合わせるという意味

a を3個，b も3個かけ合わせているね！

まとめると，次のことがわかるね！

指数法則 1

m, n は正の整数とする。

❶ $a^m a^n = a^{m+n}$　❷ $(a^m)^n = a^{mn}$　❸ $(ab)^n = a^n b^n$

この指数法則を使って，単項式どうしの積を計算してみよう♪

例 $(3x^3y)^2 \times (-5x^2y^4) = 3^2 \cdot (x^3)^2 \cdot y^2 \times (-5)x^2y^4$

$= 9x^6y^2 \times (-5)x^2y^4$

$= \{9 \cdot (-5)\} \cdot x^{6+2} \cdot y^{2+4}$

$= -45x^8y^6$

指数法則❷
$(x^3)^2 = x^{3\times2} = x^6$

指数法則❸
$a=3$, $b=x^3$, $c=y$ として，$(abc)^2 = a^2b^2c^2$

指数法則❶
$x^6 \times x^2 = x^{6+2} = x^8$
$y^2 \times y^4 = y^{2+4} = y^6$
累乗のかけ算は指数のたし算！

注意 「・」は「×（かける）」と同じ意味だよ！

ちょいムズ

この節の最後に，累乗のわり算のやり方をみてみよう！

$$a^6 \div a^4 = \frac{a^6}{a^4} = \frac{a\times a\times \cancel{a\times a\times a\times a}}{\cancel{a\times a\times a\times a}} = a^{6-4} = a^2$$

4個約分されるから，4個減るよ！

よって，次のことがわかるよ。

指数法則 2

m, n は正の整数($m>n$)とする。

❹ $a^m \div a^n = a^{m-n}$

まとめ

(1) 単 項 式……数や文字およびそれらをかけ合わせてできる式

➡ 数の部分を「係数」, かけ合わされている文字の個数を「次数」という。

(2) 多 項 式……単項式の和として表される式

➡ 各項の次数の中で最も高いものが，その多項式の「次数」

(3) 同 類 項……文字の部分が同じ項

(4) 降べきの順……次数の高い順

(5) 整式の加法・減法

➡ 交換法則：$\boldsymbol{a+b=b+a}$，$\boldsymbol{ab=ba}$

結合法則：$\boldsymbol{(a+b)+c=a+(b+c)}$，$\boldsymbol{(ab)c=a(bc)}$

分配法則：$\boldsymbol{a(b+c)=ab+ac}$，$\boldsymbol{(a+b)c=ac+bc}$

を用いて計算していく。同類項はまとめる。

(6) 指数法則

➡ ❶ $\boldsymbol{a^m a^n=a^{m+n}}$ ❷ $\boldsymbol{(a^m)^n=a^{mn}}$ ❸ $\boldsymbol{(ab)^n=a^n b^n}$

解答と解説▶別冊 *p.2*

練習問題

(1) $a^3x+ax^2-3a^2-x^3-5a^3x+7x^3$ を x について降べきの順に整理せよ。

(2) $A=3x^2+2xy-5z$，$B=2x^2+xy+3z$，$C=x^2-5xy+2z$ であるとき，$2(A-B+C)-(2A+3B-4C)$ を計算せよ。

(3) 次の計算をせよ。

① $(x^2)^3\times(2x)^2$　　② $(-3a^2bx^3)^2\times(-2ab^2)^3$

第2節 多項式の乗法

第1章 第2章 第3章 第4章 第5章 第6章 第7章 第8章

この節の目標

- ☐ Ⓐ $(ax+b)(cx+d)=acx^2+(ad+bc)x+bd$ を習得する。
- ☐ Ⓑ $(a+b+c)^2=a^2+b^2+c^2+2ab+2bc+2ca$ を習得する。
- ☐ Ⓒ おきかえ，かける順番など工夫をして展開することができるようになる。

イントロダクション ♪♫

この節では，「展開(てんかい)」について学習していくよ。展開するには，

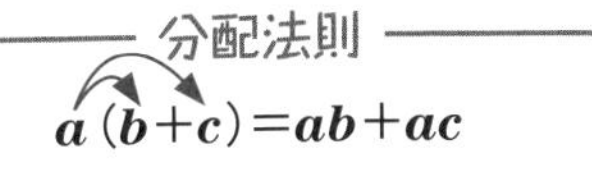

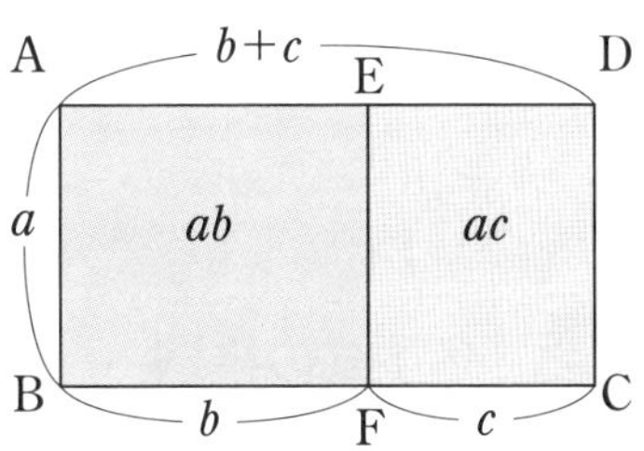

を使っていけばいいんだ！　ちなみに，これが「なぜ」成り立つかわかるかな？
右の図のような長方形の面積を考えると，

（長方形ABCDの面積）＝（長方形ABFEの面積）＋（長方形EFCDの面積）

より，

$$a(b+c)=ab+ac$$

となることがわかるね！

基本的にはこの「分配法則」を使って展開すればいいんだけど，よく出てくる形は公式化しておくと便利だよ。

たとえば，

(1)　$(x+\boxed{2})(x+③)$　　(2)　$(x\boxed{-5})(x+⑦)$

はどちらも，

$(x+\boxed{a})(x+ⓑ)$

という形をしているね。そこで，□，○の部分を a，b とおいたままで展開して整理すると，

$$(x+a)(x+b)=x^2+(a+b)x+ab$$

（aとbの積 → 積、aとbの和 → 和）

という式ができる。この式の a，b に，(1)は $a=2$，$b=3$，(2)は $a=-5$，$b=7$ をあてはめれば，

(1) $(x+\underset{a}{2})(x+\underset{b}{3})=x^2+\underbrace{(2+3)}_{和}x+\underbrace{2\times3}_{積}=x^2+5x+6$

(2) $(x\underset{a}{-5})(x+\underset{b}{7})=x^2+\underbrace{(-5+7)}_{和}x+\underbrace{(-5)\times7}_{積}=x^2+2x-35$

となって，展開完了だよ！

$(x+a)(x+b)$

$=\underset{①}{x^2}+\underset{②}{bx}+\underset{③}{ax}+\underset{④}{ab}$

$=x^2+(a+b)x+ab$

②・③は同類項だからまとめたよ！

この節では，中学で習った公式に加えて，新たに2つの公式を学習するよ。しっかり覚えて使いこなせるようにしよう！

ゼロから解説

1 多項式の乗法

多項式の積は，

分配法則

$$a(b+c)=ab+ac$$

を利用して計算することができるよ。

たとえば，(単項式)×(多項式)は，

$$4x(x^2-5x+3)=\underset{①}{4x\cdot x^2}+\underset{②}{4x\cdot(-5x)}+\underset{③}{4x\cdot3}$$

$$=4x^3-20x^2+12x$$

$4x\cdot x^2=4\cdot x^1\cdot x^2$

$=4\cdot x^{1+2}$

$=4x^3$

と計算できるわけだ！

注意 「・」は「×(かける)」と同じ意味だよ！

（多項式）×（多項式）であれば，

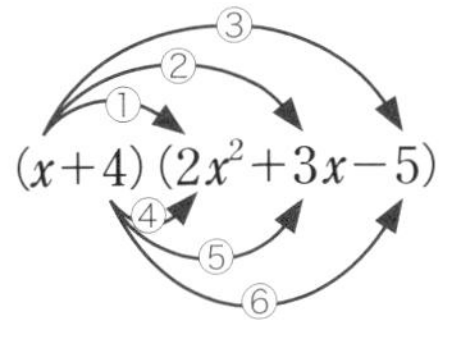

$=\underset{①}{x\cdot 2x^2}+\underset{②}{x\cdot 3x}+\underset{③}{x\cdot(-5)}+\underset{④}{4\cdot 2x^2}+\underset{⑤}{4\cdot 3x}+\underset{⑥}{4\cdot(-5)}$

$=2x^3+3x^2-5x+8x^2+12x-20$　　同類項をまとめたよ！

$=2x^3+(3+8)x^2+(-5+12)x-20$

$=2x^3+11x^2+7x-20$　　「降べきの順」に並べよう！

と計算するよ。このような計算は中学でも学習したね！

このように，いくつかの多項式の積を計算して1つの多項式に表すことを，その式を「**展開**する」というんだ。

2　展開公式の復習

展開公式 1

❶　$(a+b)^2=a^2+2ab+b^2$

❷　$(a-b)^2=a^2-2ab+b^2$

❸　$(a+b)(a-b)=a^2-b^2$

❹　$(x+a)(x+b)=x^2+(a+b)x+ab$

これは中学の復習だから，証明は省略するよ。次のような問題で使ったね！

例題 1

次の式を展開せよ。

(1)　$(2x-3y)^2$　　(2)　$(5x+4y)(5x-4y)$　　(3)　$(x+3)(x-4)$

解答と解説

(1) $\underset{a}{(2x}-\underset{b}{3y})^2=\underset{a^2}{(2x)^2}-2\cdot\underset{a}{2x}\cdot\underset{b}{3y}+\underset{b^2}{(3y)^2}$

公式❷ $=4x^2-12xy+9y^2$ 答

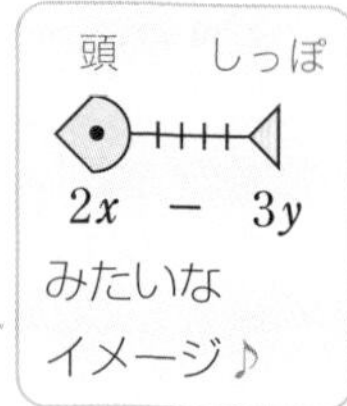

頭
しっぽ
2x − 3y
みたいな
イメージ♪

$2x$を頭，$3y$をしっぽとよぶと，
(頭ひくしっぽ)の2乗は，
(頭の2乗)−(積の2倍)+(しっぽの2乗)

(2) $(\underset{a}{5x}+\underset{b}{4y})(\underset{a}{5x}-\underset{b}{4y})=\underset{a^2}{(5x)^2}-\underset{b^2}{(4y)^2}$

公式❸ $=25x^2-16y^2$ 答

$5x$を頭，$4y$をしっぽとよぶと，
和と差の積は，
(頭の2乗)−(しっぽの2乗)

(3) $(x+\underset{a}{3})(x\underset{b}{-4})=x^2+\{\underset{a}{3}+\underset{b}{(-4)}\}x+\underset{a}{3}\cdot\underset{b}{(-4)}$

公式❹ $=x^2-x-12$ 答

xの係数は和，
定数項は積になるよ！

❸ 新しい展開の公式

いよいよ，新しい展開の公式を学んでいくよ。楽しみだね♪

展開公式2

❺ $(ax+b)(cx+d)=acx^2+(ad+bc)x+bd$

❻ $(a+b+c)^2=a^2+b^2+c^2+2ab+2bc+2ca$

これは新しく出てきた公式だからきちんと証明をしておこう！

❺は，分配法則を使って展開すれば証明できるよ。

❻は，ちょっと工夫をしてやってみるね！　$a+b=X$とおきかえると，

$$(X+c)^2=X^2+2Xc+c^2$$

が使えるから，計算を楽にすることができるんだ！

証明

❺ $(ax+b)(cx+d)=\underset{①}{acx^2}+\underset{②}{adx}+\underset{③}{bcx}+\underset{④}{bd}$

②と③は同類項だからまとめたよ！

$=acx^2+(ad+bc)x+bd$

頭の積　外と外　中と中　しっぽの積

外側／中側
$(ax+b)(cx+d)$
頭　しっぽ　頭　しっぽ

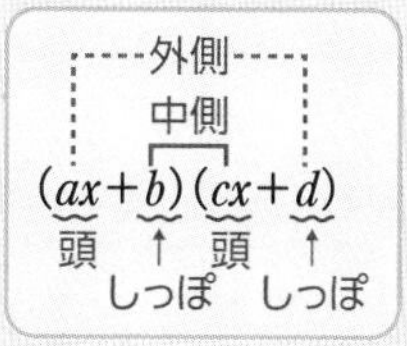

❻ $a+b=X$ とおくと，

$(a+b+c)^2=(X+c)^2$

$=X^2+2Xc+c^2$

Xを$a+b$に戻したよ！

$=(a+b)^2+2(a+b)c+c^2$

$=(a^2+2ab+b^2)+2ac+2bc+c^2$

$=a^2+b^2+c^2+2ab+2bc+2ca$ ➡ちょいムズ

2乗の和　積の2倍の和

先生！　計算ばっかりだとイメージわきにくいよ……
パッと見てわかるような証明はないの？

たとえば❺だと，次の図のような長方形の面積を考えるのはどうかな？

$(ax+b)(cx+d)=$

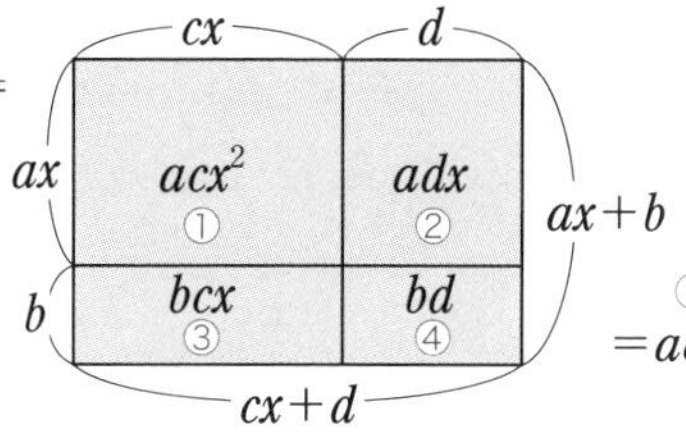

	cx	d
ax	acx^2 ①	adx ②
b	bcx ③	bd ④

（縦 $ax+b$，横 $cx+d$）

$=\overset{①}{acx^2}+(\overset{②}{ad}+\overset{③}{bc})x+\overset{④}{bd}$

なるほど！　視覚的にわかるね！　❻も同じようにできるのかな？

できそうだね。考えてみて！

こんな正方形の面積を考えればいいのかな？

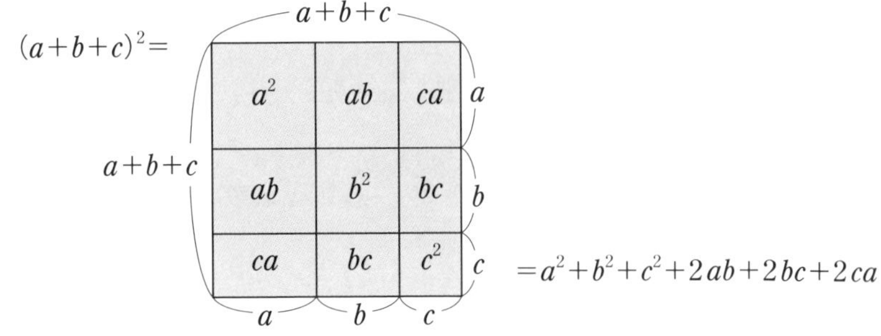

OK♪　このように式の意味を図形的に考えてみることも大切なんだ！

ちょいムズ

❻の最後は，なぜアルファベット順の「ac」ではなくて「ca」なのか，不思議に思った人もいるかもしれないね。もちろん「ac」でもいいのだけれど，こういうときは（$a \to c \to b \to a$ の輪）のように，a，b，c を輪の形に循環するように整理するのが一般的なんだ。

これを「**輪環**（りんかん）**の順**に整理する」というよ。

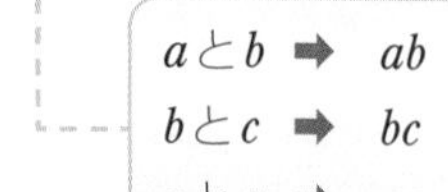

❹ 展開の工夫

ここでは，❸で出てきた「おきかえ」以外にも，計算の工夫ができる場面がないかをみていこう。じつは，「かける順番」に注意すると，効率よく展開できる場合があるんだ。

たとえば，$(x+3)^2(x-3)^2$ を展開するとき，

$$(x+3)^2(x-3)^2=(x^2+6x+9)(x^2-6x+9)$$

← 2乗をそのまま計算した

とすると，あとの計算が少しめんどくさくなってしまうね(><)　そこで，

指数法則

$$(AB)^2=A^2B^2$$

を利用して，先に $x+3$ と $x-3$ をかけてから全体を2乗する，という順序でやると，次のようになるよ。

$A^2B^2=(AB)^2$

$$\underbrace{(x+3)^2}_{A^2}\underbrace{(x-3)^2}_{B^2}=\{\underbrace{(x+3)}_{A}\underbrace{(x-3)}_{B}\}^2$$

$(a+b)(a-b)=a^2-b^2$
$\Rightarrow$ $a=x$，$b=3$ と考えよう！

$$=(x^2-9)^2$$

$(p-q)^2=p^2-2pq+q^2$
$\Rightarrow$ $p=x^2, q=9$ と考えよう！

$$=x^4-18x^2+81$$

どうかな？　けっこう簡単に展開できたね。計算は，正確に行うことがもちろん大切なんだけど，それだけでなく，できるだけ楽に行おうという意識もとても大切なんだ。それが将来的に，正確さにもつながっていくよ！

例題 ❷

次の式を展開せよ。

(1)　$(3x+4)(2x+5)$　　(2)　$(2x-y)(7x+4y)$

(3)　$(x-2y+z)^2$　　★(4)　$(x^2+4)(x+2)(x-2)$

★(5)　$(x^2+3x+1)(x^2-3x+1)$

解答と解説

(1)　$\underbrace{(3}_{a}x+\underbrace{4)}_{b}\underbrace{(2}_{c}x+\underbrace{5)}_{d}$

$$=\underbrace{3}_{a}\cdot\underbrace{2}_{c}x^2+(\underbrace{3}_{a}\cdot\underbrace{5}_{d}+\underbrace{4}_{b}\cdot\underbrace{2}_{c})x+\underbrace{4}_{b}\cdot\underbrace{5}_{d}$$

$$=6x^2+23x+20$$ 答

$(3x+4)(2x+5)$
$=3\cdot2x^2+(3\cdot5+4\cdot2)x+4\cdot5$
頭の積　外と外　中と中　しっぽの積

$(2x-y)(7x+4y)$
$=2\cdot7x^2+\{2\cdot4y+(-y)\cdot7\}x+(-y)\cdot4y$
頭の積　外と外　中と中　しっぽの積

(2)　$\underbrace{(2}_{a}x\underbrace{-y)}_{b}\underbrace{(7}_{c}x+\underbrace{4y)}_{d}$

$$=\underbrace{2}_{a}\cdot\underbrace{7}_{c}x^2+\{\underbrace{2}_{a}\cdot\underbrace{4y}_{d}+(\underbrace{-y}_{b})\cdot\underbrace{7}_{c}\}x+(\underbrace{-y}_{b})\cdot\underbrace{4y}_{d}$$

$$=14x^2+xy-4y^2$$ 答

(3) $(\underset{a}{x}\underset{b}{-2y}+\underset{c}{z})^2$

$$=\underset{a^2}{x^2}+\underset{b^2}{(-2y)^2}+\underset{c^2}{z^2}+2\cdot\underset{a}{x}\cdot\underset{b}{(-2y)}+2\cdot\underset{b}{(-2y)}\cdot\underset{c}{z}+2\cdot\underset{c}{z}\cdot\underset{a}{x}$$

$$=x^2+4y^2+z^2-4xy-4yz+2zx$$ 答

> $(x-2y+z)^2$
> $=\underbrace{x^2+(-2y)^2+z^2}_{2乗の和}+\underbrace{2\cdot x\cdot(-2y)+2\cdot(-2y)\cdot z+2\cdot z\cdot x}_{積の2倍の和}$

(4) $(x^2+4)(\underset{a}{x}+\underset{b}{2})(\underset{a}{x}-\underset{b}{2})$

$$=(x^2+4)(\underset{a^2}{x^2}-\underset{b^2}{2^2})$$

$$=(\underset{A}{x^2}+\underset{B}{4})(\underset{A}{x^2}-\underset{B}{4})$$

$$=\underset{A^2}{(x^2)^2}-\underset{B^2}{4^2}$$

$$=x^4-16$$ 答

> $\underbrace{(x+2)(x-2)}_{和と差の積}=\underbrace{x^2}_{頭の2乗}-\underbrace{2^2}_{しっぽの2乗}$

> $\underbrace{(x^2+4)(x^2-4)}_{和と差の積}=\underbrace{(x^2)^2}_{頭の2乗}-\underbrace{4^2}_{しっぽの2乗}$

> $(x^2)^2=x^{2\times2}=x^4$

(5) $x^2+1=X$とおくと,

> x^2+1が両方に入っているから,
> $x^2+1=X$とおいて計算していこう!

$$(x^2+3x+1)(x^2-3x+1)$$

$$=\{(\underset{X}{x^2+1})+3x\}\{(\underset{X}{x^2+1})-3x\}$$

> x^2+3x+1と$(x^2+1)+3x$は,$3x$と1を入れかえただけだから等しい!
> (和の交換法則:□+○=○+□)

$$=(\underset{a}{X}+\underset{b}{3x})(\underset{a}{X}-\underset{b}{3x})$$

> 和と差の積は,
> (頭の2乗)−(しっぽの2乗)

$$=\underset{a^2}{X^2}-\underset{b^2}{(3x)^2}$$

Xをx^2+1に戻した

$$=(\underset{p}{x^2}+\underset{q}{1})^2-9x^2$$

$$=\underset{p^2}{(x^2)^2}+2\cdot\underset{p}{x^2}\cdot\underset{q}{1}+\underset{q^2}{1^2}-9x^2$$

> (頭たすしっぽ)の2乗は,
> (頭の2乗)+(積の2倍)+(しっぽの2乗)

> $(x^2)^2=x^{2\times2}=x^4$

$$=x^4+2x^2+1-9x^2$$

$$=x^4-7x^2+1$$ 答

まとめ

展開の基本は，

分配法則：$\boldsymbol{a(b+c)=ab+ac}$

を用いることである。

次の❶～❸も重要！

❶ $\boldsymbol{(ax+b)(cx+d)=acx^2+(ad+bc)x+bd}$

❷ $\boldsymbol{(a+b+c)^2=a^2+b^2+c^2+2ab+2bc+2ca}$

❸ おきかえをしたり，かける順番を工夫したりする！

解答と解説▶別冊 $p.4$

練習問題

次の式を展開せよ。

(1) $(4x-1)(3x+2)$　　(2) $(x-y-2z)^2$

★(3) $(3x+2y)^2(3x-2y)^2$　　★(4) $(a^2+3b^2-2)(a^2+3b^2+5)$

第3節 因数分解(1)

この節の目標

- ☐ Ⓐ 共通因数でくくる因数分解ができるようになる。
- ☐ Ⓑ 2次式の因数分解ができるようになる。
- ☐ Ⓒ $acx^2+(ad+bc)x+bd=(ax+b)(cx+d)$ を利用した，たすきがけの因数分解ができるようになる。

イントロダクション ♪♫

この節では，「**因数分解**(いんすうぶんかい)」について学習していくよ。因数分解とは，多項式を1次以上のいくつかの多項式の積で表すことだよ！　いちばん最初に学習した因数分解は，

$$ma+mb=m(a+b)$$

を使って「**共通因数**(きょうつういんすう)」をくくり出すことだったね！（中学数学でやったね）

たとえば，

$$8a^2b+6ab^2=2ab\cdot 4a+2ab\cdot 3b$$
$$=2ab(4a+3b)$$

$2ab$ が共通因数だね！

のように因数分解したのは覚えているかな？

因数分解ができると，方程式(ほうていしき)の解(かい)を求めることができるようになるんだ！

因数分解に使える公式の1つは，次のようなものだったね。

展開と因数分解

$$x^2+(a+b)x+ab$$

展開↑　↓因数分解

$$=(x+a)(x+b)$$

因数　因数

たとえば，

$$x^2+5x+6=0 \quad \cdots\cdots (*)$$

の解を求めることを考えるよ！　上の公式を利用すると，たして「5」，かけて「6」となる2数は「2と3」だから，

例3 $3a\underline{(x+5)}-2b\underline{(x+5)}$

$=\underline{(x+5)}(3a-2b)$

$x+5=X$とおくと,
$3a(x+5)-2b(x+5)$
$=3aX-2bX$
$=X(3a-2b)$

> 共通因数の$x+5$を$\blacksquare$で隠すと,
> $3a(x+5)-2b(x+5)$
> $=3a\blacksquare-2b\blacksquare$
> となるね！　見えている部分をかっこの中にかくよ！

例4 $x(a-b)+y(b-a)$

> $b-a=-a+b=-(a-b)$

$=x\underline{(a-b)}-y\underline{(a-b)}$

$=\underline{(a-b)}(x-y)$

$a-b=A$とおくと,
$x(a-b)-y(a-b)$
$=xA-yA$
$=A(x-y)$

> 共通因数の$a-b$を$\blacksquare$で隠すと,
> $x(a-b)-y(a-b)$
> $=x\blacksquare-y\blacksquare$
> となるね！　見えている部分をかっこの中にかくよ！

といった感じだよ！　共通因数でくくることは，因数分解の第一歩だね！

2　2次式の因数分解

因数分解の公式 1

❶ $a^2+2ab+b^2=(a+b)^2$　　❷ $a^2-2ab+b^2=(a-b)^2$

❸ $a^2-b^2=(a+b)(a-b)$

❹ $x^2+(a+b)x+ab=(x+a)(x+b)$

第2節の展開公式 1 を逆に利用すると，因数分解できるんだね！

例題 ❶

次の式を因数分解せよ。

(1) $9x^2+24xy+16y^2$　　(2) $25x^2-36y^2$　　(3) $x^2+9x-22$

解答と解説

(1) $9x^2+24xy+16y^2\overset{\text{公式❶}}{=}\underbrace{(3x)^2}_{a^2}+2\cdot\underbrace{3x}_{a}\cdot\underbrace{4y}_{b}+\underbrace{(4y)^2}_{b^2}$

$=(\underline{3x}+\underline{4y})^2$ **答**

> $3x$を頭，$4y$をしっぽとよぶと，
> (頭の2乗)＋(積の2倍)
> ＋(しっぽの2乗)
> は(頭たすしっぽ)の2乗！

$$x^2+\underline{5}x+\underline{6}=(x+2)(x+3)$$

と因数分解できる。よって，(*)は，

$$(x+2)(x+3)=0$$

となるね。$x+2$ と $x+3$ をかけて 0 だから，

$$x+2=0 \text{ または } x+3=0$$

よって，

$$x=-2,\ -3$$

と解を求めることができるんだ。因数分解ができるようになると方程式が解るようになるんだね！　もちろん，これ以外にもたくさんいいことがあるよ。

> $x^2+\underline{(a+b)}x+\underline{ab}=(x+a)(x+b)$
> ➡ $\begin{cases} a+b=5 \\ ab=6 \end{cases}$ となる a，b は2

> $AB=0$ ならば，
> $A=0$ または $B=$

ゼロから解説

1 共通因数

多項式の各項に共通な因数があるとき，それをかっこの外にくくり出して，多項式を因数分解することができるよ。

例1　$abc+5ab=ab(c+5)$

例2　$6x^2y+15xy^2=3xy\cdot 2x+3xy\cdot 5y$
$$=3xy(2x+5y)$$

> 共通因数の ab を■で隠すと，
> $abc+5ab=$■$c+5$■
> となるね！　右辺の見えている部分をかっこの中にかくよ！

> 共通因数の $3xy$ を■で隠すと，
> $3xy\cdot 2x+3xy\cdot 5y=$■$2x+$■$5y$
> となるね！　右辺の見えている部分をかっこの中にかくよ！

注意　**たとえば，例2 において，共通因数として「x」があるね！　だから，**

$$6x^2y+15xy^2=x(6xy+15y^2)$$

とやってはいけないの？　と考えた人はいないかな？

因数分解は，「これ以上因数分解できない」っていうところまでするのが基本だから，くくれるものはすべてくくり出すことがポイントだよ！

また，式の一部をひとかたまりとして，1つの文字のようにみなすことにより，共通因数をくくり出すことができる場合があるんだ！

(2)　$25x^2-36y^2=\underbrace{(5x)^2}_{a^2}-\underbrace{(6y)^2}_{b^2}$

公式❸

$=(\underbrace{5x}_{a}+\underbrace{6y}_{b})(\underbrace{5x}_{a}-\underbrace{6y}_{b})$　答

5xを頭，6yをしっぽとよぶと，（頭の2乗）−（しっぽの2乗）は，和と差の積！

(3)　$x^2+\underline{9}x\underline{-22}=x^2+\{\underline{11}+\underline{(-2)}\}x+\underline{11}\cdot\underline{(-2)}$

公式❹

$=(x+\underline{11})(x\underline{-2})$　答

xの係数は和，定数項は積だから，たして「9」，かけて「−22」となるa，bを探せばよく，「11と−2」だね！

また，共通因数をくくり出したあとで，公式を用いて因数分解できるときがあるよ！

共通因数のxyをくくり出したよ！

例　$16x^3y-9xy^3=xy\cdot16x^2-xy\cdot9y^2$

$=xy(16x^2-9y^2)$

$=xy\{\underbrace{(4x)^2}_{a^2}-\underbrace{(3y)^2}_{b^2}\}$

公式❸

$=xy(\underbrace{4x}_{a}+\underbrace{3y}_{b})(\underbrace{4x}_{a}-\underbrace{3y}_{b})$

共通因数のxyを■で隠すと，

$xy\cdot16x^2-xy\cdot9y^2=$■$16x^2-$■$9y^2$

となるね！　右辺の見えている部分をかっこの中にかくよ！

4xを頭，3yをしっぽとよぶと，（頭の2乗）−（しっぽの2乗）は，和と差の積！

次はいよいよ「たすきがけ」について学習していくよ！

❸ たすきがけ

❷で扱った因数分解は，x^2の係数が1か，またはわかりやすい数の2乗（1は1の2乗だね！）になっていたから，やりやすかったね。

でも，x^2の係数がいつも整数の2乗になってくれるとはかぎらないね。そして，x^2の係数がわかりやすい数の2乗でないときは，**因数分解の公式❶**は使えないんだ(><)

x^2の係数がわかりやすい数の2乗でないときは，次の「**たすきがけ**」を使って因数分解ができるよ！　ちょっと難しいけど，頑張ろうね！

因数分解の公式❷（たすきがけ）

$$acx^2+(ad+bc)x+bd=(ax+b)(cx+d)$$

$$\begin{array}{ccccc} a & \times & b & \rightarrow & bc \\ c & & d & \rightarrow & ad \\ \hline \end{array}$$

x の係数 → $ad+bc$

例1 $3x^2+2x-5$ を因数分解せよ。

$3x^2+2x-5=(ax+b)(cx+d)$ にしたいので，

$ac=3$，$ad+bc=2$，$bd=-5$

となる a，b，c，d を求めればいいよ。

手順1 $ac=3$，$bd=-5$ となる a，b，c，d を考える。

➡ $(a,\ c)=(1,\ 3)$，$(3,\ 1)$　$(b,\ d)=(1,-5)$，$(-1,\ 5)$，$(5,-1)$，……

など，たくさんあるね。

手順2 **手順1** の中から $ad+bc=2$ となる a，b，c，d をみつける。

(i) $(a,\ c)=(1,\ 3)$，$(b,\ d)=(1,-5)$

$$\begin{array}{ccccc} 1 & \times & 1 & \rightarrow & 3 \\ 3 & & -5 & \rightarrow & -5 \\ \hline & & & & -2 \end{array}\quad \times$$

ad+bc=−2 となってしまったので失敗(>_<)

(ii) $(a,\ c)=(1,\ 3)$，$(b,\ d)=(-1,\ 5)$

$$\begin{array}{ccccc} 1 & \times & -1 & \rightarrow & -3 \\ 3 & & 5 & \rightarrow & 5 \\ \hline & & & & 2 \end{array}\quad \bigcirc$$

符号がちがうだけだから，マイナスを逆につければできそう！

ad+bc=2 となり，x の係数になったので成功(^ ^)

$3x^2+2x-5=(ax+b)(cx+d)$

となる a，b，c，d が $a=1$，$b=-1$，$c=3$，$d=5$ とわかったので，

$3x^2+2x-5=(x-1)(3x+5)$

と因数分解できるね。

$$\begin{array}{ccccc} (1x & \times & -1) & \rightarrow & -3 \\ (3x & & 5) & \rightarrow & 5 \\ \hline & & & & 2 \end{array}$$

上の(ii)の図の左の縦の部分に x をつけて，（　　）をつければ完成！

難しいところなので，今回の例をさらに丁寧に，順を追って考えていこう！

例2　$3x^2+2x-5$ を因数分解せよ。

step1　x^2 の係数が 3 なので，かけて 3 になる数の組合せを考えて縦に並べる。(たとえば，1と3)

$$
\begin{array}{l}
3x^2+2x-5 \\
1 \\
3
\end{array}
$$

step2　定数項が -5 なので，かけて -5 になる数の組合せを考えて縦に並べる。(今回は，1 を上に，-5 を下にかいたけど，-5 が上で 1 が下のほうで成功する可能性もあるよ)

$$
\begin{array}{lc}
3x^2+2x-5 & \\
1 & 1 \\
3 & -5
\end{array}
$$

step3　たすきにかけたものの和をとり，x の係数になっているかどうかを調べる。なっていない場合，別の組合せにしてみる。(今回は -2 ではなく 2 になればよいから，符号を逆にしたらできそう！)

左上と右下，左下と右上をかけて，それぞれの積を右にかく

$$
\begin{array}{cccccc}
\multicolumn{6}{l}{3x^2+2x-5} \\
1 & \times & 1 & \rightarrow & 3 & \\
3 & & -5 & \rightarrow & -5 & \\
\hline
 & & & & -2 & \times
\end{array}
$$

step4　かけて -5 となるのは -1 と 5 もあるため，後ろの縦を変えてみる。たすきにかけたものの和が x の係数になったので成功！

$$
\begin{array}{cccccc}
\multicolumn{6}{l}{3x^2+\underline{\underline{2}}x-5} \\
1 & \times & -1 & \rightarrow & -3 & \\
3 & & 5 & \rightarrow & 5 & \\
\hline
 & & & & \underline{\underline{2}} & \bigcirc
\end{array}
$$

step5　左の縦の列に x をつけて，かっこでくくり，上の(　)かける下の(　)が答え！

$$
\begin{array}{cccccc}
\multicolumn{6}{l}{3x^2+2x-5} \\
(1x & \times & -1) & \rightarrow & -3 & \\
(3x & & 5) & \rightarrow & 5 & \\
\hline
 & & & & 2 & \bigcirc
\end{array}
$$

$$3x^2+2x-5=(\boldsymbol{x-1})(\boldsymbol{3x+5})$$

例題❷

次の式を因数分解せよ。

(1)　$6x^2+7x+2$　　　(2)　$2x^2-9x+4$

解答と解説

(1)

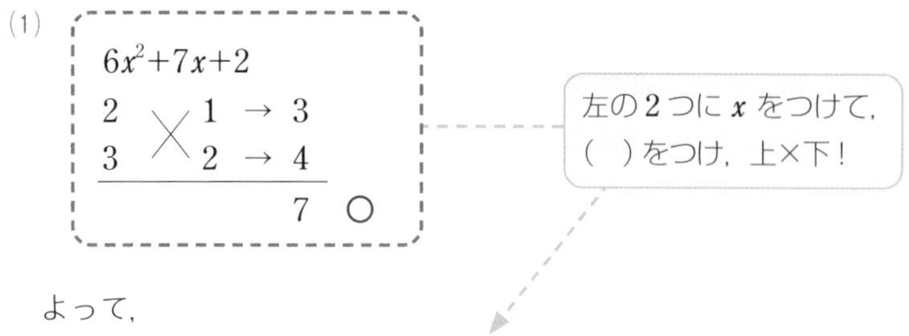

6x²+7x+2
2 ╳ 1 → 3
3 ╳ 2 → 4
7 ○
左の2つにxをつけて，
(　)をつけ，上×下！

よって，

$$6x^2+7x+2=(2x+1)(3x+2)$$ 答

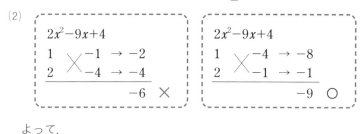

(2)

$2x^2-9x+4$

1	╳ -1	→	-2
2	-4	→	-4
			-6 ✕

$2x^2-9x+4$

1	╳ -4	→	-8
2	-1	→	-1
			-9 ○

よって，

$$2x^2-9x+4=(x-4)(2x-1)$$ 答

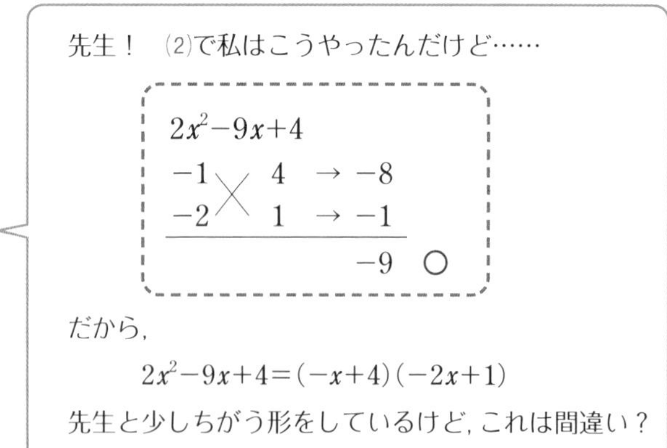

先生！ (2)で私はこうやったんだけど……
2x²−9x+4
−1 ╳ 4 → −8
−2 1 → −1
−9 ○
だから，
2x²−9x+4=(−x+4)(−2x+1)
先生と少しちがう形をしているけど，これは間違い？

いい質問だね！　(　)からマイナスをくくり出してごらん。

$(-x+4)(-2x+1)=\{-(x-4)\}\{-(2x-1)\}=(x-4)(2x-1)$

あ！　同じになった！

君の答えは，じつは合っているんだよ。だけど，答えのxの係数は，正の数のほうが見栄え(みば)がいいね！　だから，問題のx^2の係数が正のときは，a，cは正の数を選んでおくといいよ！

ちょいムズ

$12x^2-8xy-15y^2$

のように，x，yの2文字が入っているときのたすきがけをやってみよう！

まずはxについて整理して，yは数のつもりでやるんだよ。

$12x^2-8xy-15y^2$

$=12x^2-8yx-15y^2$

$12x^2-8yx-15y^2$

1	$-3y$	→	$-36y$
12	$5y$	→	$5y$
			$-31y$ ×

$12x^2-8yx-15y^2$

2	$-3y$	→	$-18y$
6	$5y$	→	$10y$
			$-8y$ ○

yをかくのを忘れないでね！

よって，

$12x^2-8xy-15y^2=(2x-3y)(6x+5y)$

となるね！

(1) 共通因数……各項に含まれる共通な因数

➡ 共通因数があるときは，共通因数をくくり出す！

$$ma+mb=m(a+b)$$

(2) 2次式の因数分解 ➡ 以下の公式を利用する

❶ $a^2+2ab+b^2=(a+b)^2$

❷ $a^2-2ab+b^2=(a-b)^2$

❸ $a^2-b^2=(a+b)(a-b)$

❹ $x^2+(a+b)x+ab=(x+a)(x+b)$

(3) たすきがけの因数分解

$$acx^2+(ad+bc)x+bd=(ax+b)(cx+d)$$

例 $6x^2-5x-6$

$6x^2-5x-6$

2	╳	-3 →	-9
3		2 →	4
			-5 ○

$6x^2-5x-6=(2x-3)(3x+2)$

解答と解説►別冊 p.6

練習問題

次の式を因数分解せよ。

(1) $a(b-c)+3c-3b$　　(2) $4x^2-12xy+9y^2$

(3) $9a^2-16b^2$　　(4) $x^2+7x-30$

(5) $8x^2-2x-3$　　★(6) $7x^2+11xy+4y^2$

★(7) $3x^3+12x^2y+12xy^2$

第4節 因数分解(2)

この節の目標

- ☐ Ⓐ おきかえタイプの因数分解ができるようになる。
- ☐ Ⓑ 次数の最も低い文字について整理するタイプの因数分解ができるようになる。
- ☐ Ⓒ 係数に文字を含むたすきがけの因数分解ができるようになる。
- ☐ Ⓓ 複2次式の因数分解ができるようになる。

イントロダクション ♪♫

この節では，工夫が必要な「因数分解」について学習していくよ。どのような工夫があるか，これまでに出てきたものも含めて，まとめておくね！

因数分解

(1) 共通因数 （第3節 ❶） (2) 因数分解の公式 （第3節 ❷）

(3) たすきがけ （第3節 ❸，第4節 ❸）

(4) おきかえ （第4節 ❶）

➡ 部分的に展開したり因数分解したりしてかたまりを作る場合もある

(5) 次数が最も低い文字について整理 （第4節 ❷）

➡ どの文字についての次数も同じときは，どれか1文字について整理

(6) $■^2-●^2$ の形を作る （第4節 ❹）

この6つを考えてみてね！　応用で少し難しくなるけど，頑張っていこう！

ゼロから解説

❶ おきかえ

共通な項(以降「かたまり」とよぶ)があるとき，それを文字でおきかえると因数分解しやすいことがあるんだ！　1つ例をあげておこう！

例 $(x^2-6x)^2+7(x^2-6x)-18$ を因数分解せよ。

これは，「x^2-6x」という「かたまり」がみえるね！　だから，$x^2-6x=A$ とおくと，

$$(x^2-6x)^2+7(x^2-6x)-18$$
$$=A^2+7A-18$$
$$=(A+9)(A-2)$$
$$=(x^2-6x+9)(x^2-6x-2)$$
$$=(x-3)^2(x^2-6x-2)$$

A の2次式となり，たして7，かけて−18となる2数をみつければ，因数分解できるね！

$A=x^2-6x$ を代入！

因数分解できるところまでする！
$x^2-6x+9=(x-3)^2$ とでき，x^2-6x-2 はこれ以上因数分解できない！

例題 ❶

次の式を因数分解せよ。

(1)　$(x-2y)(x-2y-5)+6$　　(2)　$(x+1)(x+2)(x+3)(x+4)-24$

解答と解説

(1)　$x-2y=A$ とおくと，

$$(x-2y)(x-2y-5)+6$$
$$=A(A-5)+6$$
$$=A^2-5A+6$$
$$=(A-2)(A-3)$$
$$=(x-2y-2)(x-2y-3)$$ **答**

展開

たして−5，かけて6となる2数は−2と−3

$A=x-2y$ を代入

(2)　$(x+1)(x+2)(x+3)(x+4)-24$

（②：$(x+2)$ と $(x+3)$，①：$(x+1)$ と $(x+4)$）

$$=\underset{①}{\{(x+1)(x+4)\}}\underset{②}{\{(x+2)(x+3)\}}-24$$
$$=(x^2+5x+4)(x^2+5x+6)-24$$

$x^2+5x=A$ とおくと，

「かたまり」を作るように，かける順番を考えることがポイント。たとえば，
$(x+1)(x+2)=x^2+3x+2$
$(x+3)(x+4)=x^2+7x+12$
だと，かたまりは出てこない！
展開したとき，x の係数または定数項が同じになるものを先にかけよう！

$$
\begin{aligned}
(\text{与式}) &= (A+4)(A+6)-24 \\
&= A^2+10A+24-24 \\
&= A^2+10A \\
&= A(A+10) \\
&= (x^2+5x)(x^2+5x+10) \\
&= x(x+5)(x^2+5x+10)
\end{aligned}
$$
答

共通因数の A でくくる

$A=x^2+5x$ を代入！

因数分解できるところはする！
$x^2+5x=x(x+5)$

かたまりをみつけたり，作ったりしたものをおきかえると，簡単な式になり，因数分解しやすくなったね。式の特徴をしっかりつかむことが大切だよ！

2 次数が最も低い文字について整理

複数の文字が入った式は，次数が最も低い文字について整理すると，因数分解がしやすくなるよ。

例 $b^2+ab-2a+b-6$ を因数分解せよ。

各文字の次数を考えていくと，a は1次，b は2次だから，次数が最も低い文字は a だね！　だから，a について整理してから，因数分解しよう！

$$
\begin{aligned}
& b^2+ab-2a+b-6 \\
&= (b-2)a+(b^2+b-6) \\
&= (b-2)a+(b-2)(b+3) \\
&= (b-2)\{a+(b+3)\} \\
&= (b-2)(a+b+3)
\end{aligned}
$$

a について，降べきの順に整理しよう！
(　　　)a＋□

b^2+b-6 を因数分解

$b-2$ が共通因数だから，$b-2$ でくくる

となるよ！

先生！　次数が高いほうで整理したら，因数分解できないの？

じつは，できないことはないんだ！　b について整理してみようか。

$$b^2+ab-2a+b-6=b^2+(a+1)b-2a-6$$
$$=b^2+(a+1)b-2(a+3)$$

となるね！　ここからできるかい？

たして $a+1$，かけて $-2(a+3)$ となる2数は，-2 と $a+3$ だから，

$$b^2+(a+1)b-2(a+3)=(b-2)\{b+(a+3)\}$$
$$=(b-2)(a+b+3)$$

よくできたね！　次数が低いほうではないもので整理しても，基本的にはできるんだけど，1次式と2次式では，1次式のほうが因数分解しやすいよね！　だから，次数が低いもので整理したほうが簡単に因数分解できるんだ。

なるほど～！　式をどのようにとらえるかって大切なんだね！
じゃあ，次数がどの文字も同じだったら，どうすればいいの？

次数が同じ場合は，どの文字で整理してもたいへんさがそう変わらなければ，どれか好きな1文字について整理すればいいよ！

例題❷

次の式を因数分解せよ。

(1)　$a^3-ab^2-b^2c+a^2c$　　　(2)　$a^2(b-c)+b^2(c-a)+c^2(a-b)$

解答と解説

(1)　$a^3-ab^2-b^2c+a^2c$

次数は，
a：3次，b：2次，c：1次
だから，c について整理しよう！

$=(a^2-b^2)c+(a^3-ab^2)$

後ろの部分で共通因数の a をくくり出す

$=(a^2-b^2)c+a(a^2-b^2)$

共通因数の a^2-b^2 をくくり出す

$=(a^2-b^2)(c+a)$

因数分解はできるかぎり行う！
$a^2-b^2=(a+b)(a-b)$

$=(a+b)(a-b)(c+a)$　答

a, b, c の次数が 2 で等しいので，どれか1文字について整理する！

(2)　$a^2(b-c)+b^2(c-a)+c^2(a-b)$

$=a^2b-a^2c+b^2c-b^2a+c^2a-c^2b$

a^2が含まれている項，aが含まれている項，aがない項に分けた

$=(a^2b-a^2c)+(-b^2a+c^2a)+(b^2c-c^2b)$

aについて整理

$=(b-c)a^2+(c^2-b^2)a+(b^2c-bc^2)$

$=(b-c)a^2+(c+b)(c-b)a+bc(b-c)$

このままだと，共通因数がないけど，
$c-b=-b+c=-(b-c)$
とすることで，共通因数を作れるね！

$=(b-c)a^2-(b+c)(b-c)a+bc(b-c)$

共通因数 $b-c$ をくくりだす

$=(b-c)\{a^2-(b+c)a+bc\}$

a，b，cだとわかりにくいけど，
$x^2-(b+c)x+bc$
と考え方は同じ！　たして$-(b+c)$，かけて bc となる2数は $-b$，$-c$ だね！

$=(b-c)(a-b)(a-c)$　答

今回は，ある文字について整理すると共通因数が出てきたね。次の❸では，どの文字について整理しても共通因数が出てこない場合を考えていくよ！

❸ 係数に文字を含むたすきがけ

例　$2x^2-3xy-2y^2+x+3y-1$ を因数分解せよ。

次数は x が 2，y が 2 だね！　次数が同じときは，どちらの文字について整理しても大丈夫だよ！　今回は x について整理してみよう！

$$2x^2-3xy-2y^2+x+3y-1=2x^2+(-3y+1)x-2y^2+3y-1$$
$$=2x^2+(-3y+1)x-(2y^2-3y+1)$$

となり，共通因数が出てこないね(>_<)　このようなときは，「たすきがけの因数分解」ができないかを考えてみよう。しかし，かけて $-(2y^2-3y+1)$ となる2数が，このままではわからないね。そこで $2y^2-3y+1$ を因数分解すると，

$$2y^2-3y+1=(2y-1)(y-1)$$

2	-1	→ -1
1	-1	→ -2
		-3

となり，これでたすきがけができそうだね！

$$2x^2-3xy-2y^2+x+3y-1$$
$$=2x^2+(-3y+1)x-(2y-1)(y-1)$$
$$=\{2x+(y-1)\}\{x-(2y-1)\}$$
$$=\mathbf{(2x+y-1)(x-2y+1)}$$

2	$y-1$	→ $y-1$
1	$-(2y-1)$	→ $-4y+2$
		$-3y+1$

これで，因数分解が完成だ。

4 複2次式の因数分解

x についての整式が，$ax^4+bx^2+c\ (a\neq 0)$ の形に表されるとき，このような式を「**複2次式**」というよ。

複2次式 x^4-x^2-12 を因数分解してみよう♪　$x^4=(x^2)^2$ なので，「x^2」というかたまりがあるね！　$x^2=X$ とおきかえて因数分解すると，

$$\begin{aligned} x^4-x^2-12&=(x^2)^2-x^2-12 \\ &=X^2-X-12 \\ &=(X-4)(X+3) \\ &=(x^2-4)(x^2+3) \\ &=(x+2)(x-2)(x^2+3) \end{aligned}$$

となるよ！

さてつぎに，$x^2=X$ とおきかえても，うまくいかないタイプを扱っていくよ！

そのようなときは，

❶ $a^2+b^2=(a-b)^2+2ab$　　❷ $a^2+b^2=(a+b)^2-2ab$

を用いて，■^{2}−●^{2} の形を作って因数分解することを考えるんだ。

実際の因数分解に入るまえに，まず❶，❷の変形を練習してみるよ！

たとえば，x^4+16 は，

❶ $x^4+16=(x^2-4)^2+8x^2$　　❷ $x^4+16=(x^2+4)^2-8x^2$

と変形できるね！　じゃあ，これを使っていよいよ因数分解の本番に入るよ。

例 x^4-x^2+16 を因数分解せよ。

$x^2=X$ とおきかえると，X^2-X+16 となるね。しかし，たして -1，かけて 16 になる整数の2数はなく，

$$x^2+(a+b)x+ab=(x+a)(x+b)$$

を用いて因数分解することはできないんだ。そのようなときは，❶または❷を用いて■$^2-$●^{2}の形を作ることを考えると，因数分解できることがあるよ。

❶を用いると，

$$x^4-x^2+16=(x^2-4)^2+8x^2-x^2$$
$$=(x^2-4)^2+7x^2$$

となり，うまく因数分解できないけど，❷を用いると，因数分解できるよ！

$$x^4-x^2+16=(x^2+4)^2-8x^2-x^2$$
$$=(x^2+4)^2-9x^2$$
$$=\{(x^2+4)+3x\}\{(x^2+4)-3x\}$$
$$=(\boldsymbol{x^2+3x+4})(\boldsymbol{x^2-3x+4})$$

$x^2+4=A$ とおくと，
$(x^2+4)^2-9x^2$
$=A^2-(3x)^2$
$=(A+3x)(A-3x)$

ちょいムズ

ここでは，「3次の展開と因数分解」について学習していくよ！　まずは「展開」から学習していこう。$(a+b)^3$ を展開するよ！

$$(a+b)^3=(a+b)^2(a+b)$$
$$=(a^2+2ab+b^2)(a+b)$$
$$=a^3+2a^2b+ab^2+a^2b+2ab^2+b^3$$
$$=a^3+3a^2b+3ab^2+b^3$$

$A^3=A^2\times A$ だね！

分配法則を使って展開！

同類項をまとめる！
例　$2a^2b+a^2b$
$=(2+1)a^2b$
$=3a^2b$

同様に $(a-b)^3$ も計算すると，合わせて次のようになるよ。

3次の因数分解の公式 1

❶ $\boldsymbol{(a+b)^3=a^3+3a^2b+3ab^2+b^3}$

❷ $\boldsymbol{(a-b)^3=a^3-3a^2b+3ab^2-b^3}$

この公式を覚えて，あてはめてもOKだけど，次の方法がオススメ♪

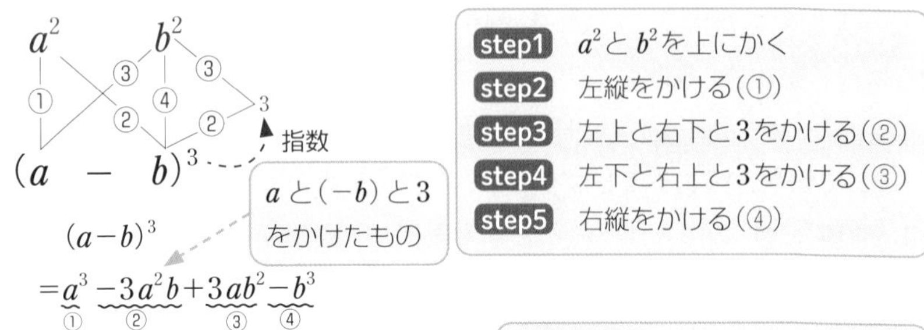

a^2 b^2
①②③④
3
指数
$(a - b)^3$
a と $(-b)$ と3をかけたもの
step1 a^2 と b^2 を上にかく
step2 左縦をかける(①)
step3 左上と右下と3をかける(②)
step4 左下と右上と3をかける(③)
step5 右縦をかける(④)
$(a-b)^3$
$=\underset{①}{a^3}\ \underset{②}{-3a^2b}+\underset{③}{3ab^2}\ \underset{④}{-b^3}$

これを使って次の**例**を展開してみよう。

$4x^2$　$9y^2$　①②③④　3　指数

例　$(2x-3y)^3=\underset{①}{8x^3}\ \underset{②}{-36x^2y}+\underset{③}{54xy^2}\ \underset{④}{-27y^3}$

step1　$(2x)^2$ と $(3y)^2$ を上にかく

step2　$4x^2$ と $2x$ をかける(①)

step3　$4x^2$ と $-3y$ と3をかける(②)

step4　$2x$ と $9y^2$ と3をかける(③)

step5　$9y^2$ と $-3y$ をかける(④)

この方法で行うと符号ミスがなくなり，暗算もしやすくなるよ！　ぜひマスターしよう！

また，次の公式も成り立つよ。証明は，右辺を展開してみよう♪

3次の因数分解の公式❷

❸　$\boldsymbol{a^3+b^3=(a+b)(a^2-ab+b^2)}$

❹　$\boldsymbol{a^3-b^3=(a-b)(a^2+ab+b^2)}$

例1　$x^3+8=x^3+2^3$

$=(x+2)(x^2-x\cdot2+2^2)$　←　❸で $a=x$，$b=2$ とした

$=(x+2)(x^2-2x+4)$

例2　$27x^3-8y^3=(3x)^3-(2y)^3$

$=(3x-2y)\{(3x)^2+3x\cdot2y+(2y)^2\}$　←　❹で $a=3x$，$b=2y$ とした

$=(3x-2y)(9x^2+6xy+4y^2)$

まとめ

(1) おきかえ

➡ かたまりがあるときは，文字でおきかえてから因数分解し，そのあと，文字を元に戻す。

(2) 次数が最も低い文字について整理

➡ 次数が低い文字があるときは，その文字について整理し，できるだけ低い次数の式とみて因数分解する。どの文字についての次数も同じときは，どれか1文字について整理すればよい。

(3) 係数に文字を含むたすきがけ

➡ 1文字について整理したあとは，その文字以外の文字は数と考えてたすきがけを行う。要領は普通のたすきがけと同同じ。

(4) 複2次式

➡ $x^2=X$とおきかえる。おきかえても因数分解できないときは，

$$a^2+b^2=(a-b)^2+2ab,\quad a^2+b^2=(a+b)^2-2ab$$

を利用して，■^{2}−●^{2}の形を作る。

(5) 3次の展開と因数分解

❶ $(a+b)^3=a^3+3a^2b+3ab^2+b^3$

❷ $(a-b)^3=a^3-3a^2b+3ab^2-b^3$

❸ $a^3+b^3=(a+b)(a^2-ab+b^2)$

❹ $a^3-b^3=(a-b)(a^2+ab+b^2)$

解答と解説►別冊 p.8

練習問題

次の式を因数分解せよ。

★(1) $(x-2)(x-1)(x+3)(x+4)+6$　　(2) $x^2y-yz-y^3+xz$

★(3) $6x^2+11xy+3y^2-7x-7y+2$　　(4) x^4+4

第5節 実　数

この節の目標

- ☑ Ⓐ 循環小数を分数で表せるようになる。
- ☑ Ⓑ 「$p+q\sqrt{a}=r+s\sqrt{a} \iff p=r$ かつ $q=s$」を使えるようになる。
- ☑ Ⓒ 絶対値記号をはずせるようになる。

イントロダクション ♪♫

小学校で,

$1,\ 2,\ 3,\ \cdots\cdots$

を「**正の整数**」または「**自然数**」ということを学び，中学で,

$-1,\ -2,\ -3,\ \cdots\cdots$

を「**負の整数**」ということを学んだね。また，正の整数, 負の整数および0を合わせて「**整数**」というんだったね！

例 整数かどうか

和	$2+(-5)=-3$	○
差	$2-(-5)=7$	○
積	$2\times(-5)=-10$	○
商	$2\div(-5)=-\frac{2}{5}$	×

2つの整数の和，差，積はつねに整数になるけど，商はどうかな？　整数になるとはかぎらないね！　でも，整数でないときも必ず $\frac{整数}{整数}$ という形の分数で表すことはできるね。このような数を「**有理数**(ゆうりすう)」というんだ。

今回の節では，「有理数」$\left(\frac{整数}{整数}\text{の形で表される数}\right)$，「**無理数**(むりすう)」$\left(\frac{整数}{整数}\text{の形で表せない数}\right)$，「**実数**(じっすう)」(有理数と無理数を合わせた数)について学習していくよ(有理数，無理数，実数については，❶・❷でくわしく説明するよ)。

ゼロから解説

1 有理数

「**有理数**」というのは，$\dfrac{\text{整数}}{\text{整数}}$ の形で表すことができる数のことなんだ。

たとえば，$\dfrac{2}{3}$，$-\dfrac{8}{5}$，3，-0.32 のような数のことだよ。だから，整数も有理数だし，「0.32」のような小数も有理数だよ！

$3=\dfrac{3}{1}$，$-0.32=-\dfrac{32}{100}=\dfrac{-8}{25}$ というように $\dfrac{\text{整数}}{\text{整数}}$ で表すことができるね！

整数でない有理数を小数で表すと，

(1) $\dfrac{5}{4}=1.25$，$-\dfrac{2}{5}=-0.4$ のように，小数点以下が有限個の数字で表されるもの

(2) $\dfrac{1}{3}=0.3333333\cdots\cdots$，$-\dfrac{7}{22}=-0.318181818\cdots\cdots$ のように，小数点以下に無限個の数字が続くもの

の2つのタイプがあるんだ。(1)のような，小数点以下が有限個の数字で表される小数を「**有限小数**」といい，(2)のような，小数点以下に無限個の数字が続く小数を「**無限小数**」というよ。

とくに，無限小数のうちで，同じ数字の配列が循環しながらくり返されるものを「**循環小数**（じゅんかん）」というよ。循環小数は，循環して現れる数字の両端の上に「・」をつけて，

$$\frac{1}{3}=0.\dot{3} \quad や \quad -\frac{7}{22}=-0.3\dot{1}\dot{8}$$

0.333……のこと　　$-0.3181818\cdots\cdots$のこと

「・」から「・」までの数字の並びが無限に続くよ！

などと表すよ！

じつは，有理数を小数で表したとき，無限小数になるものは，必ず循環小数になることが知られているんだ。だから，有理数をもう少し細かく分類してみると，次のようになるよ。

有理数
- 整数
- 整数でない有理数
  - 有限小数
  - 循環小数

逆に，有限小数や循環小数は分数で表すことができるんだ。たとえば有限小数「0.12」は，

$$0.12=\frac{12}{100}=\frac{6}{50}=\frac{3}{25}$$

これ以上約分できない分数を「既約(きやく)分数」というよ！

と表すことができるね！　つぎに，循環小数を分数で表してみよう♪

例題①

循環小数 $0.\dot{1}7\dot{4}$ を分数で表せ。

解答の前にひと言

循環小数を分数で表すときの手順をまとめておくよ！

循環小数を分数で表す手順

step1　(循環小数)＝$\boldsymbol{x}$ とおく。

step2　$\boldsymbol{n}$ 個の数字が循環するときは，$\boldsymbol{10^n x - x}$ を計算する。

解答と解説

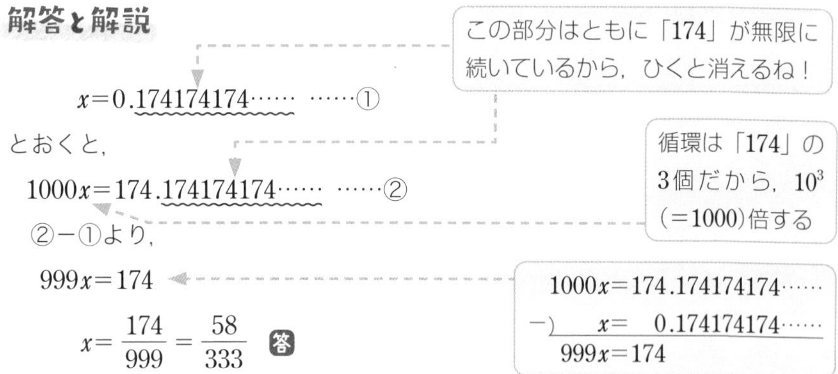

この部分はともに「174」が無限に続いているから，ひくと消えるね！
循環は「174」の3個だから，10^3(＝1000)倍する
$1000x=174.174174174\cdots\cdots$
$-)\quad x=\quad 0.174174174\cdots\cdots$
$999x=174$

$x=0.174174174\cdots\cdots$　……①

とおくと，

$1000x=174.174174174\cdots\cdots$　……②

②－①より，

$999x=174$

$x=\frac{174}{999}=\frac{58}{333}$　答

このように，循環しているぶんだけずらして元の数をひくと，循環小数を分数で表すことができるんだ！

② 実　数

つぎに，**無理数**について考えていこう。たとえば，$\sqrt{2}$ は覚えているかな？「2乗したら2になる正の数」だったね！ $\sqrt{2}$ を小数で表すと，

$$\sqrt{2}=1.414213562373\cdots\cdots$$

となり，小数点以下の数字は無限に続くんだけど，循環はしないんだ。このような，循環しない無限小数で表される数を「**無理数**」というよ。つまり，無理数は，$\dfrac{\text{整数}}{\text{整数}}$ で表すことができない数なんだ。

また，有理数と無理数を合わせて「**実数**」というよ。

今までのことをまとめておこう。

整数および有限小数，無限小数で表される数

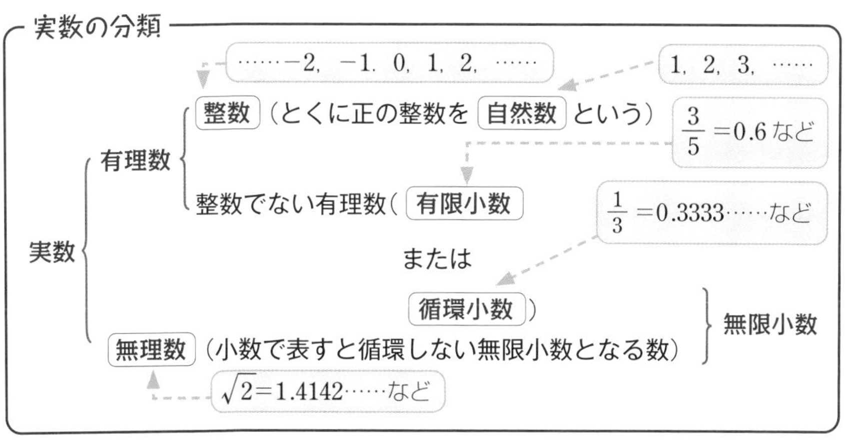

実数の分類
……−2，−1，0，1，2，……
1，2，3，……
整数（とくに正の整数を 自然数 という）
$\frac{3}{5}$ =0.6 など
有理数
整数でない有理数（ 有限小数
$\frac{1}{3}$ =0.3333……など
実数
または
循環小数 ）
無限小数
無理数（小数で表すと循環しない無限小数となる数）
$\sqrt{2}$=1.4142……など

また，有理数と無理数について，次のことが成り立つよ！ 証明は第12節の**ちょいムズ**をみてね！

有理数，無理数の性質

p, q, r, s が有理数，$\sqrt{a}$ が無理数のとき，

❶ $p+q\sqrt{a}=0 \iff p=0$ かつ $q=0$

❷ $p+q\sqrt{a}=r+s\sqrt{a} \iff p=r$ かつ $q=s$

「⇔」は「同値記号」といって，「$A \iff B$」とは，「Aが成り立てば必ずBが成り立ち，Bが成り立てば必ずAが成り立つ」という意味だよ。くわしくは第**11**節をみてね！

さて，有理数，無理数の性質を使って，次の**例題❷**を解いてみよう♪

例題❷

$\sqrt{3}$が無理数であることを用いて，次の等式を満たす有理数x，yの値を求めよ。

$$(2+\sqrt{3}x)(1+\sqrt{3})=y+1+5\sqrt{3}$$

解答と解説

$(2+\sqrt{3}x)(1+\sqrt{3})=y+1+5\sqrt{3}$ を展開して整理すると，

$$(2+3x)+(2+x)\sqrt{3}=(y+1)+5\sqrt{3}$$

$$\begin{aligned}&(2+\sqrt{3}x)(1+\sqrt{3})\\&=2+2\sqrt{3}+\sqrt{3}x+(\sqrt{3})^2x\\&=2+2\sqrt{3}+\sqrt{3}x+3x\\&=(2+3x)+(2+x)\sqrt{3}\end{aligned}$$

$2+3x$，$2+x$，$y+1$，5 は有理数，

$\sqrt{3}$ は無理数なので，

$$\begin{cases}2+3x=y+1 & \cdots\cdots①\\2+x=5 & \cdots\cdots②\end{cases}$$

有理数どうしの和・差・積・商は必ず有理数になるよ！　$p.140$で証明するからね！

①，②より，

$x=3$，$y=10$　答

❸ 絶対値

「絶対値」って何を表しているか，覚えているかな？

たしか，原点からの距離だったかなあ？

バッチリだね！　ちなみに，$|a|$とかいて，aの絶対値を表すんだ！

じゃあ，$|2|$ は原点から2までの距離だから，2 ってこと？

そのとおり！　じゃあ，$|-7|$ は？

原点と-7との距離だから，7！　あ，ひょっとして，絶対値って符号を考えずに数字の部分だけを見ればいいの？

たしかに，具体的な数ならばそうだね！　だけど，$|x|$ だとどうなるかな？

え！　$|x|=x$ でしょ？

$|x|=x$ だとすると，たとえば $x=-3$ のときは，$|-3|=-3$ ということになってしまうよ！　これはちがうよね？

本当だ～，ちがう！「x」っていっても負の数のときもあるんだね！

そう！　文字でかかれてしまうと，符号が文字の中に隠れてしまって，数字の部分が何かわからないんだ。x が正の数だったら，$|2|=2$ みたいに絶対値記号はそのままはずせばいいね！　でも，もし x が負の数，たとえば，さっきみたいに $x=-3$ ならどうだろう？

$|-3|=3$ だから，$-$(マイナス)をとればいいんじゃない？

$-$(マイナス)がちゃんと見えていればそうなんだけど，$|x|$ みたいに，$-$(マイナス)が隠れてしまっていると，とることができないね！　だから，負の数の絶対値は逆に$-$(マイナス)をつけてはずすと考えるんだ！

$|-3|=-(-3)=3$ ってこと？

そう！　だから，正の数と負の数では絶対値記号のはずし方が変わってくるんだ！　ってことは？

場合分け！

そのとおり！　だから，次のようになるんだよ！

絶対値

$$|x|=\begin{cases} x & (x\geqq 0\text{のとき}) \\ -x & (x<0\text{のとき}) \end{cases}$$

$|0|=0$ だから，$x=0$ のときは，上に含めるよ！

x の値が具体的にわかっていないときは，このように場合分けをしたものが答えだよ！

絶対値記号の中身が正の数のときは，そのままはずし，
絶対値記号の中身が負の数のときは，－をつけてはずすんだね！

例題 ❸

次の値を求めよ。

(1)　$|-15|$　　(2)　$|1-\sqrt{2}|$　　(3)　$|x-2|$

解答と解説

(1)　$|-15|=-(-15)=15$　**答**

$\sqrt{2}=1.4142\cdots\cdots$だから，$1-\sqrt{2}$ は負の数だね！

(2)　$|1-\sqrt{2}|=-(1-\sqrt{2})=\sqrt{2}-1$　**答**

(3)　$|x-2|=\begin{cases} x-2 & (x-2\geqq 0\text{ のとき}) \\ -(x-2) & (x-2<0\text{ のとき}) \end{cases}$

より，

$$|x-2|=\begin{cases} x-2 & (x\geqq 2\text{ のとき}) \\ -x+2 & (x<2\text{ のとき}) \end{cases}$$ **答**

まとめ

(1) 循環小数を分数で表す手順

step1 (循環小数)$=x$ とおく。

step2 n 個の数字が循環するときは，$10^n x - x$ を計算する。

(2) 実　　数……有理数と無理数を合わせたもの

有 理 数……$\dfrac{\text{整数}}{\text{整数}}$ で表すことができる数(整数，有限小数，循環小数)

無 理 数……$\sqrt{2}$ など小数で表すと循環しない無限小数となる数

(3) 絶 対 値……原点からの距離

➡ $|x|=\begin{cases} x & (x \geqq 0 \text{ のとき}) \\ -x & (x<0 \text{ のとき}) \end{cases}$

解答と解説▶別冊 $p.10$

練習問題

(1) 循環小数 $1.\dot{2}3\dot{4}$ を分数で表せ。

(2) $\sqrt{2}$ が無理数であることを用いて，次の等式を満たす有理数 x，y の値を求めよ。

$$(x+3\sqrt{2})(2+\sqrt{2})=4+(2y+3)\sqrt{2}$$

(3) 次の値を求めよ。

① $\left|\dfrac{2}{3}-0.7\right|$　　② $|\pi-3.15|$　　③ $|2x-5|$

第6節 # 平方根

この節の目標

- ☑ Ⓐ $\sqrt{a^2}$ の形の根号をはずすことができるようになる。
- ☑ Ⓑ 根号を含む計算ができるようになる。
- ☑ Ⓒ 分母の有理化ができるようになる。

イントロダクション ♪♫

いきなりだけど，面積が 2cm^2 である正方形の1辺の長さは何 cm かな？

そのような正方形の1辺の長さを x cm とすると，

$$x^2=2$$

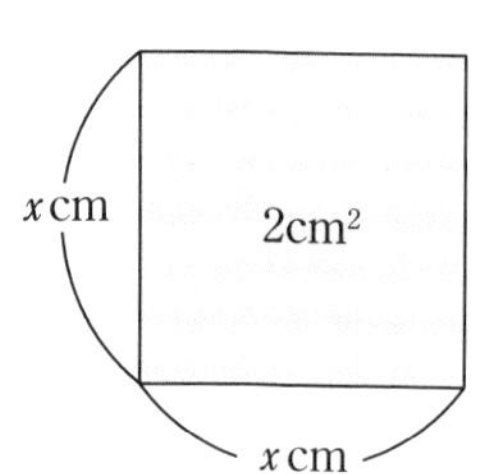

が成立するね。つまり，x は2乗すると 2 になる正の数，ということだよ。

「2乗すると2になる正の数」とは，どんな数かな？

$$1.4^2=1.96,\ 1.5^2=2.25$$

だから，1.4 と 1.5 のあいだの数であることはわかるね。

$$1.41^2=1.9881,\ 1.42^2=2.0164$$

だから，1.41 と 1.42 のあいだであることもわかる。

じつは，この x を小数で表そうとすると，

$$x=1.41421356\cdots\cdots$$

となって，循環しない無限小数となってしまうんだ。

そこで，この x のことを，

$$\sqrt{2} \quad (\text{ルート}2)$$

と表すことにしたんだ。この $\sqrt{\ }$ のことを「**根号**（こんごう）」というよ。

ちなみに，2乗して 2 になる負の数は，$-\sqrt{2}$ と表すよ！

ゼロから解説

❶ 平方根

2乗すると a になる数を，「a の**平方根**」というんだ。a が正の数のとき，a の平方根は2つあるよ。たとえば, $a=16$ のとき,「16の平方根」というのは「2乗すると 16 になる数」のことだから，それは 4 と -4 の2つだね。

じゃあ，$a=2$ のときはどうかな？ 「2の平方根」というのは，「2乗すると2になる数」のことだから，**イントロダクション♪♫**でもかいたように，

$1.41421356\cdots\cdots$，$-1.41421356\cdots\cdots$

の2つだね。でも，これだと表すのがたいへんだから，記号を使って，

$\sqrt{2}$，$-\sqrt{2}$

と表すことにしたんだ。つまり，a が正の数のとき，a の平方根のうち正の数のほうを $\sqrt{a}$，負の数のほうを $-\sqrt{a}$ と表すことにしたんだよ。

$a=0$ のときはどうかというと，2乗して 0 になる数は 0 だけだから，0 の平方根は 0 であり，

$\sqrt{0}=0$

となるよ。じゃあ，a が負の数のときはどうかな？ たとえば，2乗して-3 になる数は存在しないね！ だから，負の数の平方根というものはないんだ！

平方根

❶ **$a>0$ のとき，**
a の平方根は2つあり, 正のほうを $\sqrt{a}$, 負のほうを $-\sqrt{a}$ と表す。

例 5の平方根は $\sqrt{5}$ と $-\sqrt{5}$
2乗すると5になる数

❷ **$a=0$ のとき, a の平方根は 0 のみ。つまり, $\sqrt{0}=0$**

❸ **$a<0$ のとき, a の平方根は実数の範囲には存在しない。**

❸で「実数の範囲には」というのが気になった人もいるかもしれないね！ じつは，数学Ⅱでは「虚数（きょすう）」というものを扱（あつか）っていく中で，負の数の平方根も考えるんだ！ だけど，それはまた先の話だから，今は気にしないで OK ♪

例1 $\sqrt{7}$ 7の平方根は$\sqrt{7}$と$-\sqrt{7}$
2乗すると7になる数

例2 9の平方根は3と-3
2乗すると9になる数

例2に着目してもらうと，2乗すると 9 になる数はたしかに 3 と -3 だけど，あえて根号を使って表すと，$\sqrt{9}$ と$-\sqrt{9}$ だね！　だから，

$$\sqrt{9}=3,\quad -\sqrt{9}=-3$$

が成り立つよ！　つまり，

$$\sqrt{9}=\sqrt{3^2}=3$$

$\sqrt{3^2}$ は 2 乗して 3^2になる正の数だから，3 だね！

であり，$\sqrt{a^2}$ の形は$\sqrt{\ }$ をはずすことができるんだ！　すなわち，

$a>0$ のとき，$\sqrt{a^2}=a$

$a<0$ のときも考えてみよう！

$$\sqrt{(-3)^2}=\sqrt{9}=\sqrt{3^2}=3,\qquad \sqrt{(-5)^2}=\sqrt{25}=\sqrt{5^2}=5$$

となるよ。つまり，$\sqrt{(\text{負の数})^2}$ は正の数なんだ！　よく考えてみると当然で，a が負の数であっても，$\sqrt{a^2}$ は「2乗して a^2になる正の数」だから，もちろん正の数だよね！　っていうことは，結局，a が正でも負でも，$\sqrt{a^2}$ は正なんだね。

あれっ？　いつでも正の数になるようなものって，どこかで習った気がするよね！　そう，絶対値！　だから，

a が実数のとき，$\sqrt{a^2}=|a|$

が成り立つよ！　「$\sqrt{a^2}=a$」とやってしまう人が多いけど，これは a が 0 以上のときにしか成り立たないので，一般には誤りだから注意しよう！

例1 $\sqrt{(-7)^2}=|-7|=-(-7)=7,$

絶対値の中身が負の数のときは，「$-$(マイナス)」をつけてはずす

例2 $\sqrt{(2-\pi)^2}=|2-\pi|=-(2-\pi)=\pi-2$

$2-\pi<0$だね！

根号のはずし方

a が実数のとき，$\sqrt{a^2}=|a|$　　とくに $a>0$ のとき，$\sqrt{a^2}=a$

❷ 根号を含む式の計算

根号を含む式の乗除

$a>0$, $b>0$ のとき,

❶ $\sqrt{a}\times\sqrt{b}=\sqrt{a\times b}=\sqrt{ab}$　❷ $\sqrt{a}\div\sqrt{b}=\dfrac{\sqrt{a}}{\sqrt{b}}=\sqrt{\dfrac{a}{b}}$

が成り立つことは覚えているかな？　たとえば,

$$\sqrt{3}\times\sqrt{5}=\sqrt{3\times5}=\sqrt{15},\quad \frac{\sqrt{6}}{\sqrt{2}}=\sqrt{\frac{6}{2}}=\sqrt{3}$$

と計算できるということだね！　これが成り立つことはきちんと証明できるかな？　❶の証明をやってみるよ！

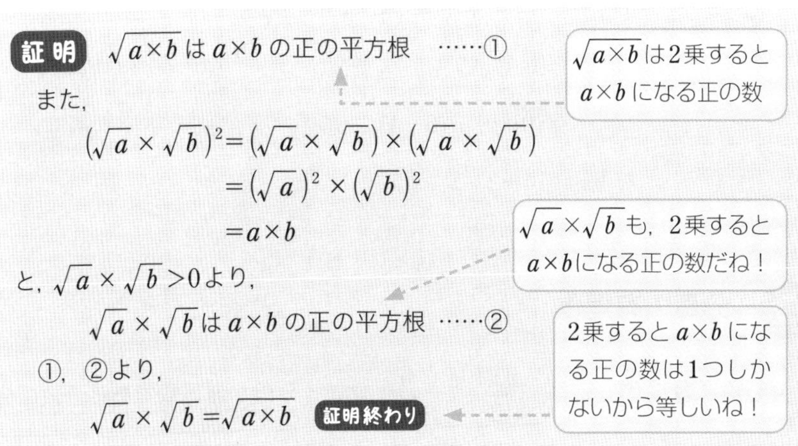

❷の証明も同じようにできるから, ぜひやってみよう！

また, 和, 差については, 根号の部分が同じ場合は, 同類項のようにまとめることができたね！　たとえば,

$$7\sqrt{3}-5\sqrt{3}+4\sqrt{3}=(7-5+4)\sqrt{3}=6\sqrt{3}$$

と計算するよ。

$\sqrt{3}=a$ とすると,
$7a-5a+4a$
$=(7-5+4)a$
$=6a$

例題 ❶

次の式を簡単にせよ。

(1) $\sqrt{6}(\sqrt{3}-\sqrt{2})$　　(2) $(3+\sqrt{5})^2-4\sqrt{5}$

解答と解説

(1) $\sqrt{6}(\sqrt{3}-\sqrt{2})=\sqrt{6}\times\sqrt{3}-\sqrt{6}\times\sqrt{2}$

$=\sqrt{6\times3}-\sqrt{6\times2}$

$=\sqrt{3^2\times2}-\sqrt{2^2\times3}$

$=3\sqrt{2}-2\sqrt{3}$ 答

$a>0$, $k>0$ のとき, $\sqrt{k^2a}=k\sqrt{a}$

(2) $(3+\sqrt{5})^2-4\sqrt{5}=3^2+2\cdot3\cdot\sqrt{5}+(\sqrt{5})^2-4\sqrt{5}$

$=9+6\sqrt{5}+5-4\sqrt{5}$

$=(9+5)+(6-4)\sqrt{5}$

$=14+2\sqrt{5}$ 答

$(a+b)^2=a^2+2ab+b^2$ の利用！

❸ 分母の有理化

分母の「**有理化**（ゆうりか）」とは, $\frac{1}{\sqrt{2}}$ や $\frac{5}{\sqrt{7}}$ など, 分母が無理数である分数の分母を有理数にすること, つまり分母に根号を含まない形にすることだよ。

たとえば, $\frac{1}{\sqrt{2}}$ であれば, 分母と分子に $\sqrt{2}$ をかけることで分母を有理化することができるよ。

$$\frac{1}{\sqrt{2}}=\frac{1\times\sqrt{2}}{\sqrt{2}\times\sqrt{2}}=\frac{\sqrt{2}}{2}$$

$\sqrt{2}\times\sqrt{2}=(\sqrt{2})^2=2$だね！

先生, 分母の有理化ってなぜする必要があるの？　しなくちゃいけない？

絶対にしなくてはいけないということはないよ。だけど，分母は有理化したほうが数としてわかりやすくないかな？

どういうこと？

$\frac{1}{\sqrt{2}}$ というのは，1 を $\sqrt{2}$ でわった数だね！ $\frac{\sqrt{2}}{2}$ は $\sqrt{2}$ を 2 でわった数だね！ どっちのほうがわかりやすい？

$\sqrt{2}$ はおよそ 1.4 だから，1 を 1.4 でわった数っていってもよくわかんないけど，1.4 を 2 でわった数だったら 0.7 だから，わかりやすい！

だよね！ わる数は有理数のほうがわかりやすいよね！ だから，できるときは分母の有理化をしておこう！ 有利(ゆうり)になるよ！（笑）

$\frac{4}{\sqrt{7}-\sqrt{3}}$ はどうすれば分母の有理化ができるかというと，分母と分子に $\sqrt{7}+\sqrt{3}$ をかければいいんだ！

分母と分子に $\sqrt{7}+\sqrt{3}$ をかける

$$\frac{4}{\sqrt{7}-\sqrt{3}}=\frac{4(\sqrt{7}+\sqrt{3})}{(\sqrt{7}-\sqrt{3})(\sqrt{7}+\sqrt{3})}$$

$$=\frac{4(\sqrt{7}+\sqrt{3})}{(\sqrt{7})^2-(\sqrt{3})^2}$$

$(a-b)(a+b)=a^2-b^2$ の利用！

$$=\frac{4(\sqrt{7}+\sqrt{3})}{7-3}$$

$$=\sqrt{7}+\sqrt{3}$$

分母の有理化

❶ 分母が $\sqrt{a}+\sqrt{b}$ ➡ 分母と分子に $\sqrt{a}-\sqrt{b}$ をかけ，

❷ 分母が $\sqrt{a}-\sqrt{b}$ ➡ 分母と分子に $\sqrt{a}+\sqrt{b}$ をかけ，

$$(\sqrt{a}+\sqrt{b})(\sqrt{a}-\sqrt{b})=(\sqrt{a})^2-(\sqrt{b})^2$$

を利用して，有理化する。

片方に$\sqrt{\ }$がついてなくても，同じように処理できるよ！　たとえば，分母が$\sqrt{5}+2$ならば，分母と分子に$\sqrt{5}-2$をかければいいんだ。

例題❷

(1) $(\sqrt{2}+\sqrt{3}+\sqrt{5})(\sqrt{2}+\sqrt{3}-\sqrt{5})$を計算せよ。

(2) $\dfrac{1}{\sqrt{2}+\sqrt{3}+\sqrt{5}}$の分母を有理化せよ。

解答の前にひと言

(1) $\sqrt{2}+\sqrt{3}$ をかたまりとして，$(a+b)(a-b)=a^2-b^2$を利用しよう！

(2) 分母と分子に$\sqrt{2}+\sqrt{3}-\sqrt{5}$ をかけて，分母の$\sqrt{\ }$ を減らそう！

解答と解説

(1) $(\sqrt{2}+\sqrt{3}+\sqrt{5})(\sqrt{2}+\sqrt{3}-\sqrt{5})$

$=\{(\sqrt{2}+\sqrt{3})+\sqrt{5}\}\{(\sqrt{2}+\sqrt{3})-\sqrt{5}\}$

$=(\sqrt{2}+\sqrt{3})^2-(\sqrt{5})^2$

$=(\sqrt{2})^2+2\cdot\sqrt{2}\cdot\sqrt{3}+(\sqrt{3})^2-(\sqrt{5})^2$

$=2+2\sqrt{6}+3-5$

$=2\sqrt{6}$ 答

$\sqrt{2}+\sqrt{3}=A$とおくと，
$(A+\sqrt{5})(A-\sqrt{5})$
$=A^2-(\sqrt{5})^2$

$(a+b)^2=a^2+2ab+b^2$

(2) $\dfrac{1}{\sqrt{2}+\sqrt{3}+\sqrt{5}}=\dfrac{1\times(\sqrt{2}+\sqrt{3}-\sqrt{5})}{(\sqrt{2}+\sqrt{3}+\sqrt{5})(\sqrt{2}+\sqrt{3}-\sqrt{5})}$

(1)の結果を利用したよ

$=\dfrac{\sqrt{2}+\sqrt{3}-\sqrt{5}}{2\sqrt{6}}$

$=\dfrac{(\sqrt{2}+\sqrt{3}-\sqrt{5})\times\sqrt{6}}{2\sqrt{6}\times\sqrt{6}}$

$=\dfrac{2\sqrt{3}+3\sqrt{2}-\sqrt{30}}{12}$ 答

$\sqrt{2}\times\sqrt{6}=\sqrt{2\times6}$
$=\sqrt{2^2\cdot3}=2\sqrt{3}$
と考えても，
$\sqrt{2}\times\sqrt{6}$
$=\sqrt{2}\times(\sqrt{2}\times\sqrt{3})$
$=2\sqrt{3}$
と考えてもいいよ！

分母が$\sqrt{a}+\sqrt{b}+\sqrt{c}$の形をした分数の分母の有理化は，3つの$\sqrt{\ }$のうちの2つをかたまりとみて，分母と分子に$(\sqrt{\ }+\sqrt{\ })-\sqrt{\ }$をかけることによって，分母の$\sqrt{\ }$の数を減らすことを，まずは考えてみよう。

そのさいに，どの2つの$\sqrt{\ }$をかたまりとみても最終的には分母の有理化はできるんだけど，どれをかたまりにするかで，計算のやりやすさは，かなりちがってくることがあるんだ。

たとえば，今回の問題だと，

$$\frac{1}{\sqrt{2}+\sqrt{3}+\sqrt{5}}=\frac{1}{(\sqrt{5}+\sqrt{3})+\sqrt{2}}$$

のように，$\sqrt{5}+\sqrt{3}$をかたまりとみて，分母と分子に$(\sqrt{5}+\sqrt{3})-\sqrt{2}$をかけてもできるけど，その場合，

$$\frac{1\times\{(\sqrt{5}+\sqrt{3})-\sqrt{2}\}}{\{(\sqrt{5}+\sqrt{3})+\sqrt{2}\}\{(\sqrt{5}+\sqrt{3})-\sqrt{2}\}}=\frac{\sqrt{5}+\sqrt{3}-\sqrt{2}}{(\sqrt{5}+\sqrt{3})^2-(\sqrt{2})^2}$$

$$=\frac{\sqrt{5}+\sqrt{3}-\sqrt{2}}{5+2\sqrt{15}+3-2}$$

$$=\frac{\sqrt{5}+\sqrt{3}-\sqrt{2}}{6+2\sqrt{15}}$$

となるので，もう1回分母の有理化をするときの計算がたいへんだよね！

でも，**解答と解説**のように，$\sqrt{2}+\sqrt{3}$をかたまりとみて計算すると，分母が$2\sqrt{6}$となってそのあとの計算がやりやすくなるんだ。だから，分母ができるだけ簡単な形になるような方法をとるといいんだね。

そのためには，分母が$\sqrt{a}+\sqrt{b}+\sqrt{c}$のとき，たとえば$a+b=c$が成り立っている場合なら，$\sqrt{a}+\sqrt{b}$をかたまりにするといいよ。つまり，

かたまりの2つの$\sqrt{\ }$の中の数の和が，残りの$\sqrt{\ }$の中の数に一致する

ようにかたまりを決めるといいんだ。

今回は，$\sqrt{\ }$の中の数に着目すると，$2+3=5$の関係が成り立っているから，$\sqrt{2}+\sqrt{3}$をかたまりとみて計算したんだよ。

ちょいムズ

ここで，2重根号のはずし方について学習していこう！

$\sqrt{11-2\sqrt{30}}$のように，根号の中に根号があることを，「**2重根号**」というよ！

2重根号の外側の $\sqrt{\ }$ は，はずして簡単な式に直すことができる場合があるんだ。

では，今から$\sqrt{11-2\sqrt{30}}$の2重根号を，いっしょにはずしていこう。

$\sqrt{\ }$ をはずすには，$\sqrt{\ }$ の中が2乗になればよかったね！　たとえば，

❶ $\sqrt{2^2}=|2|=2$

❷ $\sqrt{(-3)^2}=|-3|=3$

❸ $\sqrt{(\sqrt{3}-\sqrt{2})^2}=|\sqrt{3}-\sqrt{2}|=\sqrt{3}-\sqrt{2}$

$\sqrt{a^2}=|a|$のように，$\sqrt{\ }$ は絶対値をつけてはずすんだったね！

のようにはずせたよね。今回の2重根号も，❸のように，$\sqrt{\ }$ の中に2乗を作ることができれば，はずすことができるんだ！　ここで活躍するのが，

$$x^2+y^2-2xy=(x-y)^2$$

だよ。$x=\sqrt{a}$，$y=\sqrt{b}$ とすると，$x^2=(\sqrt{a})^2=a$，$y^2=(\sqrt{b})^2=b$ より，

$$a+b-2\sqrt{ab}=(\sqrt{a}-\sqrt{b})^2$$

$2xy=2\sqrt{a}\sqrt{b}=2\sqrt{ab}$

となるね！　だから，

$$11-2\sqrt{30}=a+b-2\sqrt{ab}$$

となる a，b をみつければ，2乗を作ることができるよ！

$$a+b=11,\ ab=30$$

となる a, b は何かな？　たして 11, かけて 30 だから, 5 と 6 だね！　よって,

$$\begin{aligned}11-2\sqrt{30}&=(6+5)-2\sqrt{6\times5}\\&=(\sqrt{6})^2-2\sqrt{6}\cdot\sqrt{5}+(\sqrt{5})^2\\&=(\sqrt{6}-\sqrt{5})^2\end{aligned}$$

となるから,

$$\sqrt{11-2\sqrt{30}}=\sqrt{(\sqrt{6}-\sqrt{5})^2}$$ ← $\sqrt{A^2}=|A|$

$$=|\sqrt{6}-\sqrt{5}|$$

$$=\sqrt{6}-\sqrt{5}$$

となって，2重根号がはずせたね！

つぎは，少し難しい2重根号の問題をやってみよう！

$$\sqrt{2-\sqrt{3}}$$

の2重根号はどうやってはずせばいいかな？

さっきの$\sqrt{11-2\sqrt{30}}$は，

$$\sqrt{a+b-\boxed{2}\sqrt{ab}}$$ ← この「2」がポイント！

という形をしていたからはずせたんだね！

そこで今回は，$\sqrt{}$ の中を $\dfrac{2-\sqrt{3}}{1}$ とみて，分母・分子を2倍して作ってあげるんだ！

$$\sqrt{2-\sqrt{3}}=\sqrt{\frac{4-2\sqrt{3}}{2}}$$

$$=\frac{\sqrt{(3+1)-2\sqrt{3\times1}}}{\sqrt{2}}$$

$$=\frac{\sqrt{(\sqrt{3}-\sqrt{1})^2}}{\sqrt{2}}$$

$$=\frac{|\sqrt{3}-\sqrt{1}|}{\sqrt{2}}$$

$$=\frac{\sqrt{3}-\sqrt{1}}{\sqrt{2}}$$

$\sqrt{1}=1$
分母の$\sqrt{2}$を有理化

$$=\frac{(\sqrt{3}-1)\times\sqrt{2}}{\sqrt{2}\times\sqrt{2}}$$

$$=\frac{\sqrt{6}-\sqrt{2}}{2}$$

のように計算するよ！　けっこう難しかったね！　よく頑張った！

まとめ

(1) $\boldsymbol{a}$ が実数のとき，$\sqrt{\boldsymbol{a}^2}=|\boldsymbol{a}|$

例 $\sqrt{(-5)^2}=|-5|=-(-5)=5$,

$$\sqrt{(x-2)^2}=|x-2|=\begin{cases} x-2 & (x-2\geqq 0 \text{のとき}) \\ -(x-2) & (x-2<0 \text{のとき}) \end{cases}$$

$$=\begin{cases} x-2 & (x\geqq 2 \text{のとき}) \\ -x+2 & (x<2 \text{のとき}) \end{cases}$$

(2) $\boldsymbol{a}>\boldsymbol{0}$，$\boldsymbol{b}>\boldsymbol{0}$ のとき，

❶ $\sqrt{\boldsymbol{a}}\times\sqrt{\boldsymbol{b}}=\sqrt{\boldsymbol{a}\times\boldsymbol{b}}=\sqrt{\boldsymbol{ab}}$　❷ $\sqrt{\boldsymbol{a}}\div\sqrt{\boldsymbol{b}}=\dfrac{\sqrt{\boldsymbol{a}}}{\sqrt{\boldsymbol{b}}}=\sqrt{\dfrac{\boldsymbol{a}}{\boldsymbol{b}}}$

（とくに❶において，$\boldsymbol{b}=\boldsymbol{k}^2\ (\boldsymbol{k}>\boldsymbol{0})$ とすると，$\sqrt{\boldsymbol{k}^2\boldsymbol{a}}=\boldsymbol{k}\sqrt{\boldsymbol{a}}$）

和，差については，根号の部分が同じ場合は，同類項のようにまとめることができる。

$$\boldsymbol{m}\sqrt{\boldsymbol{a}}+\boldsymbol{n}\sqrt{\boldsymbol{a}}=(\boldsymbol{m}+\boldsymbol{n})\sqrt{\boldsymbol{a}}$$

(3) 分母の有理化……分母が無理数である分数の分母を有理数にすること（分母に根号を含まない形にすること）

❶ 分母が $\sqrt{\boldsymbol{a}}+\sqrt{\boldsymbol{b}}$ ➡ 分母と分子に $\sqrt{\boldsymbol{a}}-\sqrt{\boldsymbol{b}}$ をかけ，

❷ 分母が $\sqrt{\boldsymbol{a}}-\sqrt{\boldsymbol{b}}$ ➡ 分母と分子に $\sqrt{\boldsymbol{a}}+\sqrt{\boldsymbol{b}}$ をかけ，

$$(\sqrt{\boldsymbol{a}}+\sqrt{\boldsymbol{b}})(\sqrt{\boldsymbol{a}}-\sqrt{\boldsymbol{b}})=(\sqrt{\boldsymbol{a}})^2-(\sqrt{\boldsymbol{b}})^2$$

を利用して，有理化する。

分母に $\sqrt{}$ が $\boldsymbol{3}$ つ以上あるときは，まず，分母の $\sqrt{}$ の数を減らす。

例 分母が $\sqrt{3}+\sqrt{7}+\sqrt{10}$

➡ 分母と分子に $(\sqrt{3}+\sqrt{7})-\sqrt{10}$ をかける

分母が $\sqrt{3}+\sqrt{7}-\sqrt{10}$

➡ 分母と分子に $(\sqrt{3}+\sqrt{7})+\sqrt{10}$ をかける

(2つの$\sqrt{\quad}$の中の数の和が残りの1つの$\sqrt{\quad}$の中の数になるように，かたまりを決める)

解答と解説►別冊 $p.12$

練習問題

(1) $a-1<0$のとき，$\sqrt{a^2-2a+1}$を簡単にせよ。

(2) $(\sqrt{18}-\sqrt{3})^2+8\sqrt{6}$を計算せよ。

(3) 次の式の分母を有理化せよ。

① $\dfrac{2}{\sqrt{5}+\sqrt{2}}$　　② $\dfrac{1}{\sqrt{2}+\sqrt{5}-\sqrt{7}}$

第7節 いろいろな式の計算

この節の目標

- ☑ Ⓐ 整数部分，小数部分を求めることができる。
- ☑ Ⓑ 対称式変形ができるようになる。

イントロダクション ♪♫

この節では，まず実数の整数部分や小数部分について考えていくよ。その前に，有名な無理数の値を知っておくと，とても便利だから，まとめておくね！

無理数の値
ひとよひとよにひとみごろ

$\sqrt{2}=1.41421356\cdots\cdots$ （一夜一夜に人見ごろ）

$\sqrt{3}=1.7320508\cdots\cdots$ （人並みにおごれや）
ふじさんろくおうむなく

$\sqrt{5}=2.2360679\cdots\cdots$ （富士山麓オウム鳴く）

$\sqrt{6}=2.4494897\cdots\cdots$ （似よよくよく）（四捨五入）

$\sqrt{7}=2.64575\cdots\cdots$ （菜に虫いない）

小数第2位ぐらいまでの値は覚えておくと便利だよ！　それでは，この節の具体的な内容に入っていこう。

ゼロから解説

1 整数部分・小数部分

例　3.256の整数部分と小数部分を求めよ。

「**整数部分**」とは，数の整数の部分だよ。だから，

3.256の整数部分は**3**

また，「**小数部分**」とは，数の小数の部分（小数点以下の部分）だよ。だから，

3.256の小数部分は**0.256**

になるよ！　大丈夫かな？　この0.256は，

$$\underset{小数部分}{\underline{0.256}} = \underset{元の数}{3.256} - \underset{整数部分}{\underline{3}}$$

小数部分は整数部分の3をひいた残りの部分だね！

のように求めることができるね！　だから，

小数部分

(xの小数部分)＝x－(xの整数部分)

が成り立つよ！

たとえば，$\sqrt{3}=1.7320508\cdots\cdots$については，整数部分は1だから，小数部分は，

$$\underset{元の数}{\sqrt{3}} - \underset{整数部分}{\underline{1}}$$

となるよ。

先生，$\sqrt{3}$の小数部分を0.7320508……って表すのは，だめなの？

だめではないんだけど，もし$\sqrt{3}$の小数部分の2乗を求めよっていわれたら，どう？　求められるかな？

$(0.7320508\cdots\cdots)^2$は，さすがにできないよ～

無限小数で表していると計算できないね！
だけど，$\sqrt{3}-1$の形で表しておけば，どうだろう？

$$(\sqrt{3}-1)^2=(\sqrt{3})^2-2\cdot\sqrt{3}\cdot1+1^2=4-2\sqrt{3}$$

と計算できる！

だよね！　だから，小数部分が無限小数になる場合は，
(元の数)－(整数部分)
を計算した形で表しておこう！

例題❶

$\frac{3}{4-\sqrt{13}}$ の整数部分を a，小数部分を b とするとき，a，b，$a+b^2$ の値をそれぞれ求めよ。

解答と解説

$$\frac{3}{4-\sqrt{13}}=\frac{3(4+\sqrt{13})}{(4-\sqrt{13})(4+\sqrt{13})}$$

分母の有理化をしないと，整数部分がわかりにくいね！

$$=\frac{3(4+\sqrt{13})}{4^2-(\sqrt{13})^2}=\frac{3(4+\sqrt{13})}{3}$$

$$=4+\sqrt{13}$$

$\sqrt{13}$ の値はわからないね！（知ってるマニアの人もいるかもしれないけど……）そういうときには，13 を自然数の2乗になっている数ではさもう！ 13 は，$3^2=9$ と $4^2=16$ のあいだの数だね！

$9<13<16$ より，

$$\sqrt{9}<\sqrt{13}<\sqrt{16}$$

$$3<\sqrt{13}<4$$

$$4+3<4+\sqrt{13}<4+4$$

$$7<4+\sqrt{13}<8$$

$9<13<16$ の各辺 $\sqrt{\ }$ をとり，4 をたしたよ！

$4+\sqrt{13}$ が 7 より大きく，8 より小さいということは，7.■●▲…… のような数だから，整数部分は「7」だね！

よって，

$a=7$ **答**

また，

$$b=(4+\sqrt{13})-7$$

$$=\sqrt{13}-3$$ **答**

（小数部分）＝（元の数）－（整数部分）

したがって，

$$a+b^2=7+(\sqrt{13}-3)^2$$

$$=7+(\sqrt{13})^2-2\cdot\sqrt{13}\cdot3+3^2$$

$$=7+13-6\sqrt{13}+9$$

$$=29-6\sqrt{13}$$ **答**

$(a-b)^2=a^2-2ab+b^2$ を使って計算しよう！

❷ 対称式

つぎに，式の「**対称性**」について学習するよ！　式が「**対称**」であるとは，文字を入れかえても，元と変わらないことを意味するんだ！　たとえば，

x^2y+xy^2

の「x」のところを「y」に，「y」のところを「x」に変えてみよう！

x^2y+xy^2 ➡ y^2x+yx^2

かけ算やたし算は交換法則が成り立つので，かける順番や，たす順番を入れかえてもよかったね！　だから，

$$y^2x+yx^2=xy^2+x^2y$$
$$=x^2y+xy^2$$

かける順番を入れかえた！
$y^2x=xy^2$，$yx^2=x^2y$

たす順番を入れかえた！
□＋○＝○＋□

となり，元の式の x^2y+xy^2 と一致したね！

このように，文字を入れかえても，元の式と変わらない式を「**対称式**」というよ。この対称式の中でも，とくに，

$x+y$（和）と xy（積）

の2つを「**基本対称式**」とよぶよ。そして，この基本対称式は，対称式の問題を解くときの最重要ポイントなんだ。なぜかというと，

> 対称式はすべて，基本対称式($x+y$，xy)のみで表すことができる

からなんだ！　たとえば，さっきの x^2y+xy^2 も，共通因数の xy でくくると，

$$x^2y+xy^2=xy(x+y)$$

となって，たしかに $x+y$ と xy だけで表せるよね！

ここまでをまとめておこう！

対称式

対称式……文字を入れかえても，元と変わらない式

例　$x+y$，xy，x^2y+xy^2，x^2+y^2，x^3+y^3，$\dfrac{y}{x}+\dfrac{x}{y}$，……

➡ 対称式はすべて基本対称式($x+y$，xy)のみで表すことができる。

対称式の問題では，

まずは，与えられた対称式を基本対称式で表す

ことが大切なんだ。そこで，このことを，この本では「**対称式変形**」とよぶことにするよ。次の2つはとても重要な対称式変形だから，覚えておこう！

対称式変形

❶ $\boldsymbol{x^2+y^2=(x+y)^2-2xy}$

❷ $\boldsymbol{x^3+y^3=(x+y)^3-3xy(x+y)}$

$(x+y)^2=x^2+2xy+y^2$
$(x+y)^2$から$2xy$をひけば，x^2+y^2になるね！

第4節のちょいムズで扱ったように，
$(x+y)^3=x^3+3x^2y+3xy^2+y^3$
だから，$(x+y)^3$から，
$3x^2y+3xy^2=3xy(x+y)$
をひけば，x^3+y^3になるね！

では，対称式変形を使う問題を考えてみよう。たとえば，$x=1$，$y=2$ のとき，

$$x^2y+xy^2$$

の値を求めよといわれたら，そのまま代入したほうが早いよね！　でも，

$$x=\sqrt{7}+\sqrt{3},\ y=\sqrt{7}-\sqrt{3}$$

だったらどうかな？

そのまま代入すると，

$$x^2y+xy^2=\left(\sqrt{7}+\sqrt{3}\right)^2\left(\sqrt{7}-\sqrt{3}\right)+\left(\sqrt{7}+\sqrt{3}\right)\left(\sqrt{7}-\sqrt{3}\right)^2$$

となって，そのあとの計算がたいへんそうだよね。そこで，

$$x^2y+xy^2=xy(x+y)$$

と変形して，$x+y$ と xy の値を先に求めてから計算すると考えてやってみると，

$$x+y=\left(\sqrt{7}+\sqrt{3}\right)+\left(\sqrt{7}-\sqrt{3}\right)=2\sqrt{7}$$

$$xy=\left(\sqrt{7}+\sqrt{3}\right)\left(\sqrt{7}-\sqrt{3}\right)=\left(\sqrt{7}\right)^2-\left(\sqrt{3}\right)^2=4$$

だから，

$$\begin{aligned}xy(x+y)&=4\cdot 2\sqrt{7}\\&=8\sqrt{7}\end{aligned}$$

というように，楽に計算できるよね！

例題❷

(1) $x=\dfrac{\sqrt{2}}{\sqrt{3}-\sqrt{2}}$, $y=\dfrac{\sqrt{2}}{\sqrt{3}+\sqrt{2}}$ のとき，次の式の値を求めよ。

① $x+y$, xy　② x^2+y^2　③ x^3+y^3　④ $\dfrac{y}{x}+\dfrac{x}{y}$

(2) $a+\dfrac{1}{a}=\sqrt{5}$ のとき，次の式の値を求めよ。

① $a^2+\dfrac{1}{a^2}$　② $a^3+\dfrac{1}{a^3}$

解答と解説

(1) $x=\dfrac{\sqrt{2}}{\sqrt{3}-\sqrt{2}}=\dfrac{\sqrt{2}(\sqrt{3}+\sqrt{2})}{(\sqrt{3}-\sqrt{2})(\sqrt{3}+\sqrt{2})}$

$=\dfrac{\sqrt{6}+2}{(\sqrt{3})^2-(\sqrt{2})^2}=\sqrt{6}+2$

$y=\dfrac{\sqrt{2}}{\sqrt{3}+\sqrt{2}}=\dfrac{\sqrt{2}(\sqrt{3}-\sqrt{2})}{(\sqrt{3}+\sqrt{2})(\sqrt{3}-\sqrt{2})}$

$=\dfrac{\sqrt{6}-2}{(\sqrt{3})^2-(\sqrt{2})^2}=\sqrt{6}-2$

まず，x と y の分母の有理化をしておこう

① $x+y=(\sqrt{6}+2)+(\sqrt{6}-2)$

$=2\sqrt{6}$ 答

$xy=(\sqrt{6}+2)(\sqrt{6}-2)=(\sqrt{6})^2-2^2=6-4$

$=2$ 答

② $x^2+y^2=(x+y)^2-2xy$

$=(2\sqrt{6})^2-2\cdot 2$

$=24-4=20$ 答

x^2+y^2 は対称式だから，$x+y$ と xy で表すことができるね！

$x+y=2\sqrt{6}$, $xy=2$ を代入！

③ $x^3+y^3=(x+y)^3-3xy(x+y)$

$=(2\sqrt{6})^3-3\cdot2\cdot2\sqrt{6}$

$=48\sqrt{6}-12\sqrt{6}$

$=36\sqrt{6}$ 答

x^3+y^3は対称式だから，$x+y$とxyで表すことができるね！

$x+y=2\sqrt{6}$，$xy=2$を代入！

④ $\dfrac{y}{x}+\dfrac{x}{y}=\dfrac{y\times y}{x\times y}+\dfrac{x\times x}{y\times x}$

$=\dfrac{x^2+y^2}{xy}=\dfrac{20}{2}=10$ 答

通分したよ！

②で求めた$x^2+y^2=20$を代入！

(2) ① $a^2+\dfrac{1}{a^2}=a^2+\left(\dfrac{1}{a}\right)^2$

$=\left(a+\dfrac{1}{a}\right)^2-2\cdot a\cdot\dfrac{1}{a}$

$=(\sqrt{5})^2-2\cdot1$

$=3$ 答

$x=a$，$y=\dfrac{1}{a}$として，

$x^2+y^2=(x+y)^2-2xy$

を用いた！　$a^2+\dfrac{1}{a^2}$を「aと$\dfrac{1}{a}$の対称式」とみているよ！

② $a^3+\dfrac{1}{a^3}=a^3+\left(\dfrac{1}{a}\right)^3$

$=\left(a+\dfrac{1}{a}\right)^3-3a\cdot\dfrac{1}{a}\left(a+\dfrac{1}{a}\right)$

$=(\sqrt{5})^3-3\cdot1\cdot\sqrt{5}$

$=5\sqrt{5}-3\sqrt{5}$

$=2\sqrt{5}$ 答

$x=a$，$y=\dfrac{1}{a}$として，

$x^3+y^3=(x+y)^3-3xy(x+y)$

を用いた！

ちょいムズ

x と y を入れかえると，元の式とは符号だけが変わる式を「**交代式**（こうたいしき）」というよ。もっと簡単な言い方をすると，x と y を入れかえると，元の式に「－」をつけたものになる式のことだ。

たとえば，$x-y$ は，x と y を入れかえると $y-x$ となり，

$$\begin{aligned} y-x &= -x+y \\ &= -(x-y) \end{aligned}$$

元の式 $x-y$ に，「－」をつけた形だね！

となるから，$x-y$ は交代式だね！

もう1つ例をみておくと，x^3-y^3 は，x と y を入れかえると y^3-x^3 となり，

$$\begin{aligned} y^3-x^3 &= -x^3+y^3 \\ &= -(x^3-y^3) \end{aligned}$$

元の式 x^3-y^3 に，「－」をつけた形だね！

となるから，x^3-y^3 も交代式だね。

交代式

交代式……文字を入れかえると，元の式に「－」をつけた形になる式

交代式には次の性質があるよ！

交代式の性質

x と y の交代式は，$(x-y)\times$（x と y の対称式）の形で表すことができる。

このことを因数分解の例で確認してみよう。

例 $x^2-y^2=(x-y)(x+y)$

$$\begin{aligned} x^3-y^3 &= (x-y)(x^2+xy+y^2) \\ &= (x-y)\{\underbrace{(x+y)^2-xy}_{x,\ y\text{ の対称式}}\} \end{aligned}$$

まとめ

(1) **(x の小数部分)$=x-$(x の整数部分)**

例 $\sqrt{17}$ の小数部分

$16<17<25$ より，$4<\sqrt{17}<5$

よって，$\sqrt{17}$ の整数部分は 4 であり，

$(\sqrt{17}$ の小数部分$)=\sqrt{17}-4$

例 $5\sqrt{2}$ の小数部分

$5\sqrt{2}=\sqrt{5^2\cdot 2}=\sqrt{50}$ であり，

$49<50<64$

であるから，

$7<\sqrt{50}<8$

$1<2<4$ より，
$1<\sqrt{2}<2$
$5<5\sqrt{2}<10$
とすると，$5\sqrt{2}$ の整数部分は，5〜9 のいずれかであることしかわからず，確定しないね！　だから，
$5\sqrt{2}=\sqrt{5^2\cdot 2}=\sqrt{50}$
として，50 を2乗の数ではさんで，整数部分を求めるんだよ！

よって，$5\sqrt{2}\ (=\sqrt{50})$ の整数部分は 7 であり，

$(5\sqrt{2}$ の小数部分$)=5\sqrt{2}-7$

(2) **対 称 式……文字を入れかえても，元と変わらない式**

例 $x+y$，xy，x^2y+xy^2，x^2+y^2，x^3+y^3，$\dfrac{y}{x}+\dfrac{x}{y}$，……

➡ **対称式はすべて基本対称式 ($x+y$，xy) のみで表せる。**

(3) **有名な対称式変形**

❶ $\boldsymbol{x^2+y^2=(x+y)^2-2xy}$

❷ $\boldsymbol{x^3+y^3=(x+y)^3-3xy(x+y)}$

解答と解説▶別冊 $p.14$

練習問題

(1) $3+\sqrt{5}$ の整数部分を a，小数部分を b とするとき，次の値を求めよ。

① a，b　② $b+\dfrac{1}{b}$　③ $b^2+\dfrac{1}{b^2}$　④ $b^3+\dfrac{1}{b^3}$

(2) $x+y=5$，$xy=1$ のとき，次の式の値を求めよ。

① $\dfrac{1}{x}+\dfrac{1}{y}$　② x^3+y^3　③ $(x-y)^2$

第8節 1次不等式

この節の目標

- ☐ Ⓐ 1次不等式を解くことができる。
- ☐ Ⓑ 連立1次不等式を解くことができる。
- ☐ Ⓒ 1次不等式の応用問題を解くことができる。

イントロダクション ♪♫

「1個200円のりんごを x 個買ったら，代金が1500円を超えた」ということを式で表すと，

$$200x > 1500$$

>，<，≧，≦を「不等号」というよ！

となるね！　このように，不等号(ふとうごう)を用いて数量の大小関係を表した式を「**不等式**(ふとうしき)」というよ。また不等式において，不等号の左側を「**左辺**(さへん)」，右側を「**右辺**(うへん)」，合わせて「**両辺**(りょうへん)」というよ(ちなみに，このよび方は等式でも同じだよ)。

不等式

$200x > 1500$

左辺：$200x$　右辺：1500　（合わせて両辺）

読み方は，
>……「大なり」
<……「小なり」
≧……「大なりイコール」
≦……「小なりイコール」

ここで，不等号についてまとめておくよ。

不等号

❶ $A>B$：A が B より大きい（B が A より小さい）

❷ $A<B$：A が B より小さい（B が A より大きい）

❸ $A \geqq B$：A が B 以上（B が A 以下）

❹ $A \leqq B$：A が B 以下（B が A 以上）

この記号の意味はきちんと覚えておこう。

「A が B 以上」は，「A が B より大きいかまたは A と B が等しい」という意味だよ！だから「≧」は「>または=」ということ！「以下」も同様だよ

ゼロから解説

1 不等式の基本性質

不等式の性質について調べてみよう。まず，不等式の両辺に同じ数をたしたらどうなるかを考えてみるよ。

(1) たとえば，3 は 5 より小さいから，「$3<5$」が成り立っているね！

(2) 両辺に 4 をたした「$3+4<5+4$」も成り立っているね。

(1) $3<5$
(2) $3+4<5+4$
両辺に4をたした

つまり，「両辺に同じ数をたしても不等号の向きは変わらない」ということだよ。

つぎに，不等式の両辺から同じ数をひいたらどうなるかを考えてみよう。

(1) さっきと同様に「$3<5$」が成り立っているね！

(2) 両辺から 4 をひいた「$3-4<5-4$」も成り立っているね。

(1) $3<5$
(2) $3-4<5-4$
両辺から4をひいた

つまり，「両辺から同じ数をひいても不等号の向きは変わらない」ということだよ。

結局，両辺に同じ数をたしても両辺から同じ数をひいても不等号の向きが変わらないってことは，

不等式も等式と同じように，移項(いこう)ができる

ってことなんだ！

たとえば，不等式 $5x-3>7$ があったとき，

$5x-3>7$ ……①

$5x-3+3>7+3$ ……②

$5x>7+3$ ……③

$5x-3>7$ → $5x>7+3$

①と③をくらべてみると，-3 が左辺から右辺に符号が変わって移ったようにみえるね！これが「**移項**」だよ！

のように変形できるから，②をとばして①から③へ変形したと考えれば，①の左辺の「-3」を移項したってことになるよね。

つぎに「かけ算・わり算」について考えていくよ。

(1)　たとえば「$3<9$」が成り立っているね！

(2)　両辺に 2 をかけた「$3\times2<9\times2$」も成り立っているね。

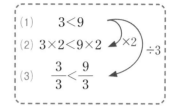

(3)　また，両辺を 3 でわった「$\frac{3}{3}<\frac{9}{3}$」も成り立っているね。

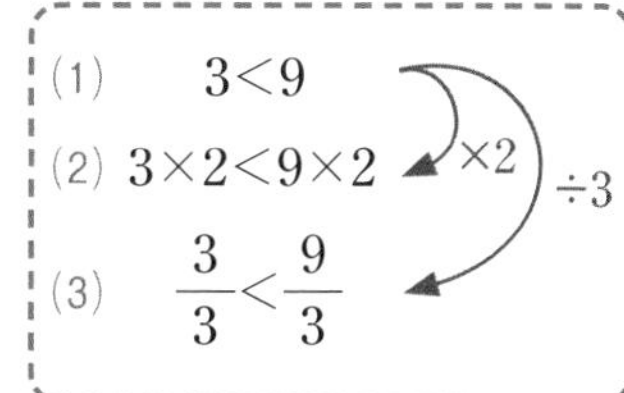

つまり，「両辺に同じ正の数をかけたり，両辺を同じ正の数でわったりしても不等号の向きは変わらない」ということだよ！

ところが，両辺に同じ負の数をかけたり，両辺を同じ負の数でわったりする場合は，同じようにはならないんだ。

たとえば，「$3<9$」は成り立っているね！
両辺に -2 をかけるとどうなるかな？

左辺が -6 で，右辺が -18 だから，
$-6>-18$
で，不等号の向きがひっくり返っている！

-2 をかけるってことは，もともといる方向と反対方向に2倍するってことだね！　だから，負の数をかけると不等号の向きが変わるんだ！

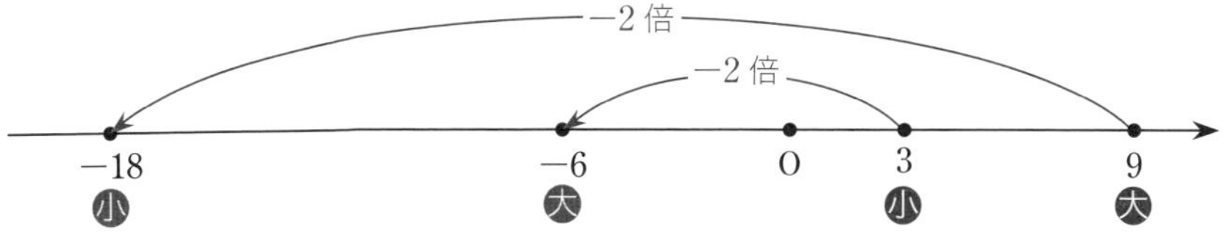

なるほど！　じゃあ，負の数でわる場合も，「$3<9$」の両辺を -3 でわると，左辺は -1，右辺は -3 で，$-1>-3$ だから，同様に考えられるんだね！

そうなんだ！　不等式の計算では両辺に同じ負の数をかけたり同じ負の数でわったりすると不等号の向きが変わるのが最大のポイントだよ！　そこに気をつけよう！　それじゃあ，不等式の性質についてまとめておくね！

不等式の性質

❶ $a<b$　ならば　$a+c<b+c$，　$a-c<b-c$

❷ $a<b$，$c>0$　ならば　$ac<bc$，$\dfrac{a}{c}<\dfrac{b}{c}$

❸ $a<b$，$c<0$　ならば　$ac>bc$，$\dfrac{a}{c}>\dfrac{b}{c}$

2　1次不等式

移項して整理すると，

(1次式)>0，(1次式)<0，(1次式)$\geqq 0$，(1次式)$\leqq 0$

といった形に変形できる不等式を，「**1次不等式**」というんだ。この節では，1次不等式を解く方法を学習するよ。

x についての不等式を満たす x の値の範囲を，その不等式の「**解**（かい）」といい，解を求めることを，その「不等式を**解く**」というんだ。

例として，次の不等式を満たす x の値の範囲について考えてみよう！

$x-2>7$ ……①

$x=5$ のとき，$5-2>7$ は成り立たないから，$x=5$ は①を満たさない！

$x=10$ のとき，$10-2>7$ は成り立つから，$x=10$ は①を満たす！

$x=20$ のとき，$20-2>7$ は成り立つから，$x=20$ は①を満たす！

①を満たすxの値は無数にありそうだね！　だから，このように具体的な値を代入していく方法で，①を満たすxの値の範囲を求めるのは，ちょっときびしそうだ。

そこで，❶で考えた不等式の性質を利用して，不等式①を解いてみよう。

①の両辺に2をたすと，

$$x-2+2>7+2$$

$$x>7+2 \quad \cdots\cdots②$$

$$x>9$$

このように①の解を求めることができるんだ！

ここで思い出してもらいたいんだけど，不等式でも移項ができるんだったね！

たしかに，①で「-2」を移項したのが②だね。だから，実際は移項して解けば大丈夫だよ！

この①の不等式を解くことで何がわかったのかというと，

$x-2$が7より大きくなるようなxの値の範囲は，$x>9$

ということなんだ。つまり，これが不等式①の「解」ということなんだね。

では，少し不等式を解く練習をしておこう。

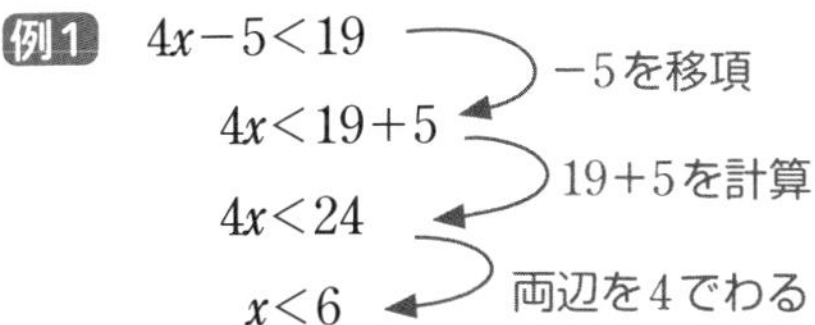

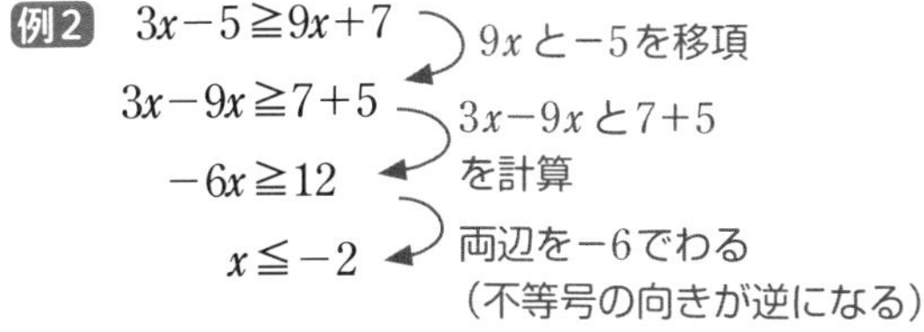

どんな感じかはつかめたかな？　移項して，

左辺にxの項，右辺に定数項を集めてから，両辺をxの係数でわると，解くことができるよ！　そのさい，負の数でわるときは，不等号の向きをひっくり返すことに注意しよう！

例題 ❶

次の不等式を解け。

(1)　$5x+2(7-3x)<x+2$　　(2)　$\frac{2x-1}{3}-\frac{5x-2}{4} \leqq -x-\frac{2}{3}$

解答の前にひと言

(1)　分配法則でかっこをはずして，$ax<b$ の形に変形しよう！　負の数でわるときは不等号の向きがひっくり返ることに注意！

(2)　分母の最小公倍数12を両辺にかけて，係数を整数にしよう！　3と4の最小公倍数は，3の倍数でもあり4の倍数でもある最小の正の数だよ！

解答と解説

(1)　$5x+2(7-3x)<x+2$　　かっこをはずす

$5x+14-6x<x+2$　　移項

$5x-6x-x<2-14$　　各辺を計算

$-2x<-12$　　両辺を-2でわる(不等号の向きが逆になる！)

$x>6$　答

(2)　$\frac{2x-1}{3}-\frac{5x-2}{4} \leqq -x-\frac{2}{3}$　　両辺に12をかける

$4(2x-1)-3(5x-2) \leqq -12x-8$　　かっこをはずす

$8x-4-15x+6 \leqq -12x-8$　　移項

$8x-15x+12x \leqq -8+4-6$　　各辺を計算

$5x \leqq -10$　　両辺を5でわる

$x \leqq -2$　答

❸ 連立１次不等式

2つ以上の不等式を組み合わせたものを「**連立不等式**」といい，それらの不等式をすべて満たす x の値の範囲を，その連立不等式の「**解**」というんだ。

連立不等式は，

それぞれの不等式を解き，それらの解の共通範囲を求める

ことで，解くことができるよ。

例題❷

次の連立不等式を解け。

$$\begin{cases} x+9 \leqq 4x & \cdots\cdots① \\ 5x-2<4x+3 & \cdots\cdots② \end{cases}$$

解答と解説

①より，　$-3x \leqq -9$

$x \geqq 3$ ……①′

②より，　$x<5$ ……②′

①′と②′の共通範囲が解になるので，

「○」はその値を含まず，「●」はその値を含むことを表すよ。

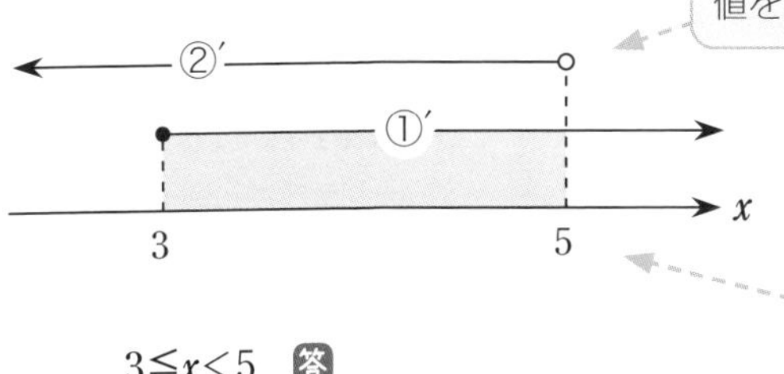

①′と②′をともに満たすのは，線が重なっている範囲(色が塗られている部分)！

$3 \leqq x < 5$ 答

つぎに，「$A \leqq B \leqq C$」タイプの連立１次不等式を学習しよう。

これは，「$A \leqq B$ かつ $B \leqq C$」として解くんだ。ちなみに「$A \leqq B$ かつ $A \leqq C$」としてはいけないよ！　これだと，「$B \leqq C$」が成り立つ保証がないね！　だから，次のことをしっかりおさえておこう！

$$A \leqq B \leqq C \iff A \leqq B \text{ かつ } B \leqq C$$

「⇔」は「同値記号」といって，くわしくは第11節で学習するよ。今は「同じことを表す」と考えてね！

例題 ❸

次の連立不等式を解け。

$$-3x+1 \leqq 2x+6 \leqq \frac{5}{2}x+8 \quad \cdots\cdots(*)$$

解答と解説

(*)より，

$$\begin{cases} -3x+1 \leqq 2x+6 & \cdots\cdots① \\ 2x+6 \leqq \dfrac{5}{2}x+8 & \cdots\cdots② \end{cases}$$

$A \leqq B$ かつ $B \leqq C$ は，
$$\begin{cases} A \leqq B \\ B \leqq C \end{cases}$$
と表記するよ！
今回は，$A=-3x+1$，$B=2x+6$，$C=\dfrac{5}{2}x+8$ だね！

①より，

$$-5x \leqq 5$$
$$x \geqq -1 \quad \cdots\cdots①'$$

-5（負の数）でわったら，不等号の向きはひっくり返るね！

② ×2より，

$$4x+12 \leqq 5x+16$$
$$-x \leqq 4$$
$$x \geqq -4 \quad \cdots\cdots②'$$

両辺に -1 をかけたよ！負の数をかけると，不等号の向きがひっくり返ることに注意しよう。「両辺を -1 でわった」と考えてもいいよ。その場合でも，負の数でわったんだから，不等号の向きはひっくり返るね！

①′，②′の共通範囲が解になるので，

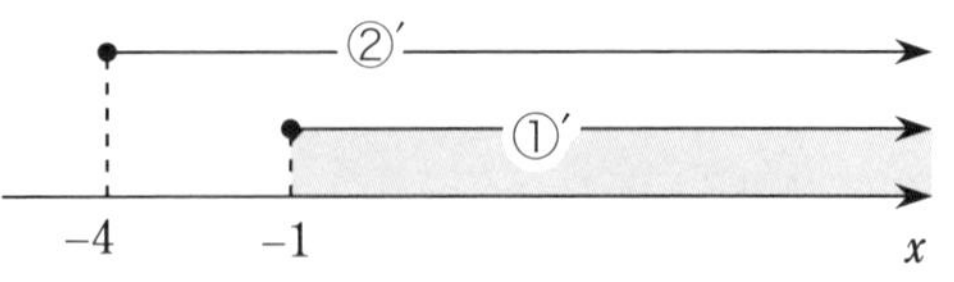

$x \geqq -1$ 答

1次不等式の応用

例題❹

1個150円のりんごと1個120円のみかんを合わせて30個買い，これを500円の箱につめて，代金の合計を4600円以下にしたい。りんごをできるだけ多く買うとすると，りんごは何個買えるか。ただし，消費税は考えないものとする。

解答と解説

りんごをx個買うとすると，みかんは$(30-x)$個買うことになる。

このとき，

りんごの代金は$150x$円，みかんの代金は$120(30-x)$円

であり，箱の代金を含めると，代金の合計は，

$150x+120(30-x)+500$(円)

となる。代金の合計を4600円以下にしたいので，

$$150x+120(30-x)+500 \leqq 4600$$

両辺を10でわる

$$15x+12(30-x)+50 \leqq 460$$

かっこをはずす

$$15x+360-12x+50 \leqq 460$$

移項して$ax \leqq b$の形に整理する

$$3x \leqq 50$$

両辺を3でわる

$$x \leqq \frac{50}{3}=16.6\cdots\cdots$$

これを満たす最大の自然数xは$x=16$なので，

りんごは最大16個買うことができる。 答

第1章 第2章 第3章 第4章 第5章 第6章 第7章 第8章

ちょいムズ

ここでは，文字の定数を含んだ不等式で，とくに場合分けが必要なものについて学習しよう。

例 a を定数とするとき，不等式 $ax<3$ を解け。

これは，「両辺を a でわればいいのかな」と思ってしまいがちなんだけど，a の値が正なのか負なのかによって不等号の向きが変わってくるし，0 だったらわることはできないね！　このように，a の値によって解が変わってくる場合は，場合分けをして解答するんだ。

(i)　$a>0$ のときは，両辺を $a(>0)$ でわっても不等号の向きは変わらないから，

$$x<\frac{3}{a}$$

(ii)　$a<0$ のときは，両辺を $a(<0)$ でわると不等号の向きがひっくり返るから，

$$x>\frac{3}{a}$$

(iii)　$a=0$ のときは，不等式は「$0\cdot x<3$」となるね！　左辺は x に何を代入しても0で，0 は 3 より小さいから，この不等式は x にどんな実数を代入しても成り立つね。だから，この不等式の解は，

すべての実数

となるんだ！

以上より，答えは，

$$\begin{cases} a>0 \text{ のとき，} x<\dfrac{3}{a} \\ a<0 \text{ のとき，} x>\dfrac{3}{a} \\ a=0 \text{ のとき，すべての実数} \end{cases}$$

となるよ！

まとめ

(1) 不等式の性質

❶ 両辺に同じ数をたしたり，両辺から同じ数をひいたりしても，不等号の向きは変わらない。➡ 移項ができる。

❷ 両辺に同じ正の数をかけたり，両辺を同じ正の数でわっても不等号の向きは変わらない。

❸ 両辺に同じ負の数をかけたり，両辺を同じ負の数でわったりすると不等号の向きが変わる。

(2) 1次不等式

step1 移項して左辺にxの項，右辺に定数項を集め，$ax>b$，$ax<b$，$ax \geqq b$，$ax \leqq b$ の形に整理する。

step2 両辺を a でわり，x の範囲を求める。

aが負の数の場合，不等号の向きがひっくり返ることに注意！

(3) 連立1次不等式

❶ $\begin{cases} A \leqq B & \cdots\cdots ① \\ C > D & \cdots\cdots ② \end{cases}$ のタイプ ➡ ①，②の共通範囲を求める。

❷ $A \leqq B \leqq C$ のタイプ ➡ $A \leqq B$ かつ $B \leqq C$ となる範囲を求める。

(4) 1次不等式の応用

➡ 範囲を求めたいものを x とおき，問題文から不等式を立て，それを解くことで x の範囲を求める。

解答と解説▶別冊 p.16

練習問題

(1) 次の1次不等式・連立1次不等式を解け。

① $\dfrac{3-2x}{2} \geqq \dfrac{2}{3}(2x+5)-7$　　② $3x-5<2x-1<4x+9$

(2) あるお菓子1個の値段は120円，重さは20gである。このお菓子を，重さが30gで70円の箱に何個か入れて，全体の重さは300g以上，代金は2000円以下にしたい。このとき，買うことができるお菓子の個数を求めよ。ただし，消費税は考えないものとする。

第9節 絶対値記号を含む方程式・不等式

この節の目標

- ☐ Ⓐ 絶対値記号を1つ含む方程式を解くことができる。
- ☐ Ⓑ 絶対値記号を1つ含む不等式を解くことができる。
- ☐ Ⓒ 絶対値記号を2つ含む方程式・不等式を解くことができる。

イントロダクション ♪♫

絶対値記号のはずし方は覚えているかな？　絶対値記号の中が正の数のときは，$|6|=6$ のようにそのままはずすことができるけど，絶対値記号の中が負の数のときは，$|-7|=-(-7)=7$ のように，「$-$(マイナス)」をつけてはずすんだったね！

だから，たとえば $|x-8|$ なら，

(i) $x-8\geqq 0$ すなわち $x\geqq 8$ のとき，$|x-8|=x-8$

(ii) $x-8<0$ すなわち $x<8$ のとき，$|x-8|=-(x-8)$

中身が負の数のときは，$-$をつけてはずす！

となるんだったね！　ただし，記号のはずし方だけじゃなく，「**絶対値**（ぜったいち）」の意味も忘れないでね！　絶対値というのは，原点からの距離のことだったね！

この節では，絶対値記号を含んだ方程式や不等式を解いていくよ。上のように場合分けをしないと解けないタイプのものもあるけど，絶対値の意味を考えれば，場合分けせずに解けるタイプもあるんだ。これから順に話していくね。

ゼロから解説

1 絶対値記号を含む方程式

まずは，絶対値記号の中にのみ x が入っているタイプの方程式を解いていこう。

例1 方程式 $|2x-1|=3$ を解け。

$2x-1=A$ とおくと，

$\underset{\text{原点と}A\text{との距離が}3}{|A|=3}$ ← $|A|$は原点とAとの距離を表すね！

より，

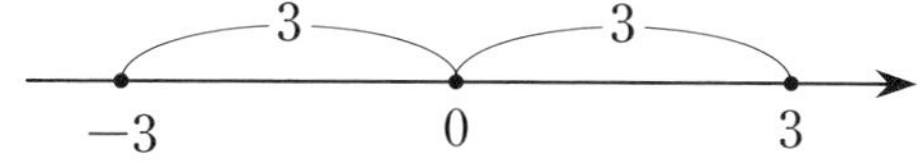

$A=3,\ -3$

となるね！ A を $2x-1$ に戻そう！

$2x-1=3,\ -3$

（-1を移項）

$2x=3+1,\ -3+1$

（両辺を2でわる）

$x=\dfrac{3+1}{2},\ \dfrac{-3+1}{2}$

（計算）

$=\mathbf{2},\ \mathbf{-1}$

このように，絶対値記号の中にのみ x が入っているタイプは，絶対値の意味を考えれば解くことができるんだ。

つぎに，絶対値記号の中以外にも x が入っているタイプについて，考えてみよう！

例2 方程式 $|x-3|=2x$ ……① を解け。

今回は，絶対値記号の外にも x があるね！ ここでは，「原点からの距離が $2x$」といっても，$2x$ 自体が正か負かもわかっていないから，さっきと同じように考えるのは難しい。だから，場合分けして絶対値記号をはずして解いていこう。

$$|x-3|=\begin{cases} x-3 & (x-3\geqq 0 \text{ すなわち } x\geqq 3 \text{ のとき}) \cdots\cdots \text{(i)} \\ -(x-3) & (x-3<0 \text{ すなわち } x<3 \text{ のとき}) \cdots\cdots \text{(ii)} \end{cases}$$

(i) $x\geqq 3$ のとき，①は，

$x-3=2x$ ← $x\geqq 3$ のとき，絶対値記号の中身が0以上だから，絶対値記号はそのままはずれるね！

$-x=3$

$x=-3$

となるけど，$x=-3$ は $x\geqq 3$ を満たさないから，①の解ではないね！ 実際，$x=-3$ を①の各辺に代入すると，

$(\text{左辺})=|x-3|=|-3-3|=6,\quad (\text{右辺})=2x=2\cdot(-3)=-6$

だから①は成り立たないね！

(ii) $x<3$ のとき，①は，

$$-(x-3)=2x$$
$$-x+3=2x$$
$$-3x=-3$$
$$x=1$$

$x<3$ のとき，絶対値記号の中身が負だから，絶対値記号はマイナスをつけてはずせるね！

となり，これは $x<3$ を満たすから①の解だよ！　実際，$x=1$ のとき，

$$|x-3|=|1-3|=2,\ 2x=2\cdot1=2$$

だから①は成り立つね。

よって，①の解は $\boldsymbol{x=1}$ となるんだ！

別解　じつは，次のように考えることもできるよ。$|x-3|$ は原点と $x-3$ との距離だから，0 以上の数になるね。つまり $|x-3|\geqq0$ なんだ！　ということは，①が成り立つのは $2x\geqq0$ のとき，つまり $x\geqq0$ のときだね。そして，x が 0 以上の数と確定すれば，

$$|x-3|=2x \quad\Rightarrow\quad x-3 \text{ と原点との距離が } 2x$$

と，とらえることができるね。よって，①を満たす x は，

$$x\geqq0 \text{ かつ } x-3=\pm2x$$

を満たす x だよ。

$x-3=A$ とおくと，
$|A|=2x$
$A\geqq0$ より，$2x\geqq0$
原点とAとの距離が $2x$ より，
$A=\pm2x$

(i) $x-3=2x$ を解くと，

$$-x=3$$
$$x=-3 \quad (x\geqq0 \text{ に不適})$$

(ii) $x-3=-2x$ を解くと，

$$3x=3$$
$$x=1 \quad (x\geqq0 \text{ に適する})$$

以上より，①の解は，

$$\boldsymbol{x=1}$$

となるよ！

❷ 絶対値記号を含む不等式

つぎに，絶対値記号を含む不等式について考えていこう。方程式のときと同じように，絶対値記号の中にのみ x が入っているタイプは，意味を考えれば解けるよ。

例1 次の不等式を解け。

(1) $|3x+2| \leqq 6$　　(2) $|3x+2| > 6$

(1)で $3x+2=A$ とおくと，

$|A| \leqq 6$

原点と A との距離が6以下

$-6 \leqq A \leqq 6$

> 原点との距離が 6 以下だから，A は -6 以上 6 以下だね！

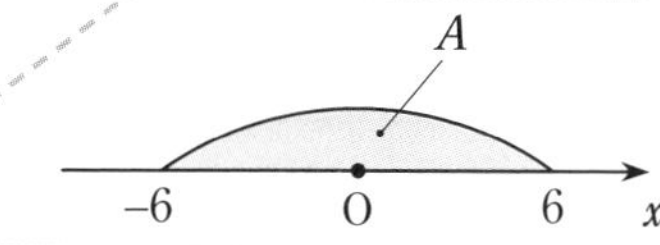

となるね！　A を $3x+2$ に戻そう！

$-6 \leqq 3x+2 \leqq 6$

各辺から2をひく

$-8 \leqq 3x \leqq 4$

各辺を3でわる

$-\dfrac{8}{3} \leqq x \leqq \dfrac{4}{3}$

> $A \leqq B \leqq C$
> タイプの連立不等式は，
> $\begin{cases} A \leqq B \\ B \leqq C \end{cases}$
> として考えるのが基本だから，
> $\begin{cases} -6 \leqq 3x+2 \\ 3x+2 \leqq 6 \end{cases}$
> として解いてもいいけど，今回みたいに x が真ん中の B にしか含まれていないタイプは，こんなふうに $A \leqq B \leqq C$ のまま解けるよ！

が(1)の答えとなるよ。同じように(2)も考えていこう。

$3x+2=A$ とおくと，

$|A| > 6$

原点と A との距離が6より大きい

$A < -6$ または $6 < A$

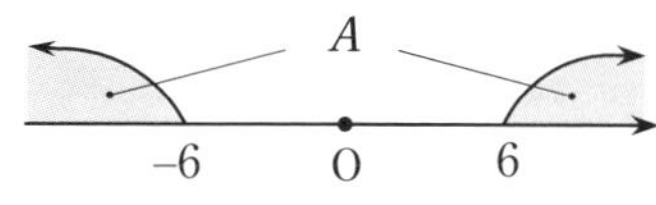

となるね！　A を $3x+2$ に戻そう！　「または」を「，」で表すと，

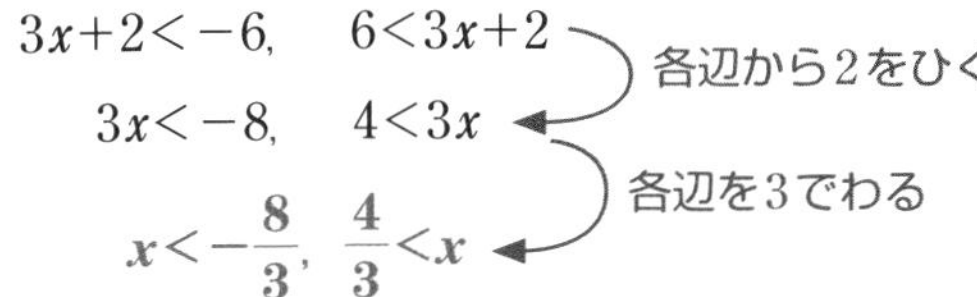

$3x+2 < -6,\quad 6 < 3x+2$

$3x < -8,\quad 4 < 3x$

$x < -\dfrac{8}{3},\quad \dfrac{4}{3} < x$

が(2)の答えとなるよ。わかったかな？

絶対値記号の中にのみ x があるタイプは，方程式でも不等式でも，絶対値の意味を考えて解けばいいんだ。ちょっとまとめておこう！

下の公式の中の「$f(x)$」は，x の式を表す記号だよ。くわしくは，第13節で学習するよ！

絶対値記号の中にのみ x があるタイプ

a を正の定数とする。

❶ $|f(x)|=a \Leftrightarrow f(x)=\pm a$

❷ $|f(x)|<a \Leftrightarrow -a<f(x)<a$ $(|f(x)|\leqq a \Leftrightarrow -a\leqq f(x)\leqq a)$

❸ $|f(x)|>a \Leftrightarrow f(x)<-a,\ a<f(x)$

$(|f(x)|\geqq a \Leftrightarrow f(x)\leqq -a,\ a\leqq f(x))$

つぎに，絶対値記号の中以外にも x があるタイプの不等式について学習するよ。ちょっと難しいけど，心の準備は大丈夫かな？

例2 不等式 $|2x-4|\leqq x+1$ ……① を解け。

絶対値記号の中以外にも x があるタイプは，場合分けをして，絶対値記号をはずして解くんだ。

$$|2x-4|=\begin{cases} 2x-4 & (2x-4\geqq 0 \text{ すなわち } x\geqq 2 \text{ のとき}) \cdots\cdots (\text{i}) \\ -(2x-4) & (2x-4<0 \text{ すなわち } x<2 \text{ のとき}) \cdots\cdots (\text{ii}) \end{cases}$$

(i) $x\geqq 2$ のとき，①は，

$2x-4\leqq x+1$

$x\leqq 5$

$x\geqq 2$ との共通範囲は，

$2\leqq x\leqq 5$ ……②

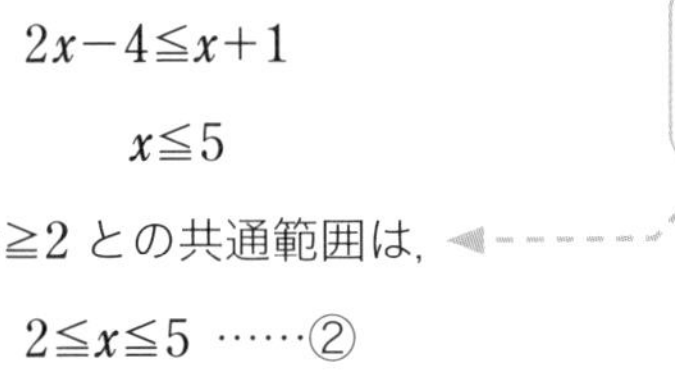

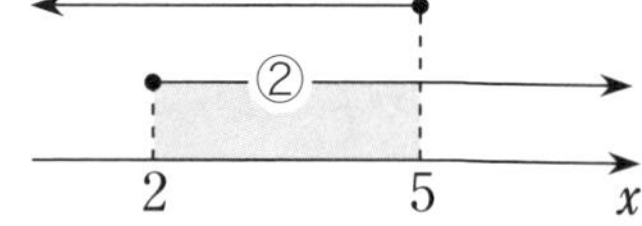
今，$x\geqq 2$ で考えているから，$x\geqq 2$ の中の $x\leqq 5$ の部分を求めるよ！
②
2
5
x

(ii) $x<2$ のとき，①は，

$-(2x-4)\leqq x+1$

$-2x+4\leqq x+1$

$-3x\leqq -3$

$x\geqq 1$

$x<2$ との共通範囲は，

$1\leqq x<2$ ……③

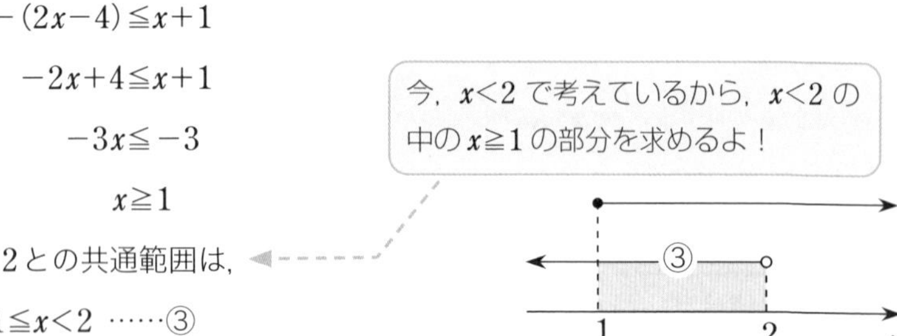
今，$x<2$ で考えているから，$x<2$ の中の $x\geqq 1$ の部分を求めるよ！
③
1
2
x

②，③より，求める不等式の解は，

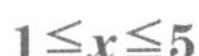

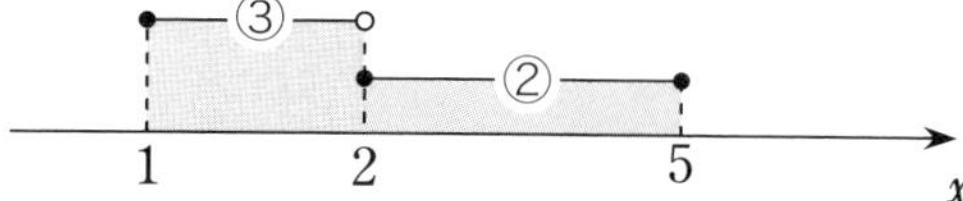

先生，$1 \leqq x < 2$，$2 \leqq x \leqq 5$ と分けてかいてはだめなの？

だめではないよ！　だけど，あんまりよくないかな～

え!?「あんまりよくない」ってどういうこと？

たとえば，お店の開店時間が，
「9:00 ～ 12:00，12:00 ～ 17:00」
ってかかれてたらどう思う？

「結局，9:00 ～ 17:00が開店時間ってこと!?」って思うかな。

そうだよね！　続いているんだったら，まとめてかいてくれたほうがわかりやすいよね？

そっか～！　だから，②と③をまとめたんだね！

答えをかくときは，できるだけわかりやすい（伝わりやすい）形でかこう！

は～い！

素直でよろしい♪

例題 ❶

次の方程式・不等式を解け。

(1) $|3-2x|=3x-2$　　　(2) $|x+3| \geqq -2x+9$

解答と解説

(1) (i) $3-2x \geqq 0$ すなわち $x \leqq \dfrac{3}{2}$ のとき，

$$3-2x=3x-2$$
$$-5x=-5$$
$$x=1$$

絶対値記号は中身が 0 以上のときはそのままはずすから，$3-2x \geqq 0$ のとき，
$|3-2x|=3-2x$

これは $x \leqq \dfrac{3}{2}$ に適する。

(ii) $3-2x<0$ すなわち $x>\dfrac{3}{2}$ のとき，

$$-(3-2x)=3x-2$$
$$-3+2x=3x-2$$
$$-x=1$$
$$x=-1$$

絶対値記号は中身が 0 より小さいときは「−(マイナス)」をつけてはずすから，$3-2x<0$ のとき，
$|3-2x|=-(3-2x)$

これは $x>\dfrac{3}{2}$ に適さない。

以上より，

$x=1$ 答

(2) (i) $x+3 \geqq 0$ すなわち $x \geqq -3$ のとき，

$$x+3 \geqq -2x+9$$
$$3x \geqq 6$$
$$x \geqq 2$$

$x+3 \geqq 0$ のとき，
$|x+3|=x+3$

$x \geqq -3$ との共通範囲は，

$x \geqq 2$

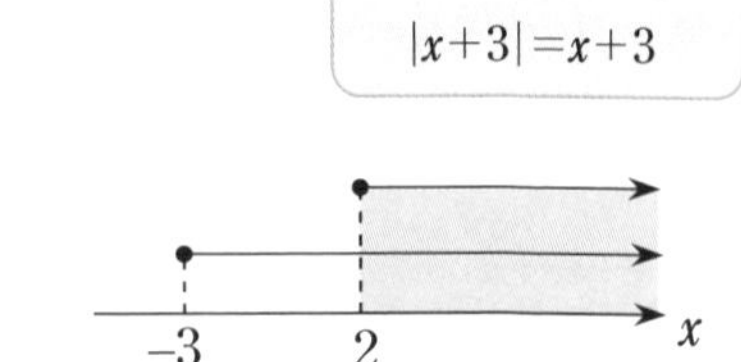

(ii) $x+3<0$ すなわち $x<-3$ のとき,

$$-(x+3) \geqq -2x+9$$

$$-x-3 \geqq -2x+9$$

$$x \geqq 12$$

$x+3<0$ のとき, $|x+3|=-(x+3)$

$x<-3$ との共通範囲はないので解なし。

以上より,

$x \geqq 2$ 答

$x<-3$ と $x \geqq 12$ は共通範囲がないね!

-3　12　x

3 絶対値記号を2つ含む方程式・不等式

絶対値記号が2つある方程式・不等式について学習していこう。

例1 方程式 $|x-2|+2|x+3|=11$ ……① を解け。

$$|x-2|=\begin{cases} x-2 & (x-2 \geqq 0 \text{ すなわち } x \geqq 2 \text{ のとき}) \\ -(x-2) & (x-2<0 \text{ すなわち } x<2 \text{ のとき}) \end{cases}$$

だから, $|x-2|$ は $x=2$ を境目にして, そのままはずすか, $-$(マイナス)をつけてはずすかが変わるね! また,

$$|x+3|=\begin{cases} x+3 & (x+3 \geqq 0 \text{ すなわち } x \geqq -3 \text{ のとき}) \\ -(x+3) & (x+3<0 \text{ すなわち } x<-3 \text{ のとき}) \end{cases}$$

だから, $|x+3|$ は $x=-3$ を境目にして, そのままはずすか, $-$ (マイナス)をつけてはずすかが変わるね!

こんなふうに, 絶対値記号が2つあるときは, 絶対値記号のはずし方が変わる境目も2つあるので, 次のような表にまとめてから解くのがオススメだよ!

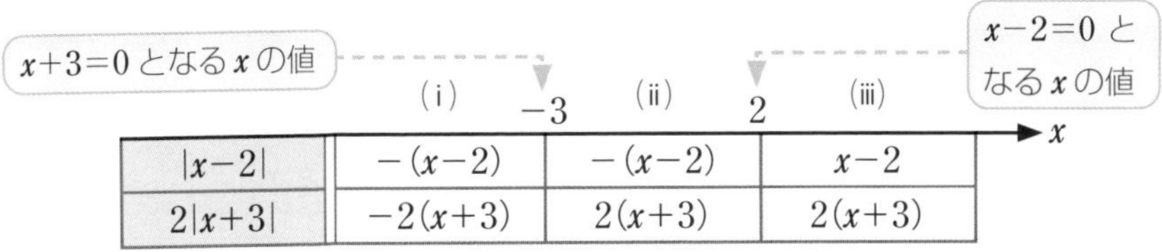

	(i)	(ii)	(iii)
$\lvert x-2\rvert$	$-(x-2)$	$-(x-2)$	$x-2$
$2\lvert x+3\rvert$	$-2(x+3)$	$2(x+3)$	$2(x+3)$

このようにまとめておくと, どのような範囲のときに, どうやってはずせば

いいかがわかりやすくなるよね！　それでは，やっていこう。

(i)　$x<-3$ のとき，①は，

$$-(x-2)-2(x+3)=11$$
$$-x+2-2x-6=11$$
$$-3x=15$$
$$x=-5$$

$x<-3$ のときは，
$x-2<0$，$x+3<0$
より，
$|x-2|=-(x-2)$
$|x+3|=-(x+3)$

これは $x<-3$ に適する。

(ii)　$-3\leqq x<2$ のとき，①は，

$$-(x-2)+2(x+3)=11$$
$$-x+2+2x+6=11$$
$$x=3$$

$-3\leqq x<2$ のときは，
$x-2<0$，$x+3\geqq 0$
より，
$|x-2|=-(x-2)$，$|x+3|=x+3$

これは $-3\leqq x<2$ に適さない。

(iii)　$2\leqq x$ のとき，①は，

$$(x-2)+2(x+3)=11$$
$$x-2+2x+6=11$$
$$3x=7$$
$$x=\frac{7}{3}$$

$2\leqq x$ のときは，
$x-2\geqq 0$，$x+3>0$
より，
$|x-2|=x-2$，$|x+3|=x+3$

これは $2\leqq x$ に適する。

以上より，①の解は，$\boldsymbol{x=-5,\ \frac{7}{3}}$

つぎに，絶対値記号を2つ含む不等式を解いてみよう！

例2　不等式 $|2x|+|x-6|<15$ ……① を解け。

$$|2x|=\begin{cases}2x & (2x\geqq 0\ \text{すなわち}\ x\geqq 0\ \text{のとき}) \\ -2x & (2x<0\ \text{すなわち}\ x<0\ \text{のとき})\end{cases}$$

であり，

$$|x-6|=\begin{cases}x-6 & (x-6\geqq 0\ \text{すなわち}\ x\geqq 6\ \text{のとき}) \\ -(x-6) & (x-6<0\ \text{すなわち}\ x<6\ \text{のとき})\end{cases}$$

これを元に表で整理すると，

	(i) $x<0$	(ii) $0\leqq x<6$	(iii) $6\leqq x$
$\lvert 2x\rvert$	$-2x$	$2x$	$2x$
$\lvert x-6\rvert$	$-(x-6)$	$-(x-6)$	$x-6$

(i) $x<0$ のとき，①は，

$$-2x-(x-6)<15$$

$$-2x-x+6<15$$

$$-3x<9$$

$$x>-3$$

> $x<0$ のときは，
> $2x<0$，$x-6<0$
> より，
> $|2x|=-2x$，$|x-6|=-(x-6)$

$x<0$ との共通範囲は，

$-3<x<0$ ……②

(ii) $0\leqq x<6$ のとき，①は，

$$2x-(x-6)<15$$

$$2x-x+6<15$$

$$x<9$$

> $0\leqq x<6$ のときは，
> $2x\geqq 0$，$x-6<0$
> より，
> $|2x|=2x$，$|x-6|=-(x-6)$

$0\leqq x<6$ との共通範囲は，

$0\leqq x<6$ ……③

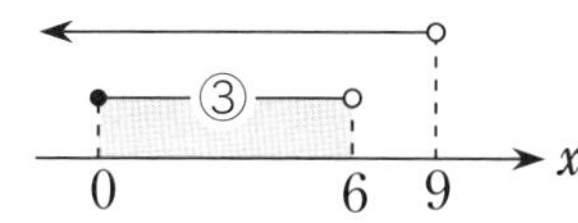

(iii) $6\leqq x$ のとき，①は，

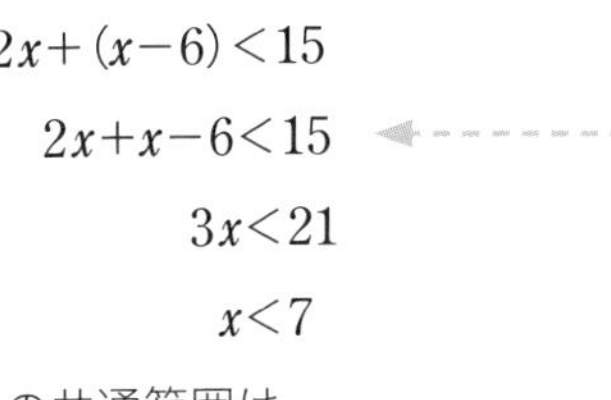

$$2x+(x-6)<15$$

$$2x+x-6<15$$

$$3x<21$$

$$x<7$$

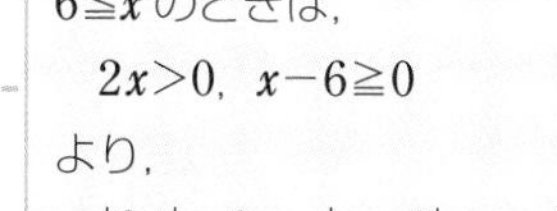

> $6\leqq x$ のときは，
> $2x>0$，$x-6\geqq 0$
> より，
> $|2x|=2x$，$|x-6|=x-6$

$x\geqq 6$ との共通範囲は，

$6\leqq x<7$ ……④

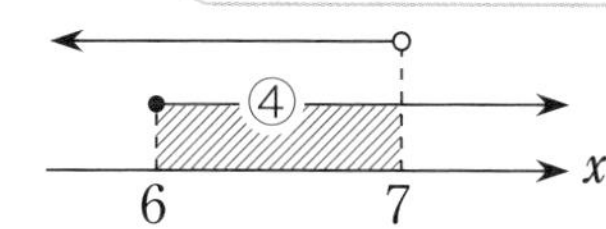

②，③，④より，①の解は，

$\boldsymbol{-3<x<7}$

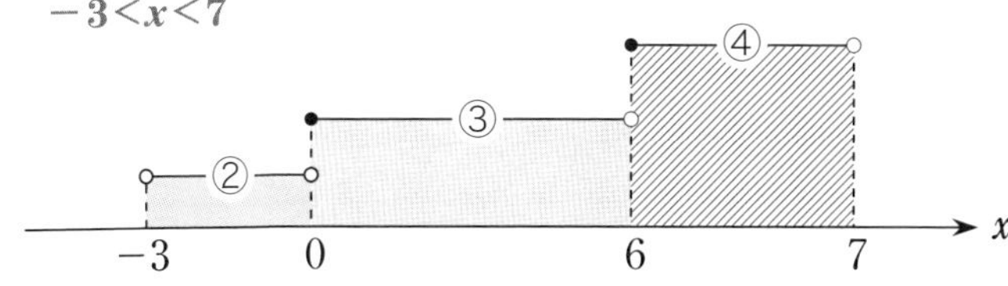

ちょいムズ

さっきの不等式を，グラフを用いて解くことを考えてみよう。

例 不等式 $|2x|+|x-6|<15$ ……① を解け。

①を変形すると，

$$|2x|+|x-6|-15<0$$

ここで，$y=|2x|+|x-6|-15$ とおき，

$y=|2x|+|x-6|-15$ のグラフで，$y<0$ となる部分，すなわち，$y=0$ (x 軸)の下側となる x の値の範囲を求める

と，①を解けたことになるよ！

$$y=|2x|+|x-6|-15$$

$$=\begin{cases} -2x-(x-6)-15 & (x<0 \text{ のとき}) \\ 2x-(x-6)-15 & (0\leqq x<6 \text{ のとき}) \\ 2x+(x-6)-15 & (6\leqq x \text{ のとき}) \end{cases}$$

$$=\begin{cases} -3x-9 & (x<0 \text{ のとき}) \\ x-9 & (0\leqq x<6 \text{ のとき}) \\ 3x-21 & (6\leqq x \text{ のとき}) \end{cases}$$

x	（〜0）	（0〜6）	（6〜）
$\|2x\|$	$-2x$	$2x$	$2x$
$\|x-6\|$	$-(x-6)$	$-(x-6)$	$x-6$

より，$y=|2x|+|x-6|-15$ のグラフは，下のような折れ線になるよ。くわしいグラフのかき方は，第**13**節の**例題**で解説するからね！

このグラフで，$y<0$ となる部分，つまり x 軸の下側にある部分の x の範囲を調べることで，①の解は，

$$\boldsymbol{-3<x<7}$$

とわかるよ。

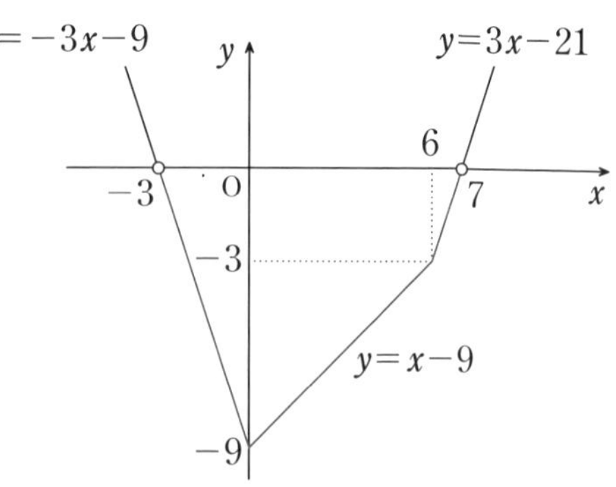

まとめ

(1) 絶対値記号を**1**つ含む方程式・不等式

❶ 絶対値記号の中にのみ x があるタイプ

➡ 絶対値の意味を考えて解く。

あとはこれを解けばいいね！

例 $|2x-3| \leqq 5 \iff -5 \leqq 2x-3 \leqq 5$

$2x-3$ と原点との距離が5以下

❷ 絶対値記号の中以外にも x があるタイプ

➡ 場合分けをして，絶対値記号をはずしてから解く。

例 $|3x-2|=x+3$

$$|3x-2|=\begin{cases} 3x-2 & \left(3x-2 \geqq 0 \text{ すなわち } x \geqq \dfrac{2}{3} \text{ のとき}\right) \cdots\cdots \text{(i)} \\ -(3x-2) & \left(3x-2<0 \text{ すなわち } x<\dfrac{2}{3} \text{ のとき}\right) \cdots\cdots \text{(ii)} \end{cases}$$

(i) $x \geqq \dfrac{2}{3}$ と (ii) $x<\dfrac{2}{3}$ で，場合分けをして解く。

(2) 絶対値記号を**2**つ含む方程式・不等式

➡ 表を利用して，場合分けをし，絶対値記号をはずしてから解く。

例 $|x+3|+|x-2|=5$

x	(i) -3	(ii) 2	(iii)
$\lvert x+3\rvert$	$-(x+3)$	$x+3$	$x+3$
$\lvert x-2\rvert$	$-(x-2)$	$-(x-2)$	$x-2$

(i) $x<-3$，(ii) $-3 \leqq x<2$，(iii) $2 \leqq x$ で，場合分けをして解く。

解答と解説►別冊 $p.18$

練習問題

次の方程式・不等式を解け。

(1) $|x-3|=5$　　(2) $|x+6|>3x-2$　　(3) $|x-1|+|x-3|=8$

第10節 集　合

この節の目標

- ☐ Ⓐ 共通部分や和集合を求めることができる。
- ☐ Ⓑ 補集合を求めることができる。
- ☐ Ⓒ ド・モルガンの法則を使うことができる。

イントロダクション ♪♫

ここからは第2章！ この節では，「**集合**」について学習するよ。集合っていうと，普通の日本語としては，たんなるものの集まりのように思われるかもしれないね。でも，数学で「集合」といったら，入るか入らないかが明確に決まるものの集まりのことなんだ。

たとえば，「10以下の自然数」っていうのは，

1, 2, 3, 4, 5, 6, 7, 8, 9, 10

のことで，7はこの集まりに入るけど，13は入らないと，明確に決まるね！

それにたいして，たとえば「大きい数」といっても，100を「大きい数」の集まりに入ると思う人もいれば，思わない人もいるね。だから，ある数がこの集まりに入るか入らないかがはっきりしないね。このようなものは，数学では「集合」とはいわないんだ。わかったかな？　それでは，はじめから学んでいこう。

ゼロから解説

1 集　合

「**集合**」とは，条件のはっきりしたものの集まりのことで，A や B など，アルファベットの大文字で表すことが多いよ。

また，集合を構成している1つ1つのことを，その集合の「**要素**」というんだ。

たとえば，集合Aを「10以下の自然数」とすると，集合Aの要素は，

1つ1つが要素

$1,\ 2,\ 3,\ 4,\ 5,\ 6,\ 7,\ 8,\ 9,\ 10$

だよ。たとえば，「3」は集合Aの要素だね。このとき，「3は集合Aに**属**(ぞく)**する**」といって，

$3 \in A$

と表すよ。でも，「-5」は集合Aの要素ではないね。「-5」が集合Aの要素ではないことを，

$-5 \notin A$

と表すよ。大丈夫かな？

もう1つ例をみてみよう。集合Bを「1以上15以下の偶数」とするとき，

$6 \in B,\ 9 \notin B$

となるね！

$B \ni 6,\ B \not\ni 9$
とかいてもいいよ！

❷ 集合の表し方

集合の表し方には，

❶ 要素をかき並べる方法
❷ 要素の条件をかく方法

の2通りがあるんだ。たとえば，12の正の約数全体の集合をAとすると，

❶の方法……$A=\{1,\ 2,\ 3,\ 4,\ 6,\ 12\}$

要素を具体的にかく

かっこは{　}(中かっこ)を使う

❷の方法……$A=\{x \mid x$は12の正の約数$\}$

Aの要素の代表として文字を1文字かく(たとえばx)

文字と条件のあいだに「|」を入れる

その文字が満たす条件をかく

と表すよ。また，集合の要素の個数が多い場合や，有限個ではない場合は，❶の方法においては，一部の要素だけをかき，残りを「……」で表すよ！

例 次の集合 A, B を❶, ❷の2通りの方法で表せ。

(1) A：100以下の正の奇数全体

(2) B：自然数全体

(1) ❶ $A=\{1,\ 3,\ 5,\ \cdots\cdots,\ 99\}$

❷ $A=\{x \mid x$ は100以下の正の奇数$\}$

また，❷はこのように表してもいいよ。

$A=\{2k+1 \mid k$ は整数，$0 \leqq k \leqq 49\}$

奇数は，「2×(整数)+1」という形をしているから，
$2k+1$ (k は整数)
を要素の代表とする。
$1=2\times0+1$,
$99=2\times49+1$
だから，$0 \leqq k \leqq 49$ だね！

(2) ❶ $B=\{1,\ 2,\ 3,\ \cdots\cdots\}$

❷ $B=\{x \mid x$ は自然数$\}$

例題❶

(1) $A=\{3m+1 \mid m$ は整数，$0 \leqq m \leqq 100\}$ を，要素をかき並べる方法で表せ。

(2) $B=\{2,\ 4,\ 6,\ \cdots\cdots,\ 1000\}$ を，要素の条件をかく方法で表せ。

解答と解説

$3m+1$ に $m=0,\ 1,\ 2,\ \cdots\cdots,\ 100$ を代入していったものが要素だから，それらを{ }の中にかき並べよう！

(1) $A=\{1,\ 4,\ 7,\ \cdots\cdots,\ 301\}$ **答**

(2) $B=\{x \mid x$ は1000以下の正の偶数$\}$ **答**

別解 $B=\{2k \mid k$ は整数，$1 \leqq k \leqq 500\}$

偶数は，2×(整数)と表すことができるから，要素の代表を $2k$ とする。$2=2\times1$，$1000=2\times500$ だから，$1 \leqq k \leqq 500$ だね！

❸ 部分集合

集合 A のすべての要素が集合 B に属しているとき，「A は B の**部分集合**である」というよ。

$A \subset B$

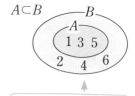

このような図を，「**ベン図**」というよ。集合はベン図で表すことが多いんだ！

たとえば，

$A=\{1,\ 3,\ 5\}$，$B=\{1,\ 2,\ 3,\ 4,\ 5,\ 6\}$

のとき，A の要素「1」，「3」，「5」は，すべて B に属しているね！　このようなとき，「A は B の部分集合である」というんだ。また，「A は B に**含まれ**

る」，とか，「B は A を**含む**」ともいうよ。

記号では，A が B の部分集合であることを，$A \subset B$ と表したり，$B \supset A$ と表したりするよ。

そして，2つの集合のあいだに，「含む」「含まれる」の関係があるとき，つまり，一方がもう一方の部分集合になっているとき，2つの集合のあいだに「**包含関係**(ほうがん)がある」というよ！

ところで，$A=\{1,\ 3,\ 5\}$のとき，

$1 \in A,\ 3 \in A,\ 5 \in A$

なので，当たり前だけど，集合 A の要素はすべて集合 A に属しているよね。ということは，A は A の部分集合でもあるね！　だから，

$A \subset A$

も成り立つよ。

「集合 A の要素ならば必ず集合 B の要素」が成り立つとき，A は B の部分集合になるということだね！

まとめておくと，

部分集合

「$\boldsymbol{x \in A}$　ならば　$\boldsymbol{x \in B}$」のとき，$\boldsymbol{A \subset B}$

($\boldsymbol{A \subset B}$ のとき，「$\boldsymbol{x \in A}$　ならば　$\boldsymbol{x \in B}$」も成り立つ)

それじゃあ，「2つの集合が等しい」とは，どういうことだろう？

「集合 A と集合 B が**等しい**」とは，集合 A と集合 B の要素がすべて一致しているということなんだ。このとき，$A=B$ と表すよ。

たとえば，

$A=\{2,\ 4,\ 6\}$，$B=\{2,\ 4,\ 6\}$

のときは，A と B の要素がすべて一致しているから，$A=B$ だね！　このことを，「部分集合」という用語を使って説明すると，$A=B$ とは，「A が B の部分集合であり，B も A の部分集合である」ということになるね。

よって，

集合 $\boldsymbol{A}$，$\boldsymbol{B}$ について，
$\boldsymbol{A=B}$ であるということは，$\boldsymbol{A \subset B}$ かつ $\boldsymbol{A \supset B}$ が成り立つこと

なんだよ。

例題❷

$A=\{2,\ 3,\ 6\}$, $B=\{1,\ 2,\ 4\}$, $C=\{6\}$, $D=\{x \mid x$ は6の正の約数$\}$ のうち, $X=\{1,\ 2,\ 3,\ 6\}$ の部分集合であるものはどれか。

解答と解説

$D=\{1,\ 2,\ 3,\ 6\}$ であり, $A\subset X$, $C\subset X$, $D\subset X\ (D=X)$ であるから, X の部分集合は,

$A,\ C,\ D$ 答

4 共通部分と和集合，空集合，補集合

集合 A, B の両方に属する要素全体の集合を「A と B の**共通部分**」といい, $A\cap B$（「A かつ B」と読む）と表すよ。

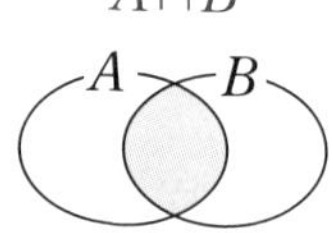

また, 集合 A, B の少なくとも一方に属する要素全体の集合を,「A と B の**和集合**」といい, $A\cup B$（「A または B」と読む）と表すよ。

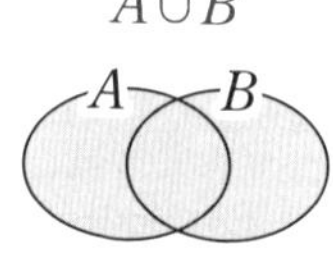
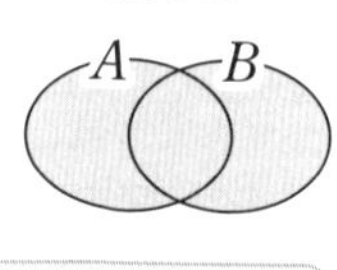

和集合 $A\cup B$（A または B）については,「A と B のどちらか一方のみ」ではないことに注意しよう！ 日本語の「または」の意味とは, 少しちがっているんだね。

共通部分や和集合は, 2つの集合のあいだだけでなく, 3つ(以上)の集合でも同様に出てくるよ！

「AとBのどちらか一方のみ」は次図の斜線部分で, $A\cup B$ とはちがってくるよ！

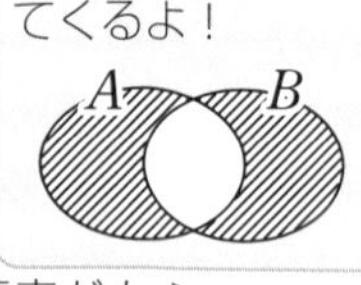

例1 $A=\{1,\ 2,\ 3,\ 4,\ 5\}$, $B=\{3,\ 5,\ 7\}$ とするとき, $A\cap B$, $A\cup B$ を求めよ。

$A\cap B$ は, A と B の両方に属している要素だから,

$\boldsymbol{A\cap B=\{3,\ 5\}}$

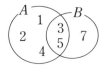

$A\cup B$ は, 少なくとも一方に属する要素だから,

$\boldsymbol{A\cup B=\{1,\ 2,\ 3,\ 4,\ 5,\ 7\}}$ ← 見えている数すべて

共通部分と和集合

❶ 共通部分

$\boldsymbol{A} \cap \boldsymbol{B}$

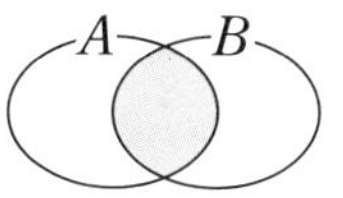

❷ 和集合

$\boldsymbol{A} \cup \boldsymbol{B}$

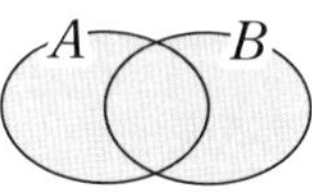

$\boldsymbol{A} \cap \boldsymbol{B} \cap \boldsymbol{C}$

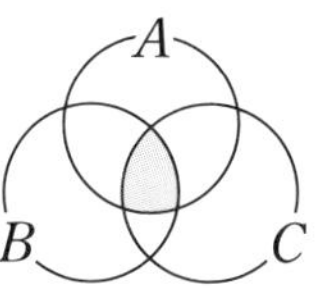

$\boldsymbol{A} \cup \boldsymbol{B} \cup \boldsymbol{C}$

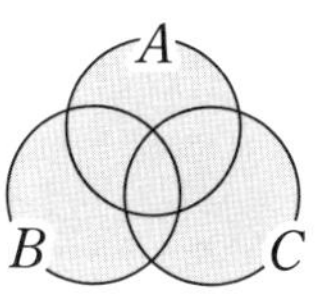

つぎに「**空集合**」について学習しよう。

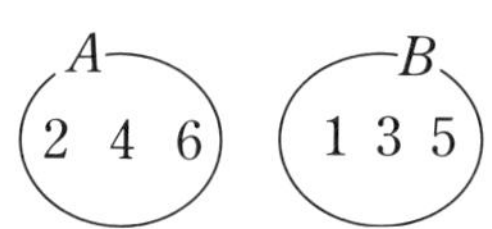

$A=\{2,\ 4,\ 6\}$, $B=\{1,\ 3,\ 5\}$

とすると, A と B には共通の要素がないね！

つまり, 集合 $A \cap B$ は, 要素をもたない集合だ！　このように, 要素を1つももたない集合を「**空集合**」といい, 記号「ϕ」で表すよ。だから, 今回は,

$A \cap B=\phi$

と表すことができるんだ。

また, ϕ は要素をもたない集合だから, どの集合にも含まれていると考えるんだ。だから, ϕ はすべての集合の部分集合でもあるよ。

例題 ❸

集合 $A=\{1,\ 2,\ 3\}$ の部分集合をすべて求めよ。

解答と解説

集合 A の部分集合は,

ϕ, $\{1\}$, $\{2\}$, $\{3\}$, $\{1,\ 2\}$, $\{1,\ 3\}$, $\{2,\ 3\}$, $\{1,\ 2,\ 3\}$ 答

- ϕ はすべての集合の部分集合！
- 要素が1つの部分集合！
- 要素が2つの部分集合をもれなく数える
- これも A に含まれるから部分集合だね！

最後に「**全体集合**」と「**補集合**」について学習しよう。集合を考えるときは，あらかじめ1つの集合 U を定め，その部分集合について考えることが多いんだ。このとき，U を「**全体集合**」というよ。そして，全体集合 U の部分集合 A にたいして，U の要素のうち A に属さない要素全体の集合を A の「**補集合**」といい，「$\overline{A}$」で表すよ。

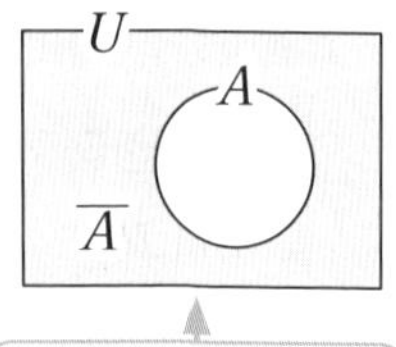

ベン図では，全体集合は普通，○ではなく□で表すよ

例2 $U=\{x \mid x$ は10より小さい自然数$\}$ を全体集合とする。
$A=\{3, 5, 7\}$，$B=\{4, 5, 6, 7\}$
について，次の集合を求めよ。
(1) $\overline{A}$　(2) $A\cap\overline{B}$　(3) $\overline{A}\cup\overline{B}$　(4) $\overline{A\cap B}$

ここまでも使ってきたような，集合の範囲や関係を示した図を，「**ベン図**」というよ。ここでもベン図を作り，要素をかき込んでいこう！

ベン図を作る手順

step1 $A\cap B$ の要素をかき込む

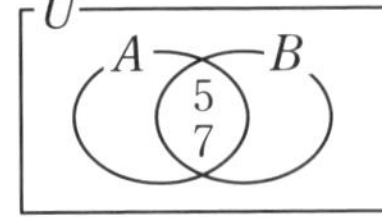

step2 A，B の残りの要素をかき込む

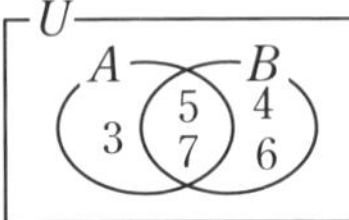

step3 U の残りの要素をかき込む

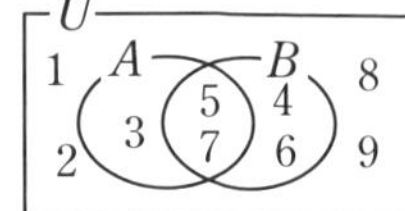

(1) $\overline{A}$ は U の中で A ではない部分だから，
$\overline{A}=\{1, 2, 4, 6, 8, 9\}$

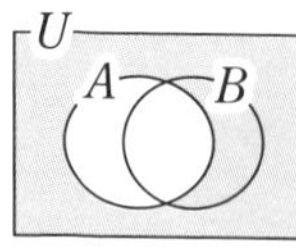

$\overline{A}$

(2) $A\cap\overline{B}$ は A と $\overline{B}$ の両方に属しているものだから，
$A\cap\overline{B}=\{3\}$

A の中で，B でない部分だよ！

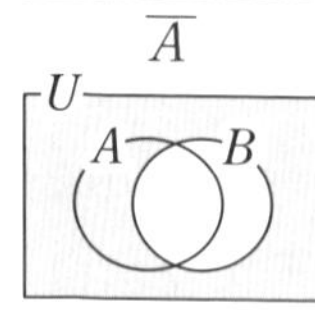

$\overline{B}$

(3) $\overline{A}\cup\overline{B}$ は $\overline{A}$ と $\overline{B}$ の和集合だから，
$\overline{A}\cup\overline{B}=\{1, 2, 3, 4, 6, 8, 9\}$

(4) $A\cap B=\{5, 7\}$ であり，$\overline{A\cap B}$ は，$A\cap B$ ではない部分だから，
$\overline{A\cap B}=\{1, 2, 3, 4, 6, 8, 9\}$

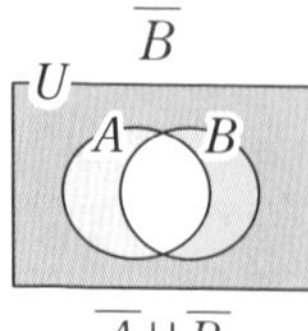

$\overline{A}\cup\overline{B}$

また，補集合については，次のことが成り立つよ。

補集合の性質

❶ $A \cap \overline{A} = \phi$　　❷ $A \cup \overline{A} = U$　　❸ $\overline{\overline{A}} = A$

❶は，A と $\overline{A}$ の共通部分はないから，成り立つね！

❷は，A と $\overline{A}$ を合わせると全体集合 U になる，ということだよ。

❸について，$\overline{\overline{A}}$ は $\overline{A}$ ではない部分ということだから，A のことだね！

ところで，さっきの例の(3)と(4)は，同じ集合になったね！　これは偶然かな？

じつは，そうではないんだ。つぎに，そのことについてふれていくよ。

5 ド・モルガンの法則

補集合について，次の「**ド・モルガンの法則**」が成り立つよ。

ド・モルガンの法則

❶ $\overline{A} \cap \overline{B} = \overline{A \cup B}$　　❷ $\overline{A} \cup \overline{B} = \overline{A \cap B}$

❶がなぜ成り立つかを，いっしょにベン図を使って考えていこう。$\overline{A}$ は，ベン図のどの部分かな？

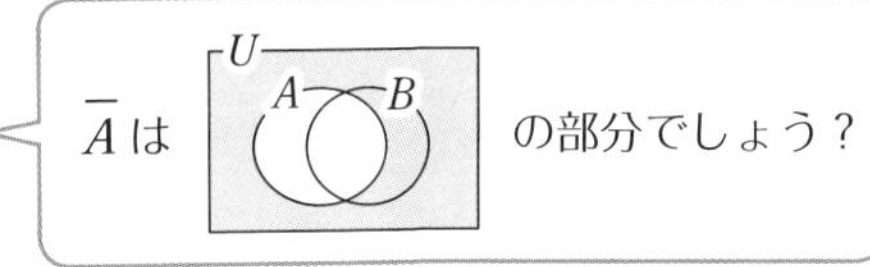

そのとおり！　それじゃあ，$\overline{B}$ はどうなる？

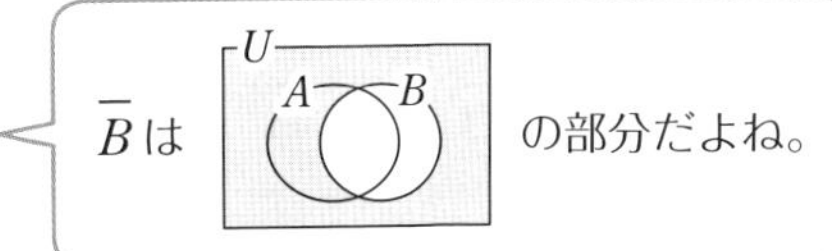

だから，$\overline{A} \cap \overline{B}$ は

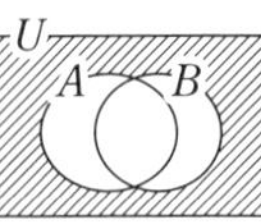

になるね！　$\overline{A \cup B}$ はどうなるかな？

$A \cup B$ でない部分だから，

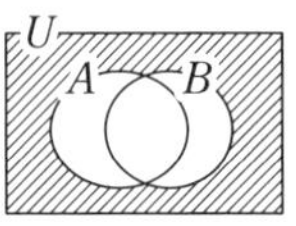

だ！　同じ部分になってる～

そうだね！　このように，なぜ成り立つかを考えることは，とても大切だよ。

じゃあ，❷も考えてみよっと。❷は両方とも

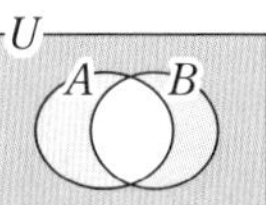

の部分だから，成り立っているのか～

おお，自分で考えてわかったね！　いいぞ！　この調子♪

例　$U=\{x \mid x$ は10より小さい自然数$\}$ を全体集合とし，

$A=\{1,\ 3,\ 5\}$，$B=\{2,\ 4,\ 5,\ 8\}$

とする。このとき，

$\overline{A} \cap \overline{B} = \overline{A \cup B} = \{6,\ 7,\ 9\}$

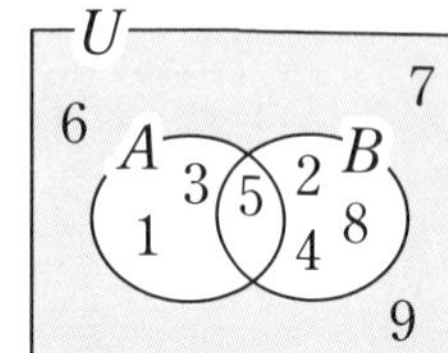

例題 ❹

$U=\{x \mid x$ は10以下の自然数$\}$ を全体集合とする。

$A=\{2,\ 4,\ 6,\ 8,\ 10\}$，$B=\{2,\ 3,\ 7,\ 8\}$，$C=\{7,\ 8,\ 9\}$

について，次の集合を求めよ。

(1)　$A \cap B$　　(2)　$A \cup C$　　(3)　$\overline{A} \cap \overline{B}$　　(4)　$A \cap \overline{C}$

(5)　$A \cup B \cup C$　　(6)　$A \cap B \cap C$　　(7)　$A \cap \overline{B} \cap C$　　(8)　$\overline{A} \cup (B \cap \overline{C})$

解答と解説

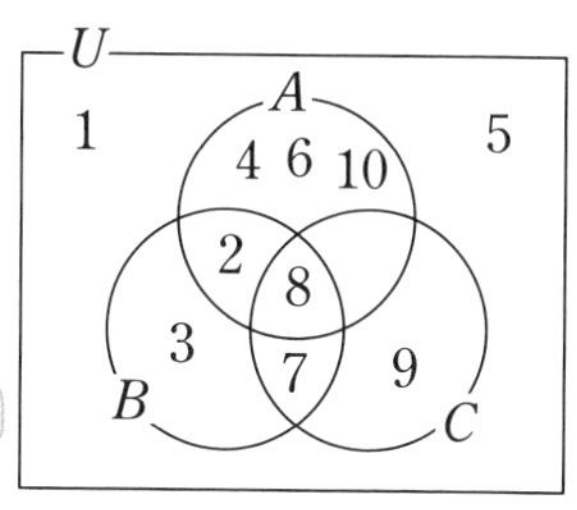

ベン図は右図のようになる。

(1)　$A \cap B = \{2,\ 8\}$ 答

(2)　$A \cup C = \{2,\ 4,\ 6,\ 7,\ 8,\ 9,\ 10\}$ 答

(3)　ド・モルガンの法則より，

$A \cup B$ の要素以外

$$\overline{A} \cap \overline{B} = \overline{A \cup B} = \{1,\ 5,\ 9\}$$ 答

(4)　$A \cap \overline{C} = \{2,\ 4,\ 6,\ 10\}$ 答　← A の中で C に属しているものを除く

(5)　$A \cup B \cup C = \{2,\ 3,\ 4,\ 6,\ 7,\ 8,\ 9,\ 10\}$ 答

(6)　$A \cap B \cap C = \{8\}$ 答

(7)　$A \cap \overline{B} \cap C = \phi$ 答

A と C の共通部分の中で B でない部分。
$A \cap C = \{8\}$ であり，$8 \in B$ より，8 も除かれる。

(8)　$\overline{A} \cup (B \cap \overline{C}) = \{1,\ 2,\ 3,\ 5,\ 7,\ 9\}$ 答

$\overline{A} = \{1,\ 3,\ 5,\ 7,\ 9\}$ と $B \cap \overline{C} = \{2,\ 3\}$ の和集合

ちょいムズ

ここでは，

「$A \subset B$ ならば $\overline{A} \supset \overline{B}$ である」

ということを，ベン図を使って確かめてみよう！　これは，

「元の命題(めいだい)と対偶(たいぐう)命題の真(しん)・偽(ぎ)が一致する」(第12節参照)

ということの証明にもなっているんだ。いっしょに考えていこう！

$A \subset B$ ということは，全体集合を U とすると，ベン図が 図1 のようになっているということだね！

図1

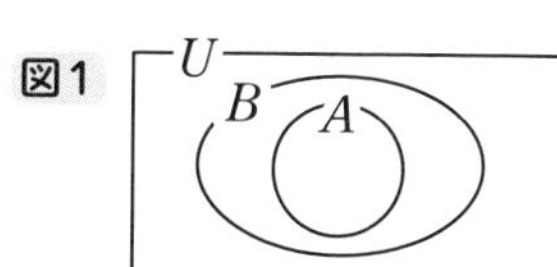

図2

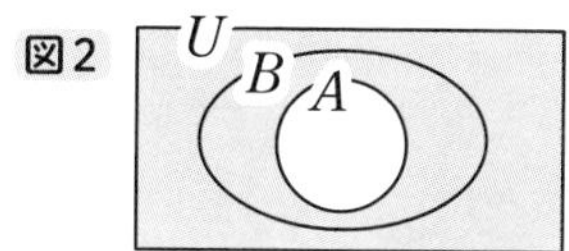

ということは，$\overline{A}$ は 図2 の　　部分であり，

$\overline{B}$ は 図3 の 部分だから，

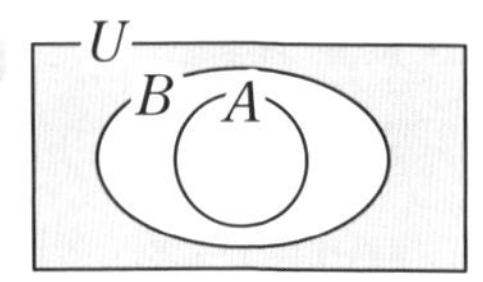

$$\overline{\boldsymbol{A}} \supset \overline{\boldsymbol{B}}$$

が成り立っているね！

さらに，逆の，

「$\overline{A} \supset \overline{B}$ ならば $A \subset B$ である」

も成り立つことがわかるね！

まとめ

(1) **集　　合……条件がはっきりしたものの集まり**

【集合の表し方】

❶ **要素をかき並べる方法**

> $1 \in A$：1 が集合 A に属する
> $5 \notin A$：5 が集合 A に属さない

例 $A=\{1,\ 2,\ 3,\ 6,\ 9,\ 18\}$

❷ **要素の条件をかく方法**

例 $A=\{\,x \mid x$ は18の正の約数$\}$

(2) **部分集合**

➡ **集合 $\boldsymbol{A}$ のすべての要素が集合 $\boldsymbol{B}$ に属しているとき，「$\boldsymbol{A}$ は $\boldsymbol{B}$ の部分集合である」という**

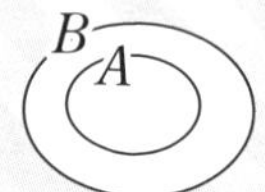
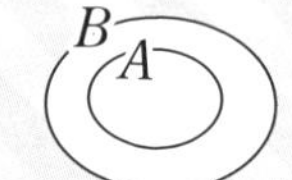

(3) **共通部分，和集合，補集合**

❶ $\boldsymbol{A \cap B}$

A B

❷ $\boldsymbol{A \cup B}$

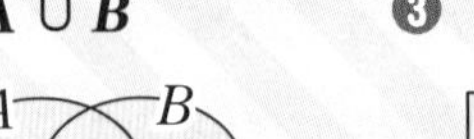

❸ $\overline{\boldsymbol{A}}$

U A

❹ $\boldsymbol{A \cap B \cap C}$

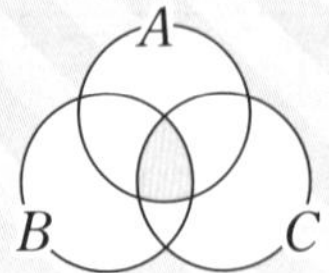

❺ $\boldsymbol{A \cup B \cup C}$

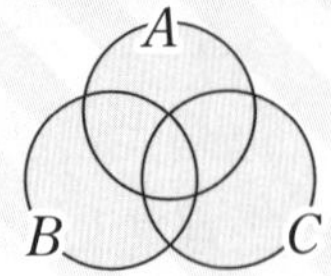

(4) **空 集 合**……要素をもたない集合（ϕ で表す）

(5) **ド・モルガンの法則**

❶ $\overline{A}\cap\overline{B}=\overline{A\cup B}$　　❷ $\overline{A}\cup\overline{B}=\overline{A\cap B}$

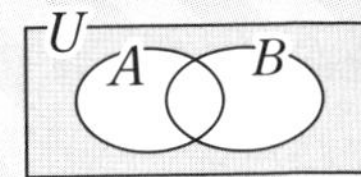

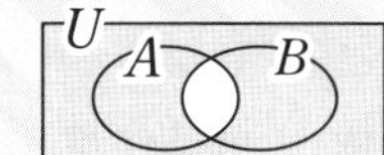

解答と解説▶別冊 *p*.20

練習問題

$U=\{x\mid x$ は12以下の負でない整数$\}$ を全体集合とする。

$A=\{x\mid x$ は12の正の約数$\}$，$B=\{2n\mid n=0,\ 1,\ 2,\ 3,\ 4\}$ とするとき，次の集合を求めよ。

(1) $\overline{A}$　(2) $A\cap B$　(3) $A\cup B$

(4) $\overline{A}\cap\overline{B}$　(5) $\overline{A}\cup\overline{B}$　(6) $A\cap\overline{B}$　(7) $\overline{A}\cup B$

第11節 命題と条件

この節の目標

- ☐ Ⓐ 命題の真偽が判断でき，偽のときは反例をあげることができる。
- ☐ Ⓑ 必要条件，十分条件がどのようなものかがわかる。
- ☐ Ⓒ「かつ」や「または」の否定を述べることができる。

イントロダクション ♪♫

この節では，「**命題**（めいだい）」について学習するよ。

たとえば，「$\sqrt{9}$ は整数である」という文は正しいけど，「13は偶数である」という文は間違いだね！　このように，正しいか正しくないかがはっきり定まる文や式を，「命題」というんだ。それにたいして，「10000は大きい数である」という文は，「大きい数とは何か」がはっきりしないから，正しいか正しくないかわからないね！　このようなものは「命題」とはいわないよ。

この分野では，とくに「定義」が重要になってくるんだ。「真（しん）」，「偽（ぎ）」，「必要条件」，「十分条件」など，新しい用語がいろいろと出てくるけど，定義をしっかり把握（はあく）しようね！　また，前節で学習した「集合」との関係も，とても大切だよ！

ゼロから解説

1 命題と条件

「**命題**」とは，正しいか正しくないかが定まる文や式のこと。

> 正しいとき，その命題は「**真**」であるといい，
> 正しくないとき，その命題は「**偽**」であるという。

真と決まる　偽と決まる　真とも偽ともいえない

例　命題……「$3^2+4^2=5^2$である」，「6は奇数である」

命題ではない……「平行四辺形は，長方形より美しい四角形である」

また，命題について考えるときにかかわってくるものとして，「条件」という概念があるよ。この「条件」とは何なのかも，きちんと理解しておこう。

たとえば，式「$x>0$」は，$x=3$ のときは真だけど，$x=-5$ のときは偽だね！「**条件**」とはこのように，変数を含む文や式で，その変数に値を代入したときに真偽が決まるもののこと。条件は，p，q などの文字で表すことも多いよ。

たとえば，変数 x を含む式「$x^2-5x+6=0$」は変形すると，

$(x-2)(x-3)=0$

となるね。この式は，

$x=2$ または $x=3$ を代入すると，等号が成り立つから真

それ以外の値(たとえば $x=1$)を代入すると，等号が成り立たないから偽

というように，x に値を代入すると真偽が決まるね。だから，「$x^2-5x+6=0$」は「条件」だといえるんだ。

2　命題の真偽，条件と集合

数学では，p，q を「条件」として，

「p ならば q である」

という形の「命題」を考えることが多いんだ。p をこの命題の「**仮定**」，q をこの命題の「**結論**」というよ！　たとえば，次のようなものが考えられるね。

「p : $x>5$（仮定）　ならば　q : $x>1$（結論）」

そして，「ならば」を記号「⇒」で表現し，「p ならば q」を，

「$p \Rightarrow q$」

と表すことができるよ。

この「$p \Rightarrow q$」の形をした命題が，真であるとか偽であるとかいうのは，いったいどういうことなのか。ここを理解しておくことが，とても大切だよ。

第1章 第2章 第3章 第4章 第5章 第6章 第7章 第8章

たとえば，「猫は動物である」という命題を考えてみよう。これって正しいから真だよね。

ところで，この命題は，「p ならば q」という形で表すと，

「猫であるならば動物である」

となるから，

仮定の p は「猫である」，結論の q は「動物である」

だね。

この命題はどうして真だっていえるのかっていうと，猫であれば，必ず動物だからなんだ。猫は絶対に動物だよね！（猫のぬいぐるみ，とかはナシだよ！）

真とは!?

「$\boldsymbol{p}$ ならば $\boldsymbol{q}$ が真である」とは，

「$\boldsymbol{p}$ ならば必ず（絶対に，例外なく）$\boldsymbol{q}$ である」

ということ。

注意 **「$\boldsymbol{p}$ ならば，$\boldsymbol{q}$ であることもあるけれど，そうではないこともある」という場合は，真ではなくて偽。**

じゃあ，つぎに偽の場合を考えてみよう。

ある命題が偽であるというのは，その命題が真ではないということ

だよ。だから，

「$\boldsymbol{p}$ ならば $\boldsymbol{q}$ が偽である」は，
「『$\boldsymbol{p}$ ならば必ず $\boldsymbol{q}$ である』とはいえない」ということ

なんだね。どんな場合があるのかっていうと，上の **注意** のような，

「p ならば，q であることもあるけれど，そうじゃないこともある」

っていう場合も偽だし，

「p ならば，q であることは絶対にない」

という場合も偽になるよ。

たとえば，次の命題を考えてみよう。

「動物であるならば猫である」

この場合，

仮定の p は「動物である」，結論の q は「猫である」

だね。「動物であれば必ず猫である」とはいえないから，この命題は偽だね。動物であっても，猫でないものはたくさんいるよね。たとえば，犬とか猿とかキジとか……（桃太郎か⁉）。だから，これは偽だよ。

ここで，一般化してみよう。もし，「p であるけれども q ではないもの」が1つも存在しなかったら，「p であれば必ず q である」ということになるから，命題「p ならば q」は真だね。だから逆に，「p であるけれども q ではないもの」が1つでも存在していれば，「p ならば q」は偽ということになるんだ。

偽とは!?

「p ならば q が偽である」とは，

「p であるけれども q ではないものが存在する」

ということ（「p であるけれど q ではないもの」が，1つでも存在すれば偽）。

「p であるけれども q ではないもの」のことを，命題の「**反例**（はんれい）」というよ。

反　例

反例……仮定は満たすが結論は満たさないもの

（命題「p ならば q」において，「p であるけれども q ではないもの」）

たとえば，「動物であるならば猫である」の反例は，

「動物であるけれども猫ではないもの」

だから，さっき出てきた犬，猿，キジ，などだよ。

ほかにもいっぱいあるよ。というか，猫以外の動物はすべて反例だね！

「反例をあげよ」という問題のときに，誤って「そもそも p でないもの」を選んでしまう人が多いから注意しよう。たとえば，「動物であるならば猫である」の反例として，「きび団子」などをあげてしまってはだめなんだ。だって，きび団子はそもそも動物ではないよね！　反例は，あくまでも動物のうちで（仮定は満たす）猫でない（結論は満たさない）ものを選ばなければいけないんだよ！

命題の真偽

❶ p ならば q が真……p ならば必ず q である

❷ p ならば q が偽……p であって q でないもの(反例)が存在する

また，命題「$p \Rightarrow q$」が真で，命題「$q \Rightarrow p$」も真のとき，

「$p \Leftrightarrow q$」

と表すよ！（あとで出てくるけど，「**同値**」というよ！）

つぎに，「命題」と「集合」の関係をみていこう。

たとえば，命題「$p : x>5$ ならば $q : x>1$」で，

条件 p(仮定)を満たす x 全体の集合を P

条件 q(結論)を満たす x 全体の集合を Q

としよう。

このような集合のおき方は重要だから，できるようになろう！

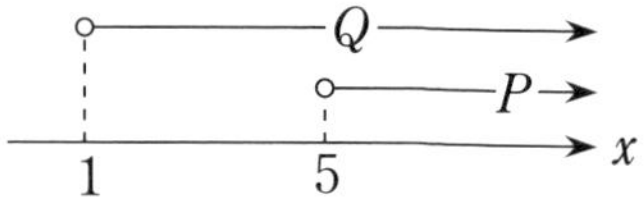

命題：「$p : x>5 \Rightarrow q : x>1$」は真だね！

だって，x が5より大きければ，必ず1より大きいでしょ？　このとき，

$P \subset Q$

が成り立っていることがわかるね！

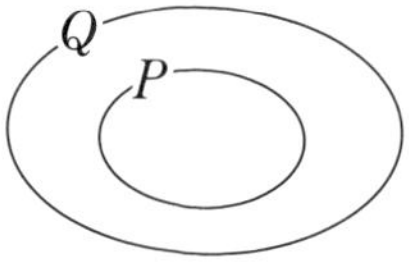

「$p \Rightarrow q$ が真」とは，「p ならば必ず q」ということだったよね。これを集合を使って言い換えると，「集合 P の要素であれば必ず集合 Q の要素でもある」ということ，つまり，「P が Q の部分集合」ということと同じなんだ！

命題と集合の関係

命題「$p \Rightarrow q$」が真であることと，

「$P \subset Q$」が成り立つことは同じこと。

さらに，「$p \Leftrightarrow q$」(条件が同値)は，「$P=Q$」(集合が等しい)が成り立つことと同じなんだ！　このように，

命題の真偽を判断するときは，集合の包含関係に着目する

ことがポイントだよ！

たとえば，自然数 n に関する2つの条件，

p：n は6の倍数，　q：n は偶数

を表す n の集合を，それぞれ P，Q とすると，

$P \subset Q$

が成り立つから，命題「$p \Rightarrow q$」は真だね！　でも，$P=Q$ は成り立たないから，「$p \Leftrightarrow q$」ではないね。

P は，$n=6a=2\times 3a$（a は自然数）と表せる n の集まりだから，
$P=\{6,\ 12,\ 18,\ 24,\ 30,\ \cdots\cdots\}$
Q は，$n=2b$（b は自然数）と表せる n の集まりだから，
$Q=\{2,\ 4,\ 6,\ 8,\ 10,\ 12,\ \cdots\cdots\}$

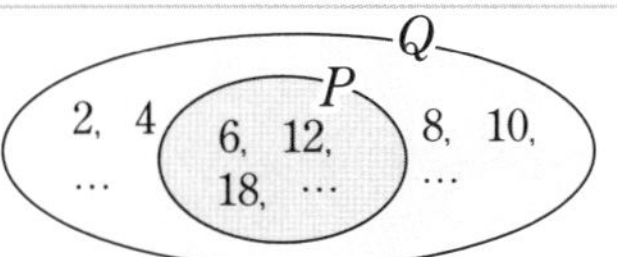

つぎに，命題が偽であることを示すには，どうすればいいかを考えていくよ。

命題が偽であることを示す方法

ある命題「$p \Rightarrow q$」が偽であることを示すには，

「p であるのに q でない例」（反例）

を1つあげる（$P \subset Q$ が成り立たないことをいう）。

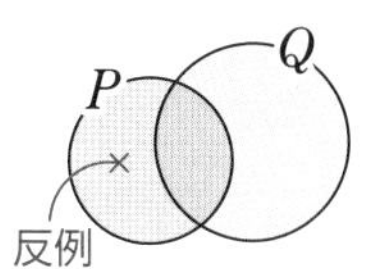

たとえば，命題「x は3の倍数 $\Rightarrow$ x は2の倍数」の反例の1つとして，$x=3$ がある。よって，この命題は偽だね！

ここで，偽となるときの P と Q の関係をまとめておこう。

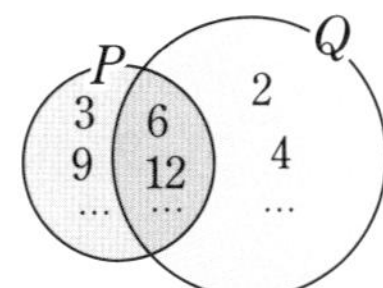

$p \Rightarrow q$ が偽のときの P，Q の関係

❶

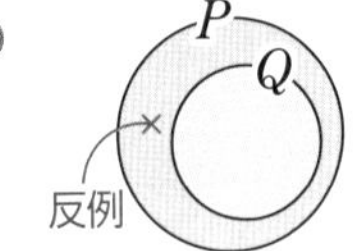

例　p：動物 $\Rightarrow$ q：猫

反例：犬

❷

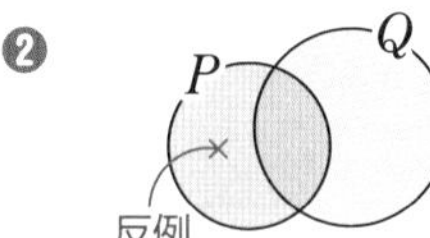

例　p：8月生まれの人 $\Rightarrow$ q：B型

反例：8月生まれでA型の人

❸

P　Q
反例

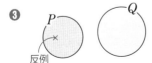

例　p：偶数 $\Rightarrow$ q：奇数

反例：6

例題❶

次の命題の真偽を答えよ。また，偽であるときは反例をあげよ。ただし，x は実数，n は自然数とする。

(1) p：$-1<x$ ⇒ q：$x<3$

(2) p：n は12の倍数 ⇒ q：n は3の倍数

解答と解説

(1) p：$-1<x$ ⇒ q：$x<3$

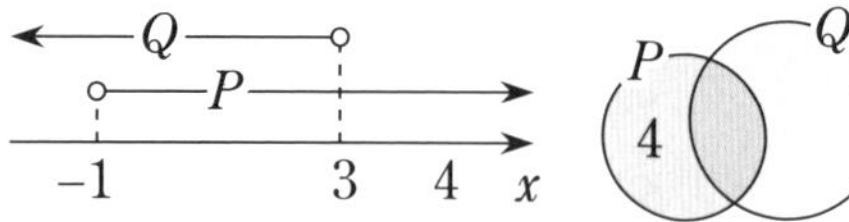

この命題は偽である。

反例は $x=4$ 答

「p であるのに q でないもの」であれば何でもいいから，この問題では，3以上の数なら何でもOKだよ！　たとえば，「5」とか「6」とかでもいいし，「3.5」でもいいね！

(2) p：n は12の倍数 ⇒ q：n は3の倍数

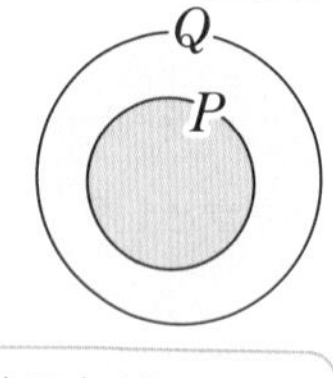

$P=\{12,\ 24,\ 36,\ \cdots\cdots\}$，$Q=\{3,\ 6,\ 9,\ 12,\ \cdots\cdots\}$

であり，$P\subset Q$ となるので，この命題は真である。答

12の倍数は，k を整数とすると，$12k$ と表すことができて，

$12k=3\times 4k$

だから，12の倍数は3の倍数の一部だね！

3 条件の否定とド・モルガンの法則

つぎに，さまざまな条件を「かつ」や「または」で組み合わせたり，それを否定したりする方法を学習するよ！

まず，全体集合を U として，条件 p，q を満たすものの集合をそれぞれ P，Q としよう。このとき，条件「p かつ q」と「p または q」を満たすものの集合は，それぞれ次のようになるね！

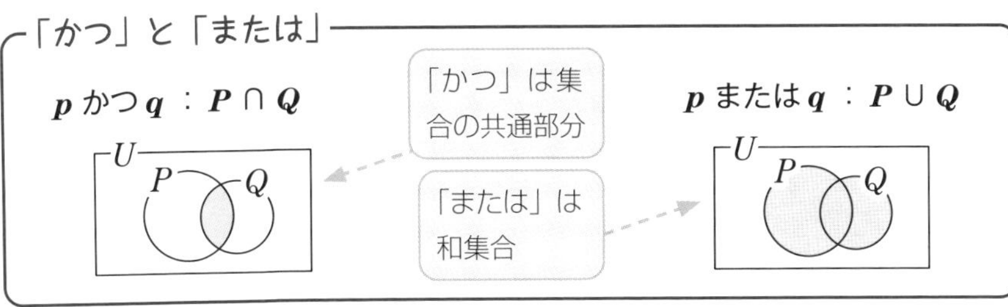

例 条件 p：$-3<x<2$，q：$x>1$ において，
条件「p かつ q」は「$1<x<2$」

条件「p または q」は「$-3<x$」

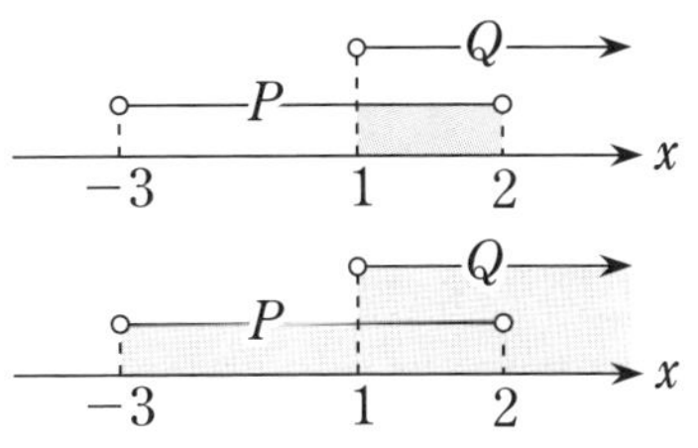

また，条件 p にたいして，「p でない」という条件を考えることができるね。この「p でない」を「p の**否定**（ひてい）」といい，「$\overline{p}$」で表すよ！

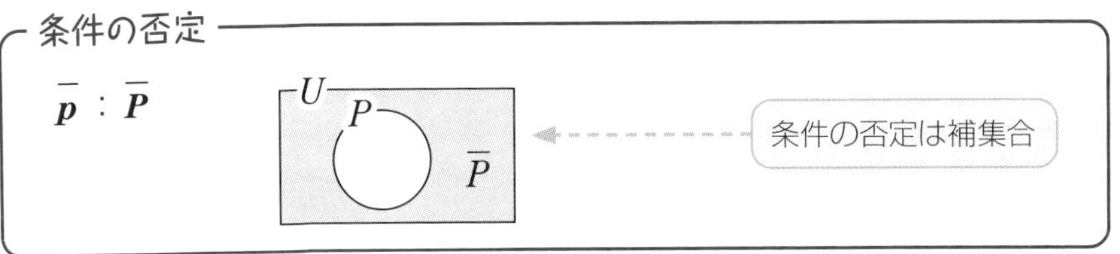

例 x が実数のとき，p を「$x<1$」とすると，p の否定 $\overline{p}$ は「$x \geqq 1$」。
n が自然数のとき，p を「n は偶数」とすると，p の否定 $\overline{p}$ は「n は奇数」。

さてここで，集合についての「**ド・モルガンの法則**」（第10節の❺参照）を思い出してみよう！

ド・モルガンの法則（集合）

$$\overline{P \cap Q} = \overline{P} \cup \overline{Q}, \quad \overline{P \cup Q} = \overline{P} \cap \overline{Q}$$

これから，2つの条件 p，q について，次の法則が成り立つよ。

ド・モルガンの法則（条件）

$\overline{p \text{ かつ } q} \Leftrightarrow \overline{p}$ または $\overline{q}$，　$\overline{p \text{ または } q} \Leftrightarrow \overline{p}$ かつ $\overline{q}$

例　「$x>2$ かつ $y \leqq 0$」の否定は，「$x \leqq 2$ または $y>0$」。
「$a \leqq 1$ または $b=3$」の否定は，「$a>1$ かつ $b \neq 3$」。

例題 ❷

x，y，a，b，c はすべて実数とする。次の条件の否定を述べよ。

(1)　**$x=3$ かつ $y \neq -2$**

(2)　**$x<-4$ または $3 \leqq x$**

解答の前にひと言

(1)　p：$x=3$，q：$y \neq -2$ とすると，求める条件は「$\overline{p \text{ かつ } q}$」だね！
ド・モルガンの法則より，
「$\overline{p \text{ かつ } q}$」は「$\overline{p}$ または $\overline{q}$」
となることに注意して解こう。

(2)　p：$x<-4$，q：$3 \leqq x$ とすると，求める条件は「$\overline{p \text{ または } q}$」だね！
ド・モルガンの法則より，
「$\overline{p \text{ または } q}$」は「$\overline{p}$ かつ $\overline{q}$」
となることに注意して解こう。

解答と解説

(1)　「$x=3$ かつ $y \neq -2$」の否定は，

$x \neq 3$ または $y=-2$　答

(2)　「$x<-4$ または $3 \leqq x$」の否定は，

$-4 \leqq x$ かつ $x<3$

すなわち，

$-4 \leqq x<3$　答

結局，それぞれを否定して，
かつ　➡　または
または　➡　かつ
とすればいいんだね！

注意 全体集合を明確にしておこう！

否定の問題は最初の時点で，全体集合（変数であればその変域）をきちんと把握しておくことが大切だよ！　なぜなら，$\overline{p}$ というのは，全体集合の中の「P ではない部分」（P の補集合 $\overline{P}$）に相当するものだからね。

前ページの**例題❷**では，それぞれの文字はすべて「実数である」とかいてあるから，全体集合は「実数全体」として考えればいいんだ。

注意 「,」の扱いに気をつけよう！

たとえば，(1)の答えを「$x \neq 3$，$y=-2$」とかくと，「$x \neq 3$ または $y=-2$」なのか，「$x \neq 3$ かつ $y=-2$」なのか，まぎらわしいね！

だから，きちんと「または」や「かつ」をかくようにしよう。

4 必要条件と十分条件

さあ，ここからは必要条件と十分条件について学習していくよ。まずは，定義をしっかりおさえておこう！

必要条件と十分条件

2つの条件 p，q について，

「$p \Rightarrow q$」が真であるとき，p は q であるための十分条件

「$p \Leftarrow q$」が真であるとき，p は q であるための必要条件

という。

たとえば，

命題「p：高校生 $\Rightarrow$ q：人間」は真

だけど，

命題「p：高校生 $\Leftarrow$ q：人間」は偽

人間で高校生ではない，たとえば小学生などがいるね！

だね！　このとき，

p：高校生であることは，

q：人間であるための十分条件であるが必要条件ではない

というんだ。別の例もみてみよう。

命題「p：動物 $\Rightarrow$ q：猫」は偽

だけど，

命題「p：動物 $\Leftarrow$ q：猫」は真

だね！　このとき，

p：動物であることは，

q：猫であるための必要条件であるが十分条件ではない

というよ。

動物だけど猫ではないものとして，犬などが考えられるね！

先生！　どうして「$p \Rightarrow q$」が真だと，p は q の「十分条件」っていうの？

p：高校生，q：人間とすると，高校生 $\Rightarrow$ 人間は真だね！　つまり，p：高校生であることは，q：人間であるためには十分な条件だね！　だから，「十分条件」というんだよ！　高校生という条件は人間というのには十分すぎる条件だね！

なるほど～！　そういうことなんだ！

じゃあ，今度は p：動物，q：猫と人間としてみるよ！　すると，「$p \Leftarrow q$」が真になるね！　このとき，p は q であるための何条件かな？

「必要条件」!!　p：動物であることは，q：猫であるために必要な条件ってことか！　動物であるからといって猫であるとはかぎらないけど，猫であるためにはまず動物である必要があるってことかな。動物ではない猫はいないから！

そういうこと！

必要条件・十分条件の覚え方

「$\boldsymbol{p}$（前）は$\boldsymbol{q}$（後）であるための何条件か」と問われたら，

❶ $\boldsymbol{p}$（前）$\Rightarrow$ $\boldsymbol{q}$（後）が真のとき，$\boldsymbol{p}$ は $\boldsymbol{q}$ であるための十分条件

❷ $\boldsymbol{p}$（前）$\Leftarrow$ $\boldsymbol{q}$（後）が真のとき，$\boldsymbol{p}$ は $\boldsymbol{q}$ であるための必要条件

もう1つ，別の例でも確認しておこう。

$p:x=1$ は，$q:x^2=1$ であるための何条件かな？

$p:x=1$（前）$\Rightarrow$ $q:x^2=1$（後）は真

$x^2=1$を解くと，$x=1$ または $x=-1$

だけど，

$p:x=1$（前）$\Leftarrow$ $q:x^2=1$（後）は偽

反例は $x=-1$

だから，

$p:x=1$ は，$q:x^2=1$ であるための
十分条件ではあるが必要条件ではない

ということになるよ。

また，たとえば $p:x=1$，$q:x+2=3$ とすると，「$p \Rightarrow q$」と「$q \Rightarrow p$」は，両方真だね！　このことを，

「$\boldsymbol{p} \Leftrightarrow \boldsymbol{q}$」

このとき，条件 p，q を表す集合 P，Q について，$P=Q$ が成り立つよ！

と表して，

「$\boldsymbol{p}$ は $\boldsymbol{q}$ であるための必要十分条件である」

というよ。このとき，q も p であるための必要十分条件なんだ。

またこのことを，「p と q は**同値**である」ともいうよ。つまり，p と q が同じことを表しているときや，p を変形したら q になるとき，「$p \Leftrightarrow q$」と表し，p と q は同値っていうんだ。

ここで，必要条件，十分条件，必要十分条件についてまとめておこう。

必要条件，十分条件

$\boldsymbol{p}$ は $\boldsymbol{q}$ であるための［　　］。

(i) $\boldsymbol{p} \underset{\times}{\overset{\bigcirc}{\rightleftarrows}} \boldsymbol{q}$：$\boldsymbol{p}$ は $\boldsymbol{q}$ であるための十分条件であるが必要条件でない

(ii) $\boldsymbol{p} \underset{\bigcirc}{\overset{\times}{\rightleftarrows}} \boldsymbol{q}$：$\boldsymbol{p}$ は $\boldsymbol{q}$ であるための必要条件であるが十分条件でない

(iii) $\boldsymbol{p} \underset{\bigcirc}{\overset{\bigcirc}{\rightleftarrows}} \boldsymbol{q}$：$\boldsymbol{p}$ は $\boldsymbol{q}$ であるための必要十分条件である

(iv) $\boldsymbol{p} \underset{\times}{\overset{\times}{\rightleftarrows}} \boldsymbol{q}$：$\boldsymbol{p}$ は $\boldsymbol{q}$ であるための必要条件でも十分条件でもない

例題 ❸

下の(1)～(4)の文中の空欄にあてはまるものを，①～④の中から選べ。ただし，x，y は実数であり，(1)は四角形 ABCD についての条件である。

① 必要十分条件である

② 十分条件であるが必要条件ではない

③ 必要条件であるが十分条件ではない

④ 必要条件でも十分条件でもない

(1) 四角形ABCDが長方形であることは，AB＝CDであるための［　　］。

(2) $xy=0$ であることは，$x=0$ かつ $y=0$ であるための［　　］。

(3) $x^2+y^2=0$ であることは，$x=0$ かつ $y=0$ であるための［　　］。

(4) $x+y$ が無理数であることは，x が無理数かつ y が無理数であるための［　　］。

四角形 ABCD が長方形ならAB＝CDだね！

(1) p：四角形 ABCD が長方形 $\underset{\times}{\overset{\bigcirc}{\rightleftarrows}}$ q：AB＝CD　　よって ②　**答**

AB＝CD を満たす四角形の例として，長方形ではない平行四辺形も考えられるね！

(2)　$p : xy=0 \Leftrightarrow x=0$ <u>または</u> $y=0$

ゆえに,

反例として，たとえば $(x,\ y)=(2,\ 0)$ が考えられるね！

$p : xy=0$ 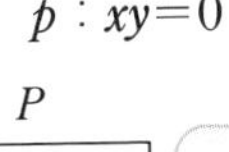 $q : x=0$ <u>かつ</u> $y=0$　　よって ③ 答

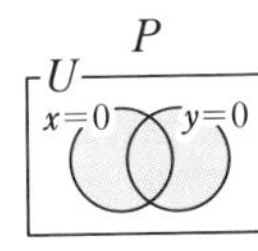

$Q \subset P$ なので，真だね！

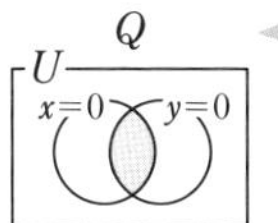

条件 p を満たす $(x,\ y)$ の値の組全体の集合を P，条件 q を満たす $(x,\ y)$ の値の組全体の集合を Q として，ベン図をかいたよ！

(3)　$p : x^2+y^2=0 \Leftrightarrow x=0$ かつ $y=0$

ゆえに,

$x^2 \geqq 0,\ y^2 \geqq 0$ なので，$x^2+y^2=0$ になるのは，$x=0$ かつ $y=0$ のときだけだね！

$p : x^2+y^2=0 \overset{\bigcirc}{\underset{\bigcirc}{\rightleftarrows}} q : x=0$ かつ $y=0$

よって ① 答

$x=2,\ y=\sqrt{3}$ とすると，$x+y=2+\sqrt{3}$ は無理数だけど，x は無理数でないから，p は満たすけど q は満たさないね！

(4)　$p : x+y$ が無理数 $\overset{\times}{\underset{\times}{\rightleftarrows}}$ $q : x$ が無理数かつ y が無理数

よって ④ 答

$x=\sqrt{2},\ y=1-\sqrt{2}$ とすると，x も y も無理数だけど，$x+y=1$ は有理数だから，q は満たすけど，p は満たさないね！

どうかな？　わかったかな？

真(○)，偽(×)というのは，

「p ならば q」の反例とは，p(仮定)は満たすけど q(結論)は満たさないものだよ！

反例が1つでもみつかれば偽
反例が1つもなく，例外なく成り立つなら真

だよ！

例題❹

下の(1)〜(4)の文中の空欄にあてはまるものを，①〜④の中から選べ。ただし，x，y は実数，a，b は整数とする。

① 必要十分条件である

② 十分条件であるが必要条件ではない

③ 必要条件であるが十分条件ではない

④ 必要条件でも十分条件でもない

(1) △ABC ≡ △DEF であることは △ABC ∽ △DEF であるための［　　］。

(2) $x<0$ または $y<0$ であることは $x+y<0$ であるための［　　］。

(3) $x>y$ であることは $x^2>y^2$ であるための［　　］。

(4) 「ab が奇数」であることは「a と b がともに奇数」であるための［　　］。

解答と解説

合同な図形は相似でもあるから，$P \subset Q$ だね！

(1) p：△ABC ≡ △DEF $\underset{\times}{\overset{\bigcirc}{\rightleftarrows}}$ q：△ABC ∽ △DEF　　よって ②　答

反例（△ABC：AB＝3，BC＝4，CA＝5，∠B＝90°　∽　△DEF：DE＝6，EF＝8，FD＝10，∠E＝90°）

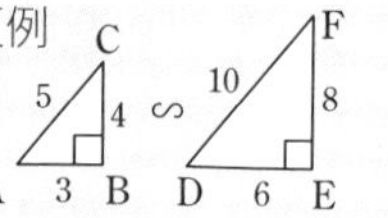

反例として，$x=-2$，$y=5$ が考えられるね！

(2) p：$x<0$ または $y<0$ $\underset{\bigcirc}{\overset{\times}{\rightleftarrows}}$ q：$x+y<0$　　よって ③　答

反例：$x=2$，$y=-5$
$2>-5$ だけど $2^2<(-5)^2$ だね！

$x+y$ であれば，
x，y の少なくとも一方は負だね！

(3) p：$x>y$ $\underset{\times}{\overset{\times}{\rightleftarrows}}$ q：$x^2>y^2$　　よって ④　答

反例：$x=-7$，$y=-2$
$(-7)^2>(-2)^2$ だけど $-7<-2$ だね！

(4) p：ab が奇数 $\underset{\bigcirc}{\overset{\bigcirc}{\rightleftarrows}}$ q：a と b がともに奇数　　よって ①　答

ちょいムズ

ここでは，「すべて」や「ある」を含んだ命題について学習しよう。

p を，実数 x に関する条件とするよ。一般に，「x に関する条件 p」とは，変数 x に全体集合 U の要素を代入して，はじめて真偽が定まるもののことだよ。ここでは，x は実数だから，U は実数全体の集合だと考えればいい。たとえば，

$p：x+1>0$

という条件は，$x=3$ のときは真だし，$x=-5$ のときは偽だね！

さてここで，

「すべての x にたいして p」

という文を考えると，この文は，変数に値を代入したときに真偽が決まるのではなく，この文自体で真偽がはっきり定まるものだから，「条件」ではなく「命題」だね！

たとえば，

「すべての実数 x にたいして，$x^2+3>0$」

$x^2\geqq0$ だから，
$x^2+3>0$
は，どんな実数 x にたいしても成り立つね！

という命題は真だね！　また，

「すべての実数 x にたいして，$x^2-2>0$」

たとえば $x=1$ のとき，
$1^2-2<0$
となってしまうね！

という命題は偽だね！

でも，この2番目の命題の「すべて」を「ある」に変えると，どうなるかな？

「ある実数 x にたいして，$x^2-2>0$」

となって，これは真だね！　たとえば，$x=3$ にたいして，$x^2-2>0$ となるからだよ。

「ある x にたいして p」

というのは，全体集合 U の要素の中で，条件 p を満たす x が少なくとも1つ存在するということだよ。

つぎに，「すべての～」，「ある～」のような命題を否定するとどうなるかを考えてみよう。じつは，次のことが知られているんだ。

「すべての〜」と「ある〜」の否定

p は x に関する条件とする。

　「すべての x にたいして p」の否定は，「ある x にたいして $\overline{p}$」

　「ある x にたいして p」の否定は，「すべての x にたいして $\overline{p}$」

例　「すべての素数は奇数である」の否定は，「ある素数は偶数である」。
「ある実数 x にたいして $x \geqq 0$」の否定は，「すべての実数 x にたいして $x<0$」。

なんか，ここは難しいよ〜！　もう少しくわしく説明してほしい！

たとえば，
　「Aクラスのすべての人の身長が150cm以上」
という命題があったとしよう。この命題の否定は何だかわかるかな？

「Aクラスのすべての人の身長が150cm未満」かな？

たしかに「150cm以上」の部分だけ否定すれば「150cm未満」になるね。でも，この「命題」の否定はそうじゃないんだ。たとえば，もしAクラスのすべての人が実際に身長150cm以上だったらこの命題は真だね！　じゃあ，偽になるのはどんな状況かな？

クラスに身長が150cm未満の人が1人でもいれば偽！

そのとおり！　それがこの命題の否定だよ！
　「すべての人の身長が150cm以上」
ではない状況は，
　「ある人の身長は150cm未満」
だね！　「ある人」は「少なくとも1人」と言い換えてもいいよ。「全員が150cm以上」とならないようにするためには，必ずしも全員が150cm未満である必要はないよね。

なんとなくわかってきた！

それじゃあ，「ある」の否定も考えてみよう。

「Ａクラスのある人の身長は150cm未満」

という命題があったとき，Ａクラスに身長が150cm未満の人が少なくとも1人いれば真だね！　じゃあ，偽となる状況はどんな状況かな？

全員の身長が150cm以上のときかな？

そのとおり！　この命題の否定は，

「Ａクラスのすべての人の身長が150cm以上」

だね！

参考　命題の真偽については，

命題とその否定の真偽

命題が真であれば，その命題の否定は偽

命題が偽であれば，その命題の否定は真

が成り立つんだ。だから，ある命題の否定を作りたいときは，

否定は元の命題と真・偽がひっくり返る

と考えて作ればいいよ。だから，2人の会話にあった例でいうと，

命題：Ａクラスのすべての人の身長が150cm以上

が真だとすると，偽になるのは，

1人でも身長が150cm未満の人がいる

という状況だ。だから，この命題の否定は，

Ａクラスのある人の身長は150cm未満

となるわけだね！

まとめ

(1) 命　　題……正しいか正しくないかが定まる文や式

例 命題……「2は偶数である」

命題ではない……「1000は大きい数である」

条　　件……変数を含む文字や式で，その変数に値を代入したときに真偽が決まるもの

例 $x \leqq 1$

(2) 命題と集合

❶ 「$p \Rightarrow q$」が真　⇔　$P \subset Q$

❷ 命題「$p \Rightarrow q$」が偽であることを示すには，

「p であるのに q でない例」(反例)

を1つあげる ($P \subset Q$ が成り立たないことをいう)。

p：$-2 \leqq x \leqq 3$，q：$0 \leqq x$ のとき，$x=-1$ は p であるのに q でない例だから，反例だよ！

(3) p は q であるための □。

(i) $p \overset{\bigcirc}{\underset{\times}{\rightleftarrows}} q$：$p$ は q であるための十分条件であるが必要条件でない

(ii) $p \overset{\times}{\underset{\bigcirc}{\rightleftarrows}} q$：$p$ は q であるための必要条件であるが十分条件でない

(iii) $p \overset{\bigcirc}{\underset{\bigcirc}{\rightleftarrows}} q$：$p$ は q であるための必要十分条件である

(iv) $p \overset{\times}{\underset{\times}{\rightleftarrows}} q$：$p$ は q であるための必要条件でも十分条件でもない

(4) 条件 p にたいし，「p でない」という条件を p の否定といい，$\overline{p}$ で表す。

❶ $\overline{p \text{ かつ } q}$ ⇔ $\overline{p}$ または $\overline{q}$　　❷ $\overline{p \text{ または } q}$ ⇔ $\overline{p}$ かつ $\overline{q}$

解答と解説▶別冊 p.22

練習問題

(1) 次の命題の真偽を調べよ。また，偽であるときは反例をあげよ。

① $x \geqq 3 \Rightarrow x \geqq 1$

② a，b がともに素数ならば，$a+b$ は素数である。

(2) 次の□の中に，必要，十分，必要十分のうち，最も適するものを入れ，いずれでもない場合には×をつけよ。ただし，x，y，a，b，c は実数とする。

① △ABC において，AB＝BC＝CA は，∠A＝∠B＝∠C であるための□条件。

② $xy=1$ は，$x=1$ かつ $y=1$ であるための□条件。

③ $xy>0$ は，$x>0$ または $y>0$ であるための□条件。

④ $a=b$ は，$ac=bc$ であるための□条件。

(3) 次の条件の否定を述べよ。

① $x+y>0$ かつ $xy>0$ である。　② $x=0$ または $y \leqq 2$ である。

第12節 命題と証明

この節の目標

- ☐ Ⓐ 命題の逆，裏，対偶がどのようなものかわかる。
- ☐ Ⓑ 対偶を利用した証明をすることができる。
- ☐ Ⓒ 背理法を利用した証明をすることができる。

イントロダクション ♪♫

今回は命題の「逆」,「裏」,「対偶（たいぐう）」について学習するよ。数学の独特な言葉だから，しっかり覚えておこう。

命題「p ならば q」にたいして，仮定と結論を入れかえた命題「q ならば p」を，「**逆**」というんだ。たとえば，第11節で出てきた命題，

「猫であるならば動物である」

と，

「動物であるならば猫である」

は，互いに逆の関係だよ。そして，「猫であるならば動物である」は真だけど，その逆「動物であるならば猫である」は偽だったね。動物といっても，犬かもしれないし，パンダかもしれない。

このように，元の命題が真だからといって，その逆も真だとはかぎらないんだ。しかし，元の命題の仮定と結論を入れかえたうえで，それぞれをその否定に変えると，不思議なことに，元の命題と真・偽が一致するんだ。「猫であるならば動物である」の命題では，

「動物でないならば猫ではない」

となって，たしかに真だから，元の命題と真・偽が一致するね！

また，「**対偶法**（たいぐうほう）」と「**背理法**（はいりほう）」という証明方法も学習するよ。なかなか難しい範囲だけど，ゆっくり丁寧にやっていくから，いっしょにきちんと理解していこう。

ゼロから解説

1 逆，裏，対偶

まずは，「逆，裏，対偶」の定義から確認しておこう。

逆，裏，対偶

命題「p ならば q」にたいして

逆　：「q ならば p」

裏　：「$\overline{p}$ ならば $\overline{q}$」

対偶：「$\overline{q}$ ならば $\overline{p}$」

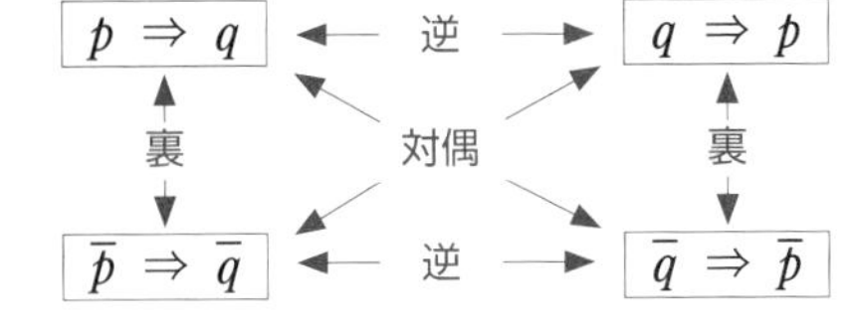

例として，

命題：自然数 n について，n が6の倍数ならば，n は12の倍数である。
（仮定(p)：n が6の倍数，結論(q)：n は12の倍数）

の逆，裏，対偶を考えてみよう。

> 逆は仮定(p)と結論(q)を入れかえたものだよ！（「ならば」の前後を入れかえたもの）

逆：自然数 n について，n が 12 の倍数ならば，n は 6 の倍数である。
（q：n が 12 の倍数，p：n は 6 の倍数）

> 裏は仮定(p)と結論(q)をそれぞれの否定に変えたものだよ

裏：自然数 n について，n が 6 の倍数でないならば n は 12 の倍数でない。
（$\overline{p}$：n が 6 の倍数でない，$\overline{q}$：n は 12 の倍数でない）

> 対偶は仮定（p)と結論(q)を入れかえてそれぞれの否定に変えたものだよ(つまり，逆の裏ってこと)

対偶：自然数 n について，n が 12 の倍数でないならば，n は 6 の倍数でない。
（$\overline{q}$：n が 12 の倍数でない，$\overline{p}$：n は 6 の倍数でない）

となるね。

ちなみに，元の命題の真偽はわかるかな？　たとえば，$n=18$ のとき，これは6の倍数だけど，12の倍数ではないね。反例が1つでもみつかった場合は偽だから，この命題は偽だね。

しかし，逆の真偽はどうだろうか？　nが12の倍数のとき，$n=12k$（kは自然数）と表せるよね。このとき，

$$n=6\times 2k$$

と変形できるから，nは6の倍数だ。よって，逆は真だね！　だから，元の命題の真偽と逆の真偽は一致するとはかぎらないんだ。もちろん，裏の真偽も元の命題の真偽と一致するとはかぎらないよ。

でも，じつは対偶だけは別なんだ。対偶の真偽をみてみるよ。

$n=18$ のときは，nは12の倍数ではないけど，6の倍数だね！　だから，対偶は偽になるよ。たしかに，元の命題と真偽が一致したね！　これはたまたまではなくて，対偶に関しては次のことが成り立つことが知られているんだ。

命題と対偶

命題「p ならば q」と，その対偶「$\overline{q}$ ならば $\overline{p}$」は，真偽が一致する。

さて，これが成り立つ理由を考えてみよう。第**10**節の**ちょいムズ**で，2つの集合A，B について，

$$A\subset B \iff \overline{A}\supset\overline{B}$$

が成り立つことを確かめたね！　これを使えばいいんだ。ここでは，条件 p，q を満たすもの全体の集合をそれぞれP，Q として，A，B にあてはめてみよう。それじゃあいくよ。

$p \Rightarrow q$が真 $\iff P\subset Q$ ← $p \Rightarrow q$が真と，$P\subset Q$は同じことだね！

$\iff \overline{Q}\subset\overline{P}$ ← $\overline{Q}\subset\overline{P}$は$\overline{q}\Rightarrow\overline{p}$と同じことだね！

$\iff \overline{q}\Rightarrow\overline{p}$が真

これで，命題「$p \Rightarrow q$」と対偶「$\overline{q} \Rightarrow \overline{p}$」は，真偽が一致することが確認できたね。

また，逆「$q \Rightarrow p$」と裏「$\overline{p} \Rightarrow \overline{q}$」も真偽が一致するよ。逆の仮定と結論を入れかえてそれぞれの否定に変えたものが裏だよね！　つまり，裏は逆の対偶になっているということだよ。だから，逆と裏も真偽が一致するんだ。

最後にもう一度だけ問題を通して確認しておこう。

例題 ❶

次の命題の逆，裏，対偶を述べよ。また，その真偽を調べよ。

「$x^2=x \Rightarrow x=1$」

解答と解説

逆：$x=1 \Rightarrow x^2=x$　真 答

裏：$x^2 \neq x \Rightarrow x \neq 1$　真 答

対偶：$x \neq 1 \Rightarrow x^2 \neq x$　偽（反例：$x=0$）答

$x=0$ は $x \neq 1$ だけど，$x^2 \neq x$ を満たさないね！

❷ 対偶を利用した証明

❶で，元の命題の真偽と対偶の真偽が一致することを学んだね。ということは，

「p ならば q である」

という命題が真であることを証明するのに，その対偶，

「$\overline{q}$ ならば $\overline{p}$ である」

が真であることを証明してもよいということになるよね。

対偶を利用した証明

命題「$p \Rightarrow q$」が真であることを直接示すのが難しいときは，
対偶「$\overline{q} \Rightarrow \overline{p}$」が真であることを証明すればよい。

つまり，そのまま証明するよりも対偶のほうが証明しやすい場合は，対偶の証明に切りかえてしまってよいということなんだ。

次のような例題を考えてみよう。ちなみに，「命題 p ならば q を証明せよ」とは，「命題 p ならば q が真であることを証明せよ」という意味だよ。

第1章 第2章 第3章 第4章 第5章 第6章 第7章 第8章

例題 ❷

整数 n について，n^2 が 3 の倍数ならば，n は 3 の倍数であることを証明せよ。

解答と解説

証明 命題「n^2が3の倍数ならば，n は3の倍数である」の対偶「n が3の倍数でないならば, n^2 は3の倍数でない」を示す。

> n^2が3の倍数という条件は使いにくいね！ $n^2=3k$(kは正の整数)としても,
> $n=\pm\sqrt{3k}$
> で n が3の倍数かどうかはわからない(> <) n の条件から出発したいから，対偶を考えるんだ

n が3の倍数でないとき,

(i) n を3でわった余りが1

(ii) n を3でわった余りが2

の2つの場合がある。

(i) $n=3k+1$(k は整数)のとき,

> たとえば「16」は，3が 5 個入っていて余りが 1 だから，$16=3\times5+1$ と表せるね！

$$
\begin{aligned}
n^2&=(3k+1)^2\\
&=9k^2+6k+1\\
&=3(3k^2+2k)+1
\end{aligned}
$$

> n^2 を 3 でわった余りが 1 であることを意味しているから，n^2 は 3 の倍数ではないね！

となり，$3k^2+2k$ は整数より，n^2 は3の倍数ではない。

(ii) $n=3k+2$(k は整数)のとき,

> たとえば「23」は，3が7個入っていて余りが2だから，$23=3\times7+2$ と表せるね！

$$
\begin{aligned}
n^2&=(3k+2)^2\\
&=9k^2+12k+4\\
&=9k^2+12k+3+1\\
&=3(3k^2+4k+1)+1
\end{aligned}
$$

> n^2を3でわった余りが1であることを意味しているから，n^2は3の倍数ではないね！

となり，$3k^2+4k+1$ は整数より，n^2は3の倍数ではない。

よって，n が3の倍数でないとき，n^2は3の倍数ではない。

> 3の倍数ではない数は $3k+1$ または $3k+2$ で表せるから，その両方で示すことができればOKだね！

したがって, 対偶は真であり, 元の命題も真である。

証明終わり

このように，元の命題を直接証明するのが難しい場合でも，その対偶を証明することで元の命題が成り立つことが証明できるんだ。

❸ 背理法

次は「**背理法**(はいりほう)」という証明方法を学習していくよ。

背理法

背理法……ある命題にたいして，その命題が成り立たないと仮定して，矛盾(むじゅん)を導くことによって証明する方法

この背理法は，「p ならば q である」という形の命題にたいしてだけでなく，たんに「q である」という命題にたいしても使うことができるんだ。

❷で学習した，対偶を証明することによって元の命題を証明する方法は，対偶が存在しないと使えないから，「p ならば q である」という命題にたいしてしか適用できないよね。それにくらべると，対偶がなくても使用できる，背理法のほうが，使い勝手がいいかもね！

それでは，背理法の原理を説明しておくよ。

「$p \Rightarrow q$」や「q である」の q を「**結論**」というんだけど，背理法では，まずこの結論を $\overline{q}$ であると仮定してみるんだ。そして，この $\overline{q}$(q でない)とすることによって，何か矛盾(おかしなこと)が生じたとしよう。それはなぜかというと，q を否定したからなんだね！　ここから，$\overline{q}$ ではなくて，q が正しいということがわかるんだ。

今から，背理法を利用して，$2+5\sqrt{3}$ が無理数であることを証明してみよう。

> $\sqrt{3}$ が無理数であることの証明は，**例題❹**をみてね！

例題❸では，「$\sqrt{3}$ が無理数である」ことを使って，$2+5\sqrt{3}$ が無理数であることを証明していくよ。無理数っていうのは，$\dfrac{\text{整数}}{\text{整数}}$ の形では表すことができない実数のことだったね。

「$\sqrt{3}$ が $\dfrac{\text{整数}}{\text{整数}}$ と表せないのであれば，$2+5\sqrt{3}$ も $\dfrac{\text{整数}}{\text{整数}}$ と表せるわけがないんだから，$2+5\sqrt{3}$ が無理数なのは当たり前じゃん！」って思った人もいるだろうけど，じゃあ証明してみてっていわれたら，できるかな？　こんなふうに，

一見すると当たり前に思えるような事柄や，否定的な事柄の証明をするときに，背理法が活躍することがとても多いんだ。覚えておこう！

例題❸

$2+5\sqrt{3}$ は無理数であることを証明せよ。ただし，$\sqrt{3}$ が無理数であることは証明なしに用いてよい。

解答の前にひと言

有理数どうしの和，差，積，商は有理数になるよ。たしかめておこう。

2つの有理数 p，q について，

$$p=\frac{b}{a},\ q=\frac{d}{c}\quad (a,\ b,\ c,\ d \text{は整数},\ a,\ c,\ d \text{は}0\text{でない})$$

とおくと，

$$p+q=\frac{b}{a}+\frac{d}{c}=\frac{bc+ad}{ac}$$

$$p-q=\frac{b}{a}-\frac{d}{c}=\frac{bc-ad}{ac}$$

$$p\times q=\frac{b}{a}\times\frac{d}{c}=\frac{bd}{ac}$$

$$p\div q=\frac{b}{a}\div\frac{d}{c}=\frac{b}{a}\times\frac{c}{d}=\frac{bc}{ad}\quad (\text{ただし，}q\neq 0\text{のとき})$$

となり，いずれも $\frac{\text{整数}}{\text{整数}}$ だから，有理数だね！　これを利用するよ！

解答と解説

証明　$2+5\sqrt{3}$ が無理数ではない，すなわち，有理数であると仮定すると，r を有理数として，

$$2+5\sqrt{3}=r$$

とおける。これを変形して，

$$5\sqrt{3}=r-2$$

$$\sqrt{3}=\frac{r-2}{5}$$

$\sqrt{3}$は無理数であり，$\dfrac{r-2}{5}$は有理数であるから，この等式は，

（無理数）＝（有理数）

となって，矛盾している。

したがって，$2+5\sqrt{3}$は無理数である。 **証明終わり**

では，つぎに，「$\sqrt{3}$が無理数である」こと自体の証明をしてみよう。「$\sqrt{3}$が無理数である」ことを証明するということは，「$\sqrt{3}$を$\dfrac{\text{整数}}{\text{整数}}$と表すことができない」ことを証明するっていうことだね。このような否定的事柄の証明にも，背理法が活躍するよ。

例題❹

$\sqrt{3}$は無理数であることを証明せよ。

解答の前にひと言

第**48**節で学習するけど，2つの整数がお互い（たが）に，1以外の正の公約数をもたないとき，その2つの整数を「**互いに素**（そ）である」というよ！

そして，自然数m，nが互いに素であるとき，$\dfrac{n}{m}$は，それ以上約分できない分数，すなわち「**既約**（きやく）**分数**」になるよ。このことを利用して証明しよう。

解答と解説

証明 $\sqrt{3}$が無理数ではない，すなわち，有理数であると仮定すると，

$\sqrt{3}=\dfrac{n}{m}$ （m，nは互いに素な自然数） ← 有理数の定義（第**5**節）

と表すことができる。

このとき，

$$\sqrt{3}m=n$$

両辺を2乗すると，

$$3m^2=n^2 \quad \cdots\cdots①$$

m^2は整数だから，$3m^2$は3の倍数だね。そうすると，①からn^2も3の倍数だということになるね

よって，n^2は3の倍数であるから，nも3の倍数である。

ゆえに，$n=3k$（kは自然数）と表される。①に代入して，

$$3m^2=(3k)^2$$

$$3m^2=9k^2$$

$$m^2=3k^2$$

両辺を3でわった

p.138で示したね！「整数nについて，n^2が3の倍数ならばnは3の倍数である」

よって，m^2は3の倍数であるから，mも3の倍数である。

このとき，m，nはともに3の倍数となり，m，nが互いに素であることに矛盾する。

以上より，$\sqrt{3}$は有理数ではなく，無理数である。 **証明終わり**

という感じだよ。どうかな？　背理法はわかったかな？

ちょいムズ

第**5**節で学習した，

有理数，無理数の性質

p，q，r，sが有理数，$\sqrt{a}$が無理数のとき，

❶ $p+q\sqrt{a}=0 \iff p=0$ かつ $q=0$

❷ $p+q\sqrt{a}=r+s\sqrt{a} \iff p=r$ かつ $q=s$

が成り立つことを証明してみよう！　これも背理法を使うんだ。まずは❶を証明するよ！

証明 $p+q\sqrt{a}=0$ より,

$q\sqrt{a}=-p$ ……(*)

$q\neq 0$ とすると,

$$\underset{無理数}{\sqrt{a}}=\underset{有理数}{-\frac{p}{q}}$$

左辺は無理数，右辺は有理数となるので，矛盾。

よって，$q=0$ であり，(*)より，$p=0$

証明終わり

(有理数)÷(有理数)=(有理数)だよ。

$p=\frac{b}{a}$, $q=\frac{d}{c}$ (a, b, c, d は整数，a, c, d は 0 ではない)とすると,

$$\frac{p}{q}=p\div q=\frac{b}{a}\div\frac{d}{c}=\frac{bc}{ad}$$

で $\frac{(整数)}{(整数)}$ だから有理数だね！

❷についてもみてみよう！

$$p+q\sqrt{a}=r+s\sqrt{a} \iff p=r \text{ かつ } q=s$$

は変形すると,

$$(p-r)+(q-s)\sqrt{a}=0 \iff p-r=0 \text{ かつ } q-s=0$$

となるから，$p-r=u$, $q-s=v$ とおけば，u, v は有理数だから，❶と同様にして証明できるね！

まとめ

(1) 逆，裏，対偶

命題「p ならば q」にたいして,

逆　:「q ならば p」

裏　:「$\overline{p}$ ならば $\overline{q}$」

対偶:「$\overline{q}$ ならば $\overline{p}$」

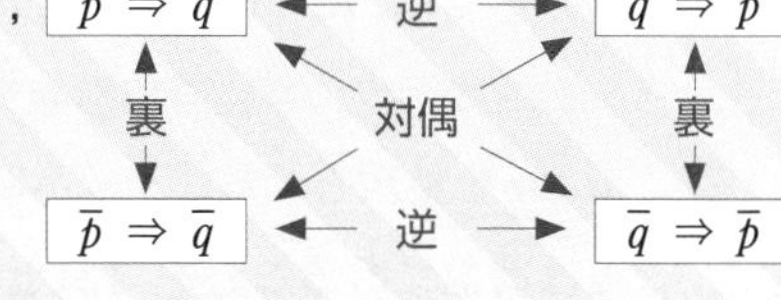

命題「p ならば q」と，その対偶「$\overline{q}$ ならば $\overline{p}$」は，真偽が一致する。

注意 命題が真であっても，その命題の逆は真とはかぎらない。

第1章 第2章 第3章 第4章 第5章 第6章 第7章 第8章

(2) 対偶を利用した証明

元の命題と対偶は真偽が一致するので，

「 p ならば q である 」

ということを証明するのに，その対偶，

「 $\overline{q}$ ならば $\overline{p}$ である 」

を証明する方法。

「p ならば q」を直接示すことが難しい場合によく使うよ！

注意 命題が「pならば q」という形になっていないと使うことができない。

(3) 背 理 法

ある命題にたいして，その命題が成り立たないと仮定して，矛盾を導くことによって証明する方法

注意 「$\sqrt{5}$ は無理数である」など，「pならば q」の形になっていないものでも使える。

解答と解説►別冊 $p.24$

練習問題

(1) 次の△ABC についての命題の逆，裏，対偶を答えよ。

△ABC が二等辺三角形ならば，△ABC は正三角形である。

(2) m，n を整数とする。mn が偶数ならば，m，n のうち少なくとも一方は偶数であることを対偶を利用して証明せよ。

(3) $\sqrt{2}$ は無理数であることを証明せよ。ただし，「整数 n について，n^2 が2の倍数ならば n も2の倍数である」ことは，証明なしに用いてもよい。

第13節 関数とグラフ

この節の目標

- ☐ Ⓐ 関数とはどのようなものかがわかる。
- ☐ Ⓑ 1次関数のグラフをかくことができる。
- ☐ Ⓒ 関数の最大値，最小値を求めることができる。

イントロダクション ♪♫

さて，ここから 第3章，「2次関数」の分野に入っていくよ！

でもそもそも「**関数**」とは何だろうか？　まずはそこから確認していこう。

たとえば，50リットルの水を入れることのできる水槽に，はじめ10リットルの水が入っていて，そこからさらに，毎分4リットルの割合で水を入れることにするよ。水を入れ始めてから x 分後に水槽の中に入っている水の量を y リットルとすると，

$$y=4x+10$$

という関係が成り立つね！　このとき，たとえば，$x=1$ とすると，

$$y=4\cdot 1+10=14$$

$x=2$ とすると，

$$y=4\cdot 2+10=18$$

というように，x の値を決めると，y の値はただ1つに決まるね。

このように，2つの変数 x，y があって，x の値を決めると，それに対応して y の値もただ1つに決まるとき，「y は x の**関数**である」というんだ。

つぎに同じ例で，x のとる値の範囲を求めてみよう。$y=4x+10$ で $y=50$ とすると，

（水槽がいっぱいになったときの y の値は50だね）

$$4x+10=50$$

$$x=10$$

だから，水槽の水は10分でいっぱいになるので，x のとる値の範囲は，

$$0\leqq x\leqq 10$$

となるね。x のとる値の範囲を「**定義域**」というよ！

また，y のとる値の範囲は，

$$10 \leqq y \leqq 50$$

だね。x の値に対応して y のとる値の範囲を「**値域**」というよ！

$y=4x+10$ のように，「$y=$(x の1次式)」の形の式で表される関数を，「**1次関数**」といったね！　1次関数の式は，

$$y=ax+b$$

の形をしていて，グラフは直線になるんだったよね。そして a を「**傾き**」，b を「**切片**」とよんだんだけど，覚えているかな？

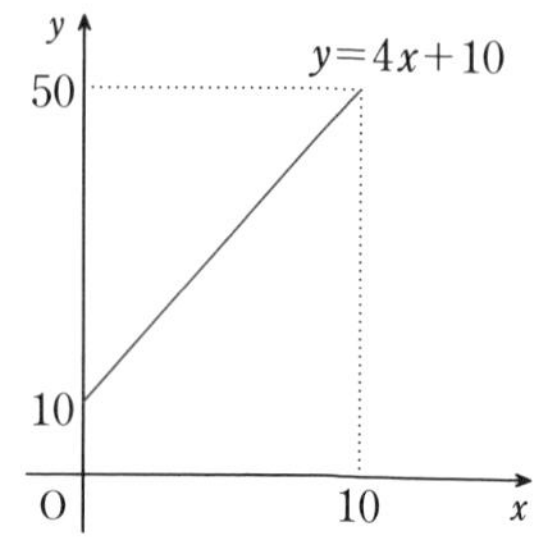

たとえば，$y=4x+10$（$0 \leqq x \leqq 10$）のグラフは，右の図のようになるよ。x の値の増加にたいして，y の値は，傾きが正のときは一定の割合で増え続けるけど，傾きが負のときは一定の割合で減り続けるね。

しかし，これから扱う2次関数は，1次関数のような単純な変化ではないよ。この節で準備をしたあと，第14節以降でくわしく学習していくから，楽しみにしていてね♪

ゼロから解説

1 関　数

イントロダクション♪♫ でもふれたけど，$y=4x+10$ のように，2つの変数 x, y があって，x の値を決めると，それに対応して y の値もただ1つに決まるとき，「y は x の**関数**である」というよ。

そして，y が x の関数であることを，

$$y=f(x)$$ ←「f」は function(関数)からきてるよ！

と表すんだ。この記号の便利なところは，

$x=1$ のときの y の値は $f(1)$，$x=2$ のときの y の値は $f(2)$，……
というように，$x=a$ のときの y の値を $f(a)$ と表せるところだよ。

たとえば，$f(x)=3x^2-2x+5$ のとき，

$f(1)=3\cdot1^2-2\cdot1+5=6$

$f(-2)=3\cdot(-2)^2-2\cdot(-2)+5=21$

$f(a)=3a^2-2a+5$

のような感じだよ。

先生！　関数ではないものってあるの？

そりゃ，いっぱいあるよ！　たとえば，
「身長が x cm の人の体重が y kg」
だと，どうかな？

たしかに，$x=150$ と決めても，身長が150cmだからといって，体重が何kgかは1つに決まらないね。

そうだよね！　身長が150cmで体重が45kgの人もいれば，身長150cm で体重が60kg の人もいるよね！

なるほど。じゃあ，「$y=$（x の式）」となるものは，x に値を代入すれば y の値が1つ決まるから，関数といってもいい？

そうだね！　「$y=$（x の式）」と表せるものは，「y は x の関数である」といっていいね！

2 関数のグラフ

平面上に，原点 O で直交する2つの数直線を元に**座標軸**（ざひょうじく）を定めると，平面上の点 P の位置は，次の図のように，実数の組 $(a,\ b)$ で表すことができるね。

この組$(a,\ b)$をPの「**座標**（ざひょう）」といい，座標が$(a,\ b)$である点PをP$(a,\ b)$と表すよ。

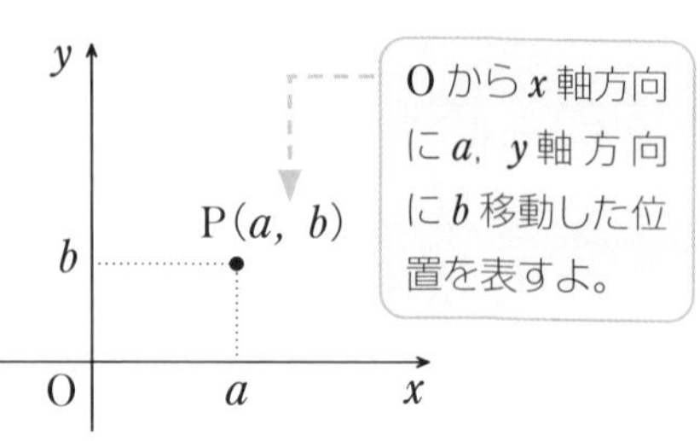

座標軸の定められた平面を「**座標平面**」というよ。座標平面は，座標軸によって4つの部分に分けられるね。この各部分を，右の図のように，「**第1象限**（しょうげん）」，「**第2象限**」，「**第3象限**」，「**第4象限**」というよ。ただし，座標軸上の点はどの象限にも属さないと定められているんだ。

第2象限（負，正）	第1象限（正，正）
第3象限（負，負）	第4象限（正，負）

つぎに，関数のグラフについて説明するよ。

たとえば，1次関数 $y=2x-3$ のグラフは，y軸上の点$(0,\ -3)$を通る，傾きが2の直線だね！　このグラフは，

「$y=2x-3$ を満たす$(x,\ y)$を座標とする点全体からなる図形」となっているんだ。

$y=2x-3$ を満たす$(x,\ y)$としては，

$(-1,\ -5)$，$(0,\ -3)$，$(1,\ -1)$，
$(2,\ 1)$，$(3,\ 3)$，……

などがあるけど，これらを集めたものが$y=2x-3$ のグラフだね！

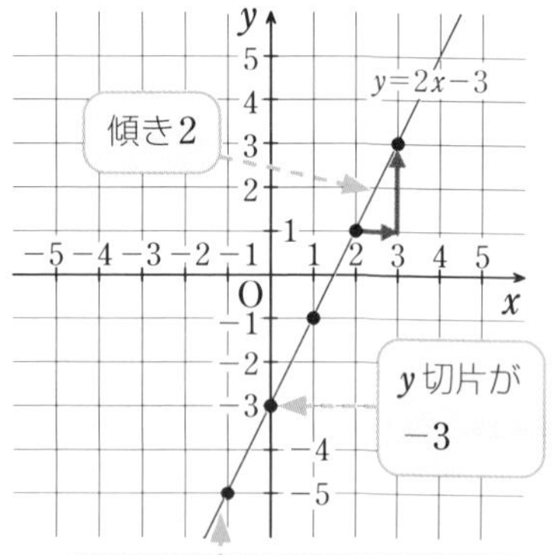

1次関数$y=2x-3$のグラフは，
$y=2x-3$
を満たす2点をとって直線で結ぶことでかけるよ

このように関数$y=f(x)$において，xの値とそれに対応するyの値の組$(x,\ y)$，すなわち，$(x,\ f(x))$の全体からなる図形を，「**関数$y=f(x)$のグラフ**」というよ。

とくに1次関数$y=ax+b$のグラフは，たんに「直線$y=ax+b$」ということもあるんだ。また，

$$(x,\ y)=(-1,\ -5),\ (0,\ -3),\ (1,\ -1),\ (2,\ 1),\ (3,\ 3),\ \cdots\cdots$$

などは，方程式$y=2x-3$の解でもあるね！　だから，$y=2x-3$ を，「**直線の方程式**」っていったりもするよ。「方程式」とは，特別な値にたいしてのみ成り立つ等式のことだよ！

関数の定義域・値域，最大値・最小値

イントロダクション♪♬でも説明したけど，関数 $y=f(x)$ にたいして，x のとる値の範囲を「**定義域**」というよ。定義域をはっきり示す必要があるときは，

$$y=f(x)\quad(a\leqq x\leqq b)$$

などのようにかくよ。たとえば，**イントロダクション♪♬**の例では，定義域が $0\leqq x\leqq 10$ だから，

$$y=4x+10\quad(0\leqq x\leqq 10)$$

と表すんだ。

定義域がとくに明記されていないときは，可能なかぎり定義域を広くとるよ。たとえば，

$$y=\frac{1}{x}$$

という関数があったとしよう。x の範囲がかかれていないから，定義域は可能なかぎり広くとって，「すべての実数」と考えたいところだね。でも，ここで注意が必要なのは，数学では「0でわる」のはNGということ。この関数では，$x=0$ のとき「0でわる」ことになってしまうから，それを避けるため，$x=0$ だけは定義域から除外(じょがい)しよう。定義域は，0以外のすべての実数だよ。

また，関数 $y=f(x)$ において，x の値に対応して y のとる値の範囲を「**値域**」というよ。

さらに，関数 $y=f(x)$ において，その値域に最も大きい値があるとき，その値を $y=f(x)$ の「**最大値**」といい，その値域に最も小さい値があるとき，その値を $y=f(x)$ の「**最小値**」というんだ。

たとえば，関数 $y=-x+7$ $(2\leqq x\leqq 6)$ の値域は，右のグラフより，

$$1\leqq y\leqq 5$$

となるね！　だから，

$x=2$ のとき最大値5

$x=6$ のとき最小値1

となるよ。

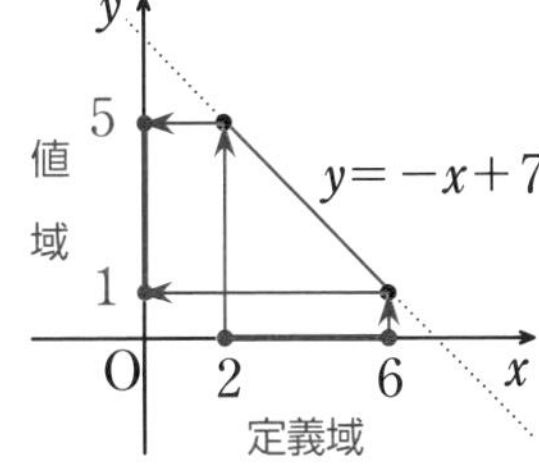

また，関数 $y=2x-5$ $(x \geqq -2)$ の値域は，右のグラフより，

$y \geqq -9$

となるね！　だから，

$x=-2$ のとき最小値 -9

だね！　また，y の値はいくらでも大きくすることができるから，最大値はないよ。

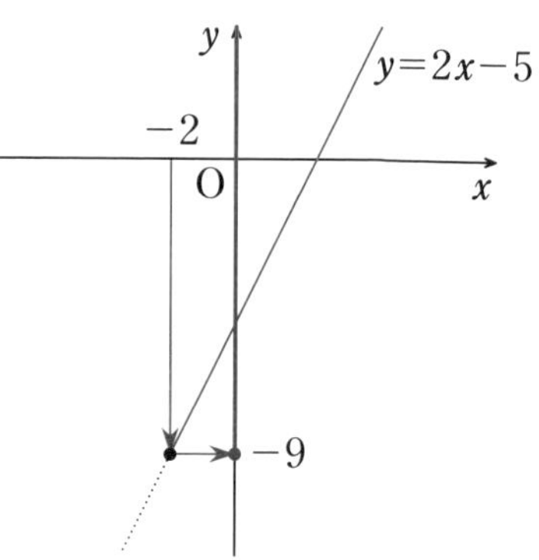

ちょいムズ

関数の中には，1つの式で表される関数だけでなく，変数 x のとる値の範囲によって異なった形の式で表されるものもあるんだ。

たとえば，$|x|$ は

$$|x|=\begin{cases} x & (x \geqq 0 \text{ のとき}) \\ -x & (x<0 \text{ のとき}) \end{cases}$$

絶対値記号は中身が0以上のときはそのままはずし，中身が0より小さいときは−をつけてはずす！

となるのは覚えているかな？　だから，関数 $y=|x|$ は，

$$y=\begin{cases} x & (x \geqq 0 \text{ のとき}) \\ -x & (x<0 \text{ のとき}) \end{cases}$$

より，そのグラフは次のようになるよ。

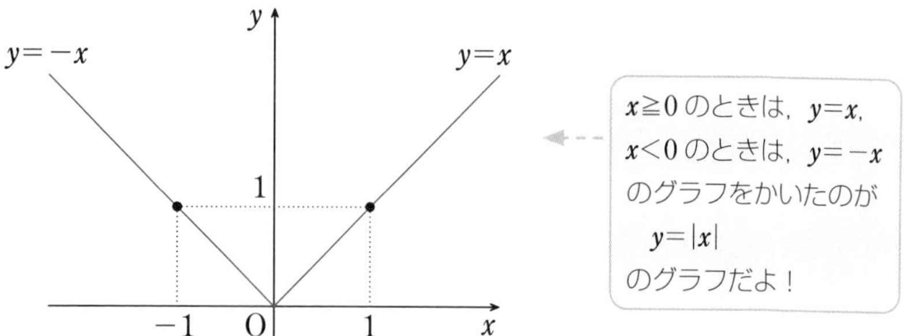

$x \geqq 0$ のときは，$y=x$，$x<0$ のときは，$y=-x$ のグラフをかいたのが

$y=|x|$

のグラフだよ！

どうかな？　わかったかな？

例　題

$y=|2x|+|x-6|-15$ のグラフをかけ。

解答と解説

	0		6	→ x
$\lvert 2x\rvert$	$-2x$	$2x$	$2x$
$\lvert x-6\rvert$	$-(x-6)$	$-(x-6)$	$x-6$

$$y=|2x|+|x-6|-15$$

$$=\begin{cases}-2x-(x-6)-15 & (x<0\text{ のとき})\\ 2x-(x-6)-15 & (0\leqq x<6\text{ のとき})\\ 2x+(x-6)-15 & (6\leqq x\text{ のとき})\end{cases}$$

$$=\begin{cases}-3x-9 & (x<0\text{ のとき})\\ x-9 & (0\leqq x<6\text{ のとき})\\ 3x-21 & (6\leqq x\text{ のとき})\end{cases}$$

よって，$y=|2x|+|x-6|-15$ のグラフは，下図のようになる。

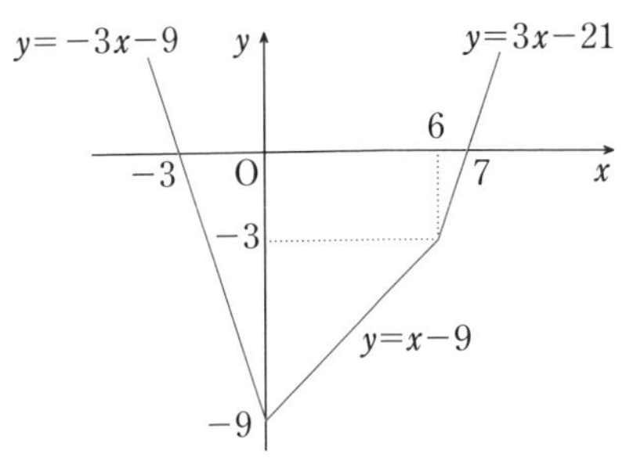

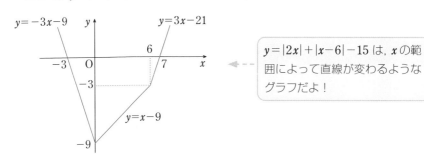

$y=|2x|+|x-6|-15$ は，x の範囲によって直線が変わるようなグラフだよ！

まとめ

(1) **y が x の関数**

……x の値を1つ決めると y の値がただ1つに決まる関係

例　$y=3x+5$，$y=2x^2-5x-7$

y が x の関数であることを，$y=f(x)$ と表す。

$f(a)$…… $x=a$ のときの y の値

(2) 座　　標……グラフ上の点の位置を表す**2**つの実数の組

➡ **P**$(\boldsymbol{a},\ \boldsymbol{b})$ ……座標が$(\boldsymbol{a},\ \boldsymbol{b})$である点**P**

（原点**O**から$\boldsymbol{x}$軸方向に$\boldsymbol{a}$，$\boldsymbol{y}$軸方向に$\boldsymbol{b}$移動した位置を表す）

座標平面……座標軸の定められた平面

関数$\boldsymbol{y}=\boldsymbol{f}(\boldsymbol{x})$のグラフ

……関数$\boldsymbol{y}=\boldsymbol{f}(\boldsymbol{x})$において，$\boldsymbol{x}$の値とそれに対応する$\boldsymbol{y}$の値の組$(\boldsymbol{x},\ \boldsymbol{y})$，すなわち，$(\boldsymbol{x},\ \boldsymbol{f}(\boldsymbol{x}))$の全体からなる図形

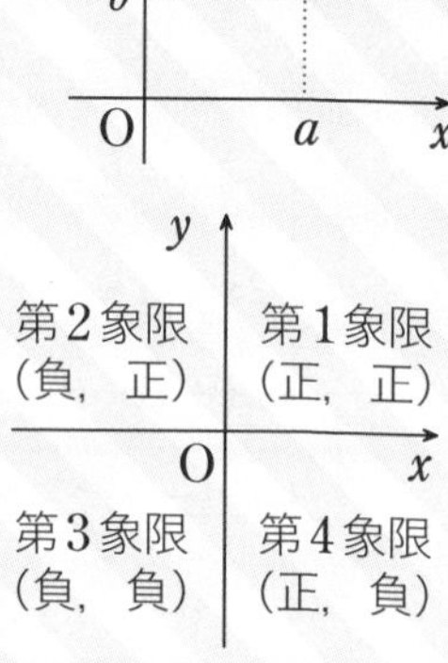

(3) 定 義 域……$\boldsymbol{x}$のとる値の範囲

（定義域が明記されていないときは，可能なかぎり定義域を広くとる）

値　　域……$\boldsymbol{y}$のとる値の範囲

最 大 値……値域の中で最大の値

最 小 値……値域の中で最小の値

解答と解説▶別冊 *p.*26

練習問題

(1) 次のようなxとyの関係について，yがxの関数であるかどうかをいえ。

① 家から12km離れた場所から，毎時4kmの速さで家に向かってまっすぐ歩いたとき，出発してからx時間後の家までの距離$y$km

② 絶対値がxである数y

③ 1辺の長さが$x$cmの正方形の面積$y\text{cm}^2$

(2) 1次関数$y=-3x+1$のグラフをかけ。

(3) 1次関数$y=2x-3$ $(-2\leqq x\leqq 5)$の最大値と最小値を求めよ。

第14節 2次関数のグラフ

第14節 2次関数のグラフ

この節の目標

- ☑ Ⓐ $y = ax^2 + bx + c$ を $y = a(x - p)^2 + q$ の形に変形(平方完成)し，グラフをかくことができる。
- ☑ Ⓑ 放物線を平行移動したグラフの方程式を求めることができる。
- ☑ Ⓒ 放物線を対称移動したグラフの方程式を求めることができる。

イントロダクション ♪♫

この節から，いよいよ「2次関数」に入っていくよ！　そもそも，2次関数とは何かな？

$$y=x^2,\quad y=-3x^2+x,\quad y=5x^2-3x+7$$

などのように，y が x の2次式で表されるとき，「y は x の**2次関数**である」というよ。

x の2次関数は，一般に，a，b，c を定数として，

$$y=ax^2+bx+c$$

と表すことができるよ。ただし，$a \neq 0$ だよ。

> $a=0$ だと，x^2 の項が消えて，2次ではなくなるね！

$y=ax^2+bx+c$ のグラフは，2次関数 $y=ax^2$ のグラフを**平行移動**(形を変えずに位置だけ動かすこと)することによってかくことができるんだ。たとえば，$y=2x^2$ のグラフは，

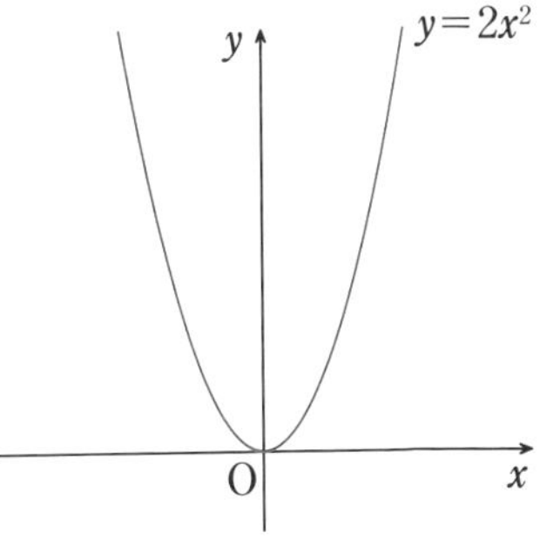

だったね！　覚えているかな？　まずは，このような $y=ax^2$ のグラフの復習からやっていくよ。

ゼロから解説

1 $y=ax^2$ のグラフ

はじめに，関数 $y=ax^2$ $(a \fallingdotseq 0)$ について復習しておこう。

例　$y=2x^2$

x	$\cdots$	-2	-1	0	1	2	$\cdots$
y	$\cdots$	8	2	0	2	8	$\cdots$

例　$y=-x^2$

x	$\cdots$	-2	-1	0	1	2	$\cdots$
y	$\cdots$	-4	-1	0	-1	-4	$\cdots$

これらの点を座標平面上にとって，なめらかにつなぐと，次のようになるよ。

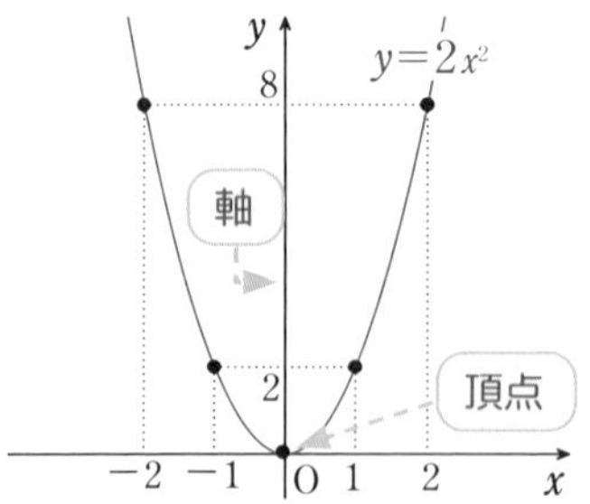

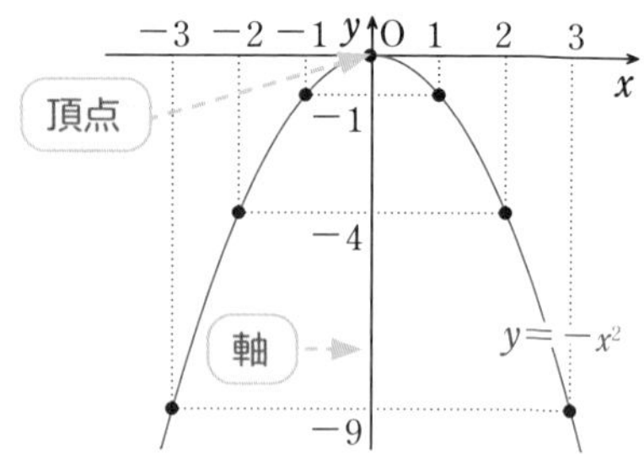

このような $y=ax^2$ のグラフの形の曲線を，「**放物線**（ほうぶつせん）」というよ。

また，$y=ax^2$ のグラフは，y 軸について対称な図形だね（つまり，y 軸を折り目として折り返すと，グラフが重なるということだよ）！　このように，放物線は対称の軸（じく）をもっているんだ。この放物線の対称軸のことを，その放物線の「**軸**」というよ。そして，軸と放物線の交点のことを「**頂点**（ちょうてん）」というんだ。放物線 $y=ax^2$ の場合，軸は y 軸，頂点は原点だね！

また，$y=ax^2$ のグラフは，

> **$a>0$ のとき，下に凸（とつ）の放物線**
> **$a<0$ のとき，上に凸の放物線**

であるというよ。また，2次関数 $y=ax^2$ と $y=-ax^2$ のグラフは，x 軸に関して対称になっているよ。

絶対値が同じで符号が異なる2つの数だよ

$y=ax^2$ のグラフ

2次関数 $y=ax^2$ のグラフは放物線 ➡ 軸は y 軸, 頂点は原点

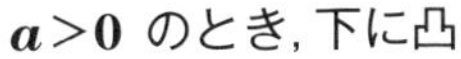

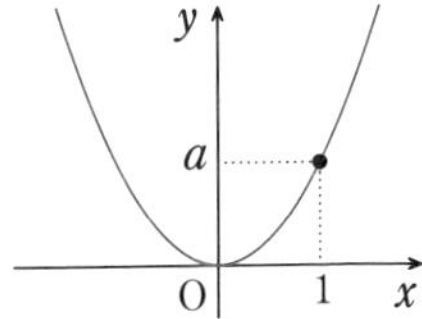

$a<0$ のとき, 上に凸

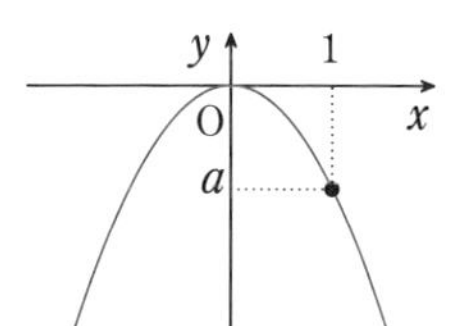

② $y=ax^2+q$ のグラフ

2つの2次関数,

$y=2x^2$ ……①

$y=2x^2+4$ ……②

について考えてみよう。

それぞれの2次関数の x に $x=-3,\ -2,\ -1,\ 0,\ 1,\ 2,\ 3$ を代入すると, 次のような表ができるね。

x	…	-3	-2	-1	0	1	2	3	…
$2x^2$	…	18	8	2	0	2	8	18	…
$2x^2+4$	…	22	12	6	4	6	12	22	…

（$2x^2$ の行から $2x^2+4$ の行へ：+4）

x の値が同じところで, ①と②の y の値をくらべてみると, 「4だけ増えている」ことがわかるね！

式の形を見れば, 「$y=2x^2$」にたいして「$y=2x^2+4$」だから, 当たり前といえば当たり前だね！

では, グラフはどうなるかというと, $y=2x^2+4$ のグラフは $y=2x^2$ のグラフとくらべて, 同じ x の値にたいする点の y 座標が4だけ大きいグラフということだから, 次ページの図の赤い放物線になるね！

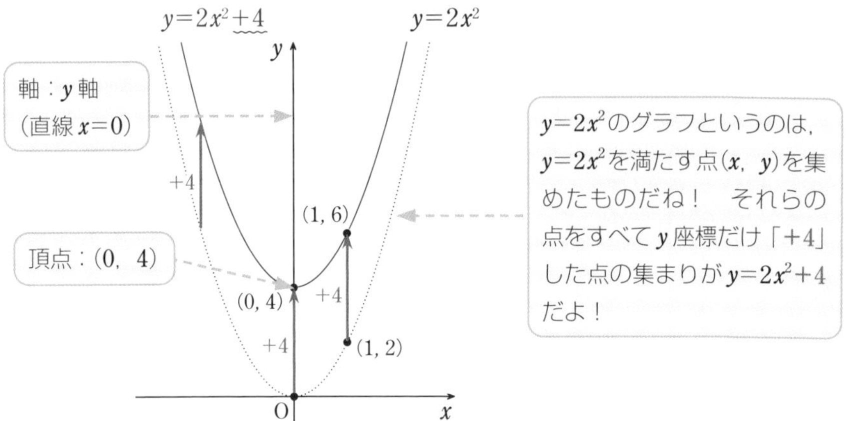

このように，グラフの形は変えないで位置だけ移動させることを「**平行移動**」というよ。

つまり，$y=2x^2+4$ のグラフは，$y=2x^2$ のグラフをy軸方向に4だけ平行移動したグラフということだね。

$y=ax^2+q$ のグラフ

2次関数 $y=ax^2+q$ のグラフは，
$y=ax^2$ のグラフをy軸方向にqだけ
平行移動した放物線
➡　軸はy軸（直線$x=0$），頂点は点$(0,\ q)$

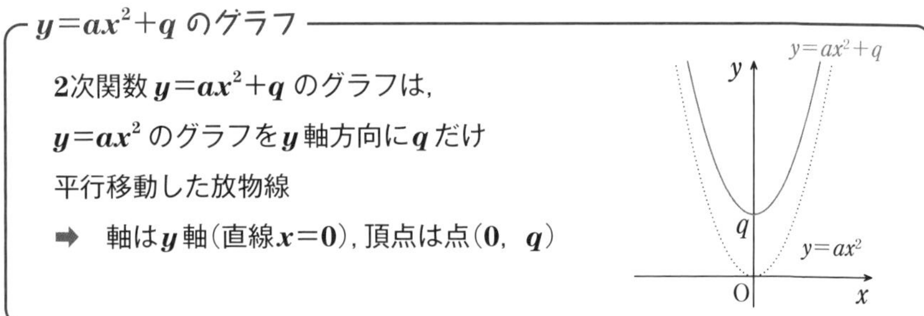

❸ $y=a(x-p)^2$ のグラフ

❷ではy軸方向に平行移動したグラフについて学習したね！　次は，x軸方向への平行移動についてみていこう。

たとえば，

$y=2x^2$　　　……①

$y=2(x-3)^2$ ……②

について調べてみるよ。

x	…	−3	−2	−1	0	1	2	3	4	5	6	…
$2x^2$	…	18	8	2	0	2	8	18	…	…	…	…
$2(x-3)^2$	…	…	…	…	18	8	2	0	2	8	18	…

$2x^2$の値は，$x=0$ のとき 0 で，そこから左右に 2，8，18，……となっているのにたいして，$2(x-3)^2$の値は，$x=3$ のとき 0 で，そこから左右に 2，8，18，……となっているね。

つまり，y座標が同じになるxの値をくらべると，②のほうが①よりも3だけ大きい値になっているね！

このことから，②のグラフは①のグラフを「x軸方向に3だけ平行移動したグラフ」ということがわかるんだ。

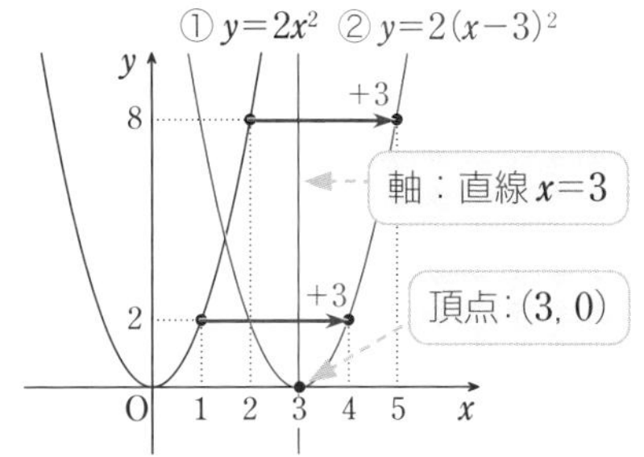

グラフを実際にかいてみると，右図のようになり，たしかに②のグラフは①のグラフをx軸方向へ3だけ平行移動したグラフになっているね。

それじゃあ，まとめておこう。

$y=a(x-p)^2$ のグラフ

2次関数 $y=a(x-p)^2$ のグラフは，
$y=ax^2$ のグラフをx軸方向にpだけ平行移動した放物線
➡ 軸は直線 $x=p$，頂点は点$(p,\ 0)$

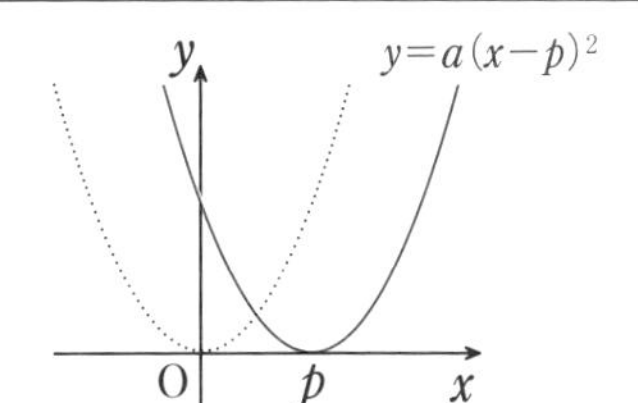

❹ $y=a(x-p)^2+q$ のグラフ

2次関数 $y=2(x-3)^2+4$ のグラフはどうなるだろうか？　これは，❷と❸でやった内容の合わせ技だね！

まず，$y=2x^2$ のグラフをx軸方向に3だけ平行移動させると，

$$y=2(x-3)^2$$

になるね！　さらにこのグラフをy軸方向に4だけ平行移動すると，

$$y=2(x-3)^2+4$$

となるわけだ。だから，$y=2(x-3)^2+4$のグラフは，次のようになるね！

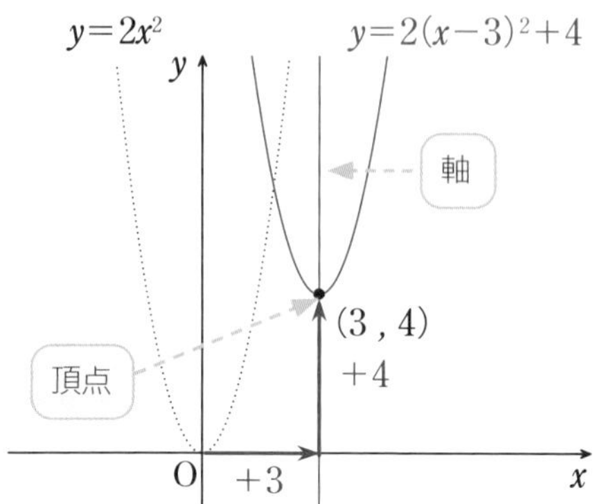

まとめておこう。

$y=a(x-p)^2+q$ のグラフ

2次関数 $\boldsymbol{y=a(x-p)^2+q}$ のグラフは，$\boldsymbol{y=ax^2}$ のグラフを $\boldsymbol{x}$ 軸方向に $\boldsymbol{p}$，$\boldsymbol{y}$ 軸方向に $\boldsymbol{q}$ だけ平行移動した放物線

➡　軸は直線 $\boldsymbol{x=p}$，頂点は点 $(\boldsymbol{p}\ ,\ \boldsymbol{q})$

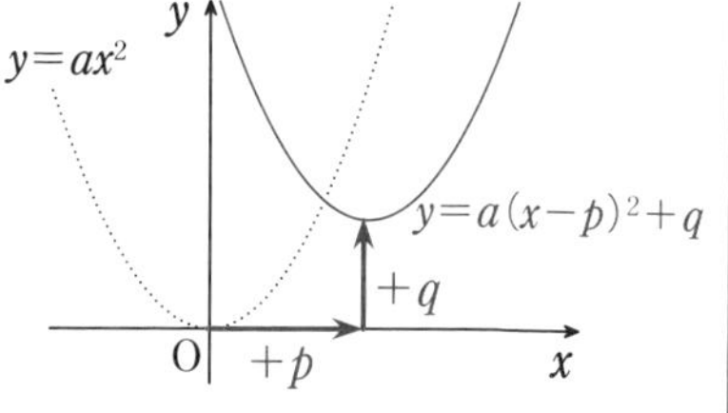

$y=a(x-p)^2+q$ のグラフの上下の向きは，$y=ax^2$ のグラフの上下の向きと同じだから，結局，x^2 の係数 a の符号によってグラフの向きが決まるんだね。x^2 の係数が正ならば**下に凸**，x^2 の係数が負ならば**上に凸**だよ！

ということは，2次関数は，式を $y=a(x-p)^2+q$ の形にすることができさえすれば，上下の向きも頂点の座標もわかるから，グラフがかけるということだよね。次の❺では，2次関数の式 $y=ax^2+bx+c$ を，$y=a(x-p)^2+q$ の形に変形する方法について学習していこう。

❺ $y=ax^2+bx+c$ のグラフ

2次関数 $y=ax^2+bx+c$ は，式を $y=a(x-p)^2+q$ の形に変形することができればグラフをかくことができるね！　だから，ax^2+bx+c を，$a(x-p)^2+q$ に変形することができたらうれしいね！

この❺ではその方法について学習していくよ。そして，せっかくなので，グラフをかくことも，ここで練習しよう！

例1　$y=x^2-6x+7$ のグラフをかけ。

$$y=x^2-⑥x+7$$

↓半分

$$=(x-③)^2-3^2+7$$

$$=(x-3)^2-2$$

$x^2-kx=\left(x-\frac{k}{2}\right)^2-\left(\frac{k}{2}\right)^2$ と変形するよ！（今回は $k=6$）

頂点：(3,　−2)　　軸：$x=3$

このように変形することを「**平方完成**(へいほうかんせい)」というよ。

今回は，$y=a(x-p)^2+q$ において $a=1$，$p=3$，$q=-2$ としたものだから，$y=x^2$ のグラフを x 軸方向に3，y 軸方向に -2 だけ平行移動した，下のようなグラフになるよ。

2次関数のグラフをかけという問題では，通る点を3点とるようにしてみよう！　おススメの3点は，頂点，グラフと y 軸との交点（その y 座標を「**y 切片**(せっぺん)」というよ)，グラフと y 軸との交点と軸に関して対称な点の3点だよ！

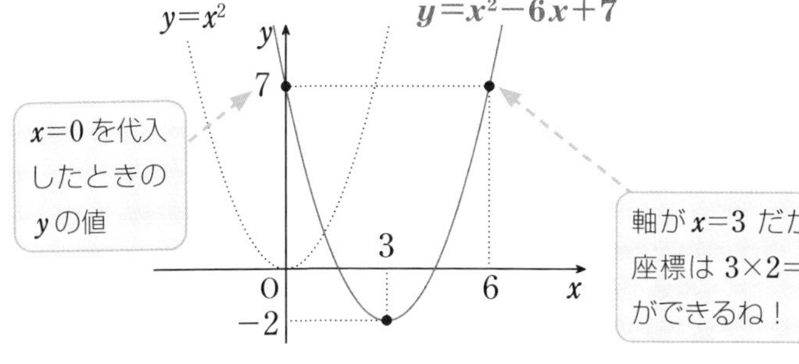

つぎに，x^2 の係数が1ではないものについて考えていこう。

例2　$y=2x^2+8x+9$ のグラフをかけ。

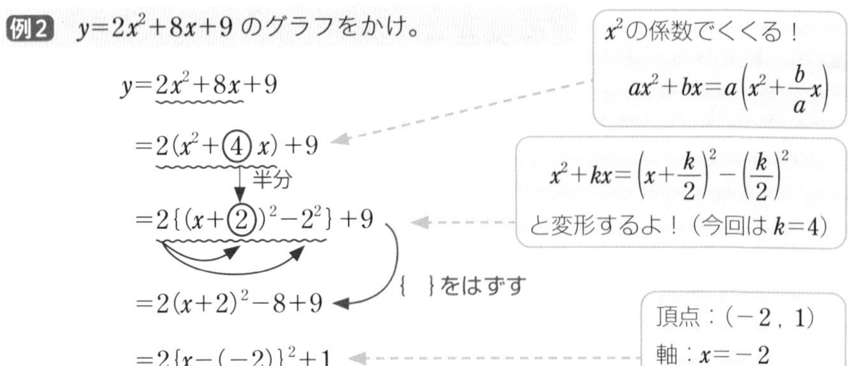

$y=2x^2+8x+9$
$=2(x^2+④x)+9$
半分
$=2\{(x+②)^2-2^2\}+9$
{　}をはずす
$=2(x+2)^2-8+9$
$=2\{x-(-2)\}^2+1$
x^2の係数でくくる！
$ax^2+bx=a\left(x^2+\dfrac{b}{a}x\right)$
$x^2+kx=\left(x+\dfrac{k}{2}\right)^2-\left(\dfrac{k}{2}\right)^2$
と変形するよ！（今回は $k=4$）
頂点：$(-2,\ 1)$
軸：$x=-2$

今回は，$y=a(x-p)^2+q$ において $a=2$，$p=-2$，$q=1$ としたものだから，$y=2x^2$ のグラフを x 軸方向に-2，y 軸方向に1だけ平行移動した，次のようなグラフになるよ。

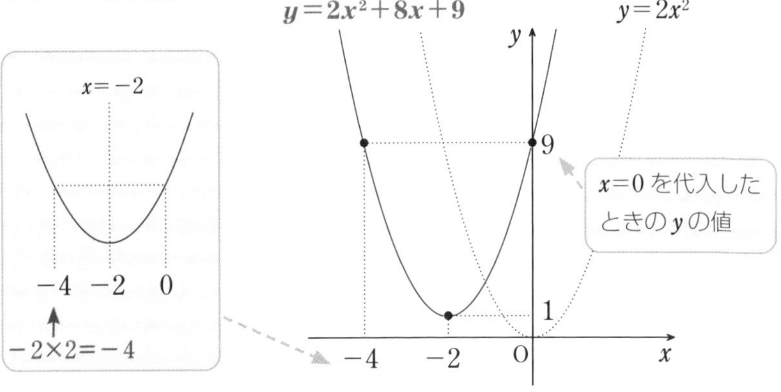

さあ，あと1問だけやっておくよ。これは今までの集大成だよ！

例3　$y=-2x^2+6x+2$ のグラフをかけ。

$$y=-2x^2+6x+2$$
$$=-2(x^2-③x)+2$$

半分

$$=-2\left\{\left(x-\frac{3}{2}\right)^2-\left(\frac{3}{2}\right)^2\right\}+2$$

{　}をはずす

$$=-2\left(x-\frac{3}{2}\right)^2+\frac{9}{2}+2$$

x^2の係数でくくる！
$$ax^2-bx=a\left(x^2-\frac{b}{a}x\right)$$

$$x^2-kx=\left(x-\frac{k}{2}\right)^2-\left(\frac{k}{2}\right)^2$$
と変形するよ！（今回は $k=3$）

$$=-2\left(x-\frac{3}{2}\right)^2+\frac{13}{2}$$

頂点：$\left(\frac{3}{2},\ \frac{13}{2}\right)$　軸：$x=\frac{3}{2}$

今回は，$y=a(x-p)^2+q$ において，$a=-2$，$p=\frac{3}{2}$，$q=\frac{13}{2}$ としたものだから，$y=-2x^2$ のグラフを x 軸方向に $\frac{3}{2}$，y 軸方向に $\frac{13}{2}$ だけ平行移動した，右のようなグラフになるよ。

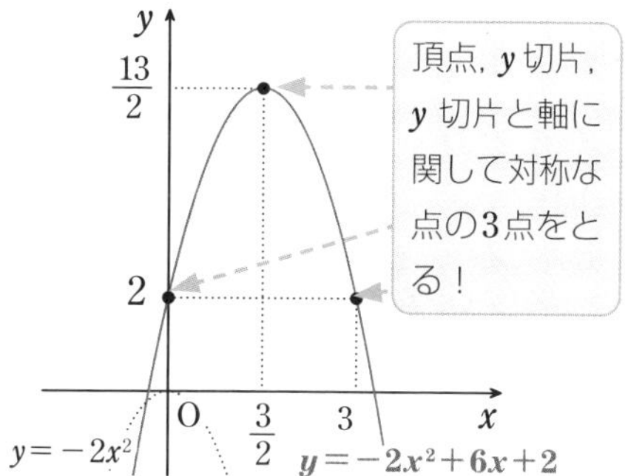

6 グラフの平行移動

この6では，放物線の平行移動について学習するよ！

放物線の平行移動は，頂点に注目！

例 2次関数 $y=2x^2+8x+11$ のグラフを C_1 とし，2次関数 $y=2x^2-4x$ のグラフを C_2 とする。C_2 は C_1 をどのように平行移動したものか。

x^2 の係数が2つとも2だから，グラフの向きと開き具合いは同じだね！　だから，平方完成して頂点を求めれば，どのように平行移動したかがわかるよ！

まずは，2つをそれぞれ平方完成をして頂点を求めよう！（平方完成がまだ不安な人は，もう1度5を読もう！）

C_1：$y=2x^2+8x+11$
$=2(x^2+4x)+11$
$=2\{(x+2)^2-2^2\}+11$
$=2(x+2)^2-8+11$
$=2\{x-(-2)\}^2+3$

より，

頂点は $(-2,\ 3)$

$y=a(x-p)^2+q$ の頂点は $(p,\ q)$

C_2：$y=2x^2-4x$
$=2(x^2-2x)$
$=2\{(x-1)^2-1^2\}$
$=2(x-1)^2-2$

より，

頂点は $(1,\ -2)$

さあ，これで頂点が求められたね！　そこで，2つのグラフを考えながら，どのように移動したかを考えてみよう。

C_1の頂点　　　C_2の頂点

$(-2,\ 3)$　➡　$(1,\ -2)$

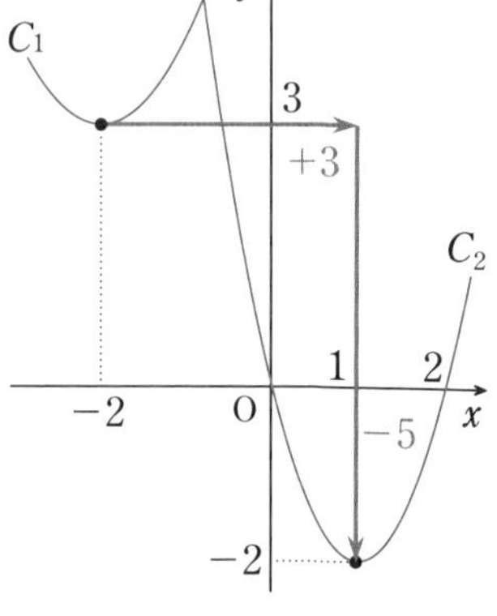

C_1をどのように平行移動したらC_2になるかを問われているね。このことは，

（移動後）−（移動前）

を計算すれば求められるんだ！

x軸方向の移動量は，$1-(-2)=3$

y軸方向の移動量は，$-2-3=-5$

だから，C_2は，C_1を，

x軸方向に3，y軸方向に−5

だけ平行移動したものだよ！

どうかな？　このように，2次関数のグラフの平行移動では，頂点の移動に着目することがポイントだよ！

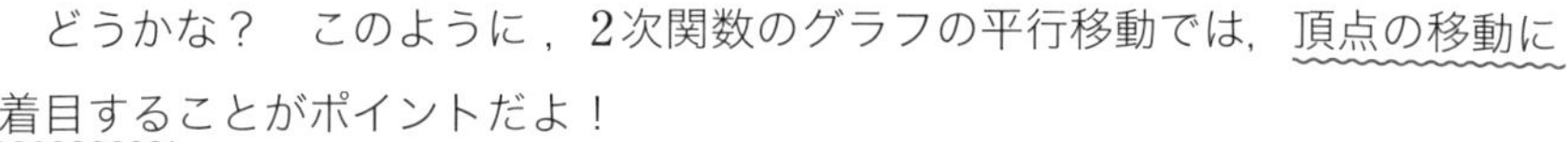

それでは，次は「対称移動」についてやっていこう。

7　グラフの対称移動

「**対称移動**」には，「直線に関する対称移動」と「点に関する対称移動」の2種類があるんだ。

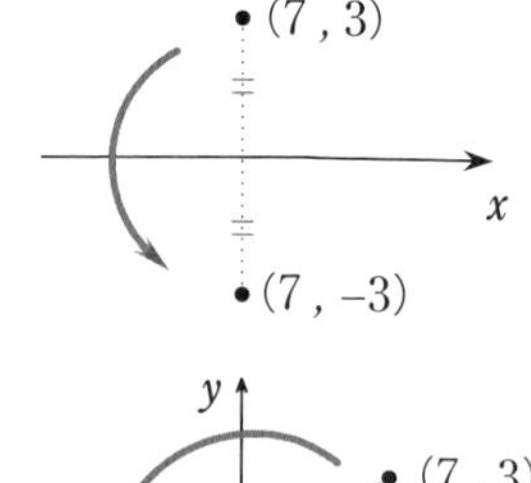

「直線に関する対称移動」というのは，直線でパタンと折り返した位置に移動させることだよ。たとえば，点(7，3)をx軸に関して対称移動すると，点(7，−3)に移るね！

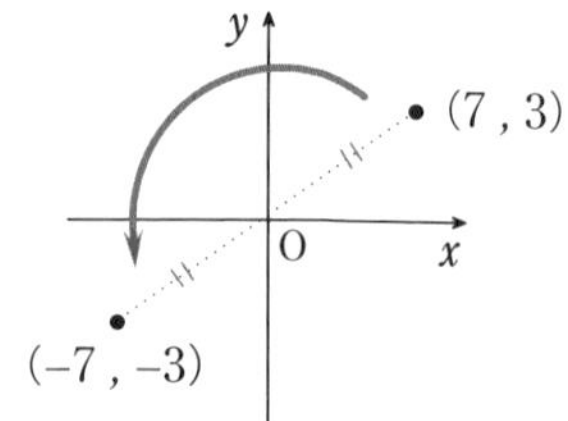

いっぽう，「点に関する対称移動」というのは，その点を中心に180度回転させた位置に移動させることだよ。たとえば，点(7，3)を原点に関して対称移動すると，点(−7，−3)に移るね！

対称移動自体はわかったかな？　それではいよいよ，放物線の対称移動をやっていくけど，

放物線の対称移動も，頂点に注目！

結局，頂点と x^2 の係数がわかればどんな放物線かがわかるからね！

例 放物線 $C : y=5x^2+30x+47$ を x 軸に関して対称移動した放物線 C' の方程式を求めよ。

まずは，平方完成をして頂点を求めよう。

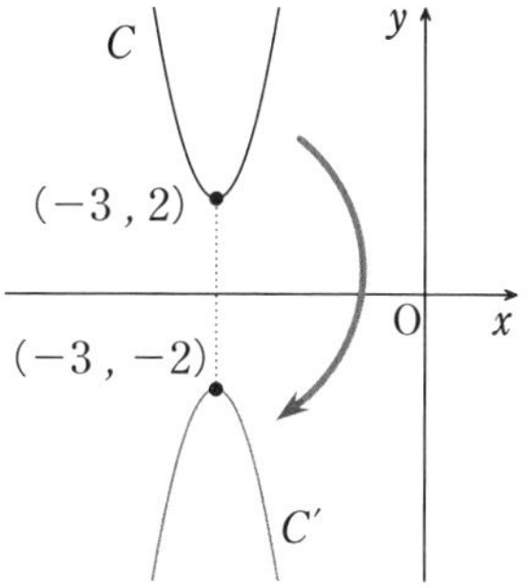

$$
\begin{aligned}
C : y&=5x^2+30x+47\\
&=5(x^2+6x)+47\\
&=5\{(x+3)^2-3^2\}+47\\
&=5(x+3)^2-45+47\\
&=5\{x-(-3)\}^2+2
\end{aligned}
$$

よって，頂点は $(-3,\ 2)$ だね！　これを x 軸に関して対称移動させると，$(-3,\ -2)$ になるね！

さて，ここで注意してほしい。図を見ればわかるように，

x 軸に関して対称移動すると，
下に凸の放物線は上に凸に，上に凸の放物線は下に凸になる

んだ！　開き具合いは同じだけど，上下の向きが変わるんだね。

だから，2次関数の方程式についても，

x^2 の係数　➡　絶対値はそのまま，符号が変わる

ということに注意しよう！

というわけで，放物線 C' の方程式は，

$$y=-5\{x-(-3)\}^2-2$$

（x^2 の係数の符号は逆に）

よって，

$$\boldsymbol{y=-5x^2-30x-47}$$

となるよ。

ちょいムズ

平行移動

$y=f(x)$ のグラフを，
x 軸方向に p，y 軸方向に q
だけ平行移動したグラフの方程式は，

$$y-q=f(x-p)$$

$y=f(x)$ の x のところを $x-p$，y のところを $y-q$ にするという意味だよ！

たとえば，$y=2x^2$ のグラフを，x 軸方向に3，y 軸方向に5だけ平行移動したグラフの方程式は，

$$y-5=2(x-3)^2$$
$$y=2(x-3)^2+5$$

$y=2x^2$ の x のところを $x-3$，y のところを $y-5$ にしたもの！

となるね。

「なぜ」こんなことが成り立つのか，疑問に思うよね！　そこで，$y=2x$ のグラフを，x 軸方向に3だけ平行移動する例で考えてみよう。

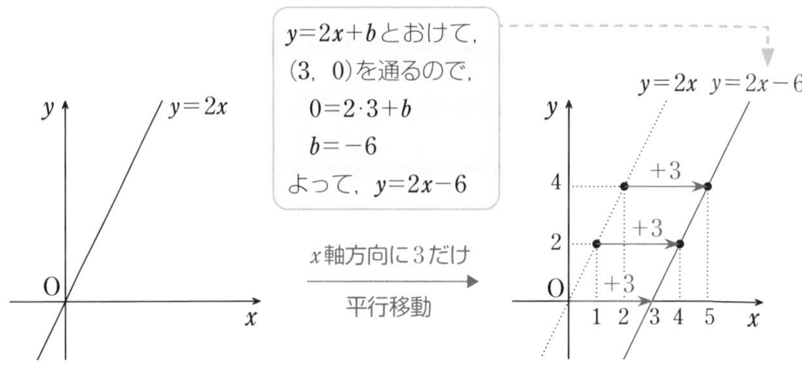

$y=2x$ のグラフを x 軸方向に3だけ平行移動したグラフの式は，

$y=2x-6$，すなわち，$y=2(x-3)$

となり，たしかに，$y=2x$ の x のところを $x-3$ に変えたものになっているね。

ところで，$y=2x$ は，「$x=$～」の形に直すと，

$$x=\frac{y}{2}$$

x 座標と $\dfrac{(y\text{座標})}{2}$ が等しくなっている点を集めたもの

だね！　これを x 軸方向に3だけ平行移動するというのは，x を3だけ増やすということだから，

$$x=\frac{y}{2}+3$$

x が3増えるということは，「$x=\sim$」に直したときに「$+3$」になるということ！

が，$x=\frac{y}{2}$ を x 軸方向に3平行移動したグラフの式になるよ！

これを変形すると，

移項して「$+3$」になるように，元の式の x のところは「$x-3$」にするんだね！

$$x-3=\frac{y}{2}\quad \text{すなわち}\quad y=2(x-3)$$

となるね！

x を3だけ増やすということは，「$x=\sim$」に直したときに元の式に「$+3$」した状態となるということだから，元の式の x のところを $x-3$ にしたものになるんだよ。

まとめ

(1)　$\boldsymbol{y=a(x-p)^2+q}$

のグラフは，$\boldsymbol{y=ax^2}$ のグラフを，

$\boldsymbol{x}$ 軸方向に $\boldsymbol{p}$，$\boldsymbol{y}$ 軸方向に $\boldsymbol{q}$ だけ平行移動した放物線

➡　軸：$\boldsymbol{x=p}$，頂点：$(\boldsymbol{p},\ \boldsymbol{q})$

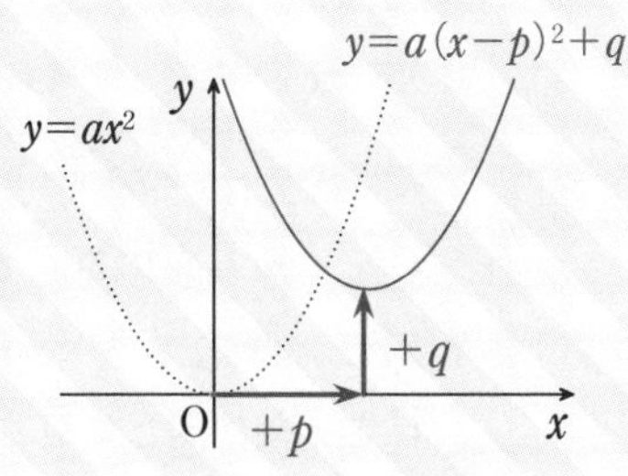

第1章
第2章
第3章
第4章
第5章
第6章
第7章
第8章

(2) **平方完成**

$$\begin{aligned} y&=ax^2+bx+c\\ &=a\left(x^2+\frac{b}{a}x\right)+c\\ &=a\left\{\left(x+\frac{b}{2a}\right)^2-\left(\frac{b}{2a}\right)^2\right\}+c\\ &=a\left(x+\frac{b}{2a}\right)^2-\frac{b^2}{4a}+c\\ &=a\left\{x-\left(-\frac{b}{2a}\right)\right\}^2+\frac{-b^2+4ac}{4a} \end{aligned}$$

step1　x^2の係数でくくる

step2　$x^2+kx=\left(x+\frac{k}{2}\right)^2+\left(\frac{k}{2}\right)^2$ と変形する

step3　{　}をはずして整理する

➡　このように変形すれば,(1)を利用してグラフをかくことができる。

➡　通る3点として，頂点，y軸との交点，y軸との交点と軸に関して対称な点をとるとよい。

(3) **平行移動, 対称移動**　➡　頂点に着目する。

❶　平行移動

➡　グラフの形(x^2の係数)は変わらない。

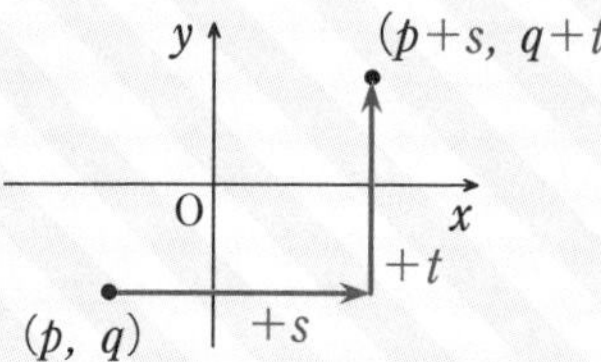

❷　対称移動

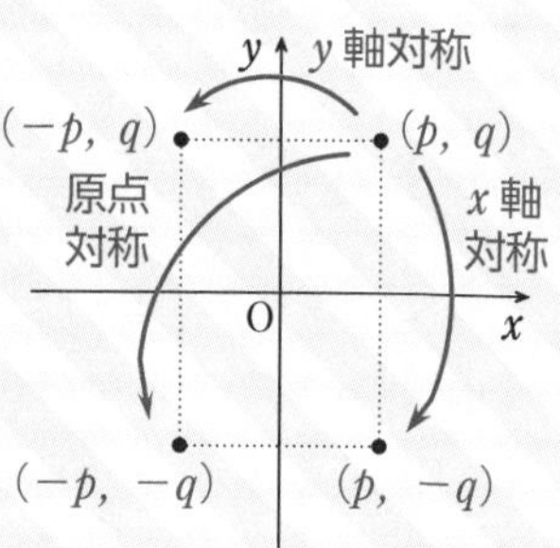

解答と解説►別冊 $p.28$

練習問題

(1) 2次関数 $y=-\frac{1}{2}x^2-4x-11$ のグラフをかけ。

(2) 2次関数 $y=x^2+2x+4$ のグラフを C とする。

① C を x 軸方向に3，y 軸方向に -2 だけ平行移動したグラフの方程式を求めよ。

② C を x 軸に関して対称移動したグラフの方程式を求めよ。

第15節 2次関数の最大・最小(1)

この節の目標

- ☐ Ⓐ 定義域に制限がないときの最大値･最小値を求めることができる。
- ☐ Ⓑ 定義域に制限があるときの最大値･最小値を求めることができる。
- ☐ Ⓒ 最大・最小の応用問題を解くことができる。

イントロダクション ♪♫

2次関数の最大・最小に入っていく前に，**最大・最小**の復習をしておこう。

たとえば，1次関数 $y=\frac{1}{2}x+3$ の，$-2 \leqq x \leqq 6$ における**最大値**と**最小値**はどのように求めるんだったかな？　そう，グラフをかいて求めるんだったね！

y が最も大きいところと，y が最も小さいところの値を求めよう

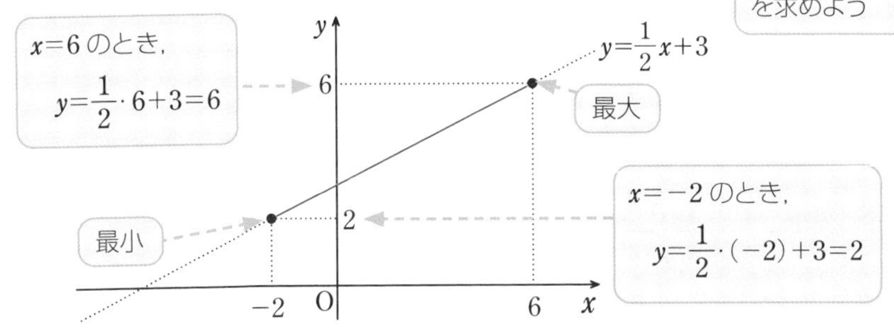

$x=6$ のとき最大値 6，$x=-2$ のとき最小値 2

となるね！

1次関数の場合は，定義域（x のとりうる値の範囲）の左端と右端の値を代入すれば求められたけど，2次関数の場合はどうかな？

たとえば，2次関数 $y=\frac{1}{2}x^2$ の $-2 \leqq x \leqq 6$ における最大値と最小値を求めてみよう。グラフをかくと，

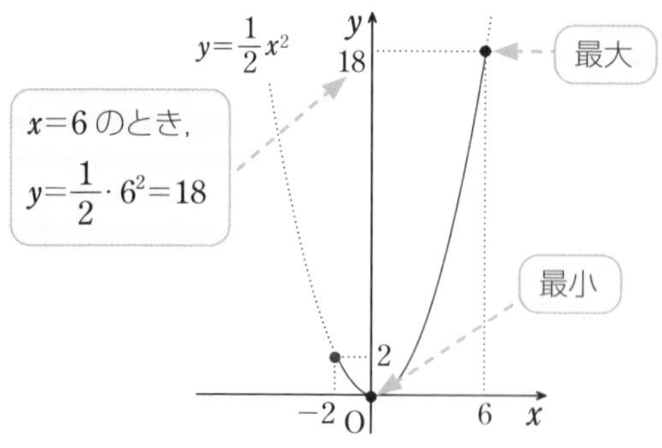

$x=6$ のとき最大値 18, $x=0$ のとき最小値 0

とわかるね！　最大値は右端だけど, 最小値は左端ではなく, 頂点のところだ！ 2次関数の場合は, 定数域の端で最大や最小になるとはかぎらないから気をつけよう。

ゼロから解説

1　2次関数の最大・最小

最大値と最小値はグラフを利用して求めることはわかったね！　それでは, 次のような2次関数の最大値と最小値を求めてみよう。

例1　$y=2x^2-12x+16$ の最大値と最小値を求めよ。

まずは, 平方完成をしてグラフをかこう。

$$
\begin{aligned}
y&=2(x^2-6x)+16\\
&=2\{(x-3)^2-3^2\}+16\\
&=2(x-3)^2-18+16\\
&=2(x-3)^2-2
\end{aligned}
$$

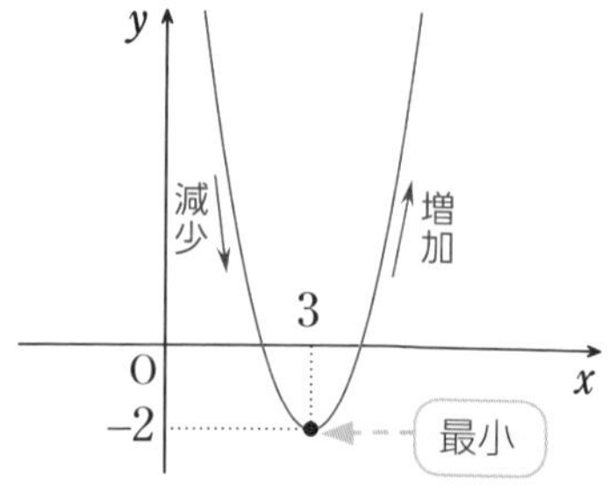

となるから,

頂点は(3, −2), 軸は $x=3$

となって, 右のようなグラフになるね！　だから, $x=3$ で最小値−2となるよ。

でも，y の値はいくらでも大きい値をとるから，最大値はないよ。

例2 $y=-x^2-4x-1$ の最大値と最小値を求めよ。

これも，平方完成をしてグラフをかこう。

$$\begin{aligned} y&=-(x^2+4x)-1 \\ &=-\{(x+2)^2-2^2\}-1 \\ &=-(x+2)^2+4-1 \\ &=-(x+2)^2+3 \end{aligned}$$

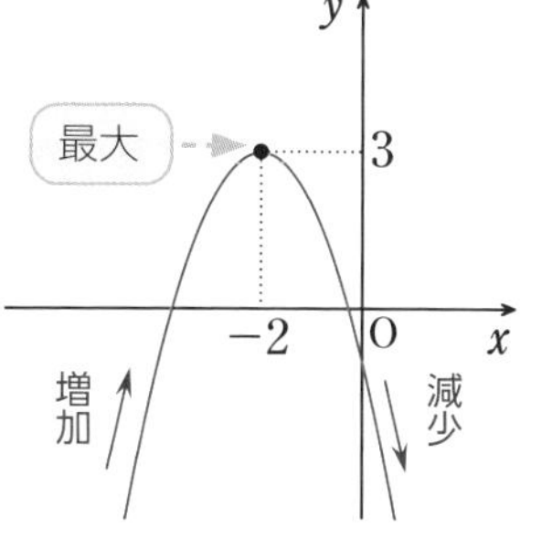

となるから，

頂点は $(-2,\ 3)$，軸は $x=-2$

となって，右のようなグラフになるね！　だから，$x=-2$ で**最大値3**となるよ。でも，y の値はいくらでも小さい値をとるから，最小値はないんだ。

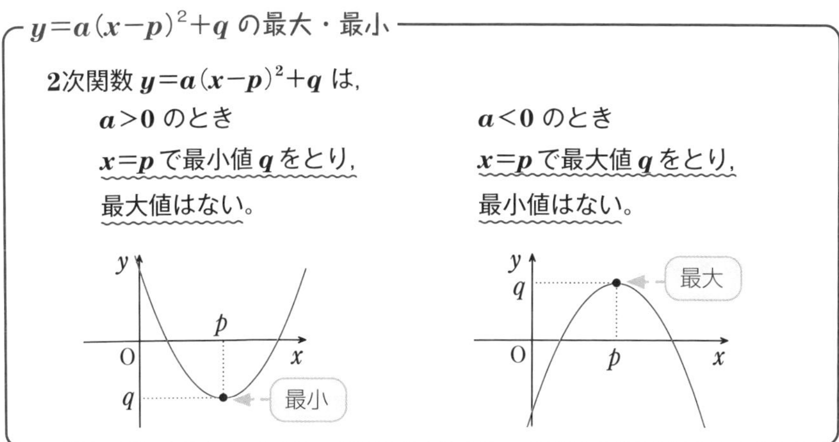

$y=a(x-p)^2+q$ の最大・最小
2次関数 $y=a(x-p)^2+q$ は，
$a>0$ のとき
$x=p$ で最小値 q をとり，
最大値はない。
$a<0$ のとき
$x=p$ で最大値 q をとり，
最小値はない。
y
p
O
x
q
最小
y
q
最大
O
p
x

2 定義域が制限されたときの最大・最小

今度は，x のとりうる値の範囲に制限がある場合の最大・最小をやっていくよ。定義域が制限されている場合は，その範囲内のグラフをかけば求めることができるんだ。

例題 ❶

次の2次関数の指定された範囲における最大値と最小値，およびそのときの x の値を求めよ。

(1) $y=2x^2-4x+3\quad(0\leqq x\leqq 3)$　　(2) $y=x^2-7x+8\quad(-1\leqq x\leqq 2)$

(3) $y=-x^2+4x-1\quad(-2\leqq x\leqq 4)$

解答と解説

(1) $y=2x^2-4x+3$

$=2(x^2-2x)+3$

$=2\{(x-1)^2-1^2\}+3$

$=2(x-1)^2-2+3$

$=2(x-1)^2+1$

よって，$0\leqq x\leqq 3$ のグラフは右図の実線部分になるので，

$\begin{cases} x=3 \text{ のとき最大値} 9 \\ x=1 \text{ のとき最小値} 1 \end{cases}$ 答

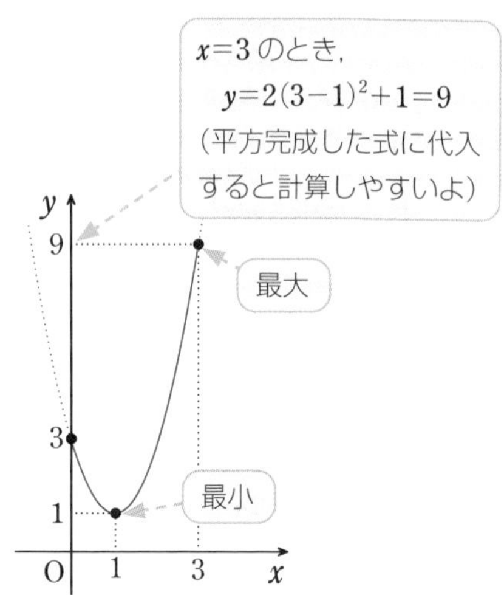

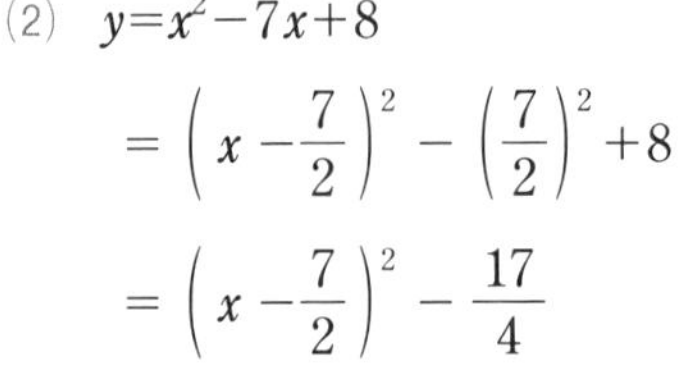

(2) $y=x^2-7x+8$

$=\left(x-\dfrac{7}{2}\right)^2-\left(\dfrac{7}{2}\right)^2+8$

$=\left(x-\dfrac{7}{2}\right)^2-\dfrac{17}{4}$

よって，$-1\leqq x\leqq 2$ のグラフは右図の実線部分になるので，

$\begin{cases} x=-1 \text{ のとき最大値} 16 \\ x=2 \text{ のとき最小値} -2 \end{cases}$ 答

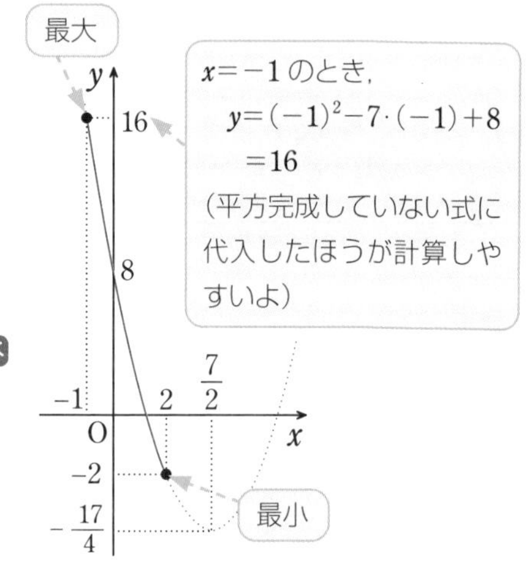

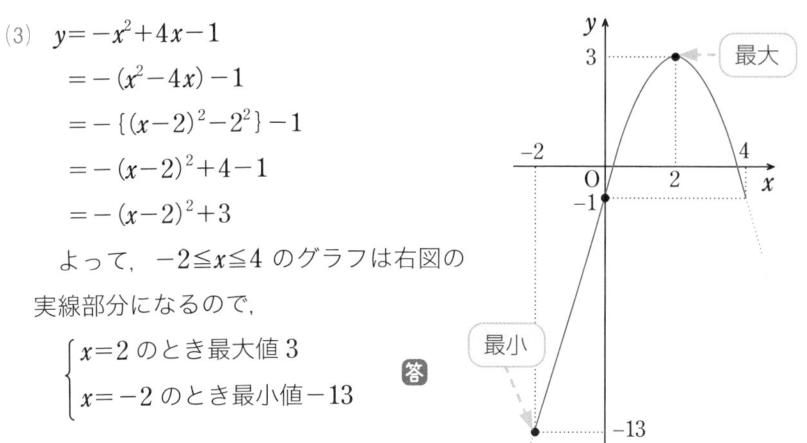

(3) $y=-x^2+4x-1$

$=-(x^2-4x)-1$

$=-\{(x-2)^2-2^2\}-1$

$=-(x-2)^2+4-1$

$=-(x-2)^2+3$

よって，$-2 \leqq x \leqq 4$ のグラフは右図の実線部分になるので，

$$\begin{cases} x=2 \text{ のとき最大値 } 3 \\ x=-2 \text{ のとき最小値 } -13 \end{cases}$$ 答

グラフは，最大・最小を求めるためだけなら，じつは全部をこと細かにかく必要はないんだ！　上に凸か下に凸かと，定義域の端と軸との位置関係に着目してかいてみよう。たとえば，**例題❶**の(1)ならば，

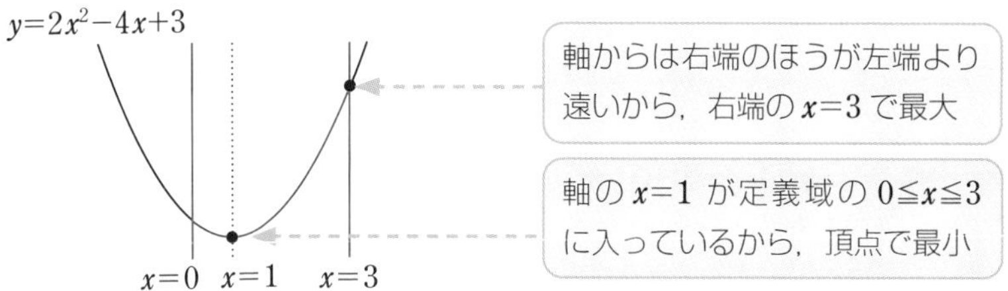

のような感じだよ。

慣れるまではきちんとしたグラフをかいて求めたほうがいいけど，慣れたあとはこのように解いていこう！　みんな，そろそろ慣れたころだと思うから，この本では，場合によってはこのかき方で解説していくよ。

❷でわかったことを整理しておこう。最大や最小となるところは，

❶ 頂点　❷ 定義域の左端　❸ 定義域の右端

のいずれかだね！

x^2 の係数が正，つまりグラフが下に凸の場合についてまとめておくよ。軸は $x=p$，定義域は $a \leqq x \leqq b$ とするよ。

下に凸の2次関数の最小値

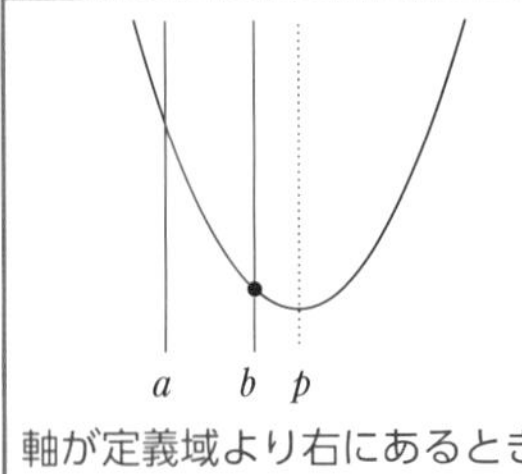 軸が定義域より右にあるとき 右端で最小	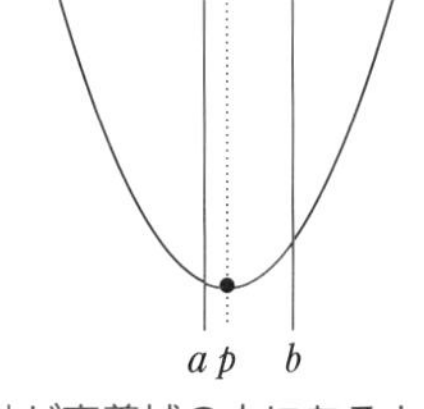 軸が定義域の中にあるとき 頂点で最小	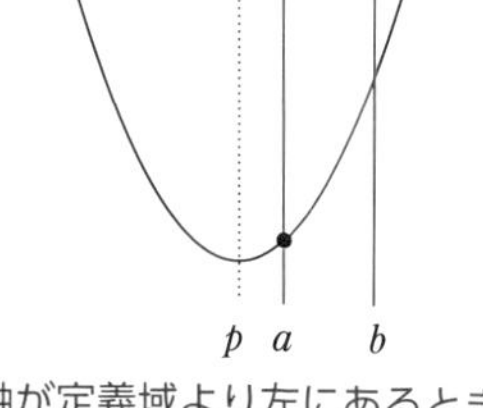 軸が定義域より左にあるとき 左端で最小

下に凸の2次関数の最大値

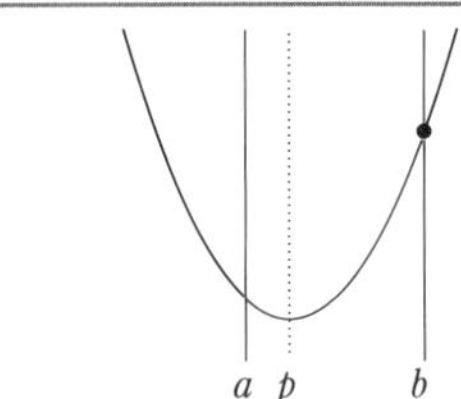 軸からは右端のほうが左端より遠いとき 右端で最大	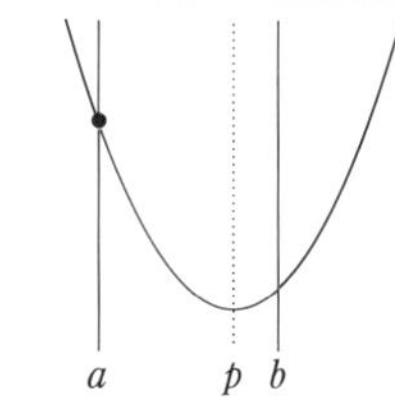 軸からは左端のほうが右端より遠いとき 左端で最大

❸ 最大・最小の応用

さあ，この❸では最大・最小の応用問題を考えていこう。

例題❷

2次関数 $y=2x^2-4x+k$ $(-1 \leqq x \leqq 2)$ の最大値が 10 のとき，定数 k の値を求めよ。

解答と解説

$$y=2x^2-4x+k$$
$$=2(x^2-2x)+k$$
$$=2\{(x-1)^2-1^2\}+k$$
$$=2(x-1)^2-2+k$$

よって，$x=-1$ で最大値をとる。

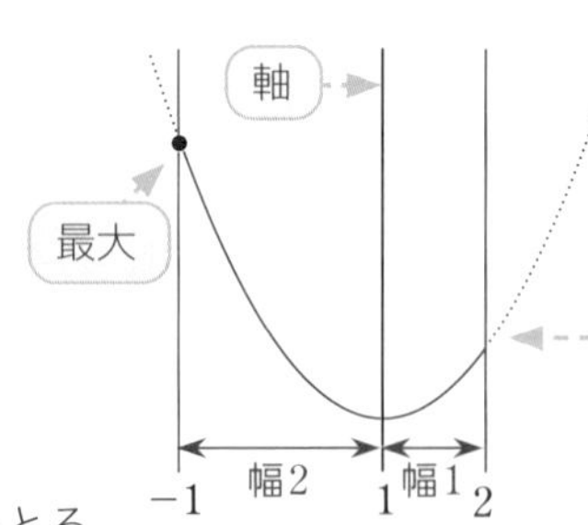

$x=-1$ のとき,

$$y=2\cdot(-1)^2-4\cdot(-1)+k$$
$$=k+6$$

これが 10 と一致するので,

$$k+6=10$$

最大値が 10 と問題文にかいてあるから, $k+6$ が 10 となるときの k の値を求めればいいね！

$$k=4$$ 答

例題 ❸

2次関数 $y=-x^2+ax+b$ $(1\leqq x\leqq 4)$ は, $x=3$ のとき最大となり, 最小値は -2 である。このとき, 定数 a, b の値を求めよ。

解答の前にひと言

x^2 の係数が -1 で, $-1\leqq x\leqq 4$ において $x=3$ で最大となり, さらに最小値が -2 となる2次関数を求めることができれば, a, b の値がわかるね！ つまり, グラフが右のようになる2次関数を求めればいいんだ！

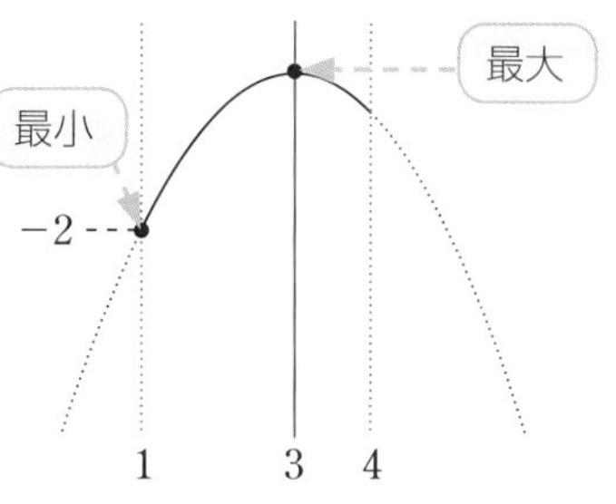

解答と解説

この2次関数の式は x^2 の係数が -1 であるから, グラフは上に凸の放物線である。また, 定義域が $1\leqq x\leqq 4$ で, $x=3$ で最大となるから, 軸は $x=3$ である。

よって, この関数の式は,

$$y=-(x-3)^2+q$$

とおける。

最大値は頂点の y 座標になるけど, 値はわかっていないから, 頂点の y 座標を q とおいたよ！

$x=1$ のとき最小値 -2 をとるので,

$$-2=-(1-3)^2+q$$
$$q=2$$

$x=1$ のとき最小値 -2 ということは, グラフが点 $(1, -2)$ を通るということだよ！

このとき,

$$y=-(x-3)^2+2$$
$$=-x^2+6x-7$$

よって，

$a=6,\ b=-7$ 答

2次関数がわかってきた！

よかった！　さっきグラフが下に凸の2次関数についてまとめたから，今度は上に凸の2次関数についていっしょに整理していこう。
軸は $x=p$，定義域は $a \leqq x \leqq b$ とするよ。

じゃあ，まずは最大値からだね！　上に凸の場合は，軸が定義域の中に入っているか入っていないかに着目することがポイント！

お～，わかってきたね！

軸が定義域より右にあるとき（図1）は，なるべく軸に近い右端で最大。軸が定義域の中にあるとき（図2）は頂点で最大。軸が定義域より左にあるとき（図3）は，なるべく軸に近い左端で最大。これで合ってるかな？

合ってるよ！　すばらしいね！　図1 のような状況になるのは $b<p$ のとき，図2 のような状況になるのは $a \leqq p \leqq b$ のとき，図3 のような状況になるのは $p<a$ のときだね！

なんか文字が出てくると，急に難しく感じるよ～（>_<）

大丈夫！　ここらへんは次の節でくわしくやっていくよ。最小値はどうかな？

上に凸の2次関数の最大値

図1

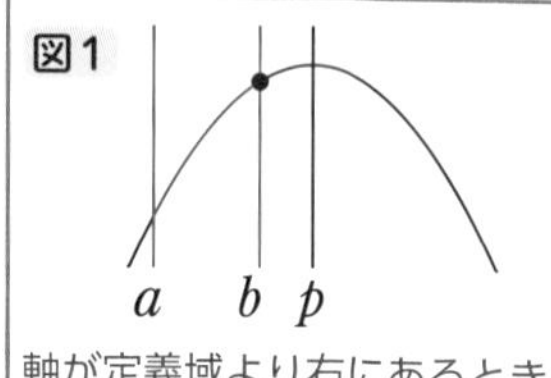

軸が定義域より右にあるとき，右端で最大

図2

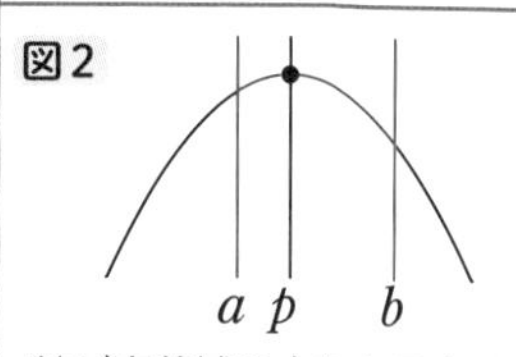

軸が定義域の中にあるとき，頂点で最大

図3

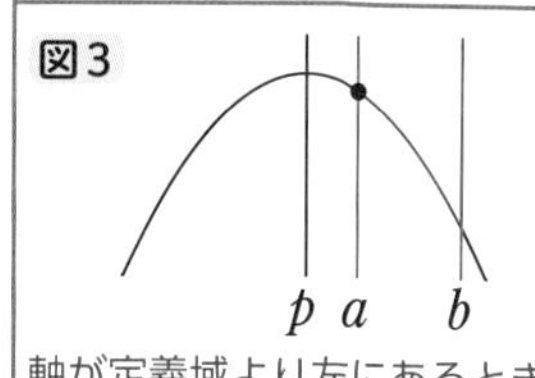

軸が定義域より左にあるとき，左端で最大

左端と右端でどちらが軸から遠いかを考えて，右端のほうが遠い場合（**図4**）は右端で最小，左端のほうが遠い場合（**図5**）は左端で最小！

お～，バッチリじゃないか！　たとえば，**図4**のような状況になるのはどのようなときかな？

右端のほうが左端より遠くなる場合がどういうときかってこと？　う～ん，わかんない。

次の節で，それをくわしくやっていくよ！

上に凸の2次関数の最小値

図4

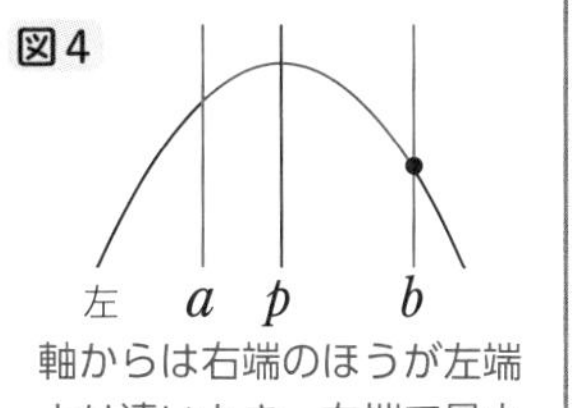

軸からは右端のほうが左端より遠いとき，右端で最小

図5

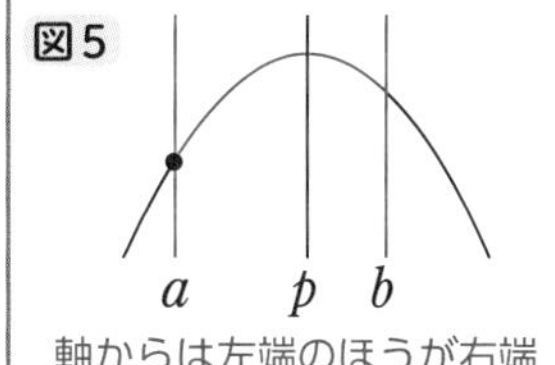

軸からは左端のほうが右端より遠いとき，左端で最小

では最後に，図形との融合問題をやっておこう。

例題④

周の長さが20mである長方形の面積を$S\text{m}^2$とするとき，Sの最大値を求めよ。

解答の前にひと言

長方形の面積は，「(縦)×(横)」で求めることができるね！　だから，面積Sを表すのに，縦か横のどちらかの長さを文字でおく必要があるんだ。

縦の長さをxmとおくと，横の長さは，

$(10-x)$m

と表すことができるね！

周の長さが20だから，
$(縦)\times2+(横)\times2=20$
つまり，
$(縦)+(横)=10$
$(横)=10-(縦)$

これで面積Sもxで表すことができるよね！あとは，考えなくてはならないのは「定義域」だよ！「長さ」は正の数だから，

$x>0$　かつ　$10-x>0$

(縦)$=x$も正の数，
(横)$=10-x$も正の数
だね！

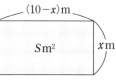

$(10-x)$m
$S\text{m}^2$
xm

が成り立つよ！　これが成り立つ範囲での面積Sの最大値を求めればいいんだ。

解答と解説

長方形の縦の長さをxmとすると，横の長さは$(10-x)$mとなる。

したがって，

$$S=x(10-x)$$
$$=-x^2+10x$$

ここで，辺の長さは正なので，

$$x>0 \quad かつ \quad 10-x>0$$

すなわち，

$$0<x<10$$

$x>0$ かつ $10-x>0$
$x>0$ かつ $x<10$
より，

0　10　x

よって，xが$0<x<10$を動くときのSの最大値を求めればよい。

$$S=-x^2+10x$$
$$=-(x^2-10x)$$
$$=-\{(x-5)^2-5^2\}$$
$$=-(x-5)^2+25$$

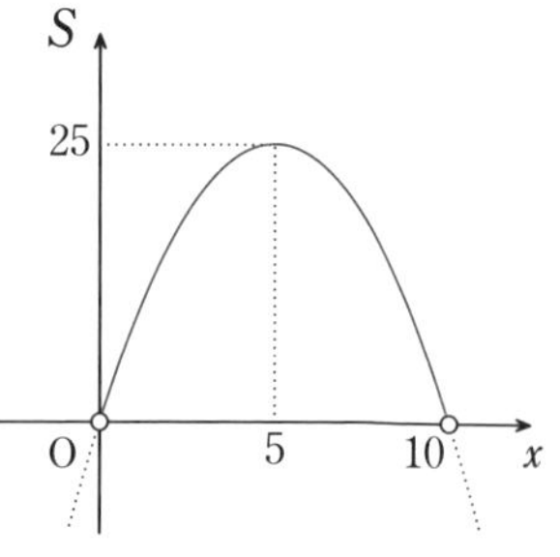

ゆえに，$0<x<10$におけるSのグラフは，右図のようになる。

したがって，Sは$x=5$のとき最大となり，

求める最大値は，25　答

ちょいムズ

ここでは，「2変数関数」の最大・最小を扱っていこう。

たとえば，$z=xy$のように，「xとyの値を決めるとzの値がただ1つに決まる」という関係があるとき，「zはxとyの関数である」というんだ。このとき，zの値を決めるための変数(右辺に登場する変数)がxとyの2つあるので，「**2変数関数**」というんだよ。

$z=xy$のように，xとyの2変数のままでは，グラフはかけないね。そこで，

2変数のあいだに等式の条件式がある場合は，それを使って x か y どちらかの文字を消去してしまうといいんだ！　そのさいに，消去した文字の変域に注意して，残った文字の変域を正確に調べることが大切だよ！

例題 ❺

$x \geqq 0$，$y \geqq 0$，$2x+y=4$ が成り立つとする。xy の最大値，最小値およびそのときの x，y の値を求めよ。

解答と解説

$z=xy$ とおく。$2x+y=4$ より，$y=4-2x$ であるから，

$$z=x(4-2x)=-2x^2+4x$$ ← 一方の文字を消去！

$y \geqq 0$ から，

$$4-2x \geqq 0$$
$$x \leqq 2$$

$x \geqq 0$ と合わせて，

$$0 \leqq x \leqq 2$$ ← 残った文字の変域

このとき，

$$\begin{aligned} z &= -2x^2+4x \\ &= -2(x^2-2x) \\ &= -2\{(x-1)^2-1^2\} \\ &= -2(x-1)^2+2 \end{aligned}$$ ← グラフがかける形に変形！

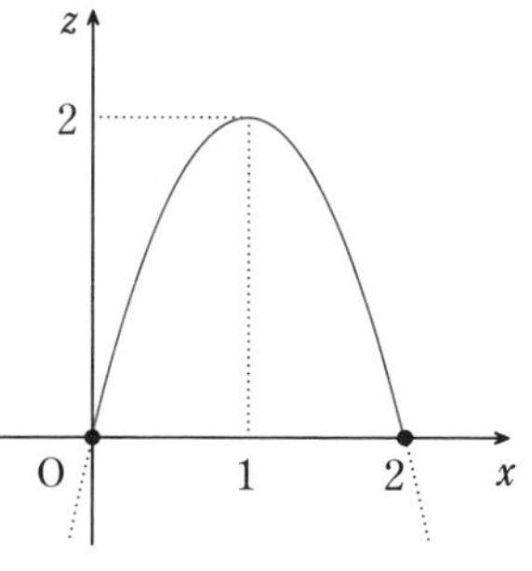

よって，$0 \leqq x \leqq 2$ における z のグラフは右上図のようになり，z は $x=1$ で最大値 2，$x=0$，2 で最小値 0 をとる。また，$y=4-2x$ より，

$x=1$ のとき，$y=4-2 \cdot 1=2$

$x=0$ のとき，$y=4-2 \cdot 0=4$

$x=2$ のとき，$y=4-2 \cdot 2=0$

したがって，

$$\begin{cases} (x,\ y)=(1,\ 2) \text{ で最大値 } 2, \\ (x,\ y)=(0,\ 4),\ (2,\ 0) \text{ で最小値 } 0 \end{cases}$$ 

どうかな？　少し難しかったかもしれないけど，yを消去してしまえば，普通の最大・最小の問題になるよね！

グラフをかくためには，

❶　変数は1つ　　❷　定義域

が大切になってくるよ！　だから，最大値や最小値を求める関数の変数を1つにすることと，その変数の定義域がどのようになるかに注意しよう！

まとめ

(1)　**定義域に制限がない場合の最大・最小**

(2)　**定義域が制限されたときの最大・最小**

➡　定義域がある場合は，定義域内でのグラフをかくことがポイント！

(3)　**最大・最小の応用**

➡　最大や最小となるところは，

❶　頂点　　❷　定義域の左端　　❸　定義域の右端

のいずれかであることに着目して，グラフを用いて考える。

解答と解説►別冊 $p.30$

練習問題

(1)　2次関数 $y=3x^2-6x+1$ の最大値，最小値を調べよ。

(2)　2次関数 $y=-x^2+6x$ $(-1\leqq x\leqq 4)$ の最大値，最小値を求めよ。また，そのときの x の値を求めよ。

(3)　2次関数 $y=x^2-4x+a$ $(1\leqq x\leqq 5)$ の最大値が10，最小値が b のとき，定数 a，b の値を求めよ。

第16節 2次関数の最大・最小(2)

この節の目標

- ☐ Ⓐ 軸に文字を含むときの最大値・最小値を求めることができる。
- ☐ Ⓑ 定義域に文字を含むときの最大値·最小値を求めることができる。
- ☐ Ⓒ 複2次式の最大値・最小値を求めることができる。

イントロダクション ♪♫

a を定数とするとき，次の2次関数の最小値を考えてみよう！

$$f(x)=(x-a)^2+1 \quad (0 \leqq x \leqq 2)$$

(i) $a=-2$ のとき　$f(x)=(x+2)^2+1$

(ii) $a=1$ のとき　$f(x)=(x-1)^2+1$

(iii) $a=4$ のとき　$f(x)=(x-4)^2+1$

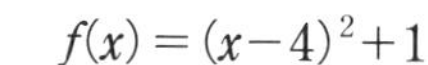

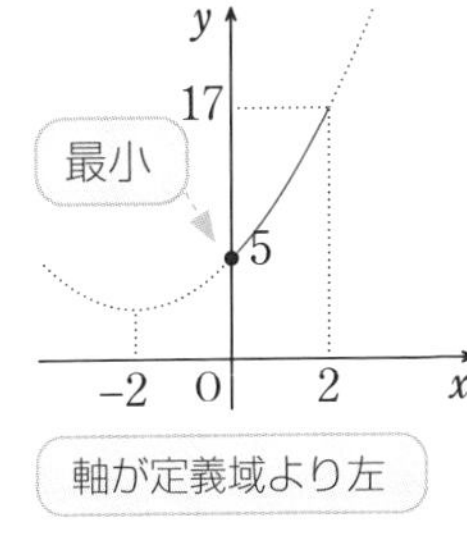

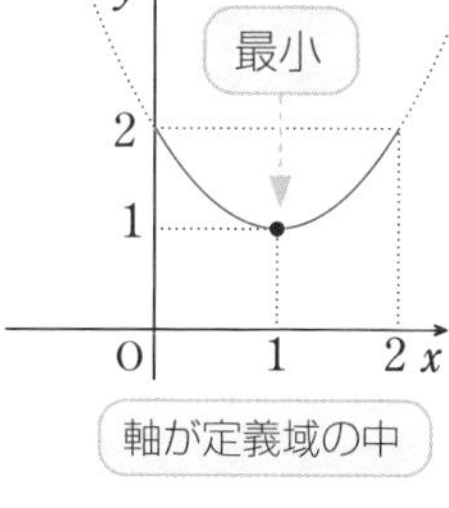

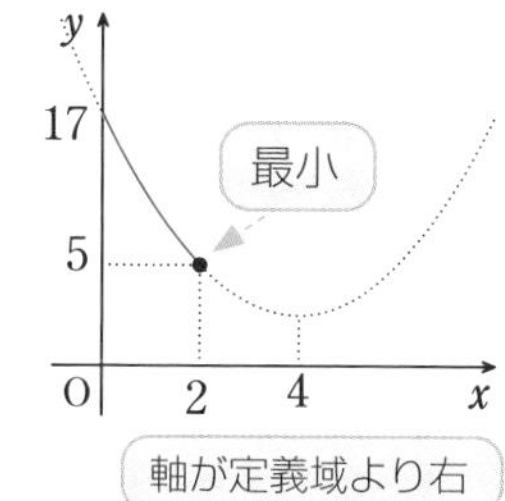

(i) $a=-2$ のとき，定義域の左端で最小だね！

(ii) $a=1$ のとき，頂点で最小だね！

(iii) $a=4$ のとき，定義域の右端で最小だね！

このように，a の値によって最小値をとる場所が変わってくる場合は，「**場合分け**」をして考えるんだ。a は定数だけど未知だから，どんな値なのかによって場合分けをする必要があるんだよ。

定数なのに場合分けっていうのがイメージしにくい人もいるかな？　次の会話を聞いてみよう。

僕の手に a 円のお金が入っているんだけど，手をたたくと 2 倍になるよ！

すごい！　$2a$ 円になるんだね！

言い忘れてたけど，100 円未満の場合は 0 円になってしまうよ。

え～と，じゃあ，a が 100 以上だったら $2a$ 円で，
a が 100 未満だったら 0 円ってこと？

正解！　a っていうのはどのような数かわからないから，
どんな値でもいいようにしておく必要があるんだ。

定数は変化しないけど，どんな値かわからないから場合分けするのか！

ゼロから解説

1　軸に文字を含む場合の最大・最小

まず，下に凸のグラフの最小値について考えよう。**イントロダクション♪♫**で考えた問題を実際に解いてみるよ！

例1　a を定数とするとき，2次関数 $f(x)=(x-a)^2+1$ $(0 \leqq x \leqq 2)$ の最小値を求めよ。

グラフの軸が，

(i)　定義域より左　　(ii)　定義域の中　　(iii)　定義域より右

のどこにあるかで場合分けだよ！

(i)　軸が定義域より左，すなわち $a<0$ のとき，
定義域の左端の $x=0$ で最小だね。
よって，最小値は，

$$f(0)=(0-a)^2+1=a^2+1$$

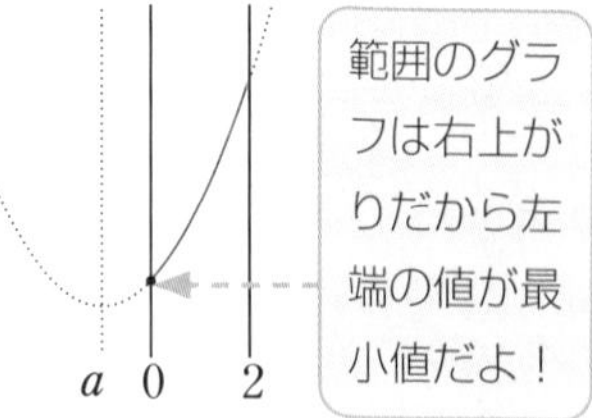

a
0
2
範囲のグラフは右上がりだから左端の値が最小値だよ！

(ii)　軸が定義域の中，すなわち $0 \leqq a \leqq 2$ のとき，

軸，すなわち $x=a$ で最小だね。

よって，最小値は，

$$f(a)=1$$

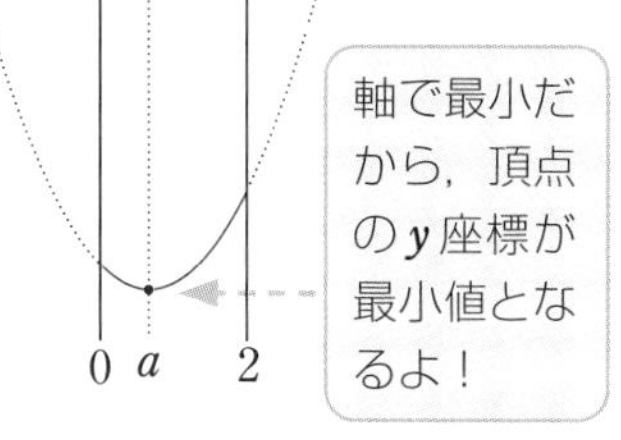

(iii)　軸が定義域より右，すなわち $2<a$ のとき，

定義域の右端の $x=2$ で最小だね。

よって，最小値は，

$$f(2)=(2-a)^2+1=a^2-4a+5$$

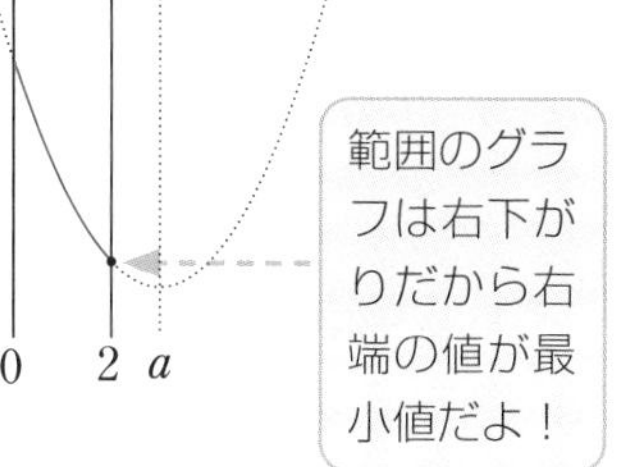

(i)〜(iii)より，最小値は，

$$\begin{cases} \boldsymbol{a^2+1} & (\boldsymbol{a<0} \text{ のとき}) \\ \boldsymbol{1} & (\boldsymbol{0 \leqq a \leqq 2} \text{ のとき}) \\ \boldsymbol{a^2-4a+5} & (\boldsymbol{a>2} \text{ のとき}) \end{cases}$$

わかったかな？　定数 a の値によって最小値をとる場所が変わるから，場合分けをして答えるんだ。つぎに，下に凸のグラフの最大値について考えよう。

例2　a を定数とするとき，2次関数 $f(x)=(x-a)^2+1$ $(0 \leqq x \leqq 4)$ の最大値を求めよ。

定義域 $0 \leqq x \leqq 4$ の中央は，

$$\frac{0+4}{2}=2$$

「0 と 4 の平均値」と考えるといいよ！

だね！　では，具体例から考えていこう。

(ア)　$a=1$ のとき，
$f(x)=(x-1)^2+1$

(イ)　$a=2$ のとき，
$f(x)=(x-2)^2+1$

(ウ)　$a=3$ のとき，
$f(x)=(x-3)^2+1$

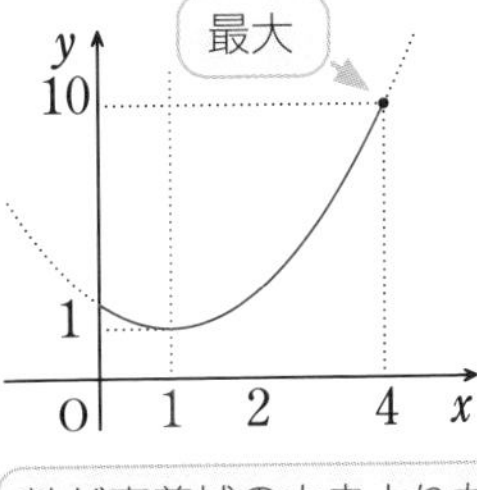

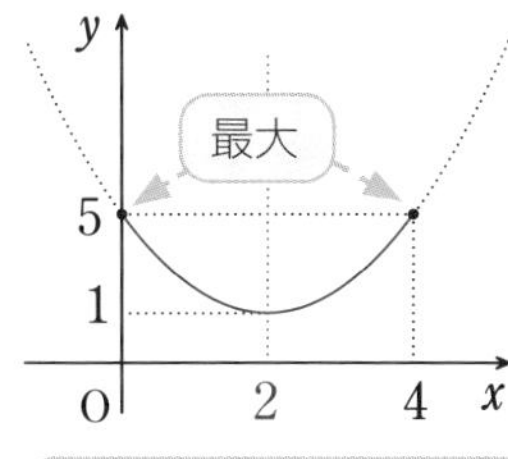

軸が定義域の中央に一致

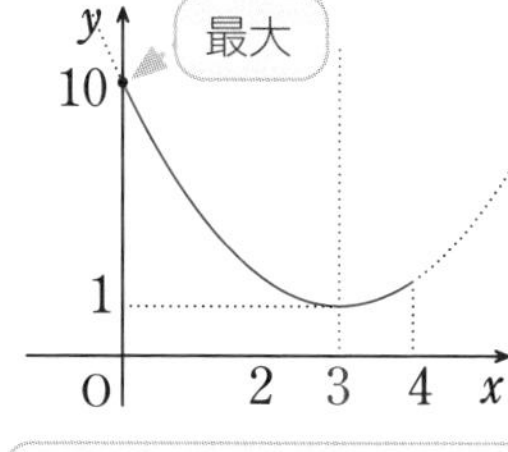

軸が定義域の中央より右

(イ)のように軸が定義域の中央に一致するときは，軸から定義域の左端までの距離と右端までの距離が等しくなるね！　このとき，左端と右端の y 座標が同じになって，左端と右端の両方で最大値をとるんだ。

そして，軸が定義域の中央より左側にある(ア)のようなときは，左端より右端のほうが軸から遠いから，右端で最大となり，軸が定義域の中央より右側にある(ウ)のようなときは，右端より左端のほうが軸から遠いから，左端で最大となるよ。

これらを踏まえて，**例2**の解答を考えていこう。

(i)　軸が定義域の中央より左，

すなわち，$a<2$ のとき，

右端の $x=4$ で最大だね！

よって，最大値は，

$$f(4)=(4-a)^2+1=a^2-8a+17$$

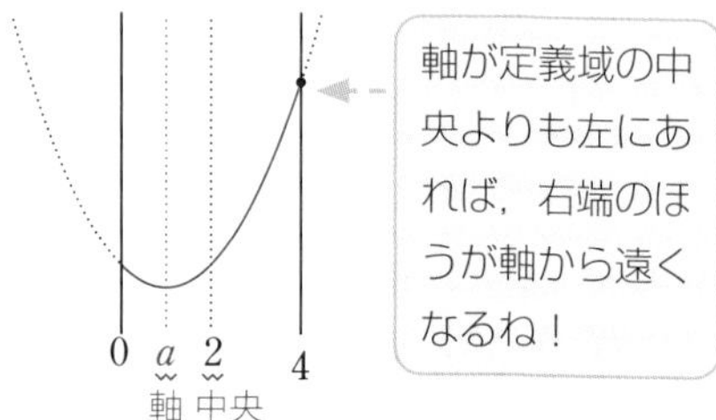

(ii)　軸が定義域の中央より右，

すなわち，$2 \leqq a$ のとき，

左端の $x=0$ で最大だね！

よって，最大値は，

$$f(0)=(0-a)^2+1=a^2+1$$

0　2　a　4

中央　軸

軸が定義域の中央よりも右にあれば，左端のほうが軸から遠くなるね！

(i)，(ii)より，最大値は，

$$\begin{cases} \boldsymbol{a^2-8a+17} & (\boldsymbol{a<2} \text{ のとき}) \\ \boldsymbol{a^2+1} & (\boldsymbol{a \geqq 2} \text{ のとき}) \end{cases}$$

ちなみに $a=2$ のときは，具体例でもやったけど，左端でも右端でも最大だから，どちらかにいれておけばいいよ。だから，

$$\begin{cases} a^2-8a+17 & (a \leqq 2 \text{ のとき}) \\ a^2+1 & (a>2 \text{ のとき}) \end{cases}$$

でも正解だ。

つぎに，上に凸のグラフについてやってみよう。これは，

上に凸の最大値 ➡ 下に凸の最小値と同じ考え方
上に凸の最小値 ➡ 下に凸の最大値と同じ考え方

で求めるよ。それではやっていこう。

例題❶

a を定数とし，関数 $f(x)=-x^2+4ax+3a\ (-2\leqq x\leqq 3)$ について考える。

★(1) 最大値 M を求めよ。

★(2) 最小値 m を求めよ。

解答の前にひと言

まず，平方完成をしてみよう。

$$f(x)=-(x-2a)^2+4a^2+3a\quad(-2\leqq x\leqq 3)$$

軸は $x=2a$ だとわかるね！　文字が入っているから，場合分けする必要があるね！　場合分けは次のように行うよ。

(1) 最大値について

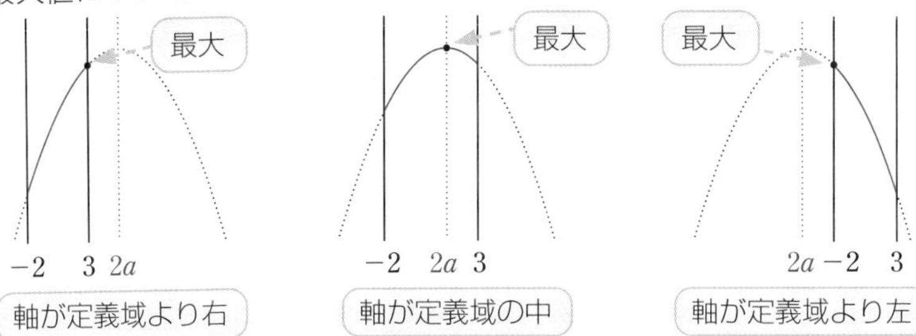

(2) 最小値について

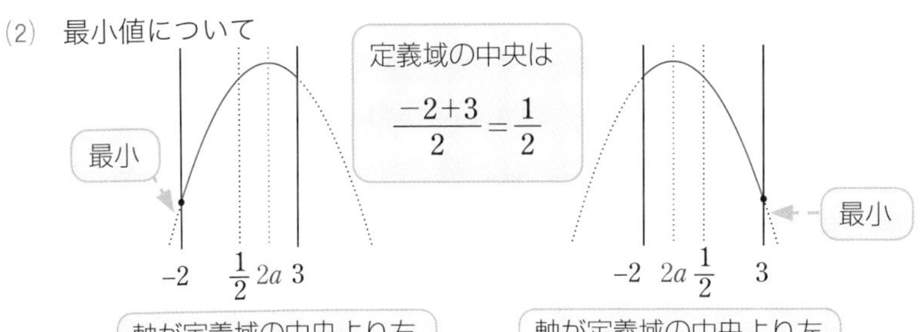

解答と解説

$$f(x)=-x^2+4ax+3a \quad \cdots\cdots①$$
$$=-(x^2-4ax)+3a$$
$$=-\{(x-2a)^2-(2a)^2\}+3a$$
$$=-(x-2a)^2+4a^2+3a \quad \cdots\cdots② \quad (-2\leqq x\leqq 3)$$

(1) 最大値 M について,

(i) $3<2a$ すなわち $a>\dfrac{3}{2}$ のとき,

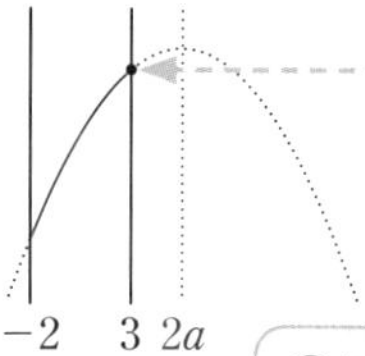

$$M=f(3)$$
$$=-3^2+4a\cdot 3+3a$$
$$=15a-9$$

軸が定義域より右にあるときは，右端で最大だね！

①に $x=3$ を代入！

(ii) $-2\leqq 2a\leqq 3$ すなわち $-1\leqq a\leqq\dfrac{3}{2}$ のとき,

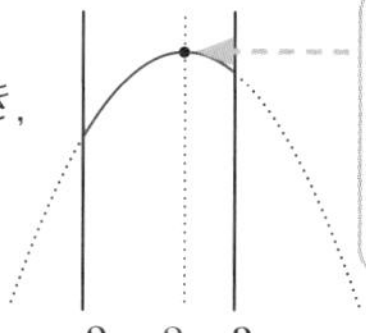

$$M=f(2a)=4a^2+3a$$

②に $x=2a$ を代入！

軸が定義域の中にあるときは，頂点で最大だね！

(iii) $2a<-2$ すなわち $a<-1$ のとき,

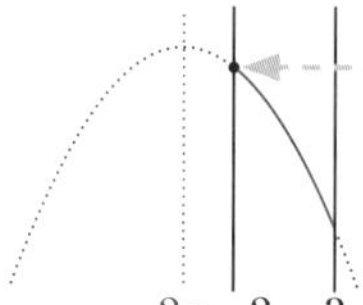

$$M=f(-2)$$
$$=-(-2)^2+4a\cdot(-2)+3a$$
$$=-5a-4$$

軸が定義域より左にあるときは，左端で最大だね！

①に $x=-2$ を代入！

以上より，最大値 M は,

$$M=\begin{cases}-5a-4 & (a<-1)\\ 4a^2+3a & \left(-1\leqq a\leqq\dfrac{3}{2}\right)\\ 15a-9 & \left(a>\dfrac{3}{2}\right)\end{cases}$$ 答

「=」(等号)はどこかについていれば大丈夫だよ！　たとえば，

$a\leqq -1$，$-1<a\leqq\dfrac{3}{2}$，$a>\dfrac{3}{2}$

でもOK♪

(2) 最小値 m について，

(ア) $\frac{1}{2}<2a$ すなわち $a>\frac{1}{4}$ のとき，

$$m=f(-2)=-5a-4$$

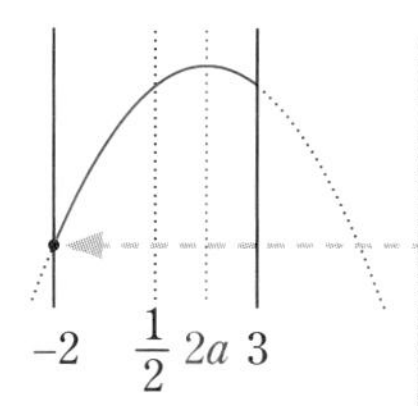

軸が定義域の中央よりも右にあるときは，軸から遠いのは左端だから，左端で最小だよ！

(イ) $2a\leqq\frac{1}{2}$ すなわち $a\leqq\frac{1}{4}$ のとき，

$$m=f(3)=15a-9$$

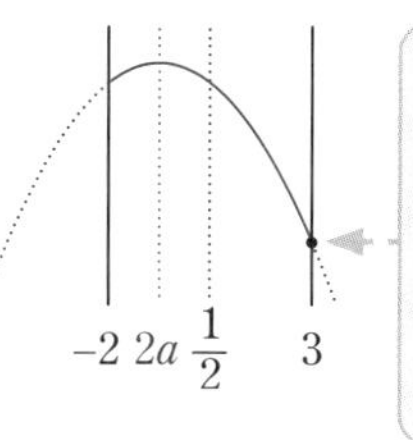

軸が定義域の中央よりも左にあるときは，軸から遠いのは右端だから，右端で最小だよ！

以上より，最小値 m は，

$$m=\begin{cases}15a-9 & \left(a\leqq\frac{1}{4}\right)\\ -5a-4 & \left(a>\frac{1}{4}\right)\end{cases}$$ 答

「＝」(等号)はどちらかについていれば大丈夫だよ！
$a<\frac{1}{4}$，$a\geqq\frac{1}{4}$ でもOK♪

❷ 定義域に文字を含む場合の最大・最小

今回は，定義域に文字を含む場合の最大・最小について考えていこう。結局は，軸と定義域の関係に着目することになるから，じつは❶と同じように考えてできるんだよ！

例題❷

a を正の定数とする。2次関数 $f(x)=x^2-2x+3\ (0\leqq x\leqq a)$ について，次の問いに答えよ。

(1) 最小値 m を求めよ。

(2) 最大値 M を求めよ。

解答と解説

$$f(x)=(x-1)^2+2 \qquad (0\leqq x\leqq a)$$

(1) 最小値 m について,

(i) $0<a<1$ のとき,

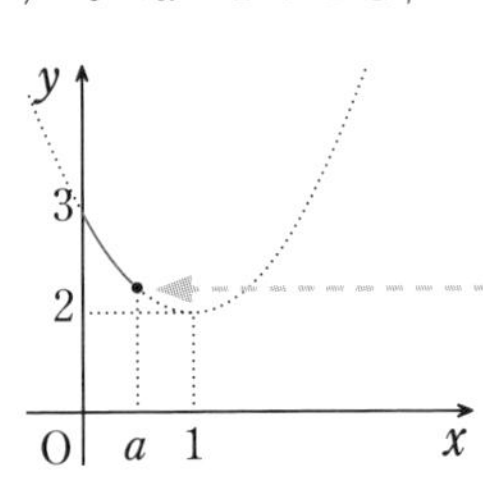

軸が定義域より右にあるときは右端で最小だね！（今回は軸が定義域より左にあることはないよ）

$$m=f(a)=a^2-2a+3$$

(ii) $1\leqq a$ のとき,

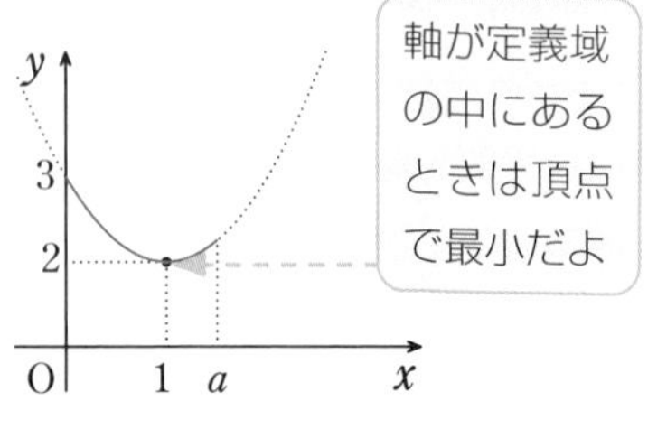

$$m=f(1)=2$$

以上より，最小値 m は,

$$m=\begin{cases} a^2-2a+3 & (0<a<1) \\ 2 & (a\geqq 1) \end{cases}$$ 答

(2) 最大値 M について,

(ア) $0<a\leqq 2$ のとき,　　(イ) $2<a$ のとき,

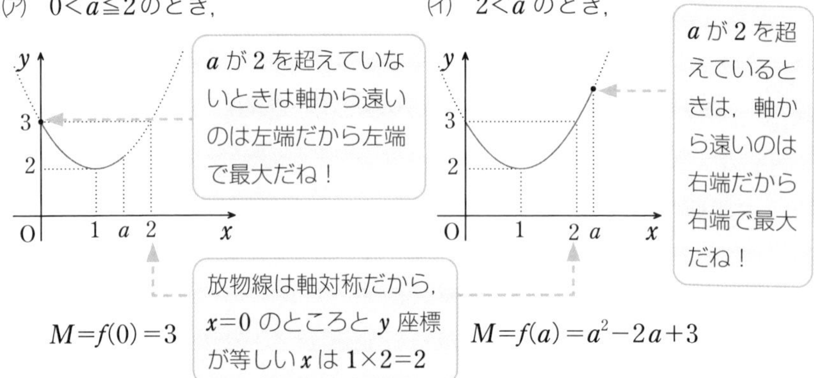

y
3
2
O
1
a
2
x
a が 2 を超えていないときは軸から遠いのは左端だから左端で最大だね！
y
3
2
O
1
2
a
x
a が 2 を超えているときは，軸から遠いのは右端だから右端で最大だね！
放物線は軸対称だから，x=0 のところと y 座標が等しい x は 1×2=2

$$M=f(0)=3$$

$$M=f(a)=a^2-2a+3$$

以上より，最大値 M は,

$$M=\begin{cases} 3 & (0<a\leqq 2) \\ a^2-2a+3 & (a>2) \end{cases}$$ 答

例題 ❸

a を正の定数とする。2次関数 $f(x)=-2x^2+4x$ $(0\leqq x\leqq a)$ について，次の問いに答えよ。

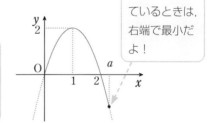

(1) 最小値 m を求めよ。

(2) 最大値 M を求めよ。

解答と解説

$$f(x)=-2(x-1)^2+2 \qquad (0\leqq x\leqq a)$$

(1) 最小値 m について，

(i) $0<a\leqq 2$ のとき，

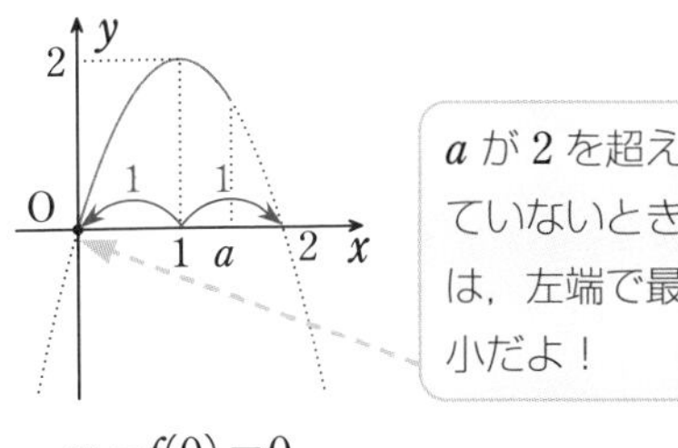

a が2を超えていないときは，左端で最小だよ！

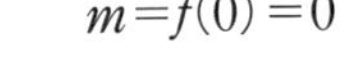

$m=f(0)=0$

(ii) $2<a$ のとき，

a が2を超えているときは，右端で最小だよ！

$m=f(a)=-2a^2+4a$

以上より，最小値 m は，

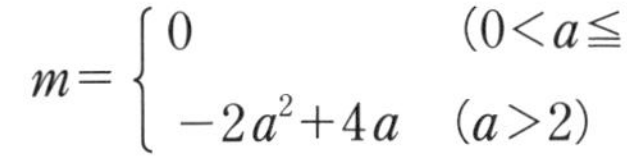

$$m=\begin{cases}0 & (0<a\leqq 2)\\ -2a^2+4a & (a>2)\end{cases}$$

答

(2) 最大値 M について，

(ア) $0<a<1$ のとき，

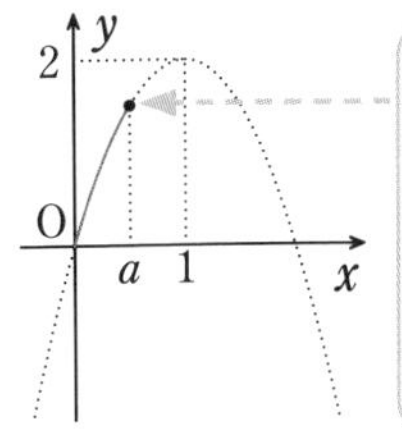

軸が定義域より右にあるときは右端で最大だね！（今回は軸が定義域より左にあることはないよ）

$M=f(a)=-2a^2+4a$

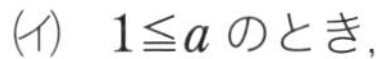

(イ) $1\leqq a$ のとき，

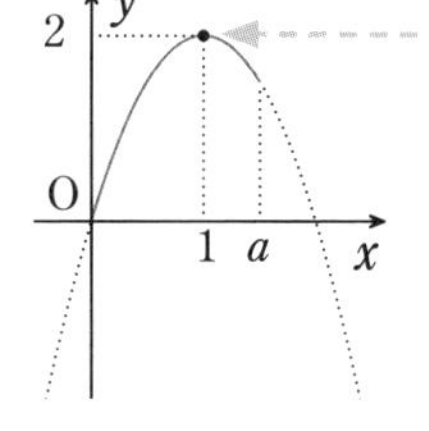

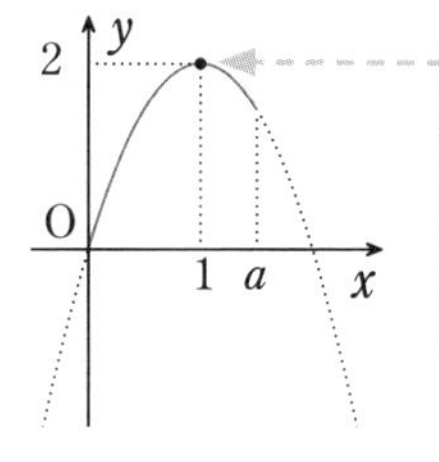

軸が定義域の中にあるときは軸で最大だよ！

$M=f(1)=2$

以上より，最大値 M は，

$$M=\begin{cases}-2a^2+4a & (0<a<1)\\ 2 & (a\geqq 1)\end{cases}$$ 答

例題 ❹

a を定数とする。2次関数 $f(x)=x^2-2x+3\ (a\leqq x\leqq a+2)$ について，次の問いに答えよ。

★(1) 最小値 m を求めよ。

★(2) 最大値 M を求めよ。

解答と解説

$$f(x)=x^2-2x+3 \quad \cdots\cdots①$$
$$=(x-1)^2+2 \quad \cdots\cdots② \quad (a\leqq x\leqq a+2)$$

(1) 最小値 m について，

(i) 軸が定義域より右

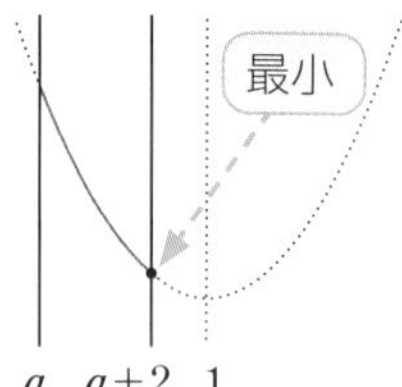

(i) $a+2<1$ すなわち $a<-1$ のとき，

$m=f(a+2)$

$=(a+2-1)^2+2$ ← ②に $x=a+2$ を代入

$=a^2+2a+3$

(ii) 軸が定義域の中

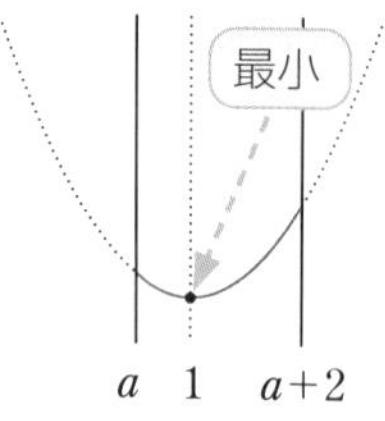

(ii) $a\leqq 1\leqq a+2$

すなわち $-1\leqq a\leqq 1$ のとき， ← $a\leqq 1$ かつ $1\leqq a+2$ となり，共通部分は $-1\leqq a\leqq 1$

$m=f(1)=2$ ← ②に $x=1$ を代入

(iii) $1<a$ のとき，

$m=f(a)$

$=a^2-2a+3$ ← ①に $x=a$ を代入

(iii) 軸が定義域より左

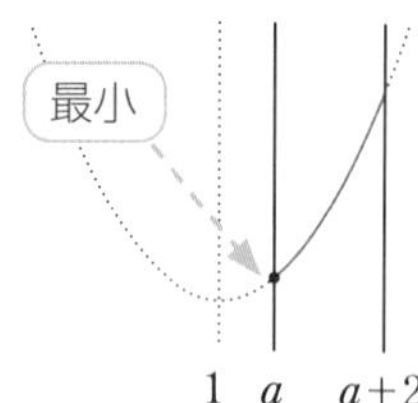

以上より，最小値 m は，

$$m=\begin{cases}a^2+2a+3 & (a<-1)\\ 2 & (-1\leqq a\leqq 1)\\ a^2-2a+3 & (a>1)\end{cases}$$ 答

(2) 最大値 M について，

(ア) $a+1 \leqq 1$ すなわち $a \leqq 0$ のとき，

$M=f(a)$

$=a^2-2a+3$ ← ①に $x=a$ を代入

(i) 軸が定義域の中央より右

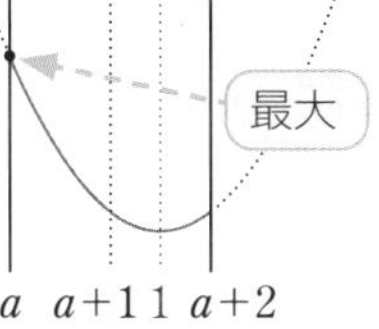

(イ) $1<a+1$ すなわち $0<a$ のとき，

$M=f(a+2)$

$=a^2+2a+3$ ← ②に $x=a+2$ を代入

(ii) 軸が定義域の中央より左

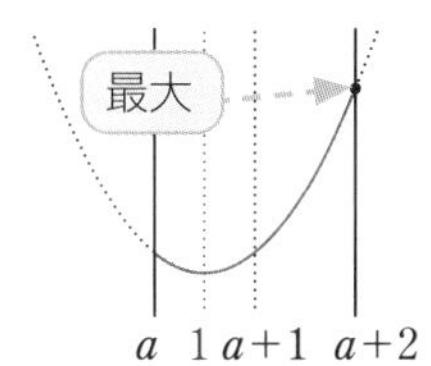

以上より，最大値 M は，

$$M=\begin{cases} a^2-2a+3 & (a \leqq 0) \\ a^2+2a+3 & (a>0) \end{cases}$$ 答

この問題は下に凸のグラフだったけど，上に凸バージョンは**練習問題**でやるよ！

3 複2次式の最大・最小

例 関数 $f(x)=x^4+2x^2+5$ の最小値を求めよ。

見たことがない問題が出たときは何か工夫をして，自分の知っている問題にできないかを考えるんだ。まずやってみてほしい工夫は，

おきかえができないか考える

ということだよ！

$x^4=x^2 \times x^2=(x^2)^2$ だから，

$f(x)=(x^2)^2+2x^2+5$

と変形できるね。$x^2=t$ とおくと，

$f(x)=t^2+2t+5$

となるよ！　平方完成すると，

$f(x)=(t+1)^2+4$

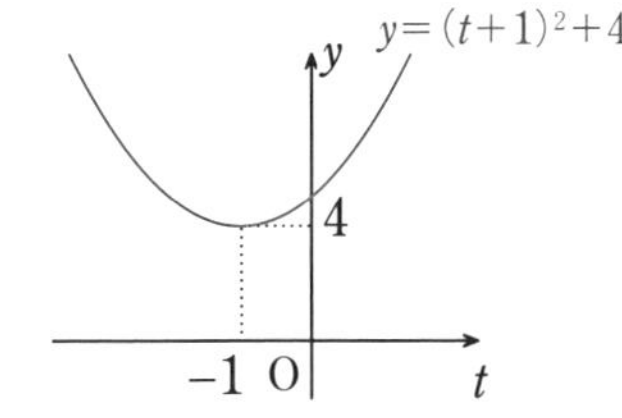

だから，グラフより，「最小値は4」

……と答えたくなる気持ちわかるよ！

本当におしい！　でも，おきかえをしたさいには，

おきかえた文字の変域に注意

することが大事だよ！

$t=x^2$

のグラフをかくと，右のようになるね！

t / $t=x^2$ / O / x

だから，t のとりうる値の範囲は，

$t \geqq 0$

グラフより，t の最小値は0

となるよ。よって，$y=(t+1)^2+4$ のグラフを，$t \geqq 0$ の範囲でかけば，$f(x)$ の最小値を求めることができるんだ。

よって，

最小値は 5

$t \geqq 0$ の範囲で y 座標が最小になるのは，$t=0$ のときで，5だね！

y / $y=(t+1)^2+4$ / 5 / 4 / 最小 / -1 / O / t

だよ。また，このとき，$t=0$ だから

$x^2=0$ より，$x=0$

したがって，

$x=0$ のとき，最小値 **5**

となるんだ。わかったかな？

今回の $f(x)$ のように，$ax^4+bx^2+c\ (a \neq 0)$ という形をした式を「**複2次式**」というんだ（第**4**節にも出てきたね！）。複2次式では，$x^2=t$ とおきかえて，t の2次関数として考えるといいよ！

ちょいムズ

最後に，少し難しい問題をやっておこう。

例　関数 $f(x)=(x^2-2x+5)^2-4(x^2-2x+5)+5$ の最小値と，そのときの x の値を求めよ。

この問題も，工夫することによって知っている問題に変えていこう！　その工夫とは，おきかえだったね！

x^2-2x+5 というかたまりがあるから，$x^2-2x+5=t$ とおくと，

$$f(x)=t^2-4t+5$$
$$=(t-2)^2+1$$

となるね！　しかし，忘れてはいけないことがあったね！　何だったかな？

それは，おきかえた文字の変域を考えることだよ！

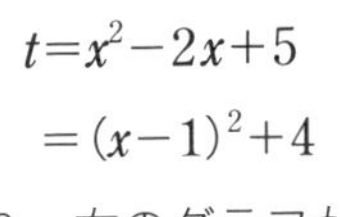

$$t=x^2-2x+5$$
$$=(x-1)^2+4$$

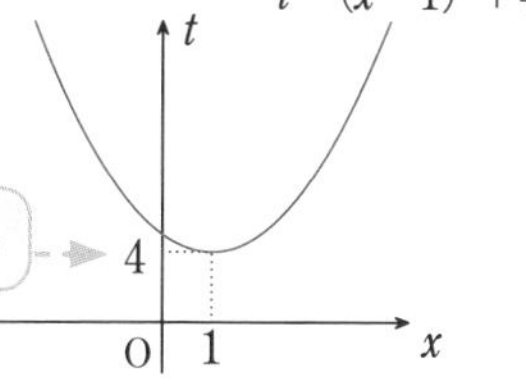

となり，右のグラフから，　グラフより，tの最小値は4

$$t \geqq 4$$

とわかるね。

だから，$y=(t-2)^2+1$ のグラフを，$t \geqq 4$ の範囲でかけば右図のようになるから，$t=4$ のときに最小で，最小値は，

$f(x)=t^2-4t+5$ に $t=4$ を代入

$$4^2-4\cdot4+5=5$$

$y=(t-2)^2+1$

最小

だよ。このとき，$t=(x-1)^2+4$ のグラフから，

$t=4$ のとき，$x=1$

したがって，

$x=1$ のとき，$f(x)$の最小値5

となるよ。

今回の節は内容たっぷりだったね。よく頑張りました！

まとめ

(1) 軸や定義域に文字を含む場合の最大・最小

❶ 下に凸のグラフの最小値

➡ 「軸が定義域より右」「軸が定義域の中」「軸が定義域より左」で場合分け！

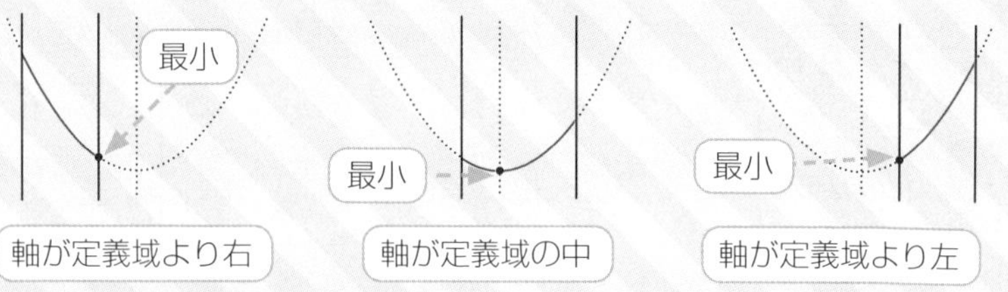

❷ 下に凸のグラフの最大値

➡ 「軸が定義域の中央より右」「軸が定義域の中央より左」で場合分け！

❸ 上に凸のグラフの最小値

➡ 「軸が定義域の中央より右」「軸が定義域の中央より左」で場合分け！

❹ 上に凸のグラフの最大値

➡ 「軸が定義域より右」「軸が定義域の中」「軸が定義域より左」で場合分け！

(2) 複2次式の最大・最小

➡ x^2 などのかたまりを1つの文字でおきかえて，求める。
そのさい，おきかえた文字の変域に注意する！

解答と解説▶別冊 $p.32$

練習問題

(1) a を定数とする。2次関数 $f(x)=x^2-2(a+1)x$ $(-1\leqq x\leqq 2)$ について，次の問いに答えよ。

★① 最小値 m を求めよ。　　★② 最大値 M を求めよ。

(2) a を定数とする。2次関数 $f(x)=-x^2-2x+4$ $(a+1\leqq x\leqq a+3)$ について，次の問いに答えよ。

★① 最大値 M を求めよ。　　★② 最小値 m を求めよ。

(3) 4次関数 $f(x)=x^4+x^2+1$ の最大値・最小値を調べよ。

第17節 2次関数の決定

この節の目標

- ☐ Ⓐ 頂点や軸に関する条件が与えられたときの2次関数を求めることができる。
- ☐ Ⓑ グラフ上の3点が与えられたときの2次関数を求めることができる。
- ☐ Ⓒ x軸上の2点とほかの1点が与えられたときの2次関数を求めることができる。

イントロダクション ♪♫

2次関数には3つの顔があるんだ！

2次関数の3つの顔

❶ 標準形：$y=a(x-p)^2+q$

展開 ↓　↑ 平方完成

❷ 一般形：$y=ax^2+bx+c$

因数分解 ↓　↑ 展開

❸ 因数分解形：$y=a(x-\alpha)(x-\beta)$

❶からは，頂点が（p, q）だということがわかるね。だから，頂点に関する条件が与えられたときは，❶のようにおいて，2次関数を求めるんだ。

❷は通る3点が与えられたときに使うよ。通る点というのは，その座標を式に代入したときに等号が成り立つ点だね。3点の座標を代入して連立方程式を解くことになるんだけど，そのさい，❶や❸に代入して連立しようとするとたいへんだね。だから，代入した形が簡単になる❷の形を利用するよ。

❸は$x=\alpha$, βのときに$y=0$になることがわかるね。だから，通る点として，$(\alpha,\ 0)$，$(\beta,\ 0)$のようにx軸上の2点が与えられたときに使うよ。

それでは，2次関数の正体をあばきにでかけよう！

ゼロから解説

1 頂点や軸に関する条件が与えられたとき

例1 グラフが点$(-4,\ 3)$を頂点とし，点$(-5,\ 6)$を通る2次関数を求めよ。

問題からは，頂点がわかっているね！　だからこの2次関数は「**標準形**」で，

$y=a\{x-(-4)\}^2+3$ ……①

とおくことができるんだ。

> $y=a(x-p)^2+q$ の頂点は$(p,\ q)$で，今回は$p=-4,\ q=3$

あとはaの値がわかれば終了だね！　この関数のグラフが$(-5,\ 6)$を通るということは，①に$(x,\ y)=(-5,\ 6)$を代入して「=」が成り立つから，

$6=a(-5+4)^2+3$

> $(-5+4)^2=(-1)^2=1$

$3=a$

これでaの値がわかったね。このaの値を①に代入して終了だよ。$a=3$を①に代入して，

$\boldsymbol{y=3(x+4)^2+3}$　　$(\boldsymbol{y=3x^2+24x+51})$

これが求める2次関数だよ！

2次関数の決定 1

グラフの頂点や軸に関する条件が与えられたときは，

標準形：$\boldsymbol{y=a(x-p)^2+q}$

を利用する。

軸がわかっているときはpの値がわかるということだから，その場合も標準形を利用しよう。

例2 グラフの軸が直線$x=3$で，2点$(-1,\ 7)$，$(1,\ -5)$を通る2次関数を求めよ。

軸がわかっているから，この2次関数は，

$y=a(x-3)^2+q$ ……①

とおくことができるね。

> $y=a(x-p)^2+q$ の軸は$x=p$で，今回は$p=3$

この関数のグラフが2点$(-1,\ 7)$，$(1,\ -5)$を通るということは，①に$(x,\ y)=(-1,\ 7)$，$(1,\ -5)$を代入して「＝」が成り立つということだから，

$$\begin{cases} 7=a(-1-3)^2+q & \longleftarrow \text{①に}(x,\ y)=(-1,\ 7)\text{を代入} \\ -5=a(1-3)^2+q & \longleftarrow \text{①に}(x,\ y)=(1,\ -5)\text{を代入} \end{cases}$$

よって，

$$\begin{cases} 16a+q=7 \\ 4a+q=-5 \end{cases}$$

これを解くと，

$$a=1,\ q=-9$$

$$\begin{array}{r} 16a+q=7 \\ -)\ \ 4a+q=-5 \\ \hline 12a=12 \\ a=1 \end{array}$$

$4a+q=-5$に$a=1$を代入して，

$$4\times1+q=-5$$
$$q=-9$$

これを①に代入して，

$$\boldsymbol{y=(x-3)^2-9} \qquad \boldsymbol{(y=x^2-6x)}$$

これが求める2次関数だよ！

❷ グラフ上の3点が与えられたとき

例 グラフが3点$(1,\ 2)$，$(2,\ -1)$，$(4,\ -19)$を通る2次関数を求めよ。

求める2次関数を，これまでどおり標準形で，次のようにおいてやろうとすると，どうなるかな？

$$y=a(x-p)^2+q \ \cdots\cdots(*)$$

通る点は代入して「＝」が成り立つ点だから，それぞれの座標を代入して，

$$\begin{cases} 2=a(1-p)^2+q & \longleftarrow (*)\text{に}(x,\ y)=(1,\ 2)\text{を代入} \\ -1=a(2-p)^2+q & \longleftarrow (*)\text{に}(x,\ y)=(2,\ -1)\text{を代入} \\ -19=a(4-p)^2+q & \longleftarrow (*)\text{に}(x,\ y)=(4,\ -19)\text{を代入} \end{cases}$$

が成り立つね。でも，この連立方程式を解くのは，ap^2やapがあってやっかいだね！　だから，ここは「**一般形**」を利用したほうがいいんだ！

2次関数の決定 ❷

グラフが通る**3**点が与えられたときは，

一般形：$\boldsymbol{y=ax^2+bx+c}$

を利用する。

一般形でおけば，通る点を代入してもさっきの連立方程式よりは解きやすい形になるよ。それでは，やっていこう。

求める2次関数を，

$y=ax^2+bx+c$ ……①

とおくと，(1, 2)，(2, −1)，(4, −19)を通るから，

$$\begin{cases} 2=a\cdot1^2+b\cdot1+c & \leftarrow ①に(x,\ y)=(1,\ 2)を代入 \\ -1=a\cdot2^2+b\cdot2+c & \leftarrow ①に(x,\ y)=(2,\ -1)を代入 \\ -19=a\cdot4^2+b\cdot4+c & \leftarrow ①に(x,\ y)=(4,\ -19)を代入 \end{cases}$$

これらを整理すると，

$$\begin{cases} a+b+c=2 & \cdots\cdots② \\ 4a+2b+c=-1 & \cdots\cdots③ \\ 16a+4b+c=-19 & \cdots\cdots④ \end{cases}$$

このような，3文字についての1次方程式を連立したものを，「**連立3元1次方程式**」というよ！

③−②より，

$$\begin{array}{rr} & 4a+2b+c=-1 \\ -) & a+b+c=2 \\ \hline & 3a+b=-3 \end{array}$$
……⑤

④−③より，

$$\begin{array}{rr} & 16a+4b+c=-19 \\ -) & 4a+2b+c=-1 \\ \hline & 12a+2b=-18 \end{array}$$

$6a+b=-9$ ……⑥

連立3元1次方程式は，1文字を消去して2文字の連立方程式にするよ！　そうすれば解けるね！　ここでは，cの係数がどれも1だから，ひけばcが消去できるね。だから，③−②と④−③をするよ！（②−④とかでもOKだよ♪）

⑥−⑤より，

$$\begin{array}{rr} & 6a+b=-9 \\ -) & 3a+b=-3 \\ \hline & 3a=-6 \end{array}$$

$a=-2$

⑤，⑥は2文字の連立方程式だから，1文字消去することで文字の値が求められるね！

$a=-2$ を⑤に代入して，

$3\cdot(-2)+b=-3$

$b=3$

aの値がわかったら，⑤か⑥に代入してbの値も求めよう！

$a=-2$, $b=3$ を②に代入して,

$$-2+3+c=2$$
$$c=1$$

a と b の値がわかったら,②か③か④に代入して c の値も求めよう！

$a=-2$, $b=3$, $c=1$ を①に代入すると,求める2次関数は,

$$\boldsymbol{y=-2x^2+3x+1}$$

となるよ。

$y=ax^2+bx+c$ に $a=-2$, $b=3$, $c=1$ を代入すれば完了だね！

❸ x 軸上の2点とほかの1点が与えられたとき

2次関数 $y=3(x-1)(x-4)$ のグラフと,x 軸との交点の座標は何かな？

x 軸は $y=0$ だから,$y=3(x-1)(x-4)$ に $y=0$ を代入して,

$$3(x-1)(x-4)=0$$
$$x=1,\ 4$$

$AB=0$ ならば $A=0$ または $B=0$ なので,$3(x-1)(x-4)=0$ ならば,$x-1=0$ または $x-4=0$

よって交点の座標は,(1, 0),(4, 0)だね！

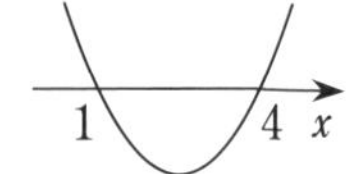

逆に考えると,グラフが2点(1, 0),(4, 0)を通る2次関数は,

$$y=a(x-1)(x-4)$$

と表せるということだよ。一般化しておくと,

放物線の開き具合い,すなわち x^2 の係数はわからないから,a とおいておこう！

2次関数の決定 ❸

グラフが x 軸上の異なる2点 $(\alpha,\ 0)$, $(\beta,\ 0)$ を通る2次関数は,

因数分解形：$y=a(x-\alpha)(x-\beta)$

と表せる。

例 グラフが3点(2, 0),(3, 0),(4, 6)を通る2次関数を求めよ。

今回も通る3点が与えられているから,❷と同じように,$y=ax^2+bx+c$ とおいて求めることもできるけど,(2, 0),(3, 0)は x 軸上の2点だね！　だから,

$y=a(x-2)(x-3)$ ……①

とおいたほうが計算が楽になるよ。

これが点(4, 6)を通るんだから，$(x,\ y)=(4,\ 6)$を①に代入して「＝」が成り立つね。

$6=a(4-2)(4-3)$

$3=a$

よって，求める2次関数は，

$\boldsymbol{y=3(x-2)(x-3)}$

になるよ！

だから，このようにおけるね！

(4, 6)を通ることから，aの値を決定しよう！

まとめ

2次関数の決定

(1) グラフの頂点や軸に関する条件が与えられている場合

➡ 標準形：$\boldsymbol{y=a(x-p)^2+q}$ を利用する。

(2) グラフが通る3点がわかっている場合

➡ 一般形：$\boldsymbol{y=ax^2+bx+c}$ を利用する。

(3) グラフとx軸との交点が2つともわかっている場合

➡ 因数分解形：$\boldsymbol{y=a(x-\alpha)(x-\beta)}$を利用する。

x軸との交点が1つしかわかっていない場合はこの形は使えないから，一般形を利用しよう！

解答と解説▶別冊 $p.38$

練習問題

グラフが次の条件を満たすような2次関数をそれぞれ求めよ。

(1) 点(2, 3)を頂点とし，点(1, −1)を通る。

(2) 3点(0, 0)，(1, 1)，(−2, 16)を通る。

(3) 3点(−3, 0)，(2, 0)，(−4, 12)を通る。

第18節 2次方程式

この節の目標

- ☐ Ⓐ 因数分解を利用して2次方程式を解くことができる。
- ☐ Ⓑ 解の公式を用いて2次方程式を解くことができる。
- ☐ Ⓒ 2次方程式の実数解の個数を求めることができる。

イントロダクション ♪♫

整理すると，

$$ax^2+bx+c=0 \quad (a \neq 0)$$

の形になる方程式を，「**2次方程式**」というよ。たとえば，$2x^2+3x-7=0$などだね！　そして，代入して「＝」が成り立つxの値を，2次方程式の「**解**」というんだ。たとえば，

$$x^2-5x+6=0$$

は，左辺に$x=2$を代入すると，

$$2^2-5\cdot 2+6=4-10+6=0$$

となって，右辺の0と「＝」が成立するね！　この「$x=2$」を「解」というんだよ。この解をすべて求めることを，「2次方程式を解く」というよ。

2次方程式を解く方法は，おもに2つあるんだ。それは，**因数分解**と**解の公式**だよ。また，解の個数を調べるときに「**判別式**（はんべつしき）」というものが活躍するけれど，これについてもこの節で学習するよ。

ゼロから解説

1 因数分解による解法

第3節・第4節で学習した因数分解を利用して，2次方程式を解くことができるんだ。

まず，すべての項を左辺に移項して，右辺を0にしてから，左辺を因数分解してみよう。もし因数分解できたら，

$AB=0$ ならば，$A=0$ または $B=0$

を利用するよ。たとえば，

$x^2-5x+6=0$

において，「たして-5」，「かけて6」になる2数は「-2と-3」だから，

$(x-2)(x-3)=0$

と因数分解できるね！　よって，

$x-2=0$ または $x-3=0$

$x=2,\ 3$

$AB=0 \Leftrightarrow A=0$ または $B=0$

「，」は「または」を表すよ！

と解を求めることができるんだ。大丈夫かな？

例題❶

次の2次方程式を解け。

(1)　$2x^2-8x=0$　　(2)　$x^2+6x+9=0$　　(3)　$6x^2-5x-4=0$

解答と解説

(1)　$2x^2-8x=0$

$2x(x-4)=0$

$x=0,\ 4$ 答

(2)　$x^2+6x+9=0$

$(x+3)^2=0$

$x=-3$ 答

$(x+3)^2=0$ は $(x+3)(x+3)=0$ で，

$x=-3,\ -3$

だね。このように，2つの解が重なって1つになっている解を「重解（じゅうかい）」というよ！

(3)　$6x^2-5x-4=0$

$(2x+1)(3x-4)=0$

$2x+1=0$ または $3x-4=0$

$x=-\frac{1}{2},\ \frac{4}{3}$ 答

$$\begin{array}{ccc} 2 & 1 & \to 3 \\ 3 & -4 & \to -8 \\ \hline & & -5 \end{array}$$

2 解の公式による解法

❶でみたように，右辺を 0 として左辺が因数分解できれば，2次方程式は解けるけど，パッと見て因数分解がわからなかったりすることがあるよね。でもじつは，2次方程式を解くのに無敵の公式があるんだ。それが，

解の公式 1

2次方程式 $ax^2+bx+c=0$ の解は，

$$x=\frac{-b\pm\sqrt{b^2-4ac}}{2a}$$

証明は $p.208$ にあるよ！

だよ。たとえば，

$$\underset{a}{3x^2}\underset{b}{-11}x+\underset{c}{2}=0$$

の解は，この公式にあてはめるだけで，

$$x=\frac{-(-11)\pm\sqrt{(-11)^2-4\times3\times2}}{2\times3}$$

$$=\frac{11\pm\sqrt{97}}{6}$$

$x=\dfrac{-b\pm\sqrt{b^2-4ac}}{2a}$ に $a=3$，$b=-11$，$c=2$ を代入しよう！

と求めることができるんだ。

解の公式には，もう1つの顔があるよ。右辺の分母・分子を2でわり，

$$x=\frac{-\dfrac{b}{2}\pm\dfrac{\sqrt{b^2-4ac}}{2}}{a}$$

$2=\sqrt{4}$ だから，$\dfrac{\sqrt{b^2-4ac}}{2}=\dfrac{\sqrt{b^2-4ac}}{\sqrt{4}}=\sqrt{\dfrac{b^2-4ac}{4}}$

$$=\frac{-\dfrac{b}{2}\pm\sqrt{\dfrac{b^2-4ac}{4}}}{a}$$

$\sqrt{\dfrac{b^2-4ac}{4}}=\sqrt{\dfrac{b^2}{4}-\dfrac{4ac}{4}}=\sqrt{\left(\dfrac{b}{2}\right)^2-ac}$

$$=\frac{-\dfrac{b}{2}\pm\sqrt{\left(\dfrac{b}{2}\right)^2-ac}}{a}$$

$\dfrac{b}{2}$ というのは，x の係数の半分だよ！

分数が出てきて，複雑そうにみえるかもしれないけど，よくみると，分数は $\frac{b}{2}$ だけだよね。そして b（つまり x の係数）が偶数だったとしたら，$\frac{b}{2}$ は整数になる！　この，

解の公式 2

2次方程式 $ax^2+bx+c=0$ の解は，

$$x=\frac{-\frac{b}{2}\pm\sqrt{\left(\frac{b}{2}\right)^2-ac}}{a}$$

は，x の係数が偶数のときに使うと，**1**よりも計算がずっと楽になるんだ。

たとえば，

$$\underset{a}{7}x^2+\underset{b}{6}x\underset{c}{-3}=0$$

に，解の公式**2**を使ってみよう。

$$x=\frac{-3\pm\sqrt{3^2-7\cdot(-3)}}{7}$$

$$=\frac{-3\pm\sqrt{30}}{7}$$

$$x=\frac{-\frac{b}{2}\pm\sqrt{\left(\frac{b}{2}\right)^2-ac}}{a}$$

に $a=7$，$\frac{b}{2}=\frac{6}{2}=3$，$c=-3$ を代入しよう！

x の係数が偶数のときは，こっちのほうが早く解けるね。

3 2次方程式の実数解の個数

つぎに，2次方程式の解の個数について考えていこう。

$x^2-6x+8=0$ ……①

$x^2-6x+9=0$ ……②

$x^2-6x+10=0$ ……③

のそれぞれの，異なる実数解の個数はわかるかな？

解いてみればわかるよ！　任せて♪
①は，$(x-2)(x-4)=0$ と変形できるから，

$x=2,\ 4$

ということで，異なる実数解の個数は2個！
②は，$(x-3)^2=0$ と変形できるから，

$x=3$（重解）

ということで，異なる実数解の個数は1個！　ここまで合ってる？

合ってるよ！　②は $(x-3)(x-3)=0$ で $x=3,\ 3$ だから解の個数としては2個だけど，異なる解の個数としては1個だね！
③はどうかな？

③は……因数分解できないから，解の公式だね！

$$x=\frac{-(-6)\pm\sqrt{(-6)^2-4\cdot1\cdot10}}{2\cdot1}=\frac{6\pm\sqrt{-4}}{2}$$

あれ，$\sqrt{\ }$ の中が負の数になったよ。

$\sqrt{-4}$ というのは，2乗すると -4 になる数だから，実際に存在する数ではないね！　つまり実数ではないんだ。だから，このときは実数解はないよ。

じゃあ，③は異なる実数解の個数は0個だね。

そのとおり！　①と②も解の公式を使って解くことはできるかな？

もちろん！

①は，$x=\dfrac{-(-6)\pm\sqrt{(-6)^2-4\cdot1\cdot8}}{2\cdot1}=\dfrac{6\pm\sqrt{4}}{2}=4,\ 2$

②は，$x=\dfrac{-(-6)\pm\sqrt{(-6)^2-4\cdot1\cdot9}}{2\cdot1}=\dfrac{6\pm\sqrt{0}}{2}=3$

いいね！　①，②，③を見くらべて，何か気がつくことはない？

$\sqrt{\ }$ の中が①は正，②は0，③は負になってる！

よく気がついたね！　じつは，$\sqrt{\ }$ の中が正か0か負のうちどれになっているかで，異なる実数解の個数がわかるんだ。異なる実数解の個数が判別できるから，解の公式の $\sqrt{\ }$ の中を「**判別式**（はんべつしき）」といって，記号 D で表すよ。2次方程式が $ax^2+bx+c=0$ だったら，$D=b^2-4ac$ だよ。

へぇ～便利だね！　たしかに，$D=b^2-4ac>0$ だったら，実数解は，

$x=\dfrac{-b+\sqrt{b^2-4ac}}{2a}$ と $\dfrac{-b-\sqrt{b^2-4ac}}{2a}$ の異なる2つになるし，

$D=b^2-4ac=0$ だったら，$x=\dfrac{-b\pm\sqrt{0}}{2a}=-\dfrac{b}{2a}$ だから，異なる実数解の個数は1つだね！

$D<0$ だと $\sqrt{\ }$ の中が負になってしまい，2乗して負の数になる数は実数ではないから，実数解はないということだね！

2次方程式の判別式❶と実数解の個数

2次方程式 $ax^2+bx+c=0$ の判別式を D とすると，

$$D=b^2-4ac$$

であり，

❶ **$D>0$ のとき，異なる実数解の個数は2個**

❷ **$D=0$ のとき，異なる実数解の個数は1個（重解）**

❸ **$D<0$ のとき，実数解をもたない**

参考　❶，❷を合わせると，

$D\geqq0$ のとき，実数解をもつ

第1章 第2章 第3章 第4章 第5章 第6章 第7章 第8章

だから，ここで解いてもらった方程式も，

$x^2-6x+8=0$ ……① : $D=(-6)^2-4\cdot1\cdot8=4>0$ より，異なる実数解は2個

$x^2-6x+9=0$ ……② : $D=(-6)^2-4\cdot1\cdot9=0$ より，異なる実数解は1個

$x^2-6x+10=0$ ……③ : $D=(-6)^2-4\cdot1\cdot10=-4<0$ より，実数解なし

となるよ。これからは，解の個数を聞かれたら，**判別式**を利用して求めよう。

解の公式にもう1つの顔があったように，判別式にももう1つの顔があるんだ。

$$D=b^2-4ac$$

の両辺を4でわると，

$$\frac{D}{4}=\frac{b^2-4ac}{4}=\left(\frac{b}{2}\right)^2-ac$$

$$x=\frac{-\frac{b}{2}\pm\sqrt{\left(\frac{b}{2}\right)^2-ac}}{a}$$
の$\sqrt{\ }$の中だよ！

になるね！　これも x の係数が偶数のときに使うといいよ。

2次方程式の判別式 2

$$\boldsymbol{\frac{D}{4}=\left(\frac{b}{2}\right)^2-ac}$$

じつは，さっきの方程式は x の係数がすべて -6 だったから，本当は $\frac{D}{4}$ を使ってやったほうが，計算は楽だったんだね。

実際にやってみると，

$\frac{b}{2}=\frac{-6}{2}=-3$ だね！

$x^2-6x+8=0$ ……① : $\frac{D}{4}=(-3)^2-1\cdot8=1>0$ より，異なる実数解は2個

$x^2-6x+9=0$ ……② : $\frac{D}{4}=(-3)^2-1\cdot9=0$ より，異なる実数解は1個

$x^2-6x+10=0$ ……③ : $\frac{D}{4}=(-3)^2-1\cdot10=-1<0$ より，実数解なし

となるね。

ほかの例もみてみよう。たとえば，

$$\underbrace{3}_{a}x^2+\underbrace{2}_{b}x+\underbrace{k+2}_{c}=0$$

が実数解をもつときの k の値の範囲を求めてみよう。2次方程式が実数解をもつための条件は，解の公式の $\sqrt{\ }$ の中，つまり判別式が0以上になることだったね！　x の係数が偶数だから，$\frac{D}{4}$ の出番だ！　$\frac{D}{4}$ が0以上になるときだから，

$$\frac{D}{4}=1^2-3(k+2)\geqq 0$$

$$-3k\geqq 5$$

$$k\leqq -\frac{5}{3}$$

$\frac{D}{4}=\left(\frac{b}{2}\right)^2-ac$

$\frac{b}{2}=\frac{2}{2}=1$ だね！

両辺を -3 でわると不等号の向きがひっくり返るね！

となるよ。

例題❷

$3x^2-kx+12=0$ が重解をもつときの k の値と重解を求めよ。

解答と解説

$$\underset{a}{3}x^2\underset{b}{-k}x+\underset{c}{12}=0 \quad\cdots\cdots①$$

①の判別式を D とすると，重解をもつとき，

$$D=(-k)^2-4\cdot3\cdot12=0$$

$$k^2-12^2=0$$

$$(k+12)(k-12)=0$$

$$k=-12,\ 12$$

$ax^2+bx+c=0$ のとき，
$D=b^2-4ac$

このときの重解は，$x=-\frac{-k}{2\cdot3}=\frac{k}{6}$

$ax^2+bx+c=0$ において，
$x=\frac{-b\pm\sqrt{D}}{2a}$
$D=0$（重解）のとき，
$x=\frac{-b\pm\sqrt{0}}{2a}=-\frac{b}{2a}$

以上より，

$$\begin{cases} k=-12 \text{ のとき，重解は，} x=\frac{-12}{6}=-2 \\ k=12 \text{ のとき，重解は，} x=\frac{12}{6}=2 \end{cases}$$ 答

第1章 第2章 第3章 第4章 第5章 第6章 第7章 第8章

ちょいムズ

ここでは，解の公式を証明するよ。複雑な式変形だけど，ついてきてね！

$$ax^2+bx+c=0 \quad (a \neq 0)$$

両辺を a でわる

$$x^2+\frac{b}{a}x+\frac{c}{a}=0$$

$\frac{c}{a}$ を移項

$$x^2+\frac{b}{a}x=-\frac{c}{a}$$

平方完成
$x^2+px=\left(x+\frac{p}{2}\right)^2-\left(\frac{p}{2}\right)^2$

$$\left(x+\frac{b}{2a}\right)^2-\left(\frac{b}{2a}\right)^2=-\frac{c}{a}$$

$-\left(\frac{b}{2a}\right)^2\left(=-\frac{b^2}{4a^2}\right)$ を移項

$$\left(x+\frac{b}{2a}\right)^2=\frac{b^2}{4a^2}-\frac{c}{a}$$

通分　$\frac{c}{a}=\frac{4ac}{4a^2}$

$$\left(x+\frac{b}{2a}\right)^2=\frac{b^2-4ac}{4a^2} \quad \cdots\cdots(*)$$

ここで，(＊)の右辺に着目してみよう。分母の $4a^2$ はつねに正になるけど，分子の b^2-4ac は，正になることも負になることもあるね。

$b^2-4ac<0$ のとき，(＊)の右辺は負の数になるね。しかし，2乗して負の数になる実数はないから，この方程式の実数解は存在しないよ。

$b^2-4ac \geqq 0$ のとき，(＊)の右辺は0以上の数だから，平方根をとって，

$$x+\frac{b}{2a}=\pm\frac{\sqrt{b^2-4ac}}{2|a|}$$

$\sqrt{4a^2}=\sqrt{4}\times\sqrt{a^2}=2|a|$

(i)　$a>0$ のとき，$|a|=a$ より，

$$x+\frac{b}{2a}=\pm\frac{\sqrt{b^2-4ac}}{2a}$$

$$x=-\frac{b}{2a}\pm\frac{\sqrt{b^2-4ac}}{2a}$$

$$x=\frac{-b\pm\sqrt{b^2-4ac}}{2a}$$

(ii)　$a<0$ のとき，$|a|=-a$ より，

$$x+\frac{b}{2a}=\pm\frac{\sqrt{b^2-4ac}}{2\cdot(-a)}$$

$$x=-\frac{b}{2a}\mp\frac{\sqrt{b^2-4ac}}{2a}$$

$$x=\frac{-b\pm\sqrt{b^2-4ac}}{2a}$$

「±」と「∓」は同じことだね！

(i)，(ii)をまとめて，

$$x=\frac{-b\pm\sqrt{b^2-4ac}}{2a}$$

けっこうたいへんだったけど，証明することで理解も深まるし，力もつくから，できるだけやってみよう。

まとめ

2次方程式の解法と実数解の個数

(1) 因数分解による解法

➡ 乗法公式やたすきがけを使って因数分解をして,

$$A\times B=0$$

の形にし, $A=0$ または $B=0$ より, 解を求める。

(2) 解の公式による解法

➡ 2次方程式 $ax^2+bx+c=0$ の解は,

$$x=\frac{-b\pm\sqrt{b^2-4ac}}{2a}$$

であることを利用して求める。

(3) 2次方程式 $ax^2+bx+c=0$ の判別式を $D=b^2-4ac$ とすると,

➡ (i) $D>0$ のとき, 異なる実数解は,

$$x=\frac{-b+\sqrt{b^2-4ac}}{2a} \text{ と } \frac{-b-\sqrt{b^2-4ac}}{2a} \text{ の2個}$$

(ii) $D=0$ のとき, 異なる実数解は,

$$x=\frac{-b\pm\sqrt{0}}{2a}=-\frac{b}{2a} \text{ の1個(重解)}$$

(iii) $D<0$ のとき, 実数解をもたない

参考 $D\geqq 0$ のとき, 実数解をもつ。

解答と解説►別冊 $p.40$

練習問題

(1) 2次方程式 $6x^2-13x-5=0$ を解け。

(2) 2次方程式 $x^2-\frac{2}{3}x-\frac{1}{2}=0$ を解け。

(3) 2次方程式 $6x^2+5x+k=0$ の異なる実数解の個数を, k の値で場合分けをして答えよ。

第19節 2次関数のグラフと2次方程式

この節の目標

- ☑ Ⓐ 2次関数のグラフとx軸との共有点の座標を求めることができる。
- ☑ Ⓑ 2次関数のグラフとx軸との共有点の個数がわかる。
- ☑ Ⓒ 2次関数のグラフとx軸との位置関係を判別できる。

イントロダクション ♪♫

じつは，2次関数と2次方程式は，ふか〜いつながりがあるんだ。その説明の前に，1次関数と1次方程式について少しみてみよう。

たとえば，1次関数 $y=2x+1$ のグラフと x 軸との交点の座標を求めるには，どうすればよかったかな？　x 軸上の点は y 座標が0だから，y に0を代入して，

$$0=2x+1$$

を解けばいいんだったよね。解いていくと，

$$2x+1=0$$
$$2x=-1$$
$$x=-\frac{1}{2}$$

となるから，これが交点の x 座標だね。だから，$y=2x+1$ のグラフと x 軸との交点の座標は $\left(-\frac{1}{2},\ 0\right)$ であるとわかるね。

ところで，x 軸の方程式は $y=0$ だから，上の問いは，直線 $y=2x+1$ と直線 $y=0$ の交点と考えることもできるよね。2つの直線の交点の座標は，2式を連立方程式にして解けば求められたよね！　だから，方程式

$$2x+1=0$$

は，連立方程式

$$\begin{cases} y=2x+1 \\ y=0 \end{cases}$$

交点の座標は連立方程式の解

の2式から y を消去したもの，と考えることもできるね。まとめると，

> **$y=2x+1$ のグラフと x 軸（直線 $y=0$）との交点の x 座標は，方程式 $2x+1=0$ の解と一致する**

ということだね！　このように，グラフの交点の座標は，方程式の解としてとらえることができるんだよ。

ゼロから解説

 2次関数のグラフと x 軸との共有点の座標

それじゃあ，いよいよ2次関数と2次方程式の関係について考えていこう。

例1　2次関数 $y=x^2-5x+6$ のグラフと x 軸（直線 $y=0$）との交点の x 座標を求めよ。

交点の座標は連立方程式の解だから，連立方程式

$$\begin{cases} y=x^2-5x+6 \\ y=0 \end{cases}$$

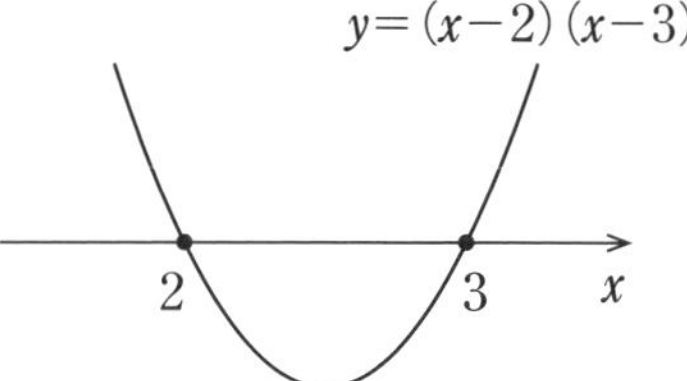

の2式から y を消去して，

$$x^2-5x+6=0$$

を解けば，求められるね。解いてみると，

$$(x-2)(x-3)=0$$

$$x=2,\ 3$$

となるんだ。だから，交点は $(2,\ 0)$ と $(3,\ 0)$ の2つあるっていうことだよ。

このことから，次のことがわかるね！

> **$y=x^2-5x+6$ のグラフと x 軸（直線 $y=0$）との交点の x 座標は，方程式 $x^2-5x+6=0$ の解と一致する**

例2 2次関数 $y=x^2-2x+1$ と x 軸(直線 $y=0$)との交点の x 座標を求めよ。

さっきと同じように考えると,

$$x^2-2x+1=0$$

を解けば, 求められるね。解いてみると,

$$(x-1)^2=0$$

$$x=1$$

となるね。つまり, 交点は(1, 0)の1つだけ……ってことになりそうなんだけど, ちょっと待って! $y=x^2-2x+1$ のグラフと x 軸との「交点」が1つだけって, どういうことかな?

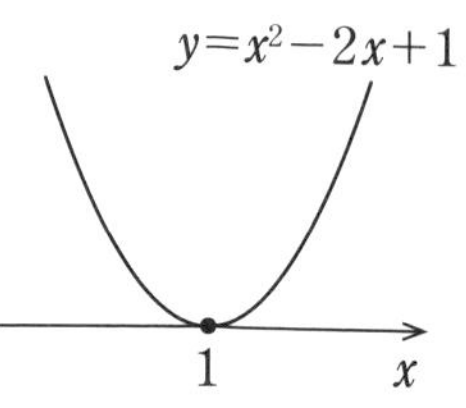

$y=x^2-2x+1$ は変形すると $y=(x-1)^2$ となるから, この放物線の頂点の座標は(1, 0)だよね。これがまさにさっき求めた「x 軸との交点」となっているんだ。ということは, この放物線は頂点が x 軸上にあるんだね。だから, グラフは右のようになるよ。

このとき, 放物線は x 軸に接しているから, 点(1, 0)は普通「交点」とはいわずに, 「**接点**(せってん)」というんだ。だから,

> **$y=x^2-2x+1$ のグラフと x 軸(直線 $y=0$)との接点の x 座標は, 方程式 $x^2-2x+1=0$ の解と一致する**

ということになるね。

ところで, この「交点」と「接点」は, いちいち区別せずまとめて考えたいことも多いんだ。そこで, 「交点」と「接点」を両方合わせた表現として, 「**共有点**(きょうゆうてん)」という言い方があるんだ。

この言葉を使って今までのことをまとめると, 次のようになるよ。

2次関数のグラフと x 軸との共有点

2次関数 $y=ax^2+bx+c$ のグラフと x 軸との共有点の x 座標は, 2次方程式

$$ax^2+bx+c=0$$

の実数解である。

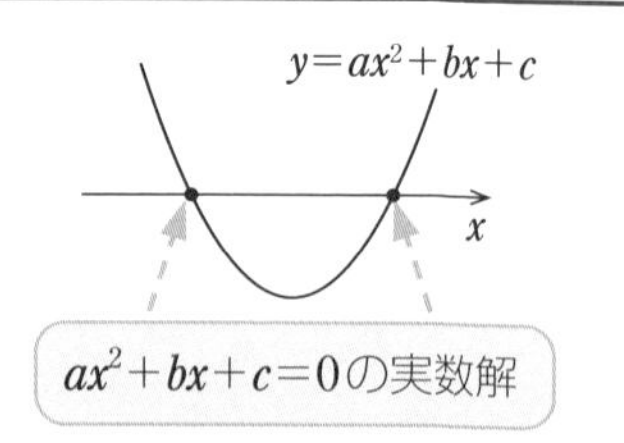

 2次関数のグラフと x 軸との共有点の個数

つぎに，2次関数のグラフと x 軸との共有点の個数を考えていこう。❶で，$y=ax^2+bx+c$ のグラフと x 軸との共有点の x 座標は $ax^2+bx+c=0$ の実数解であるということを学習したね！　だから，

> **「2次関数 $y=ax^2+bx+c$ のグラフと x 軸との共有点の個数」** は，
> **「2次方程式 $ax^2+bx+c=0$ の異なる実数解の個数」**

と言い換えることができるよ。よって，$ax^2+bx+c=0$ の判別式を D とすると，

D の符号	$D>0$	$D=0$	$D<0$
グラフと x 軸との共有点の個数	2個	1個	0個

となるんだ。ちなみに，D は b^2-4ac で，解の公式の $\sqrt{\ }$ の中身のことだったね！

例1　2次関数 $y=-x^2+2x+3$ のグラフと x 軸との共有点の個数を求めよ。

2次方程式 $-x^2+2x+3=0$ の判別式を D とすると，◀ $a=-1$，$b=2$，$c=3$

$$\frac{D}{4}=1^2-(-1)\cdot 3$$
$$=4>0$$

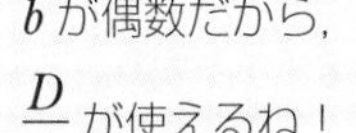

b が偶数だから，$\frac{D}{4}$ が使えるね！
$\frac{D}{4}=\left(\frac{b}{2}\right)^2-ac$，
$\frac{b}{2}=\frac{2}{2}=1$ だよ！

だから，この2次関数のグラフと x 軸との共有点の個数は **2** 個だね。

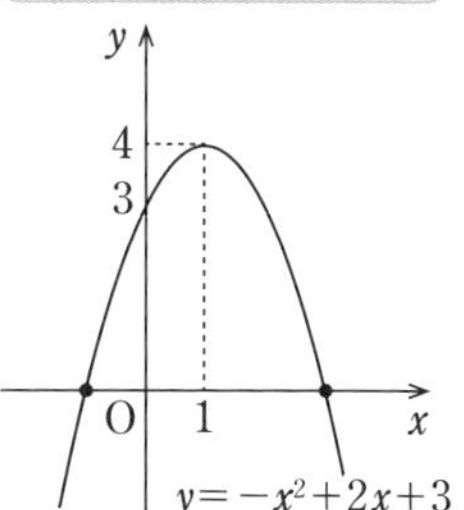

例2　2次関数 $y=x^2-6x+10$ のグラフと x 軸との共有点の個数を求めよ。

2次方程式 $x^2-6x+10=0$ の判別式を D とすると，

$$\frac{D}{4}=(-3)^2-1\cdot 10$$
$$=-1<0$$

▲ $a=1$，$\frac{b}{2}=-3$，$c=10$

だから，この2次関数のグラフと x 軸との共有点の個数は **0** 個だよ。

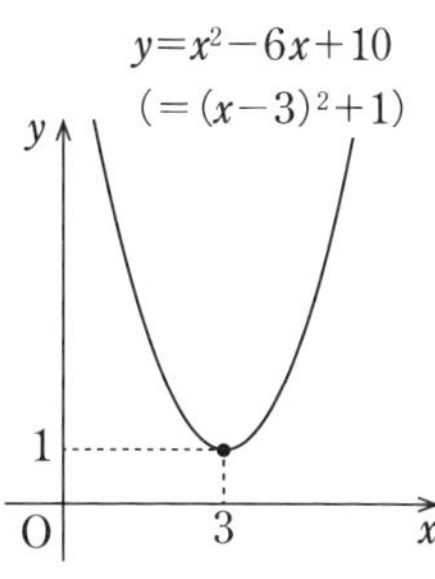

今回の例にはなかったけど，共有点が1個となるのは，$D=0$ のときだね！

❸ 2次関数のグラフと x 軸との位置関係

先生！　判別式で共有点の個数が判別できるのはわかったけど，ほかに方法はないの？

いい質問だね！　ほかに方法がないかどうかを考えてみることはとてもいいことだよ。$y=ax^2+bx+c$ を平方完成してごらん。

$$
\begin{aligned}
y&=ax^2+bx+c &&\text{（}x^2\text{の係数でくくる）}\\
&=a\left(x^2+\frac{b}{a}x\right)+c &&\text{（平方完成 } x^2+px=\left(x+\frac{p}{2}\right)^2-\left(\frac{p}{2}\right)^2\text{）}\\
&=a\left\{\left(x+\frac{b}{2a}\right)^2-\left(\frac{b}{2a}\right)^2\right\}+c &&\text{（分配法則を用いて\{ \}をはずす）}\\
&=a\left(x+\frac{b}{2a}\right)^2-\frac{b^2}{4a}+c &&\text{（通分}\left(c=\frac{4ac}{4a}\right)\text{）}\\
&=a\left(x+\frac{b}{2a}\right)^2-\frac{b^2-4ac}{4a}
\end{aligned}
$$

あ！　頂点の y 座標の中に b^2-4ac（判別式）が現れた！

いいことに気がついたね！　今回，$a>0$ の場合を考えていくね！　x 軸との共有点の個数が2個のとき，頂点の y 座標について何かわかることはあるかな？

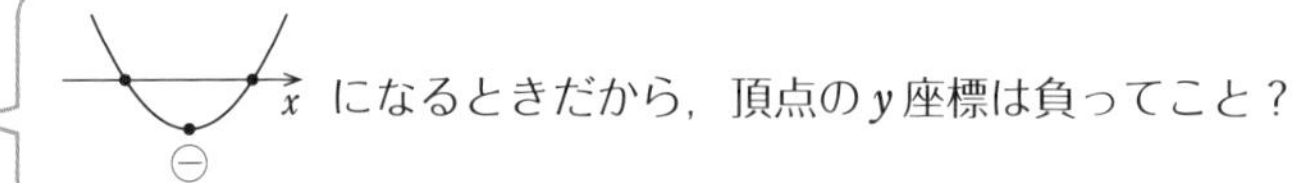

になるときだから，頂点の y 座標は負ってこと？

正解！　そして，頂点の y 座標，つまり $-\dfrac{b^2-4ac}{4a}$ が負のときは，$a>0$ に注意すると，$b^2-4ac>0$ だってことがわかるね！

本当だ！　判別式と同じ条件になった！　なんか面白い♪

共有点の個数が1個や0個のときはどうかな？

共有点の個数が1個のときは, 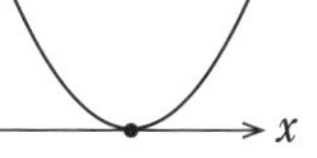 になるときだから,

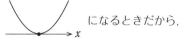

頂点の y 座標が 0 のとき, つまり, $-\dfrac{b^2-4ac}{4a}=0$ のときだよね。

だから, $b^2-4ac=0$ のとき。

そのように, 2次関数のグラフが x 軸とただ1点を共有するとき, そのグラフは x 軸と「**接する**」といい, その共有点を「**接点**」といったね。

共有点の個数が0個のときは, 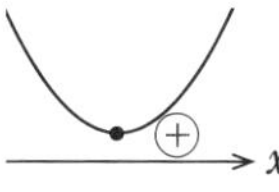 になるときだから,

頂点の y 座標が正のとき, つまり, $-\dfrac{b^2-4ac}{4a}>0$ のときだね。

だから, $a>0$ に注意すると, $b^2-4ac<0$ のときだね。

$a<0$ のときは, グラフの上下の向きが逆になるから, 頂点の y 座標についても符号は逆になることに注意しよう。

2次関数 $y=ax^2+bx+c$ と2次方程式 $ax^2+bx+c=0$ の関係

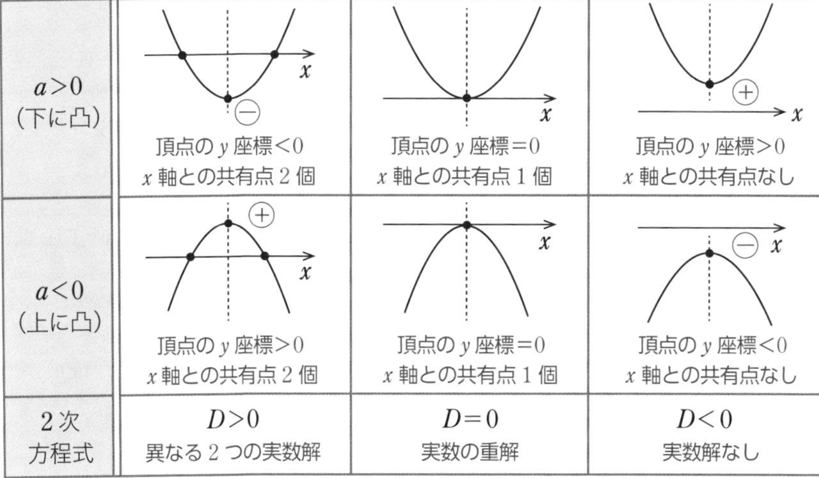

$a>0$ (下に凸)	頂点の y 座標 <0 x 軸との共有点 2 個	頂点の y 座標 $=0$ x 軸との共有点 1 個	頂点の y 座標 >0 x 軸との共有点なし
$a<0$ (上に凸)	頂点の y 座標 >0 x 軸との共有点 2 個	頂点の y 座標 $=0$ x 軸との共有点 1 個	頂点の y 座標 <0 x 軸との共有点なし
2次 方程式	$D>0$ 異なる 2 つの実数解	$D=0$ 実数の重解	$D<0$ 実数解なし

例題 ❶

2次関数 $y=x^2-4x-k$ のグラフと x 軸との共有点の個数を，定数 k の値で場合分けして答えよ。

解答と解説

2次方程式 $x^2-4x-k=0$ の判別式を D とすると,

$$\frac{D}{4}=(-2)^2-1\cdot(-k)=k+4$$

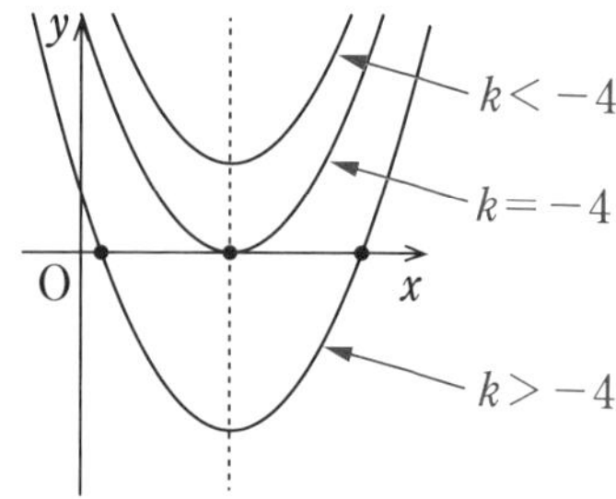

(i) $\frac{D}{4}>0$ すなわち $k>-4$ のとき,

グラフは x 軸と異なる2点で交わる。

(ii) $\frac{D}{4}=0$ すなわち $k=-4$ のとき,

グラフは x 軸と接する。

(iii) $\frac{D}{4}<0$ すなわち $k<-4$ のとき,

グラフは x 軸と共有点をもたない。

よって，共有点の個数は,

$$\begin{cases} k>-4 \text{ のとき，2個} \\ k=-4 \text{ のとき，1個} \\ k<-4 \text{ のとき，0個} \end{cases}$$ 答

4 2次関数 $y=a(x-\alpha)(x-\beta)$ のグラフ

2次関数 $y=a(x-\alpha)(x-\beta)$ のグラフと x 軸との共有点の x 座標は, $y=0$（x 軸）と連立して y を消去した2次方程式 $a(x-\alpha)(x-\beta)=0$ の解,

$x=\alpha, \ \beta$

だったね。よって，$\alpha<\beta$ のとき，2次関数 $y=a(x-\alpha)(x-\beta)$ のグラフは,

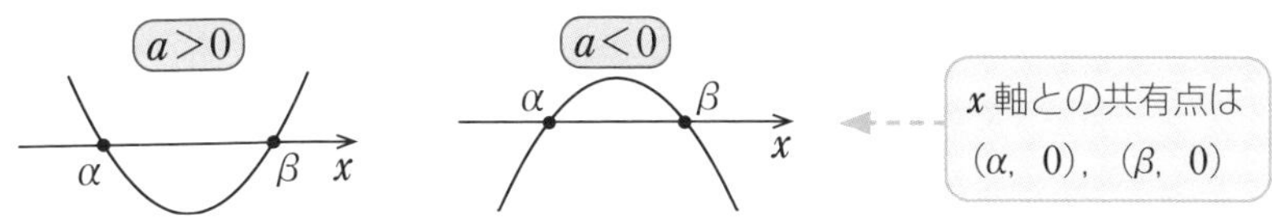

となるよ。

ちなみに，x 軸との共有点が1点$(\alpha,\ 0)$だけである放物線の方程式は，$y=0$ と連立して y を消去した2次方程式が重解 $x=\alpha$ をもつから，

$$y=a(x-\alpha)^2$$

と表すことができるよ。この放物線は，頂点の座標が$(\alpha,\ 0)$だから，グラフは，

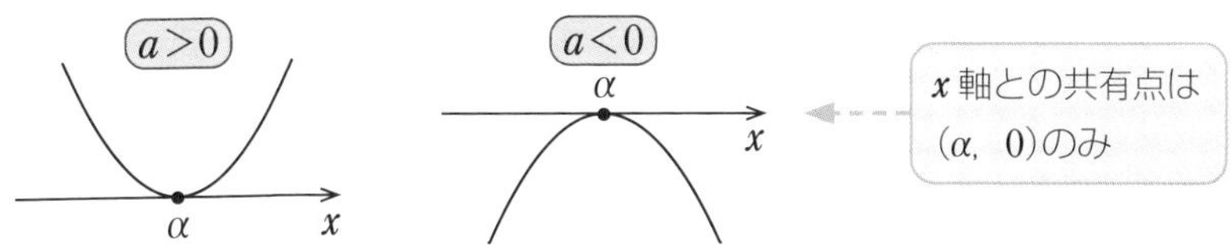

となるよ。

ちょいムズ

これまでは放物線と x 軸との共有点について考えてきたね！　ここでは，放物線と一般の直線との共有点について考えてみよう。じつは，一般の直線の場合でも，x 軸との場合と同じようにして考えることができるんだ。

共有点の座標は，両方の方程式を満たす$(x,\ y)$のことだね！　だから，共有点の座標は連立方程式の解として求めることができるよ。

例題 ❷

放物線 $y=-2x^2-5x+5$ と直線 $y=3x+9$ との共有点の座標を求めよ。

解答と解説

$$\begin{cases} y=-2x^2-5x+5 & \cdots\cdots① \\ y=3x+9 & \cdots\cdots② \end{cases}$$

①，②より，y を消去すると，

$$-2x^2-5x+5=3x+9$$
整理
$$x^2+4x+2=0$$
$$x=-2\pm\sqrt{2}$$

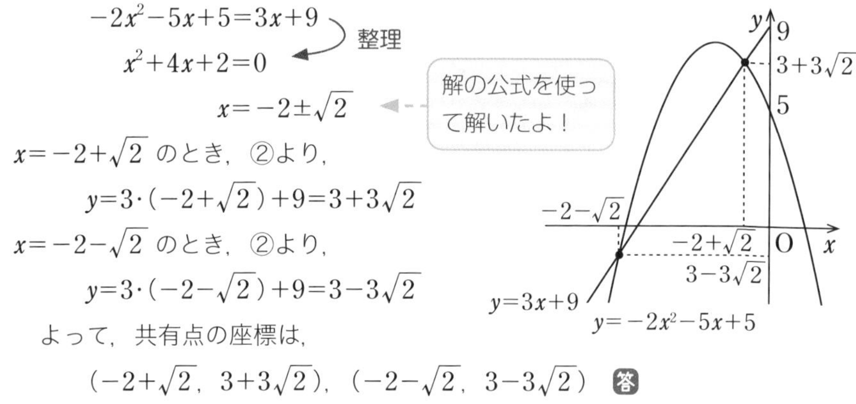

$x=-2+\sqrt{2}$ のとき，②より，

$$y=3\cdot(-2+\sqrt{2})+9=3+3\sqrt{2}$$

$x=-2-\sqrt{2}$ のとき，②より，

$$y=3\cdot(-2-\sqrt{2})+9=3-3\sqrt{2}$$

よって，共有点の座標は，

$(-2+\sqrt{2},\ 3+3\sqrt{2})$，$(-2-\sqrt{2},\ 3-3\sqrt{2})$ 答

例　放物線 $y=x^2-4x+k$ と直線 $y=-3x-k+1$ が共有点をもつような k の値の範囲を求めよ。

$y=x^2-4x+k$ と $y=-3x-k+1$ との共有点の x 座標は，連立して y を消去した方程式，

$$x^2-4x+k=-3x-k+1$$
$$x^2-x+2k-1=0 \quad \cdots\cdots①$$

の実数解だ！　だから，①が実数解をもてばいいので，①の判別式を D とすると，

$$D=(-1)^2-4\cdot1\cdot(2k-1)\geqq0$$

$a=1$，$b=-1$，$c=2k-1$
$D=b^2-4ac$

$$k\leqq\frac{5}{8}$$

が求める k の値の範囲だよ。

共有点の x 座標は y を消去した方程式の実数解。これが大切なことだよ。

まとめ

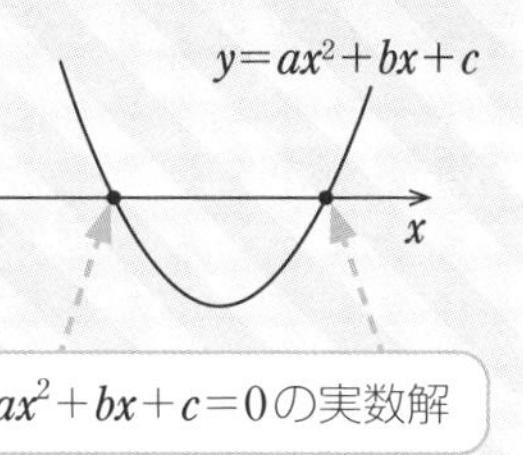

(1) **2次関数 $y=ax^2+bx+c$ のグラフと x 軸との共有点の x 座標は，2次方程式**

$$ax^2+bx+c=0$$

の実数解である。

(2) **2次関数 $y=ax^2+bx+c$ と2次方程式 $ax^2+bx+c=0$ の関係**

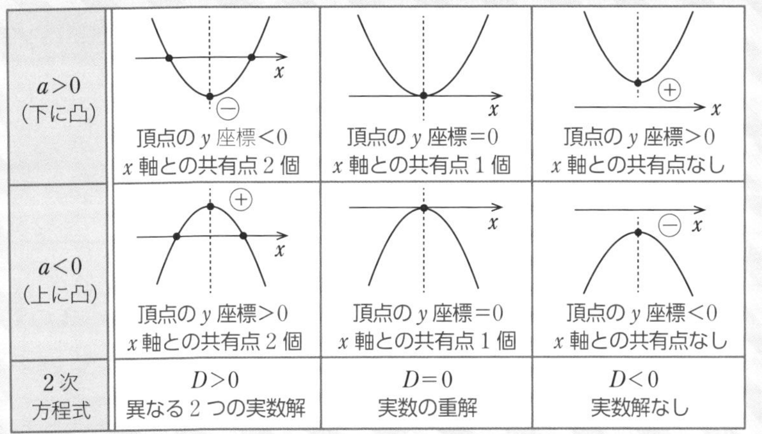

$a>0$（下に凸）	頂点の y 座標<0 x 軸との共有点2個	頂点の y 座標$=0$ x 軸との共有点1個	頂点の y 座標>0 x 軸との共有点なし
$a<0$（上に凸）	頂点の y 座標>0 x 軸との共有点2個	頂点の y 座標$=0$ x 軸との共有点1個	頂点の y 座標<0 x 軸との共有点なし
2次方程式	$D>0$ 異なる2つの実数解	$D=0$ 実数の重解	$D<0$ 実数解なし

(3) **2次関数 $y=a(x-\alpha)(x-\beta)$ のグラフ（$\alpha<\beta$ のとき）**

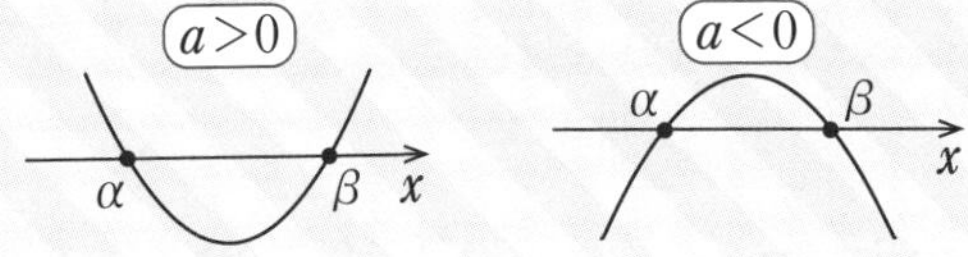

解答と解説▶別冊 $p.42$

練習問題

(1) 2次関数 $y=-3x^2+5x+2$ のグラフと x 軸との共有点の座標を求めよ。

(2) 2次関数 $y=3x^2-7x+k$ のグラフと x 軸との共有点の個数が1個のときの k の値を求めよ。

★(3) 2次関数 $y=-x^2+6x+k$ のグラフと x 軸との共有点の個数を，定数 k の値で場合分けして答えよ。

第20節 2次関数のグラフと2次不等式

この節の目標

- ☑ Ⓐ グラフが x 軸と異なる2点で交わるタイプの2次不等式を解くことができる。
- ☑ Ⓑ グラフが x 軸に接するタイプの2次不等式を解くことができる。
- ☑ Ⓒ グラフが x 軸と共有点をもたないタイプの2次不等式を解くことができる。

イントロダクション ♪♫

不等式 $x^2-4x+3>0$ ……①

などのように，すべての項を左辺に移項して整理したときに，左辺が2次式になる不等式を，「**2次不等式**」というよ。

2次不等式①を解いてみよう。「①を解く」というのは，x^2-4x+3 の値が 0 より大きくなるような x の範囲を求める，ということだよ。そこで，x の値によって x^2-4x+3 の符号がどうなるかを調べるために，①の左辺を，

$$x^2-4x+3=(x-1)(x-3)$$

xが 1 より大きければ正，1 より小さければ負

xが 3 より大きければ正，3 より小さければ負

と因数分解するといいんだ。$x-1$，$x-3$ それぞれの符号がわかれば，その積である x^2-4x+3 の符号もわかるね。表にまとめると，次のようになるよ。

x	…	1	…	3	…
$x-1$	$-$	0	$+$	$+$	$+$
$x-3$	$-$	$-$	$-$	0	$+$
$(x-1)(x-3)$	$+$	0	$-$	0	$+$

$x<1$ のとき，$x-1<0$
$x>1$ のとき，$x-1>0$
$x<3$ のとき，$x-3<0$
$x>3$ のとき，$x-3>0$

この表から，$(x-1)(x-3)>0$ となる x の値の範囲は，

$$x<1 \text{ または } 3<x$$

とわかるね。これが①の「解」ということなんだ。

こんなふうに，2次不等式は，右辺が0になるように移項してから左辺を因数分解することができれば，その符号を考えることで解けるんだ。

左辺の符号は，今みたいな表を利用して調べてもいいんだけど，もっとパッとみてわかりやすい，よい方法があるんだ。

それは，ズバリ「グラフの利用」！

どういうことかというと，不等式 $x^2-4x+3>0$ を満たす x の範囲を，

$y=x^2-4x+3$ のグラフが $y=0$（x 軸）より上側にある部分の x の範囲

と考えるんだ。そのようなとらえ方について学習していこう。

ゼロから解説

1 グラフと不等式

2次不等式の前に，1次不等式をグラフを用いて解いてみよう。

例 不等式 $2x+6>0$ を解け。

もちろん，普通に6を移項してから2でわって，

$x>-3$

と解くことができるんだけど，今回は，あえてグラフを利用して解いてみよう♪

$y=2x+6$ と $y=0$ を連立して

$2x+6=0$

$x=-3$

y, 6, $\oplus$, -3, O, x, $y=2x+6$

不等式 $2x+6>0$ の解は，

$2x+6$ の値が 0 より大きくなるような x の値の範囲

だね。これを言い換えると，

$y=2x+6$ のグラフが $y=0$（x 軸）よりも上側にあるような x の値の範囲

ととらえることができるよね。

$y=2x+6$ のグラフは右上のようになるから，グラフが x 軸より上側にある部分の x の範囲を考えて，不等式の解を「$\boldsymbol{x>-3}$」と求めることができるんだ。

② グラフが x 軸と異なる２点で交わるタイプの２次不等式

次は, 2次不等式について学習していくよ。**イントロダクション♪♬**でやった,

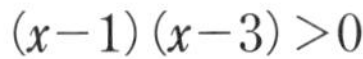

$$(x-1)(x-3)>0$$

を, グラフを用いて解いていこう。

$$y=(x-1)(x-3)$$

は, 右辺の x^2 の係数が正の数だから,

下に凸の放物線で, (1, 0), (3, 0)を通る右上図のようなグラフだったね！

$y=(x-1)(x-3)$

1　3　x

$$(x-1)(x-3)>0$$

□>○ ➡ □が○より大きい

の解は,

> **$y=(x-1)(x-3)$ のグラフが $y=0$ (x 軸)より上側にある部分の x の値の範囲**

だよ。だから,

$$x<1,\ 3<x$$

「,」は「または」を表すよ！

がこの不等式の解だよ。

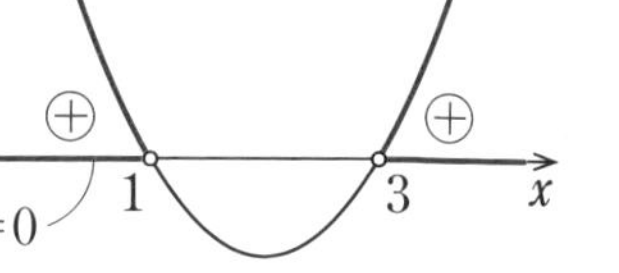

ちなみに, $(x-1)(x-3)\leqq 0$ の解は,

> **$y=(x-1)(x-3)$ のグラフが $y=0$ (x 軸)より下側かまたは x 軸上にある部分の x の値の範囲**

だから,

$$1\leqq x\leqq 3$$

だよ。2次不等式をグラフを利用して解くというのは, こういうことだよ！

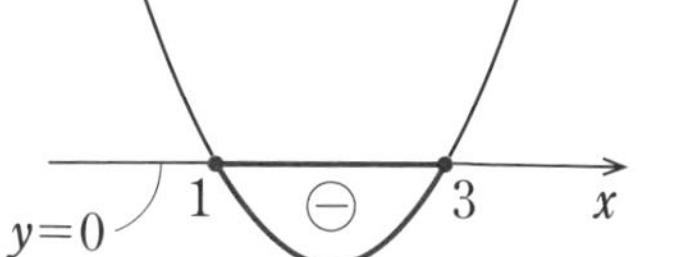

じゃあつぎに, $x^2<9$ を解くとどうなるかな？

簡単〜！　これならグラフは必要ないよ！　$x<\pm 3$ でしょ！

本当かい？　たとえば，$x<-3$ を満たす x として $x=-4$ があるね！　でもそれって $x^2<9$ を満たしているかな？

$x=-4$ のとき $x^2=16$ で，$x^2<9$ を満たしていないね（>_<）

だよね！　2次方程式のときと同じようなノリで解くと，このように間違ってしまうんだ。この間違いはものすごく多いから注意してね！　だから，必ずグラフをかいて解くように！

は〜い！　$x^2-9<0$ より，$(x+3)(x-3)<0$ になるから，$y=(x+3)(x-3)$ のグラフが $y=0$（x 軸）より下側にある部分の x の範囲を求めればいいはず。

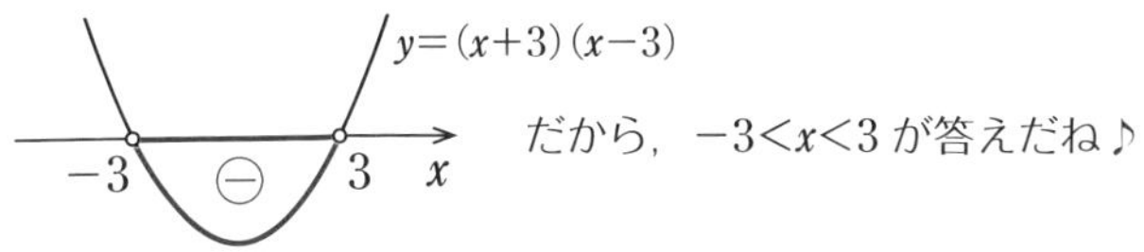

だから，$-3<x<3$ が答えだね♪

そのとおり！　それから，「『<』はあいだで，『>』は外側」みたいに，よく理解しないまま丸暗記して解くのもやめようね。それだと，3次不等式とかになったときに，応用がきかなくなるよ！　必ずグラフをかいて，意味を考えて解こう！

例　2次不等式 $-3x^2+x+1<0$ を解け。

今回のように x^2 の係数が負の数のときは，両辺を -1 倍して，x^2 の係数を正の数にし，下に凸のグラフにしよう♪　つまり，

$$3x^2-x-1>0$$

負の数をかけると不等号の向きは逆になるよ！

としてから解くんだね！（もちろん，もとの $y=-3x^2+x+1$ のグラフを利用して解いても解けるんだけど，下に凸のグラフに統一しておいたほうが間違いが減るよ！）

だけど，今回はもう1つ，別の困った点があるよ！　それは，左辺が因数分解できないことなんだ。でも，その場合でも解くことはできるんだよ。

2次不等式を解くさいに大事なのは，$y=0$（x 軸）との交点だったね！　だか

ら，$y=3x^2-x-1$ と $y=0$ を連立して y を消去した方程式，

$$3x^2-x-1=0$$

を解の公式を用いて解いて，共有点の x 座標を求めるよ。共有点の x 座標は，

$$x=\frac{-(-1)\pm\sqrt{(-1)^2-4\cdot3\cdot(-1)}}{2\cdot3}=\frac{1\pm\sqrt{13}}{6}$$

だね。

$y=3x^2-x-1$ のグラフが $y=0$（x 軸）より上側にある部分の x の値の範囲を求めればいいから，解は，

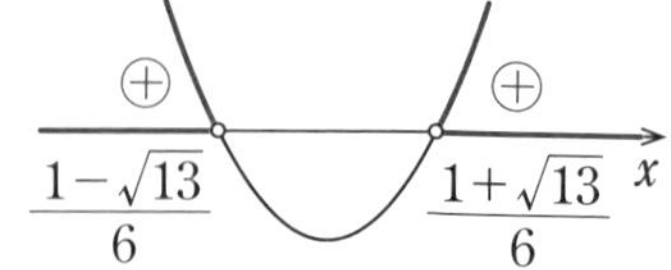

$$\boldsymbol{x<\frac{1-\sqrt{13}}{6},\quad \frac{1+\sqrt{13}}{6}<x}$$

となるね。

例題 ❶

次の2次不等式を解け。

(1)　$6x^2-x-2\geqq0$　　(2)　$-x^2<-5$　　(3)　$x^2+3x+1\leqq0$

解答と解説

(1)　$6x^2-x-2\geqq0$

$$\begin{array}{ccc} 2 & \times & 1 \to 3 \\ 3 & & -2 \to -4 \\ \hline & & -1 \end{array}$$

$(2x+1)(3x-2)\geqq0$

よって，

$$x\leqq-\frac{1}{2},\quad \frac{2}{3}\leqq x$$ 答

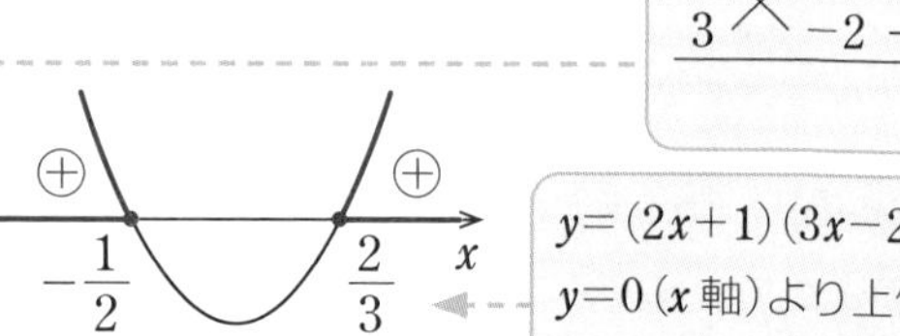

$y=(2x+1)(3x-2)$ が $y=0$（x 軸）より上側かまたは x 軸上にある部分の x の値の範囲を求める

(2)　$-x^2<-5$

移項して，右辺を0にする

$-x^2+5<0$

両辺を-1倍して，x^2 の係数を正にしよう！

$x^2-5>0$

$(x+\sqrt{5})(x-\sqrt{5})>0$

よって，

$$x<-\sqrt{5},\quad \sqrt{5}<x$$ 答

$y=(x+\sqrt{5})(x-\sqrt{5})$ が $y=0$（x 軸）より上側にある部分の x の値の範囲を求める

⊕　⊕

$-\sqrt{5}$　$\sqrt{5}$　x

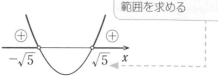

(3)　$x^2+3x+1\leqq 0$

$x^2+3x+1=0$ のとき，

$$x=\frac{-3\pm\sqrt{3^2-4\cdot1\cdot1}}{2\cdot1}=\frac{-3\pm\sqrt{5}}{2}$$

$ax^2+bx+c=0$ において，

$$x=\frac{-b\pm\sqrt{b^2-4ac}}{2a}$$

（今回は，$a=1$，$b=3$，$c=1$）

よって，

$$\frac{-3-\sqrt{5}}{2}\leqq x\leqq\frac{-3+\sqrt{5}}{2}$$ 答

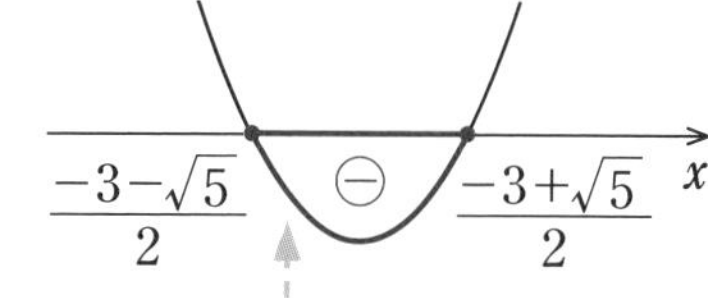

$y=x^2+3x+1$ が $y=0$（x 軸）より下側かまたは x 軸上にある部分の x の範囲を求める

例題 ❷

2次不等式 $ax^2+bx+6<0$ の解が $x<-2$，$3<x$ であるとき，定数 a，b の値を求めよ。

解答と解説

$x<-2$，$3<x$ が解となる2次不等式の1つは，

$(x+2)(x-3)>0$

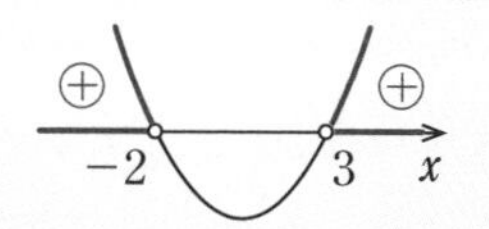

解が $x<-2$，$3<x$ となる2次不等式の1つがこれだね！

これを変形すると，

$x^2-x-6>0$

$-x^2+x+6<0$　$\times(-1)$

$ax^2+bx+6<0$ と左辺の定数項の値がそろうように変形した！

これが，$ax^2+bx+6<0$ と一致するとき，

$a=-1$，$b=1$　答

解が $x<-2$，$3<x$ で，左辺の定数項が6の2次不等式は，$-x^2+x+6<0$

❸ グラフが x 軸に接するタイプの2次不等式

例　2次不等式 $x^2-2x+1>0$ を解け。

$x^2-2x+1>0$ の解は，

$y=x^2-2x+1$ のグラフが $y=0$（x 軸）より上側にある部分の x の値の範囲

だよ。$y=x^2-2x+1$ と $y=0$（x 軸）との共有点が知りたいから，x^2-2x+1 を因数分解すると，

$$x^2-2x+1=(x-1)^2$$

となり，共有点は，

$$(1,\ 0)$$

のみということがわかるね。これは，グラフが x 軸に接している状態だよ。

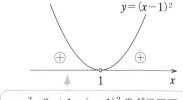

判別式 $\dfrac{D}{4}=(-1)^2-1\cdot 1=0$ からも，共有点は1個とわかるね！

グラフから，

$x=1$ のとき，$y=0$，

$x\neq 1$ のとき，$y>0$

とわかるから，$x^2-2x+1>0$ の解は，

1以外のすべての実数

となるんだ。これは，不等式で，

$x<1$，$1<x$

と表すこともできるよ。

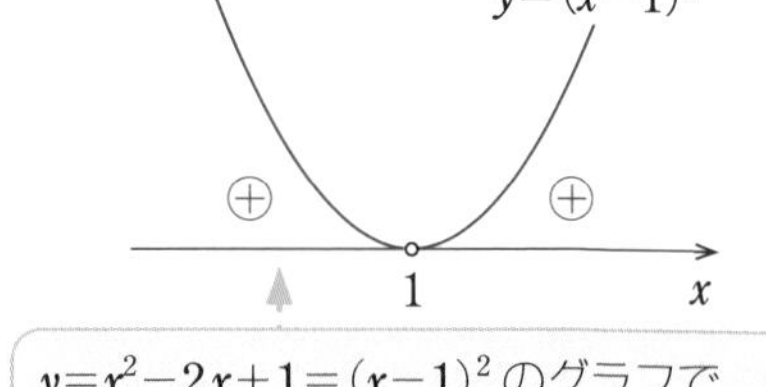

$y=x^2-2x+1=(x-1)^2$ のグラフで，y 座標は $x=1$ 以外で正の値をとるね！

$x=1$ 以外で，$(x-1)^2>0$ が成り立っているね！

不等号の向きが逆のタイプや等号のついたタイプも，同じように考えてみよう。

$$x^2-2x+1<0$$

の解は，

> **$y=x^2-2x+1$ のグラフが $y=0$（x 軸）より下側にある部分の x の値の範囲**

だけど，そんな x はないね！　だから，

解はなし

が答えだよ。

$$x^2-2x+1\geqq 0$$

の解は，

> **$y=x^2-2x+1$ のグラフが $y=0$（x 軸）より上側かまたは x 軸上にある部分の x の値の範囲**

だ。これはすべての x があてはまるね！　だから，

解はすべての実数

が答えだよ。

$x^2-2x+1 \leqq 0$

の解は,

$y=x^2-2x+1$ のグラフが $y=0$ (x 軸)より下側かまたは x 軸上にある部分の x の値の範囲

だよ。これは, $x=1$ のみがあてはまるから, 解は,

$x=1$

となるよ。

4 グラフが x 軸と共有点をもたないタイプの2次不等式

例 2次不等式 $x^2-2x+3>0$ を解け。

まずは, $y=x^2-2x+3$ と $y=0$ (x 軸)の共有点を求めにいこう♪ 連立して y を消去すると,

$x^2-2x+3=0$

となって, 解の公式を使うと,

$$x=\frac{-(-1)\pm\sqrt{(-1)^2-1\cdot3}}{1}=1\pm\sqrt{-2}$$

あれ? $\sqrt{\ }$ の中が負の数になったね! $\sqrt{-2}$ は2乗すると -2 になる数だ。でも, 実数の範囲にそんな数はないから, 実数解がないということだね。連立して y を消去した方程式の実数解は共有点の x 座標を表すから, 実数解がないということは共有点がないことを意味するよ。つまり, 次図のような状態だ。

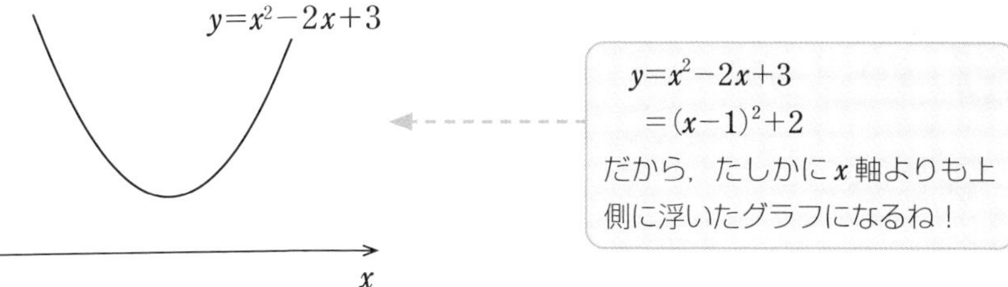

y=x²−2x+3
x
y=x²−2x+3
=(x−1)²+2
だから, たしかに x 軸よりも上側に浮いたグラフになるね!

$x^2-2x+3>0$ の解は,

$y=x^2-2x+3$ のグラフが $y=0$ (x 軸) より
上側にある部分の x の値の範囲

で，今回はすべての x があてはまるね！　だから，解は，

すべての実数

だよ。

ちなみに，$x^2-2x+3<0$ の解は，

$y=x^2-2x+3$ のグラフが $y=0$ (x 軸) より
下側にある部分の x の値の範囲

だから，$x^2-2x+3<0$ には解はないよ。

それじゃあ，ここで，2次不等式を解く手順をまとめておこう。

2次不等式を解く手順

step1 すべての項を左辺に移項し，右辺を 0 にする。

➡ x^2 の係数が負の数のときは両辺を -1 倍し，x^2 の係数を正の数にする。

step2 左辺を因数分解し，$y=$(左辺) のグラフと x 軸との共有点の座標を求める。

➡ 因数分解できないときは，解の公式を用いる。
(解の公式の $\sqrt{\ }$ の中が負の数のときは，共有点はない)

step3 $y=$(左辺) のグラフをかく。

step4 $y=$(左辺) のグラフと $y=0$ (x 軸) の上下関係に着目して，2次不等式を解く。

5 連立不等式

例題 ❸

連立不等式 $\begin{cases} x^2-x-6 \geqq 0 & \cdots\cdots ① \\ x^2-2x-15<0 & \cdots\cdots ② \end{cases}$ を解け。

解答と解説

①より，

$(x+2)(x-3) \geqq 0$

$x \leqq -2,\ 3 \leqq x$ ……①′

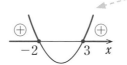

> $y=(x+2)(x-3)$ が $y=0$（x 軸）より上側かまたは x 軸上にある部分の x の値の範囲

②より，

$(x+3)(x-5) < 0$

$-3 < x < 5$ ……②′

> $y=(x+3)(x-5)$ が $y=0$（x 軸）より下側にある部分の x の値の範囲

①′，②′の共通範囲を求めると，

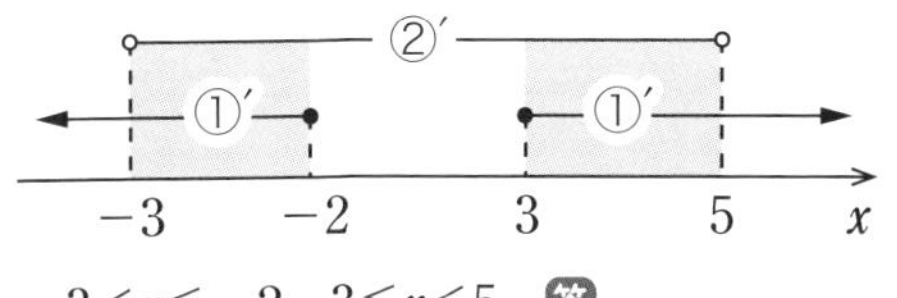

$-3 < x \leqq -2,\ 3 \leqq x < 5$ 答

例題 ❹

x についての2つの2次方程式

$$\begin{cases} x^2+(a+1)x+a^2=0 & \cdots\cdots① \\ x^2+2ax+2a=0 & \cdots\cdots② \end{cases}$$

について，①，②の少なくとも一方が実数解をもつような a の値の範囲を求めよ。

解答と解説

①の判別式を D_1 とすると，①が実数解をもつとき，

$D_1=(a+1)^2-4\cdot1\cdot a^2 \geqq 0$

$-3a^2+2a+1 \geqq 0$

$3a^2-2a-1 \leqq 0$

$(3a+1)(a-1) \leqq 0$

> 3 ╳ 1 → 1
> 1 　 −1 → −3
> ――――――――
> 　　　　 −2

$-\dfrac{1}{3} \leqq a \leqq 1$ ……③

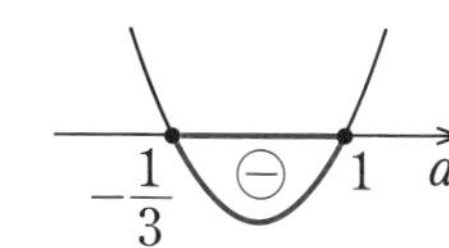

②の判別式を D_2 とすると，②が実数解をもつとき，

$$\frac{D_2}{4}=a^2-1\cdot 2a \geqq 0$$

$$a(a-2)\geqq 0$$

$$a\leqq 0,\ 2\leqq a \quad \cdots\cdots ④$$

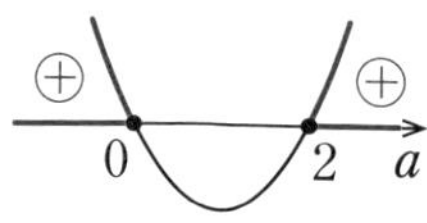

①，②の少なくとも一方が実数解をもつのは，③または④が成り立つときだから，

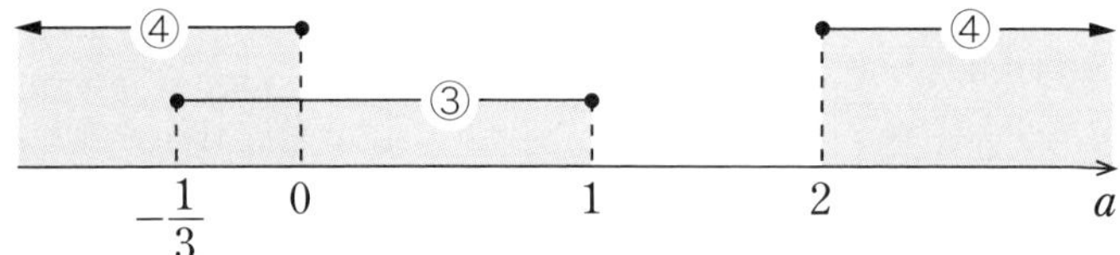

図より，

$a\leqq 1,\ 2\leqq a$ 答

ちょいムズ

たとえば，「A組の全員の身長が140cmより大きいことを示せ」と言われたらどうすればいいかな？

もちろんA組全員の身長を測るという方法もあるけど，それはめんどくさいね。

そこで，A組の中で最も背が低い人に着目してみよう。A組の中で最も背が低い人の身長が140cmより大きければ，全員の身長が140cmより大きいとわかるね。だから，身長が最も低い人が140cmより大きいことを示せばいいわけだ。この発想を使っていくよ。

例 すべての実数 x にたいして，$x^2-2ax+3a+4>0$ が成立するような a の値の範囲を求めよ。

$f(x)=x^2-2ax+3a+4$ とするよ。すべての実数 x にたいして，$f(x)>0$ が成立するためには，$y=f(x)$ の中で1番小さいところ，つまり最小値が0より大きければいいね。

$y=f(x)$ のグラフは下に凸の放物線になるから，次ページ右図のように，

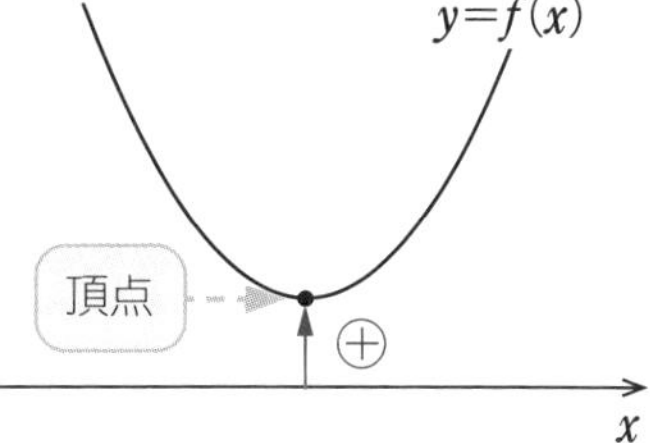

（頂点の y 座標）>0

が成り立てばいいんだ。

$$f(x)=x^2-2ax+3a+4$$
$$=(x-a)^2-a^2+3a+4$$

頂点の y 座標

よって，

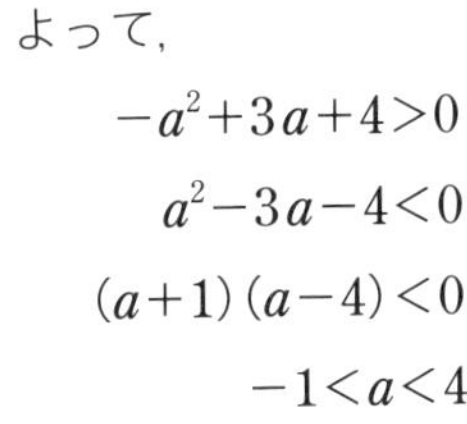

$$-a^2+3a+4>0$$
$$a^2-3a-4<0$$
$$(a+1)(a-4)<0$$
$$-1<a<4$$

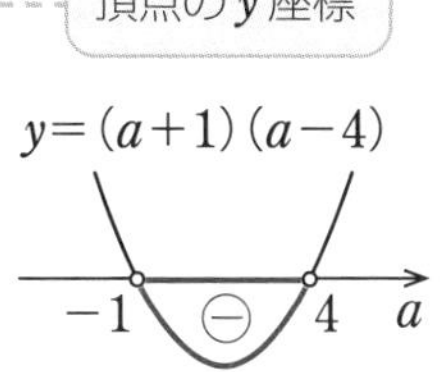

が求める a の値の範囲だよ。

また，次のように考えてもいいよ。$y=f(x)$ のグラフが x 軸と共有点をもたなければいいから，2次方程式 $f(x)=0$ が実数解をもたなければいい。

だから，$f(x)=0$ の判別式を D とすると，

$$\frac{D}{4}=(-a)^2-1\cdot(3a+4)<0$$
$$a^2-3a-4<0$$
$$-1<a<4$$

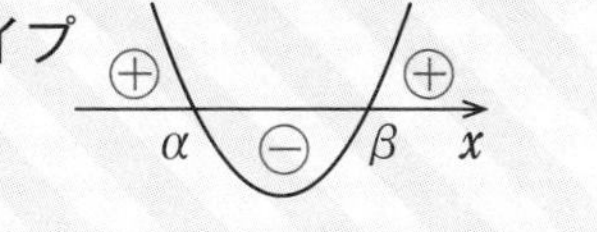

(1) **グラフが x 軸と異なる2点で交わるタイプ**

$a>0$，$D=b^2-4ac>0$ のとき，

$ax^2+bx+c=0$ の異なる2つの実数解を α，β $(\alpha<\beta)$ とすると，

$ax^2+bx+c>0$ の解……$x<\alpha$，$\beta<x$

$ax^2+bx+c<0$ の解……$\alpha<x<\beta$

$ax^2+bx+c\geqq0$ の解……$x\leqq\alpha$，$\beta\leqq x$

$ax^2+bx+c\leqq0$ の解……$\alpha\leqq x\leqq\beta$

$y=ax^2+bx+c$ が $y=0$（x 軸）より上側にある部分の x の値の範囲が解

$y=ax^2+bx+c$ が $y=0$（x 軸）より下側にある部分の x の値の範囲が解

(2)　グラフが x 軸に接するタイプ

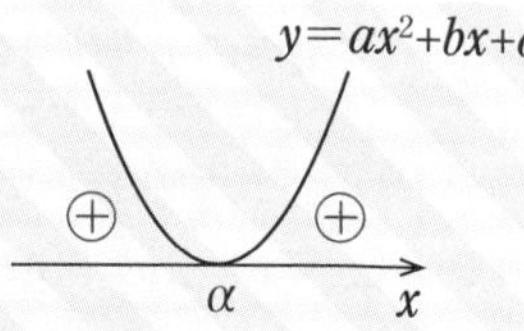

$a>0$，$D=b^2-4ac=0$ のとき，
$ax^2+bx+c=0$ の重解を α とすると，

$ax^2+bx+c>0$ の解……α 以外のすべての実数
$ax^2+bx+c<0$ の解……なし
$ax^2+bx+c \geqq 0$ の解……すべての実数
$ax^2+bx+c \leqq 0$ の解……$x=\alpha$

$y=ax^2+bx+c$ が $y=0$（x 軸）より上側かまたは x 軸上にある部分の x の値の範囲が解

$y=ax^2+bx+c$ が $y=0$（x 軸）より下側かまたは x 軸上にある部分の x の値の範囲が解

(3)　グラフが x 軸と共有点をもたないタイプ

$a>0$，$D=b^2-4ac<0$ のとき，

$ax^2+bx+c>0$ の解……すべての実数
$ax^2+bx+c<0$ の解……なし
$ax^2+bx+c \geqq 0$ の解……すべての実数
$ax^2+bx+c \leqq 0$ の解……なし

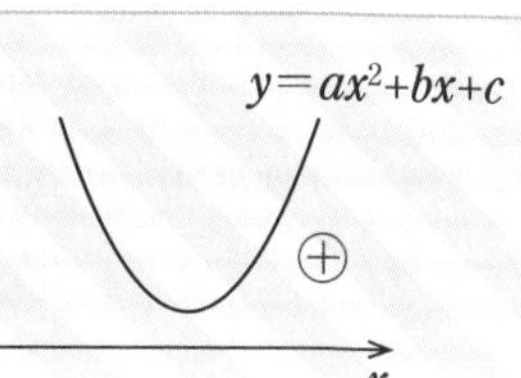

解答と解説▶別冊 $p.44$

練習問題

(1)　次の2次不等式を解け。

①　$-4x^2+4x+1 \leqq 0$　　②　$x^2-8x+16 \leqq 0$　　③　$x^2+4x+6>0$

★(2)　2次不等式 $x^2+ax+b \leqq 0$ の解が $-\dfrac{1}{2} \leqq x \leqq 4$ であるとき，定数 a，b の値を求めよ。

第21節 2次方程式の解の配置

この節の目標

☐ Ⓐ **2次方程式の解に範囲の条件が与えられたときの処理の仕方がわかる。**

イントロダクション ♪♬

今回は，2次方程式の解に範囲の条件が与えられたとき，どのようにすればいいかを考えていくよ。

例 2次方程式 $x^2-2ax-a+6=0$ が異なる2つの正の解をもつような定数 a の値の範囲を求めよ。

$$x^2-2ax-a+6=0$$

は2次方程式だから，解の公式を使えば，解を求めることはできるね。

$$x=\frac{-(-a)\pm\sqrt{(-a)^2-1\cdot(-a+6)}}{1}=a\pm\sqrt{a^2+a-6}$$

異なる2つの実数解だから，

$$a^2+a-6>0$$

√ の中（判別式）が正じゃないと，異なる2つの実数解にならないね！

であり，かつ，2つとも正の解だから，

$$\begin{cases} a+\sqrt{a^2+a-6}>0 \\ a-\sqrt{a^2+a-6}>0 \end{cases} \quad \cdots\cdots(*)$$

を満たす a の範囲が答えだよ。しかし，連立不等式(＊)は，今の段階では解くことができないんだ(＞_＜)

$x^2-2ax-a+6=0$ は，$y=x^2-2ax-a+6$ と $y=0$ を連立して y を消去したものだね！

そこで，

方程式 $x^2-2ax-a+6=0$ の実数解は，
$y=x^2-2ax-a+6$ と $y=0$（x 軸）のグラフの共有点の x 座標

であることに着目して解いていくよ（この例は❷で扱うからね）。

ゼロから解説

1 2次方程式の解の配置(1)

例 2次方程式 $x^2-2ax+a-6=0$ が，-4 と 0 のあいだに1つの解をもち，2と6のあいだに1つの解をもつような定数 a の値の範囲を求めよ。

2次方程式 $x^2-2ax+a-6=0$ は，解の公式を使って，

$$x=a\pm\sqrt{a^2-a+6}$$

と解くことができるから，これを直接用いると，問題の条件は，

$$\begin{cases} -4<a-\sqrt{a^2-a+6}<0 \\ \ \ 2<a+\sqrt{a^2-a+6}<6 \end{cases}$$

となるね。でも，さっき**イントロダクション♪♬**でもふれたように，このような不等式は今の段階では解くことができないんだ。

だから，$x^2-2ax+a-6=0$ の解を直接とりあげても処理できないから，何かほかの方法を考えなくてはならないね。このようなときに，方程式の解を間接的に扱う方法として，「グラフの利用」があるんだよ。

2次関数 $y=ax^2+bx+c$ のグラフと直線 $y=0$（x 軸）との共有点の x 座標は，2次方程式 $ax^2+bx+c=0$ の実数解になるんだったね。ここでは，その関係を逆に利用して，2次方程式 $ax^2+bx+c=0$ の実数解を，2次関数 $y=ax^2+bx+c$ のグラフと直線 $y=0$（x 軸）との共有点の x 座標としてとらえるよ。

つまり，今回は，「2次方程式 $x^2-2ax+a-6=0$ の実数解」を，

2次関数 $y=x^2-2ax+a-6$ のグラフと直線 $y=0$（x 軸）との共有点の x 座標

とみることで，問題の条件を，

「$y=x^2-2ax+a-6$ のグラフが
x 軸の $-4<x<0$ および $2<x<6$ のそれぞれの部分と1箇所ずつ交わる」

と言い換えて解くんだ。ここで，

$$f(x)=x^2-2ax+a-6$$

とおくと，$y=f(x)$ のグラフは下に凸の放物線だから，x 軸の $-4<x<0$ および $2<x<6$ のそれぞれの部分と1箇所ずつ交わるためには，グラフが次のように

なればいいということがわかるね。

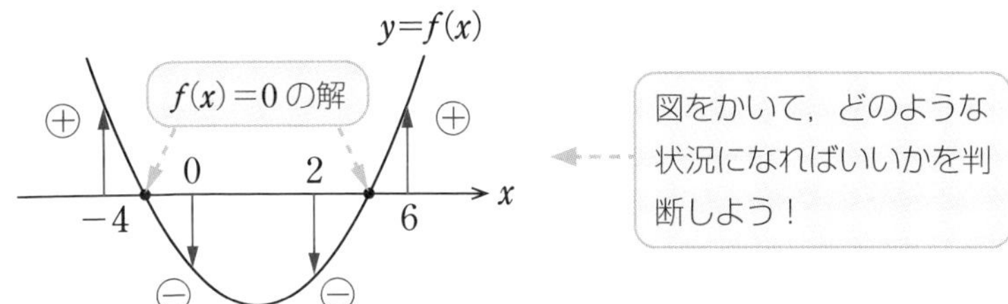

ここで着目してほしいのが，$-4<x<0$ や $2<x<6$ の範囲の端だよ。つまり，$x=-4,\ 0,\ 2,\ 6$ のときの y の値の $f(-4)$，$f(0)$，$f(2)$，$f(6)$ なんだ。とくに，これらの値の符号に着目してみよう。y の値が正っていうのはグラフが x 軸より上側にあるっていうことだし，y の値が負っていうのはグラフが x 軸より下側にあるっていうことだよね。だから上図のようなグラフになるための条件は，

$$\begin{cases} f(-4)>0 & \cdots\cdots ① \longleftarrow x=-4\text{ のときの }y\text{ 座標は正} \\ f(0)<0 & \cdots\cdots ② \longleftarrow x=0\text{ のときの }y\text{ 座標は負} \\ f(2)<0 & \cdots\cdots ③ \longleftarrow x=2\text{ のときの }y\text{ 座標は負} \\ f(6)>0 & \cdots\cdots ④ \longleftarrow x=6\text{ のときの }y\text{ 座標は正} \end{cases}$$

だね！　$f(x)=x^2-2ax+a-6$ に代入していこう！

①より，

$$f(-4)=(-4)^2-2a\cdot(-4)+a-6>0$$

$$9a+10>0$$

$$a>-\frac{10}{9} \quad \cdots\cdots ①'$$

②より，

$$f(0)=a-6<0$$

$$a<6 \quad \cdots\cdots ②'$$

③より，

$$f(2)=2^2-2a\cdot 2+a-6<0$$

$$-3a-2<0$$

$$a>-\frac{2}{3} \quad \cdots\cdots ③'$$

④より，

$$f(6)=6^2-2a\cdot 6+a-6>0$$
$$-11a+30>0$$
$$a<\frac{30}{11} \quad \cdots\cdots ④'$$

①'～④'より，

$$-\frac{2}{3}<a<\frac{30}{11}$$

となって，無事に a の条件を求めることができたね！

今回みたいな，方程式の「解の範囲」に関する問題（「解の配置の問題」ともいうよ）は，解そのものを直接とりあげても処理ができないことが多いんだ。そこで，その場合は，方程式の実数解の条件をグラフの共有点の条件に変換してしまい，グラフを利用した解法に切り替えていくことで解決するんだね。

例題 ❶

(1) **2次方程式 $x^2-2(k+5)x+2k^2+8k=0$ の1つの解が2より大きく，もう1つの解が2より小さくなるような定数 k の値の範囲を求めよ。**

(2) **2次方程式 $x^2+2mx+4m-3=0$ が -2 と0のあいだと，0と1のあいだにそれぞれ解をもつような定数 m の値の範囲を求めよ。**

解答の前にひと言

(1) $f(x)=x^2-2(k+5)x+2k^2+8k$ とおく。

$y=f(x)$ のグラフをかき，$y=0$（x 軸）との交点について考えてみると，「方程式 $f(x)=0$ が2より大きい解と2より小さい解をもつ」ことは，

$y=f(x)$ のグラフと直線 $y=0$（x 軸）が，$x>2$ となる交点と $x<2$ となる交点をもつ

ことと同じで，またそのためには，

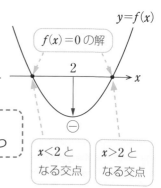

$f(2)<0$

となればいいことがわかるね！

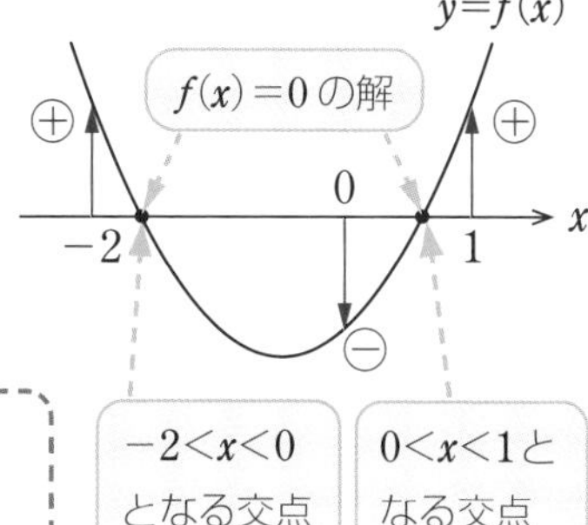

(2)　$f(x)=x^2+2mx+4m-3$ とおく。

ここでも $y=f(x)$ のグラフをかいてみると，「方程式 $f(x)=0$ が -2 と 0 のあいだと，0 と 1 のあいだに解をもつ」ことは，

> **$y=f(x)$ のグラフと直線 $y=0$（x 軸）が，$-2<x<0$ と $0<x<1$ に交点をもつ**

ことと同じで，またそのためには，

$f(-2)>0$　かつ　$f(0)<0$　かつ　$f(1)>0$

となればいいことがわかるね！

解答と解説

(1)　$f(x)=x^2-2(k+5)x+2k^2+8k$ とおく。

$y=f(x)$ のグラフは下に凸の放物線だから，求める条件は，

$$
\begin{aligned}
f(2)=2^2-2(k+5)\cdot 2+2k^2+8k&<0 \\
2k^2+4k-16&<0 \\
k^2+2k-8&<0 \\
(k+4)(k-2)&<0 \\
-4<k&<2
\end{aligned}
$$
答

$f(2)<0$

(2)　$f(x)=x^2+2mx+4m-3$ とおく。

$y=f(x)$ のグラフは下に凸の放物線だから，求める条件は，

$$
\begin{cases}
f(-2)=4-4m+4m-3=1>0 & \cdots\cdots ① \\
f(0)=4m-3<0 & \cdots\cdots ② \\
f(1)=1+2m+4m-3=6m-2>0 & \cdots\cdots ③
\end{cases}
$$

①かつ②かつ③を満たす m の範囲を求めるんだね！

①はすべての実数 m で成り立つ。

だから，①はとくに考える必要はないね！

②，③より，

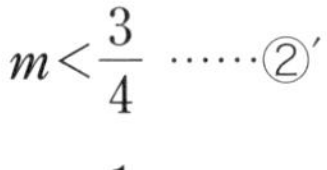

$$m<\frac{3}{4} \quad \cdots\cdots ②'$$

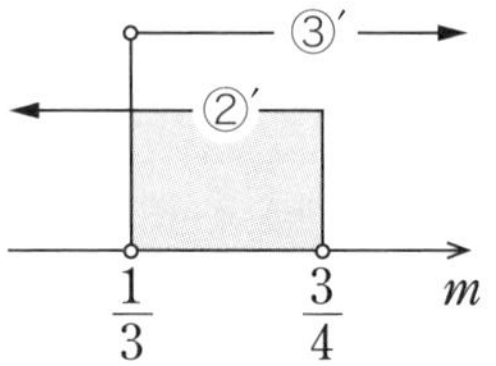

$$m>\frac{1}{3} \quad \cdots\cdots ③'$$

②′，③′より，

$$\frac{1}{3}<m<\frac{3}{4}$$ 答

2　2次方程式の解の配置(2)

それでは，**イントロダクション♪♬**でもとりあげた問題を解いていこう！

例　2次方程式 $x^2-2ax-a+6=0$ が異なる2つの正の解をもつような定数 a の値の範囲を求めよ。

今回の問題は，次のような方針で解いていくよ！

> **$y=x^2-2ax-a+6$ と $y=0$（x 軸）が異なる2点で交わり，交点の x 座標が2つとも正であるような a の値の範囲を求める**

$$f(x)=x^2-2ax-a+6$$

とおくと，

$$f(x)=(x-\underline{a})^2\underline{-a^2-a+6}$$

と平方完成できるね！　だから，$y=f(x)$ のグラフは下に凸の放物線で，軸は直線 $\underline{x=a}$，頂点の y 座標は $\underline{-a^2-a+6}$ となるね。

正の解とは「0より大きい解」だから，$f(x)=0$ が異なる2つの正の解をもつには，$y=f(x)$ のグラフが，

図1

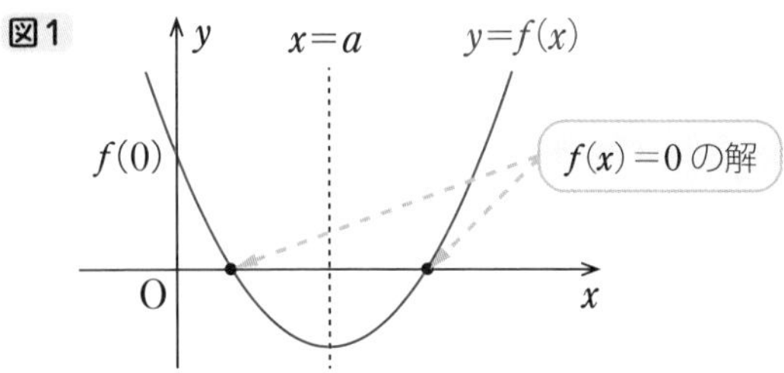

のようになればいいわけ！

まずは❶のときと同様に，$x=0$ のときの y 座標に着目すると，$f(0)$ は正だね！　だから，

① $\boldsymbol{f(0)>0}$

になっている必要があるんだよ。

でも，①の条件だけだと，それだけで絶対に **図1** のようなグラフになるとはいえないんだ。①だけだと，

図2

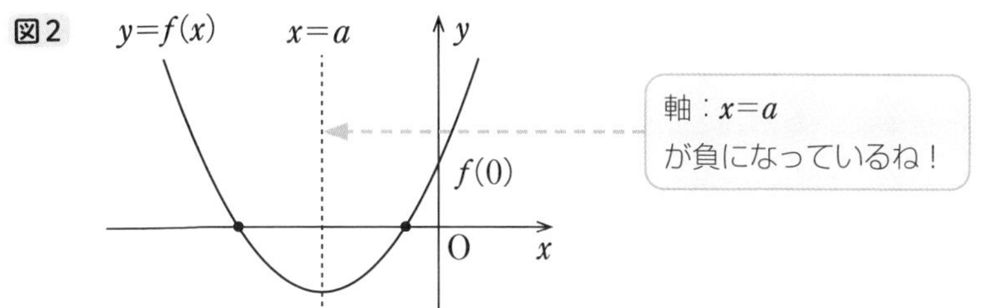

のようなグラフになるかもしれないよね！　じゃあ，**図2** のようになってしまう可能性を消すためにはどうすればいいかな？

放物線の横の動きを操っているのは，軸（頂点の x 座標）

だよ。だから，2つ目の条件として，

② **（軸）$\boldsymbol{a>0}$**

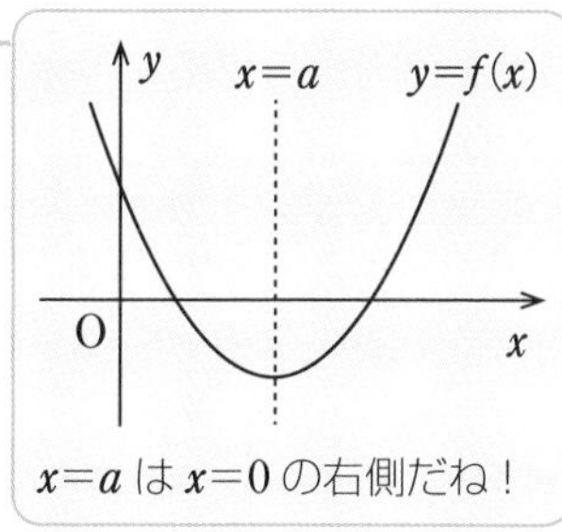

も必要なんだ。

それじゃあ，①，②が両方とも成り立てば，それで絶対に **図1** のようなグラフになるかというと，そうとはかぎらないんだ。①，②だけだと，

図3

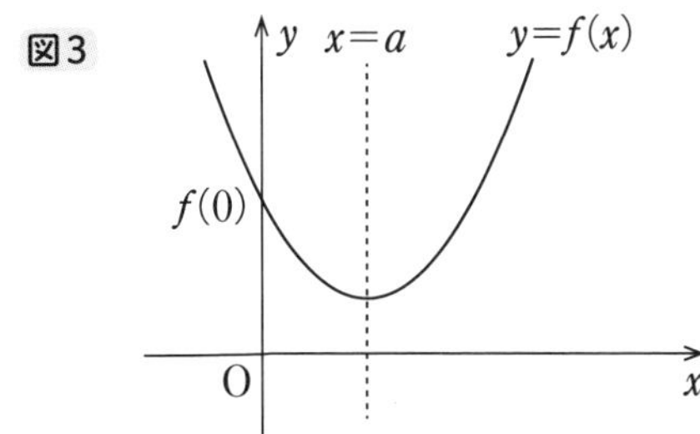

のように，x 軸と交わらずに上に浮いてしまうかもしれないよね！　じゃあ，図3 のようになってしまう可能性を消すためにはどうすればいいかな？

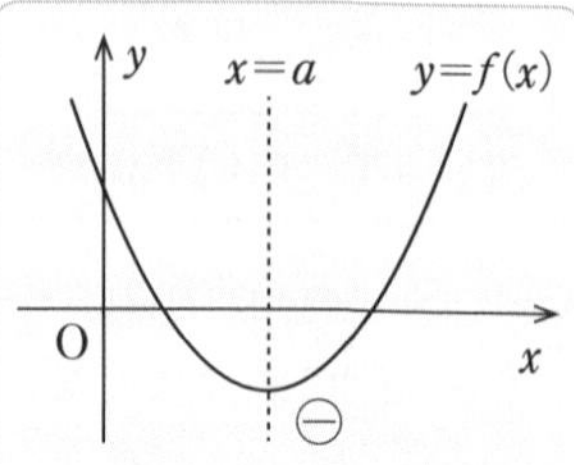

頂点の y 座標が負ならば，$y=f(0)$ は x 軸と異なる2点で交わるね！

放物線の縦の動きを操っているのは，頂点の y 座標

なんだ。図1 のような状態になるためには，3つ目，

③　(頂点の y 座標)<0

であることも必要だね！　つまり，図1 のようなグラフになるためには，①，②，③がすべて成り立つことが必要なんだ。そして，逆に①，②，③のすべてが成り立つような下に凸の放物線のグラフをかくと，絶対に 図1 のようになるね。だから，①～③をすべて満たすような a の範囲が求める答えだよ。

$$\begin{cases} f(0)=-a+6>0 & \cdots\cdots① \\ a>0 & \cdots\cdots② \\ -a^2-a+6<0 & \cdots\cdots③ \end{cases}$$

①より，

$a<6$ ……①′

③×(−1)より，

$a^2+a-6>0$

$(a+3)(a-2)>0$

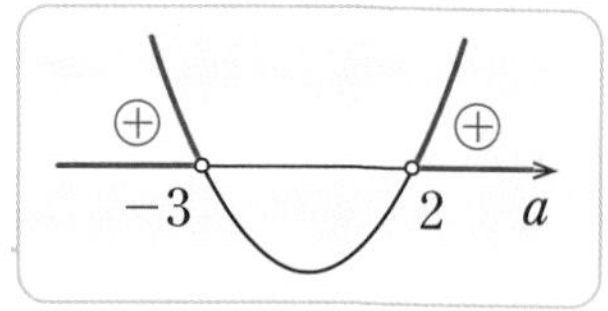

$a<-3,\ 2<a$ ……③′

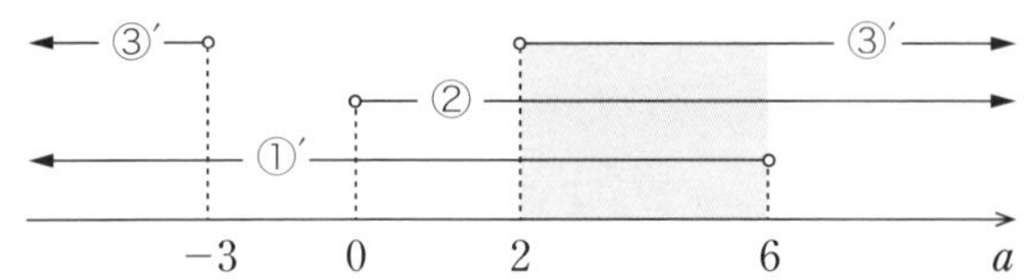

①′，②，③′より，

$2<a<6$

ちょいムズ

例題 ❷

k は実数の定数とする。放物線 $y=x^2-kx+2k+3$ と直線 $y=kx+3k+1$ が $x<4$ の範囲に異なる2つの共有点をもつとき，k の値の範囲を求めよ。

解答の前にひと言

$y=x^2-kx+2k+3$ と $y=kx+3k+1$ の共有点の x 座標は，

$$x^2-kx+2k+3=kx+3k+1$$

$$x^2-2kx-k+2=0 \quad \cdots\cdots(*)$$

の実数解だね！　だから，(*)が異なる2つの実数解をもち，それらがともに4より小さくなる条件を求めればいいんだよ。

ここからの話は❷の例と同じだね！

$$f(x)=x^2-2kx-k+2$$

とおくと，

$$f(x)=(x-k)^2-k^2-k+2$$

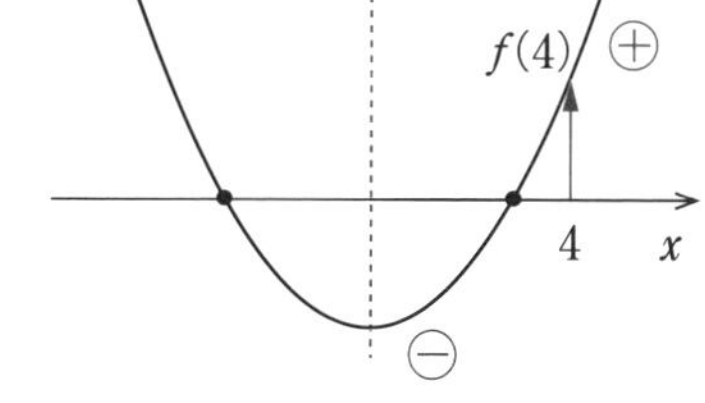

求める条件は，

① $f(4)>0$,　② （軸）$k<4$,　③ （頂点の y 座標）<0

解答と解説

$y=x^2-kx+2k+3$ と $y=kx+3k+1$ から y を消去して，

$$x^2-kx+2k+3=kx+3k+1$$

$$x^2-2kx-k+2=0$$

$f(x)=x^2-2kx-k+2$ とおくと，

$$f(x)=(x-k)^2-k^2-k+2$$

$y=f(x)$ のグラフは下に凸の放物線だから，求める条件は，

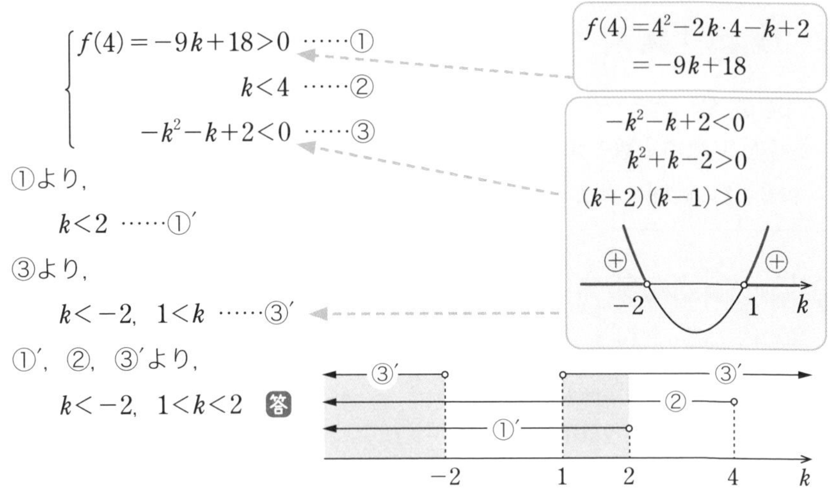

$$\begin{cases} f(4) = -9k+18>0 & \cdots\cdots① \\ k<4 & \cdots\cdots② \\ -k^2-k+2<0 & \cdots\cdots③ \end{cases}$$

①より,

$k<2$ ……①′

③より,

$k<-2,\ 1<k$ ……③′

①′, ②, ③′より,

$k<-2,\ 1<k<2$ 答

まとめ

2次方程式$f(x)=0$の解に範囲の条件が与えられたとき, 2次関数$y=f(x)$のグラフについて,

❶ $f(□)$の値,　❷ 軸,　❸ 頂点のy座標

に着目する!

以下, $f(x)$はx^2の係数が正の2次関数とする。

(1) $f(x)=0$の解がaとbのあいだと, cとdのあいだ($a<b<c<d$)にある

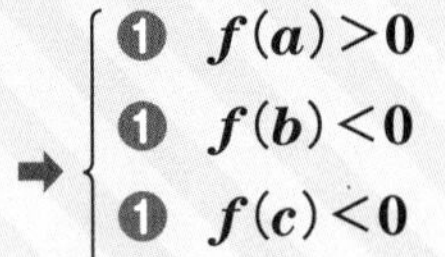

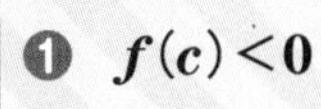

➡ $\begin{cases} ❶\ f(a)>0 \\ ❶\ f(b)<0 \\ ❶\ f(c)<0 \\ ❶\ f(d)>0 \end{cases}$

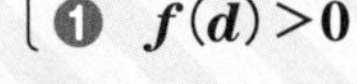

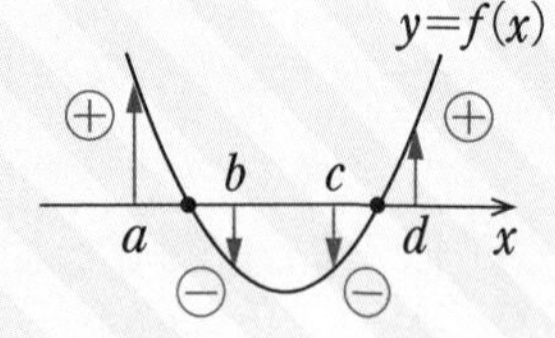

(2) $f(x)=0$がaより小さい解とaより大きい解をもつ。

➡ ❶ $f(a)<0$

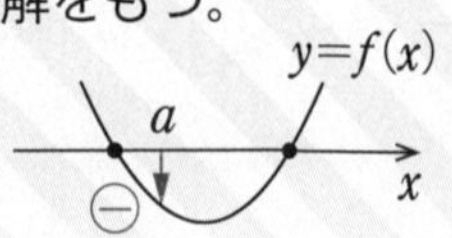

(3) $\boldsymbol{f(x)=0}$ の異なる**2**つの解が**2**つとも $\boldsymbol{a}$ より大きい。

➡ ❶ $\boldsymbol{f(a)>0}$
❷ 軸 $\boldsymbol{>a}$
❸ (頂点の $\boldsymbol{y}$ 座標) $\boldsymbol{<0}$

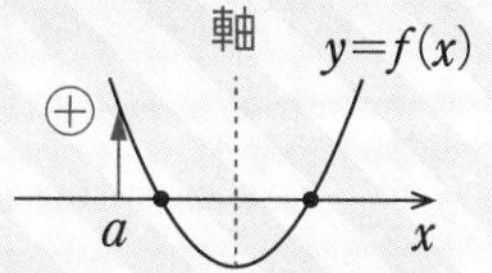

(4) $\boldsymbol{f(x)=0}$ の異なる**2**つの解が**2**つとも $\boldsymbol{a}$ と $\boldsymbol{b}$ のあいだ($\boldsymbol{a<b}$)にある。

➡ ❶ $\boldsymbol{f(a)>0}$ かつ $\boldsymbol{f(b)>0}$
❷ $\boldsymbol{a<}$ 軸 $\boldsymbol{<b}$
❸ (頂点の $\boldsymbol{y}$ 座標) $\boldsymbol{<0}$

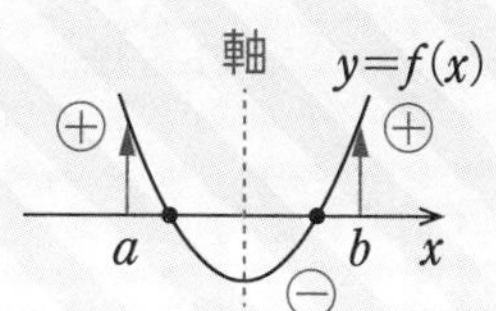

解答と解説►別冊 $p.46$

練習問題

2次方程式 $x^2+2(a+1)x+5a+5=0$ が，次のような異なる2つの実数解をもつとき，定数 a の値の範囲を求めよ。

(1) -1 より大きい解と -1 より小さい解。

(2) 2つの解がともに -2 と 2 のあいだにある。

第22節 三角比

この節の目標

- ☐ Ⓐ $\sin\theta$，$\cos\theta$，$\tan\theta$ を求めることができる。
- ☐ Ⓑ 30°，45°，60°の三角比を求めることができる。
- ☐ Ⓒ 三角比を利用して，高さや距離を求めることができる。

イントロダクション ♪♫

この節から第❹章，「図形と計量」に入るよ！

突然だけど，「あのビル高いな～何 m ぐらいの高さかな～」なんて思ったことはないかな？　じつは，およそどれぐらいかを知る，いい方法があるんだ。

まず，ビルの頂上を見上げたときにアプリを使えば，見上げたときの角度を測（はか）ることができるね（すごい時代になったもんだ）！　また，ビルまでの水平方向の距離を測ることも，アプリを使えばできるね（これはメジャーでもいいよ）！

つまり，図1 の距離 x と角度 θ（ギリシャ文字で，「シータ」と読むよ）はわかるわけ。

図1

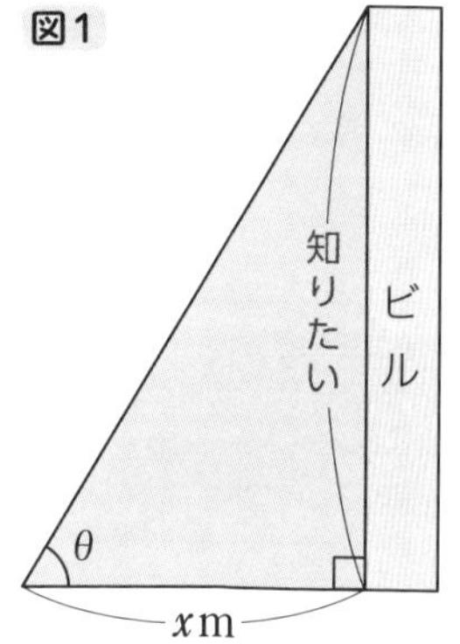

じゃあ，たとえば，$x=50$，$\theta=60°$ だったとするよ。ここで，中学で習った三角定規の三角形を思い出してみよう！　図2 のように，30°，60°，90°の直角三角形は，辺の比が，

$$1:2:\sqrt{3}$$

図2

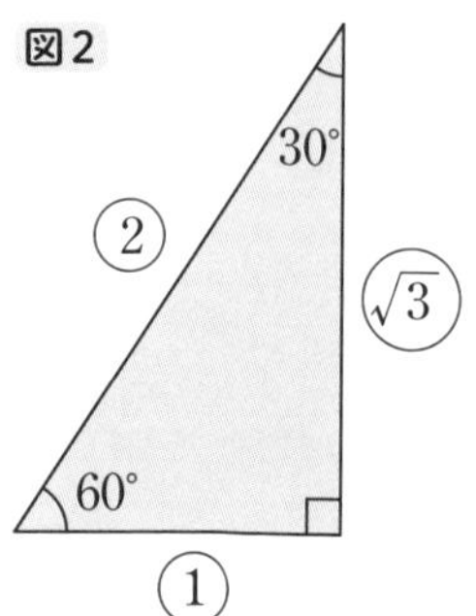

だったね！　だから，θ が60°のとき，x の値がわかれば高さもわかるね。今回は，底辺の長さ x は50で，高さは底辺の長さの $\sqrt{3}$ 倍だから，

$$50\sqrt{3}\ \text{m}$$

と求めることができるね！

図3

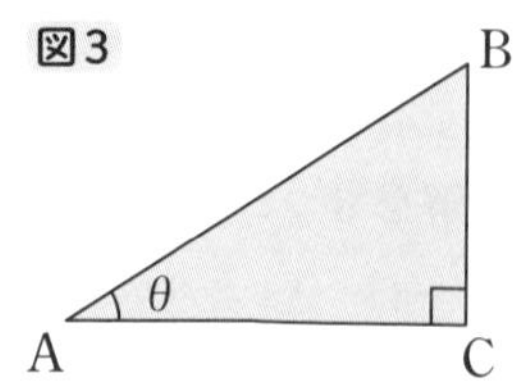

今回使った高さと底辺の比の値を「**正接**(せいせつ)」または「**タンジェント**」といって，図3 で考えると，$\dfrac{\mathrm{BC}}{\mathrm{AC}}$を「$\tan\theta$」（タンジェントシータ）と表すよ。そのほかにも，高さと斜辺の比の値$\dfrac{\mathrm{BC}}{\mathrm{AB}}$を「$\sin\theta$」（サインシータ），底辺と斜辺の比の値$\dfrac{\mathrm{AC}}{\mathrm{AB}}$を「$\cos\theta$」（コサインシータ）と表すんだ（❶でくわしく扱うね）。たとえば，$\theta=60°$なら，図2 から，

$$\tan 60°=\frac{\sqrt{3}}{1}=\sqrt{3},\quad \sin 60°=\frac{\sqrt{3}}{2},\quad \cos 60°=\frac{1}{2}$$

だよ。

今回のビルの例のように，2辺の比がわかっていると，片方の長さがわかればもう片方の長さもわかるね。三角形の辺の比がわかると便利だね！　そこでこの節では，直角三角形の辺の比について考えていくよ。

ゼロから解説

❶ 正弦・余弦・正接

まずは三角比の定義を覚えよう！　着目する角が左下にくるように直角三角形をかくと……

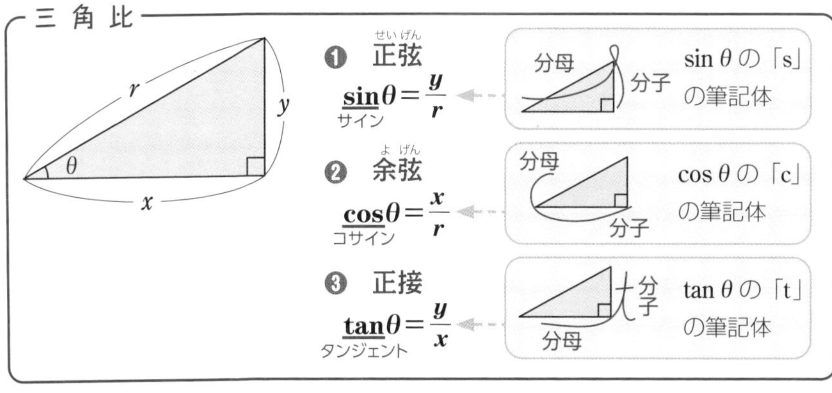

三角比
r
y
θ
x
❶ 正弦(せいげん)
sinθ＝y/r
サイン
分母
分子
sin θ の「s」の筆記体
❷ 余弦(よげん)
cosθ＝x/r
コサイン
分母
分子
cos θ の「c」の筆記体
❸ 正接
tanθ＝y/x
タンジェント
分子
分母
tan θ の「t」の筆記体

そして，正弦・余弦・正接をまとめて，「**三角比**」というよ！　要は三角比というのは，直角三角形の辺の比の値のことなんだ。

右の図の直角三角形 ABC と，それを2倍に相似拡大した直角三角形 A′B′C′において，∠A＝∠A′＝θとするとき，$\sin\theta$，$\cos\theta$，$\tan\theta$を求めてみよう。

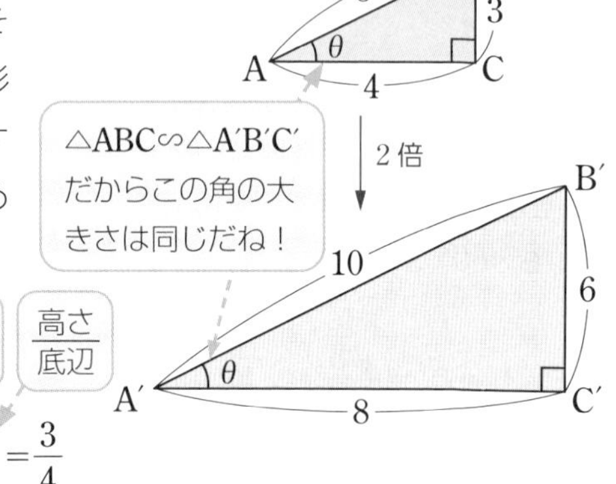

△ABC において，$\dfrac{\text{高さ}}{\text{斜辺}}$　$\dfrac{\text{底辺}}{\text{斜辺}}$　$\dfrac{\text{高さ}}{\text{底辺}}$

$$\sin\theta=\frac{3}{5},\quad \cos\theta=\frac{4}{5},\quad \tan\theta=\frac{3}{4}$$

△A′B′C′において，$\dfrac{\text{高さ}}{\text{斜辺}}$　$\dfrac{\text{底辺}}{\text{斜辺}}$　$\dfrac{\text{高さ}}{\text{底辺}}$

$$\sin\theta=\frac{6}{10}=\frac{3}{5},\quad \cos\theta=\frac{8}{10}=\frac{4}{5},\quad \tan\theta=\frac{6}{8}=\frac{3}{4}$$

この結果からもわかるように，角θが決まれば，辺の長さそのものは決まらなくても，辺の長さの比は決まることがわかるね。
だから，sin，cos，tan の値は，それぞれ角θの大きさによって決まるんだ。

sin も cos も tan も，辺の長さの比だからだね！

2　30°，45°，60°の正弦，余弦，正接

三角比の値にも有名なものがあるから，今回をそれを押さえていこう。それは，三角定規の三角比だよ。まず，30°の三角比を求めてみよう。

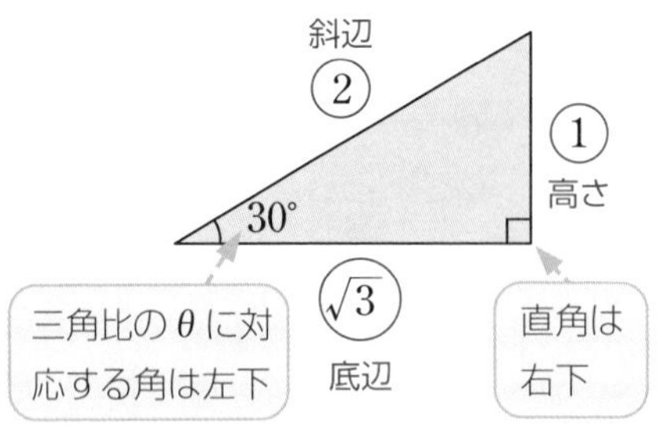

$$\sin 30^\circ=\frac{1}{2}\quad \leftarrow \frac{\text{高さ}}{\text{斜辺}}$$

$$\cos 30^\circ=\frac{\sqrt{3}}{2}\quad \leftarrow \frac{\text{底辺}}{\text{斜辺}}$$

$$\tan 30^\circ=\frac{1}{\sqrt{3}}\quad \leftarrow \frac{\text{高さ}}{\text{底辺}}$$

となるね。つぎに，45°の三角比を求めてみるよ。

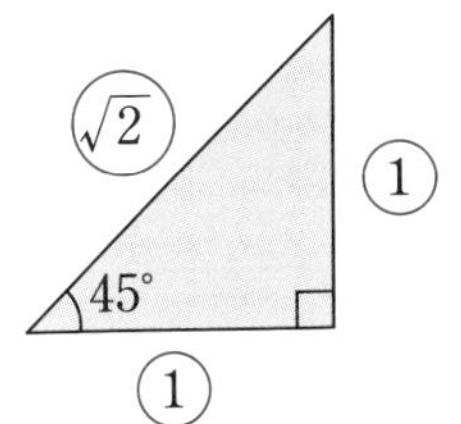

$\sin 45° = \dfrac{1}{\sqrt{2}}$ ◀ $\dfrac{\text{高さ}}{\text{斜辺}}$

$\cos 45° = \dfrac{1}{\sqrt{2}}$ ◀ $\dfrac{\text{底辺}}{\text{斜辺}}$

$\tan 45° = 1$ ◀ $\dfrac{\text{高さ}}{\text{底辺}}\left(=\dfrac{1}{1}\right)$

となるよ。最後に60°の三角比だ。

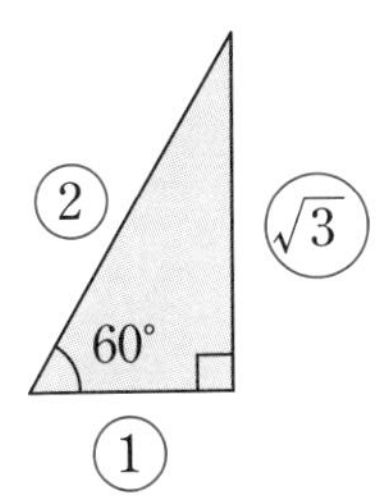

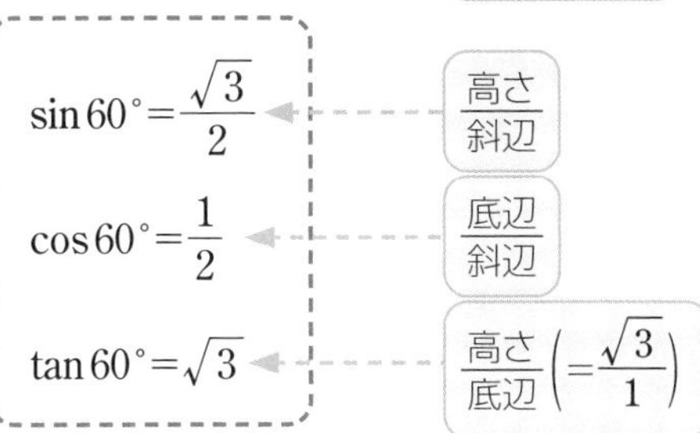

$\sin 60° = \dfrac{\sqrt{3}}{2}$ ◀ $\dfrac{\text{高さ}}{\text{斜辺}}$
$\cos 60° = \dfrac{1}{2}$ ◀ $\dfrac{\text{底辺}}{\text{斜辺}}$
$\tan 60° = \sqrt{3}$ ◀ $\dfrac{\text{高さ}}{\text{底辺}}\left(=\dfrac{\sqrt{3}}{1}\right)$

ここでやった9つの三角比はこれからよく使っていくから，すぐに値が出せるようにしておこう。

3 三角比の応用

つぎに，三角比を使って，高さや距離を求めることをやってみよう。

右図において，

$$\frac{y}{r} = \sin\theta$$

だよね。そこで，この両辺を r 倍すると，

$$y = r\sin\theta$$

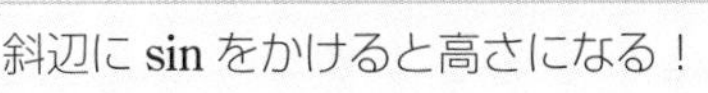

となるね。同じように，

両辺を r 倍

$\dfrac{x}{r} = \cos\theta$ より，$x = r\cos\theta$ ◀ 斜辺に cos をかけると底辺になる！

$\dfrac{y}{x} = \tan\theta$ より，$y = x\tan\theta$ ◀ 底辺に tan をかけると高さになる！

両辺を x 倍

三角比の応用

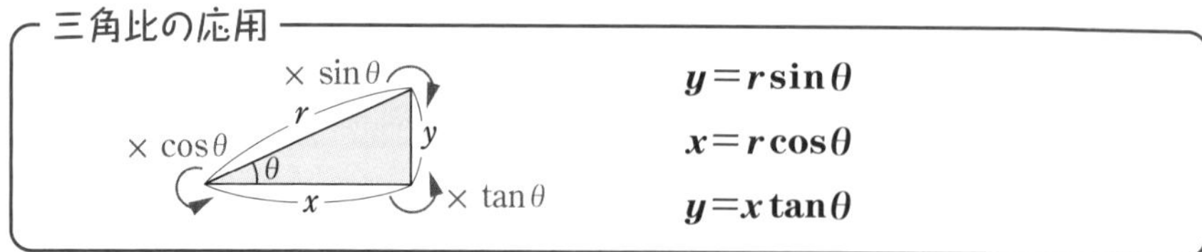

$$y = r\sin\theta$$
$$x = r\cos\theta$$
$$y = x\tan\theta$$

例題 ❶

長さ3mのはしごABを家の壁に立てかけたら，はしごと地面のなす角は65°であった。このとき，はしごの下端Aと壁との距離AC，および，はしごの上端Bまでの高さBCは，それぞれ何mか。ただし，$\sin 65° = 0.9063$，$\cos 65° = 0.4226$とし，小数第2位を四捨五入して答えよ。

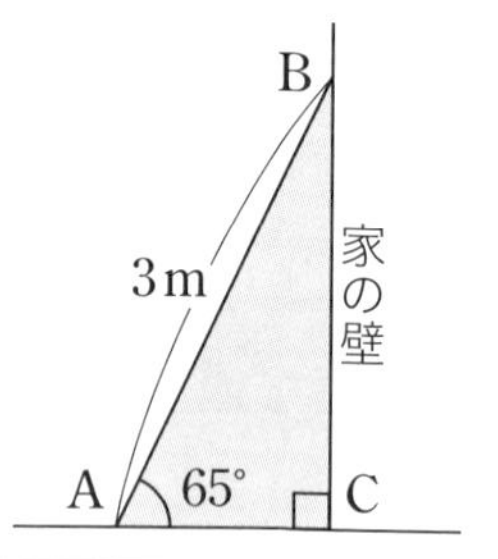

解答と解説

$$\begin{aligned} AC &= AB\cos 65° \\ &= 3 \times 0.4226 \\ &= 1.2678 \fallingdotseq 1.3\text{(m)} \end{aligned}$$ 答

斜辺にcosをかけると底辺になる！

$$\begin{aligned} BC &= AB\sin 65° \\ &= 3 \times 0.9063 \\ &= 2.7189 \fallingdotseq 2.7\text{(m)} \end{aligned}$$ 答

斜辺にsinをかけると高さになる！

じつは「三角比表」（巻末 *p*.710）というのがあって，それにはあらゆる角度についてのsin，cos，tanの値が載っているんだ。だから，それを使うことで高さや距離を求めることができるんだよ。

ちょいムズ

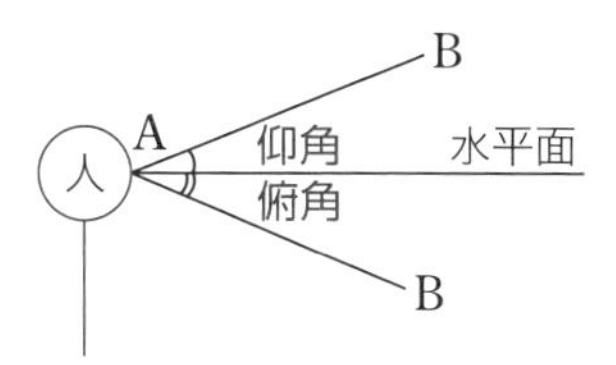

測量などで，点Aから点Bを見るとき，視線ABと点Aを通る水平面とのなす角を，点Bが水平面より上にあるならば「**仰角**（ぎょうかく）」といい，下にあるならば「**俯角**（ふかく）」というよ。

例題❷

木の高さPQを測るために，木の根もとQから8m離れた地点Bで，木の先端Pの仰角を測ると，40°であった。目の高さABを1.6mとすると，木の高さPQは何mであるか。ただし，tan 40° = 0.8391とし，小数第2位を四捨五入して答えよ。

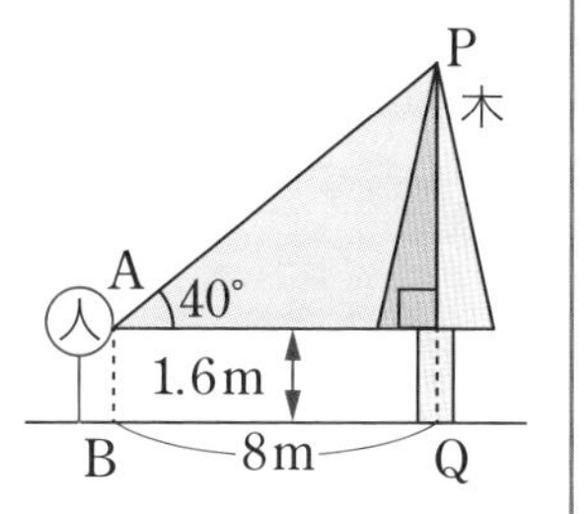

解答の前にひと言

Aを通りPQに垂直な直線と，PQとの交点をRとするよ。木の高さPQは，

$$PQ=PR+RQ$$

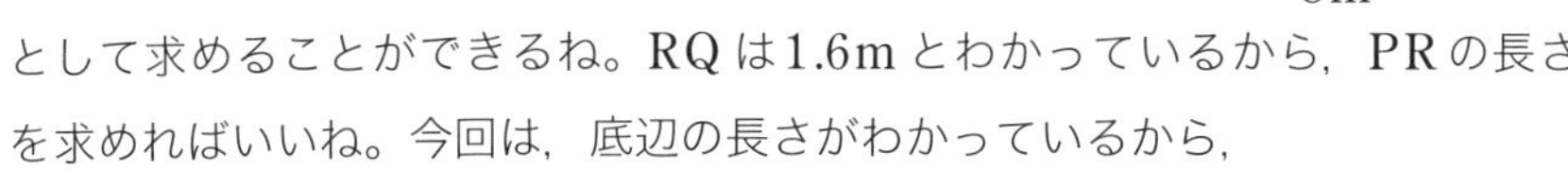

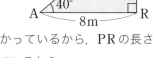

として求めることができるね。RQは1.6mとわかっているから，PRの長さを求めればいいね。今回は，底辺の長さがわかっているから，

$$(\text{高さ})=(\text{底辺})\times\tan$$

を使えば求めることができるよ。

解答と解説

$$PR=AR\tan 40^\circ=8\times 0.8391=6.7128\fallingdotseq 6.7$$

$$RQ=1.6$$

であり，PQ=PR+RQより，

$$PQ=6.7+1.6=8.3\text{(m)}$$ 答

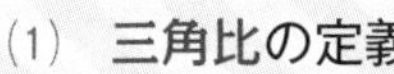

(1) 三角比の定義

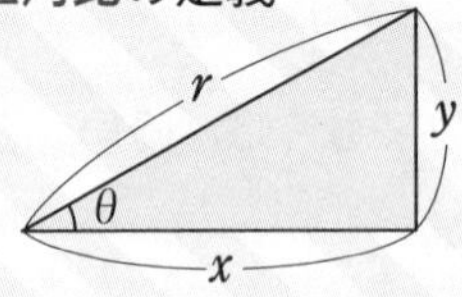

サイン　コサイン　タンジェント

$$\sin\theta=\frac{y}{r}\qquad \cos\theta=\frac{x}{r}\qquad \tan\theta=\frac{y}{x}$$

(2) **30°，45°，60°** の三角比

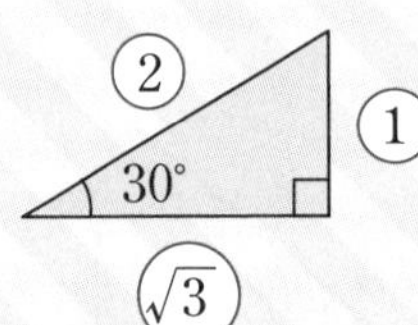

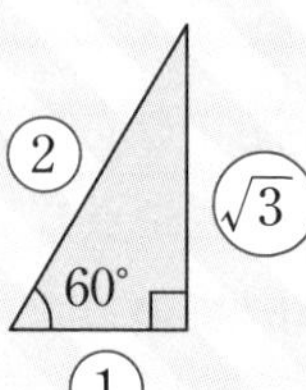

$$\sin 30^\circ=\frac{1}{2}\qquad \sin 45^\circ=\frac{1}{\sqrt{2}}\qquad \sin 60^\circ=\frac{\sqrt{3}}{2}$$

$$\cos 30^\circ=\frac{\sqrt{3}}{2}\qquad \cos 45^\circ=\frac{1}{\sqrt{2}}\qquad \cos 60^\circ=\frac{1}{2}$$

$$\tan 30^\circ=\frac{1}{\sqrt{3}}\qquad \tan 45^\circ=1\qquad \tan 60^\circ=\sqrt{3}$$

(3) 三角比の応用

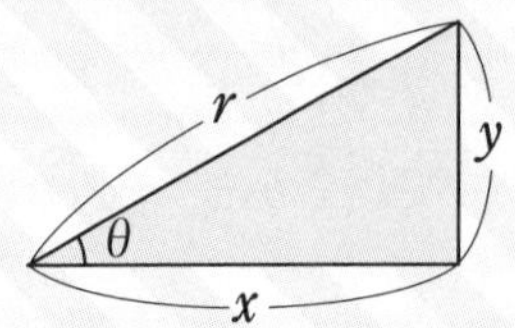

$$\frac{y}{r}=\sin\theta \iff y=r\sin\theta$$

$$\frac{x}{r}=\cos\theta \iff x=r\cos\theta$$

$$\frac{y}{x}=\tan\theta \iff y=x\tan\theta$$

解答と解説▶別冊 p.48

練習問題

(1) 右図の△ABC において，AB の長さ，$\sin\theta$，$\cos\theta$，$\tan\theta$ の値を求めよ。

(2) $\sin 30^\circ$，$\cos 30^\circ$，$\tan 45^\circ$ の値を求めよ。

(3) 右図の BC，AD の長さを求めよ。

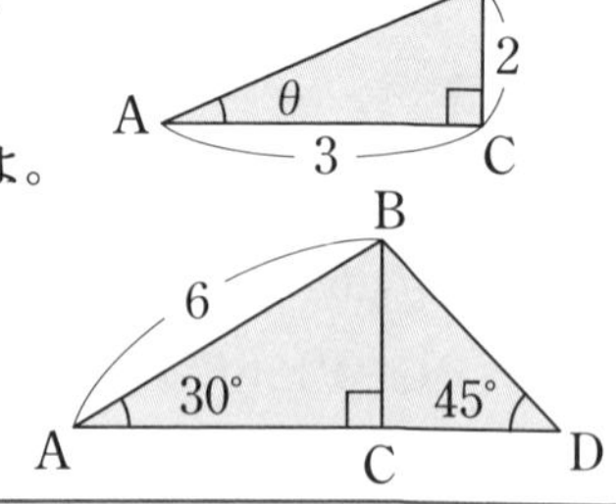

第23節 三角比の相互関係

この節の目標

- ☐ Ⓐ $\sin^2\theta+\cos^2\theta=1$，$\tan\theta=\dfrac{\sin\theta}{\cos\theta}$，$1+\tan^2\theta=\dfrac{1}{\cos^2\theta}$ を使って，三角比の値を求めることができる。
- ☐ Ⓑ $\sin(90^\circ-\theta)=\cos\theta$, $\cos(90^\circ-\theta)=\sin\theta$, $\tan(90^\circ-\theta)=\dfrac{1}{\tan\theta}$ を理解し，用いることができる。

イントロダクション ♪♫

この節では，3つの三角比 $\sin\theta$，$\cos\theta$，$\tan\theta$ のあいだに成り立つ関係をみておこう。

その前に1つ，表記に関する約束事を確認しておくよ。たとえば，$\sin\theta$ を2乗することを，「$\sin\theta^2$」とかいてしまうと，$\sin(\theta^2)$ と混同するおそれがあるね！ 誤解がないようにするには，$(\sin\theta)^2$ とかくべきだけど，毎回このようにかくのもメンドクサイね！ そこで，

$(\sin\theta)^2$ のことを「$\sin^2\theta$」と表す

「サイン2乗シータ」と読むよ！

という約束がされているんだ！ $\cos\theta$ と $\tan\theta$ についても同様だから，よろしくね！

また，今回の相互関係では「**三平方の定理**（さんへいほう）」が大活躍するから，復習しておこう！

三平方の定理

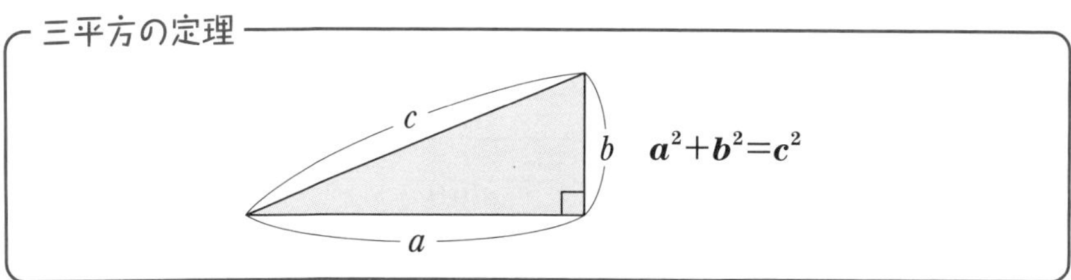

$$a^2+b^2=c^2$$

この証明をやってみよう♪

右図のような図形を考えたときに，正方形PQRSの面積Tを2通りに表してみるよ！

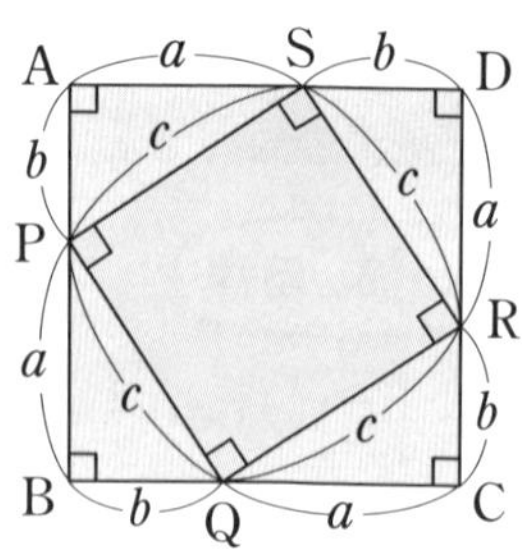

(i)　1辺の長さがcの正方形

$$T=c\times c=c^2$$

(ii)　正方形ABCDから，三角形4つを除く

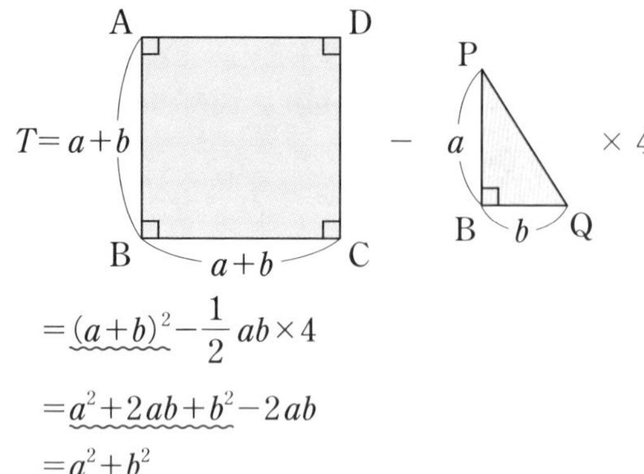

$$=(a+b)^2-\frac{1}{2}ab\times 4$$

$$=a^2+2ab+b^2-2ab$$

$$=a^2+b^2$$

(i)，(ii)より，

$$\boldsymbol{a^2+b^2=c^2}$$

a^2+b^2とc^2はどちらも正方形PQRSの面積Tを表しているから等しいね！

ゼロから解説

1 三角比の相互関係

$\sin\theta$，$\cos\theta$，$\tan\theta$について，次の関係が成り立つよ。

三角比 の相互関係

❶ $\sin^2\theta+\cos^2\theta=1$　❷ $\tan\theta=\dfrac{\sin\theta}{\cos\theta}$　❸ $1+\tan^2\theta=\dfrac{1}{\cos^2\theta}$

この三角比の相互関係を証明してみよう！

右図の直角三角形で，三平方の定理より，

$$\boldsymbol{a^2+b^2=c^2}$$

が成り立つね！　この両辺を c^2 でわると，

A
c
b
θ
B
C
a

$$\frac{a^2}{c^2}+\frac{b^2}{c^2}=\frac{c^2}{c^2}$$

$$\left(\frac{a}{c}\right)^2+\left(\frac{b}{c}\right)^2=1$$

$\frac{a^2}{c^2}=\left(\frac{a}{c}\right)^2$，$\frac{b^2}{c^2}=\left(\frac{b}{c}\right)^2$ とできるね！

ここで，$\frac{a}{c}=\cos\theta$，$\frac{b}{c}=\sin\theta$ より，

$\cos\theta=\frac{底辺}{斜辺}$，$\sin\theta=\frac{高さ}{斜辺}$

$$(\cos\theta)^2+(\sin\theta)^2=1$$

❶ $\boldsymbol{\sin^2\theta+\cos^2\theta=1}$

$(\cos\theta)^2$ は $\cos^2\theta$ と表すんだったね！

また，

$$\tan\theta=\frac{b}{a}=\frac{\frac{b}{c}}{\frac{a}{c}}$$

$\tan\theta=\frac{高さ}{底辺}$ より，$\frac{b}{a}$ だね！
そのあと，分母･分子を c でわったよ！

であり，$\frac{a}{c}=\cos\theta$，$\frac{b}{c}=\sin\theta$ より，

❷ $\boldsymbol{\tan\theta=\frac{\sin\theta}{\cos\theta}}$

最後は❶と❷のコラボレーションだよ！　❶の両辺を $\cos^2\theta$ でわって，

$$\frac{\sin^2\theta}{\cos^2\theta}+\frac{\cos^2\theta}{\cos^2\theta}=\frac{1}{\cos^2\theta}$$

$$\left(\frac{\sin\theta}{\cos\theta}\right)^2+1=\frac{1}{\cos^2\theta}$$

❷より，
$\frac{\sin\theta}{\cos\theta}=\tan\theta$
だね！

❸ $\boldsymbol{1+\tan^2\theta=\frac{1}{\cos^2\theta}}$

で証明完了だよ！　この相互関係を使って問題を解いていこう。

第1章 第2章 第3章 第4章 第5章 第6章 第7章 第8章

例題❶

θが鋭角(えいかく)で，$\sin\theta=\dfrac{1}{3}$のとき，$\cos\theta$，$\tan\theta$の値を求めよ。

解答の前にひと言

「**鋭角**」というのは，90°より小さい角のことだよ。だから，「θが鋭角」というのは，$0°<\theta<90°$ということなんだ。

ところで，「$\sin\theta$，$\cos\theta$，$\tan\theta$のθは直角三角形の直角でない角だから鋭角に決まっているのに，なぜわざわざ問題文に『θが鋭角で』ってかいてあるんだろう？」と思った人はいるかな？　じつはこの次の節で，鋭角でない角θの三角比も考えていくんだ。だからこの節では，そこはあまり気にしなくて大丈夫だよ。

解答と解説

$\sin^2\theta+\cos^2\theta=1$より，

$$\cos^2\theta=1-\sin^2\theta=1-\left(\frac{1}{3}\right)^2=1-\frac{1}{9}=\frac{8}{9}$$

θが鋭角のとき，$\cos\theta>0$であるから，

$$\cos\theta=\sqrt{\frac{8}{9}}=\frac{2\sqrt{2}}{3}$$ 答

（$\cos\theta$は2乗すると$\dfrac{8}{9}$になる正の数）

また，

$$\tan\theta=\frac{\sin\theta}{\cos\theta}=\frac{\frac{1}{3}}{\frac{2\sqrt{2}}{3}}=\frac{1}{2\sqrt{2}}$$ 答

$$\left(\frac{\frac{1}{3}}{\frac{2\sqrt{2}}{3}}=\frac{\frac{1}{3}\times3}{\frac{2\sqrt{2}}{3}\times3}=\frac{1}{2\sqrt{2}}\right)$$

別解　$\sin\theta=\dfrac{1}{3}$となる右下図のような直角三角形ABCをかく。

三平方の定理より，

$$BC=\sqrt{3^2-1^2}=2\sqrt{2}$$

であるから，

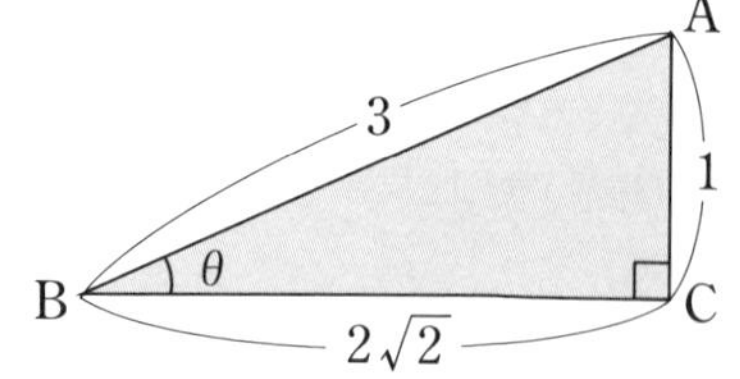

$$\cos\theta=\frac{2\sqrt{2}}{3},\quad \tan\theta=\frac{1}{2\sqrt{2}}$$ 答

例題❷

A が鋭角で，$\tan A=2$ であるとき，$\cos A$，$\sin A$ の値を求めよ。

解答と解説

$1+\tan^2 A=\dfrac{1}{\cos^2 A}$ より，

$$\cos^2 A=\frac{1}{1+\tan^2 A}=\frac{1}{1+2^2}=\frac{1}{5}$$

$\dfrac{1}{\cos^2 A}=1+\tan^2 A$ について，両辺の逆数をとったよ！

A が鋭角のとき，$\cos A>0$ であるから，

$$\cos A=\frac{1}{\sqrt{5}}$$ 答

また，$\tan A=\dfrac{\sin A}{\cos A}$ であるから，

$$\sin A=\tan A\cos A=2\cdot\frac{1}{\sqrt{5}}=\frac{2}{\sqrt{5}}$$ 答

$\dfrac{\sin A}{\cos A}=\tan A$ の両辺を $\cos A$ 倍したよ！

この問題も**例題❶**の別解のように解くこともできるよ！

2 90°−θの三角比

今回は $90°-\theta$ の三角比について考えていくよ。注意してほしいのは，

$$\sin(90°-\theta)=\sin 90°-\sin\theta$$ ← 誤り!!

とはできないこと！　それではやっていこう♪

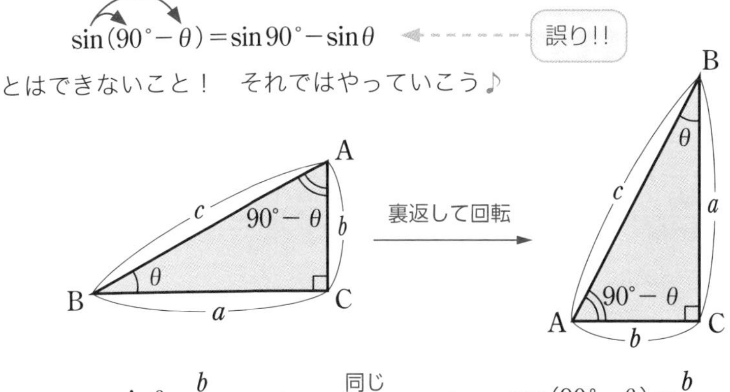

$$\sin\theta=\frac{b}{c} \quad \longleftrightarrow\ \text{同じ} \quad \cos(90°-\theta)=\frac{b}{c}$$

$\cos\theta=\dfrac{a}{c}$ ←同じ→ $\sin(90^\circ-\theta)=\dfrac{a}{c}$

$\tan\theta=\dfrac{b}{a}$ ←逆数→ $\tan(90^\circ-\theta)=\dfrac{a}{b}$

よって，

90°−θの三角比

$$\sin(90^\circ-\theta)=\cos\theta,\ \cos(90^\circ-\theta)=\sin\theta,\ \tan(90^\circ-\theta)=\frac{1}{\tan\theta}$$

が成り立つよ。これを使うと，45°から90°までの三角比を，0°から45°までの三角比で表すことができるんだ。

例1 $\sin 73^\circ=\sin(90^\circ-17^\circ)=\cos 17^\circ$，$\cos 73^\circ=\cos(90^\circ-17^\circ)=\sin 17^\circ$，

$\tan 73^\circ=\tan(90^\circ-17^\circ)=\dfrac{1}{\tan 17^\circ}$

例2 $\cos\theta=\dfrac{1}{3}$のとき，$\sin(90^\circ-\theta)=\cos\theta=\dfrac{1}{3}$

先生！　今回習ったものは全部暗記すればいいの？

たしかに暗記してもいいんだけど，できれば自分で公式を導けるようにしておこう。sin, cos, tan の定義は覚えなければいけないけど，相互関係や$90^\circ-\theta$ の三角比は導くことができたよね？

たとえば，$\sin^2\theta+\cos^2\theta=1$だったら三平方の定理とかで？

そのとおり♪　ほかは？

$\tan\theta=\dfrac{\sin\theta}{\cos\theta}$は定義から，$1+\tan^2\theta=\dfrac{1}{\cos^2\theta}$は$\sin^2\theta+\cos^2\theta=1$の両辺を$\cos^2\theta$でわって，$\tan\theta=\dfrac{\sin\theta}{\cos\theta}$を使うんだね！

いいね！（今，「そうだっけ？」と思った人は，みなおしておこう）
$\sin^2\theta+\cos^2\theta=1$ はどういうときに使うかわかるかな？

$\sin\theta$と$\cos\theta$のどっちかがわかっていて，もう片方が知りたいとき！

イイね～♪　$\tan\theta=\dfrac{\sin\theta}{\cos\theta}$は$\sin\theta$，$\cos\theta$，$\tan\theta$の3つのうち，2つがわかっていて残りが知りたいときだね！　$1+\tan^2\theta=\dfrac{1}{\cos^2\theta}$は？

$\cos\theta$と$\tan\theta$のどっちかがわかっていて，もう片方が知りたいとき！

バッチリだね♪　この調子で三角比をきわめていこう！

まとめ

(1)　三角比の相互関係

❶ $\sin^2\theta+\cos^2\theta=1$　　❷ $\tan\theta=\dfrac{\sin\theta}{\cos\theta}$

❸ $1+\tan^2\theta=\dfrac{1}{\cos^2\theta}$

(2)　$90°-\theta$ の三角比

❶ $\sin(90°-\theta)=\cos\theta$　　❷ $\cos(90°-\theta)=\sin\theta$

❸ $\tan(90°-\theta)=\dfrac{1}{\tan\theta}$

解答と解説▶別冊 $p.50$

練習問題

θが鋭角で，$\cos\theta=\dfrac{5}{13}$であるとき，次の値を求めよ。

(1)　$\sin\theta$　　(2)　$\tan\theta$　　(3)　$\sin(90°-\theta)$

(4)　$\cos(90°-\theta)$　　(5)　$\tan(90°-\theta)$

第24節 三角比の拡張

この節の目標

- ☐ Ⓐ $0^\circ \leqq \theta \leqq 180^\circ$ の三角比を求めることができる。
- ☐ Ⓑ 三角比の相互関係を用いてさまざまな問題を解くことができる。
- ☐ Ⓒ $180^\circ - \theta$ の三角比を求めることができる。

イントロダクション ♪♫

θが90°以上のときの$\sin\theta$ってどうなるんだろうか？　今までの直角三角形による定義だと，$\sin 120^\circ$とかを考えることはできないよね！　そこで，三角比の定義を90°以上にも対応できるように拡張(かくちょう)していくというお話をするよ。

今回，三角比の値を「見えるようにする」方法を考えてみよう。三角比の値は三角形の大きさにはよらず，角だけで決まるんだったね。そこで，斜辺の長さを1に統一してみるんだ！　すると$\sin\theta$は高さ，$\cos\theta$は底辺の長さになるね！　こうすると，三角比の値は長さとして「見える」ようになったね！

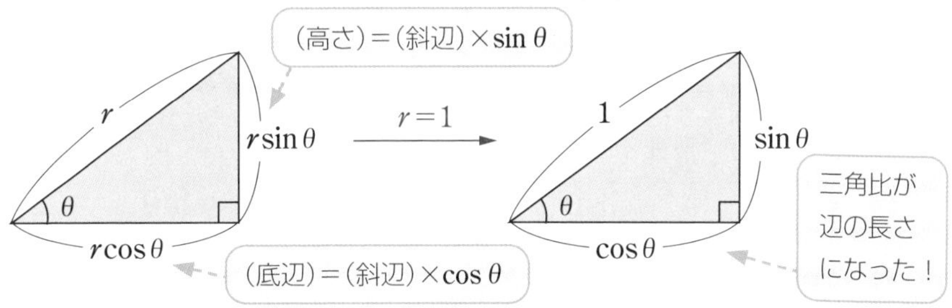

「$\sin\theta$は高さ，$\cos\theta$の値は底辺の長さ」に着目して，θが変化すると$\sin\theta$，$\cos\theta$がどのように変化するかをみてみよう！

例

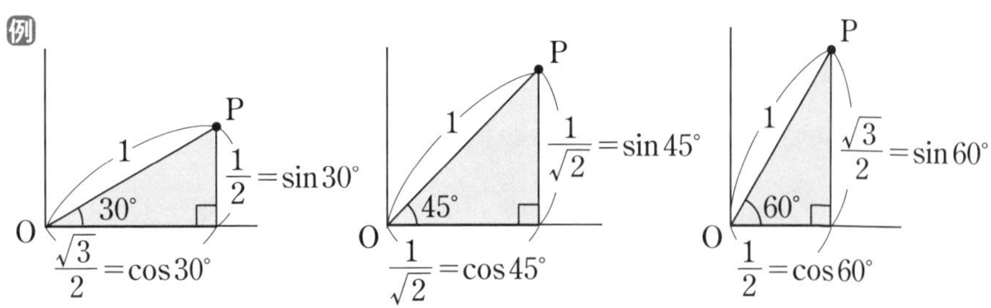

この3つの図を同じ図の中にかくと，点PはOを中心とする半径1の円周上にあることがわかるよね。そして，θが変化すると点Pは円周上を動き，Oを座標平面の原点とみると，

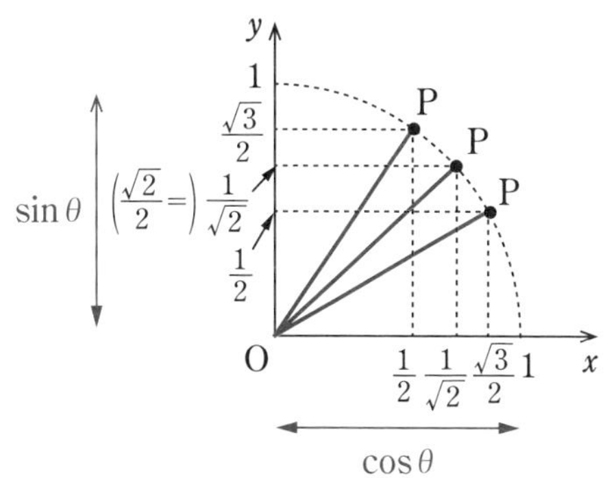

$\cos\theta$＝(Pのx座標)
$\sin\theta$＝(Pのy座標)

ととらえることができるね！（感動！）

ゼロから解説

1 0°≦θ≦180°の三角比

イントロダクション♪♬ でふれたように，「直角三角形」を捨てて「円」を主役に考えてみてはどうだろう？　点Pを，点Oを中心とする半径1の円周上を動く点とみてみよう。Oを原点として右図のように座標をとると，新しい見方ができるね。

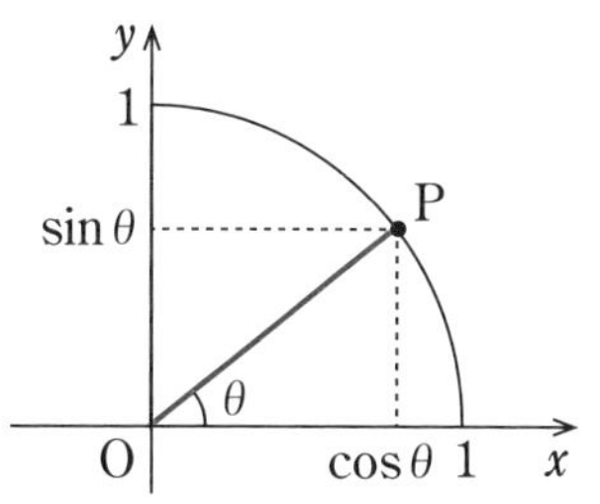

三角比の新しい見方

$\cos\theta$＝(Pのx座標)，$\sin\theta$＝(Pのy座標)

こう考えても，今までと三角比の値は変わらないね(**イントロダクション♪♬**参照)！　そして，この見方は三角比の世界を広げてくれるんだ。

今までの「直角三角形」による三角比は，$0<\theta<90^\circ$でないと直角三角形を作ることができないから定められなかったね！　しかし，この新しい見方はθが90°以上になってしまっても問題ないんだ！

右図のように，θ が**鈍角**(90°より大きい角)になったとしても，点Pの x 座標，y 座標の値を決めることができるからだ。

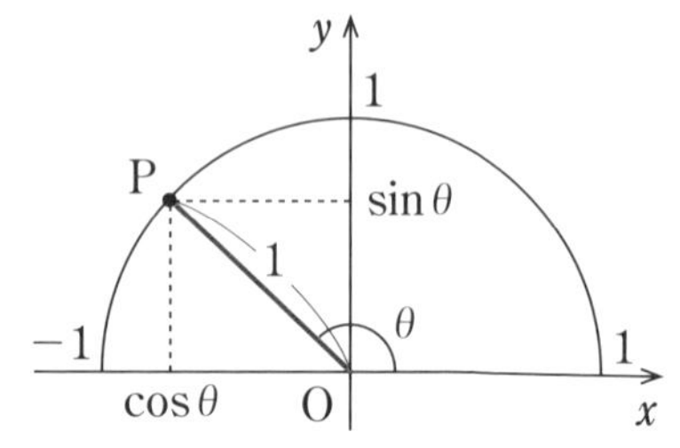

そこで，今からはこれを三角比の定義とするよ。まずは $\sin\theta$ と $\cos\theta$ だ。

三角比の定義（$\sin\theta$，$\cos\theta$）

中心が原点，半径が1の円周上に，点Pを x 軸の正方向から反時計回りに θ（$0 \leqq \theta \leqq 180°$）回ったところにとったとき，

$$\begin{cases} \cos\theta = (\text{点P の } x \text{ 座標}) \\ \sin\theta = (\text{点P の } y \text{ 座標}) \end{cases}$$

とする。

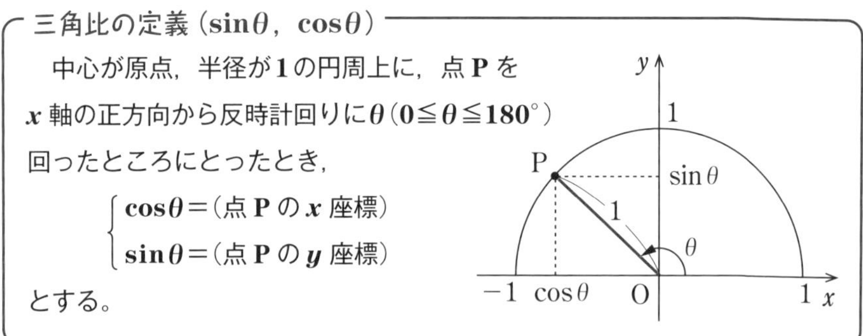

この原点を中心とする半径1の円を，「**単位円**」とよぶよ。

この定義だと，三角比は長さの比ではなく座標だから，値が負になることもあることに注意しよう！

例　$\theta = 120°$ の $\sin\theta$ と $\cos\theta$

step1　単位円をかく

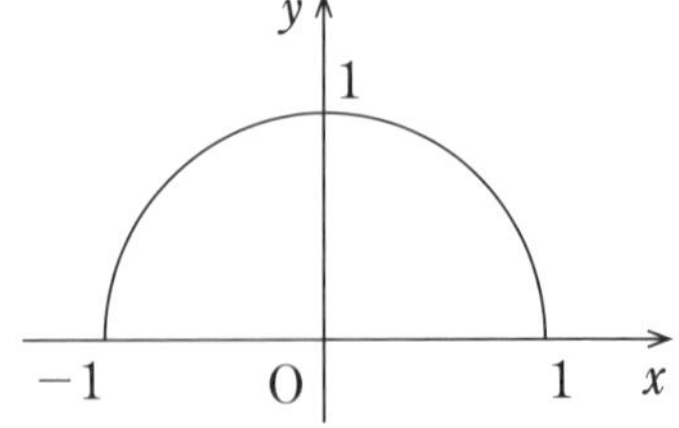

step2　120°に対応する点Pを円周上にとる。

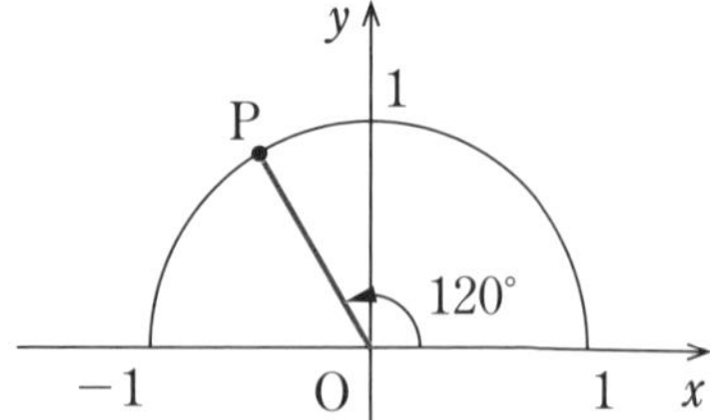

step3　1：2：$\sqrt{3}$ の直角三角形に着目して辺の長さを求める。

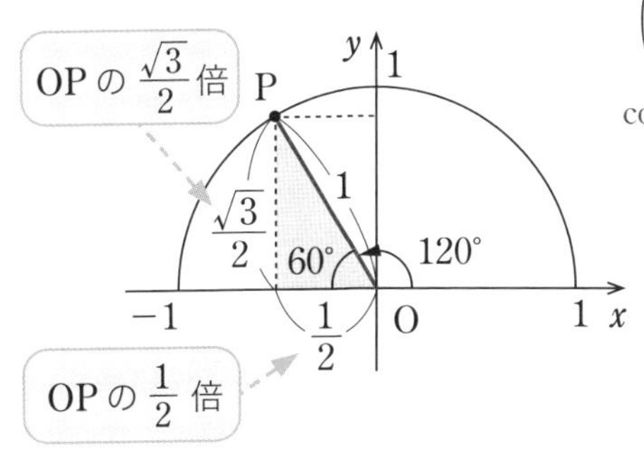

step4　Pの座標を求める。

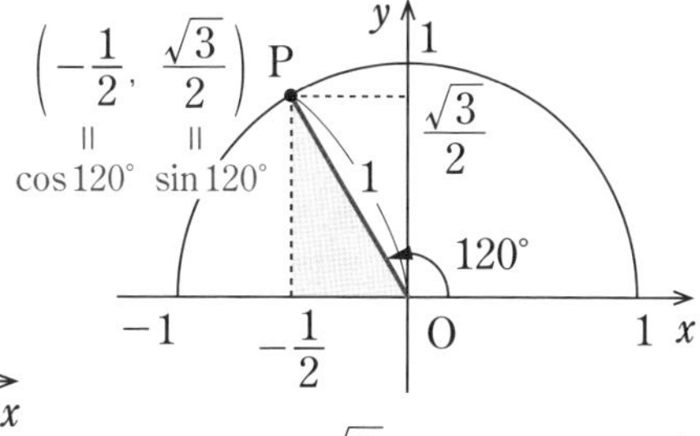

$$\sin 120^\circ = \frac{\sqrt{3}}{2},\quad \cos 120^\circ = -\frac{1}{2}$$

つづいて，$\tan\theta$についても考えていこう。鋭角三角形で考えると，右図において，

$$\tan\theta = \frac{y}{x}$$

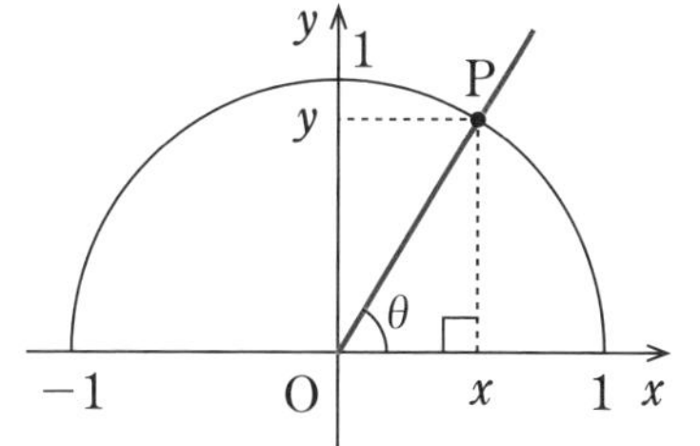

となるね！　ところで，この$\frac{y}{x}$が座標平面において何を意味するかっていうと，直線OPの傾きなんだ！　だって，

$$(\text{直線OPの傾き}) = \frac{y-0}{x-0} = \frac{y}{x}$$

だよね！　そこで，これを$\tan\theta$の定義にすることにしたんだ。「傾き」ならばθが90°を超えても決めることができるね。

三角比の定義（$\tan\theta$）

中心が原点O，半径が1の円周上に，点Pをx軸の正方向から反時計回りにθ（$0 \leqq \theta \leqq 180^\circ$）回ったところにとったとき，

$$\tan\theta = (\text{直線OPの傾き})$$

とする。

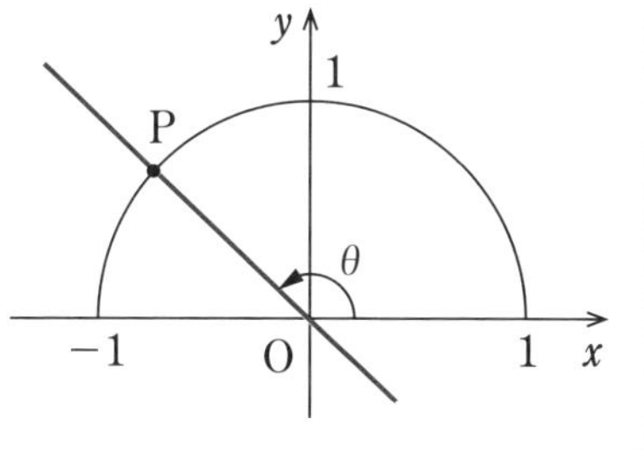

「傾き」もθが鈍角のときは負になるので注意してね！

例　$\theta=120^\circ$ の $\tan\theta$

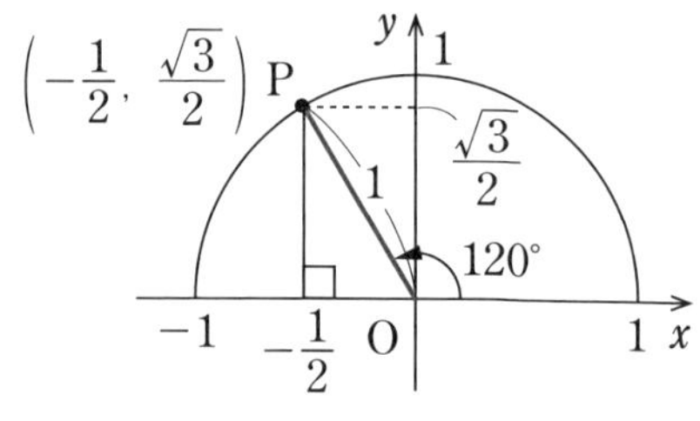

$\tan 120^\circ$ というのは，右図のOPの傾きのことだよ！　だから，

$$\tan 120^\circ=\frac{\frac{\sqrt{3}}{2}-0}{-\frac{1}{2}-0}=-\sqrt{3}$$

とやってもいいけど，比を考えて，右に1いったら，下に$\sqrt{3}$さがる直線だから，

$$\tan 120^\circ=\frac{-\sqrt{3}}{1}=-\sqrt{3}$$

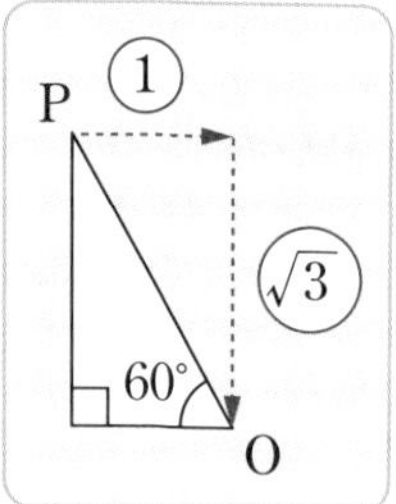

と求めてもいいよ。

Pがy軸上にあるとき，つまり$\theta=90^\circ$のときは，「傾き」は存在しないね。だから，$\tan 90^\circ$の値は存在しないんだ。

例題 ❶

90°，135°，150°について，sin，cos，tanの値を求めよ。

解答と解説

$\sin 90^\circ=1$　答

$\cos 90^\circ=0$　答

$\tan 90^\circ$ は存在しない。　答

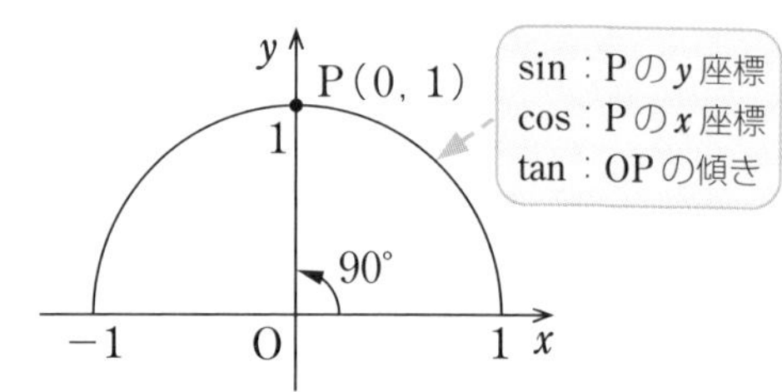

$\sin 135^\circ=\frac{1}{\sqrt{2}}$　答

$\cos 135^\circ=-\frac{1}{\sqrt{2}}$　答

$\tan 135^\circ=-1$　答

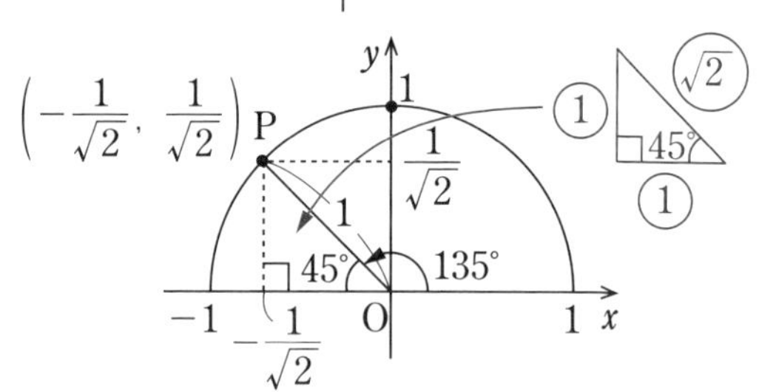

$\sin 150^\circ = \dfrac{1}{2}$ 答

$\cos 150^\circ = -\dfrac{\sqrt{3}}{2}$ 答

$\tan 150^\circ = -\dfrac{1}{\sqrt{3}}$ 答

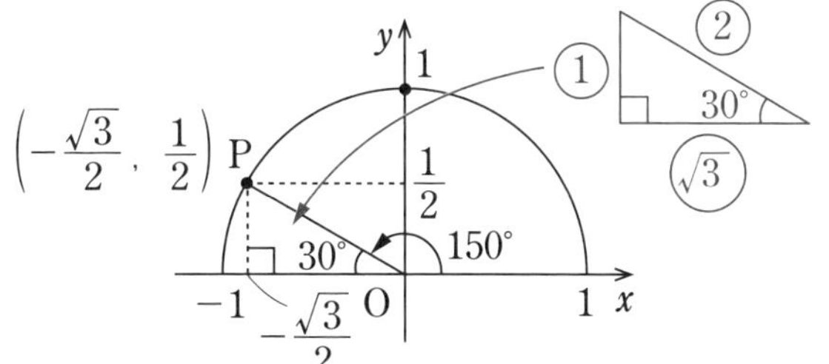

30°，45°，60°，120°，135°，150°のことを「**有名角**」というよ。有名角の三角比は単位円をかいて自力で導けるようにしておこう。最終的には紙にかかなくても頭の中で図をかいてできるのが理想だね！　下に有名角の三角比の値をまとめておくよ。

θ	0°	30°	45°	60°	90°	120°	135°	150°	180°
$\sin\theta$	0	$\dfrac{1}{2}$	$\dfrac{1}{\sqrt{2}}$	$\dfrac{\sqrt{3}}{2}$	1	$\dfrac{\sqrt{3}}{2}$	$\dfrac{1}{\sqrt{2}}$	$\dfrac{1}{2}$	0
$\cos\theta$	1	$\dfrac{\sqrt{3}}{2}$	$\dfrac{1}{\sqrt{2}}$	$\dfrac{1}{2}$	0	$-\dfrac{1}{2}$	$-\dfrac{1}{\sqrt{2}}$	$-\dfrac{\sqrt{3}}{2}$	-1
$\tan\theta$	0	$\dfrac{1}{\sqrt{3}}$	1	$\sqrt{3}$	╳	$-\sqrt{3}$	-1	$-\dfrac{1}{\sqrt{3}}$	0

2 三角比の相互関係

定義が座標に変わっても，

三角比の相互関係

❶ $\sin^2\theta + \cos^2\theta = 1$　❷ $\tan\theta = \dfrac{\sin\theta}{\cos\theta}$　❸ $1 + \tan^2\theta = \dfrac{1}{\cos^2\theta}$

は成り立つよ。いっしょに確認していこう！

たとえば，$\mathrm{P}\left(-\dfrac{1}{2},\ \dfrac{\sqrt{3}}{2}\right)$とすると，

$\mathrm{OH} = \dfrac{1}{2} = \left|-\dfrac{1}{2}\right|$，$\mathrm{PH} = \dfrac{\sqrt{3}}{2} = \left|\dfrac{\sqrt{3}}{2}\right|$

のように，長さは絶対値を使って表現できるね。だから，

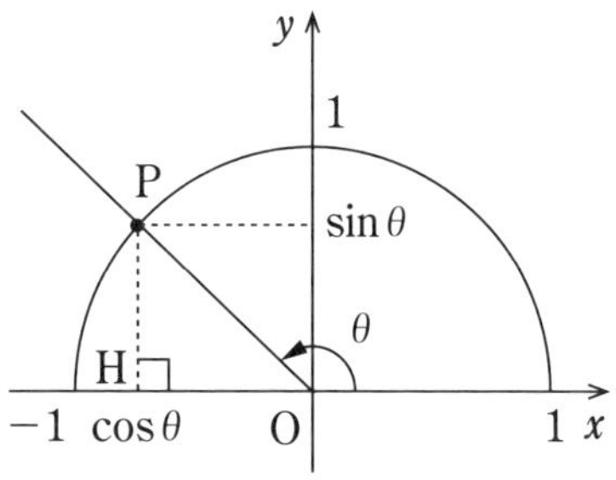

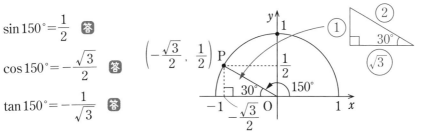

$OH = |\cos\theta|$，$PH = |\sin\theta|$，$OP = 1$

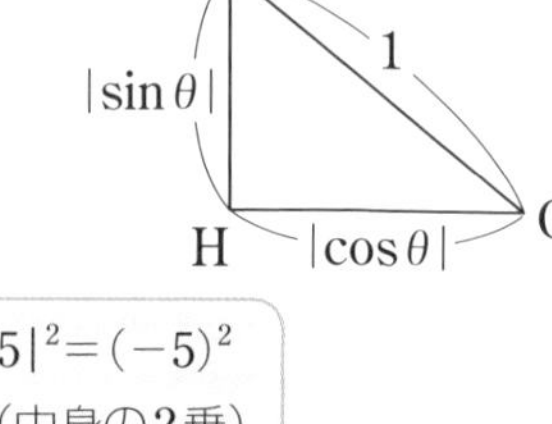

と表すことができるね。

△OPH で三平方の定理より，

$|\sin\theta|^2 + |\cos\theta|^2 = 1$

$|a|^2 = a^2$　例 $|-5|^2 = (-5)^2$
(絶対値の2乗)＝(中身の2乗)

❶　$\sin^2\theta + \cos^2\theta = 1$

が成り立つよ。

また，$\tan\theta$ は直線 OP の傾きで，O(0，0)，P($\cos\theta$，$\sin\theta$)だから，

$$\tan\theta = \frac{\sin\theta - 0}{\cos\theta - 0}$$

❷　$\tan\theta = \dfrac{\sin\theta}{\cos\theta}$

だね。❸は第23節でやったのと同じように導くことができるよ。

例題❷

$90^\circ < \theta < 180^\circ$ で，$\sin\theta = \dfrac{3}{5}$ のとき，$\cos\theta$，$\tan\theta$ の値を求めよ。

解答と解説

$\sin^2\theta + \cos^2\theta = 1$ より，

$$\cos^2\theta = 1 - \sin^2\theta = 1 - \left(\frac{3}{5}\right)^2 = 1 - \frac{9}{25} = \frac{16}{25}$$

$90^\circ < \theta < 180^\circ$ より，$\cos\theta < 0$ であるから，

$$\cos\theta = -\sqrt{\frac{16}{25}} = -\frac{4}{5}$$ 答

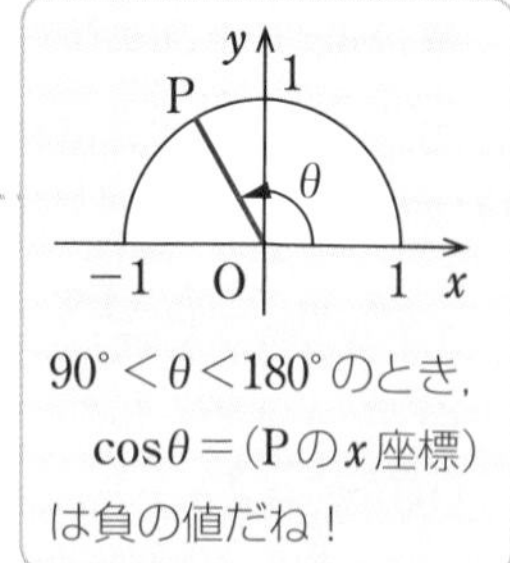

$90^\circ < \theta < 180^\circ$ のとき，
$\cos\theta$＝(P の x 座標)
は負の値だね！

また，

$$\tan\theta = \frac{\sin\theta}{\cos\theta} = \frac{\frac{3}{5}}{-\frac{4}{5}} = -\frac{3}{4}$$ 答

❸ 180°－θの三角比

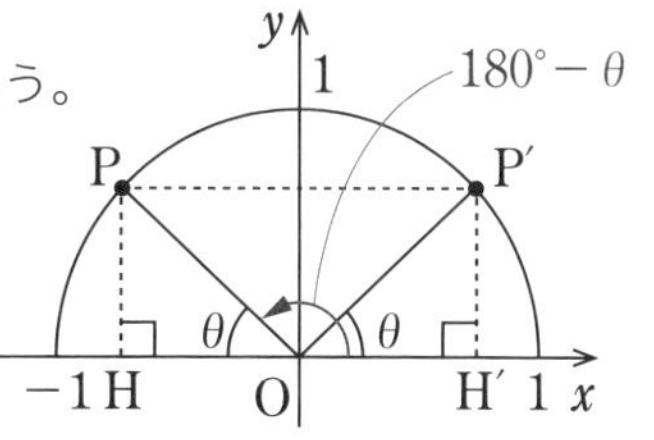

つぎに，180°－θの三角比について考えていこう。

$P(\cos(180°-\theta),\ \sin(180°-\theta))$

$P'(\cos\theta,\ \sin\theta)$

とし，P，P′から x 軸に下ろした垂線の足(直線と垂線との交点)をそれぞれ H，H′とすると，点 P は点(1，0)から180°回ったところからθだけ戻った位置だから，

$OH=OH',\ PH=P'H'$

が成り立つね。

まず，PH＝P′H′より，P と P′の y 座標は同じだね！　よって，

$\sin(180°-\theta)=\sin\theta$

が成り立つんだ。

また，OH＝OH′より，点 P′の x 座標を a とすると，P の x 座標は $-a$ となり，

$\cos(180°-\theta)=-\cos\theta$

が成り立つね。

tan については，今導いた2つと，相互関係を使って，

$$\tan(180°-\theta)=\frac{\sin(180°-\theta)}{\cos(180°-\theta)}$$ ← 三角比の相互関係

$$=\frac{\sin\theta}{-\cos\theta}$$ ← $\sin(180°-\theta)=\sin\theta$，$\cos(180°-\theta)=-\cos\theta$

$$=-\tan\theta$$ ← $\dfrac{\sin\theta}{-\cos\theta}=-\dfrac{\sin\theta}{\cos\theta}$

となるね！　まとめておこう。

180°－θの三角比

❶ $\sin(180°-\theta)=\sin\theta$

❷ $\cos(180°-\theta)=-\cos\theta$

❸ $\tan(180°-\theta)=-\tan\theta$

先生！　この公式って使う場面あるの？

いちばん有名な使い道は，円に内接する四角形が出現したときだけど，それについては第27節で学習するから楽しみにしておいてね！　あとは，三角比表(巻末 $p.710$ 参照)には $0°$ から $90°$ までの値しか載っていないね！たとえばもし，$\sin 100°$ の値が知りたいときはどうしたらいいかな？

$\sin(180°-\theta)=\sin\theta$ を使えばいいんだね！　$100°=180°-80°$ だから，$\sin 100°=\sin(180°-80°)=\sin 80°=0.9848$ と求めればいいのかな？

ＯＫ！　この公式も捨てたもんじゃないでしょ？

例題❸

(1) **次の等式が成り立つことを示せ。**

$$\frac{\cos\theta}{1-\sin\theta}-\frac{\cos\theta}{1+\sin\theta}=2\tan\theta$$

(2) $\sin\theta+\cos\theta=-\dfrac{1}{3}$ **のとき，次の式の値を求めよ。**

① $\sin\theta\cos\theta$　　② $\tan\theta+\dfrac{1}{\tan\theta}$

解答と解説

(1) **証明**

$$\frac{\cos\theta}{1-\sin\theta}-\frac{\cos\theta}{1+\sin\theta}=\frac{\cos\theta(1+\sin\theta)}{(1-\sin\theta)(1+\sin\theta)}-\frac{\cos\theta(1-\sin\theta)}{(1+\sin\theta)(1-\sin\theta)}$$

$$=\frac{\cos\theta(1+\sin\theta)-\cos\theta(1-\sin\theta)}{(1+\sin\theta)(1-\sin\theta)}$$

$$=\frac{\cancel{\cos\theta}+\sin\theta\cos\theta-\cancel{\cos\theta}+\sin\theta\cos\theta}{1-\sin^2\theta}$$

$$=\frac{2\sin\theta\cos\theta}{\cos^2\theta}$$

$\sin^2\theta+\cos^2\theta=1$
だから，
$1-\sin^2\theta=\cos^2\theta$

$$=2\frac{\sin\theta}{\cos\theta}$$

$$=2\tan\theta$$ **証明終わり**

(2) ① $\sin\theta+\cos\theta=-\frac{1}{3}$ の両辺を2乗して，

$$(\sin\theta+\cos\theta)^2=\left(-\frac{1}{3}\right)^2$$

$$\sin^2\theta+2\sin\theta\cos\theta+\cos^2\theta=\frac{1}{9}$$

$$1+2\sin\theta\cos\theta=\frac{1}{9}$$

$$\sin\theta\cos\theta=-\frac{4}{9}$$ **答**

$\sin\theta\cos\theta$ を出すために，2乗したんだよ！

$\sin^2\theta+\cos^2\theta=1$

$$2\sin\theta\cos\theta=\frac{1}{9}-1$$
$$=-\frac{8}{9}$$

② $$\tan\theta+\frac{1}{\tan\theta}=\frac{\sin\theta}{\cos\theta}+\frac{\cos\theta}{\sin\theta}$$

$$=\frac{\sin^2\theta+\cos^2\theta}{\sin\theta\cos\theta}$$

$$=\frac{1}{-\frac{4}{9}}$$

$$=-\frac{9}{4}$$ **答**

$\tan\theta=\frac{\sin\theta}{\cos\theta}$，$\frac{1}{\tan\theta}=\frac{\cos\theta}{\sin\theta}$

通分（$\sin\theta=s$，$\cos\theta=c$ とする）
$\frac{s}{c}=\frac{s\times s}{c\times s}=\frac{s^2}{sc}$，$\frac{c}{s}=\frac{c\times c}{s\times c}=\frac{c^2}{sc}$

$\sin^2\theta+\cos^2\theta=1$
①より $\sin\theta\cos\theta=-\frac{4}{9}$ を代入！

$$\frac{1}{-\frac{4}{9}}=\frac{1\times 9}{-\frac{4}{9}\times 9}$$

ちょいムズ

先生！ 0°から180°までの三角比はわかったけど，180°より大きい角の三角比ってどうするの？

じつは，僕たちはもう知っているんだよ。今まで考えてきた座標による三角比の定義をそのままあてはめればいいんだ。同じようにできるでしょ？

たとえば，$\sin 300°$ だったら，x 軸の正の方向から単位円周上を反時計回りに300°回転した点をPとしたときの y 座標ってこと？

そのとおり！　せっかくだから，求めてみよう♪

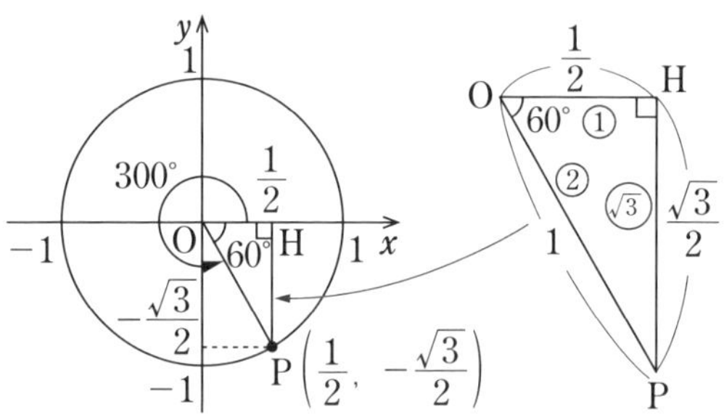

$\sin 300° = -\dfrac{\sqrt{3}}{2}$ で合ってる？

合ってるよ！　ちなみに，$\cos 300°$ と $\tan 300°$ はどうなるかな？

$\cos 300°$ は上の図の点Pの x 座標だから，

$$\cos 300° = \frac{1}{2}$$

$\tan 300°$ はOPの傾きだから，

$$\tan 300° = -\sqrt{3}$$

かな？

お～すばらしい！　実際，180°より大きい三角比に関しては，「数学Ⅱ」で学習するよ。

先生，三角比って理屈はわかるんだけど，座標になったころから，何のためにやっているのかピンとこなくなっちゃった……。

たしかに，まだ「だから何？」って感じかもね！　第**26**節で正弦定理（せいげんていり），余弦定理（よげんていり）を学習すると，やっている意味もわかってくると思うよ。今は，まず三角比というものに慣れて使いこなせるようにしていこう。

は～い。わかりました。

まとめ

(1) **$0^\circ \leqq \theta \leqq 180^\circ$ の三角比**

中心が原点 O，半径が 1 の円周上に，点 P を x 軸の正方向から反時計回りに θ ($0 \leqq \theta \leqq 180^\circ$) 回ったところにとったとき，

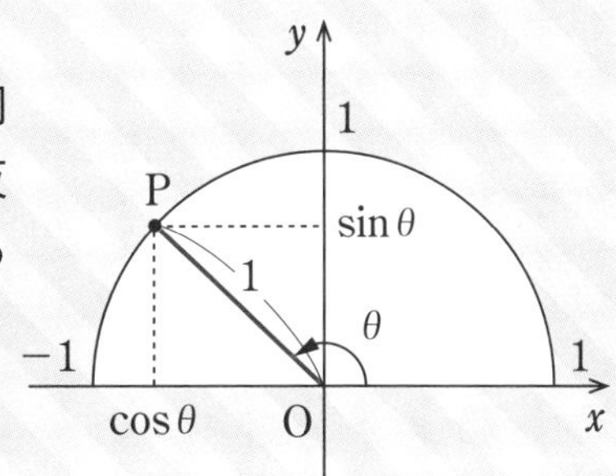

$$\begin{cases} \cos\theta = (\text{点 P の } x \text{ 座標}) \\ \sin\theta = (\text{点 P の } y \text{ 座標}) \\ \tan\theta = (\text{直線 OP の傾き}) \end{cases}$$

とする。

(2) 三角比の相互関係

❶ $\sin^2\theta + \cos^2\theta = 1$　❷ $\tan\theta = \dfrac{\sin\theta}{\cos\theta}$

❸ $1 + \tan^2\theta = \dfrac{1}{\cos^2\theta}$

(3) **$180^\circ - \theta$ の三角比**

❶ $\sin(180^\circ - \theta) = \sin\theta$　❷ $\cos(180^\circ - \theta) = -\cos\theta$

❸ $\tan(180^\circ - \theta) = -\tan\theta$

解答と解説▶別冊 $p.52$

練習問題

(1) 120° の三角比を求めよ。

★(2) $\sin\theta + \cos\theta = \dfrac{1}{2}$ ($0^\circ < \theta < 180^\circ$) のとき，次の値を求めよ。

① $\sin\theta\cos\theta$　② $\sin\theta - \cos\theta$　③ $\sin(180^\circ - \theta)$

ヒント ② $(\sin\theta - \cos\theta)^2$ の値を求めて，$\sin\theta - \cos\theta$ の正・負に着目して求めよう。

第25節 三角比の応用

この節の目標

- ☐ Ⓐ 三角比を含む方程式を解くことができる。
- ☐ Ⓑ 三角比を含む不等式を解くことができる。
- ☐ Ⓒ 2直線のなす角を求めることができる。

イントロダクション ♪♫

「$\sin 150°$ の値は？」といわれたら，単位円を使って，$\sin 150° = \dfrac{1}{2}$ と求めることができるね！　それじゃあ，逆はどうかな？

「$0° \leqq \theta \leqq 180°$ のとき，$\sin\theta = \dfrac{1}{2}$ となる θ は？」

といわれたら求められるかな？　第24節でやったこと（角度がわかっているときの三角比の値を求めること）と逆だね！

この節では，三角比の値がわかっているときに，そこから角度を求めることを考えていくよ。

「$\sin\theta = \dfrac{1}{2}$ となる θ を求める」 ← θ についての方程式

とは，

「**方程式 $\sin\theta = \dfrac{1}{2}$ を解く**」

ということだね。今から方程式 $\sin\theta = \dfrac{1}{2}$ $(0° \leqq \theta \leqq 180°)$ を解いてみよう。

さっき $\sin 150° = \dfrac{1}{2}$ だっていわれたばっかりだから，「解は $\theta = 150°$ だ！」って思った人もいるかもしれないね。たしかに，$\theta = 150°$ は $\sin\theta = \dfrac{1}{2}$ を満たすよ。でも，$\sin 30°$ の値も $\dfrac{1}{2}$ だったから，$\theta = 30°$ も $\sin\theta = \dfrac{1}{2}$ を満たすね。

それじゃあ，$\sin\theta=\dfrac{1}{2}$ の解は何なのかっていうと，結局，

$$\theta=30^\circ,\ 150^\circ$$

っていうことになるんだよ。「方程式を解く」っていうのは，「その方程式を満たす未知数の値をすべて求める」っていうことだから，この場合だったら，30°と150°の両方を求めなければいけないんだ。だから，複数個ある解のうちの一部だけを求めても，それは「方程式を解いた」とはいえないんだよ。

三角比を含む方程式で，解を見落としなくすべて求めるには，図を利用するといいんだ！　くわしい考え方はこれから説明していくね。

ゼロから解説

1 三角比を含む方程式

まずは，$0^\circ \leqq \theta \leqq 180^\circ$ のとき，

$$\sin\theta=\frac{1}{2}$$

となる θ の値を求めていこう。ちなみに，$\sin\theta$ は単位円周上の点の ***y* 座標**だったね！　だから，単位円周上の y 座標が $\dfrac{1}{2}$ となる θ（x 軸の正方向からの回転角）を求める問題だよ。

step1　単位円をかく。

まずは，半径が 1 の円を $0^\circ \leqq \theta \leqq 180^\circ$ でかこう。

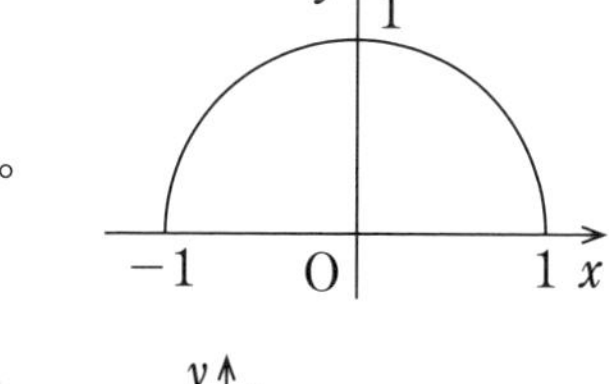

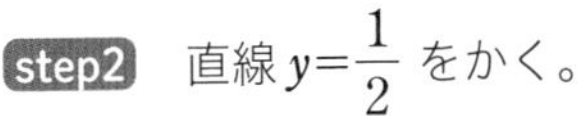

step2　直線 $y=\dfrac{1}{2}$ をかく。

$\dfrac{1}{2}$ は1の半分

$\sin\theta$ は単位円周上の y 座標を表すから，

単位円周上で $y=\dfrac{1}{2}$ となる点を探そう。

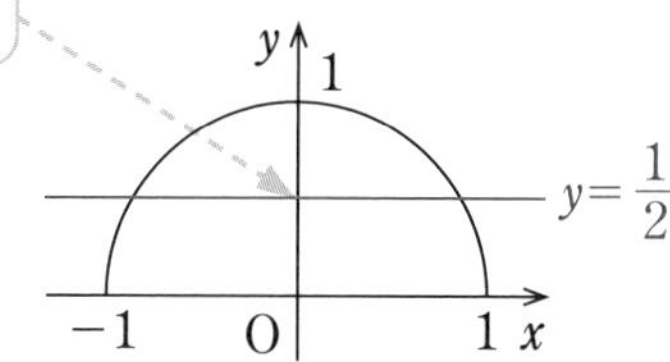

step3 角の大きさを求める。

単位円と直線 $y=\frac{1}{2}$ の交点をP，P′とし，P，P′から x 軸に下ろした垂線の足をそれぞれH，H′としたときの∠POH，∠P′OH′の大きさを，

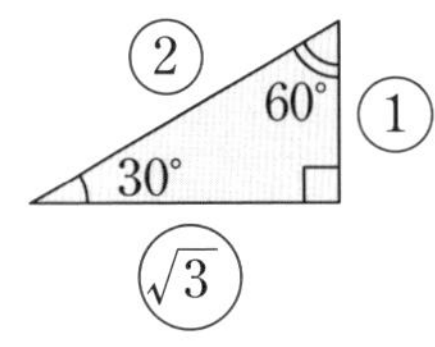

に着目して求める。

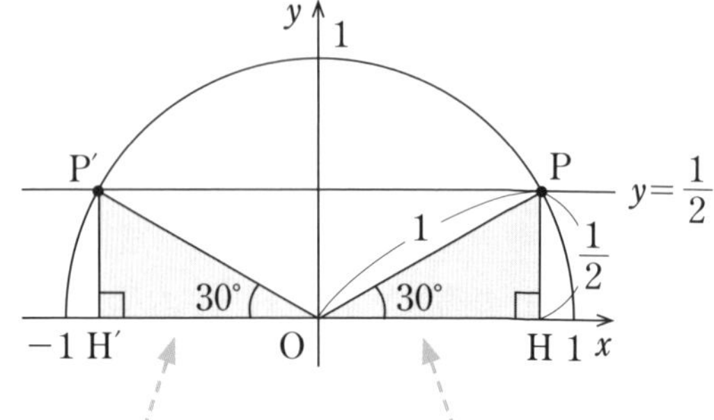

右と同じように
∠P′OH＝30°
だね！

（斜辺）：（高さ）＝1：$\frac{1}{2}$ ＝2：1
だから，∠POH＝30° だね！
（1：2：$\sqrt{3}$ の直角三角形）

step4 回転角を求める。

θ は x 軸の正方向からOPまたはOP′までの回転角であることに注意して，θ の値を求める。

$\theta=30^\circ,\ 150^\circ$

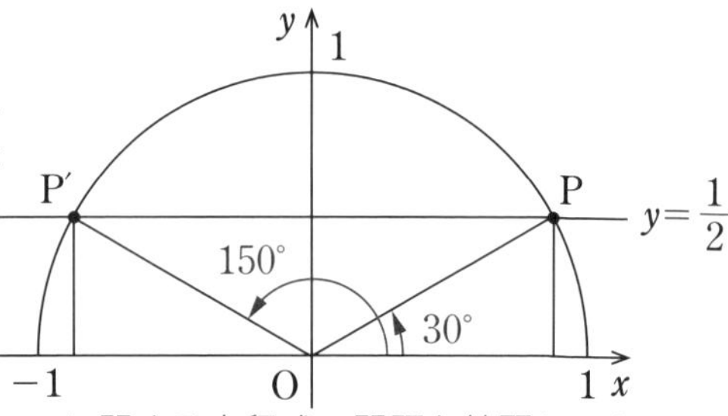

大丈夫かな？　つぎに，cos と tan に関する方程式の問題も練習しておこう。

例 $0^\circ \leqq \theta \leqq 180^\circ$ において，次の式を満たす θ の値を求めよ。

(1) $\cos\theta=-\frac{1}{\sqrt{2}}$　　(2) $\tan\theta=-\sqrt{3}$

(1) $\cos\theta$ は単位円周上の点の **x 座標**だね！　だから，単位円周上の x 座標が $-\frac{1}{\sqrt{2}}$ となる θ（x 軸の正方向からの回転角）を求めればいいよ。

直線 $x=-\frac{1}{\sqrt{2}}$ と単位円との交点をPとし，Pから x 軸に下ろした垂線の足をHとするよ。

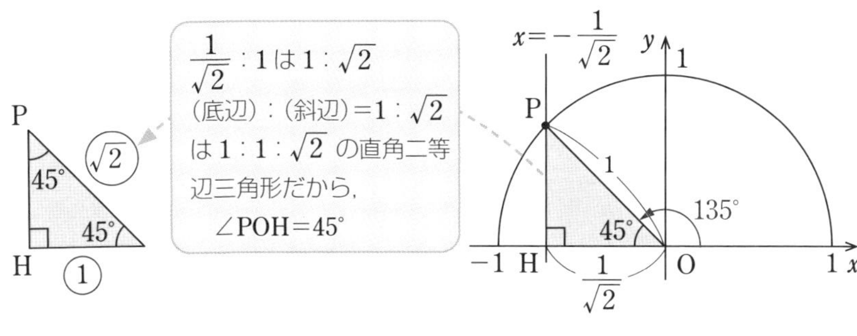
$\frac{1}{\sqrt{2}}:1$ は $1:\sqrt{2}$
(底辺):(斜辺)$=1:\sqrt{2}$
は $1:1:\sqrt{2}$ の直角二等
辺三角形だから,
$\angle$POH$=45°$
P
H
45°
45°
$\sqrt{2}$
1
$x=-\frac{1}{\sqrt{2}}$
y
1
P
1
135°
45°
−1
H
O
1
x
$\frac{1}{\sqrt{2}}$

に着目すると，$\angle$POH$=45°$ とわかるね。θ は x 軸の正方向から OP までの回転角だから，

$$\theta=180°-45°=\mathbf{135°}$$

と求めることができるよ。

(2) tanθ は単位円周上に点 P をとったときの OP の傾きだね！

OP は原点を通る直線だから，傾きが $-\sqrt{3}$ で原点を通る直線 $y=-\sqrt{3}x$ をかいて，単位円との交点を P としたときに，x 軸の正方向から OP までの回転角を求めればいいんだ。

P から x 軸に下ろした垂線の足を H とすると，傾きが $-\sqrt{3}$ だから，

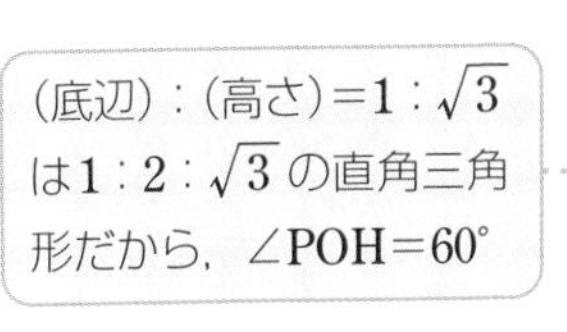
(底辺):(高さ)$=1:\sqrt{3}$
は $1:2:\sqrt{3}$ の直角三角
形だから，$\angle$POH$=60°$

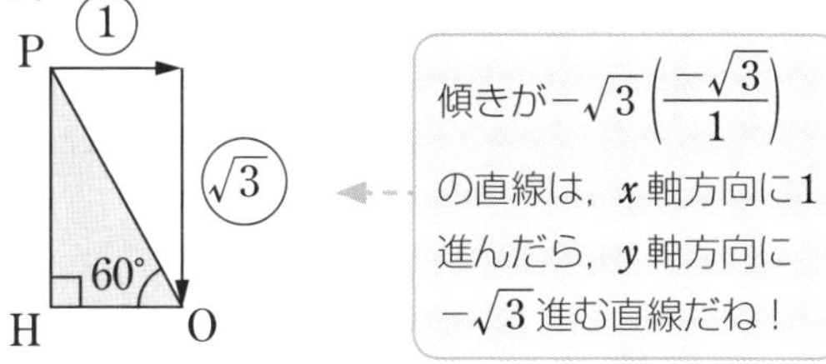
P
1
$\sqrt{3}$
60°
H
O
傾きが $-\sqrt{3}$ $\left(\frac{-\sqrt{3}}{1}\right)$
の直線は，x 軸方向に1
進んだら，y 軸方向に
$-\sqrt{3}$ 進む直線だね！

より，$\angle$POH$=60°$ とわかるね。θ は x 軸の正方向から OP までの回転角だから，

$$\theta=180°-60°=\mathbf{120°}$$

と求めることができるよ。

けっこうたいへんだったね！　焦（あせ）らずゆっくりやって，きちんと理解しながら問題を解いていこう！

❷ 三角比を含む不等式

次は不等式を考えるよ！　$0° \leqq \theta \leqq 180°$ のとき，

$$\sin\theta \leqq \frac{\sqrt{3}}{2}$$

となるθの範囲を求めていこう。$\sin\theta$は単位円周上の点の***y*** **座標**だから，単位円周上の y 座標が $\frac{\sqrt{3}}{2}$ 以下となるθ（x 軸の正方向からの回転角）の範囲を求めるよ。

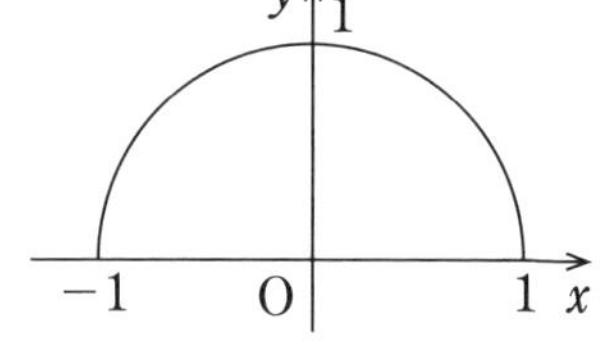

step1　単位円をかく。

まずは，半径が1の円を$0° \leqq \theta \leqq 180°$でかこう。

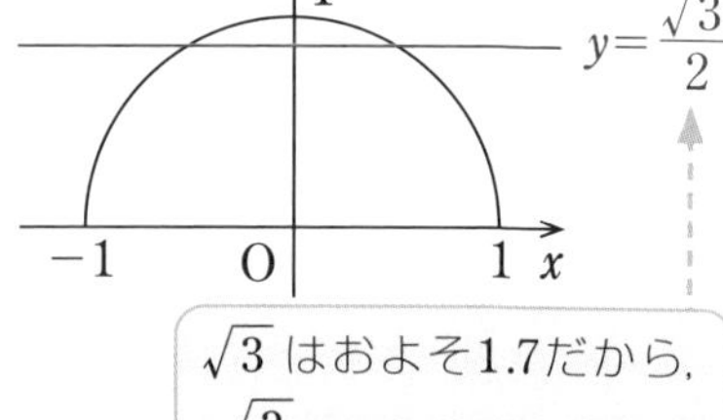

step2　直線 $y=\frac{\sqrt{3}}{2}$ をかく。

単位円周上で $y=\frac{\sqrt{3}}{2}$ 以下となる部分が答えになるよ。

$\sqrt{3}$ はおよそ1.7だから，
$\frac{\sqrt{3}}{2}$ はおよそ0.85だね！

step3　角の大きさを求める。

単位円と直線$y=\frac{\sqrt{3}}{2}$の交点をP，P′とし，P，P′から x 軸に下ろした垂線の足をそれぞれH，H′としたときの∠POH，∠P′OH′の大きさを，

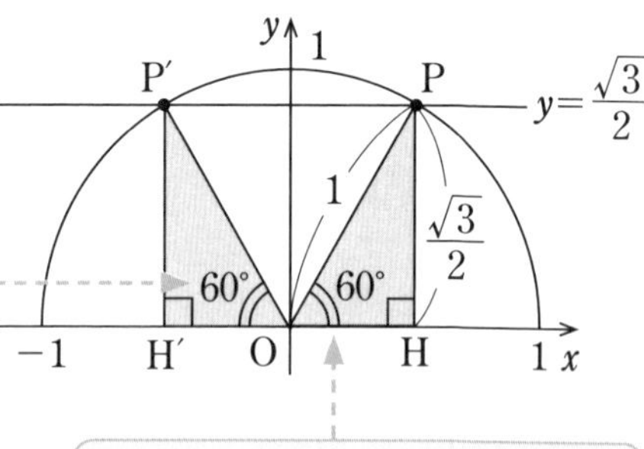

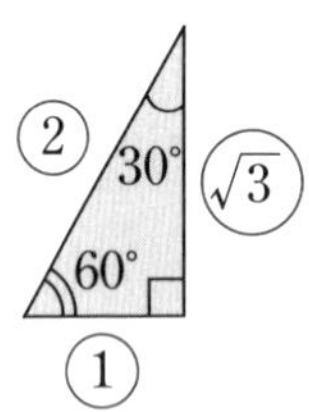

に着目して求める。

右と同じように
∠P′OH′＝60°
だね！

（斜辺）：（高さ）＝1：$\frac{\sqrt{3}}{2}$＝2：$\sqrt{3}$
だから，∠POH＝60°だね！
（1：2：$\sqrt{3}$の直角三角形）

step4　$y \leqq \dfrac{\sqrt{3}}{2}$ となる θ の範囲を求める。

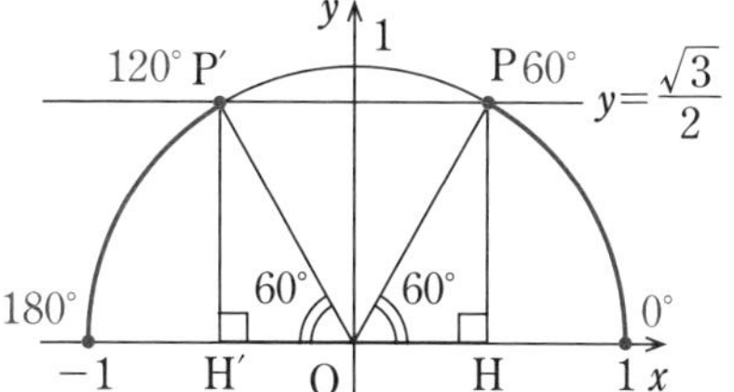

$0° \leqq \theta \leqq 180°$ の範囲で $y \leqq \dfrac{\sqrt{3}}{2}$ となるのは，

$$0° \leqq \theta \leqq 60°,\ \ 120° \leqq \theta \leqq 180°$$

大丈夫かな？　つぎに cos と tan に関する不等式の問題も練習しておこう。

例　$0° \leqq \theta \leqq 180°$ において，次の式を満たす θ の値の範囲を求めよ。

(1)　$\cos\theta > -\dfrac{\sqrt{3}}{2}$　　　(2)　$\tan\theta \leqq 1$

(1)　単位円周上の x 座標が $-\dfrac{\sqrt{3}}{2}$ より大きくなる θ の範囲を求める問題だよ。

まずは単位円周上で $x=-\dfrac{\sqrt{3}}{2}$ となる θ の値を求めよう。

直線 $x=-\dfrac{\sqrt{3}}{2}$ と単位円との交点をPとし，Pから x 軸に下ろした垂線の足をHとすると，$\angle\mathrm{POH}=30°$ だね。だから，$0° \leqq \theta \leqq 180°$ において，$x > -\dfrac{\sqrt{3}}{2}$ となる θ の範囲は，

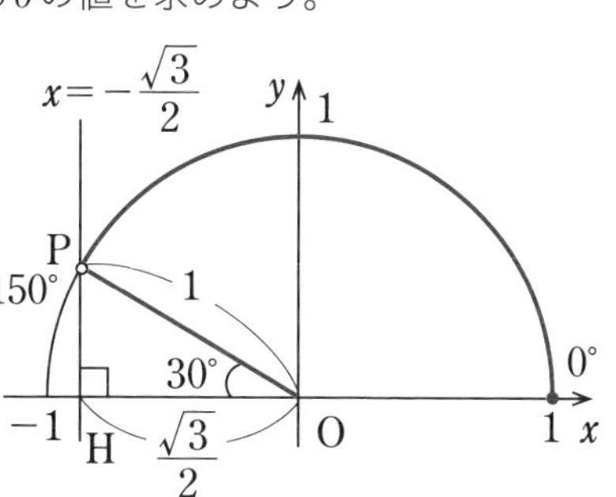

$$\mathbf{0° \leqq \theta < 150°}$$

となるよ。

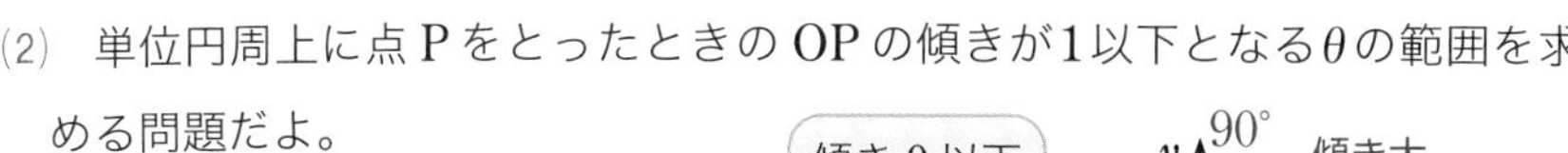

(2)　単位円周上に点Pをとったときの OP の傾きが1以下となる θ の範囲を求める問題だよ。

まずは，単位円周上で OP の傾きが1となる θ の値を求めよう。そのとき，Pは原点を通る傾きが1の直線 $y=x$ と単位円との交点だね！　そして，Pから x 軸に下ろし

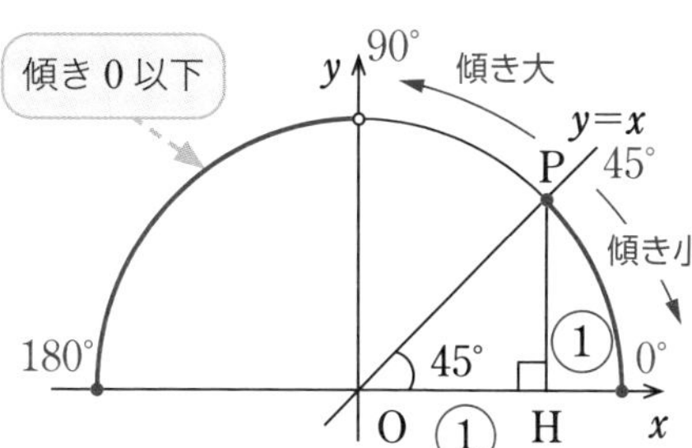

た垂線の足をHとすると，$\angle \mathrm{POH}=45^\circ$ であることがわかるね。

よって，$\tan\theta \leqq 1$ となるのは，$0^\circ \leqq \theta \leqq 45^\circ$ と，傾きが0以下になっている $90^\circ < \theta \leqq 180^\circ$ だよ。したがって，求める範囲は，

$$\mathbf{0^\circ \leqq \theta \leqq 45^\circ,\ 90^\circ < \theta \leqq 180^\circ}$$

となるよ。

90°で tan は定義されないから，「＝」は入らないよ

例題❶

2直線 $y=-x$，$y=\dfrac{1}{\sqrt{3}}x$ のなす角 θ を求めよ。ただし，$0 \leqq \theta \leqq 90^\circ$ とする。

解答と解説

直線 $y=-x$ の x 軸の正方向からの回転角 α は，

$$\tan\alpha=-1$$

tan は直線の傾き！

より，

$$\alpha=135^\circ$$

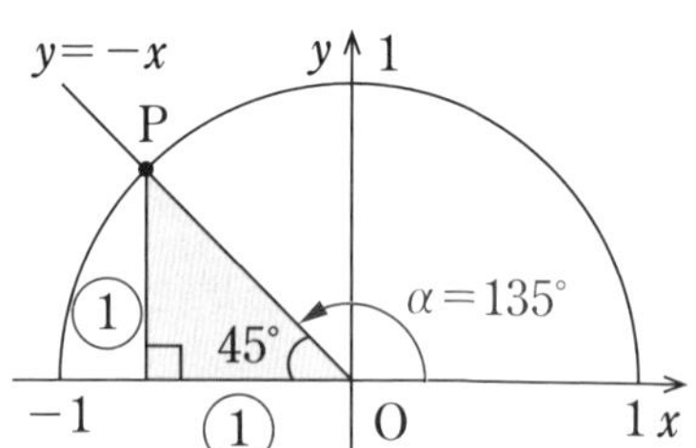

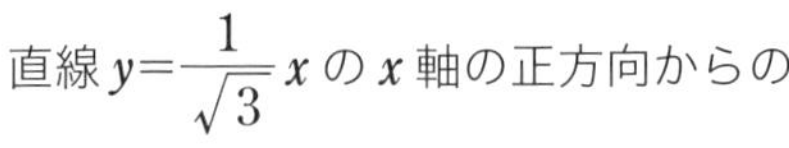
直線 $y=\dfrac{1}{\sqrt{3}}x$ の x 軸の正方向からの回転角 β は，

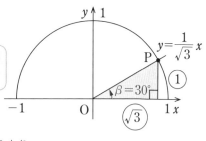

$$\tan\beta=\frac{1}{\sqrt{3}}$$

tan は直線の傾き！

より，

$$\beta=30^\circ$$

よって，$\alpha-\beta=135^\circ-30^\circ=105^\circ>90^\circ$ より，

$$\theta=180^\circ-105^\circ$$
$$=75^\circ$$ 答

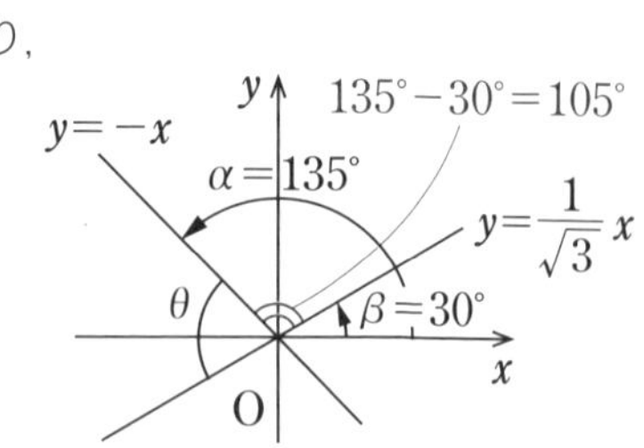

例題 ❷

$0 \leqq \theta \leqq 180^\circ$ のとき，次の方程式・不等式を解け。

(1) $2\sin^2\theta - 3\sin\theta + 1 = 0$

(2) $2\sin^2\theta - \cos\theta - 1 \leqq 0$

解答と解説

(1) $\sin\theta = t$ とおくと，与式は，

$$2t^2 - 3t + 1 = 0$$

$$(2t-1)(t-1) = 0$$

$$t = \frac{1}{2},\ 1$$

$$\sin\theta = \frac{1}{2},\ 1$$

$$\begin{array}{ccc} 2 & \times & -1 \to -1 \\ 1 & & -1 \to -2 \\ \hline & & -3 \end{array}$$

t を $\sin\theta$ に戻したよ

(i) $\sin\theta = \dfrac{1}{2}$ のとき，$0 \leqq \theta \leqq 180^\circ$ より，

$\theta = 30^\circ,\ 150^\circ$

(ii) $\sin\theta = 1$ のとき，$0^\circ \leqq \theta \leqq 180^\circ$ より，

$\theta = 90^\circ$

以上より，

$\theta = 30^\circ,\ 90^\circ,\ 150^\circ$ 答

(2) $\sin^2\theta = 1 - \cos^2\theta$ より，与式は，

$$2(1-\cos^2\theta) - \cos\theta - 1 \leqq 0$$

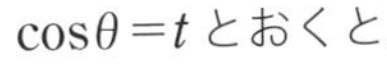

$$-(2\cos^2\theta) - \cos\theta + 1 \leqq 0$$

$$2\cos^2\theta + \cos\theta - 1 \geqq 0$$

−1倍

$\cos\theta = t$ とおくと，

$$2t^2 + t - 1 \geqq 0$$

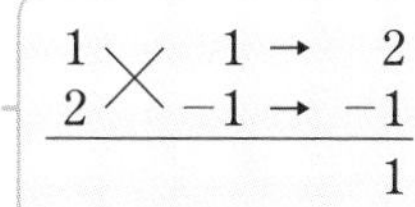

$$(t+1)(2t-1) \geqq 0$$

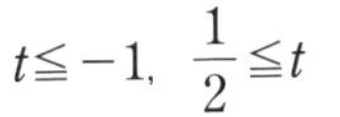

$$t \leqq -1,\ \frac{1}{2} \leqq t$$

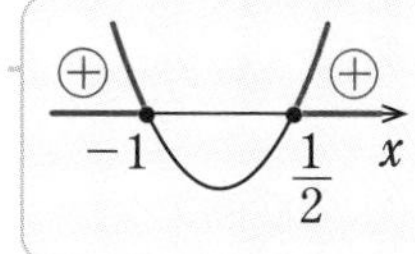

$$\cos\theta \leqq -1,\ \frac{1}{2} \leqq \cos\theta$$

(i) $\cos\theta \leqq -1$ のとき，$0^\circ \leqq \theta \leqq 180^\circ$ より，

$\theta = 180^\circ$

(ii) $\dfrac{1}{2} \leqq \cos\theta$ のとき，$0^\circ \leqq \theta \leqq 180^\circ$ より，

$0^\circ \leqq \theta \leqq 60^\circ$

以上より，

$0^\circ \leqq \theta \leqq 60^\circ$，$\theta = 180^\circ$ 答

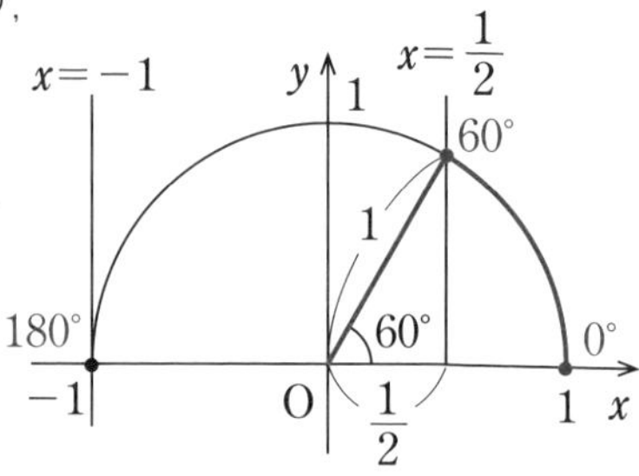

ちょいムズ

例題 ❸

$0^\circ \leqq \theta \leqq 180^\circ$ のとき，

$$y = -\cos^2\theta - \cos\theta + 2$$

の最大値，最小値を求めよ。また，そのときのθの値を求めよ。

解答と解説

$$y = -\cos^2\theta - \cos\theta + 2$$

$\cos\theta = t$ とおくと，$0^\circ \leqq \theta \leqq 180^\circ$ より，

$$-1 \leqq \cos\theta \leqq 1$$

であるから，

$$-1 \leqq t \leqq 1 \quad \cdots\cdots①$$

このとき，

$$\begin{aligned} y &= -t^2 - t + 2 \\ &= -(t^2 + t) + 2 \\ &= -\left\{\left(t + \frac{1}{2}\right)^2 - \frac{1}{4}\right\} + 2 \\ &= -\left(t + \frac{1}{2}\right)^2 + \frac{9}{4} \end{aligned}$$

①の範囲でグラフをかくと，次のようになる。

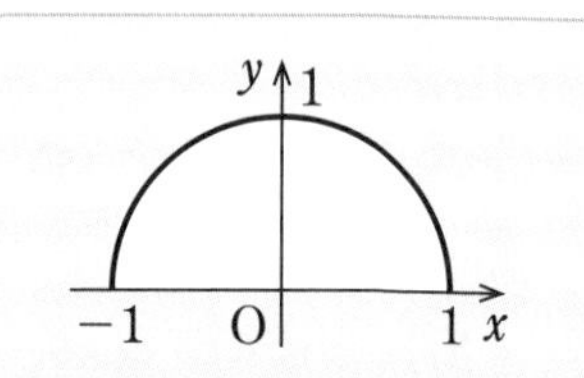

$\cos\theta$は単位円周上の点のx座標だから，$0^\circ \leqq \theta \leqq 180^\circ$では，

$-1 \leqq \cos\theta \leqq 1$

だね！

最大
最小

$t=-\frac{1}{2}$，すなわち$\theta=120^\circ$のとき，最大値$\frac{9}{4}$をとり，

$t=1$，すなわち$\theta=0^\circ$のとき，最小値0をとる。

以上より，

$$\begin{cases}\theta=120^\circ \text{のとき，最大値}\frac{9}{4} \\ \theta=0^\circ \text{のとき，最小値}0\end{cases}$$ 答

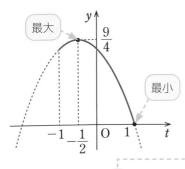

$t=\cos\theta$だから，
$t=-\frac{1}{2}$のとき，
$\cos\theta=-\frac{1}{2}$
これを解くと，
$\theta=120^\circ$

$t=\cos\theta$だから，
$t=1$のとき，
$\cos\theta=1$
これを解くと，
$\theta=0^\circ$

先生！
❶ $\sin(90^\circ+\theta)=\cos\theta$　❷ $\cos(90^\circ+\theta)=-\sin\theta$
❸ $\tan(90^\circ+\theta)=-\frac{1}{\tan\theta}$
って公式を習った気がするんだけど，どうやって証明するの？

まず❶から考えてみようか。$\sin(90^\circ-\theta)$や$\sin(180^\circ-\theta)$の公式は覚えてるかな？

もちろん！　$\sin(90^\circ-\theta)=\cos\theta$，$\sin(180^\circ-\theta)=\sin\theta$ でしょ？

バッチリだね！　その2つの公式を使うことで証明できるよ。

えっ？　どうやって？

まず，わかりやすくするために，$180^\circ-\theta$のほうは文字をαに変えておくよ。そうするとどうなるかな？

$\sin(180° - \alpha) = \sin\alpha$ だね！

そうだよね。ところで，$90° + \theta$は，

$$90° + \theta = 180° - (90° - \theta)$$

って変形できるよね。そうすると $180° -$ ■っていう形が現れるから，$\sin(180° - \alpha)$ の公式が使えないかな？

αに$90° - \theta$をあてはめるっていうこと？

そのとおり！　そうすると，

$$\sin(90° + \theta) = \sin\{180° - (\underbrace{90° - \theta}_{\alpha})\} = \sin(\underbrace{90° - \theta}_{\alpha})$$

となるよね。

すごい！　$\sin(90° - \theta)$が出てきた！

あとは公式そのまんまだよね。$\sin(90° - \theta) = \cos\theta$ だから，結局，

$$\sin(90° + \theta) = \cos\theta$$

を証明できたってことになるね。

今まで導いた公式から新しい公式が導けるのか！

そうなんだ。cos や tan も同じようにできるから，やってみよう♪

$\cos(180° - \alpha) = -\cos\alpha$，$\cos(90° - \theta) = \sin\theta$ だったから，

$$\cos(90° + \theta) = \cos\{180° - (\underbrace{90° - \theta}_{\alpha})\} = -\cos(\underbrace{90° - \theta}_{\alpha}) = -\sin\theta$$

だよね。あとは tan だね！

$\tan(180° - \alpha) = -\tan\alpha$，$\tan(90° - \theta) = \dfrac{1}{\tan\theta}$ だったから，

$$\tan(90° + \theta) = \tan\{180° - (\underbrace{90° - \theta}_{\alpha})\} = -\tan(\underbrace{90° - \theta}_{\alpha}) = -\frac{1}{\tan\theta}$$

やった〜，できた！

まとめ

(1) 三角比を含む方程式・不等式

➡ $\sin\theta$は単位円周上の点の y 座標，$\cos\theta$は単位円周上の点の x 座標，$\tan\theta$は単位円周上の点を **P** としたときの **OP の傾き**に着目して，方程式を満たすθの値や，不等式を満たすθの値の範囲を求める。

(2) **2**直線のなす角

➡ それぞれの直線の x 軸の正方向からの回転角を求め，その差をとることにより求める。

解答と解説▶別冊 $p.54$

練習問題

(1) $0° \leqq \theta \leqq 180°$のとき，次の式を満たす$\theta$の値，または$\theta$の値の範囲をそれぞれ求めよ。

① $\sin\theta=\dfrac{\sqrt{2}}{2}$　　★② $4\cos^2\theta-3<0$

(2) 2直線$y=-\sqrt{3}x$，$y=x$のなす角θを求めよ。ただし，$0\leqq\theta\leqq90°$とする。

第26節 正弦定理と余弦定理

この節の目標

- ☑ Ⓐ 正弦定理について理解し，正弦定理を用いて問題を解くことができる。
- ☑ Ⓑ 余弦定理について理解し，余弦定理を用いて問題を解くことができる。

イントロダクション ♪♫

三角比は，図形の問題で力を発揮するよ！　キーとなってくるのが「**正弦定理**」と「**余弦定理**」だ！　それをこの節で学習するよ。

その前に，三角形の辺の長さと角の大きさに関する表記の仕方についてだけど，この本では，△ABC において，頂点 A，B，C に向かい合う辺の長さを a，b，c（小文字）と表し，∠A，∠B，∠C の大きさを A，B，C（斜めの字体）と表すことにするよ。

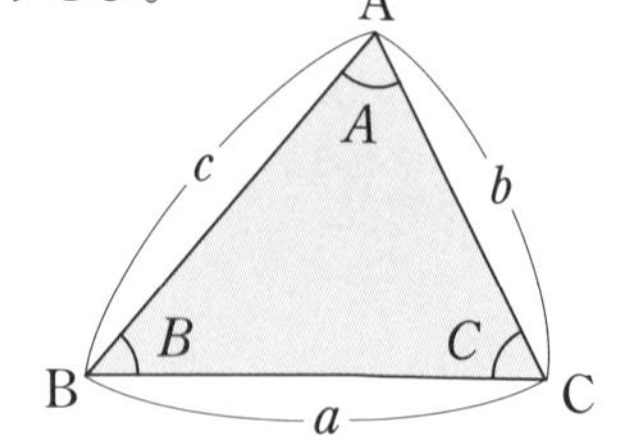

この節の内容を理解するためにはいろいろな予備知識が必要になるから，ここでまとめて確認しておくね。まずは中学で習った「**円周角の定理**」の復習からいこう！

円周角の定理

右の図において，

❶ **∠BAC＝∠BDC**

❷ **∠BAC＝$\frac{1}{2}$∠BOC**

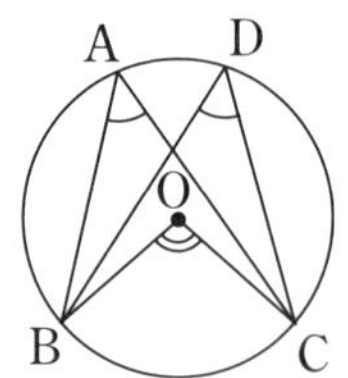

つぎに，円に内接する四角形の性質についてみておこう。

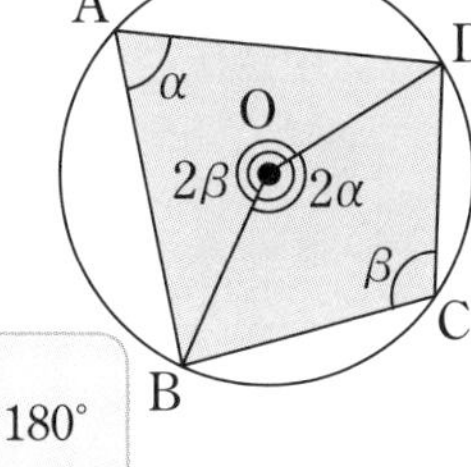

$\angle$BAD$=\alpha$，$\angle$BCD$=\beta$ とすると，円周角の定理より，

(弧BADに対する中心角)$=2\alpha$，

(弧BCDに対する中心角)$=2\beta$

となる。$2\alpha+2\beta=360°$ より，

$$\alpha+\beta=180°$$

$\left(\begin{array}{l}\text{円に内接する四角形の}\\\text{向かい合う角の和}\end{array}\right)=180°$

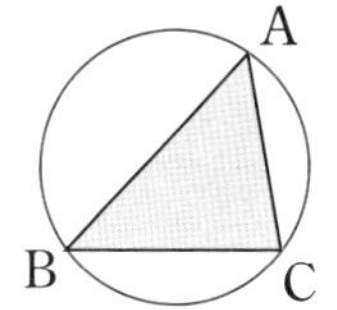

また，三角形の3つの頂点を通る円を，その三角形の「**外接円**（がいせつえん）」というよ。

それから，「**三平方の定理**」は覚えているかな？

$$a^2+b^2=c^2$$

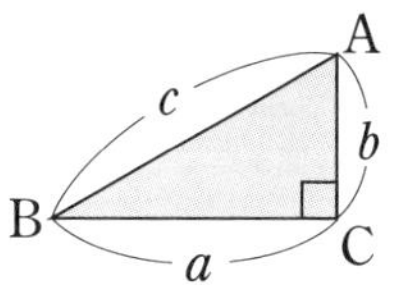

これは $\angle$C$=90°$ のときに成り立つ定理だったね！余弦定理は三平方の定理の一般化で，三平方の定理の$\angle$C が$90°$ でなくても使えるバージョンだよ。

ゼロから解説

1 正弦定理

じゃ，じゃ〜ん！　これが「**正弦定理**」だよ。

正弦定理

△**ABC** の外接円の半径を R とすると，

$$\frac{a}{\sin A}=\frac{b}{\sin B}=\frac{c}{\sin C}=2R$$

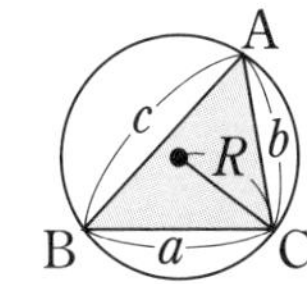

それではまずは証明から行っていこう。

$$\frac{a}{\sin A}=2R$$

が成り立つことを，A が鋭角のときと，直角のときと，鈍角のときで場合分けをして証明するよ。

(i)　A が鋭角のとき，

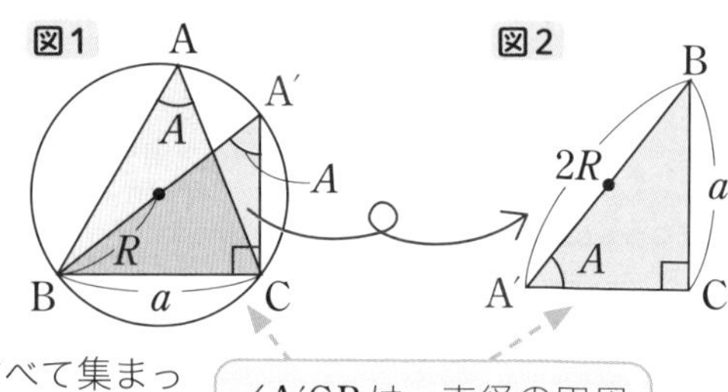

図1 のように点 B を通る円の直径を引き，B でないほうの端を A′とする。

直角三角形 A′BC をとり出した 図2 には，a，A，$2R$ がすべて集まっているね！　直角三角形 A′BC において，

∠A′CB は，直径の円周角だから，直角になるね！

$$\sin A = \frac{a}{2R}$$

$\times 2R$

$$2R\sin A = a$$

$\div \sin A$

$$2R = \frac{a}{\sin A}$$

$$\frac{a}{\sin A} = 2R$$

(ii)　A が直角のとき，

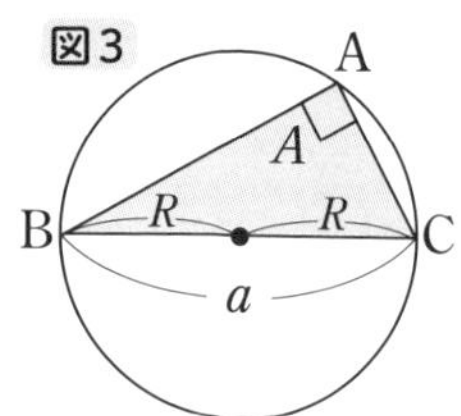

BC は円の直径だから，

$a = 2R$

$\sin A = \sin 90^\circ = 1$ より，

$$\frac{a}{\sin A} = 2R$$

$\sin A = 1$

(iii)　A が鈍角のとき，

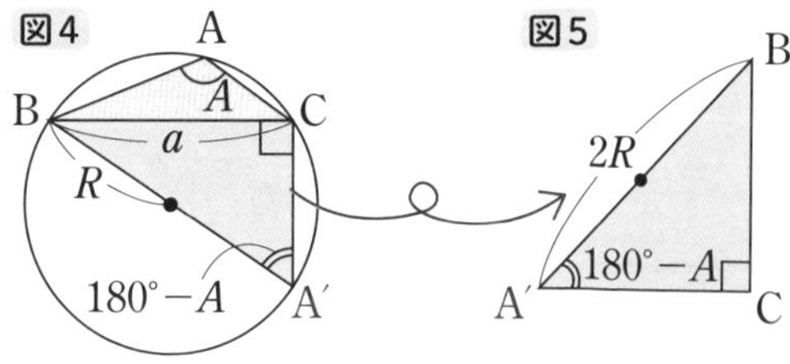

図4 のように点 B を通る円の直径を引き，B でないほうの端を A′とする。

四角形 ABA′C は円に内接しているから，

$$\angle \mathrm{CAB} + \angle \mathrm{BA'C} = 180^\circ$$

円に内接する四角形の向かい合う角の和は180°

$$\angle \mathrm{BA'C} = 180^\circ - \angle \mathrm{CAB}$$

$$\angle \mathrm{BA'C} = 180^\circ - A$$

ここで **図5** のようになっている直角三角形 A′BC に着目すると，

$$\sin(180^\circ - A) = \frac{a}{2R}$$

$$\frac{a}{\sin(180^\circ - A)} = 2R$$

（i）で A のところを $180^\circ - A$ に変えるだけだね！

$$\frac{a}{\sin A} = 2R$$

$\sin(180^\circ - A) = \sin A$

以上より，

A が鋭角のとき，

$$\frac{a}{\sin A} = 2R$$

A が直角のとき，

$$a = 2R$$

A が鈍角のとき，

$$\frac{a}{\sin(180^\circ - A)} = 2R$$

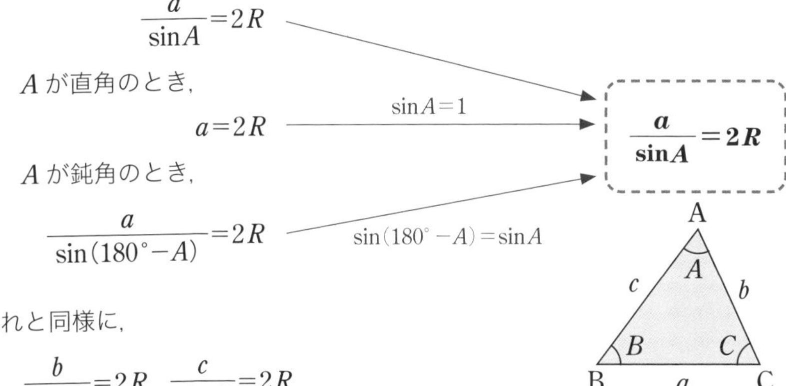

これと同様に，

$$\frac{b}{\sin B} = 2R,\quad \frac{c}{\sin C} = 2R$$

が成り立つことも証明できるよ！　そして，外接円は共通だから，

$$\frac{a}{\sin A} = \frac{b}{\sin B} = \frac{c}{\sin C} = 2R$$

$\dfrac{\text{向かい側の辺}}{\sin A} = \dfrac{\text{向かい側の辺}}{\sin B}$ と覚えよう！

これで証明完了だね！　ちなみに，変形すると，

$$a = 2R\sin A,\quad b = 2R\sin B,\quad c = 2R\sin C$$

$\dfrac{a}{\sin A} = 2R$ の両辺を $\sin A$ 倍

となるから，

$$a : b : c = 2R\sin A : 2R\sin B : 2R\sin C$$

$$\boldsymbol{a : b : c = \sin A : \sin B : \sin C}$$

辺の比は向かいの角の正弦の比

も成り立つよ。

例題 ❶

(1) $\triangle ABC$ において，$a=12$，$B=60^\circ$，$C=75^\circ$ のとき，b を求めよ。また，外接円の半径 R を求めよ。

(2) $\triangle ABC$ において，$b=\sqrt{2}$，$c=2$，$C=45^\circ$ のとき，A，B を求めよ。

解答と解説

(1) $A=180^\circ-(60^\circ+75^\circ)=45^\circ$

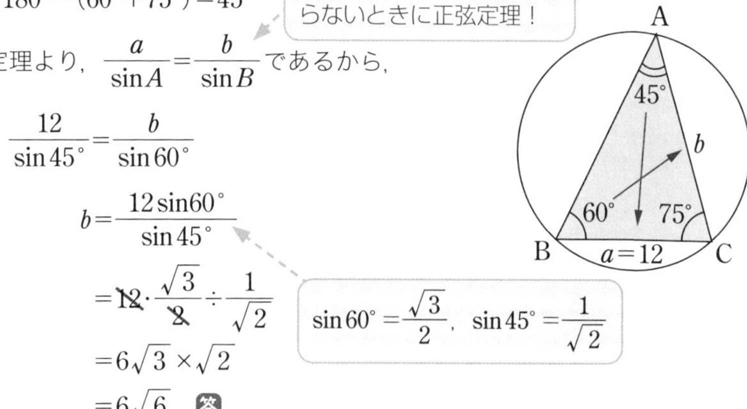

正弦定理より，$\dfrac{a}{\sin A}=\dfrac{b}{\sin B}$ であるから，

$$\frac{12}{\sin 45^\circ}=\frac{b}{\sin 60^\circ}$$

$$b=\frac{12\sin 60^\circ}{\sin 45^\circ}$$

$$=12\cdot\frac{\sqrt{3}}{2}\div\frac{1}{\sqrt{2}}$$

$\sin 60^\circ=\dfrac{\sqrt{3}}{2}$，$\sin 45^\circ=\dfrac{1}{\sqrt{2}}$

$$=6\sqrt{3}\times\sqrt{2}$$

$$=6\sqrt{6}$$ 答

また，

$$2R=\frac{a}{\sin A}$$

もう一度正弦定理を使って R を求めていくよ！

$$=\frac{12}{\sin 45^\circ}$$

$$=12\div\frac{1}{\sqrt{2}}$$

$$=12\sqrt{2}$$

よって，

$$R=6\sqrt{2}$$ 答

(2) 正弦定理より，$\dfrac{b}{\sin B}=\dfrac{c}{\sin C}$ であるから，

$$\frac{\sqrt{2}}{\sin B}=\frac{2}{\sin 45^\circ}$$

両辺を $\sin B \sin 45^\circ$ 倍

$$\sqrt{2}\sin 45^\circ=2\sin B$$

$$\sin B=\frac{\sqrt{2}}{2}\sin 45^\circ$$

$$=\frac{\sqrt{2}}{2}\cdot\frac{1}{\sqrt{2}}$$

$$=\frac{1}{2}$$

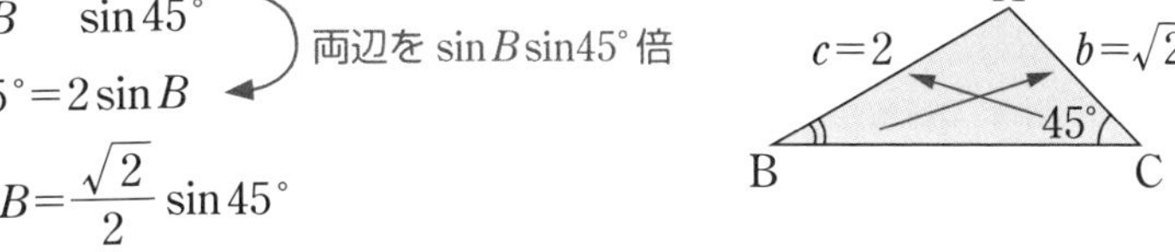

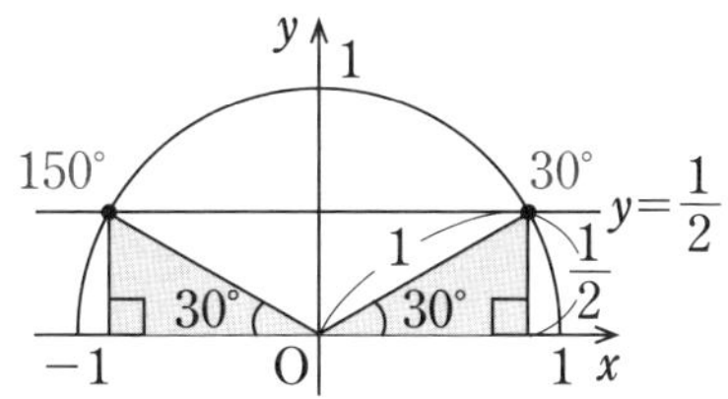

この方程式を解くと，

$B=30^\circ,\ 150^\circ$

$C=45^\circ$ より，$B<135^\circ$ なので，

$B=30^\circ$ 答

$A+B=180^\circ-45^\circ=135^\circ$ だから，$B<135^\circ$ だね

また，

$A=180^\circ-(30^\circ+45^\circ)$

$=105^\circ$ 答

図形問題で問題文に図がかかれていない場合は，まずは自分で図をかくことから始めよう。辺と角の位置関係を知るための図なので，正確な図でなくてもかまわないよ。とはいえ，120°のところが30°ぐらいだとさすがに気持ち悪いから，無理せず，できる範囲でそれっぽくかくようにするといいよ。そして，かいたあとは，与えられている長さや角をかき込むようにしよう。

正弦定理を使うタイミングは，

❶ 向かい合う辺と角の**2**組のうち，どれか**1**つだけわからないとき
❷ 外接円の半径がわかっているときや，外接円の半径を求めるとき

だよ。そこを意識して解くようにしよう！

2 余弦定理

三平方の定理の進化版！ それが「**余弦定理**（よげん）」だ！

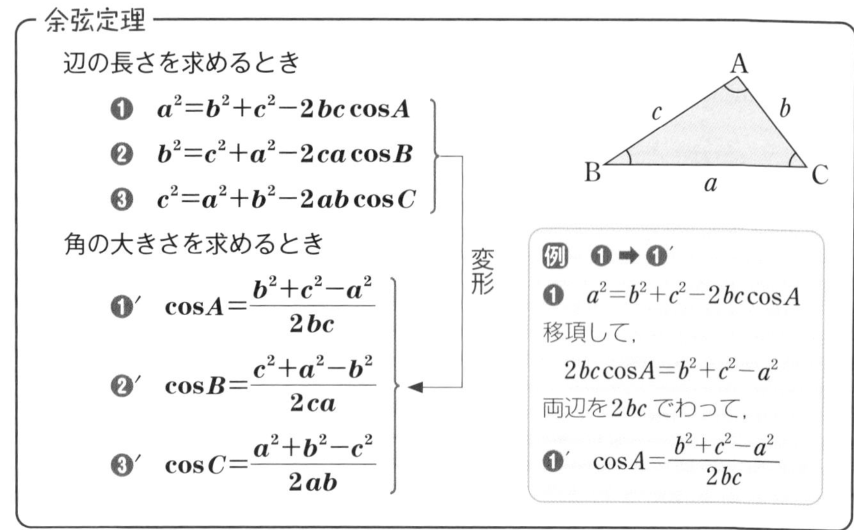

余弦定理
辺の長さを求めるとき
❶ $a^2=b^2+c^2-2bc\cos A$
❷ $b^2=c^2+a^2-2ca\cos B$
❸ $c^2=a^2+b^2-2ab\cos C$
角の大きさを求めるとき
❶′ $\cos A=\dfrac{b^2+c^2-a^2}{2bc}$
❷′ $\cos B=\dfrac{c^2+a^2-b^2}{2ca}$
❸′ $\cos C=\dfrac{a^2+b^2-c^2}{2ab}$
変形
A
B
C
a
b
c
例 ❶➡❶′
❶ $a^2=b^2+c^2-2bc\cos A$
移項して,
$2bc\cos A=b^2+c^2-a^2$
両辺を$2bc$でわって,
❶′ $\cos A=\dfrac{b^2+c^2-a^2}{2bc}$

さて，まずは証明から行っていこう。正弦定理を証明したときのように，鋭角，鈍角，直角で場合を分けて証明をしてもいいんだけど，な，な，なんと，場合分けをせずに一発でできる方法があるんだ。それは「座標」を使った方法だよ。証明の前に少しだけ準備をしておこう。

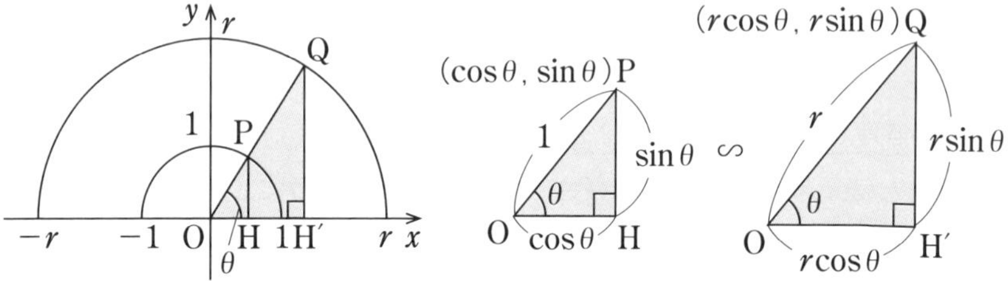

Pを単位円周上の点，QをOを中心とする半径rの円周上の点，どちらもx軸の正の方向からの回転角はθとするよ。上図より，△OPH∽△OQH′でOP=1，OQ=rだから，

P$(\cos\theta,\ \sin\theta)$，Q$(r\cos\theta,\ r\sin\theta)$

QH′：PH=OQ：OP
QH′：$\sin\theta=r:1$

が成り立つんだ。これはθが90°以上のときも成り立つよ。まとめておくと，

原点からの距離と回転角による座標の表し方

原点をOとし，$\mathrm{OQ}=r$，x軸の正の方向からOQまでの回転角がθのとき，

$$\mathrm{Q}(r\cos\theta,\ r\sin\theta)$$

と表すことができる。

それでは，余弦定理の証明をやっていこう！　右図のように，Aを原点，Bをx軸の正の部分にとると，

$\mathrm{A}(0,\ 0)$，$\mathrm{B}(c,\ 0)$，$\mathrm{OC}=b$，$\mathrm{BC}=a$

となり，先ほどの準備より，Cの座標は，

$$\mathrm{C}(b\cos A,\ b\sin A)$$

となるね。これは 図1 ～ 図3 の，どれにたいしても成り立つね。

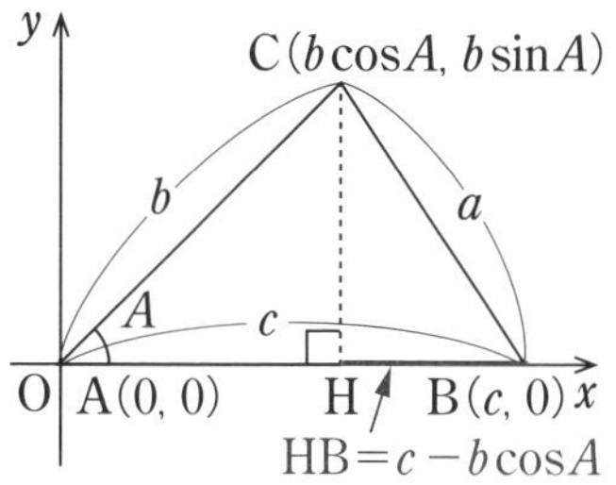

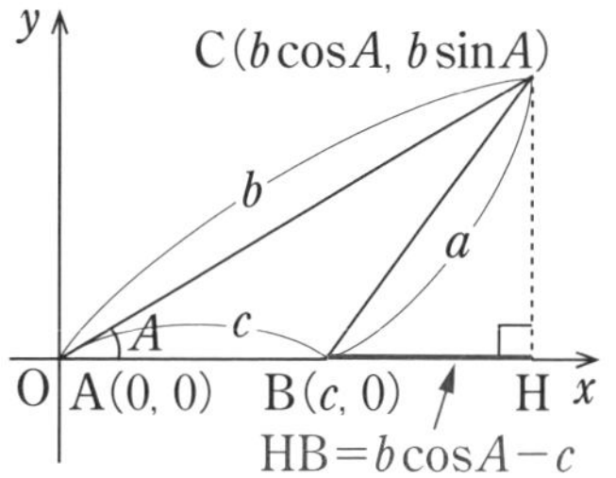

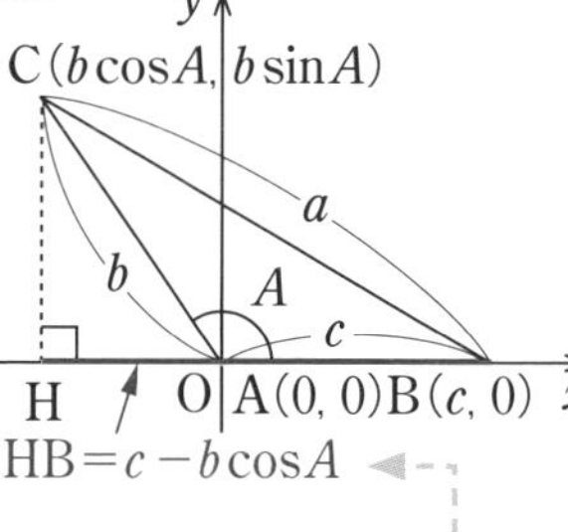

図1 のとき，$\mathrm{HB}=c-b\cos A$

図2 のとき，$\mathrm{HB}=b\cos A-c$

図3 のとき，$\mathrm{HB}=c-b\cos A$

いずれの場合にしても，

$$\mathrm{HB}^2=(c-b\cos A)^2$$

が成り立つね！

$(c-b\cos A)^2=(b\cos A-c)^2$

直角三角形BCHで三平方の定理より，

$$\mathrm{BC}^2=\mathrm{HB}^2+\mathrm{CH}^2$$

$$\begin{aligned}a^2&=(c-b\cos A)^2+(b\sin A)^2\\&=c^2-2bc\cos A+b^2\cos^2 A+b^2\sin^2 A\\&=c^2-2bc\cos A+b^2(\cos^2 A+\sin^2 A)\\&=b^2+c^2-2bc\cos A\end{aligned}$$

$\cos^2 A+\sin^2 A=1$だね！

$b\cos A<0$だから，
$\mathrm{OH}=-b\cos A$ だよ！

同じようにほかの2つも導くことができるよ。

少し難しかったね！　う〜んって人は，まず余弦定理の問題をいくつか解いてみて使い方を身につけてから，もう1回証明をみなおしてみるといいよ。

それでは，問題をみていこう。

例題 ❷

(1)　△ABC において，$b=\sqrt{7}$，$c=3$，$B=60°$ のとき，a を求めよ。

(2)　△ABC において，$a=13$，$b=8$，$c=7$ のとき，A を求めよ。

解答と解説

(1)　余弦定理より，

$$b^2=c^2+a^2-2ca\cos B$$

わかっている角の向かいの辺から出発の余弦定理！

であるから

$$(\sqrt{7})^2=3^2+a^2-2\cdot3\cdot a\cos60°$$

$$7=9+a^2-6a\cdot\frac{1}{2}$$

$\cos60°=\frac{1}{2}$

$$a^2-3a+2=0$$

$$(a-1)(a-2)=0$$

よって，

$$a=1,\ 2$$ 答

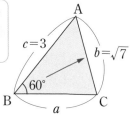

角を求めるときは，「cos＝〜」の余弦定理！

(2)　余弦定理より，

$$\cos A=\frac{b^2+c^2-a^2}{2bc}$$

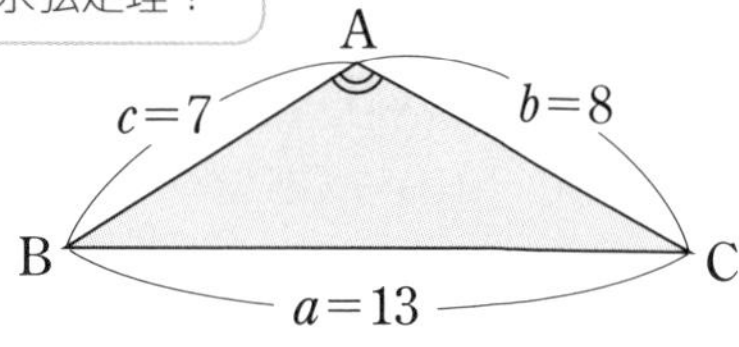

であるから，

$$\cos A=\frac{8^2+7^2-13^2}{2\cdot8\cdot7}$$

$$=-\frac{1}{2}$$

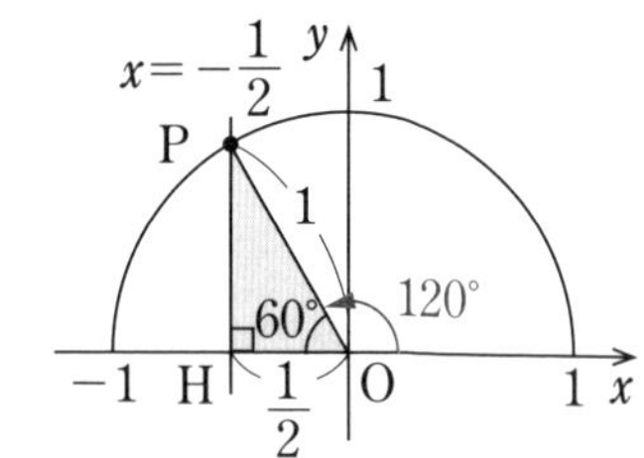

よって，

$$A=120°$$ 答

余弦定理を使うタイミングは,

「わかっているもの＋知りたいもの」が**3**辺と**1**角の関係のとき

だよ。たとえば，$a^2=b^2+c^2-2bc\cos A$ であれば，a，b，c の3辺と A の1角の関係式だね！　だから，a，b，c，A の中でわからないものがどれか1つだけであれば，余弦定理を使うことによって求めることができるんだ。

❸ 三角形の辺と角の大きさ

△ABC において，A は三角形の内角だから，$0°<A<180°$ だね！　この範囲で考えると，

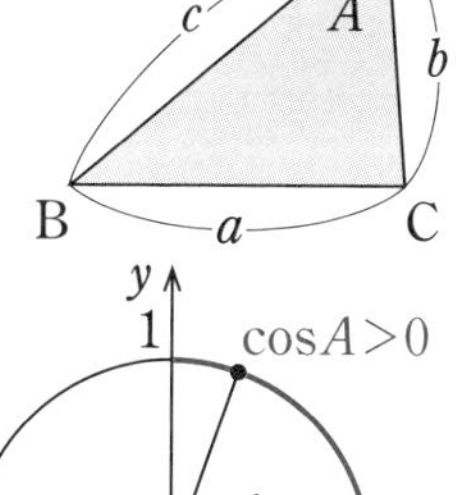

(i)　$\cos A>0$ のとき，

単位円周上の点は第1象限ということだから，

$0°<A<90°$　← 鋭角というよ

(ii)　$\cos A=0$ のとき，

単位円周上の点は，(0,　1)だから

$A=90°$　← 直角というよ

(iii)　$\cos A<0$ のとき，

単位円周上の点は第2象限ということだから，

$90°<A<180°$　← 鈍角というよ

ということがわかるね！

ところで，余弦定理から，

$$\cos A=\frac{b^2+c^2-a^2}{2bc}$$

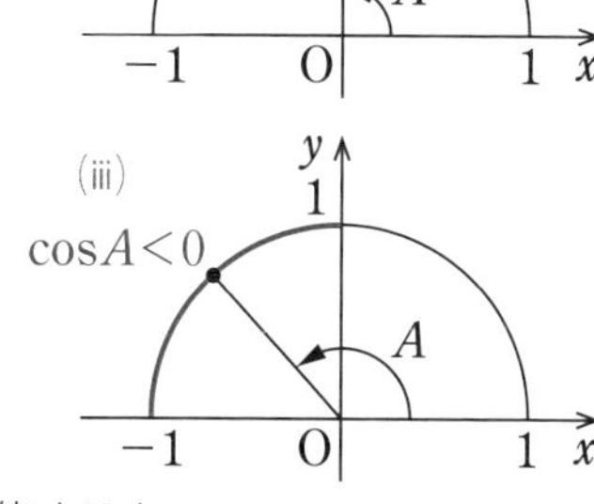

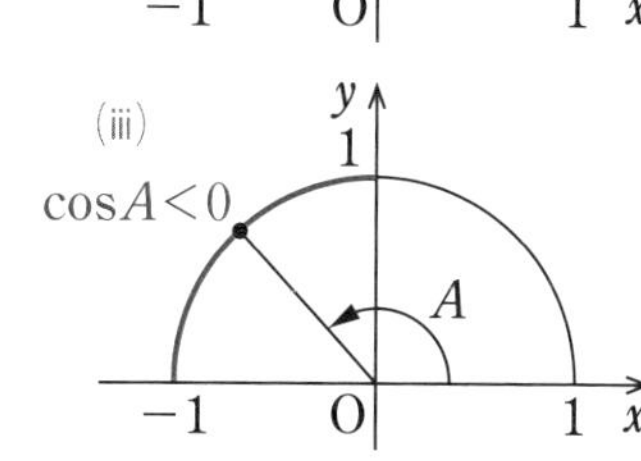

が成り立つから，$\cos A>0$ というのは，

$$\frac{b^2+c^2-a^2}{2bc}>0$$

ということだよね。$2bc>0$ だから，両辺を $2bc$ 倍すると

$$b^2+c^2-a^2>0$$

$$b^2+c^2>a^2$$

$\cos A=0$，$\cos A<0$ のときも同じように考えられるから，まとめると，

鋭角・直角・鈍角

$0^\circ < A < 90^\circ$ （A が鋭角） $\Leftrightarrow$ $b^2+c^2>a^2$

$A=90^\circ$ （A が直角） $\Leftrightarrow$ $b^2+c^2=a^2$

$90^\circ < A < 180^\circ$ （A が鈍角） $\Leftrightarrow$ $b^2+c^2<a^2$

また，三角形の辺と角の大小について，次のことが成り立つよ。

三角形の辺と角の大小

三角形の**2**辺の大小関係は，その向かい合う角の大小関係と一致する。

とくに，最大辺の向かい合う角が最大角である。

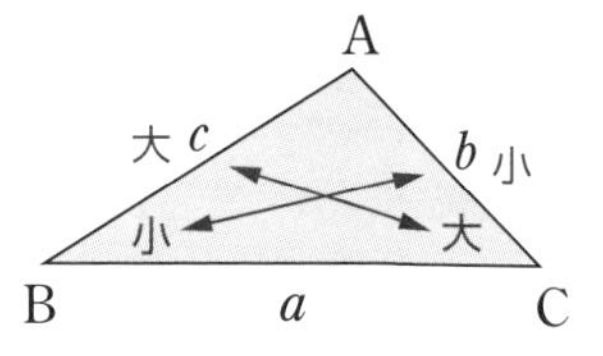

これらのことは，ある三角形が，鋭角三角形，直角三角形，鈍角三角形のどれなのかを見分けるときによく使われるよ。

三角形の形状

鋭角三角形 …… すべての角が鋭角である三角形

鈍角三角形 …… ある**1**つの角が鈍角である三角形

直角三角形 …… ある**1**つの角が直角である三角形

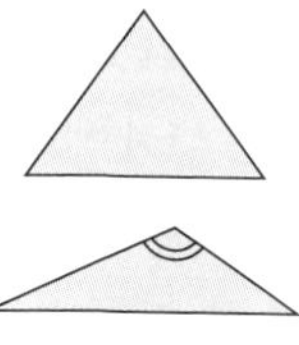

❶ ある三角形が鋭角三角形であるための条件

➡ 最大角が鋭角であること

最大角が鋭角なら，ほかの2角はそれより小さいから絶対に鋭角だから，すべての角が鋭角になるね！

❷ ある三角形が鈍角三角形であるための条件

➡ 最大角が鈍角であること

最大角以外の角が鈍角だとすると，それより大きい最大角も鈍角となって，2つ合わせて180°を超えてしまうから三角形ができないね結局，鋭角三角形，直角三角形，鈍角三角形のどれなのかを見分けるためには，最大角が90°より大きいか小さいかを調べればいいっていうことなんだ。

じゃあ，角の条件ではなく辺の条件が与えられている場合はどうなのかっていうと，最大辺とほかの2辺の関係に着目するといいんだよ。

例 △ABCの3辺の長さが次のようなとき，△ABCは鋭角三角形，直角三角形，鈍角三角形のいずれであるかを調べよ。

(1) $a=6,\ b=5,\ c=4$　　(2) $a=6,\ b=4,\ c=9$

(1) 最大辺が a であるから，その向かい合う角 A が最大角である。

$5^2+4^2>6^2$ ← 右辺に最大辺の2乗，左辺にそれ以外の辺それぞれの2乗の和をとり，大小を比較

すなわち，$b^2+c^2>a^2$

より，最大角の A が鋭角であるから，△ABCは鋭角三角形である。

(2) 最大辺が c であるから，その向かい合う角 C が最大角である。

$6^2+4^2<9^2$　すなわち，$a^2+b^2<c^2$

より，C は鈍角であるから，△ABCは鈍角三角形である。

4 正弦定理・余弦定理の応用

sinの比がわかっているときの最大角の大きさを求める問題をやっていこう。有名問題だからしっかりと押さえておいてね！

例題 ❸

△ABCにおいて，

$$\sin A : \sin B : \sin C = 3 : 5 : 7$$

のとき，最大の内角の大きさを求めよ。

解答の前にひと言

正弦定理より，

$$\frac{a}{\sin A}=\frac{b}{\sin B}=\frac{c}{\sin C}=2R\quad (R\text{は外接円の半径})$$

すなわち，

$$a=2R\sin A,\quad b=2R\sin B,\quad c=2R\sin C$$

よって，

$$a:b:c=2R\sin A:2R\sin B:2R\sin C=\sin A:\sin B:\sin C$$

これと，$\sin A:\sin B:\sin C=3:5:7$を合わせると，

$$a:b:c=3:5:7$$

だから，最大辺は c になり，最大の内角は C だね。

解答と解説

正弦定理と与えられた条件から，

$$a:b:c=\sin A:\sin B:\sin C=3:5:7 \quad \cdots\cdots①$$

よって，c が最大辺なので，C が最大の内角である。

①より，

$$a=3k,\quad b=5k,\quad c=7k \quad (k>0)$$

とおけて，余弦定理より，

> 3辺の比がわかっているということは，3辺の長さを1文字で表すことができるということだよ！

$$\cos C=\frac{a^2+b^2-c^2}{2ab}$$

$$=\frac{(3k)^2+(5k)^2-(7k)^2}{2\cdot3k\cdot5k}$$

$$=\frac{-15k^2}{30k^2}$$

> k^2で約分できて，定数になるね！

$$=-\frac{1}{2}$$

C, ⑤, $b=5k$, ③, $a=3k$, A, B, $c=7k$, ⑦

したがって，最大の内角は，

$C=120°$ 答

> $\cos C=-\frac{1}{2}$ となる C は120°だね！　わからない人は第**25**節をみなおしておこう

5 三角形の決定

三角形のいくつかの辺の長さや角の大きさがわかっているとき，正弦定理や余弦定理を使って，残りの辺の長さや角の大きさを求めることができるんだ。

例題④

△ABCにおいて，$b=2$，$c=1+\sqrt{3}$，$A=30°$ のとき，a，B，C を求めよ。

解答の前にひと言

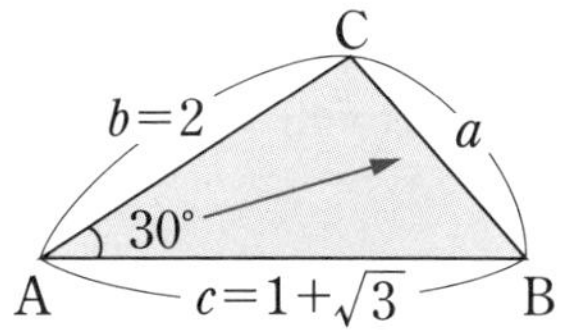

まずは，a だけど，これは B も C もわかっていないから，正弦定理で求めることはできない。だから，余弦定理

$$a^2=b^2+c^2-2bc\cos A$$

（わかっている角の向かいの辺から出発）

を用いて求めるよ。

そのあとは，

① $\dfrac{a}{\sin A}=\dfrac{b}{\sin B}$（正弦定理）と「$B$ が鋭角」

（$\underset{b}{2}<\underset{c}{1+\sqrt{3}}$ より，B は最大角じゃないから鋭角だね！（鈍角や直角になる可能性があるのは最大角のみ））

② $\cos B=\dfrac{c^2+a^2-b^2}{2ca}$（余弦定理）

のどちらかで B を求めよう（今回は①で求めるよ）。

C は，三角形の内角の和が180°であることに着目すれば，求めることができるね！

解答と解説

余弦定理より，

$$\begin{aligned}a^2&=2^2+(1+\sqrt{3})^2-2\cdot2\cdot(1+\sqrt{3})\cos30°\\&=4+(1+2\sqrt{3}+3)-4(1+\sqrt{3})\cdot\frac{\sqrt{3}}{2}\\&=2\end{aligned}$$

$a>0$ より，

$a=\sqrt{2}$ 答

これと，正弦定理より，

$$\frac{\sqrt{2}}{\sin30°}=\frac{2}{\sin B}$$

$$\sin B=2\cdot\frac{\sin30°}{\sqrt{2}}$$

（両辺を $\sin B\sin30°$ 倍して $\sqrt{2}$ でわった）

$$=2\cdot\frac{1}{2}\cdot\frac{1}{\sqrt{2}}$$

$$=\frac{1}{\sqrt{2}}$$

B の向かい合う辺 b は最大辺ではないから，B は最大角ではない。

よって，B は鋭角であるから，

$B=45^\circ$ 答

$\sin B=\frac{1}{\sqrt{2}}$ を満たし，B が鋭角のとき，$B=45^\circ$ だね！　わからない人は 第25節をみなおしておこう

また，

$C=180^\circ-(30^\circ+45^\circ)$

$=105^\circ$ 答

まとめ

(1)　正弦定理

△ABC の外接円の半径を R とすると，

$$\frac{a}{\sin A}=\frac{b}{\sin B}=\frac{c}{\sin C}=2R$$

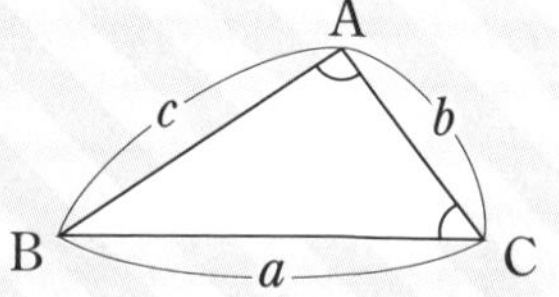

(2)　余弦定理

辺の長さを求めるとき

❶ $a^2=b^2+c^2-2bc\cos A$

❷ $b^2=c^2+a^2-2ca\cos B$

❸ $c^2=a^2+b^2-2ab\cos C$

角の大きさを求めるとき

❶′ $\cos A=\frac{b^2+c^2-a^2}{2bc}$

❷′ $\cos B=\frac{c^2+a^2-b^2}{2ca}$

❸′ $\cos C=\frac{a^2+b^2-c^2}{2ab}$

(3)　鋭角・直角・鈍角

$0^\circ<A<90^\circ$　（A が鋭角）　⇔　$b^2+c^2>a^2$

$A=90^\circ$　（A が直角）　⇔　$b^2+c^2=a^2$

$90^\circ<A<180^\circ$　（A が鈍角）　⇔　$b^2+c^2<a^2$

(4)　三角形の辺と角の大小

三角形の**2**辺の大小関係は，その向かい合う角の大小関係と一致する。

とくに，最大辺の向かい合う角が最大角である。

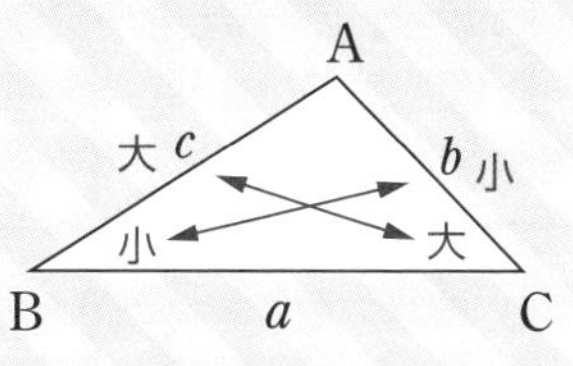

解答と解説▶別冊 $p.56$

練習問題

(1)　△ABC において，$a=5\sqrt{2}$，$b=10$，$A=30°$ のとき，B を求めよ。

(2)　△ABC において，$a=3$，$c=2$，$B=60°$ のとき，b を求めよ。

(3)　△ABC において，$a=\sqrt{6}$，$b=\sqrt{3}-1$，$C=45°$ のとき，残りの辺の長さと角の大きさを求めよ。

第27節 三角形の面積とその応用

この節の目標

- ☐ Ⓐ 三角形の面積公式について理解し，それを利用することができる。
- ☐ Ⓑ 三角形に内接する円の半径を求めることができる。
- ☐ Ⓒ 円に内接する四角形の問題を解くことができる。

イントロダクション ♪♫

今回は三角形の面積の求め方について学習していくよ。そもそも「**面積**」って何かは大丈夫かな？

「面積」とは，「広さ」を数値化したものなんだ。どうやって数値化するかというと，

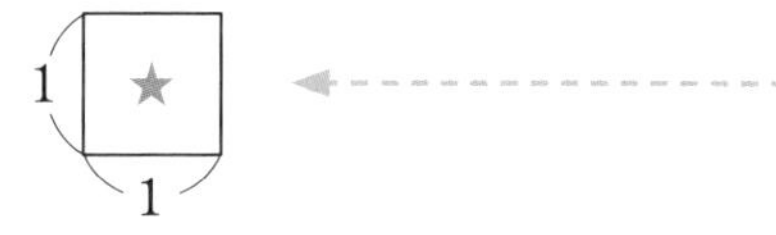

このような単位の何個分の広さかを考えて，それを「面積」とよぶことにしたんだ。

たとえば，右図の長方形は，★が15個分の広さだね！　だから，面積は15だよ。計算でどのように求めたかというと，★が縦3個に並んだものが5列分だから，「(縦)×(横)」で求めることができるね！　一般化しておくと，縦の長さが a，横の長さが b の長方形の面積は，

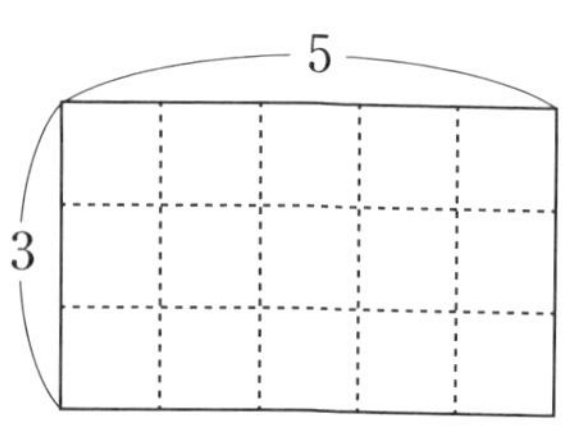

だよ。では三角形の面積はどうだろう？

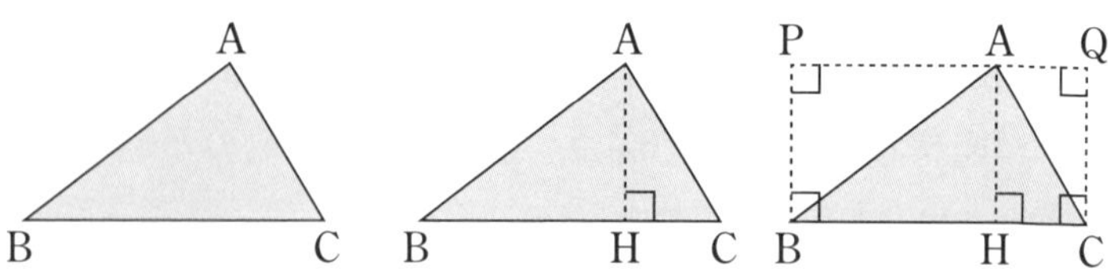

$$(\triangle \text{ABC の面積})=(\text{長方形 PBHA の面積})\times\frac{1}{2}+(\text{長方形 AHCQ の面積})\times\frac{1}{2}$$

$$=(\text{長方形 PBCQ の面積})\times\frac{1}{2}$$

$$=\underbrace{\text{BC}}_{\text{底辺}}\times\underbrace{\text{AH}}_{\text{高さ}}\times\frac{1}{2}$$

と考えて求めることができるね。

ゼロから解説

三角形の面積

それでは，三角比を利用した三角形の面積公式について学習していこう。

右図で直角三角形 ACH に着目すると，

$$\sin C=\frac{\text{AH}}{b} \iff \text{AH}=b\sin C$$

（両辺 b 倍）

だから，

$$\triangle\text{ABC}=\text{BC}\times\text{AH}\times\frac{1}{2}$$

$$=a\times b\sin C\times\frac{1}{2}$$

$$=\frac{1}{2}ab\sin C$$

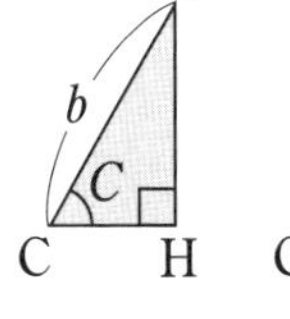

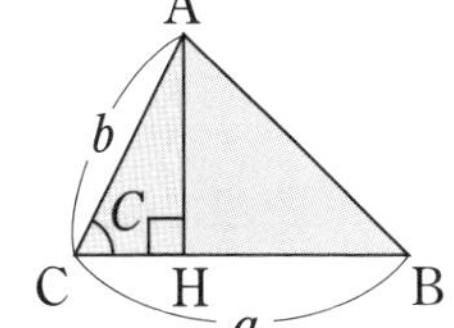

B や C から垂線を下ろすことで，ほかの公式も導けるよ。

三角形の面積公式

△ABC の面積を S とすると，

$$S=\frac{1}{2}ab\sin C=\frac{1}{2}bc\sin A=\frac{1}{2}ca\sin B$$

覚え方：$\frac{1}{2}$かける2辺とそのあいだの sin

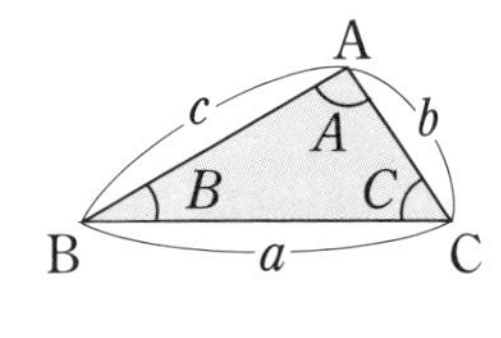

先生！　前ページの証明は，C が鋭角のときでしょ？
鈍角や直角のときもやらなくていいの？

いい質問だね！　よし！　いっしょに考えていこう。下図のような鈍角三角形 ABC を考えてみよう。底辺と高さは何かな？

底辺が BC で，高さが AH，$BC=a$ だから，AH さえわかればいいよね。

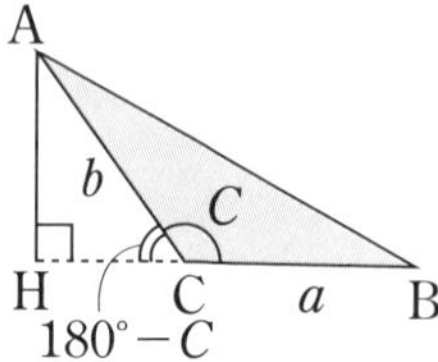

$\angle ACH=180°-C$ だね！　直角三角形 ACH に着目してごらん。

$\sin(180°-C)=\dfrac{AH}{b}$ $\Leftrightarrow$ $AH=b\sin(180°-C)$，あれ？　何かちがう？

合っているよ。$\sin(180°-C)$ を簡単にすると，どうなるんだったかな？

$\sin(180°-C)=\sin C$ だよね！　だから，$AH=b\sin C$ で，

$\triangle ABC=a\times b\sin C\times\dfrac{1}{2}=\dfrac{1}{2}ab\sin C$ だ！

できたね！　あとは，C が直角のときだけど，

$\sin C=\sin 90°=1$ だから，

$\triangle ABC=\dfrac{1}{2}\times a\times b=\dfrac{1}{2}ab\sin C$ が成り立つね！

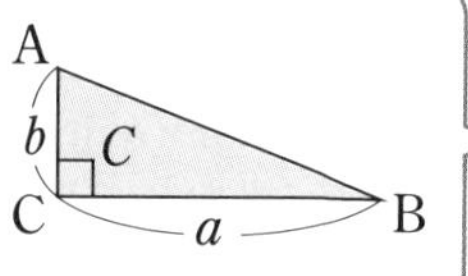

例　$b=4$，$c=5$，$A=30°$ のとき，$\triangle ABC$ の面積 S を求めよ。

$$S=\frac{1}{2}\cdot 4\cdot 5\cdot\sin 30°=10\times\frac{1}{2}=\mathbf{5}$$

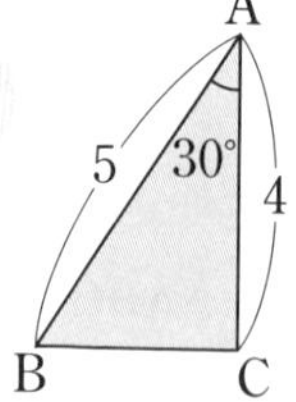

2　内接円の半径

三角形の3辺に接する円を「**内接円**（ないせつえん）」というよ。三角形の3辺の長さが与えられたとき，その内接円の半径を求めてみよう。

右図のような△ABC を考えて，△ABC の内接円の半径を r とするよ。内接円の中心 I と頂点を結んで3分割することを考えるんだ。

△ABC の面積を S とすると，

$$S = \triangle\mathrm{IBC} + \triangle\mathrm{ICA} + \triangle\mathrm{IAB}$$
$$= \frac{1}{2}ar + \frac{1}{2}br + \frac{1}{2}cr$$
$$= \frac{1}{2}r(a+b+c)$$

が成り立つよ。まとめておこう。

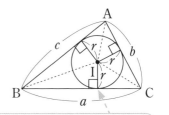

中心と接点を結ぶと，その線分の長さは r（内接円の半径），接線とは垂直になるね！

内接円の半径

△ABC の面積を S，内接円の半径を r とすると，

$$\boldsymbol{S = \frac{1}{2}r(a+b+c)}$$

3辺の長さ（a，b，c）と面積 S がわかれば，内接円の半径 r はこの式から求めることができるね！

例 題 ❶

$a=4$，$b=7$，$c=9$ である△ABC の**内接円の半径を求めよ。**

解答の前にひと言

△ABC の面積を S，内接円の半径を r とする。

step1 3辺がわかっているので，$\cos A$ を求める。

step2 $\sin^2 A + \cos^2 A = 1$ を利用して，$\sin A$ を求める。

step3 $S = \frac{1}{2}bc\sin A$ を利用して，S を求める。

step4 $S = \frac{1}{2}r(a+b+c)$ を利用して，r を求める。

解答と解説

余弦定理より，

$$\cos A=\frac{7^2+9^2-4^2}{2\cdot 7\cdot 9}=\frac{19}{21}$$

> 3辺がわかっているから，$\cos A$ が求められるね！

> $\cos A=\dfrac{b^2+c^2-a^2}{2bc}$

$\sin A>0$ より，

$$\sin A=\sqrt{1-\cos^2 A}=\sqrt{1-\left(\frac{19}{21}\right)^2}$$

$$=\sqrt{\left(1+\frac{19}{21}\right)\left(1-\frac{19}{21}\right)}=\sqrt{\frac{40}{21}\cdot\frac{2}{21}}=\frac{4\sqrt{5}}{21}$$

> sin がわかれば面積公式が使えるね！

よって，$\triangle$ABC の面積 S は，

$$S=\frac{1}{2}\cdot 7\cdot 9\cdot\frac{4\sqrt{5}}{21}=6\sqrt{5}$$

> $S=\dfrac{1}{2}bc\sin A$

$\triangle$ABC の内接円の半径を r とすると，$S=\dfrac{1}{2}r(a+b+c)$ より，

$$6\sqrt{5}=\frac{1}{2}r(4+7+9)$$

> 面積と3辺の長さがわかれば内接円の半径がわかるよ！

$$r=\frac{6\sqrt{5}}{10}=\frac{3\sqrt{5}}{5}$$ 答

3 円に内接する四角形

右図のように四角形が円に内接している場合，

$$\angle B+\angle D=180^\circ$$

> 円に内接する四角形の向かい合う角の和は180°

が成り立ったね！　だから，$\angle B=\theta$ とすると，

$$\angle D=180^\circ-\theta$$

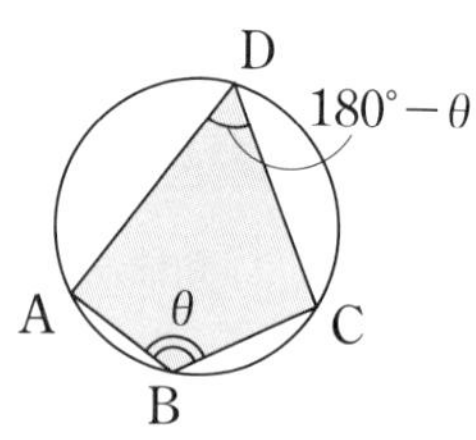

と表されるよね。また，

$$\cos(180^\circ-\theta)=-\cos\theta,\ \sin(180^\circ-\theta)=\sin\theta$$

だったね！　これを踏まえて次の例題を解いていこう。

例題❷

円に内接する四角形ABCDにおいて，AB＝2，BC＝4，CD＝3，DA＝2であるとき，次のものを求めよ。

(1) 対角線ACの長さ　　(2) 四角形ABCDの面積S

解答と解説

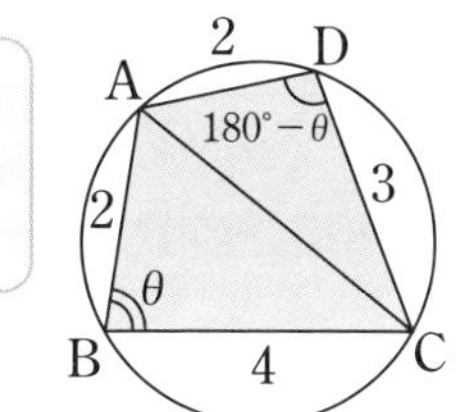

ACが知りたくて，AB＝2，BC＝4，∠B＝θだから，3辺と1角の関係。3辺と1角の関係は余弦定理！

(1) $\angle B=\theta$とすると，

$\angle D=180^\circ-\theta$

△ABCで余弦定理より，

$AC^2=2^2+4^2-2\cdot 2\cdot 4\cos\theta$

$=20-16\cos\theta$ ……①

ACが知りたくて，CD＝3，DA＝2，∠D＝180°−θだから3辺と1角の関係。3辺と1角の関係は余弦定理！

△ACDで余弦定理より，

$AC^2=3^2+2^2-2\cdot 3\cdot 2\cos(180^\circ-\theta)$

$=13+12\cos\theta$ ……②

$\cos(180^\circ-\theta)=-\cos\theta$

①，②より，

$20-16\cos\theta=13+12\cos\theta$

$\cos\theta=\dfrac{1}{4}$

①，②ともに「AC^2＝～」の形になっているから，AC^2を消去しよう！

①に代入して，

$AC^2=20-16\cdot\dfrac{1}{4}=16$

$AC>0$より，AC＝4 **答**

(2) $\sin\theta>0$であるから，

θ(＝∠B)は三角形の内角だから，0°＜θ＜180°より，sinθ＞だね！

$\sin\theta=\sqrt{1-\cos^2\theta}=\sqrt{1-\left(\dfrac{1}{4}\right)^2}=\dfrac{\sqrt{15}}{4}$

よって，

$S=\triangle ABC+\triangle ACD$

$=\dfrac{1}{2}\cdot 2\cdot 4\sin\theta+\dfrac{1}{2}\cdot 3\cdot 2\sin(180^\circ-\theta)$

$\sin(180^\circ-\theta)=\sin\theta=\dfrac{\sqrt{15}}{4}$

$$=4\cdot\frac{\sqrt{15}}{4}+3\cdot\frac{\sqrt{15}}{4}$$
$$=\frac{7\sqrt{15}}{4}$$ 答

ちょいムズ

三角形の3辺の長さから直接面積を求める公式があるんだ。それを紹介するよ。

ヘロンの公式

△**ABC** の面積を $\boldsymbol{S}$，$\boldsymbol{p}=\frac{\boldsymbol{a}+\boldsymbol{b}+\boldsymbol{c}}{\boldsymbol{2}}$ とすると，

$$\boldsymbol{S}=\sqrt{\boldsymbol{p}(\boldsymbol{p}-\boldsymbol{a})(\boldsymbol{p}-\boldsymbol{b})(\boldsymbol{p}-\boldsymbol{c})}$$

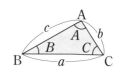

証明 三角形の面積公式より，

$$S=\frac{1}{2}bc\sin A$$
$$=\frac{1}{2}bc\sqrt{1-\cos^2 A}$$
$$=\frac{1}{2}bc\sqrt{(1+\cos A)(1-\cos A)} \quad \cdots\cdots①$$

ここで，余弦定理から，

$$1+\cos A=1+\frac{b^2+c^2-a^2}{2bc}$$
$$=\frac{2bc+b^2+c^2-a^2}{2bc}$$
$$=\frac{(b+c)^2-a^2}{2bc}$$
$$=\frac{(b+c+a)(b+c-a)}{2bc} \quad \cdots\cdots②$$

$$1-\cos A=1-\frac{b^2+c^2-a^2}{2bc}$$

$$=\frac{2bc-b^2-c^2+a^2}{2bc}$$

$$=\frac{a^2-(b^2-2bc+c^2)}{2bc}$$

$$=\frac{a^2-(b-c)^2}{2bc}$$

$$=\frac{\{a+(b-c)\}\{a-(b-c)\}}{2bc}$$

$$=\frac{(a+b-c)(a-b+c)}{2bc} \quad \cdots\cdots ③$$

②，③を①に代入して，

$$S=\frac{1}{2}bc\sqrt{\frac{(b+c+a)(b+c-a)}{2bc}\cdot\frac{(a+b-c)(a-b+c)}{2bc}}$$

$$=\frac{1}{2}bc\cdot\frac{1}{2bc}\sqrt{(b+c+a)(b+c-a)(a+b-c)(a-b+c)}$$

$$=\frac{1}{4}\sqrt{(a+b+c)(a+b+c-2a)(a+b+c-2c)(a+b+c-2b)}$$

$$=\frac{1}{4}\sqrt{2p(2p-2a)(2p-2c)(2p-2b)}$$

$$=\frac{1}{4}\sqrt{2p\cdot 2(p-a)\cdot 2(p-c)\cdot 2(p-b)}$$

$$=\frac{1}{4}\cdot 4\sqrt{p(p-a)(p-c)(p-b)}$$

$$=\sqrt{p(p-a)(p-b)(p-c)}$$ **証明終わり**

$p=\dfrac{a+b+c}{2}$ より，

$a+b+c=2p$

例 $a=4$，$b=5$，$c=7$ である△ABC の面積 S を求めよ。

$p=\dfrac{4+5+7}{2}=8$，$p-a=4$，$p-b=3$，$p-c=1$ であるから，

$$S=\sqrt{8\cdot4\cdot3\cdot1}$$
$$=4\sqrt{6}$$

ヘロンの公式の p，および $\sqrt{\ }$ の中に出てくるものを，あらかじめ計算しておくとやりやすいよ！

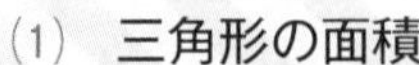

(1) 三角形の面積

△**ABC** の面積を $\boldsymbol{S}$ とすると，

$$S=\frac{1}{2}ab\sin C=\frac{1}{2}bc\sin A=\frac{1}{2}ca\sin B$$

(2) 内接円の半径

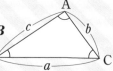

△**ABC** の面積を $\boldsymbol{S}$，内接円の半径を $\boldsymbol{r}$ とすると，

$$S=\frac{1}{2}r(a+b+c)$$

(3) 円に内接する四角形の面積

❶ 円に内接する四角形 ➡ (向かい合う角の和)＝**180°**

➡ $\angle\mathbf{B}=\theta$ とすると，$\angle\mathbf{D}=180^\circ-\theta$

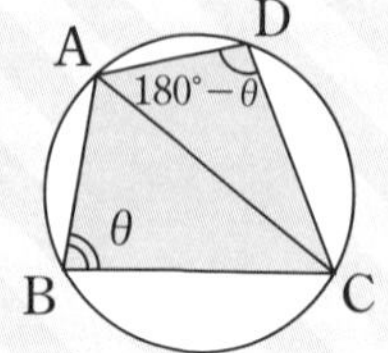

❷ △**ABC** と△**ACD** において，余弦定理を使って $\mathbf{AC}^2$ を**2**通りで表すことにより，$\cos\theta$ の方程式を導き，θ または $\cos\theta$ の値を求める。

❸ 四角形の面積 ➡ **2**つの三角形の面積の和

➡ (四角形 **ABCD** の面積)＝△**ABC**＋△**ACD**

参考 $\cos(180^\circ-\theta)=-\cos\theta$，$\sin(180^\circ-\theta)=\sin\theta$

解答と解説▶別冊 *p*.58

練習問題

円に内接する四角形 ABCD において，

$AB=5$，$BC=8$，$CD=3$，$DA=5$，$\angle ABC=\theta$

である。

(1) θ の値を求めよ。

(2) AC の長さを求めよ。

(3) △ABC の面積を求めよ。

(4) △ABC の内接円の半径 r を求めよ。

(5) 四角形 ABCD の面積 S を求めよ。

第28節 図形の計量

この節の目標

- ☐ Ⓐ 角の2等分線の長さを求めることができる。
- ☐ Ⓑ 空間図形の計量ができる。

イントロダクション ♪♫

今回は，図形の計量について学習していくよ。とくに後半では，空間図形も扱うよ。空間図形に含まれる三角形に着目すると，今まで学習したことが役立つことがあるんだ。

「立体」について，復習しておこう。

まず，すべての面が長方形で構成される，6つの平面だけで囲まれた立体を，「**直方体**」というよ。隣り合う面が垂直に交わることにも注意しておこう。

直方体の体積は，

(底面積)×(高さ)　← (縦)×(横)だね！

で求めることができたね！　そもそも「**体積**」とは何なのかまで確認しておこう。

高さ
側面
底面
縦
横

「体積」とは，「大きさ」を数値化したものだったね。どうやって数値化したかというと，

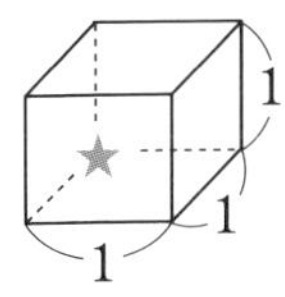

「1m」でも「1cm」でも同じように考えることができるから，単位を省略して考えるよ！

このような単位の何個分の大きさかを考えて，それを「体積」とよぶことにしたんだ。

たとえば右図の直方体は，1番下の段には★が

$\underset{縦}{2} \times \underset{横}{4} = 8$　← 底面積だね！

個あるね！　それが3段分だから，体積は，

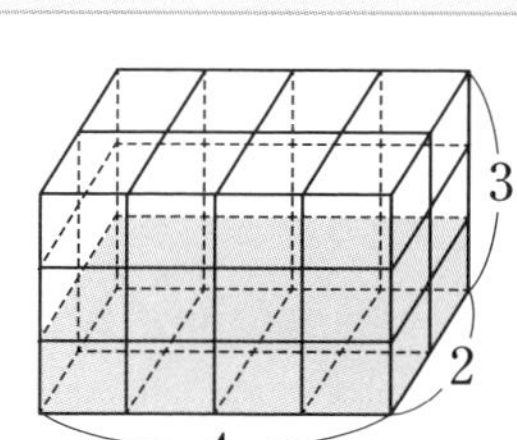

$$\underset{底面積}{8} \times \underset{高さ}{3} = 24$$

と求めることができたね！

直方体は，「**柱体**」というものの中の「四角柱」に分類されるよ。柱体とは，底面がそのまま伸びて筒状になった立体のことで，たとえば底面が三角形の柱体を「三角柱」，底面が円の柱体を「円柱」というよ！　そして，柱体の体積は次のように求めることができたね！

柱体の体積

（柱体の体積）＝（底面積）×（高さ）

柱体とは別に，「**錐体**」というものもある。これは，底面から1点に向けてとがっていく立体で，底面が円なら「円錐」，底面が三角形なら「三角錐」ということになるんだ。

錐体の体積は，次のように求めることができたね！

錐体の体積

（錐体の体積）＝（底面積）×（高さ）×$\frac{1}{3}$

そして，すべての面が正三角形である三角錐（正三角形だけで囲まれた四面体）を，「**正四面体**」というよ！

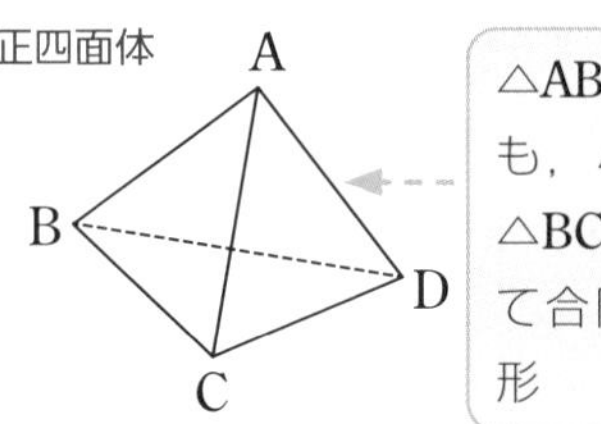
正四面体
A
B
C
D
△ABCも△ACDも，△ADBも△BCDも，すべて合同な正三角形

ゼロから解説

1 平面図形の計量

まずは平面図形で，角の2等分線の長さを求める問題をやってみよう♪

例題❶

△ABCにおいて，AB＝6，AC＝3，∠BAC＝120°である。∠BACの2等分線と辺BCの交点をDとするとき，線分ADの長さを求めよ。

解答の前にひと言

ADは，△ABDと△ACDのどちらの面積を表すのにも使うよね。だから，△ABC＝△ABD＋△ACDに着目して，AD＝xについて方程式を立てることで求めよう。

解答と解説

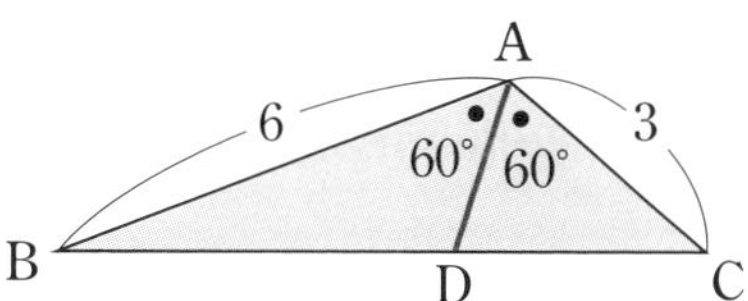

$$\triangle ABC = \frac{1}{2}\cdot 6\cdot 3\cdot \sin 120^\circ = \frac{9\sqrt{3}}{2}$$

面積に着目することにして，まずは簡単に求められる△ABCの面積を出したよ！

AD＝xとおくと，

$$\triangle ABD = \frac{1}{2}\cdot 6\cdot x\cdot \sin 60^\circ = \frac{3\sqrt{3}}{2}x$$

△ABDをxで表した！

$$\triangle ACD = \frac{1}{2}\cdot 3\cdot x\cdot \sin 60^\circ = \frac{3\sqrt{3}}{4}x$$

△ACDをxで表した！

△ABC＝△ABD＋△ACDであるから，

$$\frac{9\sqrt{3}}{2} = \frac{3\sqrt{3}}{2}x + \frac{3\sqrt{3}}{4}x$$

AD(＝x)について，方程式を立てる！

$$x = 2$$

よって， AD＝2 答

別解　ちょっと難しいけど，じつは別解もあるよ♪

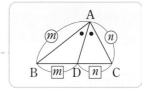

角の2等分線の性質より，

BD：DC＝AB：AC＝6：3＝2：1

だね！　これから，BCの長さがわかればCDの長さもわかるから，△ACDに余弦定理を使えば求めることができるよ。

△ABCで余弦定理より，

$BC^2=3^2+6^2-2\cdot 3\cdot 6\cdot\cos 120^\circ=63$

$BC>0$ より，$BC=\sqrt{63}=3\sqrt{7}$

AD は∠BAC の2等分線だから，BD：DC＝2：1

よって，$CD=\sqrt{7}$

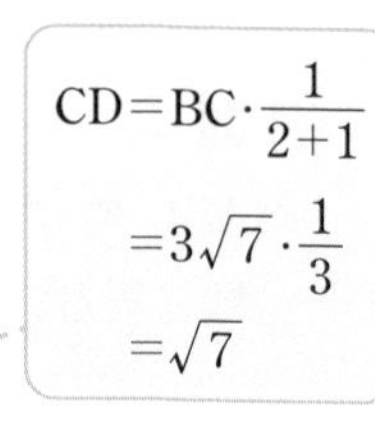

AD＝x とおくと，△ACD で余弦定理より，

$(\sqrt{7})^2=3^2+x^2-2\cdot 3\cdot x\cos 60^\circ$

$(x-1)(x-2)=0$

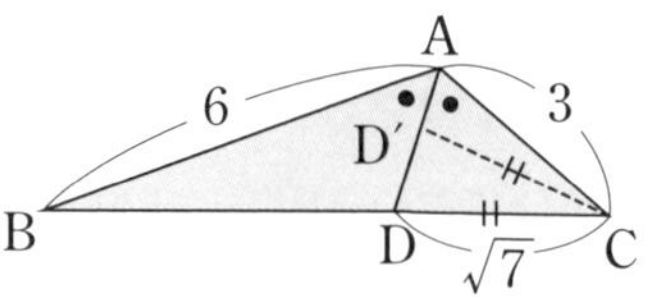

$x=1$ のとき，D は図の D′の位置になってしまうから，$x=2$ だよ。

2 空間図形の計量

さて，次は空間図形だ。直方体の例題からやってみよう。

例題 ❷

右の図の直方体 ABCD－EFGH において，

AB＝2，BC＝3，BF＝1，∠EDG＝θ

である。このとき，次の問いに答えよ。

(1) **$\cos\theta$ の値を求めよ。**

(2) **△DEG の面積 S を求めよ。**

(3) **点 H と平面 DEG の距離 h を求めよ。**

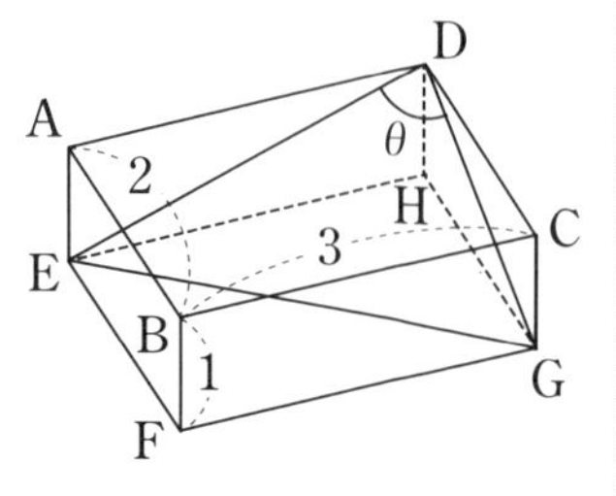

解答の前にひと言

(1) DE，EG，DG の長さを求めて，余弦定理。

(2) $\sin\theta=\sqrt{1-\cos^2\theta}$ より，$\sin\theta$ を求めよう。

(3) 四面体 DEGH の体積を2通りで表し，h について方程式を立てる。

解答と解説

θは△DEG の内角の1つ

(1) △DEG の3辺の長さは，三平方の定理より，

$DE=\sqrt{DA^2+AE^2}=\sqrt{3^2+1^2}=\sqrt{10}$

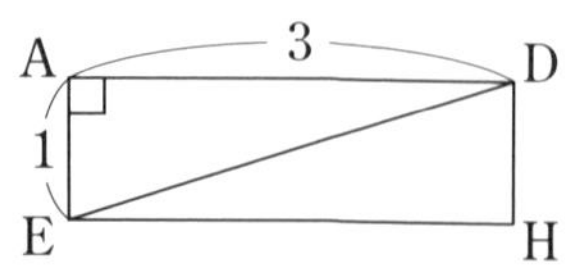

$$\begin{aligned}EG&=\sqrt{EF^2+FG^2}\\&=\sqrt{2^2+3^2}=\sqrt{13}\\DG&=\sqrt{DC^2+CG^2}\\&=\sqrt{2^2+1^2}=\sqrt{5}\end{aligned}$$

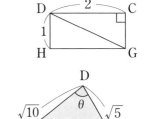

3辺がわかれば，余弦定理より，$\cos\theta$がわかる！

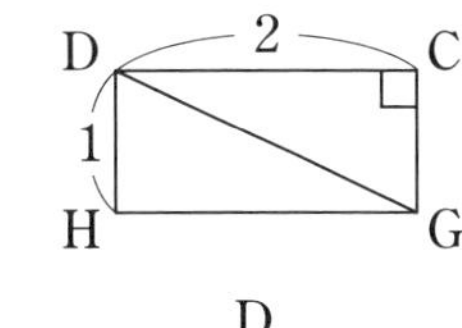

である。△DEG で余弦定理より，

$$\begin{aligned}\cos\theta&=\frac{DE^2+DG^2-EG^2}{2\cdot DE\cdot DG}\\&=\frac{(\sqrt{10})^2+(\sqrt{5})^2-(\sqrt{13})^2}{2\cdot\sqrt{10}\cdot\sqrt{5}}=\frac{2}{10\sqrt{2}}\\&=\frac{\sqrt{2}}{10}\quad\text{答}\end{aligned}$$

(2) $\sin\theta>0$より，

$$\sin\theta=\sqrt{1-\cos^2\theta}=\sqrt{1-\left(\frac{\sqrt{2}}{10}\right)^2}=\frac{7\sqrt{2}}{10}$$

面積公式を使うために$\sin\theta$を求める！

ゆえに，求める面積 S は，

$$\begin{aligned}S&=\frac{1}{2}\cdot DE\cdot DG\cdot\sin\theta\\&=\frac{1}{2}\cdot\sqrt{10}\cdot\sqrt{5}\cdot\frac{7\sqrt{2}}{10}\\&=\frac{7}{2}\quad\text{答}\end{aligned}$$

四面体(三角錐)の体積は，

(底面積)×(高さ)×$\frac{1}{3}$

ここでは△HEGを底面とみると，高さはDHだね！

(3) 四面体 DEGH の体積を V とすると，

$$\begin{aligned}V&=\frac{1}{3}\cdot\triangle HEG\cdot DH\\&=\frac{1}{3}\cdot\left(\frac{1}{2}\cdot3\cdot2\right)\cdot1=1\quad\cdots\cdots①\end{aligned}$$

この四面体 DEGH は，底面を△DEG とみると，高さは h となるから，

$$\begin{aligned}V&=\frac{1}{3}Sh\\&=\frac{1}{3}\cdot\frac{7}{2}h=\frac{7}{6}h\quad\cdots\cdots②\end{aligned}$$

Vをhを使って表す！

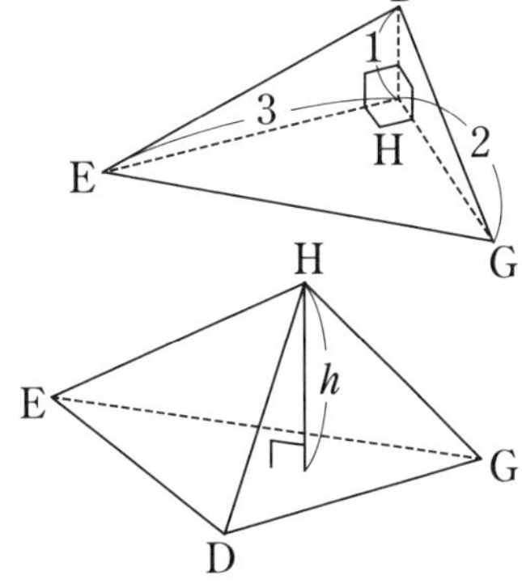

①，②より，$\frac{7}{6}h=1$ ← hについての方程式を作る！

よって，$h=\frac{6}{7}$ **答**

次は正四面体の問題だぁ〜！　すべての側面が正三角形なのがポイント！

例題 ❸

1辺の長さが a の正四面体ABCDについて，次の問いに答えよ。

(1) **頂点Aから底面BCDに下ろした垂線の足をHとするとき，AHの長さを求めよ。**

(2) **正四面体ABCDの体積 V を求めよ。**

解答の前にひと言

(1) BHの長さがわかれば，△ABHで三平方の定理より，AHが求められるね。BHは△BCDの外接円の半径だから，正弦定理より，求められるね。

(2) $V=\frac{1}{3}\cdot\triangle BCD\cdot AH$ だから，△BCDとAHを求めよう。

解答と解説

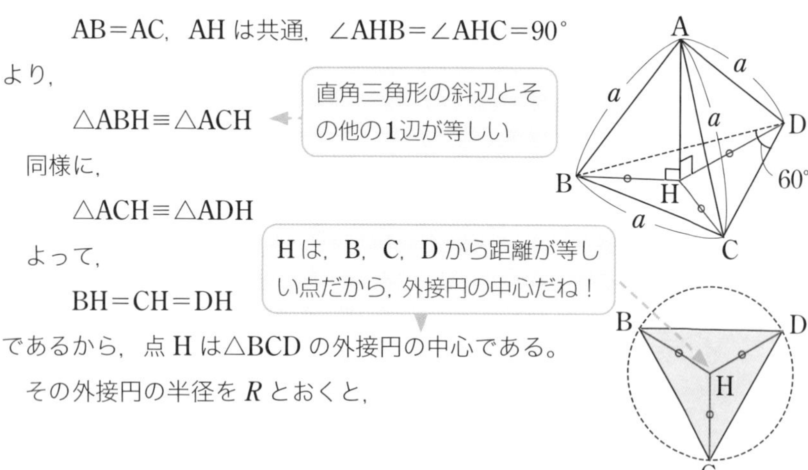

(1) △ABHと△ACHにおいて，

AB＝AC，AHは共通，∠AHB＝∠AHC＝90°

より，

△ABH≡△ACH ← 直角三角形の斜辺とその他の1辺が等しい

同様に，

△ACH≡△ADH

よって，

BH＝CH＝DH

であるから，点Hは△BCDの外接円の中心である。

← Hは，B，C，Dから距離が等しい点だから，外接円の中心だね！

その外接円の半径を R とおくと，

$$\mathrm{BH}=\mathrm{CH}=\mathrm{DH}=R$$

であり，△BCD で正弦定理を用いると，

$$\frac{a}{\sin 60^\circ}=2R$$

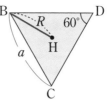

$$R=\frac{a}{2\sin 60^\circ}=\frac{a}{2\cdot\frac{\sqrt{3}}{2}}$$

$$=\frac{a}{\sqrt{3}}$$

BHをaで表した！

B　D　R　60°　H　a　C

△ABH で三平方の定理より，

$$\mathrm{AH}=\sqrt{\mathrm{AB}^2-\mathrm{BH}^2}$$

$$=\sqrt{a^2-\left(\frac{a}{\sqrt{3}}\right)^2}=\sqrt{\frac{2}{3}a^2}=\sqrt{\frac{2}{3}}a$$

$$=\frac{\sqrt{6}}{3}a$$ 答

(2)　$\triangle\mathrm{BCD}=\frac{1}{2}\cdot a\cdot a\cdot\sin 60^\circ$

底面積を求める！

$$=\frac{\sqrt{3}}{4}a^2$$

A　a　D　B　H　$R=\frac{a}{\sqrt{3}}$　C

であり，

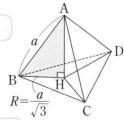

$$V=\frac{1}{3}\cdot\triangle\mathrm{BCD}\cdot\mathrm{AH}$$

$$=\frac{1}{3}\cdot\frac{\sqrt{3}}{4}a^2\cdot\frac{\sqrt{6}}{3}a$$

$$=\frac{\sqrt{2}}{12}a^3$$ 答

三角錐の体積は，

(底面積)×(高さ)×$\frac{1}{3}$

ちょいムズ

最後に，辺や角の三角比についての等式が与えられているとき，その三角形がどのような形であるかを求める問題について考えてみよう。

例題 ❹

△ABC において，次の等式が成り立つとき，この三角形はどのような形の三角形であるか。

$$\sin A=\cos B\sin C$$

解答の前にひと言

角も辺も具体的には与えられていないから，与えられた等式を見ただけでは，どのような三角形か見当がつかないね。そこで，このような問題では，

辺のみの関係式に直す

のが基本なんだ。そうすれば，三角形の形が具体的にみえてくるよ！

sin や cos を辺に直すにはどうすればいいかというと，正弦定理・余弦定理を使うんだよ。

解答と解説

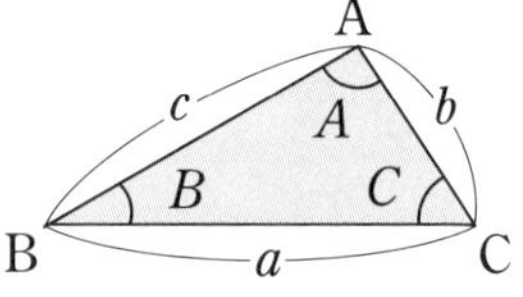

△ABC の外接円の半径を R とすると，

正弦定理より，

$$\sin A=\frac{a}{2R},\quad \sin C=\frac{c}{2R}$$

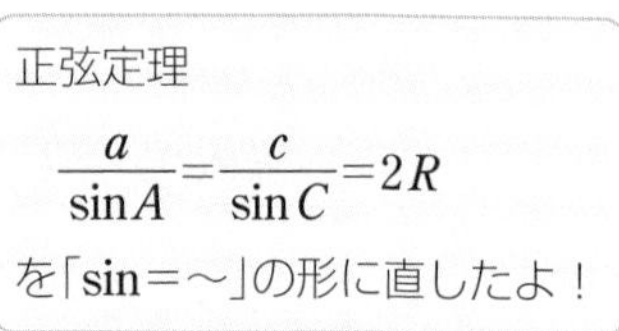

余弦定理より，

$$\cos B=\frac{c^2+a^2-b^2}{2ca}$$

これらを $\sin A=\cos B\sin C$ に代入すると，

$$\frac{a}{2R}=\frac{c^2+a^2-b^2}{2\cancel{c}a}\cdot\frac{\cancel{c}}{2R}$$

両辺を $4aR$ 倍

$$2a^2=c^2+a^2-b^2$$

$$a^2+b^2=c^2$$

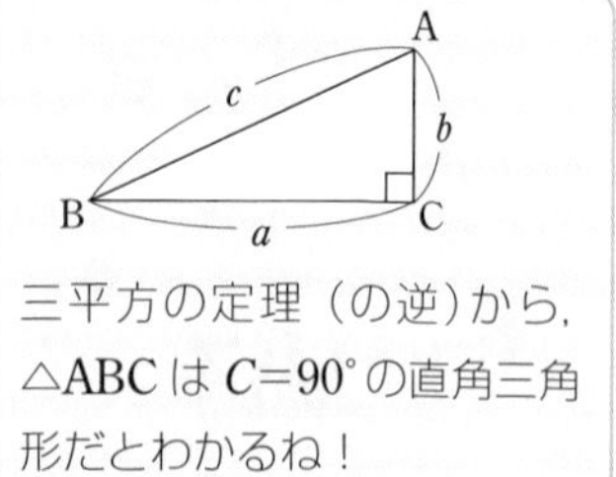

A
c
b
B
a
C
三平方の定理（の逆）から，
△ABC は $C=90°$ の直角三角形だとわかるね！

よって，

△ABC は $C=90°$ の直角三角形である。 **答**

まとめ

(1) 角の**2**等分線の線分の長さ

➡ **△ABC＝△ABD＋△ACD**

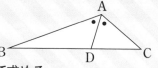

より，**AD**について，方程式を立てて求める。

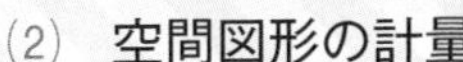

(2) 空間図形の計量

➡ 空間図形に含まれる三角形に着目し，これまで学んだこと(三平方の定理，正弦定理，余弦定理など)を用いて考察する。

(3) 三角形の形状

➡ 正弦定理

$$\sin A=\frac{a}{2R},\quad \sin B=\frac{b}{2R},\quad \sin C=\frac{c}{2R}$$

余弦定理

$$\cos A=\frac{b^2+c^2-a^2}{2bc},\quad \cos B=\frac{c^2+a^2-b^2}{2ca},$$

$$\cos C=\frac{a^2+b^2-c^2}{2ab}$$

を用いて，辺のみの関係式に直して，どのような形かを求める。

解答と解説▶別冊 *p*.60

練習問題

(1) △ABCにおいて，AB＝6，AC＝4，∠BAC＝60°とする。

∠BACの2等分線と辺BCの交点をDとするとき，線分ADの長さを求めよ。

(2) 1辺の長さが2の正四面体ABCDにおいて，辺BCの中点をMとし，頂点AからDMに下ろした垂線の足をHとする。

∠AMD＝αとするとき，次の値を求めよ。

① $\cos\alpha$　② AHの長さ　③ 正四面体ABCDの体積

第29節 データの整理

この節の目標

- ☑ Ⓐ データの度数分布表を作成することができる。
- ☑ Ⓑ データのヒストグラムを作成することができる。
- ☑ Ⓒ 各階級の相対度数を求めることができる。

イントロダクション ♪♫

この節から，新しい章に入るよ！　次の資料は，「小倉(おぐら)大学」のクラスの学生35人についての「1か月の読書時間」を，電車・バスなどの公共交通機関で通学するA班と，自家用車通学のB班に分けて調べたものだよ。

A班20人（時間）

6	10	22	5	19	14	11	9	9	1
17	14	0	14	10	6	14	6	9	2

B班15人（時間）

10	0	21	12	17
0	6	4	2	21
17	15	0	5	20

この資料を見せられても，それぞれの集団の特徴や傾向は，パっと見ではわからないね。そこで，この資料を表やグラフに表して，この集団の特徴や傾向をとらえやすくなるようにしていこう。この章は社会に出てから，いちばん役に立つかもしれないよ！

ゼロから解説

1 データとデータの整理

イントロダクション ♪♫ で出てきた資料について考えていこう。

A班20人（時間）

6	10	22	5	19	14	11	9	9	1
17	14	0	14	10	6	14	6	9	2

B班15人（時間）

10	0	21	12	17
0	6	4	2	21
17	15	0	5	20

このような資料の集まりを「**データ**」というよ。データには2種類あって，「時間」や「身長」のように，単位の統一された数量で表されるデータを「**量的データ**」といい，直接数量で表せないデータ（たとえば「好きな食べ物」とか「よく使うデートスポット」とか）を「**質的データ**」というよ。

今回のデータは量的データだね。また，量的データにおいて，「読書時間」のように，データの特性を表す数量を「**変量**」というよ。この章では，量的データを中心に扱っていくね。

右の表は，A班のデータをもとにして，0時間から24時間までのあいだを，4時間ごとの区間に分けて作ったものだよ。このように，変量の値の範囲を区切った区間を「**階級**」，区間の幅を「**階級の幅**」，階級の中央の値を「**階級値**」というんだ。たとえば，階級12～16の階級値は，

$$\frac{12+16}{2}=14$$

だね。また，各階級に含まれる資料の個数を「**度数**」というよ。たとえば，上の表だと，階級8～12の度数は6だね。このように，各階級に度数を対応させたものを「**度数分布**」といい，それを表にしたものを「**度数分布表**」というんだ。

A班の度数分布表

階級（時間）	度数
0 以上 4 未満	3
4 ～ 8	4
8 ～ 12	6
12 ～ 16	4
16 ～ 20	2
20 ～ 24	1
計	20

そして，右図のように度数分布をグラフにした図が「**ヒストグラム**」だよ。ヒストグラムは，階級の幅を底辺，度数を高さとする長方形をすき間なく並べたものなんだ。「読書時間」のように連続したデータの場合，長方形と長方形のあいだはあけないようにかこう。

A班のヒストグラム

ヒストグラムでは，長方形の面積は，階級の度数に比例しているよ！

このヒストグラムを見ると，読書時間が8時間以上12時間未満の学生が最も多いことがすぐにわかるね。このように，ヒストグラムをかくとデータの特徴をつかみやすくなるんだよ。

ちなみに，B班の度数分布表とヒストグラムは次のようになるよ。

B班の度数分布表

階級(時間)	度数
0 以上 4 未満	4
4 ～ 8	3
8 ～ 12	1
12 ～ 16	2
16 ～ 20	2
20 ～ 24	3
計	15

B班のヒストグラム

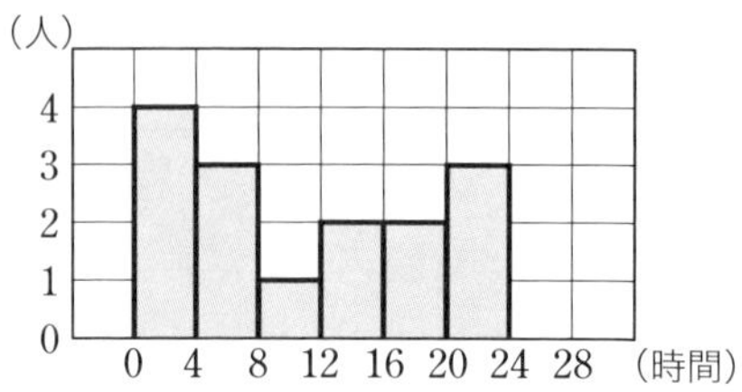

A班のヒストグラムは山型になっているのに，
B班のヒストグラムは山型ではないんだね！

そうだよね。このデータからどんなことが考えられるかな？

う～ん，B班は読書時間が長い人と短い人にはっきり分かれているのに，A班は真ん中あたりにかたまっているみたい！

そうだね！ってことは？ ちなみに，B班は車で通学している人だから，通学の最中は運転に集中するしかないよね。

あ！ A班は通学の最中に読書をしていることが考えられる！

本当にしているかどうかはわからないけど，このデータから，ふだんは本をまったく読まない人も，通学の時間は読書に使っているのではないかと考えられるね。

なるほど～。データを整理するといろいろなことがみえてくるんだね！

2 相対度数

❶でとりあげたデータはA班とB班で人数が異なり，度数を見るだけではデータを比較しにくいね。そこで度数の代わりに，各階級の度数を度数の合計でわった値を用いると比較しやすくなる。この値を「**相対度数**(そうたいどすう)」というよ。

相対度数

$$（相対度数）=\frac{（その階級の度数）}{（度数の合計）}$$

相対度数を用いると，ある階級の度数の，全体にたいする割合がわかるね。

A 班の読書時間の度数分布表に，相対度数を並べて記入すると右の表のようになるよ。

このように，度数分布表には相対度数を並べて記入することがあるんだ。

ちなみに，B 班の度数分布表に相対度数をつけ加えた表は，右下のようになるよ。相対度数ならば，A 班と B 班で，同じ階級にたいして，どちらの割合が大きいかがわかるね。

たとえば，「16時間以上20時間未満」の割合は，B 班のほうが大きいことがわかるね。このように，相対度数を考えることでデータを比較しやすくなるんだ。

A班の度数分布表

階級(時間)	度数	相対度数
0 以上 4 未満	3	0.15
4 ～ 8	4	0.20
8 ～ 12	6	0.30
12 ～ 16	4	0.20
16 ～ 20	2	0.10
20 ～ 24	1	0.05
計	20	1.00

たとえば読書時間が8時間以上12時間未満の人の相対度数は，

$$\frac{6}{20}=\frac{3}{10}=0.30$$

と求めることができるよ！

B班の度数分布表

階級(時間)	度数	相対度数
0 以上 4 未満	4	0.27
4 ～ 8	3	0.20
8 ～ 12	1	0.07
12 ～ 16	2	0.13
16 ～ 20	2	0.13
20 ～ 24	3	0.20
計	15	1.00

また，その階級以下の相対度数の合計のことを，「**累積**(るいせき)**相対度数**」というよ。これは度数分布表では，その階級とその階級より上に記入されている相対度数の合計だよ。具体的な例としては，A 班の度数分布で「8時間以上12時間未満」の累積相対度数は，階級0～4, 4～8, 8～12の相対度数の合計だから，

$$0.15+0.20+0.30=0.65$$

になるね。

この累積相対度数はどんなときに使われるのかというと，A 班で読書時間が10時間だった学生の「悠司(ゆうじ)くん」が，自分が全体の下位何％の位置にいるの

かを知りたいとき，などに活躍するよ。読書時間が12時間未満の学生は，全体のうちの，

$0.65 \times 100 = 65(\%)$

だから，「悠司くん」は全体の下位65%内の位置にいるとわかるね。

ちょいムズ

A班とB班の結果を合わせて，度数分布表とヒストグラムを作成してみよう！

階級(時間)	度数
0 以上 4 未満	7
4 ～ 8	7
8 ～ 12	7
12 ～ 16	6
16 ～ 20	4
20 ～ 24	4
計	35

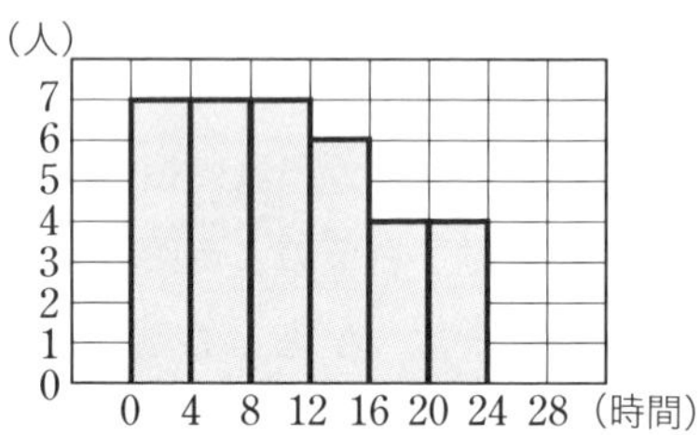

この結果からは，読書時間が長くなるにつれて度数が減少する傾向が読みとれるね。このように，合わせたものを考えると，合わせる前とは，またちがったことがわかることもあるんだ。

それではつぎに，これまで4(時間)だった階級の幅を，3に変えてみよう！

階級(時間)	度数
0 以上 3 未満	7
3 ～ 6	3
6 ～ 9	4
9 ～ 12	7
12 ～ 15	5
15 ～ 18	4
18 ～ 21	2
21 ～ 24	3
計	35

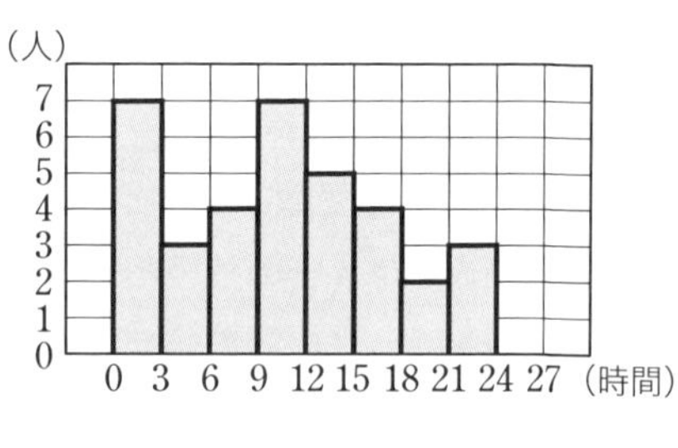

ヒストグラムに山が2つ現れたね。このように，複数の山からなる分布を，「**多峰性**(たほうせい)**の分布**」というよ。それにたいして，1つの山からなる分布を「**単峰性**(たんほうせい)**の分布**」というんだ。多峰性の分布になる場合は，種類の異なるデータが混ざっている可能性があるよ。たしかに，今回のデータはA班とB班のデータを混ぜたものだね。

階級の幅によってヒストグラムの形状が異なるから，データの特徴や傾向の見え方も変わるね。だから，そのデータの特徴や傾向をつかむのに，最適な階級幅(個数)はいくつなのかということにも，注意を払う必要があるんだ。階級の個数を決める目安として，2つの方法を紹介するよ！

階級の幅(個数)を決める方法

❶ データの個数の正の平方根を用いる方法

n 個のデータを階級に分けるとき，$\sqrt{n}$ に近い個数の階級に分ける方法。

例 30個のデータの場合は，$5<\sqrt{30}<6$ だから5個か6個の階級に分ける。

❷ スタージェスの公式を利用する方法

階級数を k，データの個数を n とすると，

$$k=1+\log_2 n$$ （スタージェスの公式）

を参考にして，階級数を決める方法。

logは「数学Ⅱ」で学習するよ！

まとめ

(1) データ……資料の集まり

変　　量……データの特性を表す数量

このような資料を「データ」といったね。変量は「テストの点数」だね！

例 A組の生徒10人のテストの点数

生徒番号	1	2	3	4	5	6	7	8	9	10
点数	42	25	46	77	35	55	38	68	51	38

(2) 階　　級……変量の値の範囲を区切った区間

階級の幅……区間の幅

階 級 値……階級の中央の値

度　　数……それぞれの階級に含まれる資料の個数

例 A組のテストの点数

階級(点数)	度数
20 以上 30 未満	1
30 ～ 40	3
40 ～ 50	2
50 ～ 60	2
60 ～ 70	1
70 ～ 80	1
計	10

度数分布……各階級に度数を対応させたもの

度数分布表……度数分布を表にしたもの

ヒストグラム……階級の幅を底辺，度数を高さとする長方形をすき間なく並べたもの

例　右のヒストグラムにおいて，

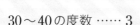

階級の幅 …… 10

40～50の階級値 …… $\dfrac{40+50}{2}=45$

30～40の度数 …… 3

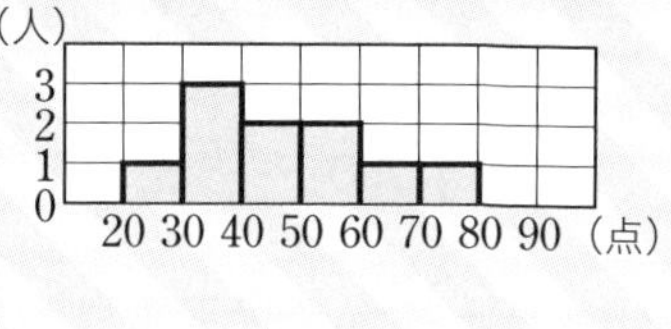

(3)　**相対度数**……$\dfrac{\text{その階級の度数}}{\text{度数の合計}}$

累積相対度数……その階級以下の相対度数の合計

例　階級30～40の相対度数　　階級40～50の累積相対度数

$\dfrac{3}{10}=0.3$　　$\dfrac{1}{10}+\dfrac{3}{10}+\dfrac{2}{10}=\dfrac{6}{10}=0.6$

解答と解説▶別冊 *p.*62

練習問題

次のデータは，あるクラスの生徒20人の垂直跳びの記録(単位はcm)である。

47	38	46	51	44	54	46	58	46	32
45	51	41	35	44	37	42	48	43	53

(1)　40cm以上45cm未満を階級の1つとして，階級の幅が5cmの度数分布表を作れ。

(2)　(1)の度数分布表をもとに，ヒストグラムをかけ。

(3)　(1)の度数分布表に相対度数をつけ加えよ。

(4)　階級45cm以上50cm未満の累積相対度数を求めよ。

第30節 代表値

この節の目標

- ☐ Ⓐ 平均値を求めることができる。
- ☐ Ⓑ 中央値(メジアン)を求めることができる。
- ☐ Ⓒ 最頻値(モード)を求めることができる。

イントロダクション ♪♫

第29節で扱った「小倉大学」の学生のデータを，もう一度みてみよう。

A班20人(時間)

6	10	22	5	19	14	11	9	9	1
17	14	0	14	10	6	14	6	9	2

B班15人(時間)

10	0	21	12	17
0	6	4	2	21
17	15	0	5	20

このデータから，A班とB班ではどちらのほうが読書時間が長い傾向にあるか，ということを読みとることはできるかな？

班ごとの合計時間を求めてみると，

A班：6+10+22+5+19+14+11+9+9+1+17
+14+0+14+10+6+14+6+9+2=198(時間)

B班：10+0+21+12+17+0+6+4+2+21+17+15+0+5+20=150(時間)

となるけど，だからといって，「A班のほうが長い傾向にある」とはいえないよね。2つのデータは人数が異なるから，合計時間では，同じ基準で比較することができないんだ。じゃあ，同じ基準で比較するにはどうすればいいかな？

1つの方法として，「**平均値**」を用いる，ということが考えられるよ。それぞれの平均値は，

A班：$\dfrac{198}{20}=9.9$(時間)　　B班：$\dfrac{150}{15}=10$(時間)

となるから，B班のほうがほんの少しだけ長いね。実際には，このくらいの差だったら，「ほぼ同じ」といっていいけど，もし大きな差があれば，平均時間が長い班のほうが読書時間が長い傾向にある，と考えられるね。

この，平均値のような，データ全体の特徴を表すことができる数値を用いると，データどうしの比較がしやすいね。そのような数値のことを「**代表値**」というんだよ。

よく知られている代表値としては，「**平均値**」，「**中央値**(**メジアン**)」，「**最頻値**(**モード**)」の3つがあるんだ。この節では，この3つについて，くわしく学習していこう。

ゼロから解説

平 均 値

突然だけど，「**平均値**」の意味って大丈夫かな？　平均値の「計算方法」は知っていても「意味」を知らない人って意外と多いから，ここで確認しておくよ！

いくつかの値があるとき，これらを平らにならす，つまり，みんな同じだとすると，いくつになるのか，が平均値の意味だよ。

よく，平均値を「真ん中の値」のことだと，勘違いしている人がいるけど，「真ん中の値」は平均値ではなく「**中央値**」だよ！

例　イチロー，ジロー，サブローの3人は，それぞれ11本，22本，30本の鉛筆をもっている。平均すると1人何本の鉛筆をもっているか。

この問題文は，「3人がもっている鉛筆をいったん全部集めて，あらためて3人に同じ本数ずつ分けると，1人あたり何本になるか」という意味だよ。

3人から集める鉛筆は全部で，

$$11+22+30=63(\text{本})$$

これをあらためて3等分すると，1人あたりの本数は，

$$\frac{63}{3}=\mathbf{21}(\text{本})$$

これが，3人がもっている鉛筆の本数の平均値，ということだね。

つまり「平均値」とは，データ1つ1つの値の「**総和**」（すべての和）を値の個数でわったものだよ。

平均値

変量 x についてのデータの値が，n 個の値 x_1，x_2，……，x_n であるとき，x の平均値 $\overline{x}$ は，

$$\overline{x}=\frac{x_1+x_2+\cdots\cdots+x_n}{n}$$

平均値は，変量の文字の上に横棒をつけて表すことが多いよ

$$(\text{平均値})=\frac{(\text{値の総和})}{(\text{値の個数})}$$

さっきの「小倉大学」のデータで，あらためて読書時間の平均値を求めると，

A 班：$\dfrac{6+10+22+5+19+14+11+9+9+1+17+14+0+14+10+6+14+6+9+2}{20}$

$=9.9$（時間）

B 班：$\dfrac{10+0+21+12+17+0+6+4+2+21+17+15+0+5+20}{15}=10$（時間）

となるね！

つぎに，度数分布から平均値を求める方法について学習しよう。

データを度数分布表にすると，個別の具体的な値は消えてしまうね。そこで，度数分布表から代表値を求めるときは，各階級に属するデータの値はすべてその階級値に等しいものとして計算する，ということになっているんだ。

たとえばA班の場合だと，読書時間が2時間の学生が3人いて，6時間の学生が4人，10時間の学生が6人，……と考えて，次のように計算するんだよ。

A班の度数分布表

階級（時間）	階級値	相対度数
0 以上 4 未満	2.0	3
4 ～ 8	6.0	4
8 ～ 12	10.0	6
12 ～ 16	14.0	4
16 ～ 20	18.0	2
20 ～ 24	22.0	1
計		20

$$(\text{平均値})=\frac{2\cdot3+6\cdot4+10\cdot6+14\cdot4+18\cdot2+22\cdot1}{20}=10.2\,(\text{時間})$$

度数分布表から求めた平均値は，もとのデータから直接求めた平均値と異なることもあるよ！

❷ 中央値

❶で，代表値として平均値を学習したね。だけど，データの値の中に，ほかとくらべて極端に大きなものや小さなものがあると，代表値としての平均値はじつは，あまり意味をなさないんだ(くわしくは**ちょいムズ**をみてね)。

学校のテストの平均点のように，「平均値を知りたい」と思うときって，本当のところは，全体の真ん中よりも上か下かが知りたいだけ，ということが多くないかな？

そういうときは，必ずしも平均値にこだわる必要はなくて，値を小さい順に並べたときの真ん中の値を求めてもいいよね。その真ん中の値のことを，「**中央値(メジアン)**」というよ。

ただし，ちょうど真ん中の値が存在するのは，データの個数が奇数個のときだけなんだ。じゃあ，データの個数が偶数個のときはどうするのかっていうと，中央に最も近い2つの値の平均値を中央値とする，という約束なんだよ。

では，再び「小倉大学」のデータで，今度は中央値を求めてみよう。

A班20人(時間)

6	10	22	5	19	14	11	9	9	1
17	14	0	14	10	6	14	6	9	2

B班15人(時間)

10	0	21	12	17
0	6	4	2	21
17	15	0	5	20

まず，A班からいくよ。A班は20人だから，データの個数は偶数だね。

step1 値が小さい順に並べる。

0 1 2 5 6 6 6 9 9 9	10 10 11 14 14 14 14 17 19 22

中央値よりも下に半分のデータがあるよ

中央値はこの2つの平均値

中央値よりも上に半分のデータがあるよ

step2 データが偶数個(20個)だから，中央値は10番目と11番目の値の平均値で，

真ん中に最も近い2つの平均値だね！

$$\frac{9+10}{2}=9.5\text{(時間)}$$

A班の読書時間の中央値

つぎに，B 班を調べよう。B 班は15人だから，データの個数は奇数だね。

step1 値が小さい順に並べる。

0 0 0 2 4 5 6	<u>10</u>	12 15 17 17 20 21 21
中央値よりも下に半分のデータがあるよ	中央値	中央値よりも上に半分のデータがあるよ

step2 データが奇数個(15個)だから，中央値は真ん中(8番目)の値で，

10(時間) ← B 班の読書時間の中央値

❶で求めた平均値とくらべると，B 班は中央値が平均値に一致しているけど，A 班は中央値と平均値が一致していないね。A 班のように，平均値と中央値は一致しないことも多いよ。

中央値(メジアン)

中央値……データを値の小さい順に並べたとき，中央の位置にくる値
- ❶ データが偶数個のとき ➡ 真ん中**2**つの値の平均値
- ❷ データが奇数個のとき ➡ ちょうど真ん中の値

❸ 最 頻 値

ここまで平均値や中央値を考えてきたけど，扱っていたデータは，値を加えたり，小さい順に並べたりすることができる，「**量的データ**」だったね。

それにたいして，たとえば，好きな食べ物を調査したときに得られる「寿司」とか「天ぷら」などの「**質的データ**」は，「計算」をすることができないよね。

そのような質的データの傾向や特徴を読みとるのに，度数が多い，つまり，多く現れた値(ここでは数量でなくても「値」とよぶよ)が役に立ちやすいんだ。そして，とくに最も度数が多いデータの値を，「**最頻値**(さいひんち)(**モード**)」というよ。

また，量的データでも，たとえば次のような場面で最頻値が活躍するんだ。

君がくつの製造と販売をする会社の社員になったとしよう。昨年度に売れたくつのデータをとったところ，次ページ右上の表のようになったんだ。

さて，今年度はどのくつをより多く作ればいいかな？

売れたくつのサイズの平均値や中央値は，あまり判断材料にならないね。くつのサイズは自分の足にピッタリのものを買うんだから，最も売れたサイズ，つまり最頻値である26.0cmのくつを最も多く作るといいね！

階級(cm)	度数(足)
22.0	2
22.5	7
23.0	35
23.5	15
24.0	27
24.5	11
25.0	9
25.5	26
26.0	153
26.5	12
27.0	3
計	300

では，またまた「小倉大学」のデータで，今度は最頻値を考えてみよう。

A班20人(時間)

6　10　22　5　19　14　11　9　9　1
17　14　0　14　10　6　14　6　9　2

B班15人(時間)

10　0　21　12　17
0　6　4　2　21
17　15　0　5　20

まずは，A班の最頻値を求めてみるよ。

step1　値が小さい順に並べる。

0　1　2　5　6　6　6　9　9　9　10　10　11　14　14　14　14　17　19　22

step2　度数が最も多い値が最頻値なので，最頻値は，

14

「14(時間)」が4個あって，度数が最も多いから最頻値だね！　最頻値は度数が最も多いデータの値「14」であって，度数の「4」のことではないから注意しよう！

B班も同じようにすればいいね。

step1　値が小さい順に並べる。

0　0　0　2　4　5　6　10　12　15　17　17　20　21　21

step2　度数が最も多い値が最頻値なので，最頻値は，

0

最頻値(モード)

最頻値……度数が最も多いデータの値

平均値，中央値，最頻値は，それぞれちがった形で，データ全体の特徴を表す代表値だね。それぞれの性質を理解して，使い分けられるようになろう！

例　題

次のデータは，生徒８人の反復横跳びの回数の記録である。

66　51　47　71　63　58　66　58

(1)　８人の反復横跳びの回数の平均値を求めよ。

(2)　８人の反復横跳びの回数の中央値を求めよ。

(3)　８人の反復横跳びの回数の最頻値を求めよ。

解答と解説

データを値の小さい順に並べると，

47　51　58　58　63　66　66　71

(1)　$\dfrac{47+51+58+58+63+66+66+71}{8}=60$　←　(平均値)$=\dfrac{8人の合計回数}{8}$

よって，８人の反復横跳びの回数の平均値は，

60 **答**

(2)　小さい順に並べたときの中央の２つの値は58と63であるから，中央値は，

$\dfrac{58+63}{2}=60.5$ **答**　←　(中央値)$=\dfrac{(4番目)+(5番目)}{2}$

(3)　データの中では，58と66が最も多いので，最頻値は，

58と66 **答**　←　最頻値は2つ以上になることもあるよ！

つぎに，もとのデータそのものではなく，度数分布表のみが与えられているとき，そこから平均値，中央値，最頻値を求めることを考えてみよう。

例　右の表は，ある高校の1年生について，身長の度数分布を表にしたものである。

この資料について，次の問いに答えよ。

(1)　平均値を求めよ。

(2)　中央値(メジアン)を求めよ。

(3)　最頻値(モード)を求めよ。

階級(cm)	度数(人)
140 以上 144 未満	2
144 ～ 148	19
148 ～ 152	34
152 ～ 156	52
156 ～ 160	27
160 ～ 164	15
164 ～ 168	7
168 ～ 172	4
計	160

(1) 平均値を求めるために，まず身長の総和を計算したいけど，この表からは一人ひとりの身長はわからないね。そこで，❶でもやったように，各階級に属するデータの値はすべてその階級値に等しいものとして求めるんだよ。たとえば，

階級値(cm)	度数(人)
142	2
146	19
150	34
154	52
158	27
162	15
166	7
170	4
計	160

「140cm 以上 144cm 未満の人が2人いる」

は，　階級値

「142cm の人が2人いる」

と考えるんだ。そのようにして求めた値は，実際の平均値に一致するとはかぎらないけど，かなり近い値にはなるね。

それではやってみよう。身長の総和は，

$$142\cdot 2+146\cdot 19+150\cdot 34+154\cdot 52+158\cdot 27+162\cdot 15+166\cdot 7+170\cdot 4$$
$$=24704\,(\mathrm{cm})$$

だね！　そして，人数は160人だから，

$$(\text{平均値})=\frac{24704}{160}=\mathbf{154.4\,(cm)}$$

となるね。

「仮平均」についての詳細は，第**32**節の**ちょいムズ**をみてね！

それにしても，この計算って数値も大きいし，かなりたいへんだったよね。じつは，こんなときにもっと楽に計算する方法があるんだ。それは，「**仮平均**(かりへいきん)」という基準値を設定する方法だよ。

最頻値か中央値を仮平均にするのがオススメだよ！

(階級値)−(仮平均)

−12	2
−8	19
−4	34
0	52
+4	27
+8	15
+12	7
+16	4

仮平均の値は，自分の好きな値に定めていいんだ。ここでは，仮平均を154cmとするね。そして，各階級値が仮平均よりどれだけ高いか低いかを求め，その平均を計算するんだ。

$$(-12)\cdot 2+(-8)\cdot 19+(-4)\cdot 34+0\cdot 52+(+4)\cdot 27$$
$$+(+8)\cdot 15+(+12)\cdot 7+(+16)\cdot 4=64$$

$\frac{64}{160}=0.4$ なので，実際の平均値は，仮平均の154cmよりも0.4cmだけ高いということだから，$154+0.4=154.4\,(\mathrm{cm})$ と求められるよ。

(2) 全員で160人(偶数)だから，身長が低いほうから80番目と81番目の人の平均値を求めればいいね。2+19+34=55，2+19+34+52=107より，80番目と81番目の人の階級値は，ともに154cmだとわかるから，中央値は**154cm**だよ。

(3) 最頻値は，152cm以上156cm未満の階級値である**154cm**だね。

$$\frac{154+154}{2}=154$$

ちょいムズ

ある高校の卒業生が社会人になってから同窓会で集まったときに，年収の話になったんだ。表にまとめると，次のようになったよ。

達也	幸子	太郎	健	真一	恭子
430万円	570万円	380万円	470万円	520万円	6000万円

恭子さん以外の5人の年収の平均値が，

$$\frac{430+570+380+470+520}{5}=474(\text{万円})$$

となるのにたいして，恭子さんを含めた6人の年収の平均値は，

$$\frac{430+570+380+470+520+6000}{6}=1395(\text{万円})$$

となって，恭子さん以外の5人の年収とはかけ離れた値になってしまうね！

今回の恭子さんのような，極端に大きい(あるいは小さい)データの値を「**外れ値**(はずれち)」というんだ。外れ値が含まれている場合，代表値として平均値は不適切で，中央値のほうが適切なんだ。また，外れ値を除いて代表値を求めることもあるんだよ。外れ値については，第**31**節の❸で学習するよ！

まとめ

(1) **平 均 値**……すべてのデータの値が同じとしたときの値

$$(\text{平均値})=\frac{(\text{値の総和})}{(\text{値の個数})}$$

変量xについてのデータの値が，n個の値x_1，x_2，……，x_nであるとき，xの平均値$\overline{x}$は，

$$\overline{x}=\frac{x_1+x_2+\cdots\cdots+x_n}{n}$$

(2) **中央値(メジアン)**……データを値の小さい順に並べたとき，中央の位置にくる値

❶ データが偶数個のとき

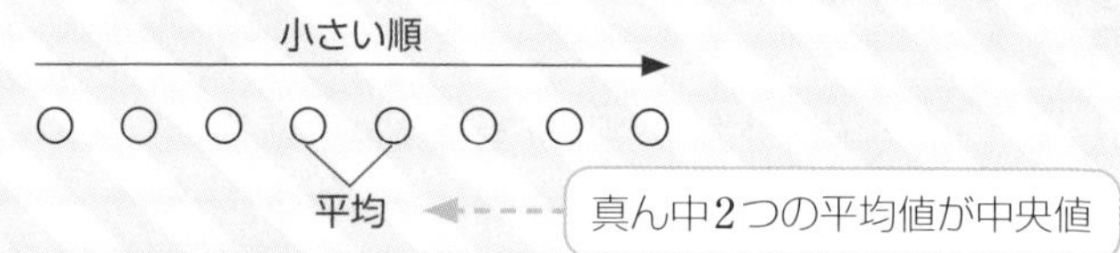

小さい順
平均
真ん中2つの平均値が中央値

❷ データが奇数個のとき

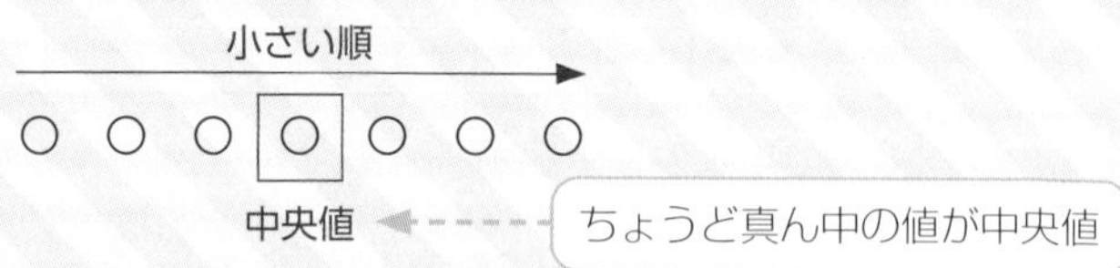

小さい順
中央値
ちょうど真ん中の値が中央値

(3) **最頻値(モード)**……度数が最も多いデータの値

解答と解説▶別冊 *p*.64

練習問題

(1) 次のデータは，ある地域において，10日間における商品Aの1日ごとの売り上げ個数を，少ないほうから順に並べたものである。

12，16，16，a，23，b，28，28，c，36

このデータの平均値が23，中央値が24，最頻値が16であるとき，a，b，cの値を求めよ。

(2) 右の表は，ある高校のクラス40人について，通学時間を調査した結果の度数分布表である。

このデータの平均値，中央値，最頻値を求めよ。

階級(分)	度数(人)
0 以上 20 未満	7
20 ～ 40	13
40 ～ 60	11
60 ～ 80	8
80 ～ 100	1
計	40

第31節 範囲と四分位数

この節の目標

- ☐ Ⓐ 最大値，最小値，第1四分位数，第2四分位数，第3四分位数を求められる。
- ☐ Ⓑ 範囲，四分位範囲，四分位偏差を求められる。
- ☐ Ⓒ 箱ひげ図を作成することができる。
- ☐ Ⓓ 外れ値を求められる。

イントロダクション ♪♫

平均値や中央値など

第30節で学んだ代表値は，1つの数値だけでデータ全体の特徴を表すことができるから便利だったね！

でも，データの散らばり具合いなどが知りたいときは，代表値だけでは不十分だから，データを値の小さい順に並べて4等分する位置にくる値に着目することがあるんだ。その値を「**四分位数**（しぶんいすう）」といって，小さいほうから順に，「**第1四分位数**」，「**第2四分位数**」，「**第3四分位数**」というよ。

❶で，四分位数の求め方について学習していこう。

ゼロから解説

❶ 四分位数

「**第2四分位数**」は中央値のことで，「**第1四分位数**」，「**第3四分位数**」は，小さい順に並べたデータを真ん中で2つに分けた下半分と上半分のそれぞれの中央値のことなんだ。

データの個数が奇数個のときは，ぴったり半分にはできないので，ど真ん中の値は除いてから2つに分けるという約束だよ

四分位数の求め方は，データの個数によって，次の❶～❹の4タイプがあるよ。

(i) データ全体の個数が偶数個のとき

➡ データをちょうど半分に分けて考える。

❶ 分けたものが奇数個ずつになるとき

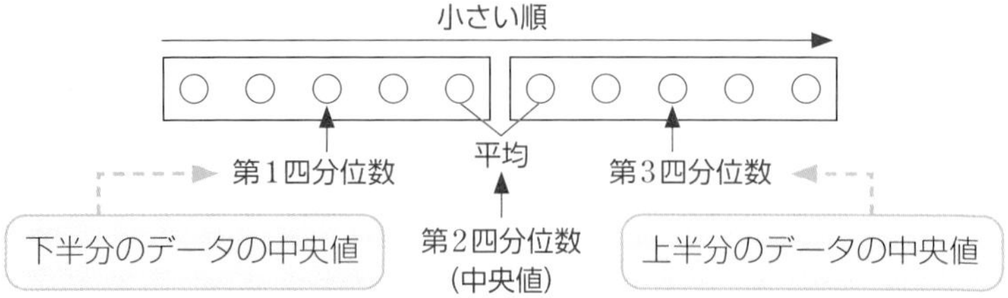

❷ 分けたものが偶数個ずつになるとき

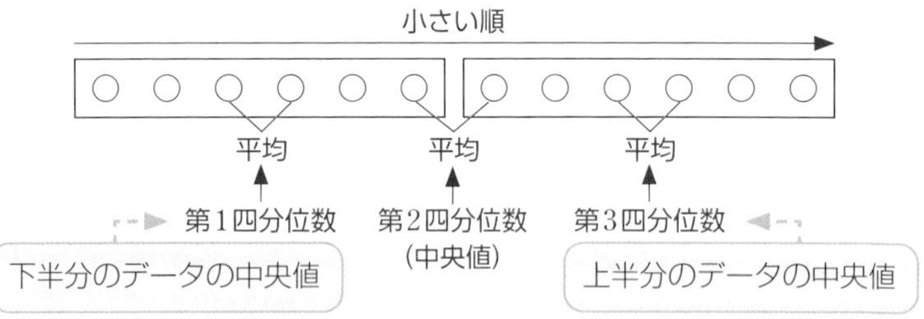

(ii) データ全体の個数が奇数個のとき

➡ 中央の位置にあるデータを除いたものを半分に分けて考える。

❸ 分けたものが奇数個ずつになるとき

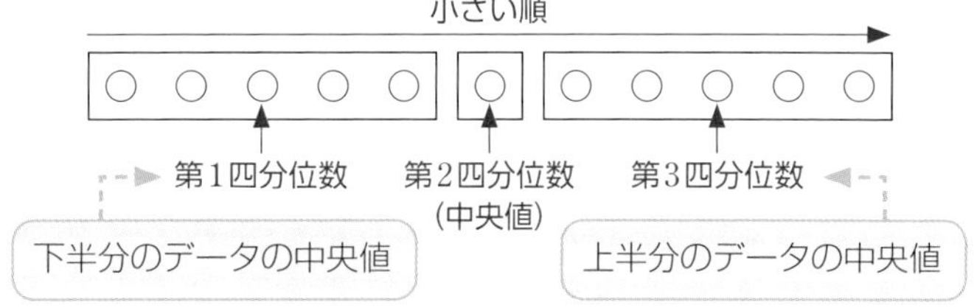

❹ 分けたものが偶数個ずつになるとき

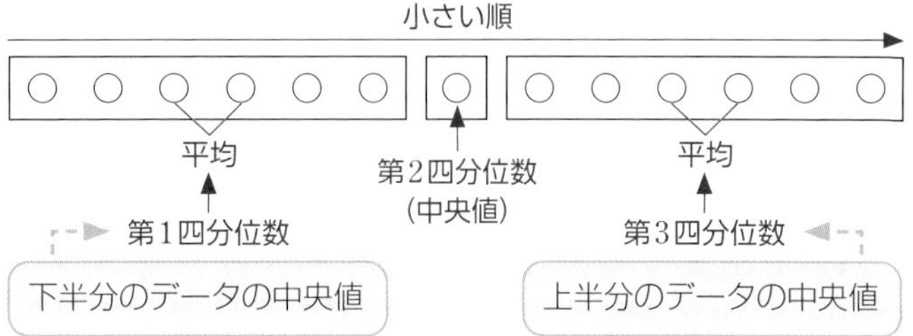

以後，第1四分位数を Q_1，第2四分位数を Q_2，第3四分位数を Q_3 とするよ。

では，今回も「小倉大学」のデータを例にして，四分位数を求めてみよう。さらに，データの最大値と最小値も調べてみるね。

A班20人（時間）

6	10	22	5	19	14	11	9	9	1
17	14	0	14	10	6	14	6	9	2

B班15人（時間）

10	0	21	12	17
0	6	4	2	21
17	15	0	5	20

ここでは，最大値を M，最小値を m とするよ。

まずは，A班からいこう。A班のデータを小さい順に並べると，

0　1　2　5　6　6　6　9　9　9　10　10　11　14　14　14　14　17　19　22

下半分　Q_1：下半分の中央値　Q_2：中央値　Q_3：上半分の中央値　上半分

よって，

$$m=0,\quad Q_1=\frac{6+6}{2}=6,\quad Q_2=\frac{9+10}{2}=9.5,\quad Q_3=\frac{14+14}{2}=14,\quad M=22$$

だね。

次はB班だよ。B班のデータを小さい順に並べると，

0　0　0　2　4　5　6　10　12　15　17　17　20　21　21

下半分　Q_1：下半分の中央値　Q_2：中央値　Q_3：上半分の中央値　上半分

よって，

$$m=0,\quad Q_1=2,\quad Q_2=10,\quad Q_3=17,\quad M=21$$

だよ。

四分位数の値3つに最大値と最小値を加えた，5つの数を用いて，データのばらつきのようすを表すことを，「**五数要約**（ごすうようやく）」というよ。

2 箱ひげ図と四分位範囲

ここでは，五数要約（最大値，最小値，四分位数）をわかりやすく図に表す方法を学習していこう。

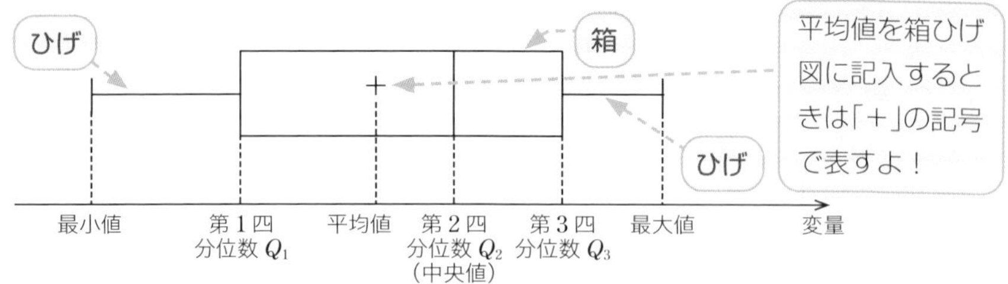

上図のように，最小値，第1四分位数，第2四分位数（中央値），第3四分位数，最大値を，「**箱**」と「**ひげ**（線）」を用いて1つの図に表したものが，「**箱ひげ図**」だよ。また，あるデータにおいて，最大値から最小値をひいた値をその**データの範囲**または「**レンジ**」というよ。これは箱ひげ図の箱とひげを合わせた横の長さだね。

範囲はデータのすべての値を含んでいるから，データの中に極端にはずれた値（「外れ値」といったね！）が存在するときは，その特殊な値の影響も受けてしまうんだ。そのような場合は，範囲がデータ全体の散らばり具合いを必ずしも的確に表しているとはかぎらないね。

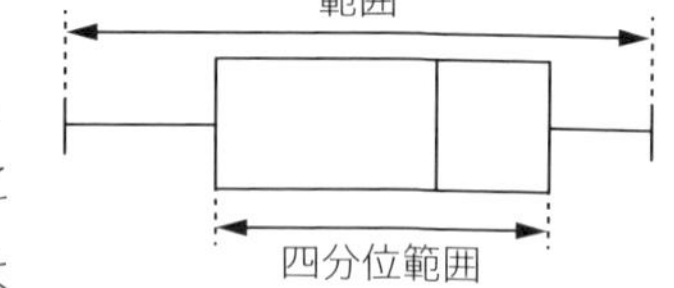

そこで，最大値や最小値付近の値を除いた，25～75％の部分だけの幅に着目してみよう。この部分であれば，外れ値の影響を受けにくいよね。この25～75％の部分の幅，つまり，第3四分位数から第1四分位数をひいた値のことを「**四分位範囲**」といって，データの中央50％の幅を意味するよ。これは，箱ひげ図の箱の横の長さということだね！　さらに，四分位範囲を2で割った値を「**四分位偏差**（へんさ）」というんだ。

ここまでのことをまとめておくと，次の図のようになるよ。

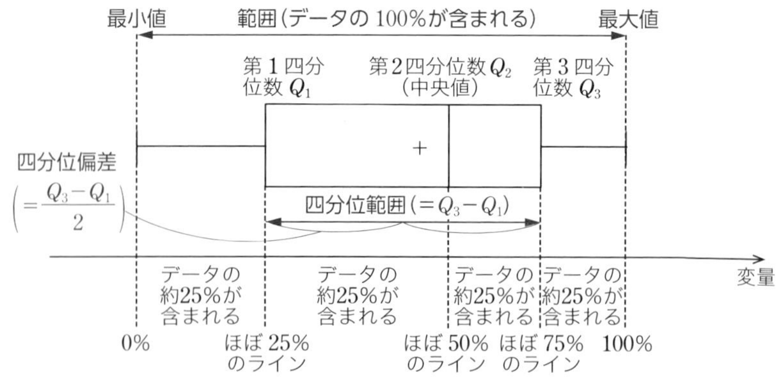

例 次の表は，ある高校の1年生の2クラスで，希望者を対象にした数学の模擬試験を行ったときの，受験者全員の得点結果である。

クラス	得点結果(点)										受験者数
A	52	72	55	58	67	62	84	74	46	76	10名
B	74	79	32	72	24	76	88	48	74		9名

(1) Aクラス，Bクラスそれぞれについて，得点の最大値，最小値，四分位数を求め，さらに，範囲，四分位範囲，四分位偏差を求めよ。

(2) Aクラス，Bクラスそれぞれについて，得点の箱ひげ図を作成せよ。

(1) Aクラスについて，得点を低いほうから順に並べると，

46　52　55　58　62　67　72　74　76　84

Bクラスについて，得点を低いほうから順に並べると，

24　32　48　72　74　74　76　79　88

よって，それぞれの五数要約は，

Aクラスの五数要約

最小値	**46**
第1四分位数	**55**
第2四分位数	**64.5**
第3四分位数	**74**
最大値	**84**

$\frac{62+67}{2}=64.5$

Bクラスの五数要約

最小値	**24**
第1四分位数	**40**
第2四分位数	**74**
第3四分位数	**77.5**
最大値	**88**

$\frac{32+48}{2}=40$

$\frac{76+79}{2}=77.5$

Aクラスについて，

(範囲)$=84-46=\mathbf{38}$，(四分位範囲)$=74-55=\mathbf{19}$，

(四分位偏差)$=\frac{19}{2}=\mathbf{9.5}$

Bクラスについて，

(範囲)$=88-24=\mathbf{64}$，(四分位範囲)$=77.5-40=\mathbf{37.5}$，

(四分位偏差)$=\frac{37.5}{2}=\mathbf{18.75}$

(2) (1)の結果をもとに箱ひげ図を作成すると，次のようになるね。

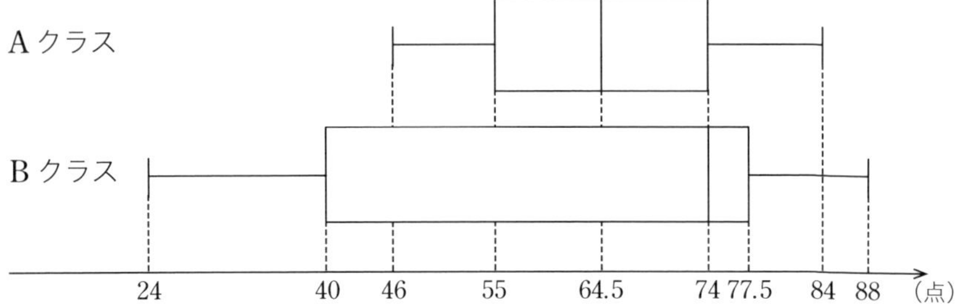

⑵のように，2つの箱ひげ図を縦に並べることで，散らばり具合いがくらべやすくなるんだよ。この箱ひげ図を見て，何か気がついたことはあるかな？

Aクラスのほうがコンパクトで，Bクラスのほうは横に広がっているかな。

そうだね。つまり，Aクラスの範囲よりもBクラスの範囲のほうが大きいってことだよね。ということは，得点の散らばりについて，どんなことがわかる？

Bクラスのほうが，得点の差が大きいってことかな。だから，散らばりはBクラスのほうが大きいっていうことだね。

そうそう。Aクラスは得点がわりと近い人が多いけど，Bクラスは得点が高い人から低い人まで散らばっているということだね。ほかにはどう？

Aクラスの第3四分位数とBクラスの第2四分位数がちょうど同じだ！

そうだよね！　Aクラスの上位25～50%の得点が74～64.5点の範囲にあるのにたいして，Bクラスの上位25～50%の得点は77.5～74点の範囲にあるから，Bクラスの受験者のほうがAクラスの受験者よりも高得点の生徒が多かったようだね！　ほかにはどう？

Bクラスの箱の，第2四分位数と第3四分位数のあいだの幅がすごくせまい！

いいところに気がついたね！　たしかにBクラスは，全体としては得点の幅が大きいけど，上位25～50%の得点は77.5～74点のせまい範囲に集中しているね。

Bクラス全体としては得点の散らばりが大きいけど，上位のほうにかぎっていえば，散らばりはむしろAクラスよりも小さいっていうことか！

散らばり具合い

❶ 箱ひげ図の幅がせまい部分……データの散らばりが小さい（密度が濃い）

❷ 箱ひげ図の幅が広い部分……データの散らばりが小さくはない

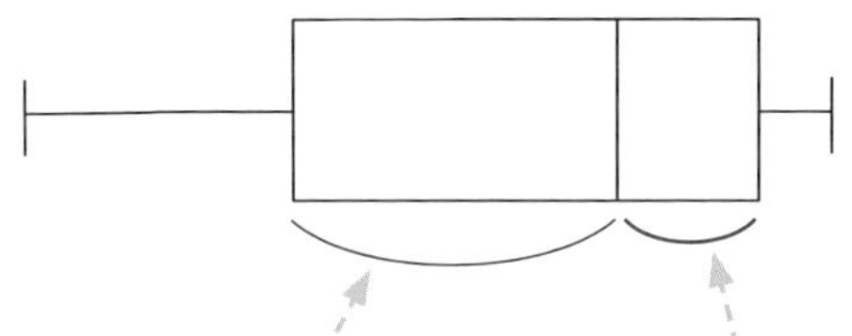

幅が広い。
➡ 広い幅に25%が入っている。
➡ データが散らばっている可能性が高い。

幅がせまい。
➡ せまい幅に25%が入っている。
➡ データが集中している。

ちょいムズ

ここでは，箱ひげ図とヒストグラムの関係について考えてみよう。

箱ひげ図も，ヒストグラムと同じように，データの分布を表すのに適した図なんだ。

箱ひげ図は，五数要約（最小値，第1四分位数，第2四分位数，第3四分位数，最大値）さえわかれば，かくことができるわけだから，手軽に作れることが利点だね。ヒストグラムを作るには，度数分布表のすべての階級の度数が必要だから，箱ひげ図とくらべると，作成に少し手間がかかるね。

それでは，具体例をみながら，箱ひげ図とヒストグラムの関係を考えてみよう。次の表は，A，B，Cの3つの高校で，1年生にたいして同じ英語のテストを行った結果を度数分布表に表したものだよ。

A高校（点）	度数	B高校（点）	度数	C高校（点）	度数
0 以上 10 未満	1	0 以上 10 未満	2	0 以上 10 未満	4
10 ～ 20	1	10 ～ 20	7	10 ～ 20	15
20 ～ 30	2	20 ～ 30	13	20 ～ 30	17
30 ～ 40	4	30 ～ 40	15	30 ～ 40	16
40 ～ 50	9	40 ～ 50	20	40 ～ 50	13
50 ～ 60	12	50 ～ 60	25	50 ～ 60	9
60 ～ 70	16	60 ～ 70	15	60 ～ 70	6
70 ～ 80	18	70 ～ 80	13	70 ～ 80	3
80 ～ 90	15	80 ～ 90	7	80 ～ 90	2
90 ～ 100	5	90 ～ 100	2	90 ～ 100	2
計	83	計	119	計	87

この表をもとにヒストグラムと箱ひげ図を作ってみると，次のようになるよ。

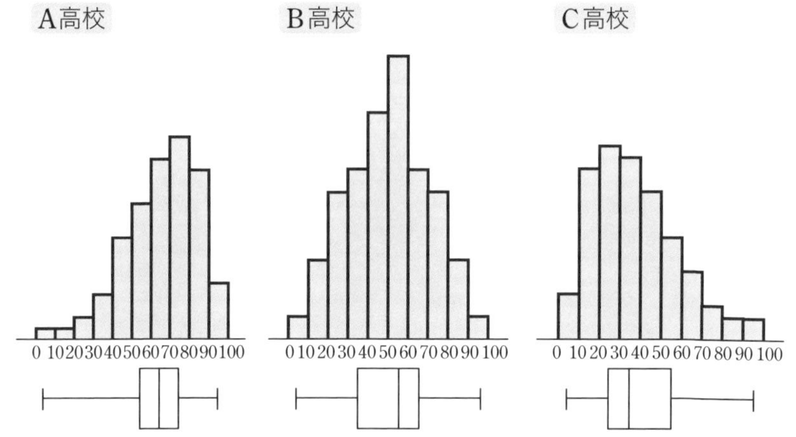

一般に，山が1つだけの形をしたヒストグラムの場合は，ヒストグラムの山の高い部分に箱ひげ図の箱が対応し，山のすその部分に箱ひげ図のひげが対応するんだ。今回の例でも，たしかにそうなっていることがわかるね。

3 外れ値

第30節の**ちょいムズ**のように，データの中に，ほかの値から極端に離れた値が含まれることがあるんだ。このような値を「**外れ値**」といったね。

外れ値の基準はいろいろあるんだけど，たとえば，

(第1四分位数−1.5×四分位範囲) 以下の値
(第3四分位数＋1.5×四分位範囲) 以上の値　……(＊)

のような値を外れ値としたりするよ。

外れ値がある場合，次の図のような箱ひげ図が用いられることがあるよ。

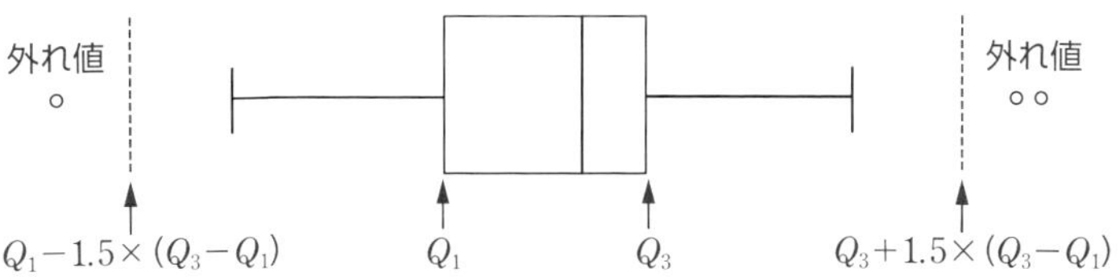

外れ値は○で示し，箱ひげ図の左右のひげは，データから外れ値を除いたときの最小値または最大値まで引いているよ。ただし，外れ値を○で示す箱ひげ図をかく場合でも，四分位数は外れ値を除かないすべてのデータで求め，その値にもとづいて箱をかくんだ。

例　次のデータは，あるお店で販売している商品A，Bの10日間の販売個数である。

商品	販売個数									
A	22	26	41	18	28	34	24	17	23	29
B	16	34	17	27	15	23	14	19	31	39

このデータに外れ値があれば，それを求めよ。ただし，外れ値は(＊)に該当する値とする。

商品Aについてのデータを，値が小さい順に並べると，

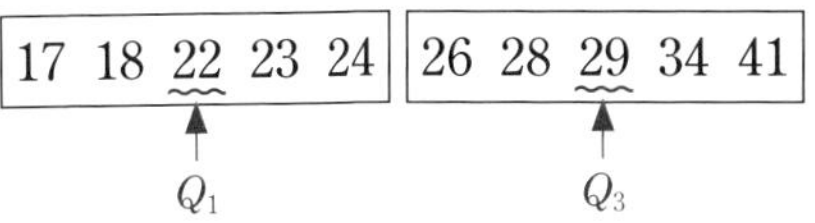

このデータの四分位範囲は，

(四分位範囲)$=Q_3-Q_1=29-22=7$

外れ値は，

$22-1.5\times7=11.5$ 以下の値，および，$29+1.5\times7=39.5$ 以上の値

したがって，商品 A のデータの外れ値は，

41

また，商品 B についてのデータを，値が小さい順に並べると，

14 15 16 17 19	23 27 31 34 39
↑ Q_1 (16)	↑ Q_3 (31)

このデータの四分位範囲は，

(四分位範囲)$=Q_3-Q_1=31-16=15$

外れ値は，

$16-1.5\times15=-6.5$ 以下の値，および，$31+1.5\times15=53.5$ 以上の値

したがって，商品 B のデータの外れ値はない。

まとめ

(1) 四分位数……データを値の小さい順に並べたとき，4 等分する位置にくる値。

第 1 四分位数 Q_1 ……下半分のデータの中央値

第 2 四分位数 Q_2 ……中央値

第 3 四分位数 Q_3 ……上半分のデータの中央値

データの範囲……（最大値）－（最小値）

四分位範囲……（第 3 四分位数）－（第 1 四分位数）

四分位偏差…… $\dfrac{(\text{四分位範囲})}{2}$

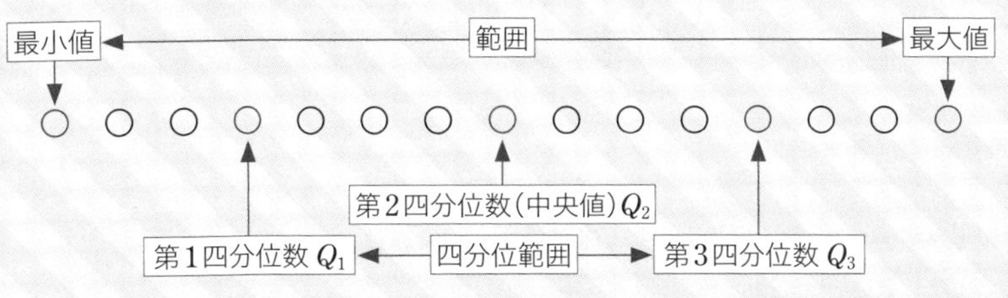

最小値，第**1**四分位数，第**2**四分位数，第**3**四分位数，最大値の**5**つの数を用いて，データのばらつきのようすを表すことを「五数要約」という。

(2) **箱ひげ図**

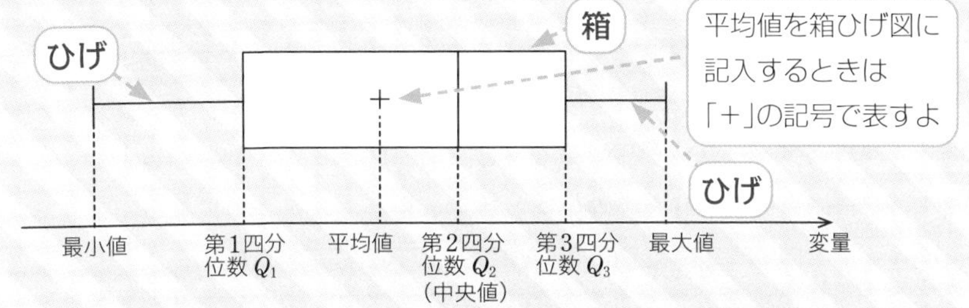

(3) **外れ値**

（第**1**四分位数−**1.5**×四分位範囲）以下の値

（第**3**四分位数＋**1.5**×四分位範囲）以上の値

のような値を外れ値としたりする。

解答と解説▶別冊 $p.66$

練習問題

次のデータは，生徒10人の国語のテストの得点である。

76　69　67　53　58　82　91　74　63　67

(1) このデータの最大値，最小値，第1四分位数，第2四分位数，第3四分位数を求めよ。

(2) このデータの範囲，四分位範囲，四分位偏差を求めよ。

(3) このデータの箱ひげ図をかけ。

第32節 分散と標準偏差

この節の目標

- ☐ Ⓐ 分散を求めることができる。
- ☐ Ⓑ 標準偏差を求めることができる。

イントロダクション ♪♫

代表値(第30節で学習した平均値, 中央値, 最頻値など)はデータの特徴を簡潔に表すことができる便利な値だったけど, 代表値だけではみえにくい傾向や特徴もあったね。そこで第31節では, 四分位数を用いて中央値のまわりのデータの散らばり具合いを調べたけど, この節では, 平均値のまわりのデータの散らばり具合いを調べることができる, 「**分散**(ぶんさん)」について学習しよう。

定期テストで, 仲良し6人組の英語と数学の得点が次のようになったとするよ。

	A	B	C	D	E	F
英語	53	52	50	49	49	47
数学	95	65	65	50	20	5

英語と数学の6人の平均点を計算してみると,

$$(\text{英語の平均点})=\frac{53+52+50+49+49+47}{6}=50(\text{点})$$

$$(\text{数学の平均点})=\frac{95+65+65+50+20+5}{6}=50(\text{点})$$

で, 平均点は同じだね。だけど, 英語の得点は平均点の付近に集中しているのにたいして, 数学の得点は平均点に近いものもあれば遠いものもあるね!

平均からどのくらい離れているかを数値化するには, どうすればいいかな?

平均との差をとった値を考えるのはどうかなあ? たとえば数学なら, Aは95点だから平均との差は95−50=45(点), Bは65点だから平均との差は65−50=15(点), 数学にかぎればAのほうがBより平均から3倍も遠い。

たしかに，個々の得点が平均からどれくらい離れているかはそれでわかるね。数学全体や英語全体の散らばり具合いについてはどうかな？

簡単～。平均との差を合計すればいいんでしょ？　たとえば英語なら，

$$(53-50)+(52-50)+(50-50)+(49-50)+(49-50)+(47-50)$$
$$=3+2+0+(-1)+(-1)+(-3)=0$$

だから，ぴったり 0 だね。数学は，

$$(95-50)+(65-50)+(65-50)+(50-50)+(20-50)+(5-50)$$
$$=45+15+15+0+(-30)+(-45)=0$$

あれ？　また 0 ？

いい発想だったけど，じつはどんなデータも，平均との差を合計すると必ず0になってしまって，データどうしの比較には使えないんだ。そこをどう解決すればいいかを，この節でいっしょに学んでいこう！

第1章 第2章 第3章 第4章 第5章 第6章 第7章 第8章

ゼロから解説

1 分散と標準偏差

イントロダクション♪♬ で考えたように，各データの値から平均値をひいた値を「**偏差**（へんさ）」というんだ。

偏　差

（偏差）＝（各データの値）－（平均値）

さっきの仲良し6人組の得点について，偏差を表にまとめておくよ。

英語の得点	53	52	50	49	49	47	
偏差	+3	+2	0	−1	−1	−3	(平均点：50点)

数学の得点	95	65	65	50	20	5	
偏差	+45	+15	+15	0	−30	−45	(平均点：50点)

偏差を見ると，それぞれの得点が平均点からどの程度離れているかがわかるね。じゃあ，英語全体と数学全体をくらべたいときはどうすればいいかな？

偏差の平均値を比較すればよさそうに感じるかもしれないけど，教科ごとの偏差の総和は，

英語：$(+3)+(+2)+0+(-1)+(-1)+(-3)=0$

数学：$(+45)+(+15)+(+15)+0+(-30)+(-45)=0$

と，どちらも「0」になってしまうね。だから偏差の平均値もどちらも「0」となって，2教科のちがいがなくなってしまうんだ！

正の値と負の値で打ち消し合って，ちょうど0になるよ！

じつは，どんなデータでも偏差の総和は0なんだよ。今の英語の例だと，

$$
\begin{aligned}
(\text{偏差の総和}) &= (53-50)+(52-50)+(50-50)+(49-50)+(49-50)+(47-50) \\
&= \underbrace{(53+52+50+49+49+47)}_{(\text{合計点})} - \underbrace{(50+50+50+50+50+50)}_{50\times 6=(\text{平均点})\times(\text{人数})=(\text{合計点})} \\
&= 300-300=0
\end{aligned}
$$

と，結局は値の総和から値の総和をひいたものになってしまうんだね。

だから，偏差の平均値も，

$$(\text{偏差の平均値})=\frac{(\text{偏差の総和})}{(\text{偏差の個数})}=\frac{0}{(\text{偏差の個数})}=0$$

となって，データ全体の散らばり具合いを表すことはできないんだ。そこで，

偏差の値を2乗する

ことを考えるよ。これなら負の値はとらないから，打ち消し合うことはないね。

「え!?　2乗なんてしていいの？」と思った人いるかな？　今回の目的は平均値からの散らばり具合い，つまり，平均値に近いか遠いかが知りたいだけだよね。たとえば，AとBの数学をくらべると，

A 95点：$(\text{偏差})=95-50=45$ ➡ $(\text{偏差})^2=45^2=2025$

B 65点：$(\text{偏差})=65-50=15$ ➡ $(\text{偏差})^2=15^2=225$

平均値から離れているほうが$(\text{偏差})^2$が大きくなる

だね。もちろん，偏差をくらべてもAのほうがBより平均値から遠いってわかるけど，その代わりに$(\text{偏差})^2$の値の大小をくらべてもAのほうが遠いってことはわかるよね。

❶ 値が平均値から離れている ⇔ $(\text{偏差})^2$が大きい

❷ 値が平均値に近い ⇔ $(\text{偏差})^2$が小さい

(偏差)^{2}は負の値をとらないから，和をとっても，「打ち消し合って必ず0になってしまう」なんてことにはならないね！　だから，(偏差)^{2}の平均値を調べることで，データの平均値からの散らばり具合いを比較できるんだ。この(偏差)^{2}の平均値のことを「**分散**」というんだよ。

「(偏差)^{2}の合計」だと，データの個数が多いほど大きくなりやすいから単純に比較はできないね。そこで，データの個数でわった「平均」を考えれば，平均的な離れ具合いがわかるから比較することができるね！

分　散

(分散)＝((偏差)^{2}の平均値)

変量xの分散は，「$s_x{}^2$」と表すことが多いよ。仲良し6人組の例で分散を求めてみると，

$$(\text{英語の得点の分散})=\frac{3^2+2^2+0^2+(-1)^2+(-1)^2+(-3)^2}{6}=\frac{24}{6}=4$$

$$(\text{数学の得点の分散})=\frac{45^2+15^2+15^2+0^2+(-30)^2+(-45)^2}{6}=\frac{5400}{6}=900$$

となって，数学の得点のほうが分散は大きいね！　だから，数学のほうが得点の散らばり具合いが大きいといえるんだ。2乗することによって，散らばりの程度がより強調された値になるから，さらに比較しやすくなってもいるよね。

ただし，分散の値は計算の過程で2乗するせいで，もとのデータの値とは単位が変わってしまうんだ。今回の例だと，[点^2]になってしまうんだね。そこで，もとのデータの値と単位をそろえたいときは，正の平方根をとるといいんだよ。この，分散の正の平方根のことを「**標準偏差**」というんだ。

標準偏差

(標準偏差)＝$\sqrt{(\text{分散})}$

今回の例だと単位は「$\sqrt{\text{点}^2}$」になるから，結局「点」にそろうね！

変量xの標準偏差は，「s_x」と表すことが多いよ。分散と同じように，標準偏差が小さければ平均値の付近にデータが集まっているし，標準偏差が大きければデータが散らばっている，といえるんだ。仲良し6人組の場合は，

(英語の得点の標準偏差)＝$\sqrt{4}=2$

(数学の得点の標準偏差)＝$\sqrt{900}=30$

となるね。それでは，分散と標準偏差の求め方を式でまとめておこう。

分散と標準偏差

変量 $\boldsymbol{x}$ の $\boldsymbol{n}$ 個のデータ $\boldsymbol{x}_1$, $\boldsymbol{x}_2$, ……, $\boldsymbol{x}_n$ について，平均値を $\bar{\boldsymbol{x}}$ とすると，

$$\text{分散：}\boldsymbol{s_x}^2=\frac{1}{n}\{(\boldsymbol{x}_1-\bar{\boldsymbol{x}})^2+(\boldsymbol{x}_2-\bar{\boldsymbol{x}})^2+\cdots\cdots+(\boldsymbol{x}_n-\bar{\boldsymbol{x}})^2\}$$

$$\text{標準偏差：}\boldsymbol{s_x}=\sqrt{\frac{1}{n}\{(\boldsymbol{x}_1-\bar{\boldsymbol{x}})^2+(\boldsymbol{x}_2-\bar{\boldsymbol{x}})^2+\cdots\cdots+(\boldsymbol{x}_n-\bar{\boldsymbol{x}})^2\}}$$

2 分散を求めるもう1つの方法

じつは，分散を求める方法は，❶で学習したのとは別にもう1つあるんだ。分散の定義式(❶で学習した方法のこと)を出発点として，そこから別の求め方を導いてみるね。イメージしやすいように，今回は5個のデータで考えるよ。

変量 x についての5個のデータ，

x_1　x_2　x_3　x_4　x_5

があるとき，x の平均値を $\bar{x}$ とすると，

$$\frac{x_1+x_2+x_3+x_4+x_5}{5}=\bar{x}$$

が成り立つね。

このとき，x の分散を $s_x{}^2$ とすると，

$$s_x{}^2=\frac{(x_1-\bar{x})^2+(x_2-\bar{x})^2+(x_3-\bar{x})^2+(x_4-\bar{x})^2+(x_5-\bar{x})^2}{5}$$

（展開して $\bar{x}$ について昇べきの順に並べた）

$$=\frac{(x_1{}^2+x_2{}^2+x_3{}^2+x_4{}^2+x_5{}^2)-2(x_1+x_2+x_3+x_4+x_5)\bar{x}+5(\bar{x})^2}{5}$$

$$=\frac{x_1{}^2+x_2{}^2+x_3{}^2+x_4{}^2+x_5{}^2}{5}-2\cdot\frac{x_1+x_2+x_3+x_4+x_5}{5}\cdot\bar{x}+(\bar{x})^2$$

（$\dfrac{x_1+x_2+x_3+x_4+x_5}{5}=\bar{x}$ だね！）

$$=\frac{x_1{}^2+x_2{}^2+x_3{}^2+x_4{}^2+x_5{}^2}{5}-2\cdot\bar{x}\cdot\bar{x}+(\bar{x})^2$$

$$=\frac{x_1{}^2+x_2{}^2+x_3{}^2+x_4{}^2+x_5{}^2}{5}-(\bar{x})^2$$

$=(x^2$ の平均値$)-(x$ の平均値$)^2$

となるから，分散は，データの値を2乗した値の平均値から，平均値の2乗をひいた値と等しいことがわかるね。

分散を求めるもう1つの方法

(x の分散)＝(x^2 の平均値)－(x の平均値)^2

2つの方法のうち，どちらを使うかの判断は，(偏差)^{2}が求めやすい値かどうかに着目して，次のようにするといいよ。

(i) (偏差)^{2}が求めやすい値のとき

➡ 定義式 $s_x{}^2=\frac{1}{n}\left\{(x_1-\overline{x})^2+(x_2-\overline{x})^2+\cdots\cdots+(x_n-\overline{x})^2\right\}$ を使う。

(ii) (偏差)^{2}が求めにくい値のとき

➡ (x の分散)＝(x^2 の平均値)－(x の平均値)^2 を使う。

とくに$\overline{x}$が整数値のときは，(偏差)^2 が求めやすい値になることが多いから，定義式のほうを使うといいよ！

例題 ❶

次の表は，生徒12人にたいして10点満点のテストを行ったときの，各生徒の得点 x (点)のデータをまとめたものである。

生徒	A	B	C	D	E	F	G	H	I	J	K	L
x	4	7	10	6	8	6	8	9	4	5	10	7

(1) **x の平均値 $\overline{x}$ を求めよ。**

(2) **x の分散 $s_x{}^2$ を求めよ。**

(3) **x の標準偏差 s_x を求めよ。**

解答と解説

(1) $\overline{x}=\frac{4+7+10+6+8+6+8+9+4+5+10+7}{12}$

$=\frac{84}{12}$

$=7$(点) 答

平均値は，得点の合計を人数でわったものだね！

(2)

生徒	A	B	C	D	E	F	G	H	I	J	K	L
x	4	7	10	6	8	6	8	9	4	5	10	7
$x-\overline{x}$	−3	0	+3	−1	+1	−1	+1	+2	−3	−2	+3	0

$$s_x{}^2=\frac{(-3)^2+0^2+(+3)^2+(-1)^2+(+1)^2+(-1)^2+(+1)^2+(+2)^2+(-3)^2+(-2)^2+(+3)^2+0^2}{12}$$

$$=\frac{9+0+9+1+1+1+1+4+9+4+9+0}{12}$$

$$=\frac{48}{12}$$

$=4$ 答

分散は，(変数)^{2}の合計を人数でわったものだね！

単位は，この場合[点^2]になるけど，明記しないのが普通だよ！

別解 $$s_x{}^2=\frac{4^2+7^2+10^2+6^2+8^2+6^2+8^2+9^2+4^2+5^2+10^2+7^2}{12}-7^2$$

$$=\frac{636}{12}-49$$

$=4$ 答

分散は，
(2乗の平均)−(平均)^2
でも求められたね！ でも，平均値が整数値の場合は，本解答のように分数の定義式から求めるほうが計算は楽だとわかるね！

(3) $s_x=\sqrt{4}$

$=2$ 答

(標準偏差)$=\sqrt{(分散)}$

例題 ❷

右の度数分布表は，生徒10人の小テストの得点x(点)についてのものである。

(1) **xの平均値$\overline{x}$を求めよ。**

(2) **xの分散$s_x{}^2$を求めよ。**

(3) **xの標準偏差s_xを求めよ。**

階級(点)	階級値	度数
1 以上 3 未満	2.0	1
3 〜 5	4.0	3
5 〜 7	6.0	4
7 〜 9	8.0	2
計		10

解答の前にひと言

階級値	度数
x_1	f_1
x_2	f_2
⋮	⋮
x_n	f_n
計	n

度数分布表から分散や標準偏差を求めるときは，階級値を使うんだ。一般に，右のような度数分布表では，変量xの平均値

を$\bar{x}$とすると，xの分散$s_x{}^2$は次の式で求められるよ。

$$s_x{}^2=\frac{1}{n}\{(x_1-\bar{x})^2f_1+(x_2-\bar{x})^2f_2+\cdots\cdots+(x_n-\bar{x})^2f_n\}$$

ただし，(偏差)^{2}が求めにくい値のときは，

$$s_x{}^2=\frac{1}{n}(x_1{}^2f_1+x_2{}^2f_2+\cdots\cdots+x_n{}^2f_n)-(\bar{x})^2$$

(x^2の平均値)－(xの平均値)^2

のほうを使うことをおススメするよ。

標準偏差は，分散の正の平方根のことだったね！

また，度数分布表が与えられた場合は，**解答と解説**にあるような表を作って利用するといいよ。

解答と解説

階級値x(点)	度数f	xf	x^2f
2	1	2	4
4	3	12	48
6	4	24	144
8	2	16	128
合計	10	54	324

(1)　右の表から，

$$\bar{x}=\frac{54}{10}$$

$=5.4$(点)　答

(2)　x^2の平均値は，

$$\overline{x^2}=\frac{324}{10}$$

$=32.4$

よって，分散$s_x{}^2$は，

$$s_x{}^2=\overline{x^2}-(\bar{x})^2$$

$=32.4-5.4^2$

$=32.4-29.16$

$=3.24$　答

階級値はすべて整数値だけど平均値が小数になったから，偏差はすべて小数値になるね。この場合は(偏差)^{2}が，求めにくい値だから，分散は

(分散)＝(x^2の平均値)－(xの平均値)^2

のほうで求めるといいよ！

(3)　標準偏差s_xは，

$$s_x=\sqrt{3.24}$$

$=1.8$　答

$$3.24=324\times\frac{1}{100}$$

$$=(2\cdot3^2)^2\times\frac{1}{10^2}$$

$$=\left(18\times\frac{1}{10}\right)^2=1.8^2$$

2) 324
2) 162
3) 81
3) 27
3) 9
3

ちょいムズ

ここでは，第30節で登場した「**仮平均**」を一般化して考えてみよう。

変量 x についての n 個のデータ，

x_1，x_2，x_3，……，x_n

にたいして，x の平均値を $\bar{x}$ とするよ。

一般に，仮平均を c として，$X=x-c$ により新しい変量 X を定めたとき，変量 X の平均値 $\overline{X}$ を x の平均値 $\bar{x}$ と仮平均 c で表すと，次のようになるんだ。

$p.329$の例だと，x は身長（の階級値），c は仮平均の154(cm)で，X は「(階級値)－(仮平均)」，つまり，仮平均よりどれだけ高いか低いかってことだよ！

$$\overline{X}=\frac{X_1+X_2+X_3+\cdots\cdots+X_n}{n}$$
$$=\frac{(x_1-c)+(x_2-c)+(x_3-c)+\cdots\cdots+(x_n-c)}{n}$$
$$=\frac{x_1+x_2+x_3+\cdots\cdots+x_n}{n}-\frac{nc}{n}$$
$$=\bar{x}-c$$

$$\frac{x_1+x_2+x_3+\cdots\cdots+x_n}{n}=\bar{x}$$

つまり，$\bar{x}=c+\overline{X}$ が成り立つということだから，$\bar{x}$ を直接求める代わりに，X の平均値 $\overline{X}$ を求めて仮平均 c にたしてもいいっていうことだね。

1つ例を考えてみよう。5人の子どもがいて，それぞれの身長が，

98cm，99cm，104cm，107cm，108cm

のとき，5人の身長の平均値を求めるよ。身長を変量 x，仮平均を $c=100$ として，

$X=x-100$

によって変量 X を定めると，次の表のようになるね。

仮平均の値は，「中央値」，「最頻値」，もしくは，「中央値付近のきりがよい値」などにすると計算が楽になるよ

x	98	99	104	107	108	合計
X	−2	−1	+4	+7	+8	16

よって，

$$\overline{X}=\frac{16}{5}=3.2$$

となるので，

$$\bar{x}=100+\overline{X}=103.2\text{(cm)}$$

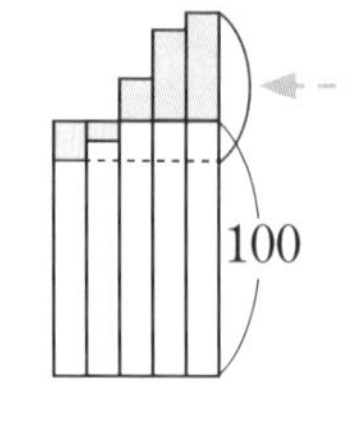

ここの平均 $\frac{-2-1+4+7+8}{5}$ を100にたせば，身長の平均値が求められる

とすることで，直接 $\bar{x}$ を求めるよりも楽に計算できることがわかるね。

最後に，分散についてふれておくけど，x の分散を $s_x{}^2$，X の分散を $s_X{}^2$ とすると，

$$s_X{}^2 = s_x{}^2$$

が成り立つよ。このことは計算でも示せるけど，「分散は散らばり具合いの値」という意味を考えても，x 全体を c だけずらしたって変わらないことがわかるよね！

まとめ

(1) 偏　差……各データの値から平均値をひいた値

(偏差)＝(各データの値)－(平均値)

❶ 値が平均値から離れている　⇔　$(偏差)^2$ が大きい

❷ 値が平均値に近い　⇔　$(偏差)^2$ が小さい

(2) 分　散……$(偏差)^2$ の平均値

標準偏差……分散の正の平方根

変量 x の n 個のデータ x_1，x_2，……，x_n について，平均値を $\bar{x}$ とすると，

分　散：$s_x{}^2 = \dfrac{1}{n}\left\{(x_1-\bar{x})^2+(x_2-\bar{x})^2+\cdots\cdots+(x_n-\bar{x})^2\right\}$

標準偏差：$s_x = \sqrt{\dfrac{1}{n}\left\{(x_1-\bar{x})^2+(x_2-\bar{x})^2+\cdots\cdots+(x_n-\bar{x})^2\right\}}$

(3) 分散を求めるもう1つの方法

(x の分散)＝(x^2 の平均値)－$(x\ の平均値)^2$

$$s_x{}^2 = \frac{x_1{}^2+x_2{}^2+\cdots\cdots+x_n{}^2}{n} - (\bar{x})^2$$

注意 分散を求めるときに，(2)と(3)のどちらの方法を使うかの判断は，(偏差)^{2}が求めやすい値かどうかに着目して，次のようにするとよい。

(偏差)^{2}が求めやすい値(おもに平均値 $\overline{x}$ が整数のとき)

➡ (2)の方法

(偏差)^{2}が求めにくい値(おもに平均値 $\overline{x}$ が整数でないとき)

➡ (3)の方法

解答と解説►別冊 *p*.68

練習問題

(1) 次の6個の値からなるデータについて，変量の分散と標準偏差を求めよ。

3, 3, 5, 5, 5, 9

(2) 次の5個の値

2, 3, 3, a, b

からなるデータについて，変量の平均値が3，分散が2.8となるように a, b の値を定めよ。ただし，$a<b$ とする。

ヒント

変量の値に未知のものが含まれている場合，分散についての式は，

(分散)＝(2乗の平均値)－(平均値)^2

を使おう。定義式のほうを使ってもできるけど，それだと少し計算がたいへんだよ。

第33節 相関係数

この節の目標

- ☑ Ⓐ 共分散を求めることができる。
- ☑ Ⓑ 相関係数を求めることができる。
- ☑ Ⓒ 2つの変量にどのような相関があるかがわかる。

イントロダクション ♪♫

突然だけど，「相関関係」と「因果関係」のちがいってわかるかな？

因果関係は「原因と結果の関係」

のことだけど，

「一方の値が変化すれば，他方も変化する」ということ

相関関係は，値の変化についてだけの関係

のことで，原因と結果の関係があるかどうかとは，まったく別の話なんだ。

たとえば，気温が上がると，それが原因でアイスクリームがよく売れるから，「気温」と「アイスクリームの売れ行き」には，相関関係も因果関係もあるね。

また，気温が上がると，それが原因でかき氷もよく売れるから，「気温」と「かき氷の売れ行き」には，相関関係も因果関係もあるね。

ということは，「アイスクリームの売れ行き」と「かき氷の売れ行き」は，一方が上がれば他方も上がるから相関関係があるといえるけど，どちらかが原因になっているわけではないから，因果関係があるとはいえないね。

別の例をみてみよう。12人の生徒について，10点満点の小テストAの得点 x 点と小テストBの得点 y 点を調べたら，次のようになっていたとするよ。

x	1	2	3	4	5	5	6	8	8	9	10	10
y	1	4	2	5	7	3	6	8	5	7	9	10

これらを座標のように考えて，xy 平面上に点として表すと，次ページの図のようになるね。

このように図示したものを，「**散布図**」というんだ。右の散布図を見ると，xが増加すればyも増加する傾向があることがわかるね。このとき，xとyに「**正の相関関係**」があるというよ。ただし，

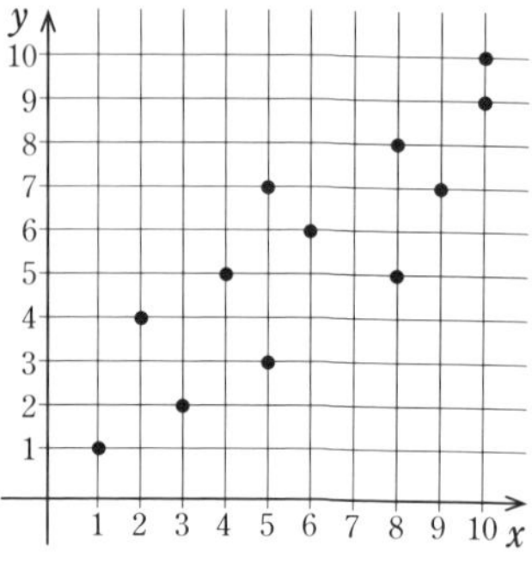

> 正の相関関係があることがわかっても，そのことだけから原因までわかるわけではない

ということに注意しよう。

また，今回は正の相関関係があることがなんとなくわかる図だけど，判断が難しい図もあるんだ。それに，同じ図を見ても人によって判断が異なる可能性もあるね。そこで，この節では，相関関係を客観的に判断するために，数値化する方法を考えていくよ。

ゼロから解説

1 散布図と相関表

2つの変量の相関関係を調べていくよ。下のデータは，15人の生徒の数学のテストの得点を変量x(点)，理科のテストの得点を変量y(点)とした記録だよ。

生徒	A	B	C	D	E	F	G	H	I	J	K	L	M	N	O
数学(x点)	34	14	26	12	25	28	38	16	36	18	5	15	8	27	36
理科(y点)	34	16	17	18	28	24	32	8	28	14	6	12	22	36	37

右図のように，2つの変量の値の組からなるデータを平面上に図示したものを「**散布図**」というよ。

右の散布図を見ると，点が全体的に右上がりに分布しているから，xが増加するとyも増加する

> 生徒ごとに，x，yの値の組を座標と考えて，xy平面上に点として表した図

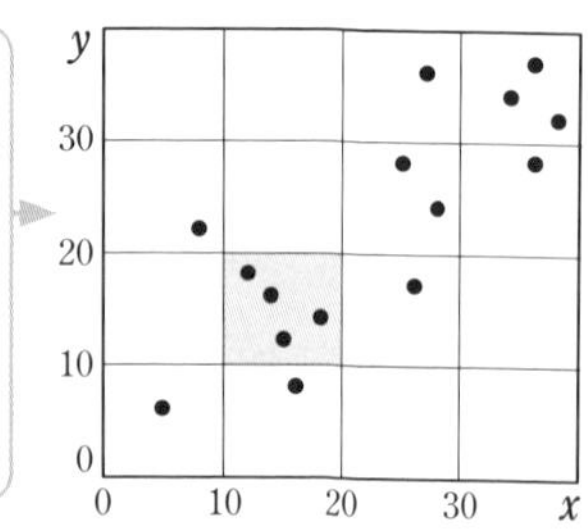

傾向があるといえるね。

このように，一方が増加すると他方も増加する傾向があるとき，2つの変量には「**正の相関関係**」があるというんだ。上のデータでは，「数学の得点と理科の得点には正の相関関係がある」といえるね。

逆に，2つの変量において，一方が増加すると他方が減少する傾向があるとき，2つの変量には「**負の相関関係**」があるというよ。2つの変量に負の相関関係があるときは，散布図で表すと点が全体的に右下がりに分布するんだ。

また，2つのどちらの傾向も認められないときは，「**相関関係がない**」というよ。

散布図と相関関係

❶ 散布図の点が右上がりに分布 ➡ 正の相関関係がある

❷ 散布図の点が右下がりに分布 ➡ 負の相関関係がある

散布図は，データの中に同じ値の組が多いと，点が重なって見づらくなるね。そんなときは，次図のように度数分布表にするといいよ。2つの度数分布表を組み合わせたものを「**相関表**」といって，前ページのデータなら次のようになるよ。

y ＼ x	0以上10未満	10以上20未満	20以上30未満	30以上40未満
30以上40未満	0	0	1	3
20以上30未満	1	0	2	1
10以上20未満	0	4	1	0
0以上10未満	1	1	0	0

この部分は，前ページの散布図の色が塗られている部分と対応してるよ

2 相関係数

❶では，2つの変量の相関関係を散布図の「見た目」から判断したね。でも見た目だけでは微妙なちがいを判断するのが難しい場合もあるし，人によって判断が異なるものになってしまうこともあり得るね。そこで，相関関係の正負はもちろんのこと，強弱についても，客観的な判断材料になる「数値」があると便利じゃないかな？　ここでは，そのような「数値」について考えていこう。

相関関係を散布図の点の分布傾向としてとらえれば，要するに知りたいことは，「点の分布傾向が，どの程度右上がり，もしくは右下がりなのか」ということだよね。その基準点として有効なのが，平均値を表す点なんだ。

x, y の平均値をそれぞれ $\overline{x}$, $\overline{y}$ とするよ。下の図のように，点 $(\overline{x}, \overline{y})$ を通り，座標軸に平行な2直線で平面を4つの部分に分けて，各部分をⅠ，Ⅱ，Ⅲ，Ⅳとするね。さらに，ⅠとⅢを合わせて D_+，ⅡとⅣを合わせて D_- とするよ。点の分布傾向は，

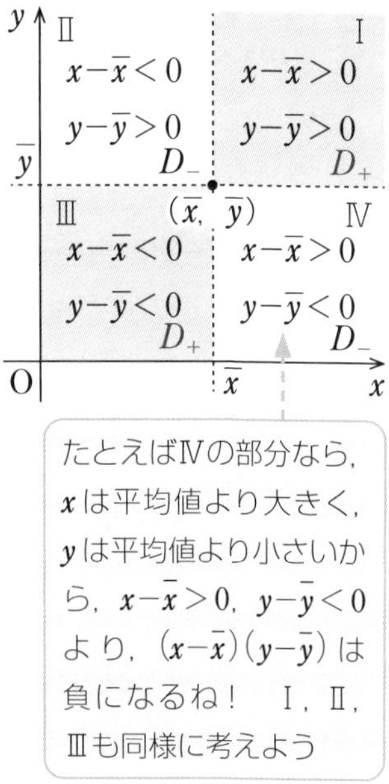

右上がり ⇔ 点が D_+ に多く分布している
右下がり ⇔ 点が D_- に多く分布している

と言い換えることができるね。そして，ある点 (x, y) が D_+ と D_- のどちらに属するのかを調べるためには，x の偏差と y の偏差の積，

$$(x-\overline{x})(y-\overline{y})$$

に着目するといいんだ！　その符号については，

$(x-\overline{x})(y-\overline{y})>0$ ⇔ 点 (x, y) が D_+ に属する
$(x-\overline{x})(y-\overline{y})<0$ ⇔ 点 (x, y) が D_- に属する

ということがいえるね。そこで，すべての組 (x, y) について偏差の積を求めて，その平均を考えれば，全体として D_+ と D_- のどちらにより多くの点が分布しているか，という傾向が判断できるんだ。この，偏差の積の平均値のことを「**共分散**（きょうぶんさん）」といって，2つの変量の相関関係を調べるための重要な指標なんだよ。

x と y の共分散は「s_{xy}」と表すことが多いよ。

（図）Ⅱ $x-\bar{x}<0$, $y-\bar{y}>0$, D_- ／ Ⅰ $x-\bar{x}>0$, $y-\bar{y}>0$, D_+ ／ Ⅲ $x-\bar{x}<0$, $y-\bar{y}<0$, D_+ ／ Ⅳ $x-\bar{x}>0$, $y-\bar{y}<0$, D_- ／ $(\bar{x}, \bar{y})$

たとえばⅣの部分なら，x は平均値より大きく，y は平均値より小さいから，$x-\bar{x}>0$，$y-\bar{y}<0$ より，$(x-\bar{x})(y-\bar{y})$ は負になるね！　Ⅰ，Ⅱ，Ⅲも同様に考えよう

共 分 散

2つの変量 x, y に関する n 組のデータ (x_1, y_1), (x_2, y_2), ……, (x_n, y_n) について，x, y の平均値をそれぞれ $\overline{x}$, $\overline{y}$ とすると，x と y の共分散 s_{xy} は，

$$s_{xy}=\frac{1}{n}\{(x_1-\overline{x})(y_1-\overline{y})+(x_2-\overline{x})(y_2-\overline{y})+\cdots\cdots+(x_n-\overline{x})(y_n-\overline{y})\}$$

分散と同じように，共分散を求める方法にも，もう1つ別のものがあるよ。

共分散を求めるもう1つの方法

(共分散)＝(積の平均)－(平均の積)

$$s_{xy}=\frac{1}{n}(x_1y_1+x_2y_2+\cdots\cdots+x_ny_n)-\overline{x}\cdot\overline{y}$$

第32節の❷でやったのと同じような式変形をすることで導けるよ

共分散の値の符号や絶対値の大きさに着目すると，散布図の分布傾向について次のようなことがわかるね。

値が正 ➡ 点が D_+ に多く集まっている(右上がり傾向)……①
値が負 ➡ 点が D_- に多く集まっている(右下がり傾向)……②

値の絶対値が小さい ➡ ①，②のいずれの傾向も顕著にはみられない
値の絶対値が大きい ➡ ①または②の傾向が比較的顕著である

ただ，共分散には，同じデータでも単位を変えると値が変わるという性質があるんだ。

たとえば長さだと，1mは100cmだから，一方の変量の単位を「m」から「cm」に変えるだけで共分散の値が100倍になってしまうんだよ。

そこで，x と y の共分散 s_{xy} をそれぞれの標準偏差の積 s_xs_y でわった値を考えると，単位変換の影響を受けずにすむんだ。

「x m」を「$100x$ cm」にすると，s_x と s_{xy} はどちらも100倍になるっていう性質があるんだ。くわしくは**ちょいムズ**をみてね！

つまり，同じデータなら単位のとり方によらず，一定の値になるってことだよ。

この，共分散を標準偏差の積でわった商のことを「**相関係数**(そうかんけいすう)」といって，相関関係の正負や強弱を表す重要な指標なんだ。相関係数は r で表すことが多いよ。

また，相関係数の性質として，-1以上1以下の値にしかならないことが知られているんだ。それから，相関係数には単位はつかないよ。

相関係数

2つの変量 x，y に関するデータについて，x と y の標準偏差をそれぞれ s_x，s_y，共分散を s_{xy} とすると，x と y の相関係数 r は，

$$r=\frac{s_{xy}}{s_x s_y}$$

（$-1 \leqq r \leqq 1$ であることが知られている）

❶ r の値が1に近いときは強い正の相関関係があり，散布図は右上がり傾向

❷ r の値が−1に近いときは強い負の相関関係があり，散布図は右下がり傾向

❸ r の値が0に近いときは，相関関係はなく，散布図には直線的な傾向はない

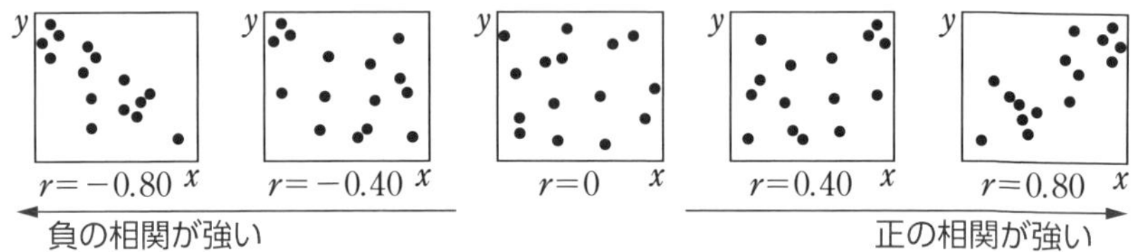

負の相関が強い　　　　正の相関が強い

$|r|$ が1に近いほど相関が強く，散布図の点はより直線に沿って分布する

例　題

右の表は，あるグループの生徒6人の，英語と国語の小テストの結果である。英語の得点を x（点），国語の得点を y（点）とする。

生徒番号	①	②	③	④	⑤	⑥
英語（x 点）	4	5	3	6	3	3
国語（y 点）	4	8	2	8	3	5

(1)　x と y の共分散 s_{xy} を求めよ。　(2)　x と y の相関係数 r を求めよ。

解答の前にひと言

(1)　$s_{xy}=\frac{1}{6}\{(x_1-\bar{x})(y_1-\bar{y})+(x_2-\bar{x})(y_2-\bar{y})+\cdots\cdots+(x_6-\bar{x})(y_6-\bar{y})\}$ だね。

(2)　$r=\frac{s_{xy}}{s_x s_y}$ だね。

$s_x=\sqrt{\frac{1}{6}\{(x_1-\bar{x})^2+(x_2-\bar{x})^2+\cdots\cdots+(x_6-\bar{x})^2\}}$

$s_y=\sqrt{\frac{1}{6}\{(y_1-\bar{y})^2+(y_2-\bar{y})^2+\cdots\cdots+(y_6-\bar{y})^2\}}$

解答と解説

(1) x の平均を $\bar{x}$, y の平均を $\bar{y}$ とすると,

$$\bar{x}=\frac{4+5+3+6+3+3}{6}=\frac{24}{6}=4,\quad \bar{y}=\frac{4+8+2+8+3+5}{6}=\frac{30}{6}=5$$

生徒	x	y	$x-\bar{x}$	$y-\bar{y}$	$(x-\bar{x})^2$	$(y-\bar{y})^2$	$(x-\bar{x})(y-\bar{y})$
①	4	4	0	−1	0	1	0
②	5	8	1	3	1	9	3
③	3	2	−1	−3	1	9	3
④	6	8	2	3	4	9	6
⑤	3	3	−1	−2	1	4	2
⑥	3	5	−1	0	1	0	0
計	24	30	0	0	8	32	14

共分散や相関係数を求めるときは,このような表を利用して計算しよう！

上の表から,

$$s_{xy}=\frac{14}{6}$$

$$=\frac{7}{3}\quad \text{答}$$

$s_{xy}=$(積の平均)−(平均の積)
$=\frac{1}{6}(4\cdot4+5\cdot8+3\cdot2+6\cdot8+3\cdot3+3\cdot5)-4\cdot5$
$=\frac{134}{6}-20=\frac{67-60}{3}=\frac{7}{3}$
と計算してもいいよ

(2) $s_x=\sqrt{\frac{8}{6}}=\frac{2}{\sqrt{3}}$, $s_y=\sqrt{\frac{32}{6}}=\frac{4}{\sqrt{3}}$

と(1)の結果より,相関係数 r は,

$$r=\frac{s_{xy}}{s_xs_y}$$

$$=\frac{\frac{7}{3}}{\frac{2}{\sqrt{3}}\cdot\frac{4}{\sqrt{3}}}=\frac{7}{8}$$

$$=0.875\quad \text{答}$$

1 にかなり近いから,強い正の相関関係があるといえるね！

第1章 第2章 第3章 第4章 第5章 第6章 第7章 第8章

ちょいムズ

データのすべての値に一定の値を加えたりかけたりすることを「**変量変換**」というよ。

たとえば3人の生徒がいて，10点満点の数学のテストの点数が3点，5点，10点だったとするね。全員の点数を10倍するとどうなるかな？

30点，50点，100点になるから，100点満点に直したのと同じってこと？

そういうこと。せっかくだから，変量変換で平均値や分散がどう変化するかを調べてみよう！　変量 x のデータの値が，3個の値 x_1，x_2，x_3 だとするね。このとき，平均値 $\overline{x}$ と分散 ${s_x}^2$ を求めることはできるかな？

$\overline{x}=\dfrac{x_1+x_2+x_3}{3}$，${s_x}^2=\dfrac{(x_1-\overline{x})^2+(x_2-\overline{x})^2+(x_3-\overline{x})^2}{3}$ でしょ？

お～しっかりわかっているね！　じゃあ，x を $a\,(>0)$ 倍した変量を p として，

$$p_1=ax_1,\ p_2=ax_2,\ p_3=ax_3$$

としたとき，p の平均値 $\overline{p}$ と分散 ${s_p}^2$ を計算してみるよ。

$$\overline{p}=\frac{p_1+p_2+p_3}{3}=\frac{ax_1+ax_2+ax_3}{3}=a\cdot\frac{x_1+x_2+x_3}{3}=a\overline{x}$$

となるから，p の平均値は x の平均値の a 倍になっているよね。

ホントだ～。じゃあ，分散も a 倍になるのかな？

$$\begin{aligned}{s_p}^2&=\frac{(p_1-\overline{p})^2+(p_2-\overline{p})^2+(p_3-\overline{p})^2}{3}\\&=\frac{(ax_1-a\overline{x})^2+(ax_2-a\overline{x})^2+(ax_3-a\overline{x})^2}{3}\\&=\frac{a^2(x_1-\overline{x})^2+a^2(x_2-\overline{x})^2+a^2(x_3-\overline{x})^2}{3}\end{aligned}$$

$$=a^2\cdot\frac{(x_1-\overline{x})^2+(x_2-\overline{x})^2+(x_3-\overline{x})^2}{3}$$

$$=a^2 s_x{}^2$$

$s_p{}^2=a^2s_x{}^2$
より，
$s_p=as_x$
だね！

分散は a^2 倍になるのか。ってことは標準偏差は a 倍だね。

そのとおり。じゃあ，今度は x に b をたした変量を q として，

$$q_1=x_1+b,\ q_2=x_2+b,\ q_3=x_3+b$$

とするよ。q の平均値 $\overline{q}$ は，

$$\overline{q}=\frac{q_1+q_2+q_3}{3}=\frac{(x_1+b)+(x_2+b)+(x_3+b)}{3}=\frac{x_1+x_2+x_3}{3}+\frac{3b}{3}$$

$$=\overline{x}+b$$

が成り立つから，q の平均値は x の平均値に b をたしたものになるね。

コツがわかってきた。分散は任せて！

$$s_q{}^2=\frac{(q_1-\overline{q})^2+(q_2-\overline{q})^2+(q_3-\overline{q})^2}{3}$$

$$=\frac{\{(x_1+b)-(\overline{x}+b)\}^2+\{(x_2+b)-(\overline{x}+b)\}^2+\{(x_3+b)-(\overline{x}+b)\}^2}{3}$$

$$=\frac{(x_1-\overline{x})^2+(x_2-\overline{x})^2+(x_3-\overline{x})^2}{3}=s_x{}^2$$

ということは，分散は変わらない。だから，標準偏差も変わらないよね。

全部まとめると，次のようになる！

	平均値	分散	標準偏差
変量を定数 a (>0) 倍する	a 倍になる	a^2 倍になる	a 倍になる
変量に定数 b をたす	b がたされる	変わらない	変わらない

大丈夫そうだね。最後に相関係数について考えてみよう。

2つの変量 x，y のデータが $(x_1,\ y_1)$，$(x_2,\ y_2)$，$(x_3,\ y_3)$ の3組だとするよ。このとき，x と y の相関係数 r_{xy} は，$r_{xy}=\dfrac{s_{xy}}{s_xs_y}$ だね。ここで，

x を a (>0) 倍して b をたした変量を X として，

$$X_1=ax_1+b,\ X_2=ax_2+b,\ X_3=ax_3+b$$

とするよ。$\overline{X}=a\overline{x}+b$ に注意すると，共分散 s_{Xy} はどうなるかな？

$$s_{Xy}=\frac{(X_1-\overline{X})(y_1-\overline{y})+(X_2-\overline{X})(y_2-\overline{y})+(X_3-\overline{X})(y_3-\overline{y})}{3}$$
$$=\frac{a(x_1-\overline{x})(y_1-\overline{y})+a(x_2-\overline{x})(y_2-\overline{y})+a(x_3-\overline{x})(y_3-\overline{y})}{3}$$
$$=a\cdot\frac{(x_1-\overline{x})(y_1-\overline{y})+(x_2-\overline{x})(y_2-\overline{y})+(x_3-\overline{x})(y_3-\overline{y})}{3}$$
$=as_{xy}$　かな？　つまり，a 倍になるってことか！

$X_1-\overline{X}=(ax_1+b)-(a\overline{x}+b)=a(x_1-\overline{x})$

そうだね！　x だけ変量変換したから，その影響だけ受けるっていうことなんだ。じゃあ，$s_X=as_x$ にも注意すると，相関係数 r_{Xy} はどうなるかな？

$$r_{Xy}=\frac{s_{Xy}}{s_X s_y}=\frac{as_{xy}}{as_x\cdot s_y}=\frac{s_{xy}}{s_x s_y}=r_{xy}$$
元と同じになった！　相関係数は変わらないんだね！

まとめ

(1)　相関関係

相関関係……**2**つの変量に関する，値の変化の関係性

　正の相関関係　➡　一方が増加すると他方も増加する傾向

　負の相関関係　➡　一方が増加すると他方が減少する傾向

(2)　散布図と相関関係

散 布 図……右図のような，**2**つの変量の値の組からなるデータを平面上に図示したもの

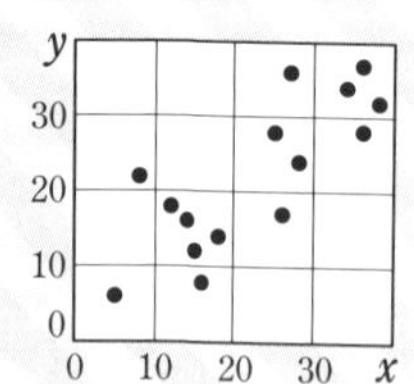

散布図の点の分布と相関関係

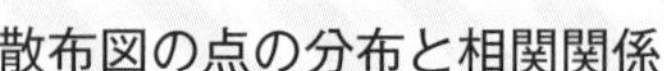

　右上がりに分布　➡　正の相関関係がある

　右下がりに分布　➡　負の相関関係がある

(3)　共分散，相関係数

共 分 散……偏差の積の平均値

2つの変量 $\boldsymbol{x}$，$\boldsymbol{y}$ に関する $\boldsymbol{n}$ 組のデータ $(\boldsymbol{x_1},\ \boldsymbol{y_1})$，$(\boldsymbol{x_2},\ \boldsymbol{y_2})$，……，$(\boldsymbol{x_n},\ \boldsymbol{y_n})$ について，$\boldsymbol{x}$，$\boldsymbol{y}$ の平均値をそれぞれ $\overline{\boldsymbol{x}}$，$\overline{\boldsymbol{y}}$ とすると，$\boldsymbol{x}$ と $\boldsymbol{y}$ の共分散 $\boldsymbol{s_{xy}}$ は，

$$s_{xy}=\frac{1}{n}\{(x_1-\overline{x})(y_1-\overline{y})+(x_2-\overline{x})(y_2-\overline{y})+\cdots\cdots+(x_n-\overline{x})(y_n-\overline{y})\}$$

$$=\frac{1}{n}(x_1y_1+x_2y_2+\cdots\cdots+x_ny_n)-\overline{x}\cdot\overline{y}$$

相関係数……共分散を標準偏差の積でわった商

$\boldsymbol{x}$ の標準偏差を $\boldsymbol{s_x}$，$\boldsymbol{y}$ の標準偏差を $\boldsymbol{s_y}$ とすると，相関係数 $\boldsymbol{r}$ は，

$$r=\frac{s_{xy}}{s_xs_y}$$

←　$-1\leqq r\leqq 1$ になることが知られている

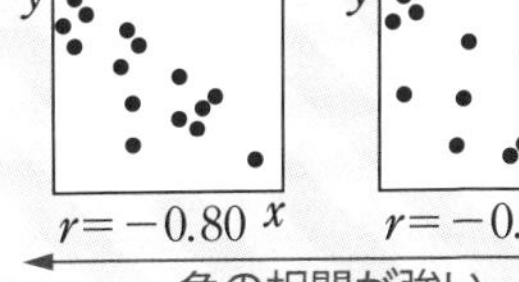
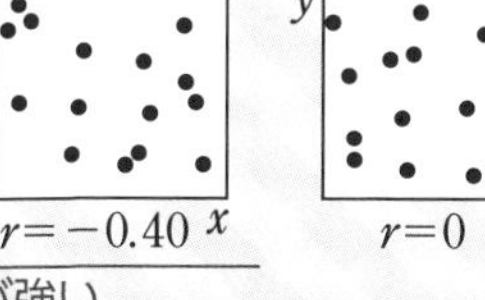
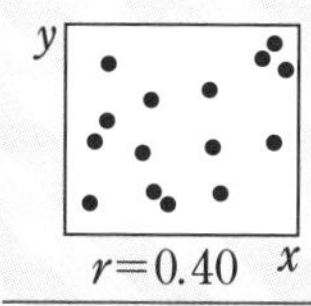
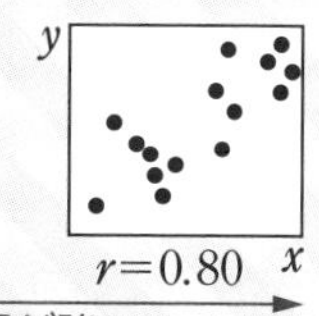

$r=-0.80$　$r=-0.40$　$r=0$　$r=0.40$　$r=0.80$

← 負の相関が強い　　　正の相関が強い →

解答と解説►別冊 *p*.70

練習問題

右の表は，2つの変量 x，y に関する5組のデータである。x と y の相関係数 r を求めよ。ただし，必要であれば $\sqrt{3}=1.73$ として計算し，小数第3位を四捨五入せよ。また，x と y にはどのような相関があると考えられるか。

番号	①	②	③	④	⑤
x	15.6	15.3	15.9	15.5	15.7
y	58	61	52	60	54

第34節 仮説検定

この節の目標

- ☐ Ⓐ 仮説検定の考え方がわかる。
- ☐ Ⓑ 仮説検定に反復試行の確率を用いることができる。

イントロダクション ♪♬

集団にたいして調査を行う場合，調べたい集団全体のデータを集めることは難しい場合が多いんだ。そこで，そのようなときは調べたい集団から一部を抜き出して，そのデータから集団全体の状況を推測するといいんだ。

その推測が正しいかどうかを判断する1つの方法として，「**仮説検定**（かせつけんてい）」があるよ。この節ではその「仮説検定」の考え方を学習していこう。「確率」の話も入ってくるから，この節は数学Aの「確率」を学習したあとに読むことがおススメだよ！

ゼロから解説

1 仮説検定の考え方

まずは，次のような問題を考えてみよう。

例1 A，Bという2種類のドッグフードを30匹の犬に同時に与え，どちらか一方を選ぶようにさせたところ，22匹がAを食べた。このとき，犬はBよりもAを好むと判断してよいか。

22匹がAを食べた理由として，次の2つが考えられるね。

① 犬はBよりもAを好む。

② 犬がBよりもAを好むというわけではない。つまり，犬がA，Bのどちらを食べるかは偶然によって決まるが，たまたまAがよく食べられた。

①のような気がするけど，②の可能性もあるなあ。

そうだよね。もし②の可能性を排除(はいじょ)できたら，①と判断してよいことになるね。

そこで，「犬がBよりもAを好むというわけではない。つまり，犬がA，Bのどちらを食べるかは偶然によって決まる」と仮定してみよう。すると，

犬がAを食べる確率は $\frac{1}{2}$

Bを食べる確率も $\frac{1}{2}$

だね。このとき，

30匹中22匹以上がAを食べる確率 p

を調べてみよう。

確率 p の値によって，次のことがいえるね。

例1 の問題文には「22匹がAを食べた」とあるけど，ここでは，22匹以上がAを食べる確率を考えるよ

確率 p が 0.05 未満ならば小さいとみなすことが多い

(i)　**確率 p がものすごく小さい場合**

➡　**30匹中22匹以上がたまたまAを食べることはめったに起こらないから，犬はBよりもAを好むと判断してよい。**

(ii)　**確率 p がそこまで小さくない場合**

➡　**犬はBよりもAを好むのかもしれないし，そうではなく，たまたまAがよく食べられただけかもしれない。**

さて，どのようにして確率 p を調べればよいかな？

ここで，投げたときに表が出る確率と裏が出る確率がそれぞれ $\frac{1}{2}$ であるコイン(「公正なコイン」とよぶよ！)を用いて考えよう。このコインを投げたとき，表と裏のどちらが出るかも偶然によって決まるから，

「1匹の犬がAを食べること」

➡ 「コインを1枚投げて表が出ること」

「1匹の犬がBを食べること」

➡ 「コインを1枚投げて裏が出ること」

と，それぞれおきかえて考えることにするよ。そして，

公正なコインを30回投げて，
表が出た回数を記録する

セット数は「200セット」のように，十分多く行おう！

という実験を1セットとし，この実験をくり返し行って，

30回中，表が22回以上出る確率 p

を求めるんだ。

この実験を200セット行ったところ，次の表のようになったとしよう。

表が出た回数	7	8	9	10	11	12	13	14	15
度数	1	2	1	4	9	17	21	28	31

16	17	18	19	20	21	22	23	24	25	計
27	21	16	11	6	3	1	0	0	1	200

このとき，「表が出た回数」が22回以上となったのは，200セット中，

$1+0+0+1=2$（セット）

だから，30回中，表が22回以上出る確率 p は，

$$p=\frac{2}{200}=\frac{1}{100}=0.01$$

だね。一般に，前のページでもふれたとおり，

このことが数学の問題の中で用いられるときは，問題文中にはっきりとかかれるよ

ある事柄が起こる確率が 0.05 未満のとき，
その事柄は非常に起こりにくい

とされているよ。

$p=0.01$ は 0.05 未満だから，「コインを30回投げて，表が22回以上出ること」は，めったに起こらないことであるといえるね！　そして，「1匹の犬がAを食べること」を「コインを1枚投げて表が出ること」におきかえていたわけだから，「30匹中22匹以上の犬がAを食べること」も，めったに起こらないことであるといえるね！

以上より，

② 「犬がBよりもAを好むというわけではない，つまり，犬がA，Bのどちらを食べるかは偶然によって決まる」という仮定のもとでは，めったに起こらないことが起こってしまった

ということになるから，この仮定は正しくなく，

> ① **犬は偶然にAを食べたのではない，**
> **すなわち，犬はBよりもAを好む**

と判断してよいんだ。

このように，

「犬はBよりもAを好む」

という仮説を立て，その仮説に反する，

「犬がA，Bのどちらを食べるかは偶然によって決まる」

という仮定のもとで実際に起こった事柄が起こる確率を考えて，

「犬はBよりもAを好む」

という仮説が正しいかどうかを検討する方法を，**「仮説検定」**というよ！

例1 のような問題は，実際には次の**例2**のような形式で出題されるよ。あらためて，どのように解けばよいかを4つのステップに分けて整理しながら考えていこう！

例2 A，Bという2種類のドッグフードを30匹の犬に同時に与え，どちらか一方を選ぶようにさせたところ，22匹がAを食べた。このとき，犬はBよりもAを好むと判断してよいか。基準となる確率を0.05として考察せよ。ただし，公正なコインを30回投げて表が出た回数を記録するという実験を200セット行ったところ次の表のようになったとし，この結果を用いよ。

表が出た回数	7	8	9	10	11	12	13	14	15	16	17	18	19	20	21	22	23	24	25	計
度 数	1	2	1	4	9	17	21	28	31	27	21	16	11	6	3	1	0	0	1	200

「犬がA，Bのどちらを食べる確率もそれぞれ$\frac{1}{2}$」と仮定したとき，30匹中22匹以上がAを食べる確率が基準となる確率よりも小さければ，この事柄はめったに起こらないといえるね。

step1　主張したい仮説(＊)を立てる。

ここでは，「犬はBよりもAを好む」という仮説を立てる。

step2　主張したい仮説に反する仮定(★)を立てる。

ここでは，「犬がBよりもAを好むというわけではない」，つまり，

「犬がA，Bのどちらを食べるかは偶然によって決まる」

すなわち，

「A，Bのどちらを食べる確率もそれぞれ$\frac{1}{2}$」

と仮定する。

step3　仮定(★)のもとで，実際に起こった事柄が起こる確率を求め，基準となる確率よりも小さいかどうかを調べる。

「1匹の犬がAを食べること」を,「コインを1枚投げて表が出ること」に,

「1匹の犬がBを食べること」を,「コインを1枚投げて裏が出ること」に,

それぞれおきかえて考える。

30匹中22匹以上の犬がAを食べる確率は，コインを30回投げて表が22回以上出る確率と等しい。その確率は表より，

$$\frac{1+0+0+1}{200}=0.01$$

であり，これは基準となる確率 0.05 よりも小さい。

step4　実際に起こった事柄が起こる確率が基準となる確率よりも小さければ，実際に起こった事柄はめったに起こらない出来事であるから，仮定(★)は正しくなかったと判断でき，主張したい仮説(＊)が正しいと判断できる。

「犬がA，Bのどちらを食べるかは偶然によって決まる」

という仮定のもとでは，30匹中22匹以上の犬がAを食べることはめったに起こらないことであり，そのめったに起こらないことが実際に起こったので，この仮定は正しくなく，

「犬はBよりもAを好む」

と判断してよい。

流れをまとめると，次のようになるよ。

仮説検定の手順

step1 主張したい仮説(＊)を立てる。

step2 主張したい仮説(＊)に反する仮定(★)を立てる。

step3 仮定(★)のもとで，実際に起こった事柄が起こる確率を求め，基準となる確率よりも小さいかどうかを調べる。

step4 実際に起こった事柄が起こる確率が基準となる確率よりも小さければ，実際に起こった事柄はめったに起こらない事柄であるから，仮定(★)は正しくなかったと判断でき，主張したい仮説(＊)が正しいと判断できる。

例　題

ある地区における政党Aの支持率は $\frac{1}{8}$ であった。政党Aがある政策を掲げたところ，支持率に変化があったのではないかと考え，100人にアンケート調査を行ったところ，19人が支持すると答えた。政党Aの支持率は上がったと判断してよいか。仮説検定の考え方を用い，次の(1)，(2)の場合について考察せよ。

ただし，赤球1個，白球7個が入っている袋から球を1個取り出しては戻すことを100回くり返したときに赤球が出た回数を記録する，という実験を500セット行ったところ次の表のようになったとし，この結果を用いよ。

赤球が出た回数	3	4	5	6	7	8	9	10	11	12
度数	1	1	3	6	11	20	37	45	57	69

13	14	15	16	17	18	19	20	21	22	23	計
65	55	45	40	21	12	5	4	2	0	1	500

(1) 基準となる確率を0.05とする場合。

(2) 基準となる確率を0.01とする場合。

解答の前にひと言

以前の支持率は，$\dfrac{1}{8}=0.125$

アンケート調査での支持率は，$\dfrac{19}{100}=0.19$

0.125 から 0.19 に増えているので，支持率が上がったように見えるけど，本当に支持率が上がったといえるかな？　全体の支持率は変化していなくても，全体のほんの一部である100人だけについての調査では「100人中19人が支持する」ということが起こる可能性はあるよね。だから，本当に支持率が上昇したのかどうかを，仮説検定の考え方を使って考察していこう。

解答と解説

主張したい仮説：「政党Aの支持率は $\dfrac{1}{8}$ (0.125) より上がった」

主張したい仮説に反する仮定：「政党Aの支持率は $\dfrac{1}{8}$ のままである」

赤球1個，白球7個が入っている袋から球を1個取り出すとき，赤球を取り出す確率は $\dfrac{1}{8}$ だから，

　　ある人が政党Aを支持していることを，

　　　　「袋から赤球を取り出すこと」に，

　　ある人が政党Aを支持していないことを，

　　　　「袋から白球を取り出すこと」に，

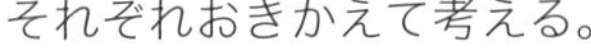

それぞれおきかえて考える。

無作為に選んだ100人中19人以上が政党Aを支持している確率は，表より，

$$\frac{5+4+2+0+1}{500}=\frac{12}{500}=0.024$$

← 100回中，赤球を19回以上取り出す確率

(1)　0.024 は，基準となる確率 0.05 よりも小さいので，

　　「政党Aの支持率は $\dfrac{1}{8}$ のままである」

という仮定は正しくなく，

　　「政党Aの支持率は $\dfrac{1}{8}$ (0.125) より上がった」

と考えてよい。

よって，支持率は上がったと判断してよい。 答

(2)　0.024 は，基準となる確率 0.01 よりも小さくはないので，

「政党 A の支持率は $\frac{1}{8}$ のままである」

という仮定は正しくないかどうか判断できない。

よって，支持率が上がったとは判断できない。 答

あらためて整理しておこう。

主張したい仮説(＊)に反する仮定(★)のもとで，実際に起こった事柄の確率 p を求めたね。

(i)　p が基準となる確率よりも小さい場合

実際に起こった事柄が，(★)のもとではめったに起こらないことだから，(★)は正しくない。

➡　主張したい仮説(＊)が正しいと判断してよい。

(ii)　p が基準となる確率よりも小さくはない場合

実際に起こった事柄はめったに起こらないことであるとはいえないから，(★)が正しくないかどうかは判断できない。

➡　主張したい仮説(＊)が正しいとは判断できない。

ということになるよ。

❷ 仮説検定と反復試行の確率

この❷は，第46節の「反復試行」の確率を学習したあとで読むといいよ。
❶で扱った次の問題について考えてみよう。

例1 A，Bという2種類のドッグフードを30匹の犬に同時に与え，どちらか一方を選ぶようにさせたところ，22匹がAを食べた。このとき，犬はBよりもAを好むと判断してよいか。基準となる確率を0.05として考察せよ。

❶では，「犬がA，Bのどちらを食べるかは偶然によって決まる」という仮定のもとで，30匹中22匹以上がAを食べる確率を，コイン投げの実験を通して考えたね。ところが，この確率は，反復試行の確率を用いると，実験を通さずに計算で求めることができるんだ。

Aを食べる確率は $\frac{1}{2}$，Bを食べる確率も $\frac{1}{2}$ という仮定が正しいとすると，30匹中22匹以上がAを食べる確率は，

（30匹中22匹がAを食べる確率）＋（30匹中23匹がAを食べる確率）＋……＋（30匹中29匹がAを食べる確率）＋（30匹中30匹がAを食べる確率）

$$\boxed{\frac{30!}{22!\,8!}\left(\frac{1}{2}\right)^{22}\left(\frac{1}{2}\right)^{8}}+\boxed{\frac{30!}{23!\,7!}\left(\frac{1}{2}\right)^{23}\left(\frac{1}{2}\right)^{7}}+\cdots\cdots+\boxed{\frac{30!}{29!}\left(\frac{1}{2}\right)^{29}\left(\frac{1}{2}\right)}+\boxed{\left(\frac{1}{2}\right)^{30}}$$

$$=0.008062\cdots\cdots$$

ということになるんだ。これは，基準となる確率0.05よりも小さいね。よって，「犬がA，Bのどちらを食べるかは偶然によって決まる」という仮定は正しくなく，犬はBよりもAを好むと判断してよいといえるんだ。

次の**例2**を，反復試行の確率を用いてやってみよう。

例2 1個のさいころを4回投げたところ，6の目が3回出た。このさいころは6の目が出やすいと判断してよいか。仮説検定の考え方を用い，次の(1)，(2)の場合について考察せよ。

(1) 基準となる確率が0.05の場合

(2) 基準となる確率が0.01の場合

「さいころを投げて，どの目が出る確率もそれぞれ $\frac{1}{6}$ である」…… (★)

と仮定すると，4回投げて，6の目が3回以上出る確率は，

$$\boxed{\frac{4!}{3!}\left(\frac{1}{6}\right)^3\left(\frac{5}{6}\right)}+\boxed{\left(\frac{1}{6}\right)^4}=0.0162\cdots\cdots$$

4回中3回，6の目が出る確率　　4回中4回，6の目が出る確率

(1)　0.0162…… は 0.05 よりも小さいので，(★)は正しくないね。

よってこの場合，このさいころは6の目が出やすいと判断してよいんだ。

(2)　0.0162…… は 0.01 よりも小さくはないので，(★)が正しくないかどうかは判断できないね。

よってこの場合，このさいころは 6 の目が出やすいとは判断できないんだ。

まとめ

(1)　仮説検定の考え方

仮説検定は，次の**4**つのステップで行う。

step1　主張したい仮説(＊)を立てる。

step2　主張したい仮説に反する仮定(★)を立てる。

step3　仮定(★)のもとで，実際に起こった事柄が起こる確率を求め，基準となる確率よりも小さいかどうかを調べる。

step4　実際に起こった事柄が起こる確率が基準となる確率よりも小さければ，実際に起こった事柄はめったに起こらない事柄であるから，仮定(★)は正しくなかったと判断でき，主張したい仮説(＊)が正しいと判断できる。

(2)　仮説検定と反復試行の確率

反復試行の確率を用いると，実際に起こった事柄が起こる確率を計算で求めることができる。

解答と解説▶別冊 *p*.72

練習問題

消しゴムを製造している会社が，すでに販売している消しゴムAを改良して新製品の消しゴムBを開発した。BがAよりも消しやすいとユーザーに思われているかどうかを調査したいと考えたが，すべてのユーザーに調査するのは不可能である。そこで，20人に2つの消しゴムA，Bを使ってもらい，どちらが消しやすいと思うかアンケートをとったところ，15人がBと回答した。Bのほうが消しやすいと思われていると判断してよいか。仮説検定の考え方を用い，基準となる確率を0.05として考察せよ。ただし，公正なコインを20回投げて表が出た回数を記録する，という実験を200回行ったところ次の表のようになったとし，この結果を用いよ。

表が出た回数	5	6	7	8	9	10	11	12	13	14	15	16	17	計
度数	1	7	20	23	30	33	37	21	18	7	2	0	1	200

第 2 部

数学A編

第６章　場合の数と確率
第７章　図形の性質
第８章　数学と人間の活動

数学Ａでは，難しい概念はあまり出てきません。しかしそれゆえに，パターン暗記だけで対応することは難しく，「考える」ことがとくに要求される分野です。概念を理解したあとは，しっかりと考えるようにしましょう！　頭の中だけで考えるのではなく，「手を動かして考える」ことも大切です。具体例をかき出してみるなど，いろいろと試行錯誤してみましょう！

第35節 集合の要素の個数

この節の目標

- ☑ Ⓐ 和集合の要素の個数を求めることができる。
- ☑ Ⓑ 補集合の要素の個数を求めることができる。

イントロダクション ♪♫

この節から始まる第6章では,「場合の数」と「確率」について学習するよ！場合の数の問題を考えるときは, 第10節で学んだ集合の考え方を利用することもあるんだ。そこで, この節では集合の要素の個数について考えていくよ。

たとえば, 集合 A, B を,

A の要素は1から100まで全部で100個しかないから, 要素の個数は有限個だね！

$A=\{x \mid x$ は100以下の自然数$\}$

$B=\{x \mid x$ は100より大きい自然数$\}$

要素はいくらでもあるね！

とするよ。A のように有限個の要素からなる集合を「**有限集合**」, B のように無限に多くの要素からなる集合を「**無限集合**」というよ。

ある集合 X が有限集合のとき, その要素の個数を「$n(X)$」という記号で表すんだ。さっきの例だと, $n(A)=100$ だね。

ところで, この「個数」を求めるときに最も注意しなければいけないことは,

重複して数えないようにする

っていうことなんだ。次の例をみてみよう。

例 a, b, c, d, e, f, g の7人のグループがあり, そのうち a, b, c, d, e の5人は通学に電車を, c, d, e, f の4人は通学にバスを利用しているとする。7人のうち, 通学に電車またはバスの少なくとも一方を利用している人は何人いるか？

「5人と4人の，合わせて9人だ！」

とはいえないよね。5+4だと，c，d，eの3人が2回ぶん，つまり重複して数えられちゃうから，正しい人数にならないよ。c，d，eの3人について，重複した1回ぶんひいて，

$5+4-3=\mathbf{6}$（人） ← a，b，c，d，e，f

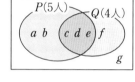

とすることで，正しい人数を求めることができるんだよ。

このことを集合を使って説明すると，次のようになるよ。

グループ全員の集合をU，そのうち通学に電車，バスを利用している人の集合をそれぞれP，Qとすると，

$U=\{a,\ b,\ c,\ d,\ e,\ f,\ g\}$，$P=\{a,\ b,\ c,\ d,\ e\}$，$Q=\{c,\ d,\ e,\ f\}$，

$P\cap Q=\{c,\ d,\ e\}$

となり，

$n(U)=7$，$n(P)=5$，$n(Q)=4$，$n(P\cap Q)=3$

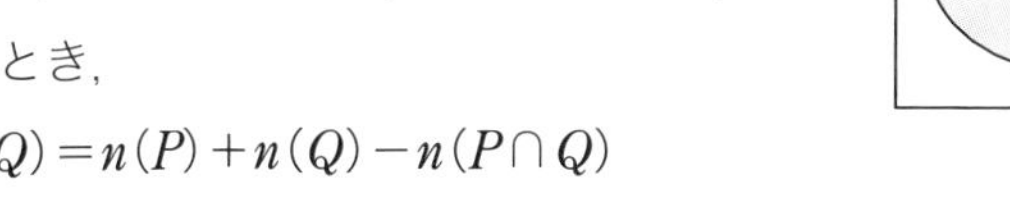

だよね。このとき，

$$n(P\cup Q)=n(P)+n(Q)-n(P\cap Q)$$
$$=5+4-3=\mathbf{6}$$

となるんだ。

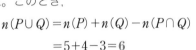

ゼロから解説

1 和集合の要素の個数

有限集合A，Bの**和集合**$A\cup B$の，要素の個数を考えてみよう。

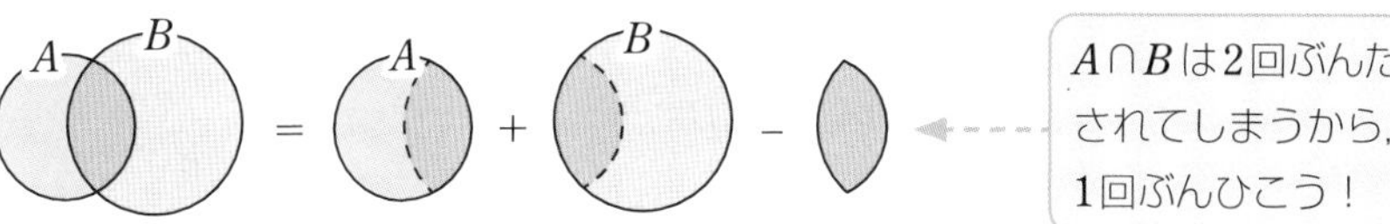

$n(A\cup B)\quad=\quad n(A)\quad+\quad n(B)\quad-\quad n(A\cap B)$

が成り立つね。とくに，$A\cap B=\phi$のときは，

A B = A + B

共通部分がないときは，単純にそのままたせばいいね！

$$n(A\cup B) = n(A) + n(B)$$

となるよ。

例 100以下の自然数のうち，3の倍数または4の倍数である数の個数を求めよ。

100以下の自然数全体の集合をUとし，Uの要素のうち，3の倍数全体の集合をA，4の倍数全体の集合をBとするよ。

$A\cap B$は，3の倍数かつ4の倍数である数の集合，つまり，3と4の公倍数の集合だから，12(3と4の最小公倍数)の倍数全体の集合だね。

$100\div3=33$余り1
より，100以下の自然数のうち最も大きい3の倍数は，
$3\cdot33=99$

$100\div4=25$

$100\div12=8$余り4

$$A=\{\underset{3}{3\cdot①},\ \underset{6}{3\cdot②},\ \underset{9}{3\cdot③},\ \cdots,\ \underset{99}{3\cdot㉝}\}$$

$$B=\{\underset{4}{4\cdot①},\ \underset{8}{4\cdot②},\ \underset{12}{4\cdot③},\ \cdots,\ \underset{100}{4\cdot㉕}\}$$

$$A\cap B=\{\underset{12}{12\cdot①},\ \underset{24}{12\cdot②},\ \underset{36}{12\cdot③},\ \cdots,\ \underset{96}{12\cdot⑧}\}$$

Aの要素は，$3\cdot1$から$3\cdot33$まで，右側の数が1から33まで変わっていることに着目すると，個数は33個だね。Bや$A\cap B$も同じように考えられるよ！

よって，

$$n(A)=33,\ \ n(B)=25,\ \ n(A\cap B)=8$$

3の倍数または4の倍数である数全体の集合は$A\cap B$だから，求める個数は，

$$n(A\cup B)=n(A)+n(B)-(A\cap B)$$
$$=33+25-8$$
$$=\mathbf{50}$$

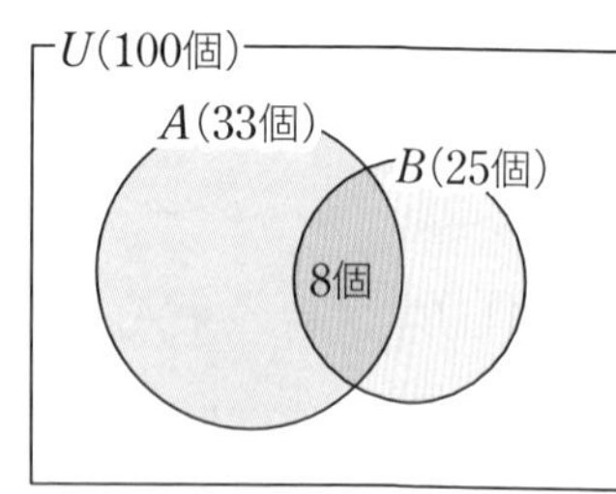

2 補集合の要素の個数

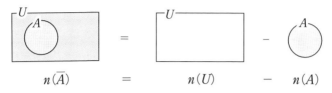

全体集合を U として，その部分集合を A とすると，A の**補集合** $\overline{A}$ の要素の個数について，

$$n(\overline{A}) = n(U) - n(A)$$

が成り立つね。

例1 100以下の自然数のうち，7の倍数ではない数の個数を求めよ。

U(100個)
A(14個)
7の倍数
$\overline{A}$
7の倍数ではない数
100÷7＝14余り2

100以下の自然数全体の集合を U とすると，

$$n(U)=100$$

だね。7の倍数ではない数を直接数えることもできなくはないけど，それはたいへんだね！　そこで，補集合の考え方を使ってみよう。

U の要素のうち，7の倍数の集合を A とすると，

$$A=\{7\cdot1,\ 7\cdot2,\ 7\cdot3,\ \cdots,\ 7\cdot14\}$$

だから，

$$n(A)=14$$

だね。

U の要素のうち，7の倍数ではない数の集合は $\overline{A}$ だから，7の倍数ではない数の個数は，

$$n(\overline{A})=n(U)-n(A)=100-14=\mathbf{86}$$

例2 40人の生徒のうち，英語が好きな生徒が28人，数学が好きな生徒が31人，どちらも好きな生徒が23人いる。このとき，英語も数学も好きではない生徒の人数を求めよ。

40人の生徒の集合を U とし，U の要素のうち，英語が好きな生徒の集合を A，数学が好きな生徒の集合を B とすると，

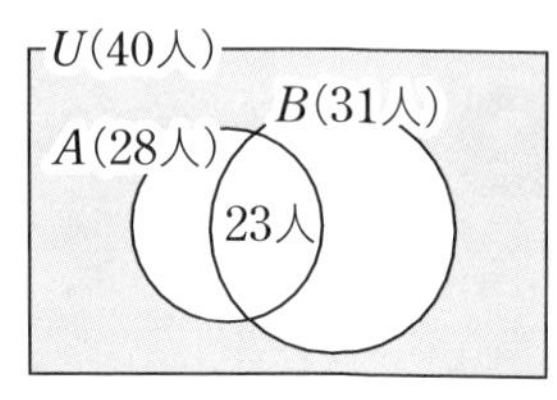

$$n(A)=28,\ \ n(B)=31,\ \ n(A\cap B)=23$$

だね。

英語も数学も好きではない生徒の集合は，

$\overline{A}\cap\overline{B}$，つまり，$\overline{A\cup B}$ と表されるね。

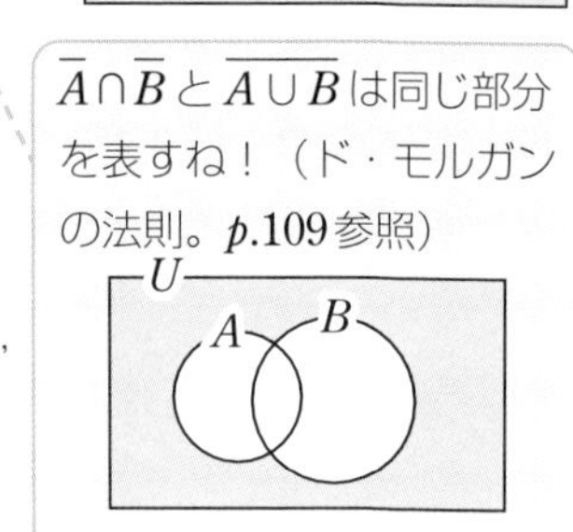

$\overline{A}\cap\overline{B}$ と $\overline{A\cup B}$ は同じ部分を表すね！（ド・モルガンの法則。$p.109$ 参照）
U
A
B

$$\begin{aligned} n(A\cup B)&=n(A)+n(B)-n(A\cap B)\\ &=28+31-23\\ &=36 \end{aligned}$$

だから，英語も数学も好きではない生徒の人数は，

$$\begin{aligned} n(\overline{A\cup B})&=n(U)-n(A\cup B)\\ &=40-36\\ &=4 \end{aligned}$$

例題 ❶

100 から 500 までの整数のうち，次のものの個数を求めよ。

(1) **2の倍数**　(2) **3の倍数**　(3) **2の倍数かつ3の倍数である数**

(4) **2の倍数または3の倍数である数**

★(5) **2の倍数でも3の倍数でもない数**

★(6) **2の倍数であるが3の倍数でない数**

解答の前にひと言

500個

1，2，…，99，100，101，…，499，500

100個　　500−100+1=401（個）

「500−100」は，「101」から「500」までの個数で，「100」の1個分がぬけているね！

100から500までの整数の個数は，

$$500-100+1=401\ (個)$$

と求めることができるよ。

整数の個数

整数$\boldsymbol{a}$から整数$\boldsymbol{b}$（$\boldsymbol{a}<\boldsymbol{b}$）までの整数の個数は，

$\underbrace{\boldsymbol{b}}_{\text{最後}}-\underbrace{\boldsymbol{a}}_{\text{最初}}+\boldsymbol{1}$（個）

解答と解説

100から500までの整数の集合を全体集合Uとし，そのうちの，2の倍数の集合をA，3の倍数の集合をBとする。

$U=\{100,\ 101,\ 102,\ \cdots,\ 500\}$

よって，

$n(U)=500-100+1=401$

> 100÷2=50，500÷2=250 だから，2·50から始まって，2·250までだね！

(1) $A=\{2\cdot50,\ 2\cdot51,\ 2\cdot52,\ \cdots,\ 2\cdot250\}$

より，

$n(A)=250-50+1=201$ 答

> 50から250までの整数の個数を求めればいいんだね！

(2) $B=\{3\cdot34,\ 3\cdot35,\ 3\cdot36,\ \cdots,\ 3\cdot166\}$

> 100÷3=33余り1，500÷3=166余り2

よって，

$n(B)=166-34+1=133$ 答

(3) 2の倍数かつ3の倍数である数の集合，すなわち，2と3の公倍数の集合は，6の倍数の集合であるから，

$A\cap B=\{6\cdot17,\ 6\cdot18,\ 6\cdot19,\ \cdots,\ 6\cdot83\}$

> 100÷6=16余り4，500÷6=83余り2

よって，

$n(A\cap B)=83-17+1=67$ 答

(4) $n(A\cup B)=n(A)+n(B)-n(A\cap B)$

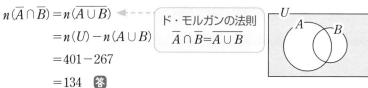

$=201+133-67=267$ 答

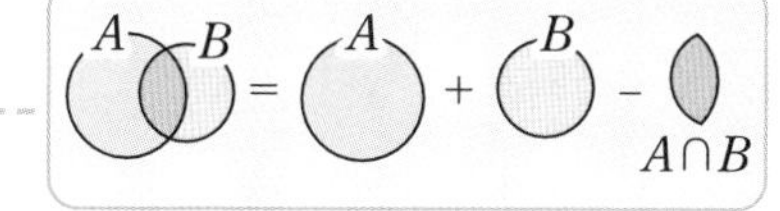

(5) 2の倍数でも3の倍数でもない数の集合は，$\overline{A}\cap\overline{B}$である。

$n(\overline{A}\cap\overline{B})=n(\overline{A\cup B})$

$=n(U)-n(A\cup B)$

$=401-267$

$=134$ 答

> ド・モルガンの法則
> $\overline{A}\cap\overline{B}=\overline{A\cup B}$

U A B

(6) 2の倍数であるが3の倍数でない数の集合は，$A\cap\overline{B}$である。

$$n(A\cap\overline{B})=n(A)-n(A\cap B)$$
$$=201-67$$
$$=134$$ 答

$A\cap\overline{B}$ は，A の中で B ではない部分だから，A から $A\cap B$ を除けばいいね！

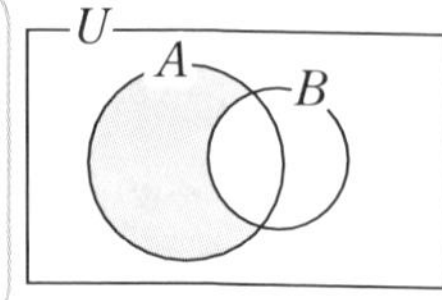

また，3つの集合について，次のことが成り立つんだ。

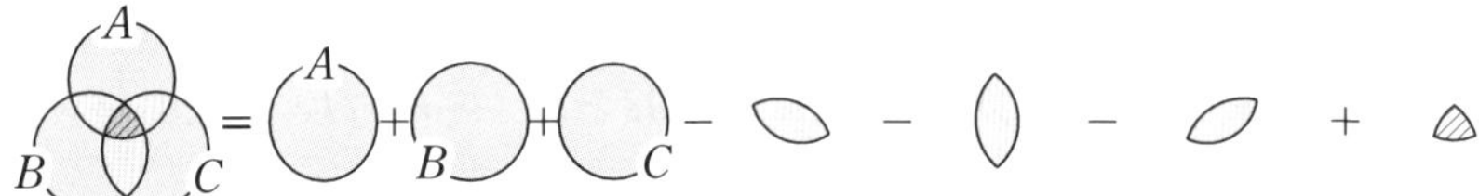

$$n(A\cup B\cup C)=n(A)+n(B)+n(C)-n(A\cap B)-n(B\cap C)-n(C\cap A)+n(A\cap B\cap C)$$

この部分は，$n(A)$，$n(B)$，$n(B)$ で3回ぶんたされるけど，$n(A\cap B)$，$n(B\cap C)$，$n(C\cap A)$ で3回ぶんひかれてなくなってしまうから，1回ぶんはたしておかなければいけないんだね！

例 題 ❷

あるクラスの生徒25人に好きなスポーツについて尋ねた結果，サッカーが好きな生徒は11人，野球が好きな生徒は15人，テニスが好きな生徒は14人であった。さらに，サッカーも野球も好きな生徒が5人，野球もテニスも好きな生徒が8人，テニスもサッカーも好きな生徒が7人いた。また，サッカー，野球，テニスのどれも好きではない生徒が2人いた。このとき，サッカー，野球，テニスのすべてが好きな生徒は何人か。

解答と解説

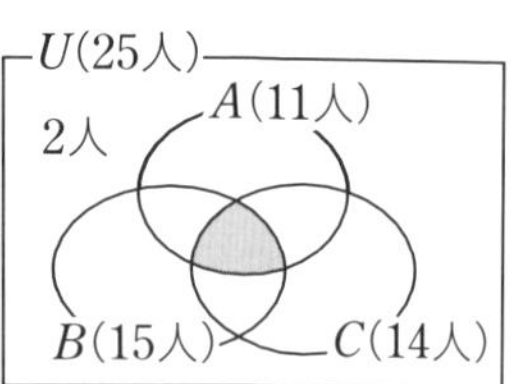

クラスの生徒25人の集合を全体集合 U とし，サッカーが好きな生徒の集合を A，野球が好きな生徒の集合を B，テニスが好きな生徒の集合を C とすると，

$n(U)=25$，$n(A)=11$，$n(B)=15$，$n(C)=14$，

$n(A\cap B)=5$，$n(B\cap C)=8$，$n(C\cap A)=7$，

$n(\overline{A}\cap\overline{B}\cap\overline{C})=2$

求める人数を x 人とおくと，

$x=n(A\cap B\cap C)$

である。

3つの集合に対して，この式が成り立つね！

$$n(A\cup B\cup C)=n(A)+n(B)+n(C)-n(A\cap B)-n(B\cap C)-n(C\cap A)+n(A\cap B\cap C)$$
$$=11+15+14-5-8-7+x$$
$$=40-20+x$$
$$=20+x \quad \cdots\cdots①$$

また，

$$n(A\cup B\cup C)=n(U)-n(\overline{A\cup B\cup C})$$
$$=n(U)-n(\overline{A}\cap\overline{B}\cap\overline{C})$$
$$=25-2$$
$$=23 \quad \cdots\cdots②$$

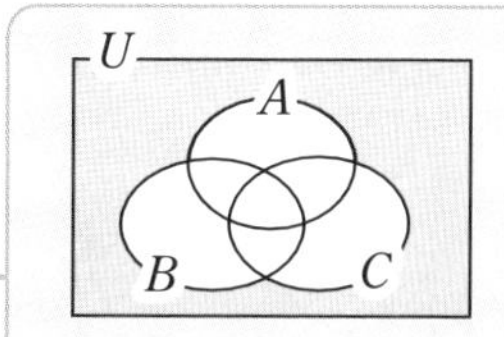

$\overline{A\cup B\cup C}$ と $\overline{A}\cap\overline{B}\cap\overline{C}$ は同じだね！

①，②より，

$$20+x=23$$

①と②はどちらとも，$n(A\cup B\cup C)$ だから「＝」でつなげるね！

よって，

$x=3$（人） 答

ちょいムズ

ここでは，集合の要素の個数が変動する問題について考えてみよう。

例題❸

あるクラスの生徒50人に対して，兄弟，姉妹がいるかどうか調べたところ，兄弟がいる生徒は35人，姉妹がいる生徒は20人であった。このとき，次の問いに答えよ。

(1) **兄弟と姉妹がともにいる生徒の人数を x 人とするとき，x のとり得る値の範囲を求めよ。**

(2) **兄弟だけいる生徒の人数を y 人とするとき，y のとり得る値の範囲を求めよ。**

(3) **兄弟も姉妹もいない生徒の人数を z 人とするとき，z のとり得る値の範囲を求めよ。**

解答と解説

クラスの生徒全員の集合を全体集合Uとし，兄弟がいる生徒の集合をA，姉妹がいる生徒の集合をBとすると，

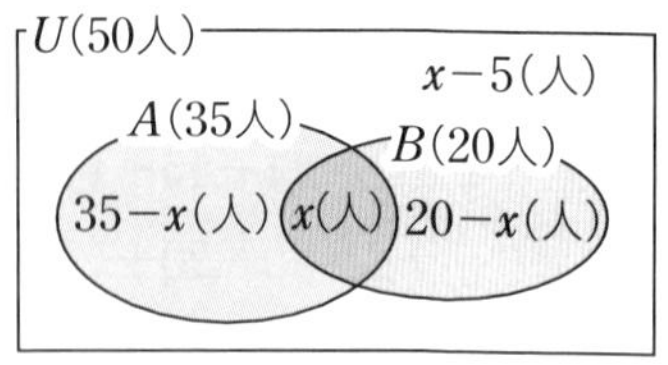

$$n(U)=50,\ n(A)=35,\ n(B)=20$$

(1) $$n(A\cap B)=x \quad \cdots\cdots①$$

より，

$$n(A\cap\overline{B})=n(A)-n(A\cap B)$$
$$=35-x \quad \cdots\cdots②$$ 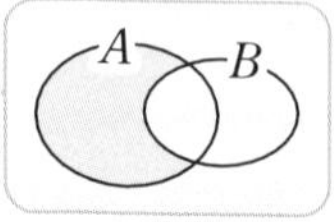
$$n(\overline{A}\cap B)=n(B)-n(A\cap B)$$
$$=20-x \quad \cdots\cdots③$$ 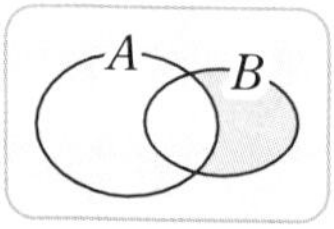
$$n(A\cup B)=n(A)+n(B)-n(A\cap B)$$
$$=35+20-x$$
$$=55-x \quad \cdots\cdots④$$ 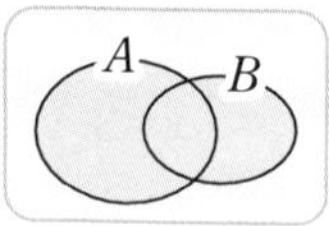
$$n(\overline{A}\cap\overline{B})=n(\overline{A\cup B})=n(U)-n(A\cup B)$$
$$=50-(55-x)$$
$$=x-5 \quad \cdots\cdots⑤$$

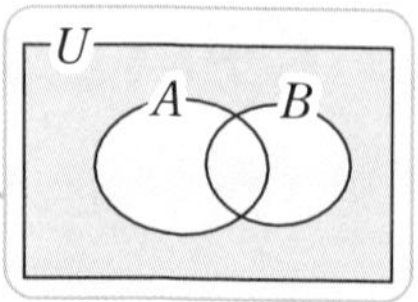

①，②，③，④，⑤はすべて0以上なので，

$$\begin{cases} x\geqq 0 \\ 35-x\geqq 0 \\ 20-x\geqq 0 \\ 55-x\geqq 0 \\ x-5\geqq 0 \end{cases} \Leftrightarrow \begin{cases} x\geqq 0 \\ x\leqq 35 \\ x\leqq 20 \\ x\leqq 55 \\ x\geqq 5 \end{cases}$$

人数が負の数になることはないから，ベン図の中の要素の個数はすべて0以上になるね！

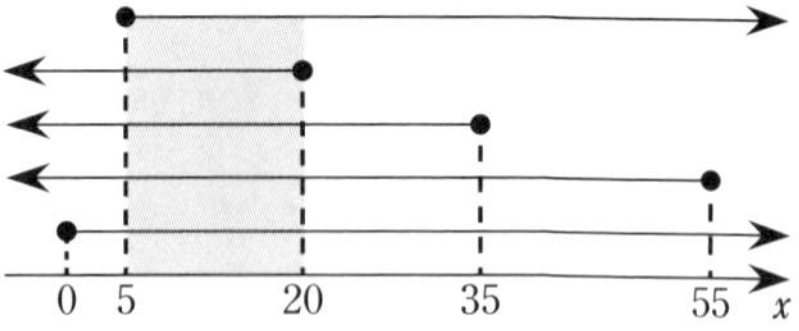

よって，

$$5\leqq x\leqq 20 \quad \cdots\cdots⑥$$ 答

(2) $y=n(A\cap\overline{B})=35-x$ より，

$$x=35-y$$

これを⑥に代入すると，

$5 \leqq 35-y \leqq 20$ 　両辺から35をひく

$-30 \leqq -y \leqq -15$ 　両辺−1倍

$15 \leqq y \leqq 30$ 答

−1倍すると不等号の向きはひっくり返るね！
$-30 \leqq -y \leqq -15$
➡ $30 \geqq y \geqq 15$

(3)　$z=n(\overline{A} \cap \overline{B})=x-5$ より，

$x=z+5$

これを⑥に代入すると，

$5 \leqq z+5 \leqq 20$

$0 \leqq z \leqq 15$ 答

まとめ

(1)　**和集合の要素の個数**

$$n(A \cup B)=n(A)+n(B)-n(A \cap B)$$

とくに，$A \cap B=\phi$ のとき，

$$n(A \cup B)=n(A)+n(B)$$

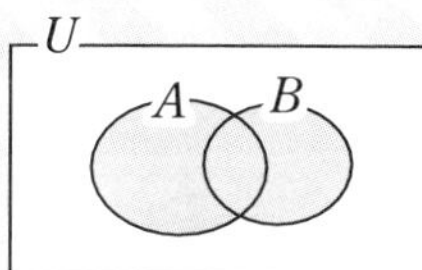

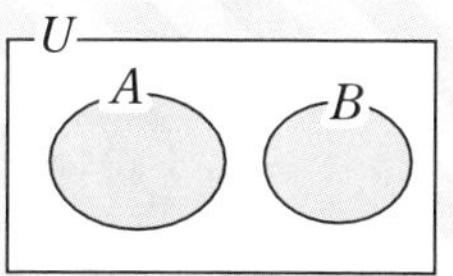

(2)　**補集合の要素の個数**

$$n(\overline{A})=n(U)-n(A)$$

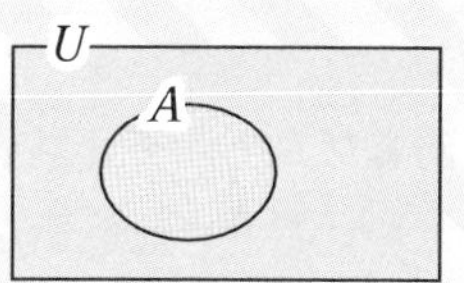

解答と解説►別冊 p.74

練習問題

200以下の自然数の集合を全体集合 U とし，そのうち4の倍数の集合を A，5の倍数の集合を B，7の倍数の集合を C とする。このとき，次の値を求めよ。

(1)　$n(A)$，$n(B)$，$n(C)$

(2)　$n(A \cap B)$，$n(B \cap C)$，$n(C \cap A)$

★(3)　$n(A \cap B \cap C)$，$n(A \cup B \cup C)$

★(4)　$n(\overline{A})$，$n(B \cap \overline{C})$

第36節 場合の数

この節の目標

- ☐ Ⓐ 樹形図を用いて場合の数を数えることができる。
- ☐ Ⓑ 和の法則を用いて場合の数を数えることができる。
- ☐ Ⓒ 積の法則を用いて場合の数を数えることができる。

イントロダクション ♪♫

この節から，「数える」ことについて学習していこう。

たとえば，下にあるボールは何個かな？

簡単だね！　答えは7個だ！　こんなふうに，数えたいものを直接目で見て数えられるときはいいんだけど，いつでもそうとはかぎらないよね。

たとえば，A, B, C, D, Eの5枚のカードの中から2枚を選ぶ方法は，何通りあるかな？

このように，直接目で見ることが難しいものは，どのように数えればいいだろうか？

1つの解決策として，

すべての場合をかき出してみる

という方法が有効だよ。

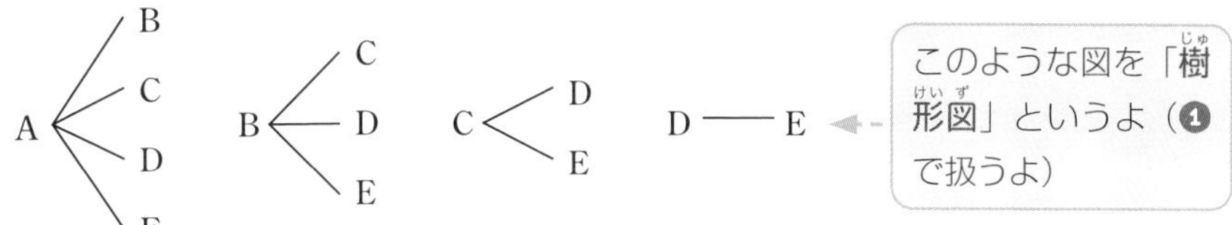

かき出してみると，

4+3+2+1=10（通り）

あることがわかるね！

すべての場合をかき出して数えるのが，場合の数を数えるときの基本なんだ。だけど，この方法だと，もっと数が多いときにたいへんだね……。

そこで，いろいろな工夫をして「数える」ことを考えていくんだ。いろいろと考えていく中で，「たし算」や「かけ算」，「わり算」を使ったらどうかと考えるようになり，それらがさまざまな公式に発展していくんだよ。

だから，大切なのは公式ではなく，どのような理屈でその数を数えているのかなんだ。単に公式にあてはめて解くのではなく，しっかり原理を理解するように心がけよう！

ゼロから解説

❶ 樹形図

ある事柄について，考えられるすべての場合を数え上げるとき，その総数を「**場合の数**」というよ。

場合の数を数えるためには，起こり得るあらゆる場合を順序よく整理して，もれや重複なく数えることが大切だよ。

そのために有効な方法の1つが「**樹形図**（じゅけいず）」だ。たとえば，次のような問題を考えてみよう。

例 1，1，2，3から3つの数字を取り出して並べるとき，並べ方の場合の数を求めよ。

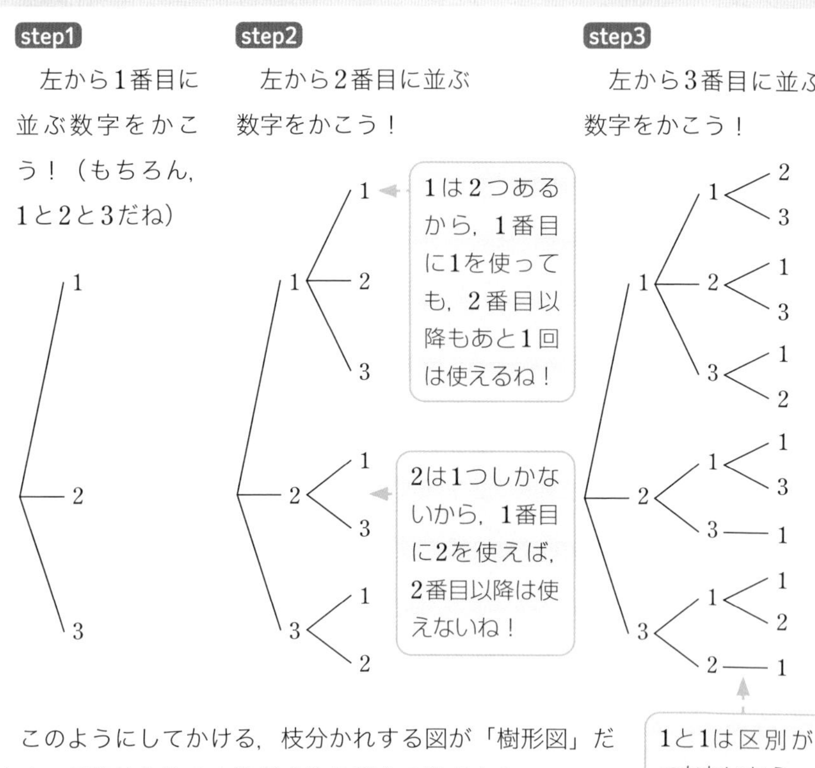

step1
左から1番目に並ぶ数字をかこう！（もちろん，1と2と3だね）
step2
左から2番目に並ぶ数字をかこう！
step3
左から3番目に並ぶ数字をかこう！
1は2つあるから，1番目に1を使っても，2番目以降もあと1回は使えるね！
2は1つしかないから，1番目に2を使えば，2番目以降は使えないね！
1と1は区別がつかないから，
とはしないよ！

このようにしてかける，枝分かれする図が「樹形図」だよ！　最終的な枝の本数が求める場合の数だから，

12通り

が今回の例の答えだよ。

今回の樹形図をみて気がついたかもしれないけど，数が小さいほうから順にかいているね！　大事なのは，

ルールを決めて数える

ことなんだ！　かき出していくときにルールを決めて，それに忠実にかいていくと，もれや重複を防ぐことができるよ。今回のルールは，

数が小さい順にかき出す

だね！

例題 ❶

10個のりんごを3つの区別がつかない箱に分けて入れるとき，入れ方の総数を求めよ。ただし，どの箱にも少なくとも1個はりんごを入れるものとする。

解答の前にひと言

同じ種類の果物は区別がつかないものと考えるよ

このような，区別がつかないものを区別がつかないものに分けるときは，すべてかき出して数えるしかないことが多いんだ。

数えるときは，ルールを決めて数えることが大切だったね！　今回は，

入れるりんごの個数が少ない箱から，順に考える

というルールのもとで数えていくね！

いちばん少ないものが4個以上のとき，4+4+4=12(個)以上のりんごが必要だね。りんごは全部で10個だから，1つの箱に入れるりんごの個数は3個以下だね。

だから，3つの箱に入れるりんごの個数のうち，いちばん少ないものが，

(i)　1個のとき　　(ii)　2個のとき　　(iii)　3個のとき

と場合分けをして樹形図を考えていこう。このように，場合分けするときは，同時に起こらない事柄で場合分けするのが基本だよ。

(i)，(ii)，(iii)はどの2つの場合も，同時には起こらないね！

解答と解説

(i)　いちばん少ない個数が「1」のとき，

残りは9個なので，入れ方は右のとおり。

1─1──8
1─2──7
1─3──6
1─4──5

よって，りんごの入れ方は，

(1，1，8)，(1，2，7)，

(1，3，6)，(1，4，5)，

の4通り。

たとえば，「1−1−8」，「1−8−1」，「8−1−1」はすべて同じ分け方になるので，「1−1−8」だけかけばいいね。だから，「少ない順に考える」というルールにしたんだよ！

第1章 第2章 第3章 第4章 第5章 第6章 第7章 第8章

(ii) いちばん少ない個数が「2」のとき，

残りは8個なので，入れ方は右のとおり。

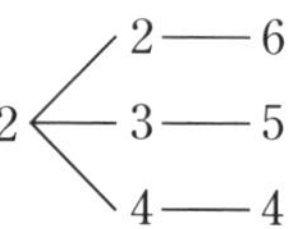

よって，りんごの入れ方は，

(2, 2, 6), (2, 3, 5), (2, 4, 4)

の3通り。

(iii) いちばん少ない個数が「3」のとき，

残りは7個なので，入れ方は右のとおり。

3 — 3 — 4

よって，りんごの入れ方は，

(3, 3, 4)

の1通り。

以上より，りんごの入れ方の総数は，

$4+3+1=8$（通り） **答**

2 和の法則

つぎに，「**和の法則**」を学習していくよ。これは，よく考えれば当たり前の法則だよ。

> **和の法則**
>
> **2**つの事柄 **A**，**B** について，これらは同時には起こらないとする。
>
> **A** の起こる場合の数が $\boldsymbol{m}$ 通り，**B** の起こる場合の数が $\boldsymbol{n}$ 通りあるとき，**A** または **B** の起こる場合の数は，
>
> $\boldsymbol{m+n}$（通り）

つまり，AとBが同時に起こらないときは，

（**A**または**B**の起こる場合の数）＝（**A**の起こる場合の数）＋（**B**の起こる場合の数）

ということなんだ。イメージをつかむために，次の例を考えてみよう。

例1 猫が20匹，犬が30匹いる。動物は全部で何匹か？

答えは，

$20+30=\mathbf{50}$(匹)

猫と犬は異なる(同時に起こりえない)から，普通にたせばいいね！

だね！　真面目にかくと，

2つの集合A, Bがあって，$A\cap B=\phi$のとき，
$n(A\cap B)=n(A)+n(B)$

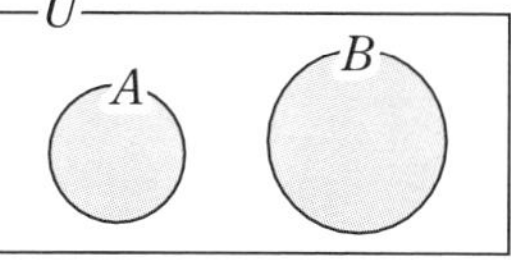

例1では，Aが猫で，Bが犬だね！

例2　サッカー部には弟がいる人が20人，妹がいる人が30人いる。弟がいる人と妹がいる人は合わせて何人か？

これは，

$20+30=50$(人)

とすることはできないね！　だって，弟も妹も両方いる人がいるかもしれないよね！　もしそういう人がいる場合は，重複して数えてしまっていることになる。だから，弟も妹もいる人の人数がわからないと，この問題は解けないよ。

例題❷

大小2つのサイコロを同時に投げるとき，2つのサイコロの目の和が5の倍数となる目の出方は何通りあるか。

解答の前にひと言

サイコロ2つの目の和は最大で$6+6=12$だから，目の和が5の倍数となるのは，5または10になるときだね！

解答と解説

(i)　2個のサイコロの目の和が5となるものは，

(大，小)$=(1,\ 4)$，$(2,\ 3)$，$(3,\ 2)$，$(4,\ 1)$の4通り

(ii)　2個のサイコロの目の和が10となるものは，

(大，小)$=(4,\ 6)$，$(5,\ 5)$，$(6,\ 4)$の3通り

(i)「目の和が5となること」と，(ii)「目の和が10となること」は，同時に

は起こらないので，和の法則により，2個のサイコロの目の和が5の倍数となるのは，

$4+3=7$（通り） 答

3 積の法則

今度は，「**積の法則**」を学習していこう。樹形図をかく中で，出る枝の本数が同じときは，樹形図をすべてかかなくても，「かけ算」を使って場合の数を求めることができるよ。

例1 あるカフェには，ハンバーガーが a，b，c，d の4種類，飲み物が p，q，r の3種類用意されている。それぞれから1種類ずつ選ぶとき，その選び方は何通りあるかを求めよ。

樹形図の一部をかいてみよう。ハンバーガー a を選んだとき，飲み物の選び方は p，q，r の3通りあるね。だから，a からは3本の枝が伸びるわけだ。

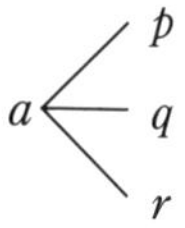

ハンバーガー b，c，d を選んだときも，ハンバーガー a を選んだときと同じように，どれからもそれぞれ3本ずつ枝が出ているね！

このように，

> **同じ本数だけ枝が出ているときには，かけ算を使うことができる**

んだ。最初に分かれた4通りに対して，それぞれ3本ずつ枝が出ているということは，さらに3倍に広がるということだね！　だから，

$4\times3=12$（通り）

と求めることができるよ。積の法則をまとめておこう。

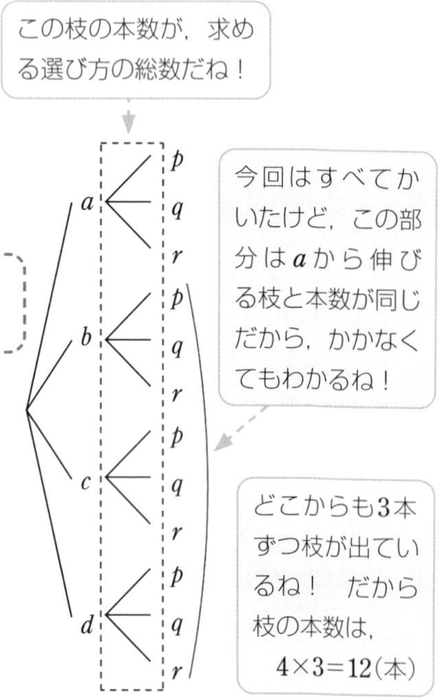

この枝の本数が，求める選び方の総数だね！

今回はすべてかいたけど，この部分は a から伸びる枝と本数が同じだから，かかなくてもわかるね！

どこからも3本ずつ枝が出ているね！　だから枝の本数は，
$4\times3=12$（本）

積の法則

　$\mathbf{2}$つの事柄$\mathbf{A}$，$\mathbf{B}$について，$\mathbf{A}$の起こる場合の数が$\boldsymbol{m}$通りあり，この$\boldsymbol{m}$通りのそれぞれについて$\mathbf{B}$の起こる場合の数が$\boldsymbol{n}$通りずつあるとき，$\mathbf{A}$と$\mathbf{B}$がともに起こる場合の数は，

$$\boldsymbol{m}\times\boldsymbol{n}\text{(通り)}$$

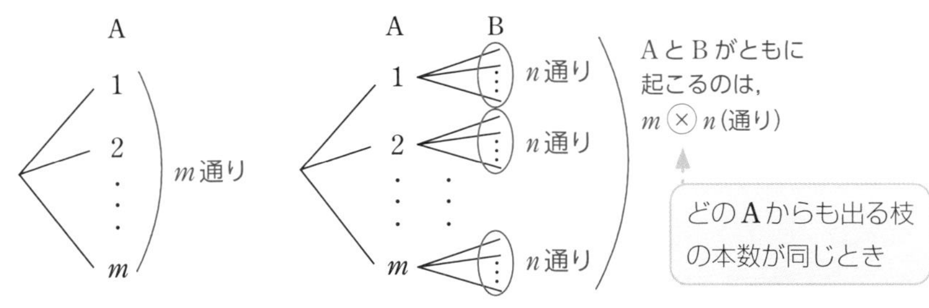
A
1
2
m
m通り
A B
1
2
m
n通り
n通り
n通り
AとBがともに
起こるのは，
m ⊗ n(通り)
どのAからも出る枝
の本数が同じとき
Aの起こる場合の数が
m通り
そのそれぞれに対してBの起こる場合の数が
n通りずつ

　では，さっきの **例1** に，さらにアイスx，yをつけるとしたら，何通りの選び方があるだろうか？

　ハンバーガーの選び方は，a，b，c，dの，

　　4通り

あるね！　そのそれぞれに対して，飲み物の選び方はp，q，rの，

　　3通りずつ

あるから，3倍に広がって，

　　4×3（通り）

となり，さらに，そのそれぞれに対して，アイスの選び方がx，yの

　　2通りずつ

あるから，さらに2倍に広がって，

　　$4\times3\times2=24$(通り)

となるね！　これが，ハンバーガーと

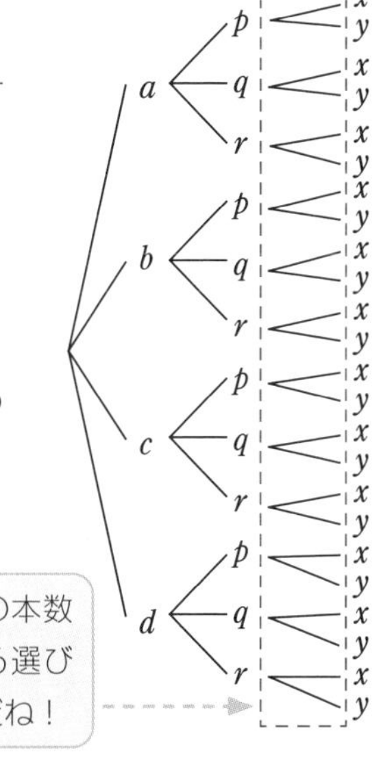
a
b
c
d
p
q
r
x
y
ここの枝の本数
が，求める選び
方の総数だね！

飲み物とアイスを選ぶ選び方だよ。

このように，出る枝の本数が同じときは「かけ算」を使って求めることができるということを，しっかり理解しておこう！

例2 1，2，3，4，5の5個の数字のうち，異なる3個を使ってできる3桁の偶数は何通りかを求めよ。

今回の場合，「百の位 ➡ 十の位 ➡ 一の位」の順に決めてしまうと，百の位の数字によってそこから出る枝の本数が変わってしまうんだ。

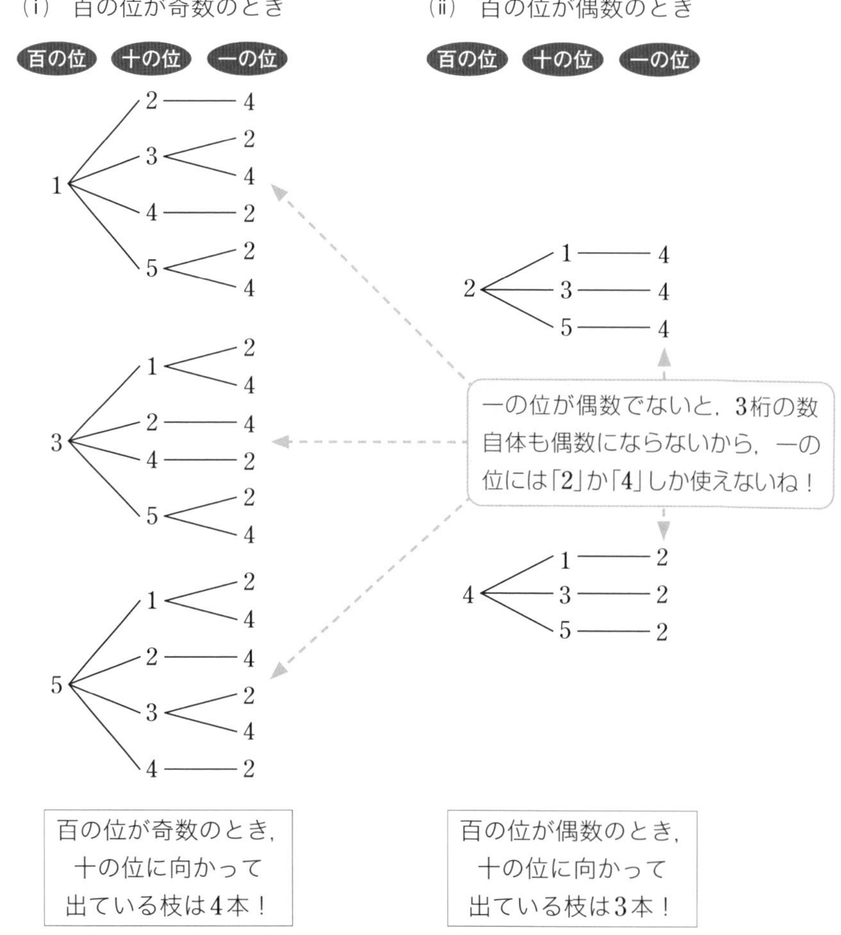

(i) 百の位が奇数のとき
(ii) 百の位が偶数のとき
百の位
十の位
一の位
一の位が偶数でないと，3桁の数自体も偶数にならないから，一の位には「2」か「4」しか使えないね！
百の位が奇数のとき，十の位に向かって出ている枝は4本！
百の位が偶数のとき，十の位に向かって出ている枝は3本！

左ページの図だと，百の位の数が奇数なのか偶数なのかによって，そこから出る枝の本数がちがっているし，さらに十の位も数によって，出る枝の本数が1本のときもあれば2本のときもあるから，「積の法則」は使えないよね。だから，この樹形図を利用して場合の数を求めるのであれば，本当に全部かき出して数えるしかなくなってしまうね！（実際に左ページの図で数えてみると，24通りあるよ！）

でも，それではたいへんだから，何らかの工夫をして，楽に求める方法はないだろうか？

じつは，その工夫が，

❶ 条件が強いところから考える

ということなんだ。今回は，

一の位には「2か4しか使えない」

という条件がついているね！　だから，一の位から考えるんだ。

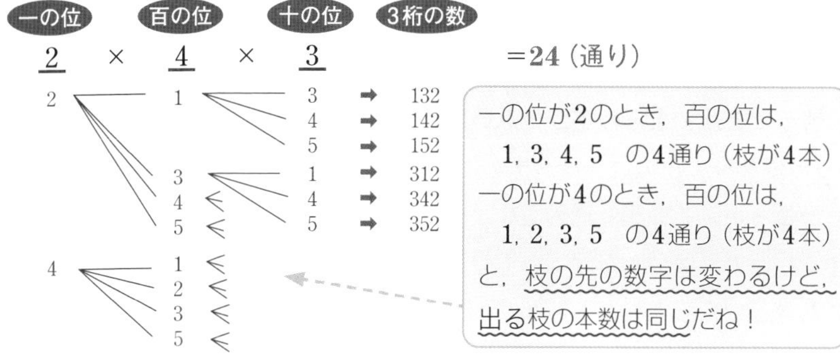

このように，条件が強いところ（今回は一の位）から考えると，「積の法則」が使えるときがけっこうあるよ。

条件が強いところから考えたうえで，それでも，

❷ 出る枝の本数が異なるときは「場合分け」

をするしかないんだ。「場合分け」をしたときは，それらが同時に起こらないのであれば，「たし算」（和の法則）を使って求めればいいね。

例3 0, 1, 2, 3, 4の5個の数字のうち，異なる3個を使ってできる3桁の偶数は何通りかを求めよ。

さっきの例との大きなちがいは，「0」が入っていることなんだ。

さっきの例は「0」がなかったから，一の位だけ「2, 4しか使えない」という条件がついていて，十の位と百の位にはとくに条件がなかったよね。でも，今回は「0」があることによって，百の位にも条件がついてしまうんだ。それは，「百の位に0は使えない」という条件だよ。だって，百の位が「0」だと，「3桁の数」とはいえないよね！

では，一の位はどうかというと，やはり偶数しか使えないから，今回の一の位の条件は，「0, 2, 4しか使えない」ということになるね（「0」も偶数だよ！）。

こんなふうに，2か所以上に条件がついているときは，

より条件の強いところから考えていく

といいよ。各位の条件（使うことができる数字）を整理すると，

百の位 …… 1, 2, 3, 4
十の位 …… 0, 1, 2, 3, 4
一の位 …… 0, 2, 4 ← 使うことができる数字が最も少ないね！

使うことができる数字が少ないほど，より条件が強いといえるから，今回は，「一の位 ➡ 百の位 ➡ 十の位」の順に考えていくといいんだよ。

ところが，この順で樹形図をかいてみても，それだけですぐに積の法則が使えるわけではないんだ。というのは，一の位が「0」のときと，「2」または「4」のときとで，出る枝の本数がちがっているからだよ。

そこで，このようなときは，場合分けをして考えていくしかないんだね。

(i) 一の位が0のとき，　　(ii) 一の位が2, 4のとき，

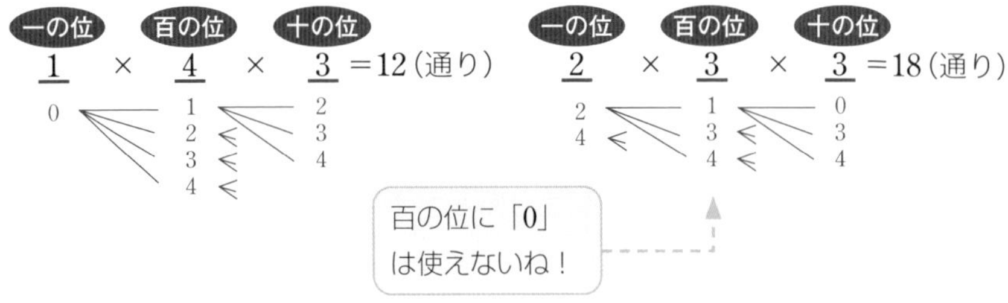

(ⅰ)と(ⅱ)は同時には起こらないから，求める場合の数は，

12＋18＝**30**（通り）

まとめ

(1) **樹形図**

例　1，2，3のうち異なる2つの数字を使ってできる2桁の自然数

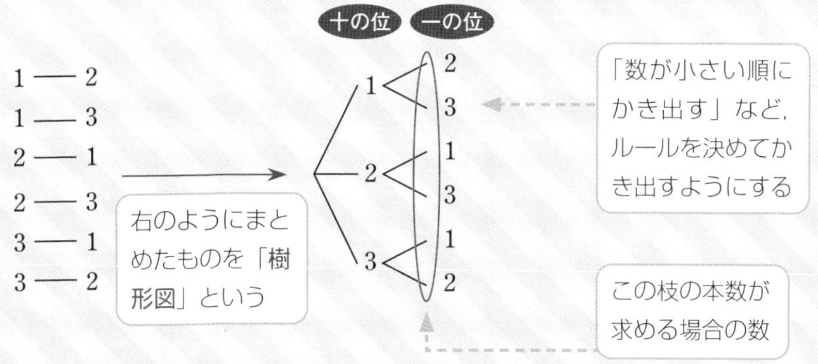
十の位
一の位
1 — 2
1 — 3
2 — 1
2 — 3
3 — 1
3 — 2
右のようにまとめたものを「樹形図」という
「数が小さい順にかき出す」など，ルールを決めてかき出すようにする
この枝の本数が求める場合の数

(2) **和の法則**

2つの事柄 A，B について，これらは同時には起こらないとする。A の起こる場合の数が m 通り，B の起こる場合の数が n 通りあるとき，A または B の起こる場合の数は，

$m+n$（通り）

である。

A と B が同時に起こらないときは，
（A または B の起こる場合の数）
＝（A の起こる場合の数）＋（B の起こる場合の数）

➡ **「場合分け」をしたとき，それらが同時に起こらないのであれば，「和の法則」を使って求める。**

(3) **積の法則**

2つの事柄A, Bについて, Aの起こる場合の数がm通りあり, このm通りのそれぞれについてBの起こる場合の数がn通りずつあるとき, AとBがともに起こる場合の数は,

$$m \times n \text{（通り）}$$

A B
1 n通り
2 n通り
m n通り

解答と解説▶別冊 $p.76$

練習問題

(1) 3つの自然数の和が6以下となるような自然数の組合せは何通りあるか。ただし, 3つの自然数のうち, 2つ以上同じものがある場合も含めて答えよ。

(2) 大小2個のサイコロを投げるとき, 目の和が4の倍数となる場合の数を求めよ。

(3) 男子a, b, c, dの4人, 女子x, y, zの3人の中から男女1人ずつ代表を選ぶとき, その選び方の総数を求めよ。

第37節 順　列

この節の目標

- ☑ Ⓐ 順列の意味がわかり，$_nP_r$ を計算することができる。
- ☑ Ⓑ いろいろな順列の総数を求めることができる。

イントロダクション ♪♫

「**順列**(じゅんれつ)」というのは，いくつかのものを，順序を考えに入れて列状に並べたもののことなんだ。

例 [1]，[2]，[3]，[4]，[5]のカードが1枚ずつある。この5枚のカードの中から2枚を取り出し，並べて作ることができる2桁の整数は何通りあるか。

この問題を考えるとき，たとえば，[1]と[2]のカードを取ってくるとしても，十の位に[1]，一の位に[2]を並べた12と，十の位に[2]，一の位に[1]を並べた21は，異なる数だよね！　つまり，数字を並べる順番が異なれば，異なる整数になるね！

だから，この問いの答えは，「1，2，3，4，5の異なる5個の数字から2個取り出して並べる並べ方の総数」になるよ。

このような，異なる5個のものから2個取り出して並べる並べ方の総数を，「$_5P_2$」と表すんだ。

Pは順列を意味する英語 permutation の頭文字だよ

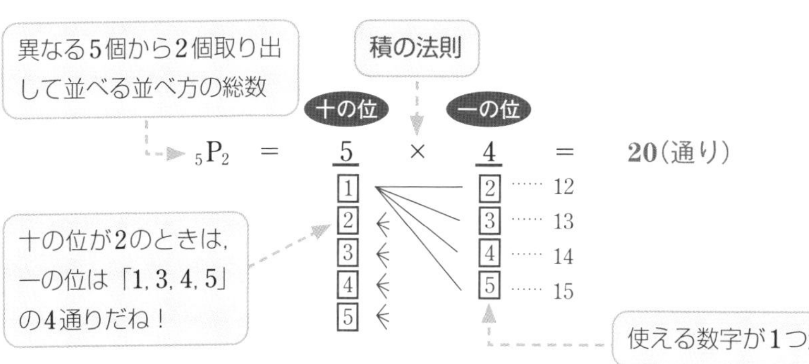

十の位の数字の決め方は5通りあって，そのそれぞれから4本ずつ枝が出ているから，「積の法則」を使って，${}_5P_2=20$と求めることができるね！　今回は，十の位で使った数字は一の位では使えないことに注意しよう！「P」に関しては❶で一般化して説明するからね。

ゼロから解説

❶ 順　列

イントロダクション♪♬でもいったように，「**順列**」（いくつかのものを，順序を考えにいれて列状に並べたもの）の総数を計算するときに大切なのは，「積の法則」の考え方なんだ。例を通して，順列の総数の求め方を一般化してみよう。

例1 [1]，[2]，[3]，[4]，[5]のカードが1枚ずつある。この5枚のカードの中から3枚を取り出し，並べて作ることができる3桁の整数は何通りあるか。

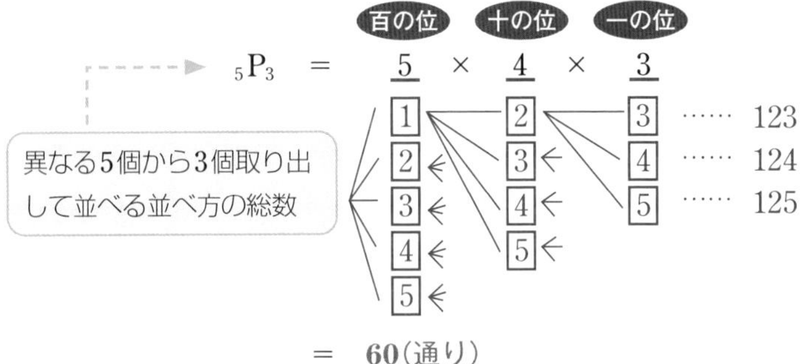

= **60**(通り)

このように，まず5本の枝が出て，そのそれぞれから4本ずつ枝が出て，さらにそのそれぞれから3本ずつ枝が出るから，

$5\times4\times3=60$(通り)

と計算できるね。つまり，

5から始めて1ずつ減らして3個の数をかけ合わせる

ということなんだ。かける数が1ずつ減るのは，すでに登場したカードが使えないぶんだけ，樹形図の枝分かれの本数が1ずつ減っていくからだね！

このことを，文字を使って一般化してみよう。異なる n 個のものから r 個を取り出して並べる並べ方の総数は，

n から始めて1ずつ減らして r 個の数をかけ合わせる

ことで求めることができるね！

順　列

異なる n 個のものから r 個取って並べる並べ方の総数は，

$${}_n\mathrm{P}_r = n(n-1)(n-2)\cdots\cdots(n-r+1) \quad (\text{通り})$$

注意 $r-1$ 番目までで $r-1$ 個使っているから，r 番目は

$n-(r-1)=n-r+1$ (通り)

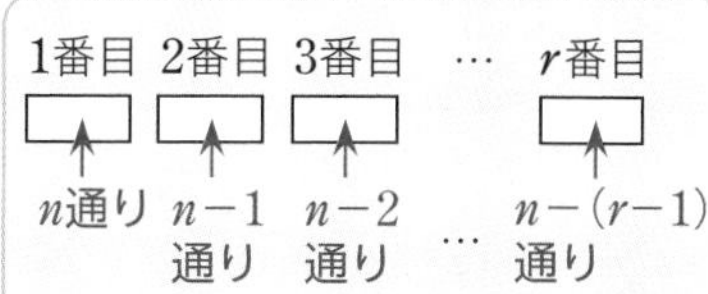

とくに，n 個のものをすべて並べるときは，

$${}_n\mathrm{P}_n = n(n-1)(n-2)\cdots\cdots 3\cdot 2\cdot 1$$

n から始めて1ずつ減らしながら1までかける！

と計算できるね！　これを「n の階乗（かいじょう）」といい，「$n!$」と表すんだ。また，くわしいことは **ちょいムズ** で説明するけど，

「1から n までのすべての整数の積」を表すよ

$$0!=1,\ {}_n\mathrm{P}_0=1$$

と定義されているよ！

階　乗

異なる n 個のものをすべて並べる並べ方の総数は，

$$n! = {}_n\mathrm{P}_n = n(n-1)(n-2)\cdots\cdots 3\cdot 2\cdot 1 \quad (\text{通り})$$

ただし，$0!=1$，${}_n\mathrm{P}_0=1$

例2　6人を1列に並べる並べ方は何通りあるか。

誰一人として同じ人間はいないから，6人には区別があるね！　だから，

$6!=6\cdot 5\cdot 4\cdot 3\cdot 2\cdot 1=\mathbf{720}$ (通り)

例題 ❶

次の値を求めよ。

(1) ${}_8P_3$　(2) ${}_7P_4$　(3) ${}_6P_1$　(4) ${}_4P_4$　(5) $5!$　(6) $0!$

解答と解説

(1) ${}_8P_3=8\cdot7\cdot6$ ← 8から1ずつ減らして3つかける

$=336$ 答

(2) ${}_7P_4=7\cdot6\cdot5\cdot4$ ← 7から1ずつ減らして4つかける

$=840$ 答

(3) ${}_6P_1=6$ 答 ← 6から(1ずつ減らして)1つかける

(4) ${}_4P_4=4\cdot3\cdot2\cdot1$ ← 4から1ずつ減らして4つかける(1から4までの整数の積)

$=24$ 答

(5) $5!=5\cdot4\cdot3\cdot2\cdot1$ ← 1から5までの整数の積

$=120$ 答

(6) $0!=1$ 答 ← これは特別だから覚えておこう！　なぜこのように定義したかは，$p.409$にあるよ

先生！　たとえば，a, b, c の3文字から2文字選んで並べる並べ方は，

$3\times2=6$(通り)

だよね？　これをわざわざ${}_3P_2$ って表す必要ってあるの？

いい質問だね！　ぶっちゃけ，先生もPに関しては，なくても困らない公式だと思っているよ。だけど，あったほうが意味を伝えやすいんだ。
たとえば，「a，b，c の3文字から2文字選んで並べたものに，続けてA，Bの2文字を並べる並べ方」っていわれたら，どうなるかな？

$3\times2\times2\times1=12$(通り) かな？

そうだね！　だけどパっと見，この計算式だと，どのように考えているのかは伝わりにくくないかな？　それを，

$_3P_2 \times {}_2P_2$

と表したらどうだろう？

たしかに，こっちのほうが，a，b，c の3個から2個取り出して並べる並べ方である $_3P_2$ 通りのそれぞれに対して，A，Bの2個を並べる並べ方の $_2P_2$ 通りずつ枝が出ているって伝わりやすいね！

でしょ！　「P」を使うと，どこが式の切れ目かがわかりやすいよね！　逆に「P」を使わずにかくと，意味が伝わりにくくなってしまうんだ。

数学の記号って，いろんなことを考えて作られているんだね。

そうなんだ。本当に奥が深いよ！

例題 ❷

男子A，B，Cの3人と女子ア，イ，ウの3人が1列に並ぶ。

(1)　**全員の並び方は何通りあるか。**

(2)　**両端が男子となる並び方は何通りあるか。**

(3)　**両端のうち少なくとも一方が女子となる並び方は何通りあるか。**

(4)　**男女が交互に並ぶような並び方は何通りあるか。**

(5)　**女子3人が連続して並ぶような並び方は何通りあるか。**

(6)　**女子3人のうちのどの2人も隣り合わない並び方は何通りあるか。**

解答の前にひと言

(1)　これは6人の順列だから，6！で求めることができるね！

(2)　両端が男子ということで，両端に条件がついているので両端から考えるよ！

並ぶ場所を左から順に「①～⑥」とすると，両端の①，⑥を先に考えて，

①　⑥　②　③　④　⑤

$$\underset{\sim}{3} \times \underset{\sim}{2} \times \underline{4} \times \underline{3} \times \underline{2} \times \underline{1} = {}_3P_2 \times \underline{4!}$$

A─B─C─ア─イ─ウ
B　C　ア　イ　ウ
C　　イ　ウ
　　ウ

${}_3P_2$：両端の男子の並び方　$4!$：残り4人の②～⑤への並び方

(3)　(両端のうち少なくとも一方が女子となる場合の数)
＝(6人の並び方の総数)－(両端が男子となる場合の数)
とすると効率よく求めることができるよ。

左端	右端	
女	女	今回求めるのはこの場合
女	男	
男	女	
男	男	この場合を全体から除くほうが楽！

(4)　男女が交互に並ぶのは，

(i)　男女男女男女　　(ii)　女男女男女男

の2パターンあるね！

たとえば，(i)の場合は男子の並び方は，3人の順列だから3!通りあるね！そのそれぞれに対して，女子の並び方も3!通りずつあるから，

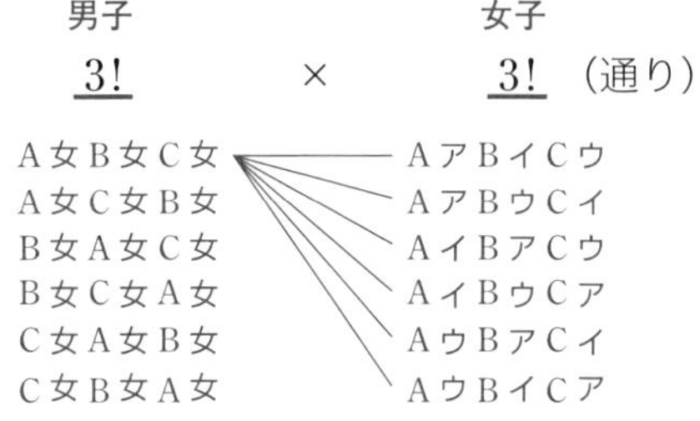

(ii)も同じように考えることができるね。そして，(i)と(ii)は同時に起こらないから，「和の法則」を用いて答を求めることができるね。

「場合分け」したら，「たし算」

(5)　「隣り合う」，「連続する」というキーワードが出てきたら，

ひとかたまりで考える

といいよ。今回は「女子3人が連続する」から，女子をひとかたまりとして考えるんだ。この女子を 女子ーズ とするよ。

まずは，男子A，B，Cと女子ーズが一列に並ぶと考えるんだ。その後，女子ーズの中での女子の並び方を考えよう。

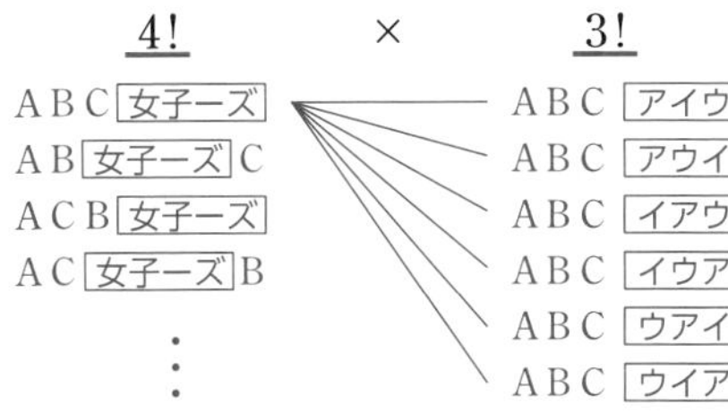

(6)　隣り合ってもよい男子を先に並べて，隣り合わないように女子を配置すればいいね！

step1　まず，男子が並ぶ。　➡　3!（通り）

step2　男子の間および両端に女子が入る。

女子の入り方

$$\underset{ア}{4} \times \underset{イ}{3} \times \underset{ウ}{2} = {}_4\mathrm{P}_3\text{（通り）}$$

ア：①②③④　イ：②③④　ウ：③④

step3　積の法則を利用する。

（男子の並び方）×（女子の入り方）

解答と解説

(1)　6人全員の並び方は，

$6!=6\cdot5\cdot4\cdot3\cdot2\cdot1=720$（通り）　答

> $6\cdot5\cdot4\cdot3\cdot2\cdot1=(6\cdot5\cdot2)\times(4\cdot3)$
> $=60\times12$
> と計算すると暗算しやすいかな♪

(2)　両端の男子の並び方は${}_3\mathrm{P}_2$通りあり，そのそれぞれの場合に対して，残り4人が両端以外に並ぶ方法は4!通りずつある。積の法則より，求める場合の数は，

${}_3\mathrm{P}_2\times4!=3\cdot2\times4\cdot3\cdot2\cdot1=144$（通り）　答

（${}_3\mathrm{P}_2$：両端の男子の並び方，$4!$：残り4人の並び方）

(3) 6人全員の並び方のうち，両端が男子となる場合を除いたものであるから，

$\underbrace{720}_{\text{全員の並び方}}-\underbrace{144}_{\text{両端が男子となる並び方}}=576$(通り) 答

(4)(i) 「男女男女男女」となるとき，男子の並び方が3!通り，そのそれぞれに対して，女子の並び方が3!通りなので，積の法則から，

$3!\times3!=36$(通り)

(ii) 「女男女男女男」となるのも同様に考えて，

$3!\times3!=36$(通り)

(i)，(ii)は同時に起こらないので，和の法則より，

$\underbrace{36}_{\text{(i)}}+\underbrace{36}_{\text{(ii)}}=72$(通り) 答

(5) 女子3人を1つのかたまりとみなすと，男子3人と女子のかたまりの計4つの並び方は4!通り。そのそれぞれに対して，女子のかたまりの中での女子の並び方が3!通りずつあるから，求める場合の数は，

$4!\times3!=144$(通り) 答

3!：ア，イ，ウの並び方

4!：A，B，C，[女子ーズ]の並び方

(6) 男子が先に並び，その間および両端に女子が入ると考えればよい。

男子の並び方が3!通りあり，女子の入り方は${}_4\mathrm{P}_3$通りずつあるので，求める場合の数は，

$3!\times{}_4\mathrm{P}_3=144$(通り) 答

ちょいムズ

ここでは，「${}_n\mathrm{P}_r$」を「階乗」を使って表すことを考えていこう。

異なる10個のものから4個取り出して並べる順列の総数，

${}_{10}\mathrm{P}_4(=10\cdot9\cdot8\cdot7)$

を，階乗記号を使って表すため，

$${}_{10}\mathrm{P}_4=\frac{10\cdot9\cdot8\cdot7}{1}$$

の分母・分子に$6\cdot5\cdot4\cdot3\cdot2\cdot1$をかけてみるよ。

$${}_{10}P_4=\frac{10\cdot9\cdot8\cdot7\times6\cdot5\cdot4\cdot3\cdot2\cdot1}{6\cdot5\cdot4\cdot3\cdot2\cdot1}$$

分母・分子に同じ数をかけているので計算した値は同じだね

となるね！　これを階乗記号を使って表すと，

$${}_{10}P_4=\frac{10!}{6!}$$

10から1までの積は10!，6·5·4·3·2·1は6!と表すことができるね！

これを10と4だけを使って表すと，

$${}_{⑩}P_{\boxed{4}}=\frac{⑩!}{(⑩-\boxed{4})!}$$

$6!=(10-4)!$

とすることができるね。

これを文字を使って一般化してみよう！

$${}_n\mathbf{P}_r=n(n-1)(n-2)\cdots\cdots\{n-(r-1)\}=\frac{n!}{(n-r)!}\quad\cdots\cdots①$$

さっきの10が n，4が r に対応すると考えればわかりやすいね！

ところで，①で $r=n$ の場合を考えてみよう。たとえば，$n=r=5$ とすると，

$${}_5P_5=\frac{5!}{(5-5)!}=\frac{5!}{0!}$$

となって，「0!」という意味不明のものが登場してしまうから，このままでは $r=n$ のときは①が使えないよね。でも，もともと ${}_5P_5$ は $5!$ のことだったから，

$$\frac{5!}{0!}=5!$$

となるように「0!」を定義しておけば，$r=n$ のときも①が使えるようになって便利だよね！　だから，

$$0!=1$$

と定義することにしたんだ。

また，${}_nP_0$ も，①が $r=0$ のときにも成り立つように定義することで，

$${}_nP_0=\frac{n!}{(n-0)!}=\frac{n!}{n!}=1$$

となるね！

まとめ

(1) 順　列……いくつかのものを，順序を考えに入れて列状に並べたもの

$_n\mathrm{P}_r$：異なる n 個のものから r 個取って並べる並べ方の総数

$$_n\mathrm{P}_r=n(n-1)(n-2)\cdots\cdots\{n-(r-1)\}=\frac{n!}{(n-r)!}$$

例　10人の選手の中から，リレーの第1走者，第2走者，第3走者，第4走者の4人を選ぶ選び方は，

$_{10}\mathrm{P}_4=10\cdot9\cdot8\cdot7=5040$(通り)

(2) 順列の問題

❶ 条件が強いところから考える。

❷ 補集合を利用したほうが効率よく求めることができるかどうかを考える。

❸ 場合分けをして求めた場合は，「和の法則」を用いて求める。

❹ 「隣り合う」，「連続する」ときはひとかたまりとして考える。

❺ 「隣り合わない」ときは，先に隣り合ってよいものを並べて，その間や両端に隣り合わないものを入れていく。

解答と解説▶別冊 *p*.78

練習問題

男子4人と女子3人が1列に並ぶ。

(1) 全員の並び方は何通りあるか。

(2) 両端が男子となる並び方は何通りあるか。

(3) 両端のうち少なくとも一方が女子となる並び方は何通りあるか。

(4) 女子3人が連続して並ぶような並び方は何通りあるか。

(5) 女子3人のうちのどの2人も隣り合わない並び方は何通りあるか。

第38節 円順列・重複順列

この節の目標

- ☐ Ⓐ 円順列の総数を求めることができる。
- ☐ Ⓑ 重複順列の総数を求めることができる。
- ☐ Ⓒ じゅず順列の総数を求めることができる。

イントロダクション ♪♫

この節では，ちょっと特殊な順列について学習しよう。

「**円順列**」は，ものを円形に並べるとき，

回転して一致するものは同じ並べ方とみなす

とした順列なんだ。

たとえば，A，B，C，D の4人が手をつないで輪になるとき，

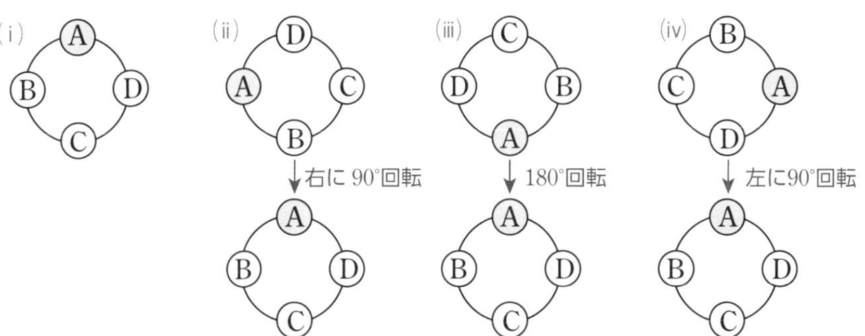

(ii)〜(iv)は回転すると(i)と一致するから，円順列としては同じとみなすんだ。そして，下の2つの図は，回転しても一致しないから，異なるものとして数えるよ。

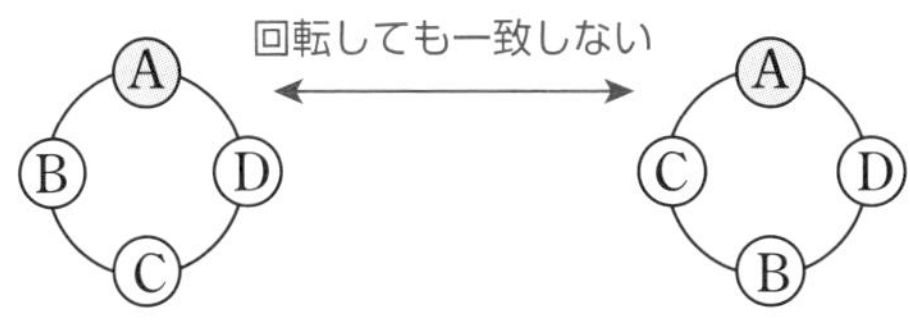

このような場合の数の求め方を学習していくよ。

また，「**重複順列**」は，

同じものをくり返し用いてもよい順列

だよ。第37節で学習した順列は，1度使ったものは2度と使えなかったから，だんだんとかける数が減っていったね！　だけど，重複順列では同じものをくり返し用いてもよいから，かける数が減っていかないんだ。

たとえば，1，2，3，4の4種類の数字を使ってできる，3桁の整数の個数を考えてみよう。ただし，同じ数字を何度使ってもよいものとするよ。

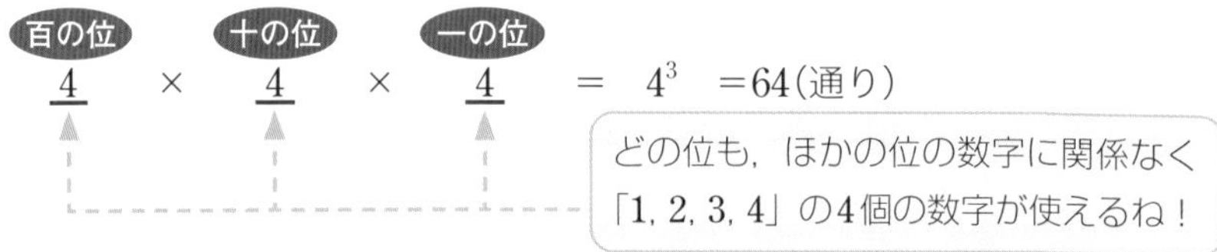

百の位
十の位
一の位
4 × 4 × 4 = 4³ =64(通り)
どの位も，ほかの位の数字に関係なく「1, 2, 3, 4」の4個の数字が使えるね！

が答えだね。このような重複順列についても，この節で学習していくよ。

ゼロから解説

1 円順列

「**円順列**」は，ものを円形に並べるとき，回転して一致するものは同じ並べ方とみなした順列のことなんだ。円順列は，

ある人から見た風景の種類

と考えるとわかりやすいよ。たとえば，A，B，C，Dの4人が円形に並ぶとき，下の3つの並び方について考えてみよう。

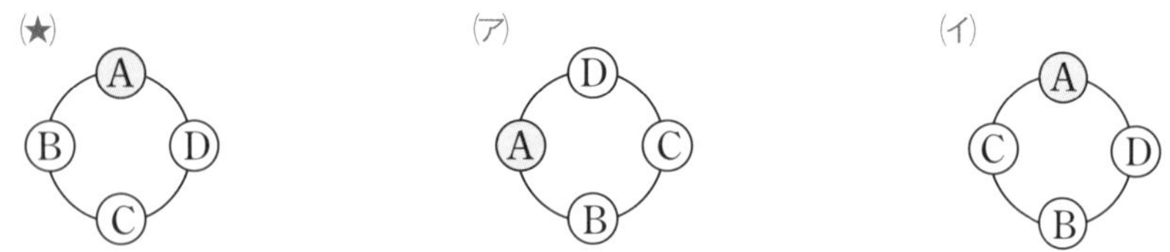

Aから見た風景を考えてみると，(★)は，

右にB，目の前にC，左にD

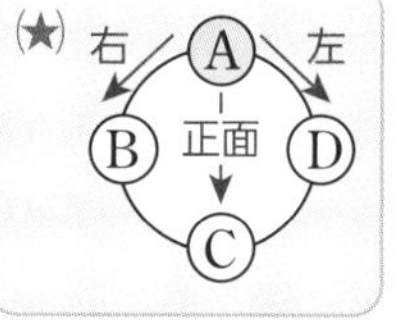

がいるね！　そして，(ア)もAから見た風景は同じになっているよね。

(ア)も，Aの右にB，目の前にC，左にDだね！

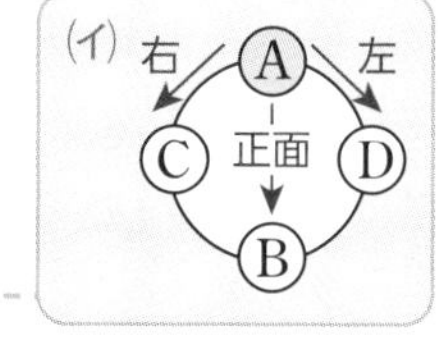

でも，(イ)のAから見た風景は，

右にC，目の前にB，左にD

だね！　だから，(★)と(イ)は異なる円順列だけど，(★)と(ア)は円順列としては同じものとみなすんだ。

このように，ある1人の人から見た風景が同じであれば，同一のものとして考えるのが円順列だよ。

A，B，C，Dの4人の円順列の総数は，Aから見た風景の種類を数えればいいから，

1，2，3にB，C，Dを配置する場合の数が，Aから見える風景の種類の数だね！

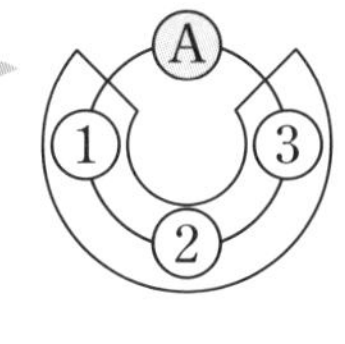

① ② ③

$\underline{3} \times \underline{2} \times \underline{1} = 3!$

$= 6$(通り)

B — C — D
C — D —
D

A以外の3人の順列の総数だね！

と求めることができるよ。

このことを一般化してみよう。n 個の異なるものの円順列の総数は，ある1つのものから見た風景の種類を数えればいいから，

残りの$(n-1)$個のものの順列の総数

つまり，$(n-1)!$ となるよ。

円 順 列

n 個の異なるものの円順列の総数は，

$(n-1)!$ (通り)

例題 ❶

A，B，C，D，E，F，G，Hの8人が円周上に並ぶ。

(1) すべての並び方は何通りあるか。

(2) B，C，D，Eの4人が連続する並び方は何通りあるか。

(3) AとBが向かい合う並び方は何通りあるか。

解答の前にひと言

(1) Aから見た風景の種類を数えればいいね！　A以外の7人がどう並ぶか，つまり，7人の順列になるね！

B～Hが1～7に，どのように並ぶかが，Aから見える風景の種類だね！

(2) B，C，D，Eをひとかたまりとして考えればいいね！　これを4人グループとしておくよ。Aから見た風景の種類を数えればいいから，4人グループ，F，G，Hの順列を考えて，さらに4人グループ内の並び方を考えればいいね！

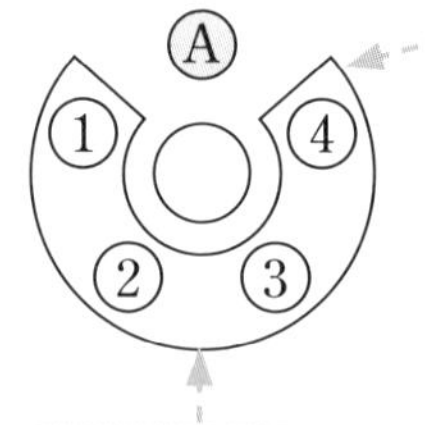

4人グループ，F，G，Hがどう並ぶかがAから見える風景の種類！

4人グループの中がどうなっているか（B, C, D, Eの順列）も考えよう！

(3) Aの向かい側がBと決まっているから，Aの場所とその向かい側を除いた6か所にC～Hの6人がどう並ぶかが，Aから見える風景の種類だね！

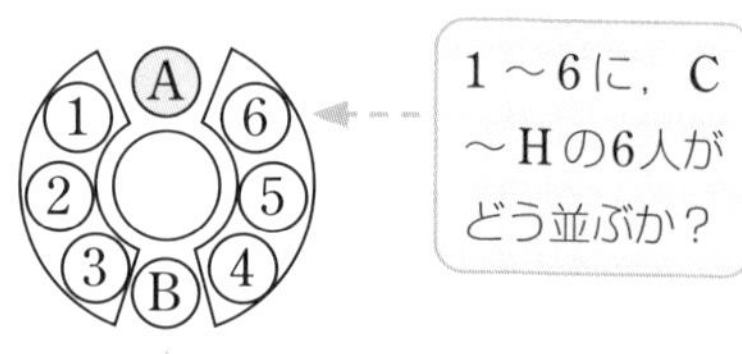

Aの向かい側にBがくるから，Bはここに固定されるね！

解答と解説

(1) 8人の円順列なので，

$$(8-1)!=7!$$

$$=5040(\text{通り})$$ 答

(2) B, C, D, Eの4人をひとかたまりとする。

このかたまりとA, F, G, Hの5つの円順列は $(5-1)!$ 通りであり, ひとかたまりにした4人(B, C, D, E)の並び方の数は $4!$ 通りであるから,

$$(5-1)!\times4!=24\times24$$
$$=576(\text{通り})$$ 答

(3) Aの向かい側はBに決まるので, A, B以外の6人がどう並ぶかを考えればよく,

$$6!=720(\text{通り})$$ 答

2 重複順列

同じものをくり返して(重複(ちょうふく)して)使うことを許した場合の順列のことを,「**重複順列**」というんだ。具体的にみていこう。

例1 [1], [2], [3], [4], [5]の5種類のカードから, 重複を許して2枚のカードを取り出して並べてできる2桁の整数は何通りあるか。

十の位と一の位に異なる数字のカードを使うときは, 並べる順番が異なれば異なる整数になるね。

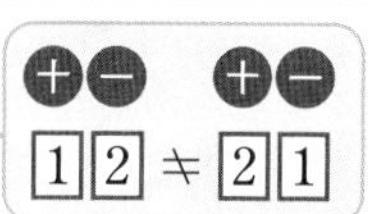

また今回は, 同じ数字のカードを2枚選んでもOKだよ! たとえば, 十の位に[3], 一の位にも[3]なら「33」だね。

[3][3]

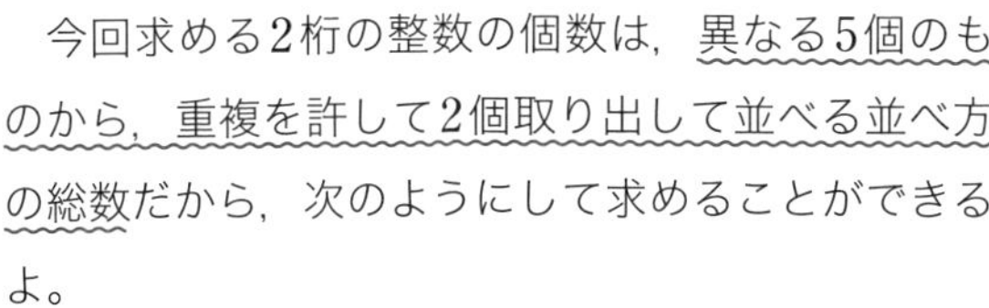

今回求める2桁の整数の個数は, 異なる5個のものから, 重複を許して2個取り出して並べる並べ方の総数だから, 次のようにして求めることができるよ。

重複順列

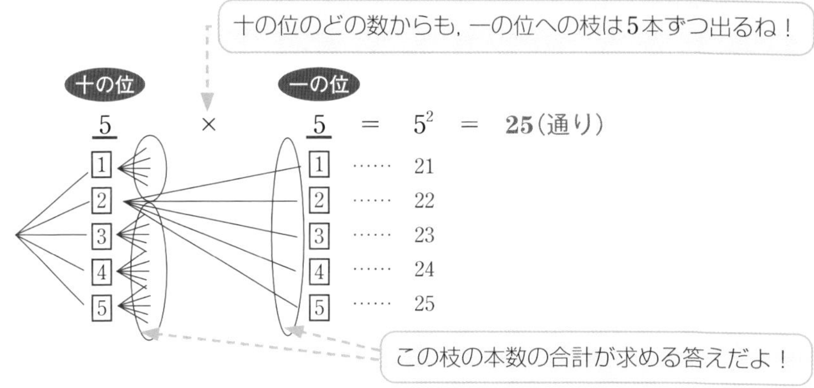

例2 [1], [2], [3], [4], [5]の5種類のカードから, 重複を許して3枚のカードを取り出して並べてできる3桁の整数は何通りあるか。

これも同じように考えて,

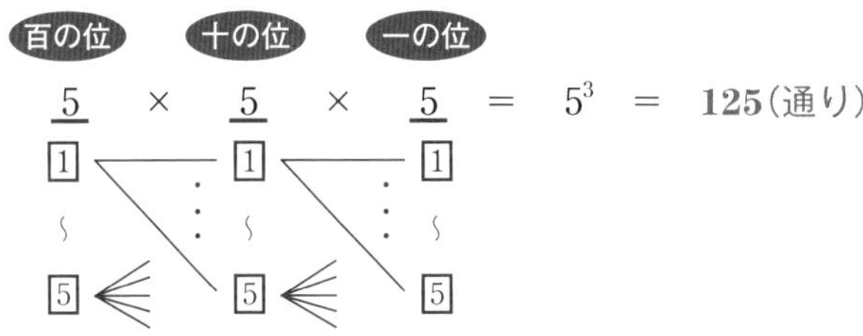

と求めることができるよ。まとめておこう。

重複順列

異なるn個のものから, 重複を許してr個とって並べる並べ方(重複順列)の総数は,

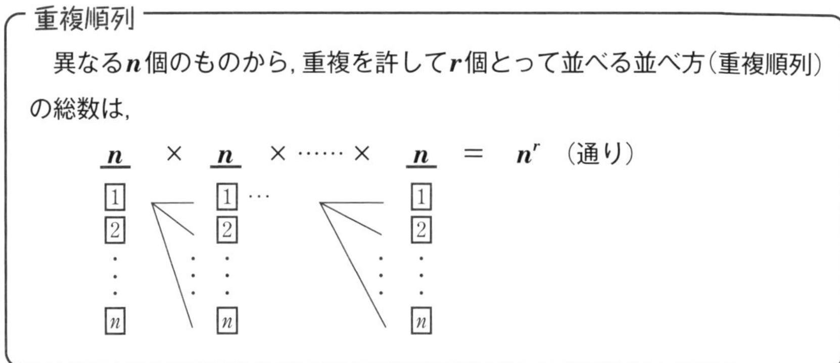

$$\underline{n} \times \underline{n} \times \cdots\cdots \times \underline{n} = n^r \text{ (通り)}$$

例題 ❷

①〜⑧の8人をA, B, Cの3つの部屋に入れる。

(1) 空の部屋があってもよいとしたときの入れ方は何通りあるか。

(2) 部屋Aのみが空の部屋になる入れ方は何通りあるか。

(3) 空の部屋がない入れ方は何通りあるか。

解答の前にひと言

(1)
$$\overset{①}{\underset{\substack{\mathrm{A}\\\mathrm{B}\\\mathrm{C}}}{\underline{3}}}\times\overset{②}{\underset{\substack{\mathrm{A}\\\mathrm{B}\\\mathrm{C}}}{\underline{3}}}\times\overset{③}{\underset{\substack{\mathrm{A}\\\mathrm{B}\\\mathrm{C}}}{\underline{3}}}\times\overset{④}{\underset{\substack{\mathrm{A}\\\mathrm{B}\\\mathrm{C}}}{\underline{3}}}\times\overset{⑤}{\underset{\substack{\mathrm{A}\\\mathrm{B}\\\mathrm{C}}}{\underline{3}}}\times\overset{⑥}{\underset{\substack{\mathrm{A}\\\mathrm{B}\\\mathrm{C}}}{\underline{3}}}\times\overset{⑦}{\underset{\substack{\mathrm{A}\\\mathrm{B}\\\mathrm{C}}}{\underline{3}}}\times\overset{⑧}{\underset{\substack{\mathrm{A}\\\mathrm{B}\\\mathrm{C}}}{\underline{3}}}\ \text{(通り)}$$

(2) 部屋Aのみが空の部屋になるということは，部屋Bと部屋Cに人が入るということだね！

この場合の入れ方は，①〜⑧をそれぞれ「BかC」のどちらかの部屋(2通り)に入れる入れ方だけあるけど，「全員をBに入れる場合(Cも空)」と「全員をCに入れる場合(Bも空)」は除かないといけないね。

$$\overset{①}{\underset{\substack{\mathrm{B}\\\mathrm{C}}}{\underline{2}}}\times\overset{②}{\underset{\substack{\mathrm{B}\\\mathrm{C}}}{\underline{2}}}\times\overset{③}{\underset{\substack{\mathrm{B}\\\mathrm{C}}}{\underline{2}}}\times\overset{④}{\underset{\substack{\mathrm{B}\\\mathrm{C}}}{\underline{2}}}\times\overset{⑤}{\underset{\substack{\mathrm{B}\\\mathrm{C}}}{\underline{2}}}\times\overset{⑥}{\underset{\substack{\mathrm{B}\\\mathrm{C}}}{\underline{2}}}\times\overset{⑦}{\underset{\substack{\mathrm{B}\\\mathrm{C}}}{\underline{2}}}\times\overset{⑧}{\underset{\substack{\mathrm{B}\\\mathrm{C}}}{\underline{2}}}-\underset{\text{全員B，全員Cの2通り}}{\underbrace{2}}\ \text{(通り)}$$

(3) (空の部屋がない)＝(空の部屋があってもよい場合)−(**2**部屋空)−(**1**部屋空)

(i) 2部屋が空となるのは，

$\underset{\text{B，Cが空}}{\underbrace{\text{全員をAに入れる}}}$，$\underset{\text{C，Aが空}}{\underbrace{\text{全員をBに入れる}}}$，$\underset{\text{A，Bが空}}{\underbrace{\text{全員をCに入れる}}}$の3通り

(ii) 1部屋が空となるのは，(ア) Aが空，(イ) Bが空，(ウ) Cが空の3パターンあるね！

（2）で求めたね！

(ア)　B，Cの部屋に入れる入れ方は，2^8-2(通り)
(イ)　C，Aの部屋に入れる入れ方は，2^8-2(通り)　$3\times(2^8-2)$(通り)
(ウ)　A，Bの部屋に入れる入れ方は，2^8-2(通り)

解答と解説

(1)　$3^8=6561$(通り)　答

(2)　$2^8-2=254$(通り)　答

(3)　(i)　2部屋が空になるのは，3通り

　(ii)　1部屋が空になるのは，(2)の結果を利用して，$3\times(2^8-2)$通り

よって，

$$3^8-\underbrace{3}_{(\mathrm{i})}-\underbrace{3\times(2^8-2)}_{(\mathrm{ii})}=5796(\text{通り})$$ 答

3　じゅず順列

最後に，「**じゅず順列**」について学習していこう。

じゅず順列の「じゅず」って「数珠」のこと？

そう，お坊さんが持ってる，あの数珠だよ。「じゅず順列」は「ネックレスの順列」ともいうんだ。たとえば，赤，黄，青，緑の4つの玉にひもを通してネックレスを作るとき，作り方は何通りあるかわかるかな？

赤，黄，青，緑の円順列だから，$(4-1)!=6$(通り)かな？

たしかに，円順列としては，（●は赤，○は黄，◎は青，▨は緑）

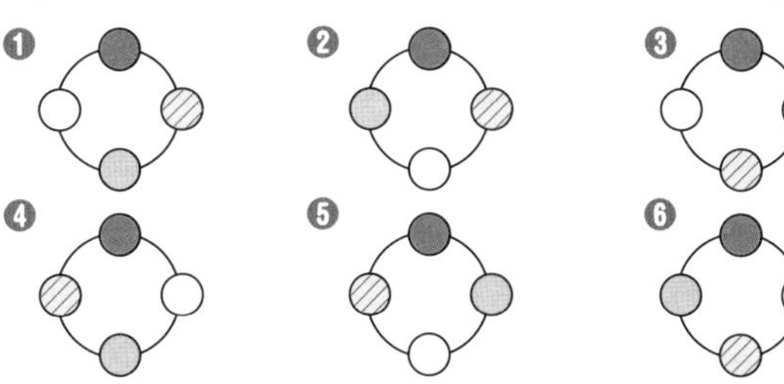

の6種類あるよね。でも，たとえば，❶と❹って「異なる2種類のネックレス」っていえるかな？　❹を裏返すとどうなるだろう？

あ, そうか！　❹を裏返すと❶になるから, じつは同じネックレスだ！

そうなんだ。同じように，❷と❺，❸と❻もそれぞれネックレスとしては同じものだよね。

つまり，ネックレスの作り方は，

$$\frac{(4-1)!}{2}=3\text{(通り)}$$

っていうこと？

そのとおり！　こんなふうに，円順列のうち裏返すと一致するものは同じとみなした順列を，「**じゅず順列**」または「**ネックレスの順列**」というんだ。どの円順列も，裏返すとほかのどれか1つの円順列と一致するから，異なるもののじゅず順列の総数は円順列の半分になるよ。

じゅず順列

異なる n 個のもののじゅず順列の総数は

$$\frac{(n-1)!}{2}\quad\text{(通り)}$$

ネックレスが何種類作れるかが「じゅず順列」の総数だよ

ちょいムズ

❷ の **例題❷** の(3)で，①～⑧の8人をA，B，Cの3つの部屋に入れるとき，空の部屋がない入れ方は，

$$3^8-3-3\times(2^8-2)=5796(\text{通り})$$

と求めたけど，これはあくまでも3つの部屋に「A」「B」「C」と名前がついて区別がつく場合だよね。じゃあ，もし3部屋に名前がなくて区別がつかなかったらどうなるかを考えていこう。

たとえば，次の左側の6通りは，部屋に区別があるから異なる入れ方だよね！

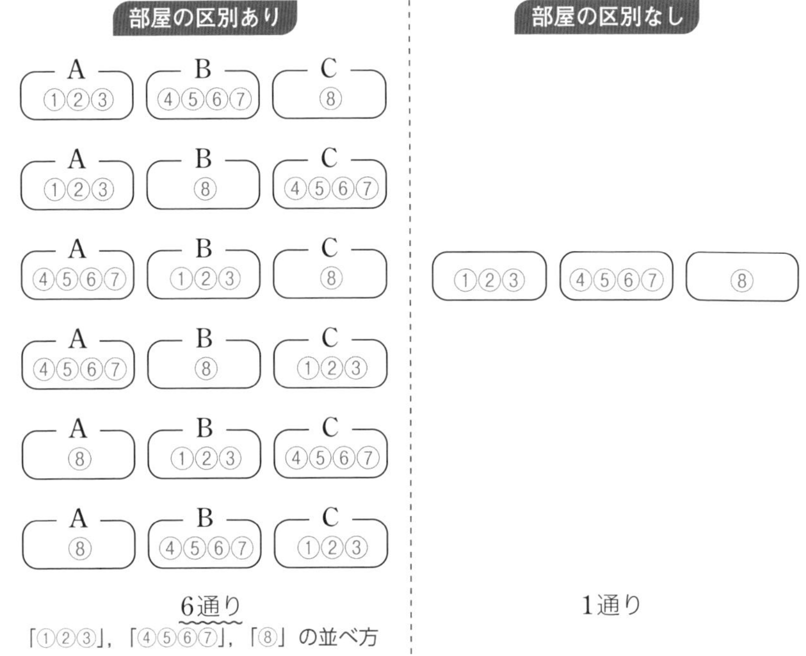

だけど部屋の名前をなくして区別がつかないようにしてしまったら，すべて同じ入れ方ってことになるよね！　だから，部屋の区別をなくすっていうのは，

左側のような6通りを，右側のような1通りとしてみる

っていうことなんだ。この6通りというのは，

「①②③」, 「④⑤⑥⑦」, 「⑧」の**3**つの並べ方の**3!**通り

だね！　もちろん，ほかの場合，たとえば，「①③⑥」「②⑤⑧」「④⑦」のときも，A，B，Cと部屋に区別があればA，B，Cへの入れ方は6通りあるけれど，部屋に区別がなくなったときは，この6通りを1通りとみるんだね！

全5796通りの中には，6通りを1通りとみたセットが，

$$\frac{5796}{6}=966\ (セット)$$

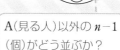

6通りを1通りとみるってことは6でわればいいね！（6は3!だよ）

あるから，部屋に区別がないときの空の部屋がない入れ方は，966通りだよ。

(1)　**円順列**……ものを円形に並べるとき，回転して一致するものは同じ並べ方とみなした順列。

➡ ある人から見た風景の種類を数えればよい。
つまり，**1**つを除いた順列の総数になる。
異なる n 個のものの円順列の総数は，

$(n-1)!$（通り）

A(見る人)以外の $n-1$ (個)がどう並ぶか？

(2)　**重複順列**……同じものをくり返して(重複して)使うことを許した場合の順列。

➡ 異なる n 個のものから，重複を許して r 個とって並べる並べ方(重複順列)の総数は，

$$n \times n \times \cdots\cdots \times n = n^r\ (通り)$$

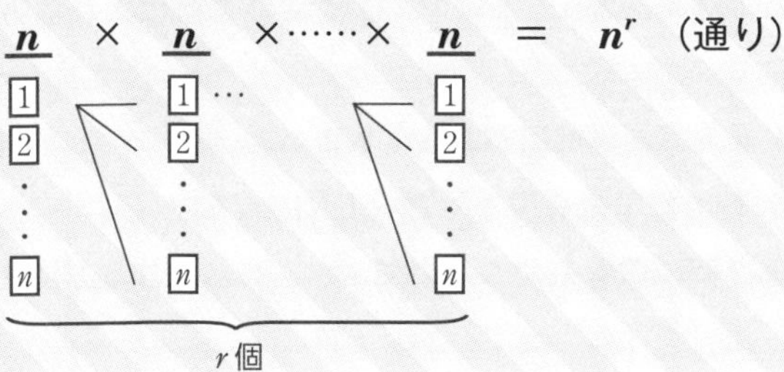

(3) じゅず順列……円順列のうち，裏返すと一致するものは同じとみなした順列

➡ 異なる n 個のもののじゅず順列の総数は，

$$\frac{(n-1)!}{2}\text{（通り）}$$

じゅず順列の総数は，$\dfrac{\text{円順列の総数}}{2}$

解答と解説▶別冊 $p.80$

練習問題

(1) 3人の男子A，B，Cと，3人の女子ア，イ，ウが円卓に座る。

① 女子3人が連続するような座り方は何通りあるか。

② 男子と女子が交互に座るような座り方は何通りあるか。

(2) 5人の生徒を，2つの部屋P，Qに次のように入れる方法は何通りあるか。

① 1人も入らない部屋があってもよい。

② どちらの部屋にも少なくとも1人は入る。

(3) 異なる7個の球を糸でつないでネックレスを作る方法は何通りあるか。

第39節 組合せ

この節の目標

- ☐ Ⓐ 組合せの意味がわかり，${}_n\mathrm{C}_r$ を計算することができる。
- ☐ Ⓑ 三角形，四角形の個数，対角線の本数を組合せを使って求めることができる。
- ☐ Ⓒ 組分けの問題の場合の数を求めることができる。

イントロダクション ♪♫

この節では，「**組合せ**」について学習していくよ。

「順列」は取り出す順番を区別するのに対して，「組合せ」は，「何が取り出されたか」にのみ着目して，取り出す順番を区別しない数え方だよ。

例 4枚のカード[1]，[2]，[3]，[4]から3枚取り出す組合せの総数を求めよ。

たとえば，「[1]，[2]，[3]」と「[2]，[1]，[3]」は，取り出されているカードが同じだから，同じものと考えるよ！　だから，

{[1]，[2]，[3]}，{[1]，[2]，[4]}，{[1]，[3]，[4]}，{[2]，[3]，[4]}

の，

4通り

の取り出し方があるね！

このように，実際にすべてかき出してみることで組合せの総数を求めることができるけど，たとえば「1～20の20枚から6枚取り出す組合せ」っていわれたら，実際にかき出して数えるのはたいへんだよね。

だから，この節では組合せの総数を計算で求める方法を考えていくよ。くわしいことはあとでいうけど，第37節で学習した順列の総数 ${}_n\mathrm{P}_r$ を利用することで，組合せの総数を計算できるんだ。

ゼロから解説

1 組合せ

「**組合せ**」は，取り出す順番を区別しないで，「何が取り出されたか」にのみ着目した数え方なんだ。

まず最初の例として，1，2，3，4の4個のものから3個取り出す組合せの総数を考えてみよう。「4枚のカード」と考えれば，**イントロダクション♪♬**の例と同じことになるね。

イントロダクション♪♬では具体的にかき出して調べたけど，ここでは計算による求め方を考えてみよう！　じつは,「順列」との対応を考えることで,「組合せ」を計算で求めることができるんだ。

順列においては取り出す順番を区別するから，たとえば，

123，132，213，231，312，321 ……(★)

は異なる6通りとして数えるね。

だけど，組合せとしてはどうだろう？　どれも，「1，2，3」を取り出しているという点では同じだから，順番を区別しなければ，

(★)は1通り

だね！　つまり，3個取り出す場合は，

3個の並べ方を1通りとみたものが組合せ
3!(通り)＝6(通り)

なんだ。それじゃあ，ほかの場合も含めた全体をみてみよう。

組合せ		順列	
1，2，3	←	123，132，213，231，312，321	…… 3! 通り
1，2，4	←	124，142，214，241，412，421	…… 3! 通り
1，3，4	←	134，143，314，341，413，431	…… 3! 通り
2，3，4	←	234，243，324，342，423，432	…… 3! 通り
4通り		$_4P_3$(＝24)通り	

$_4P_3$通りの中の3! 通りずつを1通りとみたものが組合せだから，異なる4個から3個取り出す組合せの総数は，

$$\frac{_4P_3}{3!}=\frac{4\cdot3\cdot2}{3\cdot2\cdot1}=4(\text{通り})$$

$_4P_3$通りの中には同じ組合せのものが3! 通りずつ重複してあるから，3! でわればいいね！

と求めることができるね。

このような，異なる n 個から r 個取り出す組合せの総数は，$_nC_r$ という記号で表すんだ。異なる4個から3個取り出す組合せなら，

$$_4C_3=\frac{_4P_3}{3!}=\frac{4\cdot3\cdot2}{3\cdot2\cdot1}=4 \quad (\text{通り})$$

C は組合せを意味する英語 combination の頭文字だよ！

となるよ。

組合せってそうやって求めるのか～！

じゃあ，たとえば，1，2，3，4，5，6，7から4つ取り出す組合せの総数はどうなるかな？

まずは，順列を考えるんだよね。異なる7個から4個取り出す順列は，

$_7P_4$通り

そうそう！　いいね。次にどうするんだった？

今回は4つを取り出すから，4個のものの順列の総数4! 通りずつ同じ組合せのものが重複している。4! でわればいいんだよね！　だから，

$$_7C_4=\frac{_7P_4}{4!}=\frac{7\cdot6\cdot5\cdot4}{4\cdot3\cdot2\cdot1}=35(\text{通り})$$

よくできたね！　組合せは，順列の中で，取り出したものの並べ方の総数ぶんだけ重複しているから，それでわれば求められるんだね！

こんなふうにわり算を活用するなんて，目からウロコ♪

組合せ

異なる n 個から r 個取り出す組合せの総数は，

$$ {}_n\mathrm{C}_r=\frac{{}_n\mathrm{P}_r}{r!}=\frac{\overbrace{n(n-1)(n-2)\cdots\cdots\{n-(r-1)\}}^{r\text{個}}}{\underbrace{r(r-1)(r-2)\cdots\cdots\cdots\cdots 1}_{r\text{個}}} $$

n から1ずつ減らして r 個かける

r から1ずつ減らして r 個かける

例 異なる7個のお菓子 a, b, c, d, e, f, g から5つを取り出す組合せは何通りあるか。

普通に計算すると，

$$ {}_7\mathrm{C}_5=\frac{7\cdot6\cdot5\cdot4\cdot3}{5\cdot4\cdot3\cdot2\cdot1} $$

となるね。ところで，この分数を，まず5·4·3で約分すると，

$$ \frac{7\cdot6\cdot\cancel{5\cdot4\cdot3}}{\cancel{5\cdot4\cdot3}\cdot2\cdot1}=\frac{7\cdot6}{2\cdot1} $$

$$ {}_7\mathrm{C}_2=\frac{7\cdot6}{2\cdot1} $$

となるけど，これって ${}_7\mathrm{C}_2$ の計算と同じだよね！

つまり，${}_7\mathrm{C}_5$ の値は ${}_7\mathrm{C}_2$ と同じなんだけど，これは偶然ではなく，必然なんだ。

「7つのものから5つを選ぶ」

ということは，

「7つのものから2つ選ばない」

ということだから，

「7つのものから，選ばない2つを選ぶ」

ということだね！　だから，

$$ {}_7\mathrm{C}_5={}_7\mathrm{C}_2=\frac{{}_7\mathrm{P}_2}{2!}=\frac{7\cdot6}{2\cdot1}=\mathbf{21}\text{（通り）} $$

と計算することができるんだ。

取り出す5個		取り出さない2個
$(a,\ b,\ c,\ d,\ e)$	⇔	$(f,\ g)$
$(a,\ b,\ c,\ d,\ f)$	⇔	$(e,\ g)$
$(a,\ b,\ c,\ d,\ g)$	⇔	$(e,\ f)$
⋮		
$(b,\ c,\ e,\ f,\ g)$	⇔	$(a,\ d)$
$(b,\ d,\ e,\ f,\ g)$	⇔	$(a,\ c)$
$(c,\ d,\ e,\ f,\ g)$	⇔	$(a,\ b)$
${}_7\mathrm{C}_5$通り		${}_7\mathrm{C}_2$通り

一般に，

$_{n}C_{r}={}_{n}C_{n-r}$

異なる n 個の中から r 個選ぶ組合せと $n-r$ 個選ぶ組合せの総数は同じだね！

が成り立つよ。だから，$_{7}C_{5}$ のように，$_{n}C_{r}=$ の r が $\frac{n}{2}$ より大きいときは，このことを利用して計算したほうが楽にできるよ。

それから，n 個から n 個（全部）選ぶ選び方は，もちろん1通りだね！　だから，

$_{n}C_{n}=1$

また，n 個から0個選ぶ（1つも選ばない）方法は，「選ばない」の1通りだから，

$_{n}C_{0}=1$

だよ。これに関しては，あとの **ちょいムズ** のように考えても大丈夫だよ。

$_{n}C_{r}$ の性質 1

$_{n}C_{r}={}_{n}C_{n-r}$，$_{n}C_{n}=1$，$_{n}C_{0}=1$

例題 1

1から10までの10個の整数から，異なる3個を選ぶ。

(1) **選び方は何通りあるか。**

(2) **奇数だけを選ぶ選び方は何通りあるか。**

(3) **少なくとも1つ偶数を選ぶ選び方は何通りあるか。**

(4) **3個の整数の和が偶数となる選び方は何通りあるか。**

解答と解説

奇数：1，3，5，7，9　　偶数：2，4，6，8，10

(1) 1～10の10個から3個を選ぶ選び方は，

$$_{10}C_{3}=\frac{_{10}P_{3}}{3!}=\frac{10\cdot\overset{3}{\cancel{9}}\cdot\overset{4}{\cancel{8}}}{\cancel{3}\cdot\cancel{2}\cdot 1}=120(\text{通り})$$ 答

先に約分してからかけ算の計算をしよう！

(2) 奇数の5個から3個を選ぶ選び方は，

$$ {}_5C_3=\frac{{}_5P_3}{3!}=\frac{5\cdot\overset{2}{\cancel{4}}\cdot\cancel{3}}{\cancel{3}\cdot\cancel{2}\cdot 1}=10\text{(通り)} $$ 答

(3) 少なくとも1つ偶数を選ぶ場合は，3個の選び方全体から奇数だけを選ぶ場合を除いたものより，

$120-10=110$(通り) 答

(4) 3個の整数の和が偶数となるのは，

(i) 偶数を3個選ぶ，　(ii) 偶数を1個，奇数を2個選ぶ

のいずれかの場合なので，

$$ {}_5C_3+{}_5C_1\times{}_5C_2=\frac{{}_5P_3}{3!}+\frac{{}_5P_1}{1!}\times\frac{{}_5P_2}{2!} $$
$$ =\frac{5\cdot4\cdot3}{3\cdot2\cdot1}+\frac{5}{1}\times\frac{5\cdot4}{2\cdot1} $$
$$ =60\text{(通り)} $$ 答

(i)と(ii)は同時には起こらないから，たせばいいね！

例題 ❷

円周上に8個の点A，B，C，D，E，F，G，Hがある。この8点のうち3点を頂点とする三角形は全部で何個あるか。

解答と解説

円周上の8個の点はどの3点も同じ直線上にはないから，8個の点から3個の点を選んで結ぶと三角形が1つできる。

よって，三角形の総数は，

$$ {}_8C_3=\frac{8\cdot7\cdot6}{3\cdot2\cdot1}=56\text{(個)} $$ 答

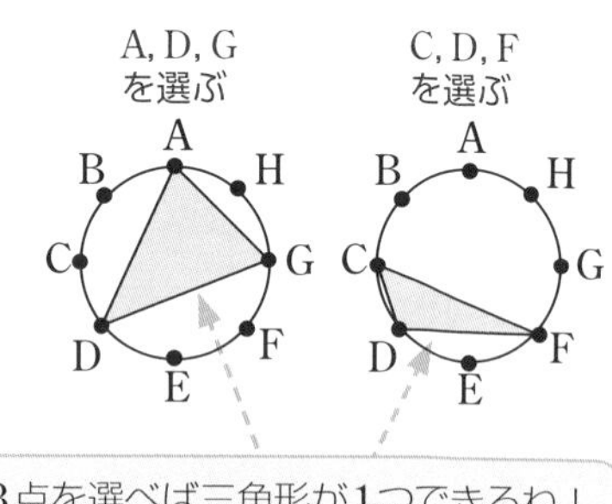

❷ 組分け

つぎに，「**組分け**」を学習していくよ。

例1 ①～⑥の6人が修学旅行に行く。2人ずつのグループに分けるとき，次の問いに答えよ。

(1) A(京都)，B(広島)，C(モンゴル)の3グループに分ける方法は何通りか。

(2) 3グループに分ける方法は何通りか。

(1)は，グループによって行先がちがうから，{①②} がAの場合と {①②} がBの場合は異なるものとして数えるね。だから，

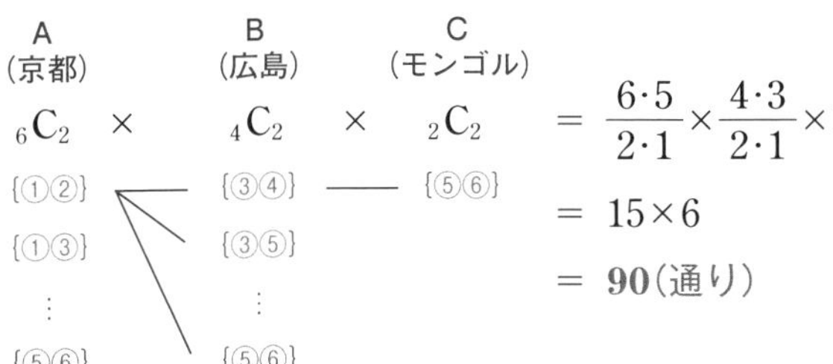

$$
{}_6C_2 \times {}_4C_2 \times {}_2C_2 = \frac{6\cdot5}{2\cdot1}\times\frac{4\cdot3}{2\cdot1}\times1 = 15\times6 = \mathbf{90}\text{(通り)}
$$

{①②} で京都に行くのと {①②} で広島に行くのは，思い出が異なるね！　だから，区別するんだよ！

(2)は，2人ずつの3グループに分けるだけで，行先は自分たちで決めていい状況だね！　そうなったら，グループのちがいは，メンバーにのみ依存するんだよ。たとえば，3グループが {①②}，{③④}，{⑤⑥} のときの，(1)と(2)のちがいをみてみよう。

行先の区別あり

A	B	C
{①②}	{③④}	{⑤⑥}
{①②}	{⑤⑥}	{③④}
{③④}	{①②}	{⑤⑥}
{③④}	{⑤⑥}	{①②}
{⑤⑥}	{①②}	{③④}
{⑤⑥}	{③④}	{①②}

3!通り

行先の区別なし

{①②} {③④} {⑤⑥}

1通り

左側の3!通りは，グループに区別があれば異なるものだけど，グループに区別がなくなれば同じものだね！　別の例でもみてみよう。

行先の区別あり			行先の区別なし
A	B	C	
{①⑤}	{②③}	{④⑥}	
{①⑤}	{④⑥}	{②③}	
{②③}	{①⑤}	{④⑥}	{①⑤} {②③} {④⑥}
{②③}	{④⑥}	{①⑤}	
{④⑥}	{①⑤}	{②③}	
{④⑥}	{②③}	{①⑤}	
3!通り			1通り

これらの例から，

> **3**つのグループに区別がない場合は，
> **3**つのグループに区別がある場合の**3!**通りを**1**通りとしたもの

ということがわかるね。よって，(2)は，

$$\frac{{}_6C_2 \times {}_4C_2 \times {}_2C_2}{3!} = \frac{90}{6} = \mathbf{15}\text{(通り)}$$

と求められるんだ。

こんなふうに，グループに区別がない場合は，まずグループに区別がある場合の組数を求めて，そのうちの何通りを1通りとみるか，を考えることで求めることができるんだよ。

例2　①〜⑪の11人を1人，1人，2人，2人，2人，3人の6グループに分ける方法は何通りあるか。

step1　グループに名前をつけて区別したときの分け方を考える。

A(1人)		B(1人)		C(2人)		D(2人)		E(2人)		F(3人)
${}_{11}C_1$	×	${}_{10}C_1$	×	${}_9C_2$	×	${}_7C_2$	×	${}_5C_2$	×	${}_3C_3$(通り)

step2 グループの区別をなくしたときと区別があるときの対応を考える。

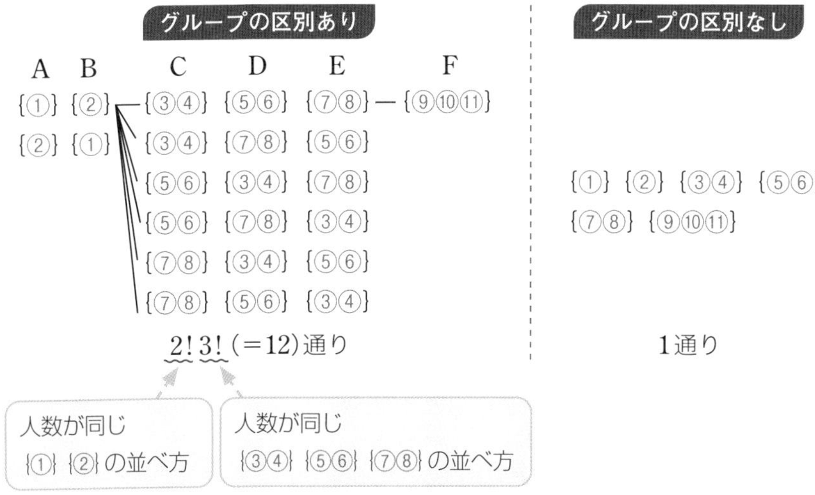

グループの区別あり

A	B	C	D	E	F
{①}	{②}	{③④}	{⑤⑥}	{⑦⑧}	{⑨⑩⑪}
{②}	{①}	{③④}	{⑦⑧}	{⑤⑥}	
		{⑤⑥}	{③④}	{⑦⑧}	
		{⑤⑥}	{⑦⑧}	{③④}	
		{⑦⑧}	{③④}	{⑤⑥}	
		{⑦⑧}	{⑤⑥}	{③④}	

2! 3! (＝12) 通り

人数が同じ {①} {②} の並べ方

人数が同じ {③④} {⑤⑥} {⑦⑧} の並べ方

グループの区別なし

{①} {②} {③④} {⑤⑥} {⑦⑧} {⑨⑩⑪}

1通り

よって，11人を1人，1人，2人，2人，2人，3人の6グループに分ける方法は，

$$\frac{{}_{11}C_1 \times {}_{10}C_1 \times {}_9C_2 \times {}_7C_2 \times {}_5C_2 \times {}_3C_3}{2!\,3!} = \mathbf{69300}\text{(通り)}$$

と求めることができるんだ。

グループ名をなくしたときに区別がなくなるのは，人数が同じグループだけだから，分けるグループごとの人数が決まっている組分け問題は，

グループに区別をつけたときの分け方の総数を，人数が同じグループ数の階乗でわればいい

ということになるね。

各組の人数が決まっていない場合は，第**38**節の **ちょいムズ** と同じことだから，そっちをみてね！

例題❸

12冊の異なる本を次のように分ける分け方は何通りか。

(1) **3冊，4冊，5冊の3組に分ける。**

(2) **A君，B君，C君，D君に3冊ずつ分ける。**

(3) **3冊，3冊，3冊，3冊の4組に分ける。**

(4) **2冊，2冊，2冊，2冊，4冊の5組に分ける。**

(5) **2冊，2冊，2冊，3冊，3冊の5組に分ける。**

解答と解説

(1) $_{12}C_3\times{}_9C_4\times{}_5C_5=\frac{12\cdot11\cdot10}{3\cdot2\cdot1}\times\frac{9\cdot8\cdot7\cdot6}{4\cdot3\cdot2\cdot1}\times1$

$=27720$(通り) 答

約分してから計算しよう！

(2) $_{12}C_3\times{}_9C_3\times{}_6C_3\times{}_3C_3=\frac{12\cdot11\cdot10}{3\cdot2\cdot1}\times\frac{9\cdot8\cdot7}{3\cdot2\cdot1}\times\frac{6\cdot5\cdot4}{3\cdot2\cdot1}\times1$

$=369600$(通り) 答

(3) (2)で分ける人の区別をなくせばよいので，

$$\frac{369600}{4!}=\frac{369600}{24}=15400\text{(通り)}$$ 答

(4) A君に2冊，B君に2冊，C君に2冊，D君に2冊，E君に4冊を配る方法は，

$_{12}C_2\times{}_{10}C_2\times{}_8C_2\times{}_6C_2\times{}_4C_4$(通り) ……①

区別をなくすことができるのは，配る冊数が同じであるA，B，C，Dのみである。区別をなくしたときの分け方は，①のうち，4!通りを1通りとみればよいから，

$$\frac{_{12}C_2\times{}_{10}C_2\times{}_8C_2\times{}_6C_2\times{}_4C_4}{4!}=\frac{\frac{12\cdot11}{2\cdot1}\times\frac{10\cdot9}{2\cdot1}\times\frac{8\cdot7}{2\cdot1}\times\frac{6\cdot5}{2\cdot1}\times1}{4\cdot3\cdot2\cdot1}$$

$=51975$(通り) 答

(5)　A君に2冊，B君に2冊，C君に2冊，D君に3冊，E君に3冊を配る方法は，

$${}_{12}\mathrm{C}_2\times{}_{10}\mathrm{C}_2\times{}_{8}\mathrm{C}_2\times{}_{6}\mathrm{C}_3\times{}_{3}\mathrm{C}_3\text{(通り)}\ \cdots\cdots②$$

区別をなくすことができるのは，配る冊数が同じであるA，B，Cと，D，Eである。区別をなくしたときの分け方は，②のうち，3! 2! 通りを1通りとみればよいから，

$$\frac{{}_{12}\mathrm{C}_2\times{}_{10}\mathrm{C}_2\times{}_{8}\mathrm{C}_2\times{}_{6}\mathrm{C}_3\times{}_{3}\mathrm{C}_3}{3!\,2!}=\frac{\dfrac{12\cdot11}{2\cdot1}\times\dfrac{10\cdot9}{2\cdot1}\times\dfrac{8\cdot7}{2\cdot1}\times\dfrac{6\cdot5\cdot4}{3\cdot2\cdot1}\times1}{3\cdot2\cdot1\times2\cdot1}$$

$$=138600\text{(通り)}$$ 答

ちょいムズ

ここでは，「${}_n\mathrm{C}_r$」を「階乗」を使って表すことを考えていこう。

異なる5個のものから3個選ぶ選び方の総数，

$${}_5\mathrm{C}_3=\frac{5\cdot4\cdot3}{3\cdot2\cdot1}$$

を，階乗記号を使って表すために，分母・分子に2·1をかけるよ。

$${}_5\mathrm{C}_3=\frac{5\cdot4\cdot3\times2\cdot1}{3\cdot2\cdot1\times2\cdot1}$$

分母・分子に同じ数をかけているので，計算した値は同じだね！

これを階乗記号を使って表すと，

$${}_5\mathrm{C}_3=\frac{5\cdot4\cdot3\times2\cdot1}{3\cdot2\cdot1\times2\cdot1}=\frac{5!}{3!\,2!}$$

5～1までの積は「5!」，3·2·1は「3!」，2·1は「2!」と表すことができるね！

これを5と3だけを使って表すと，

$${}_{⑤}\mathrm{C}_{\boxed{3}}=\frac{⑤!}{\boxed{3}!(⑤-\boxed{3})!}$$

2!=(5−3)!

とすることができるね。

これを文字を使って一般化してみよう！

$_n\mathrm{C}_r$ の性質❷

$$_n\mathrm{C}_r=\frac{n(n-1)(n-2)\cdots\cdots\{n-(r-1)\}}{r(r-1)(r-2)\cdots\cdots 3\cdot 2\cdot 1}$$
$$=\frac{n!}{r!(n-r)!}$$

さっきの5がn，3がrに対応すると考えればわかりやすいね！

ここで，$_5\mathrm{C}_0$を考えてみよう。**$_n\mathrm{C}_r$ の性質❷**の式のnに5, rに0を代入すると，

$$_5\mathrm{C}_0=\frac{5!}{0!(5-0)!}=\frac{5!}{0!\,5!}$$

37節で$0!=1$と定義したね！　だから，

$$_5\mathrm{C}_0=1$$

一般には，

$$_n\mathrm{C}_0=1$$

だよ。

まとめ

(1)　**組 合 せ……取り出す順番を区別しないで，「何が取り出されたか」にのみ着目した数え方**

$_n\mathrm{C}_r$：異なるn個からr個取り出す組合せの総数

$$_n\mathrm{C}_r=\frac{_n\mathrm{P}_r}{r!}=\frac{\overbrace{n(n-1)(n-2)\cdots\cdots\{n-(r-1)\}}^{r\text{個}}}{\underbrace{r(r-1)(r-2)\cdots\cdots\cdots\cdots 1}_{r\text{個}}}$$

例　異なる10個のお菓子から，4個のお菓子を選ぶ選び方は，

$$_{10}\mathrm{C}_4=\frac{10\cdot 9\cdot 8\cdot 7}{4\cdot 3\cdot 2\cdot 1}=210(\text{通り})$$

(2) $_{n}\mathrm{C}_{r}$ の性質

❶ $_{n}\mathrm{C}_{0}=1$

❷ $_{n}\mathrm{C}_{n}=1$

❸ $_{n}\mathrm{C}_{r}={}_{n}\mathrm{C}_{n-r}$

(3) 三角形，四角形の個数，対角線の本数

例 正八角形の頂点を結んでできる四角形の個数

8個の頂点から4頂点を選ぶ選び方より，

$_{8}\mathrm{C}_{4}=70$(個)

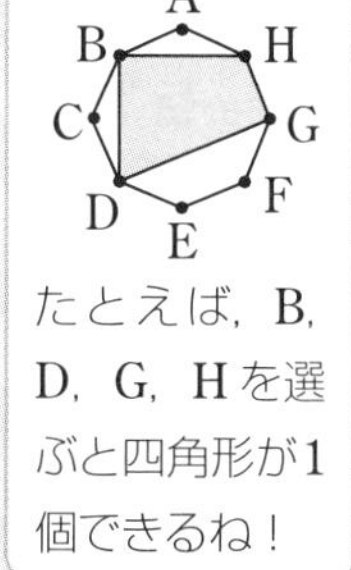

たとえば，B，D，G，Hを選ぶと四角形が1個できるね！

参考 対角線については，隣り合わない**2**点を選べば**1**本引ける。

(4) 組 分 け

step1 組に区別をつけたときの分け方を考える。

step2 人数の等しい区別のない組が m 組あるときは，step1で求めた組数を $m!$ でわる。

解答と解説▶別冊 p.82

練習問題

(1) 男子6人と女子4人の10人の生徒から5人の代表を選ぶとき，次の問いに答えよ。

① 男子3人，女子2人を選ぶ選び方は何通りあるか。

② 特定の2人A，Bを含む5人の選び方は何通りあるか。

(2) 正十角形について次の問いに答えよ。

① 10個の頂点のうち，4点を結んでできる四角形の個数を求めよ。

② 対角線の本数を求めよ。

(3) 9人の生徒を，次のように分ける場合の数を求めよ。

① 3人ずつ，3つの組に分ける。

② 5人，2人，2人の3つの組に分ける。

第40節 同じものを含む順列

この節の目標

- ☐ Ⓐ 同じものを含む順列の総数を求めることができる。
- ☐ Ⓑ 最短経路の総数を正しく数えることができる。

イントロダクション ♪♫

これまでの順列は，すべて異なるものを並べていたけど，この節では，並べるものに「同じもの」が含まれているときの順列の総数の求め方を学習していこう。

たとえば，「A，A，Bを1列に並べる並べ方」は何通りかな？　これぐらい少なければ，

AAB，ABA，BAAの3通り

と数えることができるね！

A，A，Bの並べ方は，
$3!=6$（通り）（異なる3個の並べ方）
ではないね！

だけど，「Aが6個，Bが4個の合わせて10個を1列に並べる並べ方」だったら，かき出して数えるのはきびしいね！

そこで，このように「同じもの」が含まれているときの順列の総数を，計算で求める方法を学習していくよ。じつは，根本は「組分け」のときと同じ考え方なんだ。

また，2地点間の「**最短経路**」の総数の求め方も，ここで扱うよ。これは「**1対1対応**」の考え方を使うんだ。たとえば，超大きいテーマパークの入場者数を調べるのに，実際にお客さんの数を数えるのはたいへんだよね(>_<)

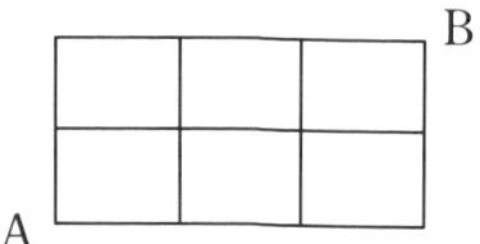

だけど，お客さんの数と1対1に対応するものがあるよね。そう，「入場券」だ。

> 数えにくい「お客さんの数」を，
> 数えやすい「入場券の枚数」を数えることで調べる

ことができるね。

第39節で，円周上の3点を結んでできる三角形の個数を数えたけど，これもじつは「1対1対応」の考え方を使っているんだよ！

「1つの三角形」と「3点の組1組」が1対1に対応するね！　そして，三角形の個数を直接数えようとすると，たいへんだけど，「3点の選び方」ならば，組合せを利用して計算で求めることができるよね！

直接数えることが困難な場合は，数が同じだけあるもの，つまり1対1に対応する数えやすいものをみつけて数えよう！

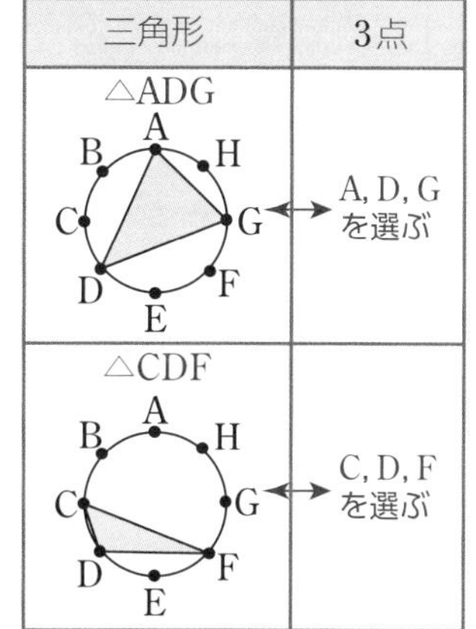

ゼロから解説

1 同じものを含む順列

A，B，C，Cの4文字を1列に並べる並べ方は何通りあるかな？

これって4つの並べ方だから，4!＝24(通り)じゃないの？

たしかに，A，B，C，Dのように異なる4文字だったら，並べ方は，

```
     B<C—D … ABCD
       D—C … ABDC
A—C<B—D … ACBD
     D—B … ACDB
  D<B—C … ADBC
     C—B … ADCB
        ⋮
```

となるから，4!＝24(通り)だよね。でも，A，B，C，Cの場合も同じように考えてしまって大丈夫かな？　上の樹形図のDをCにかき換えてみてごらん。

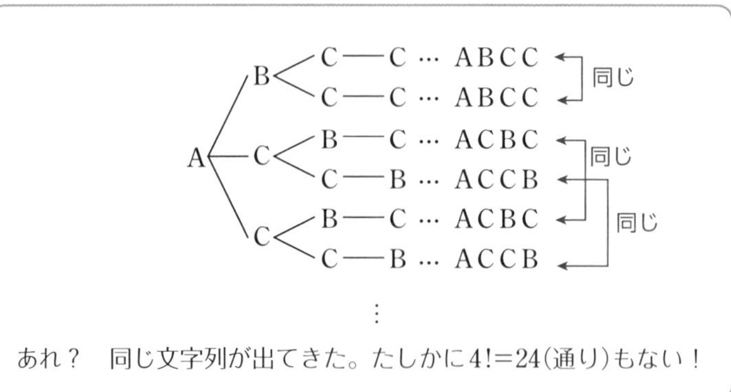

⋮

あれ？　同じ文字列が出てきた。たしかに4!＝24(通り)もない！

でしょ？　同じものが2つずつ出てくるから，$\dfrac{24}{2}=12$(通り)だよ。

CとDの入れかえ(並べ方)ぶんずつ同じものが出てくるから，その並べ方の2!(＝2)(通り)でわればいいんだね♪

そうなんだ！　すべて異なるものとして並べたときの場合との対応を考えることが大切なんだね！

組分けのときと似てる～！

そう！　本質的には同じだよ。ではつぎに，もう少し複雑な場合について考えていこう。

例1　A, A, A, B, B, Cの6文字を1列に並べる並べ方は何通りか。

第**37**節で学習したように，6文字すべてが区別されているときの並べ方は求めることができるから，それを基準にして考えるんだよ。

step1　すべてを区別した並べ方を考える。

➡　A_1, A_2, A_3, B_1, B_2, Cの並べ方を考える。

$$\underline{6} \times \underline{5} \times \underline{4} \times \underline{3} \times \underline{2} \times \underline{1} = 6!\text{(通り)}$$

6	5	4	3	2	1
A_1	A_2	A_3	B_1	B_2	C
A_2	A_3	B_1	B_2	C	
A_3	B_1	B_2	C		
B_1	B_2	C			
B_2	C				
C					

step2 区別をなくしたものと区別があるものをくらべる。

➡「区別をなくしたものは，区別があるもの何通りを1通りとみるか」を考える。

たとえば,「$A_1A_2A_3B_1B_2C$」と「$A_3A_1A_2B_2B_1C$」は, 番号の区別をなくせば, 2つとも,

AAABBC

となるね。このように，6!(＝720)通りの中には番号の区別をなくせば同じになるものが含まれているんだ。それが何通りあるかを求めてみよう！

区別あり		区別なし
$A_1A_2A_3B_1B_2C$	$A_1A_2A_3B_2B_1C$	
$A_1A_3A_2B_1B_2C$	$A_1A_3A_2B_2B_1C$	
$A_2A_1A_3B_1B_2C$	$A_2A_1A_3B_2B_1C$	AAABBC
$A_2A_3A_1B_1B_2C$	$A_2A_3A_1B_2B_1C$	
$A_3A_1A_2B_1B_2C$	$A_3A_1A_2B_2B_1C$	
$A_3A_2A_1B_1B_2C$	$A_3A_2A_1B_2B_1C$	

3! 2!(＝12)通り → 1通り

3!：A_1，A_2，A_3の並べ方　2!：B_1，B_2の並べ方

区別をつけた場合の3! 2!通りを，1通りとみたのが，区別がないときの場合の数だね！

すべてに区別をつけて1列に並べた6!通りの中には，番号の区別をなくしたら同じになるものが,

(A_1，A_2，A_3の並べ方)×(B_1，B_2の並べ方)

つまり3! 2!通りだけあることがわかるね！

だから，区別がないときの並べ方は,

$$\frac{6!}{3!\,2!}=\mathbf{60}(\text{通り})$$

6! 通りの中の 3! 2! 通りを 1 通りとみるから，6! を 3! 2! でわればいいね！

となるんだ。まとめておこう！

同じものを含む順列

n 個のものがあり，これらのうち，a が p 個，b が q 個，c が r 個ある。これら n 個を 1 列に並べてできる順列の総数は，

$$\frac{n!}{p!\,q!\,r!}\ (\text{通り})$$

ただし，$p+q+r=n$ である。

n 個のものをすべて異なるものと考えたときの並べ方

(同じものの個数)! でわる。

例2　a, a, b, b, b, b, c, c, d, d, d の 11 文字を 1 列に並べる並べ方は何通りか。

$$\frac{11!}{2!\,4!\,2!\,3!}=\mathbf{69300}(\text{通り})$$

全部で 11 個だから 11!

a が 2 個だから 2! でわり，b が 4 個だから 4! でわり，c が 2 個だから 2! でわり，d が 3 個だから 3! でわる

例題 ❶

A, B, C, D, E, F, G の 7 文字を 1 列に並べる。A, B, C が左からこの順であり，かつ F, G も左からこの順であるような並べ方は何通りか。

解答の前にひと言

順番が決まっている場合，次のような手順で解いていこう！

step1　並ぶ場所を用意する。

➡ A, B, C をすべて□，F, G を両方とも○として並べる。

step2　条件を満たすように A, B, C と F, G を並べる。

➡ □に左から順に A, B, C を並べて，○に左から順に F, G を並べる。

例　**step1**　□□○E○□D ➡ **step2**　[A][B]Ⓕ E Ⓖ[C] D

step1　D ○□E□○□ ➡ **step2**　D Ⓕ[A] E [B]Ⓖ[C]

解答と解説

A, B, Cをすべて□, F, Gを◯とすると, □, □, □, D, E, ◯, ◯の並べ方は,

$$\frac{7!}{3!\,2!}=420(\text{通り})$$

□に左からA, B, C, ◯に左からF, Gをあてはめる方法は1通りなので, 求める場合の数は,

$$420\times1=420(\text{通り})$$ 答

2 最短経路

つぎに,「**最短経路**」の数について学習していこう。これも,「同じものを含む順列」を使って求めることができるんだよ。

例 右図の街路をAからBに行く最短経路は何通りか。

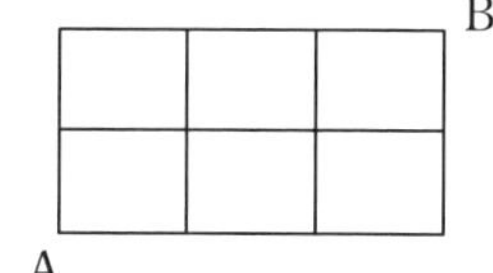

最短経路というのは, 右と上にしか進まないということだね！ 左や下に進むと遠回りになってしまうからだよ！

さて, どのようにして数えていこうか？ もちろん, 地道に,

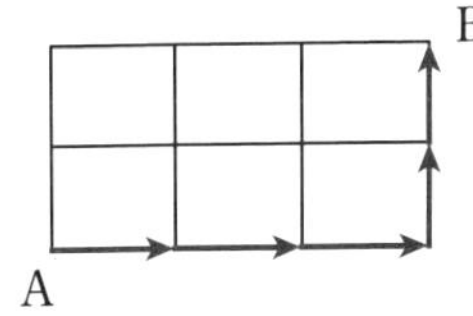

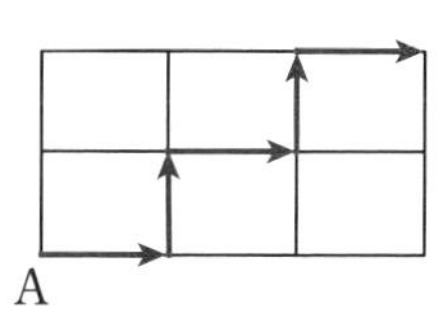

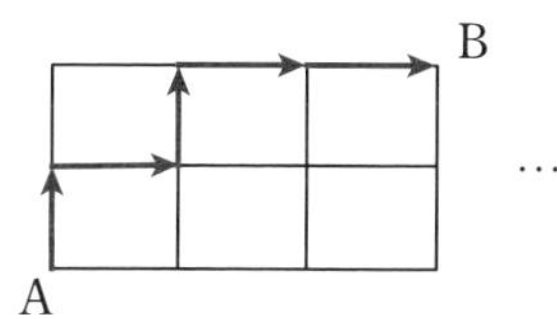

というように数えていくことも可能だね！ だけど, もっと街路の数が増えたらとても数えていられないよね(>_<)

そこで, 今回も計算で求められないかを考えてみよう！ ここで活躍するのが,「**1対1対応**」というやつだ！ AからBまでは, 右に3区画, 上に2区画進めばいいんだ。だから,「最短経路」は,

→, →, →, ↑, ↑ を並べる方法

と対応させることができるんだよ。

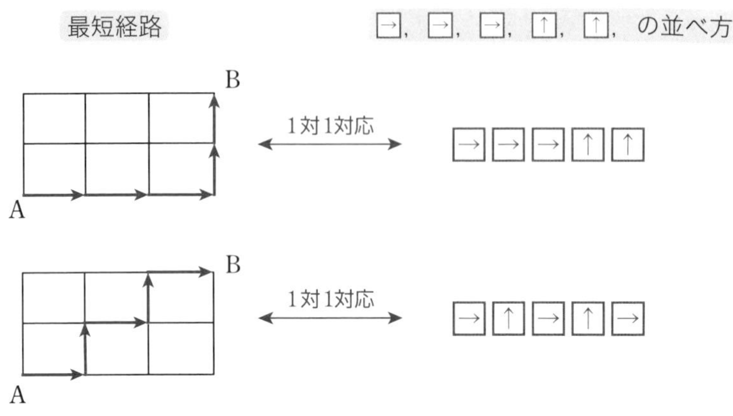

この対応は1対1だから,

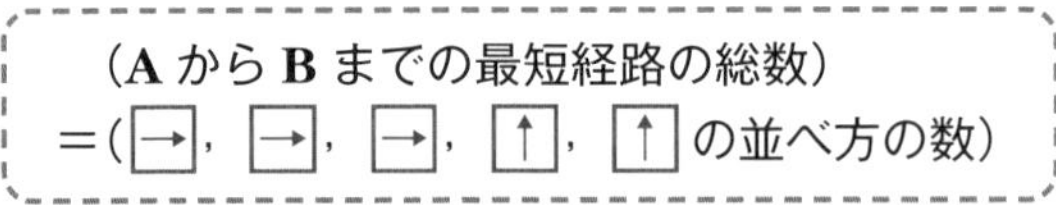

が成り立つんだ。だから, AからBまでの最短経路は,

$$\frac{5!}{3!\,2!}=\mathbf{10}\text{(通り)}$$

→, →, →, ↑, ↑ の並べ方
(同じものを含む順列, AAABB の並べ方と同じだね!)

と求めることができるよ。

例題❷

右のような街路がある, 次のような最短経路は何通りあるか。

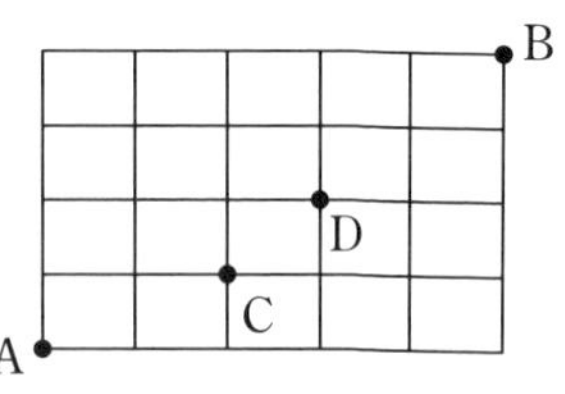

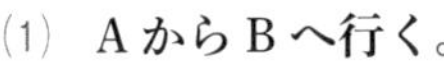

(1) **AからBへ行く。**

(2) **AからCを通ってBへ行く。**

(3) **AからCを通り, Dは通らずにBへ行く。**

解答の前にひと言

(1)「AからBまでの最短経路」と「[→], [→], [→], [→], [→], [↑], [↑], [↑], [↑] の並べ方」が1対1対応することに着目する。

(2) (AからCまでの最短経路の数)×(CからBまでの最短経路の数)
　　[→], [→], [↑] の並べ方　　　[→], [→], [→], [↑], [↑], [↑] の並べ方

(3) (A → C → B の最短経路の数) − (A → C → D → B の最短経路の数)

解答と解説

(1) AからBまでの最短経路の総数は，[→], [→], [→], [→], [→], [↑], [↑], [↑], [↑] の並べ方の総数と同数あるので，

$$\frac{9!}{5!\,4!}=\frac{9\cdot8\cdot7\cdot6\cdot5!}{5!\,4!}$$

約分してから
計算するようにしよう！

$$=\frac{\overset{3}{9}\cdot8\cdot7\cdot6}{4\cdot3\cdot2\cdot1}$$

$=126$(通り) **答**

(2) AからCへ行く最短経路の総数は，

$\frac{3!}{2!}=3$(通り)

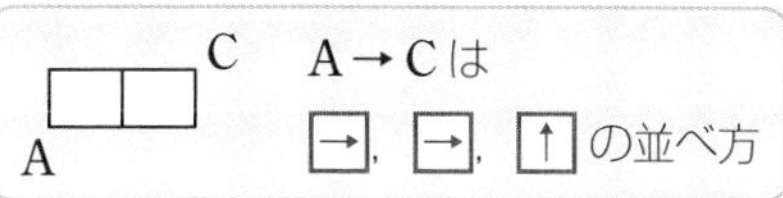

そのそれぞれに対して，CからBへ行く最短経路の総数は，

$\frac{6!}{3!\,3!}=20$(通り)
[→], [→], [→], [↑], [↑], [↑] の並べ方

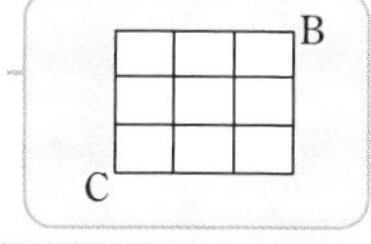

であるから，AからCを通ってBへ行く最短経路の総数は，

$3\times20=60$(通り) **答**

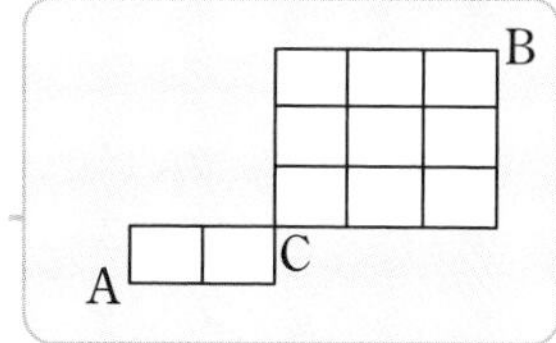

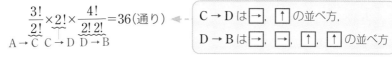

(3) AからCへ行き，CからDへ行き，DからBへ行く最短経路の総数は，

$\frac{3!}{2!}\times2!\times\frac{4!}{2!\,2!}=36$(通り)
A→C　C→D　D→B

C→Dは[→], [↑] の並べ方，
D→Bは[→], [→], [↑], [↑] の並べ方

であるから，A から C へ行き，D を通らずに B へ行く最短経路の総数は，

$60-36=24$(通り) **答**

ちょいムズ

「同じものを含む順列」は「組合せ」を用いて求めることもできるんだ。

例1 A, A, A, B, B, C の6文字を1列に並べる並べ方は何通りか。

6文字だから，並べる場所は6か所あるね！

① ② ③ ④ ⑤ ⑥

□ □ □ □ □ □

step1 A が並ぶ場所を選ぶ。

①～⑥の6か所から A が並ぶ場所を3か所選ぶ。

${}_6C_3$		順列
{①, ②, ③}	←→	A A A □ □ □
{②, ④, ⑤}	←→	□ A □ A A □
⋮		

step2 B が並ぶ場所を選ぶ。

A が並んだ場所以外の3か所から，B が並ぶ場所を2か所選ぶ。

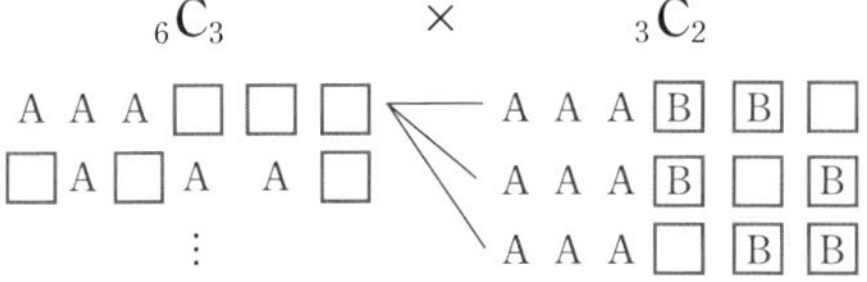

step3 C が並ぶ場所を選ぶ。

C は残る1か所に入る。

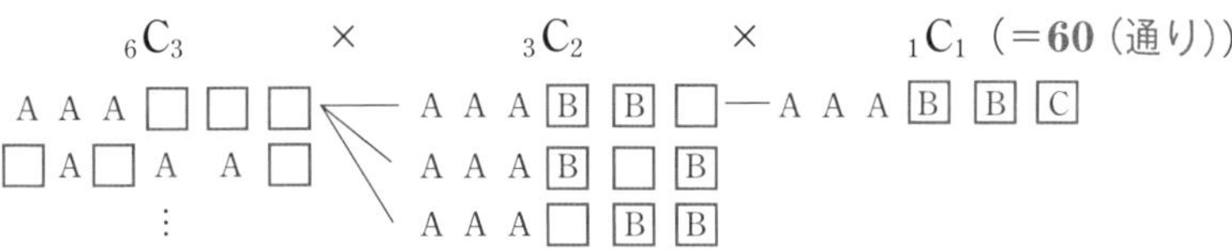

のように求めることができるよ。この式を，

$$ {}_nC_r=\frac{n!}{r!(n-r)!} $$

を使って「!」(階乗)で表すと，

$$ {}_6C_3\times{}_3C_2\times{}_1C_1=\frac{6!}{3!(6-3)!}\times\frac{3!}{2!(3-2)!}\times1 $$

$$ =\frac{6!}{3!\,2!} $$

となって，たしかに「同じものを含む順列」の公式を用いた場合と同じ式になるね！

このように，「同じものを含む順列」は「組合せ」を使っても求められるよ。

さらに発展として，「同じものを含む円順列・じゅず順列」について学習しよう。

例2 白4個，黒2個，赤1個の合計7個の玉を円形に並べるとき，並べ方は何通りあるか。

同じものが含まれている場合，どの玉を固定するとよいかな？　たとえば，白玉の4個は同じものなのに，固定すると区別がついてしまうね！　だから，

同じものを含む円順列の場合は，1個しかないものを固定

して考えるんだ。

もし，**1**個しかないものがなかったら，頑張って数えるしかないよ

ここでは，1個しかない赤を固定して考えるよ。

赤から見える風景の種類は，右下の1～6に白4個，黒2個がどのように並ぶかだから，

$$ \frac{6!}{4!\,2!}=\mathbf{15}\text{(通り)} $$

となるね！

例3 白4個，黒2個，赤1個の合計7個の玉にひもを通してネックレスを作るとき，ネックレスは何通り作れるか。

「同じものを含むじゅず順列」を求める問題だよ。同じものを含まない場合は，

(じゅず順列の総数)＝(円順列の総数)÷2

と求めたけど，今回はそうではないんだ。なぜならば，次の図，

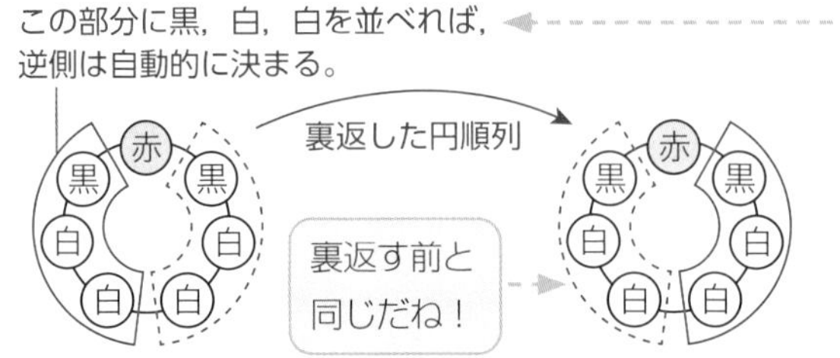

左右対称な円順列の左側の並べ方は$\dfrac{3!}{2!}=3$(通り)あるね！ そして，これは裏返しても同じだから，この3通りはネックレスとしても3通りだよね！

のように，左右対称な円順列は裏返しても同じだから，円順列としての1通りがじゅず順列としてもそのまま1通りになるんだ。だから，2でわってはいけないんだよ。でも，次の図，

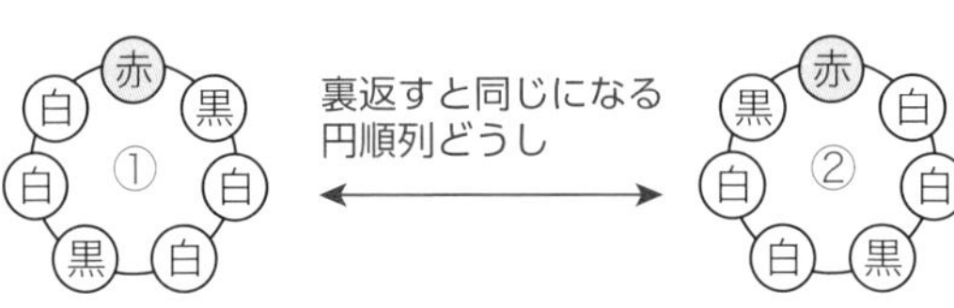

①と②は円順列としては異なるものだけど，①を裏返すと②になるから，ネックレスとしては同じだね！

のように，左右対称ではない円順列は，裏返すと同じになるから，2つで1つのネックレスだね。だから，

(ネックレスの個数)

$$=(\text{左右対称な円順列の数})+\frac{(\text{左右非対称な円順列の数})}{2}$$

で求めることができるんだ。今回の場合は，次のようになるよ。

$$3+\frac{15-3}{2}=\mathbf{9}(\text{通り})$$

左右対称な円順列の総数

左右非対称な円順列の総数は，
(円順列全体の総数)－(左右対称な円順列の総数)

まとめ

(1) 同じものを含む順列

➡ n 個のものがあり，これらのうち，a が p 個，b が q 個，c が r 個ある。

これら n 個を 1 列に並べてできる順列の総数は，

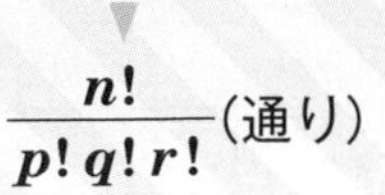

$$\frac{n!}{p!\,q!\,r!}(通り)$$

n 個のものをすべて異なるものと考えたときの並べ方

(同じものの個数)! でわる

ただし，$p+q+r=n$ である。

参考 組合せを用いて求めることもできる。

(2) 最短経路

➡ 1 対 1 対応を考えて数える。

(A から B までの最短経路の総数)

＝(→，→，→，↑，↑ の並べ方の数)

$$=\frac{5!}{2!\,3!}=10(通り)$$

(3) 同じものを含む円順列・じゅず順列

❶ 同じものを含む円順列

➡ 1個しかないものを固定し，その固定したものから見える風景の種類を数える。

❷ 同じものを含むじゅず順列

➡ $(左右対称な円順列の数)+\dfrac{(左右非対称な円順列の数)}{2}$

解答と解説►別冊 p.84

練習問題

(1) **1, 1, 1, 2, 2, 3の6個の数字がある。次のような整数の個数を求めよ。**

① **6個の数字を一列に並べてできる6桁の整数**

★② **6個の数字のうちの4個を一列に並べてできる4桁の整数**

ヒント 1を含む個数で場合分けをしよう。

(2) **右のような道のある街がある。次のような最短経路は何通りあるか。**

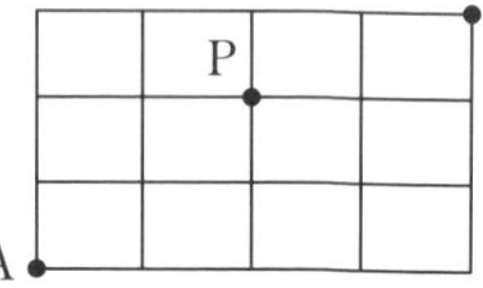

① **AからBへ行く。**

② **AからPを通ってBへ行く。**

第41節 重複組合せ

この節の目標

- ☑ Ⓐ 重複組合せの場合の数を求めることができる。
- ☑ Ⓑ 整数解の個数を求めることができる。

イントロダクション ♪♫

この節では,「重複組合せ(ちょうふく)」について学習するよ！　次の例を考えてみよう。

例　A, B, Cの3種類の文字から重複を許して4個選ぶとき, 何通りの選び方があるか。

「重複を許して」というのは,「同じものをくり返し取ってもよいとして」という意味だよ！

ここでは, Aを選ぶ個数に着目して, 場合分けして数えよう！

また, たとえば, {A, A, A, B}と{A, A, B, A}はAが3個, Bが1個で, 選び方(組合せ)としては同じだから, {A, A, A, B}だけをカウントすればいいね！　順番のちがいは考えずに, 中身だけに着目して数えよう。

(i)　Aが0個のとき,
{B, B, B, B}, {B, B, B, C}, {B, B, C, C}, {B, C, C, C}, {C, C, C, C}の5通り。

(ii)　Aが1個のとき,
{A, B, B, B}, {A, B, B, C}, {A, B, C, C}, {A, C, C, C}の4通り。

(iii)　Aが2個のとき,
{A, A, B, B}, {A, A, B, C}, {A, A, C, C}の3通り。

(iv)　Aが3個のとき, {A, A, A, B}, {A, A, A, C}の2通り。

(v)　Aが4個のとき, {A, A, A, A}の1通り。

よって, 求める場合の数は,

$5+4+3+2+1=\mathbf{15}$(通り) ← 異なる3個の中から重複を許して4個取った組合せの総数

だね。このように，異なるn種類のものから，同じものをくり返し取ることを許して（重複を許して）r個取る組合せを「重複組合せ」というんだよ。

今回のように，種類も選ぶ個数も少なければ，すべてかき出して数えることもできるけど，種類や選ぶ個数が多くなるとたいへんだよね！　そこで，

重複組合せは，「1対1対応」を考えることで数える

んだ。くわしいことはあとで説明するから，楽しみにしていてね！

また，「10個の球を3つの箱に分けて入れる」などの，分配の問題についても考えていくよ。これについては，球や箱にそれぞれ区別がつくかどうかで，次の4つのタイプに分類されるんだ。

分配の問題の分類

❶ 区別ができるものを区別ができるものに分ける。

第38節❷ 重複順列 **例題❷**，第39節❷ 組分け **例1**(1)

❷ 区別ができるものを区別ができないものに分ける。

第38節 **ちょいムズ**，第39節❷ 組分け **例1**(2)

❸ 区別ができないものを区別ができるものに分ける。

❹ 区別ができないものを区別ができないものに分ける。

第36節❶ 樹形図 **例題❶**

じつは，このうちの❸が，「重複組合せ」の考え方を用いて求められるんだよ。

ゼロから解説

1 重複組合せ

異なるn種類のものから，同じものをくり返し取ることを許してr個取る組合せを，「**重複組合せ**」というよ。

例 A, B, Cの3種類の文字から重複を許して10個選ぶとき，何通りの選び方があるか。

イントロダクション♪♬のように，

(i) Aが0個のとき，

{B, B, B, B, B, B, B, B, B, B}, {B, B, B, B, B, B, B, B, B, C},

……, の11通り。

⋮

と直接数えることもできるけど，それではたいへんだね！

じつは，この問いの答えは，

「◯と|(仕切り)の並べ方」との「**1対1対応**」を考える

ことで，計算によって求められるんだ。

どういうことかというと，10個の◯と2個の|を並べて，

左の仕切りの左側にある◯の個数を**A**の個数
左の仕切りと右の仕切りの間にある◯の個数を**B**の個数
右の仕切りの右側にある◯の個数を**C**の個数

と考えるんだ。A, B, Cの3つの領域に分けるために，仕切りを2個使うんだよ！

この考え方で，たとえば，「Aが3個，Bが5個，Cが2個」を表してみよう。

{ A, A, A, B, B, B, B, B, C, C, }
Aの領域 Bの領域 Cの領域
⇔ ◯◯◯|◯◯◯◯◯|◯◯

「Aが3個，Bが5個，Cが2個」という選び方なら，

「◯◯◯|◯◯◯◯◯|◯◯」

という並べ方になり，また逆に，「◯◯◯|◯◯◯◯◯|◯◯」という並べ方になったときは，

「Aが3個，Bが5個，Cが2個」

という選び方だとわかるね！　このような関係は，「**1対1対応**」だね！

ちがう例でもみてみよう。

Aが4個, Bが0個, Cが6個 ←1対1対応→ ○○○○||○○○○○○

（A B C）

仕切りと仕切りの間に◯がなければ, Bは0個だよ！

以上のことから,

A, B, Cから重複を許して10個選ぶ選び方の総数と,
○○○○○○○○○○||の並べ方の総数は一致する

ことがわかるね。

「A, B, Cの3文字から重複を許して10個選ぶ選び方」(①)と,「◯10個と|2個の並べ方」(②)が同じ数だけあるから, 数えにくい①を数える代わりに, 数えやすい②を数えることによって求めるんだ。

求める場合の数は, 10個の◯と2個の|の並べ方の数と同数あるから,

$$\frac{12!}{10!\,2!}=\frac{12\cdot 11}{2\cdot 1}=\mathbf{66}\text{(通り)}$$

同じものを含む順列の公式

2 区別ができないものを区別ができるものに分ける

例 10個のりんごをA君, B君, C君の3人に分けるとき, 次のような分け方は何通りか。

(1) 1個ももらわない人がいてもよいとき。

(2) どの人も少なくとも1個はもらうようにするとき。

これも数えて求めることはできるけど,「1対1対応」の考え方を使うと, あざやかに解くことができるよ！

たとえば, A君が2個, B君が5個, C君が3個もらうことを,

A　B　C

○○|○○○○○|○○○

仕切りで3つに分けられたりんごの, いちばん左がAの取りぶん, 真ん中がBの取りぶん, いちばん右がCの取りぶんとみなすよ！

と表すことにするよ。

この対応で, 10個の◯と2個の|を並べる方法と, りんごの分け方が1対1に対応するね。

具体例

(A, B, C)

(i) |◯◯◯◯◯◯|◯◯◯◯ ⟷ (0, 6, 4)

(ii) ◯|◯|◯◯◯◯◯◯◯◯ ⟷ (1, 1, 8)

(iii) ◯◯◯||◯◯◯◯◯◯◯ ⟷ (3, 0, 7)

A, B, C のもらう個数

よって,

> **10個のりんごをA, B, Cの3人に分ける分け方の総数と,**
> **◯◯◯◯◯◯◯◯◯◯|| の並べ方の総数は一致する。**

(仕切りの数)=(分ける人数)−1

(1) 求める場合の数は，10個の◯と2個の|の並べ方の数と同数あるから,

$$\frac{12!}{10!\,2!}=\frac{12\cdot 11}{2\cdot 1}=\mathbf{66}\text{(通り)}$$

同じものを含む順列の公式

これは❶の例とまったく同じ式なんだけど，わかるかな？

たとえば，A君が2個，B君が5個，C君が3個の場合は，{A, A, B, B, B, B, B, C, C, C} と考えれば，A, B, Cから重複を許して10個取る組合せといっしょだね！　だから，同じように◯と|で考えることができて，答えも同じだね！

つまり，「区別ができないものを区別ができるものに分ける」問題は，本質的には重複組合せの問題と同じなんだよ。

(2) どの人も少なくとも1個はもらうわけだから，最初からA君，B君，C君にりんごを1つずつ配っておけばいいんだ。あとは，残り10−3=7(個)のりんごをどのように分けるかを考えていけばいいね。

A君，B君，C君に7個のりんごを分ける方法は，7個の◯と2個の|の並べ方の数と同数あるから,

$$\frac{9!}{7!\,2!}=\frac{9\cdot 8}{2\cdot 1}=\mathbf{36}\text{(通り)}$$

A　B　C
◯　◯　◯ ← 最初から1つずつ取っておく
残り7個をA, B, Cに分配

となるんだ。

別解 りんごを1個ももらわない人がいるのは，**具体例**の(i)のように仕切りが端にきたり，(iii)のように仕切りどうしが隣り合ったりする場合だね！　だからそうならないように，次の①〜⑨のどれかに仕切りを入れればいいんだよ。

たとえば，②と⑦を選んだときは，

A　　　　B　　　　C
○○｜○○○○○｜○○○

となるから，(A，B，C)＝(2，5，3) となるね。

①～⑨の9か所の中から，仕切りを入れる場所を2か所選ぶ選び方の数だけ，A，B，Cへの分け方があるんだね！　だから，

$$ {}_9C_2=\frac{9\cdot 8}{2\cdot 1}=\mathbf{36}\text{(通り)} $$

と求めることもできるんだ。

3 整数解の個数

ある条件を満たす「整数解の個数」を求める問題も，○と｜の並べ方との対応を考えることで解けるよ。

例 A+B+C=10 を満たす 0 以上の整数 A，B，C の組は何通りあるか。

じつはこれも，❶の例，❷の例(1)でやった問題と，本質的には同じなんだ。

今回の問題	❶の例	❷の例(1)
A+B+C=10 AとBとCの合計が10	A，B，Cから重複を許して10個取る	10個のりんごをA，B，Cの3人で分ける
(A≧0，B≧0，C≧0) A，B，Cは0になってもOK♪	取らない文字があってもOK♪	りんごをもらえない人がいてもOK♪
具体例 (A，B，C)＝(2，5，3)	具体例 {A，A，B，B，B，B，B，C，C，C}	具体例 Aが2個，Bが5個，Cが3個

前ページの**具体例**はどれも，○と｜が次のように並んだ場合だね！

A　　B　　C

○○｜○○○○○｜○○○

だから，

「**A＋B＋C＝10 を満たす 0 以上の整数 A，B，C の組**」は，
「**A，B，C から重複を許して 10 個取る組合せ**」や，
「**10 個のりんごを A 君，B 君，C 君に分ける分け方**」と，本質的に同じ

なんだ。見た目はちがっても，同じ考え方でできるんだよ。

よって，求める場合の数は，10 個の○と 2 個の｜の並べ方と同数だから，

$$\frac{12!}{10!\,2!}=\frac{12\cdot 11}{2\cdot 1}=\mathbf{66}\text{（通り）}$$

例　題

4 個の整数 p，q，r，s が $p+q+r+s=20$（ただし，$p\geqq 2$，$q\geqq 3$，$r\geqq 1$，$s\geqq 4$）を満たすとき，整数 p，q，r，s の組は何通りか。

解答の前にひと言

これは 20 個のりんごを p 君，q 君，r 君，s 君に分ける分け方ととらえることができるね。だけど，p 君は 2 個以上だから，はじめに 2 個配っておく必要があるんだ。同様に，q 君には 3 個，r 君には 1 個，s 君には 4 個配っておけばいいね。あとは残り $20-(2+3+1+4)=10$（個）の分け方を考えればいいんだ。このことを，解答では次のように記述するといいよ。

解答と解説

$$p+q+r+s=20\quad（ただし，p\geqq 2,\ q\geqq 3,\ r\geqq 1,\ s\geqq 4）\cdots\cdots①$$

このとき，$p-2=a$，$q-3=b$，$r-1=c$，$s-4=d$ とおくと，

a，b，c，d は整数であり，

$$p=a+2,\ q=b+3,\ r=c+1,\ s=d+4$$

あらかじめ配っておいたぶん以外の，残りの個数を a～d とおいたということだよ

であるから，①より，

$$(a+2)+(b+3)+(c+1)+(d+4)=20$$

（ただし，$a+2 \geqq 2$，$b+3 \geqq 3$，$c+1 \geqq 1$，$d+4 \geqq 4$）

よって，

$a+b+c+d=10$ （ただし，$a \geqq 0$，$b \geqq 0$，$c \geqq 0$，$d \geqq 0$）……②

求める整数の組の個数は，

（①を満たす(p, q, r, s)の組の個数）

＝（②を満たす(a, b, c, d)の組の個数）

＝（10個の◯と3個の｜の並べ方の総数）

$=\dfrac{13!}{10!\,3!}=286$（通り） 答

ちょいムズ

n 種類のものから重複を許して r 個取る組合せの総数を，「${}_n\mathrm{H}_r$」と表すよ！
ここでは，この重複組合せ「${}_n\mathrm{H}_r$」の公式について学習しよう。

❶の例を，もう一度みてみるよ。

例 A，B，C の3種類の文字から重複を許して10個選ぶとき，何通りの選び方があるか。

これは，A，B，C の3種類のものから重複を許して10個選ぶ選び方の総数だから，「${}_3\mathrm{H}_{10}$」だね。それはつまり，10個の◯と2個の｜の並べ方の総数だから，

$$\frac{12!}{10!\,2!}=\frac{12\cdot 11}{2\cdot 1}=\mathbf{66}\text{（通り）}$$

となるんだったね。

ところで，第40節の ちょいムズ で，

「同じものを含む順列」は「組合せ」を用いて求めることもできる

ということを学習したね。ここでは，◯と|を合わせて12個の記号を並べるから，先に並べる場所を12か所用意しておいて，まず10か所に○を入れ，残りの2か所に|を入れると考えてみよう。そうすると，${}_3H_{10}$は，

①　②　③　④　⑤　⑥　⑦　⑧　⑨　⑩　⑪　⑫

□□□□□□□□□□□□

の12か所から，◯を入れる場所を選ぶ選び方，

$${}_{12}C_{10}$$

で計算できるということがわかるね！　だから，

$${}_3H_{10}={}_{\underline{10+(3-1)}}C_{⑩}$$

が成り立つよ。よって，

$${}_3H_{10}={}_{10+(3-1)}C_{10}$$

$$={}_{12}C_{10}$$

$$={}_{12}C_2$$

$$=\frac{12\cdot 11}{2\cdot 1}=\mathbf{66}\text{(通り)}$$

◯を並べる場所を決めたら，残りの場所には|が入るね！

◯を並べる箇所

◯と|の個数の合計。(3−1)は「仕切り|の個数」で，「(種類)−1」だね

となるね。それでは，一般化しておこう！

重複組合せ

「$\boldsymbol{n}$ 種類のものから重複を許して $\boldsymbol{r}$ 個選ぶ方法」と「$\boldsymbol{r}$ 個の◯と $\boldsymbol{n-1}$ 個の|を一列に並べる方法」は**1**対**1**対応するから，

$${}_n\mathbf{H}_r={}_{n+r-1}\mathbf{C}_r$$

この公式は，とくに❶の例のような問題を解くときにとても便利なので，使いこなせそうな人は使ってみよう。でも，この公式自体よりも大切なのは，

◯と|の並べ方に対応させるという考え方

だよ。

まとめ

❶ 重複組合せ
❷ 区別ができないものを区別ができるものに分ける
❸ 整数の個数の問題

これらは本質的に同じもの。

例1 異なる4種類のものから，重複を許して7個選ぶ選び方

例2 区別ができない7個のものを区別ができる4個のものに分ける分け方

例3 $x_1+x_2+x_3+x_4=7$（$x_1 \geqq 0$，$x_2 \geqq 0$，$x_3 \geqq 0$，$x_4 \geqq 0$）を満たす整数（x_1，x_2，x_3，x_4）の組の個数

これらはすべて，

7個の◯と3個の｜の並べ方

に対応させることができる。

具体例

◯◯｜◯◯◯｜◯｜◯ ←→ (2, 3, 1, 1)

｜◯◯｜｜◯◯◯◯◯ ←→ (0, 2, 0, 5)

7個の◯と3個の｜の並べ方を考えて，

$$\frac{10!}{7!\,3!}=\frac{10\cdot 9\cdot 8}{3\cdot 2\cdot 1}=120\text{(通り)}$$

練習問題

(1) **柿，りんご，みかんの3種類の果物をあわせて8個選ぶ方法は何通りか。ただし，選ばない果物があってもよいものとする。**

(2) **3個の自然数 x, y, z が $x+y+z=12$ を満たすとき，自然数 x, y, z の組は何通りか。**

★(3) **1個のさいころを4回振ったときの出る目を順に a, b, c, d とする。**

① **$a<b<c<d$ となる目の出方は何通りか。**

② **$a \leqq b \leqq c \leqq d$ となる目の出方は何通りか。**

ヒント

① 1～6の目から4つ選んで，小さい順に a, b, c, d とする。

② 4つの◯と5個の｜の並べ方を考えて，次のように対応させる。

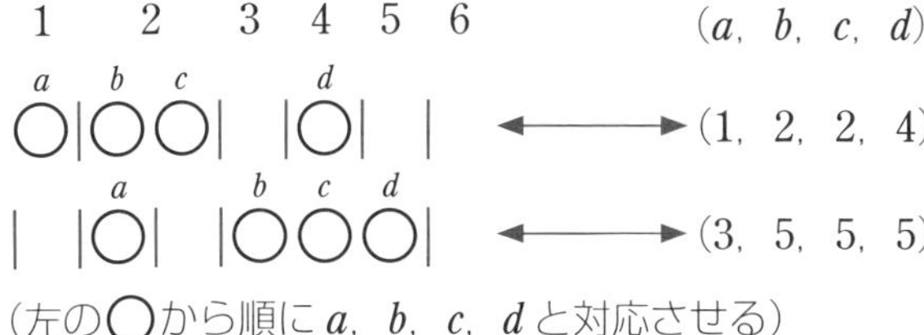

（左の◯から順に a, b, c, d と対応させる）

第42節 事象と確率

この節の目標

- ☐ Ⓐ 「同様に確からしい」の意味がわかり，確率を正しく求めることができる。
- ☐ Ⓑ 順列に関する確率を求めることができる。
- ☐ Ⓒ 組合せに関する確率を求めることができる。

イントロダクション ♪♬

「**確率**」とは，「起こりやすさの度合い」を数値で表したもので，日常でもよく耳にすると思うんだ。この節では，中学で学習した確率の基本的な考え方から出発して，さらに深く学んでいくよ。

まずは「降水確率」を例に，「確率」について復習をしておこう。たとえば，「降水確率70%」というのはどういうことかな？

これは，「同じような気象条件が100回あったとしたら，そのうち70回は雨が降った」という意味だね。「降水確率」とは，雨の降りやすさを数値で表したものだよ。数値で表すことによって，起こりやすいかどうかの判断がしやすくなるね。では，「確率」をどのように計算したか，復習しておこう。

例 サイコロを1回投げたとき，3の倍数の目が出る確率を求めよ。

サイコロを1回投げたとき，目の出方は次の6通りが考えられるね。

① 1の目が出る　② 2の目が出る　③ 3の目が出る

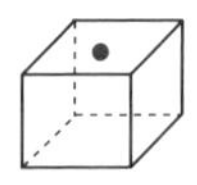

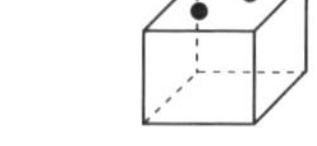

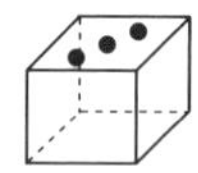

④ 4の目が出る　⑤ 5の目が出る　⑥ 6の目が出る

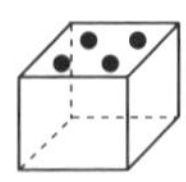

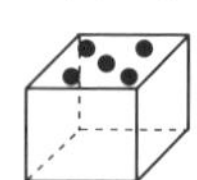

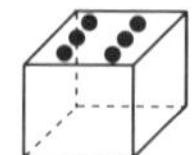

このうち，3の倍数となっているのは，

③ 3の目　⑥ 6の目

の2通りだね。「3の倍数の目が出る」という事柄をAとすると,

$$(A\text{が起こる確率})=\frac{(A\text{が起こる場合の数})}{(\text{起こり得るすべての場合の数})}$$

だから，3の倍数の目が出る確率は，

$$\frac{2}{6}=\frac{1}{3}$$

だね。このように，確率は，場合の数の比で表すことができるんだ。「3の倍数の目が出る」という事柄は，「6回に2回ぐらいの割合」，つまり，「3回に1回ぐらいの割合」で起こると考えられる，ということだよ。

このように，「確率」というのは，事柄の「起こりやすさ」を数値で表したものだったね！

ゼロから解説

1 試行と事象

まずは，確率を考えるときによく使う用語をマスターしよう。

何かをすると，その結果，何かが起こるね！　この何かをすることを「**試行**(しこう)」といって，その結果何かが起こることを「**事象**(じしょう)」というよ。

たとえば，「サイコロを投げたら，5の目が出た」という一連の出来事については，

「サイコロを投げる」が試行

「5の目が出た」が事象

だね。

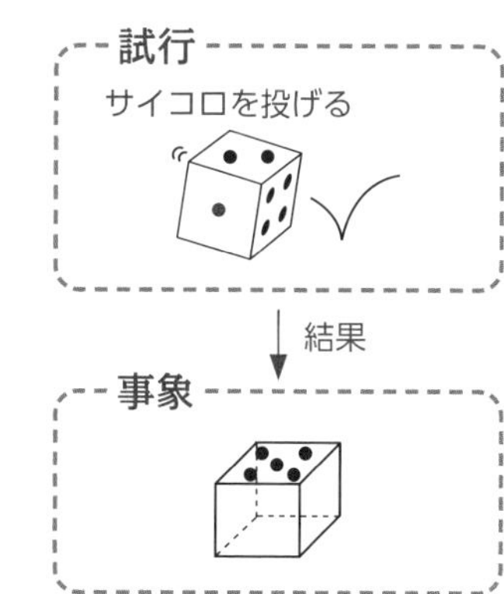

事象を表すのには，A，Bなどの文字を用いることが多いんだ。ここでは，「1個のサイコロを投げる」という試行において，「1の目が出ること」を事象A，「奇数の目が出ること」を事象Bとしてみるよ。

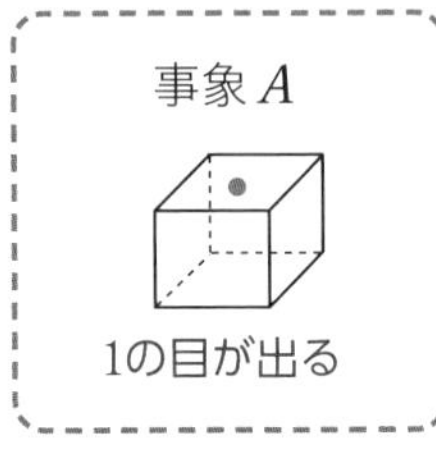

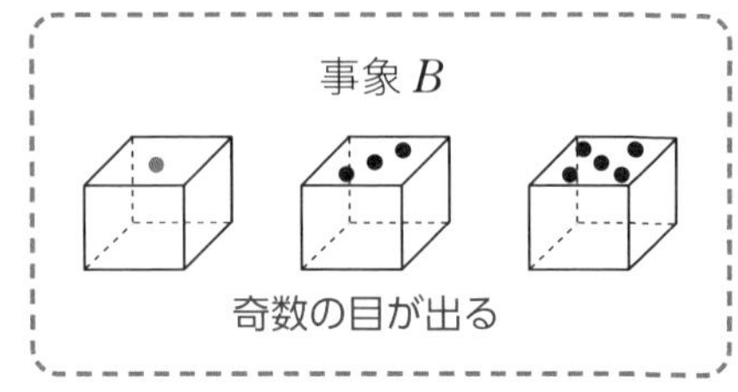

たとえば，「1の目が出ること」をたんに「1」と表すことにし，この試行の結果全体を表す事象を U とすると，U は，

$$U=\{1,\ 2,\ 3,\ 4,\ 5,\ 6\}$$

1の目が出る，2の目が出る，……，6の目が出る

と，集合で表すことができるね。また，

$$A=\{1\},\ B=\{1,\ 3,\ 5\}$$

だね！

事象 A のように，1個の要素だけからなる(これ以上細かく分けることができない)事象を「**根元事象**(こんげん)」というよ(事象 B は要素が1個ではないから根元事象ではないね)。また，この根元事象全体からなる事象を，その試行の「**全事象**」といって，U で表すことが多いよ！

例

試行：1個のサイコロを投げる

根元事象：$\{1\}$，$\{2\}$，$\{3\}$，$\{4\}$，$\{5\}$，$\{6\}$

全事象：$\{1,\ 2,\ 3,\ 4,\ 5,\ 6\}$

奇数の目が出る事象は，根元事象 $\{1\}$，$\{3\}$，$\{5\}$ からなるよ！

ちなみに，根元事象を1つも含まないものも事象と考えるんだ。これを「**空事象**(くう)」といって ϕ で表すよ。たとえば，さっきの1個のサイコロを投げる例だと，

$$(7の目が出る事象)=\phi$$

サイコロの目は1～6のいずれかだから，7の目が出るという根元事象は存在しないね！

となるね！

2 事象と確率

1枚の硬貨を何回も投げる試行において，投げた回数を n，そのうちの表が出た回数を r とすると，

r を n でわった値 $\dfrac{r}{n}$ は,

n が大きくなるにつれて $\dfrac{1}{2}$ に近づいていく

ということが知られているんだ。これは，硬貨を1回投げる試行において,

表が出ることと裏が出ることは，同じ程度に起こると期待してよい

ということを意味するんだよ。つまり,「表が出る」という根元事象と「裏が出る」という根元事象は,

起こりやすさの度合いが同じである

ということだね。

このように，根元事象の起こりやすさがどれも同じであることを,「**同様に確からしい**」というんだ。

そして，全事象のどの根元事象も同様に確からしいとき,「確率」は，次のように定義されるんだよ。

確　率

根元事象が同様に確からしい試行において，起こり得るすべての根元事象が N 通りあり，事象 A が起こるのがそれらの根元事象のうちの a 通りであったとする。このとき，全事象を U とすると,

$$n(U)=N,\ n(A)=a$$

であり，事象 A が起こる確率 $P(A)$ は,

$$P(A)=\frac{n(A)}{n(U)}=\frac{a}{N}=\frac{(\text{事象}\,A\,\text{が起こるような根元事象の数})}{(\text{起こり得るすべての根元事象の数})}$$

「事象 A が起こる確率」は「$P(A)$」という記号で表すよ
(P は確率を意味する英語 probability の頭文字だよ)

具体例を通して理解を深めていこう。

例 赤球3個と白球2個が入った袋から球を1個取り出す。

(1) 取り出し方は何通りか。

(2) 赤球を取り出す確率を求めよ。

(1)は場合の数の問題で，(2)は確率の問題だよ！ (1)で，

5通り

と答えてしまった人はいないかな？ 場合の数の問題では，見た目のちがいがはっきりわかるものしか区別をしないことが基本だから，(1)は，

「赤球が出る」と「白球が出る」の**2通り**

が正解だよ。

ところが，(2)の答えを，

$$\frac{1}{2}$$

「すべての取り出し方は「赤」と「白」の2通り，そのうち赤を取るのは「1通り」と考えてしまったんだね……

としてしまうと間違いなんだ！ 何が間違いかわかるかな？

「赤球が出る」と「白球が出る」という根元事象は「同様に確からしい」といえない

赤球のほうが白球よりも多いから，赤球のほうが出やすい。だから，確率が$\frac{1}{2}$というのは間違いだね！

ね！ これが確率が正しく求められていない原因だよ。

(2)のような確率の問題では，見た目の区別がつかない「3個の赤球」もすべて区別(赤$_1$，赤$_2$，赤$_3$)し，「2個の白球」も区別(白$_1$，白$_2$)して考えるんだ。

こうしてすべての球を区別し，根元事象を，

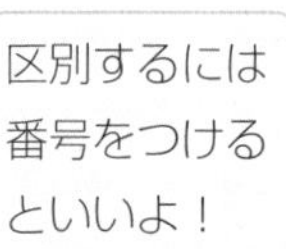

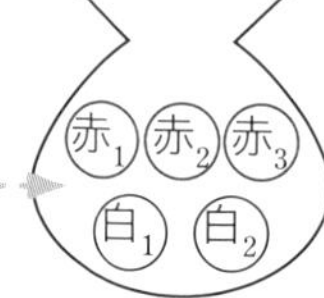

「赤$_1$を取る」

「赤$_2$を取る」

「赤$_3$を取る」

「白$_1$を取る」

「白$_2$を取る」

どの根元事象も起こりやすさは等しいね！

赤$_1$の出やすさ
＝赤$_2$の出やすさ
＝赤$_3$の出やすさ
＝白$_1$の出やすさ
＝白$_2$の出やすさ

の5通りであると考えるんだ。

全事象をU，赤$_1$が出ることをたんに「赤$_1$」と表す(ほかも同様)と，

$U=\{$赤$_1$，赤$_2$，赤$_3$，白$_1$，白$_2\}$

であり，

$n(U)=5$

さらに，赤球が出るという事象を A とすると，

$A=\{赤_1,\ 赤_2,\ 赤_3\}$ であり，$n(A)=3$

だね。だから，赤球が出る確率は，

$$P(A)=\frac{n(A)}{n(U)}=\frac{3}{5}$$

←（事象 A が起こるような根元事象の数）／（起こり得るすべての根元事象の数）

となるよ。このように，

> 確率を求めるときは，見た目の区別がつかないものも，すべて区別して考える

必要があるんだ。これは，確率を求めるときに，いちばん大切なことなんだよ！

例題 ❶

2個のサイコロを同時に投げるとき，目の和が6になる確率を求めよ。

解答の前にひと言

確率の問題では，2個のサイコロを区別して考えて，根元事象の起こりやすさをそろえるよ！

解答と解説

2個のサイコロをA，Bとし，Aの目を a，Bの目を b とすると，目の出方は全部で

$6\times6=36$（通り）

あり，これらは同様に確からしい。

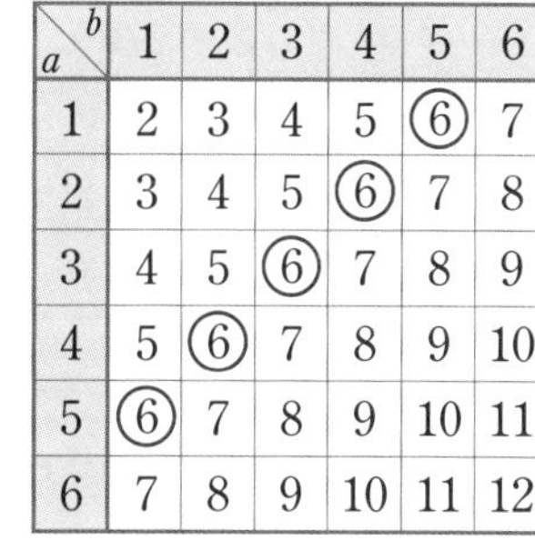

a \ b	1	2	3	4	5	6
1	2	3	4	5	⑥	7
2	3	4	5	⑥	7	8
3	4	5	⑥	7	8	9
4	5	⑥	7	8	9	10
5	⑥	7	8	9	10	11
6	7	8	9	10	11	12

目の和が6になるのは，

$(a,\ b)=(1,\ 5),\ (2,\ 4),\ (3,\ 3),\ (4,\ 2),\ (5,\ 1)$

の5通りであるから，求める確率は，

$\dfrac{5}{36}$ **答**

❸ 順列と確率

$\boxed{0}$, $\boxed{1}$, $\boxed{2}$, $\boxed{3}$, $\boxed{4}$ の5枚のカードがある。この中から無作為に4枚を取り出し，横一列に並べて4桁の整数を作る。ただし，いちばん左に $\boxed{0}$ のカードがある場合は3桁の整数であるとみなす。このとき，できた整数を X とする。

(1) $X \geqq 3000$ となる確率を求めよ。

(2) X が4桁の偶数となる確率を求めよ。

> 例 $\boxed{0}$, $\boxed{2}$, $\boxed{4}$, $\boxed{1}$ と並んだとき，
> $X=241$

解答の前にひと言

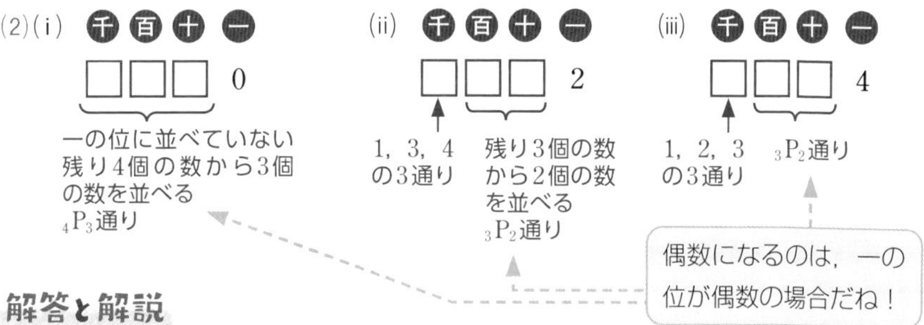

解答と解説

5枚から4枚選んで並べる順列の総数は，

$$_5P_4=5\cdot4\cdot3\cdot2=120\text{(通り)}$$

であり，これらは同様に確からしい。

(1) $X \geqq 3000$ となるのは，千の位が3，4の2通りあり，そのそれぞれに対して，百，十，一の位は $_4P_3$ 通りあるので，

$$2\times{}_4P_3=48\text{(通り)}$$

よって，求める確率は，

$$\frac{48}{120}=\frac{2}{5}$$ 答

(確率)＝$\dfrac{(X\geqq 3000\text{となる根元事象の数})}{(\text{起こり得るすべての根元事象の数})}$

(2) Xが4桁の偶数となるのは，一の位が0，2，4のときにかぎられる。

(i) 一の位が0のとき，$_4\mathrm{P}_3=24$(通り)

千，百，十の位の並べ方

(ii) 一の位が2，4のとき，

$\underbrace{2}_{\text{一の位}}\times\underbrace{3}_{\text{千の位}}\times\underbrace{{}_3\mathrm{P}_2}_{\text{百，十の位}}=36$(通り)

千の位は，一の位の数と0以外の3通り

よって，求める確率は

$$\frac{24+36}{120}=\frac{1}{2}$$ 答

(i)と(ii)は同時に起こらないから，たせばいいね！（和の法則）

4 組合せと確率

例題 ❸

1，2と書かれたカードが1枚ずつと3，4と書かれたカードが2枚ずつ計6枚のカードがある。この6枚の中から，無作為に2枚のカードを同時に取るとき，次のものを求めよ。

(1) **取り出された2枚のカードに書かれた数字が同じである確率**

(2) **取り出された2枚のカードに書かれた数字の差が1である確率**

解答の前にひと言

たとえば，[1]と[3]ではカードの枚数が異なるから，[1]の取り出しやすさと[3]の取り出しやすさは異なるね！　取り出しやすさ(起こりやすさ)をそろえるためにも，すべてのカードを区別して考えることが大切だね！

解答と解説

区別するために，このように名前をつけておくといいよ

6枚のカードを[1]，[2]，[3_A]，[3_B]，[4_A]，[4_B]とする。

2枚のカードの取り出し方は全部で，

$$_6C_2=\frac{6\cdot5}{2\cdot1}=15(\text{通り})$$

であり，これらは同様に確からしい。

(1)　2枚のカードの数字が同じになる取り出し方は，

$\{3_A,\ 3_B\}$，$\{4_A,\ 4_B\}$ ← { }は，組合せを表すよ！

の2通りであるから，求める確率は，

$\frac{2}{15}$ 答

(2)　差が1となる数字の組合せは，

(i)　1と2　(ii)　2と3　(iii)　3と4

の3つの場合がある。

(i)　差が1となる数字の組合せが「1と2」のとき，取り出し方は，

$\{1,\ 2\}$の1通り。

(ii)　差が1となる数字の組合せが「2と3」のとき，取り出し方は，

$\{2,\ 3_A\}$，$\{2,\ 3_B\}$の2通り。 ← 「$\{2,\ 3\}$ の1通り」としてしまうと間違いだよ！

(iii)　差が1となる数字の組合せが「3と4」のとき，取り出し方は，

$\{3_A,\ 4_A\}$，$\{3_A,\ 4_B\}$，$\{3_B,\ 4_A\}$，$\{3_B,\ 4_B\}$の4通り。 ← これも「$\{3, 4\}$の1通り」では間違いだね！

よって，求める確率は，

$\frac{1+2+4}{15}=\frac{7}{15}$ 答 ← (i)，(ii)，(iii)は同時に起こらないから，たせばいいね！（**和の法則**）

ちょいムズ

先生！　確率の問題は絶対にすべて区別して考えなくちゃいけないの？

正確にいうと，すべて区別して考えれば間違うことはないけど，場合によっては，すべて区別して考えなくても大丈夫だよ。

どんな場合？

区別しなくても根元事象の起こりやすさが同じになる場合だよ。

え？　よくわからない……。

たとえば，4個の赤球と3個の白球を横一列に並べるとき，3個の白球が連続して並ぶ確率を求めてごらん。

確率の問題だから，すべてを区別して考えるんだね。

赤$_1$，赤$_2$，赤$_3$，赤$_4$，白$_1$，白$_2$，白$_3$

として，並べ方は全部で7!通り。白球が連続するときは，ひとまとまりとして

［白グループ］とすると，赤$_1$，赤$_2$，赤$_3$，赤$_4$，［白グループ］の5個の並べ方は，

5!(通り)

［白グループ］内での，白$_1$，白$_2$，白$_3$，の並べ方は，

3!(通り)

だから，求める確率は，

$$\frac{5!\times 3!}{7!}=\frac{1}{7}$$

いいね！　じゃあ今度は，同じ色の球は区別をしないでやってみて。

4個の赤球と3個の白球の並べ方は，同じものを含む順列だから，

$$\frac{7!}{4!\,3!}=35(\text{通り})$$

4個の赤球を並べて，

∧赤∧赤∧赤∧赤∧

3個の白球をまとめて∧のどこかへ入れる入れ方が5通りだから，求める確率は，

$$\frac{5}{35}=\frac{1}{7}$$

あ！　同じになった！

でしょ！　どうして同じになるかというと，すべて区別した場合，たとえば「赤赤赤赤白白白」と「赤白赤赤白白赤」と並ぶのは，どちらも4! 3!(＝144)通りあって，起こりやすさが同じだからなんだ！

区別しないで考えても起こりやすさが同じときは，それを根元事象として考えても確率を正しく求めることができるんだね。だけど，どういう場合に区別しなくても大丈夫なのか，判断するのが難しいなあ。

だよね。だから，区別して考えるようにすることがおススメだよ。

まとめ

(1)　試行と事象

試　　行……何度でもくり返しが可能な実験や観測を行うこと

事　　象……試行の結果として起こる事柄

例　コインを投げたら表が出た。

➡　試行：コインを投げる　　事象：表が出た

根元事象……**1**個の要素だけからなる事象

（これ以上細かく分けることができない事象）

全 事 象……根元事象全体からなる事象

例　1枚のコインを投げる

➡　根元事象：{表}，{裏}

全事象 U は，U＝{表，裏}

(2) 事象と確率

同様に確からしい

……根元事象の起こりやすさがどれも同じであること

根元事象が同様に確からしい試行において，起こり得るすべての根元事象が N 通りあり，事象 A が起こるのがそれらの根元事象のうちの a 通りであったとする。このとき，全事象を U とすると，$n(U)=N$，$n(A)=a$ であり，事象 A が起こる確率 $P(A)$ は，

$$P(A)=\frac{n(A)}{n(U)}=\frac{a}{N}=\frac{(\text{事象 }A\text{ が起こるような根元事象の数})}{(\text{起こり得るすべての根元事象の数})}$$

➡ 確率を求めるときは，すべて区別して考える。

解答と解説►別冊 p.88

練習問題

(1) 次の考え方は誤っている。正しい考え方で確率を求めよ。

「2枚の硬貨を同時に投げるとき，表，裏の出方は{表，表}，{表，裏}，{裏，裏} の3通りである。よって，少なくとも1枚が表となる確率は $\frac{2}{3}$ である。」

(2) 男子2人，女子3人の5人を無作為に一列に並べるとき，両端が女子となる確率を求めよ。

(3) 4本の当たりくじを含む10本のくじがある。このくじから同時に2本のくじを引くとき，2本とも当たりくじである確率を求めよ。

第43節 確率の基本性質

この節の目標

- ☑ Ⓐ 積事象と和事象を求めることができる。
- ☑ Ⓑ 排反な事象に分けて確率を求めることができる。
- ☑ Ⓒ 確率の加法定理を用いて確率を求めることができる。

イントロダクション ♪♫

この節では，事象についての用語がいろいろと出てくるよ。それらについて，ざっと確認しておこう。

1個のサイコロを投げる試行を行うことを考えよう。

「偶数の目が出る」事象を A，「3以上の目が出る」事象を B

とするよ。

このとき，A と B がともに起こる事象，つまり，

「偶数でありかつ3以上の目が出る」 ← 4，6のいずれか

という事象を A と B の「**積事象**」といい，

「$A \cap B$」で表すんだ。

また，A と B の少なくとも一方が起こる事象，つまり，

「偶数であるかまたは3以上の目が出る」 ← 2，3，4，5，6のいずれか

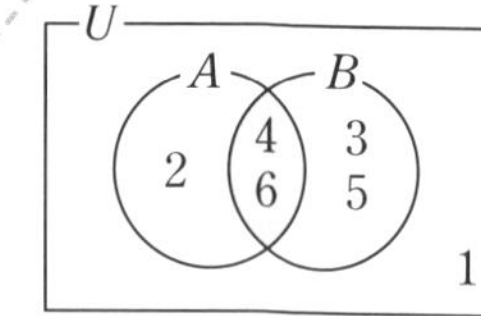

という事象を A と B の「**和事象**」といい，

「$A \cup B$」で表すよ。

また，1個のサイコロを投げる試行を行ったとき，

「5の目が出る」事象を C

としよう。このとき，A と C の積事象，つまり，

「偶数でありかつ5である目が出る」

という事象は起こり得ないね。このように，A と C が同時に起こることがないとき，A と C は互いに「**排反**」である，または，「**排反事象**」であるというよ。

$A \cap C = \phi$ ということだよ！

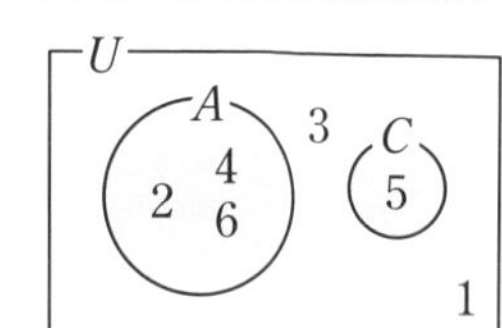

また，確率の基本性質として，次のことが成り立つよ。

❶ どの事象 A に対しても，

$0 \leqq P(A) \leqq 1$

確率は，1 を超えたりマイナスになったりすることはないよ！

❷ 全事象を U，空事象を ϕ とするとき，

$P(\phi)=0$，$P(U)=1$

$P(\phi)=\dfrac{n(\phi)}{n(U)}=\dfrac{0}{n(U)}=0$

$P(U)=\dfrac{n(U)}{n(U)}=1$

❸ 全事象 U の中に2つの排反な事象 A，B があるとき，

$P(A \cup B)=P(A)+P(B)$ （**確率の加法定理**）

かぶりがないときは，単純にたせばいいってことだよ！

ゼロから解説

1 積事象と和事象

積事象と和事象

全事象 U の中に2つの事象 A，B があるとき，

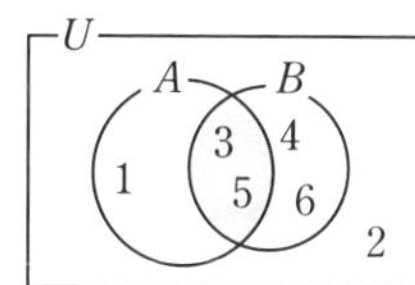

❶ **$A \cap B$：A と B がともに起こる事象**
（A と B の積事象という）

例 1個のサイコロを投げるとき，奇数の目が出る事象を A，3以上の目が出る事象を B とする。

$A=\{1,\ 3,\ 5\}$，$B=\{3,\ 4,\ 5,\ 6\}$ より

$A \cap B=\{3,\ 5\}$

❷ **$A \cup B$：A，B の少なくとも一方が起こる事象**
（A と B の和事象という）

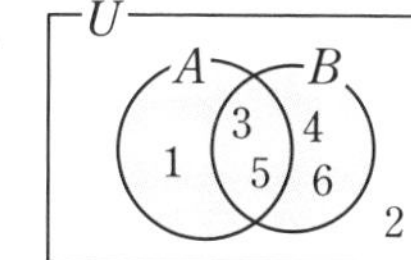

例 上の例でいうと，

$A \cup B=\{1,\ 3,\ 4,\ 5,\ 6\}$

「積事象」のことを「**共通事象**」とよぶこともあるよ。

例 ジョーカーを除く1組52枚のトランプカードから1枚取り出す試行において，ハートの札が出るという事象をA，絵札が出るという事象をBとする。このとき，事象$A\cup B$，$A\cap B$は，それぞれどのような事象であるか答えよ。

事象$A\cup B$は，

　　ハートの札または絵札が出る事象

だね。事象$A\cap B$は，

　　ハートの札かつ絵札が出る，すなわち，ハートの絵札が出る事象

だよ。

例題 ❶

大小2個のサイコロを同時に投げるとき，目の積が4となる事象をA，目の和が4となる事象をBとする。AとBの積事象と和事象を集合を用いて表せ。

解答と解説

大きいサイコロの目がxで，小さいサイコロの目がyであることを，$(x,\ y)$と表すことにする。

$$A=\{(1,\ 4),\ (2,\ 2),\ (4,\ 1)\},\ B=\{(1,\ 3),\ (2,\ 2),\ (3,\ 1)\}$$

であり，AとBの積事象は，

$$A\cap B=\{(2,\ 2)\}$$ **答**

AとBの和事象は，

$$A\cup B=\{(1,\ 3),\ (1,\ 4),\ (2,\ 2),\ (3,\ 1),\ (4,\ 1)\}$$ **答**

❷ 排反事象

排反事象

$\boldsymbol{A}$と$\boldsymbol{B}$が同時に起こることがないとき，$\boldsymbol{A}$と$\boldsymbol{B}$は排反である，または，排反事象であるといい，$\boldsymbol{A}\cap\boldsymbol{B}=\phi$が成り立つ。

たとえば，コインを1回投げるという試行において，「表が出る」と「裏が出る」は排反事象。

確率の問題では，

排反な事象に分けて考える

ことが大切だよ。

第36節の場合の数の問題を考えたときと同じように，できるだけ排反な事柄で場合分けするのが大切だよ！

例 2個のサイコロを同時に投げるとき，目の和が3の倍数となる確率を求めよ。

2個のサイコロの目の和は，2以上12以下だね。目の和が3の倍数となる事象を排反な事象に分けると，

(i) 目の和が3，(ii) 目の和が6，(iii) 目の和が9，(iv) 目の和が12

となるね。このように，排反な事象に分けて場合の数を求めていくことが大切だよ！

サイコロをX，Yとすると，2個のサイコロの目の出方は，全部で，

$6\times6=36$(通り)

であり，これらは同様に確からしい。

確率の問題だから，2個のサイコロは区別して考えるよ！

(i) 目の和が3となるのは，

$(X,\ Y)=(1,\ 2),\ (2,\ 1)$ の2通り。

排反な事象に分けることができるときは，分けて考えよう！

(ii) 目の和が6となるのは，

$(X,\ Y)=(1,\ 5),\ (2,\ 4),\ (3,\ 3),\ (4,\ 2),\ (5,\ 1)$ の5通り。

(iii) 目の和が9となるのは，

$(X,\ Y)=(3,\ 6),\ (4,\ 5),\ (5,\ 4),\ (6,\ 3)$ の4通り。

(iv) 目の和が12となるのは，

$(X,\ Y)=(6,\ 6)$ の1通り。

よって，目の和が3の倍数となる確率は，

$$\frac{2+5+4+1}{36}=\frac{12}{36}=\boldsymbol{\frac{1}{3}}$$

目の和が3の倍数となる事象を，(i)，(ii)，(iii)，(iv)の排反な事象に分けたから，たせばいいね！

3 確率の基本性質

確率のもつ基本的な性質について確認していこう。

確率の基本性質 1

どの事象 A に対しても,

$$\mathbf{0 \leqq P(A) \leqq 1}$$

「確率は必ず 0 以上 1 以下の値になる」ということだよ！

全事象 U の中の事象 A に含まれる同様に確からしい根元事象の個数 $n(A)$ は,

$$0 \leqq n(A) \leqq n(U) \quad \cdots\cdots①$$

を満たすね！

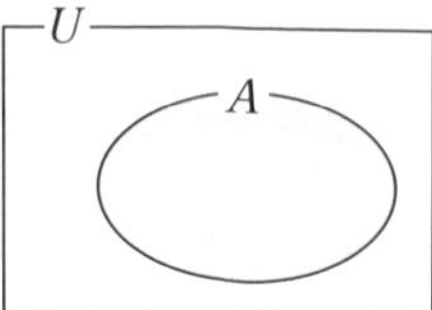

A が含む根元事象の個数は最小でも0個で，最大でも全事象 U の根元事象の個数と同じだよ！

①の各辺を $n(U)\ (>0)$ でわると,

$$\frac{0}{n(U)} \leqq \frac{n(A)}{n(U)} \leqq \frac{n(U)}{n(U)}$$

$$0 \leqq P(A) \leqq 1$$

$P(A)=\dfrac{n(A)}{n(U)}$ だね！

確率の基本性質 2

全事象を U，空事象を ϕ とするとき,

$$\mathbf{P(\phi)=0,\ P(U)=1}$$

これをわかりやすくいうと,

「絶対に起こり得ない事柄」が起こる確率は0

「必ず起こる事柄」が起こる確率は1

ということだよ。

空事象は根元事象を1つも含まない事象だから,

$$n(\phi)=0$$

両辺を $n(U)$ でわると,

$$\frac{n(\phi)}{n(U)}=\frac{0}{n(U)} \iff P(\phi)=0$$

$P(A)=\dfrac{n(A)}{n(U)}$ で $A=\phi$ ならば,

$$P(\phi)=\frac{n(\phi)}{n(U)}$$

だね。また，

$$p(U)=\frac{n(U)}{n(U)}=1$$

$P(A)=\dfrac{n(A)}{n(U)}$ で $A=U$ ならば，

$P(U)=\dfrac{n(U)}{n(U)}$

だよ。

確率の基本性質 3

全事象 U の中に2つの排反な事象 A，B があるとき，

$P(A\cup B)=P(A)+P(B)$ （確率の加法定理）

事象 A，B が排反であるとき，$A\cap B=\phi$ となるから，和事象 $A\cup B$ の根元事象の個数は，

$$n(A\cup B)=n(A)+n(B)$$

だね。両辺を $n(U)$ でわると，

$$\frac{n(A\cup B)}{n(U)}=\frac{n(A)}{n(U)}+\frac{n(B)}{n(U)}$$

となるから，

$$P(A\cup B)=P(A)+P(B)$$

が成り立つね。

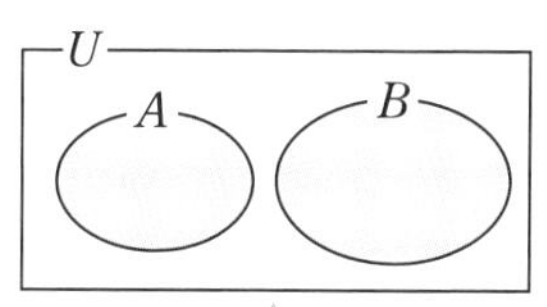

A と B が排反事象だったら，積事象 $A\cap B$ は空事象だね！

A と B の共通部分がないから，そのままたせばいいね！

例題 2

当たりくじ4本を含む10本のくじがある。この中から3本のくじを同時に引くとき，2本以上当たる確率を求めよ。

解答の前にひと言

これは，確率の問題だから，くじの取り出しやすさをそろえるために，すべてのくじを区別して考える必要があるね！　だから，10本のくじを，

[$当_1$]，[$当_2$]，[$当_3$]，[$当_4$]，[$は_1$]，[$は_2$]，[$は_3$]，[$は_4$]，[$は_5$]，[$は_6$]

と区別するよ。

また，排反な事象に分けることができるときは分けて考えるとよいから，

A：2本当たる事象

B：3本とも当たる事象

とするよ。

「3本中2本当たる」ということだよ。1本ははずれであることにも注意しよう！

求める確率は，$P(A\cup B)$であり，事象Aと事象Bは互いに排反だから，

$$\boldsymbol{P(A\cup B)=P(A)+P(B)}$$

で求めることができるね。

解答と解説

10本のくじから3本を引く場合の数は，

$${}_{10}\mathrm{C}_3=\frac{10\cdot9\cdot8}{3\cdot2\cdot1}=120(\text{通り})$$

であり，これらは同様に確からしい。

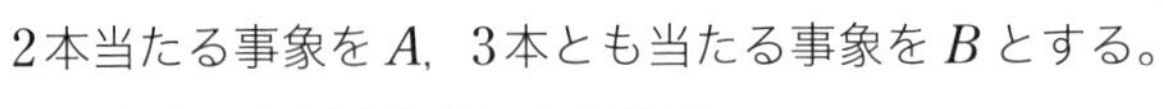

2本当たる事象をA，3本とも当たる事象をBとする。

このとき，2本以上当たる事象は，

$A\cup B$

で表される。

ここで，事象A，Bの確率は，

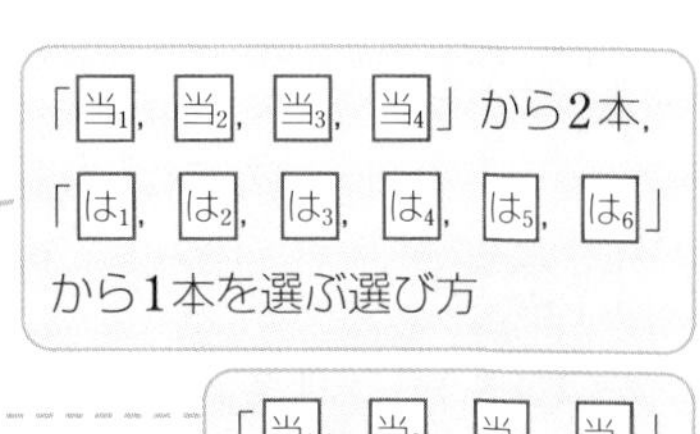
「当1，当2，当3，当4」から2本，
「は1，は2，は3，は4，は5，は6」
から1本を選ぶ選び方

$$P(A)=\frac{{}_4\mathrm{C}_2\times{}_6\mathrm{C}_1}{{}_{10}\mathrm{C}_3}=\frac{6\times6}{120}=\frac{3}{10}$$

$$P(B)=\frac{{}_4\mathrm{C}_3}{{}_{10}\mathrm{C}_3}=\frac{4}{120}=\frac{1}{30}$$

「当1，当2，当3，当4」から3本を選ぶ選び方

AとBは互いに排反であるから，

$$P(A\cup B)=P(A)+P(B)$$

$$=\frac{3}{10}+\frac{1}{30}$$

$$=\frac{1}{3}\quad \text{答}$$

確率の求め方がわかってきた！　起こりやすさをそろえるために，まずはすべて区別して考えることが大切なんだね！

そうだね！　すべての根元事象が同様に確からしいかどうかを確認して，その上で，根元事象が何通りあるかを数えることが大切なんだ！

そして，場合分けをするときは，できるだけ，排反な事象に分けて考えることも大切だね！

そう！　互いに排反な事象 A，B に分けて，まずそれぞれの確率 $P(A)$，$P(B)$ を求めてから，

$$P(A\cup B)=P(A)+P(B)\quad（確率の加法定理）$$

を使って求めるといいね！

排反な事象が3つ以上になっても，同じように求められるの？

もちろん！　互いに排反な3つの事象 A，B，C の和事象 $A\cup B\cup C$ の確率は，

$$P(A\cup B\cup C)=P(A)+P(B)+P(C)$$

で求めることができるよ。

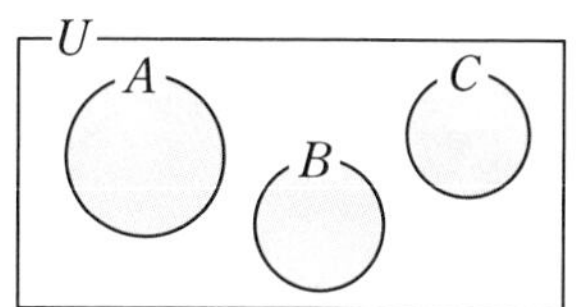

なるほど！　じゃあ，3つ以上の排反な事象に分けても同じようにできるんだね♪

そうなんだ。❷の例の，2個のサイコロを同時に投げて目の和が3の倍数となる確率を求める問題では，4つの排反な事象に分けたね。目の和を X とおくと，目の和が3の倍数になる確率は，

$$P(X=3)+P(X=6)+P(X=9)+P(X=12)=\frac{2}{36}+\frac{5}{36}+\frac{4}{36}+\frac{1}{36}$$

と求めることもできるんだよ。

$X=3$となる事象，$X=6$となる事象，$X=9$となる事象，$X=12$となる事象はどの事象も互いに排反だから，それぞれの確率を別々に求めてからたしてもいいんだね♪　じゃあ，事象Aと事象Bが排反ではない場合の$A \cup B$の確率は，どのように求めればいいの？

いい質問だね！　こうだったらどうなるんだろうと考えることは，すごく大切だよ。場合の数が少ないときは直接数えて求めてもいいけど，計算で求める方法は次の節で扱うから，楽しみにしててね！

(1)　**積事象と和事象**

全事象 U の中に2つの事象 A，B があるとき，

❶ $A \cap B$：A と B がともに起こる事象
（A と B の積事象という）

❷ $A \cup B$：A，B の少なくとも一方が起こる事象
（A と B の和事象という）

(2)　**排反事象**

A と B が同時に起こることがないとき，

A と B は排反である，または，排反事象である

といい，$A \cap B = \phi$ である。

(3) 確率の基本性質

❶ どの事象 A に対しても,

$$0 \leqq P(A) \leqq 1$$

❷ 全事象を U, 空事象をϕとするとき,

$$P(\phi)=0,\ P(U)=1$$

❸ 全事象 U の中に2つの排反な事象 A, B があるとき,

$$P(A \cup B)=P(A)+P(B)$$ (確率の加法定理)

解答と解説▶別冊 p.90

練習問題

(1) 1個のサイコロを投げる試行において,「奇数の目が出る」という事象をA,「4以上の目が出る」という事象をBとする。このとき,積事象$A \cap B$の確率, 和事象$A \cup B$の確率を, それぞれ求めよ。

(2) 1から50までの番号をつけた50枚のカードから1枚取り出すとき,次の事象のうち, 互いに排反であるものはどれとどれか。

A:6の倍数の番号が出る　B:7の倍数の番号が出る

C:偶数の番号が出る　D:50の約数の番号が出る

(3) 袋の中に赤球3個, 白球5個, 青球2個が入っている。この袋から同時に4個の球を取り出すとき, 4個の球の色が3種類となる確率を求めよ。

第44節 和事象と余事象の確率

この節の目標

- ☐ Ⓐ 和事象の確率を求めることができる。
- ☐ Ⓑ 余事象の確率を求めることができる。
- ☐ Ⓒ 差事象を利用して確率を求めることができる。

イントロダクション ♪♫

この節ではまず，2つの事象AとBが互いに排反でない場合の，AとBの「**和事象**」$A\cup B$の確率を，計算で求める方法を学習するよ。

具体例を通して説明するね！　1個のサイコロを投げる試行を行うことを考えるよ。全事象をUとし，

「偶数の目が出る」事象をA，「3以上の目が出る」事象をB

とするとき，

「偶数であるかまたは3以上の目が出る」

という事象$A\cup B$の確率を求めてみよう。

U
A
B
2
4
6
3
5
1

$$n(U)=6,\ \ n(A)=3,\ \ n(B)=4,\ \ n(A\cap B)=2$$

だから，

$$P(A\cup B)=\frac{n(A\cup B)}{n(U)}=\frac{n(A)+n(B)-n(A\cap B)}{n(U)}$$

和集合の要素の個数の公式をあてはめたよ！（第35節参照）

$$=\frac{n(A)}{n(U)}+\frac{n(B)}{n(U)}-\frac{n(A\cap B)}{n(U)}$$

$$=P(A)+P(B)-P(A\cap B)$$

$$=\frac{3}{6}+\frac{4}{6}-\frac{2}{6}=\frac{5}{6}$$

Aの確率とBの確率をたすと，共通部分$A\cap B$の確率は2回ぶんたされるから，1回ぶんひけばいいってことだね！

と求めることができるよ。

また，「**余事象**（よじしょう）」の確率の求め方についても学習するよ。

ある事象Aにたいして，「Aが起こらない」という事象を「Aの余事象」といって，「$\overline{A}$」の記号で表すんだ。上の例でいうと，$\overline{A}$は「偶数の目が出ない」，

つまり,

「奇数の目が出る」

ということになるね。この $\overline{A}$ の確率を求めてみよう。

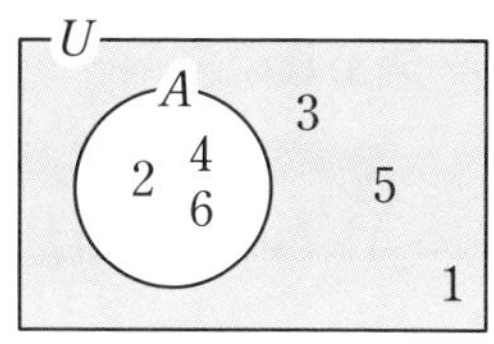

$$P(\overline{A})=\frac{n(\overline{A})}{n(U)}=\frac{n(U)-n(A)}{n(U)}$$

補集合の要素の個数は, $n(\overline{A})=n(U)-n(A)$ で求められるんだったね!(第35節参照)

$$=\frac{n(U)}{n(U)}-\frac{n(A)}{n(U)}$$

$$=1-P(A)$$

1(全体の確率)から A が起こる確率をひけば, A が起こらない確率を求めることができるんだね!

$$=1-\frac{3}{6}=\frac{1}{2}$$

確率は, 直接求めるよりも, 余事象の確率を利用して求めたほうが楽なことも多いよ。

ゼロから解説

1 和事象・余事象の確率

和事象の確率

全事象 U の中に2つの事象 A, B があるとき,

$$P(A\cup B)=P(A)+P(B)-P(A\cap B)$$

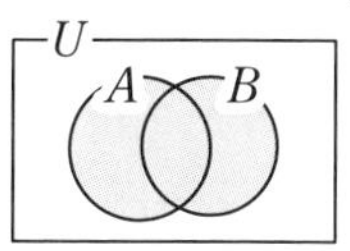

証明は, **イントロダクション♪♫** を参照してね!

とくに, A と B が同時に起こらないとき(互いに排反なとき)は, $P(A\cap B)=0$ より,

$$P(A\cup B)=P(A)+P(B)$$

になるね! つまり, 第43節で学んだ「確率の加法定理」は, 和事象の中でも特別な場合なんだね。

また,「A が起こらない」という事象を A の「**余事象**」といって, $\overline{A}$ で表すんだ。

余事象の確率

全事象 U の中に事象 A があるとき，

$$P(\overline{A})=P(U)-P(A)=1-P(A)$$

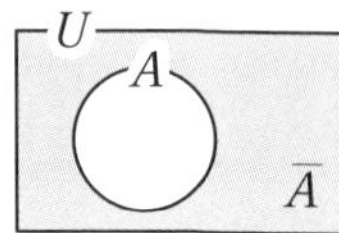

確率の問題では，直接求めるのと，余事象の確率を1からひくことにより求めるのとで，どちらがより効率よく求められるのかをしっかり考えよう！

例題 ❶

箱の中に1から7までの7枚の番号札が入っている。この箱から3枚の札を同時に取り出すとき，取り出された札の番号について，次の確率を求めよ。

(1) **最大の番号が5以下で，最小の番号が2以上である確率**

(2) **最大の番号が5以下であるか，または，最小の番号が2以上である確率**

(3) **6または7が含まれている確率**

解答と解説

「最大の番号が5以下」を事象 A，「最小の番号が2以上」を事象 B とする。

(1) 求める確率は $P(A\cap B)$ であり，2，3，4，5の4枚の番号札のうちの3枚を取り出す確率に等しいから，

$$P(A\cap B)=\frac{{}_4C_3}{{}_7C_3}=\frac{4}{35} \quad 答$$

$$\frac{{}_4C_3}{{}_7C_3}=\frac{\frac{4\cdot3\cdot2}{3\cdot2\cdot1}}{\frac{7\cdot6\cdot5}{3\cdot2\cdot1}}=\frac{4\cdot3\cdot2}{7\cdot6\cdot5}=\frac{4}{35}$$

3·2·1を分母・分子にかける

(2) 求める確率は $P(A\cup B)$ である。

$P(A)$ は，1，2，3，4，5の5枚の番号札のうちの3枚を取り出す確率に等しく，

$$P(A)=\frac{{}_5C_3}{{}_7C_3}=\frac{2}{7}$$

$$\frac{{}_5C_3}{{}_7C_3}=\frac{5\cdot4\cdot3}{7\cdot6\cdot5}=\frac{2}{7}$$

3·2·1を分母・分子にかける

$P(B)$ は，2～7の6枚の番号札のうちの3枚を取り出す確率に等しく，

$$P(B)=\frac{{}_6\mathrm{C}_3}{{}_7\mathrm{C}_3}=\frac{4}{7}$$

$\frac{{}_6\mathrm{C}_3}{{}_7\mathrm{C}_3}=\frac{6\cdot5\cdot4}{7\cdot6\cdot5}=\frac{4}{7}$

よって，求める確率は，

$$P(A\cup B)=P(A)+P(B)-P(A\cap B)$$

$$=\frac{2}{7}+\frac{4}{7}-\frac{4}{35}=\frac{26}{35}\ \text{答}$$

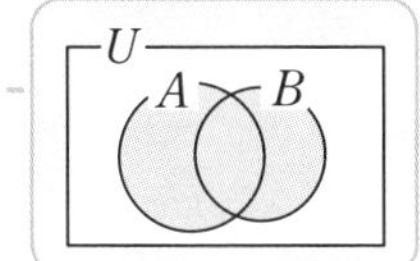

(3) 「6の番号札を取り出す」を事象C，「7の番号札を取り出す」を事象Dとすると，求める確率は$P(C\cup D)$である。

$$P(C)=\frac{1\cdot{}_6\mathrm{C}_2}{{}_7\mathrm{C}_3}=\frac{3}{7}$$

6の番号札の取り出し方が1通り，残り6枚から2枚を取り出す取り出し方が${}_6\mathrm{C}_2$通り

$$P(D)=\frac{1\cdot{}_6\mathrm{C}_2}{{}_7\mathrm{C}_3}=\frac{3}{7}$$

7の番号札の取り出し方が1通り，残り6枚から2枚を取り出す取り出し方が${}_6\mathrm{C}_2$通り

$$P(C\cap D)=\frac{1\cdot{}_5\mathrm{C}_1}{{}_7\mathrm{C}_3}=\frac{1}{7}$$

6の番号札と7の番号札の取り出し方が1通り，残り5枚から1枚を取り出す取り出し方が${}_5\mathrm{C}_1$通り

よって，求める確率は，

$$P(C\cup D)=P(C)+P(D)-P(C\cap D)=\frac{3}{7}+\frac{3}{7}-\frac{1}{7}=\frac{5}{7}\ \text{答}$$

別解 6または7が含まれている事象の余事象は，最大の番号が5以下になる事象Aであるから，求める確率は，(2)より，

$$1-P(A)=1-\frac{2}{7}=\frac{5}{7}\ \text{答}$$

P(6または7を取り出す)
$=P$(最大の番号が6以上)
$=1-P$(最大の番号が5以下)

例題 ❷

サイコロを2回投げて，出た目の数の積をXとする。このとき，$X>3$となる確率を求めよ。

解答と解説

サイコロを2回投げたときの目の出方は6^2通りあり，これらはすべて同様に確からしい。

「$X>3$」を事象Aとすると，余事象$\overline{A}$は「$X\leqq3$」である。1回目のサイコ

ロの目がa，2回目のサイコロの目がbであることを，$(a,\ b)$と表すと，

(i) $X=1$となる目の出方は，$(1,\ 1)$の1通り。

(ii) $X=2$となる目の出方は，$(1,\ 2)$，$(2,\ 1)$の2通り。

(iii) $X=3$となる目の出方は，$(1,\ 3)$，$(3,\ 1)$の2通り。

(i)，(ii)，(iii)より，

$$P(\overline{A})=\frac{1+2+2}{6^2}=\frac{5}{36}$$

よって，求める確率は，

$$P(A)=1-P(\overline{A})=1-\frac{5}{36}=\frac{31}{36}$$ 答

$X>3$となるのは，
$X=4$，$X=5$，……，$X=36$
と多くの場合があるから，直接求めるのはたいへんだね！
だから，余事象の$X\leqq3$となる確率を利用して求めよう！

2 差事象の確率

ここでは，余事象や差事象を利用して確率を求める問題を扱っていくよ！

例 1個のサイコロを3回続けて投げるとき，出た目の数の最小値をmとする。

(1) $m\leqq2$となる確率を求めよ。

(2) $m=2$となる確率を求めよ。

出た目
1，4，6 ➡ $m=1$
2，5，1 ➡ $m=1$
2，3，6 ➡ $m=2$
2，4，2 ➡ $m=2$
3，3，3 ➡ $m=3$

(1) 「$m\leqq2$となる」とは，

「少なくとも1回は2以下の目が出る」

ということだね！　このように，

「少なくとも」を用いて言い換えることができる事象は，余事象の利用を考えてみる

ことにしよう。余事象を利用すると効率よく求められることが多いよ。

1回のサイコロ投げで，

「2以下の目が出る」という事象をE

とするね。サイコロを3回投げたときに，Eが起こる回数に着目して，起こり得る排反な事象をすべてかき出すと，次の4つだね。

今回求めたい事象 (i) Eが3回起こる / (ii) Eが2回だけ起こる / (iii) Eが1回だけ起こる ── 「2以下の目(1または2)が出る」ということが少なくとも1回起こっている

求めたい事象の余事象 (iv) Eが1回も起こらない ← 「2以下の目が出る」ことが1回も起こっていない(1も2も1回も出ない)

今回求めるものは，

「少なくとも1回はEが起こる」確率

だから，(i)〜(iii)の場合なんだけど，これを直接求めるよりも，(iv)の確率を求めるほうが楽だよね。

(i)〜(iii)の場合だから，求めるのに手間がかかるね！

(iv)は(i)〜(iii)の余事象で，

「1も2も1回も出ない」とき，つまり，「$m \geqq 3$ となる」とき

だから，この確率を利用して，

$$
\begin{aligned}
P(m \leqq 2) &= 1 - P(\overline{m \leqq 2}) \\
&= 1 - P(m \geqq 3) \\
&= 1 - \frac{4^3}{6^3} \\
&= 1 - \frac{4 \cdot 4 \cdot 4}{6 \cdot 6 \cdot 6} \\
&= \mathbf{\frac{19}{27}}
\end{aligned}
$$

「$m \geqq 3$」ということは，「3回とも$\overline{E}$(3以上の目，つまり，3，4，5，6のいずれかが出ること)が起こる」ということだから，

$4 \times 4 \times 4$(通り)

$\frac{\overset{2}{\cancel{4}} \cdot \overset{2}{\cancel{4}} \cdot \overset{2}{\cancel{4}}}{\underset{3}{\cancel{6}} \cdot \underset{3}{\cancel{6}} \cdot \underset{3}{\cancel{6}}}$

のように求めるといいよ。

(2) $m=2$ となる場合を具体的に考えてみるよ。3回とも2が出れば最小値はもちろん2になるけど，たとえば3回の目が2，2，5のときや2，3，5のときも最小値は2だよね。じゃあ，「$m=2$ となる」とは，

「少なくとも1回は2が出る」

といってよいのかというと，これだけでは誤りなんだ。たとえば，

2，1，5

のように，1の目(2よりも小さい)が1回でも出てしまうと，最小値は2ではなくなってしまうよね。だから，正しくは，

「2より小さい目が1回も出ない」かつ「少なくとも1回は2が出る」

つまり，

「$m \geqq 2$」となる場合のうちで

「少なくとも1回は2が出る」とき

ということになるよ。

「2より小さい目が1回も出ない」のは，3回の目が「2，2，5」，「2，3，5」，「4，4，5」のようなときだから，言い換えると，「3回とも2以上の目が出る」つまり，「$m \geqq 2$」となるときだね！

ところが，この確率を直接求めるのはたいへんだから，

「$m \geqq 2$」となる場合のうち「2が1回も出ない」ときを除いた場合

という見方をしてみよう。それは，下図の▒の部分に相当するよ！

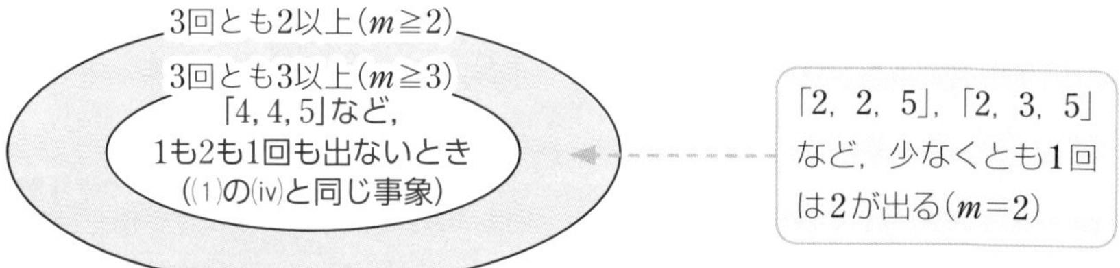

上図の▒の部分が示すのは，

「$m \geqq 2$」を全体と考えたときの，「$m \geqq 3$」の余事象

に相当する事象だよ。正確には，「$m \geqq 2$」は全事象ではないから，余事象ではなくて「**差事象**(さじしょう)」というんだ。

結局，

「$m \geqq 2$」となる場合から，
「$m \geqq 3$」となる場合を除いたもの

$m \geqq 2$ である「2，2，5」，「2，3，5」，「4，4，5」，…… の場合から，「4，4，5」のように1も2も1回も出ない場合($m \geqq 3$)を除けばいいね！

と考えて，

$$P(m=2)=P(m \geqq 2)-P(m \geqq 3)$$
$$=\frac{5^3}{6^3}-\frac{4^3}{6^3}$$
$$=\boldsymbol{\frac{61}{216}}$$

と求めることができるんだ！

例題 ❸

1から10までの番号のついた10枚のカードがある。この中から1枚のカードを取り出して番号を記録し，元に戻す試行を3回くり返す。記録された数の最大値を M，最小値を m とする。

(1) $M=8$ となる確率を求めよ。

(2) $m=2$ となる確率を求めよ。

(3) $M=8$ かつ $m=2$ となる確率を求めよ。

解答の前にひと言

(1) 「最大値が8」ということから，「3回中，どこか1回は8のカードを選ぶのは確定で，残り2回は1～8のどのカードを選んでもよい」と考えて，

8を選ぶ回が何回目になるかは${}_3C_1$通り，その回のカードの選び方は1通り（8のみ）

$$\frac{{}_3C_1\times 1\times 8\times 8}{10^3}\left(=\frac{192}{1000}\right)\cdots\cdots(*)$$

ほかの2回は1～8のどれでもよいから8通りずつ

と考える人もいるんじゃないかな？　でもこれでは，正しい答えにはならないよ。なぜかというと，8を2回以上選ぶ場合に，重複が生じてしまうからなんだ。

たとえば，3回の番号が順に8，3，8となる場合を考えてみよう。分子の192通りの中には，次の(ア)，(イ)の2通りが含まれているね。

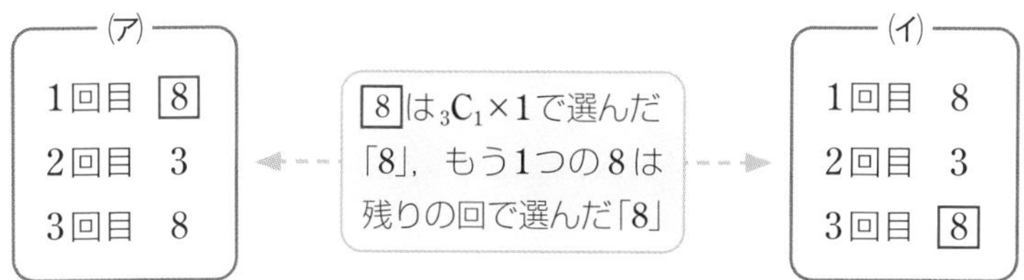

このように，(*)の分子では，(ア)と(イ)を異なった2通りとして数えてしまっているね。でも，単純にカードを3回取り出した結果としてみるとまったく同じだから，(*)の分母では1000通りのうちの1通りとしてしか数えていないね！　だから，(*)は確率の計算としてはおかしいんだ。

そこで，次のように考えよう。

$M=8$ となるのは，「3回とも8以下のカードを取り出し，そのうちの少なくとも1回は8を取り出す」場合だから，

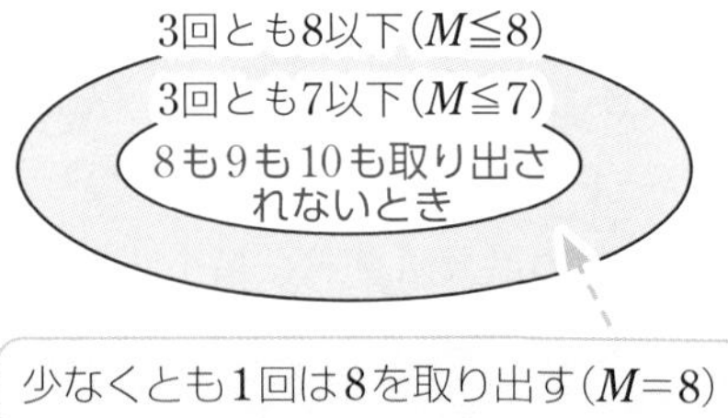

$P(M=8)$

$=P$(3回とも8以下を取り出す)$-P$(3回とも7以下を取り出す)

$=P(M\leqq8)-P(M\leqq7)$

(2) $m=2$ となるのは，「3回とも2以上のカードを取り出し，そのうちの少なくとも1回は2を取り出す」場合だから，

$P(m=2)=P$(3回とも2以上を取り出す)$-P$(3回とも3以上を取り出す)

$=P(m\geqq2)-P(m\geqq3)$

で求めることができるね。

$M=8$ かつ $m=2$

W: すべて2～8 ($2\leqq m\leqq M\leqq8$)

A：すべて2～7 ($M\neq8$)　B：すべて3～8 ($m\neq2$)

$A\cap B$：すべて3～7 ($M\neq8$ かつ $m\neq2$)

(3) W：3回とも2以上8以下

A：3回とも2以上7以下

B：3回とも3以上8以下

とするよ。

$P(M=8$ かつ $m=2)$

$=P$(3回とも2以上8以下)

$-P$(3回とも2以上8以下の中で2や8が1回も取り出されない)

$=P(W)-P(A\cup B)$

で求めることができるね。

この中には，「3，4，5」，「3，4，6」，「3，4，7」などのように，2や8が1回も取り出されていない場合が含まれているね！

2や8が1回も取り出されない場合を除こう！

解答と解説

(1) $M=8$ となるのは，「3回とも8以下のカードを取り出し，かつ，少なくとも1回は8のカードを取り出す」ときである。

よって，求める確率は，

$$\frac{8^3}{10^3}-\frac{7^3}{10^3}=\frac{169}{1000}$$ 答

3回とも8以下のカードを取り出す確率

3回とも7以下のカードを取り出す確率

(2)　$m=2$となるのは，「3回とも2以上のカードを取り出し，かつ，少なくとも1回は2のカードを取り出す」ときである。

よって，求める確率は，

$$\frac{9^3}{10^3}-\frac{8^3}{10^3}=\frac{217}{1000}$$ 答

3回とも2以上のカードを取り出す確率

3回とも3以上のカードを取り出す確率

(3)　事象Wを「3回とも2以上8以下のカードを取り出す」，事象Aを「3回とも2以上7以下のカードを取り出す」，事象Bを「3回とも3以上8以下のカードを取り出す」とする。

$P(A)=\frac{6^3}{10^3}$，$P(B)=\frac{6^3}{10^3}$，$P(A\cap B)=\frac{5^3}{10^3}$なので，

$$\begin{aligned}P(A\cup B)&=P(A)+P(B)-P(A\cap B)\\&=\frac{6^3}{10^3}+\frac{6^3}{10^3}-\frac{5^3}{10^3}\\&=\frac{307}{1000}\end{aligned}$$

$A\cap B$：3回とも3以上7以下のカードを取り出す
(3以上7以下は「3，4，5，6，7」の5通り)

よって，$M=8$かつ$m=2$となる確率は，

$$P(W)-P(A\cup B)=\frac{7^3}{10^3}-\frac{307}{1000}=\frac{9}{250}$$ 答

まとめ

(1)　**和事象の確率**

全事象Uの中に2つの事象A，Bがあるとき

$$\boldsymbol{P(A\cup B)=P(A)+P(B)-P(A\cap B)}$$

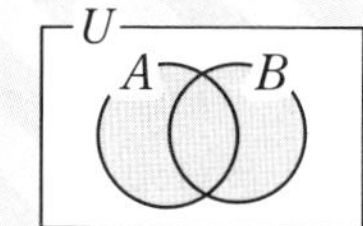

(2)　余事象の確率

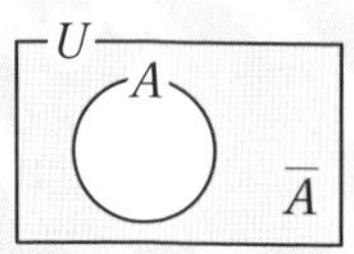

全事象 U の中に事象 A があるとき，

$$P(\overline{A})=P(U)-P(A)=1-P(A)$$

参考　「A が起こらない」という事象を A の余事象といい，「$\overline{A}$」で表す。

(3)　差事象の確率

例　1個のサイコロを7回続けて投げるとき

最小値が3以上
最小値が4以上

❶　出た目の最小値が3となる確率

➡　P(最小値が3)

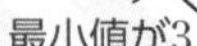

$=P$(7回とも3以上の目)$-P$(7回とも4以上の目)

$=P$(最小値が3以上)$-P$(最小値が4以上)

❷　出た目の最大値が5となる確率

➡　P(最大値が5)

$=P$(7回とも5以下の目)$-P$(7回とも4以下の目)

$=P$(最大値が5以下)$-P$(最大値が4以下)

最大値が5以下
最大値が4以下
最大値が5

解答と解説▶別冊 $p.92$

練習問題

(1)　1から6までの番号をつけた赤球6個と，1から5までの番号をつけた青球5個を入れた袋がある。この袋の中から球を1個取り出すとき，その球の番号が奇数であるかまたは色が青である確率を求めよ。

(2)　3個のサイコロを同時に投げるとき，出た目のうち少なくとも1つが奇数である確率を求めよ。

(3)　1個のサイコロを3回続けて投げるとき，出た目の最大値が4である確率を求めよ。

第45節

独立試行の確率

この節の目標

☐ Ⓐ 独立試行の確率を求めることができる。

イントロダクション ♪♫

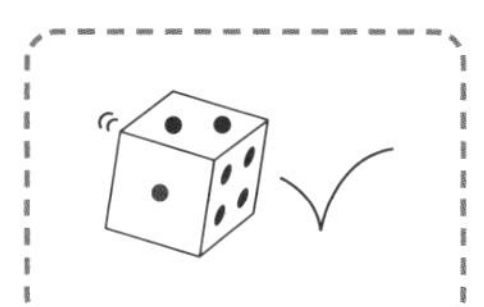

この節では，「**独立試行**」の確率について考えていくよ。

たとえば，次のような場面を思い浮かべてみてほしい。君は今，ラスベガスに来ている（僕も行ってみたい！）。サイコロを投げて偶数の目が出るか奇数の目が出るかを賭けているテーブルがあった（そんなのラスベガスにあるの？　とツッコミは入れないでね♪）。このサイコロは一般的な立方体のサイコロで，「偶数の目が出る確率」も「奇数の目が出る確率」もともに $\frac{1}{2}$ だ。そして，10回のゲームのうちの9回ぶんの結果が貼(は)ってあった。

回数	1	2	3	4	5	6	7	8	9	10
目	偶数	奇数	偶数	偶数	偶数	偶数	偶数	偶数	偶数	

さあ，君なら10回目は「偶数」と「奇数」どっちに賭ける？

「偶数に勢いがあるから，次も偶数にちがいない!!」

とか，

「これだけ偶数が続いたから，そろそろ奇数がくるだろ～」

と思った人もいるんじゃないかな？　でも，

9回目までの結果と10回目の結果は，まったく関係ない

よね！　10回目に「偶数の目が出る確率」も $\frac{1}{2}$ だし，「奇数の目が出る確率」も同じく $\frac{1}{2}$ だね！

このように，試行の結果がお互いに影響を与えない場合について考えていくよ。たとえば，1個のサイコロを投げて，つぎに1枚のコインを投げるとき，

サイコロで何の目が出ようとも，コインの表裏にはまったく影響を与えないね！　このとき，「サイコロの目が3の倍数で，かつ，コインが表になる確率」を求めるには，どうすればいいかな？　そんなようなことを，この節で考えていくよ。

ゼロから解説

1 独立試行の確率

「1個のサイコロを投げる」という試行と「1枚のコインを投げる」という試行のように，2つの試行が互いに他方の結果に影響を与えないとき，これらの試行は「**独立**である」というんだ。

この節では，いくつかの独立な試行を続けて行う場合の確率を，効率よく求める方法について学習していくよ。

例1　1個のサイコロと1枚のコインを投げるとき，サイコロは3の倍数の目が出て，コインは表が出る確率を求めよ。

1個のサイコロを投げる試行をS，1枚のコインを投げる試行をTとすると，SとTは独立だね！

S，Tの全事象をそれぞれU_1，U_2とすると，

$$U_1=\{1,\ 2,\ 3,\ 4,\ 5,\ 6\},\ U_2=\{表,\ 裏\}$$

だから，

$$n(U_1)=6,\ n(U_2)=2$$

だね。

ここで，「S と T を続けて行う」という試行を考えると，起こり得るすべての場合は，

$$n(U_1)\times n(U_2)=6\times 2\text{(通り)}$$

あって，これらはすべて同様に確からしい。

サイコロ　コイン
6 × 2（通り）
1 ─ 表
2 ─ 裏
⋮
6

ここで，

試行 S において，「3 の倍数の目が出る」という事象を A

試行 T において，「表が出る」という事象を B

とすると，

$$A=\{3,\ 6\},\ B=\{\text{表}\}$$

だから，

$$n(A)=2,\ n(B)=1$$

だよね。じゃあ，

「試行 S では A が起こり，試行 T では B が起こる」

（3の倍数の目が出る）（表が出る）

という事象を C とするよ。事象 C が起こる場合は，

$$n(A)\times n(B)=2\times 1\text{(通り)}$$

サイコロの目が3の倍数，コインが表となる場合

サイコロ　コイン
2 × 1（通り）
3 ── 表
6 ── 表

だね。だから，C が起こる確率は，

$$P(C)=\frac{2\times 1}{6\times 2}=\frac{1}{6}$$

この式を，次のようにとらえてみよう♪

$$P(C)=\frac{2\times 1}{6\times 2}$$

$$=\frac{2}{6}\times\frac{1}{2}$$

$$=P(A)\times P(B)$$

1個のサイコロを投げて3の倍数の目が出る確率

1枚のコインを投げて表が出る確率

つまり，C が起こる確率は，

（A が起こる確率）×（B が起こる確率）

で求めることができる，ということだよ！

独立試行の確率

2つの試行SとTが独立なとき，「Sで事象Aが起こり，Tで事象Bが起こる」という事象をCとすると，Cが起こる確率$P(C)$は，Aが起こる確率$P(A)$とBが起こる確率$P(B)$の積で求めることができる。

$$P(C)=P(A)\times P(B)$$

独立試行の確率について，1つ注意をしておくよ。

例2 サイコロを2回投げて，偶数の目が1回，奇数の目が1回出る確率を求めよ。

これを，

$$\frac{1}{2}\times\frac{1}{2}=\frac{1}{4}$$

（サイコロを1回投げて偶数の目が出る確率）（サイコロを1回投げて奇数の目が出る確率）

とやってしまいたくなる気持ちもわかる。でも，これは間違いなんだ。同じ試行をくり返すときでも，

1回目と2回目の試行の結果は区別して考える

必要があるんだ。

偶数が1回と奇数が1回出るのは，次の2つの場合があるね！

	1回目	2回目	
A：	偶数	奇数	……$\frac{1}{2}\times\frac{1}{2}=\frac{1}{4}$
B：	奇数	偶数	……$\frac{1}{2}\times\frac{1}{2}=\frac{1}{4}$

（同時に起こらないから排反だね！）

事象Aと事象Bは互いに排反だから，求める確率は，

$$\frac{1}{4}+\frac{1}{4}=\boldsymbol{\frac{1}{2}}$$

（これがこの**例2**の正しい確率だよ！）

根元事象を数えるときに，見た目が同じサイコロやコインもすべて区別して考えたように，同じ試行をくり返すときも，それぞれの試行の起こる順番は区別して考える必要があるんだよ。

例題❶

当たりくじ4本を含む10本のくじがあり，A，B，Cの3人がこの順にくじを1本ずつ引く。ただし，引いたくじは元に戻すものとする。このとき，AとCが当たり，Bがはずれる確率を求めよ。

解答の前にひと言

3つの試行 T_1，T_2，T_3 において，どの試行の結果もほかの試行の結果に影響を与えないとき，これらの試行は「**独立**である」というんだ。

3つの独立試行 T_1，T_2，T_3 において，T_1 で事象 A が起こり，T_2 で事象 B が起こり，T_3 で事象 C が起こる確率は，

$$P(A)\times P(B)\times P(C)$$

で求めることができるよ。

解答と解説

Aがくじを引く試行を T_1，Bがくじを引く試行を T_2，Cがくじを引く試行を T_3 とすると，引いたくじを元に戻すことから，T_1，T_2，T_3 は独立である。

Aが当たる確率は，$\dfrac{4}{10}=\dfrac{2}{5}$

Bがはずれる確率は，$\dfrac{6}{10}=\dfrac{3}{5}$

Cが当たる確率は，$\dfrac{4}{10}=\dfrac{2}{5}$

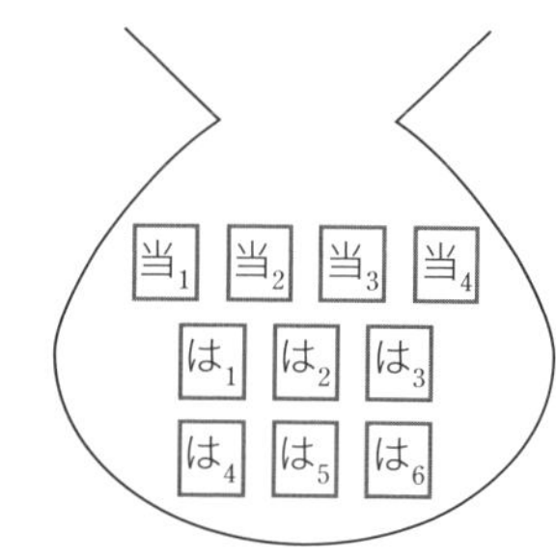

よって，求める確率は，

$$\frac{2}{5}\times\frac{3}{5}\times\frac{2}{5}=\frac{12}{125}$$ 

T_1，T_2，T_3 は独立だから，確率の積で求められるね！

例題❷

A，*B* の2人が検定試験を受ける。受験の結果，A が合格する確率は $\frac{2}{5}$，B が合格する確率は $\frac{4}{7}$ である。このとき，次の確率を求めよ。

(1) 2人とも合格しない確率

(2) 1人だけが合格する確率

解答と解説

(1) A が合格しない確率は，$1-\frac{2}{5}=\frac{3}{5}$

B が合格しない確率は，$1-\frac{4}{7}=\frac{3}{7}$

よって，2人とも合格しない確率は，

$$\frac{3}{5}\times\frac{3}{7}=\frac{9}{35}$$ 答

A の受験と B の受験は独立だから，A が合格しない確率と B が合格しない確率の積で求めることができるね！

(2) 1人だけが合格するのは，

(i) A が合格して，B が合格しない

(ii) A が合格しないで，B が合格する

の2つの場合があり，事象(i)と事象(ii)は互いに排反である。

排反な事象に分けることができるときは，分けて考えるんだったね

それぞれの確率は，

(i) $\frac{2}{5}\times\frac{3}{7}=\frac{6}{35}$

(ii) $\frac{3}{5}\times\frac{4}{7}=\frac{12}{35}$

よって，求める確率は，

$$\frac{6}{35}+\frac{12}{35}=\frac{18}{35}$$ 答

ちょいムズ

「独立」と「排反」って，なんだか似ているように思えるかもしれないけど，ちがいはわかるかな？　**「排反」**というのは試行の結果の事象について使う言葉で，**「独立」**というのはおもに試行そのものに使う言葉なんだよ。

「**事象**」というのは「試行」の結果起こる事柄だよ！

え!?　なんか難しくてわかんない！

たとえば，「1回目に投げたコインが表となること」と，「1回目に投げたコインが裏となること」は，同時に起こることはないよね？　この関係を**「排反」**というんだ。コインを投げるという試行の結果，表が出る，裏が出るという事象について使っているね！　このように，「排反」というのは，同時に起こることがない事象(の関係)にたいして使う言葉だよ。

なるほど！**「排反」**というのは，ある試行の結果，同時に起こらない事柄のことなんだね！

そう！　それにたいして，「1回目にコインを投げる試行」と，「2回目にコインを投げる試行」の関係が**「独立」**だね。1回目に表が出ようが裏が出ようが，2回目に投げるコインの表裏には影響を与えないよね！　異なる試行について，互いに他方の結果に影響を与えないとき，その関係が「独立」だよ。

あれ，1回目も2回目も「コインを投げる」っていう同じ試行じゃないの？

何回目にコインを投げているかで，試行を区別しないといけないよ。「1回目にコインを投げる」という試行と「2回目にコインを投げる」という試行は，異なる試行として扱うんだったね！

「独立」は，おもに異なる試行で，結果がお互いに影響しないときに使うのか。

まとめ

(1) 独　立

2つの試行 $\mathbf{T_1}$, $\mathbf{T_2}$ が互いに他方の結果に影響を与えないとき, $\mathbf{T_1}$ と $\mathbf{T_2}$ は独立であるという。

例 T_1：硬貨を投げる, T_2：サイコロを投げる

(2) 独立試行の確率

2つの試行 $\mathbf{T_1}$ と $\mathbf{T_2}$ が独立なとき,「$\mathbf{T_1}$ で事象 $\boldsymbol{A}$ が起こり, $\mathbf{T_2}$ で事象 $\boldsymbol{B}$ が起こる」という事象 $\boldsymbol{C}$ が起こる確率 $\boldsymbol{P(C)}$ は,

$$P(C)=P(A)\times P(B)$$

解答と解説▶別冊 *p*.94

練習問題

(1) A, B, C の3人がある的に向かって1つのボールを蹴(け)るとき, 的に当たる確率はそれぞれ $\frac{2}{5}$, $\frac{1}{2}$, $\frac{1}{3}$ であるという。この3人がそれぞれ1つのボールを蹴るとき, 次の確率を求めよ。

① 3人とも的に当たらない確率

② 少なくとも1人は的に当たる確率

(2) 袋Aには赤球2個と白球3個, 袋Bには赤球3個と白球7個が入っている。

① 袋Aから1個, 袋Bから2個の球を取り出すとき, 取り出された3個の球の色がすべて同じである確率を求めよ。

② 袋Aから球を1個取り出し, 色を確認したあと, 元に戻す。これを3回くり返すとき, 取り出された球の色がすべて同じとなる確率を求めよ。

第46節 反復試行の確率

この節の目標

☑ Ⓐ 反復試行の確率を求めることができる。

イントロダクション ♪♫

この節では，「反復試行（はんぷくしこう）」の確率について考えていくよ。

A君とB君がある勝負をするとき，A君が勝つ確率は $\frac{2}{3}$ であり，B君が勝つ確率は $\frac{1}{3}$ であるとしよう。この勝負を3回するときに，A君が2勝1敗となる確率はどれぐらいだろうか？

A君が2回勝ってB君が1回勝つから，

$$\frac{2}{3}\times\frac{2}{3}\times\frac{1}{3}=\frac{4}{27}$$

と思った人はいるかな？　おしいけどちがうよ！　これだと，「A君が1回目と2回目に勝って3回目に負ける確率」になってしまうんだ。

第45節でもふれたけど，「1回目と2回目に勝つ」ことと，「1回目と3回目に勝つ」ことや「2回目と3回目に勝つ」ことは，すべて区別して考える必要があるんだね。

1回の勝負でA君が勝つことを「◎」，B君が勝つことを「×」と表すとするよ。A君が2勝1敗となるのは，次の3パターンだね。

	1回目	2回目	3回目	確率
事象 X	◎	◎	×	$\frac{2}{3}\times\frac{2}{3}\times\frac{1}{3}=\left(\frac{2}{3}\right)^2\left(\frac{1}{3}\right)$
事象 Y	◎	×	◎	$\frac{2}{3}\times\frac{1}{3}\times\frac{2}{3}=\left(\frac{2}{3}\right)^2\left(\frac{1}{3}\right)$
事象 Z	×	◎	◎	$\frac{1}{3}\times\frac{2}{3}\times\frac{2}{3}=\left(\frac{2}{3}\right)^2\left(\frac{1}{3}\right)$

A君が2勝1敗となる事象は $X \cup Y \cup Z$ であり，X，Y，Z は互いに排反だから，

$$
\begin{aligned}
P(\text{Aが2勝1敗}) &= P(X \cup Y \cup Z) \\
&= P(X) + P(Y) + P(Z) \\
&= \underset{\sim\sim\sim}{\left(\frac{2}{3}\right)^2\left(\frac{1}{3}\right)} + \underset{\sim\sim\sim}{\left(\frac{2}{3}\right)^2\left(\frac{1}{3}\right)} + \underset{\sim\sim\sim}{\left(\frac{2}{3}\right)^2\left(\frac{1}{3}\right)} \\
&= \underset{\sim}{3} \times \left(\frac{2}{3}\right)^2\left(\frac{1}{3}\right) = \mathbf{\frac{4}{9}}
\end{aligned}
$$

X，Y，Z が排反なとき，
$P(X \cup Y \cup Z)$
$= P(X) + P(Y) + P(Z)$

$\left(\frac{2}{3}\right)^2\left(\frac{1}{3}\right)$ を3つたすことと，$\left(\frac{2}{3}\right)^2\left(\frac{1}{3}\right)$ を3倍することは同じ！

となるんだ！

今回は「3パターン」と少なかったから，すべてかき出して調べることができたけど，「300パターン」みたいに「パターン数」が多いときは，計算せずに「パターン数」を数えるのはきびしいよね。そこで，この「パターン数」を，計算で求めるにはどうすればいいかを考えていこう♪

ゼロから解説

1 反復試行の確率

「1個のサイコロをくり返し投げる」などのように，同じ条件のもとで同じ試行を何度もくり返す試行のことを，「**反復試行**」というよ。

さて，**イントロダクション♪♫** の例を，もう少し深く考えてみよう。

例1 A君とB君がある勝負をするとき，A君が勝つ確率は $\frac{2}{3}$，B君が勝つ確率は $\frac{1}{3}$ である。この勝負を3回したときに，A君が2勝1敗となる確率を求めよ。

1回の勝負において，A君の勝ちを「◎」，B君の勝ちを「×」と表すと，

	1回目	2回目	3回目	確率
事象X	◎	◎	×	$\frac{2}{3}\times\frac{2}{3}\times\frac{1}{3}=\left(\frac{2}{3}\right)^3\left(\frac{1}{3}\right)$
事象Y	◎	×	◎	$\frac{2}{3}\times\frac{1}{3}\times\frac{2}{3}=\left(\frac{2}{3}\right)^3\left(\frac{1}{3}\right)$
事象Z	×	◎	◎	$\frac{1}{3}\times\frac{2}{3}\times\frac{2}{3}=\left(\frac{2}{3}\right)^3\left(\frac{1}{3}\right)$

のような「3」パターンの事象に分けることができるね。この「3」はじつは,

◎, ◎, ×の並べ方の数

なんだ。だから, この「3」パターンの「3」は, 同じものを含む順列の公式(第**40**節参照)から,

$$\frac{3!}{2!}=3$$

◎, ◎, ×の並べ方は全部で3個だから, 分子は「3!」で,
◎が2個あるから, 分母は「2!」

と求めることができるんだよ。

もう1つ重要なのが, 3つのパターンX, Y, Zは,

どれも起こる確率が同じ

ということ！　たとえば, (1回目, 2回目, 3回目)が(◎, ◎, ×)となる確率は,

$$\left(\frac{2}{3}\right)^2\left(\frac{1}{3}\right)$$

だね！　そして, (◎, ×, ◎)も(×, ◎, ◎)も同じ確率だから, どれか1つだけを調べればいいよね。そこで, このうちの1つのパターンの確率を, 「1つの例の確率」という意味で, 「サンプルの確率」とよぶことにするよ。

このとき, A君が2勝1敗となる確率は,

$$\frac{3!}{2!}\times\left(\frac{2}{3}\right)^2\left(\frac{1}{3}\right)=\boldsymbol{\frac{4}{9}}$$

サンプルの確率

◎, ◎, ×の並べ方の総数

と求めることができるんだ。

つまり, 反復試行の確率は, 次のように求められるよ！

反復試行の確率

(並べ方)×(サンプルの確率)

← ある1つのパターンが起こる確率

← 何パターンあるか(「サンプルの確率」をたしている個数)

この「並べ方」の部分は,「同じものを含む順列」の公式を用いることが多いんだけど,同じものを含む順列は,「組合せ」を用いて求めることもできたね(第40節のちょいムズ,p.444参照)! そのことについては補足(p.510)にかいておいたから,ぜひみてみてね!

例題 ❶

赤球6個,白球3個が入っている袋から,球を1個取り出して元に戻す操作を6回行うとき,次の問いに答えよ。

(1) **赤球が2回だけ出る確率を求めよ。**

(2) **6回目に3度目の赤球が出る確率を求めよ。**

解答の前にひと言

赤球を取り出すことを「◎」,白球を取り出すことを「×」とするよ。

1回の操作で,

$$(\text{赤球を取り出す確率})=\frac{6}{9}=\frac{2}{3},\ (\text{白球を取り出す確率})=\frac{3}{9}=\frac{1}{3}$$

(1)「赤球が2回」とは,「赤球を2回,白球を4回取り出す」ということだね。

1回目	2回目	3回目	4回目	5回目	6回目		
◎	◎	×	×	×	×	➡	$\left(\frac{2}{3}\right)^2\left(\frac{1}{3}\right)^4$
◎	×	◎	×	×	×	➡	$\left(\frac{2}{3}\right)^2\left(\frac{1}{3}\right)^4$
×	◎	×	×	◎	×	➡	$\left(\frac{2}{3}\right)^2\left(\frac{1}{3}\right)^4$
		⋮					

→ ◎◎××××の並べ方の数だけあるね!

何パターンあるか

確率はどれも同じ!

(2)「6回目に3度目の赤球」ということは，「5回目までに赤球を2回，白球を3回取り出し，6回目に赤球を取り出す」ということだね！　それが起こるのは，

6回目は◎と決まっているね！

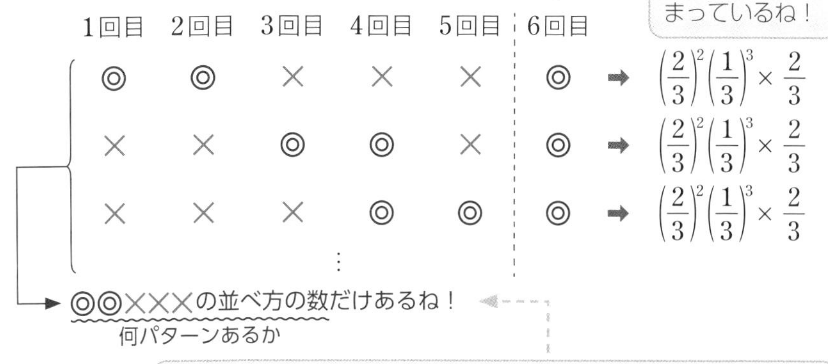

「◎◎◎×××の並べ方」と考えてしまうと，「××◎◎◎×」などの6回目が◎でないものも含まれるから誤りだよ！

解答と解説

1回の操作で，赤球を取り出す確率は$\frac{2}{3}$，白球を取り出す確率は$\frac{1}{3}$である。

(1)　6回の操作で赤球が2回だけ出る確率は，

$$\frac{6!}{2!\,4!}\times\left(\frac{2}{3}\right)^2\left(\frac{1}{3}\right)^4=\frac{20}{243}$$ 答

◎◎××××の並べ方

たとえば，

1	2	3	4	5	6
◎	◎	×	×	×	×

の確率

(2)　6回目に3度目の赤球が出るのは，最初の5回の操作で赤球が2回だけ出て，さらに6回目の操作で赤球が出る場合であるから，求める確率は，

$$\frac{5!}{2!3!}\times\left(\frac{2}{3}\right)^2\left(\frac{1}{3}\right)^3\times\frac{2}{3}=\frac{80}{729}$$ 答

◎◎×××の並べ方

たとえば，

1	2	3	4	5	6
◎	◎	×	×	×	◎

の確率

例題❷

1個のサイコロを続けて6回投げるとき，1の目が1回，2の目が2回，3以上の目が3回出る確率を求めよ。

解答の前にひと言

「1の目が出る」ことを「◎」，「2の目が出る」ことを「×」，「3以上の目が出る」ことを「△」と表すことにするよ。

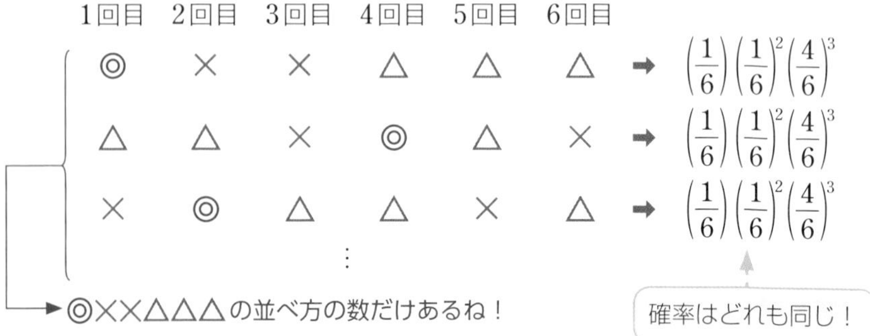

解答と解説

1個のサイコロを投げるとき，

1の目が出る確率は $\frac{1}{6}$

2の目が出る確率は $\frac{1}{6}$

3以上の目が出る確率は $\frac{4}{6}$

よって，6回中1の目が1回，2の目が2回，3以上の目が3回出る確率は，

$$\frac{6!}{2!\,3!}\times\left(\frac{1}{6}\right)\left(\frac{1}{6}\right)^2\left(\frac{4}{6}\right)^3=\frac{20}{243}$$ 答

◎××△△△の並べ方

たとえば，
1 2 3 4 5 6
◎ × × △ △ △
の確率

例題 ❸

A, Bの2人があるゲームをくり返し行う。1回のゲームでAが勝つ確率は $\frac{1}{3}$, Bが勝つ確率は $\frac{2}{3}$ であり，先に3勝したほうを優勝とする。

(1) 3ゲームを終えた時点でAが2勝1敗である確率を求めよ。

(2) 4ゲーム目でAの優勝が決まる確率を求めよ。

(3) Aが優勝する確率を求めよ。

解答の前にひと言

先に3勝で優勝だから，4ゲーム終えた時点で2勝2敗だったら，5ゲーム目には必ずどちらかの優勝が決まるね。だから，優勝が決まるまでのゲーム数は，最大でも5だよ！

(3) Aが優勝するのは，Aが

(i) 3ゲーム目で優勝 (ii) 4ゲーム目で優勝 (iii) 5ゲーム目で優勝

のどれかの場合だね！ これらは互いに排反だから，

P((i)が起こる確率)$+P$((ii)が起こる確率)$+P$((iii)が起こる確率)

が求める確率だよ。

解答と解説

(1) 3回のゲームで，Aが2回，Bが1回勝つ確率なので，

$$\frac{3!}{2!}\times\left(\frac{1}{3}\right)^2\left(\frac{2}{3}\right)=\frac{2}{9} \quad \text{答}$$

◎◎×の並べ方

Aの勝ちを◎，Bの勝ちを×とすると，たとえば，

1	2	3
◎	◎	×

の確率

(2) 4ゲーム目でAの優勝が決まるのは，3ゲームを終えた時点でAが2勝1敗であり，さらに4ゲーム目でAが勝つ場合であるから，求める確率は，

$$\frac{3!}{2!}\times\left(\frac{1}{3}\right)^2\left(\frac{2}{3}\right)\times\frac{1}{3}=\frac{2}{27} \quad \text{答}$$

(1)で求めているよ

4ゲーム目は◎

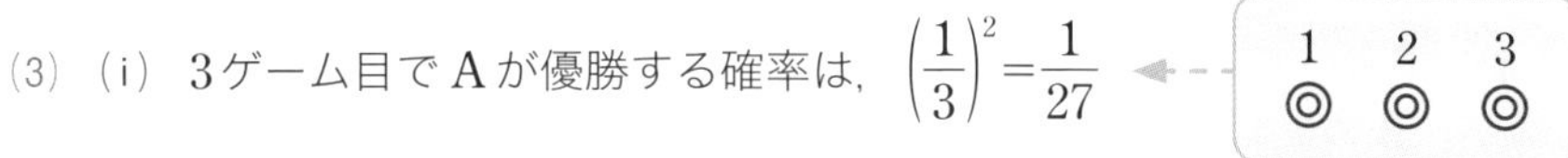

(3) (i) 3ゲーム目でAが優勝する確率は，$\left(\frac{1}{3}\right)^2=\frac{1}{27}$

(ii) 4ゲーム目でAが優勝する確率は，(2)より，$\frac{2}{27}$

(iii) 5ゲーム目でAが優勝するのは，4ゲームを終えた時点でAが2勝2敗であり，さらに5ゲーム目でAが勝つ場合であるから，その確率は，

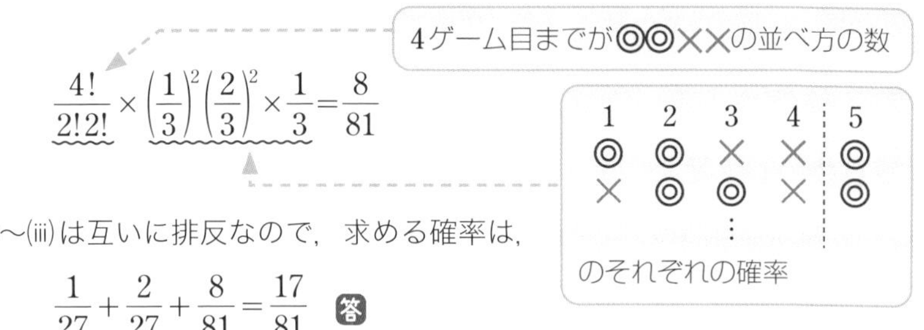

$$\frac{4!}{2!2!}\times\left(\frac{1}{3}\right)^2\left(\frac{2}{3}\right)^2\times\frac{1}{3}=\frac{8}{81}$$

(i)〜(iii)は互いに排反なので，求める確率は，

$$\frac{1}{27}+\frac{2}{27}+\frac{8}{81}=\frac{17}{81}$$ 答

例題 ❹

座標平面上を動く点Pが原点の位置にある。1個のサイコロを投げて，1の目が出たらPはx軸の正の向きに1だけ進み，2または3の目が出たらPはy軸の正の向きに1だけ進み，4または5または6の目が出たらPはx軸の負の向きに1だけ進んだあと，さらにy軸の負の向きに1だけ進む。

サイコロを6回投げたあと，点Pが原点の位置にある確率を求めよ。

解答の前にひと言

x軸の正の向きに1だけ進むことを「→」，y軸の正の向きに1だけ進むことを「↑」，x軸，y軸の負の向きに1ずつ進むことを「↙」と表すことにするよ。

まずは，それぞれが何回起こればいいかを求める必要があるね。「→」がa回，「↑」がb回，「↙」がc回起こるとすると，

$$\begin{cases} a+b+c=6 & \Leftarrow \text{Pの移動の合計回数} \\ 1\cdot a+(-1)\cdot c=0 & \Leftarrow \text{Pの}x\text{座標} \\ 1\cdot b+(-1)\cdot c=0 & \Leftarrow \text{Pの}y\text{座標} \end{cases}$$

が成り立つね！

y軸の正の方向に1だけ進むのがb回，負の方向に1だけ進むのがc回

解答と解説

サイコロを1回投げたとき,

「1の目が出る」という事象を A

「2または3の目が出る」という事象を B

「4または5または6の目が出る」という事象を C

とすると,それぞれの確率は,

$$P(A)=\frac{1}{6},\ P(B)=\frac{2}{6}=\frac{1}{3},\ P(C)=\frac{3}{6}=\frac{1}{2}$$

$A:\rightarrow$, $B:\uparrow$, $C:\swarrow$ とするよ

サイコロを6回投げたときにA, B, Cが起こる回数をそれぞれ a, b, c とおくと,サイコロを6回投げたあとで点Pが原点の位置にあるとき,

点Pの移動の合計回数について,

$$a+b+c=6 \quad \cdots\cdots①$$

点Pの x 座標について,

$$1\cdot a+(-1)\cdot c=0$$

$$a-c=0 \quad \cdots\cdots②$$

点Pの y 座標について,

$$1\cdot b+(-1)\cdot c=0$$

$$b-c=0 \quad \cdots\cdots③$$

a, b, c についての連立方程式を立てて,それを解けば,事象 A, B, C が起こる回数がわかるね!

②+③より,

$$a+b-2c=0 \quad \cdots\cdots④$$

①−④より,　$3c=6$

$$c=2$$

これを②,③に代入し,

$$a=2,\ b=2$$

つまり,事象 A が2回, B が2回, C が2回起こるわけだね!

よって,求める確率は,

$$\frac{6!}{2!\,2!\,2!}\times\left(\frac{1}{6}\right)^2\left(\frac{1}{3}\right)^2\left(\frac{1}{2}\right)^2=\frac{5}{72}$$ 答

$\rightarrow\rightarrow\uparrow\uparrow\swarrow\swarrow$($A$, B, C が2回ずつ)の並べ方の数

たとえば,

1	2	3	4	5	6
→	→	↑	↑	↙	↙

の確率

第1章 第2章 第3章 第4章 第5章 第6章 第7章 第8章

補足　**例題❶**の反復試行の確率の問題で，(1)を「組合せ」を用いて考えてみよう。

例2　赤球6個，白球3個が入っている袋から，球を1個取り出して元に戻す操作を6回行うとき，赤球が2回だけ出る確率を求めよ。

赤球を取り出すことを「◎」，白球を取り出すことを「×」とするよ。

1回の操作で，

$$(\text{赤球を取り出す確率})=\frac{6}{9}=\frac{2}{3}$$

$$(\text{白球を取り出す確率})=1-\frac{2}{3}=\frac{1}{3}$$

「白球を取り出す」は「赤球を取り出す」の余事象だね！

「赤球が2回」とは，「赤球を2回，白球を4回取り出す」ということだね。

1回目	2回目	3回目	4回目	5回目	6回目		
◎	◎	×	×	×	×	➡	$\left(\frac{2}{3}\right)^2\left(\frac{1}{3}\right)^4$
◎	×	◎	×	×	×	➡	$\left(\frac{2}{3}\right)^2\left(\frac{1}{3}\right)^4$
×	◎	×	×	◎	×	➡	$\left(\frac{2}{3}\right)^2\left(\frac{1}{3}\right)^4$

⋮

$\left(\frac{2}{3}\right)^2\left(\frac{1}{3}\right)^4$を，「◎◎××××」の並べ方の数だけたせば，求められるね！

「◎◎××××」の並べ方は，

1回目	2回目	3回目	4回目	5回目	6回目
□	□	□	□	□	□

の6か所から，◎を並べる2か所を選ぶ選び方，

$_6C_2$(通り)

だけあるね！　よって，

$$_6C_2\times\left(\frac{2}{3}\right)^2\left(\frac{1}{3}\right)^4=\frac{20}{243}$$

◎を並べる場所を選べば，自動的に×の場所は決まるね

例　◎が「2回目と6回目」

1	2	3	4	5	6
×	◎	×	×	×	◎

と求めることができるよ。これを一般化すると，次のようになるよ。

反復試行の確率

1回の試行で事象 $\boldsymbol{A}$ の起こる確率を $\boldsymbol{p}$ とすると，その余事象 $\overline{\boldsymbol{A}}$ の起こる確率は $\boldsymbol{1-p}$ である。この試行を $\boldsymbol{n}$ 回くり返す反復試行において，事象 $\boldsymbol{A}$ がちょうど $\boldsymbol{r}$ 回起こる確率は，

$${}_n\mathrm{C}_r\, p^r(1-p)^{n-r} \quad (r=0,\ 1,\ 2,\ \cdots\cdots,\ n)$$

まとめ

(1)　**反復試行**

「**1**個のサイコロをくり返し投げる」などのように，同じ条件のもとで同じ試行を何度もくり返す試行のことを反復試行という。

(2)　**反復試行の確率の求め方**

例　1個のサイコロを5回投げる反復試行において，2以下の目がちょうど3回出る事象 A の確率を求めよ。

A を2以下の目が出る回で場合分けすると，

$$\frac{5!}{3!\,2!}=10(\text{パターン})$$

◎◎◎××の並べ方

あり，各パターンの事象を A_1，A_2，……，A_{10} とすると，右の表のようになる。

各回の試行は独立だから，

2以下の目が出ることを◎，出ないことを×で表す

	1回目	2回目	3回目	4回目	5回目
A_1	◎	◎	◎	×	×
A_2	◎	◎	×	◎	×
A_3	◎	◎	×	×	◎
A_4	◎	×	◎	◎	×
A_5	◎	×	◎	×	◎
A_6	◎	×	×	◎	◎
A_7	×	◎	◎	◎	×
A_8	×	◎	◎	×	◎
A_9	×	◎	×	◎	◎
A_{10}	×	×	◎	◎	◎

$$P(A_1)=\frac{2}{6}\times\frac{2}{6}\times\frac{2}{6}\times\frac{4}{6}\times\frac{4}{6}=\left(\frac{2}{6}\right)^3\left(\frac{4}{6}\right)^2$$

$$P(A_2)=\frac{2}{6}\times\frac{2}{6}\times\frac{4}{6}\times\frac{2}{6}\times\frac{4}{6}=\left(\frac{2}{6}\right)^3\left(\frac{4}{6}\right)^2$$

$$\vdots$$

となって，どの確率も$\left(\frac{2}{6}\right)^3\left(\frac{4}{6}\right)^2$である。

A_1，A_2，……，A_{10}は排反であるから，
求める確率$P(A)$は，

$$P(A)=P(A_1)+P(A_2)+\cdots\cdots+P(A_{10})$$

$$\underbrace{\frac{5!}{3!\,2!}}_{◎◎◎××の並べ方}\times\underbrace{\left(\frac{2}{6}\right)^3\left(\frac{4}{6}\right)^2}_{サンプルの確率}=\frac{40}{243}$$

$\left(\frac{2}{6}\right)^3\left(\frac{4}{6}\right)^2$を$\frac{5!}{3!\,2!}$個ぶんたした値は，$\left(\frac{2}{6}\right)^3\left(\frac{4}{6}\right)^2$を$\frac{5!}{3!\,2!}$倍した値と一致するね！

解答と解説►別冊 $p.96$

練習問題

(1) **1個のサイコロを投げて，3の倍数の目が出たら勝ち，3の倍数の目が出なければ負けというゲームがある。このゲームを，勝ちまたは負けが3回になるまで続けるとき，ちょうど4回目でゲームが終了する確率を求めよ。**

(2) **数直線上を動く点Ｐがある。原点を出発して，サイコロを1回投げるごとに，2以下の目が出たときには正の方向に2進み，3以上の目が出たときには負の方向に1進むものとする。サイコロを5回投げたとき，Ｐが座標1の位置にくる確率を求めよ。**

第47節 条件付き確率

この節の目標

- ☑ Ⓐ 条件付き確率を求めることができる。
- ☑ Ⓑ 確率の乗法定理を用いることができる。
- ☑ Ⓒ 原因の確率を求めることができる。

イントロダクション ♪♫

袋の中に当たりくじが2本，はずれくじが3本入っているとするよ。この袋から1本のくじを引き，引いたくじを袋に戻さずに，さらに2本目のくじを引く試行を考えてみよう。この場合，1本目に引いたくじが当たりのときとはずれのときとで，2本目に当たりを引く確率は変わってくるね。

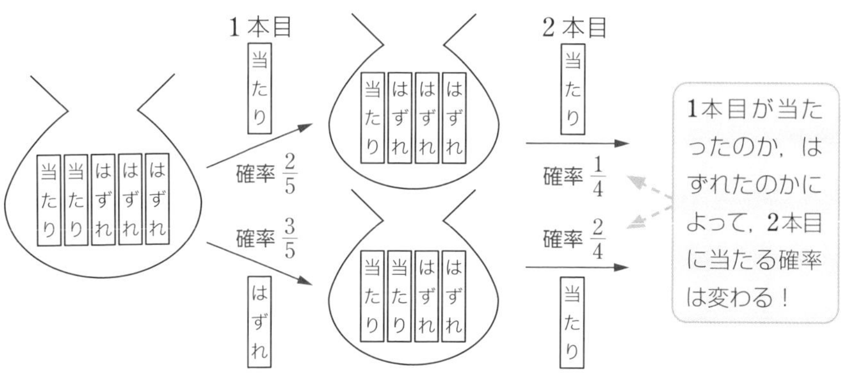

1本目に引いたくじが当たりのとき，2本目に当たりを引く確率は，

$$\frac{1}{4}$$

1本目に引いたくじがはずれのとき，2本目に当たりを引く確率は，

$$\frac{2}{4}$$

だね。1回目の結果が2回目に影響を与えるから，1回目の試行と2回目の試行は独立ではなく，確率も変わってくるんだ。

このように，事象 A が起こったという条件のもとで事象 B が起こる確率を，「A

が起こったときのBが起こる**条件付き確率**」というよ。

ちなみに，「1本目も2本目も当たりを引く確率」は，

$$\frac{2\times1}{5\times4}$$

1本目　2本目
全体 ➡ 5 × 4（通り）
2本とも当たり ➡ 2 × 1（通り）

で求められるけど，この式は，

$$\frac{2}{5}\times\frac{1}{4}$$

1本目に当たりを引く確率

1本目に当たりを引いたという条件のもとで，2本目に当たりを引く条件付き確率

とみることもできるよね。

このように，2つの試行が独立ではない場合も，順番に確率をかけ算することで確率を求めることができるんだ。

ゼロから解説

1 条件付き確率

まず最初に，条件付き確率の意味を理解しよう。

条件付き確率

事象Aが起こったという条件のもとで事象Bが起こる確率を，Aが起こったときにBが起こる条件付き確率といい，$P_A(B)$と表す。

例 1，2，3，4，5の番号のついた赤球が1個ずつと，1，2の番号のついた白球が1個ずつ，計7個の球が入っている袋がある。この袋から1個の球を取り出すとき，取り出した球の色が赤であるという事象をA，取り出した球の番号が奇数であるという事象をBとする。このとき，次の確率を求めよ。

(1)　$P(A)$　　(2)　$P(B)$　　(3)　$P(A\cap B)$

(4)　$P_A(B)$　　(5)　$P_B(A)$

全事象をUとするよ。

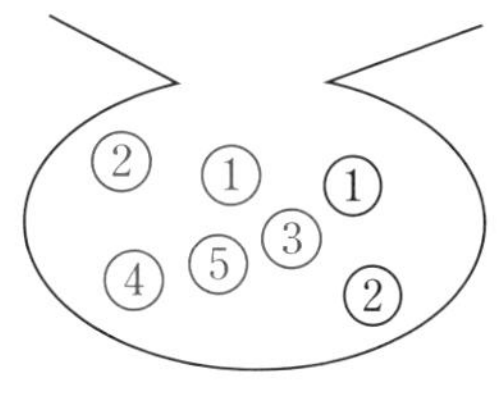

$U=\{$ 赤1, 赤2, 赤3, 赤4, 赤5, 白1, 白2$\}$

$A=\{$ 赤1, 赤2, 赤3, 赤4, 赤5$\}$

$B=\{$ 赤1, 赤3, 赤5, 白1$\}$

$A\cap B=\{$ 赤1, 赤3, 赤5$\}$

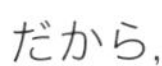

だから,

$$n(U)=7,\ n(A)=5,\ n(B)=4,\ n(A\cap B)=3$$

だね。

(1) $P(A)$は,「赤球を取り出す確率」だから,

$$P(A)=\frac{n(A)}{n(U)}=\mathbf{\frac{5}{7}}$$

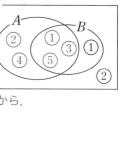

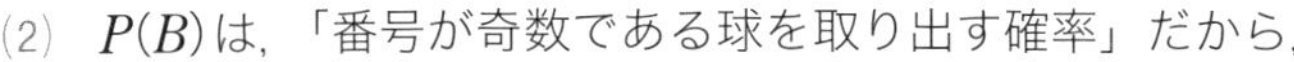

(2) $P(B)$は,「番号が奇数である球を取り出す確率」だから,

$$P(B)=\frac{n(B)}{n(U)}=\mathbf{\frac{4}{7}}$$

(3) $P(A\cap B)$は,「番号が奇数である赤球を取り出す確率」だから,

$$P(A\cap B)=\frac{n(A\cap B)}{n(U)}=\mathbf{\frac{3}{7}}$$

(4) $P_A(B)$は,「取り出した球の色が赤であるという条件のもとで,その球の番号が奇数である条件付き確率」のことだね。

もう少しわかりやすくいうと,「取り出した球の色が赤であるとわかっているとき,その番号が奇数である確率」という意味だよ。

たとえば,取り出した球をぱっと見たら色が赤で,番号は確認せずにポケットに入れてしまったとき,その球の番号が奇数である確率は? みたいな場合だね。(2)の $P(B)$ や(3)の $P(A\cap B)$ とはまったく別だから注意しよう!

「取り出した球の色が赤であるという条件のもとで考える」

というのは,

「そもそも赤球しかないものとして考える」

ということなんだ。つまり,$P_A(B)$とは,Aを全事象としたときにBが起こる確率のことだよ!

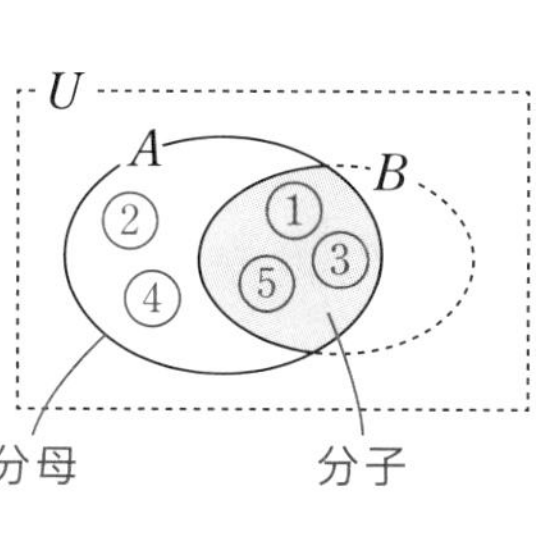

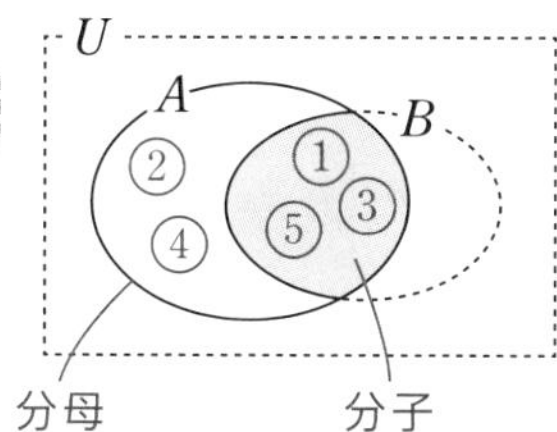

$A=\{$ 赤1, 赤2, 赤3, 赤4, 赤5$\}$

だから，$P_A(B)$の分母は$n(A)=5$だね。そして，Aの中でBであるものは，

$A\cap B=\{$ 赤1, 赤3, 赤5$\}$

だから，$n(A\cap B)=3$が$P_A(B)$の分子だよ。よって，

$$P_A(B)=\frac{n(A\cap B)}{n(A)}=\frac{\mathbf{3}}{\mathbf{5}}$$

分母は赤球の取り出し方の総数，分子は赤球のうち番号が奇数である球の取り出し方の総数だよ！

となるんだ。

(5)　$P_B(A)$は，「取り出した球の番号が奇数であるという条件のもとで，その球の色が赤である条件付き確率」のことだね。

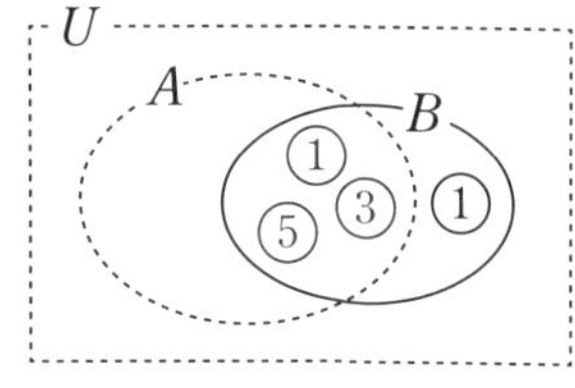

(4)と同じように考えて，

$$P_B(A)=\frac{n(B\cap A)}{n(B)}=\frac{n(A\cap B)}{n(B)}=\frac{\mathbf{3}}{\mathbf{4}}$$

$B\cap A$と$A\cap B$は同じものだね！

条件付き確率の求め方をまとめておこう。

条件付き確率の求め方 1

$$P_A(B)=\frac{n(A\cap B)}{n(A)}$$

ただ，問題によっては$n(A)$や$n(A\cap B)$より$P(A)$や$P(A\cap B)$のほうが求めやすいこともあるんだ。そのときは，

$$\frac{n(A\cap B)}{n(A)}=\frac{\dfrac{n(A\cap B)}{n(U)}}{\dfrac{n(A)}{n(U)}}=\frac{P(A\cap B)}{P(A)}$$

分母・分子を$n(U)$でわったよ

として，

条件付き確率の求め方 2

$$P_A(B)=\frac{P(A\cap B)}{P(A)}$$

で求めるといいよ。つまり，条件付き確率は，

$$\frac{(\text{場合の数})}{(\text{場合の数})} \quad と \quad \frac{(\text{確率})}{(\text{確率})}$$

のどちらの方法でも求められるんだよ！

2 乗法定理

❶で学んだ $P_A(B)=\dfrac{P(A\cap B)}{P(A)}$ から，次の「**乗法定理**」が得られるよ。

両辺に $P(A)$ をかけたよ

確率の乗法定理 1

$$\boldsymbol{P(A\cap B)=P(A)P_A(B)}$$

例 袋の中に当たりくじが2本，はずれくじが3本入っている。この袋から1本のくじを引き，引いたくじを袋に戻さずにさらに2本目のくじを引く。このとき，2本目に当たりを引く確率を求めよ。

1本目に当たりを引く事象を A，2本目に当たりを引く事象を B とするよ。2本目に当たりを引くという事象 B は，次の2つの排反な事象の和事象で表されるね。

(ア) 1本目に当たりを引き，2本目にも当たりを引く事象 $A\cap B$

(イ) 1本目にはずれを引き，2本目には当たりを引く事象 $\overline{A}\cap B$

1本目に当たりを引き, 2本目にも当たりを引く確率は, 乗法定理を用いると,

$$P(A\cap B)=\underbrace{P(A)}_{\text{1本目に当たりを引く確率}}\times\underbrace{P_A(B)}_{\text{1本目に当たりを引いた条件のもとで2本目に当たりを引く確率}}$$

$$=\frac{2}{5}\times\frac{1}{4}=\frac{1}{10}$$

のように求めることができるね。同じようにして，1本目にはずれを引き，2本目には当たりを引く確率は,

$$P(\overline{A}\cap B)=\underbrace{P(\overline{A})}_{\text{1本目にはずれを引く確率}}\times\underbrace{P_{\overline{A}}(B)}_{\text{1本目にはずれを引いた条件のもとで2本目に当たりを引く確率}}$$

$$=\frac{3}{5}\times\frac{2}{4}=\frac{3}{10}$$

「1本目に当たりを引き，2本目にも当たりを引く」事象$(A\cap B)$と「1本目にはずれを引き，2本目には当たりを引く」事象$\overline{A}\cap B$は排反だから，求める確率は，

$$P(B)=P(A\cap B)+P(\overline{A}\cap B)$$
$$=\frac{1}{10}+\frac{3}{10}=\frac{2}{5}$$

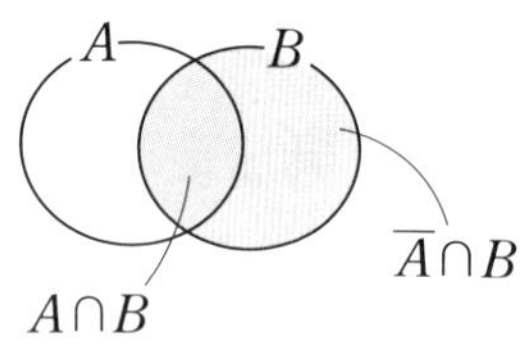

ここで，「あれ，これって結局，1本目に当たりを引く確率と同じ？」と思った人，鋭いね！

じつは，くじ引きでは，くじを引く順番が何番目であっても当たりを引く確率は同じなんだ。ここらへんのくわしい話は **ちょいムズ** でするね。

また，3つの事象にたいしても，同じように次の式が成り立つよ。

確率の乗法定理 2

$$\boldsymbol{P(A\cap B\cap C)=P(A)P_A(B)P_{A\cap B}(C)}$$

3 原因の確率

例 2つの袋A，Bがあり，Aには白球1個と赤球3個，Bには白球4個と赤球1個が入っている。1個のサイコロを投げて，2以下の目が出たら袋Aから，3以上の目が出たら袋Bから，球を1個取り出す試行を考える。この試行を1回行って，取り出された球が赤球であったとき，それが袋Aから取り出された確率を求めよ。

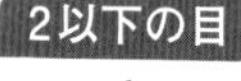

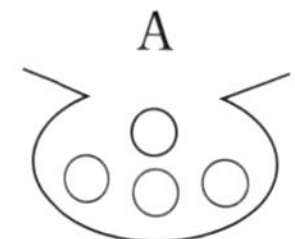

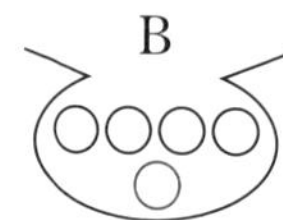

取り出された球の色がわかっているなら，どちらの袋から取り出されたのかもわかっているはずなのに，「それが袋Aから取り出された確率」っておかしくない？

たとえば，君のいない部屋で僕が赤球を取り出したあと，僕と入れ替わって部屋に入ってきた君がその球を見たとしたらどう？

たしかに，どちらの袋から取り出されたのかわからないなあ……。

でしょ！　こんなふうに，あとから起こる事象である「結果」を条件とした，先に起こる事象である「原因」の条件付き確率を，**「原因の確率」**というよ。

時間の順序が逆ってことは，普通の条件付き確率とは求め方がちがうの？

それが，ちがわないんだ。じつは，条件付き確率を求める式は，時間の順序に関係なく使えるんだよ！

「サイコロの目が2以下となる」事象を A，「サイコロの目が3以上となる」事象を B，「袋から取り出された球が赤球である」事象を R とするよ。

今回求めるものは，条件付き確率 $P_R(A)$ だね。R が A よりあとで起こる事象であっても，そのことには関係なく，

$$P_R(A)=\frac{P(R\cap A)}{P(R)}\left(=\frac{P(A\cap R)}{P(R)}\right)$$

$P(A\cap R)$ と $P(R)$ を求めればいいね！

で求められるんだ。

(i)　$P(A\cap R)=P(A)\times P_A(R)=\frac{2}{6}\times\frac{3}{4}=\frac{1}{4}$

2以下の目が出る確率

袋Aから1球取り出すとき，赤球を取り出す確率

(ii)　$P(B\cap R)=P(B)\times P_B(R)=\frac{4}{6}\times\frac{1}{5}=\frac{2}{15}$

$A\cap R$ と $B\cap R$ は互いに排反だから，

$$P(R)=P(A\cap R)+P(B\cap R)$$
$$=\frac{1}{4}+\frac{2}{15}=\frac{23}{60}$$

「袋から取り出された球が赤球である」事象 R は，
(i)　袋Aから赤球を取り出す事象 $A\cap R$
(ii)　袋Bから赤球を取り出す事象 $B\cap R$
の和事象だね！

よって，求める確率は，

$$P_R(A)=\frac{P(A\cap R)}{P(R)}=\mathbf{\frac{15}{23}}$$

となるよ。

$$\frac{P(A\cap R)}{P(R)}=\frac{\frac{1}{4}}{\frac{23}{60}}=\frac{\frac{1}{4}\times 60}{\frac{23}{60}\times 60}=\frac{15}{23}$$

すごい！　条件付き確率ってタイムマシーンみたいだね！
ところで，今回の問題文には，求めるものが，はっきりと「条件付き確率」とはかかれていないけど，条件付き確率で求めていいの？

いいんだよ。この問題文のように，「Rのとき，Aが起こる確率」とあったら，それは条件付き確率 $P_R(A)$の意味だから，注意しよう！

例題 ❶

ある製品を製造する工場A，Bがあり，Aの製品には2%，Bの製品には5%の不良品が含まれている。Aの製品600個とBの製品400個を混ぜた中から，無作為に1個の製品を取り出すとき，次の問いに答えよ。

(1)　**取り出した製品が不良品である確率を求めよ。**

(2)　**取り出した製品が不良品であったとき，それがBの製品である確率を求めよ。**

解答の前にひと言

製品の個数の合計は600＋400＝1000(個)で，そのうちAの製品は600個だから，取り出した製品がAの製品である確率は $\frac{600}{1000}$ だね。Bも同じように考えよう。

解答と解説

(1)　取り出した製品がAで製造された不良品である確率は，

$$\underbrace{\frac{600}{1000}}_{\text{Aの製品を取り出す確率}}\times\underbrace{\frac{2}{100}}_{\text{Aの製品が不良品である確率}}=\frac{3}{250}$$

2%というのは，全体を100としたときの2が不良品ということだね！　だから，Aの製品を1個取り出したとき，それが不良品である確率は，

$$\frac{2}{100}$$

取り出した製品がBで製造された不良品である確率は，

$$\underset{\text{Bの製品を取り出す確率}}{\frac{400}{1000}}\times\underset{\text{Bの製品が不良品である確率}}{\frac{5}{100}}=\frac{1}{50}$$

取り出した製品がAで製造された不良品である事象とBで製造された不良品である事象は排反であるから，求める確率は，

$$\frac{3}{250}+\frac{1}{50}=\frac{4}{125}$$ 答

(2) 「取り出した製品が不良品である」事象をXとし，「取り出した製品がBの製品である」事象をYとすると，求めるものは，Xが起こる条件のもとでYが起こる条件付き確率$P_X(Y)$である。

(1)より，

$$P(X)=\frac{4}{125},\quad P(X\cap Y)=\frac{1}{50}$$

であるから，求める確率は，

$$P_X(Y)=\frac{P(X\cap Y)}{P(X)}=\frac{5}{8}$$ 答

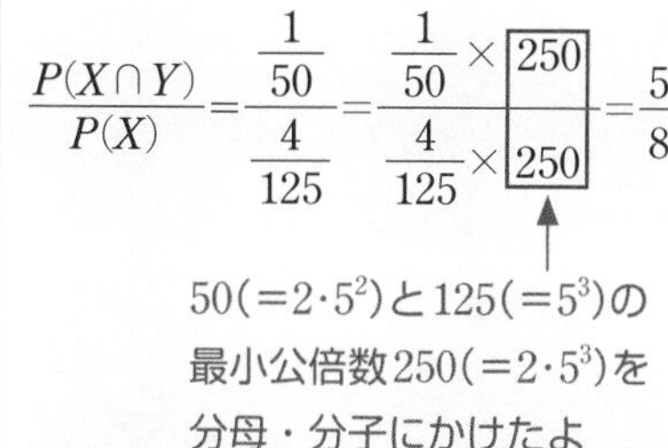

$\frac{P(X\cap Y)}{P(X)}=\frac{\frac{1}{50}}{\frac{4}{125}}=\frac{\frac{1}{50}\times 250}{\frac{4}{125}\times 250}=\frac{5}{8}$
50(=2·5²)と125(=5³)の最小公倍数250(=2·5³)を分母・分子にかけたよ

例題 ❷

ある病原菌Xを検出する検査法によると，

病原菌Xがいるのに「いない」と誤って判定してしまう確率は4%

病原菌Xがいないのに「いる」と誤って判定してしまう確率は2%

である。全体の1%にこの病原菌Xがいるとわかっている検体があり，その中から1個の検体を取り出してこの検査をするとき，次の確率を求めよ。

(1) **病原菌Xがいると判定される確率**

(2) **病原菌Xがいると判定されたときに，実際には病原菌Xがいない確率**

解答の前にひと言

取り出した検体に病原菌Xがいる事象をA，この検査で病原菌Xがいると判定される事象をBとするよ。

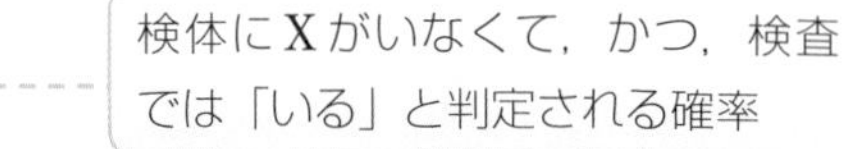

(1) $P(B)=P(A\cap B)+P(\overline{A}\cap B)=P(A)\times P_A(B)+P(\overline{A})\times P_{\overline{A}}(B)$

- $P(A\cap B)$：検体にXがいて，かつ，検査で「いる」と判定される確率
- $P(A)$：検体にXがいる確率
- $P_A(B)$：Xがいるとき，「いる」と正しく判定される確率
- $P(\overline{A})$：検体にXがいない確率
- $P_{\overline{A}}(B)$：Xがいないとき，「いる」と誤って反映される確率

(2) $P_B(\overline{A})=\dfrac{P(\overline{A}\cap B)}{P(B)}$が求める確率だね。

解答と解説

取り出した検体に病原菌Xがいる事象をA，この検査で病原菌Xがいると判定される事象をBとする。

(1) 検査で病原菌Xがいると判定されるのは，次の2つの場合がある。

(i) 病原菌Xが実際にいて，検査でも「いる」と判定される

(ii) 病原菌Xが実際にはいないが，検査では「いる」と判定される

それぞれの確率は，

(i) $P(A\cap B)=P(A)\times \mathrm{P}_A(B)$

$$=\frac{1}{100}\times\frac{96}{100}=\frac{48}{5000}$$

Xがいるとき検査では「いない」と判定される確率が$\dfrac{4}{100}$だから，Xがいるとき検査でも「いる」と判定される確率は，

$$1-\frac{4}{100}=\frac{96}{100}$$

(ii) $P(\overline{A}\cap B)=P(\overline{A})\times P_{\overline{A}}(\mathrm{B})$

$$=\frac{99}{100}\times\frac{2}{100}=\frac{99}{5000}$$

(i)，(ii)は互いに排反であるから，求める確率は，

$$P(B)=P(A\cap B)+P(\overline{A}\cap B)=\frac{48}{5000}+\frac{99}{5000}=\frac{147}{5000}$$ 答

(2) 求める確率は，条件付き確率$P_B(\overline{A})$であるから，

$$P_B(\overline{A})=\frac{P(\overline{A}\cap B)}{P(B)}=\frac{\frac{99}{5000}}{\frac{147}{5000}}=\frac{99}{147}=\frac{33}{49}$$ 答

ちょいムズ

くじ引きの公平性について考えてみよう。袋の中に当たりくじが4本，はずれくじが6本入っているとするよ。この袋から1回につき1本ずつくじを引いていく場合を考えよう。ただし，引いたくじは袋には戻さないよ。このとき，1回目に当たりを引く確率はどうなるかな？

合計10本中当たりくじが4本だから，$\frac{4}{10}=\frac{2}{5}$

はははははは当当当当

正解！　じゃあ，3回目に当たりを引く確率はどうなるかな？

これはいろんなパターンがあってたいへんだね……。

$$\underbrace{\frac{4}{10}}_{当}\cdot\underbrace{\frac{3}{9}}_{当}\cdot\underbrace{\frac{2}{8}}_{当}+\underbrace{\frac{4}{10}}_{当}\cdot\underbrace{\frac{6}{9}}_{は}\cdot\underbrace{\frac{3}{8}}_{当}+\underbrace{\frac{6}{10}}_{は}\cdot\underbrace{\frac{4}{9}}_{当}\cdot\underbrace{\frac{3}{8}}_{当}+\underbrace{\frac{6}{10}}_{は}\cdot\underbrace{\frac{5}{9}}_{は}\cdot\underbrace{\frac{4}{8}}_{当}=\frac{2}{5}$$

で合ってる？

OK！　調子いいね～♪　じゃあ，7回目に当たりを引く確率はどうかな？

え～7回目⁉　これは普通にやるのはつらすぎる (; ∀ ;)

そうだよね。そこで，こんなふうに考えてみよう。まず，当たりくじを a，b，c，d，はずれくじを e，f，g，h，i，j とするよ。そして，くじを全部引いて，引いた順に左から並べると考えるんだ。当たりを「当」，当たりでもはずれでもよいことを「□」で表すと，1回目に当たる場合だったら，

1	2	3	4	5	6	7	8	9	10		確率
当	□	□	□	□	□	□	□	□	□	➡	$\frac{4\times9!}{10!}$

になるよね！

「10!」がくじの並べ方,「4」は a, b, c, d のどれが「当」にくるか,「9!」は残りの9本のくじを□に並べる並べ方だね！

なるほど〜！　これなら，3回目や7回目に当たりを引く確率も同じように求めることができる！

1	2	3	4	5	6	7	8	9	10		確率
□	□	当	□	□	□	□	□	□	□	➡	$\dfrac{4\times9!}{10!}$
□	□	□	□	□	□	当	□	□	□	➡	$\dfrac{4\times9!}{10!}$

でしょ？　$10!=10\cdot9!$ を利用して計算すると，

$$\frac{4\times9!}{10!}=\frac{4\times9!}{10\cdot9!}=\frac{4}{10}=\frac{2}{5}$$

たしかに，この考え方で，くじを何回目に引いても公平なことがわかるね！

まとめ

(1)　**条件付き確率**

事象 A が起こったという条件のもとで事象 B が起こる確率を，A が起こったときの B が起こる条件付き確率といい，$P_A(B)$ と表す。

$$P_A(B)=\frac{n(A\cap B)}{n(A)}=\frac{\dfrac{n(A\cap B)}{n(U)}}{\dfrac{n(A)}{n(U)}}=\frac{P(A\cap B)}{P(A)}$$

(2)　**確率の乗法定理**

$$P(A\cap B)=P(A)P_A(B)$$

3つの事象に関しても，2つの事象の場合と同じように考えてよい。

$$P(A\cap B\cap C)=P(A)P_A(B)P_{A\cap B}(C)$$

例 袋の中に赤球7個と白球3個が入っており，A，B，Cの3人がこの順に1個ずつ球を取り出す。ただし，取り出した球は袋に戻さないものとする。このとき，Cだけが白球を取り出す確率は，

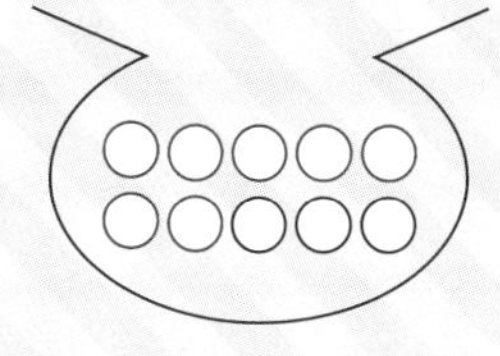

$$\underset{\text{赤}}{\overset{\text{A}}{\frac{7}{10}}}\times\underset{\text{赤}}{\overset{\text{B}}{\frac{6}{9}}}\times\underset{\text{白}}{\overset{\text{C}}{\frac{3}{8}}}=\frac{7}{40}$$

(3) **原因の確率**

例題❶の(2)のように，「不良品であった」という“結果”が条件として与えられ，「それがBの製品であるかどうか」という“原因”の確率を考えるとき，このような条件付き確率を「原因の確率」という。

解答と解説▶別冊 $p.98$

練習問題

(1) **あるパーティーにおいて，参加者の70％は男性であった。また，参加者の60％は40歳以上の男性であった。このパーティーの参加者のうち，男性の中から無作為に1人を選び出したとき，その人が40歳以上である確率を求めよ。**

(2) **2つの袋A，Bがあり，袋Aには赤球2個と白球3個，袋Bには赤球5個と白球2個が入っている。目隠しをしてどちらかの袋を選び，選んだ袋から球を1個取り出すとき，次の問いに答えよ。**

① **取り出した球が赤球である確率を求めよ。**

② **取り出した球が赤球であったとき，それが袋Bから取り出された確率を求めよ。**

第48節 期待値

この節の目標

- ☐ Ⓐ 期待値を求めることができる。
- ☐ Ⓑ 期待値をさまざまな判断に活用することができる。

イントロダクション ♪♫

ここまでに学習してきた**確率**は，ある事柄の起こりやすさを数値で表したものだから，現実社会でいろいろな判断をすることに役に立つね。たとえば，「降水確率30%」という確率は，「30%という予報が100回発表されたとき，そのうちのおよそ30回は1mm以上の降水がある」ということを意味していて，この確率が予報されたら，「傘をもっていくかいかないか」といった判断に役立てることができるよね。

では，次のような2種類のくじA，Bがあって，どちらかを買う場合にはどのように判断すればよいかな？

くじA

	賞金	本数
当たり	16000円	1本
はずれ	0円	99本
計		100本

くじB

	賞金	本数
当たり	3000円	5本
はずれ	0円	95本
計		100本

確率に着目すると，くじBのほうが当たる確率は大きいけど，当たったとしても賞金額は小さいね。それにたいして，くじAは当たる確率は小さいけど，当たったときの賞金額は大きいね。このような場合は，確率だけではなく，賞金額まで考えて判断する必要があるね！

この節では，ある**試行**の結果によって期待できる値について学習していくよ。この考え方は，宝くじなど，偶然に左右される事柄について判断する場合に役立つんだ！

ゼロから解説

1 期待値

例1 右のようなくじがある。このくじを1本引くとき，どれくらいの賞金額が期待できるか。

	賞金	本数
1等	10000円	1本
2等	1000円	5本
3等	500円	10本
はずれ	0円	84本
計		100本

くじ1本あたりの賞金額の「平均」を求めてみよう♪　この場合の平均は，賞金額の合計を，くじの総本数で割ったものだから，

$$\frac{10000\times1+1000\times5+500\times10+0\times84}{100}\quad\cdots\cdots(*)$$

$$=\mathbf{200}\ (\text{円})$$

と求めることができるね。くじ1本あたりの賞金額の平均は200円で，これは，くじ1本ぶんに期待できる賞金額といえるね。

「このくじを1本引けば，賞金額の平均くらいはもらえることが期待できる」と考えられるね！

ここで，(*)を次のように変形してみよう。

$$\frac{10000\times1+1000\times5+500\times10+0\times84}{100}$$

$$=\frac{10000\times1}{100}+\frac{10000\times5}{100}+\frac{500\times10}{100}+\frac{0\times84}{100}$$

$$=\underset{\text{1等の賞金}}{\underline{10000}}\times\underset{\text{1等が出る確率}}{\boxed{\frac{1}{100}}}+\underset{\text{2等の賞金}}{\underline{1000}}\times\underset{\text{2等が出る確率}}{\boxed{\frac{5}{100}}}+\underset{\text{3等の賞金}}{\underline{500}}\times\underset{\text{3等が出る確率}}{\boxed{\frac{10}{100}}}+\underset{\text{はずれの賞金}}{\underline{0}}\times\underset{\text{はずれが出る確率}}{\boxed{\frac{84}{100}}}$$

それぞれの項をみると，

(賞金額)×(それが当たる確率)

になっているね。

例1 でいうと，くじを1本引くという1回の試行あたりに200円期待できる

このような，1回の試行あたりに期待できる値のことを「**期待値**（きたいち）」といい，

「(変量の値)×(その値をとる確率)」の総和

例1 でいうと，変量は賞金額

で求めることができるんだ。

期待値を求めるときは，右のような表をかくのがおススメだよ！

	1等	2等	3等	はずれ	計
賞金	10000円	1000円	500円	0円	
確率	$\frac{1}{100}$	$\frac{5}{100}$	$\frac{10}{100}$	$\frac{84}{100}$	1

期待値

変量 X のとりうる値を，

x_1，x_2，x_3，……，x_n

とし，これらの値をとる確率をそれぞれ，

p_1，p_2，p_3，……，p_n

とすると，X の期待値 $E(X)$ は，

$$E(X)=x_1p_1+x_2p_2+x_3p_3+\cdots\cdots+x_np_n$$

$$(p_1+p_2+p_3+\cdots\cdots+p_n=1)$$

X	x_1	x_2	x_3	…	x_n	計
確率	p_1	p_2	p_3	…	p_n	1

例2 1個のさいころを投げるとき，出る目の期待値を求めよ。

期待値は，次のような手順で求めるといいよ。

step1 出る目のとりうる値を求める。

1個のさいころを投げるとき，出る目のとりうる値は，

1，2，3，4，5，6

step2 とりうる値に対する確率を求める(表の作成)。

出る目	1	2	3	4	5	6	計
確率	$\frac{1}{6}$	$\frac{1}{6}$	$\frac{1}{6}$	$\frac{1}{6}$	$\frac{1}{6}$	$\frac{1}{6}$	1

step3 「(変量の値)×(その値をとる確率)」の総和を計算し，期待値を求める。

求める期待値 E は，

$$E=1\times\frac{1}{6}+2\times\frac{1}{6}+3\times\frac{1}{6}+4\times\frac{1}{6}+5\times\frac{1}{6}+6\times\frac{1}{6}$$

$$=\frac{21}{6}=\boldsymbol{\frac{7}{2}}\ (=3.5)$$

では，期待値を求める練習として，次の**例題❶**をやってみよう♪

例題 ❶

白球3個と赤球2個が入っている袋から，同時に2個の球を取り出すとき，取り出した球に含まれる白球の個数の期待値を求めよ。

解答と解説

取り出された白球の個数は，0，1，2のいずれかである。

それぞれの起こる確率を p_0，p_1，p_2 とすると，

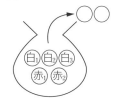

白₁ 白₂ 白₃ 赤₁ 赤₂

赤球を2個選ぶ選び方

$$p_0=\frac{{}_2C_2}{{}_5C_2}=\frac{1}{10}$$

白球を1個と赤球を1個選ぶ選び方

$$p_1=\frac{{}_3C_1\times{}_2C_1}{{}_5C_2}=\frac{6}{10}$$

約分はせずにこのままのほうが，期待値は計算しやすい！

白球を2個選ぶ選び方

$$p_2=\frac{{}_3C_2}{{}_5C_2}=\frac{3}{10}$$

白球の個数	0個	1個	2個	計
確 率	$\frac{1}{10}$	$\frac{6}{10}$	$\frac{3}{10}$	1

確率の合計が1になることを確認しよう！

したがって，求める期待値は，

$$0\times\frac{1}{10}+1\times\frac{6}{10}+2\times\frac{3}{10}$$

$$=\frac{12}{10}$$

$$=\frac{6}{5}$$ （個） 答

❷ 期待値の活用

今度は，くじ引きなど，結果が偶然に左右される事柄について，損得や有利・不利を判断するにはどのようにすればよいかを考えていくよ。じつは，期待値は，損得や有利・不利を判断する基準として利用することができるんだ。

イントロダクション♪♬ の2つのくじについて，どちらか一方のみを選んで引く場合，どちらのくじを引くほうが得であるかを考えてみよう♪

くじA

	賞金	本数
当たり	16000円	1本
はずれ	0円	99本
計		100本

くじB

	賞金	本数
当たり	3000円	5本
はずれ	0円	95本
計		100本

それぞれの期待値を求めてみればいいね！

くじAの賞金の期待値を$E(\mathrm{A})$とすると，

$$E(\mathrm{A})=16000\times\frac{1}{100}+0\times\frac{99}{100}$$
$$=160\ (円)$$

くじA

賞金	16000円	0円	計
確率	$\frac{1}{100}$	$\frac{99}{100}$	1

くじBの賞金の期待値を$E(\mathrm{B})$とすると，

$$E(\mathrm{B})=3000\times\frac{5}{100}+0\times\frac{95}{100}$$
$$=150\ (円)$$

くじB

賞金	3000円	0円	計
確率	$\frac{5}{100}$	$\frac{95}{100}$	1

よって，

$$E(\mathrm{B})<E(\mathrm{A})$$

「くじBの期待値よりもくじAの期待値のほうが大きい」ということは，「期待できる賞金額は，くじAのほうが大きい」ってことだね！

であるから，

くじAを引くほうが得である

くじAのほうが期待できる賞金額が大きいから，くじAを引くほうが得だね！

と考えることができるんだ。

このように，期待値を比べると，損得や有利・不利を判断することができるよ！

例 1個のさいころを1回だけ投げて，奇数の目が出たら160円，2の目が出たら260円もらい，それ以外の目が出たら400円支払うゲームがある。このゲームに参加することは得であるといえるか。

もらえる金額の期待値を考えると，

(期待値)$>$**0** であれば，得
(期待値)$=$**0** であれば，損でも得でもない
(期待値)$<$**0** であれば，損

となるね。表をかくと，次のようになるよ！

出る目	1, 3, 5	2	4, 6	計
もらえる金額	160円	260円	−400円	
確率	$\frac{3}{6}$	$\frac{1}{6}$	$\frac{2}{6}$	1

支払うから
マイナスを
つけるよ！

もらえる金額の期待値は,

$$160\times\frac{3}{6}+260\times\frac{1}{6}+(-400)\times\frac{2}{6}=\frac{480+260-800}{6}$$
$$=-10\ (円)$$

期待値が負になったので,

このゲームに参加することは得であるとはいえない

ということだよ！

例題 ❷

ゲームAでは，100円硬貨を5回投げて，表の出た回数と同じ枚数分だけ100円硬貨がもらえる。ゲームBでは，1個のサイコロを投げて，出た目が1，2のときは「(出た目)×150(円)」だけ支払い，出た目が3，4，5，6のときは出た目と同じ枚数分だけ100円硬貨がもらえる。A，Bのどちらか一方のみに参加できる場合，どちらのゲームに参加するほうが有利であるといえるか。

解答の前にひと言

ゲームAでもらえる金額の期待値と，ゲームBでもらえる金額の期待値を計算すれば，期待値が大きいゲームに参加するほうが有利だといえるね。

解答と解説

ゲームAでもらえる金額をX円とする。

$X=0$となるのは，5回とも裏が出るときであるから,

$$P(X=0)=\left(\frac{1}{2}\right)^5=\frac{1}{32}$$

$X=100$ となるのは，表が1回，裏が4回出るときであるから，

$$P(X=100)=\frac{5!}{4!}\left(\frac{1}{2}\right)\left(\frac{1}{2}\right)^4=\frac{5}{32}$$

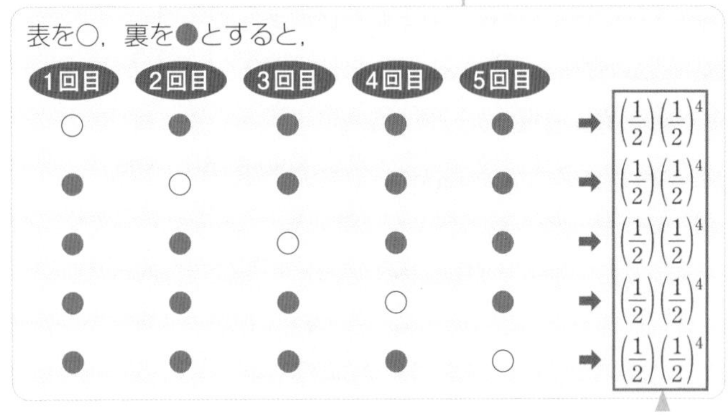

ほかも同様に考えて，

$$P(X=200)=\frac{5!}{2!\,3!}\left(\frac{1}{2}\right)^2\left(\frac{1}{2}\right)^3=\frac{10}{32}$$

$$P(X=300)=\frac{5!}{3!\,2!}\left(\frac{1}{2}\right)^3\left(\frac{1}{2}\right)^2=\frac{10}{32}$$

$$P(X=400)=\frac{5!}{4!}\left(\frac{1}{2}\right)^4\left(\frac{1}{2}\right)=\frac{5}{32}$$

$$P(X=500)=\left(\frac{1}{2}\right)^5=\frac{1}{32}$$

よって，次の表が得られる。

X	0	100	200	300	400	500	計
確 率	$\frac{1}{32}$	$\frac{5}{32}$	$\frac{10}{32}$	$\frac{10}{32}$	$\frac{5}{32}$	$\frac{1}{32}$	1

X の期待値を $E(X)$ とすると，

$$E(X)=0\times\frac{1}{32}+100\times\frac{5}{32}+200\times\frac{10}{32}+300\times\frac{10}{32}+400\times\frac{5}{32}+500\times\frac{1}{32}$$

$$=250\ (\text{円})\quad\cdots\cdots①$$

ゲームBに関しては，もらえる金額を Y 円として，金額と確率をまとめると，次の表のようになる。

Y	-150	-300	300	400	500	600	計
確 率	$\frac{1}{6}$	$\frac{1}{6}$	$\frac{1}{6}$	$\frac{1}{6}$	$\frac{1}{6}$	$\frac{1}{6}$	1

Yの期待値を$E(Y)$とすると，

$$E(Y)=(-150)\times\frac{1}{6}+(-300)\times\frac{1}{6}+300\times\frac{1}{6}+400\times\frac{1}{6}+500\times\frac{1}{6}+600\times\frac{1}{6}$$

$=225$（円）　……②

①，②より，$E(Y)<E(X)$

Aのほうがもらえる金額の期待値が大きいので，

ゲームAに参加するほうが有利であるといえる。答

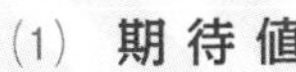

(1)　**期待値**

X	x_1	x_2	x_3	$\cdots$	x_n	計
確 率	p_1	p_2	p_3	$\cdots$	p_n	1

変量Xのとりうる値を，

$$\boldsymbol{x_1,\ x_2,\ x_3,\ \cdots\cdots,\ x_n}$$

とし，これらの値をとる確率をそれぞれ，

$$\boldsymbol{p_1,\ p_2,\ p_3,\ \cdots\cdots,\ p_n}$$

とすると，Xの期待値$E(X)$は，

$$\boldsymbol{E(X)=x_1p_1+x_2p_2+x_3p_3+\cdots\cdots+x_np_n}$$

$$\boldsymbol{(p_1+p_2+p_3+\cdots\cdots+p_n=1)}$$

(2)　**期待値の活用**

くじ引きなど，結果が偶然に左右される事柄について，損得や有利・不利を判断するには「期待値」を利用するとよい。

例 500円硬貨1枚と100円硬貨1枚を同時に投げて，表の出た硬貨をもらえるゲームがある。このゲームの参加料が350円であるとき，このゲームに参加することは得であるといえるか。

600円もらえるのは，2枚とも表となるときであるから，その確率は，

$$\frac{1}{2}\times\frac{1}{2}=\frac{1}{4}$$

同様にほかの金額の場合も考えると，次の表が得られる。

金額	600円	500円	100円	0円	計
確率	$\frac{1}{4}$	$\frac{1}{4}$	$\frac{1}{4}$	$\frac{1}{4}$	1

よって，もらえる金額の期待値は，

$$600\times\frac{1}{4}+500\times\frac{1}{4}+100\times\frac{1}{4}+0\times\frac{1}{4}=300\text{ (円)}$$

期待値よりも参加料のほうが高いので，このゲームに参加するのは得であるとはいえない。

解答と解説▶別冊 $p.100$

練習問題

(1) **1から5までの番号が1つずつ書かれた5枚のカードがある。この中から2枚のカードを同時に引くとき，2枚のうち小さいほうの数の期待値を求めよ。**

(2) **赤球4個と白球2個が入った袋から，3個の球を同時に取り出し，赤球1個につき1000円もらえるゲームがある。このゲームの参加料が1500円であるとき，このゲームに参加することは得であるといえるか。**

第49節 三角形の性質

この節の目標

- ☐ Ⓐ 内分点・外分点の性質を使いこなすことができる。
- ☐ Ⓑ 平行線の性質を利用して問題を解くことができる。
- ☐ Ⓒ 角の二等分線の性質を使いこなすことができる。
- ☐ Ⓓ 三角形の辺と角の大小がわかる。
- ☐ Ⓔ 三角形の3辺の大小関係がわかる。

イントロダクション ♪♫

さあ，ここからは新しい章で，図形の性質について学習するよ！　この節は，直線や三角形に関する内容だ。その準備として，まずは中学で学習した内容のおさらいをしておこう！

角の性質

❶ 対頂角は等しい
❷ 平行線の同位角は等しい
❸ 平行線の錯角は等しい

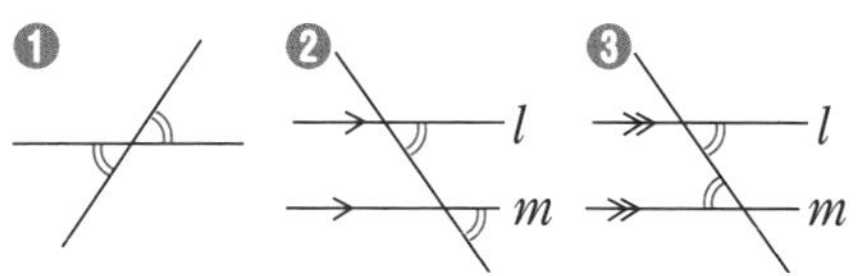

❷，❸の逆として，同位角や錯角が等しいと $l /\!/ m$，ということもいえたね。❸を用いると，

三角形の内角の和が $180°$（右図で $A+B+C=180°$）

を証明することができるんだ。

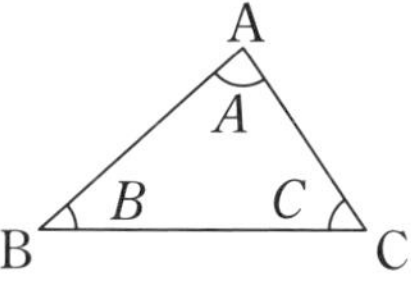

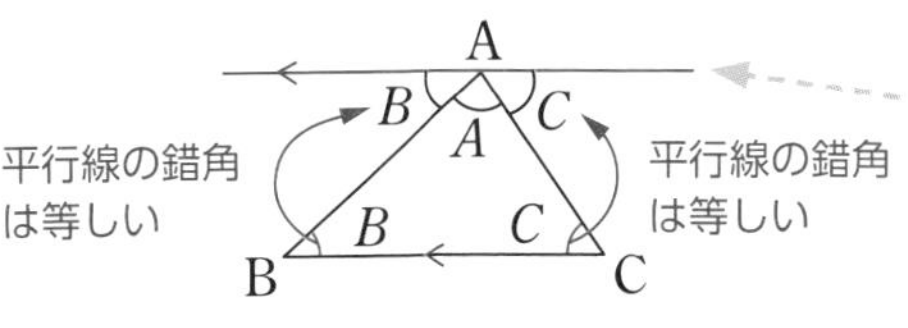

Aを通り，BCに平行な直線を引いたよ

180°　だから，

$A+B+C=180°$（三角形の内角の和が $180°$）

半回転を180等分したときの1つの角の大きさを1°とした測り方を「**度数法**」というよ

が成り立つことがわかるね！

また，一般に，2つの図形があって，一方が，他方を一定の割合に拡大または縮小したものと合同であるとき，この2つの図形は「**相似**（そうじ）である」といったね。

△ABCと△DEFが相似のとき，次の2つが成り立つよ。

❶ 対応する線分の長さの比はすべて等しい。

AB：DE＝BC：EF＝CA：FD

❷ 対応する角の大きさはそれぞれ等しい。

∠A＝∠D，∠B＝∠E，∠C＝∠F

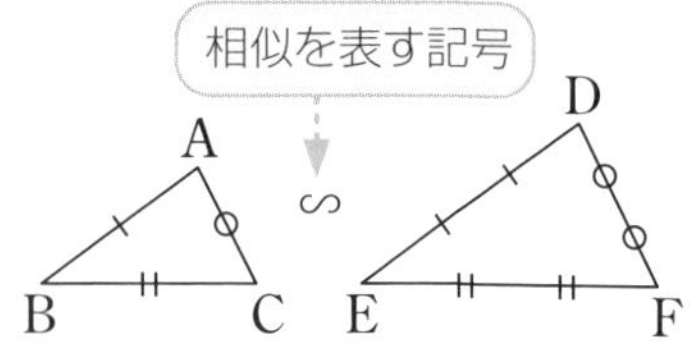

2つの三角形が相似であるためには，「3組の辺の比がすべて等しい」，「2組の辺の比とその間の角がそれぞれ等しい」，「2組の角がそれぞれ等しい」のどれかが成り立てばよかったね。

ゼロから解説

1 内分点・外分点

線分の内側で分ける点だから，**内分点**だね！

たとえば，線分AB上の点Pが，

AP：PB＝3：2

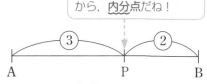

を満たすとき，Pは右図のような位置にあるね！　このことを，「点Pは線分ABを3：2に**内分**する」といい，点Pのような点を「**内分点**」というよ。

またたとえば，線分ABの延長上の点Qが，

AQ：QB＝3：2

を満たすとき，Qは右図のような位置にあるね！　このことを，「点Qは線分ABを3：2に**外分**する」といい，点Qのような点を「**外分点**」というよ。

線分の外側で分ける点だから，**外分点**だね！

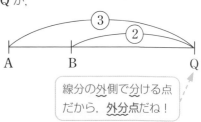

外分点の作図は迷う人も多いから，順を追って丁寧にやっていこう。

例 点 Q が線分 AB を 3：5 に外分するとき，下の図に Q をかき入れよ。

Q は外分点だから，線分 AB の外側にあるよね！

A　B

step1 Q が，線分 AB の左側か右側かを判断する。

AQ：QB＝3：5だから，AQ＜QBだね！　つまり Q は，A からよりも B からのほうが遠いということだね。だから Q は，AB の左側にあることがわかるんだよ。

AQ：QB＝3：5

Q　A　B

step2 AQ を3，QB を5としたときに，AB がいくつに当たるかを求める。

AB＝QB－QA＝5－3＝2

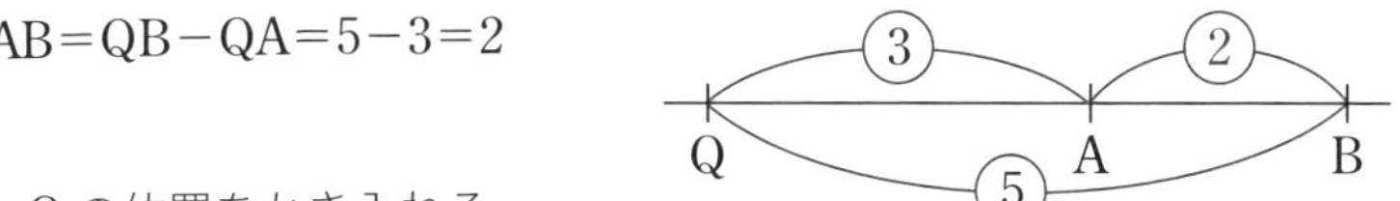

step3 Q の位置をかき入れる。

AQが3のとき，ABが2だから，ABの長さを $\frac{3}{2}$ 倍したのがAQ の長さだね。

AB は目盛り6個ぶんだから，A から目盛り $6\times\frac{3}{2}=9$ 個ぶん左に進んだところが Q だよ。

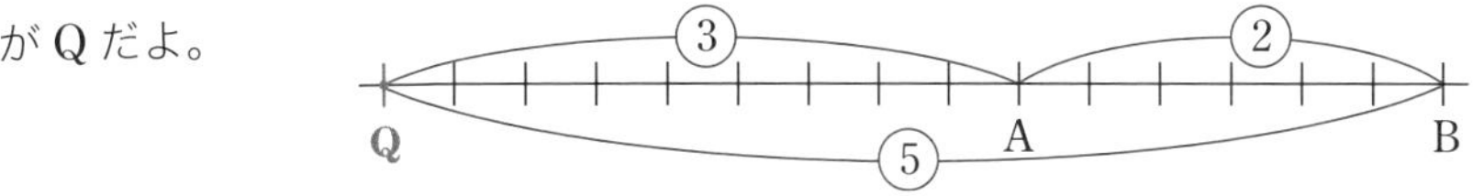

ちなみに，AB を $m：n$ に外分する点 Q については，

> $m<n$ のとき ➡ 点 **B** とは反対の方向に **Q**
> $m>n$ のとき ➡ 点 **B** のさらに先に **Q**

をとればいいんだね！

内分点・外分点

❶ 右図の点 **P** は線分 **AB** を $m：n$ に内分する点

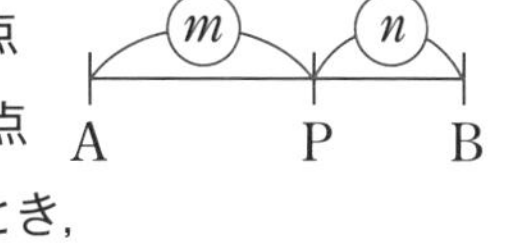

❷ 下図の点 **Q** は線分 **CD** を $m：n$ に外分する点

(i) $m>n$ のとき，

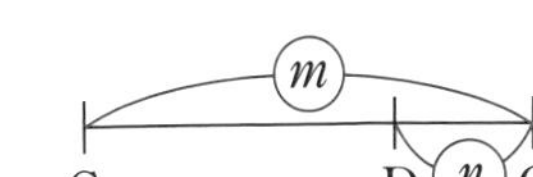

(ii) $m<n$ のとき，

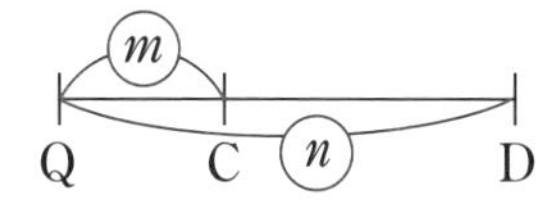

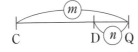

2 平行線の性質

△ABC において，辺 AB 上に点 P があり，辺 AC 上に点 Q があるとき，次のことが成り立つよ。

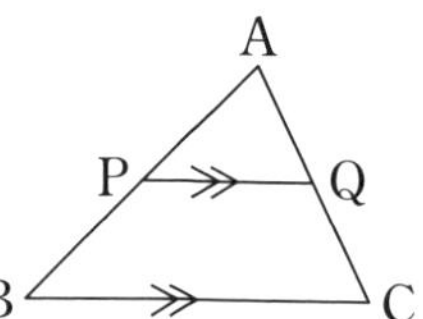
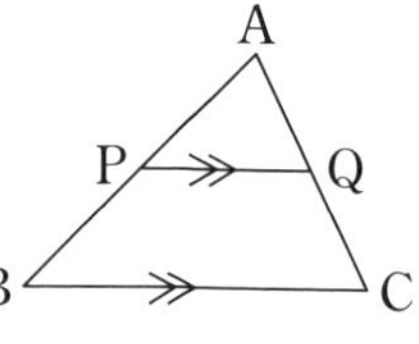

平行線の性質 1

❶ **PQ//BC ⇔ AP：AB＝AQ：AC**

PQ // BC ⇒ AP：AB＝AQ：AC の証明

証明 PQ // BC のとき，平行線の同位角は等しいので，

∠APQ＝∠ABC（○の部分），

∠AQP＝∠ACB（×の部分）

よって，2組の角がそれぞれ等しいので，

△APQ∽△ABC

相似な三角形は対応する辺の比が等しいので，

AP：AB＝AQ：AC **証明終わり**

AP：AB＝AQ：AC ⇒ PQ // BC の証明

証明 AP：AB＝AQ：AC

∠PAQ＝∠BAC

よって，2組の辺の比とその間の角が等しいので，

△APQ∽△ABC

相似な三角形は対応する角が等しいので，

∠APQ＝∠ABC

同位角が等しいので，

PQ // BC **証明終わり**

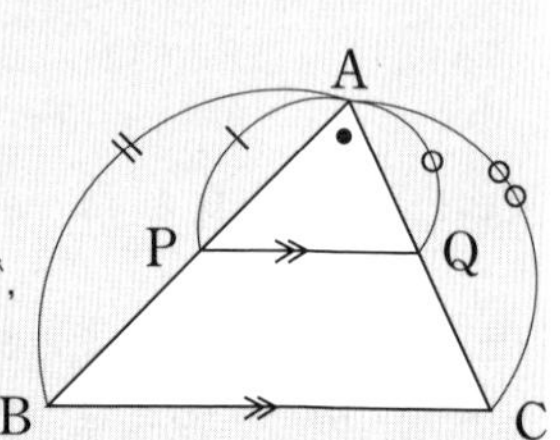

また，❶から次のこともわかるよ。

平行線の性質 2

❷ **PQ//BC ⇔ AP：PB＝AQ：QC**

❸ **PQ//BC ⇔ AB：BP＝AC：CQ**

たとえば❷を証明したければ，すでに❶で，

$$\mathrm{PQ} /\!/ \mathrm{BC} \Leftrightarrow \mathrm{AP}:\mathrm{AB}=\mathrm{AQ}:\mathrm{AC}$$

が成り立つことは示してあるから，

$$\mathrm{AP}:\mathrm{AB}=\mathrm{AQ}:\mathrm{AC} \Leftrightarrow \mathrm{AP}:\mathrm{PB}=\mathrm{AQ}:\mathrm{QC} \quad \cdots\cdots(*)$$

を証明できればいいよね！　ここでは，

$$\mathrm{AP}:\mathrm{PB}=\mathrm{AQ}:\mathrm{AC}=m:(m+n)$$

とおいて，(＊)の「⇒」だけ示しておくよ！

(＊)の「⇐」も同じように示せるから，やってみてね！

$$\mathrm{AP}:\mathrm{PB}=\mathrm{AP}:(\mathrm{AB}-\mathrm{AP})=m:\{(m+n)-m\}=m:n$$

$$\mathrm{AQ}:\mathrm{QC}=\mathrm{AQ}:(\mathrm{AC}-\mathrm{AQ})=m:\{(m+n)-m\}=m:n$$

よって，

$$\mathrm{AP}:\mathrm{AB}=\mathrm{AQ}:\mathrm{AC} \Rightarrow \mathrm{AP}:\mathrm{PB}=\mathrm{AQ}:\mathrm{QC}$$

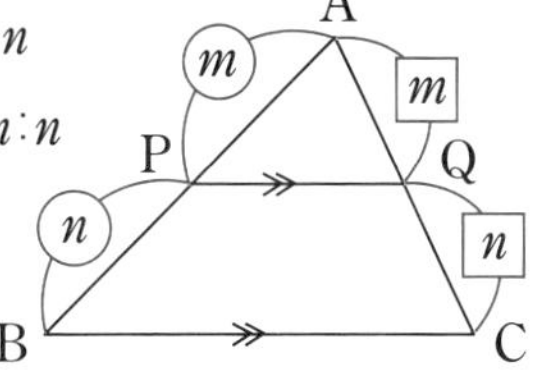

❸ 内角・外角の二等分線

三角形の**内角**の二等分線について，超有名な定理を紹介するね！

内角の二等分線の定理

　△ABC の∠A の二等分線と対辺 BC との交点を P とすると，P は辺 BC を AB：AC に内分する。すなわち，

BP：PC＝AB：AC

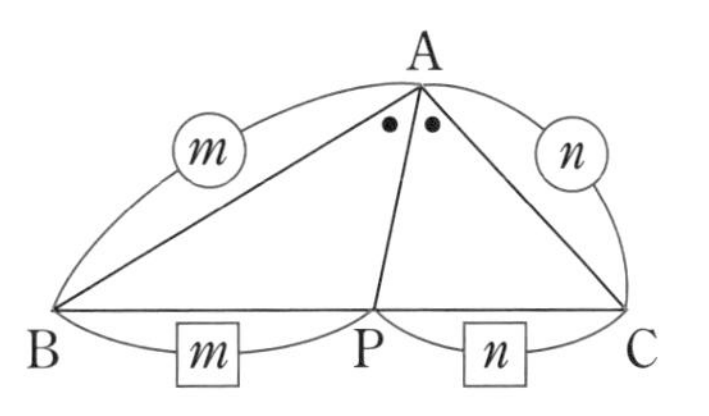

証明を考えていこう。

$\angle\mathrm{BAP}=\angle\mathrm{CAP}$ ……①（AP は∠A の二等分線）

step1　補助線を引く！

頂点 C を通り直線 AP に平行な直線を引き，BA の延長との交点を D とするよ。

step2　同位角，錯角を調べる。

AP // DC より，

$\angle\mathrm{BAP}=\angle\mathrm{ADC}$ ……②（平行線の同位角）

$\angle\mathrm{CAP}=\angle\mathrm{ACD}$ ……③（平行線の錯角）

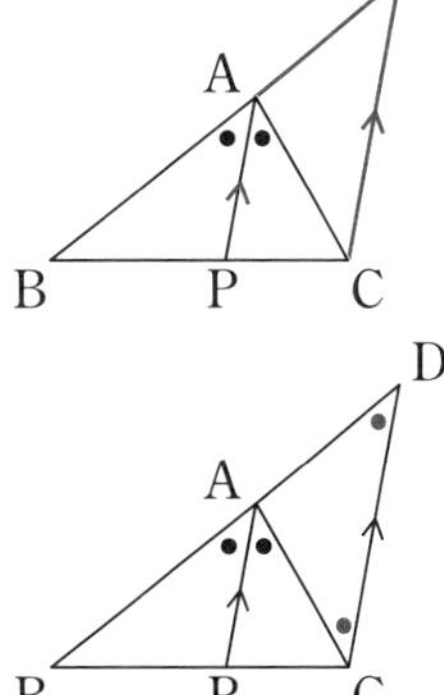

step3 二等辺三角形の性質の利用！

①，②，③より，

$\angle ACD = \angle ADC$

だから，△ACD は，

AC＝AD ……④

の二等辺三角形だね。

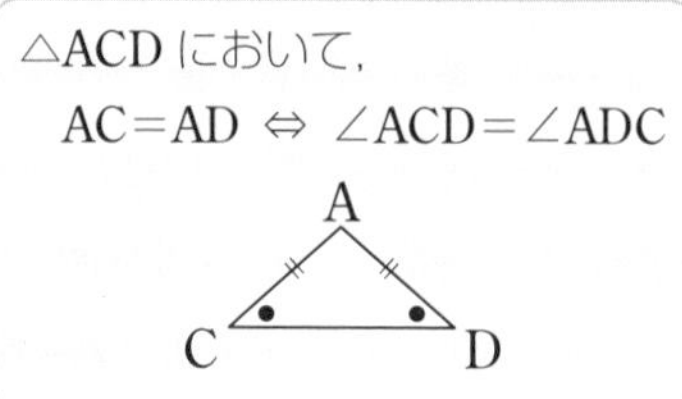

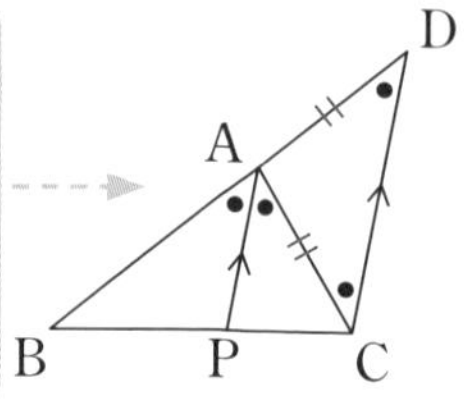

step4 平行線と線分の比の利用！

AP∥DC だから，

BP：PC＝BA：AD ……⑤

④，⑤より，

BP：PC＝AB：AC

証明できたね！

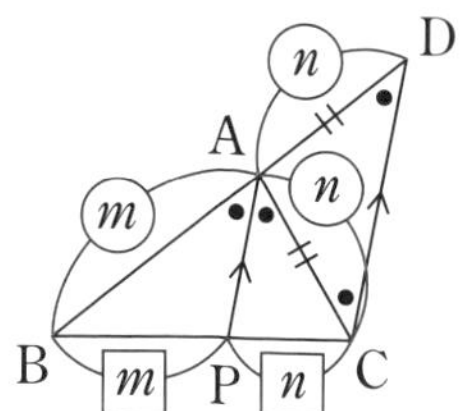

つぎに**外角の二等分線の定理**をやっていくけど，そもそも「**外角**」って何なのかについては大丈夫かな？

外角とは，多角形において，1辺とその隣の辺の延長とではさむ角のことをいうよ。たとえば，∠A の外角は，右図のような角だね。

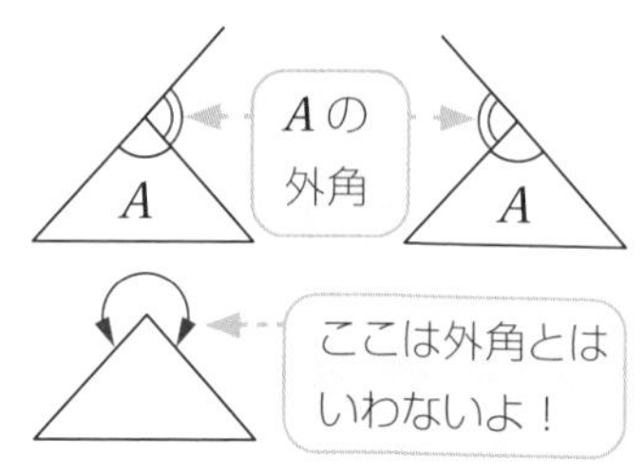

外角の二等分線の定理

AB≠AC である △ABC の頂点 A における外角の二等分線と対辺 BC の延長との交点を Q とすると，Q は辺 BC を AB：AC に外分する。すなわち，

BQ：QC＝AB：AC

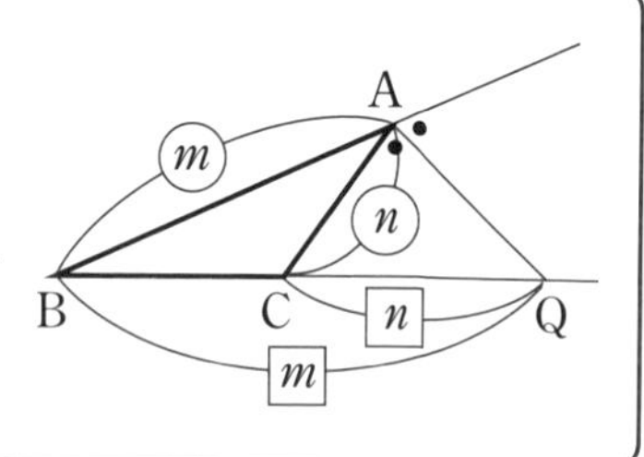

AB＝AC のときは，外角の二等分線は辺 BC と平行になる。

この証明に関しては，**ちょいムズ** をみてね！

例題 ❶

AB＝12，BC＝8，CA＝6である△ABCにおいて，∠Aおよびその外角の二等分線が辺BCまたはその延長と交わる点を，それぞれD，Eとする。このとき，線分DEの長さを求めよ。

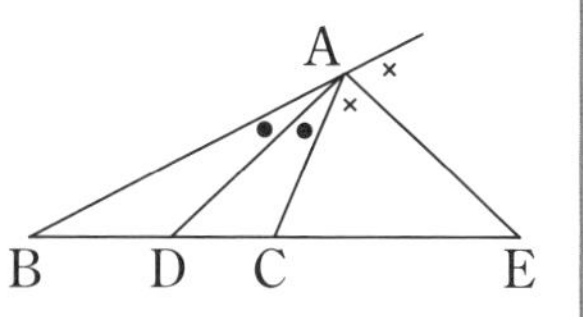

解答と解説

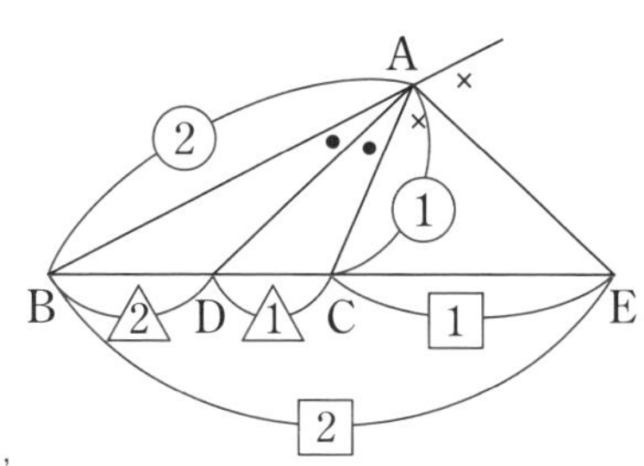

ADは∠Aの二等分線なので，

$$\mathrm{BD} : \mathrm{DC} = \mathrm{AB} : \mathrm{AC} = 12 : 6 = 2 : 1$$

よって，

$$\mathrm{DC} = \frac{1}{2+1}\mathrm{BC} = \frac{1}{3}\cdot 8 = \frac{8}{3}$$

また，AEは∠Aの外角の二等分線なので，

$$\mathrm{BE} : \mathrm{EC} = \mathrm{AB} : \mathrm{AC} = 12 : 6 = 2 : 1$$

よって，

$$\mathrm{CE} = \mathrm{BC} = 8$$

したがって，

$$\mathrm{DE} = \mathrm{DC} + \mathrm{CE} = \frac{8}{3} + 8 = \frac{32}{3}$$ 答

内角と外角の二等分線の定理は，逆も成り立つことが知られているよ。

角の二等分線の定理の逆

△**ABC**において，辺**BC**を**AB**:**AC**に内分，外分する点をそれぞれ**P**，**Q**とすると，

❶ **AP**は頂点**A**における内角を二等分する。

❷ **AQ**は頂点**A**における外角を二等分する。

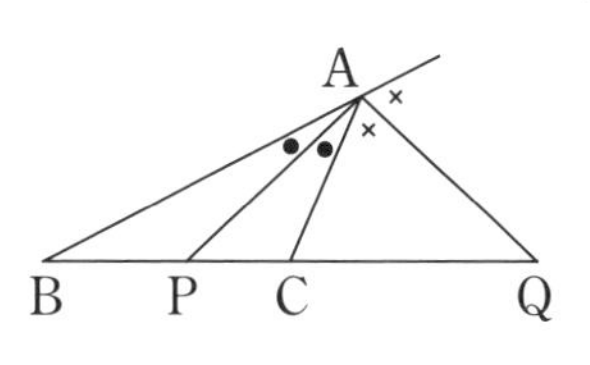

4 三角形の辺と角の大小

三角形の辺と角については，次のことが知られているよ。

第26節 *p*.292にも出てきたよ！

三角形の辺と角の大小

△**ABC** において，

$$b<c \iff \angle B<\angle C$$

長い辺の向かいの角のほうが大きい！
大きい角の向かいの辺のほうが長い！

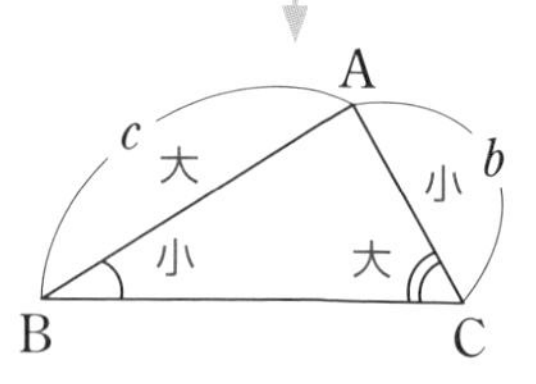

まずは，「$b<c \Rightarrow \angle B<\angle C$」を示すよ！

$b<c$ のとき，辺 AB 上に点 D を，AD＝AC となるようにとることができるね。

∠BCD＝α とおくと，△BCD に着目して，

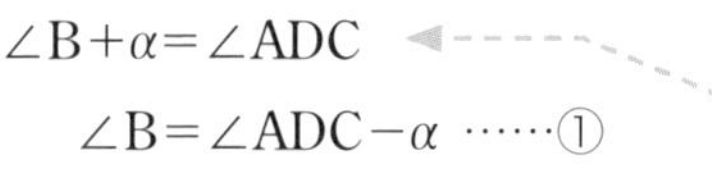

$$\angle B+\alpha=\angle ADC$$

$$\angle B=\angle ADC-\alpha \quad \cdots\cdots ①$$

△BCD の内角と外角の関係！三角形の外角は，それと隣り合わない2つの内角の和に等しい

また，△ABC の∠C は，

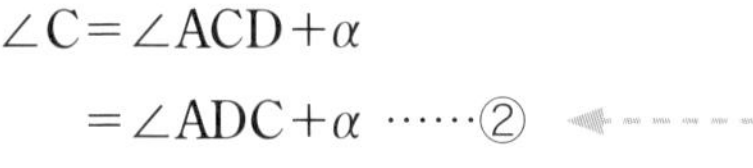

$$\angle C=\angle ACD+\alpha$$

$$=\angle ADC+\alpha \quad \cdots\cdots ②$$

△ADC は二等辺三角形だから，∠ACD＝∠ADC

①，②より，∠B は∠ADC から α をひいたもので，∠C は∠ADC に α をたしたものだから，

$$\angle B<\angle C$$

つぎに，「$\angle B<\angle C \Rightarrow b<c$」を示すよ！

∠B＜∠C のとき，半直線 AB 上に点 D を AD＝AC になるようにとるよ。すると，

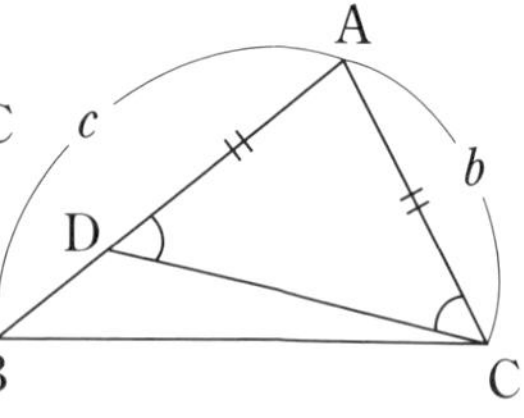

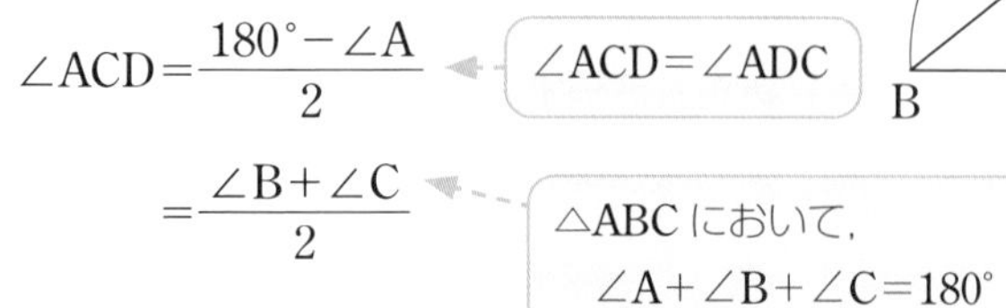

$$\angle ACD=\frac{180^\circ-\angle A}{2}$$

∠ACD＝∠ADC

$$=\frac{\angle B+\angle C}{2}$$

△ABC において，∠A＋∠B＋∠C＝180°

ここで，∠B＜∠C より，

$$\angle ACD=\frac{\angle B+\angle C}{2}<\frac{\angle C+\angle C}{2}=\angle C$$

が成り立つから，D は辺 AB 上の，B よりも A に近い位置にあることがわかるね。これから，

$b=AC=AD<AB=c$

例題❷

(1)　**AB＝4, BC＝7, CA＝6である△ABC の3つの角の大小を調べよ。**

(2)　**∠A＝40°，∠B＝60°，である△ABC の3つの辺の長さの大小を調べよ。**

解答と解説

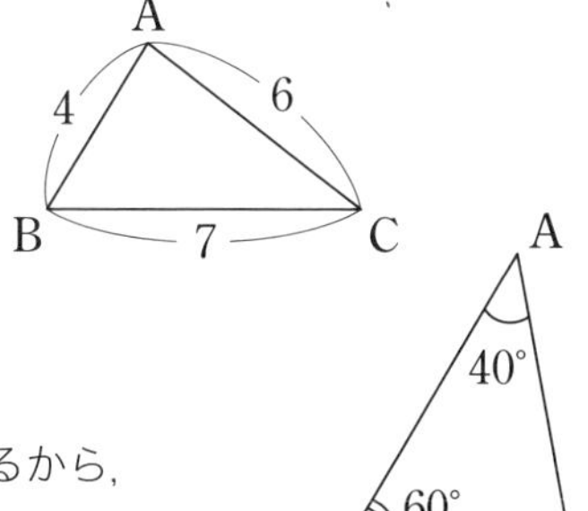

(1)　AB＜CA＜BC であるから，

∠C＜∠B＜∠A　答

(2)　∠C＝180°－(∠A＋∠B)＝80°

よって，∠A＜∠B＜∠C であるから，

BC＜CA＜AB　答

5　三角形の3辺の大小関係

たとえば，3辺の長さが5，1，1や5，3，2である三角形はあるかな？

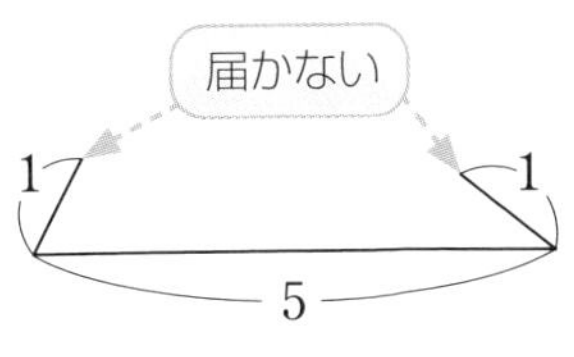

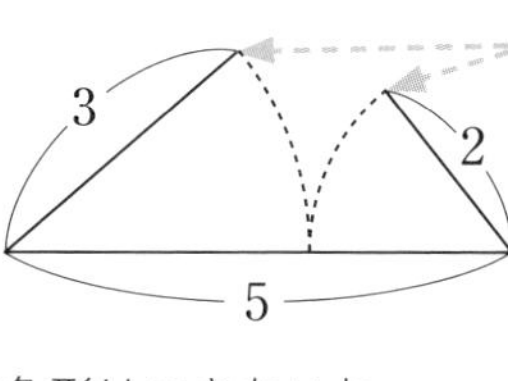

届いた！

4
2
5

残念ながら，どちらの場合も三角形はできないね。

じゃあ，3辺の長さが5，4，2ならばどうかな？

これならば三角形ができるね。

一般に，△ABC について，次の関係が成立するよ。

（2辺の長さの和）＞（残りの1辺の長さ）

三角形の3辺の大小関係

右図の△**ABC** において，

$$\begin{cases} \boldsymbol{b+c>a} \\ \boldsymbol{c+a>b} \\ \boldsymbol{a+b>c} \end{cases}$$

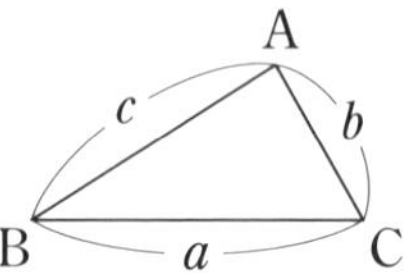

逆に，正の数 a，b，c について，上の不等式が成り立てば，3辺の長さが a，b，c である三角形が存在することも知られているよ。

△ABC において，$b+c>a$ を示す（ほかも同様に示せる）。

証明 △ABC の辺 BA の，A のほうへの延長上に点 D を，AD＝AC となるようにとる。

$$\angle D=\angle ACD<\angle BCD$$

なので，△BCD における辺と角の大小関係より，

$$BC<BD=BA+AD=BA+AC$$

よって，

$$b+c>a$$ **証明終わり**

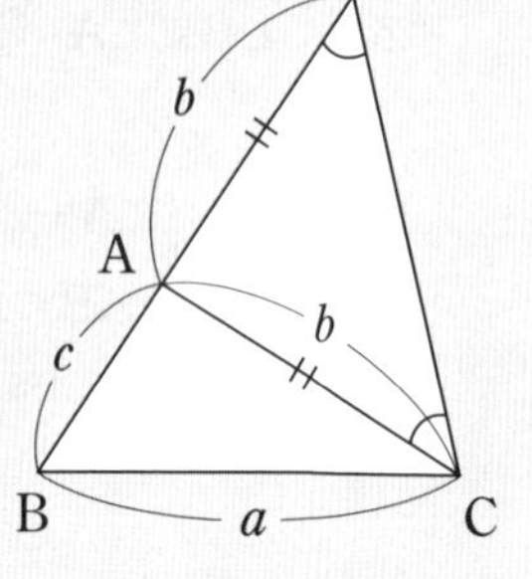

同様にして，$c+a>b$，$a+b>c$ も成り立つ。

例題 ❸

三角形の3辺の長さが a，5，8となるような，a のとりうる値の範囲を求めよ。

解答と解説

a，5，8は三角形の3辺の長さなので，$a>0$ であり，次の不等式が成り立つ。

$$\begin{cases} 5+8>a \\ 8+a>5 \\ a+5>8 \end{cases} \Leftrightarrow \begin{cases} a<13 \\ a>-3 \\ a>3 \end{cases}$$

三角形の3辺の長さについては，
(2辺の長さの和)＞(残りの1辺の長さ)
が成り立つね！

よって，

$3<a<13$ 答

ちょいムズ

例題 ❹

△ABC の頂点 A における外角の二等分線と辺 BC の延長との交点を Q とすると，

Q は辺 BC を AB：AC に外分する

すなわち，

BQ：QC＝AB：AC

であることを証明せよ。

ただし，AB＞AC とする。

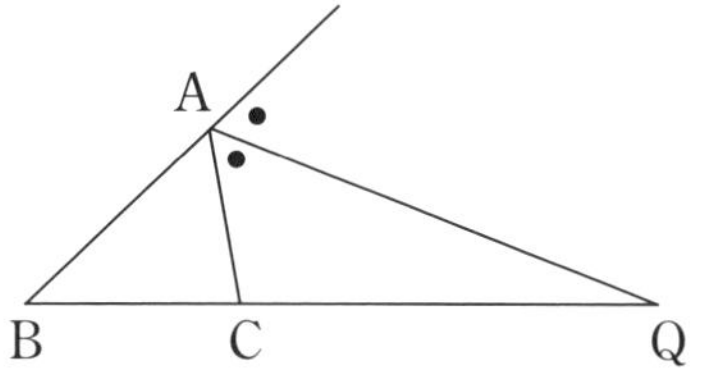

解答と解説

証明 点 C を通り，直線 AQ に平行な直線と辺 AB との交点を D とし，辺 AB の A のほうへの延長上に点 E をとる。また，

$\angle \mathrm{EAQ}=\angle \mathrm{CAQ}=\alpha$

とする。

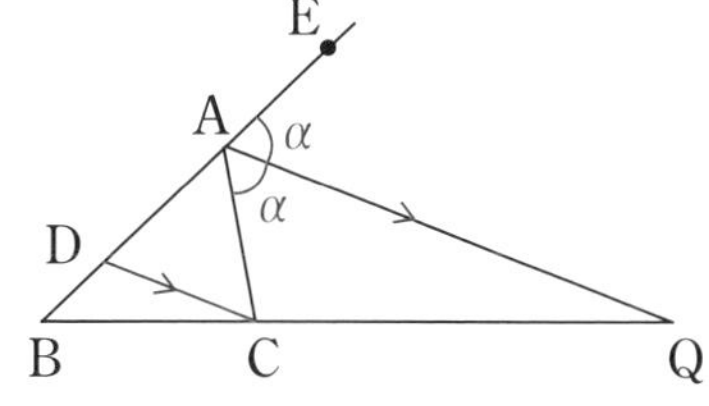

AQ // DC であり，平行線の同位角は等しいので，

$\angle \mathrm{ADC}=\angle \mathrm{EAQ}=\alpha$ ……①

平行線の錯角は等しいので，

$\angle \mathrm{ACD}=\angle \mathrm{CAQ}=\alpha$ ……②

①，②より，

$\angle \mathrm{ADC}=\angle \mathrm{ACD}$

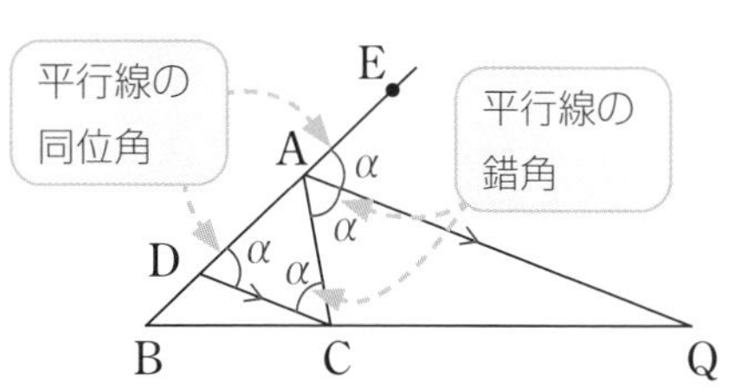

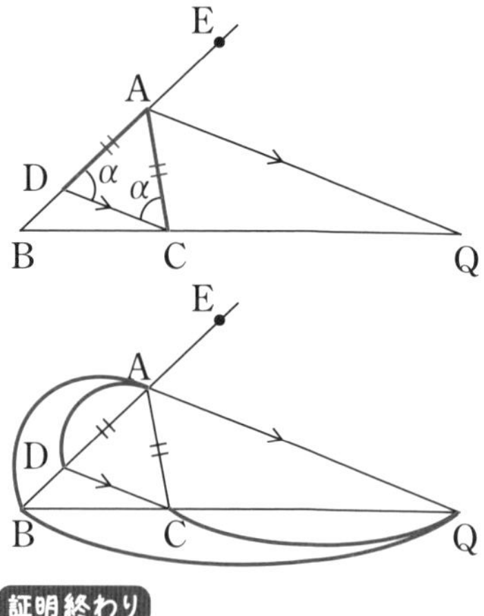

であるから，△ADC は二等辺三角形であり，

AD＝AC ……③

また，AQ∥DC より，平行線と線分比の関係から，

BQ：QC＝BA：AD ……④

③，④より，

BQ：QC＝AB：AC

したがって，

Q は辺 BC を AB：AC に外分する。 **証明終わり**

定理の証明にもきちんと取り組むことで力がつくんだ。この本では証明まできっちりと行うから，いっしょに頑張っていこう！

まとめ

(1) **内分点・外分点**

❶ **右図の点 P は線分 AB を m：n に内分する点**

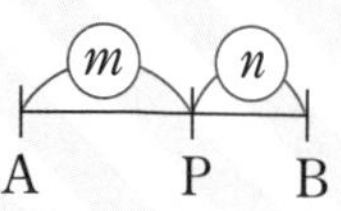

❷ **下図の点 Q は線分 CD を m：n に外分する点**

(i) $m>n$ のとき，

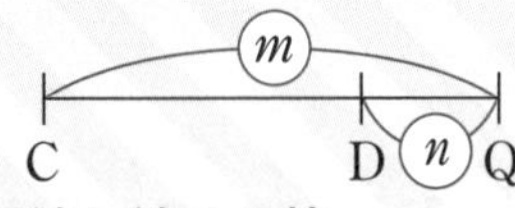

(ii) $m<n$ のとき，

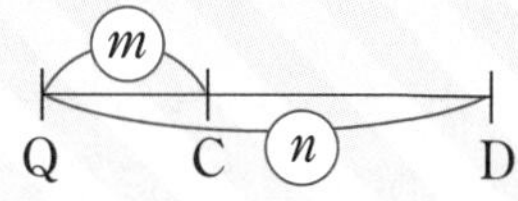

(2) **平行線と線分の比**

❶ **PQ∥BC ⇔ AP：AB＝AQ：AC**

❷ **PQ∥BC ⇔ AP：PB＝AQ：QC**

❸ **PQ∥BC ⇔ AB：BP＝AC：CQ**

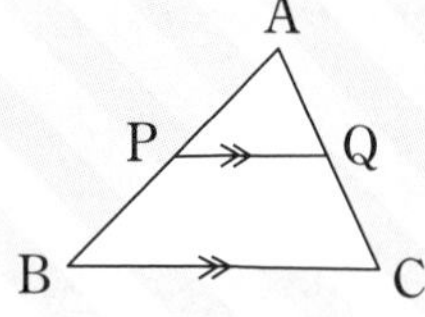

(3) **内角・外角の二等分線の定理**

△**ABC** の∠**A** の二等分線と対辺 **BC** との交点を **P**，頂点 **A** における外角の二等分線と対辺 **BC** の延長との交点を **Q** とすると，

BP：PC＝AB：AC

BQ：QC＝AB：AC

(4) **三角形の辺と角の大小**

△**ABC** において，

$b<c \Leftrightarrow \angle B<\angle C$

(5) **三角形の3辺の大小関係**

△**ABC** において，

(2辺の長さの和)＞(残りの1辺の長さ)

長い辺の向かいの角のほうが大きい！
大きい角の向かいの辺のほうが長い！

解答と解説▶別冊 *p*.102

練習問題

(1) △ABC の辺 BC の中点を M とし，∠AMB，∠AMC の二等分線が辺 AB，AC と交わる点をそれぞれ D，E とする。このとき，DE∥BC であることを示せ。

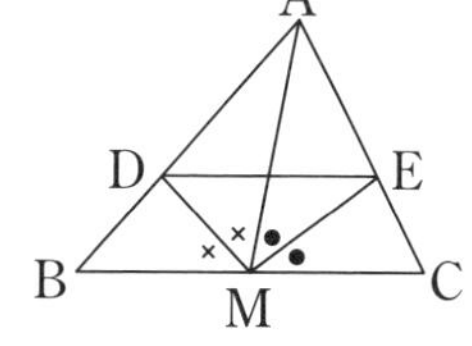

(2) △ABC において，∠A＝80°，∠B＝∠C である。このとき，△ABC の3辺の長さの大小を調べよ。

(3) 三角形の3辺の長さが $3x$，$x+6$，$x+3$ となるような，x のとりうる値の範囲を求めよ。

第50節 三角形の重心・外心・内心・垂心

この節の目標

☐ Ⓐ 三角形の重心・外心・内心・垂心について，それぞれの定義，性質がわかる。

イントロダクション ♪♫

この節では，三角形の「**重心**」，「**外心**」，「**内心**」，「**垂心**(すいしん)」について学習するよ。まずは，ここでの学習に必要な中学内容の復習をしておこう。

中点連結定理

△**ABC** において，辺 **AB** の中点を **D**，辺 **AC** の中点を **E** とすると，

❶ **DE//BC**

❷ **DE：BC＝1：2**

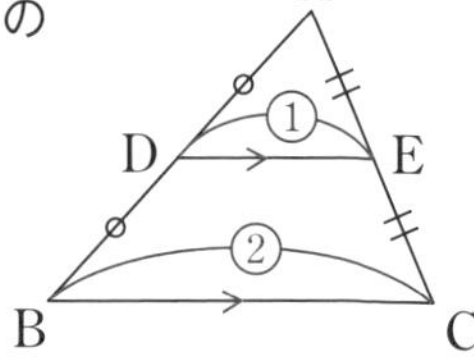

AD：AB＝AE：AC＝1：2，∠A が共通だから，△ADE∽△ABC だね。これから，❶，❷が成り立つことがわかるね。

垂直二等分線

平面上の点 **P** と，線分 **AB** の垂直二等分線 l について，

P が l 上にある ⇔ **PA＝PB**

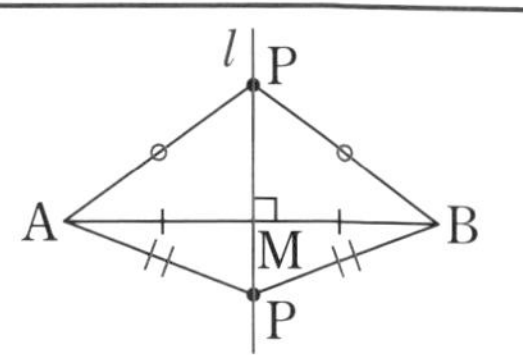

まずは「P が l 上にある ⇒ PA＝PB」を示そう。

AB の中点を M とするよ。P が l 上のとき，△PAM と△PBM について，PM は共通，AM＝BM，∠PMA＝∠PMB＝90° だから，△PAM≡△PBM だね。よって，PA＝PB が成り立つね。

つぎに「PA＝PB ⇒ P が l 上にある」を示すよ。

PA＝PB のとき，△PAB は二等辺三角形だね。二等辺三角形の頂点から対辺

に下ろした垂線の足(辺と垂線の交点)は，対辺の中点だから，Pから辺ABに下ろした垂線は，ABの中点Mを通るので，線分ABの垂直二等分線lと一致する。だから，Pは垂直二等分線上にあるといえるね。

このことから，次のことがわかるよ。

垂直二等分線は，2点から等しい距離にある点の集まり

角の二等分線

平面上の点Pと，∠XOYの二等分線lについて，Pから半直線OX，OYに下ろした垂線の足をそれぞれH，Kとすると，

Pがl上にある ⇔ PH＝PK

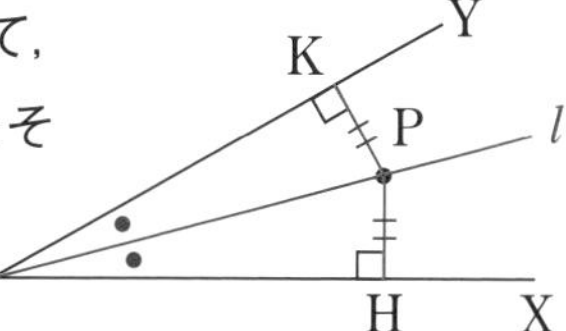

これもまず「Pがl上にある ⇒ PH＝PK」から示すよ。Pがl上のとき，△POHと△POKについて，∠POH＝∠POK，∠PHO＝∠PKO＝90°，POは共通だから，△POH≡△POKだね。よって，PH＝PKが成り立つね。

つぎに「PH＝PK ⇒ Pがl上にある」を示すよ。PH＝PKのとき，△POHと△POKについて，∠PHO＝∠PKO＝90°，POは共通だから，△POH≡△POKだね。よって，∠POH＝∠POKだから，Pは∠XOYの二等分線上にあるといえるよ。

このことから，次のことがわかるね。

角の二等分線は，2直線から等しい距離にある点の集まり

ゼロから解説

1 三角形の重心

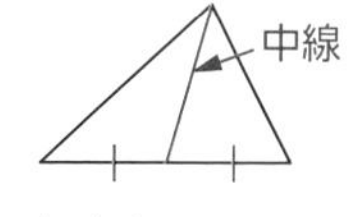

三角形の頂点と対辺の中点を結んだ線分を**中線**というよ。そして，三角形の3本の中線の交点を「**重心**」といい，「G」で表すよ。

三角形の重心

△**ABC**の**3**本の中線の交点である重心**G**は，それぞれの中線を，頂点から対辺の中点に向かって**2：1**に内分する。

AG：GD＝BG：GE＝CG：GF＝2：1

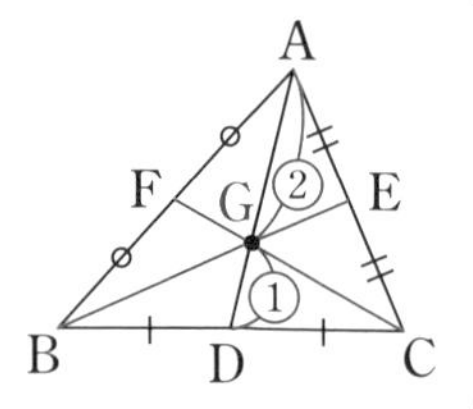

三角形の3本の中線が1点で交わって，さらにその点は各中線を2：1に内分することを示していこう。これはちょっと難しいから頑張ろうね！

step1 △ABCの中線BEと中線CFの交点をGとし，中線ADと中線BEの交点をG′とする。

GとG′が一致することを示すことができれば，3本の中線
AD，BE，CF
は1点で交わるといえるね！

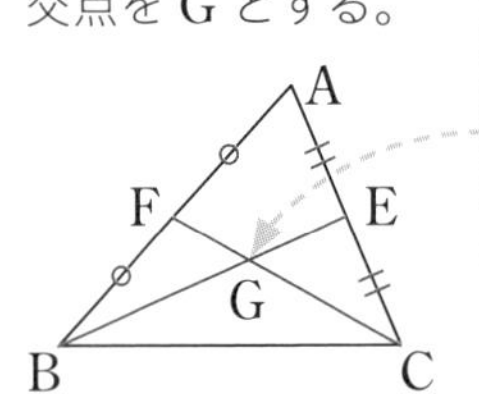

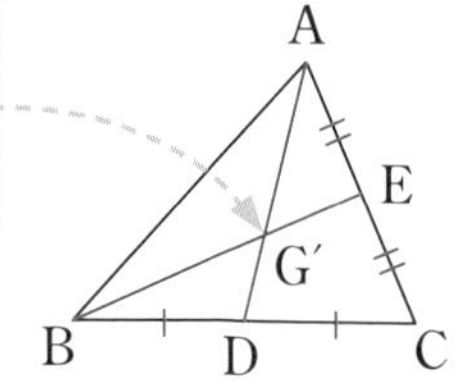

step2 中点連結定理の利用！

中点連結定理より，

FE∥BC

FE：BC＝1：2

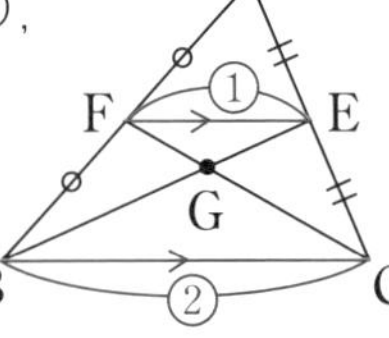

中点連結定理より，

ED∥AB

ED：AB＝1：2

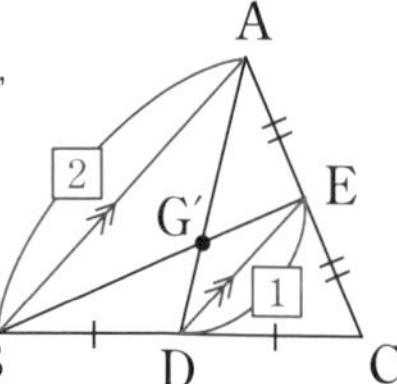

step3 相似を利用して，BG：GE＝BG′：G′Eを示す。

△GBC∽△GEFで，相似比は2：1なので，

BG：GE＝2：1

△G′AB∽△G′DEで，相似比は2：1なので，

BG′：G′E＝2：1

よって，

BG：GE＝BG′：G′E

が成り立ち，GとG′は一致する。以上より，3本の中線は1点Gで交わる。また，

AG：GD＝BG：GE＝CG：GF＝2：1

であるから，重心は各中線を2：1に内分する。

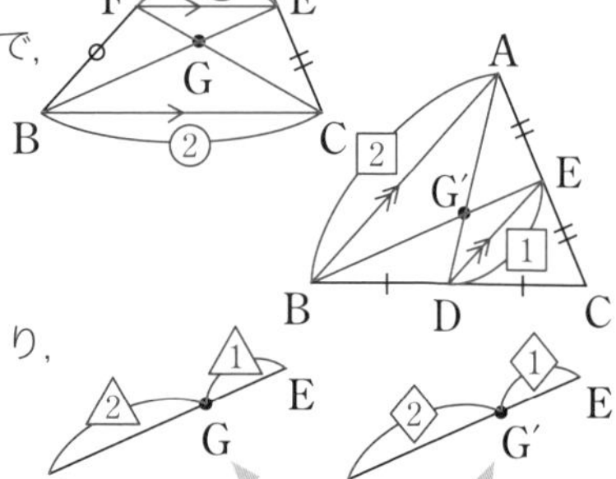

2 三角形の外心

三角形の外接円の中心を「**外心**」といい，「O」で表すよ。

三角形の外心

△**ABC** の **3** 辺の垂直二等分線の交点は，
外心 **O**(△**ABC** の外接円の中心)である。

OA＝OB＝OC

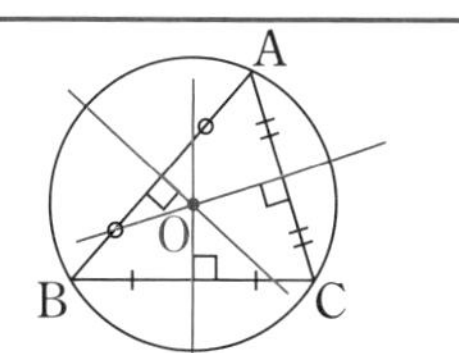

まずは，三角形の3辺の垂直二等分線が1点で交わることを示そう。

step1 2辺の垂直二等分線を引く。

△ABC において，
辺 AB の垂直二等分線と
辺 AC の垂直二等分線の
交点を O とする。

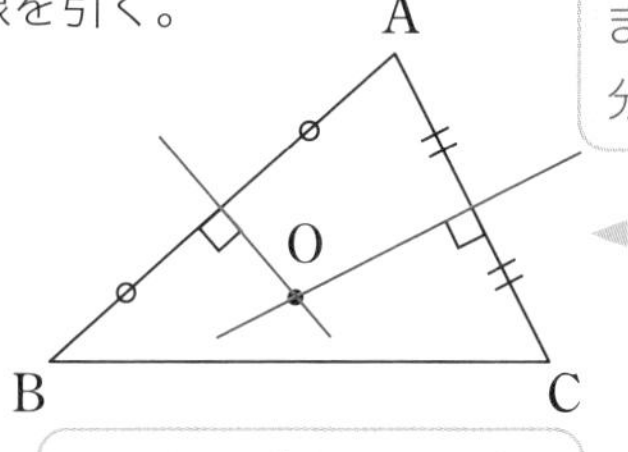

まずは2本の垂直二等分線を引いてみよう！

step2 OB＝OC を示す。

垂直二等分線の性質より，

OA＝OB，OA＝OC

イントロダクション♪♫ の「垂直二等分線」参照

であるから，

OB＝OC

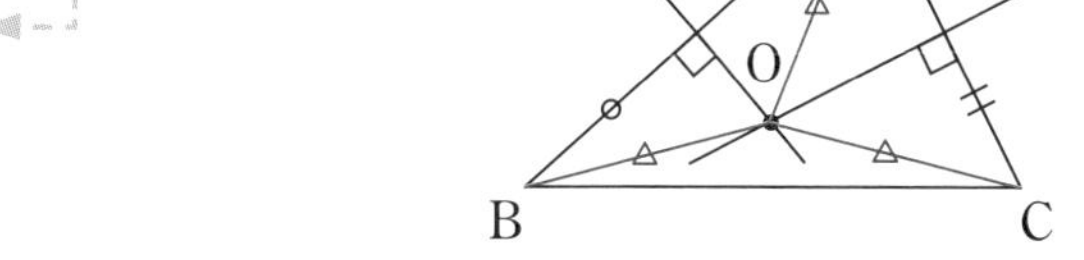

step3 O が辺 BC の垂直二等分線上にあることを示す。

OB＝OC

であるから，O は辺 BC の
垂直二等分線上にもある。

イントロダクション♪♫ の「垂直二等分線」参照

したがって，三角形の3辺の垂直二等分線は
1点で交わる。

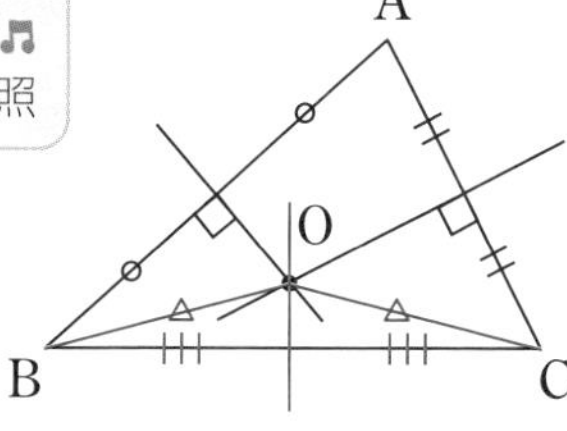

以上の証明からわかるように，3辺の垂直二等分線の交点Oは，

OA＝OB＝OC

を満たすから，Oは△ABCの3頂点から等距離にあるね。つまり，「点Oを中心とする半径OAの円」は，△ABCの3つの頂点を通るんだ。

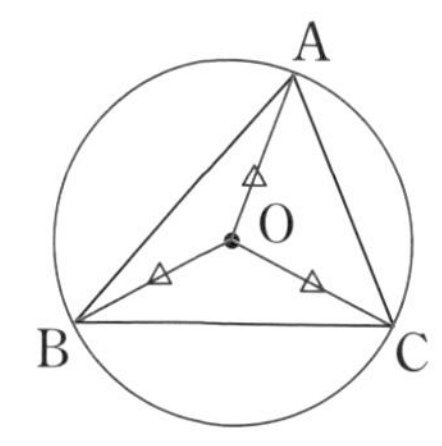

このような円を△ABCの「外接円」といったね。そして，外接円の中心Oを，△ABCの「**外心**」というんだよ。

❸ 三角形の内心

三角形の内接円の中心を「**内心**」といい，「I」で表すよ。

三角形の内心

△**ABCの3つの角の二等分線の交点は，**
内心I（△ABCの内接円の中心）であり，Iから各辺までの距離は等しい。

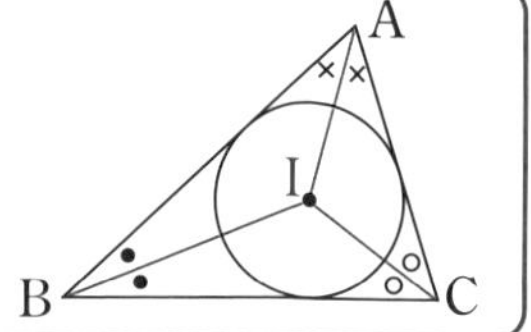

三角形の3つの角の二等分線が1点で交わることを示していこう。

step1 角の二等分線を2本引く。

△ABCにおいて，∠Bの二等分線と∠Cの二等分線の交点をIとする。

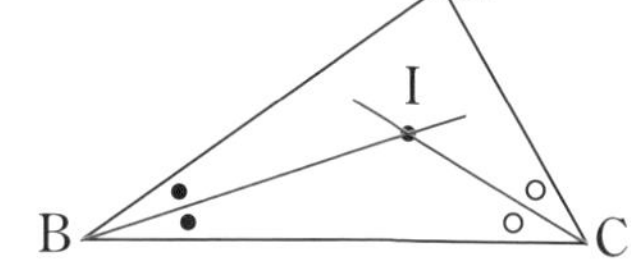

step2 IからABまでの距離とCAまでの距離が等しいことを示す。

Iから辺BC，CA，ABに下ろした垂線の足をそれぞれH，K，Lとすると，

IL＝IH，IH＝IK

であるから，

IL＝IK

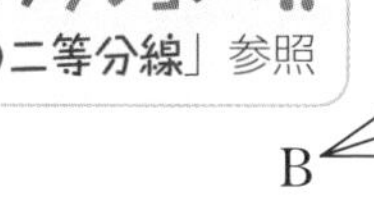

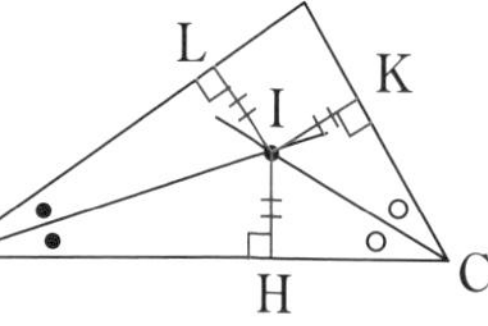

step3 Iが∠Aの二等分線上にあることを示す。

IL＝IK

であるから，Iは∠Aの二等分線上にある。

イントロダクション♪♫
の「角の二等分線」参照

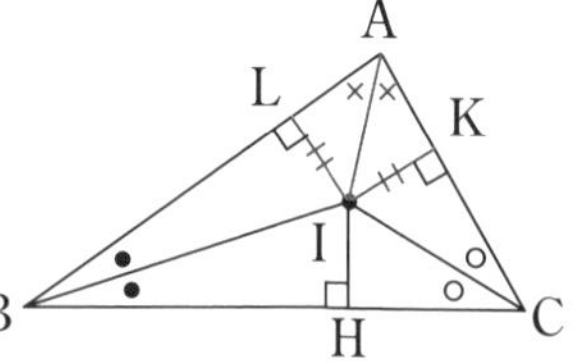

以上より，三角形の3つの角の二等分線は1点で交わる。

∠Bと∠Cそれぞれの二等分線の交点Iは，∠Aの二等分線上にもあるってことだね。以上の証明からもわかるように，

$$IH \perp BC,\quad IK \perp CA,\quad IL \perp AB,\quad IH = IK = IL$$

となっているね。ということは，点Iを中心とする半径IHの円は，△ABCの3辺すべてに接するね。このように，△ABCの3辺に接する円を△ABCの「内接円」といったね。そして，内接円の中心Iを，△ABCの「**内心**」というんだよ。

三角形の垂心

もう1つ。三角形には，「**垂心**」という点もあるよ！

三角形の垂心

△ABCの3頂点から対辺またはその延長に下ろした垂線の交点が，垂心Hである。

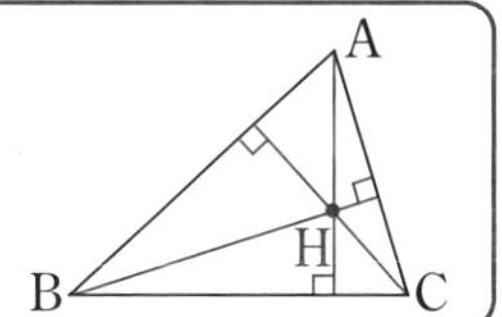

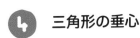

三角形の3頂点から対辺またはその延長に下ろした垂線が1点で交わることを示していこう。

step1 垂線と平行線を作図する。

△ABCの頂点A，B，Cから対辺またはその延長に下ろした垂線の足をそれぞれD，E，Fとする。また，頂点A，B，Cを通り，それぞれの対辺に平行な直線の各交点を，右の図のようにP，Q，Rとする。

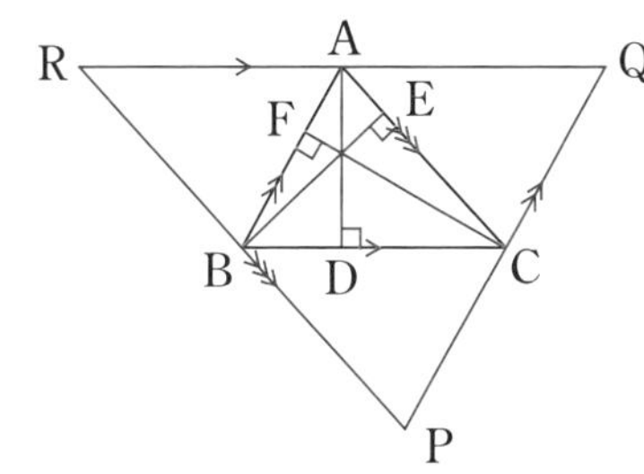

step2 AがQRの中点であることを示す。

BC∥RA，AC∥RBより，四角形ARBCは平行四辺形であるから，

$$BC = RA$$

同様に，四角形 ABCQ も平行四辺形であり，

$BC = AQ$

よって，

$RA = AQ$ ……①

step3 AD が QR の垂直二等分線であることを示す。

$BC /\!/ RQ$，$AD \perp BC$ より，

$AD \perp RQ$ ……②

①，②より，直線 AD は△PQR の辺 QR の垂直二等分線である。

同様に，直線 BE，CF は，それぞれ△PQR の辺 RP，PQ の垂直二等分線である。

三角形の3辺の垂直二等分線は1点で交わるから，3本の垂線 AD，BE，CF は1点 H で交わる。

p.551で証明したね！
△PQR の外心だよ！

これが垂心だよ！

例　題

三角形 ABC の外心を O，内心を I，垂心を H，重心を G とする。次の図の角の大きさ α，β および線分の長さ x，y を求めよ。

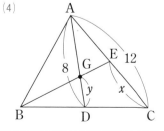

(1)

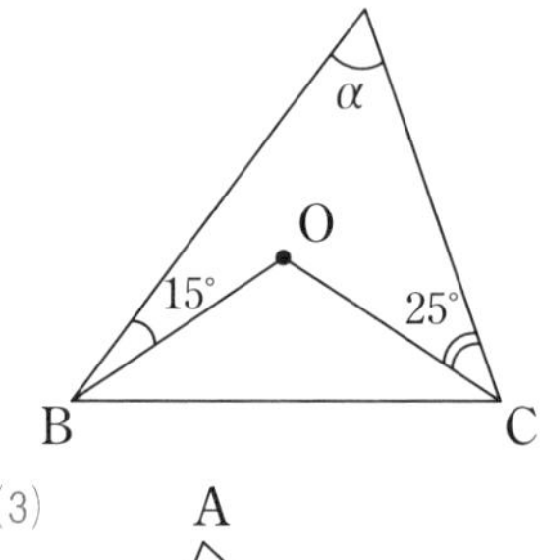

(2)

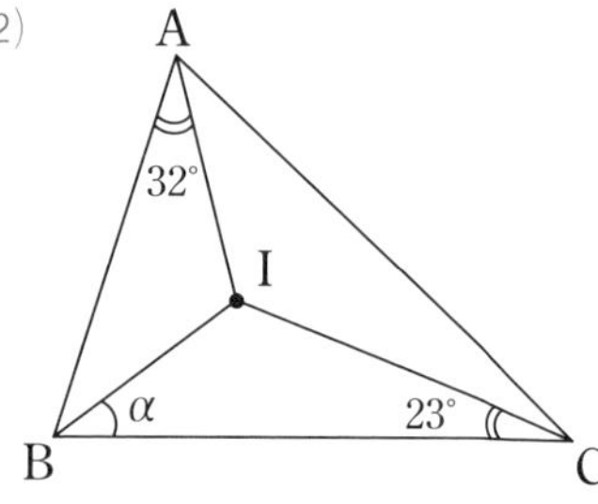

(3)

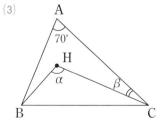

(4)

解答と解説

(1)　O は△ABC の外心より，△OAB は OA＝OB の二等辺三角形，△OAC は OA＝OC の二等辺三角形であるから，

$\alpha=\angle OAB+\angle OAC$

$=\angle OBA+\angle OCA$

$=15^\circ+25^\circ=40^\circ$ 答

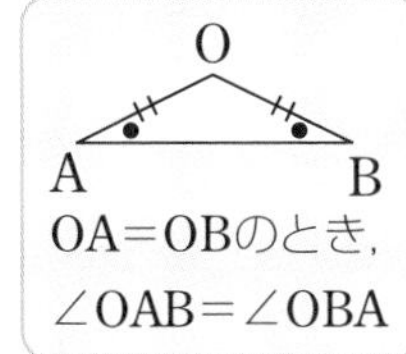

OA＝OBのとき，
∠OAB＝∠OBA

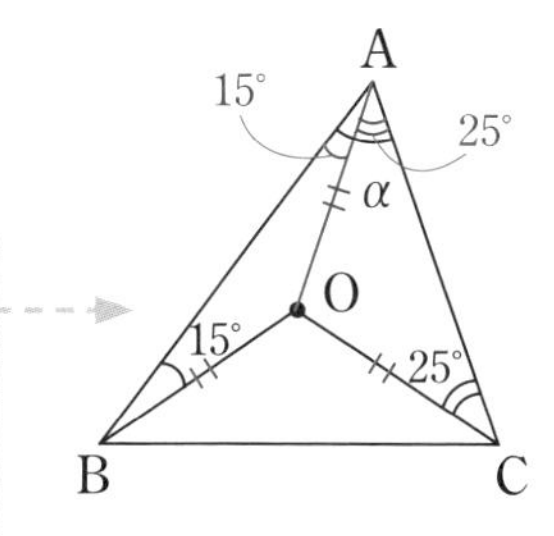

(2)　I は△ABC の3つの内角の二等分線の交点であるから，

$\angle CAB=64^\circ$，$\angle ABC=2\alpha$，$\angle BCA=46^\circ$

$64^\circ+2\alpha+46^\circ=180^\circ$ より，

$\alpha=35^\circ$ 答

三角形の内角の和は180°

∠IAC＝∠IAB
＝32°

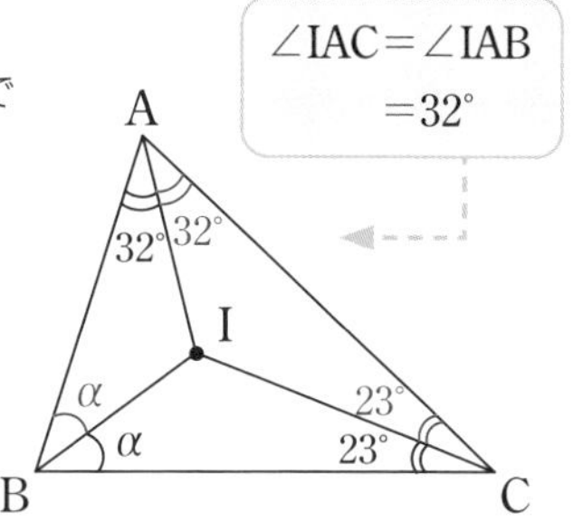

(3)　直線 CH と辺 AB の交点を D とすると，∠CDA＝90°より，

$\beta=180^\circ-(90^\circ+70^\circ)$

$=20^\circ$ 答

直線 BH と辺 CA の交点を E とすると，

$\angle BEC=\angle HEC=90^\circ$

△CEH で内角と外角の関係より，

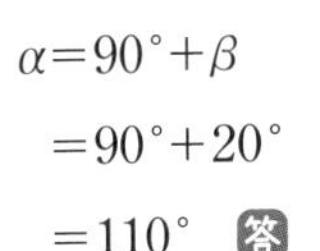

$\alpha=90^\circ+\beta$

$=90^\circ+20^\circ$

$=110^\circ$ 答

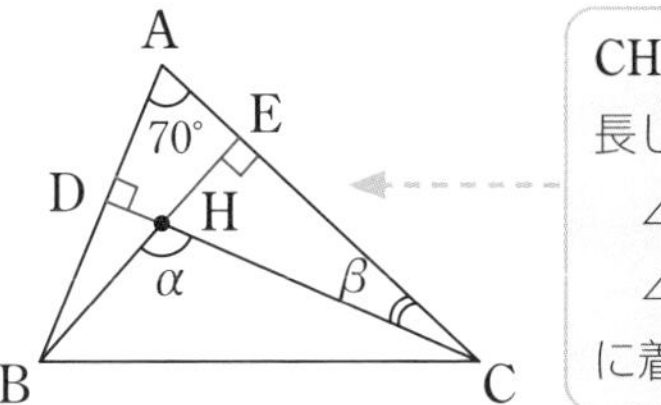

CH と BH を延長して，
∠CDA＝90°
∠BEC＝90°
に着目しよう！

三角形の外角は，それと隣り合わない2つの内角の和に等しい

(4)　G は△ABC の重心なので，

$x=\frac{1}{2}CA=6$ 答

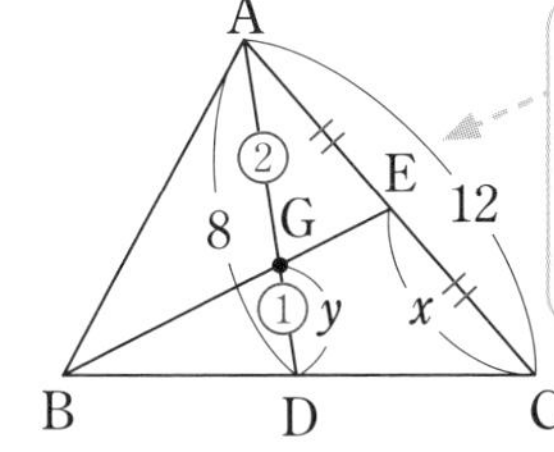

G は△ABC の重心だから，
E は辺 CA の中点
AG：GD＝2：1

また，AG：GD＝2：1なので，

$$y=\frac{1}{3}\mathrm{AD}=\frac{8}{3}$$ 答

ちょいムズ

三角形の1つの内角の二等分線と，ほかの2つの頂点における外角の二等分線は1点で交わる（①）ことを証明してみよう。

①は，△ABCで，頂点B，Cにおける外角の二等分線の交点が，∠Aの二等分線上にある（②）ことと同値だね！　だから，②を示せれば①を示したことになるよ。

step1　外角の二等分線などを作図する。

下の図のように，頂点B，Cにおける外角の二等分線の交点をし，Jから辺BC，さらに辺AC，ABの延長上に下ろした垂線の足を，それぞれD，E，Fとする。

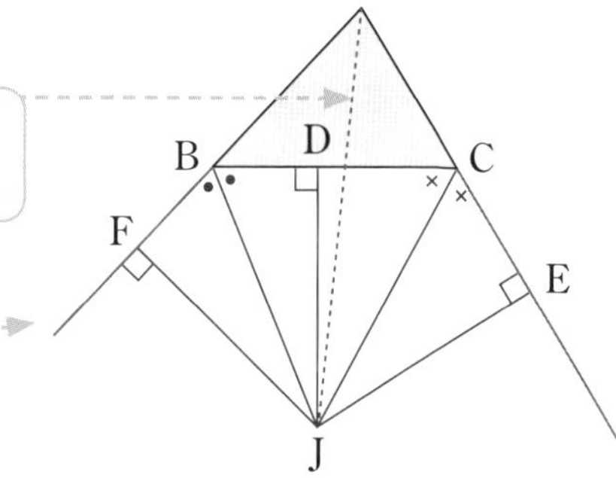

直線AJが∠Aの二等分線だと示せれば，Jが∠Aの二等分線上にあることになる

JDはJからBCまでの距離，JEはJからACの延長までの距離，JFはJからABの延長までの距離

step2　Jから各辺（の延長）までの距離が等しいことを示す。

角の二等分線の性質より，

JF＝JD　かつ　JE＝JD

であるから，

JF＝JE

よって，Jは∠Aの二等分線上にある。

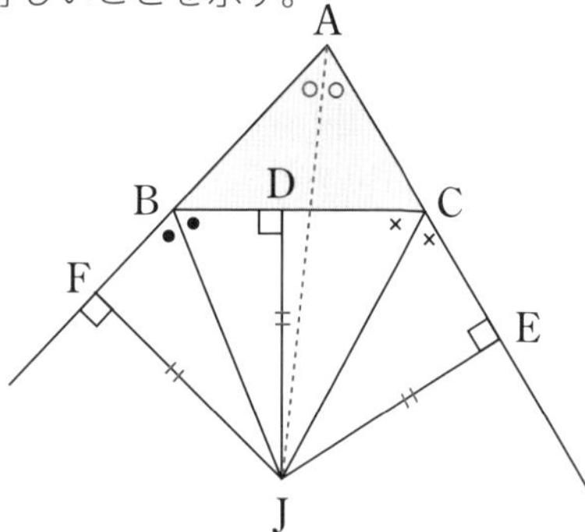

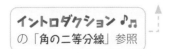

イントロダクション♪♫の「角の二等分線」参照

前ページの証明で出てきた交点Jを，△ABC の∠A にたいする「**傍心**」というよ。この傍心Jは，BC までの距離と AB の延長までの距離と AC の延長までの距離が等しくなるから，Jを中心としてBCおよびAB，ACの延長線に接する円をかくことができるんだ。この円を，△ABC の∠A にたいする「**傍接円**」というよ。

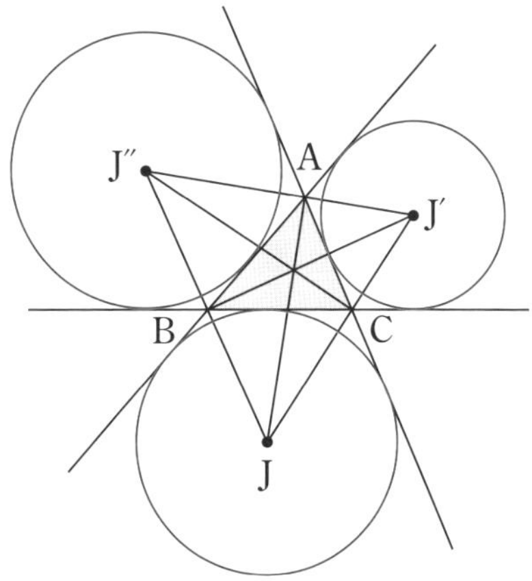

右上の図のように，△ABC の∠B，∠C にたいする傍心と傍接円も，それぞれ1つずつあるんだよ。

まとめ

(1)　三角形の重心

△**ABC** の**3**本の中線の交点が重心 **G** であり，中線を，頂点から対辺の中点に向かって**2**：**1**に内分する。

$$AG : GD = BG : GE = CG : GF = 2 : 1$$

(2)　三角形の外心

△**ABC**の**3**辺の垂直二等分線の交点は，外心 **O**(△**ABC** の外接円の中心)である。

$$OA = OB = OC$$

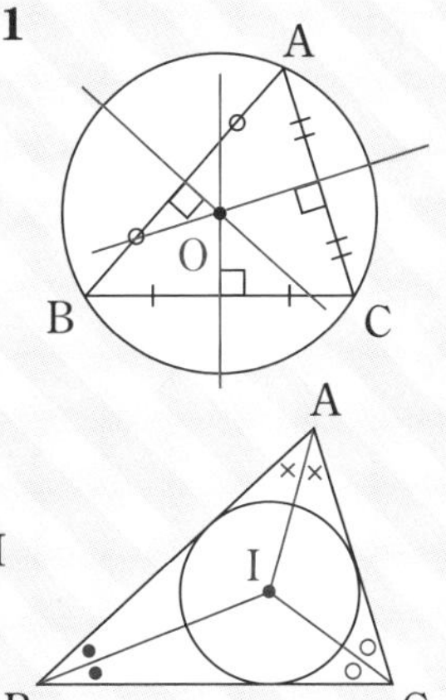

(3)　三角形の内心

△**ABC**の**3**つの内角の二等分線の交点は，内心 **I**(△**ABC** の内接円の中心)であり，**I** から各辺までの距離が等しい。

(4) 三角形の垂心

△**ABC** の**3**頂点から対辺またはその延長に下ろした垂線の交点が垂心 **H** である。

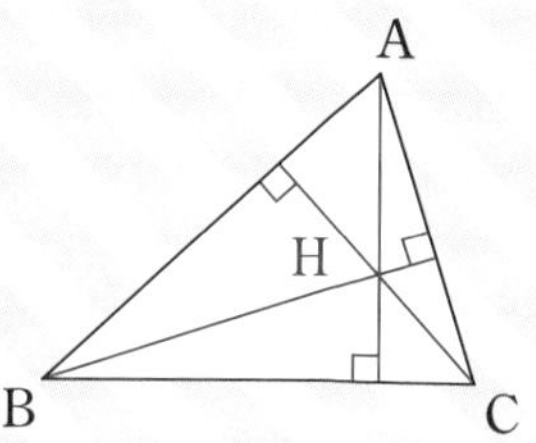

重心，外心，内心，垂心，傍心(**ちょいムズ** 参照)をあわせて，三角形の五心という。

解答と解説▶別冊 *p.*104

練習問題

三角形 ABC の外心を O，内心を I，垂心を H，重心を G とする。次の図の角の大きさ α，β および線分の長さ x，y を求めよ。

(1)

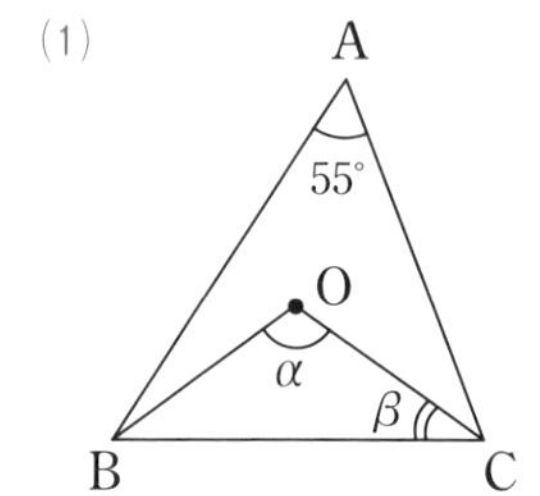

(2)

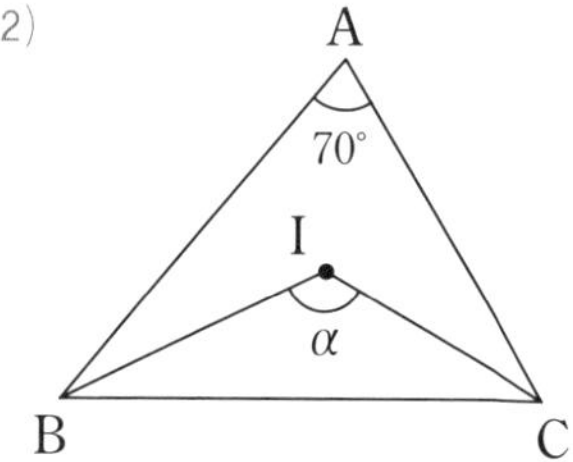

(3)

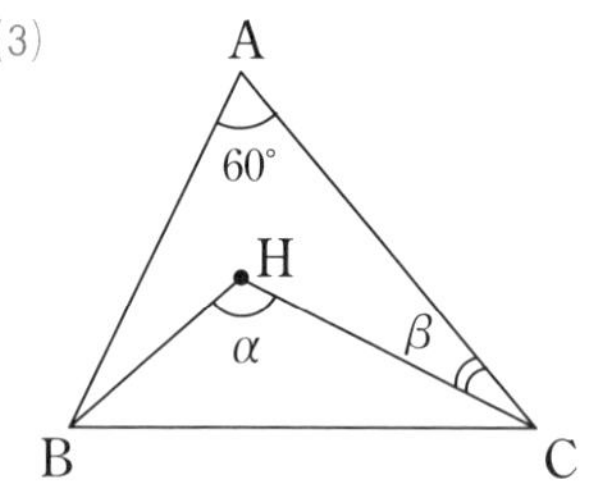

(4)

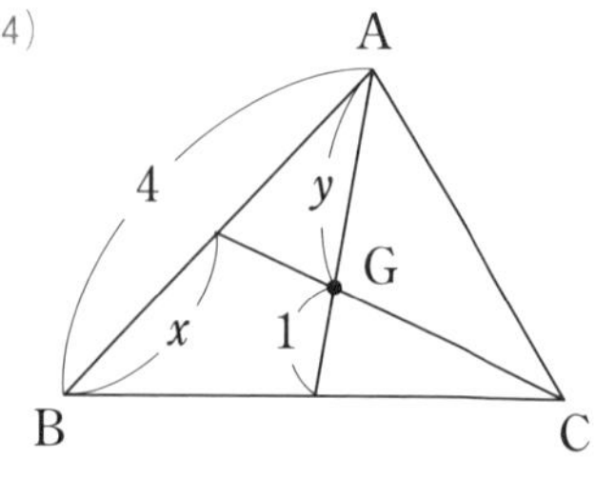

第51節 チェバの定理とメネラウスの定理

この節の目標

- ☑ Ⓐ チェバの定理を用いて線分の長さや比を求めることができる。
- ☑ Ⓑ メネラウスの定理を用いて線分の長さや比を求めることができる。

イントロダクション ♪♫

この節では,「**チェバの定理**」と「**メネラウスの定理**」を学習するよ。ちなみに,チェバの定理を発見したジョバンニ・チェバは,17～18世紀のイタリアの数学者。メネラウスの定理を発見したメネラウスは,チェバよりも1500年以上も昔の古代ギリシャの数学者で,天文学者でもあった人なんだ。

チェバの定理の証明では三角形の面積と線分比の関係を使うから,まずはそこからおさえよう。

三角形の面積と線分比

辺AOを共有する△ABOと△ACOにおいて,
2直線AO,BCが点Pで交わるとき,

$$\triangle \mathrm{ABO} : \triangle \mathrm{ACO} = \mathrm{BP} : \mathrm{CP}$$

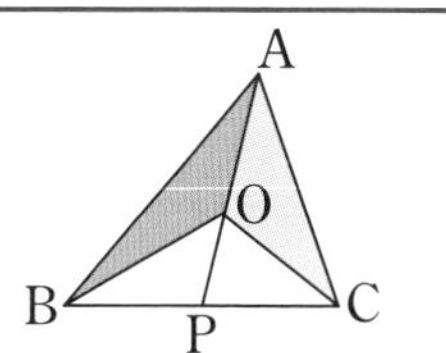

証明 2点B,Cから直線AOに下ろした垂線の足をH,Kとすると,

$$\triangle \mathrm{ABO} : \triangle \mathrm{ACO} = \frac{1}{2}\cdot \mathrm{AO}\cdot \mathrm{BH} : \frac{1}{2}\cdot \mathrm{AO}\cdot \mathrm{CK}$$
$$= \mathrm{BH} : \mathrm{CK} \quad \cdots\cdots ①$$

△ABOと△ACOで,AOを底辺とみたときの高さの比だよ!

BH∥CKより,

△BHP∽△CKP

であるから,

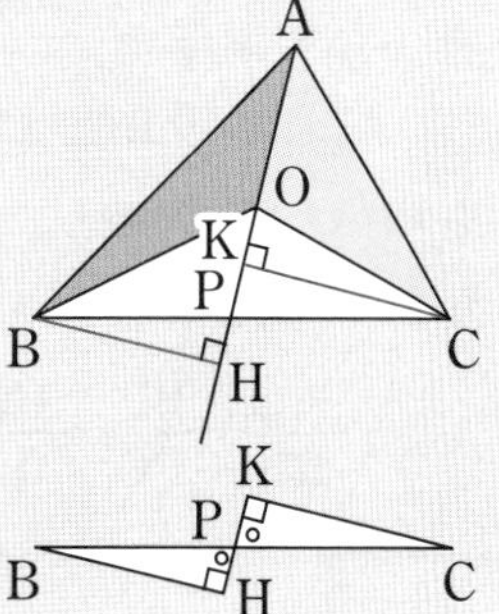

BH：CK＝BP：CP ……②

①，②より，

△ABO：△ACO＝BP：CP **証明終わり**

結局，これが高さの比に一致するってことだね！

大丈夫かな？

つぎに，メネラウスの定理の証明に使う事柄の確認をしておこう。

平行線と線分比

△**ABC** において，辺 **AB** 上に点 **P** があり，辺 **AC** 上に点 **Q** があるとき，

❶ **PQ∥BC ⇔ AP：AB＝AQ：AC**

❷ **PQ∥BC ⇔ AP：PB＝AQ：QC**

❸ **PQ∥BC ⇔ AB：BP＝AC：CQ**

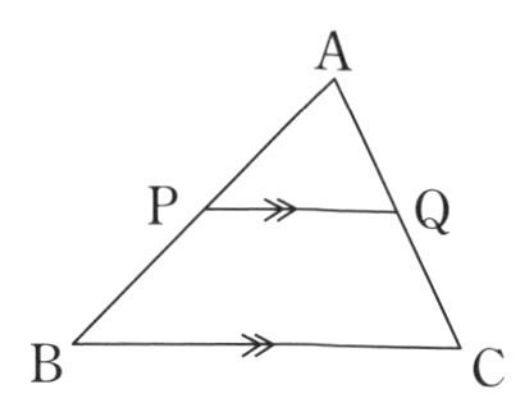

これの証明は，第**49**節の❷で学習したね。では，始めよう！

ゼロから解説

1 チェバの定理

三角形の頂点から対辺に引いた3直線について，次の定理が成り立つよ。

チェバの定理

△**ABC** の辺 **BC**，**CA**，**AB** 上にそれぞれ点 **P**，**Q**，**R** があり，**3** 直線 **AP**，**BQ**，**CR** が **1** 点で交わるとき，

$$\frac{AR}{RB}\cdot\frac{BP}{PC}\cdot\frac{CQ}{QA}=1$$

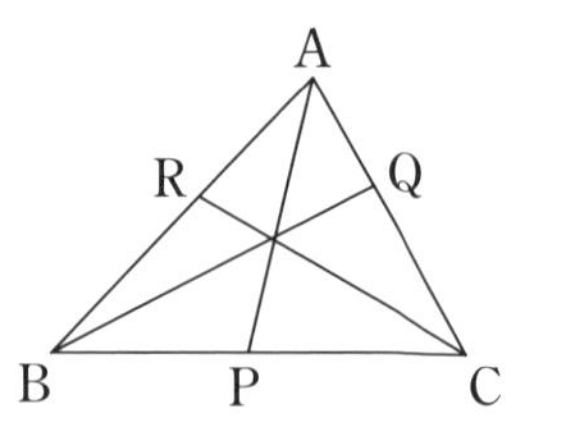

これは覚えやすいね。一筆書きでぐるっと一周まわる順に，「上下上下上下」と分数にしてかけると1になるってことだよ。

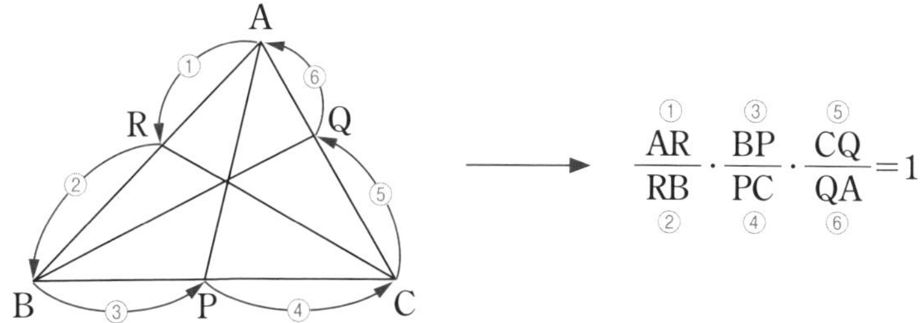

この定理の証明は，辺の比を面積の比におきかえることでできるんだ。

証明　3直線AP，BQ，CRの交点をSとし，B，Cから直線APに下ろした垂線の足をD，Eとする。

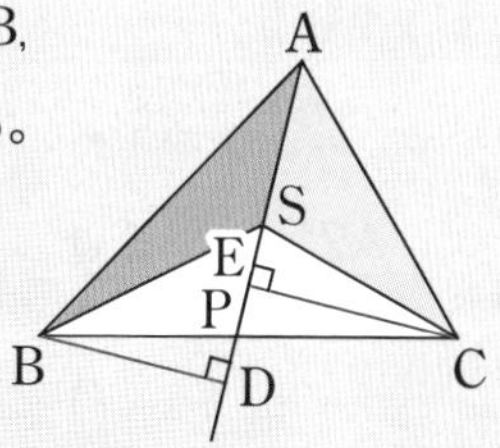

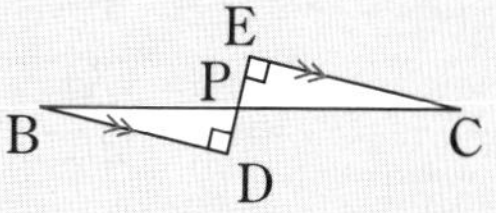

△ABSと△ACSにおいて，ASを底辺と考えると，

$$\frac{\triangle ABS}{\triangle ACS}=\frac{\frac{1}{2}\cdot AS\cdot BD}{\frac{1}{2}\cdot AS\cdot CE}=\frac{BD}{CE}\quad\cdots\cdots①$$

BD∥CEより，

$$\frac{BD}{CE}=\frac{BP}{CP}\quad\cdots\cdots②$$

BD∥CEより，
BD：CE＝BP：CP

①，②より，

$$\frac{BP}{PC}=\frac{\triangle ABS}{\triangle CAS}$$

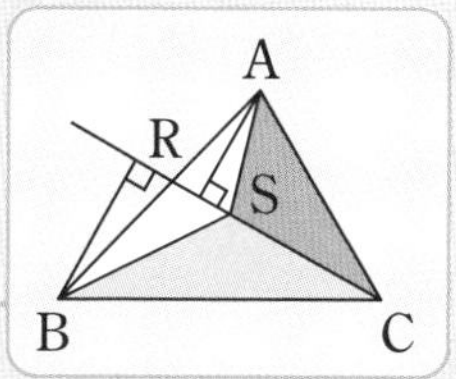

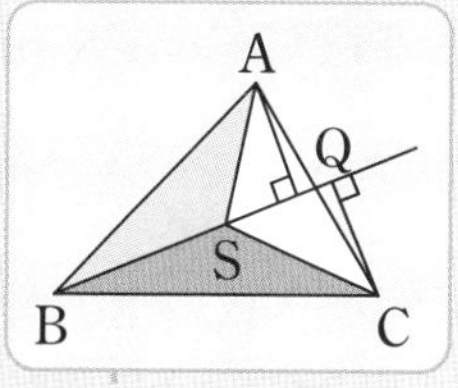

同様に，

$$\frac{AR}{RB}=\frac{\triangle CAS}{\triangle BCS},\quad \frac{CQ}{QA}=\frac{\triangle BCS}{\triangle ABS}$$

約分で1になった！

よって，

$$\frac{AR}{RB}\cdot\frac{BP}{PC}\cdot\frac{CQ}{QA}=\frac{\triangle CAS}{\triangle BCS}\cdot\frac{\triangle ABS}{\triangle CAS}\cdot\frac{\triangle BCS}{\triangle ABS}=1$$

証明終わり

例題 ❶

(1) 右の図において，線分比 CQ：QA を求めよ。

(2) △ABC において，PQ∥BC となるように点 P，Q をそれぞれ辺 AB，AC 上にとり，線分 PC と QB の交点を R とする。線分 AR の延長と辺 BC との交点を M とするとき，M が辺 BC の中点であることを証明せよ。

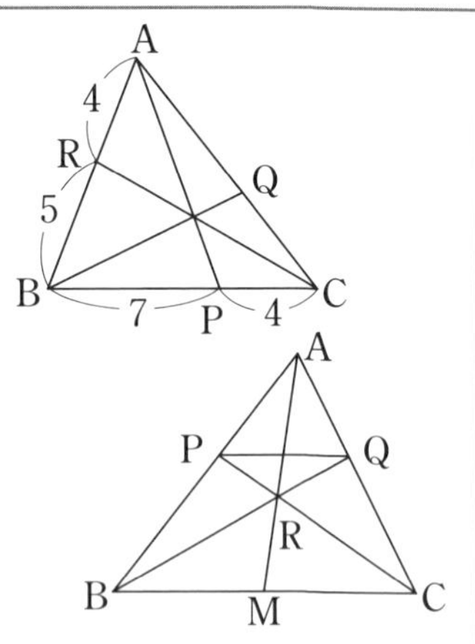

解答と解説

(1) チェバの定理より，

$$\frac{AR}{RB}\cdot\frac{BP}{PC}\cdot\frac{CQ}{QA}=1$$

チェバの定理は，

$$\frac{①}{②}\cdot\frac{③}{④}\cdot\frac{⑤}{⑥}=1$$

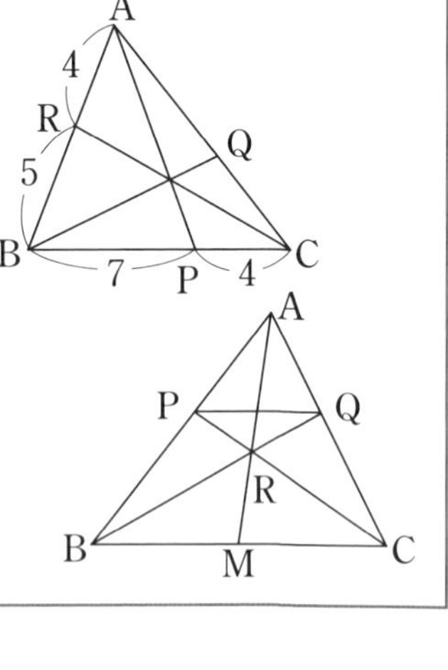

$$\frac{4}{5}\cdot\frac{7}{4}\cdot\frac{CQ}{QA}=1$$

両辺を $\frac{5}{7}$ 倍

$$\frac{CQ}{QA}=\frac{5}{7}$$

CQ：QA＝5：7 **答**

$\frac{x}{y}=\frac{○}{■}$ と $x：y$＝○：■ は同じ意味だよ！

(2) **証明** チェバの定理より，

$$\frac{AP}{PB}\cdot\frac{BM}{MC}\cdot\frac{CQ}{QA}=1 \quad \cdots\cdots①$$

また，PQ∥BC より，

$$\frac{AP}{PB}=\frac{AQ}{QC} \quad \cdots\cdots②$$

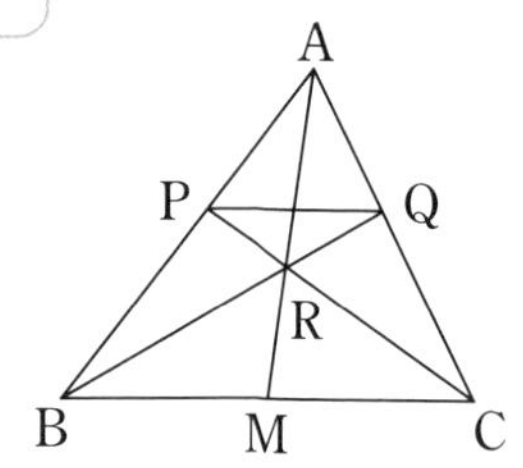

①，②より，

$$\frac{AQ}{QC}\cdot\frac{BM}{MC}\cdot\frac{CQ}{QA}=1$$

$$\frac{\cancel{AQ}}{\cancel{QC}}\cdot\frac{BM}{MC}\cdot\frac{\cancel{CQ}}{\cancel{QA}}=1$$

$$\frac{BM}{MC}=1$$

よって，BM＝MC であるから，M は辺 BC の中点である。 **証明終わり**

❷ メネラウスの定理

三角形と直線について，次の定理が成り立つよ。

メネラウスの定理

ある直線 l が△ABC の辺 BC，CA，AB，またはその延長と，それぞれ点 P，Q，R で交わるとき，

$$\frac{AR}{RB}\cdot\frac{BP}{PC}\cdot\frac{CQ}{QA}=1$$

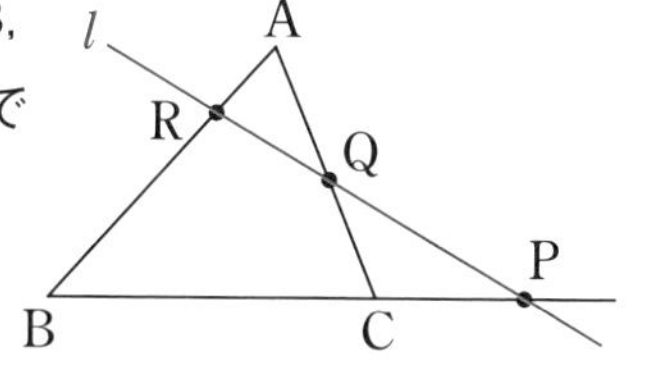

最後の式の形だけみるとチェバの定理とまったく同じだけど，図の中での順番はメネラウスの定理のほうがややこしいね。この覚え方はあとで話すから，先に証明をやっておこう。平行線と線分比の関係を使うことで証明できるよ。

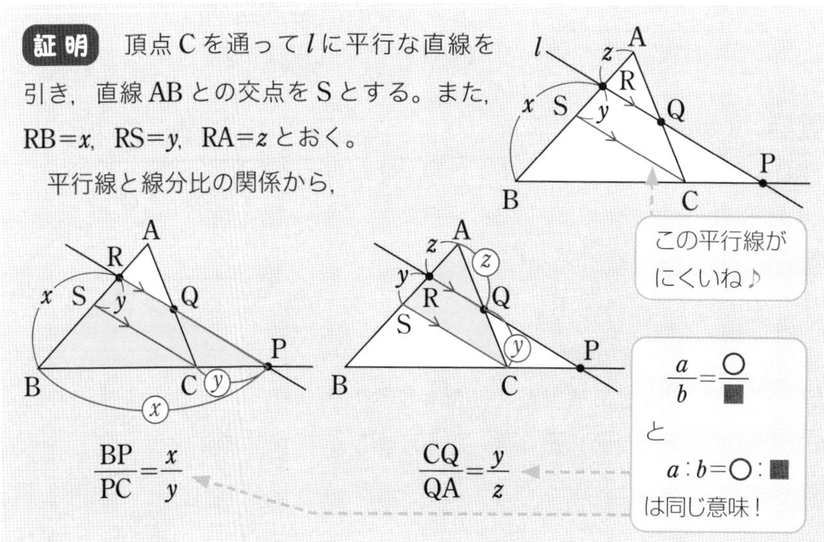

証明 頂点 C を通って l に平行な直線を引き，直線 AB との交点を S とする。また，RB＝x，RS＝y，RA＝z とおく。

平行線と線分比の関係から，

この平行線がにくいね♪

$$\frac{a}{b} = \frac{\bigcirc}{\blacksquare}$$
と
$$a:b = \bigcirc:\blacksquare$$
は同じ意味！

$$\frac{BP}{PC}=\frac{x}{y}\qquad\frac{CQ}{QA}=\frac{y}{z}$$

また，$\dfrac{AR}{RB}=\dfrac{z}{x}$ であるから，

$$\frac{AR}{RB}\cdot\frac{BP}{PC}\cdot\frac{CQ}{QA}=\frac{z}{x}\cdot\frac{x}{y}\cdot\frac{y}{z}=1$$ **証明終わり**

$\dfrac{z}{x}\cdot\dfrac{x}{y}\cdot\dfrac{y}{z}=1$
と約分できるね！

じつはメネラウスの定理は，1つの図の中で，$\dfrac{AR}{RB}\cdot\dfrac{BP}{PC}\cdot\dfrac{CQ}{QA}=1$ 以外にもたくさん使えるんだ。次の3つのルールを覚えて，あてはめて使おう！

メネラウスの定理の3つのルール

❶ スターﾄ＝ゴール
❷ 3辺使用
❸ 1辺につき2回ジャンプ

使う3辺は，比がわかっている辺と知りたい比がある辺だよ！

例 下の図において，線分比 RQ：QP を求めよ。

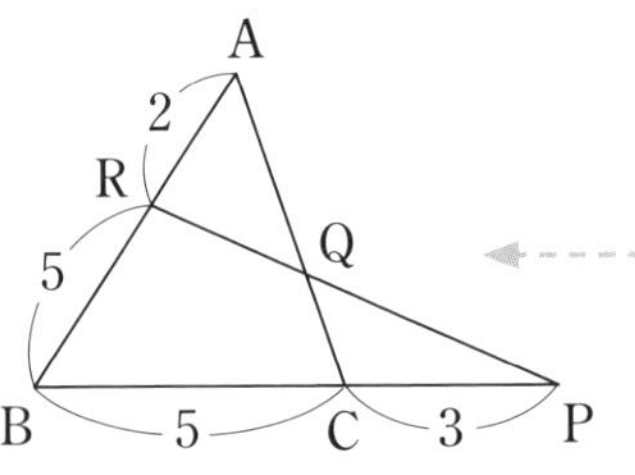

❶ RQ：QP が知りたいから，R からスタートして，R に帰ってくることにしよう！
❷ AB, BP, PR, AC のうち，使用する3辺は，
比がわかっている AB，BP
知りたい比がある PR
❸ 1辺につき2回ジャンプしよう！

step1 R からスタートする。

RQ：QP が知りたいから，R から Q，Q から P へと2回ジャンプするよ。

step2 P から1辺を2回ジャンプ。

(i) P から C，C から B

(ii) P から B，B から C

の2通りの選択肢があるけど，(ii)だと3辺使うだけではスタートの R に帰れないから，(i)しかないね！

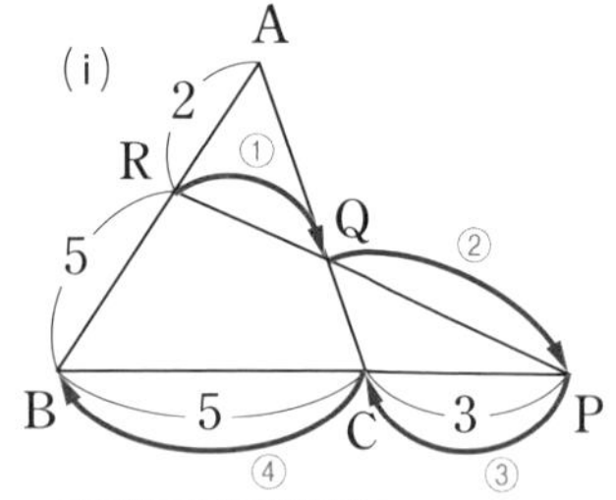

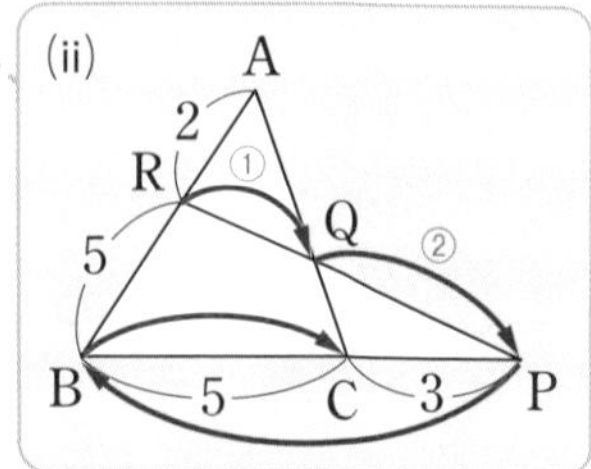

step3 Bから2回ジャンプしてRへ。

Rに戻ってくるには，BからA，AからRと2回ジャンプすればいいね！

メネラウスの定理より，

$$\frac{\overset{①}{RQ}}{\underset{②}{QP}}\cdot\frac{\overset{③}{PC}}{\underset{④}{CB}}\cdot\frac{\overset{⑤}{BA}}{\underset{⑥}{AR}}=1$$

$$\frac{RQ}{QP}\cdot\frac{3}{5}\cdot\frac{7}{2}=1$$

$$\frac{RQ}{QP}=\frac{10}{21}$$

$$RQ:QP=\mathbf{10:21}$$

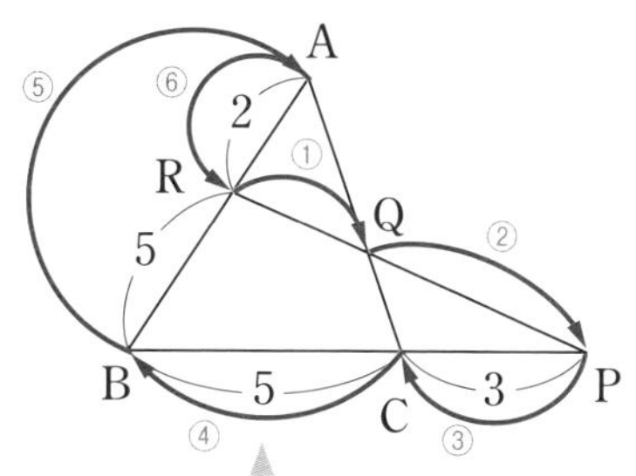

ACだけは使っていないね！　このように，使えるのは3辺だけだよ！

もし，RQ：RPをきかれたとしたら，右図のようにしたくなるかもしれないけど，これではQに戻れないね。そこで，「RQ：RPはRQ：QPが求まればわかる」と考えて，**例**と同じやり方でやるといいよ。うまくいかなかった場合は，わかっている比と知りたい比を含んで3つのルールにもあてはまるような回り方を考えよう！

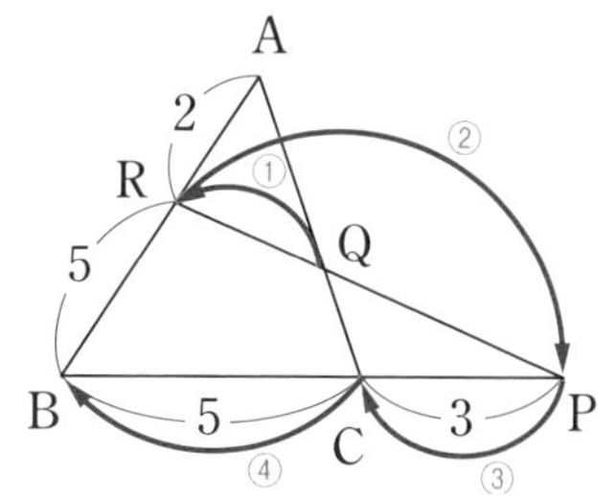

ちょいムズ

チェバの定理の逆

△ABCの辺**BC**，**CA**，**AB**上にそれぞれ点**P**，**Q**，**R**があり，

$$\frac{\mathbf{AR}}{\mathbf{RB}}\cdot\frac{\mathbf{BP}}{\mathbf{PC}}\cdot\frac{\mathbf{CQ}}{\mathbf{QA}}=\mathbf{1}$$

が成り立てば，**3**直線**AP**，**BQ**，**CR**は**1**点で交わる。

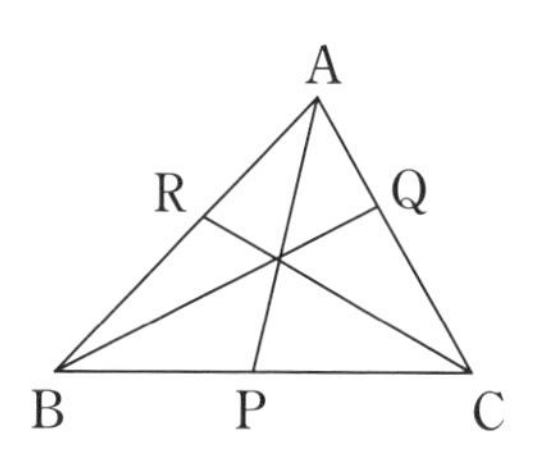

証明　△ABC の辺 BC，CA，AB 上にそれぞれ点 P，Q，R があり，

$$\frac{AR}{RB}\cdot\frac{BP}{PC}\cdot\frac{CQ}{QA}=1 \quad \cdots\cdots ①$$

が成り立つとし，2 直線 BQ，CR の交点を O とする。このとき，直線 AO は辺 BC と交わる。その交点を P′とすると，

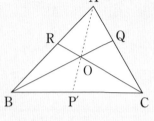

チェバの定理より，

$$\frac{AR}{RB}\cdot\frac{BP'}{P'C}\cdot\frac{CQ}{QA}=1 \quad \cdots\cdots ②$$

①，②より，

$$\frac{BP'}{P'C}=\frac{BP}{PC}$$

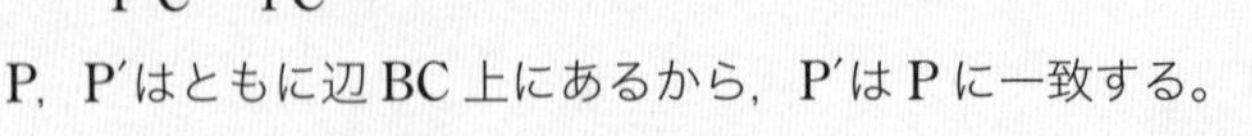
P，P′はともに辺 BC 上にあるから，P′は P に一致する。

したがって，3 直線 AP，BQ，CR は 1 点で交わる。　**証明終わり**

また，メネラウスの定理もその逆が成り立つことが知られているよ。その証明は，チェバの定理の逆と同じようにできるんだ。

メネラウスの定理の逆

△ABC の辺 BC，CA，AB，またはその延長上にそれぞれ点 P，Q，R があり，

$$\frac{AR}{RB}\cdot\frac{BP}{PC}\cdot\frac{CQ}{QA}=1$$

が成り立てば，3 点 P，Q，R は一直線上にある。

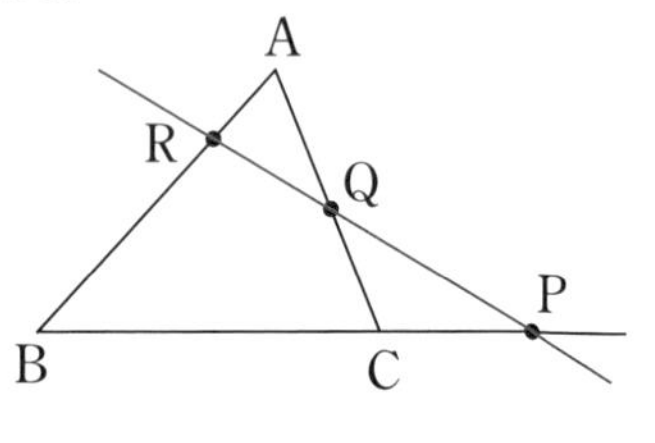

ところで，チェバの定理にはもう 1 つの形があるんだ。右図のように，△ABC の辺 BC，CA，AB またはその延長上にそれぞれ点 P，Q，R があって，3 直線 AP，BQ，CR が 1 点で交わるとき，

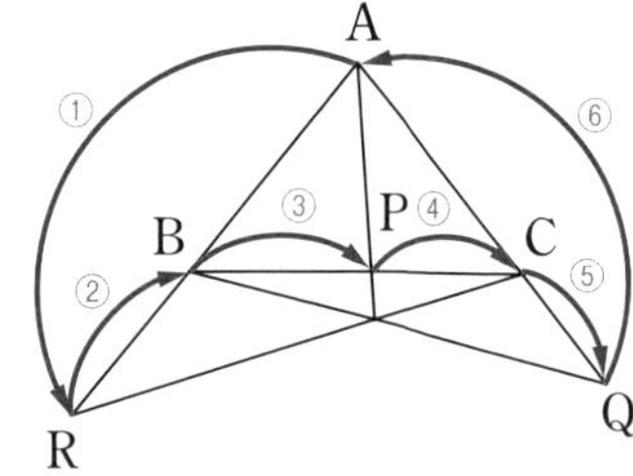

$$\frac{AR}{RB}\cdot\frac{BP}{PC}\cdot\frac{CQ}{QA}=1$$

$$\frac{①}{②}\cdot\frac{③}{④}\cdot\frac{⑤}{⑥}=1$$

が成り立つよ。

この図の例だと, 点Qと点Rが三角形の辺の外分点になっているね。じつは, チェバの定理は外分点が0個の場合と2個の場合の2つのタイプがあって, いずれにしても外分点の個数は偶数になることが知られているんだ。一方, メネラウスの定理は外分点が1個の場合と3個の場合があって, 外分点の個数は奇数だよ。

★例題❷

(1) △ABCにおいて, 辺BC上で頂点とは異なる位置に点Dをとり, ∠ADB, ∠ADCの二等分線が辺AB, ACと交わる点をそれぞれE, Fとすると, 3つの線分AD, BF, CEは1点で交わることを証明せよ。

(2) △ABCにおいて, ∠Aの外角の二等分線が辺BCの延長と交わるとき, その交点をDとする。∠B, ∠Cの二等分線が辺AC, ABと交わる点をそれぞれE, Fとすると, 3点D, E, Fは1つの直線上にあることを示せ。

解答と解説

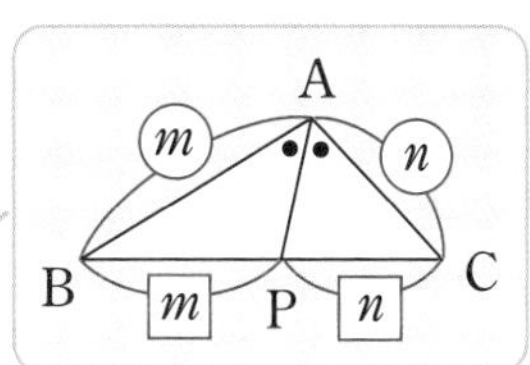

(1) **証明** DE, DFは, それぞれ∠ADB, ∠ADCの二等分線であるから,

$$\frac{AE}{EB}=\frac{DA}{DB},\quad \frac{CF}{FA}=\frac{DC}{DA}$$

よって,

$$\frac{AE}{EB}\cdot\frac{BD}{DC}\cdot\frac{CF}{FA}=\frac{DA}{DB}\cdot\frac{BD}{DC}\cdot\frac{DC}{DA}=1$$

したがって, チェバの定理の逆より, 3つの線分AD, BF, CEは1点で交わる。

証明終わり

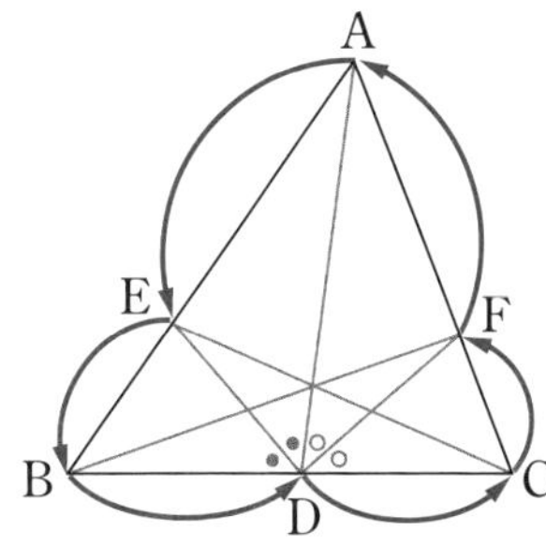

(2) **証明** 3点D，E，Fのうち，点Dは△ABCの辺BCの延長上にあって，2点E，Fはそれぞれ辺AC，AB上にある。

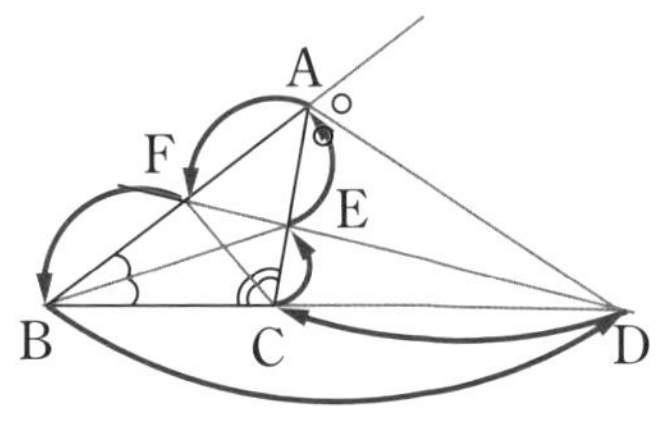

ここで，直線ADは∠Aの外角の二等分線であるから，

$$\frac{BD}{DC}=\frac{AB}{AC} \quad \cdots\cdots①$$

また，直線BEは∠Bの二等分線であるから，

$$\frac{CE}{EA}=\frac{BC}{BA} \quad \cdots\cdots②$$

さらに，直線CFは∠Cの二等分線であるから，

$$\frac{AF}{FB}=\frac{CA}{CB} \quad \cdots\cdots③$$

①，②，③より，

$$\frac{BD}{DC}\cdot\frac{CE}{EA}\cdot\frac{AF}{FB}=\frac{AB}{AC}\cdot\frac{BC}{BA}\cdot\frac{CA}{CB}=1$$

よって，メネラウスの定理の逆より，

3点D，E，Fは1つの直線上にある。 

まとめ

(1) **チェバの定理**

△ABCの辺BC，CA，AB，またはその延長上にそれぞれ点P，Q，Rがあり，3直線AP，BQ，CRが1点で交わるとき，

$$\mathbf{\frac{AR}{RB}\cdot\frac{BP}{PC}\cdot\frac{CQ}{QA}=1}$$

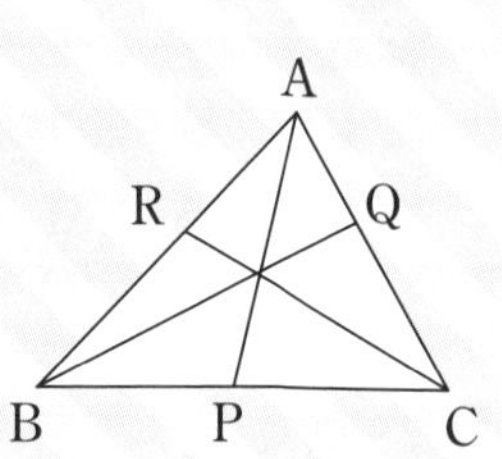

(2) **メネラウスの定理**

ある直線 l が△ABCの辺BC，CA，AB，またはその延長と，それぞれ点P，Q，Rで交わるとき，

$$\frac{\mathbf{AR}}{\mathbf{RB}}\cdot\frac{\mathbf{BP}}{\mathbf{PC}}\cdot\frac{\mathbf{CQ}}{\mathbf{QA}}=\mathbf{1}$$

図1

メネラウスの定理の3つのルール

❶　**スタート＝ゴール**

❷　**3辺使用**

❸　**1辺につき2回ジャンプ**

➡　**この3つを満たせば，どのように移動してもよい。**

例　次のようなメネラウスの定理もある。

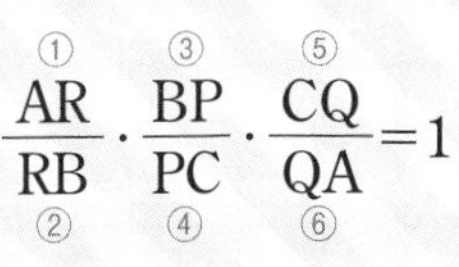
$$\frac{\overset{①}{\mathrm{AR}}}{\underset{②}{\mathrm{RB}}}\cdot\frac{\overset{③}{\mathrm{BP}}}{\underset{④}{\mathrm{PC}}}\cdot\frac{\overset{⑤}{\mathrm{CQ}}}{\underset{⑥}{\mathrm{QA}}}=1$$

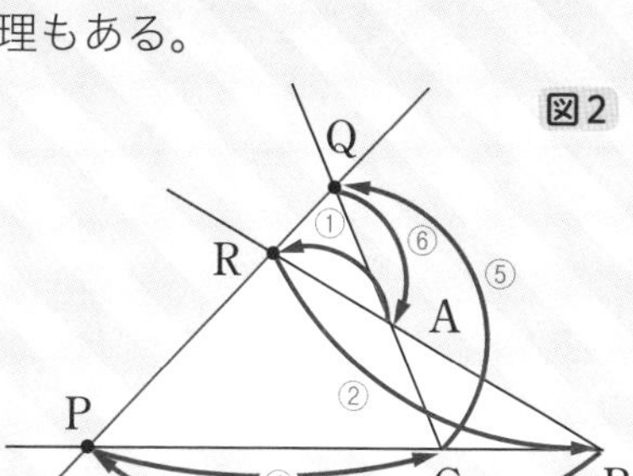

このように，上の3つのルールどおりに移動すると，P，Q，Rのうち三角形の辺の外分点になるものは1個または3個となる。

図1 の外分点はPのみの1個，
図1 の外分点はP，Q，Rの3個

解答と解説▶別冊 p.106

練習問題

(1)　**△ABCにおいて，点P，Q，Rはそれぞれ辺BC，CA，AB上にあり，AR＝5，RB＝4，BP＝3，CQ＝4，QA＝3である。また，線分AP，BQ，CRは1点Xで交わるとする。このとき，線分PCの長さおよび線分比CX：XRを求めよ。**

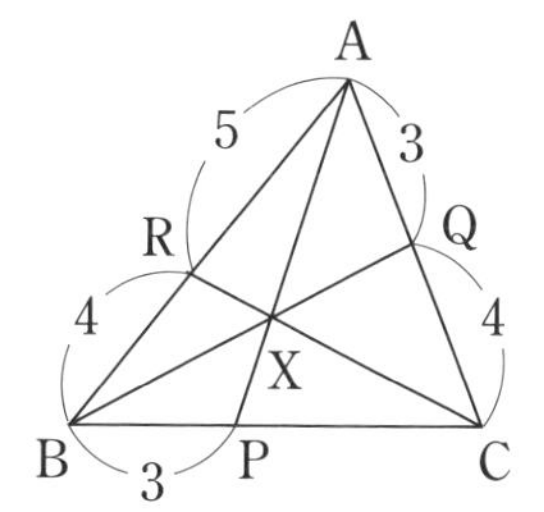

(2)　**△ABCの内部の点Oと3頂点を結ぶ直線が対辺BC，CA，ABと交わる点をそれぞれD，E，Fとし，直線EFが辺BCの延長と交わる点をGとする。このとき，次のことを証明せよ。**

BD：DC＝BG：GC

第52節 円の性質

この節の目標

- ☐ Ⓐ 円周角の定理とその逆を使って問題を解くことができる。
- ☐ Ⓑ 円に内接する四角形の性質を使って問題を解くことができる。
- ☐ Ⓒ 円の接線の性質を使って問題を解くことができる。
- ☐ Ⓓ 接弦定理を用いて角度を求めることができる。

イントロダクション ♪♫

この節では「**円**」について扱っていくよ。まずは円の基本性質から確認していこう。

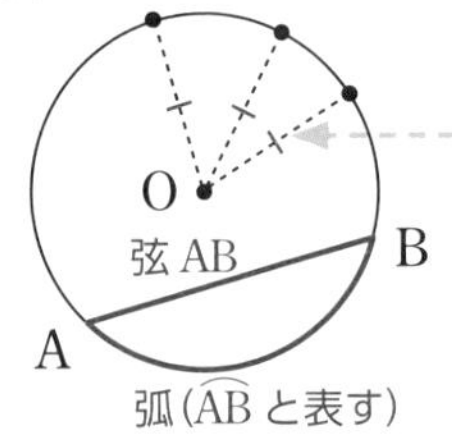

ある定点から一定の距離（中心／半径）にある点全体がつくる図形が円だね！

❶ 中心角と弧の対応

1つの円で，中心角の大きさが等しければ対応する弧の長さは等しい。逆に，弧の長さが等しければ対応する中心角の大きさは等しい。

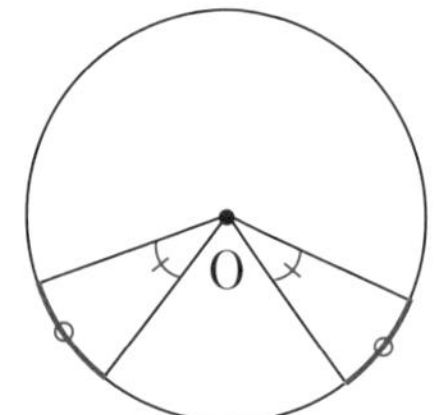

❷ 弧と弦の対応

1つの円で，長さの等しい弧にたいする弦の長さは等しい。

この2つの三角形が合同となるから，弦の長さは等しいね！

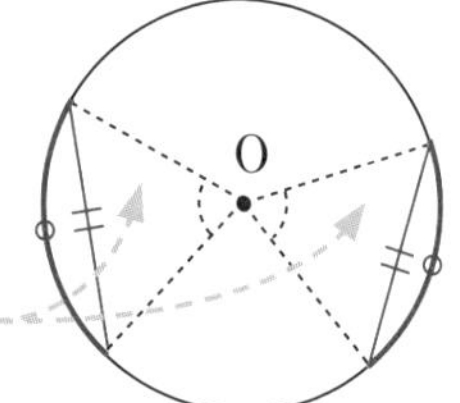

❸ 中心から弦への垂線

円の中心から弦に下ろした垂線は，その弦を二等分する。

垂線の足を H とすると，
$\triangle OAH \equiv \triangle OBH$
だから，
$AH = BH$

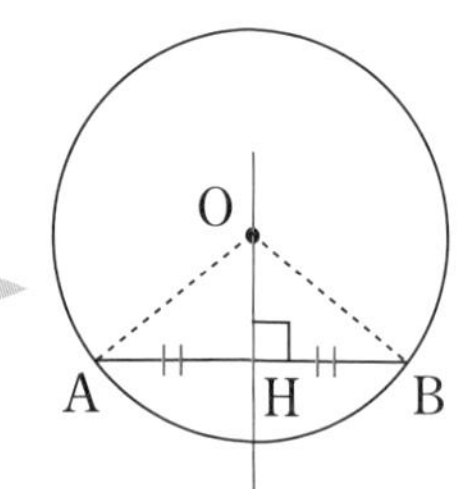

❹ 弦の垂直二等分線

弦の垂直二等分線は，円の中心を通る。

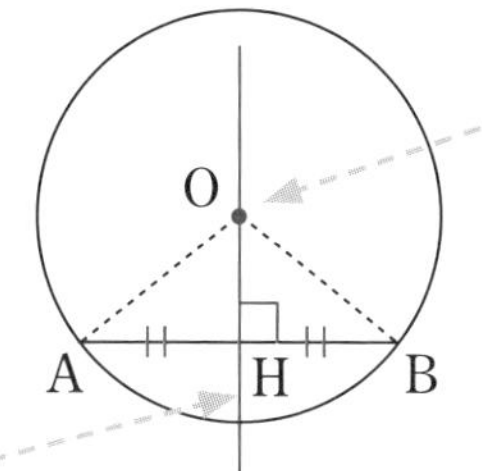

弦 AB の垂直二等分線は 2点 A，B から距離が等しい点の集まりだね

中心 O は円上の2点 A，B から等距離にある点だね。だから，円の中心 O は弦 AB の垂直二等分線上にあるよ！

ゼロから解説

1 円周角の定理

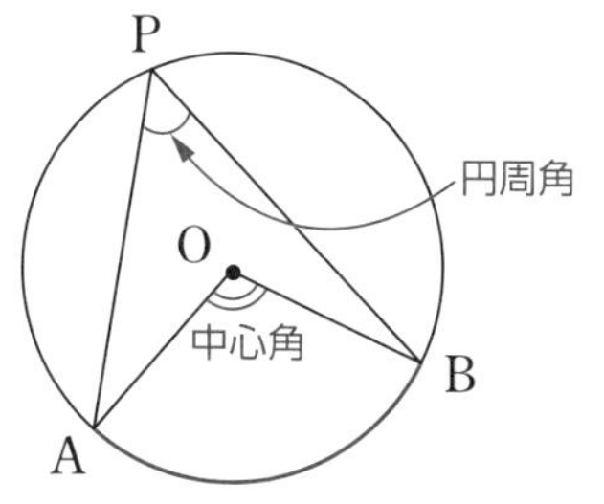

ここでは，中学で学んだ「**円周角の定理**」について確認しておくよ。

円 O の周上に2点 A，B があるとき，中心 O と A，B とを結んでできる∠AOB を，弧 AB にたいする「**中心角**」といい，また円周上の弧 AB 以外の部分に点 P をとってできる∠APB を，「**円周角**」といったね。

円周角と中心角について，次のことが成り立つよ。

円周角の定理 1

1つの弧にたいする円周角の大きさは，その弧にたいする中心角の大きさの半分である。

$$\angle \mathbf{APB} = \frac{1}{2} \angle \mathbf{AOB}$$

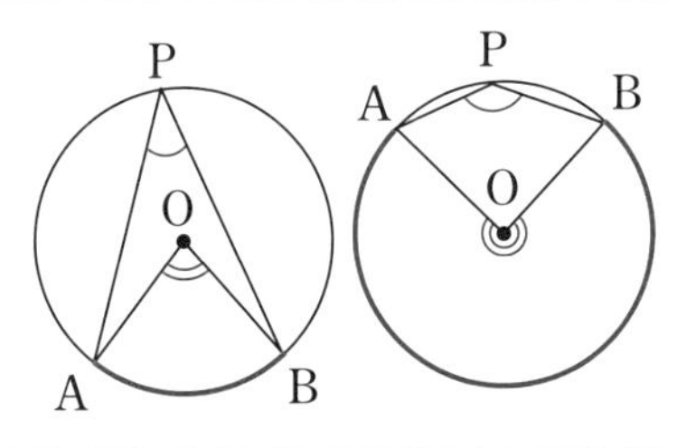

証明していこう。Pを通る直径の両端のうちPではないほうをQとするよ。OP, OA, OBは円の半径で,

$$OP=OA=OB$$

だね。だから，△OPAと△OPBはそれぞれ二等辺三角形になるんだ。よって,

$\angle OPA=\angle OAP$ (＝αとおく)

$\angle OPB=\angle OBP$ (＝βとおく)

三角形の外角は隣り合わない2内角の和に等しいから,

$$\angle AOQ=\angle OPA+\angle OAP=2\alpha$$

$$\angle BOQ=\angle OPB+\angle OBP=2\beta$$

だね。よって,

$$\underbrace{\angle APB}_{\alpha+\beta}=\frac{1}{2}\underbrace{\angle AOB}_{2(\alpha+\beta)}$$

$\angle AOB$
$=\angle AOQ+\angle BOQ$
$=2\alpha+2\beta$

POを延長して，二等辺三角形の内角と外角の関係を利用することがポイント！

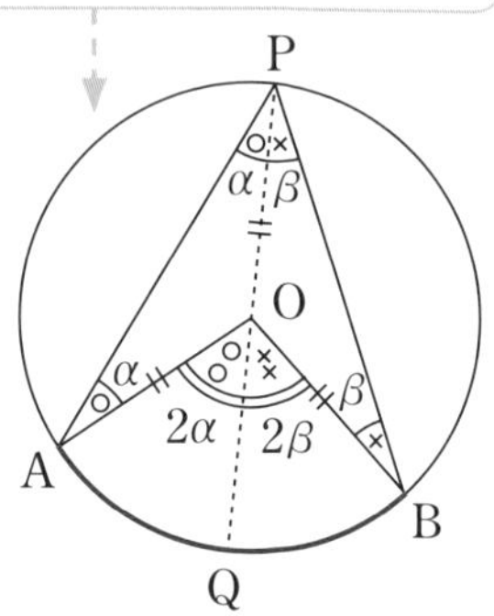

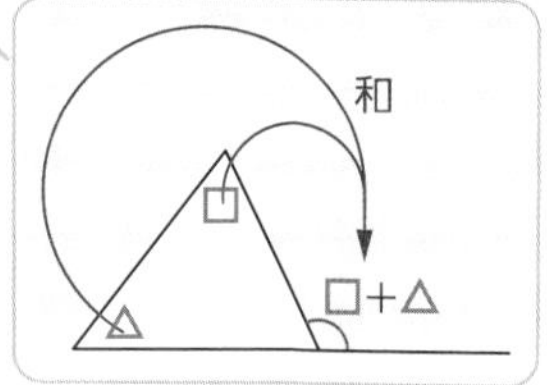

円周角の定理2

同じ弧にたいする円周角は等しい。

$$\angle \mathbf{APB}=\angle \mathbf{AQB}=\angle \mathbf{ARB}$$

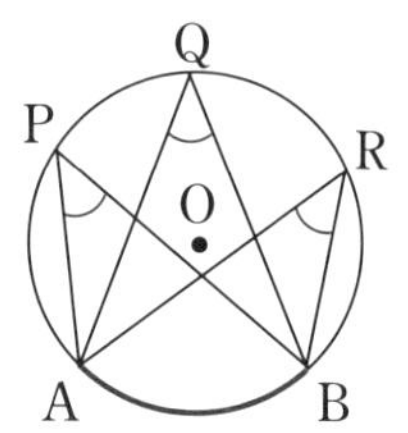

これの証明は簡単だよ。∠APBも∠AQBも∠ARBも，$\overset{\frown}{AB}$にたいする円周角だね。対応する中心角は，∠AOBで共通だから，∠APB, ∠AQB, ∠ARBはすべて∠AOBの半分で同じになるね。

円周角の定理1

どんどんいくよ！

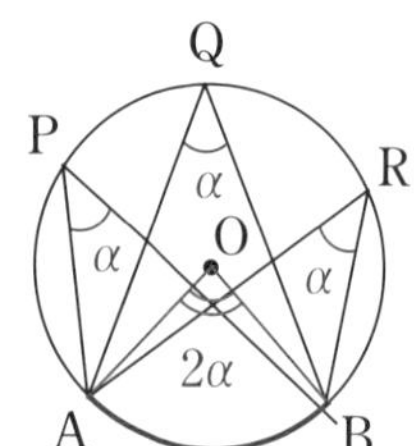

直径の円周角

直径の両端と結んでできる円周角は**90°**である。

(半円の弧にたいする円周角は**90°**である)

$$\angle APB=\angle AQB=\angle ARB=90^\circ$$

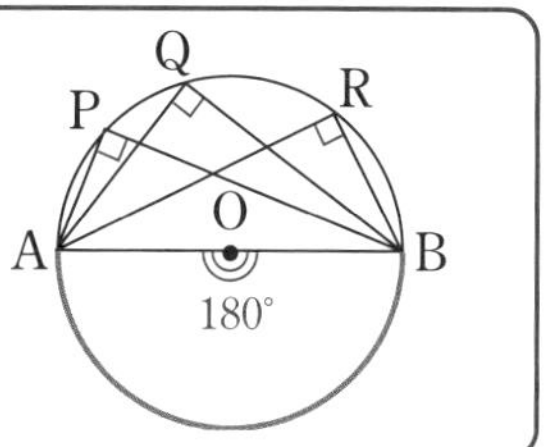

証明しよう。∠APB, ∠AQB, ∠ARB はどれも半円の $\overset{\frown}{AB}$ にたいする円周角だね。中心角は,

$$\angle AOB=180^\circ$$

で，円周角は中心角の半分だから,

$$\angle APB=\angle AQB=\angle ARB=90^\circ$$

円周角と弧の長さ

1つの円，または半径の等しい円について，次のことが成り立つ。

❶ 長さが等しい弧にたいする円周角の大きさは等しい。

❷ 大きさが等しい円周角にたいする弧の長さは等しい。

❸ 円周角の大きさと弧の長さは比例する。

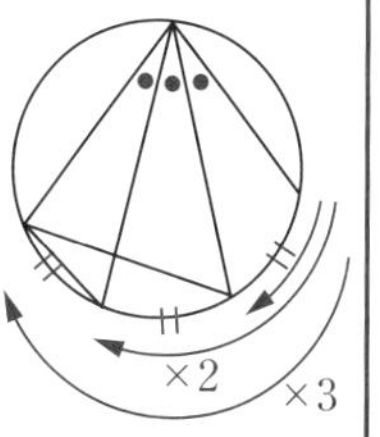

まず，❶について右の図で考えるよ。

イントロダクション♪♫ でみた円の基本性質の中に，弧の長さが等しければ対応する中心角も等しいということがあったね！　よって，$\overset{\frown}{AB}=\overset{\frown}{CD}$ のとき,

$$\angle AOB=\angle COD=2\alpha$$

とおける。円周角の定理より,

$$\angle APB=\angle CQD=\alpha$$

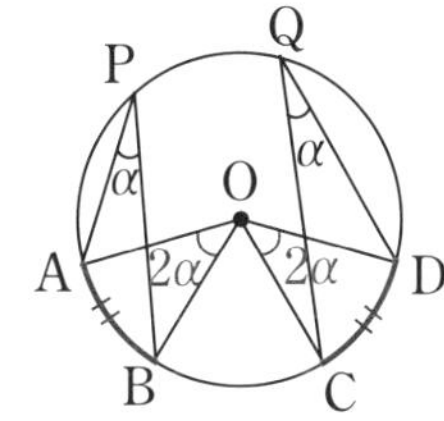

$$\angle APB=\frac{1}{2}\angle AOB$$

$$\angle CQD=\frac{1}{2}\angle COD$$

❷はこれを逆にたどっていくだけだね！

❸は，❶から，弧の長さが等しいときは円周角の大きさも等しいから，弧の長さが2倍，3倍，……となれば円周角の大きさも2倍, 3倍, ……となることがわかるね。それから，円周角に比例するのは「弧」であって,「弦」ではないからね！　ときどき勘違いする人がいるから注意！

つぎに，円周角の定理の逆を考えていこう。

まず，次の図のように，円周上に異なる3点A，B，Cをとるよ。ここで，直線ABに関してCと同じ側にある点Pについて，Pの位置によって∠APBと∠ACBの大小関係がどのように変化するかを考えてみよう。

(i)　Pが円の内部にあるとき

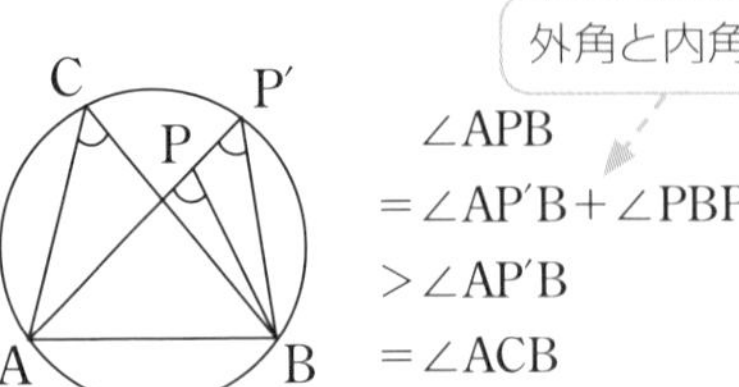

外角と内角

$$\begin{aligned}&\angle \mathrm{APB}\\&=\angle \mathrm{AP'B}+\angle \mathrm{PBP'}\\&>\angle \mathrm{AP'B}\\&=\angle \mathrm{ACB}\end{aligned}$$

(ii)　Pが円の外部にあるとき

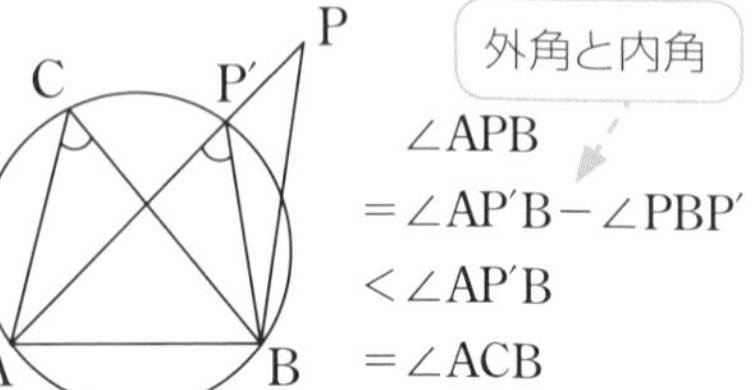

外角と内角

$$\begin{aligned}&\angle \mathrm{APB}\\&=\angle \mathrm{AP'B}-\angle \mathrm{PBP'}\\&<\angle \mathrm{AP'B}\\&=\angle \mathrm{ACB}\end{aligned}$$

> (i)　**Pが円の内部にあれば∠APB＞∠ACB**
>
> (ii)　**Pが円の外部にあれば∠APB＜∠ACB**

であり，Pが円周上にあるときだけ∠APB＝∠ACBなんだ。

円周角の定理の逆

2点C，Pが直線ABに関して同じ側にあるとき，

∠APB＝∠ACB

ならば，

4点A，B，C，Pは同一円周上にある。

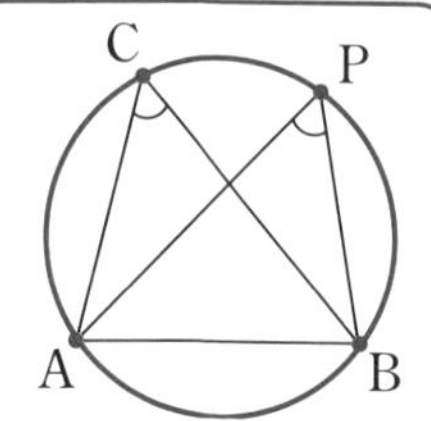

例題 ❶

∠A＝60°である鋭角三角形ABCの外心をO，内心をIとする。

(1)　∠BOCおよび∠BICを求めよ。

(2)　4点B，C，O，Iは同一円周上にあることを示せ。

解答と解説

(1)　Oは△ABCの外心だから，△ABCの外接円をかくと，∠BOCは弧BCにたいする中心角である。

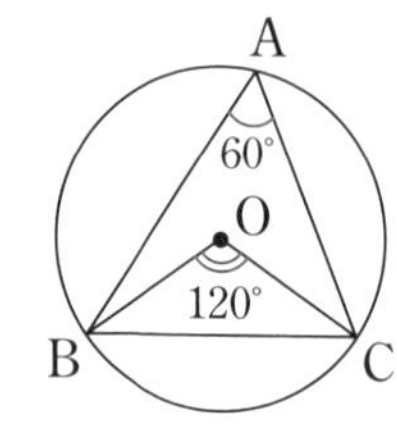

$\angle$BAC は弧 BC にたいする円周角で，その大きさは$60°$であるから，

$\angle BOC = 60° \times 2 = 120°$ 答

また，I は△ABC の内心だから，直線 BI，直線 CI はそれぞれ$\angle$ABC，$\angle$ACB の二等分線である。$\angle ABC = 2\alpha$，$\angle ACB = 2\beta$ とおくと，$\angle ABC + \angle ACB = 180° - 60°$ より，

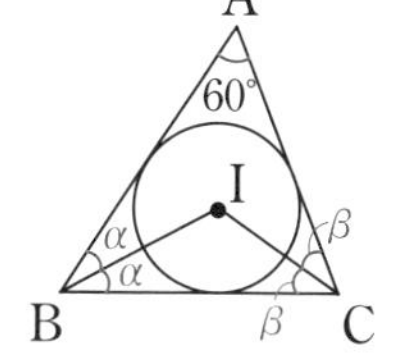

$2\alpha + 2\beta = 120°$

$\alpha + \beta = 60°$

よって，△IBC の内角の和より，

$\angle BIC = 180° - (\alpha + \beta) = 120°$ 答

(2) **証明** O と I は直線 BC に関して同じ側にあり，$\angle BOC = \angle BIC$ だから，円周角の定理の逆より，4 点 B，C，O，I は同一円周上にある。 **証明終わり**

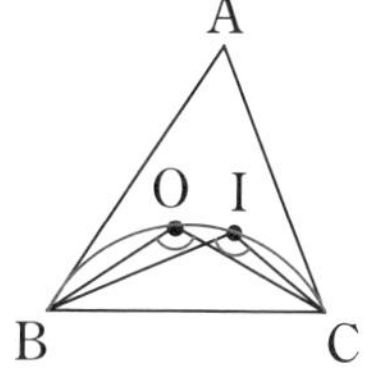

2 円に内接する四角形

四角形の 4 頂点が 1 つの円周上にあるとき，その四角形は「円に内接する」というよ。

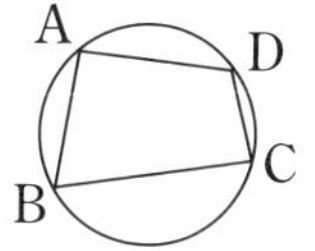

円に内接する四角形

円に内接する四角形において，

❶ 向かい合う角の和は **180°** である。

❷ **1** つの内角は，それに向かい合う内角の隣にある外角に等しい。

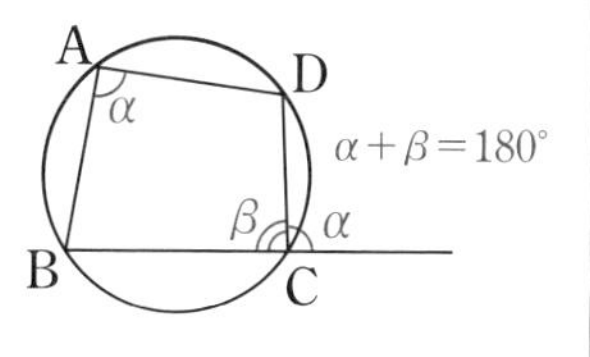

この定理は，円周角の定理を使えばスッキリと証明できるよ。まず❶の証明からやっていこう。

証明　四角形ABCDが円に内接するとき，

$\angle \mathrm{BAD}=\alpha$，$\angle \mathrm{BCD}=\beta$

とする。

円周角の定理より，

中心角は円周角の2倍

弧BCDにたいする中心角は2α

弧BADにたいする中心角は2β

となる。さらに，$2\alpha+2\beta=360^\circ$ より，

$\alpha+\beta=180^\circ$　**証明終わり**

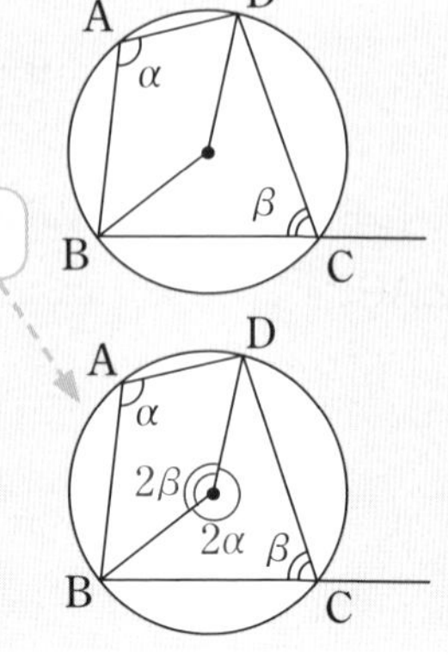

次は❷の証明だ。

証明　❶より，

$\angle \mathrm{BAD}=180^\circ-\beta$

よって，

∠BADは∠Cの外角に等しい。

証明終わり

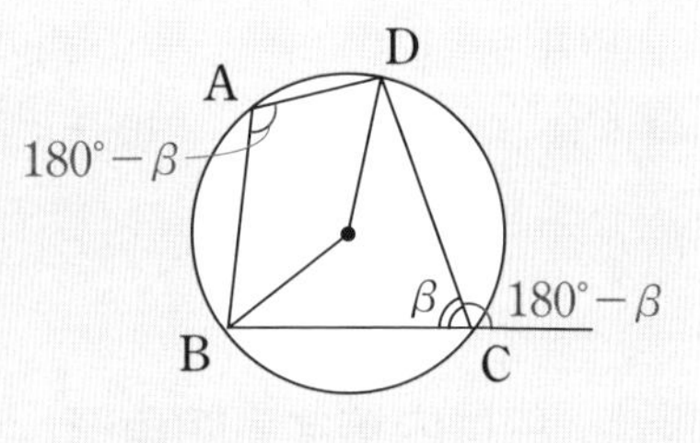

ところで，三角形には必ず外接円が存在するから，三角形は必ず円に内接するといえるね。でも，四角形は必ずしも円に内接するとはかぎらないんだ。じゃあ，どのようなときに四角形が円に内接するかというと，次の場合だよ。

証明は**ちょいムズ**をみてね！

四角形が円に内接するための条件

❶　向かい合う角の和が**180°**の四角形は円に内接する。

❷　**1**つの内角が，それに向かい合う内角の隣にある外角に等しい四角形は，円に内接する。

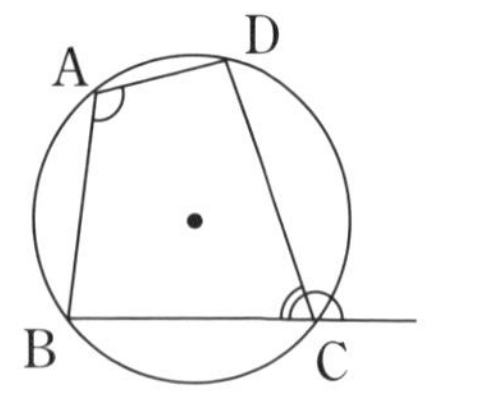

❶を何か具体例を使って説明することはできる？

たとえば右の図のような四角形があったときに，
$\angle A+\angle C=70°+110°=180°$ だから，
四角形ABCDは円に内接するってことかな？

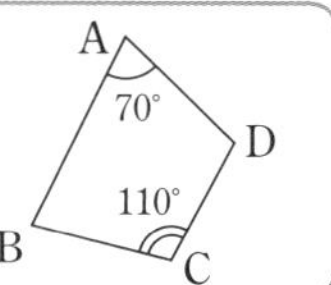

そのとおり！ ❶の条件にあてはまっているから，4つの頂点A，B，C，Dをすべて通る円がかけるっていうことだね。

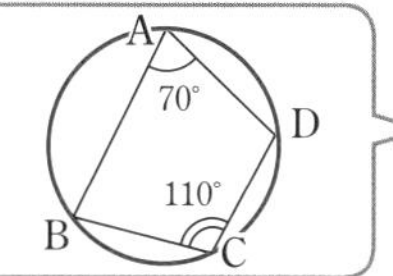

四角形が円に内接するかどうかは，「向かい合う角の和が180°」と，「1つの内角が，それに向かい合う内角の隣にある外角に等しい」の2つをチェックすればいいんだね！

そうだね。❶と❷のどちらか一方にさえあてはまれば，もう一方にも必ずあてはまって，その四角形は円に内接するっていえるんだ。

例題❷

(1) 右の図において角 θ を求めよ。
ただし，点Oは円の中心である。

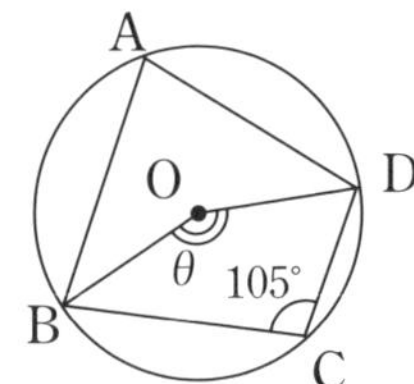

(2) AD∥BCである台形ABCDの頂点B，Cを通る円が，辺AB，CDと交わる点をそれぞれP，Qとするとき，4点A，D，P，Qは同一円周上にあることを示せ。

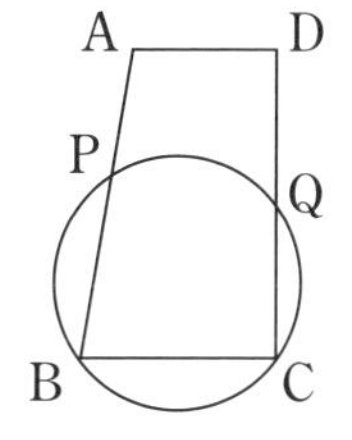

解答と解説

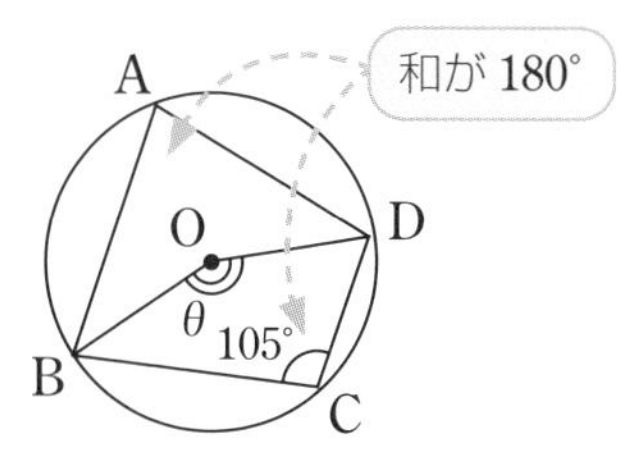

(1) 四角形ABCDは円に内接しているので，

$\angle A+\angle C=180°$

$\angle A=180°-105°=75°$

円周角の定理より，

$\theta=2\angle A=2\times75^\circ=150^\circ$ 答

(2) 四角形BCQPは円に内接するから，

$\angle PBC=\angle PQD$ ……①

また，AD∥BCより，

$\angle PBC+\angle PAD=180^\circ$ ……②

①，②より，

$\angle PQD+\angle PAD=180^\circ$

よって，四角形APQDの1組の向かい合う角の和が180°であるから，四角形APQDは円に内接する。

したがって，4点A，D，P，Qは同一円周上にある。 証明終わり

∠Bは，向かい合う角∠PQCの隣にある外角∠PQDと等しいね

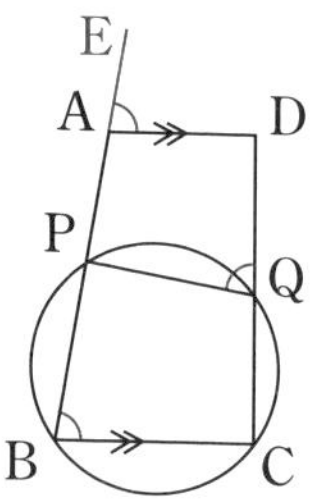

AD∥BCだから，同位角より，

$\angle EAD=\angle PBC$

また，

$\angle EAD+\angle PAD=180^\circ$

よって，

$\angle PBC+\angle PAD=180^\circ$

3 円の接線

円と直線が共有点をただ1つだけもつとき，その直線を円の「**接線**」といい，共有点を「**接点**」というよ。

円Cの周上の点Tで接する接線をl，円Cの中心をOとすると，次のことが成り立つんだ。

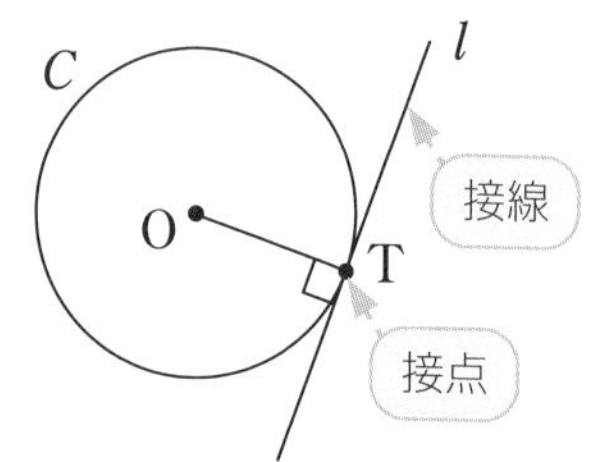

円の接線と接点

直線lが円Cの接線である ⇔ OT⊥l

また，右図のように，円の外部の点Pから円に2本の接線を引くことができるんだ。

円の外部の点から円に接線を引いたとき，この外部の点と接点の間の距離を「接線の長さ」といって，円外の1点Pからそ

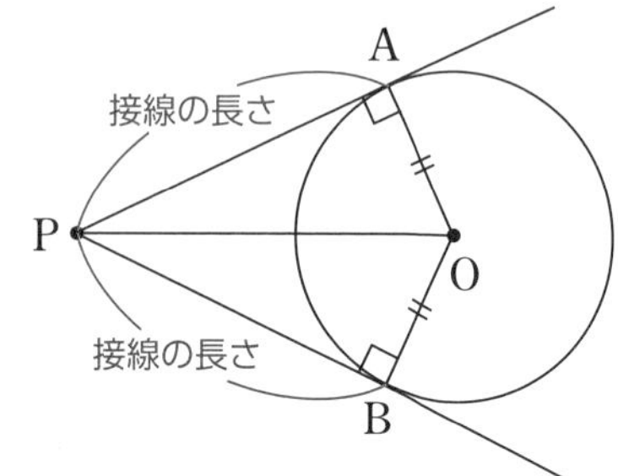

の円に引いた2本の接線の長さは等しくなるんだよ。

接線の長さ

円外の1点Pからその円に引いた2本の接線において，点Pから2つの接点A，Bまでの距離は等しい。

PA＝PB

証明してみよう。OAとOBは同じ円の半径だから，

OA＝OB

また，2直線PA，PBは接線だから，

∠OAP＝∠OBP＝90°

さらに，OPが共通で，2つの直角三角形において斜辺と他の1辺がそれぞれ等しいから，

△OAP≡△OBP

合同な三角形は対応する辺の長さが等しいから，「PA＝PB」が成り立つね！

例 右の図で，四角形ABCDは円に外接している。辺ABの長さを求めよ。

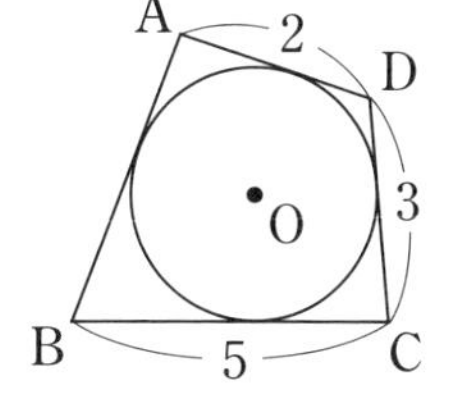

右下図のように接点をそれぞれ，P，Q，R，Sとおくと，

AS＝AP，BP＝BQ，CQ＝CR，DR＝DS

が成り立つね。だから，

AB＋DC＝(AP＋BP)＋(DR＋CR)
＝(AS＋BQ)＋(DS＋CQ)
＝(AS＋DS)＋(BQ＋CQ)
＝AD＋BC

四角形が円に外接するときは，向かい合う辺の長さの和が等しくなるということだね！

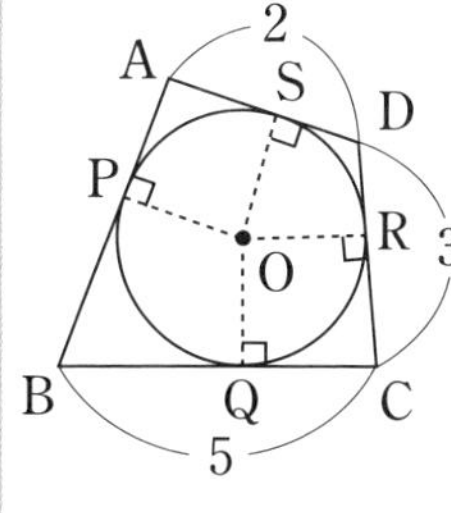

よって，

AB＝AD＋BC－DC
＝2＋5－3＝4

4 接弦定理

円の接線と接点を通る弦のつくる角について，次の定理が成り立つよ。

接弦定理

直線 **XY** を円の接線，**T** を接点，**A**，**B** を円周上の **T** 以外の **2** 点とすると，

$$\angle \mathbf{XTA} = \angle \mathbf{TBA},\quad \angle \mathbf{YTB} = \angle \mathbf{TAB}$$

が成り立つ。すなわち，

円の接線と，その接点を通る弦のつくる角は，その角の内部にある弧にたいする円周角に等しい。

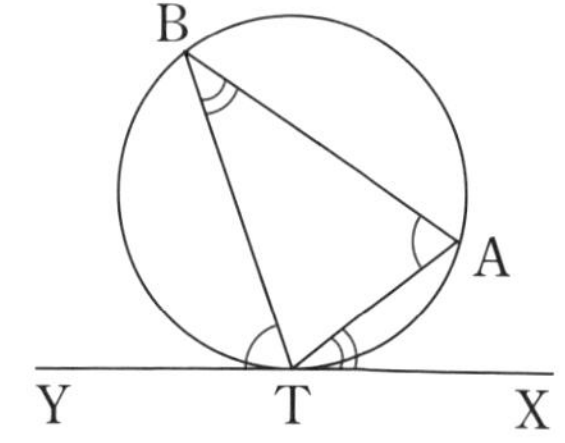
B
A
Y
T
X

ここでは，$\angle \mathrm{XTA} = \angle \mathrm{TBA}$ が成り立つことを示すよ。$\angle \mathrm{YTB} = \angle \mathrm{TAB}$ も同じように示すことができるよ。

証明

(i)　$\angle \mathrm{XTA}$ が鋭角の場合

T を通る直径を引き，T ではない端点を C とする。さらに，C と A を結ぶ。

円の接線は接点を通る半径にたいして垂直だから，

$$\angle \mathrm{XTA} + \angle \mathrm{ATC} = 90^\circ \quad \cdots\cdots ①$$

TC は円の直径だから，$\angle \mathrm{CAT} = 90^\circ$ より，

$$\angle \mathrm{TCA} + \angle \mathrm{ATC} = 90^\circ \quad \cdots\cdots ②$$

①，②より，

$$\angle \mathrm{XTA} = \angle \mathrm{TCA} \quad \cdots\cdots ③$$

$\overset{\frown}{\mathrm{TA}}$ にたいする円周角は等しいので，

$$\angle \mathrm{TCA} = \angle \mathrm{TBA} \quad \cdots\cdots ④$$

③，④より，

$$\angle \mathrm{XTA} = \angle \mathrm{TBA}$$

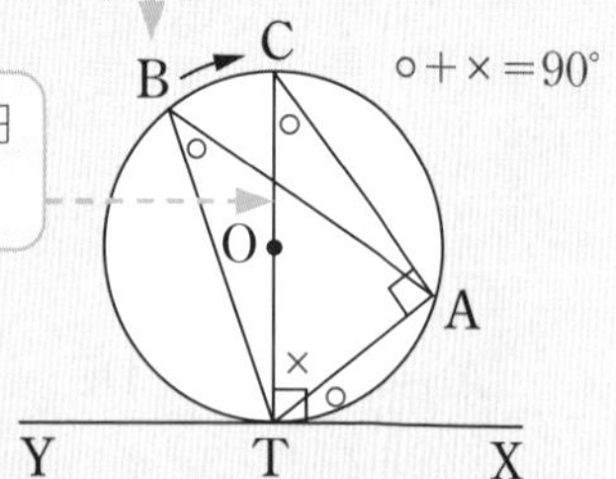
点 B がどんな位置にあっても，C の位置に移動して考えればいいよ
TC は円の直径
B
C
○＋×＝90°
O
A
Y
T
X
∠YTB＝∠TAB も同様に証明できる

(ii)　∠XTA が直角の場合

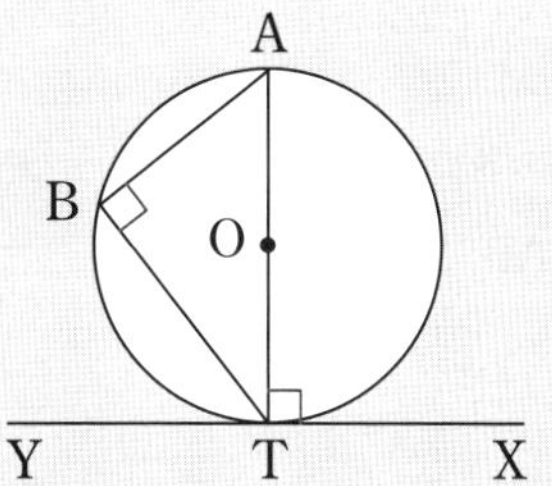

$\angle XTA = 90°$ ……⑤

⑤より，弦 TA は円の直径であるから，

$\angle TBA = 90°$ ……⑥

⑤，⑥より，

$\angle XTA = \angle TBA$

(iii)　∠XTA が鈍角の場合

∠XTA が鈍角のとき，∠YTB は鋭角である。

鋭角の場合の接弦定理はすでに証明したから使っていいね！

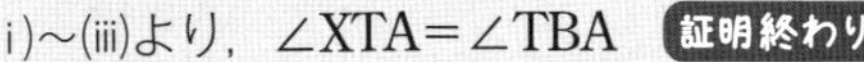

(i)より，

$\angle YTB = \angle TAB$（$=\alpha$とおく）

$\angle BTA = \beta$とおくと，

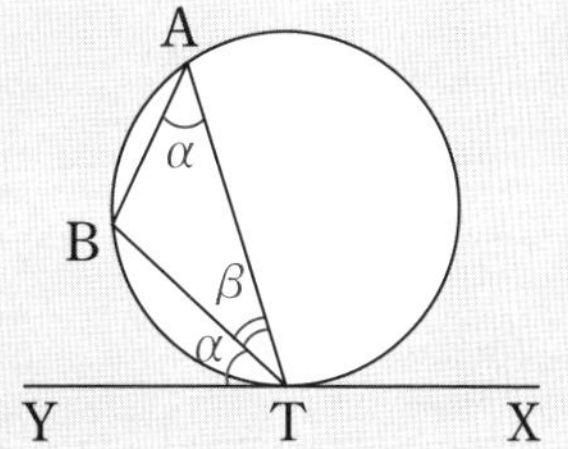

$\angle XTA = 180° - \alpha - \beta$ ……⑦

△ABT の内角の和は 180° より，

$\angle TBA = 180° - \alpha - \beta$ ……⑧

⑦，⑧より，

$\angle XTA = \angle TBA$

(i)～(iii)より，$\angle XTA = \angle TBA$　**証明終わり**

例題 ❸

次の図において，PT, PU は円の接線である。角 θ の大きさを求めよ。

(1)

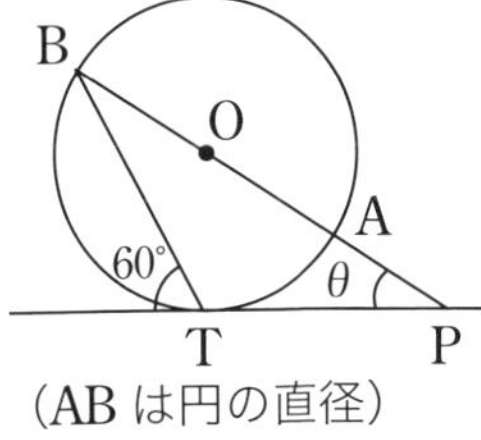

（AB は円の直径）

(2)

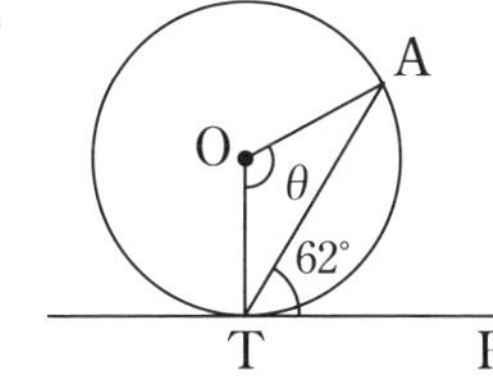

(3)

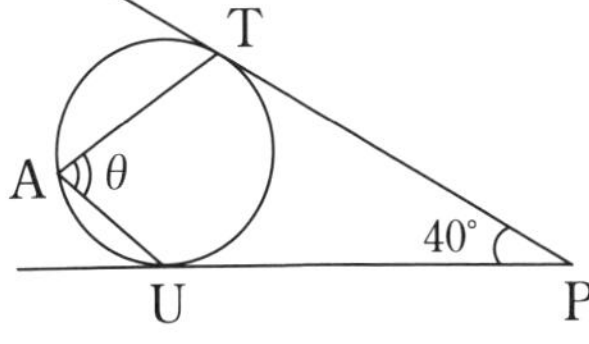

解答と解説

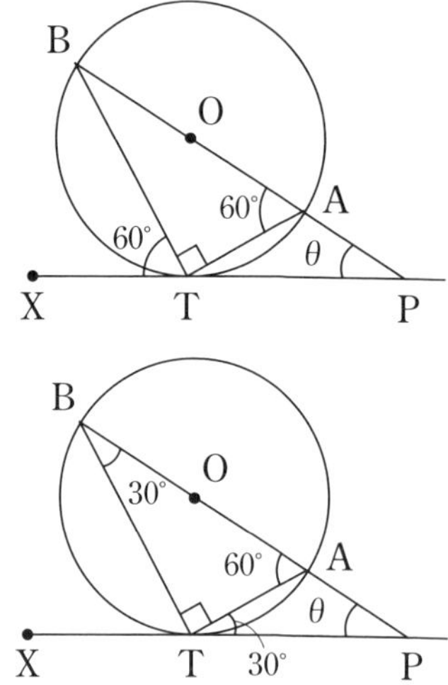

(1) 図のように点Xをとり，TとAを結ぶ。

ABは円の直径より，

$\angle \mathrm{ATB}=90^\circ$

接弦定理より，

$\angle \mathrm{XTB}=\angle \mathrm{TAB}=60^\circ$

△ABTの内角の和は180°より，

$\angle \mathrm{TBA}=180^\circ-(90^\circ+60^\circ)=30^\circ$

△BTPの内角と外角の関係から，

$\theta+30^\circ=60^\circ$ より，

$\theta=30^\circ$ 答

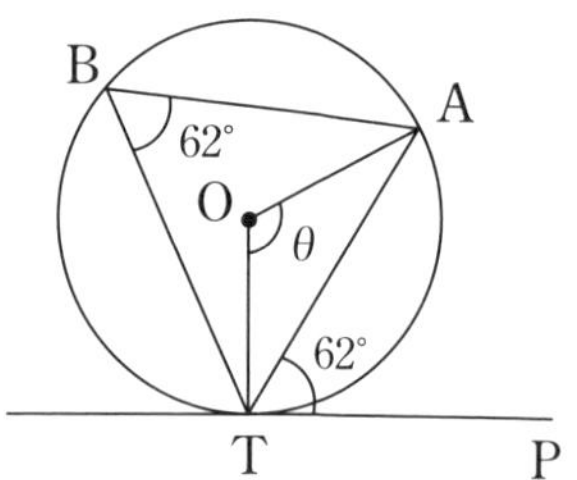

(2) 右図のように，円周上に点Bをとる。

接弦定理より，

$\angle \mathrm{TBA}=\angle \mathrm{PTA}=62^\circ$

円周角の定理より，

$\theta=2\angle \mathrm{TBA}=124^\circ$ 答

(3) PT＝PUより，△PTUは二等辺三角形であり，

接線の長さは等しいね！

$$\angle \mathrm{PTU}=\angle \mathrm{PUT}=\frac{180^\circ-40^\circ}{2}=70^\circ$$

接弦定理より，

$\theta=\angle \mathrm{PUT}=70^\circ$ 答

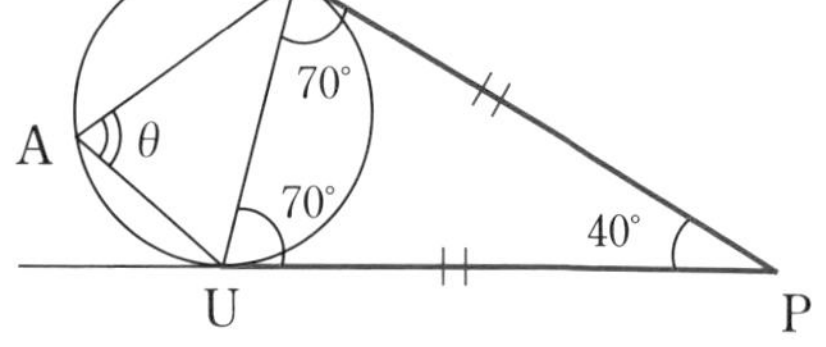

ちょいムズ

四角形が円に内接するための条件

❶ 向かい合う角の和が**180°**の四角形は円に内接する。

❷ **1**つの内角が，それに向かい合う内角の隣にある外角に等しい四角形は，円に内接する。

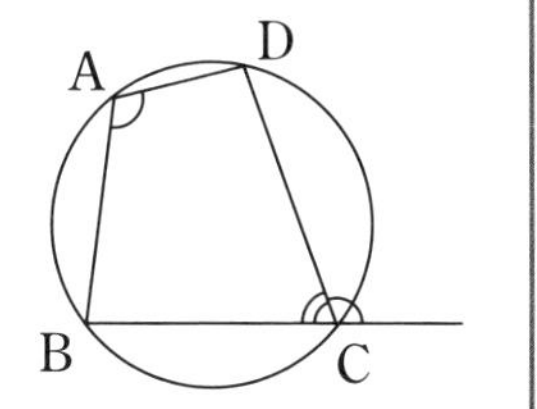

この証明をやってみよう。まずは❶からやっていくよ。

証明 四角形ABCDにおいて，

$$\angle BAD + \angle BCD = 180^\circ \quad \cdots\cdots ①$$

とする。

△BCDの外接円をかき，直線BDに関してCと反対側の円周上に点Eをとる。

四角形BCDEは円に内接するから，

$$\angle BED + \angle BCD = 180^\circ \quad \cdots\cdots ②$$

①，②より，

$$\angle BAD = \angle BED$$

であり，円周角の定理の逆から，4点B，D，A，Eは同一円周上にある。

ここで，△BDEの外接円は△BCDの外接円でもあるから，4点A，B，C，Dは同一円周上にあることになり，四角形ABCDは円に内接する。 **証明終わり**

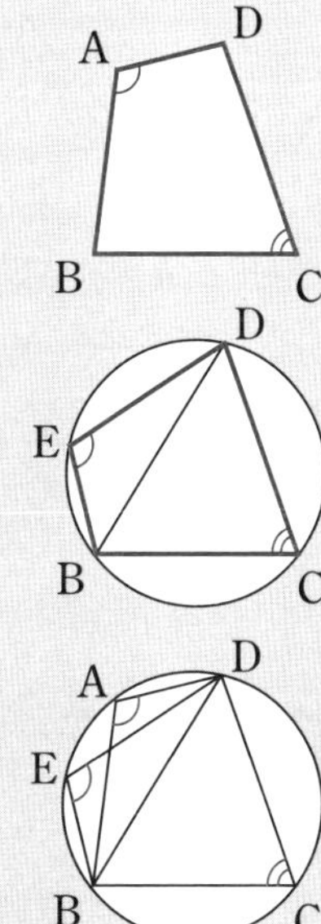

次は❷の証明だよ。

証明 四角形ABCDにおいて，∠Aがその向かい合う角∠Cの隣にある外角に等しいとすると，∠A=180°−∠Cとなる。このとき，∠A+∠C=180°となり，❶より四角形ABCDは円に内接する。 **証明終わり**

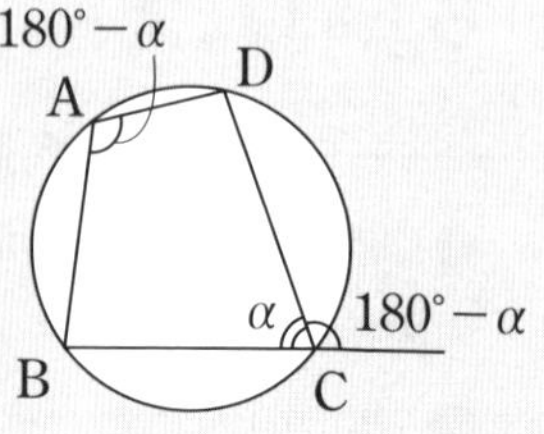

「四角形ABCDが円に内接する」を，「4点A, B, C, Dが同一円周上にある」ととらえることもできるね。まとめると次のようになるよ。

4点が同一円周上にある条件

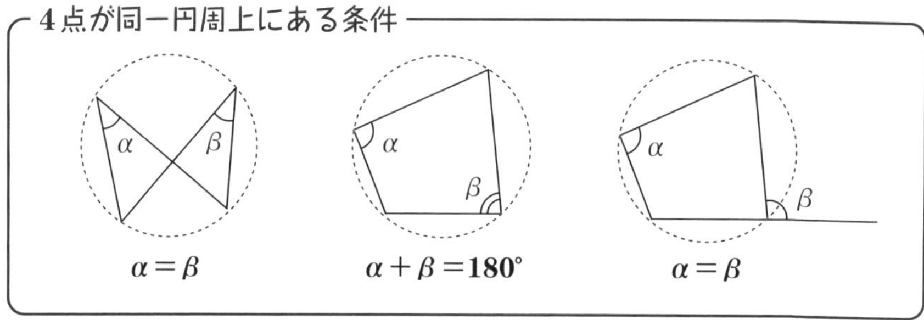

(1) **円周角の定理**

❶ **円周角は中心角の半分。**

$$\angle APB=\frac{1}{2}\angle AOB$$

❷ **同じ弧にたいする円周角は等しい。**

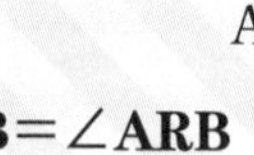

$$\angle APB=\angle AQB=\angle ARB$$

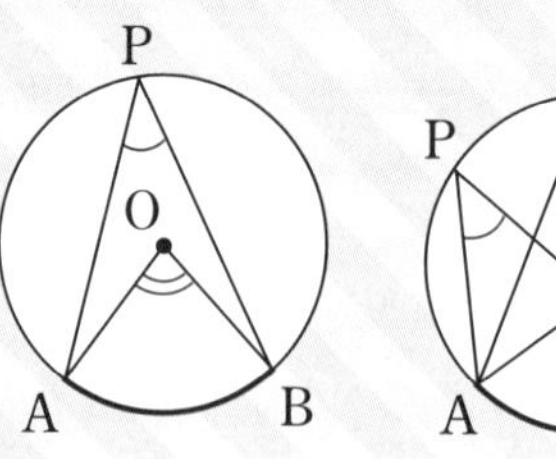

(2) 円に内接する四角形

❶ 向かい合う角の和は**180°**。

❷ **1つの内角は，それに向かい合う内角の隣にある外角に等しい。**

(3) 円の接線

右図において，

∠OAP＝∠OBP＝90°

PA＝PB

(4) 接弦定理

右図において，

∠XTA＝∠TBA

∠YTB＝∠TAB

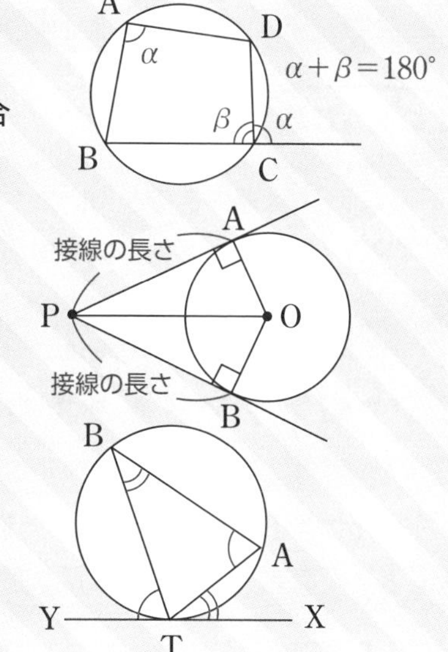

解答と解説▶別冊 *p.*108

練習問題

(1) 四角形ABCDにおいて，∠ACB＝∠ADB＝90°，∠BDC＝15°，∠DAC＝50°であるとき，∠ABDの大きさを求めよ。

(2) △ABCの内接円と辺BC，CA，ABの接点をそれぞれP，Q，Rとする。AB＝8，AC＝10，AR＝3のとき，線分AQ，BCの長さを求めよ。

(3) 右の図において，∠CAB＝***α***，∠BCA＝***β*** とするとき，***α***，***β*** の値を求めよ。ただし，PTは円の接線であり，Tは接点である。また，TP∥BAである。

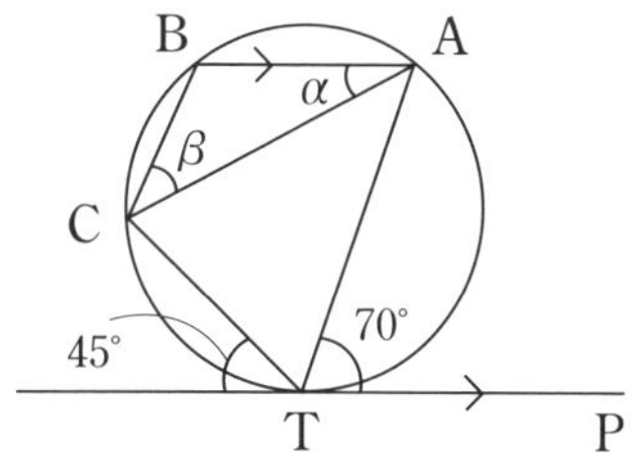

第53節 方べきの定理

この節の目標

- ☐ Ⓐ 方べきの定理を用いて，線分の長さを求めることができる。
- ☐ Ⓑ 方べきの定理の逆を用いて，4点が同一円周上にあることを証明できる。

イントロダクション ♪♫

この節では，「**方べきの定理**」について学習していくよ。

平面上に点Pと円Oがあって，Pを通る2つの直線がそれぞれ円と2点で交わるときを考えてみよう。どんな図になるかわかるかな？

(i) Pが円の中にあるとき

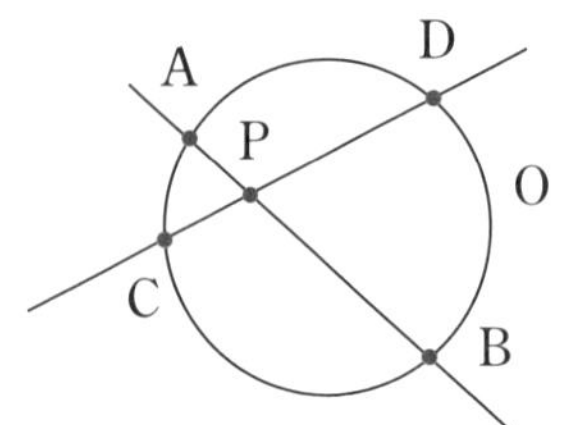

(ii) Pが円の外にあるとき

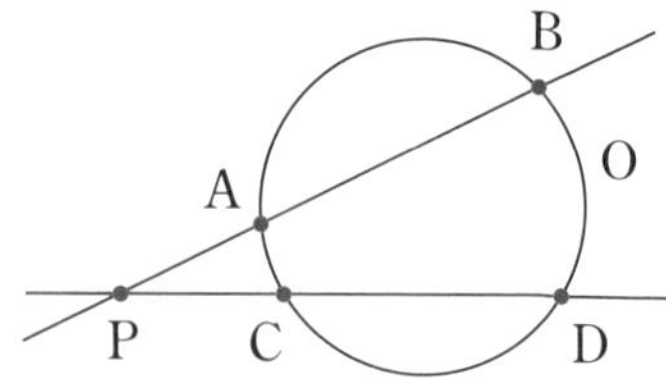

上図のような感じだね。このとき，1つの直線と円との交点をA，B，もう1つの直線と円との交点をC，Dとすると，(i)，(ii)のどちらの場合でも，

PA×PB＝PC×PD ← 点Pが円の中でも外でも成り立つよ

が成り立つんだ。かなりきれいな形の式だね。これを「方べきの定理」というんだよ。くわしい証明はこのあとやっていくとして，ここではまずイメージをつかんでおこう。

PA	×	PB	＝	PC	×	PD
点から円		点から円		点から円		点から円

という感じだよ。上の式で，たとえばPAの下に「点から円」とかいてあるね。これは正確にいうと，

「点Pから円周上の点Aまでの距離」

（点P ← 2直線の交点，円周上の点A ← 直線と円の交点の1つ）

のことだけど，長いとわかりにくいから，ここでは「点から円」と省略した言い方にするよ。「(点から円)×(点から円)」が等しい，と覚えておこう♪

さらに，前ページの(ⅱ)のように点Pが円の外にあるときの中で，CとDが同じ点になった場合，つまり接点Tになっているものもあるんだ。CとDをどちらもTにかき換えて，

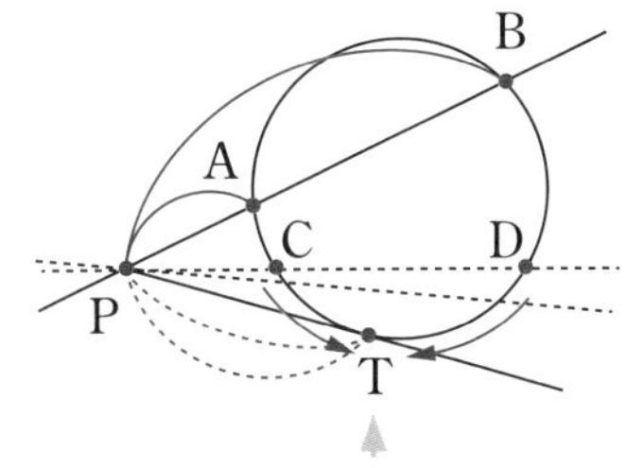

$$\underline{PA} \times \underline{PB} = \underline{PT^2}$$

点から円　点から円　(点から円)×(点から円)

が成り立つということだよ。

直線CDがだんだん下に下がっていき，交点が接点になってしまったんだ！

この方べきの定理は，「円周角の定理」，「円に内接する四角形」，「接弦定理」という，円がもついろいろな美しい性質を利用して証明することができるんだ。

ゼロから解説

1　方べきの定理(1)

方べきの定理 1

点Pが円の中にあり，Pを通る2直線が円とそれぞれ2点A，Bおよび2点C，Dで交わるとき，

$$\underline{PA} \times \underline{PB} = \underline{PC} \times \underline{PD}$$

(点から円)×(点から円)＝(点から円)×(点から円)

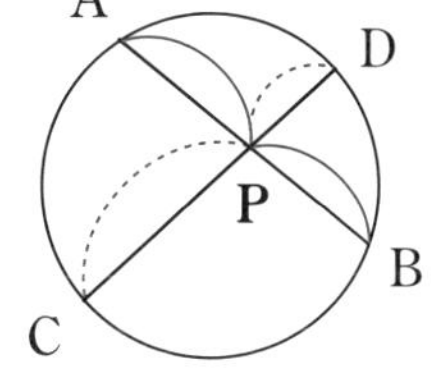

証明　△PACと△PDBにおいて，

$\overset{\frown}{CB}$にたいする円周角は等しいので，

$\angle PAC = \angle PDB$ ……①

対頂角は等しいので，

$\angle APC = \angle DPB$ ……②

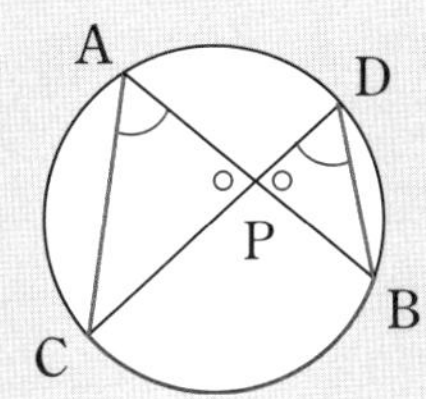

①，②より，2組の角がそれぞれ等しいので，

$\triangle PAC \backsim \triangle PDB$

相似な三角形は対応する辺の比が等しいので，

PA：PD＝PC：PB

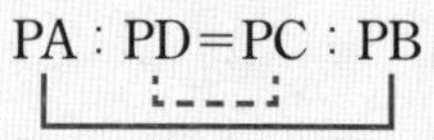

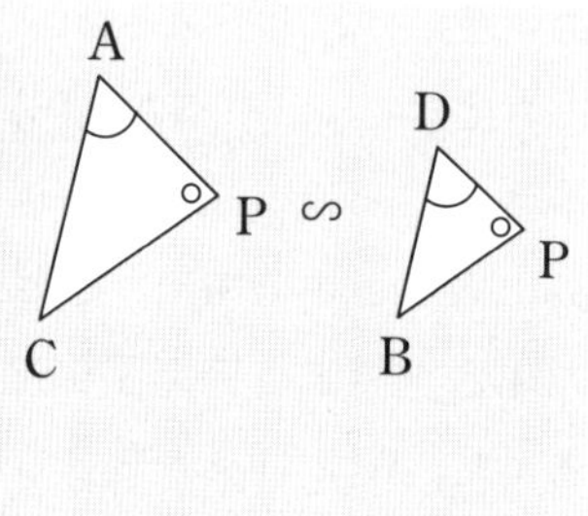

PA×PB＝PC×PD　**証明終わり**

外どうしの積　中どうしの積

このように，Pが円の中にあるときの方べきの定理は，円周角の定理を使って証明することができるんだ。

例題 ❶

右図において，線分PBの長さ x の値を求めよ。ただし，Oは円の中心である。

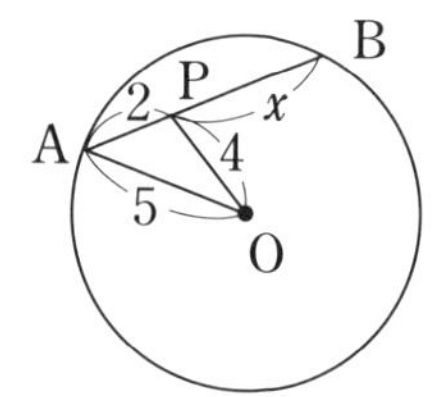

解答と解説

直線OPと円との2交点を，Pに近いほうから順にC，Dとすると，

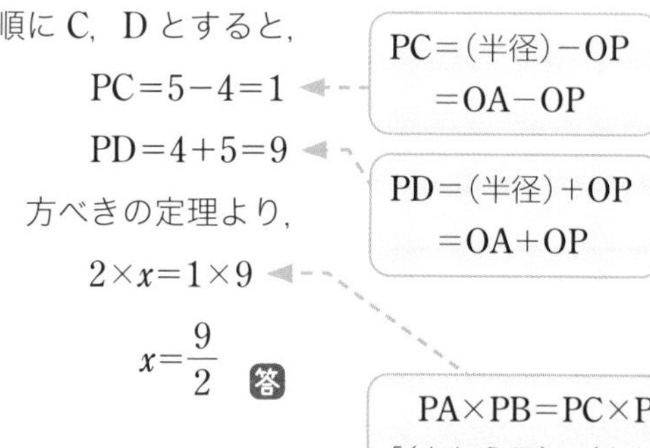

PC＝5−4＝1

PD＝4＋5＝9

方べきの定理より，

$2\times x=1\times 9$

$x=\dfrac{9}{2}$　**答**

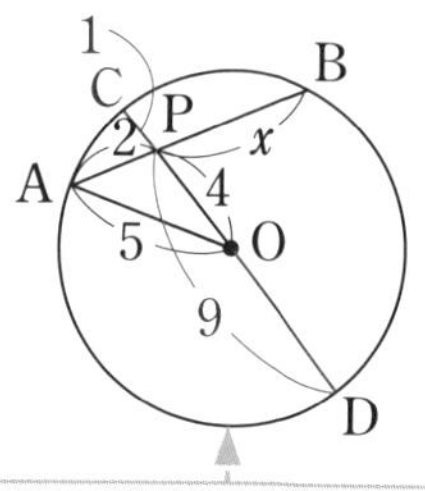

OPを延長して円との交点を作るのがポイントだよ！CDは円の直径だね

❷ 方べきの定理(2)

方べきの定理 2

点 **P** が円の外にあり，**P** を通る **2** 直線が円とそれぞれ **2** 点 **A**，**B** および **2** 点 **C**，**D** で交わるとき，

PA×PB＝PC×PD

（点から円）×（点から円）＝（点から円）×（点から円）

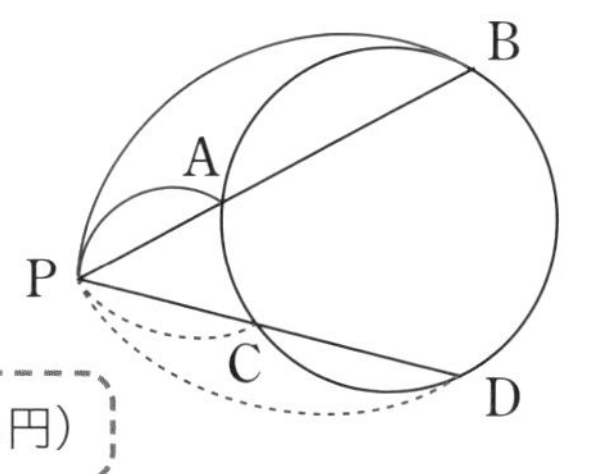

証明 △PAC と△PDB において，

○＋×＝180°

円に内接する四角形の1つの内角は，向かい合う角の外角と等しいので，

∠PCA＝∠PBD ……①

共通な角より，

∠APC＝∠DPB ……②

①，②より，2組の角がそれぞれ等しいので，

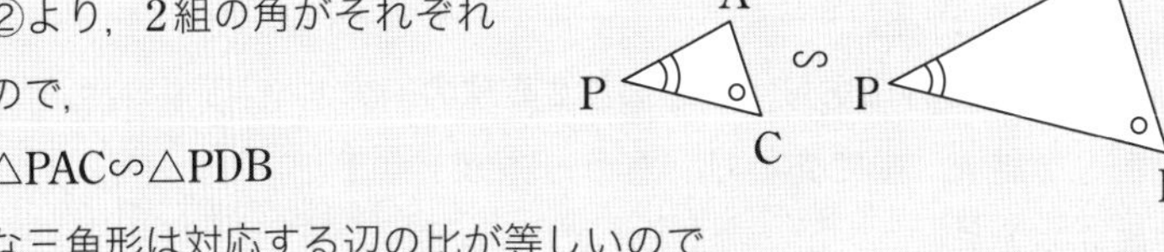

△PAC∽△PDB

相似な三角形は対応する辺の比が等しいので，

PA：PD＝PC：PB

PA×PB＝PC×PD **証明終わり**

このような P が円の外にあるときの方べきの定理は，円に内接する四角形の性質を使って証明できるよ。

今回のような点 P が円の外にあるタイプでは，「PA×AB＝PC×CD」と間違えてしまう人が多いから注意しよう。ABだと「円から円」になってしまうね！出発点はいつでも P だよ！

例題 ❷

右図において，線分 AB の長さ x の値を求めよ。

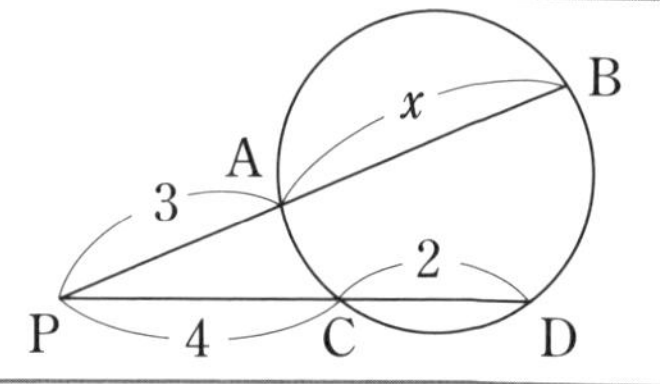

解答と解説

PA×PB＝PC×PD
[(点から円)×(点から円)＝(点から円)×(点から円)]

$PB=3+x,\ PD=4+2=6$

であり，方べきの定理より，

$3\times(3+x)=4\times6$

両辺を3でわる

$3+x=8$

$x=5$ 答

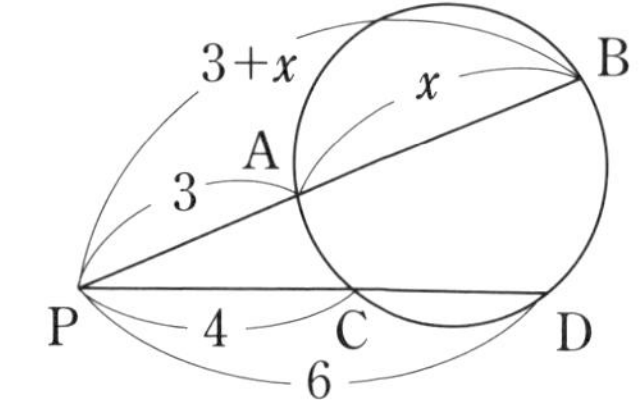

❸ 方べきの定理(3)

方べきの定理 ❸

点 **P** が円の外にあり，**P** を通る **2** 直線の一方が円と **2** 点 **A**，**B** で交わり，もう一方が **1** 点 **T** で接するとき，

$\mathbf{PA}\times\mathbf{PB}=\mathbf{PT}^2$

(点から円)×(点から円)＝(点から円)×(点から円)

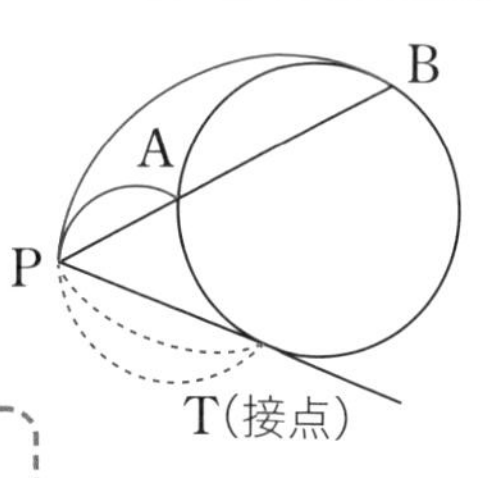

証明 △PAT と△PTB において，

接弦定理より，

∠PTA＝∠PBT ……①

共通な角より，

∠APT＝∠TPB ……②

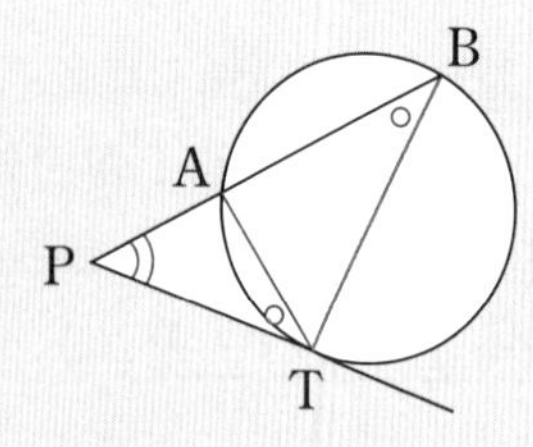

①，②より，2組の角がそれぞれ等しいので，

$\triangle \mathrm{PAT} \backsim \triangle \mathrm{PTB}$

相似な三角形は対応する辺の比が等しいので，

$\mathrm{PA} : \mathrm{PT} = \mathrm{PT} : \mathrm{PB}$

$\underline{\mathrm{PA} \times \mathrm{PB}} = \mathrm{PT}^2$ **証明終わり**

このように，Pが円の外にあり，直線のうち1本が円の接線になるときの方べきの定理は，接弦定理を使うことで証明できるんだ。

方べきの定理の3タイプすべてを証明すると，今までに学習した定理をフルに使うことになるんだね！　なんか感慨深いな～!!

例題❸

2円 C_1，C_2 が2点A，Bで交わっている。C_1，C_2 の共通接線と C_1，C_2 との接点を順にS，Tとし，直線ABと直線STの交点をMとする。

$\mathrm{ST}=8\sqrt{6}$ のとき，線分TMの長さを求めよ。

解答と解説

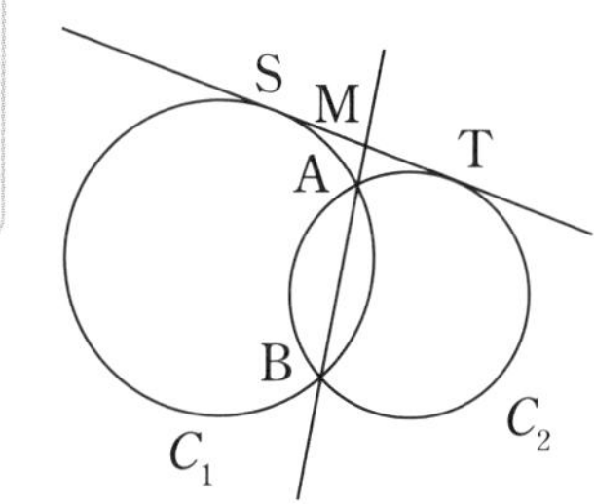

C_1 で方べきの定理より，

$\mathrm{MA} \times \mathrm{MB} = \mathrm{MS}^2$ ……①

C_2 で方べきの定理より，

$\mathrm{MA} \times \mathrm{MB} = \mathrm{MT}^2$ ……②

①，②より，

$\mathrm{MS}^2 = \mathrm{MT}^2$

$\mathrm{MS}>0$，$\mathrm{MT}>0$ なので，

$\mathrm{MS} = \mathrm{MT}$

よって，Mは線分STの中点であり，

$\mathrm{TM} = \dfrac{1}{2}\mathrm{ST} = 4\sqrt{6}$ **答**

ちょいムズ

方べきの定理の逆

2つの直線 AB と CD の交点を P とするとき，

$PA \times PB = PC \times PD$

が成り立つならば，

4点 A，B，C，D は同一円周上にある。

証明 $PA \times PB = PC \times PD$ より，

$PA : PD = PC : PB$ ……①

また，

$\angle APC = \angle DPB$ ……②

（i)では対頂角，(ii)では共通な角）

①，②より，2組の辺の比とその間の角がそれぞれ等しいので，

$\triangle PAC \backsim \triangle PDB$

相似な三角形は対応する角が等しいので，

$\angle CAP = \angle BDP$

したがって，4点 A，B，C，D は同一円周上にある。 **証明終わり**

(i) Pが円の中

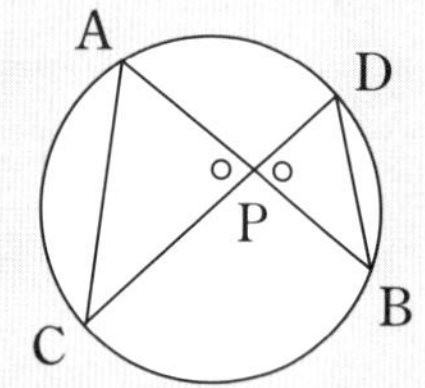

(ii) Pが円の外

（(i)は円周角の定理の逆，(ii)は四角形が円に内接するための条件）

4点が同一円周上にある条件のうち，角度に着目したものは第52節で学習したね。今回学んだのは，長さに着目した条件だよ。

今回も，何か具体例で説明できるかな？

たとえば右の図のような線分があったとき，$PA \times PB = 2 \times 4 = 8$，$PC \times PD = 1 \times 8 = 8$で，

$PA \times PB = PC \times PD$

が成り立っているから，4点 A，B，C，D は同一円周上にあるって感じ？

すばらしい！　しっかり理解できているね。
右の図のような円がかけるってことだね！
いま，2本の直線がそれぞれ円と2点で交わるときの方べきの定理の逆をみたわけだけど，Pが円の外にあり，直線のうち1本が円の接線になるときの方べきの定理にも，逆があるんだ。ちょっと難しいけど，知りたいかな？

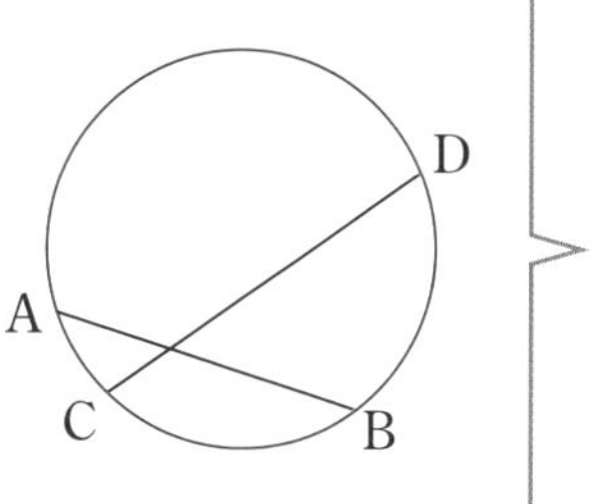

もちろん♪　知りたい！

△ABTの辺ABの延長上に点Pがあって，

$$PA \times PB = PT^2$$

が成り立つならば，直線PTは△ABTの外接円に点Tで接するっていうことだよ。

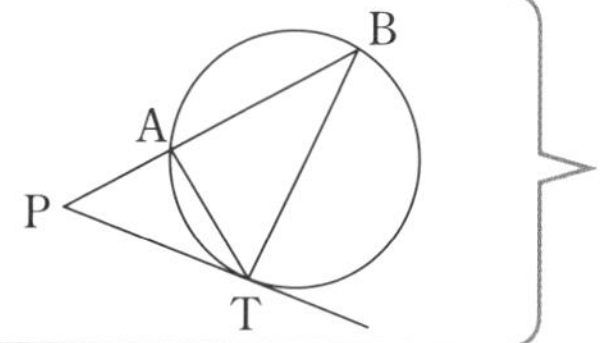

まとめ

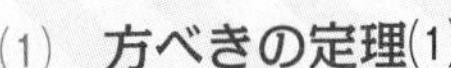

(1)　**方べきの定理(1)**

点Pが円の中にあり，Pを通る2直線が円とそれぞれ2点A，Bおよび2点C，Dで交わるとき，

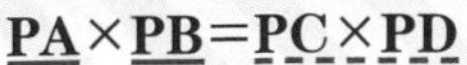

$$\underline{PA} \times \underline{PB} = \underline{PC} \times \underline{PD}$$

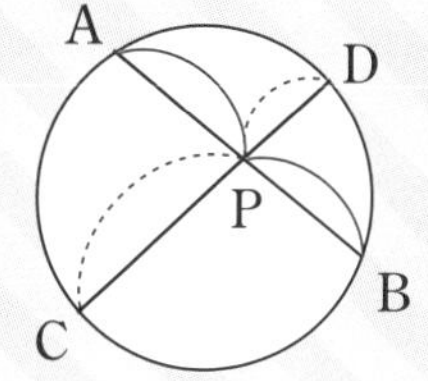

(点から円)×(点から円)＝(点から円)×(点から円)

(2)　**方べきの定理(2)**

点Pが円の外にあり，Pを通る2直線が円とそれぞれ2点A，Bおよび2点C，Dで交わるとき，

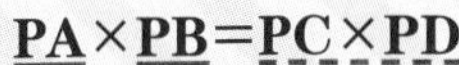

$$\underline{PA} \times \underline{PB} = \underline{PC} \times \underline{PD}$$

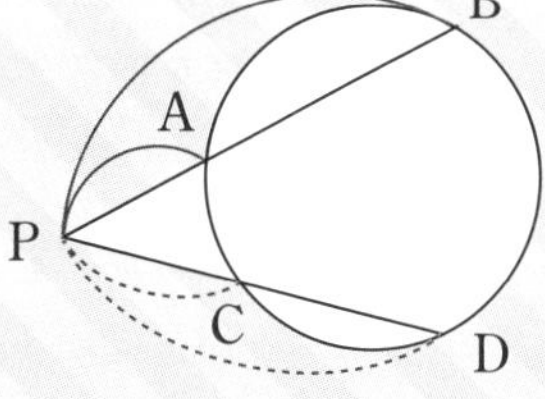

(点から円)×(点から円)＝(点から円)×(点から円)

(3) **方べきの定理(3)**

点 **P** が円の外にあり，**P** を通る **2** 直線の一方が円と **2** 点 **A**，**B** で交わり，もう一方が **1** 点 **T** で接するとき，

$\underline{\mathbf{PA}}\times\underline{\mathbf{PB}}=\underline{\mathbf{PT}^2}$

(点から円)×(点から円)＝(点から円)×(点から円)

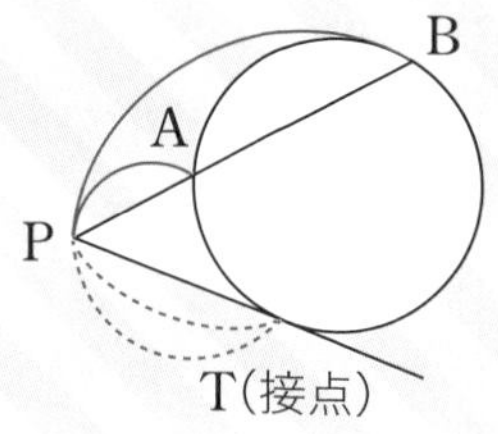

➡ (1)〜(3)はすべてその逆も成り立つ。

解答と解説▶別冊 p.110

練習問題

(1) 次の図で x の値を求めよ。

①

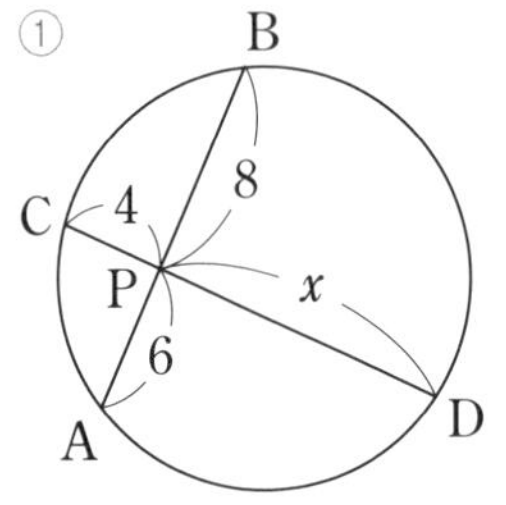

②

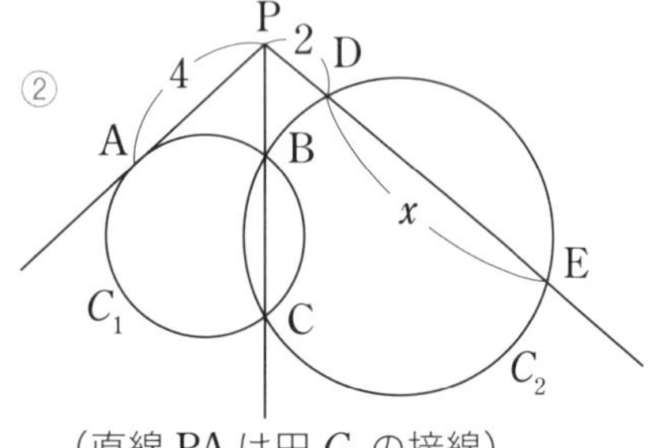

(直線 PA は円 C_1 の接線)

(2) 2つの円 C_1，C_2 が点 A で同じ直線に接している。この直線上の A とは異なる点 B を通る 2 本の直線があり，一方は2点 C，D で C_1 と，他方は2点 E，F で C_2 と交わっている。このとき，4点 C，D，E，F は同一円周上にあることを証明せよ。

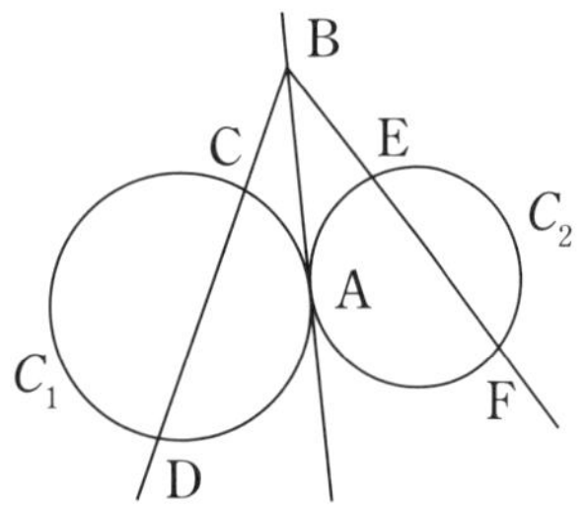

第54節 2円の位置関係

第1章 第2章 第3章 第4章 第5章 第6章 第7章 第8章

この節の目標

- ☐ Ⓐ 2円の位置関係を識別することができる。
- ☐ Ⓑ 2円の共通接線の本数がわかる。

イントロダクション ♪♫

この節では，2円の位置関係について学習していくよ。まずは具体的な例で考えてみよう。大きさがちがう2つの円があって，大きい円の中心をO，半径をr，小さい円の中心をO′，半径をr'とし，2円の中心間距離OO′をdとするよ。

$r=5$，$r'=3$のとき，2円の位置関係は，dによって次の(i)～(v)のようになるんだ。

(i) 互いに他方の外側にある

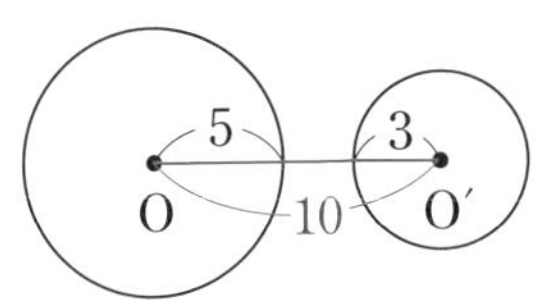

例 $d=10$，$r=5$，$r'=3$

$\underset{中心間距離}{10} > \underset{半径の和}{5+3}$

$d>r+r'$のとき，2円は離れるよ

(ii) 外接する

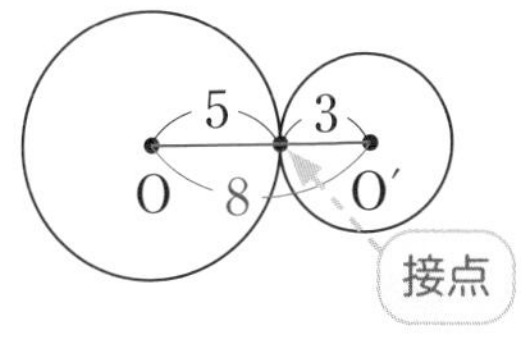

例 $d=8$，$r=5$，$r'=3$

$\underset{中心間距離}{8} = \underset{半径の和}{5+3}$

$d=r+r'$のとき，2円は外接するよ

(iii) 異なる2点で交わる

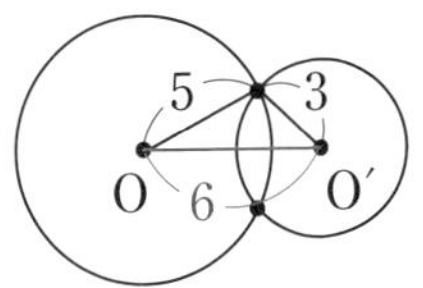

例 $d=6$，$r=5$，$r'=3$

$\underset{半径の差}{5-3} < \underset{中心間距離}{6} < \underset{半径の和}{5+3}$

$r-r'<d<r+r'$のとき，2円は異なる2点で交わるんだ

(iv)　内接する

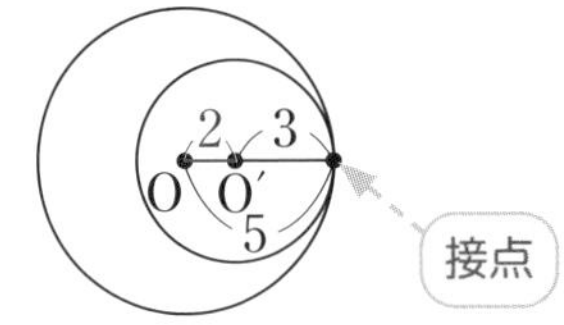

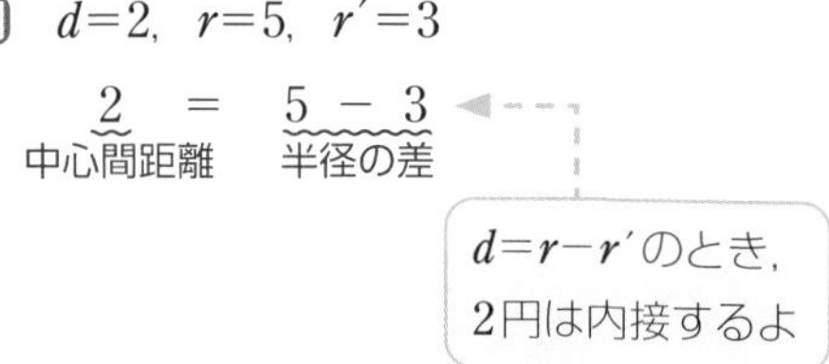

(v)　一方が他方の内側にある

1　3
O　O′
5

例　$d=1,\ r=5,\ r'=3$

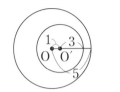

$\underset{\text{中心間距離}}{1} < \underset{\text{半径の差}}{5-3}$

$d<r-r'$のとき，
小さい円が大きい円の内側にあるよ

ちなみに「2円が接する」といったら，(ii)と(iv)の場合のことだよ。2円が接するときは2円の共有点がただ1つだけあって，その点を「接点」というんだ。

ゼロから解説

1　2円の位置関係

2円の位置関係は，接するとき，つまり**イントロダクション**♪♫の(ii)と(iv)を基準にして考えるといいよ。

大きさがちがう2つの円で，大きい円の中心をO，半径をr，小さい円の中心をO′，半径をr'とし，2円の中心間距離をdとするね。

(ii)を基準にすると，それよりもdが大きくなれば，2円は離れるから，互いに他方の外側になるね。逆にdが小さくなると，2円は近づくから，異なる2点で交わるね。

(i)　互いに他方の外側にある　　(ii)　外接する　　(iii)　異なる2点で交わる

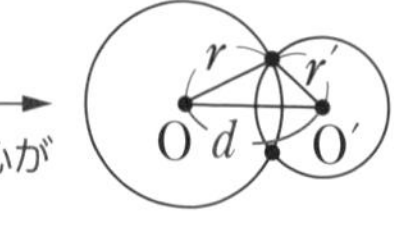

次は(iv)を基準にしてみよう。それよりも d が小さくなれば，小さいほうの円が大きいほうの円の内部にある状態になるんだ。逆に d が大きくなると，2円は異なる2点で交わるよ。

(iii)　異なる2点で交わる　　(iv)　内接する　　(v)　一方が他方の内側にある

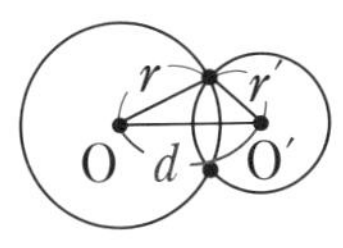

← 中心と中心が離れると

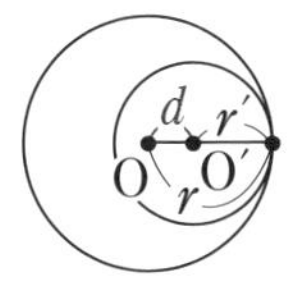

→ 中心と中心が近づくと

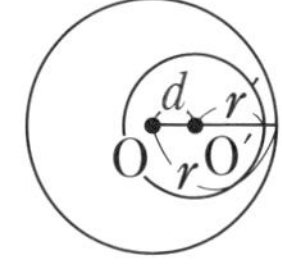

まとめると次のようになるよ。

2円の位置関係

(i)　互いに他方の外側にある		$d>r+r'$	共有点0個
(ii)　外接する		$d=r+r'$	共有点1個
(iii)　異なる2点で交わる		$r-r'<d<r+r'$	共有点2個
(iv)　内接する		$d=r-r'$	共有点1個
(v)　一方が他方の内側にある		$d<r-r'$	共有点0個

2 共通接線

1本の直線が，2つの円の両方の接線になることがあるんだ。このような接線を，2円の「**共通接線**」というよ。とくに，2つの円が共通接線に関して同じ側にあるとき，その接線を「**共通外接線**」といい，2つの円が共通接線に関して逆側にあるとき，その接線を「**共通内接線**」というよ。

ここでは，2円の位置関係ごとに共通接線が何本あるかをみていこう。今回も，大きさがちがう2つの円で，大きい円の中心をO，半径をr，小さい円の中心をO′，半径をr'とし，2円の中心間距離をdとするよ。

(i) 互いに他方の外側にある($\Leftrightarrow d>r+r'$)とき，

共通接線は4本

このうち，

共通外接線は2本，共通内接線は2本

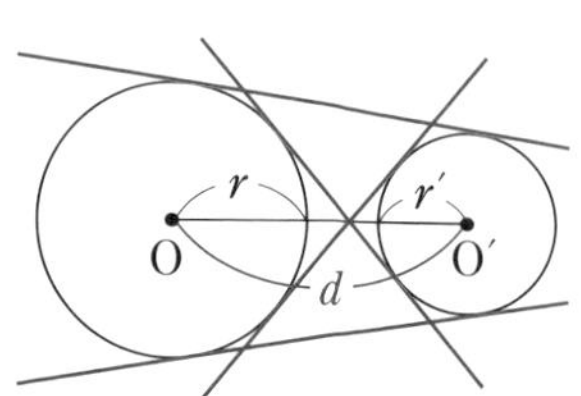

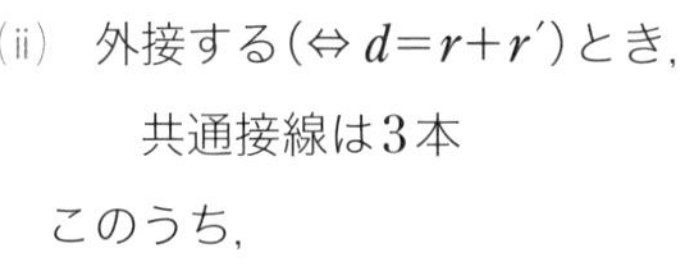

(ii) 外接する($\Leftrightarrow d=r+r'$)とき，

共通接線は3本

このうち，

共通外接線は2本，共通内接線は1本

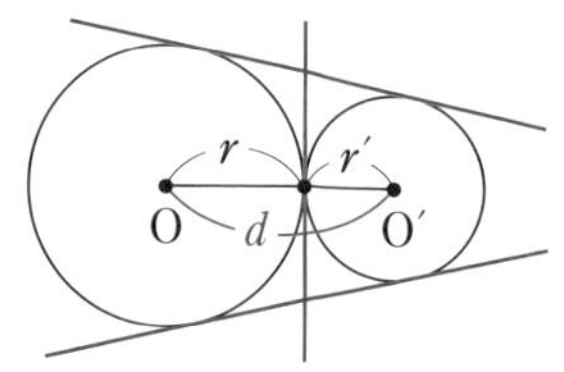

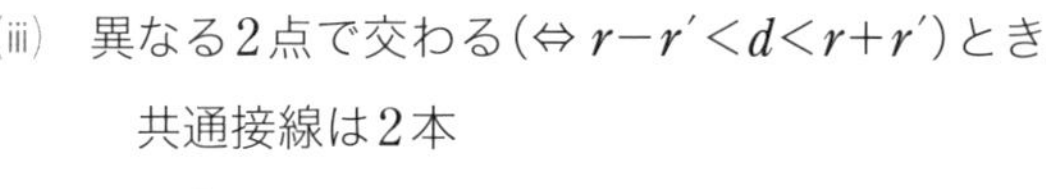

(iii) 異なる2点で交わる($\Leftrightarrow r-r'<d<r+r'$)とき，

共通接線は2本

このうち，

共通外接線は2本，共通内接線はなし

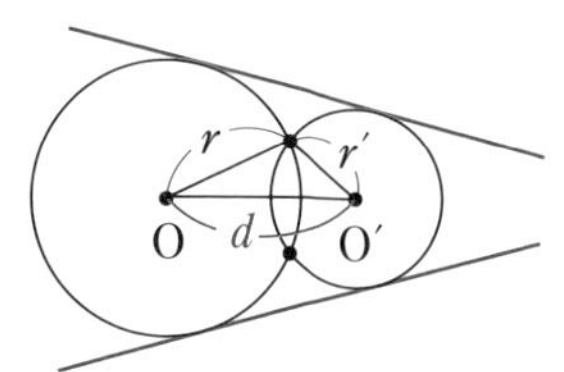

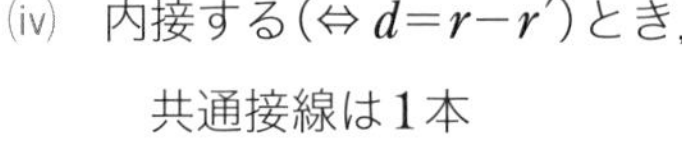

(iv) 内接する($\Leftrightarrow d=r-r'$)とき，

共通接線は1本

このうち，

共通外接線は1本

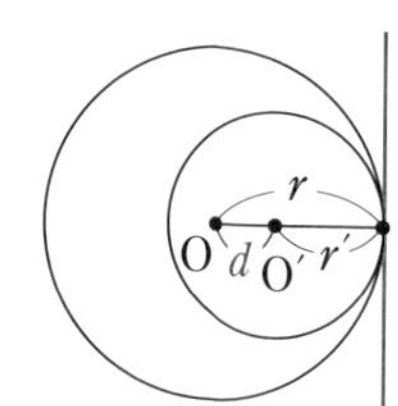

(v) 一方が他方の内側にある($\Leftrightarrow d<r-r'$)とき，
共通接線はない

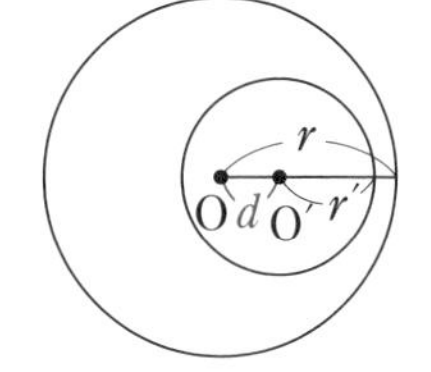

このように，2つの円の位置関係によって共通接線の本数も変わってくるんだ。しっかりおさえておこう。

例題❶

(1) 半径が異なる2つの円があり，この2つの円は中心間距離が10cmならば外接し，2cmならば内接する。この2つの円の半径を求めよ。

(2) 次の図で，直線ABは円O，O′の共通接線であり，A，Bは接点である。このとき，線分ABの長さを求めよ。

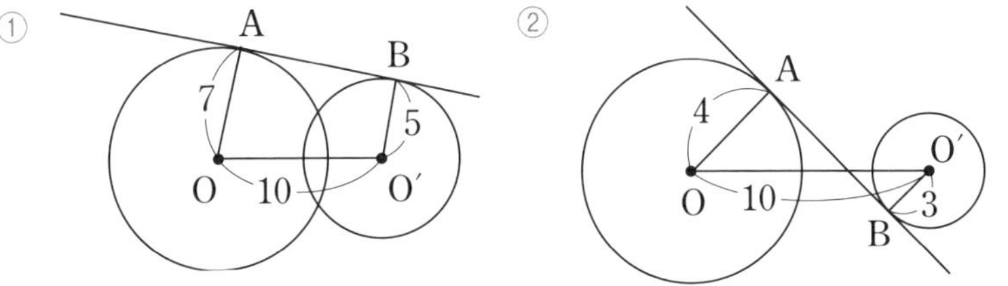

解答と解説

(1) 2つの円の半径を r cm，r' cm ($r>r'$)とする。条件から，

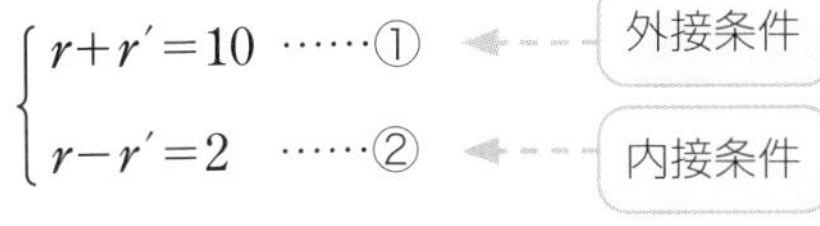

$$\begin{cases} r+r'=10 & \cdots\cdots① \\ r-r'=2 & \cdots\cdots② \end{cases}$$

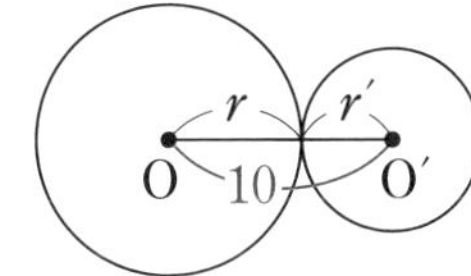

①＋②より，

$2r=12$

$r=6$

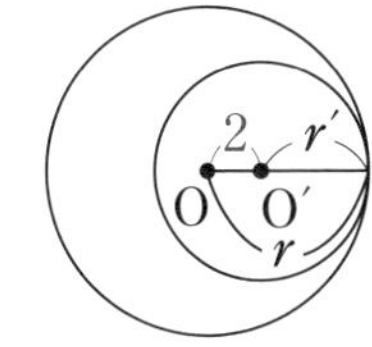

これを①へ代入して，

$6+r'=10$

$r'=4$

よって，2つの円の半径は，

6cmと4cm 答

(2)① O′から直線 OA に下ろした垂線の足を H とすると，

四角形 ABO′H は長方形であり，

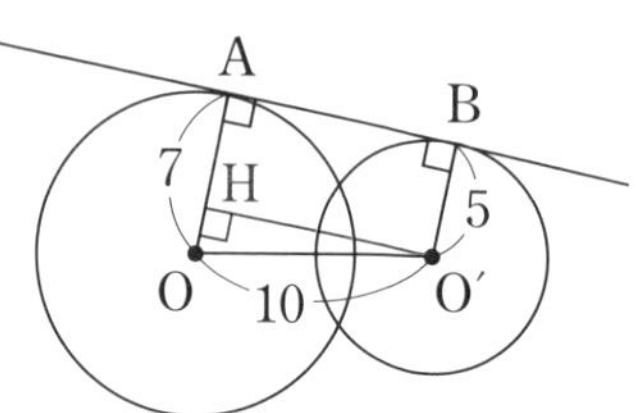

$AH=BO'=5$

$OH=OA-AH=7-5=2$

△OO′H で三平方の定理より，

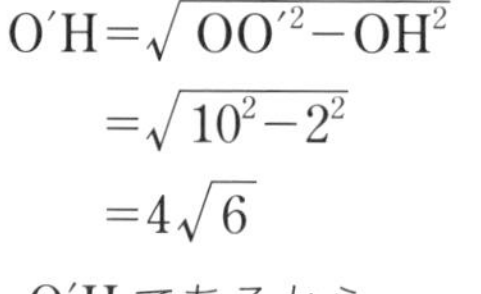

$O'H=\sqrt{OO'^2-OH^2}$

$=\sqrt{10^2-2^2}$

$=4\sqrt{6}$

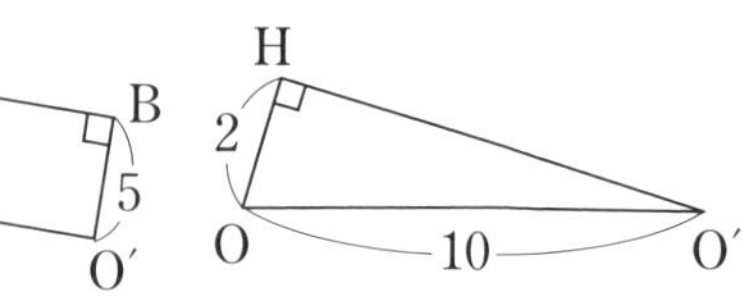

AB＝O′H であるから，

$AB=4\sqrt{6}$ 答

② O′から直線 OA に下ろした垂線の足を H とすると，

四角形 ABO′H は長方形であり，

$AH=BO'=3$

$OH=OA+AH=4+3=7$

△OO′H で三平方の定理より，

$O'H=\sqrt{OO'^2-OH^2}$

$=\sqrt{10^2-7^2}=\sqrt{51}$

AB＝O′H であるから，

$AB=\sqrt{51}$ 答

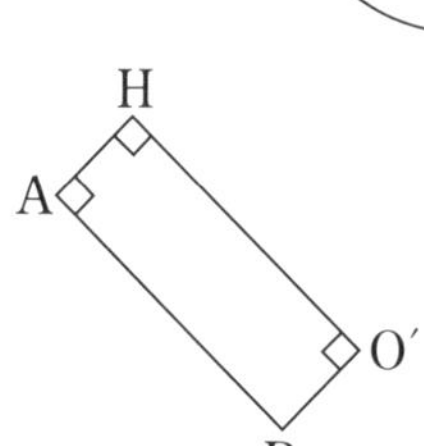

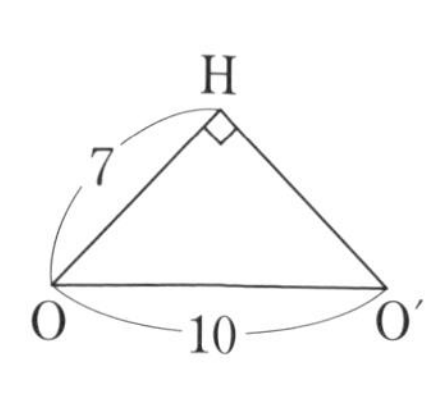

ちょいムズ

例題❷

四角形 ABCD が円に内接している。対角線 BD 上に∠BAE＝∠CADとなるような点Eをとるとき，以下の式が成り立つことを示せ。

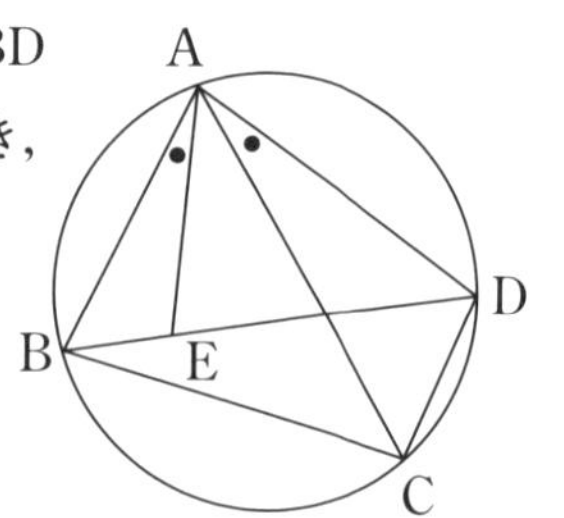

(1) AB：AC＝BE：CD

(2) BC：ED＝CA：DA

(3) AB･CD＋BC･DA＝AC･BD

解答と解説

(1) **証明**　△ABE と△ACD において，

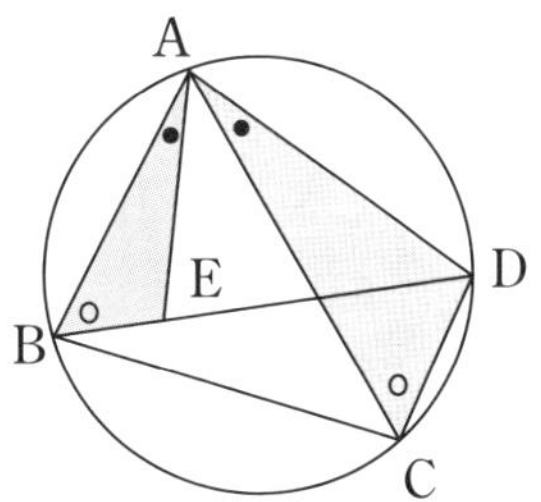

$\overset{\frown}{\mathrm{AD}}$ にたいする円周角は等しいので，

　　∠ABE＝∠ACD ……①

与えられた条件より，

　　∠BAE＝∠CAD ……②

①，②より，2組の角がそれぞれ等しいので，

　　△ABE∽△ACD

相似な三角形は対応する辺の比が等しいので，

　　AB：AC＝BE：CD ……③　**証明終わり**

(2) **証明**　△ABC と△AED において，

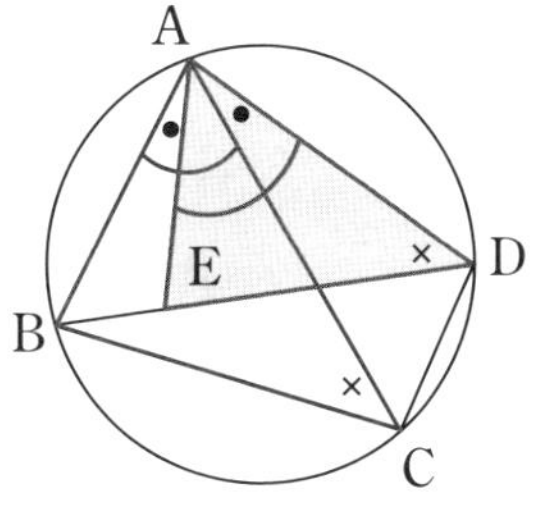

$\overset{\frown}{\mathrm{AB}}$ にたいする円周角は等しいので，

　　∠ACB＝∠ADE ……④

②より，

　　∠BAC＝∠BAE＋∠EAC

　　　　　＝∠CAD＋∠EAC＝∠EAD ……⑤

④，⑤より，2組の角がそれぞれ等しいので，

　　△ABC∽△AED

相似な三角形は対応する辺の比が等しいので，

　　BC：ED＝CA：DA ……⑥　**証明終わり**

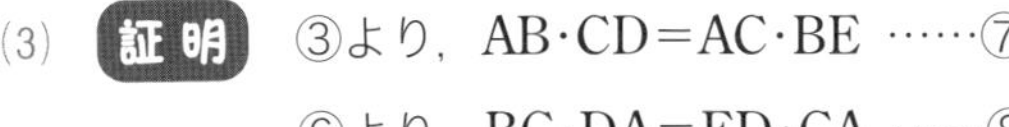

(3) **証明**　③より，AB·CD＝AC·BE ……⑦

　　　　　⑥より，BC·DA＝ED·CA ……⑧

⑦＋⑧より，

　　AB·CD＋BC·DA＝AC·BE＋ED·CA

　　　　　　　　　＝AC·(BE＋ED)

　　　　　　　　　＝AC·BD　**証明終わり**

(3)の結果を「トレミーの定理」というよ！

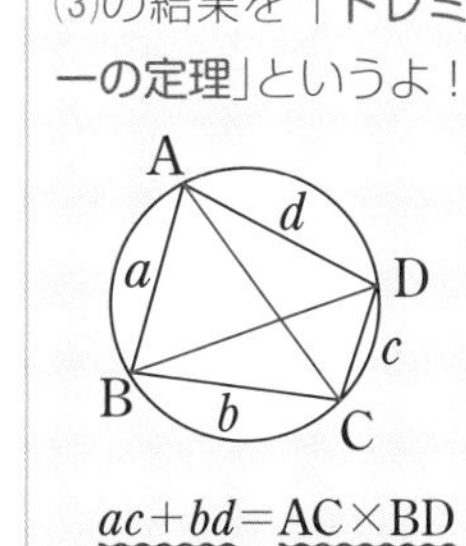

$ac+bd$＝AC×BD

向かい合う辺の積の和　対角線の積

2円の位置関係と共通接線

点**O**を中心とする半径$\boldsymbol{r}$の円と，点**O′**を中心とする半径$\boldsymbol{r'}$の円について，中心間距離を$\boldsymbol{d}$とする。$\boldsymbol{r>r'}$のとき，**2**円の位置関係および共通接線の本数については，次の**5**つの場合がある。

(i) 互いに他方の外側にある

$\boldsymbol{d>r+r'}$

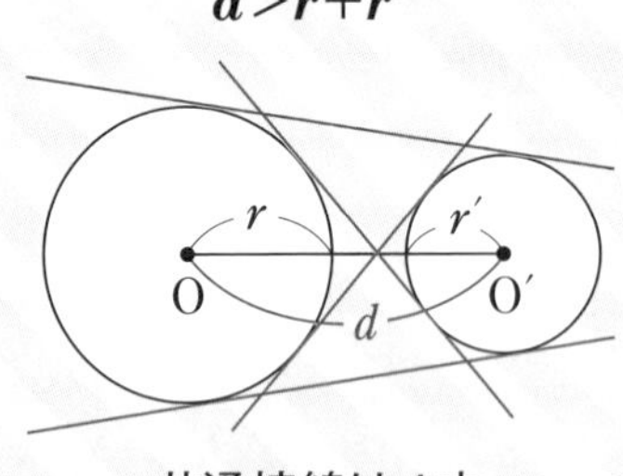

共通接線は**4**本

(ii) 外接する

$\boldsymbol{d=r+r'}$

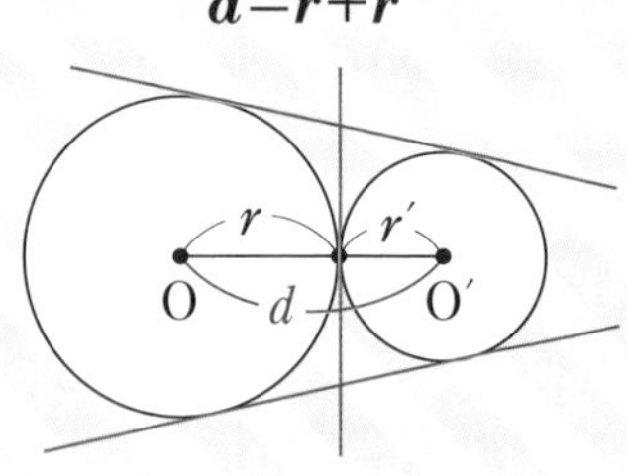

共通接線は**3**本

(iii) 異なる**2**点で交わる

$\boldsymbol{r-r'<d<r+r'}$

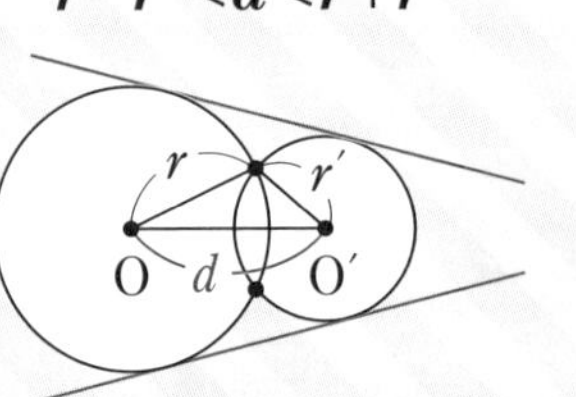

共通接線は**2**本

(iv) 内接する

$\boldsymbol{d=r-r'}$

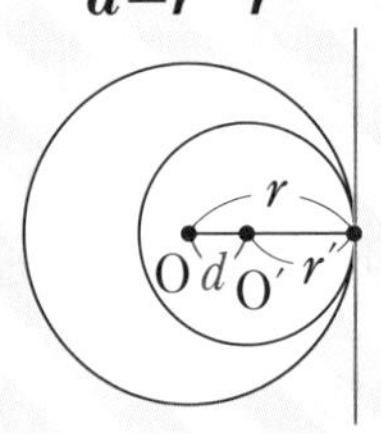

共通接線は**1**本

(v) 一方が他方の内側にある

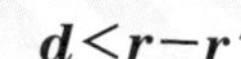

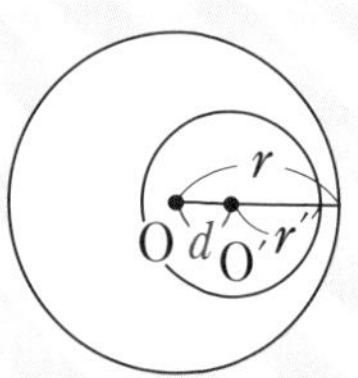

共通接線は**0**本

解答と解説▶別冊 $p.112$

練習問題

(1) 半径 r の円 O と半径5の円 O′について，中心間距離が13であるとする。このとき，次の場合の r の値，または r の値の範囲を求めよ。ただし，$r>5$ とする。

① 2つの円が接するとき

② 共通接線がちょうど2本あるとき

(2) 右の図において，直線 AB は円 O，O′にそれぞれ点 A，B で接している。円 O，O′の半径をそれぞれ r，r' $(r<r')$，2つの円の中心間の距離を d とするとき，

$$AB=\sqrt{d^2-(r'-r)^2}$$

であることを証明せよ。

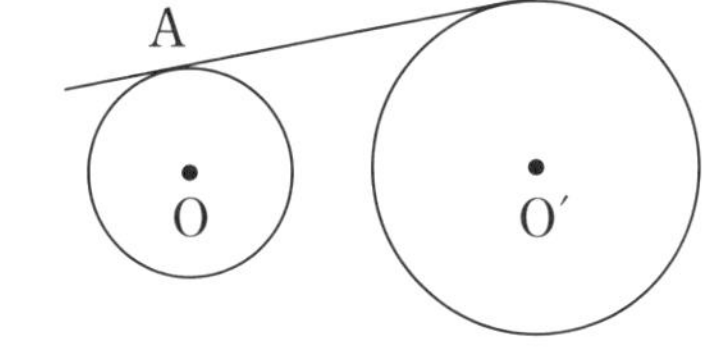

第1章 第2章 第3章 第4章 第5章 第6章 第7章 第8章

第55節 作　図

この節の目標

☐ Ⓐ いろいろな作図ができ，その作図方法が正しいことの証明ができる。

イントロダクション ♪♫

数学では，定規とコンパスだけで与えられた条件を満たす図形をかくことを「**作図**」というよ。作図において，

定規はまっすぐな線を引くことにしか使ってはいけない

というルールがあるんだ。「定規で長さを測る」，「三角定規をすべらせて平行線を引く」などをしてはいけないよ！　長さを測りとるときは，コンパスを使うんだよ。

たとえば，線分 AB と同じ長さの線分を別の直線 l 上にとるときは，次のようにするよ。

step1　コンパスの針を点 A に刺した状態で，鉛筆の先を点 B に合わせる。

A ━━━━ B

step2　そのままの半径で，l 上にとった1点 O を中心に円（の一部分）をかき，l との交点の1つを P とすると，OP=AB となる。

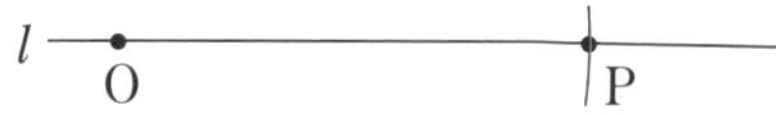

作図の問題で要求されるのは，

❶ 作図の手順を説明すること
❷ その作図が正しいことを証明すること

の2つなんだ。だから，必ずしもコンパスと定規を手元に用意する必要はないよ。

では，中学で学習した「垂直二等分線」と「角の二等分線」の作図を復習し

ておこう。ここからは，説明文の **step1**，**step2**，……と，図中の①，②，……を対応させていくから，しっかり手順を理解してね！

線分ABの垂直二等分線

半径はABの半分より大きければ何でもいいよ！

step1 2点A，Bをそれぞれ中心として半径の等しい円をかき，交点をP，Qとする。

step2 直線PQを引くと，これが求める垂直二等分線である。

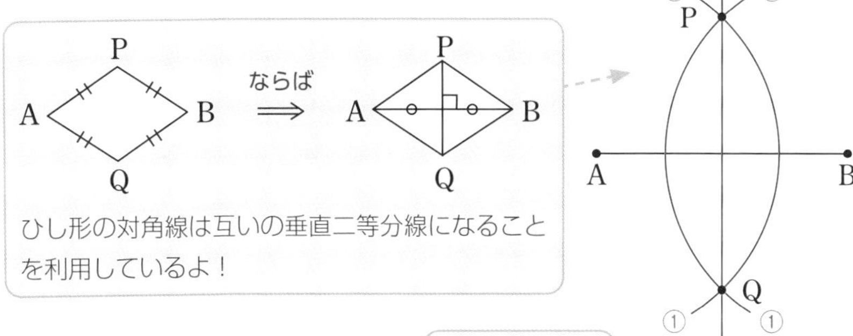

P
A
B
Q
ならば
⟹
P
A
B
Q
ひし形の対角線は互いの垂直二等分線になることを利用しているよ！
①
②
①
P
A
B
Q
①
①

∠AOBの二等分線

半径は何でもいいよ！

step1 点Oを中心とする円をかき，半直線OA，OBとの交点をそれぞれP，Qとする。

step2 P，Qをそれぞれ中心として等しい半径の円をかき，∠AOBの内側にある交点をRとする。

step3 直線ORを引くと，これが求める二等分線である。

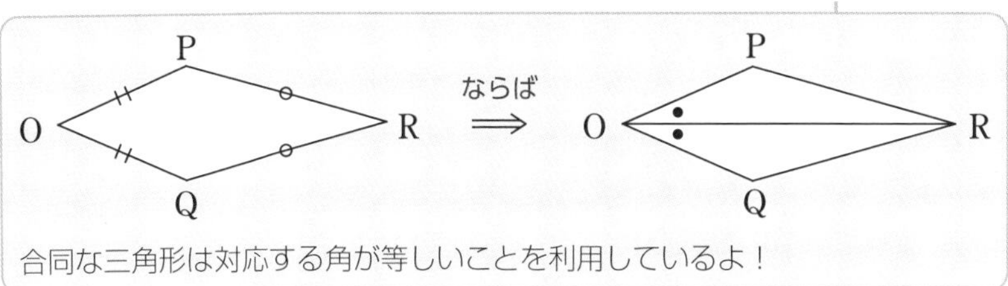

P
O
R
Q
ならば
⟹
P
O
R
Q
合同な三角形は対応する角が等しいことを利用しているよ！

ゼロから解説

1 基本的な作図

まずは，基本的な作図を学習しよう。

点 P が直線 l 上にある場合の作図は，**練習問題**(1)でやるよ！

直線 l と，その上にない点 P を与えられたとき，点 P を通り直線 l に垂直な直線

step1　P を中心とする円をかき，l との交点を A，B とする。

step2　A，B をそれぞれ中心として，等しい任意の半径の円をかき，l をはさんで点 P と反対側の交点を Q とする。

step3　直線 PQ を引くと，これが求める直線である。

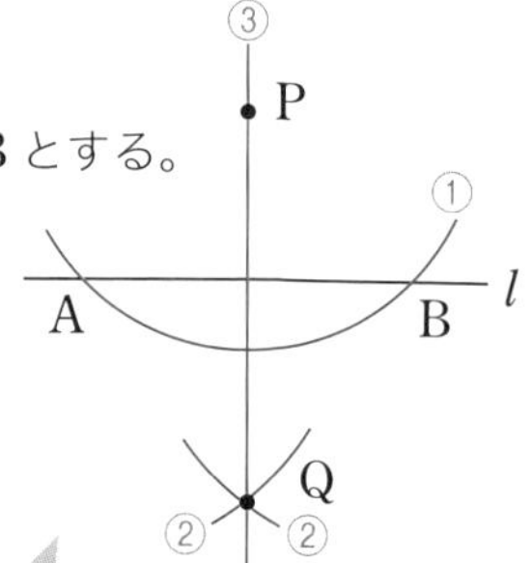

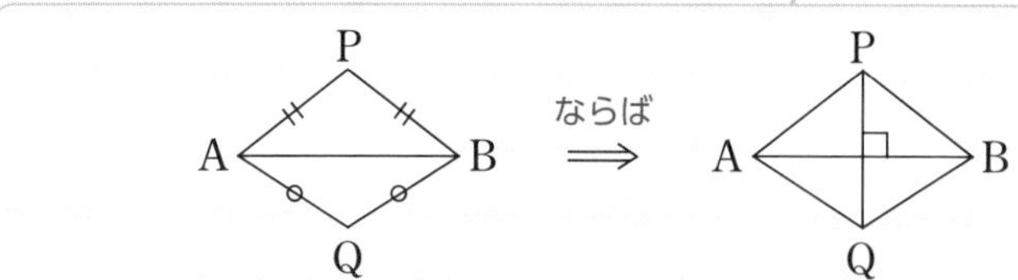

P，Q はいずれも，2 点 A，B から等距離にある点だから，直線 PQ が線分 AB の垂直二等分線となることを利用しているよ！

円の中心

step1　与えられた円の周上に 3 点 A，B，C をとる。

step2　弦 AB，AC の垂直二等分線を引くと，その交点 O が円の中心である。

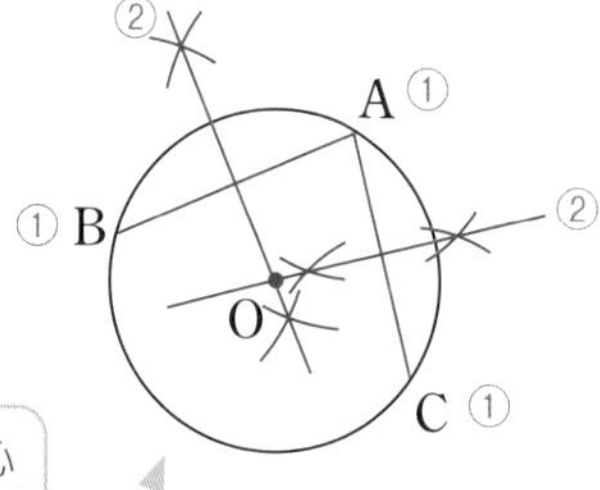

この円は△ABC の外接円だから，その中心 O は△ABC の外心だね。そして，外心は辺の垂直二等分線の交点だったね！

円の接線

ここでとった点 P が接点になるよ！

step1 円周上に1点 P をとる。

step2 P と，円の中心 O を通る直線 l を引く。

step3 P を中心として O を通る円をかき，lとの交点のうちOでないほうをAとする。

step4 O，A をそれぞれ中心として，半径の等しい円をかき，それらの交点の1つを B とする。

step5 直線 BP を引くと，これが求める接線である。

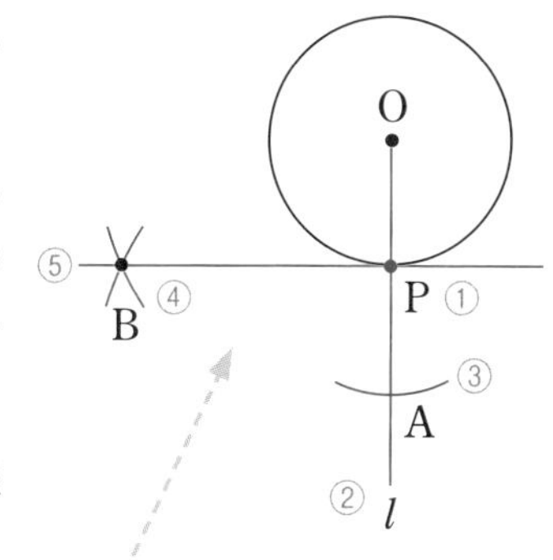

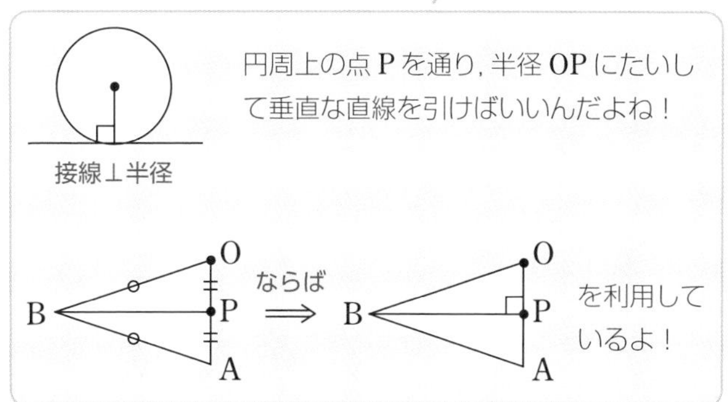

接線⊥半径
円周上の点 P を通り，半径 OP にたいして垂直な直線を引けばいいんだよね！
O
B
P
A
ならば
⟹
O
B
P
A
を利用しているよ！

❷ いろいろな作図

つぎに，基本的な作図を利用して，いろいろな作図をしていこう。

例 題 ❶

点 O を中心とする円 C と，円の外部の点 A が与えられているとき，A を通り C に接する2本の接線を作図する方法を答えよ。また，その作図方法が正しいことを証明せよ。

解答の前にひと言

2点P，Qが円 C 上にあって，

$$\angle APO = \angle AQO = 90^\circ$$

を満たすような直線AP，AQを引きたい。

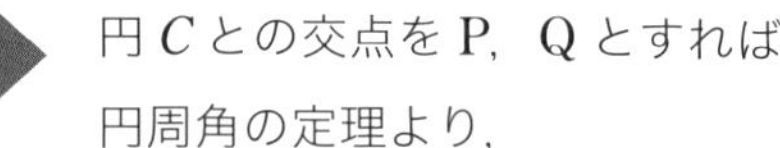

AOを直径とする円をかき，円 C との交点をP，Qとすれば，円周角の定理より，

$$\angle APO = \angle AQO = 90^\circ$$

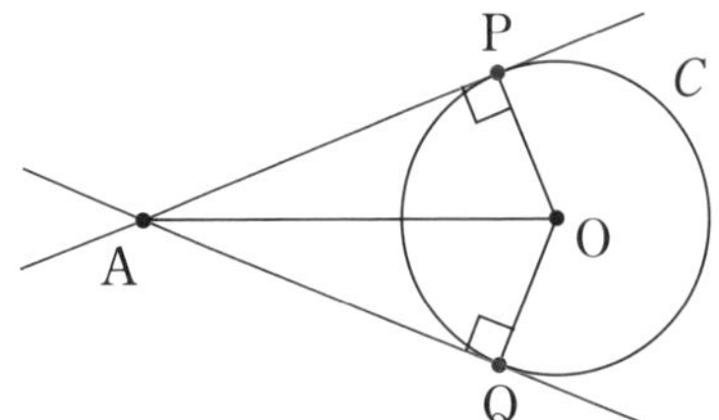

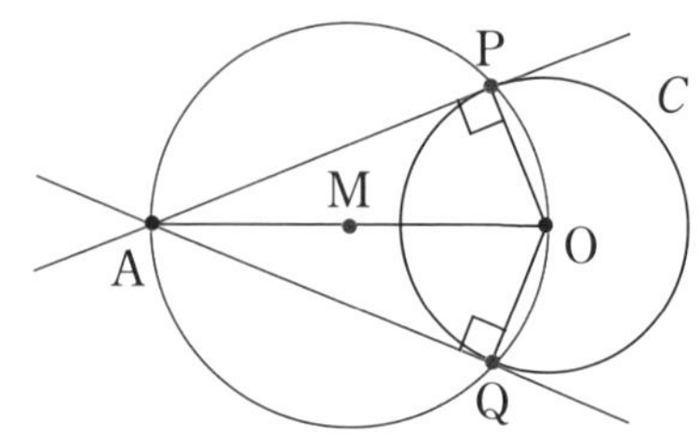

解答と解説

step1

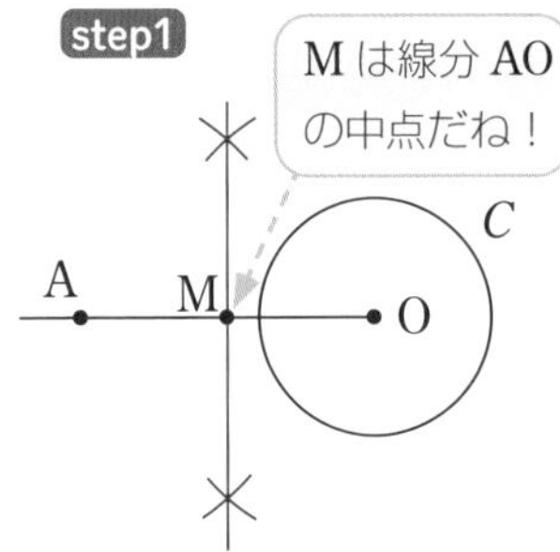

線分AOの垂直二等分線を引き，線分AOとの交点をMとする

step2

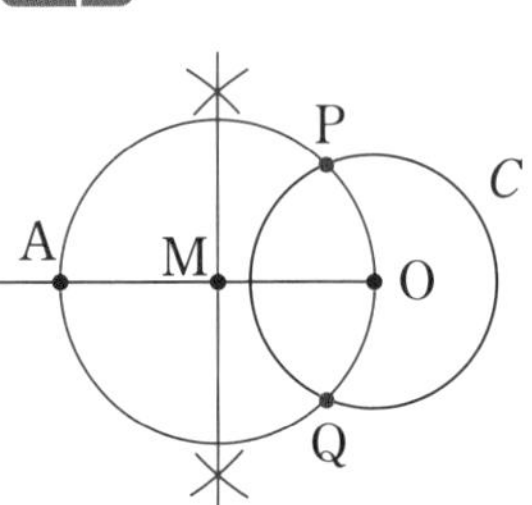

Mを中心としてA, Oを通る円をかき，円 C との交点をP，Qとする

step3

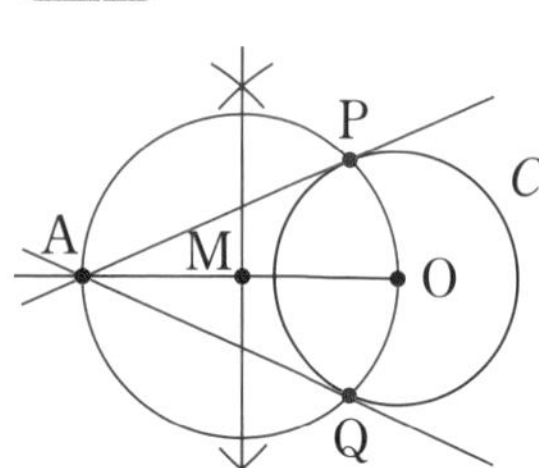

直線AP，AQを引くと，これが求める2接線である

証明 PはAOを直径とする円周上の点なので，

$$\angle APO = 90^\circ \quad \cdots\cdots①$$

また，

Pは円 C 上　……②

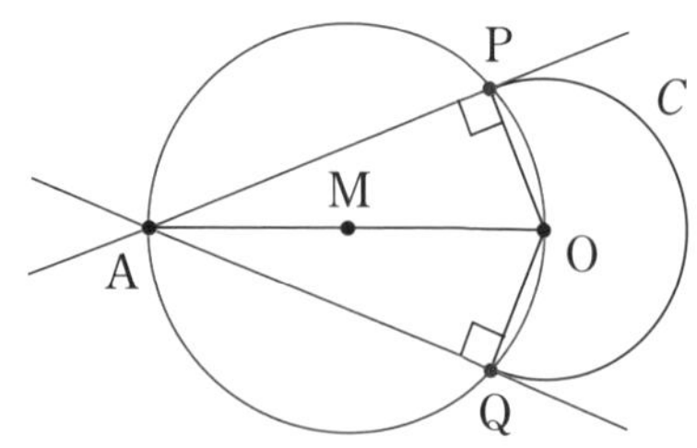

①，②より，

直線 AP は円 C の接線である。

直線 AQ についても同様である。 **証明終わり**

OP ⊥ AP で P は円 C 上だから，直線 AP は円 C の接線だね！

つぎに，平行線の作図を考えてみよう。

例1 直線 l と l 上にない点 P が与えられたとき，P を通り l に平行な直線を作図する方法を答えよ。

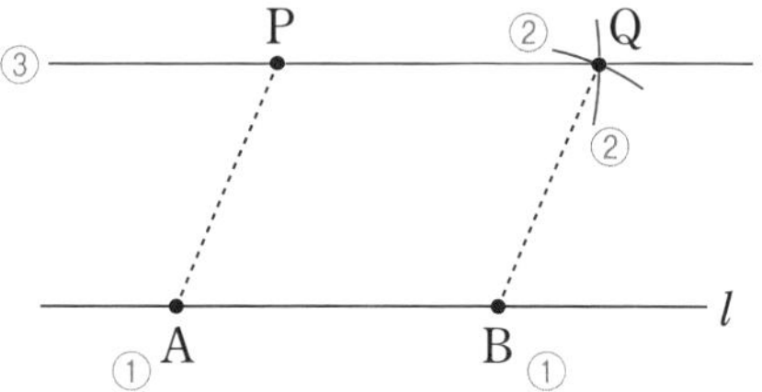

step1 直線 l 上に2点 A，B をとる。

step2 P を中心とする半径 AB の円と，B を中心とする半径 AP の円をかき，この2円の交点のうち直線 PB に関して A と反対側の点を Q とする。

step3 直線 PQ を引くと，これが求める直線である。

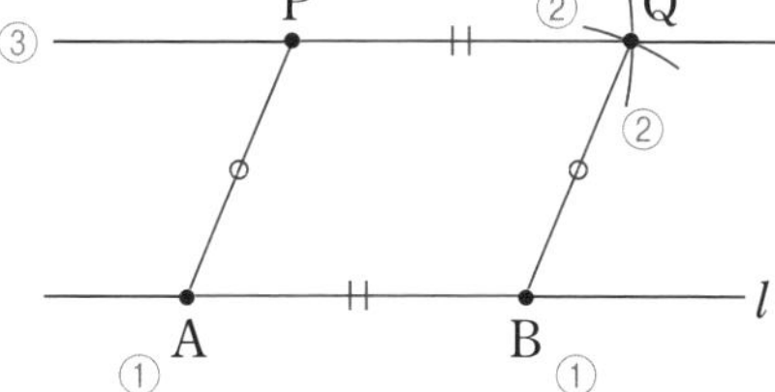

この作図方法が正しい理由を考えてみよう。

P を中心として半径 AB の円をかいたから，

PQ＝AB ……(ア)

B を中心として半径 AP の円をかいたから，

BQ＝AP ……(イ)

(ア)，(イ)より，四角形 ABQP は平行四辺形になるから，直線 PQ は直線 l と平行になるね。

さて今度は，内分点の作図だよ。m，n を正の整数とすると，与えられた線分を $m:n$ に内分する点は，次のように作図することができるんだ。

例2 2点A, Bが与えられたとき, 線分ABを2:1に内分する点Pを作図する方法を答えよ。

step1 半直線AXを引く。

step2 Aを中心として適当な長さの半径の円をかき, AXとの交点をSとする。

step3 Sを中心として **step2** と同じ半径の円をかき, AXとの交点のうちAでないほうをTとする。

step4 Tを中心として **step2** と同じ半径の円をかき, AXとの交点のうちSでないほうをUとする。

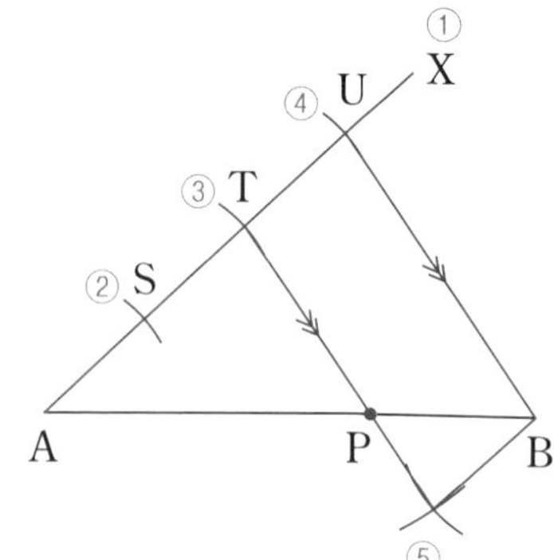

step5 Tを通り直線UBに平行な直線を引くと, 線分ABとの交点が, 求める点Pである。

例1 でやったね!

これでなぜAP:PB=2:1になるのかわかるかな?

step2 ～ **step4** から, AT:TUが2:1になってるからでしょ?

そのとおり! そしてTP//UBだから, 平行線と線分比の関係から, AP:PB=AT:TU=2:1が成り立つね。

コンパスを使ってAX上に作った2:1の比を, 平行線でAB上に移したんだね!

3 積・商の長さの作図

例 長さが1, a, bの3つの線分が与えられたとき, 長さがabの線分を作図する方法を答えよ。

次の図のように, OP=1, PQ=a, OR=bとなる点O, P, Q, Rをとるよ。

Qを通り直線PRに平行な直線とORの延長との交点をSとすると，PR∥QSから，

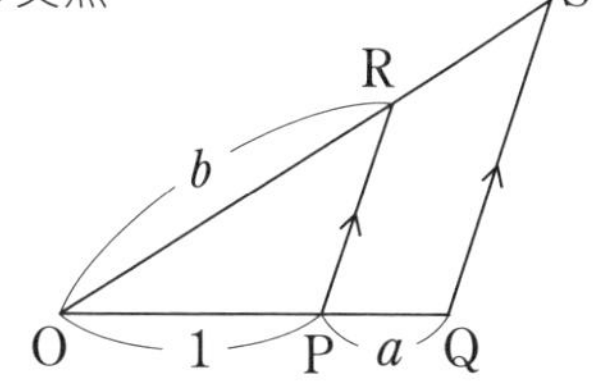

$$\text{OP}:\text{PQ}=\text{OR}:\text{RS}$$

$$1:a=b:\text{RS}$$

$$\text{RS}=ab$$

となるね。だから，点Qを通りPRに平行な直線を引けばいいんだ。これはさっき❷の**例1**でやったから，もう作図できるね！

step1 同一直線上に，OP＝1，PQ＝aとなる3点O，P，Qをこの順にとる。

step2 Oを通り，直線OPとは異なる直線lを引き，l上にOR＝bとなる点Rをとる。

step3 Qを通り，直線PRに平行な直線を引き，直線lとの交点をSとすると，線分RSが求める線分である。

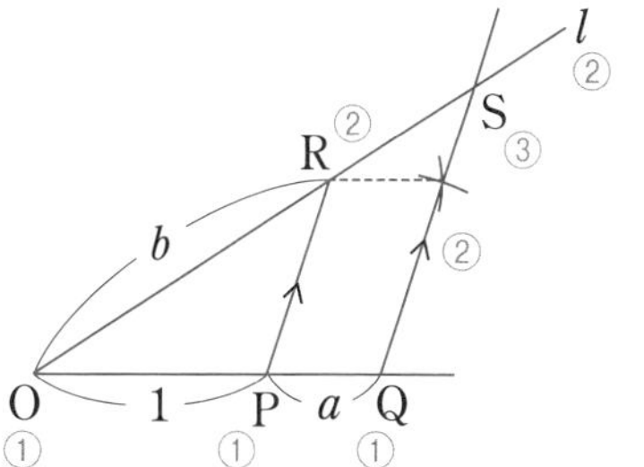

例題❷

長さが1，a，bである3つの線分が与えられたとき，長さが$\dfrac{a}{b}$である線分を作図する方法を答えよ。また，その作図方法が正しいことを証明せよ。

解答と解説

step1 同一直線上に，OP＝b，PQ＝aとなる3点O，P，Qをこの順にとる。

step2 Oを通り，直線OPとは異なる直線lを引き，l上にOR＝1となる点Rをとる。

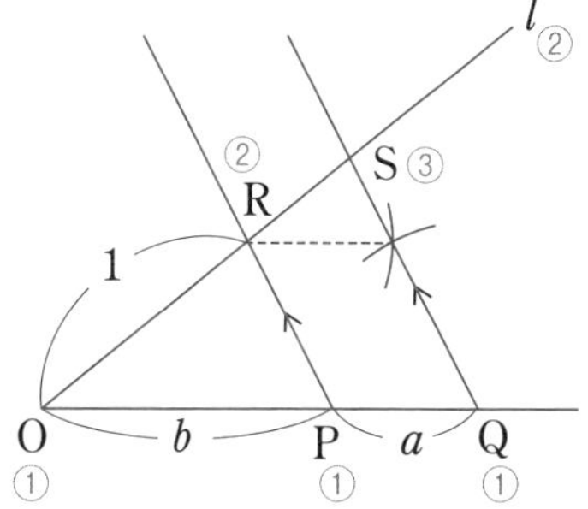

step3　Qを通り，直線PRに平行な直線を引き，直線lとの交点をSとすると，線分RSが求める線分である。

証明　PR∥QSより，

$OP : PQ = OR : RS$

$b : a = 1 : RS$

$b \cdot RS = a$

$RS = \dfrac{a}{b}$　証明終わり

例と同じ要領で，それぞれの線分の長さの値が入れかわるだけだね！

このことから，

積 $\boldsymbol{ab}$ ➡ $\boldsymbol{1 : a = b : RS}$

商 $\boldsymbol{\dfrac{a}{b}}$ ➡ $\boldsymbol{b : a = 1 : RS}$

になるように作図すればいいってことがわかるね！

4 平方根の長さの作図

例　長さが1，aの線分が与えられたとき，長さが$\sqrt{a}$の線分を作図する方法を答えよ。

step1　同一直線上に，$AB=a$，$BC=1$となる3点A，B，Cをこの順にとる。

step2　線分ACの垂直二等分線とACとの交点（線分ACの中点）をOとし，Oを中心として半径OAの円をかく。

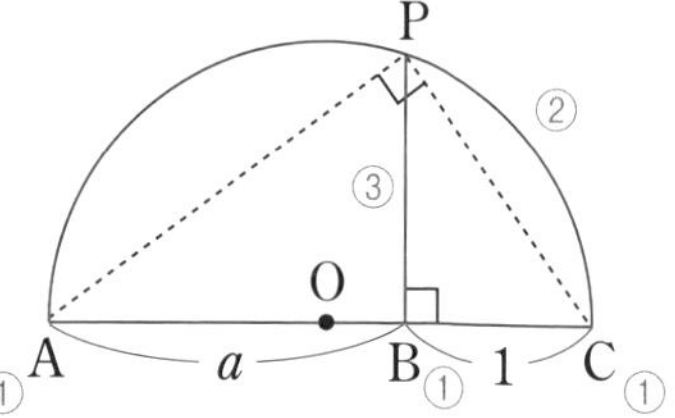

step3　Bを通り，直線ACに垂直な直線を引き，②の円との交点の1つをPとすると，線分BPが求める線分である。

$BP=\sqrt{a}$となる理由を考えてみよう。

△ABPと△PBCにおいて，

$\angle ABP = \angle PBC = 90^\circ$，$\angle APB = 90^\circ - \angle BPC = \angle PCB$

よって，$\triangle ABP \backsim \triangle PBC$ だから，

$AB : PB = BP : BC$

$BP^2 = AB \cdot BC = a \cdot 1 = a$

$BP > 0$ より，$BP = \sqrt{a}$

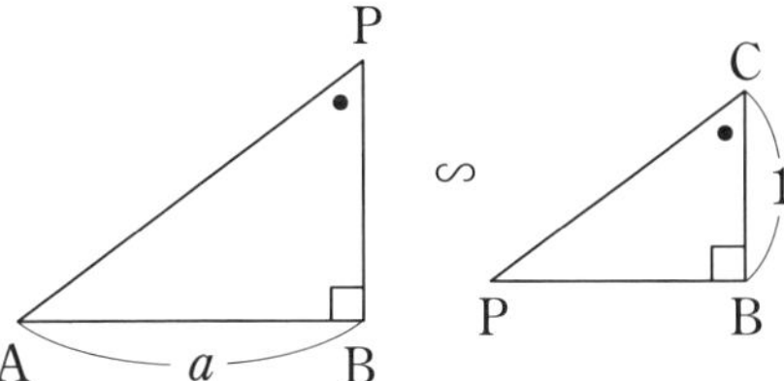

例題 ❸

長さ a，b の2つの線分が与えられたとき，長さが $\sqrt{ab}$ である線分を作図する方法を答えよ。また，その作図方法が正しいことを証明せよ。

解答と解説

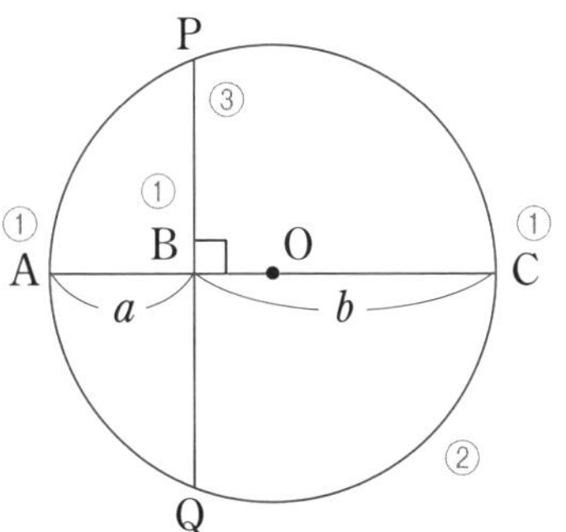

step1 同一直線上に，$AB = a$，$BC = b$ となる3点A，B，Cをこの順にとる。

step2 線分ACの垂直二等分線とACとの交点(線分ACの中点)をOとし，Oを中心として半径OAの円をかく。

step3 Bを通り，直線ACに垂直な直線を引き，②の円との交点の1つをPとすると，線分BPが求める線分である。

証明 直線PBと円との2交点のうちPでないほうをQとする。

方べきの定理より，

$BA \cdot BC = BP \cdot BQ$

$BA = a$，$BC = b$，$BP = BQ$ であるから，

$a \cdot b = BP^2$

$BP > 0$ より，

$BP = \sqrt{ab}$

証明終わり

この作図の証明は**例**とまったく同じ方法でもできるけど，ここでは少しちがうやり方でやってみるよ！

方べきの定理は，
(点から円)×(点から円)
＝(点から円)×(点から円)
だね！

円の中心から弦に下ろした垂線は，弦を二等分する！ 第52節 イントロダクション♪♫ 参照

ちょいムズ

ここでは，正五角形の作図について考えてみよう。

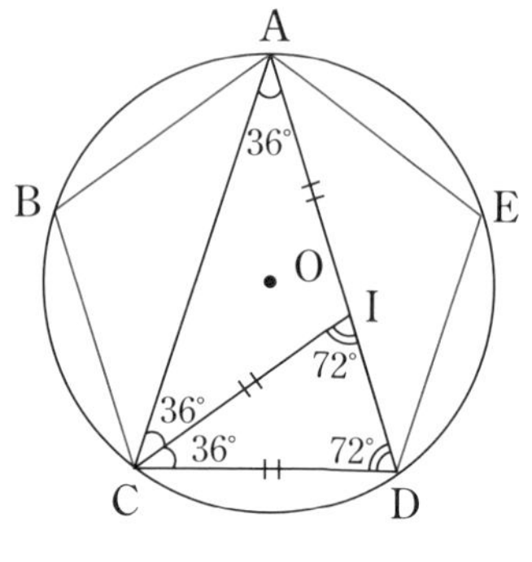

正五角形ABCDEの外接円の中心をOとすると，

$$\angle COD = 360^\circ \div 5 = 72^\circ$$

だね。よって，円周角の定理から，

$$\angle CAD = 72^\circ \div 2 = 36^\circ$$

となって，△ACDは頂角が36°の二等辺三角形だから，

$$\angle ACD = \angle ADC = (180^\circ - 36^\circ) \div 2 = 72^\circ$$

だね。

ここで∠ACDの二等分線と辺ADとの交点をIとすると，図のように，

△IACは，∠IAC＝∠ICA＝36°の二等辺三角形

△CDIは，∠CDI＝∠CID＝72°の二等辺三角形

になっているから，$CD=1$，$AC=AD=x$ とすると，

> このおき方がポイント！ CDを基準にして，ACとADをどれくらいの長さにすればいいかを考えていくんだよ！

$$AI=CI=1,\quad ID=x-1$$

だね。さらに，角の二等分線の性質から，

$$CD : CA = DI : IA$$

$$1 : x = (x-1) : 1$$

> △CDI∽△ACDを利用して同じ式を導くこともできるよ

$$x(x-1)=1$$

$$x^2-x-1=0$$

$$x=\frac{1\pm\sqrt{5}}{2}$$

$x>0$ より，

$$x=\frac{1+\sqrt{5}}{2}$$

となるね。

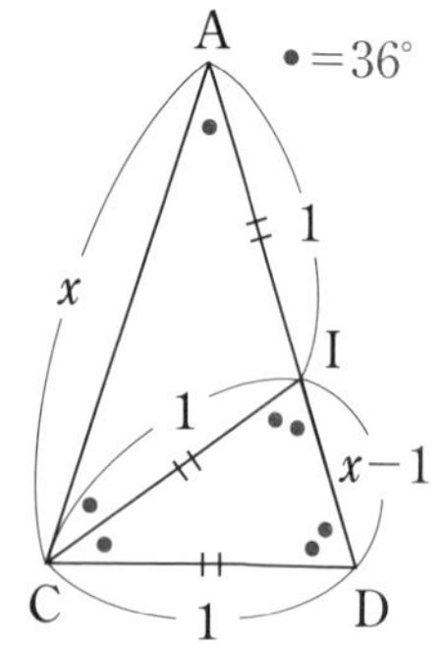

だから，CD＝1としたとき，$AC=\frac{1+\sqrt{5}}{2}$となる二等辺三角形が作図できれば，正五角形もかけるんだ。

分数が出てくるとめんどうだから，今回は2倍して考えて，長さ2の線分CDが与えられたとき(1辺の長さが2)，$AC=1+\sqrt{5}$(対角線の長さが$1+\sqrt{5}$)の正五角形を作図してみよう。

step1 長さ2の線分CDの垂直二等分線とCDの交点をMとする。

step2 CDの垂直二等分線上に，

$PM=CD=2$

となるように点Pをとる。

点Mを中心として，半径がCD(＝2)の円をかく

step3 線分CPの延長上に，

$PQ=CM=1$

となるように点Qをとる。

点Pを中心として，半径がCM(＝1)の円をかく

step4 点Cを中心とする半径CQの円と，CDの垂直二等分線との交点をAとすると，

$CP=\sqrt{1^2+2^2}=\sqrt{5}$，

$CA=CQ=1+\sqrt{5}$

step5 直線ACに関してPと反対側に，

$BA=BC=CD=2$

となる点Bをとり，直線ADに関してPと反対側に，

$EA=ED=CD=2$

となる点Eをとる。

点A，B，C，D，Eを順に結ぶと，正五角形ABCDEができる。

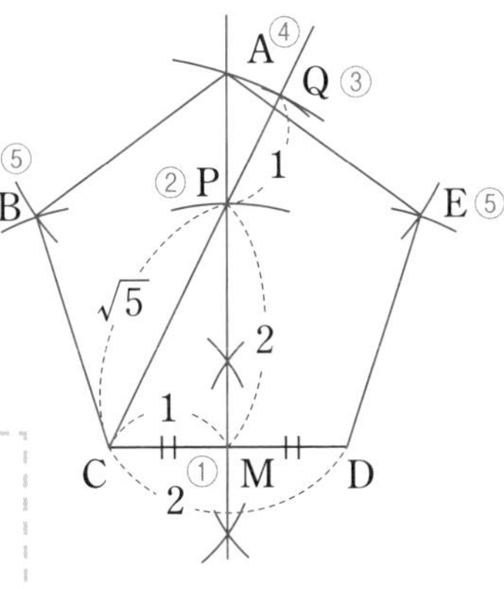

点Cを中心とする半径CDの円と，点Aを中心とする半径CDの円の交点がBだよ

作図の問題で要求されるのは,

❶ 作図の手順を説明すること

❷ その作図が正しいことを証明すること

例 AB$=a$, AD$=b$ $(a>b)$の長方形ABCDが与えられている。この長方形と面積が等しい正方形を作図せよ。

step1 点Aを中心とする半径bの円をかき，辺ABとの交点をEとする。

step2 辺EBを直径とする円Kをかく(EBの垂直二等分線を引けば円の中心はわかる)。

step3 点Aから円Kに引いた接線の，円との接点の1つをFとする(引き方は❷の**例題❶**参照)。

step4 線分AFを1辺とする正方形AFQPをかくと，これが求める正方形である(点Aを通りAFに垂直な直線と，Aを中心とする半径がAFの円との交点をPとする。Qも同様にしてかく)。

証明 長方形ABCDの面積はabであり，これはAE･ABと等しい。

また，正方形AFQPの面積はAF^2である。

方べきの定理より，

$$AE \cdot AB = AF^2$$

であるから，長方形ABCDの面積と正方形AFQPの面積は等しい。

証明終わり

解答と解説▶別冊 p.114

練習問題

(1)　直線 l 上の1点Pを通り，直線 l に垂直な直線を作図せよ。

(2)　与えられた線分ABを2：3に外分する点Pを作図せよ。

(3)　長さが1，a，b である3つの線分が与えられたとき，長さが $2ab$ の線分を作図せよ。

(4)　長さが1の線分が与えられたとき，長さが $\sqrt{6}$ の線分を作図せよ。

ただし，(1)～(4)とも作図方法が正しいことの証明はしなくてよい。

第56節 空間図形

第56節 空間図形

この節の目標

- ☑ Ⓐ 2直線の位置関係がわかる。
- ☑ Ⓑ 平面の決定条件がわかる。
- ☑ Ⓒ 直線と平面の位置関係がわかる。
- ☑ Ⓓ 2平面の位置関係がわかる。
- ☑ Ⓔ 多面体の辺の数や頂点の数を求めることができる。

イントロダクション ♪♫

この節では，空間における直線や平面について，位置関係や決定条件などさまざまなことを学習するよ。

まず，「空間」に入る前に，「平面」での2直線の関係を確認しておこう。平面上での異なる2直線の位置関係は，次の2つのどちらかしかないんだ。

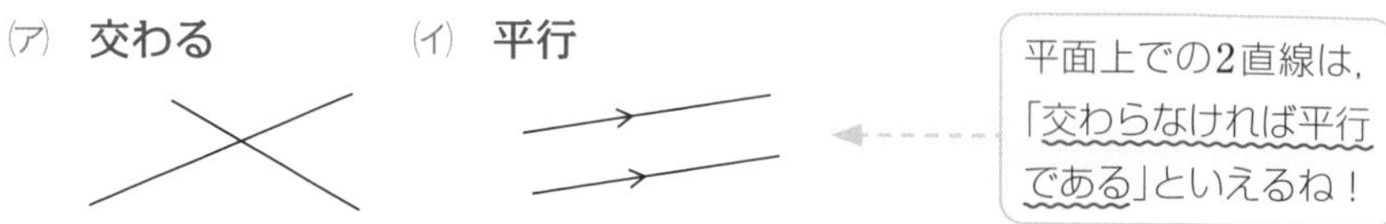

ところが，これが「空間」の中での話になると，3つ目の場合として「**ねじれの位置**」という関係が加わるんだ。空間内では，同じ平面上にあって交わらない2直線の関係を「**平行**」，同じ平面上になくて交わらない2直線の関係を「**ねじれの位置**」というよ。このようなことをくわしく学んでいくからね。

また，「**多面体**」についても学習していくよ。「多面体」というのは，平面だけで囲まれた立体のことなんだ。中学で，次のような，角柱・円柱，角錐・円錐について学習したね(第**28**節でも少しふれたね！)。

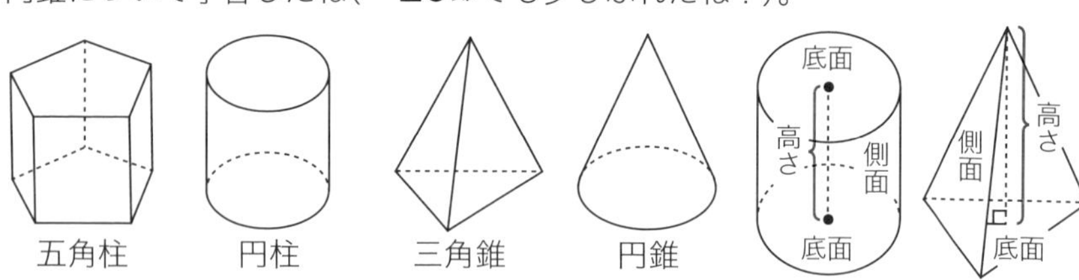

このうち，角柱や角錐は，平面だけで囲まれた立体だから，多面体だね。でも，円柱や円錐は側面が曲面だから，多面体ではないよ。

多面体は，面の数でよび方が決まるんだ。たとえば五角柱は，面の数が7だから七面体というんだよ。ところで，五角柱の辺や頂点の数を数えると，辺は15本，頂点は10個あるね。この頂点の数10，辺の数15，面の数7の間には，

(頂点の数)−(辺の数)+(面の数)=2　　五角柱なら，10−15+7=2

という関係が成り立つんだ。これを，「**オイラーの多面体定理**」というよ。

ゼロから解説

1　2直線の位置関係

右図の立方体において，それぞれの辺を含む直線どうしの位置関係を考えてみよう。

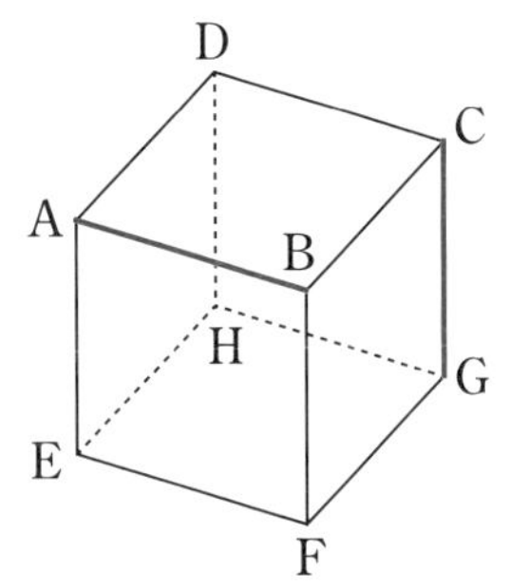

2直線AB，BFは交わるけど，2直線AB，EFは平行だから交わらないね。ところが，2直線AB，CGは，平行でもないのに，交わりもしないよね。

このように，空間において平行でもなく，交わりもしない2直線の関係を，「**ねじれの位置**にある」というよ。

空間内での異なる2直線l，mの位置関係は，次の(ア)〜(ウ)の場合があるよ。

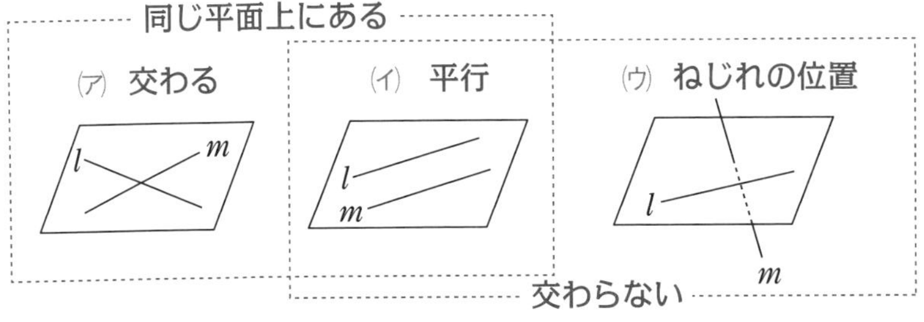

つぎに，2直線のなす角について考えよう。

平面上で，交わる2直線 l，m の「なす角」とは，**図1** の角 θ のことで，90° 以下の範囲で考えるよ。

2直線のなす角は90°以下のほうをとるよ

図1

m　θ　l

ねじれの位置にある2直線 l，m のなす角については，**図2** のように，l と m が交わる位置へ l を平行移動した直線 l' を引いて考えるんだ。l をどのように平行移動させたとしても，l' と m のなす角は一定になるので，この l' と m のなす角を，「2直線 l, m のなす角」とするんだよ。

図2

l と m が交わっていない場合の話だよ

平行移動

m　l　l'

この角を l と m のなす角とする

2直線 l, m のなす角が90° のとき，「l と m は**垂直**である」といって「$l \perp m$」と表すよ。とくに，垂直な2直線が交わるとき，「2直線は**直交**する」というんだ。「直交」するのは交わるときだけだけど，「垂直」は交わっていないときもあるからね。

2 平面の決定条件

空間の中での直線や平面の決定については，

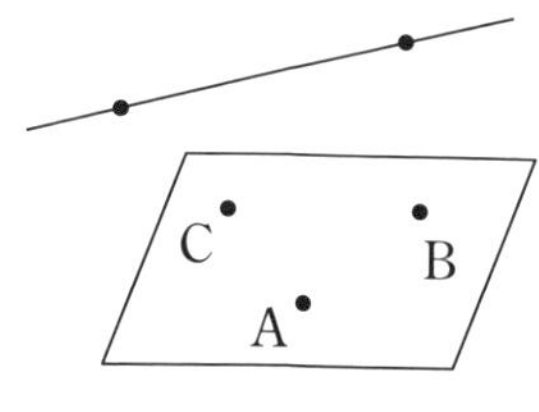

❶ 異なる2点を通る直線はただ1つに決まる
❷ 同一直線上にない異なる3点を通る平面はただ1つに決まる

の2つのことが基本になっているんだ。

ただし，平面の決定条件は❷だけしかないわけではなくて，次のいずれかが与えられても平面はただ1つに決まるよ。

(ア) **1直線とその直線上にない1点**
(イ) **交わる2直線**
(ウ) **平行な2直線**

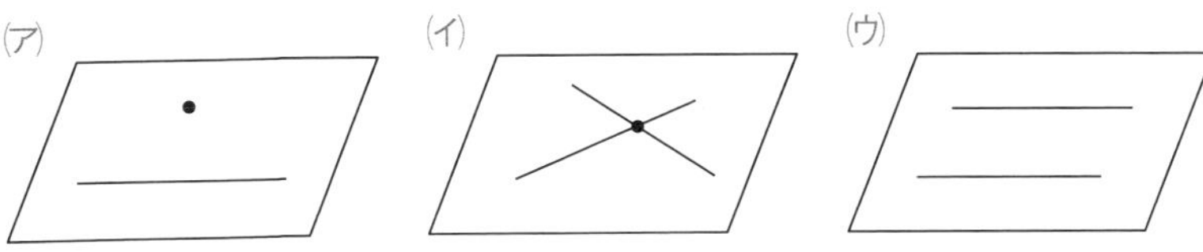

平面は，1直線上にない3点A，B，Cで決まるんだ。だから，3点A，B，Cを通る平面のことを平面ABCっていうんだよ。

3点が1直線上にあるときはどうなるの？

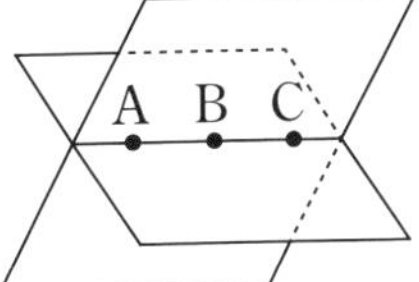

1直線上にある3点だと，直線は決まるけど平面は決まらないんだ。左図のように，1直線上にある3点A，B，Cを通る平面は無数にあるね。

本当だ！ (ア)はどうして平面が1つに決まるの？

直線は2点で決まるね。だから，直線が決まるということは2点が決まっているととらえることができないかな？

なるほど～！

直線上の2点＋その直線上にない1点ということで，合計3点という感じか♪

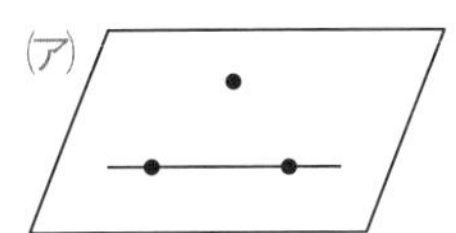

そのとおり！ (イ)も同じだね。2直線の交点で1点，あとはそれぞれの直線が決定されるのに1点ずつ必要だから，これで合計3点になるよね♪

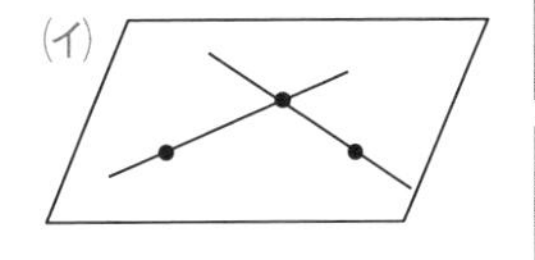

なるほど～♪ だから平面の決定は1直線上にない3点が基本なのか！ (ウ)は？

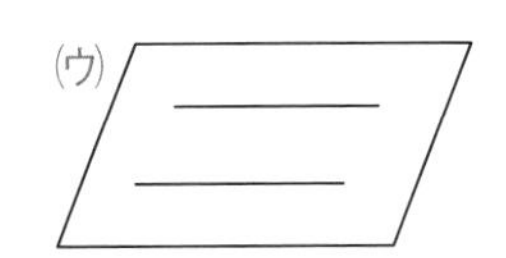

空間内での平行な2直線の定義は覚えているかな？

同じ平面上にあって交わらない2直線でしょ？
あ，そっか！　平行っていう時点で同じ平面上なんだ♪

そういうことだよ。(ウ)は少し特殊だけど，平面はただ1つに決まるね。

3 直線と平面の位置関係

図のように，立方体の1つの底面が平面 α 上にあるとしよう。

直線EFは平面 α に含まれていて，
直線AEは平面 α と1点Eで交わっているね。
また，直線ABと平面 α は交わらないね。
このように，直線と平面が交わらないとき，「直線と平面は**平行**である」というんだ。

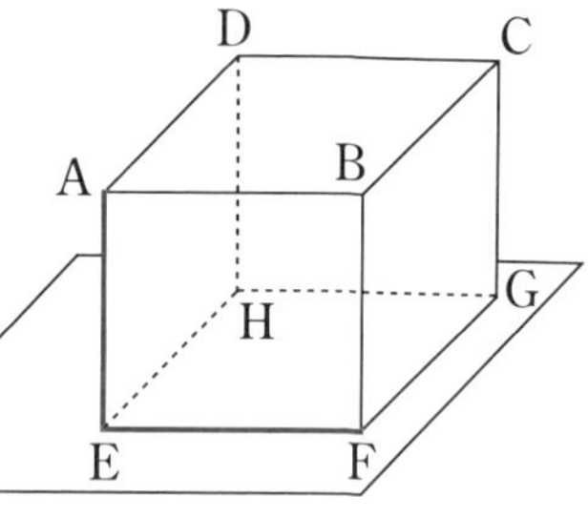

空間内での直線 l と平面 α の位置関係は，次の(ア)〜(ウ)の3つの場合があるよ。

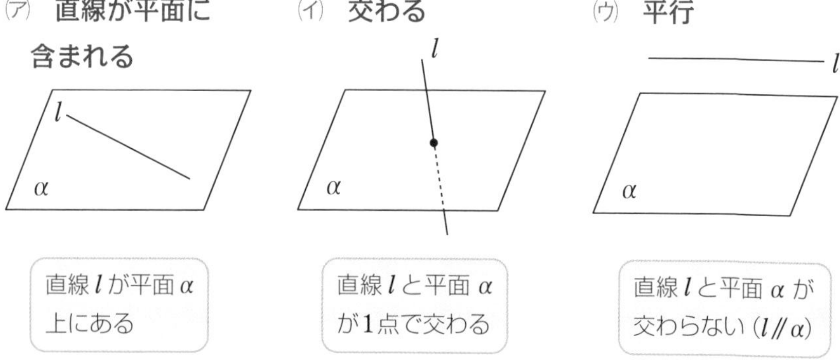

直線 l が平面 α と交わる場合で，とくに l が α 上のすべての直線にたいして垂直であるとき，「l は平面 α に**垂直**である」といい，「$l\perp\alpha$」と表すよ。

直線が平面に垂直かどうかを調べるのに，「平面上のすべての直線にたいして垂直かどうかを調べる」ことは不可能だね。でも，じつはすべての直線を調べる必要はなくて，平面上の平行でない2直線にたいして垂直なら，平面に垂直になるんだ。

直線と平面の垂直条件

直線 l が平面 α 上の平行でない2直線 l_1，l_2 に垂直

$\Rightarrow$ 直線 l は平面 α に垂直

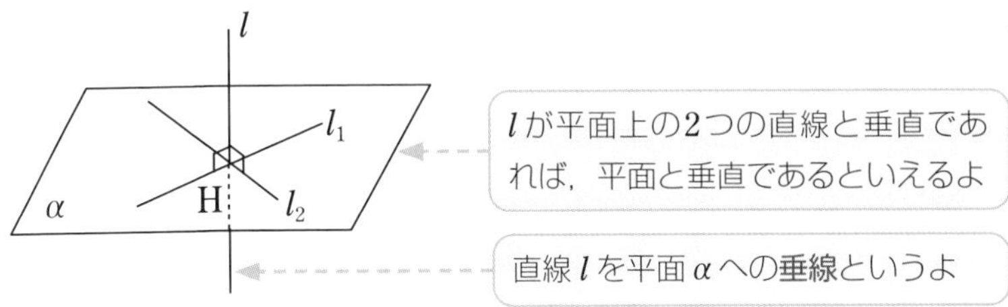

最後に，点と平面の距離について確認しておこう。点Pから平面 α に垂線を引き，α との交点をHとするとき，線分PHの長さを，「点Pと平面 α との**距離**」というよ。

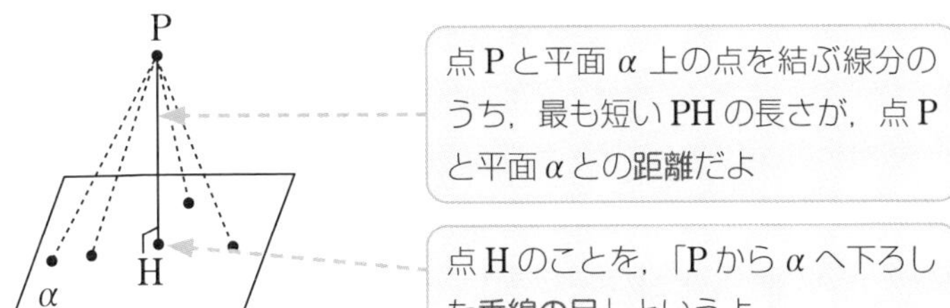

P
H
α
点Pと平面α上の点を結ぶ線分のうち，最も短いPHの長さが，点Pと平面αとの距離だよ
点Hのことを，「Pからαへ下ろした垂線の足」というよ

4 2平面の位置関係・なす角・距離

異なる2つの平面 α，β の位置関係は，次の(ア)，(イ)の2つの場合があるよ。

(ア) **交わる**

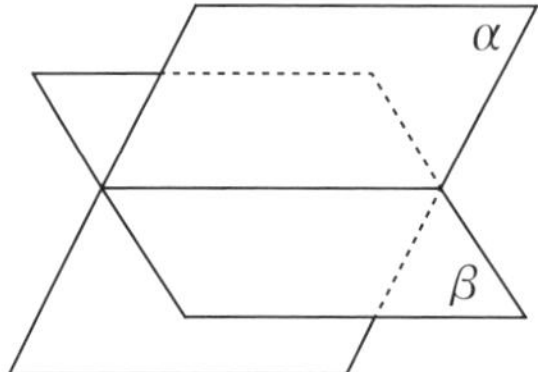

αとβの交わりは直線で，これを「**交線**」というよ。

(イ) **平行**

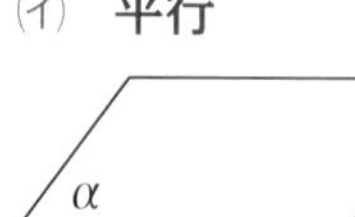

αとβが交わらないとき，αとβは平行であるといい，「$\alpha /\!/ \beta$」と表すよ。

つぎに2平面α，βのなす角について考えよう。

2つの平面α，βが交わっているとき，2平面α，βの交線l上の1点Xを通り，平面α，β上にそれぞれlに垂直な直線m，nを引くよ。このとき，2直線m，nのなす角(90°以下)を，「2つの平面α，βの**なす角**」というんだ(右の **図1**)。

図1

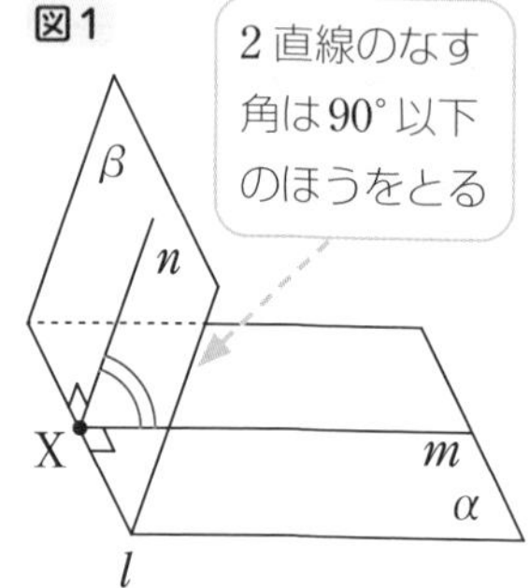

また，2平面α，βのなす角が90°であるとき，「2平面α，βは**垂直**である」，または「**直交**する」といい，「$\alpha \perp \beta$」と表すよ(右の **図2**)。

図2

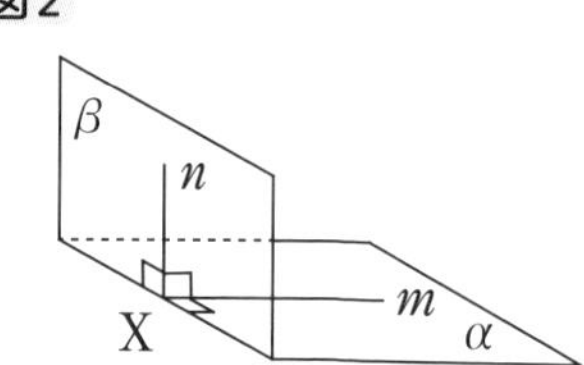

最後に，平行な2平面間の距離について学習しよう。

平行な2平面α，βにおいて，α上のどこに点Pをとっても，点Pと平面βとの距離は一定になるんだ。つまり，平面α上の点から，平面βへ下ろした垂線の足までの長さは一定になるってことだよ。この垂線の長さのことを，「平行な2平面間の距離」というよ。

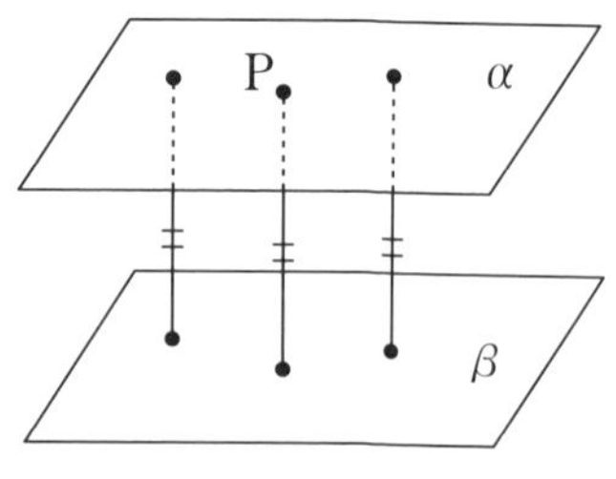

例　題

右の図の直方体について，次の問いに答えよ。

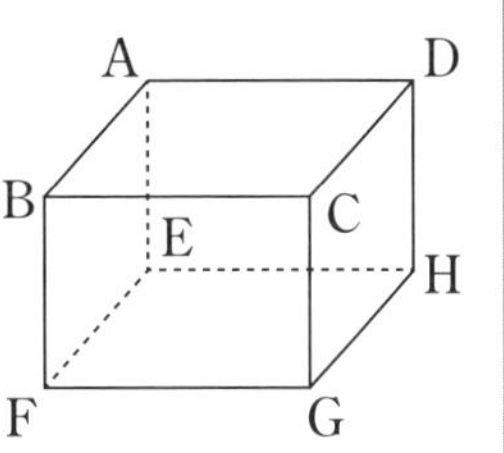

(1) **辺 AB と平行な辺はどれか。**

(2) **辺 AB と垂直に交わる辺はどれか。**

(3) **辺 AB とねじれの位置にある辺はどれか。**

(4) **辺 AB と平行な面はどれか。**

(5) **辺 AB と垂直な面はどれか。**

(6) **面 ABCD と平行な面はどれか。**

(7) **面 ABCD と垂直な面はどれか。**

解答と解説

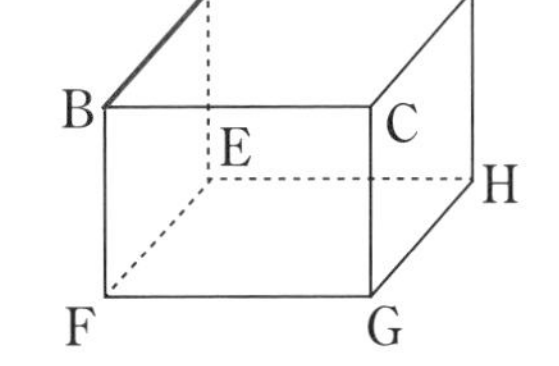

(1) 辺 AB と平行な辺は，AB と同じ平面上にありどこまで延長しても交わらない辺であるから，

辺 DC，EF，HG 答

(2) 辺 AB と垂直に交わる辺は，AB と同じ平面上にあり AB とのなす角が $90°$ の辺であるから，

辺 AD，BC，AE，BF 答

(3) 辺 AB とねじれの位置にある辺は，AB と同じ平面上になく延長しても交わらない辺であるから，

辺 EH，FG，DH，CG 答

(4) 辺 AB と平行な面は，AB を含まず，AB と交わらない面であるから，

面 DCGH，EFGH 答

(5) $AB \perp AD$, $AB \perp AE$ より，辺 AB は平面 AEHD 上の 2 直線と垂直であり，$AB \perp BC$，$AB \perp BF$ より，辺 AB は平面 BFGC 上の 2 直線と垂直である。

よって，辺 AB に垂直な面は，

面 AEHD，BFGC 答

⑹　面 ABCD と平行な面は，ABCD と交わらない面であるから，

面 EFGH　**答**

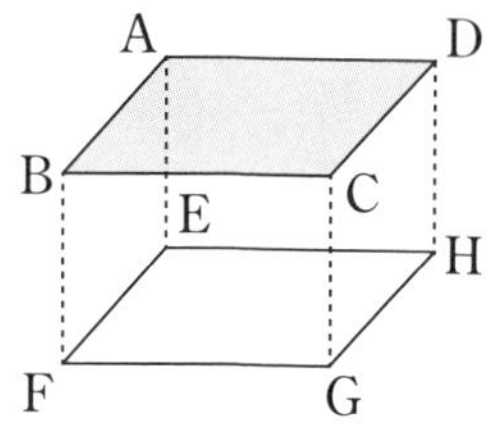

⑺　面 ABCD と面 ABFE の交線は AB であり，

$AB \perp AD$，$AB \perp AE$，$\angle DAE = 90°$

であるから，

面 ABCD ⊥面 ABFE

ほかも同様に考えて，面 ABCD と垂直な面は，

面 ABFE，BFGC，CGHD，AEHD　**答**

5　多面体

直方体や角錐のように，平面だけで囲まれた立体を，「**多面体**」というよ。多面体は，面の数によってよび方が決まるんだ。たとえば，右図のような四角錐は面の数が5だね。だから，「五面体」というよ。

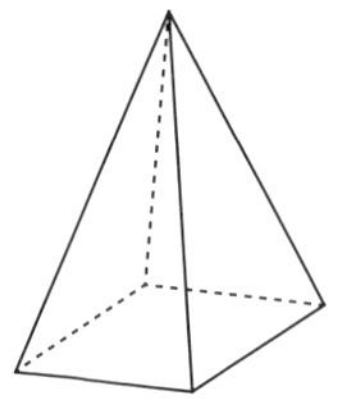
五面体
(四角錐)

そして，多面体のうちで，

❶　各面がすべて合同な正多角形である
❷　各頂点に集まる面の数がすべて等しい

という2つの性質をどちらももっているものを，「**正多面体**」というんだ。正多角形は無数にあるけど，正多面体は次の5つしかないことが知られているよ。

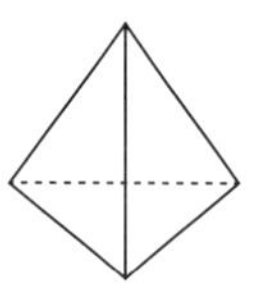
正四面体

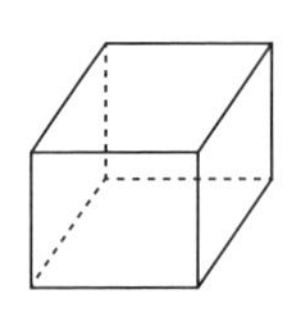
正六面体

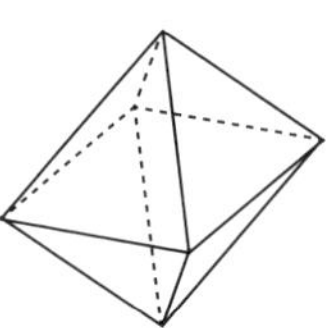
正八面体

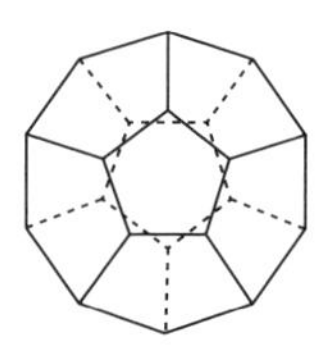
正十二面体

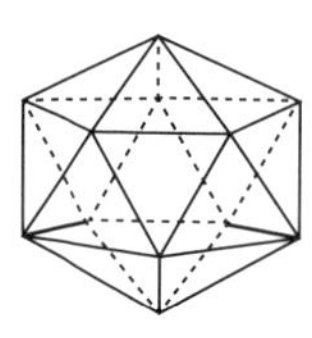
正二十面体

正多面体

正多面体	正四面体	正六面体	正八面体	正十二面体	正二十面体
面の形	正三角形	正四角形	正三角形	正五角形	正三角形
面の数	4	6	8	12	20
辺の数	6	12	12	30	30
頂点の数	4	8	6	20	12

面の形と面の数(正多面体の名前からわかるね)を覚えておけば，辺の数は，

(辺の数)＝(1つの面の辺の数)×(面の数)÷2

で求めることができるんだ。各面ごとに辺の数を数えると，全体では，

(1つの面の辺の数)×(面の数)

だけど，1辺につき2回ずつ重複して数えているから，2でわればいいんだね！

さらに，頂点の数は，

オイラーの多面体定理

(頂点の数)－(辺の数)＋(面の数)＝2

を使って求めるといいよ。

では問題だ。正十二面体の頂点の数を求めてみよう。

面の形が正五角形っていうのは，覚えておかないといけないんだね。

そうだね。そして，正十二面体だから，面の数は12だね。

辺の数は，

5×12÷2＝30(本)

で，オイラーの多面体定理にあてはめると，

(頂点の数)－30＋12＝2

が成り立つから，頂点の数は20だね！

ちょいムズ

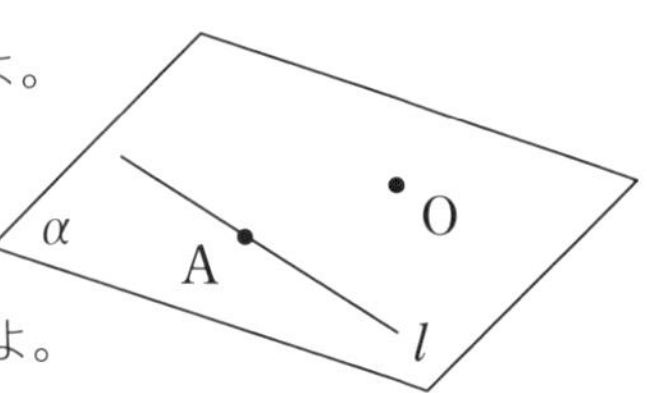

αを平面として，Pを平面α上にない点とするよ。また，lを平面α上の直線とし，Aを直線l上の点，Oを平面α上にあり直線l上にない点とするとき，次の「**三垂線の定理**」が成り立つよ。

三垂線の定理

❶ **PO ⊥ α，AO ⊥ l　ならば　PA ⊥ l**

❷ **PO ⊥ α，PA ⊥ l　ならば　AO ⊥ l**

❸ **PA ⊥ l，AO ⊥ l，PO ⊥ AO　ならば　PO ⊥ α**

❶から証明していくよ。PO⊥αということは，POは平面α上のすべての直線と垂直。だから，POはlとも垂直だね！

証明　PO⊥αより，

　PO ⊥ l

ゆえに，lは平面AOP上の交わる2直線PO，AOに垂直であるから，

　l⊥平面AOP

PAは平面AOP上にあるから，

　PA ⊥ l　**証明終わり**

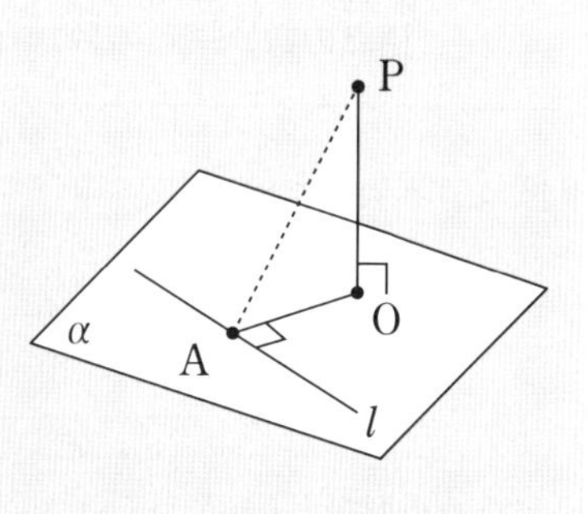

lが平面AOPと垂直だとわかれば，平面AOP上の直線であるPAとも垂直だとわかるんだね！

つぎに，❷を証明するよ！　ここでも，POは平面α上のすべての直線と垂直。だから，POはlとも垂直だね！

証明 PO ⊥ α より，

PO ⊥ l

ゆえに，l は平面 AOP 上の交わる2直線 PO，PA に垂直であるから，

l ⊥平面 AOP

AO は平面 AOP 上にあるから，

AO ⊥ l **証明終わり**

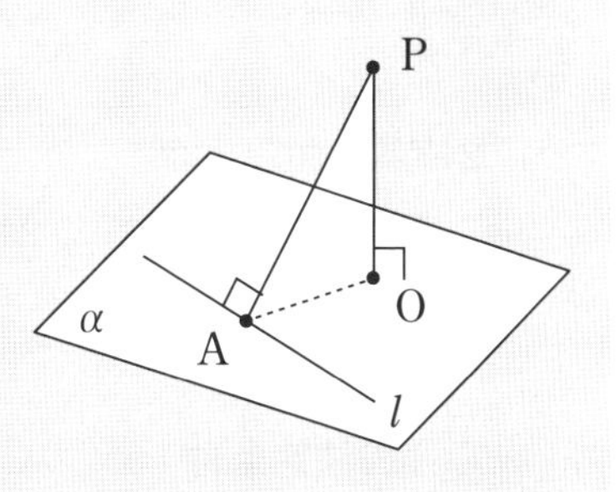

l が平面 AOP と垂直だとわかれば，平面 AOP 上の直線である AO とも垂直だとわかるんだね！

最後に，❸の証明だ！

証明 l は平面 AOP 上の交わる2直線 PA，AO に垂直であるから，

l ⊥平面 AOP

PO は平面 AOP 上にあるから，

PO ⊥ l

したがって，PO は α 上の交わる2直線 AO，l に垂直であるから，

PO ⊥ α **証明終わり**

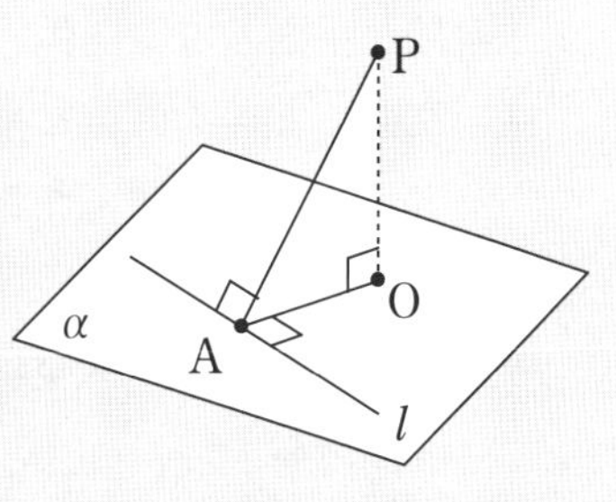

まとめ

(1) **2直線の位置関係**

➡ 空間における異なる2直線 l, m の位置関係には，次の3つがある。

(ア) 交わる　(イ) 平行　(ウ) ねじれの位置

(2) 平面の決定条件

➡ 空間において，次の(ア)～(エ)のうちいずれかが決まれば，それらを通る平面はただ1つに決まる。

(ア) 1直線上にない3点

(イ) 1直線とその直線上にない1点

(ウ) 交わる2直線

(エ) 平行な2直線

(3) 直線と平面の位置関係

➡ 空間における直線と平面の位置関係には，次の3つがある。

(ア) 直線が平面に含まれる　(イ) 交わる　(ウ) 平行

(4) 2平面の位置関係

➡ 空間における異なる2平面の位置関係には，次の2つがある。

(ア) 交わる　(イ) 平行

(5) 多 面 体……平面だけで囲まれた立体

➡ 多面体のうちで，どの面もすべて合同な正多角形であり，どの頂点にも同じ数の面が集まっているものを，正多面体という。

オイラーの多面体定理

(頂点の数)－(辺の数)＋(面の数)＝2

解答と解説▶別冊 p.116

練習問題

(1) 右の図の三角柱 ABC－DEF において，

$\angle BAC = 30°$，$\angle ABC = 90°$

である。

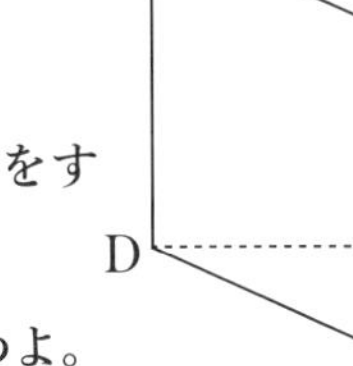

① 辺 BC とねじれの位置にある辺をすべて求めよ。

② 2直線 AC，EF のなす角 θ を求めよ。

③ 3点 A，E，F を通る平面はいくつあるか。

④ 面 ABC と平行な面を求めよ。

⑤ 面 ADFC と面 ADEB のなす角 α を求めよ。

⑥ 面 DEF に垂直な辺を求めよ。

(2) サッカーボールの多面体は，正五角形12個と正六角形20個でできている。この多面体の辺の数および頂点の数を求めよ。

第57節 約数と倍数

この節の目標

- ☑ Ⓐ 倍数の判定法がわかる。
- ☑ Ⓑ 素因数分解を行うことができる。
- ☑ Ⓒ 約数の性質を利用して，方程式の整数解を求めることができる。
- ☑ Ⓓ 約数の個数と総和を求めることができる。

イントロダクション ♪♫

この節から始まる第8章では，整数の性質などについて学習していくよ。まずは用語の確認をしておこう。

2つの整数 a，b について，ある整数 k を用いて，

$$a=bk$$

と表されるとき，

b は a の「**約数**」である

a は b の「**倍数**」である

というよ。

a が b でわりきれるとき，b を「a の約数」というんだ。「a をわりきることができる整数」という意味だよ

「$a=b\times$(整数)」のとき，a を「b の倍数」というんだ。「b を整数倍した数」という意味だよ

たとえば，6の約数は，

$$\underbrace{1,\ 2,\ 3,\ 6,}_{\text{正の約数}}\ \underbrace{-1,\ -2,\ -3,\ -6}_{\text{負の約数}}$$

の8個だよ。ちなみに，どんな整数も「1」や「-1」でわったらわりきれるから，「1」と「-1」はすべての整数の約数だね。

$6=1\cdot6$
$=2\cdot3$
$=(-1)\cdot(-6)$
$=(-2)\cdot(-3)$
のように表せるから，これらが6の約数だね！

今度は，倍数の例として「3の倍数」を考えてみよう。3の倍数は，次のような「3×(整数)」と表される数のことだよ。

$$\cdots\cdots,\ -9,\ -6,\ -3,\ 0,\ 3,\ 6,\ 9,\ \cdots\cdots$$

「3×(整数)」と表される数はすべて3の倍数だから，3の倍数は無数にあるんだ。ちなみに，どんな数も整数0をか

$-9=3\cdot(-3)$
$-6=3\cdot(-2)$
$-3=3\cdot(-1)$
$0=3\cdot0$
$3=3\cdot1$
$6=3\cdot2$
$9=3\cdot3$

けたら「0」になるから，「0」はすべての整数の倍数だよ。

つぎに，「素数（そすう）」と「合成数」について確認しよう。

「**素数**」とは，「2」以上の自然数のうち，「1」と自分自身以外に正の約数をもたない数，言い換えると，正の約数を2個しかもたない数のことなんだ。具体的にかき出すと，小さい順に，

2, 3, 5, 7, 11, 13, 17, ……

となるよ。

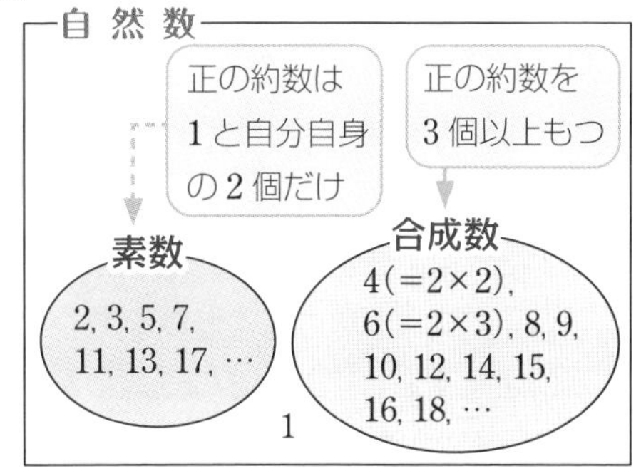

また，「2」以上の自然数のうち，素数ではない数を「**合成数**」というんだ。合成数は，「1」と自分自身以外にも正の約数をもっている自然数で，いくつかの素数の積で表すことができるんだよ。

ちなみに，「1」は「素数」でも「合成数」でもないから注意しよう！

ゼロから解説

1 倍数の判定法

ある自然数が，特定の自然数の倍数かどうか判定する方法を学習しよう。

たとえば，「6825174」が3の倍数かどうかを知りたいときに，実際にわってみるという手もあるけど，それでは計算がたいへんだね！　ところが，実際にわり算をしなくてもわかってしまう，便利な方法があるんだよ！

❶ 2の倍数，5の倍数の判定法

ある自然数が2の倍数であるのは，一の位が2の倍数のときなんだ。また，ある自然数が5の倍数であるのは，一の位が5の倍数のときなんだよ。

> 2の倍数
>
> ⇔　一の位が「**0, 2, 4, 6, 8**」（2の倍数）のいずれか
>
> 例　8176

たとえば，「8176」の一の位は2の倍数だから，「8176」も2の倍数だとわかるし，「32945」の一の位は5の倍数だから，「32945」も5の倍数だとわかるんだ。

> 5の倍数
>
> ⇔ **一の位が「0，5」のどちらか**
> （0，5：5の倍数）
>
> 例 32945

これらのことがなぜ成り立つのかを確認しておこう。

自然数Nは，一の位をaとすると，負でない整数kを用いて，

$$N=10k+a$$

と表せるね。

> たとえば，$8176=10\cdot817+6$

> $10k=2\cdot5k=5\cdot2k$だから，$10k$は2の倍数でもあり，5の倍数でもあるね

2の倍数と2の倍数の和が2の倍数であることと，$10k$が2の倍数であることに注意すると，Nが2の倍数であるのはaが2の倍数のときだよね。

> l，mを整数とすると，
>
> $\underset{2の倍数}{2l}+\underset{2の倍数}{2m}=\underset{2の倍数}{2(l+m)}$
>
> より，
>
> （2の倍数）＋（2の倍数）＝（2の倍数）

5の倍数も同じように考えることができるよ。

❷ 4の倍数，8の倍数の判定法

ある自然数が4の倍数であるのは，その数の下2桁が4の倍数のときなんだ。また，ある自然数が8の倍数であるのは，その数の下3桁が8の倍数のときなんだよ。

> 4の倍数
>
> ⇔ **下2桁が4の倍数**
>
> 例 98[36]（36：4の倍数）
>
> 8の倍数
>
> ⇔ **下3桁が8の倍数**
>
> 例 51[472]（472：8の倍数）
>
> $472\div8=59$（8)472 → 40，72，72，0）

たとえば，「9836」は下2桁の36が4の倍数だから，「9836」も4の倍数だとわかるし，「51472」は下3桁の472が8の倍数だから，「51472」も8の倍数だとわかるんだ。

> 下2桁が「00」や「04」などのときも，4の倍数とみなすよ。下3桁が「000」や「032」などのときも，8の倍数とみなすよ

それでは，4の倍数の判定法が成り立つ理由を，4桁の数の場合を例にして説明するよ。

千の位がa，百の位がb，十の位がc，一の位がdである4桁の自然数Nは，

$$1000a+100b+10c+d$$

と表すことができるね。これを変形していくよ。

	千	百	十	一
$N=$	a	b	c	d

$=1000a+100b+10c+d$

$=\underbrace{4(250a+25b)}_{4の倍数}+\boxed{10c+d}$

$1000a=4\cdot 250a$,
$100b=4\cdot 25b$
だから，この部分は4の倍数だね！

ここが4の倍数かどうか？

$4(250a+25b)$ は4の倍数だから，N が4の倍数であるのは，$10c+d$，つまり，下2桁が4の倍数のときだよね。

(4の倍数)＋(4の倍数)＝(4の倍数)

4桁以外の場合でも同じように説明できるよ。

つぎに，8の倍数の判定法について，5桁の数の場合を例にして説明するね。

万の位が a，千の位が b，百の位が c，十の位が d，一の位が e である5桁の自然数 N は，

$$10000a+1000b+100c+10d+e$$

と表すことができるね。これを変形していくよ。

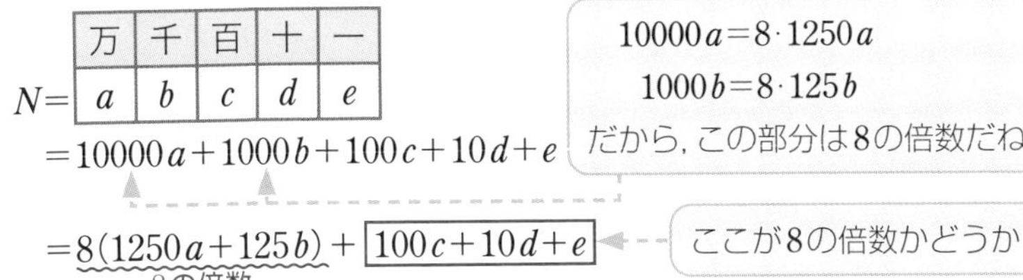

万 千 百 十 一
$N=$ a b c d e
$=10000a+1000b+100c+10d+e$
$10000a=8\cdot 1250a$
$1000b=8\cdot 125b$
だから，この部分は8の倍数だね！
$=8(1250a+125b)+\boxed{100c+10d+e}$
8の倍数
ここが8の倍数かどうか？

$8(1250a+125b)$ は8の倍数だから，N が8の倍数であるのは，$100c+10d+e$，つまり，下3桁が8の倍数のときだよね。

(8の倍数)＋(8の倍数)
＝(8の倍数)

5桁以外の場合でも同じように説明できるよ。

❸ 3の倍数，9の倍数の判定法

ある自然数が3の倍数であるのは，各位の数の和が3の倍数のときなんだ。また，ある自然数が9の倍数であるのは，各位の数の和が9の倍数のときなんだよ。

3の倍数
⇔ **各位の数の和が3の倍数**

例 50781
➡ $5+0+7+8+1=\boxed{21}$
3の倍数

たとえば,「50781」の各位の数の和は,

$5+0+7+8+1=21$

で3の倍数だから,「50781」も3の倍数だとわかるし,「28647」の各位の数の和は,

$2+8+6+4+7=27$

で9の倍数だから,「28647」も9の倍数だとわかるんだ。

9の倍数

⇔ **各位の数の和が9の倍数**

例 28647

➡ $2+8+6+4+7=\boxed{27}$
9の倍数

それでは,3の倍数,9の倍数の判定法が成り立つ理由を,4桁の数の場合を例にして説明するよ。

千の位が a,百の位が b,十の位が c,一の位が d である4桁の自然数 N は,

$1000a+100b+10c+d$

と表すことができるね。これを変形していくよ。

	千	百	十	一
$N=$	a	b	c	d

$=1000a+100b+10c+d$

$=999a+99b+9c+a+b+c+d$

$=\underbrace{3(333a+33b+3c)}_{3の倍数}+\boxed{a+b+c+d}$ ← ここが3の倍数かどうか?

$=\underbrace{9(111a+11b+c)}_{9の倍数}+\boxed{a+b+c+d}$ ← ここが9の倍数かどうか?

$1000a=999a+a$
$100b=99b+b$
$10c=9c+c$

$3(333a+33b+3c)$ は3の倍数だから,N が3の倍数であるのは,$a+b+c+d$,つまり,各位の数の和が3の倍数のときだよね。

(3の倍数)+(3の倍数)
=(3の倍数)

9の倍数についても,同じように考えればいいね。$9(111a+11b+c)$ は9の倍数だから,N が9の倍数であるのは,$a+b+c+d$,つまり,各位の数の和が9の倍数のときだよね。

(9の倍数)+(9の倍数)
=(9の倍数)

ちなみに,6の倍数は2の倍数かつ3の倍数だから,ある自然数が6の倍数であるのは,「一の位が2の倍数でかつ各位の数の和が3の倍数」のときだよ。

ここまでのことをまとめておくね!

倍数の判定法

2の倍数	……	一の位が**2**の倍数
3の倍数	……	各位の数の和が**3**の倍数
4の倍数	……	下**2**桁が**4**の倍数
5の倍数	……	一の位が**5**の倍数
6の倍数	……	**2**の倍数かつ**3**の倍数
8の倍数	……	下**3**桁が**8**の倍数
9の倍数	……	各位の数の和が**9**の倍数

7の倍数は？　と思った人は，ぜひ**ちょいムズ**をみてね！　でも，7の倍数の判定法を知らないと解けない問題は入試では出ないから，覚えなくても大丈夫だよ。

2　素因数分解

合成数は，自分自身より小さい自然数の積として表すことができるんだ！

たとえば，合成数「120」は，

$120=4\cdot5\cdot6$

と表すことができるね！　このように，自然数がいくつかの自然数の積で表されるとき，かけ合わされている1つ1つの自然数を「**因数**(いんすう)」というよ。「4」,「5」,「6」はどれも120の因数だね。また，因数のうち素数であるものを「**素因数**(そいんすう)」というんだ。上の例でいうと，「5」は素因数だね！

$120 = 4 \cdot 5 \cdot 6$

因数……いくつかの自然数の積で表されるときの，かけ合わされている1つ1つの自然数

素因数……素数である因数

「4」と「6」は素数ではなく合成数だから，もっと分解できるね。120をこれ以上分解できないところまで分解してみるよ！

$4=2\cdot2$，$6=2\cdot3$ だから，120は，

$120=2^3\cdot3\cdot5$

$$120=4\cdot5\cdot6 \\ =(2\cdot2)\cdot5\cdot(2\cdot3) \\ =2^3\cdot3\cdot5$$

のように，素数の積で表すことができるね。このように，自然数を素因数の積

で表すことを「**素因数分解**」というよ。
「120」を素因数分解してみよう。

120を2でわって商は60,
60を2でわって商は30,
30を2でわって商は15,
15を3でわって商は5

だから,

$$120=2\cdot2\cdot2\cdot3\cdot5$$
$$=2^3\cdot3\cdot5$$

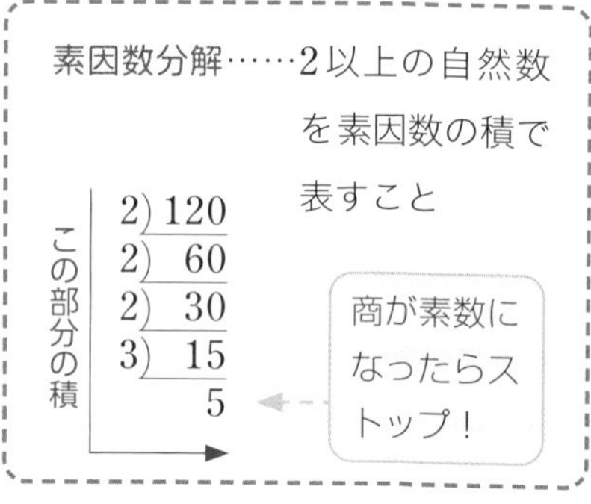

素因数分解……2以上の自然数を素因数の積で表すこと
2) 120
2) 60
2) 30
3) 15
5
この部分の積
商が素数になったらストップ！

と素因数分解することができるね。わり算の順番を変えても，結果は同じになるよ。つまり，1つの合成数の素因数分解はただ1通りしかないってことなんだ。

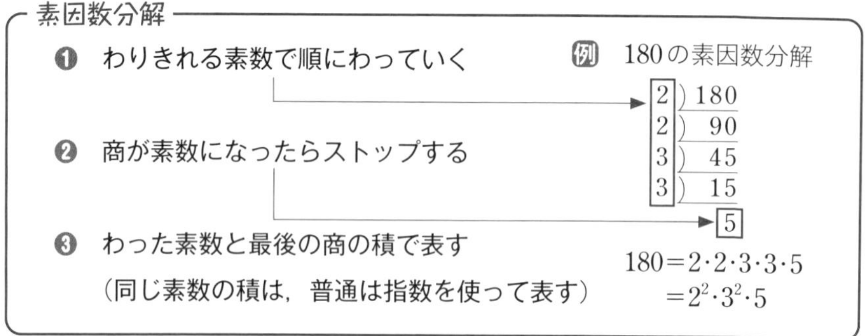

素因数分解
❶ わりきれる素数で順にわっていく
❷ 商が素数になったらストップする
❸ わった素数と最後の商の積で表す
（同じ素数の積は，普通は指数を使って表す）
例 180の素因数分解
2) 180
2) 90
3) 45
3) 15
5
180=2·2·3·3·5
=2²·3²·5

3 方程式の整数解

約数や倍数の性質を利用して，方程式の整数解を求めてみよう。一般に，単に「約数」「倍数」という場合は，負の約数や負の倍数についても考えるからね！

例　$ab=5$ を満たす整数 a，b の組をすべて求めよ。

a，b はどちらも5の約数だよね。さらに，積が5になる組を考えると，

$$(a,\ b)=(\mathbf{1},\ \mathbf{5}),\ (\mathbf{5},\ \mathbf{1}),\ (\mathbf{-1},\ \mathbf{-5}),\ (\mathbf{-5},\ \mathbf{-1})$$

の4組しかないことがわかるね！

このように，

(整数)×(整数)=(文字を含まない整数) ……(＊)

どちらも右辺の約数だね！

の形に変形できるものは，左辺の整数がどちらも右辺の整数の約数であることに着目して求めるといいよ！

例題 ❶

次の等式を満たす整数 a，b の組をすべて求めよ。

$$ab-2a+3b-2=0$$

解答の前にひと言

これを(＊)のような形に変形することが最初の目標だよ。

$$ab-2a+3b-2=0$$
$$a(b-2)+3b-2=0$$

最初の2項を共通因数の a でくくる！

$$a(b-2)+3(b-2)+6-2=0$$
$$a(b-2)+3(b-2)=-4$$
$$(a+3)(b-2)=-4$$

共通因数の $b-2$ でくくる！

$3b=3(b-2)+6$
共通因数を作るために，
$3b$ ➡ $3(b-2)$
とする。ただし，そのままだと余計な「-6」が出てしまうから，それを打ち消すための「$+6$」を加える！

$a+3$，$b-2$ は整数だから，かけて -4 になる整数の組を考えればいいね！

解答と解説

$$ab-2a+3b-2=0$$
$$a(b-2)+3b-2=0$$
$$a(b-2)+3(b-2)+6-2=0$$
$$(a+3)(b-2)=-4 \quad \cdots\cdots ①$$

$a+3$，$b-2$ はいずれも整数であり，①より，-4 の約数である。

よって，①を満たす $a+3$，$b-2$ の組は，

$a+3$	1	2	4	-1	-2	-4
$b-2$	-4	-2	-1	4	2	1

したがって,

$(a,\ b)=(-2,\ -2),\ (-1,\ 0),\ (1,\ 1),\ (-4,\ 6),\ (-5,\ 4),\ (-7,\ 3)$ 答

4 約数の個数と総和

今度は，ある数の正の約数の個数について学習していこう！

たとえば,「12」の正の約数をすべてかき出すと,

1, 2, 3, 4, 6, 12

の6個だけど，これを計算で求める方法があるんだ！

じつは，12の素因数分解が「$2^2 \cdot 3$」であることから，12の正の約数はすべて右のように,

$2^a \cdot 3^b$

の形で表せることがわかるんだ。というのは，12の正の約数とは12をわりきることができる自然数のことだから，それが「2」と「3」以外の素因数をもつことはあり得ないんだね！　そして，素因数「2」と「3」のそれぞれの個数については,

一般に，自然数 n について,
$n^0=1$
と約束されているよ！
$2^0=1,\ 3^0=1$

$1=2^0\cdot3^0$　$3=2^0\cdot3^1$
$2=2^1\cdot3^0$　$6=2^1\cdot3^1$
$4=2^2\cdot3^0$　$12=2^2\cdot3^1$

2……「もたない」,「1個もつ」,「2個もつ」の3通り

3……「もたない」,「1個もつ」の2通り

の場合があるね。つまり，a は「0, 1, 2」の3通りの値，b は「0, 1」の2通りの値をとるんだ。

「2^0」は「2をもたない」ってことだよ！

「3^0」は「3をもたない」ってことだよ！

だから，12の正の約数の個数は,

$\underset{a}{\underline{3}} \times \underset{b}{\underline{2}} = 6$(個)

a: 0, 1, 2　b: 0, 1

と求めることができるんだ。

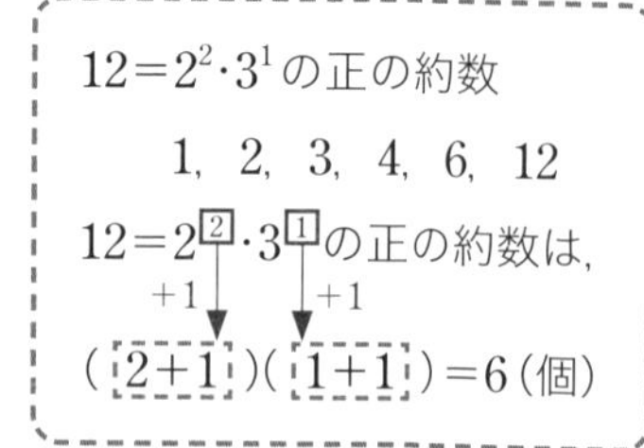

$12=2^2\cdot3^1$ の正の約数
1, 2, 3, 4, 6, 12
$12=2^{\boxed{2}}\cdot3^{\boxed{1}}$ の正の約数は,
+1
+1
$(2+1)(1+1)=6$(個)

まとめておくよ。結局，正の約数の個数は，素因数分解したときに出てくる指数に1を加えた数をかけ合わせたものになるんだ。1をたす理由は，その素因数を「もたない」約数もあるからだよ。

つぎに，正の約数の和の求め方を学習しよう。たとえば，「12」の正の約数の総和は，

「総和」というのは「すべての和」のことだよ！

$$1+2+3+4+6+12$$

だね！　これを指数の形で表してから変形すると，

$$2^0\cdot3^0+2^1\cdot3^0+2^2\cdot3^0+2^0\cdot3^1+2^1\cdot3^1+2^2\cdot3^1$$
$$=(2^0+2^1+2^2)\cdot3^0+(2^0+2^1+2^2)\cdot3^1$$
$$=(2^0+2^1+2^2)(3^0+3^1)=7\cdot4=28$$

2^2の正の約数の総和　3^1の正の約数の総和

$2^2(=4)$の正の約数は，$2^0(=1)$，$2^1(=2)$，$2^2(=4)$の3つだね！

となるね。つまり，「12」の正の約数の総和は，

(2^2の正の約数の総和)×(3^1の正の約数の総和)

で求めることができるんだ。たしかに，これを展開すると12の正の約数がすべて現れるね。

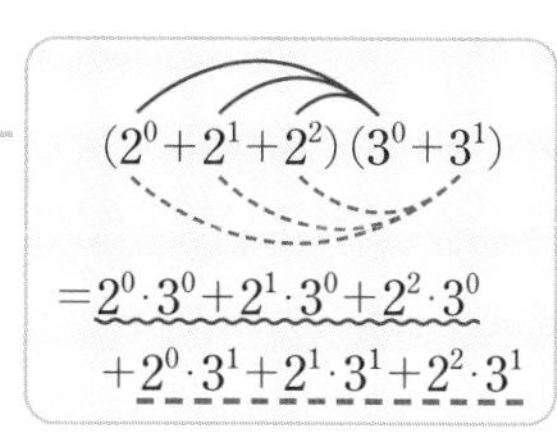

$$(2^0+2^1+2^2)(3^0+3^1)$$
$$=2^0\cdot3^0+2^1\cdot3^0+2^2\cdot3^0+2^0\cdot3^1+2^1\cdot3^1+2^2\cdot3^1$$

別の例でもやってみよう。$2^3\cdot5^2\cdot7^1$の正の約数の総和は，

$$(2^0+2^1+2^2+2^3)(5^0+5^1+5^2)(7^0+7^1)$$

2^3の正の約数の総和　5^2の正の約数の総和　7^1の正の約数の総和

$$=15\cdot31\cdot8=3720$$

と求めることができるよ。

約数の個数と総和

$N=p^a\cdot q^b\cdot r^c\cdot$ …… (p, q, r, …… は異なる素数, a, b, c, …… は自然数)

について，

❶ Nの正の約数の個数は，$(a+1)(b+1)(c+1)$……

❷ Nの正の約数の総和は，

$$(p^0+p^1+\cdots\cdots+p^a)(q^0+q^1+\cdots\cdots+q^b)(r^0+r^1+\cdots\cdots+r^c)\cdots\cdots$$

例題❷

(1)　720の正の約数の個数と総和を求めよ。

(2)　自然数Nがもつ素因数には3と5があり，それ以外の素因数はもたない。また，Nの正の約数はちょうど6個あるという。このような自然数Nを求めよ。

解答と解説

(1)　$720=2^4\cdot3^2\cdot5$

$$
\begin{array}{r|r}
2 & 720 \\ \hline
2 & 360 \\ \hline
2 & 180 \\ \hline
2 & 90 \\ \hline
3 & 45 \\ \hline
3 & 15 \\ \hline
 & 5
\end{array}
$$

であるから，720の正の約数の個数は，

$(4+1)(2+1)(1+1)=30$（個）　答

また，720の正の約数の総和は，

$(2^0+2^1+2^2+2^3+2^4)(3^0+3^1+3^2)(5^0+5^1)$

$=31\cdot13\cdot6=2418$　答

(2)　条件から，a，bを自然数として，

$N=3^a\cdot5^b$　……①

と表すことができる。Nの正の約数が6個であることから，

$(a+1)(b+1)=6$　……②

$a+1$，$b+1$は2以上の自然数であり，②を満たす6の約数であるから，

$(a+1,\ b+1)=(2,\ 3),\ (3,\ 2)$

$(a,\ b)=(1,\ 2),\ (2,\ 1)$

したがって，求めるNは，①より，

$N=3^1\cdot5^2,\ 3^2\cdot5^1$

$=75,\ 45$　答

ちょいムズ

先生！　倍数の判定法に感動したよ♪　あんなふうに簡単に判定できるんだね！　ところで，7の倍数の判定法はないのかな？

じつはあるんだけど，ちょっと難しいんだ。大丈夫かい？

知りた～い！

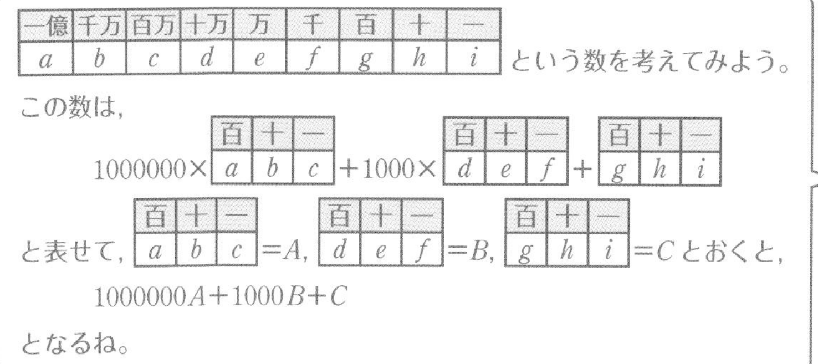

一億	千万	百万	十万	万	千	百	十	一
a	b	c	d	e	f	g	h	i

という数を考えてみよう。

この数は，

$$1000000\times\begin{array}{|c|c|c|}\hline 百&十&一\\\hline a&b&c\\\hline\end{array}+1000\times\begin{array}{|c|c|c|}\hline 百&十&一\\\hline d&e&f\\\hline\end{array}+\begin{array}{|c|c|c|}\hline 百&十&一\\\hline g&h&i\\\hline\end{array}$$

と表せて，$\begin{array}{|c|c|c|}\hline 百&十&一\\\hline a&b&c\\\hline\end{array}=A$，$\begin{array}{|c|c|c|}\hline 百&十&一\\\hline d&e&f\\\hline\end{array}=B$，$\begin{array}{|c|c|c|}\hline 百&十&一\\\hline g&h&i\\\hline\end{array}=C$ とおくと，

$$1000000A+1000B+C$$

となるね。

たとえば「53478376」なら，53｜478｜376 と区切って，

$$53478376=1000000\cdot53+1000\cdot478+376$$

という感じなあ。a は 0 でもいいんだよね。

下の位から3桁ごとに区切る！

そうそう！　そんな感じ♪　一般化されたものを理解するために，具体例で考えてみることは大切だね！　君も，数学の勉強の仕方がわかってきたんじゃないかい？

そんなにほめなくていいから，続きを教えて♪

1001＝7·143だから，1001が7の倍数だということに着目するんだ。

$$\begin{aligned}&1000000A+1000B+C\\&=1000^2A+1000B+C\\&=(1001-1)^2A+(1001-1)B+C\\&=(1001^2-2\cdot1001\cdot1+1^2)A+(1001-1)B+C\\&=1001^2A-2\cdot1001A+A+1001B-B+C\\&=1001(1001A-2A+B)+A-B+C\\&=\underbrace{7\cdot143(1001A-2A+B)}_{7の倍数}+\boxed{A-B+C}\end{aligned}$$

ここが7の倍数かどうか？

だから，ある自然数が 7 の倍数であるのは，3桁ごとに区切った数を交互にプラスマイナスしていったものが，7 の倍数のときなんだ。

53478376なら，

$$53-478+376=-49$$

が 7 の倍数だから，53478376も7の倍数ってことか！　すご〜い♪

まとめ

(1)　倍数の判定法

2の倍数　……　一の位が**2**の倍数

3の倍数　……　各位の数の和が**3**の倍数

4の倍数　……　下**2**桁が**4**の倍数

5の倍数　……　一の位が**5**の倍数

6の倍数　……　**2**の倍数かつ**3**の倍数

8の倍数　……　下**3**桁が**8**の倍数

9の倍数　……　各位の数の和が**9**の倍数

(2)　素因数分解

❶　わりきれる素数で順にわっていく

❷　商が素数になったらストップする

❸　わった素数と最後の商の積で表す
（同じ素数の積は，普通は指数を使って表す）

例　180の素因数分解

$$\begin{array}{r|r} 2 & 180 \\ 2 & 90 \\ 3 & 45 \\ 3 & 15 \\ & \boxed{5} \end{array}$$

$$180=2\cdot2\cdot3\cdot3\cdot5$$
$$=2^2\cdot3^2\cdot5$$

(3) 方程式の整数解

(整数)×(整数)=(文字を含まない整数)

の形に変形できるものは，左辺の整数が右辺の整数の約数であることに着目して求める。

(4) 約数の個数と総和

$N=p^a\cdot q^b\cdot r^c\cdots\cdots$

($p, q, r, \cdots\cdots$ は異なる素数，$a, b, c, \cdots\cdots$ は自然数)

について，

❶ N の正の約数の個数は，$(a+1)(b+1)(c+1)\cdots\cdots$

❷ N の正の約数の総和は，

$(p^0+p^1+\cdots\cdots+p^a)(q^0+q^1+\cdots\cdots+q^b)(r^0+r^1+\cdots\cdots+r^c)\cdots\cdots$

解答と解説▶別冊 p.118

練習問題

(1) 4桁の自然数 47□1 が9の倍数であるとき，十の位の数を求めよ。

(2) 7桁の整数 3564208 が8の倍数であるかどうかを判定せよ。

(3) 等式 $xy-5x+2y-19=0$ を満たす整数 x, y の組をすべて求めよ。

(4) 504 の正の約数の個数と総和を求めよ。

第58節 最大公約数・最小公倍数

この節の目標

- ☐ Ⓐ 最大公約数や最小公倍数を求めることができる。
- ☐ Ⓑ 「互いに素」の意味がわかり，それに関する問題を解くことができる。
- ☐ Ⓒ 最大公約数と最小公倍数に関する問題を解くことができる。

イントロダクション ♪♬

「**最大公約数**」と「**最小公倍数**」について，復習から入っていこう。はじめにことわっておくと，一般に「約数」「倍数」は整数全体で考えるんだけど，まずは自然数の範囲だけで考えることにするね。

たとえば，12と18の「最大公約数」を考えてみよう。

12の約数 ➡ ①，②，③，4，⑥，12
18の約数 ➡ ①，②，③，⑥，9，18

約数は「わりきれる数」だったね！

「公約数」というのは「共通な約数」のことだから，

12と18の公約数 ➡ 1，2，3，6

このうち最大の数が「最大公約数」だね！　だから，12と18の最大公約数は，

6

になるよ。

つぎに，4と6の「最小公倍数」を考えてみよう。

4の倍数は「4×(整数)」と表せる数だね！

4の倍数 ➡ 4，8，[12]，16，20，[24]，28，32，[36]，……
6の倍数 ➡ 6，[12]，18，[24]，30，[36]，42，[48]，54，……

「公倍数」というのは「共通な倍数」のことだから，

4と6の公倍数 ➡ 12，24，36，……

上の□の数

このうち最小の正の数が「最小公倍数」！　だから，4と6の最小公倍数は，

12

になるよ。

上の例みたいな小さい数なら，約数や倍数を実際にかき出せば，最大公約数

や最小公倍数は簡単に求められるけど，もっと大きい数だと，実際にかき出して求めるのはたいへんだね！　そこで，この節では，「素因数分解」を利用して最大公約数と最小公倍数を求める方法を学習していくよ。さらに，最大公約数や最小公倍数の性質についても扱っていくから，楽しみにしていてね。

とくに，2つの整数が1以外の公約数をもたないとき，その2つの整数は**互いに素**である，というんだ(p.141で出てきたね！)。この「互いに素」についても考えていくよ。

ゼロから解説

1　公約数と最大公約数

あらためて確認すると，2つ以上の整数に共通な約数を，それらの整数の「**公約数**」というよ。また，公約数のうち最も大きい数を「**最大公約数**」といい，「G」と表すことにするよ。

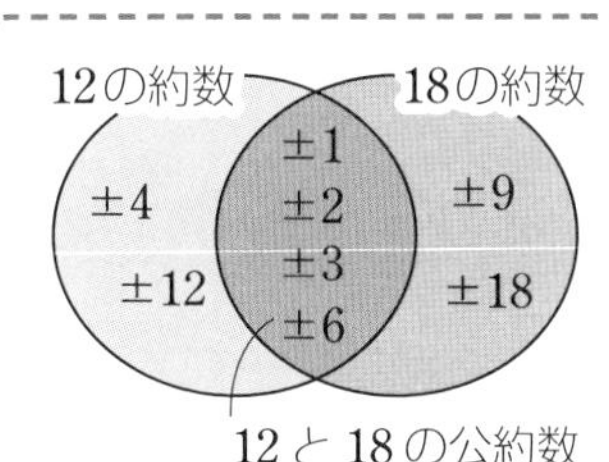

公約数……共通な約数

最大公約数……公約数のうち最も大きい数

たとえば，12の約数は，

$\pm1,\ \pm2,\ \pm3,\ \pm4,\ \pm6,\ \pm12$

だよね。また，18の約数は，

$\pm1,\ \pm2,\ \pm3,\ \pm6,\ \pm9,\ \pm18$

だね。じゃあ，12と18の公約数は，というと，12の約数でもあり18の約数でもある数のことだから，両方にあてはまっている，

$\pm1,\ \pm2,\ \pm3,\ \pm6$

なんだ。そして，最大公約数は，公約数のうち最大の数だから，

12と18の最大公約数は6

になるね！　また，次のこともいえるよ！

「公約数」は「最大公約数の約数」

12と18の公約数である
$\pm1,\ \pm2,\ \pm3,\ \pm6$
は，すべて 6 の約数だね！

12と18の最大公約数

つぎに，2つの自然数の最大公約数を求める方法を学習しよう。

イントロダクション♪♬ のように約数をすべてかき出して求めてもいいけど，数が大きくなるとたいへんだよね。そこで，素因数分解を利用して最大公約数を求める方法を紹介するよ。

例 120と100の最大公約数を，素因数分解を利用して求めよ。

まず，120と100をそれぞれ素因数分解すると，

$$120=2^3\cdot3\cdot5,\quad 100=2^2\cdot5^2$$

だね。最大公約数が負の数になることはないから，正の数の範囲で考えていくよ。

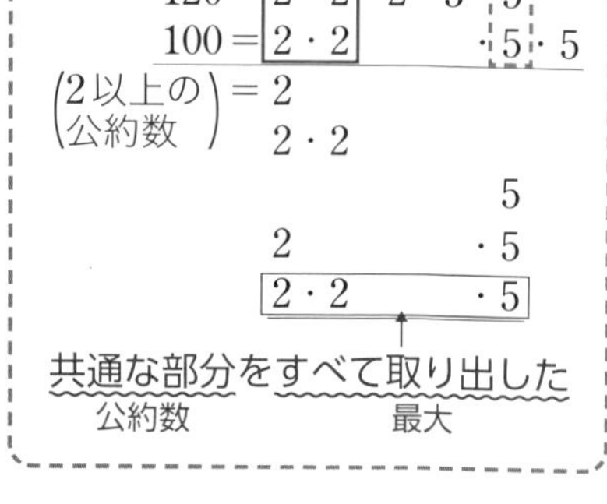

公約数は共通な部分だから，2以上の公約数は，

$$2,\quad 2^2,\quad 5,\quad 2\cdot5,\quad 2^2\cdot5$$

となるね。この中で最大のものが最大公約数だから，120と100の最大公約数は，

$$2^2\cdot5=20$$

だね。

結局，2つの自然数に共通な部分をすべて取り出したものの積が最大公約数なんだ。

だから，実際に公約数をすべてかき出さなくても，素因数分解することで最大公約数を求めることができるんだよ。

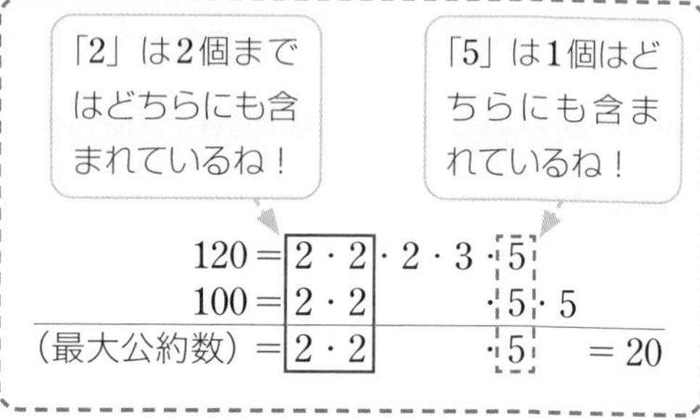

「2」は2個まではどちらにも含まれているね！
「5」は1個はどちらにも含まれているね！
120＝2・2・2・3・5
100＝2・2・5・5
(最大公約数)＝2・2・5 ＝20

また，2つの自然数の最大公約数は，共通な部分をすべて取り出してかけ合わせたものだから，

> 素因数ごとに指数が小さいほうの累乗を選んだその積

になると言い換えることもできるね。

最大公約数

$$120=2^3\cdot3^1\cdot5^1$$
$$100=2^2\cdot3^0\cdot5^2$$
$$2^2\cdot3^0\cdot5^1=20$$

指数が小さいほうを選ぶ

3個以上の自然数の最大公約数についても，同じように考えることができるよ。

ちょいムズ をみてね！

例題 ❶

縦360cm，横756cmの長方形の床に，1辺の長さが整数値のできるだけ大きな正方形のタイルを，すき間なく敷き詰めるとき，タイルの1辺の長さを求めよ。

解答の前にひと言

たとえば，縦8cm，横12cmの長方形の床に，正方形のタイルを敷き詰めることを考えよう。敷き詰められるということは，長方形の縦と横のどちらの長さも正方形の1辺の長さでわりきれるということだから，1辺の長さが8と12の公約数であれば，図1 のように敷き詰めることができるね。その中でもできるだけ大きくしたいのだから，1辺の長さを最大公約数にすればいいね！（図2 参照）

図1

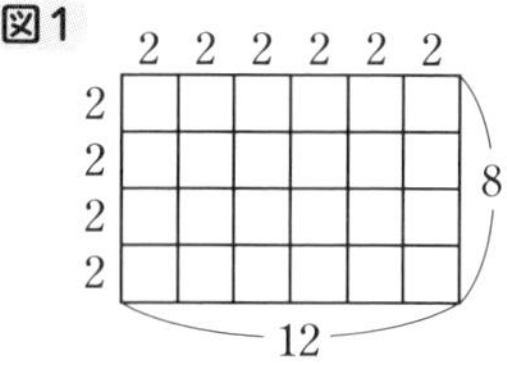

図2

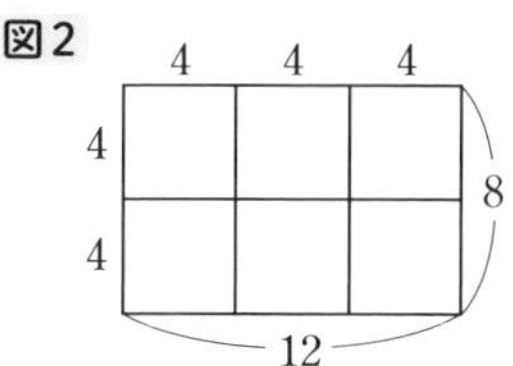

解答と解説

最も大きいタイルの1辺の長さは，床の縦の長さと横の長さの最大公約数である。ここで，

$$360=2^3\cdot3^2\cdot5,\quad 756=2^2\cdot3^3\cdot7$$

であるから，360と756の最大公約数は，

$$2^2\cdot3^2=36$$

よって，求める長さは，

36cm 答

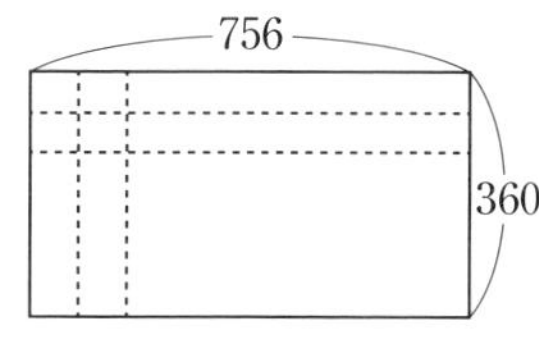

第1章 第2章 第3章 第4章 第5章 第6章 第7章 第8章

2 公倍数と最小公倍数

2つ以上の整数に共通な倍数を，それらの整数の「**公倍数**」というよ。また，公倍数のうち正で最も小さい数を「**最小公倍数**」といい，「L」で表すことにするよ。

4の倍数　6の倍数
±4　±8　±16　±20　⋮
0　±12　±24　⋮
±6　±18　⋮
4と6の公倍数

公倍数……共通な倍数
最小公倍数……公倍数のうち最も小さい正の数

たとえば，4の倍数は，「4×(整数)」と表される数で，

0，±4，±8，±12，……，±24，……，±36，……

といった数だよね。また，6の倍数は，「6×(整数)」と表される数で，

0，±6，±12，±18，±24，±30，±36，……

4の倍数や6の倍数は無数に存在するよ！

といった数だね。じゃあ，4と6の公倍数は，というと，4の倍数でもあり6の倍数でもある数のことだから，両方にあてはまっている，

0，±12，±24，±36，……

といった数なんだ。そして，最小公倍数は，公倍数のうち正で最小の数だから，

4と6の最小公倍数は12

になるね！　また，

「公倍数」は「最小公倍数の倍数」

であることも覚えておこう。

4と6の公倍数である，
0，±12，±24，±36，……
は，すべて12の倍数だね！
4と6の最小公倍数

つぎに，2つの自然数の最小公倍数を，素因数分解を利用して求める方法を学習しよう。

例　120と100の最小公倍数を素因数分解を利用して求めよ。

120と100をそれぞれ素因数分解すると，

$120=2^3\cdot 3\cdot 5$，$100=2^2\cdot 5^2$

となるね。ところで，120の倍数は，「120×(整数)」と表される数だから，

$2^3\cdot 3\cdot 5\times$(整数)　……①

と表すことができるし，同じように，100の倍数は，

$$2^2 \cdot 5^2 \times (\text{整数}) \quad \cdots\cdots ②$$

と表すことができるね。

120と100の公倍数 M は，120の倍数でもあり100の倍数でもある数だから，つまり①，②のどちらの形でも表せる数ってことだね。ということは，120と100の公倍数は，$2^3 \cdot 3 \cdot 5$ と $2^2 \cdot 5^2$ のどちらも因数にもつんだ。だから，素因数「2」を少なくとも3個もち，「3」を少なくとも1個，「5」を少なくとも2個もつ整数で，

$$M = 2^3 \cdot 3 \cdot 5^2 \times (\text{整数}) \quad \cdots\cdots ③$$

120と100の公倍数 M は，
$M = 2^3 \cdot 3 \cdot 5 \times (\text{整数})$
と表すこともでき，
$M = 2^2 \cdot 5^2 \times (\text{整数})$
と表すこともできる。

と表すことができるね。そのうち正で最小のものは，③の「(整数)」の部分が1のときで，

$$2^3 \cdot 3 \cdot 5^2 = 600$$

だね。これが最小公倍数だよ！

「2」は120に3個含まれているね！

「3」は120に1個含まれているね！

「5」は100に2個含まれているね！

120 =	2・2・2	・3・	5		
100 =	2・2	・	5・5		
(最小公倍数) =	2・2・2	・3・	5・5	= 600	

結局，2つの自然数を素因数分解して，素因数ごとにかけ合わされた個数をくらべ，それぞれ多いほうをすべて取り出した積が最小公倍数なんだ！

言い換えると，2つの自然数の最小公倍数は，

素因数ごとに指数が大きいほうの累乗を選んだその積

になるんだよ。

最小公倍数

$$\begin{aligned} 120 &= 2^3 \cdot 3^1 \cdot 5^1 \\ 100 &= 2^2 \cdot 3^0 \cdot 5^2 \\ \hline & \quad 2^3 \cdot 3^1 \cdot 5^2 = 600 \end{aligned}$$

指数が大きいほうを選ぶ

3個以上の自然数の最小公倍数についても，同じように考えることができるよ。

ちょいムズ をみてね！

例題 ❷

36と n の最小公倍数が720となる自然数 n をすべて求めよ。

解答の前にひと言

36と n の最小公倍数が720ということは,

36($=2^2\cdot3^2$)と n で,素因数ごとに指数が大きいほうの累乗を選んだ,その積が720($=2^4\cdot3^2\cdot5$)

ということだね。「2^4」と「5」は36がもっていない因数だから,n がもたないといけないね。「3^2」については36がもっていてくれるから,n がもつ素因数3は2個以下であればいいので,3^a の部分は「3^0」と「3^1」と「3^2」のどれでもかまわないね。また,n は2, 3, 5以外の素因数はもたないよ。

指数が大きいほうを選ぶ

$$36=2^2\cdot3^2$$
$$n=2^4\cdot3^a\cdot5$$
$$720=2^4\cdot3^2\cdot5$$

解答と解説

36と720を素因数分解すると,

$36=2^2\cdot3^2$, $720=2^4\cdot3^2\cdot5$

よって,36との最小公倍数が720である自然数 n は,

$n=2^4\cdot3^0\cdot5$, $2^4\cdot3^1\cdot5$, $2^4\cdot3^2\cdot5$

$=80$, 240, 720 答

❸ 互いに素

「素数」という意味ではないから注意しよう!

「2つの整数が**互いに素**である」とは,

1以外に正の公約数をもたない

ということだよ。言い換えると,

最大公約数が1

ということなんだ。たとえば,2と5や,14と15などがそうだね。

互いに素 …… 2つの整数が1以外に正の公約数をもたないこと(最大公約数が1)

例 2と5

14($=2\cdot7$)と15($=3\cdot5$)

素数どうしでない場合も「互いに素」になる場合があるの？

あるよ。たとえば14と15は合成数で，素数ではないけど，最大公約数は1だね！　逆に，互いに素ではない例をあげられるかな？

5と10とか，18と27みたいに，共通な素因数をもつとき？

互いに素ではない例

5 と 10 ($2\cdot5$)　　18 ($2\cdot3^2$) と 27 (3^3)

1以外に5も正の公約数にもつね！

1以外にも3と3^2を正の公約数にもつね！

そのとおりだよ！　共通な素因数がある組は，2以上の公約数をもつから互いに素ではないんだ。だから，互いに素とは「共通な素因数をもたないこと」である，ということもできるね！

「互いに素」に関する有名な性質を紹介しよう。

互いに素な整数に関する性質

$\boldsymbol{a}$，$\boldsymbol{k}$，$\boldsymbol{b}$ が整数で $\boldsymbol{a}$ と $\boldsymbol{b}$ が互いに素のとき，

$\boldsymbol{ak}$ が $\boldsymbol{b}$ の倍数　ならば　$\boldsymbol{k}$ は $\boldsymbol{b}$ の倍数

たとえば，$a=4$，$b=15$ としてみよう。4と15は互いに素だから，4は，15の素因数3と5のどちらも因数にはもたないよね。そこで，「もし$4k$が15の倍数だったら，素因数3も5も絶対にkがもっているはずだから，kは15の倍数だ」っていうことだよ。

例　$a=4$，$b=15$

4と15は互いに素なので，

$4k$ が 15の倍数ならば k は15の倍数。

3も5も素因数にもたない

$3\cdot5\times$(整数)

3も5も素因数にもつ

例題 ❸

a を整数とする。$a-7$ が9の倍数であり，$a-10$ が12の倍数であるとき，$a+2$ は36の倍数であることを証明せよ。

解答と解説

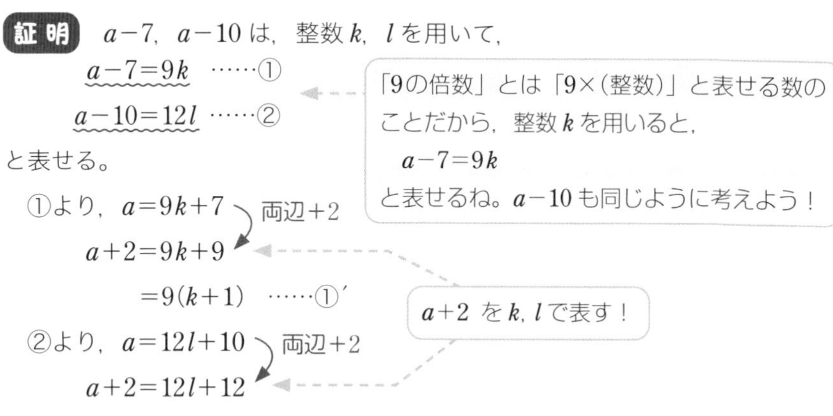

証明 $a-7$，$a-10$ は，整数 k，l を用いて，

$a-7=9k$ ……①

$a-10=12l$ ……②

と表せる。

「9の倍数」とは「9×(整数)」と表せる数のことだから，整数 k を用いると，
$a-7=9k$
と表せるね。$a-10$ も同じように考えよう！

①より，$a=9k+7$ 両辺+2

$a+2=9k+9$

$=9(k+1)$ ……①′

$a+2$ を k，l で表す！

②より，$a=12l+10$ 両辺+2

$a+2=12l+12$

$=12(l+1)$ ……②′

①′，②′より，

$9(k+1)=12(l+1)$

$3(k+1)=4(l+1)$

両辺を3でわって，できるだけ簡単な（係数が互いに素である）形に！

$4(l+1)$ は4の倍数であるから，$3(k+1)$ も4の倍数である。さらに，3と4は互いに素であるから，$k+1$ は4の倍数となる。よって，

$k+1=4m$（m は整数）

と表される。これを①′へ代入すると，

$a+2=9(k+1)=9\cdot 4m=36m$

「36×(整数)」の形になった！

したがって，$a+2$ は36の倍数である。 **証明終わり**

4 最大公約数・最小公倍数の性質

2つの自然数 a，b と，その最大公約数 G や最小公倍数 L との間に成り立つ関係を調べてみよう。まずは❶，❷の例でとりあげた120と100で考えるよ。

$p.648$，$p.651$ をみてね！

$a=120$，$b=100$ とすると，$G=20$，$L=600$ だったね。

ここで，a，b をそれぞれ「$G\times$（整数）」の形で表してみると，

$a=20\cdot 6$，$b=20\cdot 5$

となるけど，G 以外の（整数）の部分の「6」と「5」は互いに素だよね。つまり，

$a=GA$，$b=GB$ のとき，A と B は互いに素である

ということなんだ。このことを，素因数分解を用いて説明するね。

$G=2^2\cdot 5$，$A=2\cdot 3$，$B=5$

であり，

$a=2^2\cdot 5\times 2\cdot 3=GA=G\times 6$

$b=2^2\cdot 5\times 5\quad =GB=G\times 5$

だね。

最大公約数以外の部分は互いに素

GA，GB は，a，b をそれぞれ最大公約数とそれ以外の部分の積に分解したものだから，A，B はそれぞれ a，b のうちの最大公約数以外の部分だよね。この部分は絶対に共通な素因数をもたないから，互いに素なんだよ！　つまり，

	G	A	B
$a=120=$	$2\cdot 2\cdot 5$	$\cdot\ 2\cdot 3$	
$b=100=$	$2\cdot 2\cdot 5$		$\cdot\ 5$
$G=20=$	$2\cdot 2\cdot 5$		
$L=600=$	$2\cdot 2\cdot 5$	$\cdot\ 2\cdot 3$	$\cdot\ 5$
	G	A	B

共通な素因数をもたない（互いに素）

$a=$（最大公約数）$\times$（a のうち最大公約数以外の部分）

$b=$（最大公約数）$\times$（b のうち最大公約数以外の部分）

この部分は互いに素

と表したとき，最大公約数以外の部分は互いに素である，ということになるね。

また，最小公倍数 L は，a と b の最大公約数 G に最大公約数以外の部分をすべてかけたものになっているから，

$L=GAB$

例　$a=\underset{G}{20}\cdot\underset{A}{6}$，$b=\underset{G}{20}\cdot\underset{B}{5}$ の最小公倍数 L は，

$L=\underset{G}{20}\cdot\underset{A}{6}\cdot\underset{B}{5}$

が成り立つね。さらに，これまでのことから，

$ab=GA\times GB$

$=G\times GAB$

$=GL$

例　$a=\underset{G}{20}\cdot\underset{A}{6}$，$b=\underset{G}{20}\cdot\underset{B}{5}$ のとき，

$ab=20\cdot 6\times 20\cdot 5=\underset{G}{20}\cdot\underset{L}{20\cdot 6\cdot 5}$

が成り立つこともわかるね。

まとめておこう。

最大公約数と最小公倍数

2つの自然数 $\boldsymbol{a}$，$\boldsymbol{b}$ の最大公約数を $\boldsymbol{G}$，最小公倍数を $\boldsymbol{L}$ とする。

❶ $\boldsymbol{a}$，$\boldsymbol{b}$ を最大公約数でくくると，互いに素な部分が残る。

➡ $\boldsymbol{a=GA}$，$\boldsymbol{b=GB}$　（$\boldsymbol{A}$ と $\boldsymbol{B}$ は互いに素）

❷ ① $\boldsymbol{L=GAB}$

（最小公倍数）＝（最大公約数）×（互いに素な部分の積）

② $\boldsymbol{ab=GL}$

（**2**つの自然数の積）＝（最大公約数）×（最小公倍数）

例題❹

(1) **2つの自然数** a**，**b **の最大公約数は15で，最小公倍数は180である。このような** a**，**b **をすべて求めよ。**

(2) **2つの自然数** a**，**b **の積は1080で，**a**，**b **の最小公倍数は180である。このとき，**a**，**b **の最大公約数を求めよ。**

解答の前にひと言

(1) 2つの自然数 a，b の最大公約数が15だから，

$a=15A$，$b=15B$　（A，B は互いに素な自然数）

とおけるね。これと次の式から，A，B の値を求めればいいね。

（最小公倍数）＝（最大公約数）×（互いに素な部分の積）

(2) （**2**つの自然数の積）＝（最大公約数）×（最小公倍数）

解答と解説

(1) 2つの自然数 a，b の最大公約数が15であるから，

$a=15A$，$b=15B$　（A，B は互いに素な自然数）　……①

とおける。さらに，最小公倍数が180，最大公約数が15であることと，

（最小公倍数）＝（最大公約数）×（互いに素な部分の積）

より，

$$180=15AB$$

$$AB=12$$

積が12となる2つの自然数のうち，互いに素である組を考えると，

$$(A,\ B)=(1,\ 12),\ (3,\ 4),\ (4,\ 3),\ (12,\ 1)$$

の4組である。

> $(A,\ B)=(2,\ 6),\ (6,\ 2)$ は A と B が互いに素ではないね！

①より，$(a,\ b)=(15A,\ 15B)$ であるから，

$$(a,\ b)=(15\cdot1,\ 15\cdot12),\ (15\cdot3,\ 15\cdot4),\ (15\cdot4,\ 15\cdot3),\ (15\cdot12,\ 15\cdot1)$$

$$=(15,\ 180),\ (45,\ 60),\ (60,\ 45),\ (180,\ 15)$$ 答

(2) a，b の最大公約数を G とする。最小公倍数が180であることと，

(2つの自然数の積)＝(最大公約数)×(最小公倍数)

より，

$$ab=G\cdot180$$

これと a，b の積が1080であることより，

$$180G=1080$$

$$G=6$$ 答

ちょいムズ

3つの自然数の最大公約数や最小公倍数の求め方について考えてみよう。

例 次の3つの数の最大公約数 G と最小公倍数 L を求めよ。

336，450，540

3つの数をそれぞれ素因数分解すると，

$$336=2^4\cdot3\cdot7$$

$$450=2\cdot3^2\cdot5^2$$

$$540=2^2\cdot3^3\cdot5$$

2) 336	2) 450	2) 540
2) 168	3) 225	2) 270
2) 84	3) 75	3) 135
2) 42	5) 25	3) 45
3) 21	5	3) 15
7		5

最大公約数は公約数のうち最大の数だから，素

因数ごとに指数が最も小さい累乗を選んだその積になるんだ。だから，

$G=2\cdot 3=6$

$$\begin{aligned} 336 &= 2^4 \cdot 3 \phantom{{}^2 \cdot 5^2} \cdot 7 \\ 450 &= 2 \cdot 3^2 \cdot 5^2 \\ 540 &= 2^2 \cdot 3^3 \cdot 5 \\ \hline G &= 2 \cdot 3 \end{aligned}$$

最小公倍数は公倍数のうち正で最小の数だから，素因数ごとに指数が最も大きい累乗を選んだその積になるんだ。だから，

$L=2^4\cdot 3^3\cdot 5^2\cdot 7=75600$

$$\begin{aligned} 336 &= 2^4 \cdot 3 \phantom{{}^2 \cdot 5^2} \cdot 7 \\ 450 &= 2 \cdot 3^2 \cdot 5^2 \\ 540 &= 2^2 \cdot 3^3 \cdot 5 \\ \hline L &= 2^4 \cdot 3^3 \cdot 5^2 \cdot 7 \end{aligned}$$

「互いに素」に関する少し難しい証明問題にもふれておこう。

例題 ❺

自然数 a，b が互いに素であるとき，$a-b$ と b も互いに素であることを証明せよ。ただし，$a>b$ とする。

解答の前にひと言

「$a-b$ と b が互いに素である」ことを言い換えると，

「$a-b$ と b の最大公約数 G が1である」……(＊)

だから，(＊)を示すことが目標だよ！

解答と解説

証明 $a-b(>0)$ と b の最大公約数を G とすると，

$a-b=Gm$ ……① $b=Gn$ ……② （m と n は互いに素な自然数）

と表すことができる。②を①に代入すると，

$a-Gn=Gm$

$a=G(m+n)$

ここで，$m+n$ は自然数であるから，G は a の約数である。

また，G は b の約数でもあるから，G は a と b の公約数である。

さらに，a，b が互いに素であることから，$G=1$

よって，$a-b$ と b は互いに素である。 **証明終わり**

まとめ

(1) 最大公約数・最小公倍数

❶ 最大公約数……公約数のうち最大の数

➡ 素因数分解し，指数が小さいほうを選ぶ。

例 60と72の最大公約数

$$\begin{array}{r} 60=2^2\cdot3^1\cdot5^1 \\ 72=2^3\cdot3^2\cdot5^0 \\ \hline 2^2\cdot3^1\cdot5^0=12 \end{array}$$

❷ 最小公倍数……公倍数のうち正で最小の数

➡ 素因数分解し，指数が大きいほうを選ぶ。

例 60と72の最小公倍数

$$\begin{array}{r} 60=2^2\cdot3^1\cdot5^1 \\ 72=2^3\cdot3^2\cdot5^0 \\ \hline 2^3\cdot3^2\cdot5^1=360 \end{array}$$

(2) 互いに素……2つの整数が1以外に正の公約数をもたないこと

(2つの整数の最大公約数が1であること)

a，k，b が整数で a と b が互いに素のとき，

ak が b の倍数　ならば　k は b の倍数

(3) 最大公約数と最小公倍数の有名な性質

2つの自然数 a，b の最大公約数を G，最小公倍数を L とする。

❶ a，b を最大公約数でくくると，互いに素な部分が残る。

➡ $a=GA$，$b=GB$　(A と B は互いに素)

❷ ① $L=GAB$

(最小公倍数)＝(最大公約数)×(互いに素な部分の積)

② $ab=GL$

(2つの自然数の積)＝(最大公約数)×(最小公倍数)

解答と解説►別冊 $p.120$

練習問題

(1) 2646と5544の最大公約数と最小公倍数を求めよ。

(2) xを整数とする。$x+2$ が7の倍数であり，$x+3$ が3の倍数であるとき，$x+9$ は21の倍数であることを証明せよ。

(3) 2つの自然数 a，b の最大公約数が9，最小公倍数が675であるとき，2数 a，b を求めよ。ただし，$a<b$ とする。

第59節 余りに関する問題

この節の目標

- ☐ Ⓐ 「(わられる数)＝(わる数)×(商)＋(余り)」の関係を利用することができる。
- ☐ Ⓑ 特定の自然数でわった余りで分類することができる。

イントロダクション ♪♫

「わられる数」,「わる数」,「商」,「余り」の関係を調べてみよう。

たとえば，25個のお菓子を子どもに1人3個ずつ配っていくと，8人に配ることができて1個余るよね。これは，

25を3でわると，商は8で余りは1

$$\begin{array}{r} 8 \\ 3\overline{)25} \\ \underline{24} \\ 1 \end{array}$$

ということだけど，つまり，

25個の中には3個のかたまりが8つぶん入っていて，1個余っている

ということを表しているんだ。そこで，この関係を式で表すと次のようになるね。

$$\underbrace{25}_{\text{わられる数}} = \underbrace{3}_{\text{わる数}} \times \underbrace{8}_{\text{商}} + \underbrace{1}_{\text{余り}}$$

(わられる数)には，(わる数)が(商)個分だけ入っていて，(余り)分だけ残っている

(わられる数)＝(わる数)×(商)＋(余り)

この関係は，特定の自然数でわった余りに着目するときによく用いられるよ。たとえば，上のように，自然数nを3でわった余りが1のとき，商をkとおくと，

$n=3k+1$

と表せるから，文字による一般化ができるんだ。

kは整数だね！
($n=25$のときは，$k=8$)

つぎに，ある自然数nにたいして，n^2を3でわった余りを考えると，次ページのような表に整理できる。

この結果から予想すると，n^2を3でわった余りは，

nを3でわった余りが1 ($n=1$, 4, 7, 10, 13, ……)のとき，1

nを3でわった余りが2 ($n=2$, 5, 8, 11, 14, ……)のとき，1

nを3でわった余りが0 ($n=3$, 6, 9, 12, 15, ……)のとき，0

n の値	n を3でわった余り	n^2 の値	n^2 を3でわった余り
1	1	$1^2=1=3\times0+1$	1
2	2	$2^2=4=3\times1+1$	1
3	0	$3^2=9=3\times3+0$	0
4	1	$4^2=16=3\times5+1$	1
5	2	$5^2=25=3\times8+1$	1
6	0	$6^2=36=3\times12+0$	0

3でわった余りが同じである n は，n^2 を3でわった余りも同じになっているね！

となるけど，具体的にすべて調べるのはきびしいね。そこで，n が3でわって1余る自然数の場合を，$n=3k+1$ のように一般化して調べるんだ。さらに n が $3k$，$3k+2$ のときも調べれば，すべての自然数を調べたことになるよ！

ゼロから解説

1 整数のわり算

イントロダクション♪♫ で説明したように，

(わられる数)＝(わる数)×(商)＋(余り)

が成り立つね。まとめると，次のようになるよ。

整数のわり算

a を整数，b を正の整数とし，a を b でわったときの商を q，余りを r とすると，

$$a=bq+r,\quad 0\leqq r<b$$

「余り」は0以上で「わる数」未満の整数

それから，「わられる数」が負の数の場合もあるんだ。たとえば，-43 を5でわった余りを考えてみよう。

$$-43=5\cdot(-9)+2$$

と表すことができるから，

この部分が0以上で「わる数」未満の整数のとき，「余り」というよ

-43 を5でわった余りは2

になるね。

例題 ❶

整数 a を7でわると3余り，整数 b を7でわると6余る。このとき，次の整数を7でわった余りを求めよ。

(1) $a+b$　　(2) $a-b$　　(3) ab

解答と解説

a，b は，整数 k，l を用いて，

$$a=7k+3,\quad b=7l+6$$

と表される。

商を k，l として，
（わられる数）＝（わる数）×（商）＋（余り）

(1) $a+b=(7k+3)+(7l+6)$
$=7k+7l+9$
$=7k+7l+7+2$
$=7(k+l+1)+2$

よって，$a+b$ を7でわった余りは2 答

$a+b=7(k+l)+9$
と表すこともできるけど，「9」は7以上の数だから，「7でわった余り」ではないね。そこで「9」を，
「(7の倍数)＋(0以上7未満の整数)」
の形に分解して処理するんだよ

(2) $a-b=(7k+3)-(7l+6)$
$=7k-7l-3$
$=7k-7l-7+4$
$=7(k-l-1)+4$

よって，$a-b$ を7でわった余りは4 答

$a-b=7(k-l)-3$
とできるけど，「-3」は0未満の数だから余りではないね！　だから，(1)と同じように「-3」を「$-7+4$」とおきかえるんだよ

(3) $ab=(7k+3)(7l+6)$
$=7^2kl+6\cdot7k+3\cdot7l+3\cdot6$
$=7\cdot7kl+7\cdot6k+7\cdot3l+7\cdot2+4$
$=7(7kl+6k+3l+2)+4$

よって，ab を7でわった余りは4 答

$3\cdot6=18$
$=14+4$
$=7\cdot2+4$

2 整数の分類

例 整数 n にたいして，n^2 を5でわった余りを求めよ。

n の値	n を5でわった余り	n^2 の値	n^2 を5でわった余り
1	1	$1^2=1=5\times0+1$	1
2	2	$2^2=4=5\times0+4$	4
3	3	$3^2=9=5\times1+4$	4
4	4	$4^2=16=5\times3+1$	1
5	0	$5^2=25=5\times5+0$	0
6	1	$6^2=36=5\times7+1$	1
7	2	$7^2=49=5\times9+4$	4
8	3	$8^2=64=5\times12+4$	4
9	4	$9^2=81=5\times16+1$	1
10	0	$10^2=100=5\times20+0$	0

5でわった余りが同じである n は，n^2 を5でわった余りも同じになっているね！

この結果から予想すると，n^2 を5でわった余りは，

n を5でわった余りが1のとき，1

n を5でわった余りが2のとき，4

n を5でわった余りが3のとき，4

n を5でわった余りが4のとき，1

n を5でわった余りが0のとき，0

になっていそうだね！　でも，すべての整数で本当にそうなっているのかどうかを1つずつ調べていくことは不可能だよね。そこで着目してほしいのが，

n^2 を5でわった余りは，n を5でわった余りによって決まっていそうだ

ということだよ。だから，

n を5でわった余りで分類

して調べるといいんだ。n を5でわった余りで分類すると，次ページの5つになるんだけど，ここで活躍するのが「文字」だよ。

たとえば，n を5でわった余りが1の場合は，k を整数として，「$n=5k+1$」と表すことができるね！　「$n=5k+1$」のように文字で表して調べることで，

(i) 余りが1
…, 1, 6, 11, 16, …
$5k+1$ (k は整数)

(ii) 余りが2
…, 2, 7, 12, 17, …
$5k+2$ (k は整数)

(iii) 余りが3
…, 3, 8, 13, 18, …
$5k+3$ (k は整数)

(iv) 余りが4
…, 4, 9, 14, 19, …
$5k+4$ (k は整数)

(v) 余りが0
…, 5, 10, 15, 20, …
$5k$ (k は整数)

nを5でわった余りが1の場合はすべて調べたことになるんだ。

だから，「$n=5k+1$」，「$5k+2$」，「$5k+3$」，「$5k+4$」，「$5k$」のように，nを5でわった余りで分類した5パターンをすべて調べれば，すべての整数について調べたことになるよ！

(i) $n=5k+1$(k は整数)のとき，

$$n^2=(5k+1)^2=25k^2+10k+1=5(5k^2+2k)+\underset{\sim}{1}$$ ← 余り1

(ii) $n=5k+2$(k は整数)のとき，

$$n^2=(5k+2)^2=25k^2+20k+4=5(5k^2+4k)+\underset{\sim}{4}$$ ← 余り4

(iii) $n=5k+3$(k は整数)のとき，

$$n^2=(5k+3)^2=25k^2+30k+\underset{5+4}{\underset{\sim}{9}}=5(5k^2+6k+1)+\underset{\sim}{4}$$ ← 余り4

(iv) $n=5k+4$(k は整数)のとき，

$$n^2=(5k+4)^2=25k^2+40k+\underset{5\cdot3+1}{\underset{\sim}{16}}=5(5k^2+8k+3)+\underset{\sim}{1}$$ ← 余り1

(v) $n=5k$(k は整数)のとき，

$$n^2=(5k)^2=5\cdot5k^2$$ ← 余り0

よって，n^2を5でわった余りは，

$$\begin{cases} \mathbf{1} & (n\text{ を }\mathbf{5}\text{ でわった余りが }\mathbf{1}\text{ または }\mathbf{4}\text{ のとき}) \\ \mathbf{4} & (n\text{ を }\mathbf{5}\text{ でわった余りが }\mathbf{2}\text{ または }\mathbf{3}\text{ のとき}) \\ \mathbf{0} & (n\text{ を }\mathbf{5}\text{ でわった余りが }\mathbf{0}\text{ のとき}) \end{cases}$$

$n=5k+4$ のときは計算が少したいへんだけど，
もうちょっと簡単にはできないの？

nが5でわって4余る整数のとき，

$n=5\times$(整数)-1

と表すこともできるということだよ

いい意見だね！　じつは，

$n=5k+4=5(k+1)-1$

と変形できるから，$k+1=l$ とおけば，$n=5l-1$ と表せるんだ。

つまり，余りが -1 ってこと？

それはちがうよ。あくまでも，5でわった余りは0，1，2，3，4のどれかでなければならないんだ。ただ，5でわって4余る整数は，

(i)　$5\times$(整数)$+4$

と表すこともできるし，

(ii)　$5\times$(整数)-1

と表すこともできるっていうことだよ。

(i)　$k=0,\ 1,\ 2,\ \cdots\cdots$のとき，$5k+4=4,\ 9,\ 14,\ \cdots\cdots$

(ii)　$l=1,\ 2,\ 3,\ \cdots\cdots$のとき，$5l-1=4,\ 9,\ 14,\ \cdots\cdots$

となるから，2つの集合$\{5k+4\,|\,k$は整数$\}$と$\{5l-1\,|\,l$は整数$\}$は同じだね！

なるほど！　5でわって4余る整数は，5の倍数より4大きい数だから，見方を変えれば5の倍数より1小さい数ともいえるっていうことか！

そのとおり！　$n=5k+4$ と $n=5l-1$ の両方で n^2 を計算してみると，

$(5k+4)^2=25k^2+40k+16=5(5k^2+8k+3)+1$

$(5l-1)^2=25l^2-10l+1=5(5l^2-2l)+1$

となるから，どちらでやっても n^2 を5でわった余りは1だということがわかるね。ただ，$5k+4$ でやると 16 の部分を分解しなきゃいけないのにたいして，$5l-1$ でやると 1 がそのまま使えるぶんだけ，計算が楽になるんだよ。

なるべく絶対値が小さい数を使ったほうがいいっていうこと？

今回みたいに2乗したものの余りを考えるときとかはそうだよ。じゃあ，n を 5 でわった余りが 3 のときは，どうなるかな？

$n=5k+3=5(k+1)-2$ だから，$k+1$ を l でおきかえて，$n=5l-2$ ？

そのとおり！　5の倍数より2小さい数とみることもできる，ってことだね。

例 題 ❷

n が整数のとき，$2n^3+3n^2+n$ は6の倍数であることを示せ。

解答の前にひと言

$P=2n^3+3n^2+n$ とおくよ。P が6の倍数であることを示すには，「P が2の倍数かつ3の倍数」であることを示せばいいね。まず，P を因数分解して，

❶　連続2整数の積は2の倍数
❷　連続3整数の積は6の倍数

を使えないか確認しよう！　これを使うのが難しい場合は，余りで分類して示すことを考えてみるといいよ！

7，8のように連続する2つの整数はどちらかが2の倍数だから，その積は2の倍数になるね！

14，15，16のように連続する3つの整数には3の倍数が1つ含まれていて，さらに2の倍数も少なくとも1つ含まれているから，その積は6の倍数になるね！

解答と解説

証明　$P=2n^3+3n^2+n$ とおくと，

$P=n(2n^2+3n+1)=n(n+1)(2n+1)$

(i)　n と $n+1$ は連続する2つの整数であり，一方は2の倍数である。よって，$n(n+1)$ も2の倍数であり，P も2の倍数である。

(ii)　n を3でわった余りで分類すると，k を整数として，

$n=3k,\ 3k+1,\ 3k-1$

と表すことができる。

3の倍数より1小さい数，つまり，3でわると2余る整数だね！

$n=3k$ のとき，

$P=3k(3k+1)(2\cdot3k+1)$

$=3\times k(3k+1)(6k+1)$

P を「3×(整数)」と表すことができたから，P は3の倍数だね！

$n=3k+1$ のとき，

$$P=(3k+1)\{(3k+1)+1\}\{2(3k+1)+1\}$$
$$=3\times(3k+1)(3k+2)(2k+1)$$

$2(3k+1)+1=6k+3=3(2k+1)$

$n=3k-1$ のとき，

$$P=(3k-1)\{(3k-1)+1\}\{2(3k-1)+1\}$$
$$=3\times(3k-1)k(6k-1)$$

よって，P は3の倍数である。

(i)，(ii)より，

P は2の倍数かつ3の倍数であるから，6の倍数である。 **証明終わり**

P が2の倍数だから，l を整数として，$P=2l$ と表せるね。さらに，P が3の倍数だから，$2l$ は3の倍数で，2と3は互いに素だから，l は3の倍数だね。そこで，m を整数として，$l=3m$ と表せるから，

$P=2\cdot 3m=6m=$(6の倍数)

第58節 3 参照

別解 $P=n(n+1)(2n+1)$

$$=n(n+1)\{(n-1)+(n+2)\}$$
$$=(n-1)n(n+1)+n(n+1)(n+2)$$

$(n-1)n(n+1)$，$n(n+1)(n+2)$ はいずれも連続3整数の積なので，6の倍数である。さらに，6の倍数どうしの和は6の倍数なので，P は6の倍数である。 **証明終わり**

$n(n+1)$ を含む連続3整数の積は，「$(n-1)n(n+1)$」と「$n(n+1)(n+2)$」のどちらかしかないね！ そこで，$2n+1$ が $n-1$ や $n+2$ で表せたらいいなあ……と思って調べてみると，なんと，

$2n+1=(n-1)+(n+2)$

となっていたんだ！

ちょいムズ

ここでは，「**合同式**」を紹介するね。

2つの整数 a，b と，自然数 m について，$a-b$ が m の倍数であることを，

$$a\equiv b \pmod{m}$$

「a と b は m を法として合同である」というよ

と表すよ。そして，

「$\boldsymbol{a}-\boldsymbol{b}$ が $\boldsymbol{m}$ の倍数である」とは,
「$\boldsymbol{a}$ と $\boldsymbol{b}$ は $\boldsymbol{m}$ でわった余りが等しい」と同じこと

なんだ。証明しておこう。

証明 a, b を m でわった余りを r, s とすると,

$a=mA+r$, $b=mB+s$　(A, B は整数)

と表せるので,

$a-b=(mA+r)-(mB+s)=m(A-B)+(r-s)$

よって, $\boldsymbol{a-b}$ が $\boldsymbol{m}$ の倍数になるとき, $\boldsymbol{r-s}$ は $\boldsymbol{m}$ の倍数となる。

ところで, r, s は $0\leqq r<m$, $0\leqq s<m$ を満たすので, $\boldsymbol{r-s}$ の範囲は,

$-m<r-s<m$

この範囲にある m の倍数は0のみなので,

$r-s=0$, つまり, $r=s$

よって, $\boldsymbol{a-b}$ が $\boldsymbol{m}$ の倍数であるとき, $\boldsymbol{a}$ を $\boldsymbol{m}$ でわった余りと $\boldsymbol{b}$ を $\boldsymbol{m}$ でわった余りは等しい。 **証明終わり**

合同式には, 次のような性質があるよ。

合同式の性質

$\boldsymbol{a}$, $\boldsymbol{b}$, $\boldsymbol{c}$, $\boldsymbol{d}$ は整数, $\boldsymbol{m}$ は自然数とする。

$\boldsymbol{a\equiv b}$, $\boldsymbol{c\equiv d}$ $(\mathbf{mod}\ \boldsymbol{m})$ のとき, (以下では $(\mathbf{mod}\ \boldsymbol{m})$ は省略する)

❶ $\boldsymbol{a+c\equiv b+d}$

❷ $\boldsymbol{a-c\equiv b-d}$

❸ $\boldsymbol{ac\equiv bd}$

❶だけ証明をしてみるよ(❷, ❸も同じようにしてやってみてね)。

証明 $a\equiv b$, $c\equiv d$ $(\mathrm{mod}\ m)$ のとき,

a, b を m でわった余りを r

c, d を m でわった余りを s

とおくと, a, b, c, d はそれぞれ,

$a=mA+r,\ b=mB+r$　(A, B は整数)

$c=mC+s,\ d=mD+s$　(C, D は整数)

と表すことができる。このとき,

$a+c=(mA+r)+(mC+s)=m(A+C)+(r+s)$

$b+d=(mB+r)+(mD+s)=m(B+D)+(r+s)$

よって,

$$(a+c)-(b+d)=\{m(A+C)+(r+s)\}-\{m(B+D)+(r+s)\}$$
$$=m\{(A+C)-(B+D)\}$$

ゆえに,

$a+c\equiv b+d \pmod{m}$　**証明終わり**

合同式を利用して，次のような問題を解いてみよう。

例　15^{10} を4でわった余りを求めよ。

$15=4\cdot3+3,\ \ -1=4\cdot(-1)+3$

なので，15と−1は4でわった余りが等しいから,

$15\equiv-1 \pmod{4}$

> 15と−1はいずれも4でわった余りが3だから,
> $15\equiv-1 \pmod{4}$

性質❸をくり返し用いると,

$15^{10}\equiv(-1)^{10}=1 \pmod{4}$

よって，15^{10} を4でわった余りは **1**

> ❸をくり返し用いると,
> $a\equiv b$ のとき $a^n\equiv b^n$ (n は自然数)
> が成り立つことが示せるよ

> $15^{10}\equiv1 \pmod{4}$ だから,
> (15^{10} を4でわった余り)=(1を4でわった余り)

まとめ

(1) $\boldsymbol{a}$を整数，$\boldsymbol{b}$を正の整数とし，$\boldsymbol{a}$を$\boldsymbol{b}$でわったときの商を$\boldsymbol{q}$，余りを$\boldsymbol{r}$とすると，

(わられる数)＝(わる数)×(商)＋(余り)

より，

$$\boldsymbol{a=bq+r,\quad 0 \leqq r<b}$$

が成り立つ。

(2) 一般に，すべての整数を，自然数$\boldsymbol{m}$でわったときの余りによって分類すると，次のようになる。

$\boldsymbol{mk}$，$\boldsymbol{mk+1}$，$\boldsymbol{mk+2}$，……，$\boldsymbol{mk+(m-1)}$　($\boldsymbol{k}$は整数)

例　$m=7$のとき，すべての整数は，次の7つのいずれかに分類される。

① $7k$ ➡ ……，-14，-7，0，7，14，……
② $7k+1$ ➡ ……，-13，-6，1，8，15，……
③ $7k+2$ ➡ ……，-12，-5，2，9，16，……
④ $7k+3$ ➡ ……，-11，-4，3，10，17，……
⑤ $7k+4$ ➡ ……，-10，-3，4，11，18，……
⑥ $7k+5$ ➡ ……，-9，-2，5，12，19，……
⑦ $7k+6$ ➡ ……，-8，-1，6，13，20，……

➡ nの整式の値を7でわった余りが知りたいときなどに，nを7でわった余りで分類して調べるとよい。

解答と解説▶別冊 $p.122$

練習問題

(1) 整数aを11でわると8余り，整数bを11でわると3余る。このとき，次の整数を11でわった余りを求めよ。

① $b-a$　　② ab

(2) nが整数のとき，n^3+3n^2-4nは6の倍数であることを示せ。

第60節 ユークリッドの互除法と不定方程式

この節の目標

- A ユークリッドの互除法を用いて最大公約数を求めることができる。
- B 1次不定方程式の整数解を求めることができる。

イントロダクション ♪♫

この節では，最大公約数の求め方について，第58節で扱った方法とは別の方法を考えていくよ。まず，記号を導入しておくね。この節では，

x と y の最大公約数を「GCD(x, y)」と表すことにする

からよろしくね。たとえば，2257と4453の最大公約数なら，GCD(2257, 4453)と表すよ。ところで，このGCD(2257, 4453)の値はわかるかな？　素因数分解すると，

> 最大公約数は英語でGreatest Common Divisorというんだ

$$2257=37\cdot 61,\quad 4453=61\cdot 73$$

> ともに61でわれるとは気づきにくいね

となるから，GCD(2257, 4453)＝61だけど，この計算は簡単ではないね。

じつは，素因数分解以外にも最大公約数を求める方法があるんだ。それが「**ユークリッドの互除法**(ごじょほう)」だよ。

その準備として，自然数の「約数」を図でとらえてみよう。b が a の約数である(わりきれる)というのは，

長さ $\boldsymbol{a}$ の線分を，長さ $\boldsymbol{b}$ の線分に○○等分できる

ということなんだ。たとえば，4は20の約数だよね。このことを図でとらえると，長さ20の線分を長さ4の線分に5等分できる，となるね。

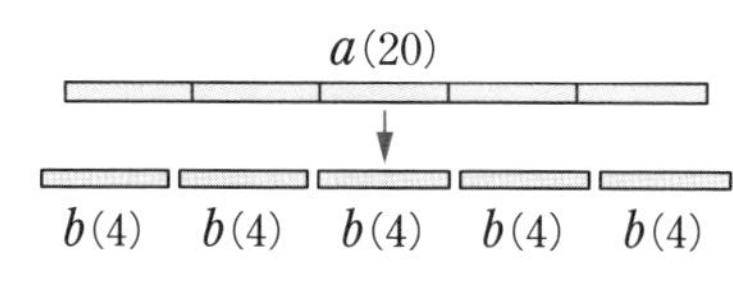

つぎに，「公約数」を図でとらえてみよう。c が a と b の公約数であるというのは，

横 $\boldsymbol{a}$，縦 $\boldsymbol{b}$ の長方形に，1辺 $\boldsymbol{c}$ の正方形を敷き詰めることができる

ということなんだ。たとえば，2が12と8の公約数であることを，横が12，縦が8の長方形で図形的にとらえると，横12，縦8の長方形に，1辺が2の正方形を敷き詰めることができるということになるね。

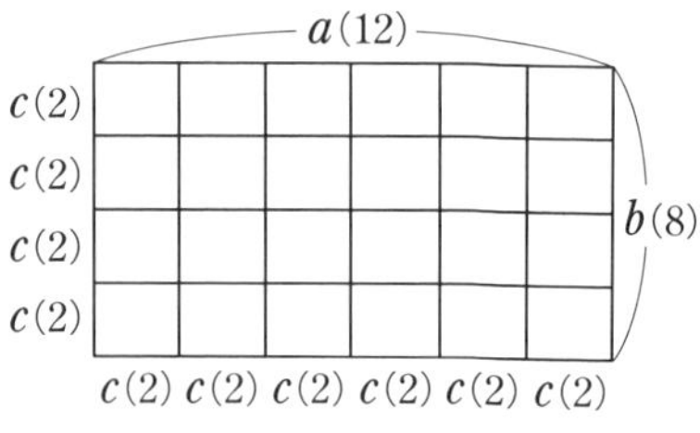

では，いよいよ最大公約数の番だよ。図でとらえると，次のようになるんだ。

GCD($\boldsymbol{a}$, $\boldsymbol{b}$)＝$\boldsymbol{c}$
➡ 横 $\boldsymbol{a}$，縦 $\boldsymbol{b}$ の長方形に敷き詰めることができる正方形の1辺の長さの最大値が $\boldsymbol{c}$

たとえば，GCD(12, 8)＝4を図形的にとらえると，横12，縦8の長方形に敷き詰めることができる正方形の1辺の長さの最大値が4，ということになるんだね！

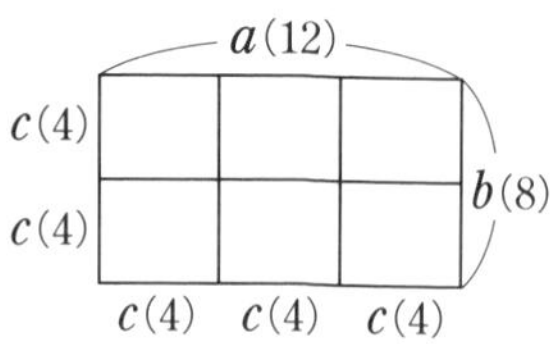

ゼロから解説

 ユークリッドの互除法

168と60の最大公約数を，素因数分解を使わないで求めてみよう。

横168，縦60の長方形に敷き詰められる正方形の1辺の長さの最大値を求めればいいんだね。

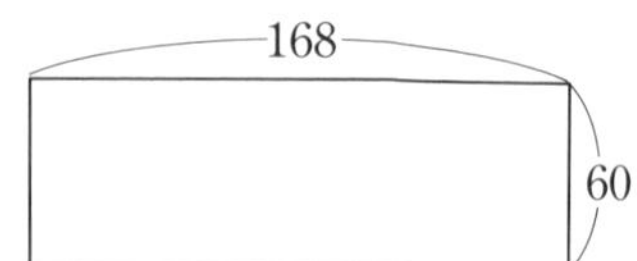

そのとおり！　短いほうの辺が60だから，まずは，1辺の長さが60の正方形を敷き詰められるかどうか考えるために，次の計算をやってみよう！

$\underset{\text{わられる数}}{\underline{(\text{長いほうの辺})}} \div \underset{\text{わる数}}{\underline{(\text{短いほうの辺})}}$

$\underset{\text{わられる数}}{\underline{168}} = \underset{\text{わる数}}{\underline{60}} \cdot 2 + \underset{\text{余り}}{48}$

となって，わりきれないから，1辺60の正方形を敷き詰めるのは無理！

そうだね。そこでとりあえず，1辺60の正方形を，入れられるだけ入れてみよう。

右図のように，A，Bの2個入って，残りは縦60，横48の長方形Cになるね。

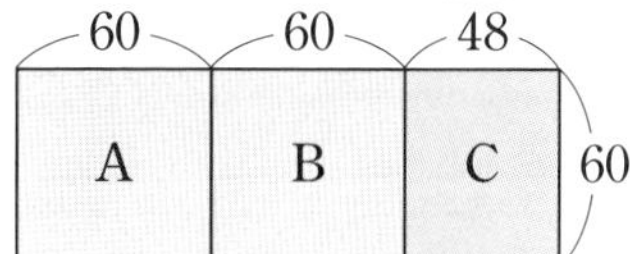

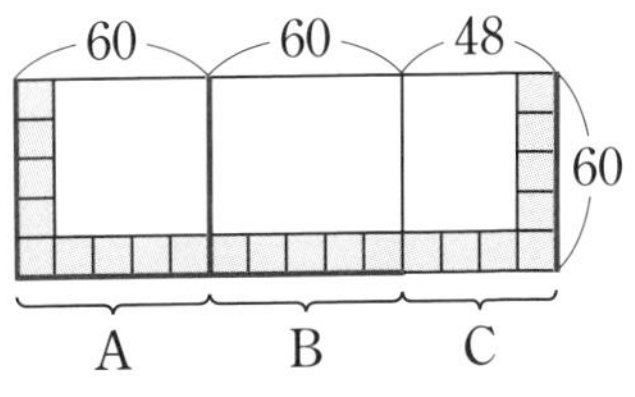

Cを敷き詰めることのできる□は，AとBも敷き詰められる

さて，この図で，次のことがいえるね。

$\underset{60}{\underline{(\text{Cの縦})}} = \underset{\text{正方形の1辺}}{\underline{(\text{Aの縦})}} = \underset{\text{正方形の1辺}}{\underline{(\text{Aの横})}}$

$= \underset{\text{正方形の1辺}}{\underline{(\text{Bの縦})}} = \underset{\text{正方形の1辺}}{\underline{(\text{Bの横})}}$

だから，ある正方形をCに敷き詰められたときは，AとBにも同じ正方形を敷き詰めることができるね！

たしかに！　ということは，縦60，横48の長方形Cに正方形を敷き詰められれば，横168，縦60の長方形全体に，その正方形を敷き詰められるのかあ～

結局，「横168，縦60の長方形に敷き詰められる正方形の1辺の長さの最大値」と，「縦60，横48の長方形に敷き詰められる正方形の1辺の長さの最大値」は，一致するんだね！

そう。これを最大公約数の話としてとらえ直すと，次のようになるね！

最大公約数を求めたい2数

$\underline{\underline{168}}=\underline{\underline{60}}\cdot 2+48$
わられる数　わる数　余り

という計算を考えると，

GCD(168,　60)＝GCD(60,　48)　……①
わられる数　わる数　わる数　余り

「168と60の最大公約数」と，「60と48の最大公約数」は等しい

もとの長方形の長いほうの辺の長さ

もとの長方形の短いほうの辺の長さ

もとの長方形の長いほうの辺から，短いほうの辺のいくつかぶんだけを切り取った残りの長さ

一般に，次のことがいえる。

> わられる数とわる数の最大公約数は，
> わる数と余りの最大公約数と同じ

だから，GCD(168，60)の代わりに，GCD(60，48)を求めるといいんだ。168と60より，60と48のほうが，数が小さくなったぶん，最大公約数を求めやすいよね。

なるほど！　でも，60と48もまだ数が大きくて，すぐにはわからないよ。あれ？　もしかしたら，これもまた同じことを考えればいいのかな？

前の計算のわる数

前の計算の余り

$\underline{\underline{60}}=\underline{\underline{48}}\cdot 1+12$
わられる数　わる数　余り

最大公約数を求めたい2数

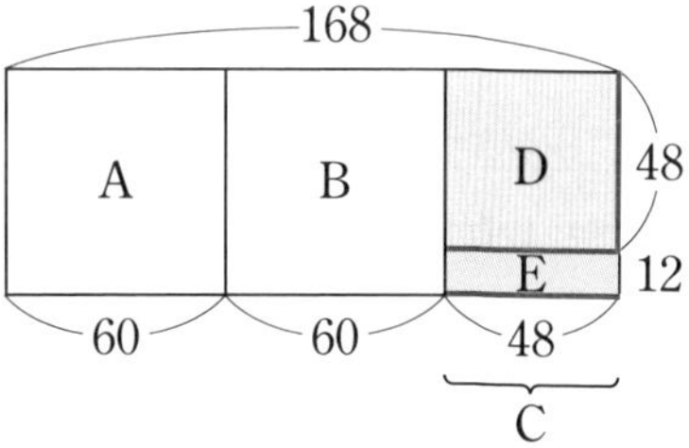

だから，長方形Cは，1辺48の正方形Dと，横48，縦12の長方形Eに分けられる！

いいね～。そのとおり！　ここで，次のことに着目しよう！

(Eの横)＝(Dの横)＝(Dの縦)
48　正方形の1辺　正方形の1辺

だから，長方形Eに小さな正方形を敷き詰められれば，正方形Dにも同じ正方形を敷き詰められるわけか。

つまり，「長方形Cに敷き詰められる正方形の1辺の長さの最大値」は，「長方形Eに敷き詰められる正方形の1辺の長さの最大値」と一致するんだ！　これを最大公約数の話としてとらえ直すと……

$$\underline{60}=\underline{\underline{48}}\cdot 1+12$$

$$\mathrm{GCD}(\underline{60},\ \underline{\underline{48}})=\mathrm{GCD}(\underline{\underline{48}},\ 12)\quad\cdots\cdots ②$$

①を導いたのと同じ形

「60と48の最大公約数」は，「48と12の最大公約数」と等しい

次はこれらの最大公約数を求める！

これをくり返していけばいいのか！

そういうこと！　さあ，次いってみよう！

前の計算のわる数

前の計算の余り

$$\underline{48}=\underline{\underline{12}}\cdot 4$$

わられる数　わる数

余りがない！

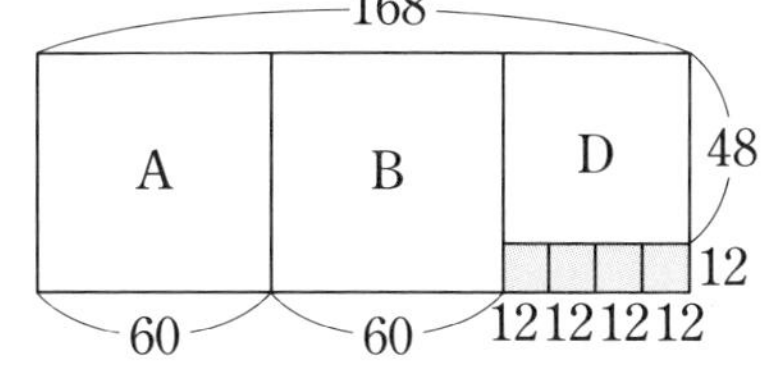

あれ？　わりきれた。

48と12の最大公約数は，48と12の両方ともわりきれる最大の整数だよね。ってことは……

$$\underline{48}=\underline{\underline{12}}\cdot 4$$

$$\mathrm{GCD}(\underline{48},\ \underline{\underline{12}})=\underline{\underline{12}}\quad\cdots\cdots ③$$

48と12の最大公約数は12

わられる数がわる数でわりきれた場合，
わられる数とわる数の最大公約数は，わる数そのもの

ちょうどわりきれたら終わりね。①，②，③から，

GCD(168，60)＝GCD(60，48)＝GCD(48，12)＝12

だから，168と60の最大公約数は12ってことね！

そのとおり！　こんなふうにして最大公約数を求める一連の操作のことを，**「ユークリッドの互除法」**というんだよ。

式を図形的にとらえると，すごく理解しやすかった～！　数学って楽しい♪

最大公約数の性質

自然数 $\boldsymbol{a}$，$\boldsymbol{b}$ $(\boldsymbol{a}>\boldsymbol{b})$について，$\boldsymbol{a}$ を $\boldsymbol{b}$ でわった商を $\boldsymbol{q}$，余りを $\boldsymbol{r}$ とすると，

$$\boldsymbol{a=bq+r}$$

であり，

$$\mathbf{GCD}(\boldsymbol{a},\ \boldsymbol{b})=\mathbf{GCD}(\boldsymbol{b},\ \boldsymbol{r})$$

「わられる数とわる数の最大公約数」は，「わる数と余りの最大公約数」と等しい

例　$q=2$ の場合

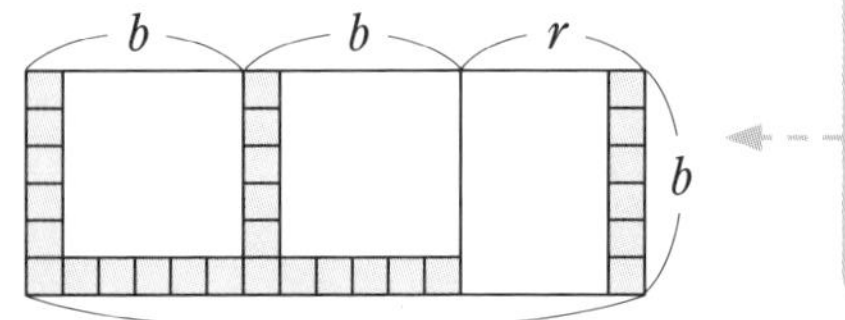

縦 $\boldsymbol{b}$，横 $\boldsymbol{r}$ の長方形に正方形を敷き詰められれば，横 $\boldsymbol{a}$，縦 $\boldsymbol{b}$ の長方形にもその正方形を敷き詰められるね！

じゃあ，このユークリッドの互除法を使って，最大公約数を求めてみよう。

例題❶

次の2つの自然数の最大公約数を求めよ。

(1)　**299，166**　　　(2)　**399，1083**

解答と解説

(1) $299=166\cdot1+133$ より，

$\mathrm{GCD}(299,\ 166)=\mathrm{GCD}(166,\ 133)$ ……①

$166=133\cdot1+33$ より，

$\mathrm{GCD}(166,\ 133)=\mathrm{GCD}(133,\ 33)$ ……②

$133=33\cdot4+1$ より，

$\mathrm{GCD}(133,\ 33)=\mathrm{GCD}(33,\ 1)$ ……③

①，②，③より，

$\mathrm{GCD}(299,\ 166)=\mathrm{GCD}(166,\ 133)$

$=\mathrm{GCD}(133,\ 33)=\mathrm{GCD}(33,\ 1)$

$=1$ 答

$$\begin{array}{r} 1 \\ 166\,\overline{)\,299} \\ 166 \\ \hline 133 \end{array}$$

$$\begin{array}{r} 1 \\ 133\,\overline{)\,166} \\ 133 \\ \hline 33 \end{array}$$

$$\begin{array}{r} 4 \\ 33\,\overline{)\,133} \\ 132 \\ \hline 1 \end{array}$$

どんな整数も1ではわりきれるから，ここに1が登場したら，最大公約数は1だね

最大公約数が1ということは，299と166は互いに素だっていうことだね！

(2) $1083=399\cdot2+285$ より，

$\mathrm{GCD}(1083,\ 399)=\mathrm{GCD}(399,\ 285)$ ……①

$399=285\cdot1+114$ より，

$\mathrm{GCD}(399,\ 285)=\mathrm{GCD}(285,\ 114)$ ……②

$285=114\cdot2+57$ より，

$\mathrm{GCD}(285,\ 114)=\mathrm{GCD}(114,\ 57)$ ……③

$114=57\cdot2$ より，

$\mathrm{GCD}(114,\ 57)=57$ ……④

①，②，③，④より，

$\mathrm{GCD}(1083,\ 399)=\mathrm{GCD}(399,\ 285)$

$=\mathrm{GCD}(285,\ 114)=\mathrm{GCD}(114,\ 57)$

$=57$ 答

$$\begin{array}{r} 2 \\ 399\,\overline{)\,1083} \\ 798 \\ \hline 285 \end{array}$$

$$\begin{array}{r} 1 \\ 285\,\overline{)\,399} \\ 285 \\ \hline 114 \end{array}$$

$$\begin{array}{r} 2 \\ 114\,\overline{)\,285} \\ 228 \\ \hline 57 \end{array}$$

$$\begin{array}{r} 2 \\ 57\,\overline{)\,114} \\ 114 \\ \hline 0 \end{array}$$

ユークリッドの互除法を応用すると，次のようなこともできるよ。

例 等式 $299x+166y=1$ を満たす整数 x, y の組を1つ求めよ。

例題❶の(1)を利用して，右辺の「1」を299と166で表すことを考えるんだ。

$299=166\cdot1+133$ ……(i)
$166=133\cdot1+33$ ……(ii)
$133=33\cdot4+1$ ……(iii)

「余り＝～」に変形する →

$133=299-166\cdot1$ ……(i)′
$33=166-133\cdot1$ ……(ii)′
$1=133-33\cdot4$ ……(iii)′

これを(iii)′から順に使っていくと，

$$\begin{aligned}1&=133-33\cdot4\\&=133-(166-133\cdot1)\cdot4\\&=166\cdot(-4)+133\cdot5\\&=166\cdot(-4)+(299-166\cdot1)\cdot5\\&=299\cdot5+166\cdot(-9)\end{aligned}$$

(iii)′　(ii)′　(i)′

$133-(166-133\cdot1)\cdot4$
$=133-166\cdot4+133\cdot4$
$=166\cdot(-4)+133\cdot(1+4)$

$166\cdot(-4)+(299-166\cdot1)\cdot5$
$=166\cdot(-4)+299\cdot5-166\cdot5$
$=299\cdot5+166\cdot(-4-5)$

$299\cdot5+166\cdot(-9)=1$ が成り立つから，$299x+166y=1$ を満たす整数 x, y の組の1つとして，

$$(x,\ y)=(\mathbf{5},\ \mathbf{-9})$$

が求められたね。

2 1次不定方程式

x, y の方程式 $2x+3y=8$ の解は，

$$(x,\ y)=(-2,\ 4),\ (1,\ 2),\ \left(\frac{1}{2},\ \frac{7}{3}\right),\ \left(-\frac{1}{2},\ 3\right),\ \cdots\cdots$$

x も y も整数である解をとくに「**整数解**」というよ！

整数ではない，分数などの解もあるね！

これは x が整数ではないから「整数解」ではないね！

と無数にあるね。このように，解が定まらないことを「**不定**」というんだ。

x, y の1次方程式は，2つの方程式を連立すればたいていは解が1組に定まるけど，1つの方程式だけでは解が不定になってしまうんだね！　だから，

$ax+by=c$ ……(＊)

の形をした1つの方程式を，「**1次不定方程式**」というんだよ。

ここでは，a，b，c が整数である1次不定方程式(＊)の「整数解」の求め方を学ぼう。(＊)の「**整数解**」とは，(＊)の解のうち x も y も整数である解のことだよ。

じつは，a，b が互いに素なら，(＊)は必ず整数解をもつんだ（くわしくは**ちょいムズ**をみてね！）。その整数解を求めるのに使うのが，第**58**節で学習した「互いに素な整数に関する性質」なんだよ。もう一度おさらいしておこう！

互いに素な整数に関する性質

a，x，b が整数で a と b が互いに素のとき，ax が b の倍数ならば x は b の倍数。

互いに素（共通な因数をもたない）

$ax=b\times$（整数）　⇒　$x=b\times$（整数）

a は b がもつ素因数は一切もたない

x は b がもつ素因数をすべてもつ

例1　方程式 $5x-3y=0$ の整数解をすべて求めよ。

$5x-3y=0$ ……①

①を変形すると，

y が整数のとき，$3y$ は3の倍数だね！

$5x=3y$ ……②

y が整数のとき，$3y$ は3の倍数なので，②が成り立つということは $5x$ も3の倍数だね。さらに5と3が互いに素だから，整数 x が3の倍数だとわかるので，

$x=3k$　（k は整数）……③

と表すことができるんだ。

③を②に代入すると，

$5\cdot 3k=3y$

$y=5k$

よって，①のすべての整数解は，

$(x,\ y)=(3k,\ 5k)$　（k は整数）……④

k	…	-2	-1	0	1	2	…
x	…	-6	-3	0	3	6	…
y	…	-10	-5	0	5	10	…

この表のような x，y の組を表しているね

④の k に，ある1つの整数を代入したときの整数 x，y の組が，①の1つの整

数解だよ。だから，④の形で表したものが，すべての整数解なんだ。

このような，不定方程式の整数解において，すべての解のことを「**一般解**」というんだ。それにたいして，ある1組の解のことを「**特殊解**」というよ。

じつは，一般解を求めるときの基本は，**例1**の②式の形へ変形することなんだけど，その変形のカギを握る（にぎ）のが特殊解なんだ。何か1組の特殊解をみつけることができれば，それを利用して一般解が求められるんだよ。

例2 方程式 $5x+3y=1$ の整数解をすべて求めよ。

$5x+3y=1$ ……①

係数が5と3で互いに素だから，**例1**の②式のような，

(5の倍数)＝(3の倍数)

の形に変形することができれば，あとは**例1**と同じようにして求めることができるね。その手順を説明していくよ。

step1 特殊解を1つみつける。

①の x に簡単な整数値をいくつか代入していき，y の値も整数になるものがないか調べていく。

たとえば，$x=0$ を①に代入すると，$y=\frac{1}{3}$ となって，整数解にならないね。同様に，$x=1$，2，……と代入していくと，$x=2$ のとき，

$5\cdot0+3y=1$
$3y=1$
$y=\frac{1}{3}$

$5\cdot2+3y=1$
$y=-3$

移項して3でわる

x	0	1	2	…
y	$\frac{1}{3}$	$-\frac{4}{3}$	-3	…

となり，y も整数になって，

$(x,\ y)=(2,\ -3)$

という特殊解がみつかるね！

step2 ①から，特殊解を①に代入した式②をひく。

$$\begin{cases} 5x+3y=1 & \cdots\cdots① \\ 5\cdot2+3\cdot(-3)=1 & \cdots\cdots② \end{cases}$$

$(x,\ y)=(2,\ -3)$ は①の解の1つだから，①に代入したとき，「＝」が成り立つね！

①−②より，

$5(x-2)+3\{y-(-3)\}=0$

$5(x-2)=-3(y+3)$ ……③

$-3(y+3)=3\{-(y+3)\}$
なので，y が整数のとき，
$-3(y+3)$ は3の倍数

step3 **「互いに素な整数に関する性質」**を利用する。

③より，$5(x-2)$ は3の倍数であり，5と3は互いに素なので，

$x-2=3k$ （k は整数）……④

と表せる。④を③へ代入して，

$5\cdot\cancel{3}k=-\cancel{3}(y+3)$

$5k=-y-3$

$y=-5k-3$

よって，求める整数解は，

$(x,\ y)=(3k+2,\ -5k-3)$ （k は整数）

これらは，表のような x，y の組を表すね！

k	…	-2	-1	0	1	2	…
x	…	-4	-1	2	5	8	…
y	…	7	2	-3	-8	-13	…

④の式を「$x=\sim$」の形にしたよ

1次不定方程式の解法手順

a，b は互いに素な整数（$a\neq 0$ かつ $b\neq 0$），c は整数として，

不定方程式　$ax+by=c$ ……①

の整数解は，次の手順で求めるとよい。

step1 $ax_0+by_0=c$ ……②　を満たす整数の組 $(x_0,\ y_0)$ を1組みつける。

特殊解（解の1組）だよ！

step2 ①−②より，

$a(x-x_0)+b(y-y_0)=0$

移項して，

$a(x-x_0)=-b(y-y_0)$ ……③

step3 ③より，$a(x-x_0)$ は b の倍数であり，a，b は互いに素なので，

$x-x_0$ は b の倍数である。よって，

$x-x_0=bk$（k は整数）……④

と表すことができ，

$x=bk+x_0$

④を③に代入して，

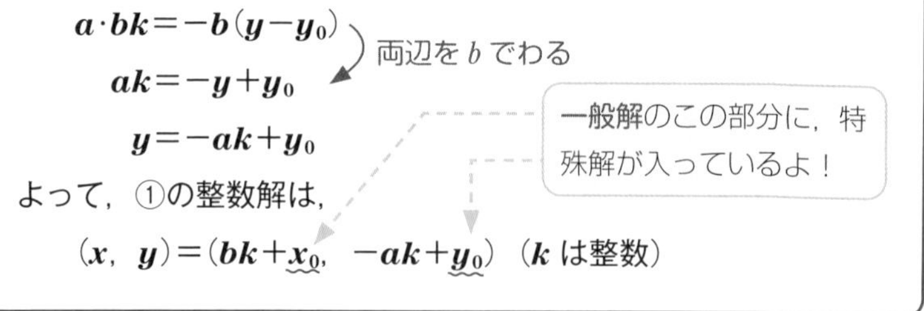

$a \cdot bk = -b(y - y_0)$
両辺を b でわる
$ak = -y + y_0$
$y = -ak + y_0$
一般解のこの部分に，特殊解が入っているよ！
よって，①の整数解は，
$(x,\ y) = (bk + x_0,\ -ak + y_0)$ （k は整数）

わかったかな？　ここで着目してほしいのが，一般解を表す式の中に特殊解$(x_0,\ y_0)$が入っているということなんだ。だから，どのような特殊解を選ぶかによって，一般解を表す式は変わってくるんだよ。

たとえば，**例2** の方程式 $5x+3y=1$ ……① について，さっきは特殊解を$(x,\ y)=(2,\ -3)$としたけど，$(x,\ y)=(-1,\ 2)$も①を満たすから，特殊解に選ぶことができるね。すると，一般解の式も変わってくるんだ。だけど，

どの特殊解を選んでも，解全体の集合は同じ

になるから，どの特殊解は好きなものを選んで大丈夫だよ！

(i)　特殊解 $(x,\ y)=(2,\ -3)$ を選ぶとき，
　一般解 $(x,\ y)=(3k+2,\ -5k-3)$　（k は整数）

k	…	-2	-1	0	1	…
$(x,\ y)$	…	$(-4,\ 7)$	$(-1,\ 2)$	$(2,\ -3)$	$(5,\ -8)$	…

(ii)　特殊解 $(x,\ y)=(-1,\ 2)$ を選ぶとき，
　一般解 $(x,\ y)=(3k-1,\ -5k+2)$　（k は整数）

k	…	-1	0	1	2	…
$(x,\ y)$	…	$(-4,\ 7)$	$(-1,\ 2)$	$(2,\ -3)$	$(5,\ -8)$	…

一般解の式はちがっても同じ解が出てくる！

ところで，さっきは特殊解を地道に探してみつけたけど，それだとたいへんな場合もあるんだ。たとえば，$299x+166y=1$ の特殊解って簡単にみつかりそうにないよね。そんなとき，ユークリッドの互除法を応用することで簡単にみつかるんだよ！　じつはこれ，❶の最後にやったよね！（$p.678$をもう一度みてみてね）

例題 ❷

1個の重さが29gのチョコレートと13gのクッキーがある。これらを詰め合わせて合計でちょうど300gにしたい。それぞれ何個ずつ詰め合わせればよいか。

解答と解説

チョコレートを x 個，クッキーを y 個詰め合わせるとすると，

$$29x+13y=300 \quad \cdots\cdots ①$$

①の特殊解は探してみつけるのはたいへんそうだから，互除法を利用するよ！

この等式を満たす0以上の整数 x，y を求めればよい。

$$29=13\cdot 2+3$$

$$3=29-13\cdot 2 \quad \cdots\cdots ②$$

まず，x, y の係数のうち，大きいほうの29を，小さいほうの13でわるわり算から始める！

また，

$$13=3\cdot 4+1$$

$$1=13-3\cdot 4 \quad \cdots\cdots ③$$

前の計算のわる数を，前の計算の余りでわるんだね！

②，③より，

$$1=13-(29-13\cdot 2)\cdot 4$$

$$=29\cdot(-4)+13\cdot 9$$

③の右辺の「3」のところに，②の右辺を代入

よって，

$$29\cdot(-4)+13\cdot 9=1$$

この両辺を300倍すると，

$$29\cdot(-1200)+13\cdot 2700=300 \quad \cdots\cdots ④$$

右辺を①にそろえると，①の特殊解の1つが $(x,\ y)=(-1200,\ 2700)$ だとわかるね！

①－④より，

$$29(x+1200)+13(y-2700)=0$$

$$29(x+1200)=-13(y-2700) \quad \cdots\cdots ⑤$$

ひき算をして右辺を0にする

29と13は互いに素なので，⑤より，k を整数として，

$$x+1200=13k \quad \cdots\cdots ⑥$$

「$x+1200$」は13の倍数だといえることを利用し，整数 k を用いて x を表す！

と表せる。⑥を⑤に代入して，

$$29\cdot 13k=-13(y-2700)$$

$29k=-y+2700$

$y=-29k+2700$ ……⑦ ← kを用いてyを表す！

ここで，$x \geqq 0$と⑥より，

$13k-1200 \geqq 0$ ← $x+1200=13k$　$x=13k-1200$

$k \geqq \dfrac{1200}{13}$ ……⑧ ← xの変域から，kの変域を限定

また，$y \geqq 0$と⑦より，

$-29k+2700 \geqq 0$

$k \leqq \dfrac{2700}{29}$ ……⑨ ← yの変域から，kの変域を限定

⑧，⑨より，$\dfrac{1200}{13} \leqq k \leqq \dfrac{2700}{29}$

これを満たす整数kは，$k=93$であり，このとき⑥，⑦より，

$x=9$，$y=3$

以上より，求める個数は，チョコレート9個，クッキー3個 **答**

別解 ②より，$29 \cdot 1+13 \cdot (-2)=3$ ← じつは，余りが①の右辺の約数になったら，互除法をやめてOKなんだ！

両辺を100倍すると，

$29 \cdot 100+13 \cdot (-200)=300$ ← 特殊解の1つ$(x,\ y)=(100,\ -200)$がわかるね！

これを①からひいて，

$29(x-100)+13(y+200)=0$ ← ひき算をして右辺を0に

あとは正答の⑤以降と同じように進めればOK！

ちょいムズ

整数係数の1次不定方程式$ax+by=c$って，整数解は必ずあるの？

いい質問だね！　じつは，aとbが互いに素のときは，$ax+by=c$には必ず整数解があるんだよ。❷の**例題❷**で解いた，

$29x+13y=300$ ……①

について考えてみよう。

$$29x+13y=300 \quad \cdots\cdots ①$$

$$29=13\cdot 2+3 \quad \cdots\cdots ②$$

$$\text{GCD}(29,\ 13)=\text{GCD}(13,\ 3)$$

$$13=3\cdot 4+1 \quad \cdots\cdots ③$$

$$\text{GCD}(13,\ 3)=\text{GCD}(3,\ 1)$$

最後の余りは必ず1

以上より,

$$\text{GCD}(29,\ 13)$$
$$=\text{GCD}(13,\ 3)=\text{GCD}(3,\ 1)$$
$$=1$$

「互いに素」とは，最大公約数が1ということだったね。29と13は互いに素だから，左のようにユークリッドの互除法を使っていくと，最後は必ず余りが1になるよね。

そっか！　ってことは，右のようにユークリッドの互除法を逆にたどっていけば，④みたいに，

$29x+13y=1$

の解となる整数 x, y の組が必ずみつかるから，④の両辺を300倍して右辺の値を①にそろえれば……

$$1=13-3\cdot 4$$ ③より

$$=13-(29-13\cdot 2)\cdot 4$$ ②より

$$=29\cdot(-4)+13\cdot 9$$

よって,

$$29\cdot(-4)+13\cdot 9=1 \quad \cdots\cdots ④$$

両辺を300倍して,

右辺を①にそろえる

$$29\cdot(-1200)+13\cdot 2700=300$$

$29x+13y=300$ の整数解

①の整数解も必ずみつかるね！

なるほど～！　まとめていい？
a と b が互いに素であれば，ユークリッドの互除法を逆にたどっていくことで,

$$ax+by=1$$

となる x, y を必ずみつけられるから，それを $(x,\ y)=(x_0,\ y_0)$ とすれば,

$$ax_0+by_0=1$$

が成り立つわけだね。

この両辺を c 倍すれば，

$$a(\underset{\sim}{cx_0})+b(\underset{\sim}{cy_0})=c$$

$ax+by=c$ の整数解

となるのかあ～！　だから，次のことがいえるんだね。

1次不定方程式の特殊解

$\boldsymbol{a}$，$\boldsymbol{b}$ が互いに素な整数，$\boldsymbol{c}$ が整数であるとき，

$$\boldsymbol{ax+by=c}$$

を満たす整数 $\boldsymbol{x}$，$\boldsymbol{y}$ が存在する。

お～すばらしい♪　具体例で感じをつかんだら，文字を使って一般化してみると，より深く理解できるね！

だんだん整数が面白くなってきたよ♪

まとめ

(1)　**ユークリッドの原理の互除法の原理**

自然数 $\boldsymbol{a}$，$\boldsymbol{b}(\boldsymbol{a>b})$について，
$\boldsymbol{a}$ を $\boldsymbol{b}$ でわった商を $\boldsymbol{q}$，余りを $\boldsymbol{r}$ とすると，

$$\boldsymbol{a=bq+r}$$

であり，

$$\mathbf{GCD}(\boldsymbol{a},\ \boldsymbol{b})=\mathbf{GCD}(\boldsymbol{b},\ \boldsymbol{r})$$

わられる数とわる数の最大公約数

わる数と余りの最大公約数

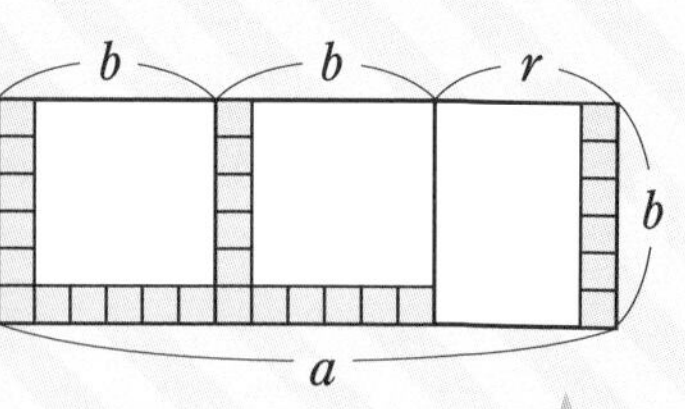

縦 b，横 r の長方形に正方形を敷き詰められれば，横 a，縦 b の長方形にもその正方形を敷き詰められるね！

(2) **1次不定方程式**

$$ax+by=c \quad \cdots\cdots①$$

(a, b は互いに素な整数($a \neq 0$ かつ $b \neq 0$), c は整数)

を解く手順。

step1 $ax_0+by_0=c$ ……② を満たす整数の組(x_0, y_0)を1組みつける。

ユークリッドの互除法を利用してみつけることもできる

step2 ①−②より,

$$a(x-x_0)+b(y-y_0)=0$$

移項して,

$$a(x-x_0)=-b(y-y_0) \quad \cdots\cdots③$$

step3 ③より, $a(x-x_0)$ は b の倍数であり, a, b は互いに素より, $x-x_0$ は b の倍数である。よって,

$$x-x_0=bk \ (k \text{ は整数}) \quad \cdots\cdots④$$

と表すことができ,

$$x=bk+x_0$$

a, x, b が整数で a と b が互いに素のとき, ax が b の倍数ならば, x は b の倍数

④を③に代入して,

$$a \cdot bk=-b(y-y_0)$$

$$ak=-y+y_0$$

$$y=-ak+y_0$$

よって, ①の整数解は,

$$(x, \ y)=(bk+x_0, \ -ak+y_0) \ (k \text{ は整数})$$

解答と解説▶別冊 $p.124$

練習問題

(1) **943 と 1058 の最大公約数を求めよ。**

(2) **方程式 $11x-5y=12$ の整数解をすべて求めよ。**

ヒント まず, $11x-5y=1$ の特殊解をみつけよう。

第61節 記数法

この節の目標

- ☐ Ⓐ n 進数を10進法で表し，10進数を n 進法で表すことができる。
- ☐ Ⓑ 2進法の計算をすることができる。
- ☐ Ⓒ 鳩の巣原理を理解し，利用することができる。

イントロダクション ♪♬

図1

僕たちは，0から9までの10種類の数字を使って数を表しているよね。この表し方を「**10進法**」というんだ。その仕組みを，お金を例にして考えてみよう。

図1 のように，1円玉がたくさんあって，いくらあるのか知りたいときにはどうするかな？　普通に数えてもいいけど，「まとめて」から数えると数えやすいね。1円玉を10枚ごとに10円玉1枚にかえると，右の場合なら10円玉2枚と1円玉7枚になるから，合計で27円。ってことは，1円玉は27枚あったということだね。

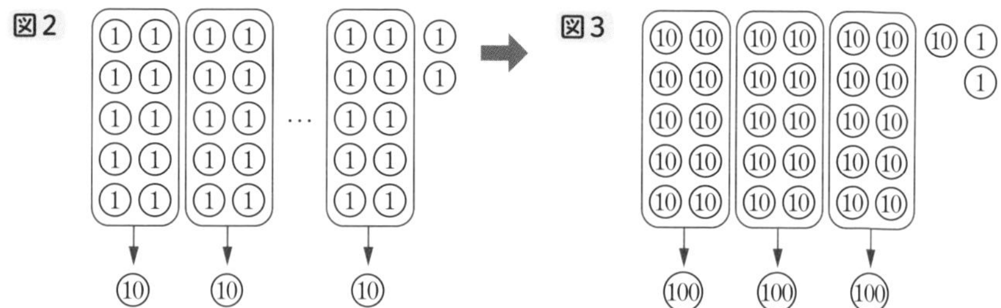

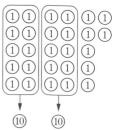

もう1つ例をみてみよう。図2 で，さっきと同じように1円玉を10枚ごとに10円玉1枚にかえていくと，何枚かの10円玉と1円玉2枚になったとするね。さらに 図3 のように，その10円玉を10枚ごとに100円玉1枚にかえると，100円玉3枚と10円玉1枚と1円玉2枚になったとする。このとき，ここにあるお金は312円だから，最初1円玉は312枚あったということがわかるね。

このように，10個ずつまとめて，1つ上の位にくり上げていく数の表し方を，

「10進法」というんだ。たしかに，10個ずつ束にしたほうが数えやすいよね。「10進法」の表記の仕方としては，0から9までの10個の記号を使って，右から順に1の位，10の位，100の位，1000の位，……を表すよ。

例　7356

10^3の位	10^2の位	10の位	1の位
7	3	5	6

この例の中の，たとえば10^3の位が7というのは，「10^3(＝1000)が7個ある」ことを意味するよ。お金でいうと，7356円は千円札7枚と100円玉3枚と10円玉5枚と1円玉6枚ぶん，ということなんだ。これを式で表すと，

$$7356=1000\cdot7+100\cdot3+10\cdot5+1\cdot6$$

となるね！

ゼロから解説

1　n進数を10進法で表す

n進法で表された数を「n進数」というよ！

まず，「**2進法**」を学習しよう。「10進法」は10ずつのまとまりを作っていったけど，「2進法」は2ずつのまとまりを作っていく方法なんだ。

ここに消しゴムが7個あるよ。これを2個ずつまとめていってみよう。

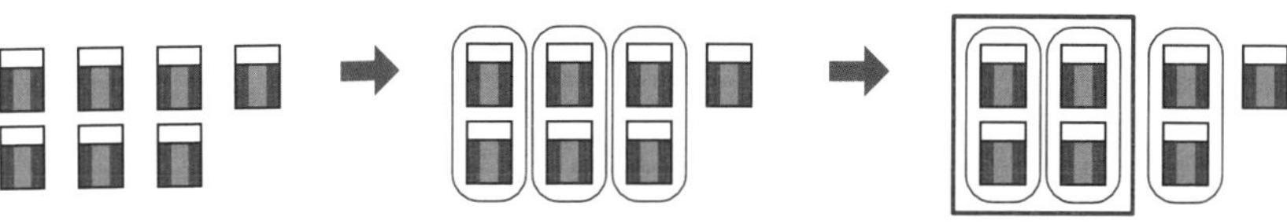

7個

2個の束が3つ
1個が1つ

2^2個の束が1つ
2個の束が1つ
1個が1つ

まず2個ずつ束にしていくと，2個の束が3つと1個になるね。つぎに，2個の束2つをさらにまとめて1つの束とすれば，2^2個の束が1つできるね。結局，2^2個の束が1つ，2個の束が1つ，1個が1つになるから，7は，

$$2^2\cdot1+2\cdot1+1\cdot1$$

と表すことができるね。そこで，2^2個の束の個数を2^2の位，2個の束の個数を

2の位，1個の個数を1の位として，次のように表すんだ。

$$\underset{2^2\text{の個数}}{2^2\cdot\underline{1}}+\overset{2^1}{②}\cdot\underset{2\text{の個数}}{\underline{\underline{1}}}+\overset{2^0}{①}\cdot\underset{1\text{の個数}}{\underbrace{1}}=111_{(2)}$$

各位の個数が2になると，さらにまとめた束にされて位がくり上がってしまうから，各位の個数は2より小さく，0か1のどちらかだけだね！

2進数

2^2の位	2の位	1の位
1	1	1

10進法と区別するために，右下に「(2)」とかくよ！

このように，0と1の2つだけを用いて，2で位が1つくり上がるように数を表す方法が2進法だよ。まとめておこう。

2 進 法

$$\cdots\cdots \boldsymbol{fedcba}_{(2)}=\cdots\cdots+2^5\cdot \boldsymbol{f}+2^4\cdot \boldsymbol{e}+2^3\cdot \boldsymbol{d}+2^2\cdot \boldsymbol{c}+2\cdot \boldsymbol{b}+1\cdot \boldsymbol{a}$$

$\boldsymbol{a}$ は1の個数，$\boldsymbol{b}$ は2の個数，$\boldsymbol{c}$ は2^2の個数，$\boldsymbol{d}$ は2^3の個数，……を表し，

$\boldsymbol{a}$，$\boldsymbol{b}$，$\boldsymbol{c}$，$\boldsymbol{d}$，……はいずれも0または1

例1　2進法で表された数 $11001_{(2)}$ を10進法で表せ。

$$\underset{2\text{進数}}{\underline{11001_{(2)}}}=2^4\cdot1+2^3\cdot1+2^2\cdot0+2\cdot0+1\cdot1$$

10進法で表した

$$=16+8+0+0+1$$

$$=\boldsymbol{25}$$

10進法で表した数だから，10進数だね！

つぎに「**3進法**」を学習しよう。これは3ずつのまとまりを作っていく方法だよ。ここに消しゴムが16個ある。これを3個ずつまとめていこう。

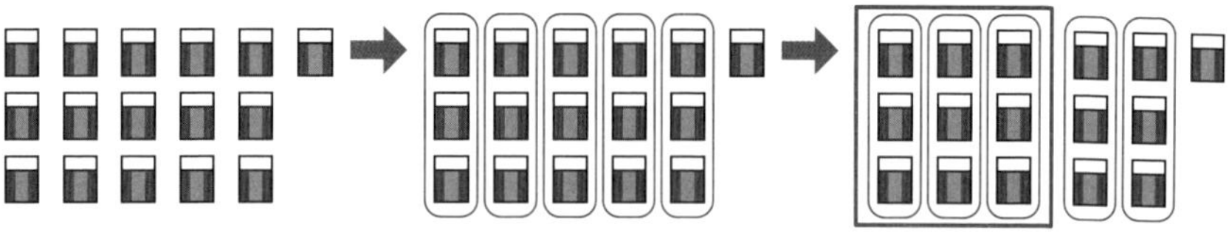

16個

3個の束が5つ
1個が1つ

3^2個の束が1つ
3個の束が2つ
1個が1つ

3^2個の束が1つ，3個の束が2つ，1個が1つとなるから，16は，

$$3^2\cdot1+3\cdot2+1\cdot1$$

と表せるね。そこで，3^2個の束の個数を3^2の位，3個の束の個数を3の位，1

個の個数を1の位として，次のように表すんだ。

$$3^2\cdot\underline{1}+\underset{}{\overset{3^1}{③}}\cdot\underline{2}+\overset{3^0}{①}\cdot\underline{1}=121_{(3)}$$

3^2の個数　3の個数　1の個数

各位の個数は3より小さく，0か1か2だね！

3進数

3^2の位	3の位	1の位
1	2	1

10進法と区別するために，右下に「(3)」とかくよ！

このように，0，1，2の3つの数字だけを用いて，3で位が1つくり上がるように数を表す方法が3進法だよ。まとめておこう。

3 進法

$$\cdots\cdots fedcba_{(3)}=\cdots\cdots+3^5\cdot f+3^4\cdot e+3^3\cdot d+3^2\cdot c+3\cdot b+1\cdot a$$

a は1の個数，b は3の個数，c は3^2の個数，d は3^3の個数，……を表し，

a，b，c，d，……はいずれも0または1または2

例2　3進法で表された数 $2102_{(3)}$ を10進法で表せ。

$2102_{(3)}=3^3\cdot2+3^2\cdot1+3\cdot0+1\cdot2=\mathbf{65}$

一般化すると，次のようになるよ。

***n* 進法**

n 進法……0から $n-1$ までの n 種類の数字を用いて，n で位が1つくり上がるように数を表す方法

$$\cdots\cdots fedcba_{(n)}=\cdots\cdots+n^5\cdot f+n^4\cdot e+n^3\cdot d+n^2\cdot c+n\cdot b+1\cdot a$$

例3　5進法で表された数 $3241_{(5)}$ を10進法で表せ。

$3241_{(5)}=5^3\cdot3+5^2\cdot2+5\cdot4+1\cdot1=\mathbf{446}$

n 進法の小数も，同じように考えることができるよ。

2進法の場合だと，

小数第1位は$\dfrac{1}{2}$の位，小数第2位は$\dfrac{1}{2^2}$の位，小数第3位は$\dfrac{1}{2^3}$の位，……

となるんだ。いくつか10進法で表してみよう。

例1 $1.011_{(2)}=1\cdot1+\frac{1}{2}\cdot0+\frac{1}{2^2}\cdot1+\frac{1}{2^3}\cdot1$

$=1+\frac{1}{4}+\frac{1}{8}=\frac{11}{8}$

1	$\frac{1}{2}$	$\frac{1}{2^2}$	$\frac{1}{2^3}$
1	0	1	1

例2 $2.021_{(3)}=1\cdot2+\frac{1}{3}\cdot0+\frac{1}{3^2}\cdot2+\frac{1}{3^3}\cdot1$

$=2+\frac{2}{9}+\frac{1}{27}=\frac{61}{27}$

1	$\frac{1}{3}$	$\frac{1}{3^2}$	$\frac{1}{3^3}$
2	0	2	1

n 進法の小数

$$a.bcdef\cdots\cdots_{(n)}=1\cdot a+\frac{1}{n}\cdot b+\frac{1}{n^2}\cdot c+\frac{1}{n^3}\cdot d+\frac{1}{n^4}\cdot e+\frac{1}{n^5}\cdot f+\cdots\cdots$$

2 10進数を n 進法で表す

今度は，10進数を n 進法で表してみよう。

例 10進法で表された数 2014 を5進法で表せ。

2014を5進法で表すには，

$2014=1\cdot a+5\cdot b+5^2\cdot c+5^3\cdot d+5^4\cdot e+5^5\cdot f+\cdots\cdots\ (=\cdots\cdots fedcba_{(5)})$ ……①

となる a, b, c, d, e, f, …… (いずれも0以上4以下の整数)を求めればいいね。

step1 両辺を5でわった余りを比べる。

左辺の2014を5でわった余りは4

右辺を5でわった余りは a

よって，$a=4$

5) 2014 余り
402 …4 (=a)

$1\cdot a+5\cdot b+5^2\cdot c+5^3\cdot d+5^4\cdot e+5^5\cdot f+\cdots\cdots$
$=5(b+5c+5^2d+5^3e+5^4f+\cdots\cdots)+a$

a は5進数の1の位の数だから，$0\leqq a\leqq4$ だよ！

step2 ①に $a=4$ を代入すると，

$2014=4+5\cdot b+5^2\cdot c+5^3\cdot d+5^4\cdot e+5^5\cdot f+\cdots\cdots$

両辺から4をひいて，

$2010=5\cdot b+5^2\cdot c+5^3\cdot d+5^4\cdot e+5^5\cdot f+\cdots\cdots$

両辺を5でわって，

$$402=b+5\cdot c+5^2\cdot d+5^3\cdot e+5^4\cdot f+\cdots\cdots \quad \cdots\cdots②$$

左辺の402を5でわった余りは2

右辺を5でわった余りは b

よって，$b=2$

5)	2014	余り
5)	402	…4 (= a)
	80	…2 (= b)

②の左辺にある402は，step1 のわり算の「商」のことだね！ だから，step1 の商である402をさらに5でわった余りが b だよ

step3 ②に $b=2$ を代入すると，

$$402=2+5\cdot c+5^2\cdot d+5^3\cdot e+5^4\cdot f+\cdots\cdots$$

両辺から2をひいて，

$$400=5\cdot c+5^2\cdot d+5^3\cdot e+5^4\cdot f+\cdots\cdots$$

両辺を5でわって，

$$80=c+5\cdot d+5^2\cdot e+5^3\cdot f+\cdots\cdots \quad \cdots\cdots③$$

左辺の80を5でわった余りは0

右辺を5でわった余りは c

よって，$c=0$

5)	2014	余り
5)	402	…4 (= a)
5)	80	…2 (= b)
	16	…0 (= c)

③の左辺にある80は，step2 のわり算の「商」のことだね！ だから，step2 の商である80をさらに5でわった余りが c だよ

step4 ③に $c=0$ を代入すると，

$$80=5\cdot d+5^2\cdot e+5^3\cdot f+\cdots\cdots$$

両辺を5でわって，

$$16=d+5\cdot e+5^2\cdot f+\cdots\cdots \quad \cdots\cdots④$$

左辺の16を5でわった余りは1

右辺を5でわった余りは d

よって，$d=1$

5)	2014	余り
5)	402	…4 (= a)
5)	80	…2 (= b)
5)	16	…0 (= c)
	3	…1 (= d)

step5 ④に $d=1$ を代入すると，

$$16=1+5\cdot e+5^2\cdot f+\cdots\cdots$$

両辺から1をひいて，

$$15=5\cdot e+5^2\cdot f+\cdots\cdots$$

両辺を5でわって，

$$3=e+5\cdot f+\cdots\cdots \quad \cdots\cdots⑤$$

左辺の3を5でわった余りは3

右辺を5でわった余りは e

よって，$e=3$

5)	2014	余り
5)	402	…4 (= a)
5)	80	…2 (= b)
5)	16	…0 (= c)
5)	3	…1 (= d)
	0	…3 (= e)

下から順に読んだもの（左から順に並べたもの）だよ！

商が 0 になるまでわり算をくり返すんだよ！

step6 ⑤に $e=3$ を代入すると，

$$3=3+5\cdot f+\cdots\cdots$$
両辺から3をひく
$$0=5\cdot f+\cdots\cdots$$

f以降は0になるということだね。$e=3$，$d=1$，$c=0$，$b=2$，$a=4$ だから，

$$2014=5^4\cdot 3+5^3\cdot 1+5^2\cdot 0+5\cdot 2+1\cdot 4=\mathbf{31024}_{(5)}$$

結局，10進数を5進法で表したいときは，5でわるわり算をくり返し，出てきた余りを逆順に読む（逆順に左から並べる）といいんだ。一般に，

> **10進法を n 進法で表したいときは，**
> **n でわるわり算で，出てきた余りを逆順に読む**

例題 ❶

10進法で表された数 78 を，2進法と5進法で表せ。

解答と解説

		余り
2)	78	
2)	39	…0
2)	19	…1
2)	9	…1
2)	4	…1
2)	2	…0
2)	1	…0
	0	…1

		余り
5)	78	
5)	15	…3
5)	3	…0
	0	…3

2進法なら「2」，5進法なら「5」でわっていって，余りを逆順に読めばいいね！

よって，78を，2進法と5進法で表すと，

$1001110_{(2)}$，$303_{(5)}$ 答

10進法で表された整数を n 進法で表す方法はわかったけど，小数の場合はどう考えればいいの？

小数でも原理は同じだよ！　せっかくだからやってみよう！
たとえば，0.625 を2進法で表してみようか。

$$0.625=\frac{1}{2}\cdot a+\frac{1}{2^2}\cdot b+\frac{1}{2^3}\cdot c+\frac{1}{2^4}\cdot d+\cdots\cdots \quad \cdots\cdots①$$

となる a, b, c, d, …… (いずれも 0 か 1)を求めればいいよね。

たしかにそうだね！　それで？

まず，a の値を求めるために，①の両辺を2倍して整数部分をくらべるんだ。①の両辺を2倍すると，

$$1.25=a+\frac{1}{2}\cdot b+\frac{1}{2^2}\cdot c+\frac{1}{2^3}\cdot d+\cdots\cdots \quad \cdots\cdots②$$

左辺の整数部分は1，右辺の整数部分は a だから，$a=1$ だね。

そうやって求めるんだ～！　さっきと似てるね。

そうなんだ。そこで，②に $a=1$ を代入すると，

$$1.25=1+\frac{1}{2}\cdot b+\frac{1}{2^2}\cdot c+\frac{1}{2^3}\cdot d+\cdots\cdots$$

となるね。両辺から 1 をひくとどうなるかな？

$$0.25=\frac{1}{2}\cdot b+\frac{1}{2^2}\cdot c+\frac{1}{2^3}\cdot d+\cdots\cdots \quad \cdots\cdots③$$

あ！　①と同じような形になった。じゃあ，また両辺を2倍して整数部分をくらべればいいんでしょ？　③の両辺を2倍して，

$$0.5=b+\frac{1}{2}\cdot c+\frac{1}{2^2}\cdot d+\cdots\cdots \quad \cdots\cdots④$$

だから，左辺と右辺で整数部分を比較して，$b=0$ だね。

そのとおり！　要領がわかってきたかな？　続きもやってごらん。

④に $b=0$ を代入して，両辺を2倍すると，

$$1=c+\frac{1}{2}\cdot d+\cdots\cdots \quad \cdots\cdots⑤$$

整数部分を比較すると，$c=1$ だね。$c=1$ を⑤に代入して，1 をひくと，

$$0=\frac{1}{2}\cdot d+\cdots\cdots$$

左辺が 0 になった！

左辺が 0 になったら終わりだよ。d 以降は 0 ということだね。結局 $a=1, b=0, c=1$ だから，0.625 を2進法で表すとどうなる？

$0.625=\frac{1}{2}\cdot 1+\frac{1}{2^2}\cdot 0+\frac{1}{2^3}\cdot 1=0.101_{(2)}$ だね！

今の会話でのやり方を，もう少し簡略化して行う方法を紹介するね。

a は0.625を2倍した数1.25の整数部分だったね(②)！　そして，b は1.25の小数部分0.25を2倍した数0.5の整数部分(④)，c は0.5を2倍した数の整数部分(⑤)だから，右のようにすることができるんだ。

つまり，「小数部分だけを次々に2倍していって，小数部分が0になったら終了」とすればいいってことなんだ。そして，整数部分を上から順に並べていけば，0.625を2進法で表したものになるんだね。だから，仕組みが理解できたら，次からはこの方法でやるといいよ。まとめると次のようになるよ。

```
   ⓪. 6 2 5
 ×        2
a➡①. 2 5 0
 ×      2
b➡⓪. 5 0
 ×    2
c➡①. 0
```

小数部分が0になったら終了！

n 進法を10進法で表したいときは，
n を小数部分にかけていき，整数部分を上から読む

例題❷

(1)　**10進法で表された小数0.8125を2進法の小数で表せ。**

(2)　**10進法で表された小数0.776を5進法の小数で表せ。**

解答と解説

(1)

```
 ⓪. 8 1 2 5
×          2
 ①. 6 2 5 0
×        2
 ①. 2 5 0
×      2
 ⓪. 5 0
×    2
 ①. 0
```

$0.8125=0.1101_{(2)}$ 答

(2)

```
 ⓪. 7 7 6
×        5
 ③. 8 8 0
×      5
 ④. 4 0
×    5
 ②. 0
```

$0.776=0.342_{(5)}$ 答

2進法なら「2」，5進法なら「5」を小数部分にかけていき，整数部分を上から読んでいけばいいね！

❸ 2進法の計算

つぎに，2進法の計算の仕方を学習しよう。2進法は2でくり上がることを考えると，2進法の四則演算では次の計算が基本となるよ。

2進法の基本計算

❶ $0_{(2)}+0_{(2)}=0_{(2)}$　❷ $0_{(2)}+1_{(2)}=1_{(2)}$　❸ $1_{(2)}+0_{(2)}=1_{(2)}$

❹ $1_{(2)}+1_{(2)}=10_{(2)}$　❺ $0_{(2)}-0_{(2)}=0_{(2)}$　❻ $1_{(2)}-0_{(2)}=1_{(2)}$

❼ $1_{(2)}-1_{(2)}=0_{(2)}$　❽ $10_{(2)}-1_{(2)}=1_{(2)}$

$10_{(2)}$ は10進法でいうと 2 のことだね！

例　$1111_{(2)}+110_{(2)}$ を筆算を利用して計算せよ。

step1

2^4 の位	2^3 の位	2^2 の位	2 の位	1 の位
	1	1	1	1
		1	1	0

1の位をたすよ。
　$1+0=1$ $(=1_{(2)})$
だから，1の位に1をかいてね！

step2

	1	1	1	1
		1	1	0
				1

2の位をたすよ。
　$1+1=2$ $(=10_{(2)})$
だから，2の位には0をかいて1くり上げてね！

step3

くり上がった1をここにかこう

		1		
	1	1	1	1
		1	1	0
			0	1

2^2 の位をたすよ。
　$1+1+1=3$ $(=11_{(2)})$
だから，2^2 の位には1をかいて1くり上げてね！

step4

くり上がった1をここにかこう

	1	1		
	1	1	1	1
		1	1	0
		1	0	1

2^3 の位をたすよ。
　$1+1=2$ $(=10_{(2)})$
だから，2^3 の位には0をかいて1くり上げてね！

step5

くり上がった1をここにかこう

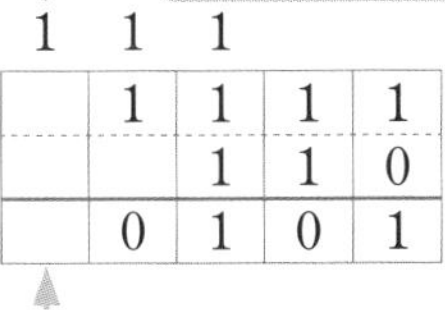

1	1	1		
	1	1	1	1
		1	1	0
	0	1	0	1

2^4 の位をたすよ。
　1 $(=1_{(2)})$
だから，2^4 の位には1をかいてね！

step6

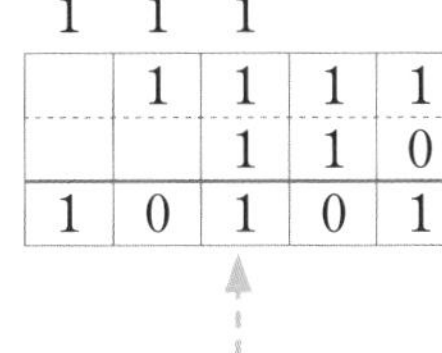

1	1	1		
	1	1	1	1
		1	1	0
1	0	1	0	1

最後はこの状態で終了だよ

よって，$1111_{(2)}+110_{(2)}=\mathbf{10101}_{(2)}$となるね。

ちなみに，10進法で表すと，「15+6=21」となるよ！

例題 ❸

次の計算をせよ。

(1) $100101_{(2)}-1011_{(2)}$　(2) $10111_{(2)}\times 101_{(2)}$

(3) $1001_{(2)}\div 11_{(2)}$

解答と解説

(1)

```
    1
   2 2  2
  100101
 -  1011
  ------
   11010
```

2の位の計算で，0から1はひけないね！　こういうときは，1つ上の位から借りてこよう！　2^2の位の1を2の位にくり下げて2としたものから1をひいて，2−1=1（2の位）

2^3の位の計算で，0から1はひけないね！　ところが，借りてきたい2^4の位も0だから，もう1つ上の2^5の位から借りてこよう！　2^5の位の1を2^4の位にくり下げて2としたものから，さらに1を2^3の位にくり下げて2とし，そこから1をひいて，2−1=1（2^3の位）

よって，

$100101_{(2)}-1011_{(2)}=11010_{(2)}$ 答

(2)

```
    10111
 ×    101
 --------
    10111
       0
  10111
 --------
  1110011
```

10進法のかけ算と同じように始める

0は何にかけても0になるね！

たし算は例と同じようにすればいいね！

よって，

$10111_{(2)}\times 101_{(2)}=1110011_{(2)}$ 答

(3)

```
      11
 11)1001
     11
     ---
      11
      11
      --
       0
```

10進法のわり算と同じように始める

ひき算は(1)と同じようにすればいいね！

よって，

$1001_{(2)}\div 11_{(2)}=11_{(2)}$ 答

4 鳩の巣原理

整数の論証などでよく用いられる「**鳩の巣原理**」という考え方を紹介するよ。

鳩の巣原理

$n+1$ 羽の鳩と n 個の巣があるとき，すべての鳩が巣に入っているならば，2羽以上の鳩が入っている巣が少なくとも1つ存在する。

例　4つの巣があり，5羽の鳩がすべて巣に入っているとき

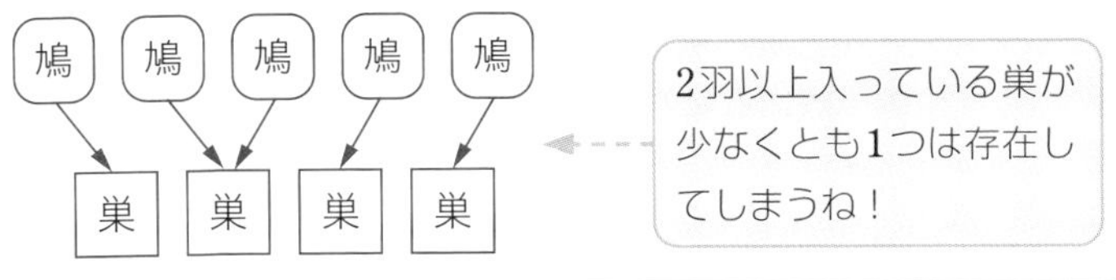
鳩
鳩
鳩
鳩
鳩
巣
巣
巣
巣
2羽以上入っている巣が少なくとも1つは存在してしまうね！

これを使うと，

> 整数ではない有理数 $\dfrac{a}{b}$ (a，b は正の整数)を10進法の小数で表したものは，有限小数か循環小数である

ことを示すことができるんだ。やってみよう。

$\dfrac{a}{b}$ を小数で表すときには，a を b でわる筆算をするけど，その計算は，整数を b でわって商と余りを求めることのくり返しだよね。そこで，b でわった余りが，

$0, 1, 2, \cdots\cdots, b-1$

の b 通りしかないことに着目してみよう。

もし筆算の途中で余りが0になれば，そこで計算は終わるから，有限小数になるね。

じゃあ，途中で0にならない場合は，というと，出てくる余りは，

$1, 2, \cdots\cdots, b-1$

の $b-1$ 種類しかないね。

例　$\dfrac{7}{4}$ ($a=7$，$b=4$)
⬇
出てくる余りは0，1，2，3のいずれか

```
    1.75
 4) 7
    4
    30
    28
     20
     20
      0
```

例

```
      0.85
 20) 17
     160
      100
      100
        0
```

そこで，わり算をb回行ったらどうなるかを考えてみよう。ここで，鳩の巣原理が活躍するんだ！　余りは$b-1$種類しかないから，わり算をb回行った時点で，出ているb個の余りの中に同じものがあるね。つまり，b回以内には必ず，1度出た余りと同じ余りが再び登場するんだ！　そして，そのあとの計算は，同じわり算のくり返しだから，循環小数になるんだよ。

> **例**　7でわっているとき，7でわった余りは，0以外に，
>
> 1，2，3，4，5，6
>
> の6種類だから，途中で余りが0にならなければ，7回以内のわり算で必ず，1度出たのと同じ余りが現れるね！

具体例として，$\frac{2}{7}$について考えてみよう。

$$\frac{2}{7}=0.285714285714285714285714\cdots\cdots$$
$$=0.\dot{2}8571\dot{4}$$

この計算の途中で現れる余りは，7より小さい自然数1，2，3，4，5，6の6種類のどれかでしかなく，7回目のわり算で前と同じ余りが現れて，以後はそれまでのくり返しとなっているね。このことから，$\frac{2}{7}$は循環小数だということがわかるね。

```
        0.28571428
    7) 20
       14
       (60)
        56
         40
         35
          50
          49
           10
            7
           30
           28
            20
            14
            (60)
             56
              4
```

同じ余りになっているから，以後同じ計算が続くね！

ところで，kを自然数とすると，有限小数は，

$$0.123=\frac{123}{1000}\qquad 0.0456=\frac{456}{10000}$$

のように，$\frac{\text{整数}}{10^k}$の形で表せるんだ。逆に，$\frac{\text{整数}}{10^k}$の形をした分数は有限小数で表される，ということもいえるよ。それから，分母が10^kの形ではない分数も，

$$\frac{3}{250}=\frac{3}{2\cdot5^3}=\frac{3\cdot2^2}{(2\cdot5^3)\cdot2^2}=\frac{12}{2^3\cdot5^3}=\frac{12}{(2\cdot5)^3}=\frac{12}{1000}=0.012$$

のように，分母の素因数が2と5だけからなる分数は，分母と分子に適当な数をかけることによって分母を10^kの形にすることができるから，有限小数になるね。

一般に，分数 $\dfrac{m}{n}$（m，n は互いに素な整数，$n \geqq 2$）について，

既約分数が有限小数で表される条件

> **n が素因数 2，5 だけからなる** $\Leftrightarrow$ **$\dfrac{m}{n}$ が有限小数で表される**

(1) **n 進法……0 から $n-1$ までの n 種類の数字を用いて，n で位が 1 つくり上がるように数を表す方法**

$$\cdots\cdots fedcba_{(n)} = \cdots\cdots + n^5 \cdot f + n^4 \cdot e + n^3 \cdot d + n^2 \cdot c + n \cdot b + 1 \cdot a$$

$$a.bcdef\cdots\cdots_{(n)} = 1 \cdot a + \frac{1}{n} \cdot b + \frac{1}{n^2} \cdot c + \frac{1}{n^3} \cdot d + \frac{1}{n^4} \cdot e + \frac{1}{n^5} \cdot f + \cdots\cdots$$

(2) **10 進数を n 進法で表す**

例　1654 を 5 進法で表す

```
5) 1654    余り
5)  330 … 4
5)   66 … 0
5)   13 … 1
5)    2 … 3
      0 … 2
```

下から順に読んだものだよ！

$1654 = 23104_{(5)}$

0.375 を 5 進法で表す

```
  ⓪.375
×     5
  ①.875
×     5
  ④.375
×     5
  ①.875
×     5
  ④.375
×     5
    ⋮
```

整数部分を上から読む

小数部分が0になったら終了だけど，今回のように同じ計算がくり返されるときは循環小数になるよ

$0.375 = 0.\dot{1}\dot{4}_{(5)}$

(3) **2進法の基本計算**

❶ $\mathbf{0}_{(2)}+\mathbf{0}_{(2)}=\mathbf{0}_{(2)}$　❷ $\mathbf{0}_{(2)}+\mathbf{1}_{(2)}=\mathbf{1}_{(2)}$　❸ $\mathbf{1}_{(2)}+\mathbf{0}_{(2)}=\mathbf{1}_{(2)}$

❹ $\mathbf{1}_{(2)}+\mathbf{1}_{(2)}=\mathbf{10}_{(2)}$　❺ $\mathbf{0}_{(2)}-\mathbf{0}_{(2)}=\mathbf{0}_{(2)}$　❻ $\mathbf{1}_{(2)}-\mathbf{0}_{(2)}=\mathbf{1}_{(2)}$

❼ $\mathbf{1}_{(2)}-\mathbf{1}_{(2)}=\mathbf{0}_{(2)}$　❽ $\mathbf{10}_{(2)}-\mathbf{1}_{(2)}=\mathbf{1}_{(2)}$

(4) **鳩の巣原理**

$\boldsymbol{n}+\mathbf{1}$羽の鳩と$\boldsymbol{n}$個の巣があるとき，すべての鳩が巣に入っているならば，**2**羽以上の鳩が入っている巣が少なくとも**1**つ存在する。

解答と解説▶別冊 $p.126$

練習問題

(1) **6進法で表された数 $3512.43_{(6)}$ を10進法で表せ。**

(2) **10進法で表された数 3776 を7進法で表せ。**

(3) **10進法で表された数 0.75 を2進法と3進法で表せ。**

(4) **$100110.1_{(2)}-1011.01_{(2)}$ を計算せよ。**

(5) **異なる6個の整数がある。その中からうまく2つの整数を選べば，その差は5でわりきれることを示せ。**

ヒント　5でわった余りが等しい2つの整数は，その差が5の倍数になる。

$$(5k+r)-(5l+r)=5(k-l)$$

第62節 パズル・ゲームの中の数学

この節の目標

- ☐ Ⓐ 3×3 の魔法陣のマスを埋めることができる。
- ☐ Ⓑ 順序よく論理立てて考えることができる。

イントロダクション ♪♫

この節ではさまざまな数学の問題を扱っていくよ。これまではとりあげなかったようなタイプの問題を扱っていくから，楽しみにしててね♪

ゼロから解説

1 魔法陣

右の図のような 3×3 や 4×4 のマスに，それぞれ異なる自然数を入れて，縦・横・斜めの和が等しくなるようにするパズルを，「**魔法陣**（まほうじん）」というよ。

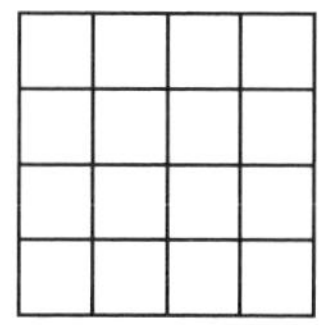

まずは，3×3 の魔法陣を考えてみよう♪

例 9つのマスに，1から9までの自然数を1つずつ入れて，3×3 の魔法陣を完成させよ。

マスに入る数を，右の図のように記号で表すことにするよ。

a	b	c
d	e	f
g	h	i

step1 縦・横・斜めの和が何になるかを求める。

3×3 の魔法陣に1から9までの自然数を入れるとき，全部の数の和は，

$$1+2+3+4+5+6+7+8+9=45$$

よって，

$$(a+d+g)+(b+e+h)+(c+f+i)=45 \quad \cdots\cdots①$$

全部の和を，縦3列の和とみたよ

縦の和はすべて等しいので，その和を S とおくと，

$$a+d+g=b+e+h=c+f+i=S \quad \cdots\cdots②$$

①，②より，

$$3S=45$$

$$S=15$$

横の和も斜めの和も縦の和と等しいので，

(縦の和)＝(横の和)＝(斜めの和)＝15

step2 中央の数 e を求める。

$$(a+e+i)+(c+e+g)+(b+e+h)+(d+e+f)=15\times4$$

㋐斜めの和　㋑斜めの和　㋒縦の和　㋓横の和

		㋒		
㋐	a	b	c	㋑
㋓	d	e	f	
	g	h	i	

これを整理して，

$$3e+(a+b+c+d+e+f+g+h+i)=60$$

1 から 9 までのすべての自然数の和

$$3e+45=60$$

$$3e=15$$

$$e=5$$

step3 1 が入るマスを決める。

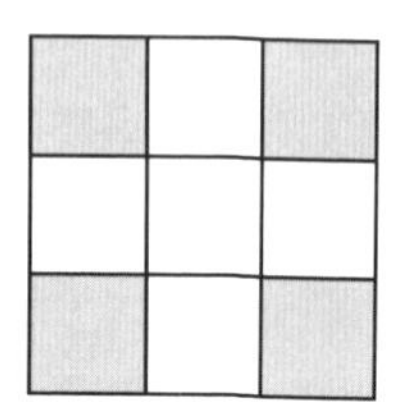

1 は，四隅(右の図の▢のマス)にはこないんだ。理由を説明するね。

下の **図1** のように，もし 1 が左上隅にきたとしたらどうなるかを考えるよ。

斜めの和は 15 だから，**図2** のように，右下隅には 9 がくるね。

また，横の和が 15 だから，**図3** の▢の部分の和は 14 で，2つのマスに 6 と 8 が入ることがわかるね。

図1

1		
	5	

図2

1		
	5	
		9

図3

1		
	5	
		9

残っている 2，3，4，6，7，8 の中で，2数の和が 14 になるのは，6 と 8 だけだね！

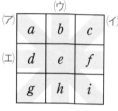

6 と 8 の入り方，2通りをそれぞれみてみるよ。

(i)　左から順に 6，8 と入る場合，

右端の真ん中には 2 以上が入る。

よって，右端の縦の和は 19 以上になる。
$8+2+9=19$

縦の和は 15 でなければならないので，不適だね。

1	6	8
	5	← 2以上が入る
		9

(ii)　左から順に 8，6 と入る場合，

右端の真ん中には 2 以上が入る。

よって，右端の縦の和は 17 以上になる。
$6+2+9=17$

縦の和は 15 でなければならないので，不適だね。

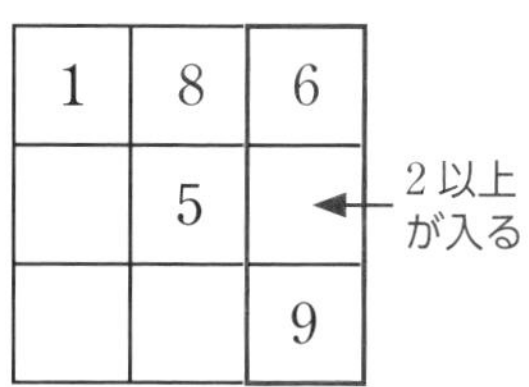

このことから，1 が左上隅にくることはないとわかるね。

ほかの隅に関しても同様に，1 がくることはないといえるよ。

したがって，1 は右の図の□のマスのいずれかに入るんだ。

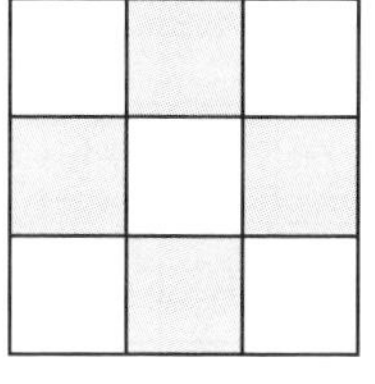

step4　残りのマスを埋めていく。

下の **図4** のように，1 が左端の真ん中のマスに入る場合を考えてみよう。

左端の縦の和は 15 なので，**図5** の□の部分の和は 14 だね。

したがって，**図6** のように，左上隅に 6，左下隅に 8 を入れるね。

斜めの和は 15 なので，**図7** のように，右下隅には 4 が入るね！

6と8は逆にしてもOKだよ！（ただし，その場合には以下の図で上から1段目と3段目がすべて逆になるよ）

図4

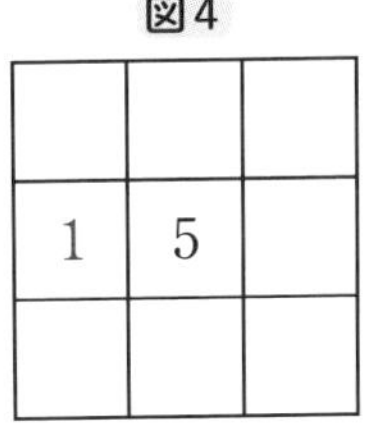

図5

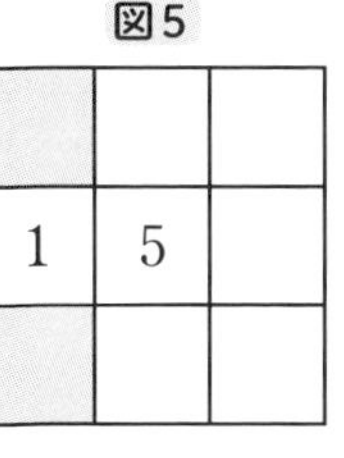

図6

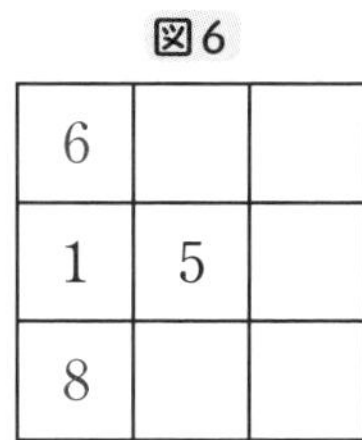

図7

6		
1	5	
8		4

あとは，和が 15 になるになるように残りのマスを埋めていけばいいね。

6		
1	5	9
8		4

➡

6		
1	5	9
8	3	4

➡

6	7	
1	5	9
8	3	4

➡

6	7	2
1	5	9
8	3	4

3×3 の魔法陣として，右の図が答えの1つだよ。じつは3×3 の魔法陣はいくつかあるんだけど，それらを回転したり，裏返したりすると，どれも数の並びが一致するんだ。つまり，3×3 の魔法陣は，本質的にただ1通りなんだ。

6	**7**	**2**
1	**5**	**9**
8	**3**	**4**

4×4の魔法陣の例としては，下のようなものがあるよ！

9	12	5	8
14	1	16	3
7	6	11	10
4	15	2	13

2 論　理

まずは，次のような問題を考えていこう。

例1 右の図のように，A，B，C の3人が階段の上に並んでいる。3人は，赤い帽子3つと白い帽子2つの中から選ばれた帽子を1つずつかぶっているが，自分の帽子の色は知らない。BはAの帽子の色がみえ，CはAとBの帽子の色がみえる。Cから順番に，自分の帽子の色がわかるかどうかを尋ねたところ，次のような答えが返ってきた。

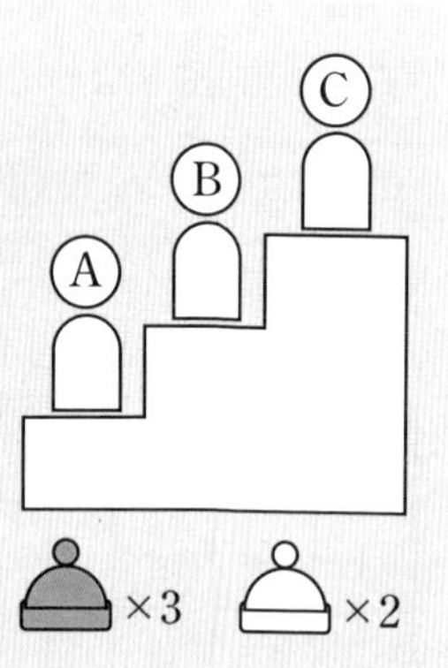

C「わかりません」

B「私もわかりません」

A「私はわかりました」

なぜ，A は自分の帽子の色がわかったのだろうか。

まず，C から考えていくよ。C は2人の帽子の色がみえるね。C が自分の帽子の色がわかるとしたら，どのような状況なのかを考えてみよう。赤い帽子が3つあるのにたいして，白い帽子は2つしかないから，もし C が自分の帽子の色がわかるとしたら，

(A，B)＝(白，白)

このとき，残りの帽子はすべて赤だから，C は自分の帽子の色が赤だとわかる

のときだけだね。

でも実際は，C は「わかりません」と答えたわけだから，

(A，B)＝(赤，赤)，(赤，白)，(白，赤)　……①

のいずれかであることがわかるんだ。

つぎに，もし B が自分の帽子の色がわかるとしたら，それはどんな状況なのか，考えてみよう。B がみた A の帽子が白だった場合は，①の中から，

(A，B)＝(白，赤)

にしぼられるので，B は「自分の帽子の色は赤である」とわかるよね。

だけど実際は，B は「私もわかりません」と答えたわけだから，B がみた A の帽子は白ではない，つまり赤だということになるよね。

A は，C が「わかりません」と答えたことと，そのあと B が「私もわかりません」と答えたことを踏まえてこのような**論理**を組み立てることで，自分がかぶっている帽子の色が赤だとわかったんだ。

C がわからない。
➡ (A，B)＝(赤，赤)，(赤，白)，(白，赤)　……①
にしぼられる。
さらに，B がわからない。
➡ ①のうち，(A，B)＝(赤，赤)，(赤，白)
にしぼられる。
以上より，A は，自分の帽子の色が赤だとわかる。

このように，順序よく論理立てて考えることは，数学的な思考としてとても大切なんだよ。

例2 外見が同じコイン8枚とてんびん1台がある。コインのうち1枚は偽物で，ほかの本物のコインよりも軽い。てんびんを2回だけ使い，偽物のコインをみつけ出すことはできるだろうか。

偽物は，次のようにしてみつけることができるんだ。

step1 てんびん使用1回目：2枚を残して，3枚ずつ皿にのせる。

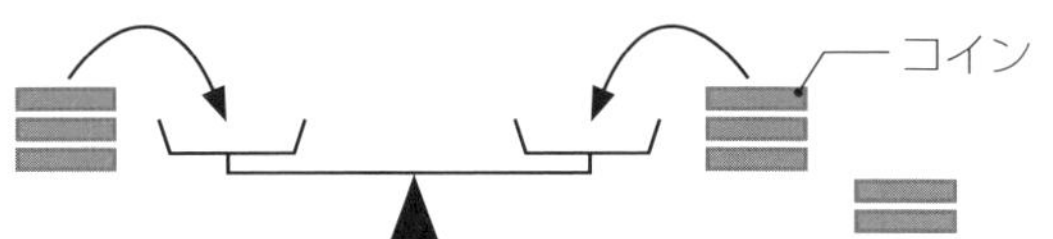

(i) 釣り合った場合，

てんびんにのせた6枚の中には偽物はなく，残り2枚の中に偽物があるとわかるね！

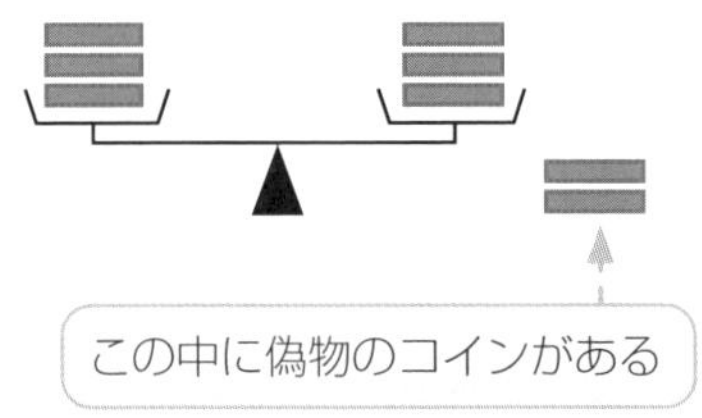

(ii) 釣り合わなかった場合，

てんびんの，軽いほうの3枚の中に偽物があるとわかるね！

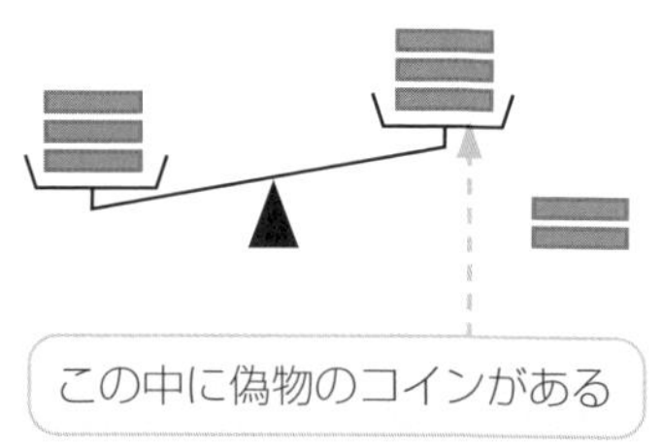

step2 てんびん使用2回目：しぼり込めた中から偽物をみつける。

(i) **step1** で釣り合った場合，

step1 でしぼり込んだ2枚(てんびんにのせなかった2枚)を，てんびんにのせる。

軽いほうが，偽物のコインだね！

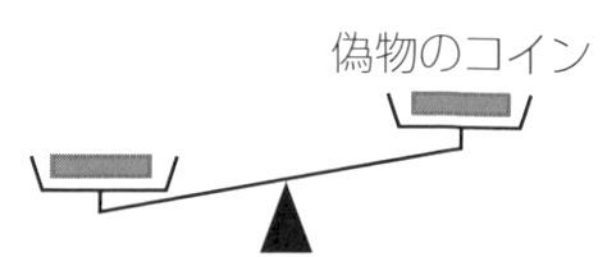

(ii) **step1** で釣り合わなかった場合，

step1 でしぼり込んだ3枚(てんびんの軽いほうの3枚)のうち，2枚をてんびんにのせる。

(ア) 釣り合った場合，

てんびんにのせていないコインが，偽物のコインだね！

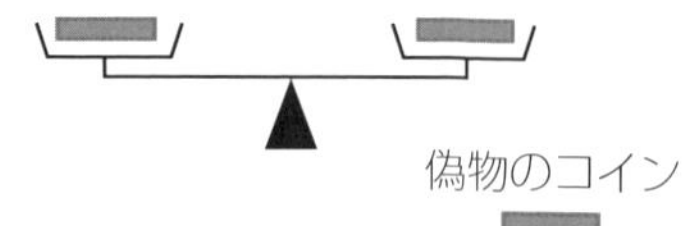

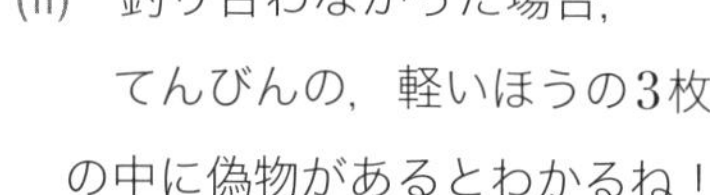

(イ) 釣り合わなかった場合，
軽いほうが，偽物のコインだね！

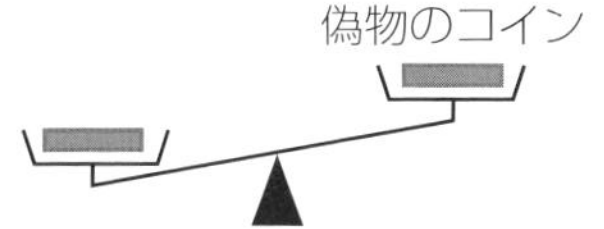

このように論理の積み重ねによって偽物のコインを見抜くことができるよ！

まとめ

(1) **3×3 の魔法陣**

1 から 9 までの自然数を1 つずつ入れる場合，

a	b	c
d	e	f
g	h	i

❶ **縦・横・斜めの和は 15**

❷ **中央の数は 5**

❸ **1 は四隅にはこない。**

(2) **論　理**

順序よく論理立てて考えることが大切である。

(3) **感　謝**

ここまでやり切ったあなたは，なにごとも最後までやり切る力がある！

あなたは成功します！

最後まで読んでくれてありがとう！

解答と解説▶別冊 $p.128$

練習問題

(1) 右の 3×3 の魔法陣には，1 から 9 までの自然数が1 つずつ入る。x の値を求めよ。

		8
7		
	x	

(2) A, B, C の3人のうち，いつも真実を述べる正直者は1人だけで，ほかの2人はうそつき(いつもうそをつく人)である。

Bが「Cはうそつきです」と発言した場合，この発言から，3人の中で確実にうそつきであるとわかるのはだれだろうか。

ヒント Bが正直者かうそつきかで場合分けをしよう。

三角比表

角	正弦(sin)	余弦(cos)	正接(tan)
0°	0.0000	1.0000	0.0000
1°	0.0175	0.9998	0.0175
2°	0.0349	0.9994	0.0349
3°	0.0523	0.9986	0.0524
4°	0.0698	0.9976	0.0699
5°	0.0872	0.9962	0.0875
6°	0.1045	0.9945	0.1051
7°	0.1219	0.9925	0.1228
8°	0.1392	0.9903	0.1405
9°	0.1564	0.9877	0.1584
10°	0.1736	0.9848	0.1763
11°	0.1908	0.9816	0.1944
12°	0.2079	0.9781	0.2126
13°	0.2250	0.9744	0.2309
14°	0.2419	0.9703	0.2493
15°	0.2588	0.9659	0.2679
16°	0.2756	0.9613	0.2867
17°	0.2924	0.9563	0.3057
18°	0.3090	0.9511	0.3249
19°	0.3256	0.9455	0.3443
20°	0.3420	0.9397	0.3640
21°	0.3584	0.9336	0.3839
22°	0.3746	0.9272	0.4040
23°	0.3907	0.9205	0.4245
24°	0.4067	0.9135	0.4452
25°	0.4226	0.9063	0.4663
26°	0.4384	0.8988	0.4877
27°	0.4540	0.8910	0.5095
28°	0.4695	0.8829	0.5317
29°	0.4848	0.8746	0.5543
30°	0.5000	0.8660	0.5774
31°	0.5150	0.8572	0.6009
32°	0.5299	0.8480	0.6249
33°	0.5446	0.8387	0.6494
34°	0.5592	0.8290	0.6745
35°	0.5736	0.8192	0.7002
36°	0.5878	0.8090	0.7265
37°	0.6018	0.7986	0.7536
38°	0.6157	0.7880	0.7813
39°	0.6293	0.7771	0.8098
40°	0.6428	0.7660	0.8391
41°	0.6561	0.7547	0.8693
42°	0.6691	0.7431	0.9004
43°	0.6820	0.7314	0.9325
44°	0.6947	0.7193	0.9657
45°	0.7071	0.7071	1.0000

角	正弦(sin)	余弦(cos)	正接(tan)
45°	0.7071	0.7071	1.0000
46°	0.7193	0.6947	1.0355
47°	0.7314	0.6820	1.0724
48°	0.7431	0.6691	1.1106
49°	0.7547	0.6561	1.1504
50°	0.7660	0.6428	1.1918
51°	0.7771	0.6293	1.2349
52°	0.7880	0.6157	1.2799
53°	0.7986	0.6018	1.3270
54°	0.8090	0.5878	1.3764
55°	0.8192	0.5736	1.4281
56°	0.8290	0.5592	1.4826
57°	0.8387	0.5446	1.5399
58°	0.8480	0.5299	1.6003
59°	0.8572	0.5150	1.6643
60°	0.8660	0.5000	1.7321
61°	0.8746	0.4848	1.8040
62°	0.8829	0.4695	1.8807
63°	0.8910	0.4540	1.9626
64°	0.8988	0.4384	2.0503
65°	0.9063	0.4226	2.1445
66°	0.9135	0.4067	2.2460
67°	0.9205	0.3907	2.3559
68°	0.9272	0.3746	2.4751
69°	0.9336	0.3584	2.6051
70°	0.9397	0.3420	2.7475
71°	0.9455	0.3256	2.9042
72°	0.9511	0.3090	3.0777
73°	0.9563	0.2924	3.2709
74°	0.9613	0.2756	3.4874
75°	0.9659	0.2588	3.7321
76°	0.9703	0.2419	4.0108
77°	0.9744	0.2250	4.3315
78°	0.9781	0.2079	4.7046
79°	0.9816	0.1908	5.1446
80°	0.9848	0.1736	5.6713
81°	0.9877	0.1564	6.3138
82°	0.9903	0.1392	7.1154
83°	0.9925	0.1219	8.1443
84°	0.9945	0.1045	9.5144
85°	0.9962	0.0872	11.4301
86°	0.9976	0.0698	14.3007
87°	0.9986	0.0523	19.0811
88°	0.9994	0.0349	28.6363
89°	0.9998	0.0175	57.2900
90°	1.0000	0.0000	―――

さくいん

＊本冊の初出，またはとくに参照するべきページのみを表しています。

す

せ

そ

た

や／ゆ

よ

り

る

れ

ろ

わ

MEMO

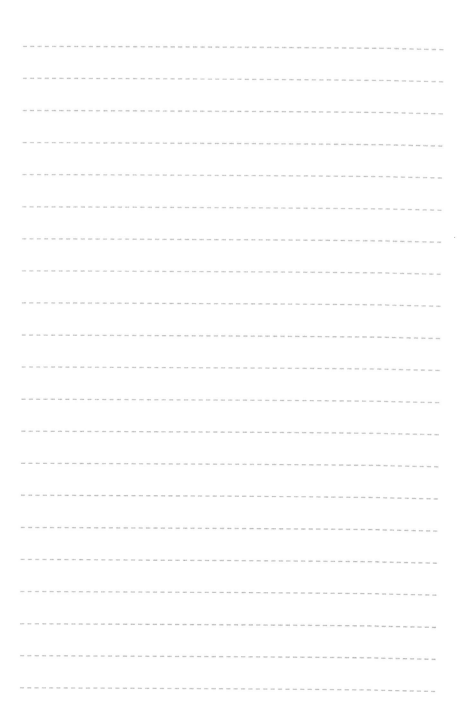

小倉　悠司（おぐら　ゆうじ）

N予備校・N高等学校・S高等学校・N中等部，河合塾，すうがくぶんか　数学担当。赤本チャンネル　出演。数学教育フェス　主催。

学生時代から授業手法を研究し，「どのように」だけではなく「なぜ」にもこだわった授業を展開。河合塾では最難関クラスから標準レベルまで幅広く授業を担当。自力で問題を解く力が身につくと絶大な支持を受ける。映像・出張授業，模試・テキスト作成などでも幅広く活躍。

N予備校では数学を根本から理解し「おもしろい！」と思ってもらえるよう工夫して，授業・教材作成を行う。

N高等学校・S高等学校では必修授業などを担当。基本からしっかり解説し，社会に出てからも役に立つ数学的考え方が身に付く授業を実施。

また，「数学の楽しさ」を伝える活動をもっとしていきたいと思っている。（何かお力になれることがあればお声がけください。）

単著に『小倉のここからはじめる数学Ⅰ/数学Aドリル』（Gakken），『小倉のここからつなげる数学Ⅰ/数学Aドリル』（Gakken）『試験時間と得点を稼ぐ最速計算　数学Ⅰ・A/数学Ⅱ・B』（旺文社），共著に『塾よりわかる　中学数学』（KADOKAWA），『マンガでカンタン！中学数学は7日間でやり直せる』（Gakken），『入試問題を解くための発想力を伸ばす　解法のエウレカ　数学Ⅰ・A』（Gakken）などがある。また，『全国大学入試問題正解　数学』（旺文社）の解答執筆者でもある。

改訂版　日常学習から入試まで使える

小倉悠司の　ゼロから始める数学Ⅰ・A

2023年3月20日　初版発行
2024年6月15日　再版発行

著者／小倉 悠司

発行者／山下 直久

発行／株式会社KADOKAWA
〒102-8177　東京都千代田区富士見2-13-3
電話　0570-002-301（ナビダイヤル）

印刷所／株式会社加藤文明社印刷所

●お問い合わせ
https://www.kadokawa.co.jp/（「お問い合わせ」へお進みください）
※内容によっては、お答えできない場合があります。
※サポートは日本国内のみとさせていただきます。
※Japanese text only

定価はカバーに表示してあります。

ISBN 978-4-04-605805-8　C7041

改訂版｜日常学習から入試まで使える

数学I・A

河合塾講師
N予備校・N高等学校・S高等学校数学担当　小倉悠司

別冊

この別冊は本体に糊付けされています。別冊をはずす際の背表紙剥離等については交換いたしかねますので、本体を開いた状態でゆっくり丁寧に取り外してください。

KADOKAWA

改訂版　日常学習から入試まで使える
小倉悠司の　ゼロから始める数学I・A

CONTENTS

別　冊

（本冊「第1部」「第2部」収録「練習問題」の解答・解説）

第1章　数と式

第1節　多項式, 多項式の加法・減法, 単項式の乗法

問題►本冊p.22

(1)　$a^3x+ax^2-3a^2-x^3-5a^3x+7x^3$

をxについて降べきの順に整理すると,

$$(-1+7)x^3+ax^2+(a^3-5a^3)x-3a^2$$

$$=6x^3+ax^2-4a^3x-3a^2$$ 答 R1

(2)　$2(A-B+C)-(2A+3B-4C)=2A-2B+2C-2A-3B+4C$

$=-5B+6C$　R2

$=-5(2x^2+xy+3z)+6(x^2-5xy+2z)$　R3

$=-10x^2-5xy-15z+6x^2-30xy+12z$

$=(-10+6)x^2+(-5-30)xy+(-15+12)z$

$=-4x^2-35xy-3z$　答 R4

(3)① $(x^2)^3\times(2x)^2=x^{2\times3}\times2^2\cdot x^2$　（R5, R6）

$=x^6\times4x^2$

$=4x^{6+2}=4x^8$　答 R7

② $(-3a^2bx^3)^2\times(-2ab^2)^3=\underline{(-3)^2\cdot(a^2)^2\cdot b^2\cdot(x^3)^2\times(-2)^3\cdot a^3\cdot(b^2)^3}$ R8

$=\underline{9\cdot a^{2\times2}\cdot b^2\cdot x^{3\times2}\times(-8)\cdot a^3\cdot b^{2\times3}}$ R9

$=9a^4b^2x^6\times(-8)a^3b^6$

$=\{9\cdot(-8)\}\cdot a^{4+3}\cdot b^{2+6}\cdot x^6$

$=\underline{-72a^7b^8x^6}$ 答 R10

	項　目	1回目	2回目	3回目
(1)	R1：降べきの順に整理することができた。			

	項　目	1回目	2回目	3回目
(2)	R2：正しくかっこをはずし，$-5B+6C$ が導けた。			
	R3：$B=2x^2+xy+3z$，$C=x^2-5xy+2z$ を代入できた。			
	R4：答を正しく求めることができた。			

	項　目	1回目	2回目	3回目
(3)	R5：①$(a^m)^n=a^{mn}$ を正しく用いることができた。			
	R6：①$(ab)^n=a^nb^n$ を正しく用いることができた。			
	R7：①$a^m\times a^n=a^{m+n}$ を正しく用いて答を求められた。			
	R8：②$(ab)^n=a^nb^n$ を正しく用いることができた。			
	R9：②$(a^m)^n=a^{mn}$ を正しく用いることができた。			
	R10：②$a^m\times a^n=a^{m+n}$ を正しく用いて答を求められた。			

第2節　多項式の乗法

問題▶本冊p.31

(1)　$(4x-1)(3x+2)$

$=\underline{4\cdot 3x^2+\{4\cdot 2+(-1)\cdot 3\}x+(-1)\cdot 2}$ R1

$=\underline{12x^2+5x-2}$ 答 R2

(2)　$(x-y-2z)^2$

$=\underline{x^2+(-y)^2+(-2z)^2+2\cdot x\cdot(-y)+2\cdot(-y)\cdot(-2z)+2\cdot(-2z)\cdot x}$ R3

$=\underline{x^2+y^2+4z^2-2xy+4yz-4zx}$ 答 R4

(3)　$(3x+2y)^2(3x-2y)^2$

$=\underline{\{(3x+2y)(3x-2y)\}^2}$ R5

$=\underline{\{(3x)^2-(2y)^2\}^2}$ R6

$=(9x^2-4y^2)^2$

$=\underline{81x^4-72x^2y^2+16y^4}$ 答 R7

(4)　$a^2+3b^2=X$とおくと，

$(a^2+3b^2-2)(a^2+3b^2+5)$

$=\underline{(X-2)(X+5)}$ R8

$=\underline{X^2+(-2+5)X+(-2)\cdot 5}$ R9

$=X^2+3X-10$

$=\underline{(a^2+3b^2)^2+3(a^2+3b^2)-10}$ R10

$=\underline{a^4+6a^2b^2+9b^4+3a^2+9b^2-10}$ 答 R11

	項　目	1回目	2回目	3回目
(1)	R1：$(ax+b)(cx+d)=acx^2+(ad+bc)x+bd$ を用いて展開できた。			
	R2：答が正しく出せた。			

	項　目	1回目	2回目	3回目
(2)	R3：$(a+b+c)^2=a^2+b^2+c^2+2ab+2bc+2ca$ を用いて展開できた。			
	R4：答が正しく出せた。			

	項　目	1回目	2回目	3回目
(3)	R5：$A^2B^2=(AB)^2$ を用いて正しく計算できた。			
	R6：$(a+b)(a-b)=a^2-b^2$ を用いて正しく計算できた。			
	R7：$(a-b)^2=a^2-2ab+b^2$ を用いて計算し，答が正しく出せた。			

	項　目	1回目	2回目	3回目
(4)	R8：$a+3b^2$ をかたまりとみて，文字でおきかえることができた。			
	R9：$(X+a)(X+b)=X^2+(a+b)X+ab$ を用いて展開できた。			
	R10：$X=a^2+3b^2$ を代入できた。			
	R11：答が正しく出せた。			

第3節　因数分解(1)

問題▶本冊 $p.40$

(1)　$a(b-c)+3c-3b=\underline{a(b-c)-3(b-c)}$　R1

$=\underline{(b-c)(a-3)}$　答 R2

(2)　$4x^2-12xy+9y^2=\underline{(2x)^2-2\cdot 2x\cdot 3y+(3y)^2}$　R3

$=\underline{(2x-3y)^2}$　答 R4

(3)　$9a^2-16b^2=\underline{(3a)^2-(4b)^2}$　R5

$=\underline{(3a+4b)(3a-4b)}$　答 R6

(4)　$x^2+7x-30=\underline{x^2+(10-3)x+10\cdot(-3)}$　R7

$=\underline{(x+10)(x-3)}$　答 R8

(5)　$8x^2-2x-3=(2x+1)(4x-3)$　答

2	╳	1	→	4
4		-3	→	-6
R9		R10		-2 ○ R11

(6)　$7x^2+11xy+4y^2=(x+y)(7x+4y)$　答

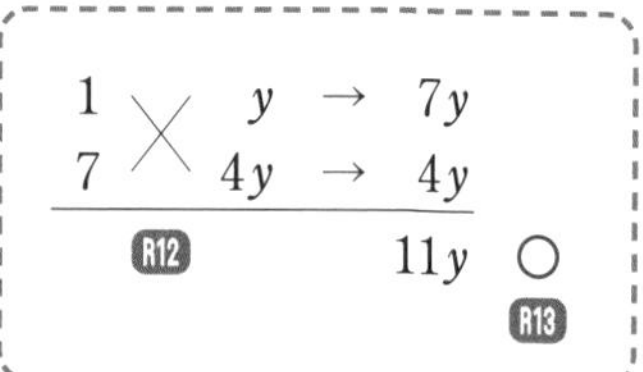

(7)　$3x^3+12x^2y+12xy^2=\underline{3x(x^2+4xy+4y^2)}$　R14

$=\underline{3x(x+2y)^2}$　答 R15

	項　目	1回目	2回目	3回目
(1)	R1：$3c-3b=-3(b-c)$ とできた。			
	R2：共通因数の $b-c$ でくくり，因数分解できた。			

	項　目	1回目	2回目	3回目
(2)	R3：$a^2-2ab+b^2=(a-b)^2$ を用いると気がついた。			
	R4：因数分解できた。			

	項　目	1回目	2回目	3回目
(3)	R5：2乗−2乗の形であると気がついた。			
	R6：$a^2-b^2=(a+b)(a-b)$ を用いて因数分解できた。			

	項　目	1回目	2回目	3回目
(4)	R7：たして 7，かけて -30 となる2数は 10 と -3 であると気がついた。			
	R8：$x^2+(a+b)x+ab=(x+a)(x+b)$ を用いて因数分解できた。			

	項　目	1回目	2回目	3回目
(5)	R9：かけて 8（x^2 の係数）になる2数をみつけることができた。			
	R10：かけて -3（定数項）になる2数をみつけることができた。			
	R11：和が x の係数の -2 と一致し，因数分解できた。			

	項　目	1回目	2回目	3回目
(6)	R12：かけて 7，$4y^2$ となる2数の組をそれぞれみつけることができた。			
	R13：和が x の係数の $11y$ と一致し，因数分解できた。			

	項　目	1回目	2回目	3回目
(7)	R14：共通因数の $3x$ をくくりだすことができた。			
	R15：$a^2+2ab+b^2=(a+b)^2$ を用いて因数分解できた。			

第4節　因数分解(2)

問題▶本冊 $p.49$

(1)　$(x-2)(x-1)(x+3)(x+4)+6$

$=\underline{\{(x-1)(x+3)\}\{(x-2)(x+4)\}+6}$ R1

$=(x^2+2x-3)(x^2+2x-8)+6$

$x^2+2x=A$とおくと,

(与式)$=\underline{(A-3)(A-8)+6}$ R2

$=A^2-11A+30$

$=\underline{(A-5)(A-6)}$ R3

$=\underline{(x^2+2x-5)(x^2+2x-6)}$ 答 R4

(2)　$x^2y-yz-y^3+xz$

$=\underline{(x-y)z+(x^2y-y^3)}$ R5

$=(x-y)z+y(x^2-y^2)$

$=\underline{(x-y)z+y(x+y)(x-y)}$ R6

$=(x-y)\{z+y(x+y)\}$

$=\underline{(x-y)(xy+y^2+z)}$ 答 R7

(3)　$6x^2+11xy+3y^2-7x-7y+2$

$=\underline{6x^2+(11y-7)x+(3y^2-7y+2)}$ R8

$=\underline{6x^2+(11y-7)x+(y-2)(3y-1)}$ R9

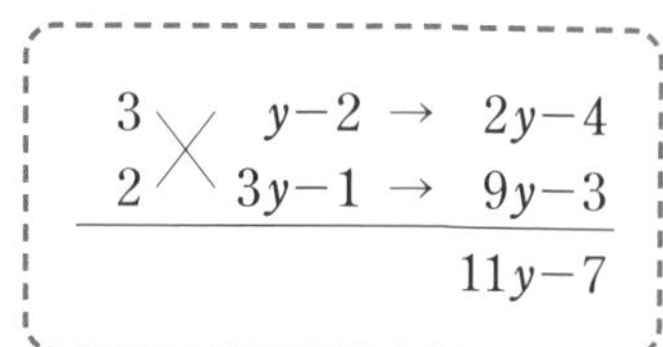

$=\{3x+(y-2)\}\{2x+(3y-1)\}$

$=\underline{(3x+y-2)(2x+3y-1)}$ 答 R10

(4) $\underline{x^4+4=(x^2+2)^2-4x^2}$ R11

$=\underline{(x^2+2)^2-(2x)^2}$ R12

$=\{(x^2+2)+2x\}\{(x^2+2)-2x\}$

$=\underline{(x^2+2x+2)(x^2-2x+2)}$ 答 R13

	項　目	1回目	2回目	3回目
(1)	R1：かたまりができる組合せに気がついた。			
	R2：$x^2+2x=A$ とおけた。			
	R3：A のまま因数分解できた。			
	R4：因数分解できた。			

	項　目	1回目	2回目	3回目
(2)	R5：z について整理できた。			
	R6：共通因数の $x-y$ を作ることができた。			
	R7：因数分解できた。			

	項　目	1回目	2回目	3回目
(3)	R8：x について整理できた。			
	R9：$3y^2-7y+2=(y-2)(3y-1)$ とできた。			
	R10：文字を含むたすきがけの因数分解ができた。			

	項　目	1回目	2回目	3回目
(4)	R11：$x^4+4=(x^2+2)^2-4x^2$ と変形できた。			
	R12：$\square^2-\bigcirc^2$ の形であると気がついた。			
	R13：複2次式の因数分解ができた。			

第5節 実　数

問題▶本冊$p.57$

(1)　$x=1.234234234\cdots\cdots$ R1 ……①

とおくと,

$1000x=1234.234234234\cdots\cdots$ R2 ……②

②−①より,

$999x=1233$ R3

$x=\dfrac{1233}{999}=\dfrac{137}{111}$ 答 R4

(2)　$(x+3\sqrt{2})(2+\sqrt{2})=4+(2y+3)\sqrt{2}$ を展開して整理すると,

$(2x+6)+(x+6)\sqrt{2}=4+(2y+3)\sqrt{2}$ R5

$2x+6$, $x+6$, 4, $2y+3$ は有理数, $\sqrt{2}$ は無理数より,

$$\begin{cases} 2x+6=4 & \cdots\cdots① \\ x+6=2y+3 & \cdots\cdots② \end{cases}$$ R6

$(x+3\sqrt{2})(2+\sqrt{2})$
$=2x+x\sqrt{2}+6\sqrt{2}+6$
$=(2x+6)+(x+6)\sqrt{2}$

①, ②より,

$x=-1$, $y=1$ 答 R7

(3)①　$\left|\dfrac{2}{3}-0.7\right|=\left|\dfrac{2}{3}-\dfrac{7}{10}\right|$

$=\left|\dfrac{20}{30}-\dfrac{21}{30}\right|$

$=\left|-\dfrac{1}{30}\right|$ R8

$=-\left(-\dfrac{1}{30}\right)$ R9

$=\dfrac{1}{30}$ 答

② $|\pi-3.15|=\underline{-(\pi-3.15)=-\pi+3.15}$ 答 R10

③ $|2x-5|=\begin{cases}2x-5 & (2x-5\geqq 0)\\ -(2x-5) & (2x-5<0)\end{cases}$ R11

より，

$$|2x-5|=\begin{cases}2x-5 & \left(x\geqq\frac{5}{2}\text{のとき}\right)\\ -2x+5 & \left(x<\frac{5}{2}\text{のとき}\right)\end{cases}$$ 答 R12

	項　目	1回目	2回目	3回目
(1)	R1：$1.\dot{2}3\dot{4}$ を x とおくことができた。			
	R2：1000倍すればよいことに気がついた。			
	R3：$1000x-x$ を計算できた。			
	R4：循環小数を分数で表すことができた。			

	項　目	1回目	2回目	3回目
(2)	R5：左辺と右辺を □+○$\sqrt{2}$ の形に変形することができた。			
	R6：「$p+q\sqrt{2}=r+s\sqrt{2}$ ⇔ $p=r$ かつ $q=s$」に気がついた。			
	R7：連立方程式を解き，x，yの値を求めることができた。			

	項　目	1回目	2回目	3回目
(3)	R8：①絶対値記号の中身が負の数だとわかった。			
	R9：①絶対値記号を正しくはずすことができた。			
	R10：②絶対値記号を正しくはずすことができた。			
	R11：③場合分けをして絶対値記号をはずすことができた。			
	R12：③場合分けの範囲を正しく認識でき，答がだせた。			

第6節　平方根

問題►本冊p.69

(1)　$\sqrt{a^2-2a+1}=\underline{\sqrt{(a-1)^2}}$ R1

$=\underline{|a-1|}$ R2

$=-(a-1)$

$=\underline{-a+1}$ 答 R3

(2)　$(\sqrt{18}-\sqrt{3})^2+8\sqrt{6}=(3\sqrt{2}-\sqrt{3})^2+8\sqrt{6}$

$=\underline{(3\sqrt{2})^2-2\cdot 3\sqrt{2}\cdot\sqrt{3}+(\sqrt{3})^2+8\sqrt{6}}$ R4

$=\underline{18-6\sqrt{6}+3+8\sqrt{6}}$ R5

$=(18+3)+(-6+8)\sqrt{6}$

$=\underline{21+2\sqrt{6}}$ 答 R6

(3)①　$\dfrac{2}{\sqrt{5}+\sqrt{2}}=\underline{\dfrac{2(\sqrt{5}-\sqrt{2})}{(\sqrt{5}+\sqrt{2})(\sqrt{5}-\sqrt{2})}}$ R7

$=\underline{\dfrac{2(\sqrt{5}-\sqrt{2})}{(\sqrt{5})^2-(\sqrt{2})^2}}$ R8

$=\underline{\dfrac{2\sqrt{5}-2\sqrt{2}}{3}}$ 答 R9

②　$\dfrac{1}{\sqrt{2}+\sqrt{5}-\sqrt{7}}=\underline{\dfrac{1\times\{(\sqrt{2}+\sqrt{5})+\sqrt{7}\}}{\{(\sqrt{2}+\sqrt{5})-\sqrt{7}\}\{(\sqrt{2}+\sqrt{5})+\sqrt{7}\}}}$ R10

$=\underline{\dfrac{\sqrt{2}+\sqrt{5}+\sqrt{7}}{(\sqrt{2}+\sqrt{5})^2-(\sqrt{7})^2}}$ R11

$=\dfrac{\sqrt{2}+\sqrt{5}+\sqrt{7}}{(2+2\sqrt{10}+5)-7}$

$$= \frac{\sqrt{2}+\sqrt{5}+\sqrt{7}}{2\sqrt{10}}$$ R12

$$= \frac{\left(\sqrt{2}+\sqrt{5}+\sqrt{7}\right)\times\sqrt{10}}{2\sqrt{10}\times\sqrt{10}}$$

$$= \frac{2\sqrt{5}+5\sqrt{2}+\sqrt{70}}{20}$$ 答 R13

	項　　目	1回目	2回目	3回目
(1)	R1：$a^2-2a+1=(a-1)^2$ と変形することができた。			
	R2：$\sqrt{X^2}=\lvert X\rvert$ を用いて根号をはずすことができた。			
	R3：$a-1<0$ であることに注意して，絶対値根号を正しくはずすことができた。			

	項　　目	1回目	2回目	3回目
(2)	R4：$(a-b)^2=a^2-2ab+b^2$ を用いて，$\left(\sqrt{18}-\sqrt{3}\right)^2$ を展開できた。			
	R5：$\left(\sqrt{a}\right)^2=a\ (a>0)$ と変形できた。			
	R6：$\sqrt{\ }$ の部分が同じ部分を同類項のように計算し，答を求めることができた。			

	項　　目	1回目	2回目	3回目
(3)	R7：①分母と分子に $\sqrt{5}-\sqrt{2}$ をかけることができた。			
	R8：①$(a+b)(a-b)=a^2-b^2$ を利用して分母を計算できた。			
	R9：①分母を有理化できた。			
	R10：②分母と分子に $\left(\sqrt{2}+\sqrt{5}\right)+\sqrt{7}$ をかけることができた。			
	R11：②$(a+b)(a-b)=a^2-b^2$ を利用して分母を計算できた。			
	R12：②分母を $2\sqrt{10}$ のみにすることができた。			
	R13：②分母と分子に $\sqrt{10}$ をかけて分母を有理化することができた。			

第7節　いろいろな式の計算

問題▶本冊p.78

(1)① $4<5<9$ より，$\underline{2<\sqrt{5}<3}$ であるから，

$$5<3+\sqrt{5}<6$$ R1

よって，

$$\underline{a=5}$$ 答 R2

$$b=(3+\sqrt{5})-5$$
$$=\underline{\sqrt{5}-2}$$ 答 R3

② $$\frac{1}{b}=\frac{1}{\sqrt{5}-2}$$
$$=\frac{\sqrt{5}+2}{(\sqrt{5}-2)(\sqrt{5}+2)}$$
$$=\frac{\sqrt{5}+2}{(\sqrt{5})^2-2^2}$$
$$=\underline{\sqrt{5}+2}$$ R4

よって，

$$b+\frac{1}{b}=(\sqrt{5}-2)+(\sqrt{5}+2)$$
$$=\underline{2\sqrt{5}}$$ 答 R5

③ $$b^2+\frac{1}{b^2}=\underline{\left(b+\frac{1}{b}\right)^2-2b\cdot\frac{1}{b}}$$ R6
$$=(2\sqrt{5})^2-2\cdot1$$
$$=\underline{18}$$ 答 R7

④ $$b^3+\frac{1}{b^3}=\underline{\left(b+\frac{1}{b}\right)^3-3b\cdot\frac{1}{b}\left(b+\frac{1}{b}\right)}$$ R8
$$=(2\sqrt{5})^3-3\cdot1\cdot2\sqrt{5}$$
$$=\underline{34\sqrt{5}}$$ 答 R9

(2)① $$\frac{1}{x}+\frac{1}{y}=\underline{\frac{x+y}{xy}}$$ R10

$= \dfrac{5}{1}$

$= \underline{5}$ 答 R11

② $x^3+y^3=\underline{(x+y)^3-3xy(x+y)}$ R12

$=5^3-3\cdot1\cdot5$

$=\underline{110}$ 答 R13

③ $(x-y)^2=x^2-2xy+y^2$

$=\underline{(x+y)^2-4xy}$ R14

$=5^2-4\cdot1$

$=\underline{21}$ 答 R15

	項　目	1回目	2回目	3回目
(1)	R1：①$2<\sqrt{5}<3$ であることがわかった。			
	R2：①$3+\sqrt{5}$ の整数部分 a を求めることができた。			
	R3：①$3+\sqrt{5}$ の小数部分 b を求めることができた。			
	R4：② $\dfrac{1}{b}$ の値を有理化して求めることができた。			
	R5：②答を求めることができた。			
	R6：③対称式変形ができた。			
	R7：③答を求めることができた。			
	R8：④対称式変形ができた。			
	R9：④答を求めることができた。			

	項　目	1回目	2回目	3回目
(2)	R10：①対称式変形ができた。			
	R11：①答を求めることができた。			
	R12：②対称式変形ができた。			
	R13：②答を求めることができた。			
	R14：③対称式変形ができた。			
	R15：③答を求めることができた。			

第8節　1次不等式

問題▶本冊p.89

(1)① $\dfrac{3-2x}{2} \geqq \dfrac{2}{3}(2x+5)-7$

$3(3-2x) \geqq 4(2x+5)-42$ R1

$9-6x \geqq 8x+20-42$

$-14x \geqq -31$ R2

$x \leqq \dfrac{31}{14}$ 答 R3

② $3x-5<2x-1<4x+9$

より,

$\begin{cases} 3x-5<2x-1 & \cdots\cdots① \\ 2x-1<4x+9 & \cdots\cdots② \end{cases}$ R4

①より,

$x<4$ R5 $\cdots\cdots①'$

②より,

$-2x<10$

$x>-5$ R6 $\cdots\cdots②'$

①′, ②′より,

$-5<x<4$ 答 R7

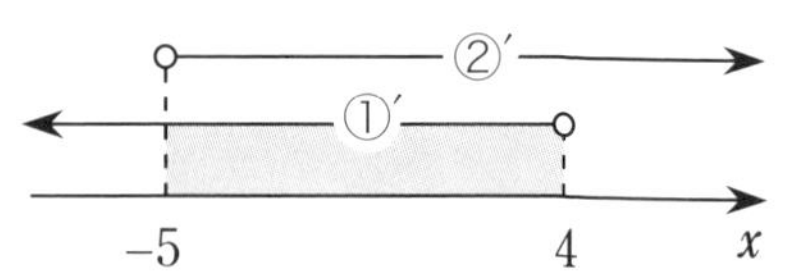

(2) このお菓子を x 個買うとする。

重さについて,

$20x+30 \geqq 300$ R8

$$x \geqq \frac{27}{2} = 13.5$$ R9 ……①

代金について，

$$120x + 70 \leqq 2000$$ R10

$$x \leqq \frac{193}{12} = 16.083$$ R11 ……②

①，②より，

$$13.5 \leqq x \leqq 16.083\cdots\cdots$$ R12

これを満たす整数 x は $x=14$，15，16 であるから，

買うことができるお菓子の個数は，

14個，15個，16個 答 R13

	項　目	1回目	2回目	3回目
(1)	R1：①両辺を6倍して分母をはらうことができた。			
	R2：①かっこをはずして移項し，$ax \geqq b$ の形に整理することができた。			
	R3：①負の数でわると不等号の向きが逆転することに注意して解を求められた。			
	R4：②2つの不等式に分けてかき直すことができた。			
	R5：②①の解を求めることができた。			
	R6：②②の解を求めることができた。			
	R7：②連立不等式の解を求めることができた。			

	項　目	1回目	2回目	3回目
(2)	R8：重さについて不等式を立てることができた。			
	R9：解①を求めることができた。			
	R10：代金について不等式を立てることができた。			
	R11：解②を求めることができた。			
	R12：①，②の共通範囲を求めることができた。			
	R13：買うことができるお菓子の個数を求めることができた。			

第9節　絶対値記号を含む方程式・不等式

問題▶本冊p.101

(1)　$|x-3|=5$

$x-3=\pm5$　R1

$x=3\pm5$

$x=8,\ -2$　答 R2

(2)　$|x+6|>3x-2$

(i)　$x\geqq-6$ のとき，　R3

$x+6>3x-2$　R4

$x<4$

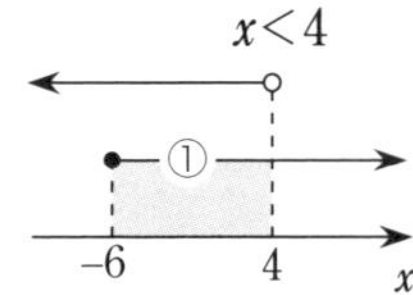

$x\geqq-6$ との共通範囲は，

$-6\leqq x<4$　R5　……①

(ii)　$x<-6$ のとき，　R3

$-(x+6)>3x-2$　R4

$x<-1$

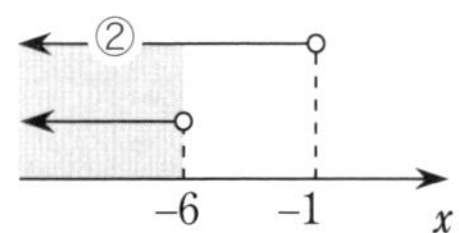

$x<-6$ との共通範囲は，

$x<-6$　R6　……②

①，②より，

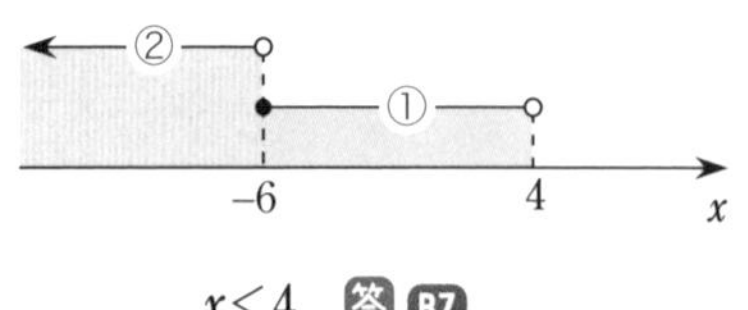

$x<4$　答 R7

(3)　$|x-1|+|x-3|=8$

	(i) $x<1$	(ii) $1\leqq x<3$	(iii) $3\leqq x$
$\|x-1\|$	$-(x-1)$	$(x-1)$	$x-1$
$\|x-3\|$	$-(x-3)$	$-(x-3)$	$x-3$

(i)　$x<1$ のとき，　R8

$-(x-1)-(x-3)=8$　R9

$-2x=4$

$x=-2$　R10

これは $x<1$ に適する。

(ii)　$1\leqq x<3$ のとき，　R8

$(x-1)-(x-3)=8$　R9

$2=8$

より，解なし。　R11

(iii)　$3\leqq x$ のとき，　R8

$(x-1)+(x-3)=8$　R9

$2x=12$

$x=6$　R12

これは $3\leqq x$ に適する。

以上より，

$x=-2,\ 6$　答 R13

	項　目	1回目	2回目	3回目
(1)	R1：絶対値の意味を考えて絶対値記号をはずすことができた。			
	R2：解を求めることができた。			

	項　目	1回目	2回目	3回目
(2)	R3：絶対値記号をはずすための場合分けが正しくできた。			
	R4：絶対値記号を正しくはずすことができた。			
	R5：(i) $x \geqq -6$ の範囲で与えられた不等式を満たす x の範囲を求められた。			
	R6：(ii) $x < -6$ の範囲で与えられた不等式を満たす x の範囲を求められた。			
	R7：解を求めることができた。			

	項　目	1回目	2回目	3回目
(3)	R8：絶対値記号をはずすための場合分けが正しくできた。			
	R9：絶対値記号を正しくはずすことができた。			
	R10：(i) $x < 1$ のときの解を求めることができた。			
	R11：(ii) $1 \leqq x < 3$ のとき，解がないことがわかった。			
	R12：(iii) $3 \leqq x$ のときの解を求めることができた。			
	R13：解を求めることができた。			

第10節 集 合

問題►本冊$p.113$

$U=\{0,\ 1,\ 2,\ 3,\ 4,\ 5,\ 6,\ 7,\ 8,\ 9,\ 10,\ 11,\ 12\}$ R1

$A=\{1,\ 2,\ 3,\ 4,\ 6,\ 12\}$, R2

$B=\{0,\ 2,\ 4,\ 6,\ 8\}$ R3

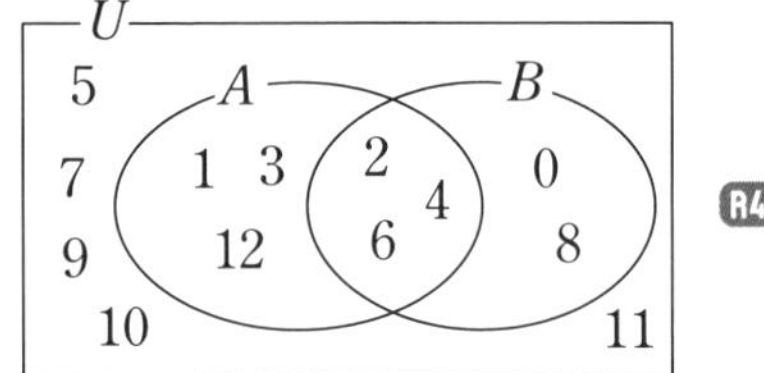

R4

(1) $\overline{A}=\{0,\ 5,\ 7,\ 8,\ 9,\ 10,\ 11\}$ 答 R5

(2) $A\cap B=\{2,\ 4,\ 6\}$ 答 R6

(3) $A\cup B=\{0,\ 1,\ 2,\ 3,\ 4,\ 6,\ 8,\ 12\}$ 答 R7

(4) ド・モルガンの法則より,

$$\overline{A}\cap\overline{B}=\overline{A\cup B}$$ R8

$$=\{5,\ 7,\ 9,\ 10,\ 11\}$$ 答 R9

(5) ド・モルガンの法則より,

$$\overline{A}\cup\overline{B}=\overline{A\cap B}$$ R10

$$=\{0,\ 1,\ 3,\ 5,\ 7,\ 8,\ 9,\ 10,\ 11,\ 12\}$$ 答 R11

(6) $A\cap\overline{B}=\{1,\ 3,\ 12\}$ 答 R12

(7) $\overline{A}\cup B=\{0,\ 2,\ 4,\ 5,\ 6,\ 7,\ 8,\ 9,\ 10,\ 11\}$ 答 R13

	項　目	1回目	2回目	3回目
	R1：全体集合Uを要素をかき並べる方法で表すことができた。			
	R2：集合Aを要素をかき並べる方法で表すことができた。			
	R3：集合Bを要素をかき並べる方法で表すことができた。			
	R4：ベン図をかくことができた。			
(1)	R5：Aの補集合を求めることができた。			
(2)	R6：AとBの共通部分を求めることができた。			
(3)	R7：AとBの和集合を求めることができた。			
(4)	R8：ド・モルガンの法則より，$\overline{A}\cap\overline{B}=\overline{A\cup B}$であることがわかった。			
	R9：$A\cup B$の補集合を求めることができた。			
(5)	R10：ド・モルガンの法則より，$\overline{A}\cup\overline{B}=\overline{A\cap B}$であることがわかった。			
	R11：$A\cap B$の補集合を求めることができた。			
(6)	R12：Aと$\overline{B}$の共通部分を求めることができた。			
(7)	R13：$\overline{A}$とBの和集合を求めることができた。			

第11節　命題と条件

問題▶本冊p.133

(1)① $P=\{x \mid x \geqq 3\}$，$Q=\{x \mid x \geqq 1\}$

とすると，$\underline{P \subset Q}$より，R1

命題「$x \geqq 3 \Rightarrow x \geqq 1$」は<u>真</u>。 答 R2

② $a=3$，$b=5$とすると，$a+b=8$

だから，仮定「a，bがともに素数」は満たすが，結論「$a+b$は素数」は満たさない。よって，<u>命題は偽</u>であり， R3

反例は$\underline{a=3,\ b=5}$ 答 R4

(3以上の2つの素数なら，すべて反例となる)

(2)① AB＝BC＝CA　$\overset{○}{\underset{○}{\rightleftarrows}}$　∠A＝∠B＝∠C　<u>必要十分</u> 答 R5

反例：$x=2$，$y=\frac{1}{2}$ R6

② $xy=1$　$\overset{×}{\underset{○}{\rightleftarrows}}$　$x=1$ かつ $y=1$　<u>必要</u> 答 R7

反例：$x=-2$，$y=-3$ R8

③ $xy>0$　$\overset{×}{\underset{×}{\rightleftarrows}}$　$x>0$ または $y>0$　<u>×</u> 答 R10

反例：$x=2$，$y=-3$ R9

④ $a=b$　$\overset{○}{\underset{×}{\rightleftarrows}}$　$ac=bc$　<u>十分</u> 答 R12

反例：$a=1$，$b=2$，$c=0$ R11

(3)① <u>$x+y \leqq 0$ または $xy \leqq 0$ である。</u> 答 R13

② <u>$x \neq 0$ かつ $y>2$ である。</u> 答 R14

	項　目	1回目	2回目	3回目
(1)	R1：① $x \geqq 3$ と $x \geqq 1$ の包含関係を見抜くことができた。			
	R2：①命題が真であることがわかった。			
	R3：②命題が偽であることがわかった。			
	R4：②反例をあげることができた。			

	項　目	1回目	2回目	3回目
(2)	R5：①必要十分条件であることがわかった。			
	R6：② $xy=1$ ならば $x=1$ かつ $y=1$ の反例をあげることができた。			
	R7：②必要条件であることがわかった。			
	R8：③ $xy>0$ ならば $x>0$ または $y>0$ の反例をあげることができた。			
	R9：③ $x>0$ または $y>0$ ならば $xy>0$ の反例をあげることができた。			
	R10：③必要条件でも十分条件でもないことがわかった。			
	R11：④ $ac=bc$ ならば $a=b$ の反例をあげることができた。			
	R12：④十分条件であることがわかった。			

	項　目	1回目	2回目	3回目
(3)	R13：① $\overline{p\text{かつ}q} \Leftrightarrow \overline{p}\text{または}\overline{q}$ より，条件の否定を求めることができた。			
	R14：② $\overline{p\text{または}q} \Leftrightarrow \overline{p}\text{かつ}\overline{q}$ より，条件の否定を求めることができた。			

第12節　命題と証明

問題▶本冊p.144

(1)　命題：△ABCが二等辺三角形ならば，△ABCは正三角形である。

逆：△ABCが正三角形ならば，△ABCは二等辺三角形である。 R1

裏：△ABCが二等辺三角形でないならば，△ABCは正三角形でない。 R2

対偶：△ABCが正三角形でないならば，△ABCは二等辺三角形でない。 R3

(2)　**証明**　「mnが偶数ならば，m，nのうち少なくとも一方は偶数である」の対偶は，

「m，nがともに奇数ならば，mnは奇数である」 R4

であり，これを示す。m，nがともに奇数のとき，

$m=2k+1$，$n=2l+1$ R5 （k，lは整数）

と表される。このとき，

$$\begin{aligned} mn &= (2k+1)(2l+1) \\ &= 4kl+2k+2l+1 \\ &= 2(2kl+k+l)+1 \end{aligned}$$ R6

$2kl+k+l$は整数であるから，mnは奇数である。よって，対偶は真である。

したがって，元の命題も真である。 **証明終わり** R7

(3)　**証明**　$\sqrt{2}$が無理数ではない，すなわち，有理数であると仮定すると， R8

$\sqrt{2}=\dfrac{n}{m}$（m，nは互いに素な自然数） R9

と表すことができる。このとき，

$\sqrt{2}m=n$

両辺を2乗すると，

$2m^2=n^2$ ……① R10

よって，n^2は2の倍数であるから，nも2の倍数である。

これより，$n=2k$（kは自然数）と表される。 R11

①に代入して，

$2m^2=(2k)^2$

$2m^2=4k^2$

$m^2=2k^2$ R12

よって，m^2は2の倍数であるから，mも2の倍数である。 R13

したがって，m，nはともに2の倍数であり，m，nが互いに素であることに矛盾する。 R14

以上より，$\sqrt{2}$は有理数ではなく，無理数である。 **証明終わり** R15

	項　目	1回目	2回目	3回目
(1)	R1：命題「$p \Rightarrow q$」の逆は，「$q \Rightarrow p$」とわかった。			
	R2：命題「$p \Rightarrow q$」の裏は，「$\overline{p} \Rightarrow \overline{q}$」とわかった。			
	R3：命題「$p \Rightarrow q$」の対偶は，「$\overline{q} \Rightarrow \overline{p}$」とわかった。			

	項　目	1回目	2回目	3回目
(2)	R4：証明すべき命題の対偶がわかった。			
	R5：m，nがともに奇数のとき，$m=2k+1$，$n=2l+1$（k，lは整数）と表せた。			
	R6：$mn=2(2kl+k+l)+1$の形に変形することができた。			
	R7：対偶が真であり，そこから元の命題も真であることがわかった。			

	項　目	1回目	2回目	3回目
(3)	R8：背理法を利用することがわかり，結論を否定することができた。			
	R9：$\sqrt{2}=\dfrac{n}{m}$（m，nは互いに素な自然数）とおくことができた。			
	R10：$2m^2=n^2$を導くことができた。			
	R11：nが2の倍数であることがわかり，$n=2k$（kは自然数）と表せた。			
	R12：$m^2=2k^2$を導くことができた。			
	R13：mも2の倍数であることがわかった。			
	R14：m，nが互いに素であることに矛盾することがわかった。			
	R15：$\sqrt{2}$が無理数であることを示すことができた。			

第13節　関数とグラフ

問題▶本冊p.152

(1)① $y=12-4x$と表すことができ，R1

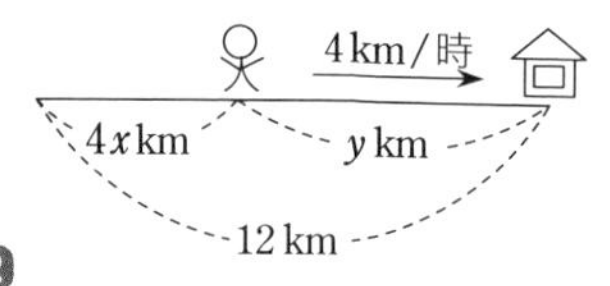

xの値を1つ決めるとyの値もただ1つに決まる。よって，yはxの関数である。 答 R2

② たとえば，$x=5$ とすると，絶対値が 5 である数は「5 と -5」の2つある。よって，xの値を1つ決めてもyの値はただ1つに決まらない。したがって，yはxの関数ではない。 答 R3

③ $y=x^2$と表すことができ，R4

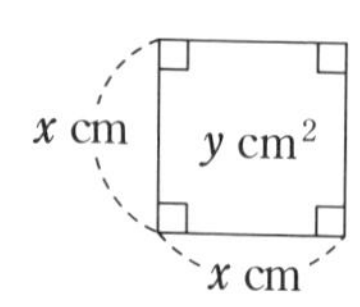

xの値を1つ決めると，yの値もただ1つに決まる。よって，yはxの関数である。 答 R5

(2) $x=0$ のとき，

$$y=-3\cdot 0+1=1,$$

$x=1$ のとき，

$$y=-3\cdot 1+1=-2$$

よって，$y=-3x+1$ を満たす点として，たとえば，

$$(x,\ y)=(0,\ 1),\ (1,\ -2)$$ R6

がある。この2点を直線で結んだものが関数$y=-3x+1$ のグラフである。

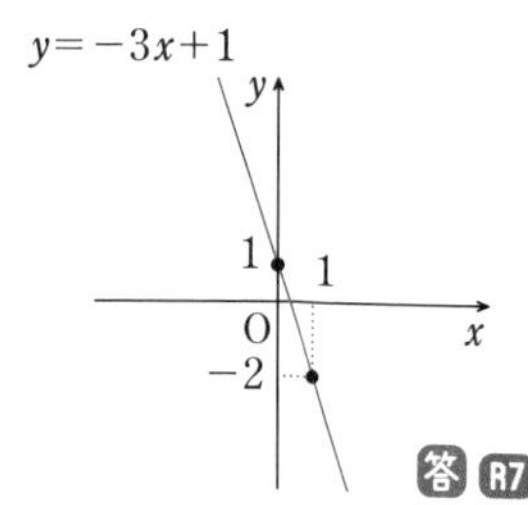

答 R7

(3)　$y=2x-3\ (-2 \leqq x \leqq 5)$ のグラフは，

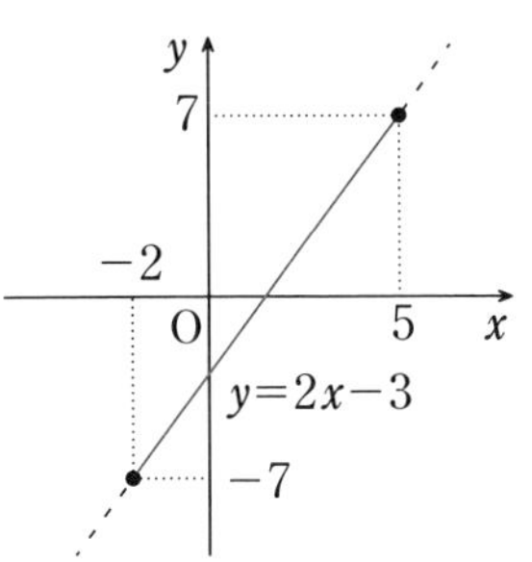

$x=-2$ のとき，

$y=2\cdot(-2)-3$

$=-7$，

$x=5$ のとき，

$y=2\cdot 5-3$

$=7$

より，右図のようになるので，

$x=5$ のとき，最大値7　答 R8

$x=-2$ のとき，最小値 −7　答 R9

	項　目	1回目	2回目	3回目
(1)	R1：①yをxの式で表すことができた。			
	R2：①yがxの関数であることがわかった。			
	R3：②yはxの関数ではないことがわかった。			
	R4：③yをxの式で表すことができた。			
	R5：③yがxの関数であることがわかった。			

	項　目	1回目	2回目	3回目
(2)	R6：$y=-3x+1$ のグラフ上にある2点を求めることができた。			
	R7：$y=-3x+1$ のグラフをかくことができた。			

	項　目	1回目	2回目	3回目
(3)	R8：$y=2x-3\ (-2 \leqq x \leqq 5)$ の最大値がわかった。			
	R9：$y=2x-3\ (-2 \leqq x \leqq 5)$ の最小値がわかった。			

第14節　2次関数のグラフ

問題▶本冊p.166

(1)　$y=-\frac{1}{2}x^2-4x-11$

$=-\frac{1}{2}(x^2+8x)-11$

$=-\frac{1}{2}\{(x+4)^2-4^2\}-11$

$=\underline{-\frac{1}{2}(x+4)^2-3}$　R1

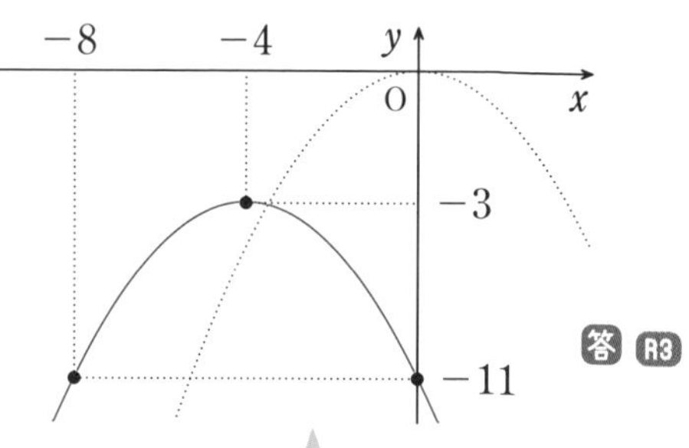

答 R3

頂点:$(-4, -3)$,
軸：$x=-4$

$y=-\frac{1}{2}\{x-(-4)\}^2-3$ のグラフは，$y=-\frac{1}{2}x^2$ のグラフをx軸方向に-4，y軸方向に-3だけ平行移動した放物線であり，右上図。　R2

(2)　$y=x^2+2x+4$

$=(x+1)^2-1^2+4$

$=\{x-(-1)\}^2+3$

より，Cの頂点は$(-1,\ 3)$　R4

①　Cをx軸方向に3，y軸方向に-2だけ平行移動すると，頂点は，

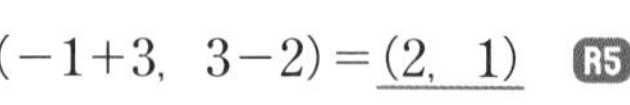

$(-1+3,\ 3-2)=(2,\ 1)$　R5

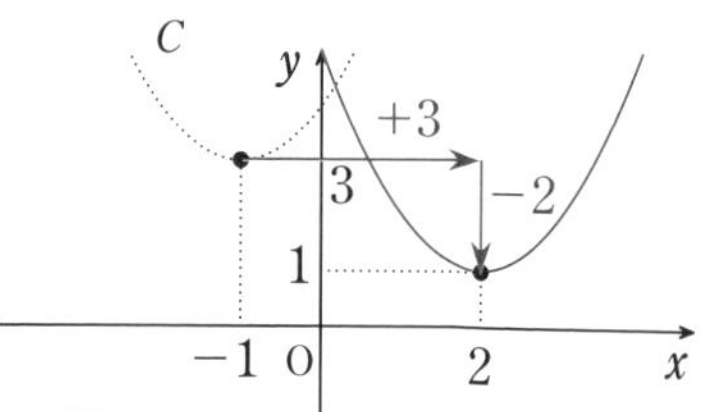

平行移動でx^2の係数は変わらないので，　R6

$y=(x-2)^2+1$　答 R7

② Cをx軸に関して対称移動すると，

頂点は，$(-1,\ -3)$ R8

x^2の係数は符号が変わるので， R9

$y=-(x+1)^2-3$ 答 R10

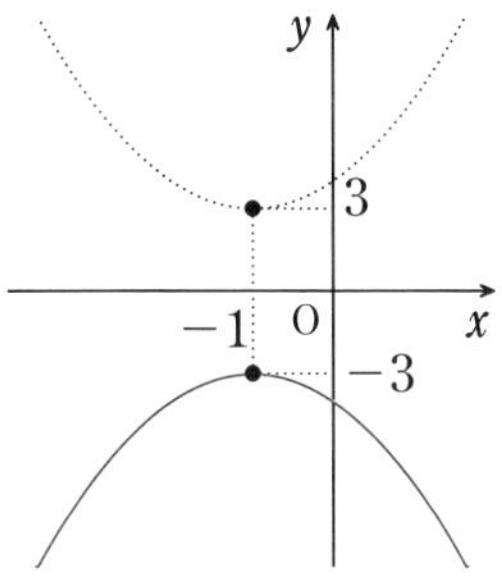

	項　目	1回目	2回目	3回目
(1)	R1：平方完成をすることができた。			
	R2：求めるグラフがどの放物線をどのように平行移動したものかがわかった。			
	R3：通る3点がわかり，グラフがかけた。			

	項　目	1回目	2回目	3回目
(2)	R4：Cの頂点の座標がわかった。			
	R5：①平行移動したあとの頂点の座標がわかった。			
	R6：①平行移動ではx^2の係数が変わらないことがわかった。			
	R7：①答を求めることができた。($y=x^2-4x+5$ でも可)			
	R8：②対称移動したあとの頂点の座標がわかった。			
	R9：②x軸に関して対称移動をした放物線の方程式は，元の方程式とx^2の係数の符号が変わることがわかった。			
	R10：②答を求めることができた。($y=-x^2-2x-4$でも可)			

第15節　2次関数の最大・最小(1)

問題▶本冊p.178

(1)　$y=3x^2-6x+1$

$=3(x^2-2x)+1$

$=3\{(x-1)^2-1^2\}+1$

$=3(x-1)^2-3+1$

$=\underline{3(x-1)^2-2}$　R1

$\underline{最大値はなし}$,　$\underline{最小値は-2}$　答
R2　R3

(1, −2)

(2)　$y=-x^2+6x$

$=-(x^2-6x)$

$=-\{(x-3)^2-3^2\}$

$=\underline{-(x-3)^2+9\quad(-1\leqq x\leqq 4)}$　R4

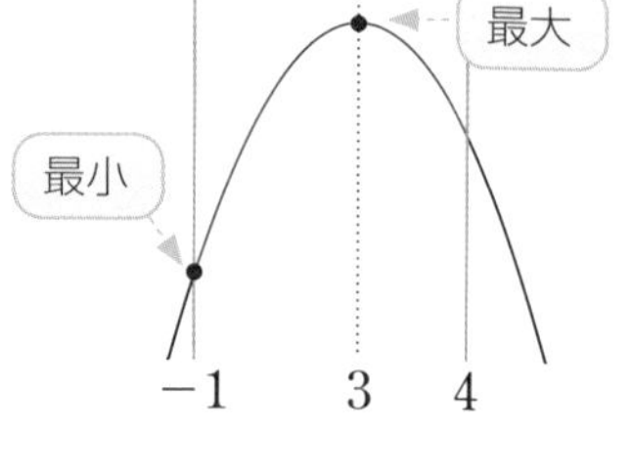

$\underline{x=3}$ のとき $\underline{最大値9}$　答
R5　R6

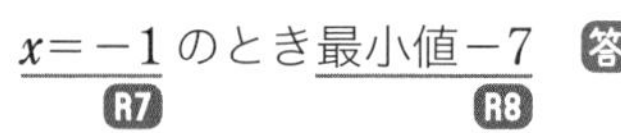

$\underline{x=-1}$ のとき $\underline{最小値-7}$　答
R7　R8

(3)　$y=x^2-4x+a$

$=\underline{(x-2)^2-4+a\quad(1\leqq x\leqq 5)}$　R9

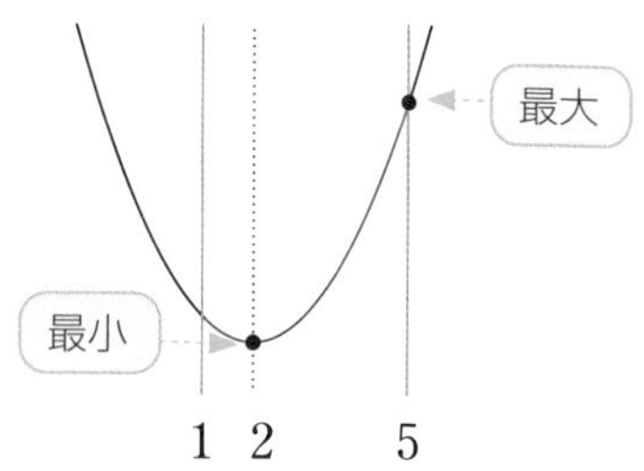

$\underline{x=5}$ のとき，最大値　R10

$5^2-4\cdot 5+a=5+a$

であり，これが10と一致するので，

$5+a=10$

より，

$\underline{a=5}$　答 R11

また，$x=2$ のとき，最小値

$$-4+a=-4+5$$
$$=1$$

であり，これが b と一致するので，

$\underline{b=1}$ 答 R12

	項　　目	1回目	2回目	3回目
(1)	R1：平方完成を正しく行うことができた。			
	R2：最大値はないことがわかった。			
	R3：最小値が -2 であることがわかった。			

	項　　目	1回目	2回目	3回目
(2)	R4：平方完成を正しく行うことができた。			
	R5：最大値をとるときの x の値がわかった。			
	R6：最大値がわかった。			
	R7：最小値をとるときの x の値がわかった。			
	R8：最小値がわかった。			

	項　　目	1回目	2回目	3回目
(3)	R9：平方完成を正しく行うことができた。			
	R10：$x=5$ で最大値をとることがわかった。			
	R11：$x=5$ を代入した値が 10 となることより，a の値を求めることができた。			
	R12：$x=2$ のときに最小値をとることがわかり，b の値を求めることができた。			

第16節　2次関数の最大・最小(2)

問題▶別冊 $p.193$

(1)　$f(x)=x^2-2(a+1)x$

$$=\{x-(a+1)\}^2-(a+1)^2 \quad (-1\leqq x\leqq 2)$$

①　最小値 m について，

(i)軸が定義域より右

最小

-1　2　$a+1$

(i)　$\underline{2<a+1}$ すなわち $a>1$ のとき，**R1**

$$m=f(2)$$
$$=2^2-2(a+1)\cdot 2$$
$$=\underline{-4a} \quad \textbf{R2}$$

(ii)軸が定義域の中

最小

-1　$a+1$　2

(ii)　$\underline{-1\leqq a+1\leqq 2}$ すなわち $-2\leqq a\leqq 1$ のとき，**R3**

$$m=f(a+1)$$
$$=\underline{-(a+1)^2} \quad \textbf{R4}$$

(iii)　$\underline{a+1<-1}$ すなわち $a<-2$ のとき，**R5**

$$m=f(-1)$$
$$=(-1)^2+2(a+1)$$
$$=\underline{2a+3} \quad \textbf{R6}$$

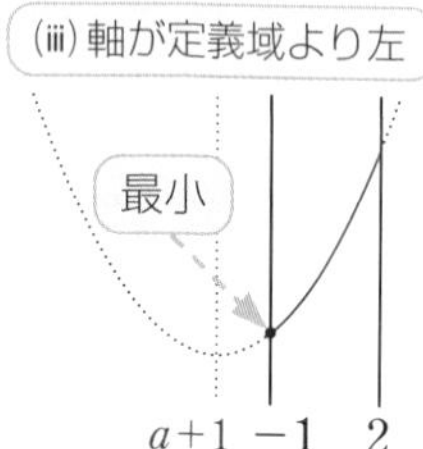

以上より，

$$m=\begin{cases} 2a+3 & (a<-2) \\ -(a+1)^2 & (-2\leqq a\leqq 1) \\ -4a & (a>1) \end{cases} \quad \textbf{答}$$

②　最大値 M について，

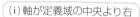

(i)　$\underline{\frac{1}{2}\leqq a+1}$ すなわち $a\geqq -\frac{1}{2}$ のとき，**R7**

$$M=f(-1)$$
$$=\underline{2a+3} \quad \textbf{R8}$$

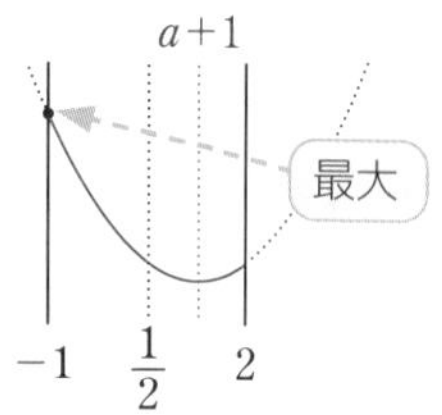

(ii)　$\underline{a+1<\frac{1}{2}}$ すなわち $a<-\frac{1}{2}$ のとき，**R9**

$$M=f(2)$$

$= \underline{-4a}$ R10

以上より，

$$M=\begin{cases} -4a & \left(a<-\dfrac{1}{2}\right) \\ 2a+3 & \left(a\geqq-\dfrac{1}{2}\right) \end{cases}$$ 答

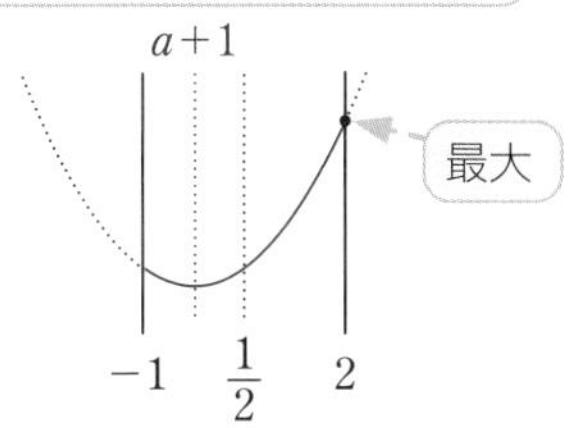

	項　目	1回目	2回目	3回目
(1)	R1：①軸が定義域より右にあるときの a が満たす条件がわかった。			
	R2：①軸が定義域より右にあるときの最小値を求めることができた。			
	R3：①軸が定義域の中にあるときの a が満たす条件がわかった。			
	R4：①軸が定義域の中にあるときの最小値を求めることができた。			
	R5：①軸が定義域より左にあるときの a が満たす条件がわかった。			
	R6：①軸が定義域より左にあるときの最小値を求めることができた。			
	R7：②軸が定義域の中央より右にあるときの a が満たす条件がわかった。			
	R8：②軸が定義域の中央より右にあるときの最大値を求めることができた。			
	R9：②軸が定義域の中央より左にあるときの a が満たす条件がわかった。			
	R10：②軸が定義域の中央より左にあるときの最大値を求めることができた。			

(2) $f(x)=-x^2-2x+4$

$=-(x+1)^2+5 \quad (a+1 \leqq x \leqq a+3)$

① 最大値 M について,

(i) $\underline{a+3<-1}$ すなわち $a<-4$ のとき, R11

$M=f(a+3)$

$=-(a+3+1)^2+5$

$=\underline{-a^2-8a-11}$ R12

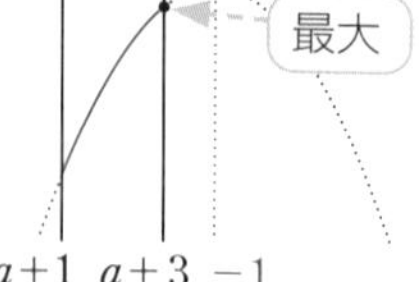

(ii) $\underline{a+1 \leqq -1 \leqq a+3}$ すなわち $-4 \leqq a \leqq -2$ のとき, R13

$M=f(-1)$

$=\underline{5}$ R14

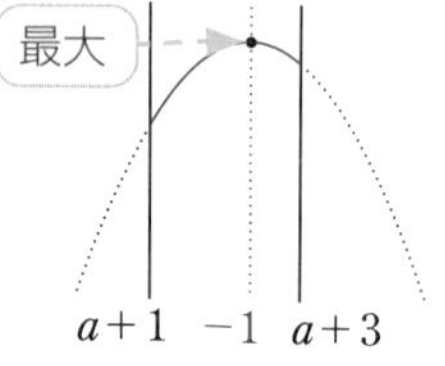

(iii) $\underline{-1<a+1}$ すなわち $a>-2$ のとき, R15

$M=f(a+1)$

$=-(a+1+1)^2+5$

$=\underline{-a^2-4a+1}$ R16

以上より,

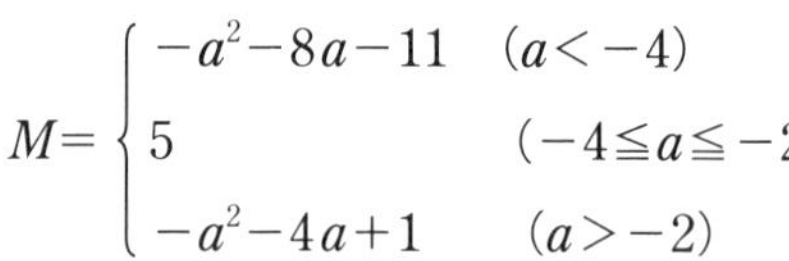

$$M=\begin{cases} -a^2-8a-11 & (a<-4) \\ 5 & (-4 \leqq a \leqq -2) \\ -a^2-4a+1 & (a>-2) \end{cases}$$ 答

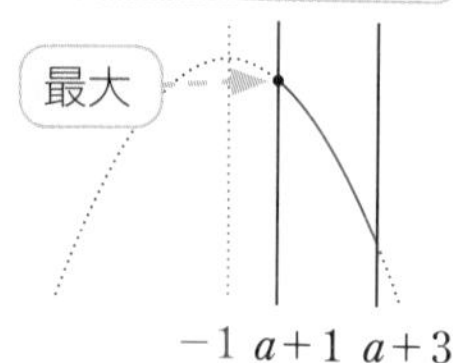

② 最小値 m について,

(i) $\underline{a+2 \leqq -1}$ すなわち $a \leqq -3$ のとき, R17

$m=f(a+1)$

$=\underline{-a^2-4a+1}$ R18

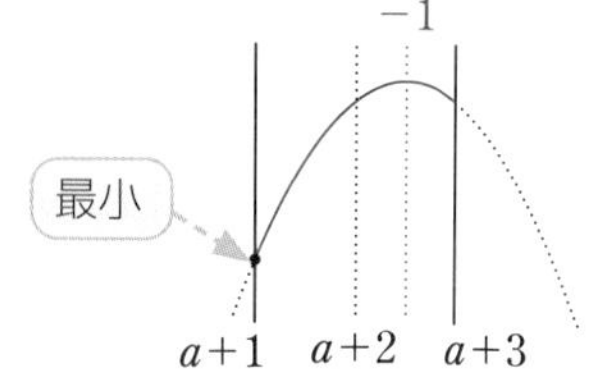

(ii) $\underline{-1<a+2}$ すなわち $-3<a$ のとき, R19

$$m=f(a+3)$$
$$=\underline{-a^2-8a-11}$$ R20

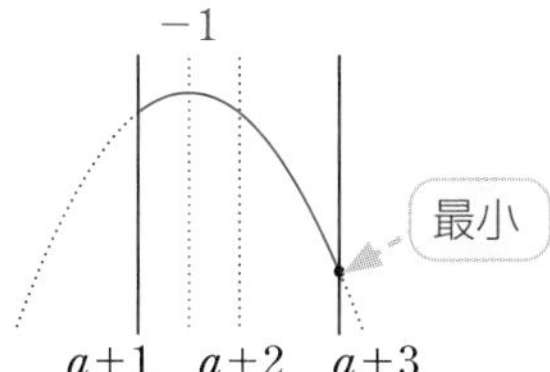

以上より,

$$m=\begin{cases}-a^2-4a+1 & (a\leqq -3)\\ -a^2-8a-11 & (a>-3)\end{cases}$$ 答

	項　目	1回目	2回目	3回目
(2)	R11：①軸が定義域より右にあるときの a が満たす条件がわかった。			
	R12：①軸が定義域より右にあるときの最大値を求めることがができた。			
	R13：①軸が定義域の中にあるときの a が満たす条件がわかった。			
	R14：①軸が定義域の中にあるときの最大値を求めることができた。			
	R15：①軸が定義域より左にあるときの a が満たす条件がわかった。			
	R16：①軸が定義域より左にあるときの最大値を求めることができた。			
	R17：②軸が定義域の中央より右にあるときの a が満たす条件がわかった。			
	R18：②軸が定義域の中央より右にあるときの最小値を求めることができた。			
	R19：②軸が定義域の中央より左にあるときの a が満たす条件がわかった。			
	R20：②軸が定義域の中央より左にあるときの最小値を求めることができた。			

(3) $f(x)=x^4+x^2+1$

$=(x^2)^2+x^2+1$

$\underline{x^2=t}$ とおくと， R21

$\underline{t \geqq 0}$ R22

であり，

$f(x)=t^2+t+1$

$=\left(t+\frac{1}{2}\right)^2-\frac{1}{4}+1$

$=\left(t+\frac{1}{2}\right)^2+\frac{3}{4}=g(t)$ とおく。

$y=g(t)$ のグラフを $t \geqq 0$ の範囲でかくと，次のようになる。

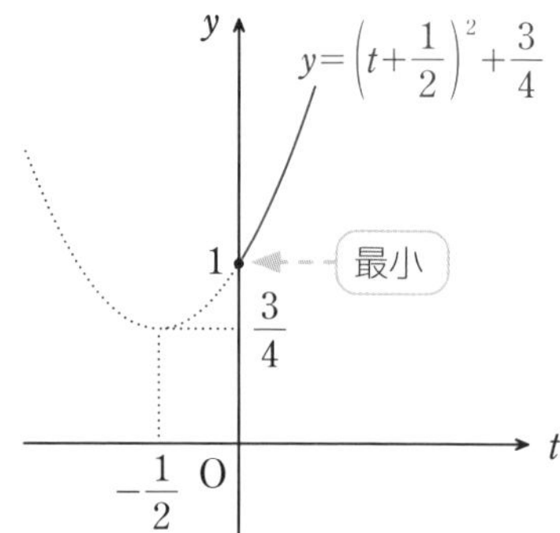

グラフより，$t=0$ のとき，

最小値 $g(0)=0+0+1$

このとき，

$x^2=0$ より $x=0$

また，最大値はなし。

以上より，

$\underline{x=0\text{のとき}}$，$\underline{\text{最小値}1}$ 答 R23 R24

$\underline{\text{最大値はなし}}$ 答 R25

	項　目	1回目	2回目	3回目
(3)	R21：$x^2=t$ とおけた。			
	R22：t のとりうる値の範囲を求めることができた。			
	R23：$x=0$ のときに最小値をとることがわかった。			
	R24：最小値を求めることができた。			
	R25：最大値はないことがわかった。			

第17節　2次関数の決定

問題▶別冊 $p.199$

(1)　頂点の座標が(2, 3)より，求める2次関数は，

$$y=a(x-2)^2+3$$ R1

とおくことができる。これが(1, −1)を通るので，

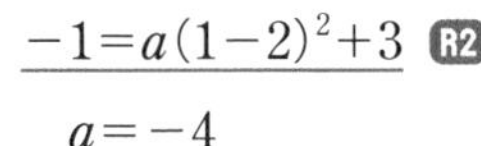

$$-1=a(1-2)^2+3$$ R2

$$a=-4$$

よって，求める2次関数は，

$$y=-4(x-2)^2+3$$ 答 R3

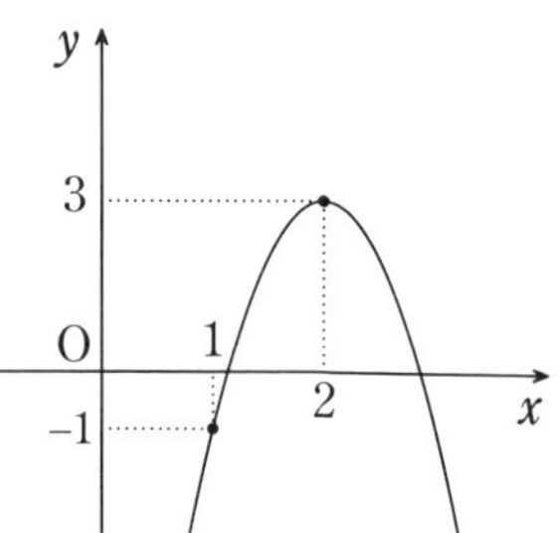

(2)　求める2次関数を $y=ax^2+bx+c$ とおく。 R4

これが(0, 0)，(1, 1)，(−2, 16)を通るので，

$$\begin{cases} 0=c & \cdots\cdots\cdots① \\ 1=a+b+c & \cdots\cdots② \\ 16=4a-2b+c & \cdots③ \end{cases}$$ R5

①，②，③より，

$$a=3,\ b=-2,\ c=0$$ R6

よって，求める2次関数は，

$$y=3x^2-2x$$ 答 R7

①を②，③に代入して，

$$a+b=1 \quad \cdots\cdots②'$$

$$4a-2b=16 \quad \cdots\cdots③'$$

③′÷2より，

$$2a-b=8 \quad \cdots\cdots③''$$

②′＋③″より

$$\begin{array}{rr} & a+b=1 \\ +) & 2a-b=8 \\ \hline & 3a \quad =9 \end{array}$$

$$a=3$$

これを②′に代入して，

$$3+b=1$$

$$b=-2$$

(3)　(−3, 0)，(2, 0)を通るので，

求める2次関数は，

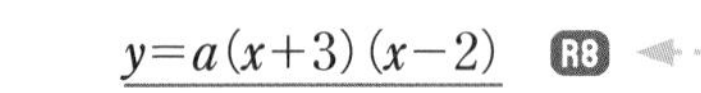

$$y=a(x+3)(x-2)$$ R8

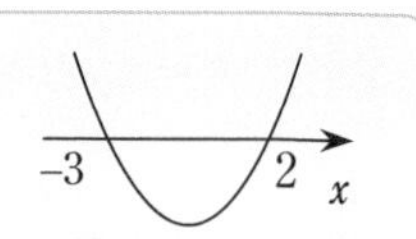

とおける。これが(−4, 12)を通るので，

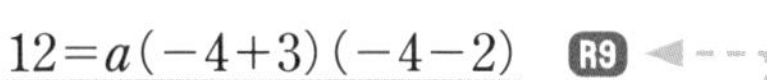

$$12=a(-4+3)(-4-2)$$ R9

$$a=2$$

$$12=a\cdot(-1)\cdot(-6)$$

$$12=6a$$

よって，求める2次関数は，

$$y=2(x+3)(x-2)$$ 答 R10

	項　目	1回目	2回目	3回目
(1)	R1：頂点が(2, 3)より，求める2次関数を $y=a(x-2)^2+3$ とおけた。			
	R2：$y=a(x-2)^2+3$ が(1, −1)を通る条件がわかった。			
	R3：a の値を求め，条件を満たす2次関数を求めることができた。			

	項　目	1回目	2回目	3回目
(2)	R4：通る3点がわかっていることから，求める2次関数を $y=ax^2+bx+c$ とおけた。			
	R5：$y=ax^2+bx+c$ が(0, 0)，(1, 1)，(−2, 16)を通る条件がわかった。			
	R6：①，②，③の連立方程式を解き，a，b，c の値を求めることができた。			
	R7：条件を満たす2次関数を求めることができた。			

	項　目	1回目	2回目	3回目
(3)	R8：(−3, 0)，(2, 0)を通ることより，$y=a(x+3)(x-2)$ とおけた。			
	R9：$y=a(x+3)(x-2)$ が(−4, 12)を通る条件がわかった。			
	R10：a の値を求め，条件を満たす2次関数を求めることができた。			

第18節　2次方程式

問題▶本冊 $p.209$

(1)　$6x^2-13x-5=0$

$(2x-5)(3x+1)=0$ R1

$$\begin{array}{ll} 2 & -5 \to -15 \\ 3 & \ \ 1 \to \ \ \ \ 2 \\ \hline & \ \ \ \ \ \ \ \ -13 \end{array}$$

$2x-5=0$ または $3x+1=0$

$x=\dfrac{5}{2},\ -\dfrac{1}{3}$ 答 R2

(2)　$x^2-\dfrac{2}{3}x-\dfrac{1}{2}=0$

両辺に6をかけて，

$6x^2-4x-3=0$ R3

$ax^2+bx+c=0$ において

$$x=\frac{-\dfrac{b}{2}\pm\sqrt{\left(\dfrac{b}{2}\right)^2-ac}}{a}$$

（今回は，$a=6$，$\dfrac{b}{2}=\dfrac{-4}{2}=-2$，$c=-3$）

$$x=\frac{-(-2)\pm\sqrt{(-2)^2-6\cdot(-3)}}{6}=\frac{2\pm\sqrt{22}}{6}$$ 答 R4

(3)　$6x^2+5x+k=0$ の判別式を D とすると，

$D=5^2-4\cdot6k=25-24k$ R5

$D>0$ のとき，

$25-24k>0$

$-24k>-25$

$k<\dfrac{25}{24}$ R6

このとき，異なる実数解の個数は2個である。

$D=0$ のとき，

$25-24k=0$

$k=\dfrac{25}{24}$ R7

このとき，異なる実数解の個数は1個である。

$D<0$ のとき,

$$25-24k<0$$

$$k>\frac{25}{24}$$ R8

このとき，実数解をもたない。

以上より,

$$\begin{cases} k<\dfrac{25}{24} \text{ のとき，異なる実数解は2個} \\ k=\dfrac{25}{24} \text{ のとき，異なる実数解は1個} \\ k>\dfrac{25}{24} \text{ のとき，実数解はなし} \end{cases}$$ 答 R9

	項　目	1回目	2回目	3回目
(1)	R1：たすきがけの因数分解を行うことができた。			
	R2：$AB=0$ のとき, $A=0$ または $B=0$ を利用して，解を求めることができた。			

	項　目	1回目	2回目	3回目
(2)	R3：分母の最小公倍数 6 をかけ，分母をはらうことができた。			
	R4：解の公式(xの係数が偶数バージョン)を用いて，解を求めることができた。			

	項　目	1回目	2回目	3回目
(3)	R5：判別式(D)の値をkを用いて表すことができた。			
	R6：異なる実数解の個数が2個となるkの値の範囲を求めることができた。			
	R7：異なる実数解の個数が1個となるkの値を求めることができた。			
	R8：実数解をもたないときのkの値の範囲を求めることができた。			
	R9：kの値で場合分けをして，異なる実数解の個数を求めることができた。			

第19節　2次関数のグラフと2次方程式 問題▶本冊 p.219

(1)　$y=-3x^2+5x+2$ と $y=0$ を連立して,

$\underline{-3x^2+5x+2=0}$ R1

$3x^2-5x-2=0$

$(3x+1)(x-2)=0$

$\underline{x=-\frac{1}{3},\ 2}$ R2

よって，共有点の座標は,

$\underline{\left(-\frac{1}{3},\ 0\right),\ (2,\ 0)}$ 答 R3

(2)　$y=3x^2-7x+k$ と $y=0$ を連立して,

$\underline{3x^2-7x+k=0}$ R4

この方程式の判別式を D とすると，共有点の個数が1個のとき,

$\underbrace{D=(-7)^2-4\cdot3\cdot k}_{\text{R5}}\ \underbrace{=0}_{\text{R6}}$

$\underline{k=\frac{49}{12}}$ 答 R7

(3)　$y=-x^2+6x+k$ と $y=0$ を連立して,

$-x^2+6x+k=0$

この方程式の判別式を D とすると,

$\underline{\frac{D}{4}=3^2-(-1)\cdot k=k+9}$ R8

たとえば，$\frac{D}{4}>0$ のときは,

$k+9>0$

$k>-9$

(i)　$\underline{\frac{D}{4}>0\ (\Leftrightarrow k>-9)\ のとき，異なる2点で交わる。（共有点は2個）}$ R9

(ii)　$\underline{\frac{D}{4}=0\ (\Leftrightarrow k=-9)\ のとき，接する。（共有点は1個）}$ R10

(iii) $\frac{D}{4}<0$ ($\Leftrightarrow k<-9$) のとき，共有点をもたない。(共有点は0個) R11

よって，

$k>-9$ のとき，共有点は2個
$k=-9$ のとき，共有点は1個 答 R12
$k<-9$ のとき，共有点はなし

平方完成をして頂点の y 座標に着目しても，もちろんOKだよ。

	項　目	1回目	2回目	3回目
(1)	R1：y を消去して x の2次方程式を作ることができた。			
	R2：たすきがけの因数分解をして，共有点の x 座標を求めることができた。			
	R3：共有点の座標を求めることができた。			

	項　目	1回目	2回目	3回目
(2)	R4：y を消去して x の2次方程式を作ることができた。			
	R5：判別式(D)の値を k を用いて表すことができた。			
	R6：共有点の個数が1個のときは $D=0$ のときとわかった。			
	R7：共有点の個数が1個になるときの k の値を求めることができた。			

	項　目	1回目	2回目	3回目
(3)	R8：y を消去した方程式の判別式の値を k を用いて表すことができた。			
	R9：$\frac{D}{4}>0$ のとき，異なる2点で交わる(共有点は2個である)ことがわかった。			
	R10：$\frac{D}{4}=0$ のとき，接する(共有点は1個である)ことがわかった。			
	R11：$\frac{D}{4}<0$ のとき，共有点をもたない(共有点は0個である)ことがわかった。			
	R12：放物線と x 軸との共有点の個数を k の値で場合分けして求められた。			

第20節　2次関数のグラフと2次不等式 問題▸本冊 $p.232$

(1)① $-4x^2+4x+1 \leqq 0$

$\underline{4x^2-4x-1 \geqq 0}$ R1

$4x^2-4x-1=0$ とすると，

$\underline{x=\dfrac{1\pm\sqrt{2}}{2}}$ R2

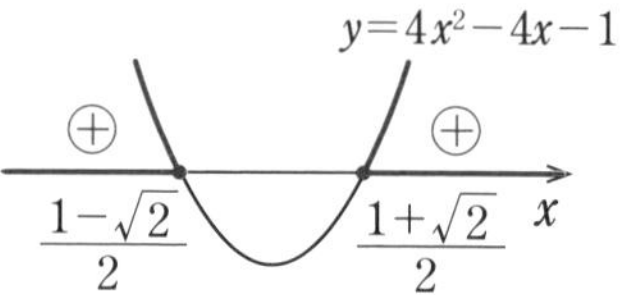

よって，この不等式の解は，

$\underline{x \leqq \dfrac{1-\sqrt{2}}{2},\ \dfrac{1+\sqrt{2}}{2} \leqq x}$ 答 R3

② $x^2-8x+16 \leqq 0$

$\underline{(x-4)^2 \leqq 0}$ R4

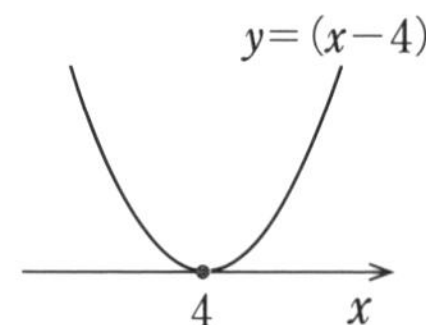

よって，この不等式の解は，

$\underline{x=4}$ 答 R5

③ $x^2+4x+6>0$

$x^2+4x+6=0$ を解くと，

$$x=\frac{-2\pm\sqrt{2^2-1\cdot 6}}{1}$$

➡ $\sqrt{\ }$ の中((判別式)/4)が負の数になるので，$y=x^2+4x+6$ と $y=0$ は共有点をもたない。

$y=x^2+4x+6$

⊕ R6

x

よって，この不等式の解は，

<u>すべての実数</u> 答 R7

(2)　$-\frac{1}{2} \leqq x \leqq 4$ を解にもつ2次不等式の1つは，

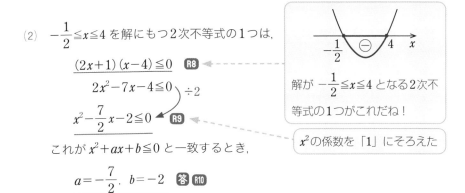

$(2x+1)(x-4) \leqq 0$ R8

$2x^2-7x-4 \leqq 0$　$\div 2$

$x^2-\frac{7}{2}x-2 \leqq 0$ R9

これが $x^2+ax+b \leqq 0$ と一致するとき，

$a=-\frac{7}{2}$，$b=-2$ 答 R10

解が $-\frac{1}{2} \leqq x \leqq 4$ となる2次不等式の1つがこれだね！

x^2 の係数を「1」にそろえた

	項　目	1回目	2回目	3回目
(1)	R1：①両辺を−1倍して，x^2 の係数を正の数にすることができた。			
	R2：① $y=4x^2-4x-1$ と $y=0$ の共有点の x 座標を求められた。			
	R3：①不等式 $-4x^2+4x+1 \leqq 0$ の解を求めることができた。			
	R4：②左辺を因数分解し，$y=(x-4)^2$ のグラフをかけた。			
	R5：②不等式 $x^2-8x+16 \leqq 0$ の解を求めることができた。			
	R6：③ $y=x^2+4x+6$ のグラフ全体が x 軸より上側になることがわかった。			
	R7：③ $x^2+4x+6>0$ の解を求めることができた。			

	項　目	1回目	2回目	3回目
(2)	R8：$-\frac{1}{2} \leqq x \leqq 4$ を解にもつ2次不等式の1つがわかった。			
	R9：x^2 の係数を「1」にするような変形をすることができた。			
	R10：a，b の値を求めることができた。			

第21節　2次方程式の解の配置

問題▶本冊 $p.243$

$f(x)=x^2+2(a+1)x+5a+5$ とおくと，

$$f(x)=\{x+(a+1)\}^2-(a+1)^2+5a+5$$

$$=\{x+(a+1)\}^2-a^2+3a+4$$

(1)　求める条件は，

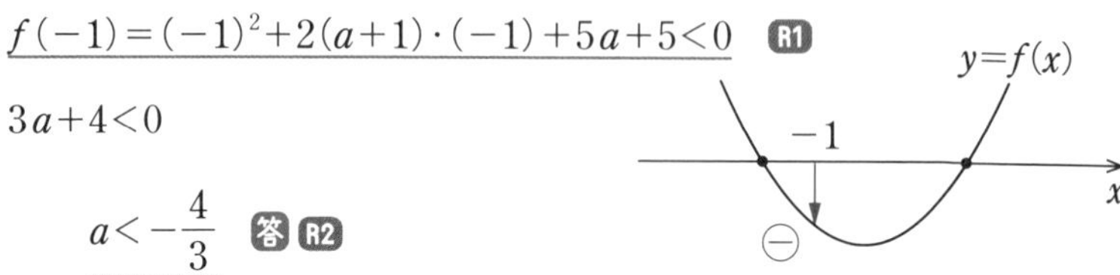

$\underline{f(-1)=(-1)^2+2(a+1)\cdot(-1)+5a+5<0}$ R1

$3a+4<0$

$\underline{a<-\dfrac{4}{3}}$ 答 R2

(2)　求める条件は，

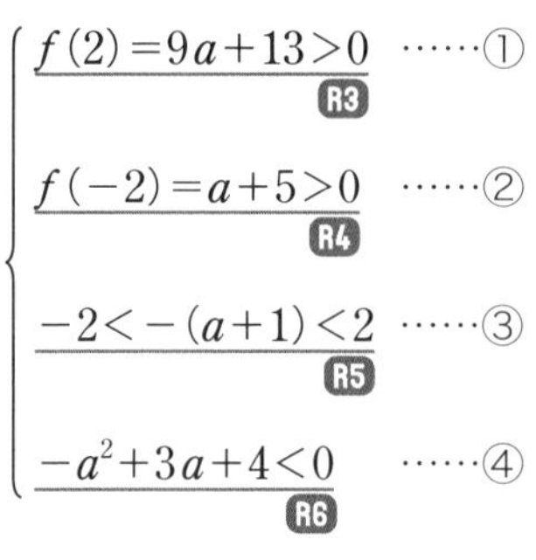

$$\begin{cases} \underline{f(2)=9a+13>0} \quad \cdots\cdots ① \\ \underline{f(-2)=a+5>0} \quad \cdots\cdots ② \\ \underline{-2<-(a+1)<2} \quad \cdots\cdots ③ \\ \underline{-a^2+3a+4<0} \quad \cdots\cdots ④ \end{cases}$$

R3　R4　R5　R6

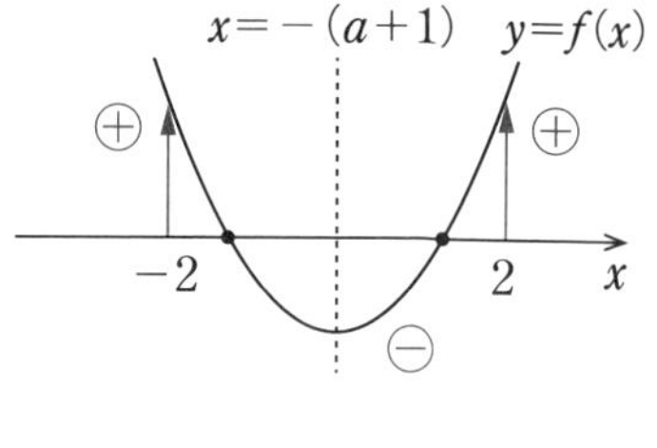

①より，$\underline{a>-\dfrac{13}{9}}$ R7　$\cdots\cdots①'$

②より，$\underline{a>-5}$ R8　$\cdots\cdots②'$

③より，$\underline{-3<a<1}$ R9　$\cdots\cdots③'$

④より，$\underline{a<-1,\ 4<a}$ R10　$\cdots\cdots④'$

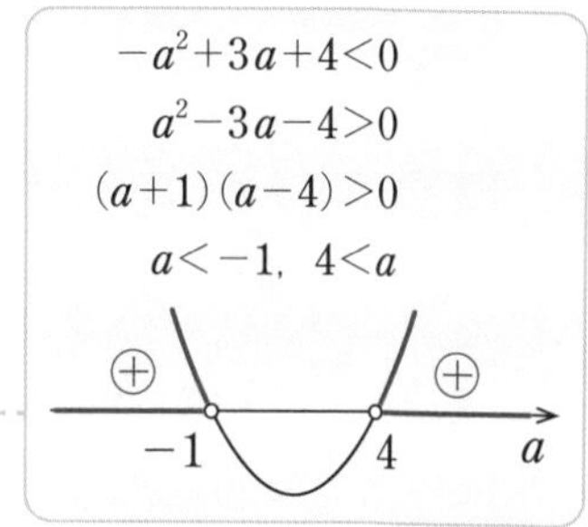

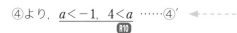

$-a^2+3a+4<0$

$a^2-3a-4>0$

$(a+1)(a-4)>0$

$a<-1,\ 4<a$

①′～④′より，

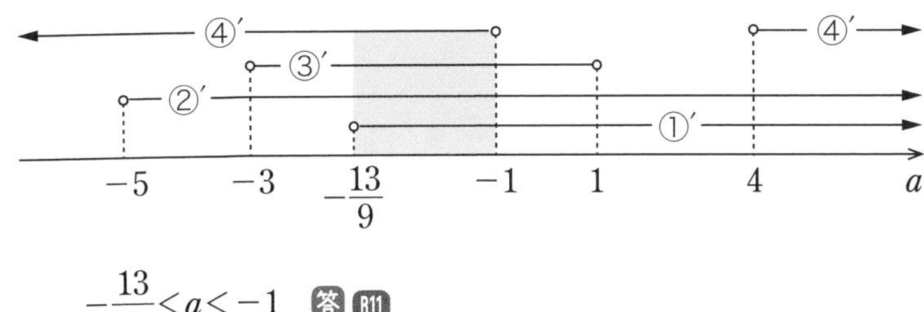

$-\frac{13}{9}<a<-1$ 答 R11

	項　目	1回目	2回目	3回目
(1)	R1：$f(-1)<0$ が求める条件であることに気がついた。			
	R2：$f(-1)<0$ を解いて a の値の範囲を求めることができた。			

	項　目	1回目	2回目	3回目
(2)	R3：求める条件の1つに $f(2)>0$ があることに気がついた。			
	R4：求める条件の1つに $f(-2)>0$ があることに気がついた。			
	R5：求める条件の1つに $-2<-(a+1)<2$ があることに気がついた。			
	R6：求める条件の1つに $-a^2+3a+4<0$ があることに気がついた。			
	R7：①を解くことができた。			
	R8：②を解くことができた。			
	R9：③を解くことができた。			
	R10：④を解くことができた。			
	R11：①′～④′の共通範囲を求めることができた。			

第22節 三角比

問題►本冊 *p*.250

(1) 三平方の定理より，

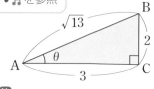

くわしくは，第23節のイントロダクション♪♬を参照

$$AB^2=2^2+3^2=13$$

$AB>0$ より，$AB=\sqrt{13}$ R1

よって，

$$\sin\theta=\frac{2}{\sqrt{13}},\quad \cos\theta=\frac{3}{\sqrt{13}},\quad \tan\theta=\frac{2}{3}$$ 答

R2 R3 R4

(2)

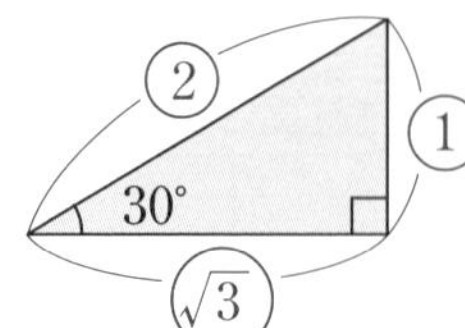

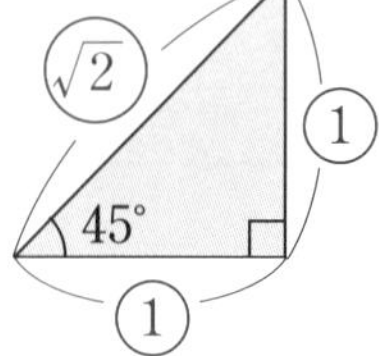

$$\sin 30^\circ=\frac{1}{2},\quad \cos 30^\circ=\frac{\sqrt{3}}{2},\quad \tan 45^\circ=\frac{1}{1}=1$$ 答

R5 R6 R7

(3) $BC=AB\sin 30^\circ$

$$=6\times\frac{1}{2}$$

$$=3$$ 答 R8

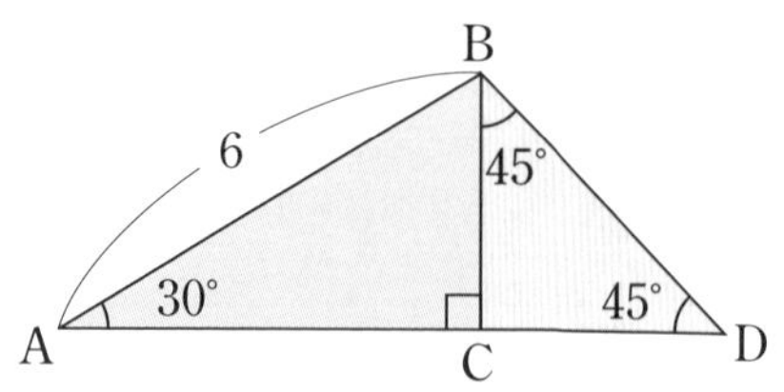

また，

$$AC=AB\cos 30^\circ$$

$$=6\times\frac{\sqrt{3}}{2}$$

$$=3\sqrt{3}$$ R9

$\angle \mathrm{DBC}=45^\circ$ より，

$\mathrm{CD}=\mathrm{BC}\tan 45^\circ$

$=3\times 1$

$=3$ R10

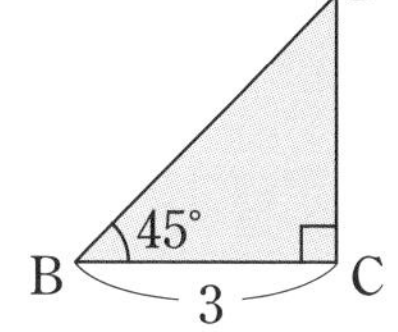

以上より，

$\mathrm{AD}=\mathrm{AC}+\mathrm{CD}$

$=3\sqrt{3}+3$ 答 R11

	項　目	1回目	2回目	3回目
(1)	R1：三平方の定理を用いて AB の長さを求めることができた。			
	R2：sin は $\frac{高さ}{斜辺}$ とわかり，$\sin\theta$ を求めることができた。			
	R3：cos は $\frac{底辺}{斜辺}$ とわかり，$\cos\theta$ を求めることができた。			
	R4：tan は $\frac{高さ}{底辺}$ とわかり，$\tan\theta$ を求めることができた。			

	項　目	1回目	2回目	3回目
(2)	R5：$\sin 30^\circ$ の値を求めることができた。			
	R6：$\cos 30^\circ$ の値を求めることができた。			
	R7：$\tan 45^\circ$ の値を求めることができた。			

	項　目	1回目	2回目	3回目
(3)	R8：(高さ)＝(斜辺)×sin を利用して，BC の長さを求めることができた。			
	R9：(底辺)＝(斜辺)×cos を利用して，AC の長さを求めることができた。			
	R10：(高さ)＝(底辺)×tan を利用して，CD の長さを求めることができた。			
	R11：AD＝AC＋CD より，AD の長さを求めることができた。			

第23節　三角比の相互関係

問題▶本冊 p.257

(1)　$\sin^2\theta+\cos^2\theta=1$ より,

$$\underline{\sin^2\theta=1-\cos^2\theta}$$ R1

$$=1-\left(\frac{5}{13}\right)^2$$

$$=\left(1+\frac{5}{13}\right)\left(1-\frac{5}{13}\right)$$

$$=\frac{18}{13}\cdot\frac{8}{13}$$

$$=\frac{(2\cdot3^2)\cdot2^3}{13}$$

$$=\frac{(2^2\cdot3)^2}{13^2}$$

$$=\frac{12^2}{\underline{13^2}}$$ R2

θが鋭角のとき, $\underline{\sin\theta>0}$ であるから, R3

$$\sin\theta=\sqrt{\frac{12^2}{13^2}}=\underline{\frac{12}{13}}$$ 答 R4

(2)　$$\underline{\tan\theta=\frac{\sin\theta}{\cos\theta}}$$ R5

$$=\frac{\frac{12}{13}}{\frac{5}{13}}$$

$$\frac{\frac{5}{13}\times13}{\frac{5}{13}\times13}$$

$$=\underline{\frac{12}{5}}$$ 答 R6

(3)　$$\underline{\sin(90^\circ-\theta)=\cos\theta}$$ R7

$$=\underline{\frac{5}{13}}$$ 答 R8

(4) $\underline{\cos(90^\circ-\theta)=\sin\theta}$ R9

$=\underline{\dfrac{12}{13}}$ 答 R10

(5) $\underline{\tan(90^\circ-\theta)=\dfrac{1}{\tan\theta}}$ R11

$=\underline{\dfrac{5}{12}}$ 答 R12

	項　目	1回目	2回目	3回目
(1)	R1：$\sin^2\theta=1-\cos^2\theta$ を使って $\sin^2\theta$ の値を求めようとした。			
	R2：$\sin^2\theta$ の値を求めることができた。			
	R3：$\sin\theta>0$ であることがわかった。			
	R4：$\sin\theta$ の値を求めることができた。			

	項　目	1回目	2回目	3回目
(2)	R5：$\tan\theta=\dfrac{\sin\theta}{\cos\theta}$ を使って $\tan\theta$ の値を求めようとした。			
	R6：$\tan\theta$ の値を求めることができた。			

	項　目	1回目	2回目	3回目
(3)	R7：$\sin(90^\circ-\theta)=\cos\theta$ がわかった。			
	R8：$\sin(90^\circ-\theta)$ の値を求めることができた。			

	項　目	1回目	2回目	3回目
(4)	R9：$\cos(90^\circ-\theta)=\sin\theta$ がわかった。			
	R10：$\cos(90^\circ-\theta)$ の値を求めることができた。			

	項　目	1回目	2回目	3回目
(5)	R11：$\tan(90^\circ-\theta)=\dfrac{1}{\tan\theta}$ がわかった。			
	R12：$\tan(90^\circ-\theta)$ の値を求めることができた。			

第24節　三角比の拡張

問題▶本冊 $p.269$

(1)　$\sin 120^\circ = \dfrac{\sqrt{3}}{2}$　答 R1

$\cos 120^\circ = -\dfrac{1}{2}$　答 R2

$\tan 120^\circ = -\sqrt{3}$　答 R3

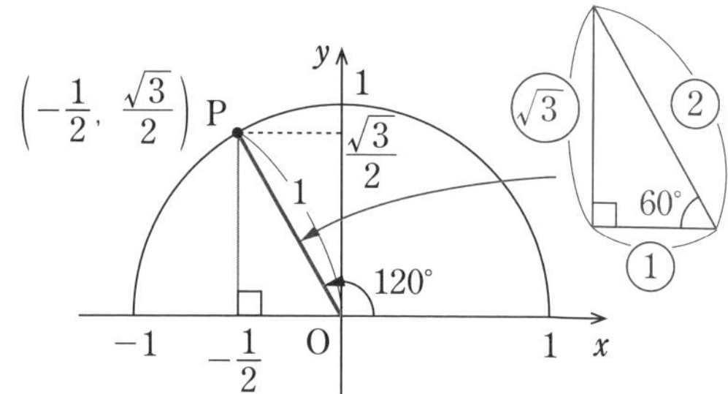

(2)①　$\sin\theta + \cos\theta = \dfrac{1}{2}$ ……① の両辺を2乗して，R4

$$\sin^2\theta + 2\sin\theta\cos\theta + \cos^2\theta = \frac{1}{4}$$

$$\sin\theta\cos\theta = -\frac{3}{8}$$ 答 R5

> $\sin^2\theta + \cos^2\theta = 1$ より，
> $$1 + 2\sin\theta\cos\theta = \frac{1}{4}$$
> $$2\sin\theta\cos\theta = -\frac{3}{4}$$

②　$(\sin\theta - \cos\theta)^2 = \sin^2\theta - 2\sin\theta\cos\theta + \cos^2\theta$　R6

$$= 1 - 2\cdot\left(-\frac{3}{8}\right)$$

$$= \frac{7}{4}$$ R7

$\sin\theta\cos\theta < 0$ かつ $\sin\theta > 0$ より，$\cos\theta < 0$　R8

> $0^\circ < \theta < 180^\circ$ より，
> $\sin\theta > 0$
> (i)より，
> $\sin\theta\cos\theta < 0$
> かけて負で，$\sin\theta$ が正だから，
> $\cos\theta < 0$

よって，$\sin\theta - \cos\theta > 0$ より，R9

$$\sin\theta - \cos\theta = \sqrt{\frac{7}{4}}$$

$$= \frac{\sqrt{7}}{2}$$ ……②　答 R10

③　(①＋②)÷2より，

$$\sin\theta = \frac{1+\sqrt{7}}{4}$$ R11

> $$\sin\theta + \cos\theta = \frac{1}{2}$$
> $$+)\ \sin\theta - \cos\theta = \frac{\sqrt{7}}{2}$$
> $$2\sin\theta = \frac{1+\sqrt{7}}{2}$$

よって,

$$\underline{\sin(180^\circ-\theta)=\sin\theta}$$

$$\underline{=\frac{1+\sqrt{7}}{4}}$$ 答 R12

	項　目	1回目	2回目	3回目
(1)	R1：$\sin 120^\circ$ の値を求めることができた。			
	R2：$\cos 120^\circ$ の値を求めることができた。			
	R3：$\tan 120^\circ$ の値を求めることができた。			

	項　目	1回目	2回目	3回目
(2)	R4：①①の両辺を2乗すればよいことに気がついた。			
	R5：①$\sin^2\theta+\cos^2\theta=1$ を利用して，$\sin\theta\cos\theta$の値を求めることができた。			
	R6：②$(\sin\theta-\cos\theta)^2$の値を求めようとした。			
	R7：②$(\sin\theta-\cos\theta)^2$の値を求めることができた。			
	R8：②$\cos\theta<0$に気がついた。			
	R9：②$\sin\theta-\cos\theta>0$ であることがわかった。			
	R10：②$\sin\theta-\cos\theta$ の値を求めることができた。			
	R11：③$\sin\theta$の値を求めることができた。			
	R12：③$\sin(180-\theta)=\sin\theta$ より，$\sin(180^\circ-\theta)$の値を求めることができた。			

第25節　三角比の応用

問題▶本冊 $p.281$

(1)① $\sin\theta=\dfrac{\sqrt{2}}{2}$

$0^\circ\leqq\theta\leqq180^\circ$ より，

$\theta=\underline{45^\circ}$，$\underline{135^\circ}$　答
R1　R2

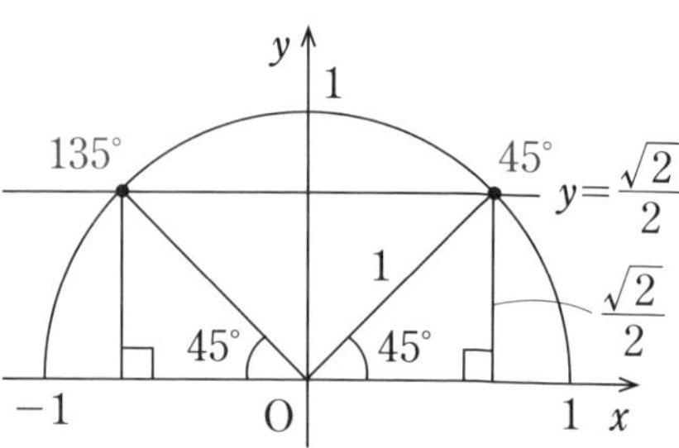

② $4\cos^2\theta-3<0$

$(2\cos\theta)^2-(\sqrt{3})^2<0$

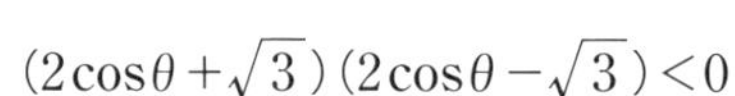
$\underline{(2\cos\theta+\sqrt{3})(2\cos\theta-\sqrt{3})<0}$　R3

$\underline{-\dfrac{\sqrt{3}}{2}<\cos\theta<\dfrac{\sqrt{3}}{2}}$　R4

$0^\circ\leqq\theta\leqq180^\circ$ より，

$\underline{30^\circ<\theta<150^\circ}$　答 R5

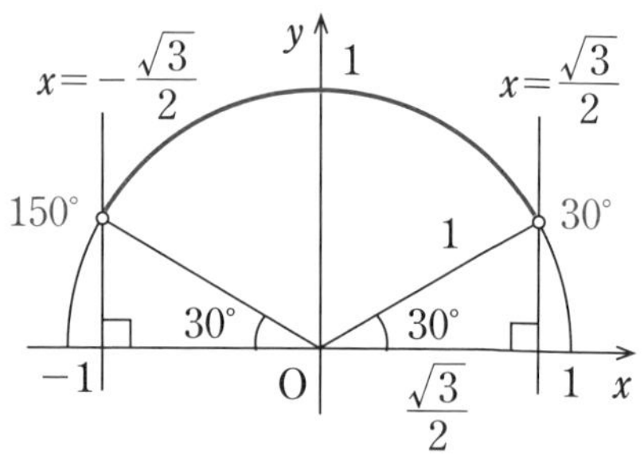

(2) 直線 $y=-\sqrt{3}x$ の x 軸の正方向からの回転角 α は，

$\tan\alpha=-\sqrt{3}$

より，

$\underline{\alpha=120^\circ}$　R6

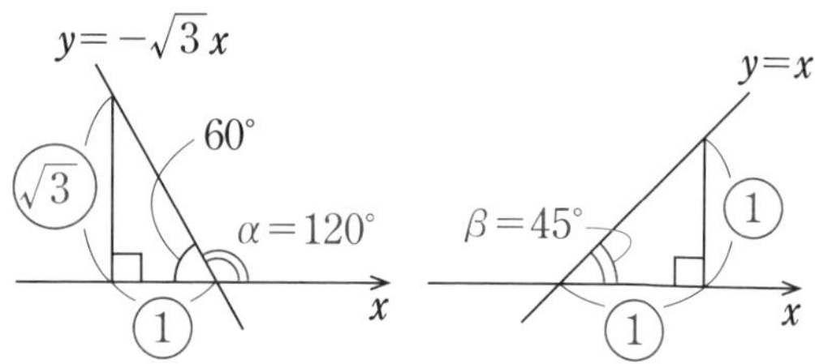

直線 $y=x$ の x 軸の正方向からの回転角 β は，

$\tan\beta=1$

より，

$\underline{\beta=45^\circ}$　R7

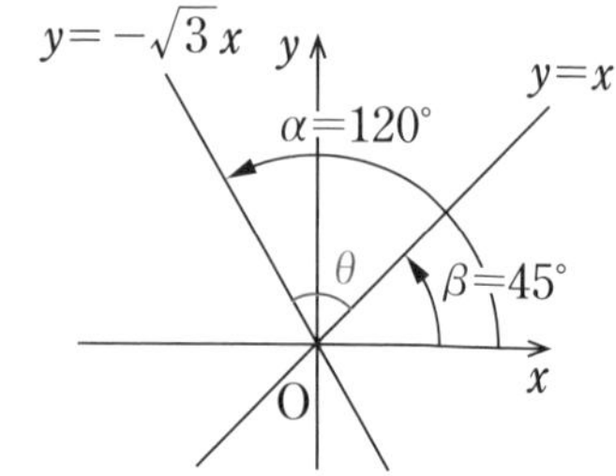

$120^\circ-45^\circ=75^\circ$ であり，

$0^\circ \leqq 75^\circ \leqq 90^\circ$ より，

$\underline{\theta=75^\circ}$ 答 R8

	項　目	1回目	2回目	3回目
(1)	R1：① $\theta=45^\circ$ が解の1つだとわかった。			
	R2：① $\theta=135^\circ$ が解の1つだとわかった。			
	R3：②左辺を因数分解することができた。			
	R4：②不等式を満たす $\cos\theta$ の値の範囲を求めることができた。			
	R5：②不等式を満たす θ の値の範囲を求めることができた。			

	項　目	1回目	2回目	3回目
(2)	R6：$y=-\sqrt{3}x$ の x 軸の正方向からの回転角を求めることができた。			
	R7：$y=x$ の x 軸の正方向からの回転角を求めることができた。			
	R8：$y=-\sqrt{3}x$ と $y=x$ のなす角 θ の値を求めることができた。			

第26節　正弦定理と余弦定理

問題▶本冊 $p.297$

(1)　正弦定理より，

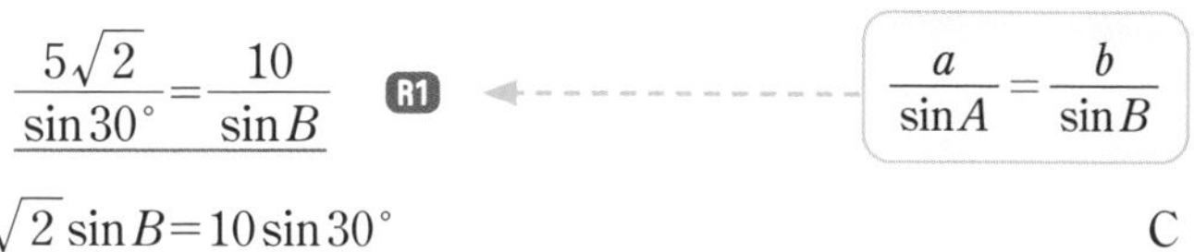

$$\frac{5\sqrt{2}}{\sin 30^\circ}=\frac{10}{\sin B}$$ R1 ← $\frac{a}{\sin A}=\frac{b}{\sin B}$

$$5\sqrt{2}\sin B=10\sin 30^\circ$$

$$\sin B=10\cdot\frac{1}{2}\cdot\frac{1}{5\sqrt{2}}$$

$$=\frac{1}{\sqrt{2}}$$ R2

C, $b=10$, $a=5\sqrt{2}$, 30°, B, A, B

よって，$B=45^\circ,\ 135^\circ$　答 R3

(2)　余弦定理より，

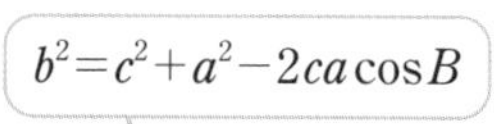

$b^2=c^2+a^2-2ca\cos B$

$$b^2=2^2+3^2-2\cdot2\cdot3\cos 60^\circ$$ R4

$$=4+9-12\cdot\frac{1}{2}$$

$$=7$$

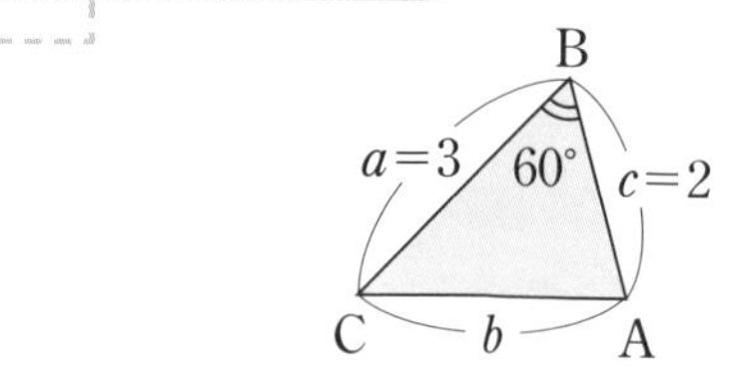

$b>0$より，$b=\sqrt{7}$　答 R5

(3)　余弦定理より，

$c^2=a^2+b^2-2ab\cos C$

$$c^2=(\sqrt{6})^2+(\sqrt{3}-1)^2-2\sqrt{6}(\sqrt{3}-1)\cos 45^\circ$$ R6

$$=6+(4-2\sqrt{3})-2\sqrt{3}(\sqrt{3}-1)$$

$$=4$$

$c>0$より，$c=2$　答 R7

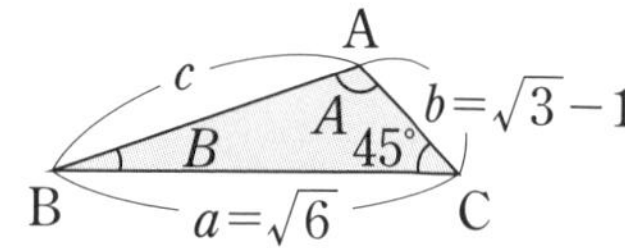

正弦定理より，

$$\frac{\sqrt{6}}{\sin A}=\frac{2}{\sin 45^\circ}$$ R8 ← $\frac{a}{\sin A}=\frac{c}{\sin C}$

$$\sin A=\sqrt{6}\cdot\frac{\sin 45^\circ}{2}$$

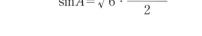

$$=\sqrt{6}\cdot\frac{1}{2}\cdot\frac{1}{\sqrt{2}}$$

$$=\frac{\sqrt{3}}{2}$$

よって，$A=60^\circ$，120°

Aは余弦定理で求めることもできるよ

$A=60^\circ$ のとき，$B=180^\circ-(60^\circ+45^\circ)=\underline{75^\circ}$ R9

$A=120^\circ$ のとき，$B=180^\circ-(120^\circ+45^\circ)=\underline{15^\circ}$ R10

$\sqrt{3}-1<2<\sqrt{6}$ より，

$\underline{B<C<A}$ R11

$b<c<a$ のとき，$B<C<A$ だね！

であるから，

$\underline{A=120^\circ}$ R12，$\underline{B=15^\circ}$ R13 答

	項　目	1回目	2回目	3回目
(1)	R1：正弦定理を正しく使うことができた。			
	R2：$\sin B$ の値を求めることができた。			
	R3：B の値を求めることができた。			

	項　目	1回目	2回目	3回目
(2)	R4：余弦定理を正しく使うことができた。			
	R5：b の値を求めることができた。			

	項　目	1回目	2回目	3回目
(3)	R6：余弦定理を正しく使うことができた。			
	R7：c の値を求めることができた。			
	R8：正弦定理を正しく使うことができた。			
	R9：$A=60^\circ$ のときの B を求めることができた。			
	R10：$A=120^\circ$ のときの B を求めることができた。			
	R11：$B<C<A$ ということがわかった。			
	R12：A の値を求めることができた。			
	R13：B の値を求めることができた。			

第27節　三角形の面積とその応用

問題▶本冊 $p.306$

(1)　$\triangle$ABC で余弦定理より，

$$\underline{AC^2 = 5^2 + 8^2 - 2 \cdot 5 \cdot 8\cos\theta}$$

$$\underline{= 89 - 80\cos\theta} \quad \cdots\cdots ①$$ R1

$\underline{\angle CDA = 180^\circ - \theta}$である。 R2

$\triangle$ACD で余弦定理より，

$$\underline{AC^2 = 3^2 + 5^2 - 2 \cdot 3 \cdot 5\cos(180^\circ - \theta)}$$ ← $\cos(180^\circ - \theta) = -\cos\theta$

$$\underline{= 34 + 30\cos\theta} \quad \cdots\cdots ②$$ R3

①，②より，

$$89 - 80\cos\theta = 34 + 30\cos\theta$$

$$\underline{\cos\theta = \frac{1}{2}} \quad \cdots\cdots ③$$ R4

よって，$\underline{\theta = 60^\circ}$ 答 R5

(2)　③を①に代入して，

$$AC^2 = 89 - 80 \cdot \frac{1}{2}$$

$$= 49$$

AC$>$0より，$\underline{AC = 7}$ 答 R6

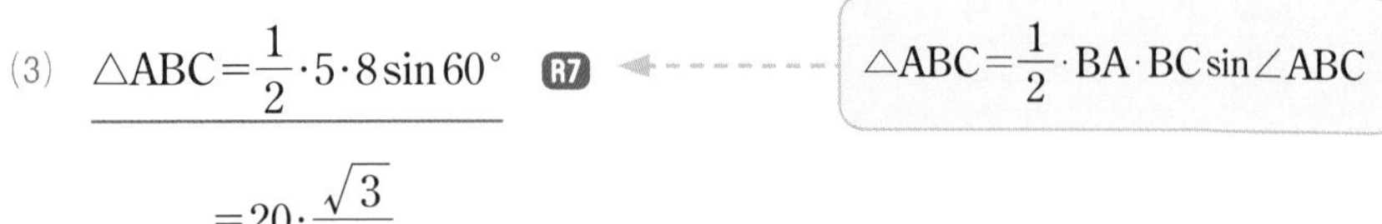

(3)　$\underline{\triangle ABC = \frac{1}{2} \cdot 5 \cdot 8\sin 60^\circ}$ R7 ← $\triangle ABC = \frac{1}{2} \cdot BA \cdot BC\sin\angle ABC$

$$= 20 \cdot \frac{\sqrt{3}}{2}$$

$$= \underline{10\sqrt{3}}$$ 答 R8

(4)　$\underline{\frac{1}{2}r(8 + 7 + 5) = 10\sqrt{3}}$ R9 ← $\frac{1}{2}r(BC + CA + AB) = \triangle ABC$

$r=\sqrt{3}$ 答 R10

(5) $S=\triangle ABC+\triangle ACD$ R11

$=10\sqrt{3}+\frac{1}{2}\cdot 3\cdot 5\sin 120^\circ$

$\angle CDA=180^\circ-60^\circ=120^\circ$

$\triangle ACD=\frac{1}{2}DC\cdot DA\sin\angle CDA$

$=10\sqrt{3}+\frac{15}{2}\cdot\frac{\sqrt{3}}{2}$

$=\frac{55\sqrt{3}}{4}$ 答 R12

	項　目	1回目	2回目	3回目
(1)	R1：△ABC で余弦定理を用いることができた。			
	R2：円に内接する四角形の対角の和は180°より，$\angle CDA=180^\circ-\theta$ とわかった。			
	R3：△ACD で余弦定理を用いることができた。			
	R4：$\cos\theta$ の値を求めることができた。			
	R5：θ の値を求めることができた。			

	項　目	1回目	2回目	3回目
(2)	R6：AC の長さを求めることができた。			

	項　目	1回目	2回目	3回目
(3)	R7：三角形の面積公式がわかった。			
	R8：△ABC の面積を求めることができた。			

	項　目	1回目	2回目	3回目
(4)	R9：内接円の半径 r について方程式を立てることができた。			
	R10：内接円の半径 r を求めることができた。			

	項　目	1回目	2回目	3回目
(5)	R11：S を△ABC＋△ACD で求められることに気がついた。			
	R12：S の値を求めることができた。			

第28節　図形の計量

問題▶本冊 p.315

(1)　AD$=x$ とすると，

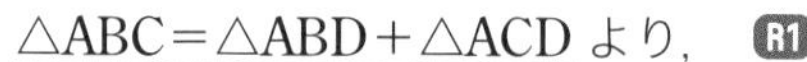

△ABC＝△ABD＋△ACD より，　R1

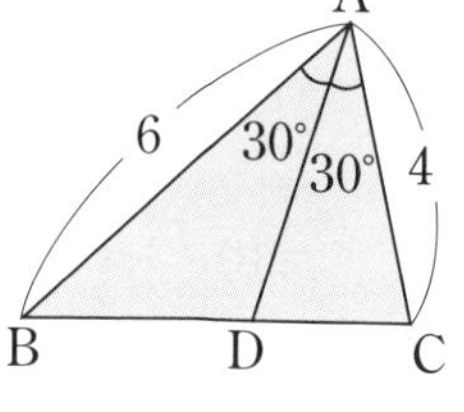

$$\frac{1}{2}\cdot 6\cdot 4\cdot \sin 60^\circ=\frac{1}{2}\cdot 6\cdot x\cdot \sin 30^\circ+\frac{1}{2}\cdot x\cdot 4\cdot \sin 30^\circ$$

R2

よって，

$$\mathrm{AD}=x=\frac{12\sqrt{3}}{5}$$ 答 R3

(2)①　M は正三角形 ABC の辺 BC の中点であるから，

$$\angle \mathrm{ABM}=60^\circ,\ \angle \mathrm{AMB}=90^\circ$$

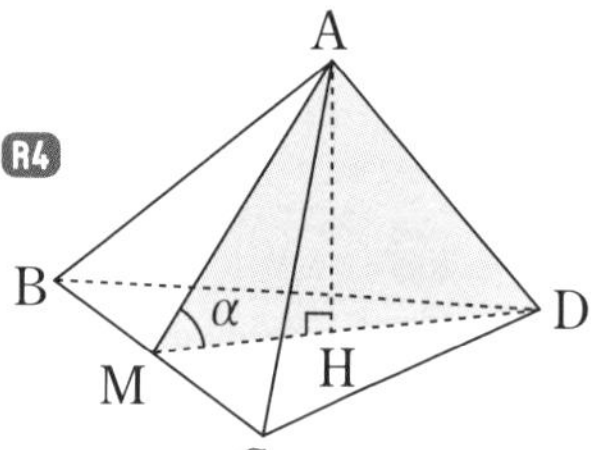

よって，$\mathrm{AM}=\mathrm{AB}\sin 60^\circ=2\sin 60^\circ=\sqrt{3}$　R4

同様に，$\mathrm{DM}=\sqrt{3}$

△AMD で余弦定理より，　R5

$$\cos\alpha=\frac{\mathrm{MD}^2+\mathrm{MA}^2-\mathrm{AD}^2}{2\cdot \mathrm{MD}\cdot \mathrm{MA}}$$

$$=\frac{(\sqrt{3})^2+(\sqrt{3})^2-2^2}{2\cdot\sqrt{3}\cdot\sqrt{3}}$$

$$=\frac{1}{3}$$ 答 R6

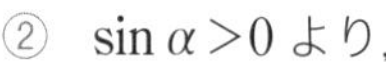

②　$\sin\alpha>0$ より，

$$\sin\alpha=\sqrt{1-\cos^2\alpha}$$

$$=\sqrt{1-\left(\frac{1}{3}\right)^2}$$

$$=\frac{2\sqrt{2}}{3}$$ R7

よって,

$\underline{AH=AM\sin\alpha}$ R8

$=\sqrt{3}\cdot\dfrac{2\sqrt{2}}{3}$

$=\underline{\dfrac{2\sqrt{6}}{3}}$ 答 R9

③　正四面体 ABCD の体積を V とすると,

$V=\dfrac{1}{3}\cdot\triangle BCD\cdot AH$

$=\dfrac{1}{3}\cdot\underline{\left(\dfrac{1}{2}\cdot2\cdot2\cdot\sin60^\circ\right)}\cdot\dfrac{2\sqrt{6}}{3}$ R10

$=\underline{\dfrac{2\sqrt{2}}{3}}$ 答 R11

	項　　目	1回目	2回目	3回目
(1)	R1：$\triangle ABC=\triangle ABD+\triangle ACD$ に着目した。			
	R2：$x(=AD)$について方程式を立てることができた。			
	R3：$x(=AD)$の値を求めることができた。			

	項　　目	1回目	2回目	3回目
(2)	R4：①AM の長さを求めることができた。			
	R5：①$\triangle AMD$ で余弦定理を使うことがわかった。			
	R6：①$\cos\alpha$ の値を求めることができた。			
	R7：②$\sin\alpha$ の値を求めることができた。			
	R8：②$AH=AM\sin\alpha$ であることがわかった。			
	R9：②AH の長さを求めることができた。			
	R10：③$\triangle BCD$ の面積を求めることができた。			
	R11：③正四面体 ABCD の体積を求めることができた。			

第 5 章　データの分析

第29節　データの整理

問題▶本冊 p.322

(1)

階級(cm)	度数	
30 以上 35 未満	1	R2
35 〜 40	3	R3
40 〜 45	5	R4
45 〜 50	6	R5
50 〜 55	4	R6
55 〜 60	1	R7
計	20	答

R1

(2)

R8

(人)
6
5
4
3
2
1
0
30 35 40 45 50 55 60 (cm)

答

(3)

階級(cm)	度数	相対度数	
30 以上 35 未満	1	0.05	R9
35 〜 40	3	0.15	R10
40 〜 45	5	0.25	R11
45 〜 50	6	0.30	R12
50 〜 55	4	0.20	R13
55 〜 60	1	0.05	R14
計	20	1.00	答

(4) 累積相対度数はその階級までの相対度数の合計なので,　R15

階級45cm以上50cm未満の累積相対度数は,

$$0.05+015+0.25+0.30=\underline{0.75}$$ 答 R16

	項　目	1回目	2回目	3回目
(1)	R1：階級を30～35，35～40，……，55～60と分けることができた。			
	R2：階級30～35の度数を正しく数えることができた。			
	R3：階級35～40の度数を正しく数えることができた。			
	R4：階級40～45の度数を正しく数えることができた。			
	R5：階級45～50の度数を正しく数えることができた。			
	R6：階級50～55の度数を正しく数えることができた。			
	R7：階級55～60の度数を正しく数えることができた。			

	項　目	1回目	2回目	3回目
(2)	R8：ヒストグラムを作成することができた。			

	項　目	1回目	2回目	3回目
(3)	R9：階級30～35の度数を正しく求めることができた。			
	R10：階級35～40の度数を正しく求めることができた。			
	R11：階級40～45の度数を正しく求めることができた。			
	R12：階級45～50の度数を正しく求めることができた。			
	R13：階級50～55の度数を正しく求めることができた。			
	R14：階級55～60の度数を正しく求めることができた。			

	項　目	1回目	2回目	3回目
(4)	R15：累積相対度数とは何であるかがわかった。			
	R16：答を正しく求めることができた。			

第30節　代表値

問題▶本冊 p.332

(1)　最頻値が16であるから,

$\underline{a=16}$　答 R1

中央値が24であるから,

$$\frac{23+b}{2}=24$$ R2

$23+b=48$

$\underline{b=25}$　答 R3

平均値が23であるから,

$$\frac{12+16+16+16+23+25+28+28+c+36}{10}=23$$ R4

$200+c=230$

$\underline{c=30}$　答 R5

(2)

階級(分)	階級値	度数
0 以上　20 未満	10.0	7
20 ～ 40	30.0	13
40 ～ 60	50.0	11
60 ～ 80	70.0	8
80 ～ 100	90.0	1
計		40

R6

平均値は,

$$\frac{10\cdot7+30\cdot13+50\cdot11+70\cdot8+90\cdot1}{40}$$

$=\underline{41.5}$ (分)　答 R7

中央値は，値を小さい順に並べたときの，20番目と21番目の平均値である。 R8

20番目の階級値は30分であり，21番目の階級値は50分であるから，

$$\frac{30+50}{2}=\underline{40\text{（分）}}$$ 答 R9

最頻値は，度数が最も多い階級の階級値であるから，

<u>30分</u> 答 R10

	項　目	1回目	2回目	3回目
(1)	R1：最頻値が最も度数が多いデータであることから，a の値を求めることができた。			
	R2：偶数個のデータの場合は，まん中2つの平均値が中央値だとわかった。			
	R3：b の値を求めることができた。			
	R4：売り上げ個数の合計を合計度数の10でわったものが平均値だとわかった。			
	R5：c の値を求めることができた。			

	項　目	1回目	2回目	3回目
(2)	R6：代表値を求めるさいに，階級値を用いることに気がついた。			
	R7：平均値を求めることができた。			
	R8：中央値は20番目と21番目の平均値であることがわかった。			
	R9：中央値を求めることができた。			
	R10：最頻値を求めることができた。			

第31節　範囲と四分位数

問題▶本冊 $p.343$

データを値の小さい順に並べかえると，

53　58　63　67　67　69　74　76　82　91　R1

(1)　最大値91　答 R2，最小値53　答 R3

第1四分位数63　答 R4

第2四分位数$\frac{67+69}{2}=68$　答 R5

第3四分位数76　答 R6

(2)　(範囲)＝(最大値)－(最小値)　R7

$=91-53$

$=38$　答 R8

(四分位範囲)＝(第3四分位数)－(第1四分位数)　R9

$=76-63$

$=13$　答 R10

(四分位偏差)$=\frac{(\text{四分位範囲})}{2}$　R11

$=\frac{13}{2}$

$=6.5$　答 R12

(3)

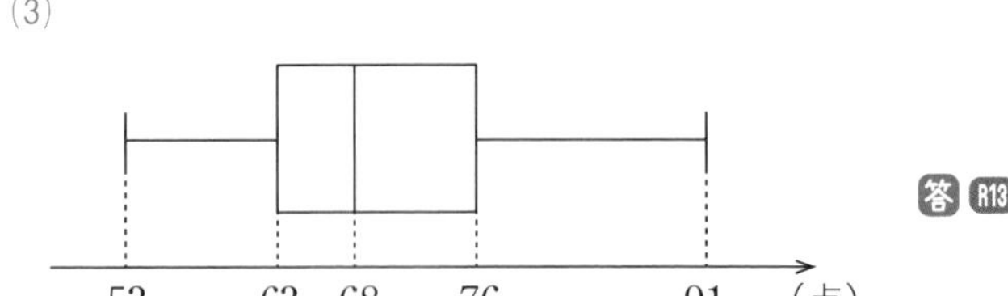

答 R13

項　目	1回目	2回目	3回目
R1：データの値を小さいほうから順に並べかえることができた。			

	項　目	1回目	2回目	3回目
(1)	R2：最大値を求めることができた。			
	R3：最小値を求めることができた。			
	R4：第1四分位数を求めることができた。			
	R5：第2四分位数を求めることができた。			
	R6：第3四分位数を求めることができた。			

	項　目	1回目	2回目	3回目
(2)	R7：(範囲)＝(最大値)－(最小値)であることがわかった。			
	R8：範囲を求めることができた。			
	R9：(四分位範囲)＝(第3四分位数)－(第1四分位数)であることがわかった。			
	R10：四分位範囲を求めることができた。			
	R11：(四分位偏差)＝$\dfrac{(\text{四分位範囲})}{2}$であることがわかった。			
	R12：四分位偏差を求めることができた。			

	項　目	1回目	2回目	3回目
(3)	R13：箱ひげ図をかくことができた。			

第32節　分散と標準偏差

問題▶本冊 p.354

(1)　平均値は,

$$\frac{3+3+5+5+5+9}{6}=\frac{30}{6}$$

$$=\underline{5}$$ R1

このように表にまとめて計算してもいいね！　とくに，データの個数がもっと多いときは，ぜひ表を利用してみよう！

よって，分散は,

$$\underline{\frac{1}{6}\{(3-5)^2+(3-5)^2+(5-5)^2+(5-5)^2+(5-5)^2+(9-5)^2\}}$$ R2

$$=\frac{24}{6}$$

$$=\underline{4}$$ 答 R3

	x	$x-\bar{x}$	$(x-\bar{x})^2$
	3	−2	4
	3	−2	4
	5	0	0
	5	0	0
	5	0	0
	9	4	16
合計	30	0	24

標準偏差は,

$$\underline{\sqrt{4}}=\underline{2}$$ 答
R4　R5

(2)　平均値が3より,

$$\frac{2+3+3+a+b}{5}=3$$

$$\underline{a+b=7}\ \cdots\cdots①$$ R6

分散が2.8より,

$$\underline{\frac{1}{5}(2^2+3^2+3^2+a^2+b^2)-3^2=2.8}$$ R7

$$\underline{a^2+b^2=37}\ \cdots\cdots②$$ R8

①より,

$$b=7-a\ \cdots\cdots①'$$

①′, ②より,

$$a^2+(7-a)^2=37$$

$$(a-1)(a-6)=0$$

$a=1$ のとき, ①′より,
$b=7-1=6$
$a=6$ のとき, ①′より,
$b=7-6=1$

$a<b$ より,

$\underline{a=1}$ (R9), $\underline{b=6}$ (R10) 答

	項　目	1回目	2回目	3回目
(1)	R1：平均値を求めることができた。			
	R2：分散の求め方がわかった。			
	R3：分散の値を求めることができた。			
	R4：標準偏差の求め方がわかった。			
	R5：標準偏差の値を求めることができた。			

	項　目	1回目	2回目	3回目
(2)	R6：平均値が3であることから, a, b の関係式を導くことができた。			
	R7：(分散)が(2乗の平均値)−(平均値)^{2}で求められることがわかった。			
	R8：分散が2.8であることから, a, b の関係式を導くことができた。			
	R9：a の値を求めることができた。			
	R10：b の値を求めることができた。			

第33節　相関係数

問題▶本冊 $p.365$

x の平均を $\bar{x}$，y の平均を $\bar{y}$ とすると，

$$\bar{x}=\frac{15.6+15.3+15.9+15.5+15.7}{5}$$

$$=\underline{15.6}$$ R1

$$\bar{y}=\frac{58+61+52+60+54}{5}$$

$$=\underline{57}$$ R2

仮平均を利用するともう少し楽にできるよ。x であれば，仮平均を15として，

$$x=15+\frac{1}{5}(0.6+0.3+0.9+0.5+0.7)=15+0.6=15.6$$

とするといいね。y のほうは，中央値に近くて，きりのよい値の60を仮平均にするといいよ！

番号	x	y	$x-\bar{x}$	$y-\bar{y}$	$(x-\bar{x})^2$	$(y-\bar{y})^2$	$(x-\bar{x})(y-\bar{y})$
①	15.6	58	0	1	0	1	0
②	15.3	61	−0.3	4	0.09	16	−1.2
③	15.9	52	0.3	−5	0.09	25	−1.5
④	15.5	60	−0.1	3	0.01	9	−0.3
⑤	15.7	54	0.1	−3	0.01	9	−0.3
計	78	285	0	0	0.2	60	−3.3

R3

上の表から，x と y の共分散 s_{xy}，x の標準偏差 s_x，y の標準偏差 s_y は，

$$\underline{s_{xy}=\frac{-3.3}{5}}\ \text{R4},\quad \underline{s_x=\sqrt{\frac{0.2}{5}}}\ \text{R5},\quad \underline{s_y=\sqrt{\frac{60}{5}}}\ \text{R6}$$

よって，相関係数 r は，

$$\underline{r=\frac{s_{xy}}{s_x s_y}}$$ R7

$$=\frac{\frac{-3.3}{5}}{\sqrt{\frac{0.2}{5}}\times\sqrt{\frac{60}{5}}}$$

$$=\frac{-3.3}{\sqrt{0.2}\times\sqrt{60}}$$

$$=\frac{-3.3}{\sqrt{12}}$$

$$=-\frac{3.3\sqrt{3}}{6}$$

$$=-\frac{1.1\sqrt{3}}{2}$$

$$=-\frac{1.1\times1.73}{2}$$

$$=-0.9515$$

より，小数第3位を四捨五入すると，$r=\underline{-0.95}$ 答 R8

r は -1 に近いから，

x と y には<u>強い負の相関関係がある</u>と考えられる。 答 R9

項　　目	1回目	2回目	3回目
R1：x の平均値を求めることができた。			
R2：y の平均値を求めることができた。			
R3：表を正しく作成することができた。			
R4：x と y の共分散 s_{xy} を求めることができた。			
R5：x の標準偏差 s_x を求めることができた。			
R6：y の標準偏差 s_y を求めることができた。			
R7：相関係数 r を求める式がわかった。			
R8：相関係数 r を求めることができた。			
R9：x と y には強い負の相関関係があると考えられることがわかった。			

第34節　仮説検定

問題►本冊 $p.376$

主張したい仮説は，「Bのほうが A よりも消しやすいと思われている」 R1

仮定は，「Bのほうが A よりも消しやすいと思われているわけではない」
つまり，
「A，Bのどちらを消しやすいと回答するかは，偶然で決まる」
すなわち，
「A，Bのどちらを消しやすいと回答する確率もそれぞれ $\frac{1}{2}$」 R2
と仮定する。

Bのほうが A よりも消しやすいと回答することを，
「コインを1回投げて表が出ること」に，
Aのほうが B よりも消しやすいと回答することを，
「コインを1回投げて裏が出ること」に，
それぞれおきかえて考える。 R3

20人中15人以上が，Bのほうが A よりも消しやすいと回答する確率 p は，

$$p=\frac{2+0+1}{200}=\frac{3}{200}=0.015$$ R4 ← 20回中，表が15回以上出る確率

0.015 は，基準となる確率 0.05 よりも小さいので， R5
「Bのほうが A よりも消しやすいと思われているわけではない」
という仮定は正しくなく， R6
「Bのほうが A よりも消しやすいと思われている」
と考えてよい。

よって，Bのほうが A よりも消しやすいと思われていると判断してよい。 答 R7

項　目	1回目	2回目	3回目
R1：主張したい仮説を立てることができた。			
R2：主張したい仮説に反する仮定を立てることができた。			
R3：「Bのほうが A よりも消しやすい」「A のほうが B よりも消しやすい」と回答することをそれぞれコインの表，裏が出ることにおきかえて考えることができた。			
R4：20人中15人以上が B を消しやすいと回答する確率 p を求めることができた。			
R5：p が基準となる確率より小さいことを示すことができた。			
R6：「B のほうが A よりも消しやすいと思われているわけではない」という仮定は正しくないとわかった。			
R7：「B のほうが A よりも消しやすい」と思われていると判断してよいとわかった。			

第35節　集合の要素の個数

問題▶本冊 p.387

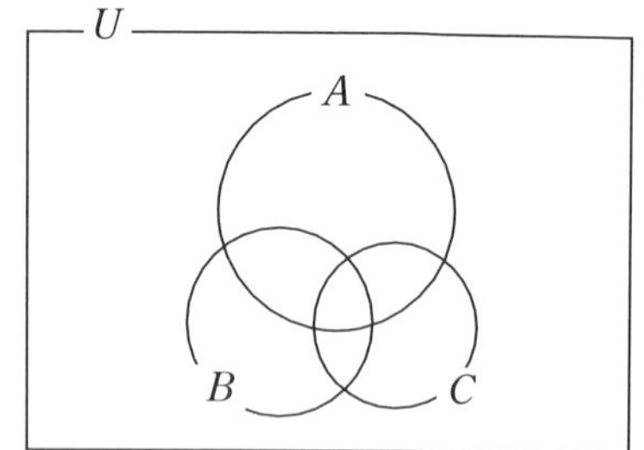

(1) $A=\{4\cdot1,\ 4\cdot2,\ 4\cdot3,\ \cdots,\ 4\cdot50\}$

より，$\underline{n(A)=50}$ 答 R1

$B=\{5\cdot1,\ 5\cdot2,\ 5\cdot3,\ \cdots,\ 5\cdot40\}$

より，$\underline{n(B)=40}$ 答 R2

$C=\{7\cdot1,\ 7\cdot2,\ 7\cdot3,\ \cdots,\ 7\cdot28\}$

より，$\underline{n(C)=28}$ 答 R3

(2) $A\cap B$ は20の倍数の集合だから，$A\cap B=\{20\cdot1,\ 20\cdot2,\ 20\cdot3,\ \cdots,\ 20\cdot10\}$

より，$\underline{n(A\cap B)=10}$ 答 R4

$B\cap C$ は35の倍数の集合だから，$B\cap C=\{35\cdot1,\ 35\cdot2,\ 35\cdot3,\ 35\cdot4,\ 35\cdot5\}$

より，$\underline{n(B\cap C)=5}$ 答 R5

$C\cap A$ は28の倍数の集合だから，$C\cap A=\{28\cdot1,\ 28\cdot2,\ 28\cdot3,\ \cdots,\ 28\cdot7\}$

より，$\underline{n(C\cap A)=7}$ 答 R6

(3) $A\cap B\cap C$ は140の倍数の集合だから，$A\cap B\cap C=\{140\}$

より，$\underline{n(A\cap B\cap C)=1}$ 答 R7

$$\underline{n(A\cup B\cup C)=n(A)+n(B)+n(C)-n(A\cap B)-n(B\cap C)-n(C\cap A)}$$

$$\underline{+n(A\cap B\cap C)}\quad \text{R8}$$

$$=50+40+28-10-5-7+1=\underline{97}$$ 答 R9

(4) $n(\overline{A})=n(U)-n(A)$

$=200-50=\underline{150}$ 答 R10

$\underline{n(B\cap C)=n(B)-n(B\cap C)}$ R11

$=40-5=\underline{35}$ 答 R12

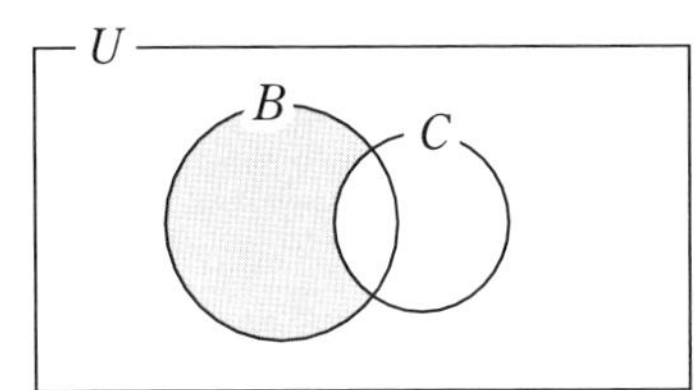

	項　目	1回目	2回目	3回目
(1)	R1：$n(A)$を求めることができた。			
	R2：$n(B)$を求めることができた。			
	R3：$n(C)$を求めることができた。			

	項　目	1回目	2回目	3回目
(2)	R4：$A\cap B$は20の倍数の集合であることがわかり，$n(A\cap B)$を求められた。			
	R5：$B\cap C$は35の倍数の集合であることがわかり，$n(B\cap C)$を求められた。			
	R6：$C\cap A$は28の倍数の集合であることがわかり，$n(C\cap A)$を求められた。			

	項　目	1回目	2回目	3回目
(3)	R7：$A\cap B\cap C$は140の倍数の集合であることがわかり，$n(A\cap B\cap C)$を求められた。			
	R8：$n(A\cup B\cup C)=n(A)+n(B)+n(C)-n(A\cap B)-n(B\cap C)-n(C\cap A)+n(A\cap B\cap C)$がわかった。			
	R9：$n(A\cup B\cup C)$を求めることができた。			

	項　目	1回目	2回目	3回目
(4)	R10：$n(\overline{A})$を求めることができた。			
	R11：$n(B\cap\overline{C})=n(B)-n(B\cap C)$がわかった。			
	R12：$n(B\cap\overline{C})$を求めることができた。			

第36節　場合の数

問題▶本冊 p.400

(1)

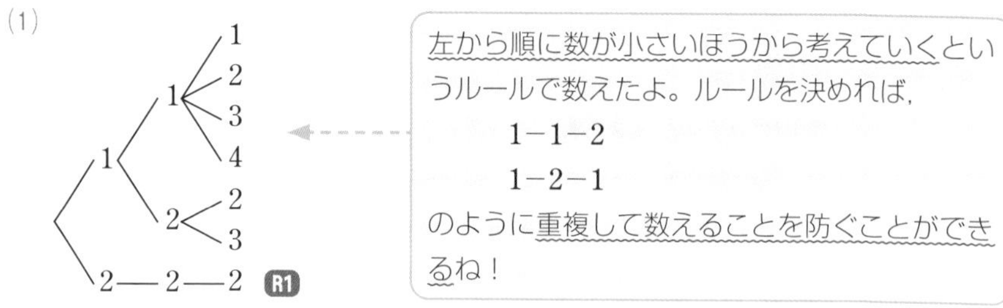

1
2
1
3
1
4
2
2
3
2—2—2
R1
左から順に数が小さいほうから考えていくというルールで数えたよ。ルールを決めれば，
1−1−2
1−2−1
のように重複して数えることを防ぐことができるね！

最後の枝の本数を数えて，求める組の数は，

7通り　答 R2

(2)(i)　2個のサイコロの目の和が4となるものは，

(大，小)＝(1，3)，(2，2)，(3，1)

の3通り　R3

(ii)　2個のサイコロの目の和が8となるものは，

(大，小)＝(2，6)，(3，5)，(4，4)，(5，3)，(6，2)

の5通り　R4

(iii)　2個のサイコロの目の和が12となるものは，

(大，小)＝(6，6)

の1通り　R5

目の和が4の倍数となるのは，
4，8，12
のときだけだね！

(i)，(ii)，(iii)は同時には起こらないから，和の法則 R6 により，2個のサイコロの目の和が4の倍数となるのは，

$3+5+1=9$(通り)　答 R7

(3)　a，b，c，dから1人を選び，そのそれぞれにたいして，x，y，zから1人を選ぶ選び方より，

男子　　女子

$4 \times 3 = \underline{12(\text{通り})}$ 答

R8 R9

a — x, y, z
b <
c <
d <

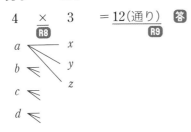

	項　目	1回目	2回目	3回目
(1)	R1：樹形図を正しくかくことができた。			
	R2：場合の数を正しく求めることができた。			

	項　目	1回目	2回目	3回目
(2)	R3：2個のサイコロの目の和が 4 となるものは3通りとわかった。			
	R4：2個のサイコロの目の和が 8 となるものは5通りとわかった。			
	R5：2個のサイコロの目の和が 12 となるものは1通りとわかった。			
	R6：(i)，(ii)，(iii)は同時に起こらないから和の法則を使えることがわかった。			
	R7：場合の数を正しく求めることができた。			

	項　目	1回目	2回目	3回目
(3)	R8：積の法則を使って求めることができることがわかった。			
	R9：場合の数を正しく求めることができた。			

第37節 順　　列

問題►本冊 p.410

(1) 7人全員の並び方は,

$$7!=7\cdot6\cdot5\cdot4\cdot3\cdot2\cdot1=5040\text{(通り)}$$ 答

R1 R2

(2) 両端の男子の並び方は$_4P_2$通りあり，そのそれぞれの場合に対して，残り5人が両端以外に並ぶ方法は5!通りずつある。積の法則より，求める場合の数は,

R3 R4

$$_4P_2\times5!=4\cdot3\times5\cdot4\cdot3\cdot2\cdot1=1440\text{(通り)}$$ 答 R5

(3) 7人全員の並び方のうち，両端が男子となる場合を除いたものであるから,

R6

$$5040-1440=3600\text{(通り)}$$ 答 R7

(4) 女子3人を1つのかたまりとみなすと，男子4人と女子のかたまりの計5つの並び方は5!通り。そのそれぞれに対して，女子のかたまりの中での女子の並び方が3!通りずつあるから，求める場合の数は,

R8 R9 R10

$$5!\times3!=720\text{(通り)}$$ 答 R11

(5) 男子が先に並び，その間および両端に女子が入ると考えればよい。男子の並び方が4!通りあり，女子の入り方は$_5P_3$通りずつあるので，求める場合の数は,

R12 R13

①男②男③男④男⑤
↑　↑　↑　↑　↑
➡ ①～⑤に女子が入る

$$4!\times{}_5P_3=1440\text{(通り)}$$ 答 R14

	項　目	1回目	2回目	3回目
(1)	R1：7人が1列に並ぶ並び方は $7!$ 通りとわかった。			
	R2：答を正しく求めることができた。			

	項　目	1回目	2回目	3回目
(2)	R3：両端の男子の並び方は ${}_4\mathrm{P}_2$ 通りとわかった。			
	R4：残り5人が両端以外に並ぶ方法は $5!$ 通りとわかった。			
	R5：積の法則を用いて答を正しく求めることができた。			

	項　目	1回目	2回目	3回目
(3)	R6：両端が男子の場合を7人全員の並び方から除けばよいことがわかった。			
	R7：答を正しく求めることができた。			

	項　目	1回目	2回目	3回目
(4)	R8：まず，女子3人を1つのかたまりと考えて求めればよいことがわかった。			
	R9：男子4人と女子のかたまりの計5つの並び方が $5!$ 通りとわかった。			
	R10：かたまりの中での女子の並び方が $3!$ 通りあることがわかった。			
	R11：積の法則を用いて答を正しく求めることができた。			

	項　目	1回目	2回目	3回目
(5)	R12：男子の並び方が $4!$ 通りとわかった。			
	R13：隣り合わないように女子を配置する方法が ${}_5\mathrm{P}_3$ 通りあることがわかった。			
	R14：積の法則を用いて答を正しく求めることができた。			

第38節　円順列・重複順列

問題▶本冊 $p.422$

(1)① 女子を1つのかたまりとし女子ーズとする。 R1

A, B, C, 女子ーズの4つが円形に座る方法は,

$(4-1)!$（通り） R2

女子ーズの中の女子の座り方は,

$3!$（通り） R3

よって, 求める場合の数は,

$(4-1)!\times3!=36$(通り) 答 R4

B, C, 女子ーズがどう座るかが, Aから見える風景の種類！

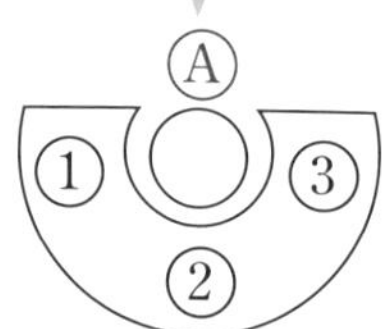

女子ーズはア, イ, ウの3人の座り方だけ種類があるね

② Aから見た風景で考えると,

男子の座り方が,

$2!$(通り) R5

女子の座り方が,

$3!$(通り) R6

女子 ① Ⓐ ⑤ 女子
男子 ② ③ ④ 男子
女子

男子B, Cが②, ④に座って, 女子ア, イ, ウが①, ③, ⑤に座る座り方が, Aから見える風景の種類だね！

よって, 求める場合の数は,

$2!\times3!=12$(通り) 答 R7

(2)① どの生徒もPに入れるか, Qに入れるかの2通りの入れ方があるから, 1人も入らない部屋があってもよいときの場合の数は,

$2^5=32$(通り) 答 R8

② ①の場合から, 「全員Pに入れる」場合と「全員Qに入れる」場合の2通りを除けばよいので, 求める場合の数は, R9

$2^5-2=30$(通り) 答 R10

(3) 7個の円順列のうち，裏返すと一致するものが2つずつあるから，

$$\frac{(7-1)!}{2}=360(\text{通り})$$ 答

R11 R12

	項　目	1回目	2回目	3回目
(1)	R1：①女子を1つのかたまりとみればよいことがわかった。			
	R2：①A，B，C，女子ーズの4つの円順列が(4−1)!通りとわかった。			
	R3：①女子ーズの中の女子の座り方が3!通りとわかった。			
	R4：①場合の数を正しく求めることができた。			
	R5：②男子の座り方が2!通りとわかった。			
	R6：②女子の座り方が3!通りとわかった。			
	R7：②場合の数を正しく求めることができた。			

	項　目	1回目	2回目	3回目
(2)	R8：①どの生徒の入れ方も2通りずつあることがわかった。			
	R9：②全員を同じ部屋に入れる場合を①から除けばよいことがわかった。			
	R10：②場合の数を正しく求めることができた。			

	項　目	1回目	2回目	3回目
(3)	R11：求める順列は，じゅず順列であり，円順列の半分であることがわかった。			
	R12：異なる7個のじゅず順列の総数を求めることができた。			

第39節 組合せ

問題▶本冊 $p.435$

(1)① 男子は6人から3人，女子は4人から2人選べばよいので，

$${}_6C_3 \times {}_4C_2 = 20 \times 6 = \underline{120(\text{通り})}$$ 答 R2

R1

② 特定のA，B以外の8人から3人を選べばよいので，

R3

$${}_8C_3 = \underline{56(\text{通り})}$$ 答 R4

A，B，○，□，△

残り8人から3人を選ぶ選び方だけ，A，Bを含む選び方はあるね！

(2)① 10個の頂点から4個選んで結ぶと四角形が1つできるので，異なる10個から4個選ぶ組合せの総数が求める四角形の個数より，

R5

$${}_{10}C_4 = \underline{210(\text{個})}$$ 答 R6

たとえば，A，D，G，Iを選ぶと，四角形が1個できるね！

A B C D E F G H I J

② 10個の頂点から2個選ぶと辺または対角線が1本引けるので，異なる10個から2個選ぶ組合せの総数から辺の本数をひいたものが対角線の本数より，

R7

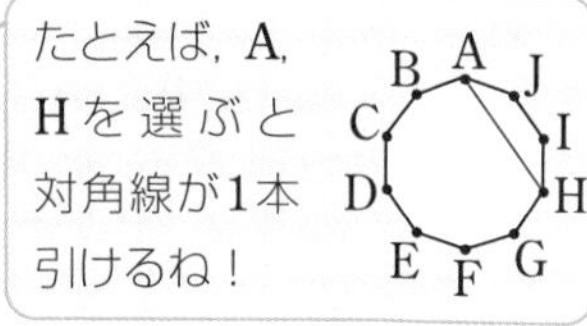

たとえば，A，Hを選ぶと対角線が1本引けるね！
A
B
J
C
I
D
H
E
F
G

$${}_{10}C_2 - 10 = \underline{35(\text{本})}$$ 答 R8

(3)① 組に区別をつけた分け方について，3!通りを1通りとみればよいので，

R9 $$\frac{{}_9C_3 \times {}_6C_3 \times {}_3C_3}{3!} = \underline{280(\text{通り})}$$ 答 R10

② 組に区別をつけた分け方について，2!通りを1通りとみればよいので，

R11 $$\frac{{}_9C_5 \times {}_4C_2 \times {}_2C_2}{2!} = \underline{378(\text{通り})}$$ 答 R12

	項　目	1回目	2回目	3回目
(1)	R1：①男子の選び方は${}_6C_3$通り，女子の選び方は${}_4C_2$通りであるとわかった。			
	R2：①男子3人，女子2人を選ぶ選び方の場合の数が求められた。			
	R3：②特定のA，B以外の8人から3人選べばよいことがわかった。			
	R4：②特定の2人A，Bを選ぶ選び方の場合の数が求められた。			

	項　目	1回目	2回目	3回目
(2)	R5：①正十角形の頂点から4個選ぶと，四角形が1つできることがわかった。			
	R6：①四角形の個数を求めることができた。			
	R7：②正十角形の頂点から2個選ぶと，辺または対角線が1本引けることがわかった。			
	R8：②対角線の本数を求めることができた。			

	項　目	1回目	2回目	3回目
(3)	R9：①組に区別をつけたときの分け方が${}_9C_3\times{}_6C_3\times{}_3C_3$通りとわかった。			
	R10：①${}_9C_3\times{}_6C_3\times{}_3C_3$を$3!$でわればよいことがわかり，答を求められた。			
	R11：②組に区別をつけたときの分け方が${}_9C_5\times{}_4C_2\times{}_2C_2$通りとわかった。			
	R12：②${}_9C_5\times{}_4C_2\times{}_2C_2$を$2!$でわればよいことがわかり，答を求められた。			

第40節　同じものを含む順列

問題▶本冊 $p.448$

(1)① 1, 1, 1, 2, 2, 3の順列を考えればよいので,

$$\frac{6!}{3!\,2!}=\underline{60(\text{個})}$$ 答 R1

②(i) 1を3個含むとき,

「1, 1, 1, 2」と「1, 1, 1, 3」の場合があり，いずれも $\frac{4!}{3!}=4$(個)

よって，$4\times2=\underline{8(\text{個})}$ R2

(ii) 1を2個含むとき,

「1, 1, 2, 2」…… $\frac{4!}{2!2!}=6$(個),「1, 1, 2, 3」…… $\frac{4!}{2!}=12$(個)

よって，$6+12=\underline{18(\text{個})}$ R3

(ii) 1を1個含むとき,

「1, 2, 2, 3」…… $\frac{4!}{2!}=\underline{12(\text{個})}$ R4

(i), (ii), (iii)は同時に起こらないので,

$8+18+12=\underline{38(\text{個})}$ 答 R5

「1を3個含む」,「1を2個含む」,「1を1個含む」は，どの2つの場合も同時には起こらないよね！　このように，場合分けして数えていくときは，同時には起こらないような場合分けをすることが大切だよ！

(2)① Aから Bまでの最短経路の総数は，→, →, →, →, ↑, ↑, ↑の並べ方の総数と同数あるので， R6

$$\frac{7!}{4!\,3!}=\frac{7\cdot6\cdot5\cdot4!}{4!\,3!}=\underline{35(\text{通り})}$$ 答 R7

② AからPを通ってBへ行く最短経路の総数は,

$$\frac{4!}{2!\,2!}\times\frac{3!}{2!}=\underline{18(\text{通り})}$$ 答 R10

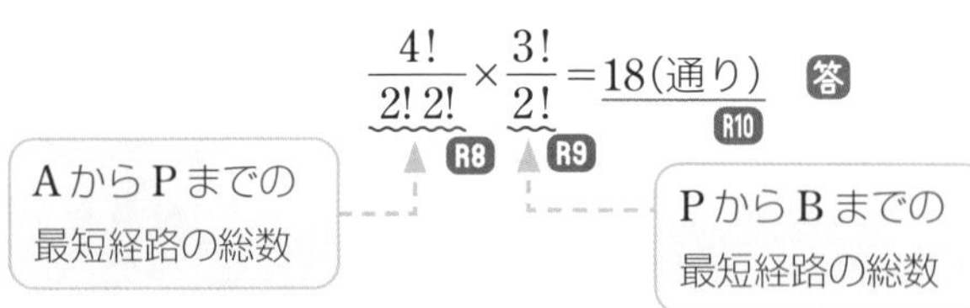

	項　目	1回目	2回目	3回目
(1)	R1：①同じものを含む順列の公式を使って答を求めることができた。			
	R2：②1を3個含むときの4桁の整数の個数を求めることができた。			
	R3：②1を2個含むときの4桁の整数の個数を求めることができた。			
	R4：②1を1個含むときの4桁の整数の個数を求めることができた。			
	R5：②4桁の整数の個数を求めることができた。			

	項　目	1回目	2回目	3回目
(2)	R6：①答は[→], [→], [→], [→], [↑], [↑], [↑]の並べ方の総数と同数とわかった。			
	R7：①AからBまでの最短経路の総数を求めることができた。			
	R8：②AからPまでの最短経路の総数を求めることができた。			
	R9：②PからBまでの最短経路の総数を求めることができた。			
	R10：②AからPを通ってBへ行く最短経路の総数を求めることができた。			

第41節　重複組合せ

問題►本冊 $p.459$

(1)　8個の◯と2個の｜の並べ方と同数あるので，　R1

$$\frac{10!}{8!2!}=\frac{10\cdot 9}{2\cdot 1}=45(\text{個})$$ 答 R2

柿　りんご　みかん
◯｜◯◯◯◯｜◯◯◯
（柿，りんご，みかん）＝(1，4，3)
のように対応させればいいね！

(2)　$x+y+z=12$（ただし，$x\geqq 1$，$y\geqq 1$，$z\geqq 1$）……①

このとき，

$x-1=X$，$y-1=Y$，$z-1=Z$　R3

とおくと，X，Y，Z は整数であり，$x=X+1$，$y=Y+1$，$z=Z+1$ であるから，

①より，

$(X+1)+(Y+1)+(Z+1)=12$（ただし，$X+1\geqq 1$，$Y+1\geqq 1$，$Z+1\geqq 1$）

$X+Y+Z=9$（ただし，$X\geqq 0$，$Y\geqq 0$，$Z\geqq 0$）……②　R4

（①を満たす $(x,\ y,\ z)$ の組の個数）＝（②を満たす $(X,\ Y,\ Z)$ の組の個数）

＝（9個の◯と2個の｜の並べ方の総数）　R5

$$=\frac{11!}{9!\,2!}$$

＝55（通り）　答 R6

(3)①　1～6の目の中から4つ選んで小さい順に a，b，c，d とすればよく，

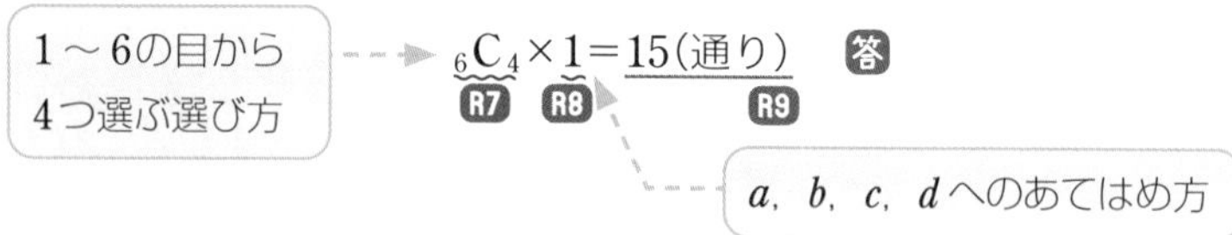

② **ヒント**のような対応を考えると，求める場合の数は，4個の◯と5個の｜の並べ方と同数あるので，**R10**

$$\frac{9!}{4!\,5!}=126\text{(個)}$$ **答** **R11**

	項　目	1回目	2回目	3回目
(1)	**R1**：求める場合の数は，8個の◯と2個の｜の並べ方と同数あるとわかった。			
	R2：答を正しく求めることができた。			

	項　目	1回目	2回目	3回目
(2)	**R3**：$x-1=X$，$y-1=Y$，$z-1=Z$とおくことができた。			
	R4：x，y，zの条件①をX，Y，Zの条件②へ変形することができた。			
	R5：②を満たす$(X,\ Y,\ Z)$の組の個数は，9個の◯と2個の｜の並べ方の総数と等しいことがわかった。			
	R6：答を正しく求めることができた。			

	項　目	1回目	2回目	3回目
(3)	**R7**：①1～6の目の中から4つ選ぶ選び方がわかった。			
	R8：①a，b，c，dへのあてはめ方が1通りとわかった。			
	R9：①答を正しく求めることができた。			
	R10：②求める場合の数は，4個の◯と5個の｜の並べ方と同数あるとわかった。			
	R11：②答を正しく求めることができた。			

第42節　事象と確率

問題▶本冊 $p.471$

(1)　2枚の硬貨をX, Yと区別すると, 表, 裏の出方は,

(X, Y)＝(表, 表), (表, 裏), (裏, 表), (裏, 裏) R1

の4通りであり, これらは同様に確からしい。

このうち, 少なくとも1枚が表となるのは,

(X, Y)＝(表, 表), (表, 裏), (裏, 表) R2

の3通りなので, 求める確率は,

$$\frac{3}{4}$$ 答 R3

(表, 表) ……(ア)
(表, 裏) ……(イ)
(裏, 表) ……(ウ)
(裏, 裏) ……(エ)

X＼Y	表	裏
表	(ア)	(イ)
裏	(ウ)	(エ)

とすると, (ア)～(エ)は上の図からも同様に確からしいことがわかるね！
「{表, 表}, {表, 裏}, {裏, 裏}の3通り」と考えてしまうと,
{表, 表} ……(ア)
{表, 裏} ……(イ), (ウ)
{裏, 裏} ……(エ)
となって, {表, 裏}は{表, 表}や{裏, 裏}よりも起こりやすいから, 同様に確からしくならないね！

(2)　5人を一列に並べる並べ方は,

$5!=120$(通り) R4

であり, これらは同様に確からしい。

両端については, 両端とも女子となるのが${}_3P_2$通りあり, そのそれぞれに対して, 残り3人の並び方が3!通りあるので, 求める確率は,

R5 $$\frac{{}_3P_2\times 3!}{5!}=\frac{3\cdot 2\times 3!}{5\cdot 4\cdot 3!}=\frac{3}{10}$$ 答 R6

(3)　くじを「当$_1$, 当$_2$, 当$_3$, 当$_4$, は$_1$, は$_2$, は$_3$, は$_4$, は$_5$, は$_6$」として考える。R7

この中から2本のくじを引くとき, 引き方は全部で,

$_{10}C_2=\underline{45(\text{通り})}$ R8

であり，これらは同様に確からしい。

当たりくじを2本引くのは，「当$_1$，当$_2$，当$_3$，当$_4$」から2本を引くときなので，

$_4C_2=\underline{6(\text{通り})}$ R9

であるから，求める確率は，

$$\frac{_4C_2}{_{10}C_2}=\frac{6}{45}=\underline{\frac{2}{15}}$$ 答 R10

	項　目	1回目	2回目	3回目
(1)	R1：全事象を正しく求めることができた。			
	R2：少なくとも1枚が表となる事象を正しく求めることができた。			
	R3：確率の定義がわかり，確率を正しく求めることができた。			

	項　目	1回目	2回目	3回目
(2)	R4：5人を一列に並べる並べ方の総数を正しく求めることができた。			
	R5：両端が女子となる場合の数を求める方法がわかった。			
	R6：答を正しく求めることができた。			

	項　目	1回目	2回目	3回目
(3)	R7：すべてのくじを区別して考えることができた。			
	R8：異なる10本から2本を引く引き方の総数を求めることができた。			
	R9：当たりくじを2本引く引き方の総数を求めることができた。			
	R10：答を正しく求めることができた。			

第43節　確率の基本性質

問題▶本冊 p.481

(1) $A\cap B$ は「奇数かつ4以上の目が出る」事象なので，

$$A\cap B=\{5\}$$

$A\cup B$ は「奇数または4以上の目が出る」事象なので，

$$A\cup B=\{1,\ 3,\ 4,\ 5,\ 6\}$$

である。よって，

$$P(A\cap B)=\underline{\frac{1}{6}},\quad P(A\cup B)=\underline{\frac{5}{6}}$$ 答

R1　R2

(2) $A=\{6,\ 12,\ 18,\ 24,\ 30,\ 36,\ 42,\ 48\}$，$B=\{7,\ 14,\ 21,\ 28,\ 35,\ 42,\ 49\}$

$C=\{2,\ 4,\ 6,\ 8,\ 10,\ 12,\ 14,\ \cdots,\ 50\}$，$D=\{1,\ 2,\ 5,\ 10,\ 25,\ 50\}$

であり，互いに排反であるのは，

$\underline{A\text{ と }D}$，$\underline{B\text{ と }D}$ 答

R3　R4

(3) 10個の球を

赤$_1$，赤$_2$，赤$_3$，白$_1$，白$_2$，白$_3$，白$_4$，白$_5$，青$_1$，青$_2$ R5

と区別して考える。この中から4個の球を選ぶ選び方は，

$${}_{10}\mathrm{C}_4=210(\text{通り})$$ R6

であり，これらは同様に確からしい。

4個の球の色が3種類となるのは，次の3つの場合がある。

R7
- (i) 赤球2個，白球1個，青球1個のとき，${}_3\mathrm{C}_2\times{}_5\mathrm{C}_1\times{}_2\mathrm{C}_1=30(\text{通り})$ R8
- (ii) 赤球1個，白球2個，青球1個のとき，${}_3\mathrm{C}_1\times{}_5\mathrm{C}_2\times{}_2\mathrm{C}_1=60(\text{通り})$ R9
- (iii) 赤球1個，白球1個，青球2個のとき，${}_3\mathrm{C}_1\times{}_5\mathrm{C}_1\times{}_2\mathrm{C}_2=15(\text{通り})$ R10

(ⅰ), (ⅱ), (ⅲ)はどれも互いに排反であるので，求める確率は，

$$\frac{30}{210}+\frac{60}{210}+\frac{15}{210}=\frac{105}{210}$$ R11

$$=\frac{1}{2}$$ 答 R12

	項　目	1回目	2回目	3回目
(1)	R1：積事象 $A\cap B$ の確率 $P(A\cap B)$ を正しく求めることができた。			
	R2：和事象 $A\cup B$ の確率 $P(A\cup B)$ を正しく求めることができた。			

	項　目	1回目	2回目	3回目
(2)	R3：A と D が排反であることがわかった。			
	R4：B と D が排反であることがわかった。			

	項　目	1回目	2回目	3回目
(3)	R5：10個の球をすべて区別して考えることができた。			
	R6：10個の球から4個の球を選ぶ選び方が何通りかを求めることができた。			
	R7：3つの排反な事象に分けることができた。			
	R8：(ⅰ)の場合の数を正しく求めることができた。			
	R9：(ⅱ)の場合の数を正しく求めることができた。			
	R10：(ⅲ)の場合の数を正しく求めることができた。			
	R11：(ⅰ), (ⅱ), (ⅲ)の和事象の確率が加法定理で求められることがわかった。			
	R12：答を正しく求めることができた。			

第44節　和事象と余事象の確率

問題▶本冊 p.492

(1)　取り出した球について，「番号が奇数である」という事象を A，「色が青である」という事象を B とすると，「番号が奇数であるかまたは色が青である」という事象は $A\cup B$ である。求める確率は，

$$P(A\cup B)=P(A)+P(B)-P(A\cap B) \quad \text{R1}$$

$$=\underset{\text{R2}}{\frac{6}{11}}+\underset{\text{R3}}{\frac{5}{11}}-\underset{\text{R4}}{\frac{3}{11}}$$

$$=\frac{8}{11} \quad \text{答 R5}$$

$A=\{$赤$_1$，赤$_3$，赤$_5$，青$_1$，青$_3$，青$_5\}$
$B=\{$青$_1$，青$_2$，青$_3$，青$_4$，青$_5\}$
$A\cap B=\{$青$_1$，青$_3$，青$_5\}$

(2)　「出た目のうち少なくとも1つが奇数である」という事象は，「出た目が3つとも偶数である」という事象 A の余事象 $\overline{A}$ (R6) である。求める確率は，

$$P(\overline{A})=1-P(A) \quad \text{R7}$$

$$=1-\underset{\text{R8}}{\frac{3^3}{6^3}}$$

$$=\frac{7}{8} \quad \text{答 R9}$$

3つとも「2，4，6」のいずれかの目であればよいので，
$3\cdot3\cdot3$(通り)

(3)　出た目の最大値を M とする。求める確率は，

$$P(M=4)=\underset{\text{R10}}{P(M\leqq 4)-P(M\leqq 3)}$$

$$=\underset{\text{R11}}{\frac{4^3}{6^3}}-\underset{\text{R12}}{\frac{3^3}{6^3}}$$

$$=\frac{37}{216} \quad \text{答 R13}$$

「4より大きい目が1回も出ない」
かつ
「少なくとも1回4が出る」
ときだから，
「$M\leqq4$」から「4以上が1回も出ない」($M\leqq3$)
場合を除く

	項　目	1回目	2回目	3回目
(1)	R1：$P(A\cup B)=P(A)+P(B)-P(A\cap B)$ であることがわかった。			
	R2：$P(A)$ を正しく求めることができた。			
	R3：$P(B)$ を正しく求めることができた。			
	R4：$P(A\cap B)$ を正しく求めることができた。			
	R5：答を正しく求めることができた。			

	項　目	1回目	2回目	3回目
(2)	R6：余事象を利用して答を求めるとよいことに気がついた。			
	R7：$P(\overline{A})=1-P(A)$ であることがわかった。			
	R8：$P(A)$ を正しく求めることができた。			
	R9：答を正しく求めることができた。			

	項　目	1回目	2回目	3回目
(3)	R10：$M=4$ となる確率は，$P(M\leqq 4)-P(M\leqq 3)$ で求められることがわかった。			
	R11：$P(M\leqq 4)$ を正しく求めることができた。			
	R12：$P(M\leqq 3)$ を正しく求めることができた。			
	R13：答を正しく求めることができた。			

第45節　独立試行の確率

問題▶本冊 p.500

(1)　A, B, Cの3人が的に向かってボールを蹴る試行は独立である。

①　3人ともボールが的に当たらない確率は,

$$\underline{\left(1-\frac{2}{5}\right)\left(1-\frac{1}{2}\right)\left(1-\frac{1}{3}\right)}_{\text{R1}}=\frac{3}{5}\cdot\frac{1}{2}\cdot\frac{2}{3}$$

$$=\underline{\frac{1}{5}}$$ 答 R2

②　少なくとも1人は的に当たるという事象は, 3人とも的に当たらないという事象の余事象である。(R3) よって, 求める確率は,

$$1-\frac{1}{5}=\underline{\frac{4}{5}}$$ 答 R4

(2)①　袋Aから球を取り出す試行と, 袋Bから球を取り出す試行は独立である。

(i)　袋Aから赤球1個, 袋Bから赤球2個を取り出す場合, その確率は,

$$\frac{{}_2C_1}{{}_5C_1}\times\frac{{}_3C_2}{{}_{10}C_2}=\frac{2}{5}\times\frac{3}{45}$$

$$=\underline{\frac{2}{75}}$$ R5

(ii)　袋Aから白球1個, 袋Bから白球2個を取り出す場合, その確率は,

$$\frac{{}_3C_1}{{}_5C_1}\times\frac{{}_7C_2}{{}_{10}C_2}=\frac{3}{5}\times\frac{21}{45}$$

$$=\underline{\frac{21}{75}}$$ R6

> さらに約分すると$\frac{7}{25}$になるけど, (i)の確率の分母が75だから, このままにしておいたほうがこのあとの計算がしやすいね！

(i), (ii)は互いに排反であるから, 求める確率は,

$$\frac{2}{75}+\frac{21}{75}=\underline{\frac{23}{75}}$$ 答 R7

② 3回の試行は独立である。球の色がすべて同じになるのは，3回とも赤球を取り出す場合と，3回とも白球を取り出す場合であり，これらは互いに排反であるから，求める確率は，

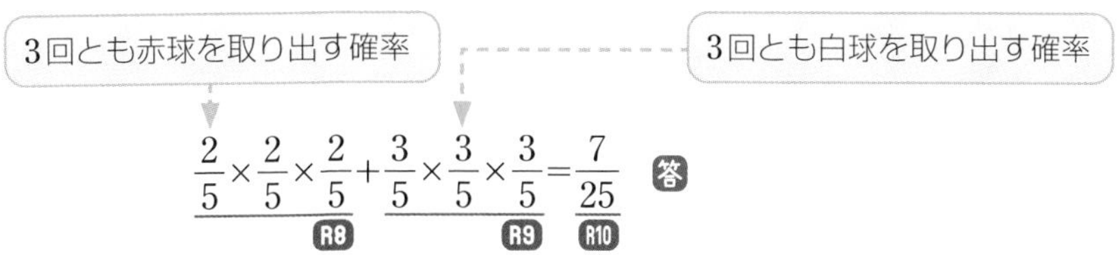

$$\frac{2}{5}\times\frac{2}{5}\times\frac{2}{5}+\frac{3}{5}\times\frac{3}{5}\times\frac{3}{5}=\frac{7}{25}$$ 答

	項　目	1回目	2回目	3回目
(1)	R1：①A，B，Cがそれぞれ的に当たらない確率の求め方がわかった。			
	R2：①答を正しく求めることができた。			
	R3：②求める事象は，3人とも的に当たらないという事象の余事象とわかった。			
	R4：②答を正しく求めることができた。			

	項　目	1回目	2回目	3回目
(2)	R5：①袋Aから赤球1個，袋Bから赤球2個を取り出す確率を求められた。			
	R6：①袋Aから白球1個，袋Bから白球2個を取り出す確率を求められた。			
	R7：①答を正しく求めることができた。			
	R8：②3回とも赤球を取り出す確率の求め方がわかった。			
	R9：②3回とも白球を取り出す確率の求め方がわかった。			
	R10：②答を正しく求めることができた。			

第46節　反復試行の確率

問題▶本冊 $p.512$

(1)　ゲームに勝つことを「◎」，負けることを「×」と表す。

ゲームに勝つ確率は $\frac{2}{6}=\frac{1}{3}$ であり，負ける確率は $\frac{4}{6}=\frac{2}{3}$ である。

4回目でゲームが終了するのは，

	1回目	2回目	3回目	4回目		1回目	2回目	3回目	4回目	
R1	◎	◎	×	◎		×	×	◎	×	R2
	◎	×	◎	◎	または	×	◎	×	×	
	×	◎	◎	◎		◎	×	×	×	
	3回目まで2勝1敗			4回目で3勝目		3回目まで1勝2敗			4回目で3敗目	

のときである。よって，「3回目まで2勝1敗で4回目に勝つ」または「3回目まで1勝2敗で4回目に負ける」ときであるから，求める確率は，

$$\underset{\text{R3}}{\frac{3!}{2!}}\underset{\text{R4}}{\left(\frac{1}{3}\right)^2\left(\frac{2}{3}\right)\times\frac{1}{3}}+\underset{\text{R5}}{\frac{3!}{2!}}\underset{\text{R6}}{\left(\frac{1}{3}\right)\left(\frac{2}{3}\right)^2\times\frac{2}{3}}=\underset{\text{R7}}{\frac{10}{27}}$$ 答

(2)　サイコロを5回投げたとき，2以下の目が a 回，3以上の目が b 回出るとする。サイコロを5回投げてPが座標1の位置にくるとき，

$$\begin{cases} \underline{a+b=5} & \text{R8} \\ \underline{2\cdot a+(-1)\cdot b=1} & \text{R9} \end{cases}$$

が成り立ち，これを解くと $a=2$，$b=3$ である。

よって，求めるものは，2以下の目が2回，3以上の目が3回出る確率 R10 なので，

$$\underset{\text{R11}}{\frac{5!}{2!\,3!}\times\left(\frac{2}{6}\right)^2\left(\frac{4}{6}\right)^3}=\underset{\text{R12}}{\frac{80}{243}}$$ 答

	項　目	1回目	2回目	3回目
(1)	R1：勝ってゲームが終了するのはどのような状況のときかがわかった。			
	R2：負けてゲームが終了するのはどのような状況のときかがわかった。			
	R3：勝ってゲームが終了する場合のパターン数を求める式がわかった。			
	R4：勝ってゲームが終了する場合の1つのパターンの確率を求める式がわかった。			
	R5：負けてゲームが終了する場合のパターン数を求める式がわかった。			
	R6：負けてゲームが終了する場合の1つのパターンの確率を求める式がわかった。			
	R7：答を正しく求めることができた。			

	項　目	1回目	2回目	3回目
(2)	R8：サイコロを5回投げることから，a，b の方程式を立てることができた。			
	R9：サイコロを5回投げたときのPが座標1の位置にくるときの a，b の方程式を立てることができた。			
	R10：Pが座標1の位置にくるときの条件を求めることができた。			
	R11：答を求めるための正しい立式をすることができた。			
	R12：答を正しく求めることができた。			

第47節　条件付き確率

問題▶本冊 $p.525$

(1)　参加者の中から無作為に1人を選び出したとき，その人が

男性である事象を A，40歳以上である事象を B

とすると，

$$P(A)=\frac{70}{100}=\frac{7}{10}$$ R1

$$P(A\cap B)=\frac{60}{100}=\frac{3}{5}$$ R2

求める確率は，A が起こった条件のもとで B が起こる条件つき確率 $P_A(B)$ であるから，

$$P_A(B)=\frac{P(A\cap B)}{P(A)}=\frac{6}{7}$$ 答

R3　R4

$$\frac{P(A\cap B)}{P(A)}=\frac{\frac{3}{5}}{\frac{7}{10}}=\frac{6}{7}$$

(2)①　袋Aを選び，さらに赤球を取り出す確率は，

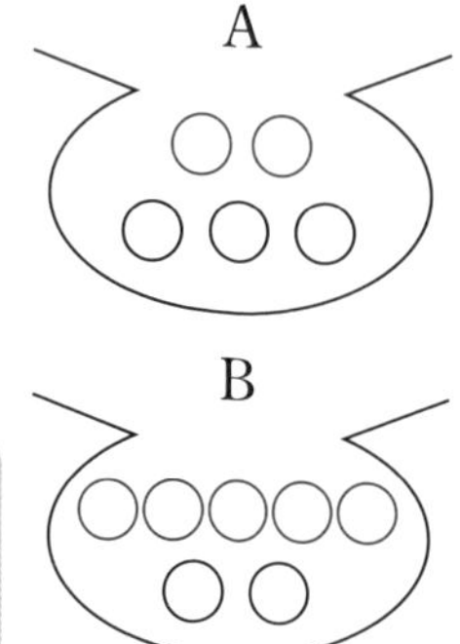

$$\frac{1}{2}\cdot\frac{2}{5}=\frac{1}{5}$$

袋Aを選ぶ確率　R5

袋Bを選び，さらに赤球を取り出す確率は，

$$\frac{1}{2}\cdot\frac{5}{7}=\frac{5}{14}$$

袋Bを選ぶ確率　R6

目隠しをしているから，袋Aを選ぶ確率も袋Bを選ぶ確率もともに $\frac{1}{2}$ だね！

よって，求める確率は，

$$\frac{1}{5}+\frac{5}{14}=\frac{39}{70}$$ 答

R7

② 取り出した球が赤球である事象を X とし，袋 B を選んで球を取り出す事象を Y とすると，求めるものは，X が起こった条件のもとで Y が起こる条件付き確率 $P_X(Y)$ である。①より，

$$P(X)=\frac{39}{70},\quad \underline{P(X\cap Y)=\frac{5}{14}}$$ R8

であるから，求める確率は，

$$\underline{P_X(Y)=\frac{P(X\cap Y)}{P(X)}=\frac{25}{39}}$$ 答 R9

$$\frac{P(X\cap Y)}{P(X)}=\frac{\frac{5}{14}}{\frac{39}{70}}=\frac{\frac{5}{14}\times 70}{\frac{39}{70}\times 70}=\frac{25}{39}$$

	項　目	1回目	2回目	3回目
(1)	R1：$P(A)$ を求めることができた。			
	R2：$P(A\cap B)$ を求めることができた。			
	R3：$P_A(B)$ を求める式がわかった。			
	R4：答を正しく求めることができた。			

	項　目	1回目	2回目	3回目
(2)	R5：①袋 A を選び，さらに赤球を取り出す確率を求めることができた。			
	R6：①袋 B を選び，さらに赤球を取り出す確率を求めることができた。			
	R7：①答を正しく求めることができた。			
	R8：② $P(X\cap Y)$ の値がわかった。			
	R9：②答を正しく求めることができた。			

第48節　期待値

問題▶本冊 p.534

(1)　2枚のカードの取り出し方は，全部で，

$${}_5C_2=10\text{（通り）}$$ R1

2枚のカードの出方を，小さいほうの数で分類すると，次の表のようになる。

小さいほうの数	1	2	3	4
2数の組	(1, 2), (1, 3), (1, 4), (1, 5)	(2, 3), (2, 4), (2, 5)	(3, 4), (3, 5)	(4, 5)

R2

小さいほうの数を X とすると，X のとりうる値は，

1，2，3，4

であり，それぞれの値をとる確率は，次のようになる。

X	1	2	3	4	計
確率	$\frac{4}{10}$	$\frac{3}{10}$	$\frac{2}{10}$	$\frac{1}{10}$	1

R3

よって，X の期待値 $E(X)$ は，

$$E(X)=1\times\frac{4}{10}+2\times\frac{3}{10}+3\times\frac{2}{10}+4\times\frac{1}{10}=\underline{2}$$ 答 R5

R4

(2)　出る赤球の個数は 1，2，3 のいずれかである。

(i)　赤球が1個である確率は，

$$\frac{{}_4C_1\times{}_2C_2}{{}_6C_3}=\frac{4}{20}$$ R6

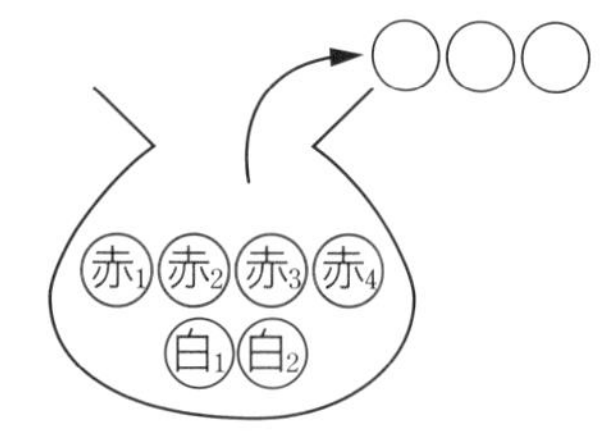

(ii)　赤球が2個である確率は，

$$\frac{{}_4C_2\times{}_2C_1}{{}_6C_3}=\frac{12}{20}$$ R7

(iii)　赤球が3個である確率は，

$$\frac{{}_4C_3}{{}_6C_3}=\frac{4}{20}$$ R8

よって，得られる金額とその確率は，右の表のようになる。

金額	1000円	2000円	3000円	計
確率	$\frac{4}{20}$	$\frac{12}{20}$	$\frac{4}{20}$	1

したがって，得られる金額の期待値 E は，

$$E=1000\times\frac{4}{20}+2000\times\frac{12}{20}+3000\times\frac{4}{20}=2000\ (\text{円})$$

R9 R10

得られる金額の期待値のほうが参加料よりも高いので，このゲームに参加することは得であるといえる。 答 R11

	項　目	1回目	2回目	3回目
(1)	R1：2枚のカードの取り出し方の総数を求めることができた。			
	R2：小さいほうの数が 1，2，3，4 となるカードの組がわかった。			
	R3：X の値に対応する確率をそれぞれ求めることができた。			
	R4：期待値を求める式を立式することができた。			
	R5：期待値を求めることができた。			

	項　目	1回目	2回目	3回目
(2)	R6：赤球が1個である確率を求めることができた。			
	R7：赤球が2個である確率を求めることができた。			
	R8：赤球が3個である確率を求めることができた。			
	R9：期待値を求める式を立式することができた。			
	R10：期待値を求めることができた。			
	R11：「このゲームに参加することは得であるといえる」ことがわかった。			

第49節　三角形の性質

問題▶本冊 p.547

(1) **証明** 線分 MD は∠AMB の二等分線なので,

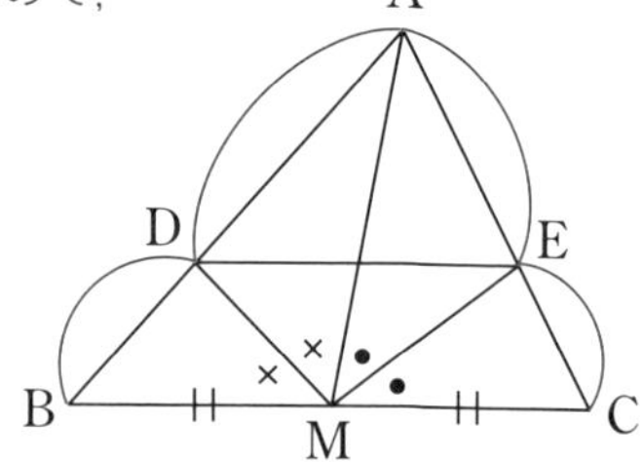

AD : DB＝MA : MB ……① R1

線分 ME は∠AMC の二等分線なので,

AE : EC＝MA : MC ……② R2

点 M は辺 BC の中点なので,

MB＝MC ……③

①, ②, ③より,

AD : DB＝MA : MB＝MA : MC＝AE : EC（①, ③, ②）

であるから,

AD : DB＝AE : EC R3

よって,

DE∥BC **証明終わり** R4

(2) $\angle B=\angle C=\dfrac{180^\circ-80^\circ}{2}=50^\circ$ なので, R5

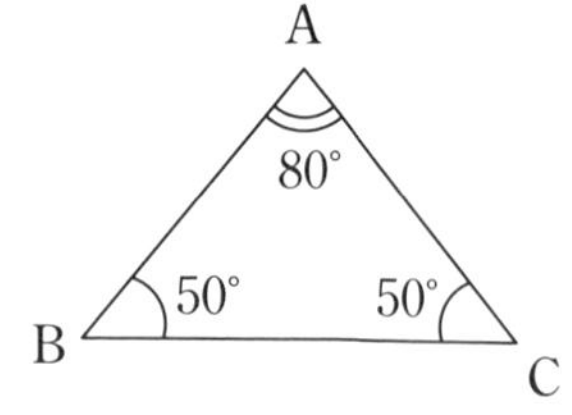

∠B＝∠C＜∠A R6

よって,

CA＝AB＜BC **答** R7

(3) $3x$, $x+6$, $x+3$ は三角形の3辺の長さだから, $3x>0$ かつ $x+6>0$ かつ $x+3>0$ すなわち, $x>0$ であり, 次の不等式が成り立つ。

$$\begin{cases} \underline{3x+(x+6)>x+3} \\ \underline{(x+6)+(x+3)>3x} \\ \underline{(x+3)+3x>x+6} \end{cases} \Leftrightarrow \begin{cases} \underline{x>-1} \\ \underline{x<9} \\ \underline{x>1} \end{cases}$$

R8　R9

よって,

$\underline{1<x<9}$ 答 R10

	項　目	1回目	2回目	3回目
(1)	R1：AD：DB＝MA：MB であることに気がついた。			
	R2：AE：EC＝MA：MC であることに気がついた。			
	R3：AD：DB＝AE：EC であることを導くことができた。			
	R4：DE∥BC を証明することができた。			

	項　目	1回目	2回目	3回目
(2)	R5：∠B と∠C の大きさを求めることができた。			
	R6：∠A, ∠B, ∠C の大小がわかった。			
	R7：辺の大小を正しく求めることができた。			

	項　目	1回目	2回目	3回目
(3)	R8：三角形の3辺について成り立つ不等式がわかった。			
	R9：それぞれの不等式を正しく解くことができた。			
	R10：答を正しく求めることができた。			

第50節　三角形の重心・外心・内心・垂心 問題▶本冊 $p.558$

(1)　O は△ABC の外心より，O を中心とし，3 頂点 A，B，C を通る円が存在する。

円周角の定理より，くわしくは第52節参照

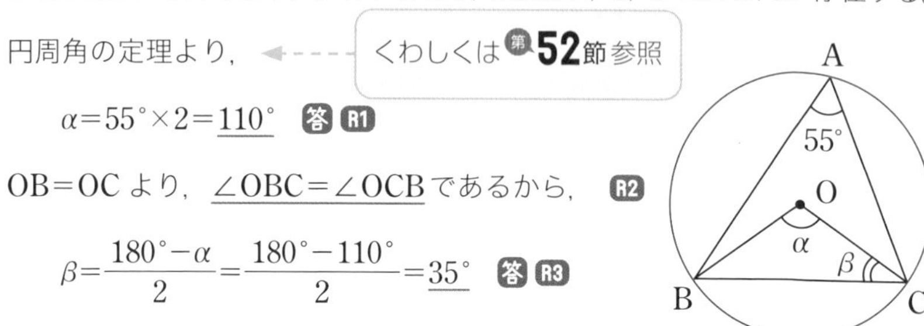

$\alpha = 55^\circ \times 2 = \underline{110^\circ}$　答 R1

OB＝OC より，$\underline{\angle OBC = \angle OCB}$ であるから，　R2

$\beta = \dfrac{180^\circ - \alpha}{2} = \dfrac{180^\circ - 110^\circ}{2} = \underline{35^\circ}$　答 R3

(2)　I は△ABC の内心なので，

$\underline{\angle IBA = \angle IBC = \beta,\ \angle ICA = \angle ICB = \gamma}$　R4

とおくと，$70^\circ + 2\beta + 2\gamma = 180^\circ$ なので，

$\underline{\beta + \gamma = 55^\circ}$　R5

よって，

$\alpha = 180^\circ - (\beta + \gamma) = 180^\circ - 55^\circ = \underline{125^\circ}$　答 R6

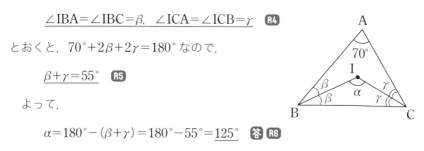

(3)　直線 CH と辺 AB の交点を D，直線 BH と辺 AC の交点を E とする。

H は△ABC の垂心なので，$\underline{\angle CDA = 90^\circ,\ \angle CEH = 90^\circ}$　R7

よって，△ADC の内角の和に着目して，

$\beta = 180^\circ - (60^\circ + 90^\circ) = \underline{30^\circ}$　答 R8

△CEH で内角と外角の関係より，

$\alpha = 90^\circ + \beta = 90^\circ + 30^\circ = \underline{120^\circ}$　答 R9

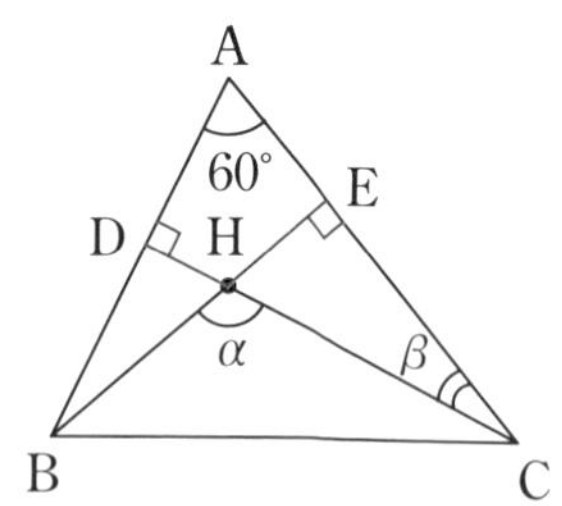

(4) G は△ABC の重心なので,

$$x=\frac{1}{2}\text{AB}=\underline{2}$$ 答 R10

また, $y:1=2:1$ より,

$$y=\underline{2}$$ 答 R11

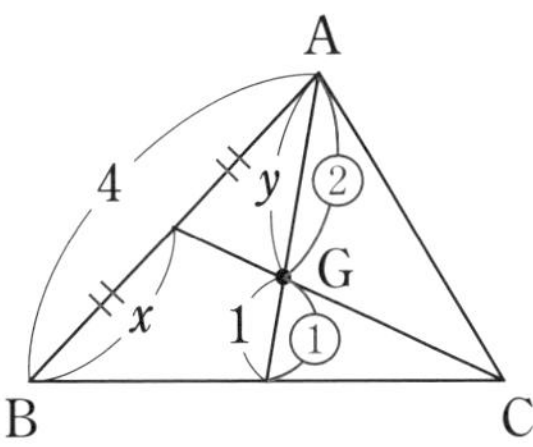

	項　目	1回目	2回目	3回目
(1)	R1：外心は外接円の中心であるとわかり, α の値を求めることができた。			
	R2：OB=OC であることに気がつき, ∠OBC=∠OCB とわかった。			
	R3：β の値を求めることができた。			

	項　目	1回目	2回目	3回目
(2)	R4：内心は角の二等分線の交点だとわかった。			
	R5：$\beta+\gamma$ の値を求めることができた。			
	R6：α の値を求めることができた。			

	項　目	1回目	2回目	3回目
(3)	R7：垂心は各頂点から対辺に下ろした垂線の交点だとわかった。			
	R8：β の値を求めることができた。			
	R9：△CEH で内角と外角の関係を用いて α の値を求めることができた。			

	項　目	1回目	2回目	3回目
(4)	R10：重心は中線の交点だとわかり, x の値を求めることができた。			
	R11：頂点から対辺の中点に向かって $2:1$ だとわかり, y の値が求められた。			

第51節　チェバの定理とメネラウスの定理

問題▶本冊 $p.569$

(1)　△ABC でチェバの定理より，

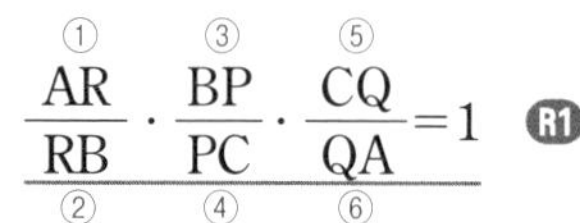

$$\frac{\overset{①}{\text{AR}}}{\underset{②}{\text{RB}}}\cdot\frac{\overset{③}{\text{BP}}}{\underset{④}{\text{PC}}}\cdot\frac{\overset{⑤}{\text{CQ}}}{\underset{⑥}{\text{QA}}}=1$$ R1

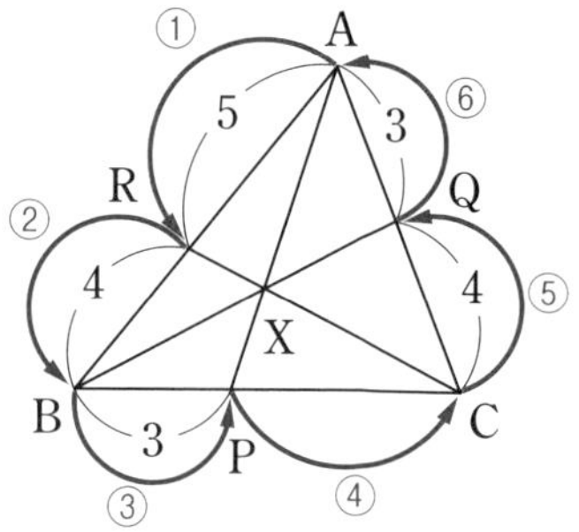

すなわち，

$$\frac{5}{4}\cdot\frac{3}{\text{PC}}\cdot\frac{4}{3}=1$$ R2

よって，

PC＝5　答 R3

△CRB と直線 AP でメネラウスの定理より，

$$\frac{\overset{①}{\text{CX}}}{\underset{②}{\text{XR}}}\cdot\frac{\overset{③}{\text{RA}}}{\underset{④}{\text{AB}}}\cdot\frac{\overset{⑤}{\text{BP}}}{\underset{⑥}{\text{PC}}}=1$$ R4

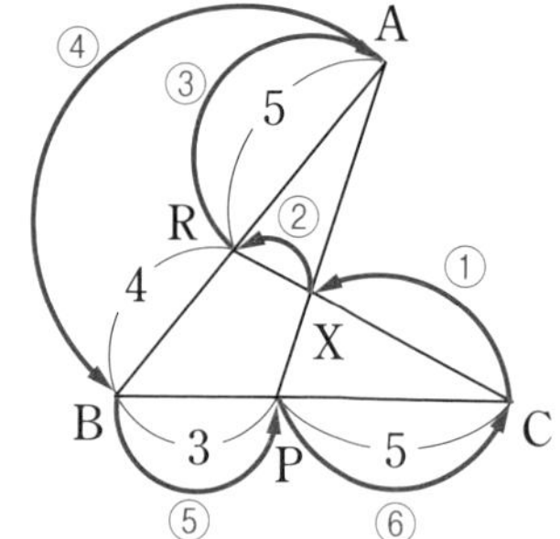

すなわち，

$$\frac{\text{CX}}{\text{XR}}\cdot\frac{5}{9}\cdot\frac{3}{5}=1$$ R5

よって，$\dfrac{\text{CX}}{\text{XR}}=\dfrac{3}{1}$ より，　R6

CX：XR＝3：1　答 R7

(2)　**証明**　△ABC でチェバの定理より，

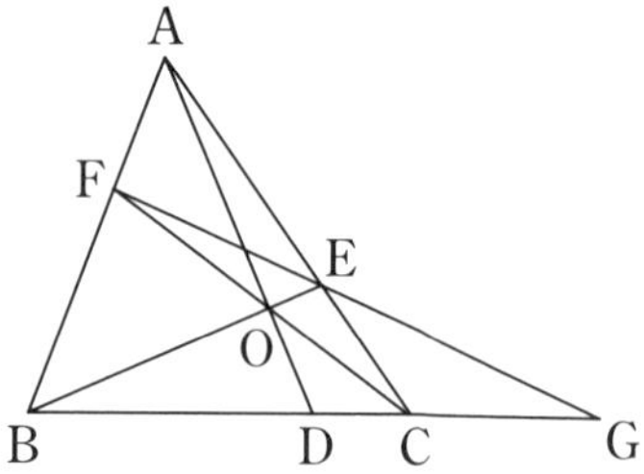

$$\frac{\text{AF}}{\text{FB}}\cdot\frac{\text{BD}}{\text{DC}}\cdot\frac{\text{CE}}{\text{EA}}=1\quad\cdots\cdots①$$ R8

△ABC と直線 EF でメネラウスの定理より,

$$\frac{AF}{FB}\cdot\frac{BG}{GC}\cdot\frac{CE}{EA}=1 \quad \cdots\cdots ②$$

R9

①, ②から,

$$\frac{BD}{DC}=\frac{BG}{GC}$$

R10

よって,

BD : DC = BG : GC **証明終わり** R11

	項　目	1回目	2回目	3回目
(1)	R1 : △ABC でチェバの定理を正しく用いることができた。			
	R2 : チェバの定理に正しく数値をあてはめることができた。			
	R3 : 線分 PC の長さを求めることができた。			
	R4 : △CRB と直線 AP でメネラウスの定理を正しく用いることができた。			
	R5 : メネラウスの定理に正しく数値をあてはめることができた。			
	R6 : $\frac{CX}{XR}$ の値を求めることができた。			
	R7 : CX : XR を求めることができた。			

	項　目	1回目	2回目	3回目
(2)	R8 : △ABC でチェバの定理を正しく用いることができた。			
	R9 : △ABC と直線 EF でメネラウスの定理を正しく用いることができた。			
	R10 : $\frac{BD}{DC}=\frac{BG}{GC}$ を示すことができた。			
	R11 : BD : DC = BG : GC を示すことができた。			

第52節　円の性質

問題▶本冊 p.585

(1)　2点C，Dは直線ABに関して同じ側にあり，

$\angle ACB=\angle ADB$ であるから，円周角の定理の逆より，

4点A，B，C，Dは1つの円周上にある。よって，R1

四角形ABCDは円に内接する。

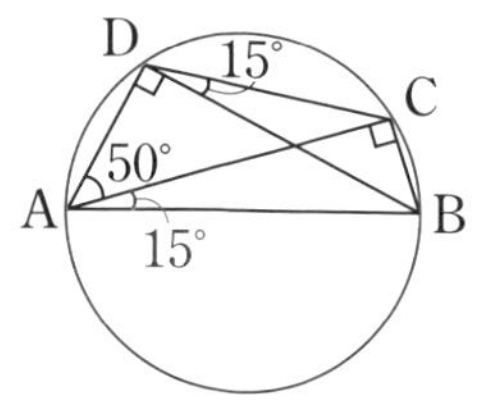

円周角の定理より，

$\angle BDC=\angle BAC=15^\circ$　R2

△ABDの内角の和に着目して，

$\angle ABD=180^\circ-(90^\circ+50^\circ+15^\circ)=25^\circ$　答 R3

(2)　同じ点からひいた接線の長さは等しいので，

$AQ=AR=3$　答 R4

また，

$BP=BR=8-3=5$　R5

$CP=CQ=10-3=7$　R6

よって，

$BC=BP+CP=5+7=12$　答 R7

(3)　接弦定理より，

$\angle TAC=45^\circ$，$\angle TCA=70^\circ$
R8　R9

TP∥BAであり，平行線の錯角は等しいので，

$\angle BAT=\angle ATP$ より，

$\alpha+45^\circ=70^\circ$

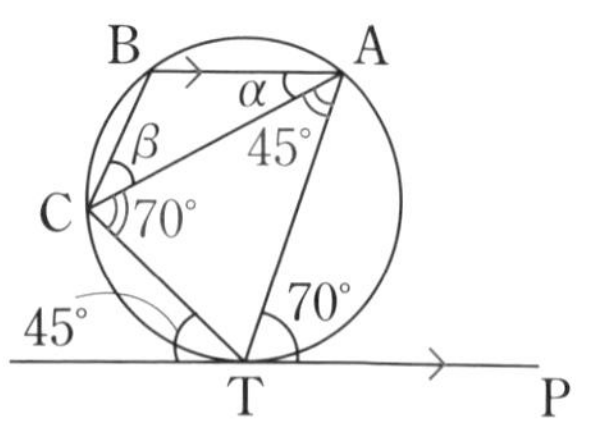

$\underline{\alpha=25^\circ}$ 答 R10

四角形 TABC は円に内接するので,

$\underline{25^\circ+45^\circ+\beta+70^\circ=180^\circ}$ R11

$\beta=\underline{40^\circ}$ 答 R12

	項　目	1回目	2回目	3回目
(1)	R1：4点A, B, C, D が1つの円周上にあることがわかった。			
	R2：同じ弧に対する円周角は等しいことから $\angle BDC=\angle BAC=15^\circ$ とわかった。			
	R3：$\triangle ABD$ の内角の和が 180° に着目して答を正しく求められた。			

	項　目	1回目	2回目	3回目
(2)	R4：接線の長さは等しいので $AQ=AR$ がわかり，答を正しく求められた。			
	R5：$BP=BR$ がわかり，BP の長さを求めることができた。			
	R6：$CP=CQ$ がわかり，CP の長さを求めることができた。			
	R7：$BC=BP+CP$ より答を正しく求められた。			

	項　目	1回目	2回目	3回目
(3)	R8：接弦定理より，$\angle TAC$ の大きさを求められた。			
	R9：接弦定理より，$\angle TCA$ の大きさを求められた。			
	R10：$\angle BAT=\angle ATP$ に着目して，α の値を正しく求められた。			
	R11：円に内接する四角形の向かい合う角の和は 180° であることがわかった。			
	R12：β の値を正しく求められた。			

第53節　方べきの定理

問題▶本冊 p.594

(1) ① 方べきの定理より,

$$\underline{6\times8=4\times x}$$ R1

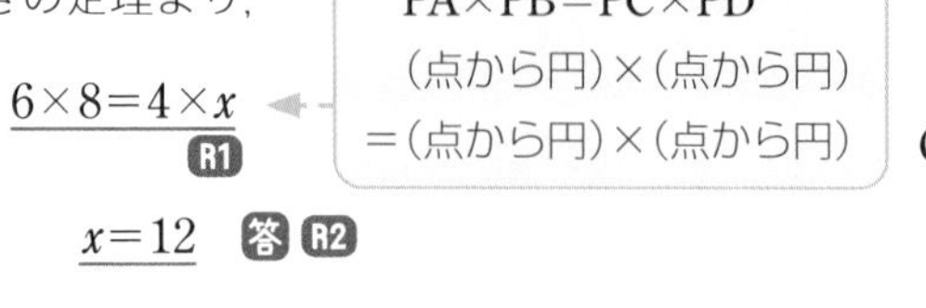

$\underline{x=12}$ 答 R2

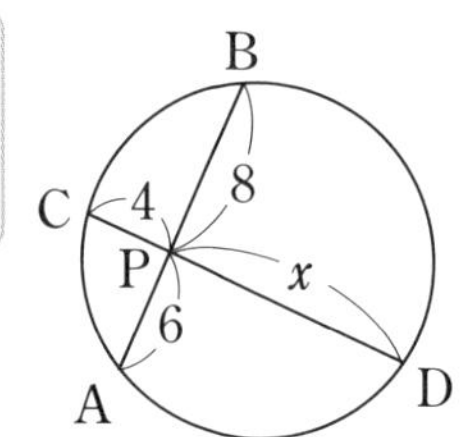

② 円 C_1 に方べきの定理を用いて,

$$\underline{PA^2=PB\times PC}\ \cdots\cdots①$$ R3

円 C_2 に方べきの定理を用いて,

$$\underline{PB\times PC=PD\times PE}\ \cdots\cdots②$$ R4

①, ②より,

$$\underline{PA^2=PD\times PE}$$ R5

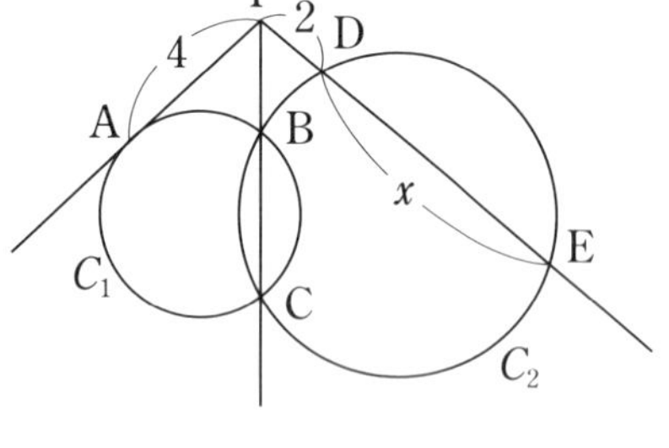

であるから,

$$4^2=2(2+x)$$

$\underline{x=6}$ 答 R6

(2) **証明** 円 C_1 に方べきの定理を用いて，

$\underline{BC\times BD=BA^2}$ ……① R7

円 C_2 に方べきの定理を用いて，

$\underline{BE\times BF=BA^2}$ ……② R8

①，②より，

$\underline{BC\times BD=BE\times BF}$ R9

であるから，方べきの定理の逆より，

<u>4点 C，D，E，F は同一円周上にある。</u> **証明終わり** R10

	項　目	1回目	2回目	3回目
(1)	R1：①方べきの定理を用いて x についての方程式を立てることができた。			
	R2：①答を正しく求めることができた。			
	R3：②円 C_1 に正しく方べきの定理を用いることができた。			
	R4：②円 C_2 に正しく方べきの定理を用いることができた。			
	R5：② $PA^2=PD\times PE$ が成り立つことがわかった。			
	R6：②答を正しく求めることができた。			

	項　目	1回目	2回目	3回目
(2)	R7：円 C_1 に正しく方べきの定理を用いることができた。			
	R8：円 C_2 に正しく方べきの定理を用いることができた。			
	R9：$BC\times BD=BE\times BF$ が成り立つことがわかった。			
	R10：方べきの定理の逆より，4点 C，D，E，F が同一円周上にあると示せた。			

第54節　2円の位置関係

問題▶本冊 $p.603$

(1) ①　2つの円が接するのは，外接するときと内接するときである。 R1

2円が外接するとき，

$r+5=13$ R2

$r=8$

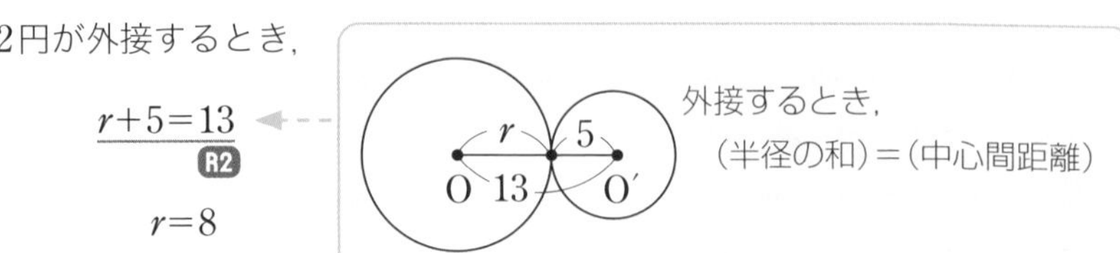

2円が内接するとき，

$r-5=13$ R3

$r=18$

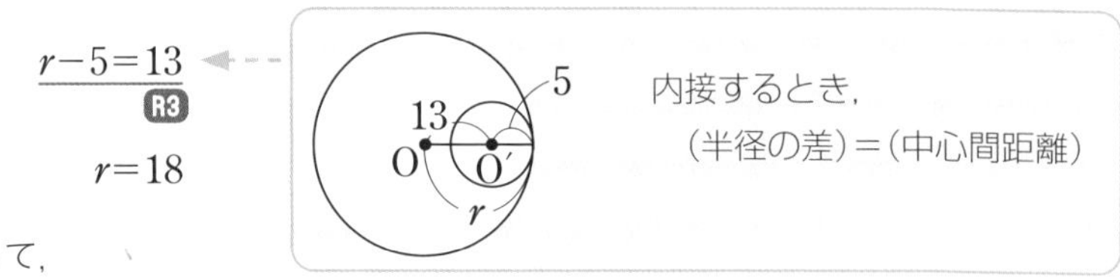

よって，

$r=8,\ 18$ 答 R4

②　共通接線がちょうど2本引けるのは，2円が異なる2点で交わるときなので， R5

$r-5<13<r+5$ R6

2円が異なる2点で交わるとき，
（半径の差）<（中心間距離）<（半径の和）

よって，

$8<r<18$ 答 R7

(2) **証明** O から線分 O′B に下ろした垂線の足を H とすると，

$O'H = O'B - HB = \underline{r' - r}$ **R8**

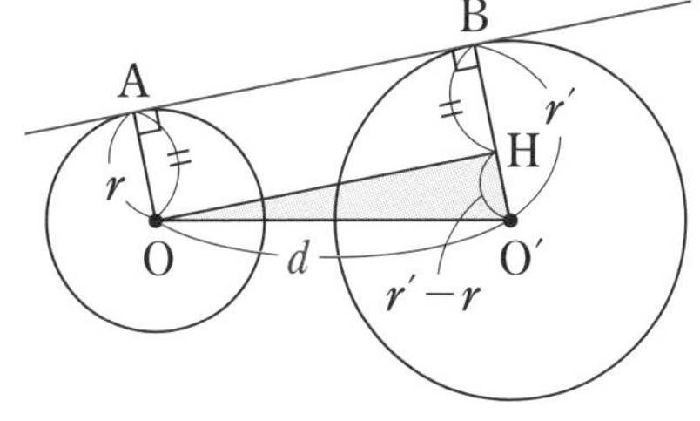

また，

$OO' = d$

△OO′H は直角三角形であるから，

三平方の定理より，

$OH = \sqrt{OO'^2 - O'H^2} = \underline{\sqrt{d^2 - (r' - r)^2}}$ **R9**

四角形 AOHB は長方形であるから，

$\underline{AB = OH = \sqrt{d^2 - (r' - r)^2}}$ **証明終わり** **R10**

	項　目	1回目	2回目	3回目
(1)	**R1**：①2つの円が接するのは外接するときと内接するときがあるとわかった。			
	R2：①外接条件は「(中心間距離)＝(半径の和)」だとわかった。			
	R3：①内接条件は「(中心間距離)＝(半径の差)」だとわかった。			
	R4：① r の値を2つとも正しく求めることができた。			
	R5：②共通接線がちょうど2本あるとき，2円は異なる2点で交わるとわかった。			
	R6：②2円が異なる2点で交わる条件は「(半径の差)＜(中心間距離)＜(半径の和)」だとわかった。			
	R7：② r の値の範囲を正しく求めることができた。			

	項　目	1回目	2回目	3回目
(2)	**R8**：O′H の長さを r と r' を用いて表すことができた。			
	R9：OH の長さを r と r' と d を用いて表すことができた。			
	R10：$AB = \sqrt{d^2 - (r' - r)^2}$ であることを示すことができた。			

第55節　作　　図

問題▶本冊 $p.617$

(1) ①　Pを中心とする円をかき，lとの交点をA，Bとする。

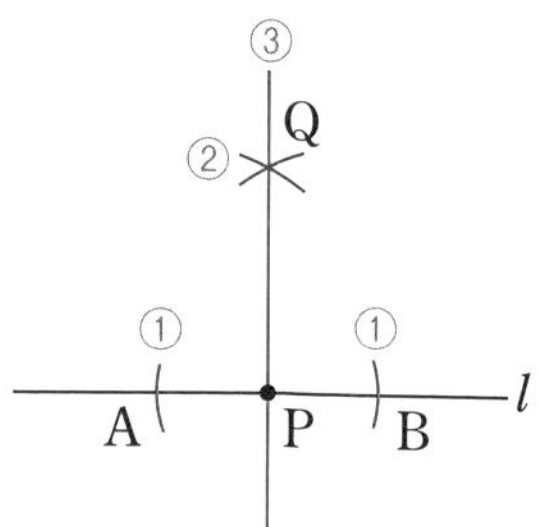

②　A，Bをそれぞれ中心として，①の円の半径よりも大きく，等しい半径の円をかき，交点の1つをQとする。

③　直線PQを引くと，これが求める直線である。 R1

(2) ①　半直線BXを引く。

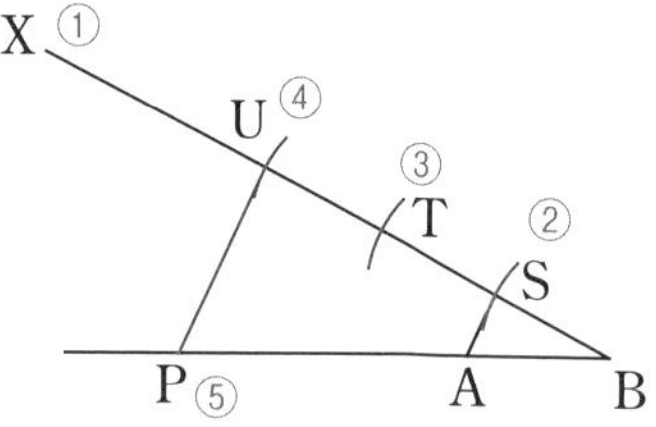

②　Bを中心とする適当な半径の円をかき，BXとの交点をSとする。

③　Sを中心とする②と同じ半径の円をかき，BXとの交点のうちBでないほうをTとする。

④　Tを中心とする②と同じ半径の円をかき，BXとの交点のうちSでないほうをUとする。 R2

⑤　Uを通り直線SAに平行な直線を引くと，直線ABとの交点が，求める点Pである。 R3

(3) ①　同一直線上に，OP=1，PQ=aとなる3点O，P，Qをこの順にとる。 R4

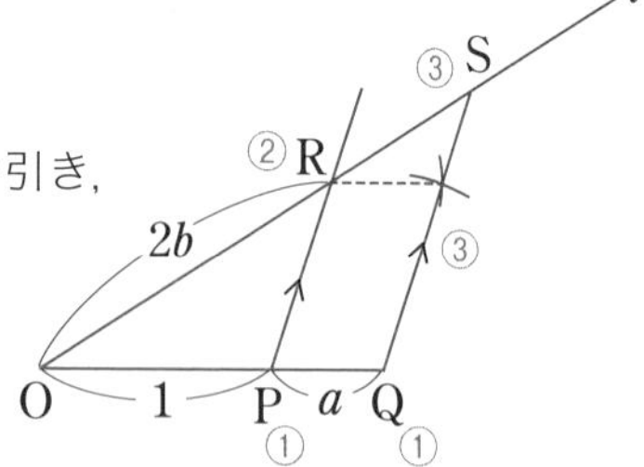

②　Oを通り，直線OPとは異なる直線lを引き，l上にOR=$2b$となる点Rをとる。 R4

③　Qを通り，直線PRに平行な直線を引き，lとの交点をSとすると，線分RSが求める線分である。 R5

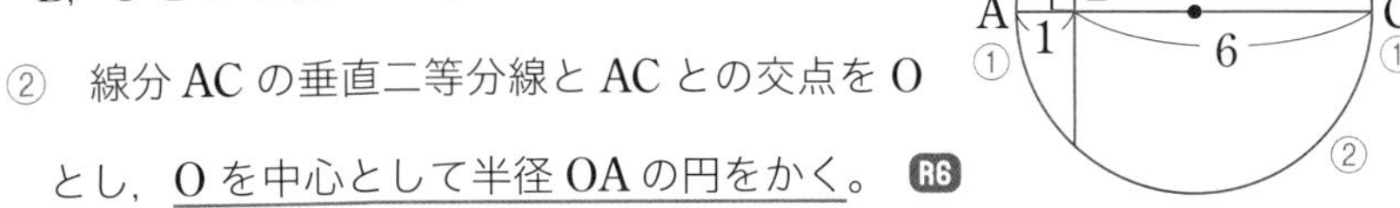

(4)①　同一直線上に，AB=1，BC=6となる3点A，B，Cをこの順にとる。

②　線分ACの垂直二等分線とACとの交点をOとし，Oを中心として半径OAの円をかく。 R6

③　Bを通り，直線ACに垂直な直線を引き，②の円との交点の1つをPとすると，線分BPが求める線分である。 R7

	項　目	1回目	2回目	3回目
(1)	R1：直線l上の1点Pを通り直線lに垂直な直線を作図できた。			

	項　目	1回目	2回目	3回目
(2)	R2：線分SBを2：3に外分する点Uを直線BX上に作図できた。			
	R3：線分ABを2：3に外分する点Pを作図できた。			

	項　目	1回目	2回目	3回目
(3)	R4：OP=1，PQ=a，OR=$2b$となる点O，P，Q，Rをとることができた。			
	R5：長さが$2ab$の線分RSを作図できた。			

	項　目	1回目	2回目	3回目
(4)	R6：ACを直径とする円をかくことができた。			
	R7：長さが$\sqrt{6}$である線分BPを作図できた。			

第56節　空間図形

問題▶本冊 $p.631$

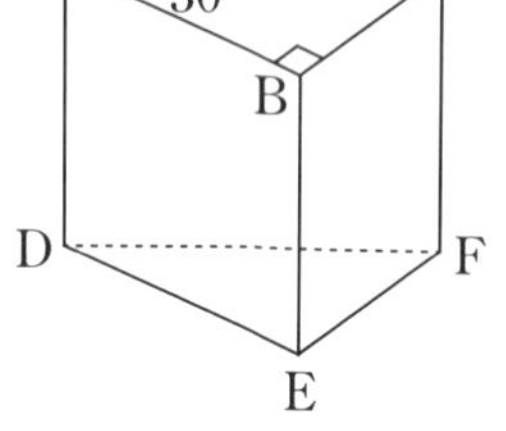

(1) ①　辺 BC と同じ平面上になく，延長しても交わらない辺であるから，

辺 AD，DE，DF　答 R1

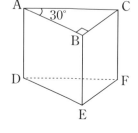

②　2直線 AC，EF のなす角は，2直線 AC，BC のなす角に等しく，　R2

$\theta=\angle ACB=180^\circ-(30^\circ+90^\circ)=60^\circ$　答 R3

③　3点 A，E，F は1直線上にない3点であるから，3点を通る平面はただ1つに決まる。よって，

1つ　答 R4

④　面 ABC と平行な面は交わらない面であるから，

面 DEF　答 R5

⑤　面 ADFC と面 ADEB のなす角は辺 AD に垂直な辺 AC と AB のなす角に等しいので，　R6

$\alpha=\angle CAB=30^\circ$　答 R7

> 面 ADFC と面 ADEB の交線は AD だね。AD に垂直な辺である AC と AB のなす角が求める2平面のなす角だね！

⑥　面 DEF に垂直な辺は面 DEF 上の2辺に垂直な辺なので，

辺 AD，BE，CF　答 R8

> たとえば，辺 AD は，
> $AD\perp DE$，$AD\perp DF$
> だから，面 DEF 上の2直線に垂直だね！　だから，辺 AD は面 DEF に垂直といえるよ！

(2) 各面ごとに辺の数を数えて合計すると,

$$5\times 12+6\times 20=180$$

これらは同じ辺を2回ずつ重複して数えているので，辺の数は,

$180\div 2=\underline{90(\text{本})}$ 答 R9

頂点をx個とする。面の数は$12+20=32$より，オイラーの多面体定理から,

$x-90+32=2$

(頂点の数)−(辺の数)+(面の数)=2

$\underline{x=60}$ R10

よって，求める頂点の数は60個 答

	項　目	1回目	2回目	3回目
(1)	R1：①辺BCとねじれの位置にある辺を求めることができた。			
	R2：②求める角は2直線AC，BCのなす角に等しいとわかった。			
	R3：② θ の値を正しく求めることができた。			
	R4：③3点A，E，Fを通る平面はただ1つに決まることがわかった。			
	R5：④面ABCと平行な面を求めることができた。			
	R6：⑤求める角は2辺AC，ABのなす角に等しいことがわかった。			
	R7：⑤ α の値を正しく求めることができた。			
	R8：⑥面DEFに垂直な辺を求めることができた。			

	項　目	1回目	2回目	3回目
(2)	R9：辺の数を正しく求めることができた。			
	R10：オイラーの多面体定理を用いて，頂点の数を正しく求めることができた。			

第57節　約数と倍数

問題►本冊 $p.645$

(1)　十の位の数を a (a は $0 \leqq a \leqq 9$ の整数)とすると，47□1 が9の倍数であるとき，

$$4+7+a+1=a+12=(9\text{の倍数})$$ R1

である。よって，$a+12=18$ より，

$a=6$ 答 R2

各位の数の和が9の倍数になればいいね！
$0 \leqq a \leqq 9$ より $12 \leqq a+12 \leqq 21$ だから，$a+12=18$ となるときだね！

(2)　3564208の下3桁の数「208」が8の倍数であるかどうかを調べる。R3

$$208=8 \cdot 26$$

より，208は8の倍数であるから，3564208は8の倍数である。答 R4

(3)　$xy-5x+2y-19=0$ より，

$$x(y-5)+2(y-5)+10-19=0$$

$$(x+2)(y-5)=9 \quad \cdots\cdots ①$$ R5

$x+2$，$y-5$ はいずれも整数であるから，①より9の約数であることに着目すると，①を満たす $x+2$，$y-5$ の組は，

$x+2$	1	3	9	-1	-3	-9
$y-5$	9	3	1	-9	-3	-1

R6

したがって，

$(x,\ y)=(-1,\ 14),\ (1,\ 8),\ (7,\ 6),\ (-3,\ -4),\ (-5,\ 2),\ (-11,\ 4)$ 答 R7

(4) $\underline{504=2^3\cdot3^2\cdot7}$ R8

であるから，504 の正の約数の個数は，

$$\underline{(3+1)(2+1)(1+1)=24}\text{(個)}$$ 答 R9

また，504 の正の約数の総和は，

$$\underline{(2^0+2^1+2^2+2^3)(3^0+3^1+3^2)(7^0+7^1)}=15\cdot13\cdot8$$ R10

$$=\underline{1560}$$ 答 R11

	項　目	1回目	2回目	3回目
(1)	R1：各位の数の和が 9 の倍数であることがわかった。			
	R2：答を正しく求めることができた。			

	項　目	1回目	2回目	3回目
(2)	R3：下3桁の数が 8 の倍数であるかどうかを調べればよいことがわかった。			
	R4：3564208 が 8 の倍数であることがわかった。			

	項　目	1回目	2回目	3回目
(3)	R5：(整数)×(整数)＝(文字を含まない整数)の形に変形することができた。			
	R6：$x+2$，$y-5$ の組を正しく求めることができた。			
	R7：x，y の組を正しく求めることができた。			

	項　目	1回目	2回目	3回目
(4)	R8：504 を素因数分解することができた。			
	R9：504 の正の約数の個数を正しく求めることができた。			
	R10：504 の正の約数の総和を求める式がわかった。			
	R11：504 の正の約数の総和を正しく求めることができた。			

第58節　最大公約数・最小公倍数

問題▶本冊 $p.659$

(1)　$\underline{2646=2\cdot 3^3\cdot 7^2,\ 5544=2^3\cdot 3^2\cdot 7\cdot 11}$ R1

であるから，

最大公約数は $\underline{2\cdot 3^2\cdot 7=126}$(R2)，最小公倍数は $\underline{2^3\cdot 3^3\cdot 7^2\cdot 11=116424}$(R3) 答

(2) 証明　$x+2$，$x+3$ は，整数 k，l を用いて $x+2=7k$，$x+3=3l$ と表せるので，

$\underline{x=7k-2,\ x=3l-3}$(R4) ……①

このとき，

$x+9=(7k-2)+9=7k+7=7(k+1)$，$x+9=(3l-3)+9=3l+6=3(l+2)$

より，

$\underline{7(k+1)=3(l+2)}$ R5

$\underline{7(k+1)\text{は}3\text{の倍数}}$(R6)であり，7と3は互いに素であるから，$\underline{k+1\text{ は}3\text{の倍数}}$(R7)である。よって，$k+1=3m$（$m$ は整数）と表され，①より，

$x+9=7(k+1)=7\cdot 3m=21m$

したがって，$\underline{x+9\text{ は}21\text{の倍数である}}$。 証明終わり R8

(3) a，b の最大公約数が9であるから，2数 a，b $(a<b)$は，

$\underline{a=9A,\ b=9B\ \ (A,\ B\text{ は互いに素な自然数},\ A<B)}$(R9) ……①

とおける。さらに，最小公倍数が675であるから，

$\underline{675=9AB}$(R10)，すなわち，$AB=75$

積が75となる2つの自然数 A，B $(A<B)$のうち互いに素である組を考えると，

$\underline{(A,\ B)=(1,\ 75),\ (3,\ 25)}$ R11

の2組である。①より，$(a,\ b)=(9A,\ 9B)$ であるから，

$\underline{(a,\ b)=(9\cdot1,\ 9\cdot75),\ (9\cdot3,\ 9\cdot25)=(9,\ 675),\ (27,\ 225)}$ 答 R12

	項　目	1回目	2回目	3回目
(1)	R1：2646 と 5544 を正しく素因数分解することができた。			
	R2：2646 と 5544 の最大公約数を求めることができた。			
	R3：2646 と 5544 の最小公倍数を求めることができた。			

	項　目	1回目	2回目	3回目
(2)	R4：$x=7\times$(整数)-2，$x=3\times$(整数)-3 と表せることがわかった。			
	R5：$7(k+1)=3(l+2)$ の形を作ることができた。			
	R6：$7(k+1)$ が 3 の倍数であることがわかった。			
	R7：$k+1$ が 3 の倍数であることがわかった。			
	R8：$x+9$ が 21 の倍数であることを示すことができた。			

	項　目	1回目	2回目	3回目
(3)	R9：$a=9A$，$b=9B$ (A，B は互いに素な自然数，$A<B$) とおくことができた。			
	R10：「(最小公倍数)＝(最大公約数)×(互いに素な部分の積)」を利用できた。			
	R11：条件を満たす A，B の組を正しく求めることができた。			
	R12：答を正しく求めることができた。			

第59節　余りに関する問題

問題▶本冊 $p.670$

(1)　a, b は，整数 k, l を用いて，$a=11k+8$, $b=11l+3$ と表される。R1

①　$b-a=(11l+3)-(11k+8)$

$=11l-11k-5$

$=11l-11k-11+6$

$=11(l-k-1)+6$ R2

よって，$b-a$ を11でわった余りは 6 答 R3

②　$ab=(11k+8)(11l+3)$

$=11^2kl+3\cdot11k+8\cdot11l+8\cdot3$

$=11^2kl+11\cdot3k+11\cdot8l+22+2$

$=11(11kl+3k+8l+2)+2$ R4

よって，ab を11でわった余りは 2 答 R5

(2)　**証明**　$P=n^3+3n^2-4n$ とおくと，

$P=n(n^2+3n-4)=n(n-1)(n+4)$ R6

(i)　$n-1$ と n は連続する2つの整数であり，一方は2の倍数である。よって，$n(n-1)$ も2の倍数であり，P も2の倍数である。R7

(ii)　k を整数とすると，n は，$n=3k$, $3k+1$, $3k-1$ のいずれかで表せる。R8

$n=3k$ のとき，

$P=3k(3k-1)(3k+4)$

$=3\times k(3k-1)(3k+4)$ R9

$n=3k+1$ のとき，

$P=(3k+1)\{(3k+1)-1\}\{(3k+1)+4\}$

$=\underline{3\times(3k+1)k(3k+5)}$ R10

$n=3k-1$ のとき,

$P=(3k-1)\{(3k-1)-1\}\{(3k-1)+4\}$

$=\underline{3\times(3k-1)(3k-2)(k+1)}$ R11

よって，P は3の倍数である。 R12

(i), (ii)より,

P は2の倍数かつ3の倍数，すなわち，6の倍数である。 **証明終わり**
R13

	項　目	1回目	2回目	3回目
(1)	R1：(わられる数)＝(わる数)×(商)＋(余り)を利用して，このように表せた。			
	R2：① $b-a$ を $11\times$(整数)＋(0以上11未満の整数)の形に変形できた。			
	R3：①答を正しく求めることができた。			
	R4：② ab を $11\times$(整数)＋(0以上11未満の整数)の形に変形できた。			
	R5：②答を正しく求めることができた。			

	項　目	1回目	2回目	3回目
(2)	R6：P を因数分解することができた。			
	R7：$n(n-1)$ が連続2整数の積であることに気がつき，P が2の倍数であることがわかった。			
	R8：P が 3 の倍数であることを，n を 3 でわった余りで分類して示そうとした。			
	R9：$n=3k$ のとき, P を $3\times$(整数)の形に変形できた。			
	R10：$n=3k+1$ のとき，P を $3\times$(整数)の形に変形できた。			
	R11：$n=3k-1$ のとき，P を $3\times$(整数)の形に変形できた。			
	R12：P が 3 の倍数であることがわかった。			
	R13：P が 2 の倍数かつ 3 の倍数であることより 6 の倍数であることがわかった。			

第60節　ユークリッドの互除法と不定方程式

問題▶本冊 $p.687$

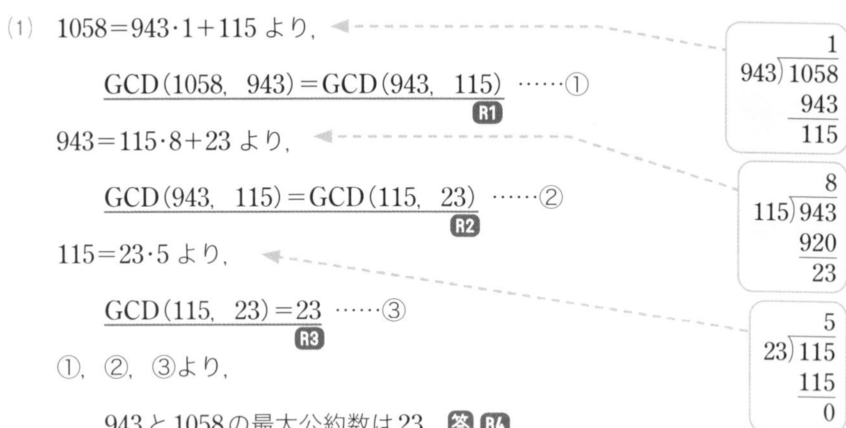

(1)　$1058=943\cdot1+115$ より，

$\underline{\mathrm{GCD}(1058,\ 943)=\mathrm{GCD}(943,\ 115)}$ ……①　R1

$943=115\cdot8+23$ より，

$\underline{\mathrm{GCD}(943,\ 115)=\mathrm{GCD}(115,\ 23)}$ ……②　R2

$115=23\cdot5$ より，

$\underline{\mathrm{GCD}(115,\ 23)=23}$ ……③　R3

①，②，③より，

943と1058の最大公約数は23　答　R4

$$\begin{array}{r} 1 \\ 943\overline{)1058} \\ 943 \\ \hline 115 \end{array}\qquad \begin{array}{r} 8 \\ 115\overline{)943} \\ 920 \\ \hline 23 \end{array}\qquad \begin{array}{r} 5 \\ 23\overline{)115} \\ 115 \\ \hline 0 \end{array}$$

(2)　$11x-5y=12$ ……①

$\underline{11\cdot1-5\cdot2=1}$　R5　両辺12倍

$\underline{11\cdot12-5\cdot24=12}$ ……②　R6

①−②より，　R7

$11(x-12)-5(y-24)=0$

$\underline{11(x-12)=5(y-24)}$ ……③　R8

$$\begin{array}{rrr} & 11x\quad -5y & =12 \\ -) & 11\cdot12-5\cdot24 & =12 \\ \hline & 11(x-12)-5(y-24) & =0 \end{array}$$

③および，11と5が互いに素であることより，k を整数として，

$\underline{x-12=5k}$ ……④　R9

と表すことができる。④を③に代入して，

$\underline{11\cdot5k=5(y-24)}$　R10

$11k=y-24$

$y=11k+24$ ……⑤

④，⑤より，求める整数解は，

(12，24)以外の特殊解をみつけた場合は，12と24の部分がみつけた特殊解になっていればOKだよ♪

$(x,\ y)=(5k+12,\ 11k+24)$　（k は整数）　答 R11

	項　目	1回目	2回目	3回目
(1)	R1：GCD(1058, 943)＝GCD(943, 115) が導けた。			
	R2：GCD(943, 115)＝GCD(115, 23) が導けた。			
	R3：GCD(115, 23)＝23 が導けた。			
	R4：答を正しく求めることができた。			

	項　目	1回目	2回目	3回目
(2)	R5：$11x-5y=1$ の特殊解を1組求めることができた。			
	R6：$11x-5y=12$ の特殊解を1組求めることができた。			
	R7：①−②の変形をしようとした。			
	R8：$11(x-12)=5(y-24)$ に変形することができた。			
	R9：$x-12$ が 5 の倍数であることがわかり，$x-12=5k$ とおくことができた。			
	R10：$x-12=5k$ を③に代入することができた。			
	R11：答を正しく求めることができた。			

第61節 記数法

問題▶本冊 p.702

(1) $3512.43_{(6)}=\underline{6^3\cdot3+6^2\cdot5+6\cdot1+1\cdot2+\frac{1}{6}\cdot4+\frac{1}{6^2}\cdot3}$ R1

$=648+180+6+2+\frac{2}{3}+\frac{1}{12}=836+\frac{3}{4}$

$=\underline{836.75}$ 答 R2

(2)
```
7) 3776   余り
7)  539  …3   ↑
7)   77  …0   |
7)   11  …0   |
7)    1  …4   |
      0  …1   |
```
R3 $3776=\underline{14003_{(7)}}$ 答 R4

(3)
```
  0.75
×    2
  1.50
×    2
  1.0
```
R5 $0.75=\underline{0.11_{(2)}}$ 答 R6

```
  0.75
×    3
  2.25
×    3
  0.75
×    3
  2.25
```
R7 $0.75=\underline{0.\dot{2}\dot{0}_{(3)}}$ 答 R8

(4)
```
   100110.1
−    1011.01
    11011.01
```

$100110.1_{(2)}-1011.01_{(2)}=\underline{11011.01_{(2)}}$ 答 R9

(5) **証明** 整数を5でわった余りに着目し，余りが r ($r=0,\ 1,\ 2,\ 3,\ 4$) である整数のグループを G_r とする。R10

異なる6個の整数はいずれも，G_0，G_1，G_2，G_3，G_4 のどれか1つに属するので，鳩の巣原理より，1つのグループに2個以上の整数が属するグループが，少なくとも1つ存在する。R11

その1つのグループから2数を選べば，その2数の差は，

$5k+r,\ 5l+r$

と表せる。この2数の差は，

$(5k+r)-(5l+r)=5(k-l)$

となり，5の倍数になるので，題意は示された。 **証明終わり**
R12

	項　目	1回目	2回目	3回目
(1)	R1：$3512.43_{(6)}$ を10進法で表す式を作ることができた。			
	R2：答を正しく求めることができた。			

	項　目	1回目	2回目	3回目
(2)	R3：3776 を 7 でわっていき，余りを逆順に読んでいけばよいことがわかった。			
	R4：答を正しく求めることができた。			

	項　目	1回目	2回目	3回目
(3)	R5：0.75 に 2 をかけていき，整数部分を順に読んでいけばよいことがわかった。			
	R6：0.75 を 2進法で表すことができた。			
	R7：0.75 に 3 をかけていき，整数部分を順に読んでいけばよいことがわかった。			
	R8：0.75 を 3進法で表すことができた。			

	項　目	1回目	2回目	3回目
(4)	R9：答を正しく求めることができた。			

	項　目	1回目	2回目	3回目
(5)	R10：5でわった余りに着目して，5つのグループに分けることができた。			
	R11：2個以上の整数が属するグループが存在することを示せた。			
	R12：同じグループの2数の差は 5 の倍数になることがわかった。			

第62節　パズル・ゲームの中の数学

問題▶本冊 p.709

		8
7	5 R1	3 R2
2 R4	x	4 R3

(1)　中央は 5 R1，横の和は 15 なので右端の真ん中は 3 R2，
縦の和も 15 なので右下隅は 4 R3，
斜めの和も 15 なので左下隅は 2 R4，
横の和は 15 なので，$2+x+4=15$　　$x=9$　答 R5

(2)(i)　B が正直者の場合，
B の発言「C はうそつきです」は正しいので，C はうそつき R6 である。
正直者は1人だけであるから，A はうそつき R7 である。よって，
A：うそつき，B：正直者，C：うそつき

(ii)　B がうそつきの場合，
B の発言「C はうそつきです」は正しくないので，C は正直者 R8 である。
正直者は1人だけであるから，A はうそつき R9 である。よって，
A：うそつき，B：うそつき，C：正直者

したがって，いずれの場合でもうそつきであるのは，A　答 R10

	項　目	1回目	2回目	3回目
(1)	R1：魔法陣の中央が 5 だとわかった。			
	R2：魔法陣の2段目の一番右が 3 だとわかった。			
	R3：魔法陣の3段目の一番右が 4 だとわかった。			
	R4：魔法陣の3段目の一番左が 2 だとわかった。			
	R5：x が 9 だとわかった。			

	項　目	1回目	2回目	3回目
(2)	R6：B が正直者の場合，C はうそつきだとわかった。			
	R7：B が正直者の場合，A はうそつきだとわかった。			
	R8：B がうそつきの場合，C は正直者だとわかった。			
	R9：Bがうそつきの場合，Aはうそつきだとわかった。			
	R10：いずれの場合も，A はうそつきだとわかった。			